U0152609

D
E
F
G
H

跨越两个世纪的传世经典

图解 物种起源

（英）查尔斯·罗伯特·达尔文／著　文舒／编译

中國華僑出版社
北京

图书在版编目（CIP）数据

图解物种起源 /（英）查尔斯·罗伯特·达尔文著；文舒编译 .—北京：中国华侨出版社，2016.9（2020.11 重印）

ISBN 978-7-5113-6319-0

Ⅰ .①图… Ⅱ .①查… ②文… Ⅲ .①物种起源－普及读物 Ⅳ .① Q111.2-49

中国版本图书馆 CIP 数据核字（2016）第 223878 号

图解物种起源

著　　者：（英）查尔斯·罗伯特·达尔文
编　　译：文　舒
责任编辑：子　衿
封面设计：李艾红
文字编辑：李华凯
美术编辑：盛小云
经　　销：新华书店
开　　本：720mm×1020mm　1/16　印张：29　字数：650 千字
印　　刷：鑫海达（天津）印务有限公司
版　　次：2016 年 11 月第 1 版　2020 年 11 月第 2 次印刷
书　　号：ISBN 978-7-5113-6319-0
定　　价：68.00 元

中国华侨出版社　北京市朝阳区西坝河东里 77 号楼底商 5 号　邮编：100028
法律顾问：陈鹰律师事务所
发 行 部：（010）58815874　　传　　真：（010）58815857
网　　址：www.oveaschin.com　　E-mail：oveaschin@sina.com

导读

1831年12月，我作为博物学者有幸登上了皇家军舰“贝格尔”号，进行了长达5年的环球科学考察。一路上的各种见闻，给了我深深的感触，特别是南美大陆，还有附属岛屿；那些优美的自然风光，还有与众不同的动植物分布以及奇异的地质构造，都让我感受到前所未有的激动与兴奋。

1836年回国以后，这么多年得到的研究成果还有考察日记，让我不得不去认真面对多年来一直困扰着博物学者们的问题：物种是如何起源的？经过漫长艰难的工作整理之后，直到1844年，我终于将那些简短的日记进行了合理的扩充整理，并对当时认为可能的结论做出了纲要。

1859年，因为健康问题，还有研究马来群岛自然史的华莱斯先生要发表一篇基本上和我的结论完全一致的论文，所以我不得不采纳好友查尔斯·莱尔的建议，将这篇纲要送交给林奈学会。我的这篇纲要，还有华莱斯先生所写的优秀论文，一同被刊登在该学会第三期的会报上。希望我们可以共享这份荣誉。

我非常明白，这份纲要还存在着大量的不完善之处。对于其中的一些问题，我不得不放在下一部著作也就是《动物与植物在家养状况下的变异》当中去进行更进一步的讨论。

有关物种的起源，不管是哪一位博物学者，假如去对生物的相互亲缘、胚胎关系以及地理分布、地质演替等方面深入研究，都能够获得一样的结论：物种并不是像有些人所说的那样，是被独立创造出来的，事实是如同变种一样，均是从别的物种遗传下来的。

在纲要当中，我尤其细致地研究了家养生物与栽培植物的习性，对那些自然环境当中的生物，则主要是强调其外部条件的变化对它们特别有利。关于生物界随处可见的生存斗争以及由于生存斗争而引起的自然选择，我展开了重点的介绍。

约瑟夫·胡克和查尔斯·莱尔是达尔文的忠实好友，达尔文在发表《物种起源》之前，曾和他们进行过讨论。

卡尔·林奈（1707—1778），瑞典植物学家，现代分类法之父。

变异的法则同样是我格外强调的，尤其是其所包含的诸多难点，像物种的转变，还有本能的问题以及杂交的现象、地质记录的不完全等，我都用专门的章节进行了讨论研究。

因为之前所讲到的诸多原因，我将第一章主要用来讨论家养状态之下的变异，于是我们就会看到，大量的遗传变异最起码是可能的。而且，更为重要的是，或许我们将会觉得，人类选种具有多少神奇的力量，能够让细微的变异渐渐地积累起来。接着我们会对物种在自然状态下的变异进行讨论，不过由于篇幅有限，只能进行一些简单的讨论了。接着我们会对全世界所有生物之间的生存斗争进行一个讨论，然后对自然选择的问题进行一下深入研究。研究过自然选择之后，将会对变异的各项复杂的以及尚未明了的法则进行讨论。到后面，有关这一学说的最为明显以及严重的困难，我们会一一进行探讨。再到后边将会对生物的分类方法还有相互之间的亲缘关系进行讨论，最后，有关生物在时间上的地质演变还有在空间上的地理分布等，都将进行一个较为全面的讨论。在最后的一章当中，我会对全书做一个简单的概述。

生活于我们四周的生物，如果你稍微留意一下，就能够发现人类对于它们，依然是多么无知。如果谈到它们的起源，准确地说，你又清楚多少呢？谁可以解释清楚有的物种像绵羊、老鼠等，它们分布的范围是那么广泛并且数目居多，可是有的物种像大熊猫、白鳍豚等，它们的分布范围却是那么狭窄而且还处于濒危的状态呢？所有的这一切，根本不单单是人类的力量所引起的。我的生物进化和自然选择学说将详细地进行解释说明。自然界当中，所有生物的繁盛或者衰败都会严格地按照一定的规律进行着变化，而且将直接影响它们将来的生存发展趋势。

尽管说很多的情况现在依然无法解释清楚，而且在将来很长的一段时间之内也不一定能够解释清楚，不过，通过冷静的判断之后，我们能够断言，我过去所保持的那种观点，也就是很多作者近来依然保持的观点，即每个物种均为分别创造出来的，这样的观点是错误的。最后我还要强调一点，我所解释说明的自然选择，尽管说是变异最重要的途径，不过并不是唯一的途径。

伊拉斯谟·达尔文（1731—1802），科学家、诗人，查尔斯·达尔文的祖父。

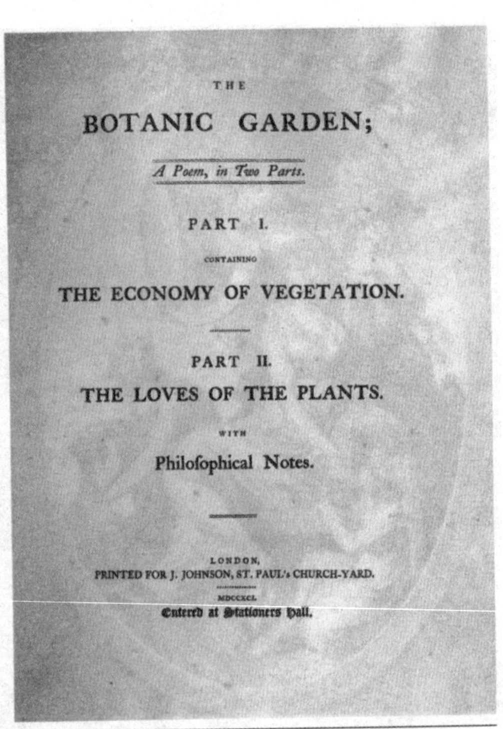

THE

BOTANIC GARDEN;

A Poem, in Two Parts.

PART I.

CONTAINING

THE ECONOMY OF VEGETATION.

PART II.

THE LOVES OF THE PLANTS.

WITH

Philosophical Notes.

LONDON,
PRINTED FOR J. JOHNSON, ST. PAUL'S CHURCH-YARD.
MDCCXCI.
Entered at Stationers Hall.

伊拉思谟·达尔文有关植物的诗集。

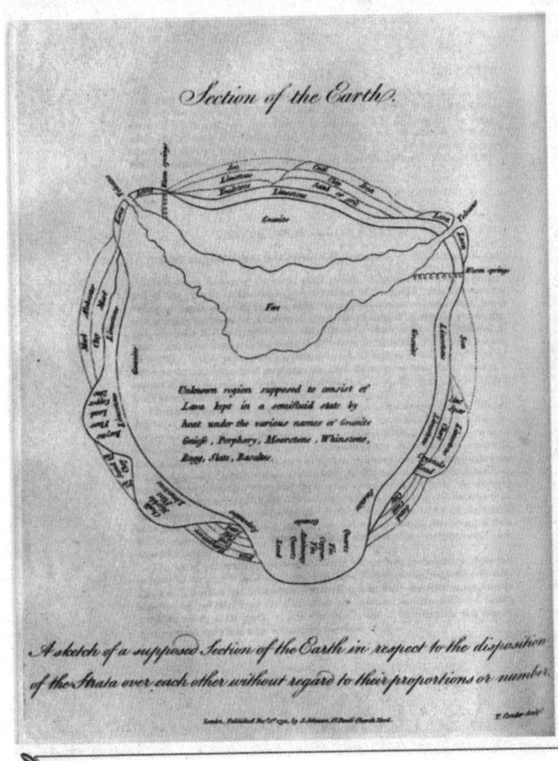

《植物园》诗集。

第一章　家养状况下的变异

第二章　自然状况下的变异

第三章　生存斗争

第四章　最适者生存的自然选择

第五章　变异的法则

第六章　学说的难点

第九章　杂种性质

第十章　论地质记录的不完全

第十一章　论生物在地质上的演替

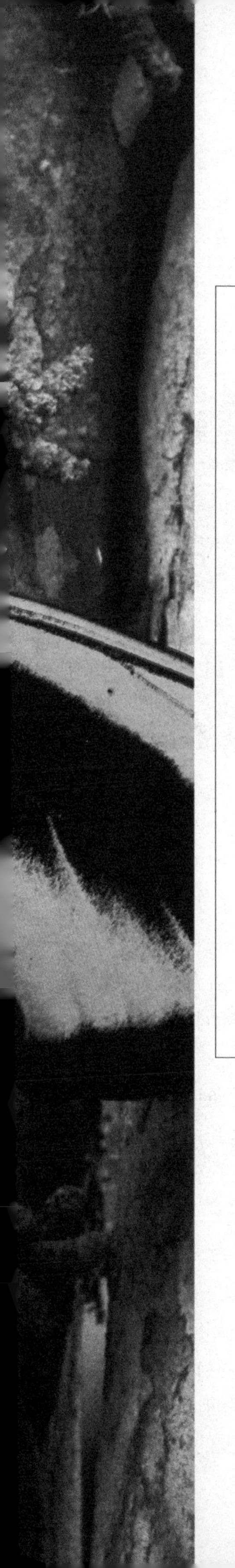

第一章

家养状况下的变异

为什么会变异——> 习性、遗传以及相关变异——> 家养变异的性状——> 变种与物种的区别难题——> 家养变种起源于一个或多个物种——> 各种家鸽的差异及起源——> 古代遵从的选择原理及效果——> 无意识的选择——> 人工选择的有利条件

为什么会变异

从很早以前的栽培植物以及家养动物来看，将它们的同一变种或亚变种之后的产物进行一下对比，最能够引起我们关注的重点有一个，那就是，这些物种相互之间存在着的各种不同，通常比自然状况下的任何物种或者是变种后的个体间的差异更大。栽培植物以及家养动物是五花八门的，它们长时间地在极不相同的气候以及管理中生活，于是就会发生各种变异，如果我们对这些现象多加思考，就会得出一个结论，那就是我们所看到和发现的巨大的变异性，是因为我们的家养生物所处的生活条件，与亲种在自然状况下所处的生活条件存在着很大的差异，同时，和自然条件的不同也有一定的关系。我们看一下奈特提出的观点，也存在着很多种可能性：在他看来，这样的变异性或许同食料的过剩有一定的关联。似乎很明显，生物必须在新的生存环境中生长很长一段时间，甚至是数世代之后，才会发生较为明显的变异；而且，生物体制只要是开始了变异，那么，在接下来的许多世代中，也就会一直延续变异，这属于最常见的状况。一种可以变异的有机体在培育下停止变异的实例，还没有出现过这样的记载。就拿最古老的栽培植物——小麦来说，到现在，也依然在产生新的变种；那些最古老的家养动物，到现在也依然能够以最快的速度改进抑或是变异。

苏珊娜·韦奇伍德（1765—1817），达尔文之母。

通过对这个问题长时间的研究之后，按我们所能判断的来看，生活条件很明显是以两种方式在对物种产生着作用，那就是直接对整个体制的构造或只是其中的某些部分产生影响，还有一种就是间接的只对物种的生殖系统产生影响。在直接作用方面，我们一定要牢记，如魏斯曼教授所主张的，以及我在《家养状况下的变异》里所偶然提到的，存在着两种因素，那就是生物的本性以及条件的性质。前者看起来好像更为重要，因为按照我们能够判断的来看，在并不相同的条件下，也有可能会发生几乎相近的变异；此外还有一方面，在基本上相同的条件下也可能会发生很不相同的变异。这些变异情况对于后代也许是一定的，也有可能是不定的。如果在很多世代中，生长在一些条件下的物种的所有后代或者说是绝大部分后代，都是遵照相同的方式在进行着变异，那么，变异进化的结果就能够看成是一定的。不过，对于这种情况的一定变异，

罗伯特·达尔文医生（1768-1848），达尔文之父

想要做出任何结论，推测其变化的范围，都是非常非常困难的。不过，有很多细微的变异还是可以推测知晓的，比如因食物摄取的多少而造成物种个头大小的变异，因食物性质而引起的物种肤色的变异，由气候原因引起物种皮肤和毛发厚度的变异等，这些变异基本上不用去怀疑。我们在鸡的羽毛里发现了众多的变异，而每一个变异肯定有其具体的原因。如果是同样的因素，经过很多年后，一直同样地作用于一部分个体，这样的话，几乎所有这些被作用的个体，就会按照相同的方式来发生变异。比如说，产生树瘤的昆虫的微量毒液只要注射进植物体中，就一定会产生复杂的和异常的树瘤，这个事实告诉我们：如果植物中树液的性质出现了化学变化，那么结果就会出现非常奇异的变化。

"贝格尔"号

相较于一定变异性，不定变异性往往都是条件发生改变后更普遍的结果。我们于无穷尽的微小特征里发现了不定变异性，而这些微小的特征恰恰可以区别同一物种内的不同个体，所以我们不可以将这些特征看作是从亲代或更遥远的祖先那里遗传下来的。就算是同胎中的幼体或者是由同蒴中萌发出来的幼苗，在有些时候彼此之间也会出现一些十分显著的差异。比如在很长的一段时间里，在一个相同的地方，用基本相同的食料来饲养的数百万个体里面，也会出现一些个别的，可以称为畸形的变异的十分显著的构造差异类型。不过，畸形与那些比较微小的变异之间的界线并不十分明显。所有建立在这种构造上的变化，不管是特别细微的还是非常显著的，如果出现于生活在一起的众多个体里，那么就全都能看成是生活条件作用于每一个个体后的不确定性效果，这同寒冷会对不同的人产生不一样的影响是相同的道理，因为每个人的身体状况或者是个人的体制不相同，于是会引起咳嗽或感冒或者是风湿症及其他一些器官的炎症。

而对于我们所说的被改变的外界条件所带来的间接作用，也就是指对生殖系统所造成的影响，我们能够推论这种情况所引起的变异性，其中有一部分是因为生殖系统对于任何来自外界条件的变化都极为敏感，还有一些，则像开洛鲁德等所说的那样，是因为不同物种间杂交所发生的变异，同植物以及动物被饲养在新的或者是不自然的条件下，而产生的变异是十分相像的。而很多的事实也明确地告诉我们，对于周边条件所发生的一些非常微小的变化，生殖系统会表现出相当显著的敏感。驯养动物说起来还是比较简单的事，不过如果想要让它们在栏内自由生育，就算是雌雄交配，也是非常难以实现的事情。有不计其数的动物，就算是在原产地生活，在几近完全自由的环境里，也会有无法生育的情况。一般我们将这种情形总结为动物的本能受到了损害，事实上，我们的这种认为是不正确的。很多的栽培植物看起来生长得十分茁壮，但是很少会结种子，或者干脆从来不结种。我们发现，有些时候，一个很细微的变化，例如在植物成长的某个特殊时期，水分的增多或者减少，就有可能影响到其最后到底会不会结种子。对于这个神奇的问题，我所搜集的详细记录已在其他地方发表，这里就不再重复论述了。不过还是要说明，决定栏中动物生殖的法则是十分神奇的。比如那些来自热带的食肉动物，虽然离开了原来的环境，但依然可以自由地在进行生育，不过，跖行兽也就是我们所说的熊科动物，是不属于这个范围的，它们很少生育。相比之下，食肉鸟，除了个别的一部分之外，几乎都很难孵化出幼鸟。有很多外来的植物，与最不能生育的杂种相同，它们的花粉都是没有用处的。首先，我们能够发现，很多的家养动物以及植物，虽然经常是体弱多病的样子，但是可以在圈养的环境里自由生育。其次，我们还能看到，一些个体虽然从小就来自自然界中，这些幼体虽然被完美驯化，并且寿命较长，体格强健（关于这点，我可以举出无数事例），但是它们的生殖系统被某种我们所不知道的原因严重影响，完全失去了该有的功能。这样看来，当生殖系统在封闭的环境中发生作用时，所产生的作用是不规则的，而且所产生出来的后代与它们的双亲也会有很多的不同之处，这么说来，也就不是很奇怪的事情了。此外，我还要补充说明一点就是，一些生物可以在最不自然的环境中（比如在箱子里饲养的兔和貂）自由繁殖，这能够说明这些物种的生殖器官不会轻易被影响。所以说有的动物以及植物比较适合家养或栽培，并且发生的变化也比较小——甚至都没有在自然环境中所发生的变化大。

罗伯特·费茨罗伊（1805—1865），贝格尔号的船长，他邀请22岁的查尔斯·达尔文加入贝格尔号的航行。

有些博物学家提出，一切变异都和有性生殖的作用有关系。事实上这种说法显然是不正确的。我在另一著作中，曾经把园艺家称为“芽变植物”（Sporting plants）的物种列为一个长表。这类型的植物在生长过程中会突然长出一个芽，与同株的其他芽完全不一样，它具有新的甚至会是明显不同与其他同族的性状。我们将它们称为芽的变异，能够用嫁接、插枝等方式进行繁殖，有些情况下也可以用种子进行繁殖。这些物种在自然环境中很少发生，不过，在栽培的环境中的话，就不那么罕见了。既然相同条件中的同一棵树上，在每年生长出来的数千个芽里，会突然冒出一个具有新性状的芽，而同时不同条件下不同树上的芽，有时却又会出现几乎相同的变种，——例如，桃树上的芽可以长出油桃，普通蔷薇上的芽会长出苔蔷薇，等等。所以说，我们能够清楚地看出，在影响每一变异的特殊类型上，外界环境的性质与生物的本性相比，所处的重要性只是居于次位而已，也许并不比可以让可燃物燃烧的火花性质，对于决定所发火焰的性质方面更为重要。

习性、遗传以及相关变异

习性的改变可以影响到遗传的效果，例如，植物由一种气候之中被移动到另一种气候里，它的花期就会出现一些变化。我们再来看看动物，动物们身体各部位是否常用或不用对于动物的遗传等有更显著的影响。比如我发现，家鸭的翅骨在其与全身骨骼的比重上，与野鸭的翅骨相比，是比较轻的，但是家鸭的腿骨在其与全身骨骼的比例上，却比野鸭的腿骨重出很多。这种情况我们可以得出一个结论，造成这种差异的原因在于，家养的鸭子比起自己野生的祖先来，要少飞很多路程，但是会多走许多的路。牛与山羊的乳房，在经常挤奶的部位就比不挤奶的部位发育得更好，并且，此种发育是具有遗传性质的。很多的家养动物，在有些地方耳朵都是下垂状的，于是就有人觉得，动物的耳朵下垂，是因为这些动物很少受重大的惊恐，导致耳朵的肌肉不被经常使用的缘故，这样的观点基本上是说得通的。

球胸鸽

有很多的法则支配着变异，只是我们仅仅可以模模糊糊地理解其中的少数几条，这些将在以后略加讨论，在这里，我准备只谈一下相关变异。如果胚胎或者幼虫发生了重要的变异，那么，基本上就会引起成熟物种也跟着发生变异。在畸形生物身上，各个不同的部分之间的相关作用是十分奇妙的。关于这个现象，在小圣·提雷尔的伟大著作中记载了大量的相关案例。饲养者们都坚定地认为，狭长的四肢一定是常常伴随着一颗长长的头的。还有些相关的例子特别怪异，比如，全身的毛都是白色以及具有蓝眼睛的猫通常都耳聋，不过最近泰特先生说，这种情况只在雄猫中出现。物种身体的颜色与体制特征之间是相互关联的，这点在许多的动植物里能找出不少显著的例子。据赫辛格所搜集的内容来观察，白毛的绵羊还有猪，吃了某些植物后，会受到伤害，但是深色的绵羊和猪能够避免那些伤害。怀曼教授最近写信告诉我有关这种实情的一个例子，非常不错：他问一些维基尼亚地方的农民，为何他们养的猪都是黑色的，农民们告诉他说，猪吃了赤根以后骨头就会变成淡红色，而除了黑色的猪变种外，猪蹄都会脱落。维基尼亚的一个放牧者还告诉他：“我们在一胎猪仔中会选择黑色的猪来饲养，因为只有黑色的猪仔才能更好地生存下去。”没有毛的狗，牙齿长得也不全；而毛长以及毛粗的动物们一般会有长角或多角的倾向。脚上长着毛的鸽子，外趾间有皮；短嘴的鸽子则脚比较小；而嘴长得长的鸽子，脚也就比较大。照这样说的话，如果人们选择任何特性，并想要加强这种特性的话，那么在神秘的变异相关法则的作用中，几乎一定会在无意中改变物种身体中其他某一个部分的构造。

达尔文的六分仪

各种不相同的我们未知的或只是大体上稍微理解一点点的变异法则所引起的变异效应，是五花八门十分复杂的。对于一些古老的栽培植物，比如风信子、马铃薯还有大丽花等，是很有研究价值的。看到变种与亚变种之间在构造以及体制的无数点上一些相互间的轻微差异，确实能够让我们感到非常惊讶。生物的整体构造仿佛变成可塑的了，而且以很轻微的程度在偏离其亲代的体制。

各种不遗传的变异，于我们来说并不重要。但是，可以遗传的，构造上的变异，不管是轻微的，还是在生理上有十分重要价值的，其数量以及多样性是我们所无法估算计数的。卢卡斯博士的两大卷论文，对于这个问题有着详尽的记述。没有一个饲养者会怀疑遗传力的强大。“物生其类”是他们的基本信条。只有那些空谈理论的所谓大家，才会去毫无意义地怀疑这个原理。当任何构造上的偏差开始高频率地出现，而且在父代以及子代都出现了的时候，我们也无法证明这是因为同一种原因作用于两者而造成的结果。但是，有些构造变异十分罕见，因为多种环境条件的综合影响使得有些遗传变异不光出现在母体，也出现在子体中，对于这种非常偶然的意外，我们不得不将它的重现归因于遗传。想必大家都听说过白化病、棘皮症还有多毛症等，出现在同一家庭中几个成员身上的现象。如果说那些奇异的、稀少的构造变异是属于遗传的，那么那些不太奇特的以及比较普通的变异，自然也可以被看作是属于遗传了。把各种性状的遗传看成是规律，将不遗传看作异常，应该说才是认识这整个问题的正确方法。

支配遗传的诸法则，大多数是我们还不知道的。没有人可以说清楚同种的不同个体之间或者是异种个体之间相同的特性，为什么有时候可以遗传，有时候又无法遗传；为什么子代可以重现祖父或祖母的一些性状；甚至还可以重现更远古的祖先的性状。

达尔文为了研究饲养的信鸽

为什么有的特性可以从一种性别的物种身上，同时遗传给雄性和雌性两种性别的后代，而有时又会只遗传给一种性别的后代，不过，更多的时候，主要是遗传给同性的后代，虽然偶尔也会遗传给异性后代。雄性家畜的特性基本都只会遗传给雄性，或者很大一部分都遗传给雄性，这对于我们的研究来说，是一个非常重要的事实。有一个更重要的规律，我认为是可以相信的，那就是，生物体生命中某一特定的时期突然出现某种性状，那么它的后代基本上也会在同一时期（或者提前一点）出现这种特性。在许多场合中，这样的情形十分准确，比如，牛角的遗传特性，只在它的后代快要成熟的时候才会出现。再看看我们所熟知的蚕的各种特性，也都是只在幼虫期或蛹期里出现。像那些可以遗传的疾病还有其他的一些遗传事实，让我相信这种有迹可循的规律，适用于更大的范围之内。遗传特性为什么会定期出现呢？虽然个中缘由我们还不太清楚，不过事实上这种趋势是确确实实存在着的，也就是，这种现象在后代身上出现的时间，往往会与自己的父母或者是更远一点的祖辈首次出现的时间相同。我觉得，这个规律对解释胚胎学的法则是相当重要的。当然，这些观点主要是指遗传特性初次出现的情况，而不是指涉及作用于胚珠或雄性生殖质的最初原因。比如说，一只短角的母牛与一只长角的公牛交配后，它们的后代长出了长角，这虽然出现得比较晚，但明显是因为雄性生殖因素的作用而造成的。

加拉帕戈斯拉维达岛上的火烈鸟交配期的“芭蕾”之舞

我们讨论过返祖问题，接下来，我想提一下博物学家们时常论述的一个观点，那就是：我们的家养变种动物，在回归到野生环境以后，就会慢慢地又重现它们原始祖先的一些特性。因此也有人曾提出，不可以从家养物种的身上去推论自然环境中的物种。我曾竭尽力量去探索，这些人是根据哪些确定的事实而这样频繁地和大胆地得出那些论述，不过最后全以失败告终。要证明这个的可靠性的确是非常困难的。而且，我可以很肯定地说，绝大部分遗传变异非常显著的家养变种在回到野生环境后是无法安然地生存下去的。在大多数环境里，我们无法知晓原始的祖先到底是什么样子的，所以我们也就无法准确地判断出所发生的返祖现象是否真的就接近完全。为了预防被杂交因素所影响，所以我们在研究时必须光把单独一个变种饲养在一个新的环境里。就算如此，我们所研究的这些个变种，有时候的确会重现其先辈的某些特征。由此，我推断下面的情形基本上是可能的：比如甘蓝，如果我们将甘蓝置于非常瘠薄的土壤中（这种情形下，贫瘠的土壤当然也会产生一定的影响）进行栽培，一段时间后，就会发现，它们中的绝大部分甚至是全部，都会返回到野生原始祖先的状态中。这个试验不管会不会成功，对于我们的论点也没有太大的意义，因为试验本身就已将物种生活的条件改变了。如果能证明，当我们将家养变种安排在同一个条件下，而且是大群地饲养在一起，让它们进行自由杂交，通过相互混交来阻止构造上一切轻微的偏差。如果这样做它们还表现出强大的返祖倾向，也就是失去它们的获得性的话，面对这样的结果，我会赞同不可以从家养变种来推论自然界物种的任何问题。只可惜，有利于这种观点的证据，目前为止还没有发现一点点。如果你想断言我们不能让我们的驾车马与赛跑马、长角牛同短角牛、鸡的多个品种、食用的多种蔬菜无数世代地繁殖下去，那将会违反一切的经验。

家养变异的性状

如果我们观察家养动物以及栽培植物的遗传变种还有种族，而且将它们与亲缘关系密切的物种进行比较时，就会发现，各个家养变种的情况在性状上不如原种那么一致。家养变种的性状往往有很多都是畸形的。也就是说，它们彼此之间、它们与同属的其他物种之间，虽然在一些方面差异比较小，但是，将它们互相比较时，常常会发现它们身体的某一部分会有很大程度上的差别，尤其是当它们与自然状况下的亲缘最近的物种进行比较时，则更加明显。除了畸形特征以外（以及变种杂交的完全能育性——这个问题以后会讨论到），同种的家养变种之间的差异，与自然状态下同属的亲缘密切近似物种间的差异是十分相像的，不过，前者在大多数场合中的差异程度比较小。我们不得不承认这一点是十分正确的，因为一些有能力的鉴定家，他们将很多家养的动物以及植物的家养品种，看为原来不同物种的后代，也有一些有能力的鉴定家却只是将它们看为一些变种。如果家养品种与物种之间存在着明显的区别的话，这些疑问和争论就不会反复出现了。有人经常这么说，家养变种之间的性状差异不会达到属级程度。而我觉得这种说法是站不住脚的。博物学家们在确定究竟怎样的性状才具有属的价值时，意见一般都很难达到一致，几乎所有的看法到目前为止都是从经验中得来的。等我们弄明白自然界中属是如何起源的，我们就会明白，我们没有权利乞求在我们的家养变种里能够经常找到属级变异。

“贝格尔”号通过穆雷窄道

当我们试图对同属种的家养种族进行构造上的差异

评估时，因为无法知道这些物种究竟是从一个或几个亲种演变而来的，于是我们就会陷入各种疑惑里。如果弄明白了这一点，那么将会变得十分有趣。比如，如果可以证明我们都知道的可以纯系繁殖的一些生物如细腰猎狗、嗅血警犬、㹴犬、长耳猎狗以及斗牛狗都属于某一物种的后代这个问题，那么，这样的事实将严重地影响我们，让我们对于栖息在世界各地的不计其数的具有亲缘关系的自然物种（比如许多狐的种类）是不会改变的说法产生很大的疑问。我根本不相信，我们前面所提到的那几种狗的所有差异都是因为家养而渐渐出现的。我相信有一些微小的变异，是由原来不同的物种传下来的。但是有很多的家养物种具有非常明显的特性，这些物种都能够找到假定的或者是有力的证据来证明它们都是源自同一个物种的。

人们经常做这样的设想，人类选择的家养动物以及家养植物都具有非常大的遗传变异的倾向，都可以承受得住变化多端的气候。这些性质曾经在很大程度上提高了大部分家养物种的价值，对于这个我不做争辩。但是，我想说，在远古时期，野蛮人在最初驯养一种动物时，他们是如何知道那个动物能否可以在持续的世代里发生变异，又是如何能够知道这个动物是否可以经受住变化多端的气候呢？驴与鹅的变异性较差，驯鹿的耐热力很低，普通骆驼的耐寒力也比较低，难道这些因素就会妨碍它们被家养吗？我可以肯定地说，如果我们从自然环境里找来一些动物以及植物，在数目、产地还有分类纲目方面都与我们的家养生物相同，同时假定它们在家养状态中繁殖同样多的世代，那么，这些动植物平均发生的变异会与现存家养生物的亲种所发生过的变异同样多。

变种与物种的区别难题

大部分从古代就家养的动物以及植物，到底是从一种还是几种野生物种繁衍而来的，目前我们还无法得到任何确切的论断。那些相信家养动物来自多源的人，主要依据来自我们在古埃及的石碑上以及在瑞士的湖上住所里所发现的一些品种，那些品种已经非常丰富了；而且其中有一些记录中提到的家养物种，同现在依然存在着的家养物种非常相像，甚至有的基本就相同。不过这些观点也只是能证明，历史的文明在很早很早以前就已出现，同时也说明，动物被家养起来的时间比我们所设想的时间更为久远罢了。瑞士的湖上居民曾经种植过多种小麦以及大麦、豌豆还有制油用的罂粟和亚麻，同时他们也饲养多种家养动物，还与其他民族进行了货物贸易。正如希尔所说的，这些现象都充分地证明，早在很早很早以前，就已经存在着很进步的文明了。同时，这也暗示出，在此之前还有过一个较为长久的文明稍低的连续时期，在那个时期，各部落在各地方所家养的物种估计已经发生变异，并且形成了不同的品种。自从在世

"贝格尔"号途经巴西费尔南多-迪诺罗尼亚，岛上的高峰对地质学研究很有价值。

界上很多地方的表面地层中发现燧石器具以来，所有地质学者们都相信，在远古时代，原始民族早已开始了历史的文明之旅，而且，今天我们都知道，几乎不会有一个民族会没有进化，落后到连狗都不会饲养。

家养变种起源于一个或多个物种

很多家养动物的起源，或许永远都无法弄清楚。不过我要在这里说明一下，我研究过世界上几乎全部的家养狗，而且苦心搜集了所有已知的事实，最后得出这样一个结论：犬科中有一些野生种曾被驯养过，它们的血在一些状态下曾混合在一起，流淌在我们现在的家养品种的狗身上。但是对于绵羊与山羊，目前我还无法得出肯定性的结论。布莱斯先生曾给我写信告知印度瘤牛的习性以及声音、体制还有构造，从这几方面来看，就基本上可以判断出它们的原始祖先与欧洲牛是不一样的；而且一些有能力的鉴定家认为，欧洲牛有两个或三个野生祖先（但没有弄清楚它们是否可以称为物种）。这一结论，还有关于瘤牛与普通牛的种族区别的结论，其实已被卢特梅那教授所值得称道的研究所确定了。但是关于马，我和几个学者的意见则正好相反，我基本上相信，所有的马均属于同一种祖先，具体理由在这里无法详细解说。我曾经近距离观察过几乎所有的英国鸡的品种，让它们进行繁殖和交配，同时研究了它们的骨骼，研究的结果就是，我可以非常确切地说，所有品种的鸡均是野生印度鸡的后代，而且，这也是布莱斯先生与别人在印度研究过这种鸡后得出的结论。至于鸭还有兔，有的品种彼此之间的差别非常大，但是也有证据非常明确地证明，它们都是由以前的野生鸭以及野生兔传下来的。

有的学者将一些家养族源自几个原始祖先的学说，荒谬地夸张到了极端的地步。他们一致认为只要是纯系繁殖的家养族，就算它们能够区别的性状十分微小，但它们也都各有自己野生的原始型。这也就意味着，只在欧洲一个范围，就最少生存过 20 种野牛，20 种野绵羊，以及很多种野山羊，就算是在英国也有几种物种。还有一位学者提出，之前英国所特有的绵羊野生种竟多达 11 个！其实我们都知道，英国如今早已没有一种特有的哺乳动物，法国也仅有为数不多的哺乳动物与德国的不一样，匈牙利、西班牙

鹅

等国家的情况也一样。不过，这些国家又都各有几种自己特有的牛还有绵羊等物种，所以我们不得不承认，很多家畜的品种都是起源于欧洲的，不然的话，它们又是来自哪里的呢？在印度也有同样的情形。甚至可以说，全世界的家狗品种（我承认它们是由几种野生的狗传下来的），毫无疑问也存在着很多的遗传变异。因为，意大利细腰猎狗、嗅血警犬以及斗牛狗和哈巴狗还有布伦海姆狗等，和所有的野生狗科动物都有很大的不同之处，没有人会想到与它们密切相似的动物，以前曾在自然状态下生存过。有人经常很随意地指出，所有的狗族均是由少数原始物种杂交繁衍而来的。但是杂交只能获得介于两亲之间的一些类型。如果用这一过程来证明现有的家养狗类的起源，那我们就不得不承认一些十分特别的类型，例如，意大利细腰猎狗、嗅血警犬、斗牛狗等，曾在野生环境中存在过。而且，我们将杂交会产生不同品种的可能性过于夸大了。我见过的很多记载中有很多的事例指出，如果我们对于一些表现有我们所需要的性状的物种进行细心地选择，就能够帮助那些偶然出现的杂交，从而让一个种族发生变异。不过，如果要想从两个完全不同的族里得到一个具有中间性的族，是非常非常困难的。西布莱特爵士曾专门为了这一目的进行过实验，最后以失败告终。将两个纯系品种进行杂交，其所产生的子代，性状是非常一致的（像我在鸽子中所发现的那样）。这样一来，一切情形似乎很简单了，但是，当我们让这些纯种互相进行数代杂交以后，它们的后代简直不会有两个是彼此间比较相似的，如果是这样的话，工作又变得非常困难了。

放养的野牛

各种家鸽的差异及起源

我相信选择特殊类群来进行具体的研究是最好的方法，经过慎重考虑以后，便选择了家鸽。我饲养了几乎所有我能买到的或寻找到的家鸽品种，同时我从世界各地得到了热心惠赠的多种鸽皮，特别是尊敬的埃里奥特从印度寄来的鸽子皮，还有尊敬的默里先生从波斯寄来的鸽子皮。关于鸽类的研究，人们曾用很多不同的文字发表过各种论文，有一些是时间久远的，非常重要。我曾与几位知名的养鸽家交流，同时还得到允许，加入了两个伦敦的养鸽俱乐部。家鸽品种之多，让人尤为惊异。从英国传书鸽与短面翻飞鸽的比较里，我们可以发现，它们的喙部有着非常奇特的差异，同时由此所引起的头骨差异也十分明显。传书鸽，尤其是雄性，脑袋四周的皮有着发育十分奇特的肉突，与之相对应的，还有相当长的眼睑、非常大的外鼻孔以及阔大的口。短面翻飞鸽的喙部外形与鸣鸟类非常相像；普通翻飞鸽有一种比较特殊的遗传习性，它们一般喜欢成群结队地在高空中飞翔同时还喜欢翻筋斗。侏儒鸽体型非常庞大，喙既粗又长，足也很大；一些侏儒鸽的亚品种，脖子部分也很长；也有些是翅及尾很长，还有的是尾部特别短。巴巴利鸽与传书鸽倒是十分近似，不过嘴不长，属于短并且阔的那种。突胸鸽有着比同类更长的身体，其翅膀和腿非常长，嗉囊也相当发达，当这种鸽子得意地膨胀时，会让人感到十分惊异和好笑。浮羽鸽的喙比较短，呈圆锥形，胸下的羽毛呈倒生状；这种鸽子有一种习性，能够让食管上部不断地微微胀大起来。毛领鸽的羽毛沿着脖子的后面，向前倒竖状似凤冠，从它身体的大小比例来看，这种鸽子的翅羽以及尾羽都比较长。喇叭鸽与笑鸽的叫声，就像它们的名字一样，同其他品种鸽子的叫声完全不相同。扇尾鸽有 30 根甚至 40 根尾羽，而不像其他鸽子一样只有 12 根或 14 根，当扇尾鸽的尾羽打开竖立的时候，品种优良的鸽子，能够首尾相触。另外，扇尾鸽的脂肪腺退化十分严重。除此之外，我们还能够列出一些差异比较小的品种来。

鸽子是生存最成功的鸟类之一，几乎像人一样随处可见。

通过观察可以看出，这些品种的骨骼，在面骨的长度以及阔度和曲度的发育方面，都有很大的差异。这些鸽子下颚的枝骨形状还有阔度以及长度，都能看出高度明显的变异。尾椎与荐椎的数目也有变异；肋骨的数目以及相对阔度和突起的有无等方面

两只冠翎岩鸠在相互梳羽。

也有很明显的变异。此外鸽子胸骨上孔的大小以及形状也有很大程度的变异。叉骨两肢的开度和相对长度也同样有不小的变异。我们可以看出，家鸽口裂的相对阔度，眼睑以及鼻孔还有舌的相对长度，嗉囊和上部食管的大小，脂肪腺的发达与退化；第一列翅羽以及尾羽的数目，翅与尾之间的相对长度还有与身体的相对长度，腿与脚的相对长度，脚趾面鳞板的数量，趾间皮膜的发育程度等，我们所能看到和了解到的所有构造，均属于十分容易变异的范围。家鸽在羽毛完全长齐的时期会有变异，而孵化后雏鸽还处于绒毛状态时也是会有变异的。此外，像卵的形状以及大小都会有变异。鸽子飞翔时的姿势还有一些品种的声音以及性情都能够发现具有明显的区别。另外，还有一些品种的家鸽，雌雄间彼此也存在着小范围的差异。

如果我们选出至少20种及以上的家鸽，然后将它们带给鸟类学家去鉴别，同时告诉他，这些均是野鸟，那么他一定会将这些鸟列为界限分明的物种。此外，我不相信有哪一个鸟类学家会在这样情形将英国传书鸽、短面翻飞鸽、侏儒鸽、巴巴利鸽、突胸鸽还有扇尾鸽置入同属。尤其是将每一个前面我们提到的品种中的几个纯粹遗传的亚品种给他看，更是如此，当然，这些品种他都会看作是不同的物种。

虽然说鸽类品种之间的差别很大，不过我依然十分相信博物学家们的一般意见是对的，那就是，它们都是从岩鸽传下来的。在岩鸽这个名称之下还包含几种彼此之间差别非常细微的地方种族，也就是亚种。一些让我在这一观点上十分认同的理由，在某种程度上也能够应用于其他情况，所以我要在这里将这些理由概括地讲一讲。如果说这些品种不属于变种，并且不是来源于岩鸽，那么这些品种就至少必须是由七种甚至是八种原始祖先传下来的。这是因为，如果少于七八种的话，再怎么进行杂交，都不可能出现如今这么多的家养品种的。比如让两个品种进行杂交，如果亲代中有一方没有嗉囊的性状，那么是如何产生出突胸鸽的呢？所以说，这些假定的原始祖先一定都是岩鸽，它们不在树上生育，也不常在树上栖息。不过，除了这种岩鸽以及它的地理亚种以外，我们知道的其他野岩鸽也只有两三种，而且这为数不多的两三种还都没有家养品种的任何特性。所以，我们为家鸽假定的原始祖先有两种可能：第一种祖先，可能在鸽子最开始被家养化的那些地方一直生存着直到今天，只不过鸟类学家们不明白罢了。不过就它们的大小、习性以及显著的特征来说，又不可能不被知道。第二种祖先就是，野生状态中的鸽子的原祖先在很早以前就已经灭绝。不过，可以在岩崖上生育并且十分善飞的鸟，不像是会绝灭的品种。一些生活在英国的较小岛屿以及地中海的海岸上的普通岩鸽，具有家养品种同样的习性，也都没有绝灭。所以，如果说具有和家养鸽子相似习性的物种均已绝灭，听起来就是一种十分轻率的推测。此外，前面我们提到的几个家养品种曾被运送到世界各地，所以有几种肯定也曾被带回了原产地，不过，除了鸠鸽是有小变化的岩鸽，在几处地方又回归野生以外，再没有一个品种又变成野生的。还有，所有最近的经验都证明，让野生动物在家养状况下去自由交配繁殖后代是比较难的事情。然而如果家鸽多源说成立的话，那么就必须假定最少有七八种物种在很早以前就已经被古人所彻底家养驯化了，而且这七八种物种竟然还可以在圈养的状态下进行大量的繁殖生育。

有一个非常有说服力的论证，而且此论证同时也适用于其他场合，这个论点就是，我们前面讲到的各品种，虽然在总体特征、习性、声音以及颜色还有大多数构造上与野生岩鸽相一致，不过仍有一些其他部分存在着高度的异常。我们在整个鸽科里再也找不出一种像英国信鸽或短面翻飞鸽或巴巴利鸽那样的喙，也找不出像毛领鸽那样倒生的羽毛，像突胸鸽那样的嗉囊，像扇尾鸽那样的尾羽。所以说，如果我们想要证明家鸽多源成立的话，那么首先就必须假定远古时期的人们不仅成功地彻底驯化了几个物种，而且他们还会有意或无意地选出那些特别畸形的物种。与之同步进行的是，我们还必须假定，这些物种在后来的日子里全部都灭绝了。很明显，这些奇怪而意外的事情，是根本不可能会发生的。对于鸽类颜色的一些事实，很值得我们去探讨一下。岩鸽是石板青蓝色的，腰部为白色；而印度的亚种，一种名为斯特利克兰的岩鸽，腰的部位是浅蓝色的。岩鸽的尾部有一暗色横纹，外侧羽毛的边缘是白色的，翅膀上有两条黑色的横纹。一些半家养的品种以及那些纯正的野生品种，翅上不仅有两条黑带，同时还杂有一些黑色方斑。这两个特点，在本科的其他任何物种身上都不会同时出现。与之不同的是，在任何一种家养的鸽子中，只要在较好的饲养条件下发育的鸽子，所有我们前面所讲到的斑纹，甚至包括外尾羽的白边，很多时候都是可以看得到的。而

里约热内卢，这是跟随“贝格尔”号航行的画家所绘。

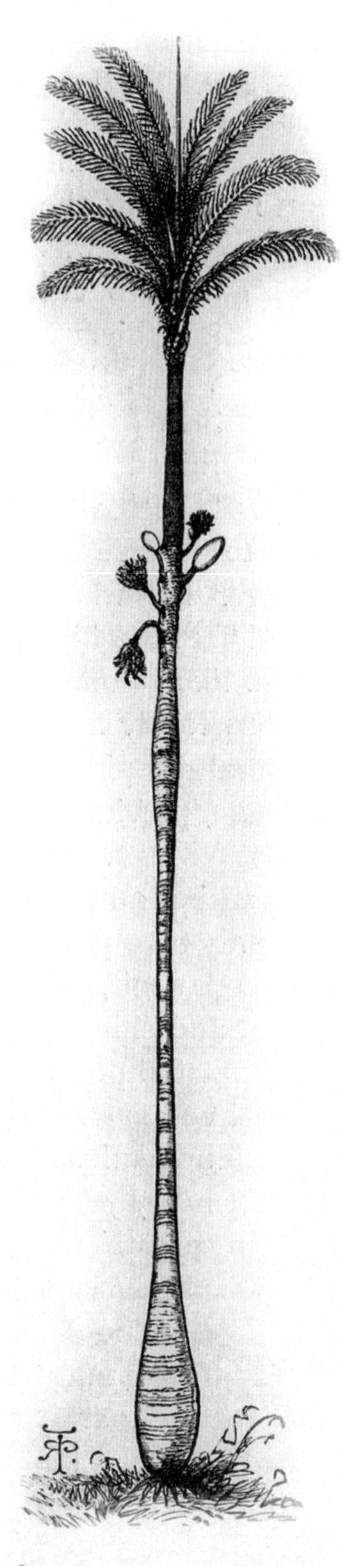

达尔文认为又高又瘦的棕榈很美丽

且，当两种或几种不同品种的鸽子进行杂交后，就算它们身上没有青蓝色或我们所提到的其他斑纹，但它们的杂种后代身上突然出现了这些性状。现在将我观察过的一些实例在这里讲一下：我用几只纯种繁殖的白色扇尾鸽与几只黑色的巴巴利鸽进行杂交，（我们要知道巴巴利鸽的青蓝色变种是十分稀少的，少到我都不曾在英国见过有这样的事例），最后我们看到，这两种鸽子的杂种是黑色、褐色以及杂色的。我又用一只巴巴利鸽与斑点鸽进行杂交，我们都明白，纯种的斑点鸽是白色的，额部有一红色斑点，尾部也是红色的，但是它们杂交的后代，却是暗黑色的，而且长有斑点。接着我又用巴巴利鸽与扇尾鸽杂交后的产物，与巴巴利鸽和斑点鸽杂交产生的后代，再次进行杂交，最后所产生的这只鸽子，具有任何野生岩鸽所拥有的，美丽的青蓝色羽毛、白色的腰还有两条黑色的翼带，更神奇的是还具有条纹以及白边的尾羽！如果说所有的家养鸽子都是由岩鸽传下来的，那么按照我们所熟知的返祖遗传原理，这样的事实就一点都不难理解了。不过，如果我们不承认岩鸽是所有鸽子祖先的说法，那我们就不得不采取以下两种完全不可能的假设之一。第一种就是，所有想象的几种原始祖先，皆具有与岩鸽一样的颜色还有斑纹，所以各个品种可能都有重现同样色彩以及斑纹的倾向，但是我们所知道的事实是，没有一个其他现存的物种，还具有这样的色彩以及斑纹。第二种假设是，各品种就算是最纯粹的，也曾在12代甚至是20代之内与岩鸽交配过。为什么这样说呢？为什么要限定是12代或20代之内呢？其中的原因在于，我从未见到一个例子，有哪种物种杂交的后代能够重现20代以上的，已经消失了的，外来血统的祖代性状。而在仅仅是杂交过一次的品种中，重现从这次杂交中得到的任何性状的倾向，当然就会变得愈来愈小。因为在次生的各代里，外来血统会慢慢减少。但是，如果以前没有参与过杂交，那么这个品种就有重现前几代中，已经消失了的性状的倾向。因为我们都知道，这种倾向与前种倾向正好是相反的，它能在不被减弱的情况下，一直遗传无数代。研究遗传问题的人们时

巴西的热带雨林，达尔文第一次见到热带雨林就是在巴西。

常将这两种不同的返祖现象混为一谈。

最后，根据我自己对各种非常不同的品种所做的有计划的观察得出的结果，我可以断定，所有家鸽的品种间所杂交的后代都是完全能育的。然而两个在很大程度上不相同的动物，进行杂交后所产生的后代几乎没有一个成功的案例可以有力而准确地证明，它们是完全能育的。有些学者认为，长期进行连续性的家养，可以消除种间杂交不育性的强烈倾向。根据狗还有其他一些家养动物的演化历程来看，如果将前面的结论加诸彼此密切近似的物种身上，应该是十分正确的。但是，如果引申得过于遥远，非得假定那些原来就具有像如今的信鸽、翻飞鸽、突胸鸽以及扇尾鸽那样显著差异的物种，在它们之间进行杂交后所产生的后代依然完全能育，那就真的有点过于轻率了。

从以上的理由来看，有些事实需要我们总结归纳一下：更早之前的人类，不可能让七个或八个假定的鸽种在家养状态下进行自由繁殖；还有，这些假定的物种从来没有在野生状态中发现过，而且它们也没有在任何地方出现返回野生的现象。这些假定的物种，虽然在不少方面与岩鸽都比较相像，但与鸽科的其他物种比较起来，却表现出一些极为异常的性状。不管是在纯种繁殖的情况下还是在杂交的情况下，几乎所有的品种都会偶尔地出现青蓝色以及其他黑色斑纹。最后，杂交的后代完全可以生育。将这些理由综合一下，我们就能够毫无疑问地得出一个结论，那就是所有家鸽的品种都是从岩鸽还有其地理亚种繁衍下来的。

为了进一步论证前面的观点，我再做一些有力的补充，具体如下：第一，已经发现野生岩鸽在欧洲以及印度可以家养，而且它们的习性还有大多数构造方面的特点与所有的家鸽品种是相同的。第二，虽然英国信鸽还有短面翻飞鸽的一些性状与岩鸽有很大的差别，但是，将二者的几个亚品种加以比较，尤其是对从远地带来的亚品种加以比较，我们就能够在它们与岩鸽之间制造出一个近乎完整的演变系列。对于其他物种，我们也可以这样进行对比与判断，但并非所有的物种都可以用这样的方法。第三，每个物种最为显著的性状，一般都是这种物种最容易发生变异的性状，比如信鸽的肉垂还有喙，以及扇尾鸽的尾羽数目。对于这一状况的解释，等我们讨论“选择”的时候就能够明了了。第四，鸽类曾被很多人极为细心地观察、保护和爱好着。它们在世界的很多地方被饲养了几千年。有关鸽类最早的记载，来普修斯教授曾告诉我，大约是在公元前3000年埃及第五王朝的时期；不过伯奇先生告诉我说，在那之前更早的王朝，鸽的名字早已被记载在菜单上。根据普林尼所说的，在罗马时代，鸽的价格是非常高的，“而且人们已经达到可以核计鸽类谱系以及族的地步了”。印度的阿克巴可汗十分重视鸽子，大约在1600年，养在宫里的鸽子就最少在2万只左右。宫廷史官这样记载：“伊朗以及都伦的国王曾送给他一些十分稀有的鸽子。”还记载道：“陛下用不同的品种进行杂交，从而获得前所未有的惊人改良，这样的方法以前从没有人用过。”而几乎在同一时期，荷兰人也像古罗马人一样十分爱好鸽子。这些考察对解释鸽类所发生的众多的变异是至关重要的。我们在后面讨论“选择”的时候，就会明白了。同时我们还能够弄明白，为什么这些品种经常会出现畸形的性状。雄鸽与雌鸽容易终身相配，这也是产生不同品种的最有利条件。正因为这样，我们才能够将不同的品种饲养在同一个鸟笼里。

中美洲产的艳羽鸣禽唐纳雀

在前面，我已经对家鸽的各种起源的可能性做了很多的论述，但仍然不够充分。因为当我最开始饲养鸽子时，就很注意观察几类鸽子，并清楚地明白了它们可以多么纯粹地进行繁育，我也明白了别人为什么很难相信这些家养的鸽子都是来自一个共同祖先。这就像任何一个博物学家对于自然界中不计其数的雀类的物种或其他类群的鸟，要想给出一个相同的结论，同样是非常困难的。有一种情形给我留下了很深刻的印象，就是几乎绝大多数的各类型家养动物的饲养者以及植物的栽培者（我曾经同他们交谈过，或者读过他们的论述文章），都坚信他们所饲养的几个品种均是由很多不同的原始物种传下来的。如果你不相信我的说法，那么就去向一位知名的饲养者赫尔福德请教一下他的牛是不是由长角牛繁殖而来的，或者说，二者是不是都来自同样的一个祖先，那么结果就是注定会受到嘲笑。我所认识的鸽、鸡、鸭或兔的饲养者中，从来没有一个人会不相信每个主要的品种都是由一个特殊的物种传下来的。范蒙斯在自己的有关梨与苹果的论文中，完全不相信如“立孛斯东·皮平”苹果与“科特灵”苹果等这些品种可以从同一棵树的种子里繁衍下来，其他的事例更是不胜枚举。我想，其中的原因其实是很简单的：因为他们长期进行着专业而不间断的研究，所以对几个种族间的差异有着十分强烈的印象，他们十分清楚各种族之间微小的变异，因为他们选择这些微小的差异进而取得了获奖资格。只是这些人，对于一般的遗传变异法则是一无所知的，并且也不愿意在大脑中将那么多的连续世代累积起来的微小差异综合起来。那些博物学者所清楚的遗传法则，比饲养家们所知道的还要少很多。而在种族繁衍的漫长系统里，他们对其间具体环节的知识了解的也只不过比饲养家们多一点点而已。但是，他们都承认许多家养族是由同一个祖先传下来的，当他们嘲笑自然状态下的物种是其他物种的直系后代这个论点时，难道忘记了自己的言行需要谨慎一点吗？

古代遵从的选择原理及效果

达尔文想知道本能的社会行为如何进化

现在，让我们简单地讨论一下家养族是从一个物种或从多个近似物种演化而来的步骤。一些效果可以归因于外界生活条件的直接和定向作用的影响，有的效果则能够归因于习性使然。但是如果有人拿这些作用来说明驾车马与赛跑马、细腰猎狗与嗅血警犬、信鸽与翻飞鸽之间的差异的话，那就真的是有些冒失了。家养的动植物品种最为显著的特点之一，就是我们所看到的，它们的适应能力的确不是为了动植物本身的利益，绝大多数的变异与适应都只是满足了人类的使用或者是爱好。有些有益于人类的变异很有可能是突然发生的，或者说是一步到位的。比如，很多的植物学者都相信，长有刺钩的恋绒草——这些恋绒草所独有的刺钩，是任何机械装置所达不到的——仅仅是野生川续断草的一个变种罢了，而且这种变化基本上是在幼苗期突然发生的。安康羊与矮脚狗的出现，大致上应该也是这样起源的。但是，当我们将驾车马与赛跑马，单峰骆驼与双峰骆驼，适于耕地与适合山地牧场的、以及毛的用途不相同的不同种类的绵羊进行比较时；当我们比较不同用途用来服务于人类的许多狗的品种时，当我们对顽强争斗的斗鸡与很少争斗的品种进行比较时，以及当我们将斗鸡与从来不孵卵的卵用鸡进行比较时，当我们比较斗鸡同体型很小但十分优雅的矮鸡时，当我们对无数的农艺植物、蔬菜植物还有果树植物以及花卉植物的品种进行比较时，就能够发现，它们在不同的季节以及不同的目的上对人类非常有益，或者会让人觉得十分赏心悦目。我想，我们必须在纯粹的变异性以外进行更加深入的观察。因为我们无法想象所有的品种都是突然产生的，而当我们看到时，它们就已经是那么完善和有用了。是的，在很多情形中，我们知道它们的过去并不是我们现在所看到的样子。最关键的就在于人类的积累选择或不断淘汰的力量。自然给予了连续的变异，然后人类朝着对自己有用的方向进行了积聚增进的影响。在这种意义上，可以说，人类是为了方便自己才制造了这些对自己来说很有用的品种。

选择原理力量的伟大之处，并不是臆想出来的。确实有一些优秀的饲养者在自己的有生之年里，通过自己有目的的饲养而大大地改变了他们的牛还有绵羊的品种。想要充分理解他们所做的是些什么，就必须翻阅很多关于这个问题的论文，同时还要实际去观察那些动物，这都是非常有必要的。很多成功的饲养者都喜欢说自己饲养的动物的身体构造就像是可塑性的东西，可以根据自己的意图随意地进行塑造。如果有足够的篇幅空间，我可以从一些很有能力的权威作者的著作中引述出大量关于这种效果的论述。尤亚特对农学家们的工作，可能比几乎任何其他人都更为了解，并且他本人本来就是一位非常优秀的动物鉴定者。关于选择的原理，尤亚特曾说："能够让农学家们改变他的家养动物群的性状，同时，还可以让全部的家养动物都发生变化。选择是魔术家的魔杖，用这根魔杖，专门研究这个的学者们能够随心所欲地将身边的生物塑造成任何类型以及模式。"萨默维尔勋爵在谈及饲养者养羊的成就时，曾讲道："仿佛他们用粉笔在壁上画出了一个形体完美的羊，然后就赋予了它生命的力量。"在撒克逊，选择原理对于美利奴绵羊的重要性已被充分了解，以致人们将选择当作了一种行业，将绵羊放在桌子上，并对其进行研究。正如鉴赏家鉴定绘画一样；这样的行动，在几个月之内会进行三次，每次都会在绵羊身上标记一些记号，同时还会对其进行分类，来方便在最后能够用。

英国饲养家们所获得的实际成就，能够从价格高昂的优良谱系的动物身上得到证明。这些优良的动物基本上都被出口到了世界各国。这样的改良，一般都不是用不同品种杂交而得到的。几乎所有优秀的饲养者都强烈地反对这种杂交，只有很少的时候，会在同属而且关系很近的亚品种之间进行此种杂交，这又另当别论了。而且在进行了杂交之后，严格的选择甚至比在普通场合中更加需要重视。如果选择单单只是为了分离出一些比较独特的变种，然后让它们进行繁殖，那这个原理显然就不值得我们去注意了。但是它真正的重要性在于，让没有经过训练的眼睛所绝对觉察不出的一些差异（至少我就觉察不出那些细微的差异）——在之后的很多连续的世代里，朝着一个方向累积起来，进而演化出非常大的效果。在上千个人中也不一定有一个人具有精准的眼力以及丝毫不差的判断力，从而成为一个优秀卓越的饲养家。如果有人具有这样难能可贵的天赋，而且能够一直坚持多年研究他的课题，还能够以不屈不挠的精神去一辈子从事这份工作的话，那么他将得到很大的成功，而且还可以做出巨大的改进。反之，如果这个人一点都不具有我们所说的这些品质，那么他就会遭遇失败的经历。一般没有几个人会立刻相信，只是要成为一名熟练的养鸽者，竟然也需要具备一定的天赋以及多年的相关经验。

达尔文出生地

查尔斯·达尔文和他的妹妹凯瑟琳

园艺家也遵循相同的原理，不过植物的变异往往比动物的变异有更多的突发性。没有人会去假设我们最佳选择出来的生物，是一步就从原始祖先变异成现在的样子的。在很多个场合里，我们都可以找到有力的证据来证明这个事实。比如普通的醋栗，其个头的大小就是逐渐增加的，这是一个很小的但是很有说服力的例证。如果我们将今天的花与以前的花，不用多久，就仅仅是10年或30年前的花进行比较的话，就可看出，花卉的栽培家对很多很多的花都做出了惊人的影响和改进。当一个植物的种族一旦被很好地固定下来以后，种子培育者们剩下的工作，就只剩巡视苗床，及时清除不符合标准的植株了（也就是那些脱离固有标准型的植株，常被称作“无赖汉”）。对于动物，其实也会用与植物一样的这种选择方法，任何一个人，都不会粗心大意到拿最劣的动物去进行后代的繁殖。

对于植物，我们还可以用另一种方法来观察植物选择的累积效果，那就是，在花园里对属于同种的花所产生的不同的变种，所表现出来的多样性进行比较；在菜园里将植物的叶、荚、块茎或其他任何一部分有价值的地方，与同一变种的花的多样性进行比较；在果园里，将同一物种果实的多样性与同一物种的其他变种，比如叶还有花等，进行比较。观察一下甘蓝的叶差别是多么的大，而花却又多么相似；三色堇的花

1855年，利文斯通在非洲发现了赞比西河上游的大瀑布。

差别巨大，但叶子又极其相似；各种醋栗果实的个头、颜色还有形状以及茸毛都具有很大的差别，但是它们的花所表现出来的区别非常微小。我并不是说在一些方面区别很大的变种就在其他方面没有任何的差异，在经过慎重观察之后，我敢大胆地说，这样的情况是绝无仅有的。相关变异法则的重要性是绝对不可以忽视的，因为它可以保证一些变异的发生。不过，根据一般法则，不管我们是对叶还是花或者是对于果实的微小变异进行连续选择，就会繁衍出主要在这些性状上有所差异的品种，这是毫无疑问的。

选择原理成为有计划的实践，基本上也就只有 75 年的光景，这样的说法也许会遭到一些人的反对。这几年来。对于选择这个问题，人们确实比以前更加注意，而且对于这个问题发表了很多的论文，所以也很快见到了成效，并且还十分重要。但是，如果说这个原理是近代的发现，那么就同事实相差太远了。我可以引用古代著作中的很多例证来证明在很久以前人类就已经认识了这一原理的充分重要性。在英国历史上的野蛮蒙昧时代，就已有精选的物种输入，而且当时的政府还制定了相关的法律，防止物种被出口。当时的法律中曾明令规定，如果马的体格没有达到标准的尺度，那么就要面临被消灭的命运。这与我们之前讲到的园艺者拔除植物中的“无赖汉”几乎是同一个道理。我曾看到一部中国古代的百科全书（即《齐民要术》）中清楚地记载着选择的原理。有的古罗马著作家也曾拟定了明确的选择规则。从《创世记》的记载中，我们能够清楚地看出在那么早的时期，人类早已注意到家养动物的色彩了。近代的未开化人有时会让自己的家养狗与野生狗进行杂交，借以改进狗的品质。我们在普林尼的文章里可以看到，这种做法在古代早已存在。非洲南部的野蛮人依据圈养的牛的不同颜色来让它们进行配种；有的因纽特人对于他们饲养的拉车狗也这么做。利文斯通说，不曾和欧洲人打过交道的非洲内地的黑人，非常重视优质的家养品种。虽然这样的事实并不能明确地表示真正的选择已在实行，但也表明了在古代，人们已经开始有意识地关注家养动物的繁育了，并且就连如今文明程度最低的未开化人，也一样注意到了这一点。既然好品质与坏品质的遗传这么明显，但我们一直对动植物的繁衍与遗传不够重视，这真的是一件奇怪的事情。

无意识的选择

如今，优秀的饲养者们都在自己心里有各自独到的想法，他们有自己明确的目的，试图通过有计划的选择来产生一些胜过国内所有现存种类的新品系或亚品种。但是，为了我们的讨论目的，还有一种选择方式，我们可称为无意识的选择方式，对于我们更为重要。几乎所有人都想拥有最优良的个体动物，并且将之繁育下去，于是就引

达尔文曾经就读的舒兹伯利公学

出了这种选择。比如，要养向导狗的人，毫无疑问就会尽全力去寻找最优质的狗，然后用自己所拥有的最优质的狗进行繁育，不过他并不会抱有永久性改变这一品种的期待。但是，我们可以这么想，如果将这一程序一直延续很多个世纪，那么就一定会改进而且还会改变任何品种。正如贝克韦尔还有科林斯所研究得到的结果一样。这两个人根据相同的程序，只是进行得更缜密点，于是就在他们的有生之年里，在很大程度上改变了他们所饲养的牛的体型以及品质。除非在很早之前，就已经对问题中的品种进行了正确的计量或细心的描绘来方便日后的比较，否则那些缓慢并且还不易被觉察的变化就永远不会被辨识。然而，在一些情形下，在那些文明较为落后的地区，同一个品种的个体基本没有变化或者是稍微有点变化的现象也是常见的，在那些地区，品种很少能得到改进。有理由相信，查理斯王的长耳猎狗是从那个时期起就已经在没有察觉的情况下悄悄地发生了重大的改变。在一些很有才能的权威家看来，侦查犬是由长耳猎狗繁衍而来的，应该是在缓慢的过程中渐渐改变而产生的。大家基本上都明白，英国的向导犬在上一世纪中发生了很大的变化，而且人们相信这种变化的出现主要是因为与猎狐狗进行了杂交才导致的。但是与我们的讨论有关的是：这样的改变是无意识并且缓慢地进行着的，但是变化的结果是非常明显的。虽然以前的西班牙向导狗的确是从西班牙传来的，不过博罗先生告诉我说，他从来没有见到过一只西班牙本地狗与我们的向导狗有什么相像之处。

在经历了同样的选择程序以及细心的训练之后，英国赛跑马的体格还有速度都已超越了它们的亲种阿拉伯马。所以，依照古德伍德的赛马规则，阿拉伯马的载重量被减轻了。斯潘塞勋爵还有其他人曾经提出，英格兰的牛和之前饲养在本国的原种相比较，其重量还有早熟性都得到了很大的增加。如果将各种论述不列颠、印度、波斯的信鸽、短面翻飞鸽的过去以及现在状态的旧论文翻出来，比较一下，我们就可以追踪出这些鸽子非常缓慢地经过的各个阶段，通过这些阶段，它们与最原始的岩鸽之间的差异就渐渐变得明了而显著了。

尤亚特道出了一个最好的例证来为我们解释了一种选择过程的效果，这能够看成是无意识的选择，因为产生了饲养者并没有预期过的甚至并没有希望过的结果。这也正是表示，出现了两个完全不一样的品系。就像尤亚特先生所说的，巴克利先生还有伯吉斯先生所饲养的两群莱斯特绵羊，全部都是经过50年以上的时间，从贝克韦尔先生的原种纯正繁殖而来的。所熟知这个问题的任何人都不会去随便怀疑，前面我们提到的巴克利先生还有伯吉斯先生会在某些情况下将贝克韦尔先生羊群的纯正血统搞乱。不过，事实上这两位先生的绵羊之间， 有着非常大的区别，于是，如果我们从它们的外貌上看的话，根本就看不出它们曾经是属于同一个系统的。

如果现在有一种文明比较落后的人，而且相当野蛮，甚至绝对不会去考虑家养动物后代的遗传性状，但是当他们在遭遇饥荒或者是别的灾难时，他们会将能够满足自己任何特殊目的，特别是对自己十分有用的动物小心地保存下来。如此选取出来的动物，比起那些劣等动物来，留下的后代会更多一些。如此一来，一种无意识的选择便产生并进行着了。我们知道，火地岛那些文明落后的野蛮人类也知道要重视自己的动物，在饥荒的时候，他们宁愿选择杀吃年老妇女，也不会选择杀动物，在他们看来，这些年老妇女的价值并没有狗的高。

在植物方面，也是经过不断偶然性地保存优质的个体进而获得了品质的改进。不论这些物种刚出现时是否达到了变种的标准，也不管是不是由两个或者多个物种或品种杂交混合而成，我们都可以从中清楚地辨识出这种改进的过程。我们现在所看到的比如三色堇、蔷薇、天竺葵、大丽花还有其他一些植物的变种，比起原来的种族或它们的亲种，现在的植物们不管是大小方面还是美观方面都有了一定的改进。之前从不会有人期望从野生的三色堇或大丽花的种子里生长出上等的三色堇或大丽花，也没有人曾想过要从野生梨的种子中培育出上等的软肉梨，就算他可以将野生的瘦弱梨苗培育成佳种。虽然在古代就已有了关于梨的栽培方法，但是按照普林尼

查尔斯·莱尔（1797—1875），英国地质学家，最有名的作品是《地质学原理》（*Principles of Geology*），达尔文深受其影响。

的描述来说的话，这些植物的果实的品质是十分不好的。我曾看到园艺书籍里对于园艺者的技巧常感到十分惊讶，常惊讶于他们竟然能从如此品质不好的材料里产生出那些优秀的结果。不过，这个技术其实是比较简单的。如果从最终的结果来看的话，基本上全是无意识地进行的。要做到这一点，就要始终坚持将最有名的变种拿来栽培，播种它的种子，如果正好遇到比较优秀的一些变种时，就及时进行选择，就这样一直反复，一直继续进行下去。不过，我们最优秀的果实虽在一些程度上有很小很小的依赖，也就是说它们得益于古代园艺家们对最好品种的无意识的选择和保存。不过，当他们在栽培那些可能得到的最好的梨树时，一定不会想到今天我们会吃到何等美味可口的果实。

正如我所认为的一样，这种缓慢地以及无意识地累积起来的大量变化，能够帮助我们解释很多我们所熟知的事实：在很多情况之下，我们对于花园以及菜园中那些栽培历史较长的植物，已经很难辨认出它们的野生原种了。我们见到的绝大部分的植物进化到或改变为现在对我们人类有用的标准，一般都需要数百年甚至数千年以上。如果是这样看的话，我们也就可以理解为什么不管是澳大利亚还是好望角或者是人类文明尚未进化的地方，都无法向我们提供一些值得栽培的植物。在那些地方，植物的品种数不胜数，而且也不缺少可以成为有用植物的原始类型，但是，因为这些地区的植物还尚未经过长期的连续选择，从而得到进化和改善来达到古文明国家的植物所获得的那种完善的程度。

在谈及未开化人所养的家养动物时，有一点不能忽视，那就是，它们至少在一些季节里，需要因为自己的食物而展开斗争。在环境非常不相同的两个地方，在体制方面或者是构造方面有微小差异的一些同种个体，在一地区往往会比在另一个地区生存得好一些。那么，后面要讲的自然选择的重要作用，就会产生两个亚品种。那么，这样的情况也许就可以部分地去说明为什么未开化的人类所饲养的变种，往往都比那些在文明国度里所饲养的变种，更具有很多明显的真种性状。

按照前面所说的人工选择所起的重要作用来看，我们马上就能够弄明白，为什么家养族的构造以及习性会适应于人类的需求或者是爱好。我想，我们还可以进一步理解，我们的家养族为什么会一次又一次地出现畸形的情况，为什么许多家养族表面的性状所表现出来的差异会有那么大，但相对地内部器官所表现出来的差异十分微小。除了能够看得见的外部性状外，人类基本上无法选择或只能非常高难度地选择构造上的任何偏差。其实很多人对于物种内部器官的偏差是极少注意到的。除非自然首先在一定程度上向人类提供一些轻微的变异，否则人类是无法进行选择的。如果一个人发现一只鸽子的尾巴在某种程度上已发育成轻微的异常状态，那么一般情况下他不会想要就此育出一种扇尾鸽；又如果一个人发现一只鸽的嗉囊的大小出现了一些与之前所不同的情形，他也不会想要马上去育出一种突胸鸽来。几乎所有的性状，在最开始被发现时，越是畸形或越是异常，就越能够引起人们的注意。不过，我觉得，人类一直

鸽的代表种类

1. 哀鸽，北美的常见种类；2. 维多利亚凤冠鸠，鸠鸽科中最大的种类，雄鸟在做求偶鞠躬表演时会用上它的冠；3. 巨果鸠，成群觅食；4. 欧斑鸠，在撒哈拉以南越冬，夏季回到欧洲。

在有目的有计划地想要培育出扇尾鸽的说法，根本是不正确的。最开始选择一只尾巴略大的鸽子的那个人，肯定没有想过要让那只鸽子的后代去经过长期连续的有一些是无意识选择以及有一些是有计划有目的的选择之后，会变异为什么样子。所有扇尾鸽的先辈们恐怕只有稍微能够展开的 14 枝尾羽，就像现在我们看到的爪哇扇尾鸽那样，或者像其他独特品种的特性一样，具有 17 枝尾羽。最原始的突胸鸽嗉囊的膨胀程度不一定就比现在的浮羽鸽食管上部的膨胀程度大，但是浮羽鸽所具有的这一特点并没有被一切养鸽者们注意到，因为这个现象并不是这个品种的主要特点之一。

不要认为只有某种构造上极大的偏差才会引起养鸽者的注意，他们可以觉察到那些极其微小的差异，而且人类的天性就已经决定他们会对所有事物的一切新奇现象，就算是十分轻微的现象，也能够引起很大的重视。我们绝对不能用几个品种已经成形后的现今价值标准，去对以前同一个物种个体的细小差别所带来的价值进行衡量。我们知道就算是现在，鸽子依然还会出现各种细微的变异现象，但是这些变异被看成是各品种的缺点，或因为与完美标准相差甚远而被抛弃。普通的鹅没有发生过任何明显的变种，图卢兹鹅与普通的鹅也只是在颜色上有些不同而已，而且这种性状还非常不稳定，但是，这几年来这两种鹅被看成是不同的品种，在家禽展览会上分开展览。这些观点可以很好地解释那些经常被说起的，也就是我们一直都不太明白的，任何家畜的起源或历史的说法。不过，事实上，一个品种就像语言中的一种方言一样，几乎不能够完全清楚地说明白它们的起源。人类存留和繁育了在构造上有微小差别的个体，或者特别注意它们中优良个体之间的交配，这样，就改进了它们，而且经过改进的动物，会慢慢地扩散到邻近的地方去。不过，它们很少有一个固定标准的名称，而且它们的价值也很少受到人们的重视，因此它们的历史也就很自然地被忽视掉了。但是，这些物种依然继续缓慢而逐渐地一步一步改进，并慢慢地传布得越来越远，同时会被看作是特殊的以及有价值的品种，于是它们基本上才开始拥有了一个地方名称。在一些半文明的国度里，交通并没有多么发达，新出现的品种的传播过程是非常非常慢的，一旦该品种的某种价值被人类所认识后，那么无意识选择的原理就会让人们随之而倾向于慢慢地增加此品种的某些特性，不管那是什么样的特性。品种的盛衰根据当地的时尚而定，有的品种在某个地方的某个时期可能会养得多些，而在另外的时期或者其他地方则会养得少一些。不过这些品种的新特性总会在慢慢地生长与繁衍的过程中得到加强。只不过，正是因为这种改进和变异的过程非常缓慢，而且还总是难以察觉，所以很少有机会被详细完整地记录并保留下来。

人工选择的有利条件

我现在准备简单地谈一下人工选择的有利以及不利的条件。高度的变异性很明显是有利于人工选择的，因为可以大量地供给足够丰富的材料来保证选择工作的顺利进行。就算单单是个体方面的差异，也是足够用的，如能给予足够细心的观察和留意，也可以朝着任何我们所希望的方向慢慢积累直到出现大量变异。不过，那些对于人类明显有用的，或者是符合人们爱好的变异，只是在很偶然的情况下出现，所以如果能够有针对性地进行大量饲养，那么变异出现的机会也就会相应地增多。所以说，数量的多少对于人工选择的成功与否来说，是非常重要的。马歇尔曾根据这个原理对约克郡各地的绵羊做过下面这些叙述：“因为绵羊通常都是穷人所饲养的，而且基本上都只是小群饲养，所以它们基本上很少有改进的机会，甚至永远不会改进。”反之，园艺者们栽培着足够多的同种植物，因此他们在培育有价值的新变种方面，一般都会比业余的人们得到更多成功的机会。大群的动物或植物个体，只有在有利于它们繁衍的环境里才能被培育起来。如果个体数量太少，不论它们的品质如何，如果让它们全部进行繁育，势必会影响和妨碍选择。不过，最为重要的因素大概是，人类一定得高度重视动物或植物的价值，要做到对动植物们品质或构造方面最微小的差异都能够给以非常密切的注意。要是无法做到这一点，不能够密切注意，那么也就不会有太大的成效了。我以前见过人们严肃地指出，正好在园艺者开始注意草莓的时候，草莓开始变异了，这就是难得一遇的幸运。自从草莓被栽培以来，不用怀疑，肯定经常会发生一

英国普通家庭饲养的绵羊都是小群，很少有改进的机会。

些微小的变异，只是人们对那些微小的变异不曾注意和重视过而已。但是，只要是园艺者选出一些特殊的植株，比如果实稍微大些的或者稍微早熟些的，也可以是果实品质更好一些的，然后由此培育出一些幼苗，然后再挑出那些最好的幼苗，并拿它们来进行繁育（同时要辅以种间杂交）。于是，我们就会看到很多具有优良品质的草莓被培育出来了，这就是近半个世纪来，人类所培育出来的草莓变种。

在动物方面，防止杂交是培育新品种的主要条件，至少在已拥有其他物种品种的地方是如此。这么看来，将动物们关起来圈养是有一定作用的。经常四处流动居无定所的未开化人，还有开阔平原上的居住者们，他们饲养的动物在同一个物种之内往往只有很单一的一两个品种。鸽子可以终身只有一个配偶，这对于养鸽的人们来说是十分方便的条件。所以就算它们被混养在同一个鸽栏里，但是很多的族还可以在改进的同时始终保持纯种，这种条件非常地有利于鸽类新品种的形成。这里还可以补充一点，那就是，鸽子可以大量而迅速地被繁殖，人类将劣等的鸽子们消灭来供食用，自然就将这些不合格的鸽子淘汰掉了。与之相反的是猫儿们，因为猫有夜间漫游的习性，所以不好控制它们的交配，虽然妇女和小孩都喜欢猫类，但是我们极少看到哪一个独特的品种可以长久地保存下去。有时我们所看到的那些比较特别的品种，基本上都是从国外引进的。虽然我并没有怀疑某些家养动物的变异少于另外一些家养动物的变异，但是像猫、驴、孔雀、鹅等比较特殊的品种的变异之所以稀少甚至是没有，主要的原因是因为选择对于这些物种没有起到作用。猫，是因为很难控制它们的交配。而驴，则是因为只有少数被穷人所饲养，而且很少注意到它们的繁殖问题，不过，近年来，在西班牙和美国的一些地方，因为经过认真细致的选择，这种动物已经出现一些让人意外的变化，并且得到了改进。再说孔雀，因为饲养问题比较困难，并且也没有大规模地饲养。鹅，则是因为只在两种目的上有价值，那就是供人类食用以及取用羽毛，所以人们对鹅有没有独特的种类并没有太多的兴趣，我还在其他地方讲到过，家养状态下的鹅就算是会有微小的变异，它们的品种特征似乎也很难发生什么有价值的变化。

南美野猫

有一些著作家认为，家养动物的变异量将很快达到一定的极限，以后绝不可以再超越这个极限了。不管是在任何情况下，如果轻易地就断定这种变异已经达到极限，那么真的是有点轻率了。因为几乎所有我们所家养的动物以及植物们，在近代以来，均在很多方面出现了极大的改进，这也就说明，变异依然在继续进行着。如果随意地断定现在已经达到极限的那些性状，在很长的时间内保持了固定的性状后，就不会在新的生活环境里出现新的变异，这也是一样轻率的论断。正像华莱斯先生所指出的，变异的极限毫无疑问到最后一定会达到的，这样的说法很合乎实际。比如，所有陆栖的动物其行动的速度肯定会有一个极限，因为它们的速度取决于所要克服的摩擦力，还有身体的重量，以及肌肉纤维的收缩力。不过，与我们所讨论有关的问题是，同种的家养变种在被人类注意并被选择的几乎每一个性状上的彼此间的差异，都要比同属的其他异种之间的差异还要大很多。小圣·提雷尔曾依据动物身体的大小来证明了这一点。在肤色等方面也是如此，毛的长度方面基本上应该也是这样。而说到速度，则取决于身体上的很多性状，如伊克立普斯马跑起来速度最快，驾车马比其他马的体格强壮很多，同属中任何两个自然种都不能够与这两种性状相比。植物也是如此，豆还有玉蜀黍不同变种的种子，在大小的差异方面，基本上在这二科里的其他任何一属都再也找不出能超越它们的了。这样的情况对于李子的一些变种的果实也是适用的，对于甜瓜还有在其他许多类似场合中，也十分适用。

现在，我们对有关家养动物以及植物的起源进行一个总结。生活环境的变化在造成变异方面，具有不可忽视的重要性，它不仅直接作用于物种的构造体制，而且还会间接地影响到物种的生殖系统。如果说变异性在一切条件中都是天赋的和必然的事，应该说是不够确切的。遗传与返祖的力量的大小，决定了物种的变异是不是还会继续发生。变异性被很多未知的定律所支配着，其中相关生长律是最为重要的一部分。还有一部分，可以归因于生活条件的一定作用，不过，作用到底有多大的程度，我们还无法得出确切答案。有一部分，也许还是很大的一部分，能够归因于器官的增强使用以及不使用。如此，最后的结果就成为极为复杂的了。在一些例子里，不同源种的杂交，在现有品种的起源方面，似乎发挥了重要的作用。不论在什么地方，如果若干品种一旦形成后，它们的偶然杂交，在选择的推进下，对于新亚品种的形成毫无疑问地会有很大的帮助。不过，对于动物以及种子植物，杂交的重要性以前就被过分地夸大过。对于靠插枝、芽接等方式进行暂时繁殖的植物，杂交的重要性是非常大的，因为，栽培者在这种情况下，可以不用顾虑杂种和混种的极度变异性，也不用考虑杂种的不育性。不过，这类不是种子繁殖的植物，对于我们的选择不是很重要，因为它们的存在只是暂时的。人工选择的累积作用，不管是有计划和迅速进行着的，还是无意识以及缓慢但更有效地进行着的，都超出了这些变异的原因之上，这应该说是新品种形成的最占优势的动力。

第二章

自然状况下的变异

变异性——> 个体之间的不同——> 可疑物种——> 分布、扩散范围大的常见物种最易变异——> 各地大属物种比小属物种更易变异——> 大属物种间的关系及分布的局限性——> 摘要

变异性

生活在地球极北地区的北极熊

在我们将前面章节所得出的各项原理应用到自然状态中的生物之前，必须先进行一个简短的讨论，自然状况下的生物是不是容易出现变异。想要全面地讨论这个问题就不得不列出一个又一个枯燥无味的事实。不过我打算在将来的著作里再来陈述这些枯燥的事情。我也不在这里讨论加于物种这个名词之上的那些多种多样众说纷纭的定义。没有任何一个定义可以让一切博物学者都感到满意。不过，每位博物学者在谈到物种的时候，都可以模糊地说出它们大体上是什么意思。“物种”这个词，一般包含着所谓特殊创造作用这个无法预知的因素。而对于“变种”这个词，基本上也是同样难以用准确的语言给出一个定义，不过，它基本上普遍地包含着共同系统的意义，虽然这很少可以得到证明。还有我们所说的畸形，也很难明确地解说明白，不过，它们确实是在慢慢地步入变种的领域。个人觉得，畸形是指构造上某种与正常事物有显著差别的现象，对于物种来说，通常情况下都是有害的，或者是没有任何用处的。有一部分著者是在特定的意义方面才会使用“变异”这个名词的，一般被定义为是直接由物理的生活条件所造成的一种变化；这种所谓的“变异”被假定为不可以遗传的。不过，我们来看看，波罗的海半咸水中那些贝类的矮化状态、阿尔卑斯山顶上那些矮化的植物，还有极北地区皮毛较厚的动物，谁敢说在一些情形下，这些物种不是至少遗传了好几代以上呢？我觉得在这种情形中，这样的状况是可以称作是变种的。

在我们的家养动物中，尤其是在植物中，我们时不时会看到的那些突发的和非常明显的构造偏差，在自然环境中是不是可以永久地传下去，是值得我们怀疑的。基本上，每一个生物的每一个器官以及它们的复杂的生活条件，都有非常微妙的关联，就是由于这样，所以看起来才会总是让我们觉得有点难以相信，几乎所有的器官竟然就那样突然地、完善地被产生出来，就好比人类完善地发明了一具复杂的机器一样让人觉得不可思议。在家养的环境中有时会出现一些畸形，它们与那些同自己大不相同的动物的正常构造其实是十分相似的。比如，猪有时生下来就长着一种长吻，如果同属的任何野生物种最原本的样子就是具有这种长吻，那么也许我们也可以说它是作为一种畸形而出现的。但是经过我努力的探讨，并没有发现畸形与极其密切近似物种的正常构造相似的例子，而只有这样的畸形才和这个问题有关系。如果这种畸形类型以前真的在自然环境中出现过，而且还可以繁殖（事实不是一直都这样），那么，因为它们的发生是很少见的，并且还是单独的，所以不得不依靠不同寻常的有利条件，才可以将它们保留下来。而且，这些畸形在第一代以及以后接下来的若干代中，将和普通的类型进行杂交，如此一来，它们的畸形性状基本上就会无法避免地慢慢消失。有关单独的或偶然变异的保存还有延续，我会在下一章进行一些讨论。

个体之间的不同

在相同父母的后代里所出现的许多细微的差异，还有在同一局限区域内，栖息的同种诸个体中所观察到的而且可以设想也是在同一父母的后代中所发生的许多细小的差异，都能够被称为个体差异。不会有人去假定同种的所有个体均是在一个相同的实际模型里铸造出来的。这些个体之间的差异，对于我们的讨论具有十分重要的意义，因为，几乎所有的人都知道，它们通常情况下是可以遗传的。而且这些变异为自然选择提供了足够的条件，供它作用还有积累，就好比人类在家养生物中向着某一特定的方向有计划地积累个体差异一样。这些个体差异，一般都在博物学者们觉得并不重要的那些部分出现。不过我能够用一连串的事实阐述明白，不管是从生理学的还是从分类学的角度去看，都必须称为重要的那些部分，有时在一些同种的个体中，也会出现变异的状况。我相信即使是经验非常丰富的博物学家们，也会对数目可观的变异事例感到十分惊奇。他在一些年中依据可靠的材料，就像我所搜集到的那样，寻找到大量有关变异的事例，就算是在构造的重要部分中，也可以做到这样。而且必须牢记，分类学家一般都非常不乐意在重要的性状里发现变异，而且也极少有人愿意勤劳地去经常性地检查内部的以及其他重要的器官，同时在同种的许多个体间去进行相应的比较。也许从来没有预料到，昆虫们靠近大中央神经节的主干神经分支，会在同一个物种中间出现变异的状况。也许一直以来人们都觉得此种性质的变异，只会缓慢地发生。

加拉帕戈斯群岛上的鬣蜥。达尔文注意到，这个物种的脚用于挖掘，而不是游泳。

不过，卢伯克爵士之前曾明确地说过，介壳虫主干神经的变异程度，基本上能够拿树干的不规则分枝进行比拟。我在这里对他的说法进行一些论述，这位富有哲理的博物学者也曾明确地解说过，有些昆虫幼虫的肌肉存在着很多不一致性。当有人提出物种的重要器官一定不会变异的时候，那么他们通常是循环地进行了论证。因为就是这些做学问的人们实际上将不变异的部分看成是重要的器官（比如一小部分博物学者的忠实自白）。在这样的观点里，自然就无法正确地找出重要器官发生变异的例子了。不过，在任何其他观点里，却能够在这方面准确地列出不胜枚举的例子来。

与个体差异有些关联的，有一点让人感到非常困惑，我所说的，就是那些被叫作“变形的”或者是“多形的”属，在这些属中，物种表现出出乎意料的极大的变异量。对于大量的这些类型的物种，到底该列为物种还是变种，基本上找不出意见相一致的两个博物学者。我们可以用植物中的悬钩属、蔷薇属、山柳菊属还有昆虫类以及腕足类的几个属作为例子进行研究。在绝大部分多形的属中，有一部分物种具有稳定的，并且一定的性状，只有一小部分是例外的。而在某些地方表现为多形的属，基本上在其他地方所表现出来的也是多形的，而且，从腕足类进行判断的话，在很久以前的时期也是这样的情形。这样的事实很让人觉得困惑，因为它们似乎在说明，这样的变异是独立于生活条件之外的。我猜想我们能够看到的那些变异，最起码在某些多形的属里，对于物种是没有用处或没有害处的变异，也正因为如此，自然选择也就不会对它们发生什么作用了，所以也就无法让它们确定下来，就像以后还要说明的那样。

棕榈树

我们都知道，同种的个体有时候会在构造上呈现出与变异没有关系的巨大差别，比如在各种动物的雌雄间、在昆虫中没有生育能力的雌虫，也就是工虫的二、三职级间，还有在很多低等动物还没有成熟的状态下，以及幼虫状态间所表现出来的极大的差别。又比如，在动物以及植物中，还有二型性及三型性的例子。最近一直很关注这个问题的华莱斯先生曾明确提出，在马来群岛，有一种蝴蝶的雌性有规则地表现出两个甚至是三个明显不相同的类型，而且彼此之间并不存在中间变种的关联性。在弗里茨·米勒的描述中，我们可以看到，有的巴西甲壳类的雄性同样具有十分相似的，不过更异常的情形。比如异足水虱的雄性有规则地表现出截然不同的两种类型：其中一类生有强壮的并且形状不同的钳爪，而另一个类则生有嗅毛极多的触角。尽管在不胜枚举的这些例子中，不管是动物还是植物，在两个或三个类型之间并没有中间类型连接着，但是它们也许曾经是有过某一种我们所不知道的连接的。比如华莱斯先生曾对同一岛上的某种蝴蝶进行过一些描述，这些蝴蝶呈现出一系列的变种，由中间连锁连接着，而在这个连锁的两端的蝴蝶们，与栖息在马来群岛其他地方的，一个近缘的二形物种的两个类型出乎意料地相像。而蚁类也具有相同的情况，工蚁的几种职级通常情况下是非常不相同的。不过在一些事例里，我们在后面还会讲到，这些职级是被分得非常细的级进的变种连接在一起的。就像我自己曾经观察到的，一些两形性植物也是相同的情况。同一只雌蝶，可以具有在同一时间里能够产生三种不同的雌性类型以及一种雄性类型的神奇能力。一株雌雄同体的植物可以在同一个种子中产生出三种并不相同的雌雄同体的类型，并且包含有三种不同的雌性以及三种甚至是六种不同的雄性。这诸多事实，猛看上去确实让人觉得非常神奇难解，然而，我们所说的这些事例只不过是接下来要说的一个很普通的事实进行夸大后的现象而已，这个所谓的普通事实就是雌性所产生的雌雄后代，彼此之间的差异，在一些情况下会达到惊人的程度。

蝴蝶

可疑物种

有的类型在一定程度上具有物种的性状，但是因为他们与其他类型如此密切相似，或者还有不少中间性的体型阶段，将他们与其他类型紧密地连接在一起，这样导致博物学者们不愿意将它们列为不同的物种。而这些类型在很多方面对于我们的讨论是十分重要的。有很多的理由能够让我们相信，这些可疑的还有极其相似的类型有很多，在以前曾经长时间持续地保存着自己的性状。因为按照我们所清楚的，它们像那些良好的真种一样，长时间地保持了它们所具有的性状。事实上，当一位博物学者可以拿中间连锁将任何两个类型连接在一起的时候，他就会将一个类型看成是另一个类

世界上至少有2万种蟋蟀和蚱蜢，甚至还可能更多，它们是由博物学者命名和分类的。

型的变种。他将最普通的一个，一般情况下是最初记载的那个类型作为物种，然后将另一个类型作为变种。但是，当决定是否可以将一个类型当作另一类型的变种时，就算这两种类型被中间连锁紧密地连接在一起，也是存在着很大的难题的，我不打算在这里将那些困难为大家一一列举道来。就算是中间类型具有一般所假定的杂种性质，通常情况下也是无法解决这样的困难的。不过，在许多情况下，一种类型为什么会被当成是另一种类型的变种，并不是因为确实找出了中间的连锁，而是因为观察者运用了类推的方法，能够让他们假定这些中间类型如今确实真实地在一些地方存在着，或者它们以前有可能曾在一些地方生存过，如此一来就为疑惑或臆测提供了可寻之处。

所以，当判断一个类型究竟该认作是物种还是该当作是变种时，有足够判断能力和经验丰富的博物学者们的意见，基本上是应该遵循的唯一指针了。所以说，在很多场合中，我们必须根据大部分博物学者的意见来做决定，因为极少有一个特征明显而被我们熟知的变种，不曾被几位有资格的鉴定家列为物种的。

具有这些可疑性质的变种并不稀奇，所以也不具有什么争辩性了。将各植物学家所作的大不列颠的、法国的还有美国的各种植物志拿来进行比较，就能够发现植物类型的数目是多么惊人，很多时候，被某一位植物学者看作是良好的物种，却会被另一位植物学者当作是变种。在很多方面给予我帮助，让我万分感激的华生先生曾经告诉我，有182种不列颠植物目前的情况下都被当作是变种。然而，所有这些植物在以前都曾被植物学者们作为物种进行研究。当制作这张表时，他将许多细小的变种都去除了，但是，要知道，这些变种之前也曾被植物学者们列为物种过。此外他还将几种高度多形的属完全排除了。在包含着最多类型的属之下，巴宾顿先生列举了251种物种，但是本瑟姆先生仅仅列举了112种物种，这也表明了，在这两位学者的观点中，竟然有139种可疑类型之差。对于那些每次生育必须交配的以及具有高度移动性的物种，有一部分可疑类型被某一位动物学者放在物种的行列里，却又被另一位动物学者放在变种的行列里，这些可疑类型在同一地区能够看到的机会并不多，但是它们在隔离的地区是很普通的。在北美洲以及欧洲，有不计其数的鸟还有昆虫，彼此之间的差异非常小，曾被某一位优秀的博物学者认定为不可怀疑的物种，却又被其他博物学者认定为变种，也有人将这些物种称为地理族。华莱斯先生在自己的几篇关于动物的论文中指出，对栖息在马来群岛的动物，尤其是鳞翅类动物，这个地方的动物可以分成四种类型，那就是变异类型、地方类型、地理族也就是地理亚种，还有一种就是真正的、具有代表性的物种。我们先来看一下第一种动物的变异类型，在同一个岛上，在很小的范围之中，这类动物的变化非常多。第二种是地方类型，比起前一种，是属于非常稳定的一类，但是如果到其他隔离的岛上就会有一定的差异了。不过，如果你将几个岛上的所有类型都放在一起进行比较的话，就能够看出来，它们之间的区别是十分微小并具有渐变性的，这也导致我们不能够更好地去区别它们和描述它们。虽然同时在极端类型之间也存在着充分的区别，但道理是一样的。地理族也就是我们说的地理亚种，则是十分固定的、孤立的又一种类型，不过，因为它们彼此之间在最明显以及最主要的性状方面看不出有什么差异，所以“找不出标准的区别法，只能是按照自己的意见和经验去判定哪些动物可以看成是物种，而哪些物种则可以当作是变种”。最后，在各个岛的自然机构中，具有代表性的物种与地方类型还有亚种，有着同样重要的地位。不过，因为这些物种彼此间的不同之处比地方类型或亚种之间的不同之处多，所以专门从事研究的学者们基本上将它们全部认作是真种。就算是这样，我们依然还是无法提出一个可以拿来区别变异类型、地方类型以及亚种还有那些具有代表性的物种的准确标准。

加拉帕戈斯群岛的燕尾鸥

多年以前，我曾亲自对加拉帕戈斯群岛中邻近诸岛的鸟的异同进行过比较研究，也见过其他的研究者做了和我一样的工作，我们还比较了这些鸟同美洲大陆上那些鸟之间存在的相同之处以及不同点。我最大的感触就是，一直以来，我们对物种与变种之间的区别，是多么的暧昧和武断。在沃拉斯顿先生那部让人称颂的著作中，他将小马得拉群岛上的那些昆虫看作是变种，不过，一定会有不少的昆虫学者会将这些昆虫看作是不同的物种。甚至，我们所知的爱尔兰，曾经有一小部分的动物，也被一些动物学者当作是物种，不过到如今，这些动物早已被看作了变种。在不少经验丰富的鸟类学者看来，不列颠所拥有的红松鸡只不过是来自挪威种的一个比较特殊的变种罢了，不过仍然有很多的人会将它们看作是只有大不列颠专有的特殊物种。如果两种可疑类型的原产地距离很遥远的话，那么它们就会被很多博物学者看作是完全不同的两种物种。不过，以前也有人提出疑问，多么远的距离是足够的呢？假如美洲与欧洲间的距离是足够的话，那么欧洲与亚速尔群岛、马得拉群岛还有加那利群岛等岛屿之间的距离是否足够？那么像这样的一些小岛，它们之间的距离又是不是恰到好处呢？

美国十分优秀的昆虫学者沃尔什先生曾研究和详细解说过他眼中的植物食性的昆虫变种还有植物食性的昆虫物种。绝大部分的植物食性的昆虫通常会借助一个种类或一个类群的植物赖以生存。还有一部分昆虫，几乎不会挑剔地吃许多种类的植物，却也不会因此而出现变异的状况。不过，在所研究的很多例子当中，沃尔什先生惊奇地发现，借着不同的植物来生存的昆虫们，在幼虫时期或者是成虫时期，抑或是在这两个时期的过渡时期，它们在颜色、大小以及分泌物的性质方面都出现了一些微小但是一定的差别。经过观察会发现，在一些昆虫中，只有雄性昆虫才会在很小的程度上出现一些区别；而在又一些昆虫中，会看出它们在雌雄二性方面都表现出一些细小的差别。如果这些差别是十分明显的，同时在雌雄两性以及幼虫与成虫的时期都会受到影响，那么估计所有的昆虫学者都会将这些昆虫看成是非常棒的物种。只是，事实是这样的，没有一个观察者可以清楚而肯定地去告诉别人哪些植物食性的类型可以看成是物种，而哪些则是不折不扣的变种，就算是这些人可以为自己做出这样的决定。沃尔什先生将那些假定具有自由杂交性质的类型分在变种的行列，同时将那些看上去已经没有了这种能力的品种分在物种的行列当中。形成这些差异的原因在于，不同环境里的昆虫长期吃不同的植物，于是才会出现这样的差别，所以在这种情况之下，已经无法再找出连接于若干类型之间的中间连锁了。那么，博物学家们在准备将可疑的类型分为变种或者是分为物种时就失去了可以参考的可靠信息。长期生活在各个大陆或者是不同岛屿上的那些密切近似的生物，也一定会出现相同的情况。换个角度看，如果一种动物或者是植物生活在同一大陆或栖息在同一群岛的许多个小岛上，因为分处于不同的地区，于是出现了不同类型的话，就能够有很多不错的机会有利于观察者们发现连接于两极端状态的中间类型，这种情况下，这些类型一般都会被降为变种的一级。

有一小部分博物学者提出动物绝没有变种的主张；在这样的认识之下，这些博物学者将生物身上存在着的极细小的差异也认定为具有物种的价值，就算是在两个地区或者是两个地层中，偶然发现了两种相同的类型，他们也固执地认为那是两种不同的

加拉帕戈斯群岛的幼鹰和成年鹰

如果在自然环境里的任何一种动物或者是植物对于人类有着非常积极的、实用的用处，或者是有其他的用途及目的，那么就会引起人们密切的关注，这样下去，它们的变种基本上就被普遍地记录下来了。正如英国人对绵羊的关注。

物种处于同一表面的现象。如此一来，物种反倒成了一个没有任何用处的抽象名词，同时也意味着，而且在假定着分别创造的作用。虽然确实有很多的被知名的鉴定者们看作是变种的类型，在性状方面与物种是那么的相似，从而造成它们被其他优秀的鉴定者当成物种的结果。但是，在物种与变种这两个名词的定义还没有得到普遍承认之前，不管我们如何讨论和研究什么是物种，而哪些又是变种，都是没有太大的收获和意义的。

对于特征显著的变种还有表现可疑的物种的例子有很多，都值得我们去深入观察和研究。多年来，很多的研究学者试图决定它们的级位方面，分别从地理分布、相似变异、杂交等方面进行了多种多样的极为有趣的研究。不过，因为这里的篇幅有限，我就暂且不在这里与大家讨论这些事情了。大多数情况下，深入仔细的研究毫无疑问能够让博物学者们对可疑类型的分类获得一个指导性的建议，从而得出一致的意见。不过，不得不承认，在很多对生物研究得十分透彻的地区，我们能够见到的可疑类型的数目竟然惊人地多于其他地方。有一些很明显的事实引起了我极大的注意，现在在这里讲一下，那就是：如果在自然环境里的任何一种动物或者是植物对于人类有着非常积极的、实用的用处，或者是有其他的用途及目的，那么就会引起人们密切的关注，这样下去，它们的变种基本上就被普遍地记录下来了。并且，我们还能够发现，这些变种经常会被一些著者不由分说地分到了物种的行列当中去。我们一起来看一下那些普通的栎木，如今，对于它们的研究，早已十分精细，但是，有位德国著者居然从其他植物学者一致认为是变种的类型里发现并确认出12个以上的物种。在英国，我们能够说出很多在植物学方面具有最高权威和实际工作的研究者们，有的工作者觉得无梗的和有梗的栎木全部是十分优秀的独特物种，而另一些工作者则认为，这些现象只不过是栎木的变种罢了。

我准备在这里和大家讨论一下德康多尔近来发表的关于论述全世界栎木的知名报告。在这之前，我没有见到过任何一个人像他那样，在区别物种方面能够拥有海量的、十分可观的材料，我也从没有见过有哪个人像他那样拿出自己全部的热情和思维去对栎木进行详细深入的研究。在最开始，他根据很多种物种详细地列举了构造的很多方面的变异情况，同时用数据明确地计算和列出了变异的相对频数。他为我们展示了很多变异性状，其中甚至包括了在同一枝条上出现变异的12种以上的性状。在他列举的变异当中，有的是因为年龄和发育而影响的，而有的竟然找不出缘由。当然，这等性状不具有物种的价值，不过就像阿萨·格雷在对这篇报告进行评论时所讲的那样，德康多尔所发现的这些性状基本上已经具有了物种的定义。接下来德康多尔在自己的论述中提到，他将某一类型认定为物种，是因为它们具有在同一植株上永远不会变异的特点，而且这些类型绝对不会与其他类型存在中间环节的关系。这些，都是经过他辛勤研究之后得出的结论。之后，德康多尔强调："有的人总是一再地提出，我们所见到的和了解的大多数物种间有着十分明了的界限，可疑物种只是少之又少的一部分罢了，事实上这样的认为是不正确的。一个属只有在没有被完全了解，并且其物种是建立在一小部分标本之上，也就是说当它们处于假定的情况中时，前面的那些观点看起来才是有一些道理的。不过，等到我们更详细深入地了解了它们以后，你就会发现不断地涌出了许多的中间类型，也就是说，对于物种界限的怀疑就会被如此扩大化了。"他还补充道：就是那些我们所了解的物种，才具有最大数目的自发变种以及亚变种。比如夏栎，多达 28 个变种，除去其中的 6 个变种之外，其余的变种都环绕在有梗栎、无梗栎，还有毛栎 3 种亚种的周围。能够让这 3 种亚种连接的类型很少能见到。正像阿萨·格雷说的那样，那些连接的类型，到现在为止，已变得越来越少，如果它们有一天全部绝灭了，那么以后，这 3 个亚种间的相互联系基本上就与一直紧紧环绕在典型夏栎周围的其他四五个假定的物种的关系相同了。在最后，德康多尔指出，在自己的"序论"中，那些列举的栎科的 300 个物种中，最起码有三分之二是假定的物种，也就意味着，严肃地说来，无法准确地知晓前面讲到的真种定义是否真的适用于它们。这里需要补充一点，那就是，德康多尔已不再相信物种是不变的创造物，他坚定地认为物种进化符合自然规律，"而且是同古生物学、植物地理学、动物地理学、解剖学以及分类学中那些已知的事实最相符合的学说"。

如果一位经验不足的博物学者开始钻研一个自己完全陌生的生物类群，他所遇到的第一个困惑就是，如何去判别哪些差异可以算作是物种的差异，而哪些差异可以算作是变种的差异。因为他对于这个生物类群所发生的变异量以及变异种类是完全不清楚的。最起码这能够说明生物发生一些变异是十分稀松平常的事情。不过，假如他将注意力全部集中在一个地区中的某一类生物上，那么用不了多久他就会找出如何去判别大部分可疑类型的方法。他的所见所闻和经验的积累，将帮助他快速地判别出很多的物种。其中的道理其实很简单，就像

无梗花栎是一种重要的木材树种，遍布欧洲从爱尔兰、西班牙到土耳其的广大地区。

我们之前提到过的养鸽爱好者与养鸡爱好者一样，一个人长期不断研究的那些类型的差异量能够给这个人留下深刻的印象。不过，因为对于其他地区以及其他生物类群的相似变异方面，这个人的知识还是比较缺乏的，所以不可以拿来校正他的最初认识。如果他渐渐地扩大了自己的观察范围，因为会不断遇到数目越来越多的，关系密切，越来越近似的类型，于是他就会遇到更多的困难。不过，如果他能够继续进一步扩大自己的观察范围，那么一定会有重大的收获，会真正弄明白物种与变种。但是，如果想要在这方面获得成就，首先必须愿意认可大量变异的存在。只不过，想要认可这一真理，往往会遭到其他博物学者们的争辩。如果仅仅是从现在已不连续的地区中去寻找近似的类型进行研究，那么他基本上不可能会找出中间类型，如果是这样的话，那么，基本上就不得不完全地去依赖类推的方式，可是这样下去，就会让他所遇到的困难达到极点。

我们可以看到，有的博物学者一直在论述亚种确实与物种很接近，但还没有完全达到物种的那个级别。在物种与亚种之间，的确还从来没有划定过明确的界限。此外，在亚种与明显的变种之间，在不太明显的变种与个体差异之间，也从来没有人给定过一个明确的界限。诸多我们看到的看不到的差异，被一条很难被我们觉察的关系绳牵扯并混合在一起，并且这条“绳子”会让人觉得这是演变的实际途径。

所以，我觉得虽然分类学家对个体差异并没有太大的兴趣，但是个体差异对我们非常重要，很简单，其中的道理在于，这些个体差异是生物走向轻度变种最开始的历程，但是这样轻微的变种在博物学著作中只是很勉强的，很偶尔地才能找到零星的记录。而且，在我看来，不管是什么程度上的变种，只要是比较明显的和比较永久的，那么就一定是走向更明显的和更永久的变种的历程，而且，变种是生物迈入亚种行列，接着走向物种所要经历的旅程。从一个阶段的差别到另一个阶段的差别，在很多情况下，基本上是取决于生物的本性以及该生物长时期生存在不同物理环境之中的简单结果。不过，还有一些更为重要的以及更能适应环境的变异性状，生物如何实现从一个阶段的差别到另一个阶段的差别，完全能够稳妥地归因于我们在后面还会讲到的自然选择的累积作用，还有生物器官的增强使用与不使用对变异的影响。所以说，一个明显的变种能够被称为

罗伯特·格兰特，一位早期的进化论者，他的想法并没有形成理论。

初期的物种，不过这样的概念是否具有说服力，一定要依据本书所列出的各种事实以及论点来进行合理的判断。

进化的速度多种多样，这种腔棘鱼在过去的6500万年中只发生了微小的变化。

切莫觉得所有的变种或者是初期的物种都可以达到物种的一级。在进化的过程中，这些物种有可能会灭绝，也有可能长时间地停留在变种的阶段不继续演变。就像沃拉斯顿先生提到的马得拉群岛陆地贝类变种的化石，还有加斯顿·得沙巴达提到过的植物等例子，都能够证明这一点。假如一个变种很繁盛，甚至还超过亲种的数目，那么这个变种将会被分入物种的行列当中，原来的亲种则无法避免地成为变种。还有一种可能就是，新的变种会将亲种消灭，取而代之，也可以二者并存，均被看作是独立的物种。在后面的内容中，我们还会讨论到这一问题的。

根据前面的一系列理论，在我的认识当中，“物种”这个名词是为了方便研究而加诸一群互相密切类似的个体上的，它与变种这个名词并没有本质上的区别，变种所包含的是那类容易变化但是差异又不是特别明显的类型。同理，“变种”这个术语与个体差异比较，也是为了方便才被运用的。

分布、扩散范围大的常见物种最易变异

依据理论的指导，我曾做过一些设想，如果把几种编著得比较好的植物志中所有的变种列成一个表，在各个物种的关系以及性质方面一定能够获得一些有趣的结果。在最初看起来，这似乎是一件非常简单的工作，可是没过多久，华生先生让我看到了其中存在着多么大的困难。对于他在这个问题方面给予我的宝贵的忠告还有帮助，我十分感谢。后来，胡克博士也曾如此说过，而且更是强调了这件事的困难性。在以后的文章中，我会慢慢地对这些难点还有各变异物种的比例数进行深入的讨论。当胡克博士详细阅读过我的原稿，同时审查了各种表格之后，他准许我进行补充说明，他认为下面的说法是可以成立的。其实要论述的这个问题是十分复杂的，而且它不得不涉及我们在后面将要讨论到的“生存斗争”“性状的分歧”，还有其他的一些问题。但是我们在这里，必须尽可能简单明了地讲明白。

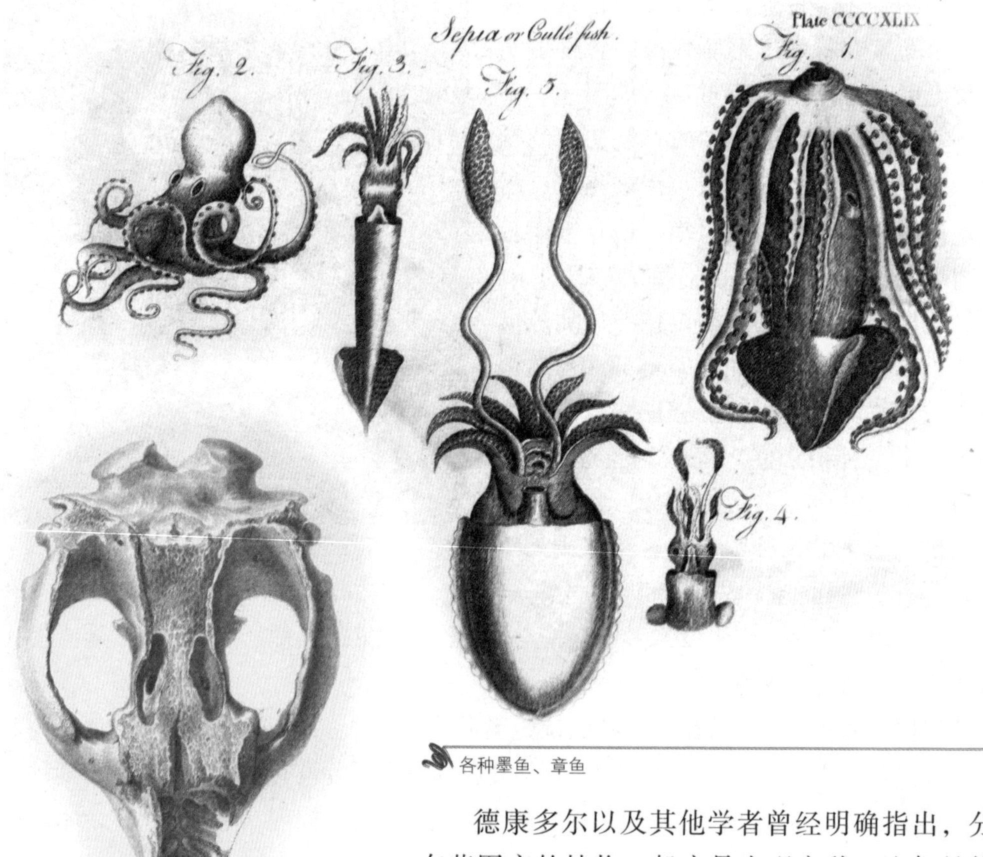

各种墨鱼、章鱼

达尔文在阿根廷发现的剑齿兽化石，与马的进化有很深的关系。

德康多尔以及其他学者曾经明确指出，分布范围广的植物一般容易出现变种。这都是能够意料得到的，因为这些植物生活在不同的物理环境里，而且，它们还必须与其他各类不同的生物进行生存竞争（这一点，在后面我们会提到，这算是同样的甚至是更重要的条件）。不过，我进一步明确地指出，不管是在什么样的受限制的地区中，最普通的物种，也就是那些个体最繁多的物种，还有在它们自己的区域当中分散最广的那些物种，毫无疑问的，时常会出现变种现象，而且这些变种有足够明显的特征来引起植物学者的注意，并注意到其变异的价值，从而进行相关的记载。所以说，最繁盛的物种也许可以看作是优势的物种，因为它们分布范围最广，而且在自己所处的地区中分散最大，它们的个体也是最多的，经常出现明显的变种，或者是像我之前说过的，所谓初期的物种。应该说，这基本上是能够预料到的一点。因为，如果变种想要在任何程度上成为永久性的话，就必须要与那些与自己处于相同环境中的其他居住者进行斗争。那些取得绝对优势的物种最适合继续繁殖后代，而它们所产生的后代就算是有轻微的变异，也依然会遗传双亲优于相同地域其他生物的那些优点。我们在这里提到的优势，是指相互竞争的过程中，不同生物所具有的优点，尤其是指同属的或同类生物个体的优点。对于个体数目的多少，以及这种生物是否常见，只是就同一类群的生物来说的。比如，一个高等的植物，如果自己的个体数目以及分散范围都比与它生长在同一地区，条件并不比自己差的其他生物优越的话，那么，这个植物就占据了最优势的一端。此类植物，不会因为在本地的水中的水绵或其他一些寄生菌的个体数目变多，分布范围变广，而影响到自己的优势。不过，如果水绵还有那些寄生菌在前面讲到的各方面都超过了它们的同类，那么水绵以及寄生菌就会在同类中具有一定的生存优势了。

各地大属物种比小属物种更易变异

如果将记载在任何一本植物志上的某个地区的植物分成对等的两个群，将大属（也就是包含很多物种的属）的植物分成一个群，将小属的植物另分成一个群，就能够看出大属里包括一些很普通的、非常分散的物种，也能看到数目不菲的优势物种。这基本上是能够预料到的。因为，单单是在任何地域里都栖息或生活着同属的很多生物这个事实就能够阐明，这个地区的有机的还有无机的条件，一定是在某些方面有利于这个属的生存与发展。那么，我们就能够预料到在大属里，也就是在包含许多物种的属里，发现数目比例比较多的优势物种。不过，有多种多样的原因造成了这样对比的结果没有预料中那么明显。比如，让人感到十分惊讶的是，我所做的图表所显示的结果是大属所具有的优势物种只是略微占了上风而已。那么，就来讲两个造成这种结果的原因。淡水植物以及咸水植物一般分布都比较广，并且扩散大，不过这样的情况似乎与它们居住地方的性质有一定的关联性，而与这种生物所归的属的大小关系并不大，甚至没有关系。此外，一些体制低级的植物通常情况下比高级的植物分布范围更广，并且也与属的大小没有太大的关系。为什么体制低级的植物反而分布的范围比较广呢？我们在后面有关“地理分布”的章节里会进行相关的讨论。

因为我将物种认作只是特性明显并且界限分明的变种，因此我推断，各地大属的物种估计会比小属的物种出现变种的频率更高一些。其中的缘由在于，在很多密切近似的物种（即同属的物

“贝格尔”号模型

种）已经形成的地区，依据通常的规律，应该会出现许多变种，也就是初期的物种。就好比在很多大树生长的地方，我们能够找到一些树苗，是一样的道理。凡是在一属里，因为变异而形成许多物种的地方，之前对变异有利的条件，一般情况下会继续有利于变异的发生。反之，如果我们将各个物种看作是分别创造出来的，那么我们就找不出具有说服力的理由来说明为什么物种多的生物群会比物种少的生物群更容易出现大量变异的情况。

为了对这种推断的真实性进行检验，我将来自 12 个地区的植物还有两个地区的鞘翅类昆虫排列为基本上相等的两个组，将大属的物种排在一边，把小属的物种排在另一边。结果明确地向我们显示，大属那边的情况比小属这边产生变种的物种多出很多。还有，不论产生什么样变种的大属的物种，都永远比小属的物种所出现的变种在平均数上多出很多。如果我们再换一种分群方法，将那些仅仅有一个物种到四个物种的最小属都不列入表中，最后也得出了与前面一样的两种结果。这样的事实，对于物种只是明显的并且还是永久的变种这样的观点具有很重要的意义。这些是由于，在同属的许多物种以前形成的地方，我们也可以换种说法，在物种的“制造厂”以前活动的地方，通常情况下，我们还能够看到这些“工厂”到现在依然在活动，因为我们有十足的理由去相信新物种的制造是一个漫长的过程。如果我们将变种认定为是初期的物种，那么前面所讲的就一定是正确的。因为我清楚而明确地表达出一个普遍的现象，那就是，如果一个属产生的物种数量很多，那么这个属内的物种所产生的变种（也就是初期的物种）数目也会有很多。我们不是在说所有的大属如今的变异都很大，所以都在增加它们的物种数量，也不是在说小属如今都不再变异，并且不再增加物种的数量。如果真的是这样的话，那么我的学说就会遭到致命的打击。地质学清楚地向我们说明，随着时间的推移，小属内的物种也经常会出现大量增多的现象，而大属往往因为已经达到顶点，而出现物极必反的现象，逐渐衰落甚至消亡。我们所要阐明的只是，在一个属的许多物种曾经形成的地方，在普遍情况之中，依然还会有很多的物种继续形成，这点一定符合实际情况。

大属物种间的关系及分布的局限性

大属中的物种以及大属的变种之间还有一些值得我们关注的关系。我们已经知道，物种与明显变种的区别目前还没有一个明确而中肯的标准。一般情况下，如果在两个可疑类型之间找不出中间连锁的话，博物学者们就只能依据这两个类型之间的差异量来做决定了，用类推的办法去判断这个差异量是不是可以将其中的一方或者是将二者全都升到物种的等级当中。这样一来，差异量就成了解决两个类型到底是应该划

不会飞的鸟类食火鸡，发现于澳大利亚和新几内亚。为什么上帝创造的鸟类会有不能飞的翅膀？

入物种的行列还是变种的行列的一个非常重要的标准了。弗里斯之前在谈到植物，还有韦斯特伍德之前在谈到昆虫方面时，二人均指出，在大属中物种和物种间的差异量一般情况下都是很小的，我之前一直在努力用平均数去验证这样的说法，最后，根据我得到的不完全的结果，可以看出，这样的说法是正确的。我还请教过几位敏锐的以及富有经验的观察家，在经过详细的考虑之后，他们也认可并称赞这样的说法。所以说，从这个方面来讲，大属的物种相较于小属的物种来说，更像变种。这样的情况，也许能够用其他的说法来解释，这也就意味着，在大属里不但有多于平均数的变种（或初期物种）在形成，就是在很多已经形成的物种中，也存在很多的物种在一定程度上与变种十分相像，这是因为这些物种之间的差异量没有普通物种的差异量那么大。

再进一步地说，大属中物种之间的相互关系与任何一个物种的变种的相互关系是十分相像的。任何的博物学者都不会说，同一属中的所有物种在彼此区别上是相等的，所以一般情况下，我们会将物种分为亚属、组，甚至是更小的单位。弗里斯曾经明确地告诉过我们，小群的物种就像卫星一样环绕在其他物种的周围。所以说，我们所讲的变种，实际上也不过就是一群类型，它们之间的关系并不均等，环绕在某些类型，也就是环绕在它们自己的亲种的周围。变种同物种之间，毫无疑问地存在着一个非常重要的区别，那就是变种与变种之间的差异量，或者是变种同它们的亲种之间的差异情况，比同属的物种与物种间的差异情况，会小很多。不过，等后面我们讨论到被我称为“性状的分歧”的原理时，就能够看到如何解释这一点了，也就知道如何去解释变种之间的小差异是怎样增大成物种之间的大差异了。

还有一点值得我们注意，那就是变种的分布范围通常情况下都会受到很大的限制，这点暂时还是无法清楚地论述明白，因为，如果你发现了某个变种比它的假定亲种有更广阔的分布范围，那么显而易见的，这种变种就该与自己的亲种互换位置了。不过也有理由相信，与其他物种密切相似的，而且还十分类似变种的那些物种，一般情况下它们的分布范围都会非常受限制。比如，华生先生曾将精选的《伦敦植物名录》（第四版）里的 63 种植物指给我看，他所指出的那些植物都被列为物种，不过因为这些植物与其他物种具有十分相似的地方，所以华生先生觉得它们作为物种的身份值得怀疑。根据华生先生所作的大不列颠区划，前面我们提到的这 63 种值得怀疑的物种，它们的分布范围平均在 6.9 省。在同一本书中，还记录着 53 个公认的变种，它们的分布范围是 7.7 省。而这些变种所属的物种的分布范围则是 14.3 省。由此能够看出，公认的变种与密切相似的类型具有几乎一样的，受到限制的平均分布范围，这些密切相似的类型，就是华生先生曾经与我说的可疑物种。不过，这些可疑的物种基本上都被英国的植物学家们认定为真正意义上的物种了。

摘 要

除了下面要讲到的情况之外，变种不能够与物种互相区别。第一种情况是，找出了二者之间具有中间的连锁类型；第二种情况是，二者之间存在着若干不定的差异量，因为，如果差异很小的话，就算是两个没有任何密切关系的类型，通常也会被认作是变种。不过，需要多么大的差异量才可以将随便两个类型划为物种的行列当中，这个至今还不能够确定。不管是在哪个地点，包含有超过平均数的物种的属，那么其物种也会有超过平均数的变种。在大属里面，物种之间有着程度不等的近似和密切关系，它们形成一些小群，围绕在其他物种的四周。和别的物种密切近似的物种，很明显，分布范围是受限制的。根据前面的论点，我们能够从中获知，大属的物种像极了变种。假如说，物种之前一度作为变种而存在于这个世界上，而且还是由变种产生的，那么我们就能够清楚理解那些类似性了。但是，如果说物种是被独立创造的，那么我们就无法去解释这些类似性的概念从何而来了。

之前，我们也了解过，在各个纲中，就是那些大属的，十分繁盛的物种，也就是我们所说的优势的物种，基本上一定会产生最大数量的变种；而那些变种，我们会在后面慢慢看到，存在着变成新的以及明确的物种的倾向。所以说，大属以后会变得更大，而且在自然界里，目前占据有利地位的那些生物类型，因为在之前就已经留下了不少变异了的以及优势的后代，所以将来只会更加占有优势地位。不过，在我们后面即将说明的步骤中，也会出现大属分裂成小属的倾向。这么说的话，世界上所有的生物类型，就会一级一级不断地分下去。

第三章

生存斗争

生存斗争与自然选择——> 生存斗争名词的广义使用——> 生物按几何级数增加的趋势——> 抑制生物增长的因素——> 生存战斗里动植物间的关系——> 变种生物与同种生物间的生存斗争

生存斗争与自然选择

在还未开始这一章的主题之前，我不得不先说几句开场白，来说明一下生存斗争与自然选择有什么样的关系。在之前的一章里我们已经讲过，处在自然环境中的生物是有某种个体变异的。我确实不清楚对于这个论点曾经有过争议。将一群可疑类型称为物种或亚种或者是变种，事实上对于我们的讨论并没有太大的作用。比如，只要承认有些明显的变种存在，那么将不列颠植物里两三百个可疑类型，不管是列入哪一级，又有什么关系呢。不过，只是知道个体变异以及少数的一些明显变种的存在，尽管作为本书的基础是必要的，却很少可以帮助我们去理解物种在自然环境中是如何发生变异的。生物结构中的某一部分对于另一部分还有其对于生活环境所作出的所有巧妙的适应，以及这个生物对于另一个生物的所有看起来顺其自然的适应，是通过什么样的过程达到的呢？对于啄木鸟与槲寄生的关系，我们可以明确地看到那种十分融洽的相互适应关系；对于附着在兽毛抑或是鸟羽上面的那些最下等的寄生物，还有潜水甲虫的构造，以及那些依靠微风飘在风中的具有茸毛的种子等，我们也仅仅是看到了一点点不太明显的适应现象。简单来说，不管在什么地方，不论是生物界里的什么部分，都可以看到这种神奇的适应现象。

接下来，我们还要思考一个问题，那就是，那些被称作是初期物种的变种，到最后是怎样发展为一个明确的物种的呢？在绝大多数情况中，物种与物种之间的差别，明显超过了同一物种的变种之间的差别。而构成不同属的物种之间的差异，又比同属物种之间的差异大很多，那么这些种类又是如何出现的呢？所有我们看到的和听到的论断与问题，应该说，均是从生物的生存斗争中得来的，后面我们会进行更为详尽的讲解。正是因为这样的斗争，不论是如何微小的变异，也不论是出于什么样的原因导致了变异的发生，只要对一个物种的个体有积极的意义，那么这个变异就可以让这些个体在与其他生物进行的生存斗争以及与自然环境的斗争中，完好地保存下来，而且这些变异一般都可以遗传给后代。这样，后代们也就得到了较好的生

啄木鸟独特的攀树、啄树习性，令其与众不同。

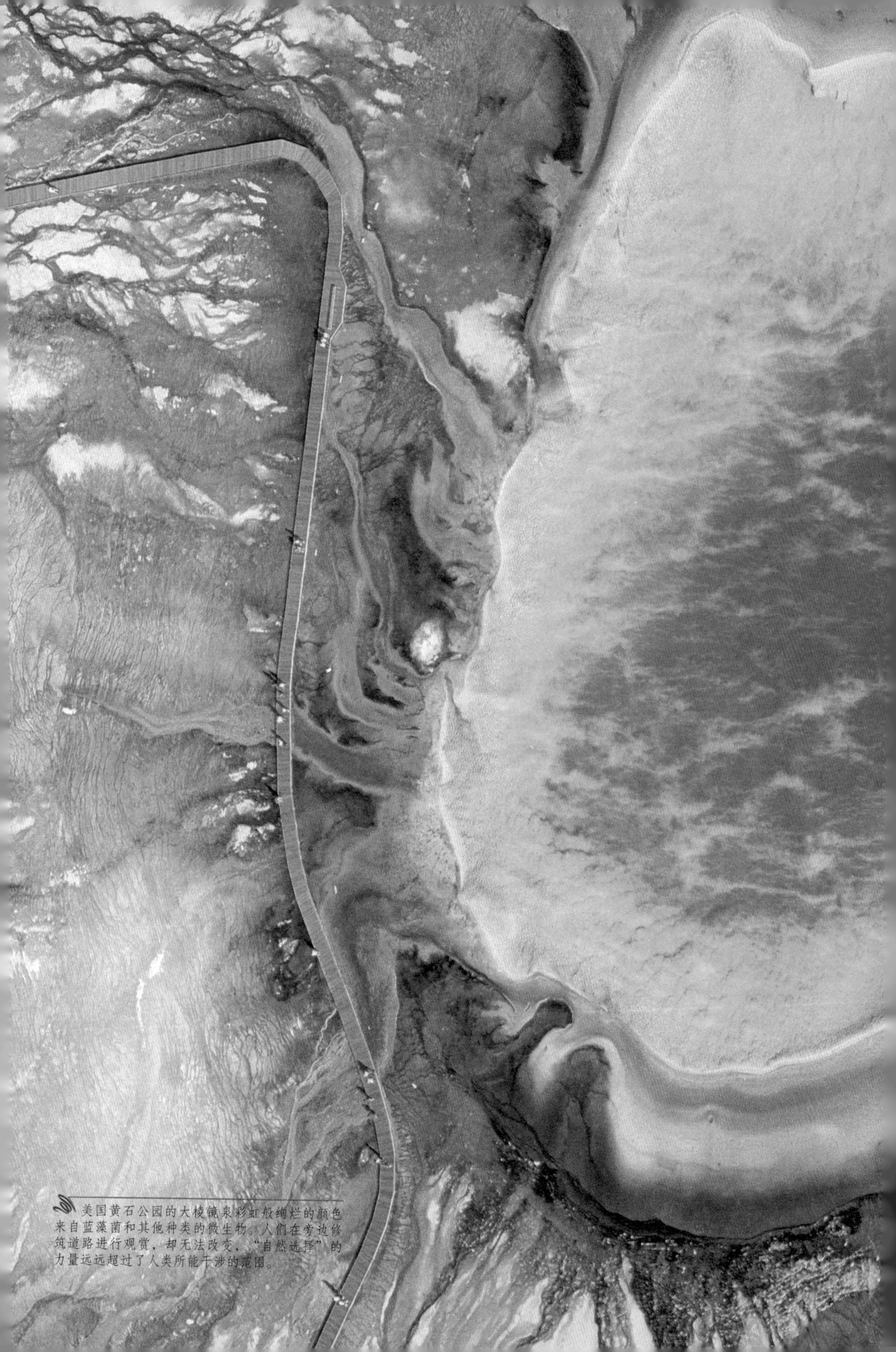

美国黄石公园的大棱镜泉彩虹般绚烂的颜色来自蓝藻菌和其他种类的微生物。人们在旁边修筑道路进行观赏，却无法改变，“自然选择”的力量远远超过了人类所能干涉的范围。

存机会，这是因为一般在所有物种定期产生的许多个体中间，只有少数的个体可以生存下去，现在遗传了变异的个体正是拥有了更好的生存条件。我将每一个有利于生物的细小变异被保存下来的这种现象称作“自然选择”，来区别它与人工选择的关系。不过，斯潘塞先生经常使用的一个词“最适者生存”，看起来更为准确一些，而且使用起来也更为方便一些。我们已经看到，人类可以利用选择来获得巨大的效益，而且通过累积“自然选择”积攒下来的那些细小并且有用的变异，我们就可以让生物们在我们的生活中变得越来越有用。不过，在经历过“自然选择”之后，我们将要看到的，是一种永无止境的神奇力量，它的作用远远地超过了人类的力量所能干涉的范围，二者之间的差别就像人类艺术与大自然神奇的作品在做比较，其间存在着的差距，是无法估算出来的。

接下来，我们准备对生存斗争进行一个稍微详细一点的讨论。在我以后的另一本著作中，还会对这个问题进行更多的讨论，这个问题值得我们深入地进行更多的讨论。老德康多尔和莱尔两位先生之前曾从哲学的角度，向我们说明，所有的生物都暴露在激烈的生存竞争之下。对于植物，曼彻斯特区教长赫伯特极有气魄地用自己卓越的才华对这个问题进行了讨论，很明显这是他拥有着渊博的园艺学知识的缘故。最起码在我看来，只是在口头上承认普遍的生存斗争这个真理，对于每个人来说都是相当简单易做的事情，不过，如果将这个思想时时刻刻都放在自己的心中，并没有那么容易，也不是每个人都能做到的。但是，如果不能够在思想中去完完全全地思考这个道理，那么我们就会对包含着分布、繁盛、稀少、绝灭还有变异等诸多事实的自然组成的整体情况出现模糊的认识，也有可能完全将其误解。比如，我们时常看到身边的自然环境向我们展现的是一种明亮而快乐的色彩，我们总能看见很多被剩下的食物，但是我们没有发现甚至是忽略了那些悠然地在我们周围欢唱的鸟儿绝大多数都是以昆虫或植物的种子为食的，这就是在说，它们在觅食的同时常常毁灭一些别的生命。而且，我们也总是忘记或者忽略，那些欢快的鸟儿以及它们生产的蛋，甚至是它们所生产出来的幼鸟又有多少会被其他食肉的鸟以及食肉的兽类所毁灭。我们都不应该忘记，即使现在我们看到的食物是过剩的，并不代表每年的所有季节中都是这样的情况。

生存斗争名词的广义使用

我应该先讲清楚，作为广义的和比喻的意义使用的“生存斗争”，不只是包括了一个生物对另一个生物的依存关系，更重要的是还包括了生物个体的生存还有成功繁衍后代的重要意义。两只狗类动物在饥饿难忍的情况下为了得到食物保证自己的生存，可以准确地说，它们之间必须进行斗争才能捍卫自己生存的权利。而那些生长在沙漠边缘的植物，应该说是在抵抗干燥来争取自己生存的空间和条件，更准确地来说，这些植物是依存于湿度而生存的。一株每年能够结1000粒种子的植物，可是平均下来，这1000粒种子中只有一粒种子可以开花结果，我们可以更明确地说，这株植物上这颗难得的种子，是在与那些已经覆盖在地面上的，同类还有异类的植物在进行生存的斗争。槲寄生依存于苹果树以及其他的树而生存，如果我们说它是在与这些树进行着斗争，也是能说得下去的。道理很简单，试想，如果一棵树上生有过多这样的寄生物的话，那么这棵树就会慢慢地衰竭直到死亡。不过，如果大量的槲寄生幼苗密集地集中于同一个枝条上的话，那么就可以说这些槲寄生幼苗是在为了生存而互相斗争夺取自己的生存空间。因为槲寄生的种子是借助鸟类来散布的，所以它的生存是依附于鸟类的。我们可以这样说，从引诱鸟类来吃自己的果实，借以趁机散布它的种子这方面来讲，它就是在与其他果实植物进行着斗争。我们所提到的这些例子之间所蕴含的道理都是相通的，所以为了方便，我用一个具有概括性的词语“生存斗争”来进行总结。

这棵杨树受到了许多槲寄生的攻击，那么多植物窃取其营养，使得树木很难继续生长。

生物按几何级数增加的趋势

所有的生物都有高速率增加其个体数量的倾向，所以生存斗争的出现是无法避免的。基本上所有的生物在自己自然的一生当中都会生产出或多或少的卵或者是种子，在它们生命中的某一个时期，某一个季节，或者是某一年里，总难逃脱被毁灭的命运，如果不是这样的话，根据几何比率增加的原理，这些生物的数目就会在一定的时间里变得越来越多，直到没有足够的地方可以容纳得下。所以说，正是因为产生的个体比可能生存的多，所以在不同的情况下都一定会出现也必须出现生存斗争，也许是同种的这一个体与另一个体斗争，也有可能是与异种的个体进行斗争，还有一种就是相同物理条件之下的生存斗争。这正是马尔萨斯的学说，以数倍的力量应用于整个的动物界以及植物界。因为在这样的情况之下，不但无法人为地增加食物，同时也不能够谨慎地限制交配。虽然有一部分物种目前看起来是在或多或少地增加自己的个体数目，

剑桥大学基督学院，达尔文离开爱丁堡后在这里读神学。

但是，并不是所有的物种都能够这样，要不然，这个世界就真的容纳不下它们了。

如果每种生物都高速率地自然繁殖，不断增加数目而不死亡的话，那么，就算是只有一对生物，它们的后代也会很快地遍布于地球的角角落落中。这是一个没有例外的现象。就算是生殖速度低的人类，也可以在25年的时间里增加一倍。如果按这样的速度去计算的话，用不了1000年，他们的后代基本上就找不到立脚的地方了。林奈以前做过这样的计算，假如一株一年生的植物只生两粒种子（事实上基本上没有如此低产的植物），而它们的幼株到了第二年也只生两粒种子，如此一直进行下去，等到20年以后，就会有100万株这样的植物了。但是，事实是，生活中并不存在生殖能力如此低的植物。象在所有已知的动物里被看作是生殖最慢的动物，我曾努力地计算了它在自然增加方面最小的可能速率。我们可以保守地进行一个假设，象在30岁的时候开始第一次生育，然后一直生育到90岁左右，在它的一生之中，一共可以生6只小象，而且它可以活到100岁。如果这样的假设是成立的，那么，等到740到750年以后，这个世界上就会有将近1900万只象生存着，而且，这些象均来自最开始的那一对象。

对于这个问题，不只是有理论上的计算，我们还有更有力的证明，大量的事实向我们展示了一个可怕的情况，那就是，如果自然环境对于处于其中的生物们连着两三季都十分适合生存与发展的话，那么这些生物就会出现惊人的繁殖速度。还有一些更值得注意的证据，是从很多种类的家养动物在世界上很多地方都出现返归野生状态这样的事例得到的。生育速度比较慢的牛以及马，在南美洲还有这几年来在澳大利亚产量迅速增加的记录，如果不是有确切的数据证明，那真的是让人感到难以相信。植物们也是同样的情况。我们拿从其他地方移入本地的植物为例，用不了10年的时间，它们就可以将足迹遍布于整个岛上，慢慢地成为普遍易见的普通植物了。有很多种植物比如拉普拉塔的刺菜蓟以及高蓟最开始都是从欧洲引进的，到如今，在那里的广阔平原上早已经不是什么稀奇的植物了，它们几乎席卷了数平方英里的地面，甚至已经将其他所有的植物排除在外。而且，福尔克纳博士曾告诉过我，那些在美洲发现并被移入印度的稀奇植物，现在已经从科摩林角一直蔓延生长到喜马拉雅了。在所有的例子中，而且在我们还能够举出的更多的其他例子里，基本上没人会假定动物或植物的能育性在任何可以觉察到的程度突然地或者是暂时地增加了。最显而易见的解释是，这些生物的生长繁殖条件在那些地方是高度适宜的。所以不管新生的还是老旧的，都不会被毁灭，而且基本上所有的幼者都可以顺利地长大，然后进行下一轮的繁衍。依据几何比率的增加原理，那么，这些生物的生长结果永远都是惊人的。几何比率的增加原理向我们简单地说明了生物们在新的环境中为什么会异常迅速地繁衍扩大。

在自然环境中，基本上每个得到充分成长的植株，年年都会产生种子，而在动物的世界里，也很少有动物不是每年都进行交配的。所以我们能够明确地判断出，所有的植物以及动物们都存在着按照几何比率增加的倾向。每一处它们能够很好地生存下去的地方，都会被它们以最快的速度侵占并四处分布。而且，这样的几何比率增加的倾向，必然会在生存的某个时期里，因为出现死亡现象而遭到抑制。因为我们比较熟悉大型的家养动物，于是，很容易将我们引入误解的道路上去，因为我们基本上没有见到过它们遭遇大量的毁灭。事实上，我们忽略了每年都会有大批量的动物被屠杀来供人类食用这样的现实，而且我们还忽略了一点，那就是，在自然环境中同样有一定数目的生物出于各种各样的原因而被消灭掉。

生物界里，有的生物每年能够产卵或种子数以千计，也有一些生物每年只生产为数不多的卵或种子，这两种生物之间的差别是，生殖速度慢的生物，在适宜生存的条件下，需要比较长的年限才可以蔓延到整个地区，前提是这个地区是非常大的。一只南美秃鹰能够生出两个卵，一只鸵鸟可以生出 20 个卵，但是在相同的地方，南美秃鹰很有可能会比鸵鸟多出很多。一只管鼻鹱每次只生一个卵，但是想必人们都觉得，它是世界上数量最多的鸟。一只家蝇一次能够产出数百个卵，而别的蝇，比如虱蝇一次却只生一个卵，不过，生卵的量多量少，并不能决定这两个物种在相同地区中有多少个体能够生存下来。由食物量的多少而决定自身数量多少的那些物种，每次产卵必须有足够多的产出，这对于它们来说是十分重要的，因为食物充足的情况下能够让它们迅速地得到繁衍和扩大。不过，大量产生的卵或种子，真正的重要性在于，用来补偿生命在某一时期遭到严重毁灭时的损失，而这个时期基本上都是这一物种生命的最初期。如果一个动物可以用所能做到的一切方法去保护自己的卵或者是幼小的后代，那么即使是少量生产，也依然可以充分保持自己的平均数量。假如大部分的卵或者是幼小后代遇到了来自外界的毁灭，那么就必须提高产量，不然物种就会面临绝灭的境况，比如说，如果有一种树一般寿命为 1000 年，但是在这 1000 年里只能产出一颗种子，我们假设这颗种子一定不会被毁灭掉，而且正好是在最适合生长的环境中萌发，如此下去的话，就可以充分保持这种树的数目了。所以说，在任何环境之中，不管是哪一种

达尔文在剑桥的住所

动物还是植物，它们的平均数目仅仅是间接地依存于卵或种子的数目的。

在自然界进行观察时，我们应该时刻记住前面的论点，这是非常有必要的。一定不要忘记，所有的生物可以说都在努力尽可能多地增加自己的数目。一定要记得，任何一种生物在自己生命的一些时期里，必须通过斗争才可以生存下去，也一定要记得，在生物的每一世代里或者是在它们的间隔周期中，一些幼小或老弱是无法避免地要面临一次巨大的毁灭性的灾难的，只要抑制作用稍微减轻，毁灭作用稍微出现一些缓和，那么这种物种的数目就会立时以最快的速度发展壮大。

抑制生物增长的因素

任何生物增加的自然倾向都会受到各种抑制，具体是因为什么，却难以解释清楚。看看那些生命力顽强的物种，它们的个体数目非常多，密集成群，于是它们的数量进一步增加的趋势也就无法阻挡的强盛。而对于抑制增多的原因到底是怎么回事，我们甚至找不出一个事例，没办法得到确切的答案。事实上这并不是什么奇怪难解的事情，不管是谁，只要稍微想一下，就会发现我们对于这个问题是多么无知，甚至我们对于人类的了解远远地超出对其他动物的了解。对于抑制增加的这个问题，已有很多名著者进行过一系列的讨论，我期待能够在以后的一部著作里得到较为详细的讨论结果，尤其是对于南美洲的野生动物更应该进行十分详尽的讨论，这里我只是稍微提一提来引起大家注意几个要点就好。生物的卵或者是幼小的后代，通常都是最容易受到伤害的，而且这种现象并不是局限于某几种生物，而是几乎所有的生物，都会无法避免地有这样的遭遇。植物的种子被毁灭的很多，不过根据我所做的一些观察，能够看出来，在长满其他植物的地上，新生的幼苗在发芽的时期遭遇灾难的情况是最多的。而且，这些幼苗还会被其他敌害大量地进行毁灭，比如，我曾在一块三英尺长两英尺宽的土地上进行耕种前的除草，以利于新种植的植物幼苗不会遭受到其他植物的竞争性迫害，等到幼苗长出来以后，我把所有的幼苗上都做了记号，最后发现，原本有357株竟然有295株都遭到了毁灭，主要是遭到蛞蝓以及昆虫毁灭性的袭击。如果让植物随意地在长期刈割过的草地上自然生长，就会看到，较强壮的植物慢慢地会将不够强壮的植物消灭掉，就

一对苍鹭在巢中互相问候，它们的幼鸟正看着它们。生物的卵或者是幼小的后代，通常都是最容易受到伤害的。

算这些弱者已经长成，也难逃被毁灭的命运，经常放牧的草地上也是这样的情形。在一块被割过的，长四英尺宽三英尺的草地上，自然生长着 20 种植物，随着生长的推移，有九种生物会因为其他生物的自由生长而走向灭亡。

食物的多少，对所有物种增加所能达到的极限，很自然地存在着极大的影响力。不过，真正影响某种物种的平均数，更多的并不是食物的获取，主要的还在于被其他种动物所捕食的程度。所以说，不管在哪里，大片领地上的松鸡、鹧鸪、野兔的数目，主要取决于有害动物对其进行的毁灭程度，这一点似乎不用去怀疑。如果在以后的 20 年里，在英国不再伤害任何一个猎物，同时也不对那些有害的动物进行毁灭，那么，我们所能见到的猎物基本上会出现比现在还要少的情况。即使现在每年都有数十万只猎物被人类杀死。与此相反的是，在一些情况下，比如象，很少会遭遇猛兽的残害，就算是印度的猛虎，也很少敢去攻击由母象保护着的小象。

影响物种平均数的原因，除了前面提到的，气候也起着很重要的作用。而且，极端寒冷或者是长期干旱的那种周期季节，基本上在所有的抑制作用中是属于最有效果的一种作用。我估计，1854 年到 1855 年的冬天，在我居住的这片区域，遭到毁灭的鸟，最少有五分之四（依据春季鸟巢数目大量减少的迹象就能看出来）。不得不说，这真的是一次灾难性的毁灭。我们都明白一件事情，那就是如果人类因为传染病而死去百分之十的话，那么这就算是非常重大，十分惨重的死亡了。最开始，我们看到，气候的作用好像是与生存斗争没有什么关系的，但是，正是因为气候的主要作用会使得食物减少，只从这一方面来看，它便导致或者加重了同种的或异种的个体间不得不进行最激烈的生存斗争，因为这些个体依靠着相同的食物来保障自己的生存。就算是气候直接起作用的时候，比如突然天寒地冻的时候，损失惨重的依然是那些相对弱小的个体，或者是那些在冬天无法获得大量食物的个体。如果我们从南方一直旅行到北方，或者是从湿润地区到干燥的地区，一路上如果你注意了的话，就会发现有一些物种在随着你的前行而依次慢慢稀少直到再也找不到它们的踪迹。气候的变化是显而易见的，所以我们难免就会将这整个的效果归因于气候的作用使然。可是，这样的认识是不正确的。人们总是容易忽略各种物种，就算是在它最繁盛的地方，也无法避免地会在自己生命中的某个时期，因为来自外界的敌害的侵袭，或者是相同地区生物们对食物的激烈竞争而遭到大量的毁灭。如果气候出现了一点点的改变，只要稍微有利于那些敌害或者是竞争者，那么它们的数目就会以最快的速度上涨。而且，因为每个地区都已布满了生物，所以该地的其他物种免不了会出现减少的状况。假如我们朝着南面旅行，发现有的物种的数量在减少，那么，只有稍微一留心，你就会发现，这一定是因为有其他物种获得了利益，代价就是这个物种受到了损害。我们朝着北方旅行的景象也是这样的，但是程度会差一些，这是因为几乎所有物种的数量在向北去的路上基本上都在减少，照这样下去，竞争对手自然也就少多了。所以当我们朝着北方旅行或者是登高山的时候，就能够发觉，比起朝南旅行或下山时候的情景，我们遇到的植物一般都比较矮小，这是因为气候的直接有害作用造成的。当我们去北极区或者是雪山之巅，抑或是荒漠里的时候，就可以注意到，这些地方的生物基本上是必须要与自然环境进行斗争才能够生存下来。

在花园中，那些数目居多的植物，基本上能够完完全全地适应我们的气候，却永远不能够归化，因为它们没有实力去抗衡我们的本地植物，同时也抵挡不了本地动物的侵害，因此，我们能够看出，气候的影响，基本上是间接地有利于其他生物的。假如一个物种，因为高度适宜它生存的环境条件，而在一片范围里过分增加了自己的数目，那么往往就会引发一系列的传染病等不良情况，这点最起码能够从我们的猎物们身上看出来。这里有一种与生存斗争没有关系的限制生物数量的抑制。不过，有一部分所谓传染病的发生，是因为寄生虫导致的，这些寄生虫出于各种各样的原因，有一些估计是因为可以在密集的动物中大量传播，所以对于自己的生存与壮大十分有益，这种情况下就会发生寄生物与寄主之间的斗争。

此外，在很多情形下，相同物种的个体数目必须比它们的敌害的数目多出很多才能够在竞争中胜出，得以保存并发展壮大。如此，我们就可以较轻易地在田里获得数量可观的谷物还有油菜籽等粮食，其中的原因在于，这些植物的种子与吃它们的鸟类的数量相比，在数量上占据着绝对的优势。虽然鸟类在这一季里拥有着非常丰富的食物，只是它们无法按照种子供给的比例来增加自身的产量，因为它们的数量在冬季会面临抑制。只要是做过试验的人都知道，想要从花园中少数小麦或其他这类植物中获得种子是多么不容易。我曾在这样的状况里失去每一粒种子。同种生物必须保持大量的个体才可以保证自己的生存与发展，这个观点能够用来解释自然界中一些比较奇怪的现象，比如，一些很少见，比较稀缺的植物，有的时候会在它们生存的一些极少数的地方，非常繁盛地生长着，有的丛生性的植物，甚至在分布范围的边缘地带，也依然可以丛生，也就代表着，这些植物的个体十分繁盛。一般看到这样的情形，我们就能够准确地说，那些能够让大多数个体可以共同生存的有利自然条件，才能成为一个物种生存与发展的条件，如此才能保证这个物种逃离被全部毁灭的灾难。另外，我还想补充说明的是，一些杂交优秀的效果还有近亲交配的效果不太好的结果，也毫无疑问地会在这样的事例中表现出它的作用，但是我暂时不准备在这里详述这个问题。

达尔文的温室

在剑桥时，达尔文成为一个狂热的甲虫收藏家，虽然那时他还没有意识到生物多样性的起源。

生存战斗里动植物间的关系

很多记载在案的事例向我们证明，在同一个区域中，互相斗争的生物之间，一直存在着特别复杂以及让人感到很意外的抑制作用还有相互关系。我打算就举一个例子，虽然简单不过却是非常有趣的。在斯塔福德郡，我有位亲戚正好在那里有一片土地，于是我有了足够多的机会在那里进行研究。那里有一大块未经开垦的荒地，另外还有数百英亩性质完全相同的土地，曾在25年前围起来种植过苏格兰冷杉。在种植过的土地上面，原有的土著植物群落出现了非常明显的变化，它们变化的程度明显到比你在其他两片完全不同的土壤上见到的变化还要明显。不仅是荒地植物的比例数全部发生了变化，同时还茂盛地生长着12种一般荒地上不会生长的植物（当然，这里不包括禾本草类还有莎草类）。在植树区里，昆虫们受到的影响一般都会更大一些，因为，我们发现，有6种在荒地上见不到的食虫鸟，能够在植树区中轻易找到，而经常出现在荒地上的，竟然是另外几种完全不一样的食虫鸟。在这个地方，我发现，只不过是引进了一种树，竟然就引发了如此强大的影响，并且，当时人们只不过是将土地围了起来防止牛进去而已，除此之外就再也没有其他任何行动了。不过，将一个地方围起来的这种方式，作为影响生物生存的因素，还是十分重要的。我曾在萨里的费勒姆附近真切地感受到这点。那个地方有大片的荒地，在远处的小山顶上，也生长着一些较老的苏格兰冷杉，在近十年里很多的土地也被围了起来，于是，原本是自然散布的那些种子长出了不计其数的小树苗，由于它们紧密地生长在一起，所以导致到最后全部都无法成长成材。等到我确定那些幼小的树苗并不是人工播种或栽植的以后，对于它们如此繁多的数量确实感到十分意外。于是，我接着又观察了更多的地方，我详细考察了那些没有被围起来的数百英亩的荒地，除了很早之前种下的老龄冷杉以外，应该说，基本上再也看不到一棵这样的小树苗。不过，等我对荒地灌木的茎干进行过详细的观察之后，发现那儿有很多的幼苗以及小树时常被牛吃掉，因而无法长成型。接着我又在距离某一片老龄冷杉林一百码的地方计算了一下，一共有32棵小树，其中有一棵有26圈年轮。可以想象，这么多年以来，它曾无数次想要将树顶伸出荒地灌木的树干上面，最后却都未成功。怪不得那些荒地一旦被围起来的话，便会出现那么多生机盎然的小冷杉树苗密布在它之上了。但是，这片荒地是极其荒芜并且十分辽阔的，所以几乎没有人会想到，牛竟然可以这样细心地寻找自己的食物，并且确实还有不小的收获。

从这些我们能够看出，牛主导了苏格兰冷杉在这片土地上的生存。不过，在世界上的一些地方，昆虫们则影响着牛的生存。巴拉圭在这一点上能够提供一个非常神奇的事例，因为在那个地方，从来没有出现牛以及马还有狗变成野生的这种情况，但是这个地区的北边以及南边，都能够看到成群的这些动物在野生状态下游行。亚莎拉还有伦格曾经说过，原因很简单，是因为巴拉圭的某种蝇太多而造成的，当这个动物刚出生的时候，这种蝇就会在它们的脐中大量产卵。虽然这种蝇很多，不过它们数量的增加很显然时常会遭遇到各种抑制，估计会受到其他寄生性昆虫的抑制吧。所以说，假如巴拉圭的某种食虫鸟减少了，那么寄生性昆虫的数目基本上就会增加，于是就会让在脐中产卵的蝇的数量减少，这样，牛就有了成为野生的可能了，并且这样一来，一定能够让植物群落发生较大的变化（我以前确实在南美洲一些地方见过这样的现象）。与此同时，植物的变化又会在很大程度上影响到昆虫，接着又会影响到食虫鸟，就像我们在斯塔福德郡所见到的那样，如此关系复杂的范围，就会继续不断地扩大。事实上自然界中的各种关系并不是我们所说的那么简单。一场接一场的生存斗争永无止息，胜败交替，只是一个非常细微的差别，也许就能够帮助一种生物成功地战胜另一种生物。不过，从长远的角度来看的话，到最后各方势力会达到一定的平衡，来让自然界能够长期地保持一个平衡一致的状态。虽然说最细小的一点差别一定会让一种生物打败另一种生物，而且这种生物自身的结果也是这样的。但是人类是多么的无知，又是多么喜欢自己做一些过度失真的推断，一听到一种生物灭绝的事情，就会大惊小怪；又因为找不出灭绝的原因，于是就用灾变去解释世界的毁灭，甚至有的人会自己创造出一些法则，去说明生物类型的寿命。

我准备再说一个事例来证明在自然界等级中距离那么遥远的植物以及动物是怎样被复杂的关系网连接在一起的。将来我还会为大家解释，在我的花园中，那个名为亮毛半边莲的外来植物，为什么从来没有昆虫“光顾”过它，其实原因很简单，就是因为它的构造十分特殊，以至于造成它从不结种子。基本上，在我们所认识的所有兰科植物当中，都是需要昆虫光顾来带走它们的花粉块的，这样才能够帮助它们受精。

英格兰的乡间为了防止牛进入，会把田地和一些树木用栅栏围起来。

食物链和食物网

在自然界中，食物总是一直处于流动当中。当一只蝴蝶食用一朵花时或者当一条蛇吞下一只青蛙时，食物就在食物链中又向前推进了一步，同时，食物中含有的能量也向前传递了一步。

食物链不是你看得见摸得着的，但是它是生物世界中的重要组成部分。当一种生物食用了另一种生物时，食物就被传递了一步，而食用者最终也总是成为另一种生物的口中美食，这样一来，食物就又被传递了一步。如此往下便形成了食物链。大部分生物是多种食物链中的组成部分。把所有的食物链加起来，便形成了食物网，其中可能涉及几百种甚至几千种不同的物种。

↑在以植物残渣为食物的生物中，可以长到28厘米的千足虫无疑是其中的庞然大物了。它们爬行缓慢，而且是冷血动物，这两个特点使得千足虫对于能量的需求非常有限。

食物链是怎样运作的

现在，你将可以看到一条热带生物的食物链。像所有的陆上食物链一样，它从植物开始。植物直接从阳光中获取能量，因此它们不需要食用其他生物，但是它们却为别的生物制造食物，当它们被草食动物吃掉后，这种食物便开始被传递了。

很多草食动物都以植物的根、叶或者种子为食。但是在本条食物链中，草食动物是一只停在花上吸食花蜜的蝴蝶。花蜜富含能量，因此是很好的营养物质。不幸的是，这只蝴蝶被一只绿色猫蛛捕食了。绿色猫蛛也就是本条食物链中涉及的第3个物种。像所有其他蜘蛛一样，这种蜘蛛是绝对的食肉生物，非常善于捕捉昆虫。但是为了抓住蝴蝶，这只蜘蛛需要冒险在白天行动，这会吸引草蛙的注意。草蛙吞食蜘蛛，成为该食物链的第4个物种。草蛙有很多天敌，其中之一是睫毛蝰蛇——一种体形小但有剧毒的蛇类，通常隐藏在花丛中。当它将草蛙吞下时，它便成为本条食物链中涉及的第5个物种。但是蛇也很容易受到

↑几乎所有的动物都有自己专门的食物对象，每种动物都只不过是另一种的食物罢了。这张图中，一只蜘蛛已经捕获了另一只蜘蛛，后者成了它的口中美食。

攻击，如果被一只目光锐利的角雕看到，它的生命也就结束了。角雕正是本条食物链中涉及的第6个物种，它没有天敌，因此食物链便到此结束了。

食物链和能量

6个物种，听起来可能并不算多，尤其是在一个满是生物的栖息地中。但是这事实上已经超过食物链的平均长度了。一般的食物链中都只有三四个环节。那么，为什么食物链那么快就结束了呢？这个问题与能量有关。

当动物进食后，它们把获得的能量用在两个方面。一方面用于身体的生长，另一方面用于机体的运作。被固定在身体中的能量可以通过食物链传递，但是用于机体运作的能量在每次使用中就被消耗掉了。一些活跃的动物，比如鸟类和哺乳动物，被消耗掉的能量约占所有能量的90%，因此只有大约10%的能量被留下来成为潜在食物。当食物链走到第4或者第5种生物时，所含的能量便因为逐级减少而所剩不多了。当走到第6个环节时，能量几乎已经消耗殆尽。

金字塔

这种能量的递减显示了食物链的另一个特征——越是接近食物链开端的物种数量越丰富。如果按照层叠的方式把食物链表示出来，结果便形成金字塔形状。

比如淡水环境中一条食物链可以形成一个典型的金字塔——从下而上，数量较大的生物是蝌蚪和水甲虫；再往上，食肉鱼类数量相对减少，而食鱼鸟类的数量则是最少。在所有的生物栖息地包括草地到极地冻原，都适用于上述这种金字塔结构。这就解释了为什么像苍鹭、狮子和角雕那样位于金字塔顶端的肉食动物需要如此之大的生活空间了。

世界范围的食物网

食物网比食物链要复杂得多，因为它涉及大量不同种类的生物。除了捕食者和被捕食者，其中还包括那些通过分解尸体残骸生存的生物。

食物网越精细越能证明该栖息地拥有健康的环境，因为这显示了有很多生物融洽地生活在一起。如果一个栖息地被污染或者因森林采伐而被破坏了，食物网就会断开甚至瓦解，因为其中的一些物种消失了。

↑当阳光穿过森林，树叶就采集了光能。树木枝干向上生长就是为了获得更多的光照。

对于鼠的数目，绝大多数的人都知道，绝大多数都是由猫的数量来决定的。

在试验中，我发现三色堇基本上必须依靠土蜂进行受精，因为其他蜂类基本上都不会造访这种花。我还发现，有几类三叶草只能依靠蜂类进行受精，比如白三叶草，这种植物大约有20个头状花序，一般会结出2290粒种子，但是另外被遮盖起来，蜂类接触不到的那20个头状花序，就结不出一粒种子。再比如，红三叶草的100个头状花序能够结出2700粒种子，但是被遮盖起来的相同数目的头状花序，就一粒种子也结不出来。而只有土蜂才会光顾红三叶草，因为其他蜂类均无法够得到它的蜜腺。也有人曾提出，蛾类能够让各种三叶草受精。不过我很怀疑，它们是否真的可以让红三叶草受精，因为它们的重量不足以将红三叶草的翼瓣压下去。所以，我们能够非常肯定地推断，假如英格兰的所有土蜂属都绝灭或者是大量减少的话，那么三色堇还有红三叶草也会随之大量减少，甚至是全部灭亡。而所有地方的土蜂数量基本上是由野鼠的多少来决定的，因为野鼠会对土蜂们的蜜房以及蜂窝进行毁灭性的破坏。纽曼上校对土蜂的习性进行了长期的研究，他认为“全英国三分之二以上的土蜂是被野鼠毁灭掉的”。对于鼠的数目，绝大多数的人都知道，绝大多数都是由猫的数量来决定的。纽曼上校还说：“在村庄以及小镇的附近，我看到的土蜂窝比在别的地方多很多，我将其原因归结为这些地方存在着大量的猫，对鼠进行了毁灭性的打击。”所以说，我们完全可以确切地说，如果一个地方猫类动物数目居多的话，那么首先通过对鼠，接着通过对蜂的干预，就能够决定那个地方一些花的数目了。

每一种生物在不同的生命阶段以及不同的季节还有不同的年份里，基本上都会有各种各样的抑制条件对其产生影响。在所有的抑制条件中，会有一种或者少数几种抑制作用的影响最为有力和明显。不过在决定物种的平均数目以及物种的生存问题方面，只有所有的抑制作用一起发挥作用才有效果。在某些情况下能够说明，相同的物种在不同的地域中所受到的抑制作用是存在很大差别的。当我们看到那些密布在岸边的植物以及灌木的时候，我们总是很轻易地就将它们数目的多少还有种类归因于我们常说的偶然的机会。可是谁又想到这是一个多么错误的观点。我们都知道这样的事实，在美洲，当一片森林被砍伐之后，原来的地方就会有完全不同的植物群落生长起来。很多人都已经发现，在美国南部印第安的废墟上，在之前肯定清理过原有的树木，因为如今那里生长的植物与周围的处女林十分相像，展示出了一样美丽的多样性还有与之相同比例的各类植物。在很多个漫长的世纪里，各种植物们每年各自散播的上千种子之间一定进行了相当激烈的斗争。昆虫与昆虫之间会有相当激烈的生存斗争，昆虫、蜗牛、别的动物还有鸟以及兽之间也进行了我们想象不到的激烈的斗争。所有的生物基本上都在努力地增加自己的数目，互相抵制，或者吃树，或者吃树的种子以及幼苗，也有可能去吃刚刚开始密密麻麻分布在地面上对这些树木生长起到抑制作用的其他植物。把一把羽毛向上掷去，会按照一定的法则落到地面上，不同的是每支羽毛会落到什么地方的问题，相较于数不清的植物以及动物们之间的关系，这种问题看起来就简单多了，它们的作用以及反作用在很多个世纪的过程里决定了如今生长在古印第安废墟上的植物们的类型以及各自数目的多少。

生物之间的依存关系，就像寄生物与寄主的关系一样，通常情况下是在系统比较远的生物之间发生的。严格地说，有些情况下，系统很远的生物之间也存在着激烈的生存斗争，比如飞蝗类与食草兽之间的关系就是这个样子的。但是，同种的个体之间所进行的生存斗争，显然是所有斗争中最为激烈的一种，因为它们生活在同一个区域中，需要相同的食物，而且还会面临相同的危险。同种的变种之间的生存竞争基本上是一样剧烈的，而且我们经常可以看到那些斗争很快就能够得到解决，比如将几个小麦变种播在同一个地方，然后再将它们的种子再混合起来播在一起，我们能够见识到，那些最适于当地土壤还有气候的种子，或者是天生繁殖能力就是最强的那些变种，就会在这场竞争中将别的变种打倒，然后自己产生更多的种子，等到过上不多的几年以后，就会将其他变种全部排斥消灭干净。让人感到有点惊奇的是，就算是那些非常相近的变种，比如颜色不同的香豌豆，在混合种植的时候，也得每年分别采收种子，播

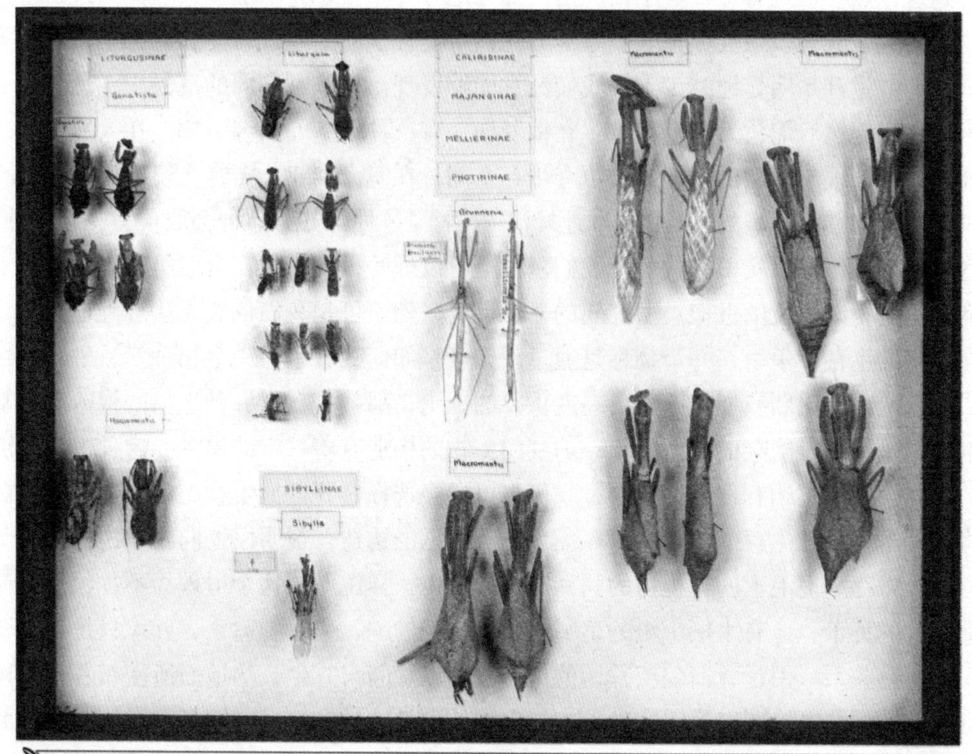

达尔文收集的螳螂标本

种的时候要按照适当的比例进行混合，假如不是这样的话，较弱种类的数量就会不停地减少，直到最后彻底被消灭。绵羊的变种情况也是如此。有的研究者曾断言一些山地绵羊变种可以让另外一些山地绵羊变种饿死，所以不能够将它们养在同一个地方。将不同变种的医用蛙养在同一个地方，也会出现这种结果。假如将我们所有家养植物以及动物中任何一种的一些变种，让它们如同在自然状况中一样，进行生存斗争，同时每年不依据合适的比例将它们的种子或者是幼小后代保存下来的话，那么，这些变种是不是还能够有与家养状态下一样的体力、习性以及体制呢？如果这样还能够让一个混合群（杜绝杂交）的原本比例一直保持到六代那么长远，这基本上是完全不可能的事情。

变种生物与同种生物间的生存斗争

由于同属的物种一般在习性以及体制方面都是极为相似的，而且它们在构造方面也一直都十分相似（虽然这种相似并不是十分绝对的），所以它们之间所进行的生存竞争，通常要比异属的物种之间的斗争来得更激烈一些。我们能够从下面的事实中了解到这一点。最近有一种燕子在美国的部分地方开始出现并增加了，进而导致另一个物种的数量减少。最近苏格兰一些地方吃槲寄生种子的槲鸫数目变多了，于是导致善鸣鸫的数量开始明显地减少了。我们经常能够发现，在非常不同的气候中，总会有一个鼠种兴起然后取代另一个鼠种。在俄罗斯，有一种小型的亚洲蟑螂，在入境之后，开始大面积地与大型的亚洲蟑螂争夺生存空间。在澳大利亚，蜜蜂入境以后在很短的时间内就能够将小型的、无刺的本地蜂消灭干净。一种野芥菜品种会取代另一个物种。各种各样相似的事实不胜枚举。我们基本上可以理解，为什么在自然组成中，基本上都是占有相同地位的近似类型之间的斗争最为激烈。可是我们依然无法准确地说明，在神奇的生存斗争里，一个物种是通过什么又是如何战胜了另一个物种。

从前面的论断我们能够得出高度重要的推论，那就是，每一种生物的构造以最基本的但是往往是隐蔽的状态，与一切别的生物的构造有着一定的关系，这种生物与别的生物会进行食物和住所的抢夺，它们也可能会选择避开其他生物，也有可能会选择将那些干扰自己生存的生物吃掉。虎牙还有虎爪的构造，很明白地向我们说明了这个道理。寄存于虎毛上的寄生虫的腿和爪的构造也一样说明了这个道理。不过，蒲公英毛茸茸的种子，还有水栖甲虫的扁平的生有排毛的腿，乍一看起来，好像只是与空气还有水有关系。但是，蒲公英种子的优点，毫无疑问与它生长的地面所密布着的植物有着密切的关系。所以，它的种子才得以随处可见地散布开来，而且顺利地落在空地上，得以生长。水栖甲虫的腿的构造十分适合潜水，能够保证它可以与其他水栖昆虫进行生存斗争，有利于捕食食物，同时也有利于逃避别的动物的捕食。很多的植物种子当中贮藏的养料最开始看起来好像与别的植物没有任何的关系，不过这种类型的种子，比如豌豆与蚕豆的种子，被播种于高大的草类中间的时候，所产生出来的幼小植株就可以健壮地生长，以此能够推知，种子中养料的主要用途是为了对幼苗的生长有益，以便与四周繁茂生长的别的植物进行斗争。

再来看看生长于分布范围中间的一种植物吧，为什么它的数量并没能够增加到二倍或者是四倍呢？众所周知，它对于稍热一些或者是稍冷一些，稍微潮湿一点或者是稍微干燥一点，都可以完全地抵抗，因为它可以分布到稍热或者是稍冷的，稍为潮湿或者是稍微干燥的别的地方。在这样的情况当中，我们能够显著地看出来，假如我们幻想让这种植物有能力增加它的数量，那么我们就必须让它占有某些优势来对付竞争者以及吃它的动物。在它的地理分布范围之中，假如体制因为气候而出现了变化，这很明显有利于我们的植物。不过我们有理由去相信，只有少数的植物或者是动物可以分布得非常遥远，以至于被严酷的气候所消灭。还未曾到达生活范围的极限地区，比如北极地区或者是荒漠的边缘时，斗争是不可能停止的。有的地面也许是极冷或者是极干的，但是在那些地方依然生存着少数几个物种，或者是同种的个体为着争取最暖的或是最湿的地点而彼此进行着必要的斗争。

由此可以知道，当一种植物或者是动物被放置于新的地方，而处于新的竞争者之中时，尽管气候也许与它的原产地完全一样，不过它的生活条件通常在本质方面已经出现了改变。假如要让它在新地方增加它们的平均数，我们就不可以再用在它们的原产地所使用过的方法，而必须使用不一样的方法去改变它。因为我们不得不让它对于一系列不同的竞争者以及敌害占据一些优势。

这样的想象，去让任何一个物种比别的一个物种占有优势，虽然说是好的，不过在任何一个事例当中，我们估计都不知道应该如何去做。这点应该能够让我们相信，我们对于所有的生物之间的相互关系实在是非常无知。这种信念是非常必要的，同样也是极难得到的。我们所能做到的，仅仅是牢牢记住，每一种生物都依照着几何比率在努力地增加自己的数目。每一种生物都不得不在自己的生命的某一时期，一年中的某一个季节，每一世代或间隔的时期，展开生存竞争，而遭到大量毁灭。当我们想到这种斗争的时候，我们能够用以下的坚强信念来安慰自己，那就是自然界中的斗争不会是无间断的，也不会感觉到恐惧的死亡通常都是非常迅速的，而那些强壮的以及健康的和幸运的生物则能够生存并且繁殖下去。

豌豆

第四章

最适者生存的自然选择

自然选择——> 性选择——> 自然选择作用的实例——> 个体间的杂交——> 自然选择中有利的新类型条件——> 自然选择带来的灭绝——> 性状趋异——> 自然选择经性状趋异及灭绝发生作用——> 生物体制进化能达到的程度——> 性状趋于相同——> 摘要

自然选择

我们在前面的章节里简单地讨论过生存斗争，那么生存斗争在变异方面到底起着什么样的作用呢？在人类眼中那些发挥着巨大作用的选择原理，可以放在自然界中使用吗？我认为我们很快就会发现，这个是可以非常有效地发挥其作用的。我们一定要记得，家养生物身上存在很多轻微的变异以及个体差异，自然环境中的生物也有一定程度上的无数轻微变异以及个体差异。而且，我们还要清楚地记住遗传倾向的影响力。在家养状况中，能够准确地说，整个生物群的体制从一定程度来看早已具有可塑性了。几乎我们所遇见的普遍的家养生物身上出现的变异现象，就像胡克和阿萨·格雷说的那样，并不是通过人力的直接作用而出现的。人类是不可能直接制造出变种的，也不可能阻止生物出现变种的事情发生。我们能做的，就是将已经出现了变异情况的物种加以保存还有积累。人类在没有意识到的情况下将生物放在新的还有变化着的生活环境中，于是促进了变异的发生。不过，生活环境近似的变化能够并且也确实会在自然环境中出现。除了前面说到的，我们还要记得，生物之间的相互关系还有它们对于自己所处的物理条件之间的关系，是非常复杂并且十分密切的。所以说，对于生活在生活条件总是充满了变化中的生物们来说，无穷分歧的构造是有一定作用的。如果说对于人类有用的变异一定是发生过的，那么，在广阔的天地间，在生物复杂的生存斗争里，对于每个生物在某些方面有积极意义的一些变异，在连续的很多年中，难道不能够一直发生吗？假如这种有用的变异确实可以发生（一定要记住产生的个体数目比可能生存的数目多出很多），那么比其他个体更具有优异条件（即使程度是轻微的）的个体，就具备了最好的机会去很好地生存以及不断地繁衍后代。这还有什么是值得我们去怀疑的呢？从另一个角度来讲，我们能够确定，在所有有害的变异中，就算是程度非常细小，也能够遭到严重的毁灭。我将这种有利的个体差异以及变异的保存，还有那些有害变异的

这些南美蚂蚁生活在号角树内部，为了报答号角树提供的住所，它们会攻击一切食用号角树树叶的生物。

毁灭，称为“自然选择”，或者也可以叫作“最适者生存”。没有什么用处，也不会有什么害处的变异，基本上不会受自然选择作用的影响，它们可能成为彷徨的性状，就像我们在某些多形的物种里所看到的那样，也有可能慢慢地成为固定的性状，所有的这一切都由生物的本性以及所处的生活条件而决定。

有一部分著者理解错了“自然选择”的意思，还有一些人明确地反对“自然选择”这个用语。有的人甚至想象自然选择能够促使变异的发生，事实上它只是保存了已经发生的，还有对生物在其生活条件下有利的一些变异而已。基本上没人反对农学家所讲的人工选择造成的那些非常大的效果。但是，在这样的情形下，一定得是先有在自然界的作用下自己表现出来的一些各种各样的差异，然后人类才可以根据自己的一些目的来进行选择与保存。也有一些人不赞成“选择”这种说法，在他们的认识当中，“选择”具有这样的意义：被改变的生物们可以进行有意识的选择，更有甚者，他们极力主张，如果说生物们没有意志作用，那么选择就不会应用于它们身上。如果只是简单地看这些文字的话，貌似没有什么问题，自然选择这种说法看起来确实有点不够确切。但是，换个角度说，有谁曾怀疑过化学家所说的各种元素具有选择的亲和力这种说法呢？如果严谨地说的话，真的是不可以说一种酸选择了它乐意化合的那种盐基。有人质疑我将自然选择看成是一种动力甚至是“神力”。但是又有谁会去反对一位著者说的万有引力，进而控制着行星运行的这种说法呢？所有的人都知道，这样的比喻蕴含着什么样的意义。为了能够简单明了地说明问题，这样的名词应该说是非常有必要的。此外，如果说想要避免“自然”一词的拟人化，对于研究来说，基本上是很难做到的。不过，我所说的“自然”，也只是指许多自然法则的综合作用还有它们的产物，而法则就是我们能够确定的各种事物之间的因果关系。只需稍微了解一些，那么，那些肤浅的反对声音，就能够被我们忽略并且忘掉了。

对那些在经历着一些轻微物理变化，比如气候正在发生着变化的地方，进行观察和研究，我们就能够很好地去理解自然选择的基本过程了。如果气候出现了异常的变化，那么，当地生物的比例数基本上在很短的时间内就会出现一个明显的变化，有的物种甚至会绝灭。从我们目前了解的各地生物之间的密切并且复杂的关系上看，能够得到下面的结论：就算是暂且忽略气候的变化这一条件和原因，一种生物在所生存地区的比例数不管是发生了什么样的变化，都会严重地影响到与它在同一个地方以及附近地方其他生物的生存与发展。假如那地区的边界是开放的，那么新类型一定会迁移进去，如此一来就会在很大程度上扰乱一些原有生物之间已经形成的稳定的关系。一定

太阳系行星分布。万有引力控制着行星的运行，这一点并没有人质疑。

要记得，从其他地方引进来一种树或者是一种哺乳动物，所带来的影响是多么有力，对于这点，已经做过解释。不过，在一个岛上，或者是在一个被障碍物部分干扰的地方，如果那些比较易于适应的新型物种无法自由移入，那么这个地方的自然组成中就会空出一部分空间，这样的情况下，假如有的一些原有生物根据某种途径出现了变化，那么它们一定会在很短的时间内遍布那里填补之前的空缺。假如那片地方是允许自由移入的，那么外来的生物应该早早就取得那里的统治地位了，哪里还有变种们的容身之处。在这样的情况里，不管多么轻微的变异，只要不管在什么方面，都能够对物种的个体产生有力的作用，能够更好地让它们去适应发生了变化的外界条件，那么就有可能被保存下来，这也就是说，自然选择在改进生物这项工作方面就有了发挥作用的地方了。

就像我们在第一章中讲到的那样，我们能够找到足够的理由去相信，生活环境的更改，能够促进变异性的增加。在前面我们所讲的情况里，外界条件改变，有利于变异发生的机会就会慢慢增加，对于自然选择来说，这当然是有很大益处的。如果没有有利的变异发生，那么自然选择就不会发挥自己的作用，一定不能够忽略“变异”这个名词所包含的也只不过是个体差异而已。人类将个体差异依据任意一种既定的方向积累起来，就可以让家养的动物以及植物出现巨大的变化，与此相同的是，自然选择同样可以这样做，并且还简单很多。并且相比之下容易多了，因为它可以在很长的一段时间内发生作用。我不认为非得有什么巨大的物理变化，比如气候的变化，或者是高度的隔离来阻碍移入，并不是必须借助腾出来的新位置，自然选择才可以改进那些变异着的生物，而让它们能够填充进去。由于所有地方的所有生物都在用严密的平衡力量进行着生存斗争，如果某个物种的构造或者是习性出现了极为细小的变化，通常情况下都能够让它比其他生物多出很多生存的优势。如果这个物种能够继续生活在同样的生活条件中，而且继续以同样的生存以及防御的手段获得有力的生存条件，那么同样的变异就会渐渐发展壮大，也就是说，在绝大部分的时间里这种情况都能够让这种生物的优势越来越强大。还没有这样的一个地方，在那里，所有的本地生物之间已经能够完全互相适应，并且对于它们所生活在其中的物理条件也能够全部适应，于是它们中间没有一种生物无法做到适应得更顺利一些或变化得更为进步一些。因为在所有的地方，来自外部的生物往往能够顺利地战胜本地的生物，同时还能够有力地占据这片土地。来自其他地方的生物既然可以如此在别的地方战胜一部分本地的生物，那么我们就能够肯定地说：本地的生物也会出现一些有利于自身的变异，来帮助自己更好地去抵抗那些来自外地的入侵者。

人类借助有计划的以及无意识的选择方法，可以产生出并且也确实产生了伟大的结果，到那时自然选择为什么就不能发生效果呢？人类仅仅能作用于外在的以及可见的性状：“自然”，也就是假如准许我将自然保存或最适者生存用人的方式来做比喻，这里，不考虑外貌的问题，除非有的外貌对于生物的研究有一定的作用。“自然”可

绵羊早在1万年前就被人类驯养

以对各种内部器官、各种微细的体制差异还有生命的整个组织产生各种各样的作用。人类通常只是为了自己的利益去进行选择。“自然”也只是对被它所保护的一部分生物本身的利益而进行选择。不管是什么样的，被选择的性状就像它们被选择的事实所讲到的，均全面地面对着来自自然的种种磨炼。人类将多种生活在不同气候中的生物放在同一个地方培育，极少用某种特殊的以及舒适的方法去锻炼那些被选择出来的生物的性状。人们用相同的食物饲养长喙鸽子还有短喙的鸽子，他们不用特殊的方式去训练长背的或长脚的四足兽，他们将长毛的还有短毛的绵羊放在同一种气候中饲养。他们禁止最强壮的那些雄性进行斗争去占有雌性。他们也不去严格地将所有劣质的动物都消灭掉，还会在力所能及的范围里，在各个不同的季节中，保护他的所有生物。他们常常是依据一些半畸形的类型进行选择，或者是依据一些能够引起他们注意的明显变异去进行选择，或者是这种变异明显地对自己有利，他们才会进行选择。在自然环境之下，构造上或者是体制上的一些非常细小的差异，就可以改变生物生存斗争中的微妙平衡。于是它就被保存下来。人类的愿望还有努力，在大多数时候，也就是瞬间的事情。然而人类的生命长度又是多么的短暂！所以说，如果与“自然”在所有地质时代的累积结果进行比较的话，那么人类得到的结果是多么贫乏啊。如此说来，“自然”的产物远比人类的产物更加具有“真实”的性状，更可以无限地去适应那些十分复杂的生活条件，同时还可以明显地表现出更为高级的技巧，照这样去看的话，还有什么能够让我们惊讶的呢？

我们能够作一个这样的比喻，自然选择在世界上时时刻刻都在仔细检查着生物那些最微细的变异，将坏的及时清理干净排除，将好的保存下来进行积累，不管是在什么时候，也不管是在哪些地方，只要有一点点机会，它就会悄悄地、非常缓慢地进行着工作，将各种生物与有机的还有无机的生活条件的关系进行一个改进。这样的变化缓慢地进行，一般我们都不能够看得出来，除非能够留下时间的痕迹供我们参考。不过，因为我们对过去悠久的地质时代知道的并不多，认识有限，所以我们能认识到的

安第斯神鹰，洪堡发现于南美。

也仅有现在的生物类型与之前生物之间一些小小的不同之处罢了。

一个物种想要突破任何一种大量的变异，都必须在变种形成以后，再经历相当长的一段时间以后，再次发生相同性质的有利变异或者是个体之间的差别，不过，这些变异必须被再度保存下来，这样才能够一步一步地发展下去。因为相同种类的个体差异会不断地重复出现，所以这样的设想就不能被当成是没有根据的。不过，这样的设想是不是完全正确，我们也只能从它是否符合并且是否可以解释自然界的一般现象这些方面来进行判断。从另一个角度来说，普通类型的变异量是有严格限度的，这样的想法一样也属于一种不折不扣的设想。

尽管说自然选择只可以通过给各式各样的生物谋取自身的利益的方式去发挥自己的用处，但是，那些我们常常觉得并没有多重要的性状还有构造，也能够如此地发挥着一定的作用。当我们看到那些吃叶子的昆虫表现出绿色皮肤，而吃树皮的昆虫则显示了斑灰色的外表，高山的松鸡在冬季表现为白色，而红松鸡则表现为石南花色，我们不得不相信这些颜色是为了保护这些鸟与昆虫避免各种来自外界的危险。松鸡如果没有在一生的某一时期被杀害的话，那么一定会增殖到无法计数，不过，每个人都清楚，它们总会遭到食肉鸟的侵害，被大量地消灭掉；鹰的视力非常锐利，根据自己的目力去追捕猎物，所以欧洲大陆有很多地方的人们都不敢饲养白色的鸽子，因为它们很容易遭到鹰的迫害。于是，自然选择就表现出下面的效果，赋予各种松鸡以有利于自己生存的颜色，只要它们一旦获得了这种颜色，那么自然选择就会让这种颜色纯正地并且是永久性地保存下去。我们无须总是认为偶然消灭一只颜色特殊的动物，所造成的影响很小。每个人都应该牢记，在一个白色绵羊群里，消灭一只略见黑色的羔羊是多么严重的事情。之前我们已经谈过，吃“赤根”的维基尼亚的猪，它们的生存或者是死亡基本上是由自己的颜色来决定的。而对于植物们，在植物学者眼中，植物果实的茸毛还有果肉的颜色被看成为很不重要的性状。但是，一位优秀的园艺学者唐宁说过，在美国，一种名为象鼻虫的生物对光皮果实的损害，远远多于对茸毛果实的损害，而有的疾病对紫色李的残害就远远高于对黄色李的残害，那些黄色果肉的桃比其他类型果肉颜色的桃更容易遭受一些疾病的侵害。如果借助人工选择的所有方法，这些微小的差异能够让很多的变种在栽培的时候产生非常大的差异。这样的话，在自然状况中，一种树必定要在同另一种树进行生存斗争的同时还与大量其他敌害进行斗争，在这样的处境之下，这种感受病害的差异就能够有力地决定哪一个变种，比如是果皮光的还是有毛的，果肉黄色的还是紫色的，能够在战斗中脱颖而出取得最后的胜利。

在对物种间的很多微小的差异进行观察时（用我们有限的知识进行判断的话，这些差异看起来好像并不怎么重要），我们千万不要忘记气候还有食物等外在条件，毫无疑问地会对它们产生一些较为直接的效果。同时一定要记住，鉴于相关法则的作用，假如一部分发生了变异，而且这种变异还被通过自然选择而累积起来，那么其他的变异也将随之而出现，而且往往会有我们所难以意料的性质出现。

我们都清楚，在家养状态下，在生物的不管是哪个特殊期间出现的一些变异情况，在后代中总会在相同的时间再次出现，比如，蔬菜与农作物，很多变种的种子的形状、大小还有风味，家蚕在幼虫期以及蛹期的变异，鸡的蛋与雏鸡绒毛的颜色，绵羊与牛接近成年时生出的角，均是同一个道理。同样地，在自然状态中，自然选择也可以在随便一个时期对生物发生作用，然后让之发生改变，为什么可以这样呢？那是因为自然选择能够将这个时期的有利变异累积起来，同时，因为这些有利变异还能够在相应的时期中一直遗传下去。如果一种植物因为其种子被风吹送得很远而获得生存的利益，那么通过自然选择就会将这一特点保存并遗传下去。并且，这并不比棉农用选择法来增加棉桃或改进棉绒的困难大。自然选择可以让一种昆虫的幼虫发生变异以去适应成虫所遇不到的很多偶然的事故，这些变异，经过相关的作用，能够影响到成虫的构造，当然成虫期的变异也会反过来影响到新的幼虫的构造，不过，在所有的情况中，自然选择都会保证这些变异不是有害的，因为，如果是有害的话，那么这个物种早就灭亡了。

自然选择能够使得子体的构造依据亲体的变化而发生变异，也能使亲体的构造依据子体的状况而发生变异。在社会性的动物当中，自然选择可以让各个生物的构造去适应整体的利益。在群居的动物中，如果生物被选择出来的变异有利于整体，那么，自然选择就会为了整体的利益而去改变个体的构造。自然选择不能够去做的是改变一个生物的构造，却不给它任何的利益，但是成全了另一个物种的利益。虽然在一些博物学的著作中提到过这样的选择与改变，不过我目前为止还没找到一个值得研究的事例。自然选择能够让动物一生中只会使用一次的构造发生特别大的变异，比如，有的昆虫专门用于破茧的大颚还有那些没有孵化的雏鸟用来啄破蛋壳的坚硬喙端等都是。有人提出最好的短嘴翻飞鸽夭折于蛋壳中的，比可以破蛋孵出来的要多出很多。

鸽子用“鸽奶”哺养幼鸟，这种特别的液体在鸽子的嗉囊里生成。

所以养鸽子的人们在孵化时都必须给予鸽子一些必要的帮助。那么，假如说，“自然”为了鸽子自身的利益，让那些成年的鸽子生有极短的嘴，那么这种变异过程基本上是非常缓慢的，而蛋内的雏鸽也要经过严格的选择，被选择的一定会是那些具有最坚强鸽喙的雏鸽，导致这些的根源在于，所有具有弱喙的雏鸽，无法避免地会面临死亡的命运，或者说，蛋壳较脆弱并且易碎的，也有被选择出来的可能，因为我们都清楚，蛋壳的厚度与其他各种构造一样，也是可以发生变异的。

此外，我们还要说明一点，这也许会有好处的：所有的生物肯定都会偶然地遭遇大量的毁灭，不过这对于自然选择的过程造成的影响是比较小的，甚至根本就不会有什么影响。比如，年年都有不计其数的蛋或者是种子被吃掉，除非它们发生了某种变异，可以避免敌人的吞食，它们才可以通过自然选择而进行有利的改变。但是，很多这些蛋或种子如果不被吃掉，一旦发展成为个体，也许它们会比其他所有有幸生存下来的个体，对于生活环境的适应更强一些。还有，大部分成长的动物或者是植物，不管它们是否能够很快地适应它们的生存环境，每年也都逃不脱因为偶然的原因而导致的各种毁灭性打击。就算是它们的构造还有体制发生了一些变化，不过在其他一些方面有利于物种，但是这种偶然的死亡也得不到缓解，依然无法逃避。不过，就算是成长的生物被毁灭得那么多，假如在各区域中可以生存的个体数没有因为这些偶然的缘由而被全部淘汰，或者说就算蛋还是种子被毁灭的数量多得无法算计，只剩百分之一或千分之一可以发育，那么，在可以生存的那些生物中，适应能力最强的个体，假如朝着任何一个有利的方向出现了变异的状况，那么，它们就比适应能力较差的那些个体生存能力强，生存机会多，可以繁殖出更多的后代。如果所有的个体都因为前面所说的原因而遭到了淘汰，就像我们经常能够见到的那样，那么自然选择对以些对生物有利的变异选择也就“爱莫能助”了。不过，我们不能因为这样就反对自然选择在其他时期以及其他方面的积极作用和影响。因为我们确实找不到任何理由能够假定很多物种以前曾在同个时期还有同个地区中出现过变异，然后得到了积极的改进。

性选择

在家养状况下，有些物种的特性往往只能够看到一种，并且也只有这一种特性会遗传下去。在自然环境状况之下，不用怀疑也是同样的情形。那么，就像我们经常看到的，也许会让雌雄两性按照不一样的生活习性通过自然选择来出现变异的情况。这让我感到，必须给大家解释一下关于“性选择”这个问题。我们所说的这类选择的形式，并不是指一种生物对于其他生物或者是外界条件所进行的生存斗争，所指的是同性个体间的斗争，一般情况下都是雄性为了占有雌性而出现的各种斗争。这种斗争的结果，并非在斗争中失败的一方就会消失或者死去，只不过，它们留下的后代会比较少，也有一些失败者会没有后代可留。所以说，性选择其实没有自然选择那么剧烈而决绝。一般情形之下，最强壮的雄性，在自然界中的地位最是稳固的，它们所能留下的后代数量也是最多的。不过，很多情况中，斗争的胜利也不是完全依靠普通的体格强壮，更多的还要靠雄性所生的特种武器。没有角的雄鹿或无距（公鸡鸡爪后面像脚趾一样的突出部分）的公鸡，基本上不会有太多的机会去留下数目繁多的后代。因为性选择能够让获胜的一方进行大量繁殖，所以，与残忍的斗鸡人士挑选善战的公鸡的道理相同，性选择能够给予公鸡不屈不挠的勇气，增加公鸡距的长度，增强它们的体制，增加公鸡在进行斗争时拍击翅膀的能力，来加强公鸡的攻击力量。我不清楚在自然界中有哪一个等级才会没有性选择，不过，有人描述过，当雄性鳄鱼准备占有雌性鳄鱼的时候，它们会战斗、吼叫、旋绕转身行走，就如同印第安人跳战争舞蹈那样；有人发现雄性鲑鱼每天都在进行战斗；雄性锹形甲虫经常全身是伤，那是其他雄虫用巨型大颚咬伤的。举世无双的观察者法布尔常常看到有的膜翅类的雄虫会为了一只雌虫而专门进行斗争，而雌虫一般都会停留在战场的一边，貌似与自己无关似的淡然地看着，等到最后，同战胜的一方一起离开。应该说，多妻动物的雄性之间的战争是所有战争中最为剧烈的，此类雄性动物一般都生有特种武器。雄性食肉动物原本就已具备了优秀的战斗武器，但是，性选择还能够让它们同别的动物一样，通过选择的途径再生出其他特别的防御武器来。比如，雄狮的鬃毛还有雄性鲑鱼的钩形上颚等都是这个道理。因为，盾牌在获得胜利方面所发挥的作用，就如同剑与矛一样重要。

在鸟类的世界中，这样斗争的性质往往比较平和一些。所有对这个问题进行过研究的人都相信，在很多类型的鸟中，雄性之间最激烈的斗争是用歌唱来对雌鸟进行吸引，圭亚那的岩鸫、极乐鸟还有其他的一些鸟类，聚集在一个地方，雄鸟一只只将自己美丽的羽毛费尽心思地展开，同时用最好的风度去展示自己的美丽，此外，雄鸟们还会在雌鸟面前摆出各种奇形怪状的姿势，雌鸟则作为观察者站在一边，最后，雌鸟们会选择对自己最具有吸引力的那只雄鸟做配偶。经常认真观察笼中鸟的人们都十分清楚地知道，

雄鸟在雌鸟面前，用最好的风度展示自己的美丽。

不管雄性还是雌性，每只鸟对于异性的吸引力和选择标准都是不同的。就好像赫伦爵士曾经讲过的那个事例一样，一只雄性斑纹孔雀是如何成功地吸引了别的所有的雌性孔雀。我现在无法在这里详细论述那些需要注意的细节之处，不过如果人类可以在较短的时间里根据自己的审美标准让他们的矮鸡拥有美丽以及优雅的姿态，我是真的找不出充分的理由去怀疑雌鸟根据自己的审美标准，会在千千万万的世代里，选择鸣声最动听的或姿态和样子最美丽的雄鸟，这样就会产生明显的效果。对于雄鸟与雌鸟的羽毛为什么和雏鸟的羽毛不相同的一些有名的论断，可以拿性选择对于不同时期中发生的而且会在一定的时期中一直单独遗传给雄性或者是同时遗传给雌雄两性的现象做出一定的解释，这里，我就不再进行详细的讨论了。

如此一来，可以说，几乎所有动物的雌雄二者，如果它们的生活习性都相同，但是在构造还有颜色以及装饰方面有一定的区别，那么，我所认为的是，这些不同的方面，主要是因为性选择的不同而造成的。这就是为什么有的雄性个体所拥有的武器以及防御手段抑或是在美观方面会比其他的雄性占有一些优势的原因，并且，这些优越性状还会在接下来的很多个世代中仅仅遗传给雄性的后代。但是，我不想将所有性别之间的差异都归因于性选择的作用。主要是由于，我们在家养动物中，有些雄性特有的特征并不能够通过人工选择而进行扩大化。野生的雄火鸡胸前的毛丛基本上没有什么用处，但是，这些毛丛在雌性火鸡的眼中，是不是算是一种漂亮的装饰，这对于我们来说，算是一种疑问。实话说，如果在家养状况中火鸡身上出现了这样的毛丛，一定会被认为是出现了畸形现象。

自然选择作用的实例

为了研究明白自然选择怎样发挥作用，让我来为大家列举一两个设想出来的事例吧。我们可以用狼作为例子的主角，狼在捕食自己的食物时，有时候是靠计谋获取的，有时候是靠体力获取的，也有些时候是靠敏捷的速度得来的。我们可以假设一下：在狼寻觅食物最困难的季节中，最敏捷的猎物，比如鹿，因为所处地区的任何变化，使得它们的数量增加了，或者是别的猎物减少了它们的数量。在这种情形之下，只有速度最敏捷还有体型最细长的狼，才能获得最好的生存机会，所以会被保存或被选择下来。当然，它们还得在任何不得不捕杀其他动物作为食物的所有季节中，都能够保持足以制伏那些猎物的力量才可以。我找不到有什么样的理由能够对这种结果进行怀疑，这就像人类经过认真以及有计划的选择，或者是经过无意识的选择之后，人们想要保存最优良的狗，不过却根本没想到去改变这个品种，就可以改进长躯猎狗的敏捷性。我要进行一个补充，那就是按皮尔斯先生的说法，在美国的卡茨基尔山中生存着狼的两个变种，其中一种的类型像轻快的长躯猎狗那样，它在抓捕鹿方面有很大的优势，还有一种，身体较庞大，腿比较短，它们最擅长的是经常去袭击牧人的羊群。

从针叶林到北极冻原，灰狼的栖息地很广。在每一个狼群中，成年的狼都要外出捕食，只有比较年长的狼才承担繁衍后代的重任。

不得不引起注意的是，在前面我们所讲的事例中，我提到的，是一种体躯最为细长的狼被保存下来，并不是说所有单独明显的变异都能够被保存下来。在本书之前的几版中，我曾提到过，后面的情况貌似也时常发生。我注意到个体之间差异的高度重要性，如此一来就让我对人类的无意识选择的结果展开了全面的讨论，这样的选择，在于将多少具有一些价值的个体保存下来，同时将最坏的那些个体毁灭掉。我还注意到，在自然的生存环境里，有些偶然出现的构造方面有差异的保存，比如畸形的保存，是极为少见的事情。就算是在最开始被保存下来，在后来因为与别的正常的个体进行杂交，然后也就慢慢消失不见了。虽然这么讲，但是直到我读了刊登在《北部英国评论》（*North British Review*，1867 年）上的一篇，极为有力并且十分有价值极具说服力的论文后，我才明白，原来单独的变异，不管你是细小的还是明显的，可以得到长久保存的情况是极为少见甚至没有的。这位作者拿两个动物举例，它们的一生一共生产了两百个后代，但是大部分都因为多种多样的原因而被毁灭了，基本上一般只有两个后代可以生存下来，然后继续繁殖它们的种类。这对于绝大部分的高等动物来说，虽然说是非常高的估计，不过，对于很多低等的动物来说，并不是这样的。于是他还提出，假如有一个单独的个体产生出来，它在一些方面出现了变异，让它比别的个体的生存机会多出两倍，但是，因为死亡率比较高，另外还有一些别的因素会严重地阻止它的顺利生存，所以它想要生存，还是个很难的问题。假设它可以很好地生存并且繁殖后代，同时，有百分之五十的后代遗传了这种有利的变异。就像这位评论者接下来又指出的，幼者生存还有繁殖的机会也只是稍微好一些罢了，并且，这样的机会还会在之后的各代中慢慢减少。我认为这种论点的可靠性是不需要任何怀疑与辩论的。比如，假设有一种鸟因为长有弯钩的喙而方便自己顺利地获得食物，同时假设有一只鸟天生就生有非常钩曲的喙，并且因这个特点而没有被毁灭还繁盛了起来。但是，虽然如此，这只鸟想要完全排除那些普通的类型来延续自己的种类，这样的机会事实上还是非常少的。不过，毫无疑问的是，按照我们在家养状况下所出现的情况来看的话，在很多世代中，假如我们保存了或多或少的生有钩曲喙的大多数鸟类，同时还对生有最直喙的更大多数的个体进行了毁灭，那么就能够引发上面提到的结果。

不过，我们所不能忽视的是，因为相似的组织结构受到了相似的作用，让一些十

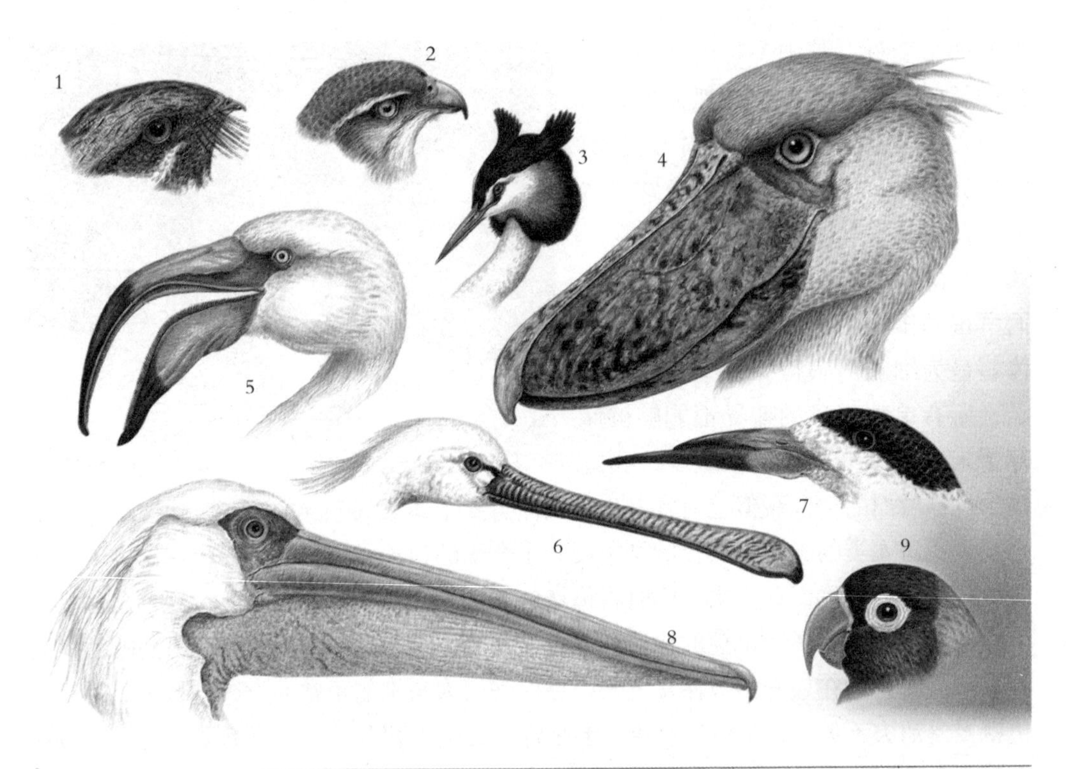

不同的鸟喙形状适应于应对各种不同的食物。1. 翎翅夜鹰（食昆虫）；2. 雀鹰（食小鸟）；3. 凤头䴙䴘（食鱼、甲壳动物和软体动物）；4. 鲸头鹳（食肺鱼、蛙、龟和蛇）；5. 大红鹳（食海藻、硅藻及小型水生无脊椎动物）；6. 白琵鹭（食小鱼和虾）；7. 剪嘴鸥（食小鱼和甲壳动物）；8. 卷羽鹈鹕（食鱼、两栖类动物和小型哺乳动物）；9. 黄领牡丹鹦鹉（食种子、坚果和浆果）。

分明显的变异会一次又一次地出现，这种类型的变异不能只是被看作是个体间的差异，对于这样的情况，我们能够从家养的生物中找出不计其数的例子来。在这样的情况下，就算是变异的个体暂时没能将新获得的性状遗传给自己的后代，但是，如果能够保证生存条件保持不变，那么不用怀疑，这种新的变异迟早还是会按照同样方式变异的，并且是更为强烈的那些倾向遗传给后代的。同样，也不用怀疑，依据相同方式发生变异的倾向，一般情况下都会特别强，这样就会导致同种的所有个体中就算是没有任何选择的帮助，也一样会出现一些改变。或者仅有三分之一、五分之一甚至是十分之一的个体会被这样的情况所影响，对于这样的事实，也能够列举出很多的事例来。比如格拉巴曾经估算出，在非罗群岛上，大概有五分之一的海鸠是属于一个明显的变种的，而这种变种之前被列为一个独立的物种，还被称作 Uria lacrymans。在这样的情况中，假如说变异是有益的，按照最适者生存的原理，原本的那些类型用不了多久就会被变异了的类型取而代之。

对于杂交能够消除所有种类变异的这种说法，我们会在以后进行详细的讨论。不过，在这里要先说明一下，大部分的动物还有植物一生都会固守在自己原本的领地和环境之中，不是特殊的情况，一般都不会向外流动的，就算是候鸟群也是同样的情况，几乎所有的候鸟都一定会回到自己原来的环境中去的。所以说，每一个新形成的变种在最开始的阶段通常都只生活在自己原产的地区，对自然状况中的变种来说，这点基本上是一条十分普遍的规律了。这么说的话，很多发生相同变异的那些个体，就会在很短的时间之内快速地聚集成一个小团体，通常会在一起进行后代的繁殖。如果新的变种在生存斗争中获得了胜利，那么它就会从中心区域开始缓缓地向外扩展，不断地扩大自己的圈子，同时，还会在边界上与那些没有出现变异的个体进行斗争，然后战胜它们继续发展自己的势力范围。

列出另一个与自然选择作用有关的，更为复杂的事例，绝对有一定的必要性和好处。有的植物会分泌出甜液，其实是为了将体液中的有害物质排出体外。比如，有的荚果科植物的托叶基部的腺会分泌出这样的液汁，一般月桂树的叶背上的腺也会分泌出这样的液汁来。虽然说这样的液汁分量并不多，不过昆虫会贪婪地去寻求它；但是昆虫们来进行吸食，这样的行为却对植物没有一丁点儿益处。让我们来做个假设，如果这种甜蜜的液汁来自一种植物的很多个植株上的花朵，这些花朵从自己的内部分泌出这些液汁，也就是虫子们喜欢的花蜜。我们可以换个角度想，寻找花蜜的昆虫来到后会沾上一些花粉，而且经常会将这些花粉从这一朵花带到另一朵花上去。于是，在这种情况之下，同种的两个不同个体的花借由昆虫的传粉而出现了杂交现象。这样的杂交，可以产生十分强壮的幼苗，同时这些幼苗还能够因为这些原因而获得更为便利和优异的繁殖以及繁荣的大好机会。只要是植物的花具有最大的腺体，也就是蜜腺，那么就能够分泌出足够多的蜜汁，也就能够最常迎来昆虫们的访问，同时也是最容易出现杂交的种类。照这样来看，站在长远的角度上看的话，这种类型的植物就占据了一定的优势，同时还会发展成为一个地方变种。如果花的雄蕊还有雌蕊的位置与前来造访的一些比较特殊的昆虫的身体大小以及习性正好互相合适，并且不管是在什么程度上都有利于花粉的输送，那么这些花也一样将得到很大的益处。我们拿一种并不喜欢吸取花蜜，而是喜欢采集花粉的，经常来造访花儿们的昆虫为例，花粉的存在就是为了用来受精的，所以如果花粉被毁坏了，那么对于植物来说，根本就是一种巨大的损失。不过如果有一部分花粉能够被那些吃花粉的昆虫从这朵花带到另一朵花中，刚开始可能是偶然的，慢慢地就会成为一种十分平常的现象。如果借助这样的情况而实现了杂交，尽管百分之九十左右的花粉被昆虫们毁坏了，但是，这对于那些被盗走花粉的植物来说，益处还是很大的，这样一来，那些能够生产出越来越多花粉的还有那些具有更大花粉囊的植物个体就会被选择并且保留下来。

等到植物长时间地进行过前面所说的这些过程以后，它们慢慢地就具有了可以高度吸引昆虫来做客的能力，昆虫们就会在并不知情的情况下按时地在花与花之间进行花粉的传授。按照很多明显的事实，我可以轻易地向大家说明，昆虫是能够有效地从事这份授粉的工作的。我就举一个例子，同时它还能够说明植物雌雄分株的步骤。有的冬青树只能长出雄花，这些花生有四枚雄蕊，只能产出极少量的花粉，并且它还有一个不发育的雌蕊。此外还有一些冬青树只生雌花，每个花都有着足够大小，发育完全的雌蕊以及四粉囊萎缩的雄蕊，并且在萎缩的雄蕊上找不出一粒花粉。在距离一棵雄树足有 60 码远的地方，我找到一棵雌树，我从不同的树枝上取下 20 朵花，然后将它们的雌花柱头放在显微镜下进行观察，发现所有柱头上都毫无例外地存在着几粒花粉，并且其中有几个柱头上有很多的花粉。正好那几天的风均是由雌树的方向吹向雄树的，所以说花粉肯定不是借着风传送过去的。虽然说天气很冷并伴有狂风暴雨，对于蜂来说是极其不利的。但就算是这样，我检查过的每一朵雌花上，都因为有往来于树间找寻花蜜的蜂而成功地受精了。现在，我们再回到之前想象的场合中：当植物生长到足可以吸引昆虫的高度之后，花粉就会由昆虫按时从一朵花传到另一朵花，这样一来另一个过程就开始了。没有一个博物学者会怀疑所谓的“生理分工”的利益的。由此我们能够相信，一朵花或者是全株的植物只生雄蕊，而另一朵花或另一棵植物产生雌蕊，对于这种植物来说是有好处的。植物在家养环境下或者是置于新的生活条件中之后，或者是雄性器官，也有可能是雌性器官，多多少少都会受到影响，甚至有所减退的。现在假如我们设定，在自然环境中也有这样的情况发生，不管它的程度是多么的微小，因为花粉已经按时从一朵花被传到另一朵花上，而且因为按照分工的原则，植物的比较成熟的雌雄分化是十分有益的，所以越来越有此种倾向的那些个体就能够不断地得到利益然后被选择下来，到最后就能够实现两性的完全分化。不同植物的性别分离根据二型性以及其他途径，现在明显正在进行中，但是想要说明性别分离所经历的那些步骤的话，少不了需要用很大的篇幅来说明。我可以做一个补充，美洲北部的一些冬青树，按照阿萨·格雷所说的，恰好是处于一种中间状态，就像他说的那样，这基本上属于或多或少的杂性异株现象。

接下来让我们一起来谈一谈吃花蜜的那些昆虫，如果说因为继续选择而让花蜜慢慢增多的这个植物，是一种很普通的植物，同时假设有的昆虫主要是依靠这些植物的花蜜为食。我们能够列举出大量的事实来说明蜂类是如何急于采蜜而想办法节省时间的。比如，有的蜂养成了在一些花的基部咬一个洞，然后进行花蜜吸食的习惯，即使它们只要稍微麻烦一点就可以从花的口部进去。了解并牢记这类型的事实，就能够帮助我们明白，在一些环境条件中，比如吻的曲度以及长度和弯度等个体差异，虽然可能细小到不被我们所觉察的地步，却是对蜂或者其他的昆虫有着极大的利益的。也就是因为如此，才能够让有的个体比其他个体更快地获得食物。如果这样的话，它们所属的这个群体就会逐渐地繁盛起来，同时还会繁衍出许多具有相同特性的类群。普通的

花朵和蜜蜂相互依存，一同发展，这个过程称为共同进化。

红三叶草还有肉色三叶草的管形花冠的长度，第一眼看上去并没有多大的差别，但是，蜜蜂可以轻易地吸取肉色三叶草中的花蜜，却无法顺利吸到普通红三叶草中的花蜜，只有土蜂才能够进入到红三叶草中吸取花蜜。所以说，虽然红三叶草遍布于整片田野中，却无法将珍贵的花蜜大量地提供给蜜蜂。蜜蜂一定是十分喜欢这种花蜜的。因为我很多次看见，到了秋季，有很多的蜜蜂通过土蜂在花管基部咬破的小孔里去吸食花蜜。这两种植物花冠长度方面的差异，虽然决定了蜜蜂种类的来访，不过差别的程度是非常细小的。因为有人曾和我说过，等到红三叶草被收割后，第二茬的花稍微小一些，这个时候就会有很多的蜜蜂去访问它们了。我无法得知这样的说法是不是正确，也无法弄明白另外发表的又一种记载可不可靠。听说来自意大利的一种蜜蜂（通常被认为这只不过是普通蜜蜂的一种变种，它们之间能够进行自由交配），可以到达红三叶草的泌蜜处去吸食花蜜，所以一般生长着很多这种红三叶草的地区，对于吻稍微长些的，也就是吻的构造存在着一些小差异的那些蜜蜂就会有很大的好处。再者说，此种三叶草的受精不得不依靠蜂类的访问来进行，所以说不管是在什么地区，假如土蜂的数量减少了，那么就能够让那些花管较短的或者是花管分裂较深的植物们获得比较大的利益。那么，一般的蜜蜂就可以去吸取它的花蜜了。如此，我就可以理解，经过连续保存具有互利的微小构造差异的所有个体，花与蜂如何同时地或先后逐渐地出现一些变异，而且还是用最完善的方式进行着彼此之间的互相适应。

现在我十分清楚，用前面我们所想象的例子来对自然选择的学说进行说明，一定要遭到人们的反对，就像当初莱尔爵士“用地球近代的变迁，来解释地质学”时所遇到的反对是同一个道理。但是，如今再运用依然活跃的一些地质作用来解释深谷的凿成还有内陆的长形崖壁的形成原因的话，我基本上听不到有人说这是零散繁杂的或不重要的了。自然选择的作用，只是将每一个有利于生物的比较细小的那些遗传变异保存下来，并进行了积累而已。就像近代地质学已经抛弃了那种一次大洪水就可以凿成大山谷的观点一样，自然选择也会将连续创造新生物的信念还有生物的构造会发生任何巨大的或突然的变异的信念摒除掉的。

个体间的杂交

我不得不在这里稍微提一些题外话，除了那些我们不怎么了解的奇怪的单性生殖之外，完全不存在疑问的，只要是雌雄异体的动物还有植物，都必须经过交配才可以的。不过，如果是在雌雄同体的现象中，这样的情况不怎么明显。但是，我们有理由去相信，所有雌雄同体的两个个体总会偶然地或习惯性地相互结合来繁殖自己的后代。在很早之前，斯普兰格尔还有奈特以及凯洛伊德就曾含蓄地提出了这种观点。用

与许多水生无脊椎动物类似，裸鳃动物（少壳海蛞蝓）是雌雄同体的。图中色彩绚丽的多角海蛞蝓产下了玫瑰色的卵块（正中）。

不了多久，我们就能够看到此种观点的重要性了；不过，在这里我不得不将这个问题先简单地讲一下，尽管我有足够的材料能够展开一定的讨论。所有的脊椎动物，还有所有的昆虫和其他某些大类的动物，只要想进行生育，就必须先进行交配。近代研究的结果使从前认为是雌雄同体的生物的数目，得到了缩减。绝大部分真正的雌雄同体的生物，也是一定要进行交配的。其意思就是，为了繁衍后代，两个个体一定要进行有规律的交配，这正是我们所要讨论的问题所在。不过，还是会有很多雌雄同体的动物，一定不时常进行交配，而且，大部分的植物都是雌雄同株的。那么就可以问：能找出什么样的理由去假定在这样的场合中，两个个体会为了生殖去进行交配呢？详细地来讨论一下这个问题是不可能的，因此我也只能是大概地讲解一下而已。

首先，我之前有搜集过大量的事实，同时还做了很多的实验，来证明动物还有植物的变种之间的杂交，以及相同变种但是不同品系的个体间的杂交，能够提高后代的强壮性还有能育性。和这些相反的是，近亲交配能够减小生物的强壮性以及能育性，这与大多数饲养家们普遍的信念是相吻合的。也就只有这样的事实，能够让我支持自然界的法则，那就是，一种生物如果想要世代永存的话，就不可以自己进行受精。一种生物个体与另一种生物个体偶然地，或者是相隔一定的时期，然后进行互相之间的交配，这是一定不可以缺少的。

如果将这些观点看成是自然法则，那么我们就可以理解下面将要提到的几大类事实了。如果不是这样的话，去找其他的任何观点，都是无法顺利解释清楚的。每个培养杂交植物的人都清楚，暴露在雨水中，对于花的受精是非常不利的，但是花粉囊以及柱头都完全暴露在外的花却又是那么多。虽然说植物自己的花粉囊与雌蕊生的并不遥远，甚至能够保证自花受精，如果说偶然的杂交是必不可少的，那么来自别的花的花粉能够完全自由地进入其中，这样的话，就能够解释清楚前面所说的那些雌雄蕊暴露在外的情况了。还有一个现象是，有很多花也并不是这个样子的，它们的结籽器官是紧紧包裹起来的，比如蝶形花科，也就是荚果科的植物，基本上就是这个样子的。不过，这样的花对于那些前来造访的昆虫基本上都一定会出现一些神奇而美丽的适应状况。蜂的造访对于很多蝶形花来讲是非常重要的，所以说如果蜂的来访遭到了阻止，那么这种植物的能育性就会严重地降低。昆虫们从一朵花飞到另一朵花，很少有情况是没有带一些花粉去的，如此一来就为植物创造了很大的利益。昆虫的作用就好比一把驼毛刷子，这把刷子只要先触着一朵花的花粉囊，紧接着又触到另一朵花的柱头上，那么这个过程就足以帮助植物们顺利地完成受精的工作了。不过不可以假定，蜂的传粉作用能够在不同的植物里产生很多的杂交品种，这种情况是因为，如果植物自己的花粉与来自别处的其他花粉一起出现在一个柱头上的话，那么前者的花粉就会有绝对大的优势导致它们无法避免地会对那些来自外界的花粉进行毁灭性的打击，格特纳以前就提到过这个现象。

如果你看到一朵花的雄蕊突然朝着雌蕊弹跳，或者是缓慢地，逐渐一枝一枝地向着雌蕊弯曲，这样的情形就好像是专门为了适应自花受精。不用怀疑，这对于自花受精是有很大的帮助的。但是想要让雄蕊向前弹跳，通常情况下都需要昆虫的助力，就像凯洛伊德曾经解释的小蘖的情况就是这个样子的。在小蘖属中，基本上都会有这样特别的装置，来方便它们自花受精。但是我们大家都知道，如果将近缘的或者是变种种植在彼此相互靠近的地方，那么将很难培育出纯种的幼苗来。这么说的话，这些植物均是大量地进行自然杂交的。在很多其他的事例中，自花受精通常是比较不方便的，它们拥有比较特殊的装置，可以有效地去阻止柱头接受自花的花粉。按照斯普林格尔还有其他学者的著作，以及我自己的观察，我能够向大家解释说明这一点：比如，亮毛半边莲的确拥有着非常漂亮并且十分精巧的装置，可以将花中相连的花粉囊里大量的花粉粒在本花柱头还无法接受它们之前，全部清理出去。因为基本上不会有昆虫去造访这种花，最起码在我的花园里是这个样子的，因此它基本上没有结过种子。但是，当我将一朵花的花粉放在另一朵花的柱头上之后，过了不久，这株植物竟然结出了种子，同时还因此而培育出很多的幼苗。在我的花园里，还有一种半边莲，却是经常会有蜂来访问的，于是它们就可以自由地结出种子。在许多别的场合中，虽然没有别的什么特殊的机械装置去阻止柱头接受同一朵花的

蜜蜂在传授花粉时，能够发出300到400赫兹的声音，使得散发出的花粉形成尘雾落在蜜蜂身上，有助于蜜蜂传授花粉。

花粉。但是，就像斯普林格尔还有希尔德布兰德以及其他人最近提出的，还有我所可以证实到的：那些花在雌蕊准备授粉之前，粉囊就已经裂开了，或者是雌蕊已经可以进行授粉工作了，但是花粉还没有成熟，因此这种可以称为两蕊异熟的植物，实际上是雌雄分化的，而且它们必须经过杂交才可以进行授粉。前面提到的二型性还有三型性交替植物的情况和这是一样的。这样的情况是多么神奇啊。相同花中，花粉的位置与柱头的位置是那么的接近，就像是专门为了自花受精而准备的，不过，在大多数的情况之下，彼此之间并没有什么用处，这又是多么奇妙啊！如果我们用这样的观点，也就是说不同个体的偶然杂交存在着很大的益处或者说是必需的来对这些事实进行解释的话，问题就会变得简单许多。

如果将萝卜、甘蓝、洋葱还有其他一些植物的几个变种种植在相互接近的地方，于是就能够发现，植物们结出来的种子，所培育出来的幼苗大多数都是杂种。比如，我将几个甘蓝的变种种植在同一个彼此间距离比较近的范围之内，从这些种子中培育出233棵幼苗，在所有的幼苗中，仅有78棵依然保持了原变种的性状，甚至就这78株中，也还存在着一些并不纯粹的变种。但是，每个甘蓝花的雌蕊不仅被自己的六个雄蕊包围着，同时还被同株植物上的许多花的雄蕊所包围着，花内的花蕊就算没有昆虫的帮助也能够让自己的花粉顺利地落在自己的柱头上。我曾亲眼见到过，被细心保护起来，与昆虫隔离的花儿，到最后竟然结出了数量充分的种子。但是，那么多变为杂种的幼苗是来自什么地方呢？这一定是因为不同变种的花粉在作用方面比自己的花粉更为优秀有力的原因。这也进一步说明了同种的不同个体进行杂交具有一定的优势这个普遍

达尔文的花园

法则的准确性。如果让完全不一样的物种进行杂交，那么得到的结果则完全相反，因为在这种情况之下植物自身的花粉几乎常常都要比外来的花粉占有一定的优势。与这个问题有关的，我们在后面的章节中还会讲到的。

蜜蜂是传授花粉的好帮手

如果一棵大树上开满了花，我们若只是觉得只有本棵树上的花与花之间才会进行授粉，而很少会与别的树上的花进行花粉的传递，那么，这样的想法和认识就是错误的。并且，同在一棵树上的花，只有在一些特殊的情况下，才能被看成是不同的个体。我认为这样的反对是正确而合适的。不过，自然对于这样的情况早做出了相应的准备，它赋予树一种十分强烈的倾向，让它们生长出雌雄各异的花。在这种情况下，虽然雄花还有雌花依然生长在同一棵树上，但是花粉则是必须按时从一朵花传到另一朵花去，于是花粉们就有了偶然从这棵树被传送到其他树的比较好一些的机会了。一切属于“目”一级的树，在雌雄分化方面，一般都比其他植物多出很多。我在英国时候见到的情况就是这个样子的。按照我的要求，胡克博士将新西兰的树种列成了表格，阿萨·格雷博士将美国的树也列成了表，得到的结果都与我所料想的一样。还有一方面，胡克博士曾对我说，这个规律并不适用于澳大利亚。不过，假如大部分的澳大利亚树木都属于雌雄异熟类型的，那么，同雌雄分离所产生的后果就是相同的，我在这里对树所做的一些简单论述，只是为了能够引起大家对这个问题的注意而已。

接下来让我们简单地谈谈动物方面的问题吧。多种多样的陆栖动物均是雌雄同体的，比如陆栖的软体动物还有蚯蚓；不过，它们都是需要进行交配的。目前我还尚未见过一种陆栖动物可以自行受精。这种明显的差别，恰好提示了陆栖动物和陆栖植物之间的不同对照。不过，按照偶然杂交的必要性原理，就可以彻底地了解这个事实了。因为受精的体制不同，动物们无法像植物那样，依靠昆虫或者是风的作用来进行传播，因此，我们可以说，如果陆栖动物没有进行两个个体之间的交配，那么偶然的杂交就无法完成。而在水栖动物中，则有很多种类是可以自营受精的雌雄同体，水的流动明显能够成为它们做偶然杂交的媒介。我与最高权威之一，也就是赫胥黎教授展开过一个讨论，希望可以找到一种雌雄同体的动物，它的生殖器构造完全地封闭于体中，以至于无法与外界有效地进行沟通，同时也无法收到来自不同个体的那些偶然性的影响。然而结果就如同在花的场合中那样，我并没有成功。在这样的观点的指引之下，上面讲到的例子让我在很长的一段时间内很难解释蔓足类的受精过程。不过，我有幸获得一个的机会，能够让我去证明两个自体受精的个体在有的情况下也是能够进行杂交的。

不管是在动物还是在植物中，同属于一科甚至是同属中的物种，就算是在整个体制方面，彼此之间非常的一致，但依然有的是雌雄同体的，有的则是雌雄异体的。这样的情况毫无疑问会让绝大部分的博物学者觉得非常怪异。不过，假如所有雌雄同体的生物事实上也在进行着偶然的杂交，那么，它们同雌雄异体的物种之间的差异，如果只是从机能上来说的话，其实是非常小的。

根据相关的这几项考察，还有很多我所搜集的，但无法在这里一一列出来的一些比较特殊的事例来看的话，动物还有植物的两个不同个体间的偶然杂交，就算是并非普遍的，却也是非常一般的自然规律。

自然选择中有利的新类型条件

这是一个十分复杂的问题。大规模的变异（这个名词一般都包括了个体差异）很明显是有益的。在一定的时期内，个体的数量大，那么出现有利变异的机会也就多一些，就算是每一个个体的变异量比较少，也能够得到一定的补偿。因此我一直认为，个体数量的多少可以说是决定成功与否的非常重要的一个因素。诚然，大自然是能够给予很长的时间让自然选择去进行工作，不过，我们要知道大自然不可能给予我们无限的时间去等待。这是因为所有的生物都尽力地在自然环境中争夺着自己的一方位置，不管是哪种物种，要是没能够跟着它的竞争者出现应该有的程度上的变异还有改进的话，那么就会遭遇被绝灭的命运。有益的变异最少有一部分是通过后代遗传而来的，如此，自然选择才可以发挥出它的作用。返祖倾向也许会经常来抑制或阻止自然选择的作用，不过，这样的倾向是无法阻止人类用选择的方式去形成许多家养族的，那么它也就不可能胜过自然选择，然后独自发挥自己的作用。

水边的放牛人

在有计划的人工选择中，饲养者们为了各种各样的目的进行了不同的选择，如果仍凭个体进行自由杂交，那么他们的工作就会面临全部的失败。不过，在很多饲养者那里，就算是暂时还没有改变品种的想法，他们却是有一个与品种有关的，基本达到完善的共同标准，试图获得最为优良的品种来繁殖后代。人类此种无意识的选择看起来是没有将选择下来的个体分离开，但是一定能够让这些个体缓慢地得到一定的改进。自然状态中的选择也是这个样子的。因为在有限的区域中，有的地方的自然体系中姑且还存在着一些空缺的位置，按照这个思路去想，所有朝着正确方向变异的个体，就算是变异的程度有些不一样，也都会被保存下来。不过，如果是在一个相当大的地区里，其中的一些小区域基本上一定会呈现出不一样的生活条件，假如同样的一个物种，在不同的区域里出现了变异状况，那么这些新形成的变种，就会在各个区域的边界地带进行杂交。我们在后面的章节中将会进行详细的阐述。生存于中间区域的那些中间变种，时间一长，一般都会逐渐地被邻近的一些变种所代替。只是那些每次生育都不得不进行交配的、游动性很大的，并且繁殖率不是很高的动物，尤其会深受杂交的影响。因此说，具有这些本性的动物，比如鸟，它们的变种通常只局限于隔离的地区中，至少我见到过的情况就是这个样子的。那些只是偶然会进行杂交的，雌雄同体的动物，以及那些每次生育都不得不进行交配但极少会迁移，并且繁殖非常快的动物，就可以在随便一个地方用最快的速度形成新的以及改良后的变种。而且这些类型的生物一般都可以在生存的环境中很快地聚集成群，接着大范围地散布开去。因此这些新变种的个体一般都要互相交配。依据这个道理，园艺者通常都喜欢从大群的植物中留存种子，因为它们在大群中杂交的机会减少了。

甚至对于那些每次生育都必须进行交配，并且繁殖速度还不快的动物来说，自由杂交也不可能消除和影响到自然选择的效果。因为我能够找出大量的事实进行说明。在相同的一个地区，同一物种的两个变种就算经过了很长的时间以后，仍然可以清楚地区别开来，这是这些物种栖息的地点不一样，繁殖的季节稍微有一点点的不同，或者是每个变种的个体喜欢与自己变种的个体进行交配的原因。

想要使得同一物种或者是同一变种的个体在性状上一直保持着纯粹的状态还有一致性，那么，杂交在自然界中就发挥着非常重要的作用。对于那些每次生育都不得不进行交配的动物来说，这样的作用明显很大。不过我们在前面就已提到过，我们可以毫无疑问地相信，不管是哪种动物还有植物，都有可能偶然地进行杂交。就算是在等过很漫长的时间之后才进行一次杂交，通过这种方式生出来的幼体绝对在强壮以及能育性方面都远远超过那些经常靠自己连续自营受精的生物所产生的后代。于是这些个体就会获得更为不错的生存机会和繁殖后代，发展自身种类的机会。这样下去，就算是间隔的时间会很长，总的来说，杂交的影响依然是很大的。而对于那些最低等的生物，它们不进行有性生殖，不存在个体的结合，更不可能进行杂交。但是，如果在相同的生存条件中，它们想要保持性状的一致性的话，就只好通过遗传的原理还有借

加拉帕戈斯陆龟是加拉帕戈斯群岛独有的生物，加拉帕戈斯群岛与外界隔离，拥有自己独特的生态环境。

助自然选择，将那些与固有模式偏离太多的个体都摒弃，这样才能够让性状保持一致。如果生活的环境发生了改变，生物的类型也出现了变异，那么就只有依靠自然选择去保存相似的有利变异能够让变异了的后代得到性状方面的一致性。

隔离，是通过自然选择产生物种变异的另一个非常重要的因素。在一个范围不怎么大，具有局限或者是被隔离起来的地区中，有机的还有无机的生活条件通常情况下基本上是一致的。因此说自然选择就会偏向于使同种的所有个体依据同样的方式进行变异，同时，与周围地区中生物的杂交也会因为这样而受到阻碍，华格纳之前就曾发表过一篇关于此问题的论文，十分有趣。他在论文中提到，隔离在妨碍新变种进行杂交方面所发挥的作用，比之前自己所设想的还要大很多。不过依据前面提到的理由，我不论怎么样都不会同意这位博物学者提出的那些观点。迁徙还有隔离，是出现新物种所必须具备的因素。如果气候、陆地高度等外界条件出现了物理变化以后，隔离在阻止那些适应性比较强的生物的出现方面一样具有非常重要的作用。所以说，这个区域中自然组成中的新场所就空出来了，同时会因为原有生物的变异而被填充起来。最终，隔离为那些新出现的变种提供了缓慢改进的时间。这一点在很多情况之下是相当重要的。不过，如果隔离的地区太小的话，或者是在它们的四周存在着障碍物，还有一种情况就是物理条件非常难得，那么生物的数目就会很自然地变少，如此一来，对变异发生有利的机会就会减少一些，那么通过自然选择来诞生新的品种就会受到一定的阻挠。

如果仅仅是时间的推移，这本身是没有什么作用的，既不会对自然选择有什么益处，也不会影响或者阻碍自然选择的进行。我专门说明这一点的原因在于，有的人误以为我曾假定时间这个因素在改变物种上有着最为重要的作用，就像是所有的生物类型因为一些内在法则，一定会出现变化一样。时间为什么重要，只在于它能够让有利变异的发生、选择、累积还有固定拥有比较好的机会，在这方面它的重要性确实是不可以忽略的。而且，它还可以增强物理的生活条件对各种生物体制所造成的直接影响。

假使我们转到自然界中去验证这样的说法是不是正确的，而且我们所进行研究的，只是随便一处被隔离的小区域，比如海洋岛，尽管生活在那里的物种的数目非常少，就像我们将要在《生物的地理分布》一章中所要讲到的。不过，很多物种的绝大部分都是当地所特有的，这也就意味着，它们只会出生在那个地区而已，世界上的其他地方是没有的。所以乍一看上去，海洋岛对于产生新的物种是十分有利的。只是，如果真的是这么想的话，我们可能已经欺骗了自己。为什么呢？原因在于，如果我们要确定到底是一个隔离的小地区，还是一个开放的大地区比如一片大陆，最有利于生物新类型的产生，我们就应该在相同的时间里去进行比较。很显然，这些是我们所无法做到的。虽然说隔离对于新种的产生是十分重要的，但是从整体来看的话，我更倾向于相信区域的宽阔对于物种的新生才最为重要，尤其是在产生可以经历长久时间的，并且可以广为分布的物种时更是如此。在那些宽阔并且开放的区域中，不只是因为那里能够维持同种的大量个体生存，从而让有利变异的发生具有比较好的机会，同时还因为那里已经有许多的物种存在，所以外界条件非常复杂。这种情形下，如果很多的物种中有的已经发生了变异或得到了改进，那么其他物种一定也会在相应的程度上进行改进，不然就会被消灭掉。每一种新类型，当它们获得了极大的改进之后，就会将目标转向开放的、相连的其他地区了。所以随着发展就会与很多其他的生物类型展开各种各样的生存斗争。此外，在广大的地区，尽管现在是连续的，但是因为之前地面的变动，所以常常表现出并没有连接的状态。所以隔离的最好效果，在一些范围中，通常是存在过的。自此，我能够做一些总结，尽管小的隔离地区在一些方面对于新种的产生是非常有益的，到那时，变异的过程通常是在大的地区中更快一些，同时最为重要的是，在大地区里产生的并且还是经过战胜过许多竞争者的新类型，一定是那些分布得最遥远，并且发展出最多新变种还有物种的类型。所以说它们在生物界的变迁史中会处在一个相当重要的位置之上。

按照这样的观点，我们对于在《生物的地理分布》一章里还要讲到的一些事实，基本上就能够理解了。比如，较小的大陆上，就像澳大利亚，那里的生物现在与较大的欧亚地区的生物比起来，就会发现它们逊色很多。还有，生活在大陆上的生物可以在各处岛屿上被顺利地驯化。在小岛范围内，生存的竞争一般都不怎么剧烈，那些地方发生变异的情况就比较少，同时物种被绝灭的情况也就较少一些。所以，我们就能够理解，为什么希尔会说马得拉的植物区系，在一定程度上非常像欧洲已被灭亡的第三纪植物区系。所有的淡水盆地湖泊池塘等合并起来，同海洋或陆地相比较，也不过是一个小小的地区。所以，淡水生物之间的斗争也不会像其他地方那么竞争激烈。正因为如此，新类型的产生也就比较缓慢。同步进行着的是，旧类型的灭亡也会比较缓慢。硬鳞鱼类在很久以前是一个很占有优势的

鸭嘴兽突出的喙柔韧圆滑而且触觉敏锐

目，现在我们只能在淡水盆地中勉强找到它遗留下来的七个属。同时，在淡水区域中，我们还可以找到现在世界上几种形状最为奇怪的动物，比如鸭嘴兽还有肺鱼，它们如同化石一样，与如今在自然等级上相距非常远的一些目或多或少地存在一些联系。这些奇形怪状的动物我们能够称之为活化石，因为它们生存于局限的范围之中，而且因为变异非常少，所以彼此之间的生存斗争也基本上不怎么剧烈，所以它们才得以一直存留到现在。

如今，让我们在这个非常复杂的问题所允许的范围中，对经过自然选择产生新种的有利条件以及不利条件进行一个小小的总结。我所得出的结论是，对陆栖生物来说，地面经历过很多次变动的广大地区，最适合产生许多新生物类型，不仅适于这些新生物长期生存，而且还有利于新生物的广泛分布。如果这片地区是一块大陆，那么生物的种类还有个体均会不计其数，于是就会陷入非常严酷的斗争中。如果地面下陷，大陆被分为几个大岛，那么每个岛上依然会生存着很多同种的个体；在每个新种分布的边界上所进行的杂交就会遭到一定的抑制。不论是经历了什么样的物理变化之后，迁入也会遭到一定的妨碍，因此每个岛上的自然组成中的新场所，一定会因为原有生物的变异而得到填充。时间也可以准许每个岛上的变种充分地进行变异以及改进。假如地面又升高了，又一次成为大陆，那么就会再次出现十分剧烈的斗争。最为有利的或得到改进的变种，就可以在这个时候充分地分布开去，而那些改进较少的类型大部分都会遭到残忍的灭绝。同时，新连接的大陆上的各种生物的相对比例数也会出现新的变化。此外，这个地方又会成为自然选择的优良的活动场所，更进一步地去改进生物，进而再次产生出更为优秀的新种来。

我完全承认，自然选择的作用通常情况下是非常缓慢的。只有在一个区域的自然组成中还留有一些地位，能够由现存生物在变异后依然较好地占有，这种情况下自然选择才会发挥其作用。此种地位的出现，一般都决定于物理变化，这种变化经常是非常缓慢的。还有，除了之前所提到的以外，还受较好适应的类型的迁入有多少受到阻止的影响。有一小部分原本就有的生物一旦出现了变异，那么别的生物之间的互相关系就会被彻底打乱。于是就能够创造出新的生物，等待适应能力较强的类型填充进去。不过这一切发生得非常缓慢，虽然同种的所有个体在一些比较细小的程度上存在着各种差异，但是想要让生物体制的各部分出现最适合的变化，那么就需要相当长的一段时间了。这样的结果又常常会受到自由杂交带来的明显的延滞。很多人会说这多种多样的原因已足可以抵消自然选择的力量了。我认为不会这样的。不过我一直相信自然选择的作用通常都是十分缓慢的，必须要经过相当长的一段时间而且只可以作用于同一地区的一小部分生物身上。我也更加相信这种缓慢的、断续的结果，与地质学告诉我们的，这个世界生物变化的速度和方式是十分吻合的。

选择的过程固然非常缓慢，假如力量薄弱的人类还可以在人工选择方面有很多作为的话，那么，在相当长的一段时间中，经过自然力量的选择，也就是通过最适者生存，我认为生物的变异量是没有终点的，所有的生物彼此之间，还有和它们的物理的生活环境之间，相互适应的神奇并且复杂的关系也是没有终点的。

自然选择带来的灭绝

在后面的章节里还要详细讨论这一问题，但因为它和自然选择有密切的关系，所以这里必须谈到它。自然选择的作用全在于保存在某些方面有利的变异，随之引起它们的存续。由于一切生物都按照几何比率高速地增加，所以每一地区都已充满了生物；于是，有利的类型在数目上增加了，所以使得较不利的类型常常在数目上减少而变得稀少了。地质学告诉我们，稀少就是绝灭的预告。我们知道只剩下少数个体的任何类型，遇到季候性质的大变动，或者其敌害数目的暂时增多，就很有可能完全绝灭。我们可以进一步地说，新类型既产生出来了，除非我们承认具有物种性质的类型可以无限增加，那么许多老类型势必绝灭。地质学明白告诉我们说，具有物种性质的类型的数目并没有无限增加过；我们现在是想说明，为什么全世界的物种数目没有无限增加。

我们已经看到个体数目最多的物种，在任何一定期间内，有产生有利变异的最好机会。关于这一点我们已经得到证明，第二章所讲的事实指出，普通的、广布的即占优势的物种，拥有见于记载的变种最多。所以个体数目稀少的物种在任何一定期间内的变异或改进都是迟缓的；结果，在生存斗争中，它们就要遭遇到普通物种的已经变异了的和改进了的后代的打击。

根据这些论点，我想必然会有如下的结果：新物种在时间的推移中通过自然选择形成了，其他物种就会越来越稀少，而终至绝灭。那些同正在进行变异和改进中的类型斗争最激烈的，当然牺牲最大。我们在生存斗争一章里已经看到，密切近似的类型，即同种的一些变种，以及同属或近属的一些物种，由于具有近乎相同的构造、体制、习性，一般彼此进行斗争也最剧烈；结果，每一新变种或新种在形成的过程中，一般

北美一处夏季干旱的湖泊给当地生物数量带来巨大影响

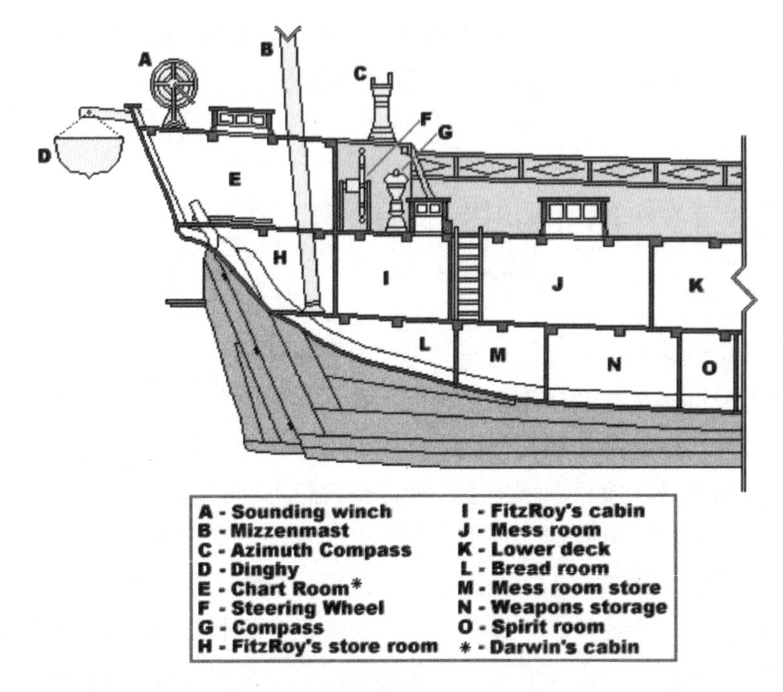

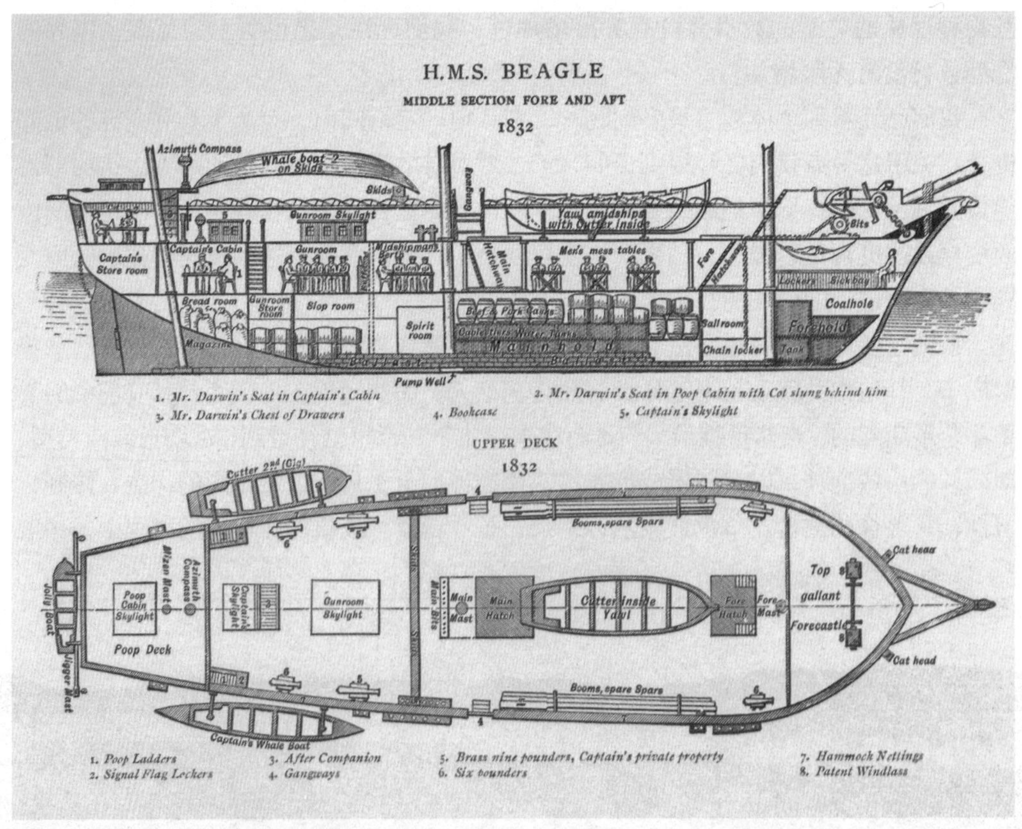

“贝格尔”号中间部分和上层甲板平面图

对于和它最接近的那些近亲的压迫也最强烈，并且还有消灭它们的倾向。我们在家养生物里，通过人类对于改良类型的选择，也可看到同样的消灭过程。我们可以举出许多奇异的例子，表明牛、绵羊以及其他动物的新品种，花卉的变种，是何等迅速地代替了那些古老的和低劣的种类。在约克郡，我们从历史中可以知道，“古代的黑牛被长角牛所代替，长角牛又被短角牛所扫除，好像被某种残酷的瘟疫所扫除一样”（我引用一位农业作者的话）。

性状趋异

我拿这个术语所解说的原理是非常重要的，我认为能够用它来解释很多个重要的事实。 首先，各个变种就算是特征非常明显的那些变种，尽管或多或少地带有物种的性质，比如在很多场合中，对于它们该怎样进行分类，总是难解的疑问。当然，这些生物彼此之间的差别，与那些明确而纯粹的物种比起来，差异还是很小的。根据我的观点，变种就是形成过程中的物种，以前我喜欢称之为初期物种。变种中那些比较小的差异如何扩大成物种之间较大的差异呢？这个过程时时发生，我们能够从下列事实中推断出这个说法：在自然界中，大量的物种都表现出很明显的差异，但是变种，这种将来的明显物种的假想原型以及亲体，只是呈现出非常细小的甚至是非常不明显的差异。如果只是偶然（我们能够如此称呼它）导致一个变种在一些性状方面会与亲体存在着一定的差异，之后该类变种的后代在同一性状方面又会同它的亲体之间出现更大程度上的差别。不过光凭这一点，绝对不足以说明同属异种间存在着的那些差异为什么会这么常见，并且还十分巨大。

根据一直以来的做法，我去家养动物还有植物中去探索对这个事情的说明。在那里我们可以看到类似的情况。不能不认可，如此差异非常大的品种，比如短角牛与黑尔福德牛，赛跑马与拉车马，还有很多鸽子的品种等，绝对不是在很多个连续的世代中，仅仅从相似变异的偶然中累积后产生的。在实践中，有一些养鸽者十分喜欢短喙的鸽子，而有的养鸽者则偏好于长喙的鸽子。有一个被大家所公认的现象，那就是：养鸽者们都喜欢比较极端的鸽子类型，很少会有人去喜欢那些中间的类型。于是养鸽者们就会继续去选择和养育那些喙越来越长的或者是越来越短的鸽子（事实上翻飞鸽的亚品种就是通过这样的方式而出现的）。此外，我们还可以假想一下，在历史的初期，一个国家或一个地区的人们需要跑起来飞快的马，但是在其他地方的人可能需要比较笨重的那种高头大马。也许一开始的差异是非常细小的，不过，随着时间的流逝，这个地区不断地选择快捷的马，另一个地方不断地选择强壮的马，于是慢慢地，差异就会越来越大，就会形成完全不同的两种亚品种。最终，在经过很多个世纪以后，这

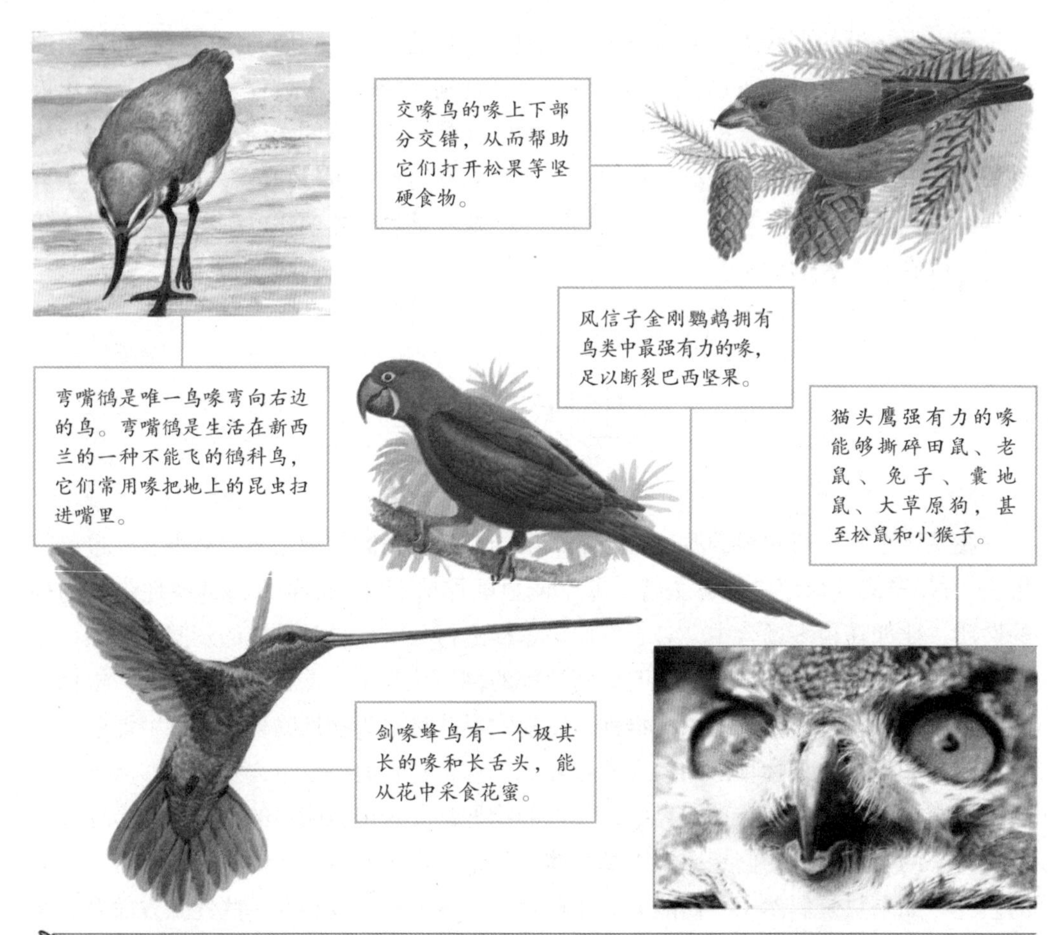

鸟喙的形状

些亚品种就成为界限分明，十分稳定的两种品种了。当二者之间的差异继续变大，那些属于中间性状的劣等马，也就是那些跑起来不快捷长得也不怎么强壮的马，就不会被用来育种，也就会慢慢地走向灭亡。那么，我们从人类的人工选择产物里看到了人们所说的分歧原理的作用，这种作用让最开始难以察觉的差别逐渐地扩大，时间一久，品种与品种之间还有与自己的共同亲体之间，在性状方面就有一定的分歧了。

不过有人估计会问，如何才可以将类似的原理应用于自然界中呢？我相信可以应用并且还可以应用得非常有效果（尽管我很久之后才知道该如何应用）。简单地说，不管是哪一种物种的后代，越是在构造、体制、习性上有分歧，那么它在自然组成中就越可以占有各种不同的位置，同时，它们在数量上也就越会得到大量的增加。

在习性简单的动物当中，我们能够十分明白地看到这样的情形。我们以食肉的四足兽为例，它们在所有可以维持自己生活的环境中，早已到饱和的平均数。假如准许它们的数量自然增加的话（它们生活环境中的条件没有出现变化的前提下），它们必须依靠变异的后代去争取别的动物当前所生活着的地方，这样才可以顺利地增加自己的数量。比如，它们中间有的会变成可以吃新种类的猎物，不管是死的还是活的，有的则变异得可以住在新的地方了，爬树、涉水，同时，有些也许还能够减少自己的肉食习性。食肉动物的后代，如果在习性还有构造方面变得越来越有分歧，那么它们能够占据的地方就会越来越多。可以应用于一种动物的原理，也可以应用于所有时间里的所有动物，前提是说，如果它们都出现了变异的话。假如变异不曾发生过，那么自然选择就不会发挥任何作用。关于植物，也是同样的道理。事实向我们证明，如果只在一块土地上播种一种植物，而与此同时，在另一块相似的土地上播种一些不同属的植物，那么第二块土地上就会比第一块土地上生长出更多的植物，收获数目更多的植物。如果有两块相同大小的土地，其中一块我们可以种上一种小麦的变种，另一块土地上则播种上多种小麦变种，也会出现相同的状况。因此，不管是哪一个草种正在进行着变异，而且假如各变种被连续地选择着，那么它们将会如同异种以及异属的草一般，彼此间进行相互的区别，尽管区别的程度非常小，那么此种物种的大部分个体也包含它们变异了的后代在其中，就可以成功地在同一块土地上长久地生存下去。大家都了解，草类的各个物种以及变种每年都要播散不计其数的种子，在最大限度地追求增加自己的数量方面，应该说是竭尽所能。于是，等到相传数千代之后，只要是草种中变种最为明显的后代都能够成功地获得生存的条件还有增加数量的最好机会，这样一来就可以排斥掉那些比较不太明显的变种了。等到变种发展到彼此之间的差别十分清楚，截然不同的时候，就能够获得物种的等级了。

小麦

构造庞大的可异性，能够让生物们最大限度地获得生存的空间，这个道理的可信性，已经可以在很多的自然环境中看到。在一片很小的地区中，尤其是在对外开放，自由出入的情况之下，个体同个体之间的斗争毫无疑问将会是十分剧烈的，在那样的地方，我们总是能够看到生物间存在着的巨大分歧性。比如，我见到过有一块草地，它的面积为三英尺乘四英尺，多少年来一直都暴露在完全相同的条件之中，在这块草地上生长着 20 个物种的植物，分别属于 18 个属以及 8 个目，由此就能看出这些植物彼此之间的差异是多么巨大。在情况相同的小岛上，植物还有昆虫们也是相同的情况，而在淡水池塘中的境况也是一样的。农民们都发现了一个现象，在一块土地上轮种不同科目的作物收获的成果是最多的，自然界中在进行的，能够称为同时的轮种。不管是在什么样的地方，密集地生活在这里的动物还有植物们，大部分，可以在这里生活

（假设这块土地上没有任何其他特殊的性质），应该说，它们全部都在竭尽全力地在那里生活。不过，我们能够看到，在斗争最为激烈的地方，由于构造分歧性所带来的利益，还有与其相伴随着的习性以及体制方面的差异所带来的利益，遵照通常的规律，必然导致了彼此之间争夺得最厉害的生物，正是那些常被我们称为异属以及异“目”的生物。

相同的道理，从植物经过人类的作用后能够在异地归化这方面也能看出来。有的人估计会这么设想，在随便一块土地上都可以变为归化的植物，应该是与当地的植物具有近缘关系。因为，在一般的情形之下，人们觉得生活于当地的植物，都是专门为了这个地方而创造出来的，而那些可以归化的植物，一定是属于那些特别能够适应迁入一些地点的，极为少数的几种植物。不过，真实的情况却不是这个样子的。德康多尔在他那本值得称颂的伟大著作中，曾明白地说过，和本地植物属和种的比率相比的话，经过归化而增加的植物中属的数目，远远比种的数目要多出很多。我们可以从一些事例中来了解一下，在阿萨·格雷博士的《美国北部植物志》一书的最后一版中，曾列举了 260 种归化的植物，它们属于 162 个属。因此我们能够看出这些归化的植物的趋异性是特别大的。此外，这些归化植物与当地的植物存在着很大的不同，这是由于，在 162 个归化的属中，来自别处的不少于 100 个属。那么也就是说，如今生存于美国的植物中属的比率是得到了极大增加的。

仔细观察一下那些不论在什么地方都能够与土著生物进行斗争，并且能够获得胜利，同时还在那个地方归化了的植物或者是动物的本性的话，我们基本上就能够认识到，有的土著生物必须经历过什么样的变异才可以战胜那些与它们同住的其他生物。至少我们能够推断出，可以弥补和外来属之间差异的构造分异，对于这些生物是十分有利的。

实际上，相同地方生物的构造分歧所产生的利益，就像一个整体中各个个体器官的生理分工所获得的利益是同一个道理。米尔恩·爱德华兹以前就详细地讨论过这个问题。任何一个生理学家都不会去怀疑那些专门用来消化植物性物质的胃，还有专门消化肉类的胃，可以从这些物质中汲取到大量的养料。所以不管在什么样的土地上，一般的生物系统里，动物与植物对于不同生活习性的分歧越广阔和越完善，那么可以生活在那里的个体数量就能够越来越多。一般情况下，体制分歧小的动物是很难与那些构造分歧大的动物进行生存斗争的。比如，澳大利亚各种有袋动物能够划分为很多个群，只是彼此之间的差异不是很大，就像沃特豪斯先生还有其他人所指出的那样，就算这几种有袋的动物勉强能够代表食肉类、反刍类以及啮齿类的哺乳动物，也很难让人相信它们可以成功地与那些发育良好的各目动物进行竞争并获得成功。在澳大利亚的哺乳动物当中，我们见过的分歧的进程依然处于早期的以及不完全的发展阶段里。

恩斯特·海克尔(1834—1919)，德国生物学家，他将达尔文的进化论引入德国，并在此基础上继续完善了人类的进化论理论。

自然选择经性状趋异及灭绝发生作用

依据前面那些简单的探讨，我们能够做一个假定，不管是哪个物种的后代，在构造方面越有分歧，就越有成功的机会，而且越能够侵入其他生物所生存的地方。接下来让我们来看一看，这种从性状分歧得到益处的原理，与自然选择的原理还有绝灭的原理，是如何在结合起来后发挥其作用的。

达尔文在智利看到的蜂鸟

我们下面所附的图，可以帮助我们进一步去理解这个比较复杂的问题。从A到L，代表这个地方的一个大属的各个物种。假设它们之间的相似程度就像自然界中通常的情况一样并不相等，也像图里用不同距离的字母所表示的一样。我这里要讲的是大属，因为我们在前面的章节中曾说过，在大属中比在小属中平均有更多的物种数目在发生变异。而且，大属中发生变异的物种中，变种的数目更多一些。我们还能够看到，那些最为普通的还有分布最为广泛的生物种类，比那些罕见的以及分布比较少的生物种类变异情况更多一些。假设A是一种普通并且分布广，而且是变异的物种，同时，这个物种正好是本地的一个大属，从A发出的长短不一的、像树枝一样散开的那些虚线代表了它变异的后代。假设这些变异都是非常细小的，可是它们的其性质却又充满了分歧。假设它们不会同时发生，而是经常间隔很长的一段时间后才会发生，同时假设它们在发生以后可以留下来的时间长短也各不相同。唯有那些具有一定利益的变异才有可能被保存下来，或是自然地被选择保留下来。那么，性状分异可以得到利益的这一原理的重要性也就跃然纸上了。因为，按正常情况来说，这就会导致最有差异的要不就是最有分歧的变异（位于外侧的虚线就是）得到自然选择的保存以及累积。如果一条虚线遇到了一条横线，就在那里用一个小数字做出标记，那是假设变异的数目已得到充分的积累，进而形成了一个非常明显的，而且在分类工作方面被看作是具有记载价值的变种。

在图中，横线与横线之间的距离，代表了一千代甚至是超过一千以上的世代。假定一千代之后，物种（A）出现了两个非常明显的变种，名为a1还有m1，这两个变种所处的环境通常情况下还与它们的亲代出现变异时所处的环境是一样的，并且变异性自身是能够遗传的。于是，到最后它们就一样地拥有了变异的倾向，而且基本上差

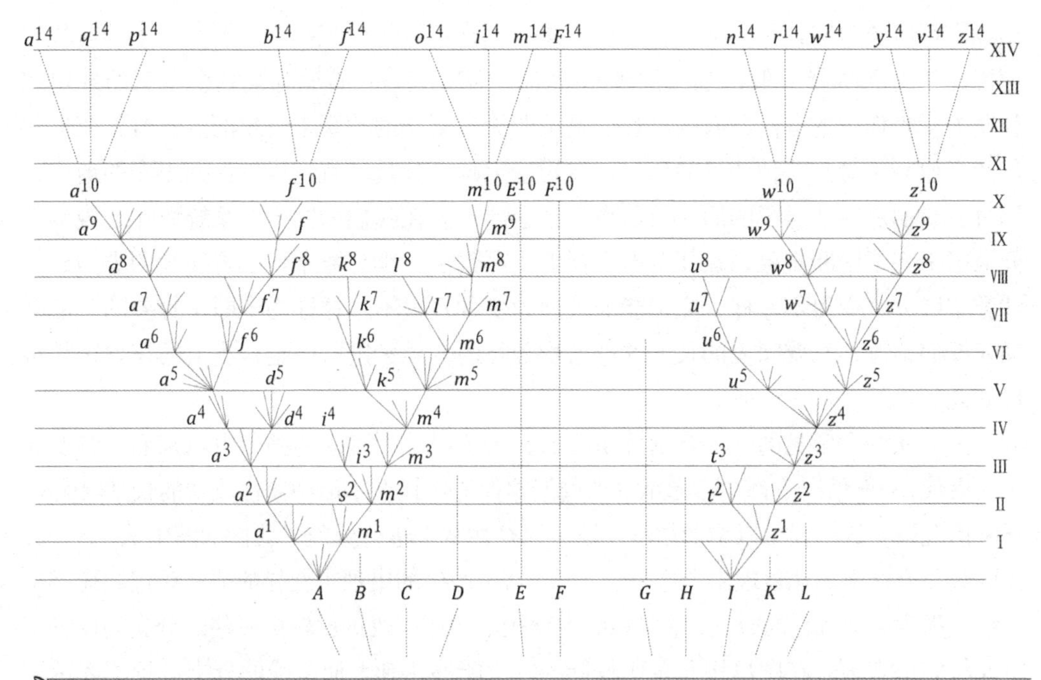

达尔文的物种进化理论图

不多都会像它们的亲代那样出现变异的情况。而且，这两个变种不过是稍微有一点点变化的，变异了的类型，因此比较偏向于遗传亲代（A）的优点，这些优点让它们的亲代在数目上比本地的生物还要壮大。它们还会继承自己的亲代以及亲代所隶属的那一属中的其他优点。也正是这些优点，让这个属在它自己的地区里发展成了一个大属。完全不必去怀疑，所有的这些条件对于新变种的生成与稳定都是十分有益的。

这样的情况下，如果这两个变种依然可以继续变异，那么它们变异的最大分歧在之后的一千代里，正常情况下都会被保存下来。在过这么长的时间以后，假设这个图中的变种 a^1 产生了变种 a^2，按照分歧的原理，a^2 与（A）之间的差别应该比 a^1 和（A）之间的差别多一些。假设 m^1 产生了两个变种，也就是 m^2 以及 s^2，二者之间不相同，而且与它们的共同亲代（A）之间的差别也更大。我们能够用相同的步骤将这个过程延长到更为久远的任何一个时期中。有一些变种，每经过一千代以后才产生一个变种，不过，在变异越来越大的条件之中，有的能够产生两个甚至是三个变种，但是也有的不会产生变种。所以说变种也就是共同亲代（A）的变异了的后代，通常都会继续增加它们的数量，同时继续在性状上出现分歧，在附图里，这个过程表示一直到一万代才终止，在压缩还有简单化的形式下，能到一万四千代才终止。

不过我在这里不得不说明一下，我并没有假设这个过程能够像图中那样有规则地去进行（尽管图自身已或多或少有点不太规则），这个过程的进行并不是很规则，并且也不是连续性的，更有可能的是，每种类型在很长的一个时期里保持不变，之后才又出现变异。我也没去假设，变异现象最明显的变种一定会被保存下来。一个中间类型或许可以长时间地存续下去，也许可能、也许不可能出现一个以上变异了的后代。原因在于自然选择一般都是依照没有被别的生物占据的或没有被完全占据的地位的性质去发生作用的。而所有的过程又是按照无限复杂的关系来决定的。不过，依据一般的规律，不管是哪种物种的后代，在构造上越有分歧，就越可以占据更多的地方，同时，它们那些变异了的后代数目也就越会增加。在我们的图中，系统线在有规则的间隔里出现了中断现象，在那个地方标上小写数字，小写数字代表着连续的类型，这些类型已完全变得不一样，完全能够被列为变种。只不过这样的中断是想象的，能够插入任何地方，只要间隔的长度准许植物分歧的变异量进行一定程度上的积累，就可以如此。

因为从一个常见的、大范围分布着的、属于一个大属的物种产生出来的所有变异了的后代，一般情况下都会一起承继那些能够保证亲代在生活中获得成功的长处，因此，通常情况下它们不仅可以增加数量，还可以在性状上进行分歧。我们的图中从（A）分出的数条虚线很好地表现出了这一点。从（A）产生的出现了变异的那些后代，还有系统线上更为高度进化的分支，常常能够占据较早的还有改进比较少一些的分支的位置，进而将它们毁灭。在图里用几条比较低的，没能够达到上面横线的分支进行了表示。在有的情况当中，毫无疑问的，变异的过程仅限于一枝系统线的范围之中，这样的话，尽管分歧变异在量上扩大了，不过变异了的后代在数目方面却没有得到增加。如果将图里从（A）出发的各线都去掉，只留下 a^1 到 a^{10} 的那一支，就能够表示出这种情形了。英国的赛跑马还有英国的向导狗情况就类似于此，这些生物的性状很明显地从原种缓慢地出现分歧，不但没有分出任何新枝，同时也没有分出任何的新族。

在过了一万代以后，假设（A）种产生了 a^{10}、f^{10} 还有 m^{10} 三个类型，因为它们经过了很多年代里性状的分歧，彼此之间还有同共同祖代之间的区别就会变得很大，不过也许本来就不相同。假如我们假设图里两条横线之间的变化量非常细小，如此，这三种类型或许还只是十分显著的变种；不过如果我们假定这样的变化过程在步骤上比较多或者是在数目方面较上较大，就能够将这三种类型变成可疑的物种，或者说至少变成明确的物种。于是，我们的这个图就表明了从区别变种的较小差异，上升到区别物种的较大差异的每个步骤。将相同的过程延续更多的世代（像图中被压缩以及简化了的图显示的那样），于是我们将能够得到八个物种，可以拿小写字母 a^{14} 至 m^{14}4 来进行表示，所有得到的物种都是由（A）传衍而来的。所以说，正像我所说的那样，物种渐渐增加了，那么属慢慢地也就形成了。

在大属中，出现变异现象的物种基本上都在一个以上。在图中，我假设第二个物种（I）用类似的步骤，在过了一万世代之后，产生出两个显著的变种或者是两个物种（w^{10} 还有 z^{10}），它们到底是属于变种还是物种，要依据横线间所表示的假定变化量去进行判断。在等到过了一万四千世代之后，假设产生了六个新物种 n^{14} 到 z^{14}。不管是在哪一个属中，彼此之间性状已经基本上不再相同的物种，通常都会产生出最大数量的变异了的后代。这是由于它们在自然组成里占据了最好的机会去拥有新的以及广泛不同的地方。所以在图当中，我选取了一些极端物种（A）和接近极端的物种（I），作为变异最大的还有已经产生了新变种同新物种的物种。其他原属中的九个物种（图中大写字母所表示的），在相当长的但不相等的时期中，也许会继续传下不会发生变化的后代。这个现象在图中是拿向上的不等长的虚线进行表示的。

不过在变异的过程中，就像图中为我们表示出来的那样，还有一个原理，就是绝灭的原理，也有着非常重要的作用。由于在每一个生活着大量生物的地方，自然选择的作用就一定会去选取那些在生存斗争中比别的类型更为有利的种类。不管是哪类物种的改进了的后代，都会出现一种常见的倾向，那就是在系统的每一个阶段里将它们的开路者还有它们原来的祖先一步一步地慢慢赶出现在的圈子，甚至是逐步地将之消灭干净。我们不得不记住，在习性、体制以及构造方面互相之间最相似的那些类型之中，生存斗争通常都是最激烈的。所以，那些位于较早的还有较晚的状态之间的中间类型（也就是位于同种中，改进比较少的以及改良较多的状态之间的那些中间的类型）还有原始亲种本身，一般情况下都容易被绝灭。在整个系统线中，有很多完整的旁枝就是这样绝灭的，后来的以及改进了的枝系在这场生存斗争中战胜了它们。但是，假如一个物种它那变异了的后代进入某个不同的地区，或者说在短时间内适应了一个完全新的生存环境，在那个地方，后代同祖代之间基本上不存在斗争，于是二者就都能够继续生存下去。

假如说，书中的这幅图所表示的变异量非常大，那么物种（A）包括其他一切比较早的变种，就都难逃被灭亡的命运，进而被八种新的物种 a^{14} 到 m^{14} 所替代。同时，物种（I）也会被六个新物种（n^{14} 到 z^{14}）所替代。

我们还能够继续做进一步的论述。假设这个属中的那些原种，彼此之间相似的

化石专家正在研究雷龙化石，恐龙大约生存于6000万年以前，曾经是地球上的霸主，但逐步灭亡。

程度并不相同，自然界里的情形向来如此；物种（A）与B、C及D的关系，比同其他物种的关系较近；物种（I）还有G、H、K、L之间的关系，比与其他物种的关系较近，再假如（A）与（I）都是非常普通并且分布范围非常大的物种，因此它们原本就比同属中的大部分其他物种占有一定的优势。它们那些变异了的后代，在经历了一万四千代之后共留下了十四个物种，这些物种遗传了一部分原种身上的共同的优点：它们在系统的每一阶段里还会用各种各样各不相同的方式去进行变异和改进，于是就在它们居住的地区的自然组成中，慢慢地适应了很多与它们有关的地位。所以，它们非常有可能，不仅会取得亲种（A）与（I）的地位，同时还有可能会将它们消灭掉，不仅如此，还有可能会消灭某些与亲种最接近的原种。所以说，能够一直传到第一万四千代的原种，实际上是非常非常稀少的。我们能够假定，与别的九个原种关系最为远的两个物种（E与F）中只有一个物种（F），能够将它们的后代一直传到这一系统的最后阶段。

在所列的图中，由11个原种生物一直传，到最后传下来的新物种数目成为15个。因为自然选择造成分歧的倾向，a14和z14之间在性状方面的极端差异量远远超出了11个原种之间的最大差异量。此外，新种间亲缘关系的远近也大不相同。由（A）传下来的8个后代里，a^{14}、q^{14}、p^{14}三位，因为都是新近从a^{10}分出来的，所以亲缘关系

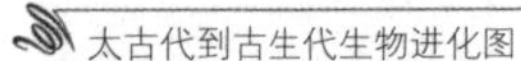
太古代到古生代生物进化图

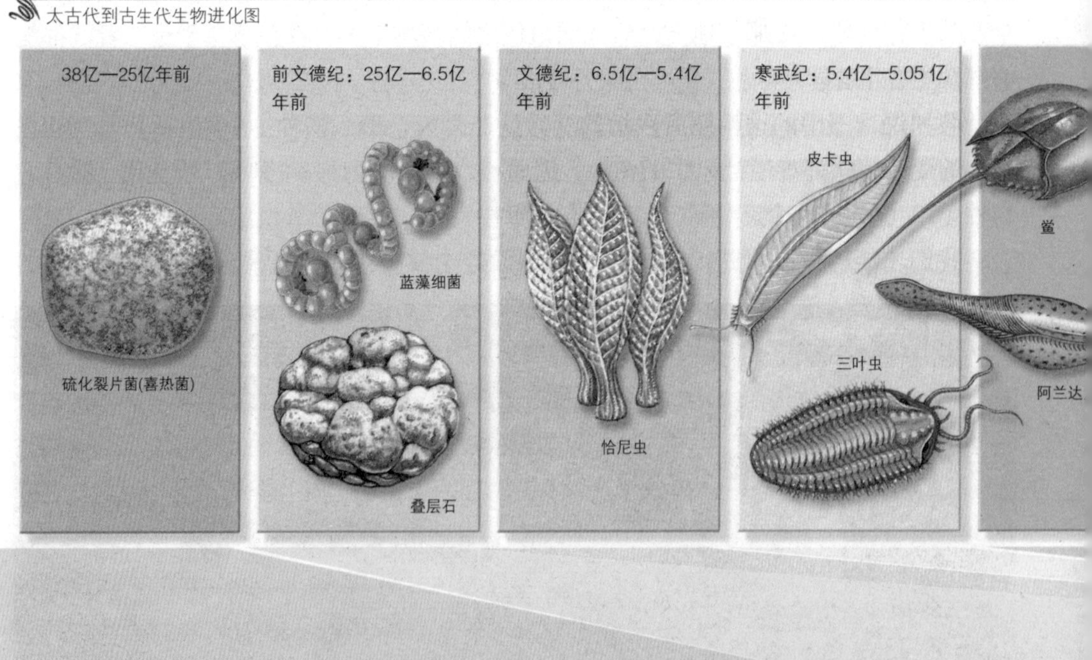

还是很相近的；而 b^{14} 与 f^{14} 则是在较早的时期由 a^5 分出来的，所以同前面讲到的三个物种在一些程度上有一定的差别。一直传到最后，o^{14}、i^{14}、m^{14} 之间，在亲缘上是相近的，不过，由于在变异过程的开始时期就出现了分歧，所以与之前的 5 个物种有着很大的差别，它们能够成为一个亚属或者成为一个明确的属。

由（I）传下来的 6 个后代会成为两个亚属或两个属。不过，由于原种（I）和（A）本身就非常不相同，（I）在原属中差不多站在一个极端，于是从（I）分出来的 6 个后代，仅仅是因为遗传的缘故，就同由（A）分出来的 8 个后代截然相同；此外，我们假设这样的两组生物是朝着不同的方向继续进行分歧的，并且连接在原种（A）与（I）之间的中间种（这个论点非常的重要），除了（F），也全部都绝灭了，而且也没有留下什么后代。那么，由（I）传下来的 6 个新种，还有由（A）传下来的 8 个新种，就一定会被列为完全不相同的属，甚至有可能会被列为不同的亚科。

因此，我认为，两个或两个以上的属，是通过变异传衍，由同一属中两个或两个以上的物种而来的。而这两个或者是两个以上的亲种，还能够假定为由早期的一属中的某一物种身上一直传下来的。在前面的图表中，是拿大写字母下面的虚线作为代表的，它的分支朝下收敛，趋集于一点；这一点就表示一个物种，这便是几个新亚属或几个属的假设祖先。新物种 F^{14} 的性状值得我们注意一下，它的性状假定没有出现大分歧，依然保持着（F）的体型，基本上没有太大的改变或者只是稍微有一点点变化。

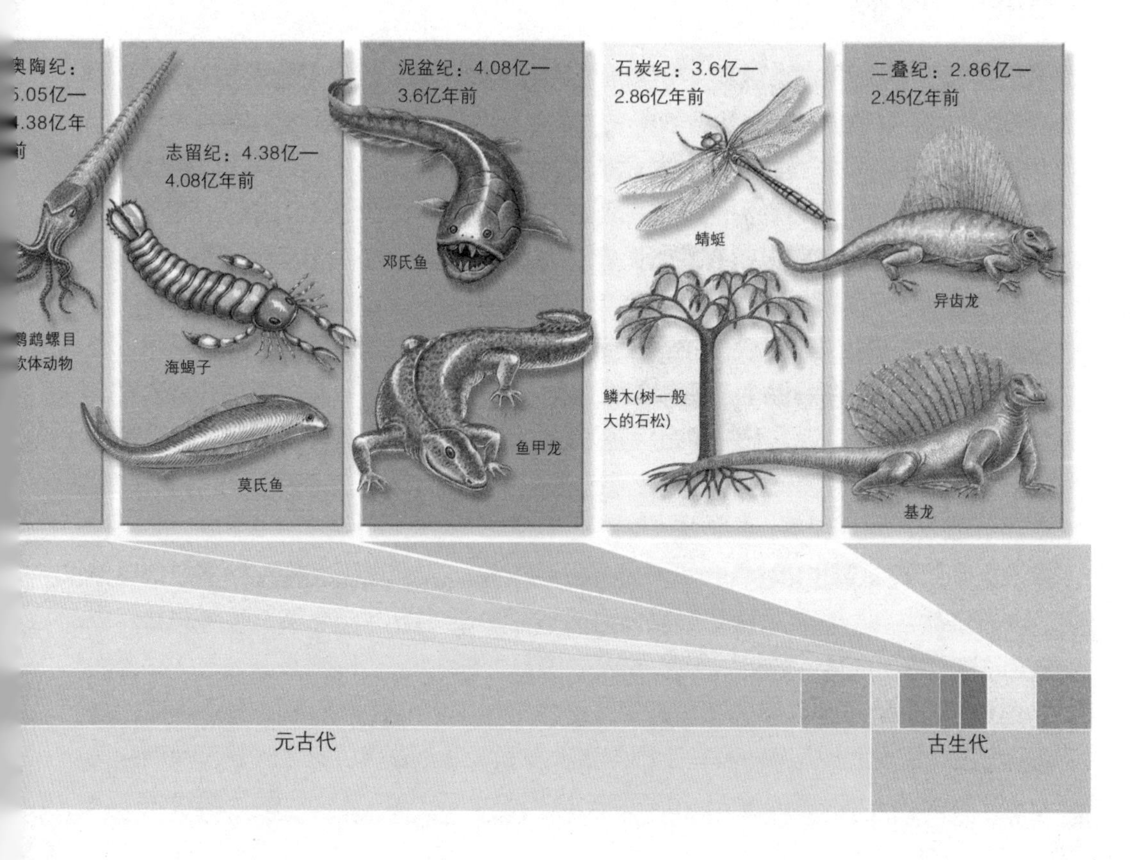

当遇到这种类型的情况时，它与其他 14 个新种的亲缘关系，就具有了奇特并且疏远的性质。由于它是从现在假定已经灭亡并且不为人所知的（A）还有（I）两个亲种之间的类型传下来的，所以说它的性状基本上在一定的程度上介于这两个物种所传下来的两群后代的中间。只不过这两群物种的性状已经与它们的亲种类型有了一定的分歧，所以新物种（F^{14}）并没有说会直接介于亲种之间，反而是介于了两群的亲种类型之间。基本上每一个博物学者都会到这样的情形。

在这幅图中，假设每条横线都代表一千代，当然它们也可以代表一百万代或者是更多的代：它还能够代表包含有绝灭生物遗骸的，地壳中连续地层的一部分。我们在后面的章节中，还一定会讨论到这个问题，而且，我认为，到那时我们将会发现我们现在看的这幅图对绝灭生物的亲缘关系是有多么大的启示。虽然说这些生物常与如今生存的生物属于同目、同科或者是同属，不过通常在性状上或多或少的介于现今生存的各群生物之间。对于这样的事实我们是可以理解的，由于绝灭的物种分别生存在各个不同的远古时期，那些个时期系统线上的分支线还只是表现出较小的分歧。

我认为没有理由将现在所解说的变异过程，仅局限于属的形成。在图里，如果我们假设分歧虚线上的各个连续的群所代表的变异量是非常之大的，那么标着 a^{14} 到

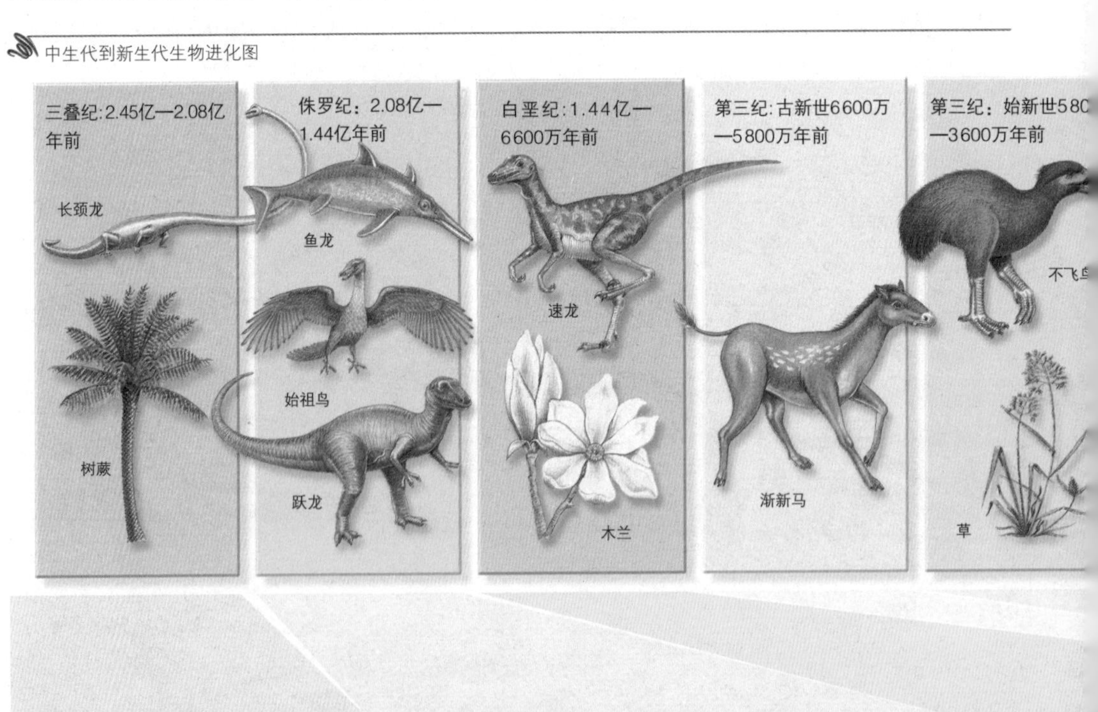

中生代到新生代生物进化图

p^{14}、b^{14} 与 f^{14}，还有 o^{14} 到 m^{14} 的类型，就会形成三个非常不相同的属。我们还能够收到由（I）传下来的两个非常相同的属，它们与（A）的后代完全不一样。该属的两个群，依据图所表示的分歧变异量，在最后成为两个不同的科或不同的目。这两个新科或者是新目是由原属的两个物种传下来的，并且又假定这两个物种是从某些更古老的以及不为人所知的类型中传下来的。

我们能够发现，在各个地方，一般最先出现变种也就是初期物种的，都是一些较大属的物种。这真的是能够被预料到的一种情况。由于自然选择是经过一种类型在生存斗争中相对于他类型来说所占有的优势来发挥作用的，自然选择主要作用于那些已经具有成熟优势的生物类型。而不管是哪种群体，只要它们成为大群，那么就说明它的物种从共同的祖先处遗传来一些共通的可以帮助它们生存的优点。所以就会出现新的、变异了的后代之间的各种生存斗争，主要出现在努力增加数目的所有的大群之中。一个大群会在斗争中慢慢地战胜另一个大群，让它的数量越来越少，于是就能够让它继续变异还有改进的机会越来越少。在同一个大群中，后起的以及那些更高度完善的亚群，因为在自然组成中分歧出来，而且还占有许多新的地位，所以时常会有排挤还有消灭较早的、改进较少的亚群的自然倾向。那些微小的以及衰弱的群还有亚群，最终只会走向灭亡。展望明天，我们能够进行一个预言：如今我们所看到的那些巨大的并且获得胜利的，还有最少被击破的也就是最少受到绝灭之祸的生物群，很有可能会

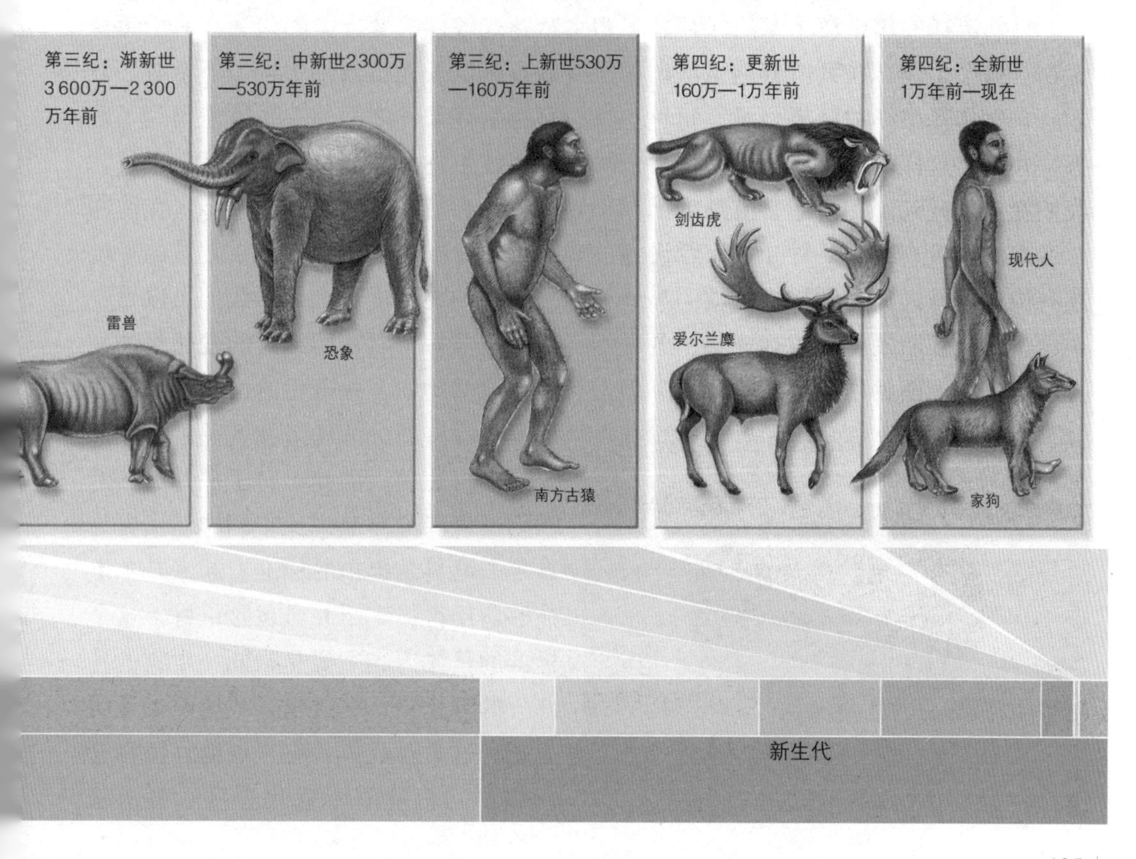

在一段相当长的时期中继续增加。不过，哪几个群可以获得最后的胜利，却是没有人可以预言得出的。这是因为我们都知道，有很多的群以前曾经也是很发达的，不过现在却已遭到绝灭。放眼更远的未来，我们还能够进行一个预言：因为较大群继续不断地增加，不计其数的较小群慢慢地都会趋于绝灭，并且也无法留下自己变异了的后代。所以说，不论是生活在哪一个时期中的物种，可以将自己的后代传到遥远未来的，仅仅是极个别的存在。我会在后面的章节中继续对这个问题进行相关的讨论。不过我能够先在这里继续谈一谈，依据这样的观点，因为只有极少数较古远的物种可以将后代传到现在，并且因为同一物种的所有后代的形成同属一个纲，所以我们就可以理解，为什么在动物界以及植物界的每一主要大类当中，到了现在，存在的纲是那么少。尽管极古远的物种只有很少数留下变异了的后代，到那时，在过去遥远的地质时代当中，地球上也曾经分布着很多属、科、目还有纲的物种，它们的繁盛程度基本上就与今天一样。

生物体制进化能达到的程度

自然选择的作用在于专门保存和累积生物各式各样的变异，那些变异对于每种生物，每个个体，在其所有的生活期中所处的有机以及无机条件中均是非常有好处的。自然选择最终的结果会是，每种生物与自身生存条件之间的关系慢慢得到了改善。并且，这样的改进一定能够使得全世界大多数生物的体制慢慢地进步。不过，我们在这里碰到了一个非常麻烦的问题，因为，什么可以称为体制的进步，在博物学者中间还没有找到一种让大家都满意的界说。在脊椎动物当中，如果智慧的程度还有构造都与人类非常接近，就明显地显示出这些动物的进步之处。我们可以做一个设想，从胚胎发育一直到成熟，各个结构部分以及每个器官所经过的变化量的大与小，基本上能够作为比较的标准。但是有些情况，比如一些寄生的甲壳动物，它们身上一些部分的构造在成熟之后反而变得不再完整。因此，对于那些成熟的动物不可以绝对地说比它们的幼虫更为高等。冯贝尔提出的标准看起来基本上能够应用得最广泛并且也是最好，这个标准的具体内容主要是指同一生物的各部分的分化量，在这里，我要附带说明一句，这是对成体状态来说的，还有它们的不同机能的专业化程度。与米尔

结婚之初，达尔文和艾玛住在伦敦上高尔街一栋小房子里。

恩·爱德华所提出的生理分工的完全程度是一个道理。不过，如果我们进行一个观察，比如鱼类，就能够知道这个问题是多么晦涩不明了。有的博物学者将其中最接近两栖类的，比如鲨鱼，放在最高等的位置，而且还有一些博物学者将普通的硬骨鱼放在了最高等位置。其中的道理在于这些被分列出来的种类最严谨地呈现出鱼形，还与其他脊椎纲的动物极为不相像。在植物的世界里，我们还能够更为明确地发现和认识到这个问题的晦涩不明，当然，植物可一点都不包含智慧的标准。有一部分植物学者认为，花的每个器官，如萼片、花瓣、雄蕊、雌蕊等，充分发育的植物便是最高等；此外，还有一些植物学者觉得花的几种器官变异非常大的但是数目在减少的那些植物就是最高等级，这样的说法也只是基本上比较合理一些。

法国博物学家让-巴蒂斯特·拉马克（1744—1829），生物学奠基人之一，最先提出生物进化的学说，是进化论的倡导者和先驱。

假如我们用成熟生物的一些器官的分化量还有专业化量（其中包含为了智慧目的而出现的脑的进步）作为体制的高等标准，于是自然选择自然就会指向这种标准。由于所有的生物学者都认为器官的专业化对于生物是有益的，因为专业化能够让机能执行得更为良好。所以，朝着专业化进行变异的积累，完全属于自然选择的范围之内。从另一个角度来看，我们只要牢记所有的生物都在竭力进行高速率的增长，同时在自然组成中攫取各个暂且还没有被占据或者是没有被完全占据的位置，我们就能够明白，自然选择非常有可能慢慢地让一种生物适合于这样的状况，在那样的情况下，会有几种器官将成为多余的或者是无用的。处于如此的情况当中，体制的等级就会逐步地出现退化的现象。从遥远的地质时期一直到现在，就全体来说，生物体制是不是真的有进步，我们会在后面的章节里进行更为详尽的讨论和解说。

不过也能够提出反对意见：如果说所有的生物在等级上都是按照这样的形式倾向上升，那么又是为什么全世界依然有很多最低等的类型继续存在着？在每个大的纲当中，为什么有的类型远比其他类型更为发达？又是出于什么原因，那些极为发达的类型没有去积极地取代那些较低等类型的地位，而且也没有将它们消灭掉？拉马克认为，所有的生物都内在地以及必然地倾向于完善化，所以他强烈地觉得这个问题是极难解释的，于是他不得不假定新的以及那些简单的类型能够不断地自然发生。到如今科学依然无法证明这种信念的正确与否，未来会如何就不得而知了。按照我们的观点，那些低等生物到如今依然继续存在着，是不难解释的。因为，自然选择也就是最适者生

洪堡带回欧洲的狝猴

存，不一定就全都是进步性的发展。自然选择只会选择那些对于生物在它们复杂生活关系中有利于生物继续生存下去的那些变异。那么我们可以思考一下，高等构造对于一种浸液小虫，还有，对于一些肠寄生虫，甚至是对于一种蚯蚓来说，根据我们所知道的内容，到底能有什么样的利益呢？假如不存在利益，那么那些类型就不会通过自然选择而有所改进，或者极少会出现什么改进，并且很有可能会一直保持它们像现在一样的低等状态，一直延续下去。地质学向我们解说，有的最低等类型，像浸液小虫还有根足虫，已经在相当长的时期里，基本上都保持现今这样的状态。不过，如果假设很多如今依然生存着的低等类型绝大部分都是从刚出现在这个世界起就从来没有过一点儿的进步，那也是非常轻率的说法。因为，每一位曾经解剖过，现在依然觉得它们是最低等生物的博物学者，没有人不被这些生物奇异而美妙的体制所征服。

仔细留意一下同一个大群中具有不同等级的生物，你就能够发现同一个论点基本上是能够应用于不同生物的。比如在脊椎动物当中，哺乳动物与鱼类并存；而在哺乳动物当中，人类与鸭嘴兽并存；在鱼类当中，鲨鱼与文昌鱼并存，后一种生物的构造非常简单，和无脊椎动物非常接近。只不过，哺乳动物与鱼类之间没有什么用得着竞争的。哺乳动物全纲进步到最高级，或者这一纲的一些成员进步到最高级，是不可能去取代鱼类的地位的，也不会影响到鱼类的生存的。生理学家坚定地认为，大脑必须有热血的灌注才可以高度地活动，保持活跃，所以必须进行空气呼吸，因此那些温血的哺乳动物如果是栖息于水中的话，就一定会经常去水面进行呼吸，这对于它们来说是非常不便利的。而对于鱼类，鲨鱼科的鱼并没有也不会去取代文昌鱼的位置。这是因为我曾经听弗里茨·米勒讲到过，在巴西南部荒芜的沙岸边，有文昌鱼唯一的伙伴以及竞争者，是一种十分奇异的环虫。哺乳类中三个最低等的目，包括袋类以及贫齿类还有啮齿类，在南美洲可以与大量的猴子和睦相处共存，两种生物之间基本上很少会出现冲突。归纳一下就可看出，世界上所有生物的体制虽然都得到了慢慢的进步，并且现在依然继续进步着，不过在等级方面将会永久性地呈现出很多不同程度上的完善化。这是因为一些整个纲或者是一个纲中一些成员的极大进步，根本就没有必要让那些不会和它们进行生存斗争的类群走向绝灭。有些时候，我们之后还会看到，体制比较低级的那些类型，因为栖息在局限的或者特别的区域之中，所以还一直延续到今天，它们在那些环境当中所遭遇到的竞争不是很剧烈，并且在那样的环境当中，因为它们的成员非常少，所以阻碍了出现有利变异的诸多机会。

总的来说我认为，很多体制比较低的类型至现在依然存在于世界上，是有很多原因的。在一些情况中，有利性质的变异或个体之间的差异从来没有发生过，所以自然选择无法发生作用并进行有利的积累。估计在所有的情况之下，它们都没有足够的时间去达到最大可能的发展量。在一些少数的情况中，体制还出现了我们所说的退化。不过主要的原因在于以下的事实，那就是在非常简单的生活条件之中，高等的体制并没有太大的用处，甚至对生物还会有一定的害处，这是因为体制越发纤细，那么就越发不容易受调节，因而也就越发容易遭到损坏。

我们再一起来看看生命初期的一些情况，在那个时候，所有生物的构造，我们都能够看作是非常简单的，于是就会有人问：身体各部分器官的进化或者分异的第一步是如何发生的呢？赫伯特·斯宾塞先生估计会这样回答：一旦简单的单细胞生物因为生长或者是分裂而变成多细胞的集合体的时候，或者是附着在其他支持物体的表面的时候，按照他的法则，将会出现的情况是：任何等级相似的单元要根据自己与自然力的关系，遵照一定的比例去发生变化。不过，这样的说法并没有真实可靠的依据，我们也只能在这一题目上自己猜想，这基本上是没有什么用处的。不过，假设在很多类型产生之前不存在生存竞争，所以也就没有自然选择，那么这样就让人们陷入了错误的境地当中。生长于隔离地区当中的一个单独物种，其身上所发生的变异也许就是有利的，那么，整个个体就有出现变异的可能，或者说，将会有两个不同的类型就此产生。不过我曾经说过，如果承认我们对于现在生存于世界上的生物间的相互关系非常无知，而且对于过去时代的情况更是这样的话，那么与物种起源有关的问题还有很多无法获得解释的地方，这样一来就不会有人觉得奇怪了。

性状趋于相同

虽然华生先生也相信性状趋异的作用，但是他觉得我将性状分歧的重要性估计得过高了，在他的观点当中，性状趋同也一样发挥着一部分的作用。如果有不同属的不过却是近属的两个物种，均产生出很多新的分歧类型，那么能够设想一下，这些类型也许彼此之间非常接近，甚至能够将它们分类在同一个属当中。那么，两个不同属所产生的后代就合并为同一个属了。不过，在绝大部分的情况下，就是因为构造方面的接近或者说一般类似，就将那些不同类型所变异了的后代看作是性状趋同，这在大部分的场合中，都是十分轻率的。结晶体的形状完全是由分子的结合力而决定的，所以说，不相同的物质在有些情况下会呈现出一些相同的状态，可以说是不足为奇的。不过，就生物本身来讲的话，我们不得不牢记一点，那就是任何一个类型都是由十分复杂的关系去决定的，也就是说都是由已经出现了的变异去决定的，然而变异的原因却又是纷繁复杂很难研究清楚的，此外还依存于那些被保存的或者是被选择的变异的性质，但是变异的性质又取决于周围的物理条件状况，特别重要的是，与它进行生存斗争的周围的生物在很大程度上发挥了决定性作用。到最后，还要归结于一代又一代祖先的遗传上（遗传自身就是十分变动不可控的因素）来决定。但是所有祖先的类型又都是经过一样复杂的关系才被确定下来的。所以说，很难让人相信，之前根本完全不同的两种生物，它们传下来的后代，到最后竟然会如此密切地趋同，导致它们的整个体制看起来好像已经近乎一致。假如这样的事情以前发生过，那么在离得非常远的地层当中，我们就能够看到毫无遗传联系的同一类型重复出现在世界上，但是，衡量证据恰好与这种说法相反。

自然选择的连续作用以及性状不断趋异，能够让物种无限制地不断增加。华生先生对我的这种说法提出了反对意见。如果只是就无机条件来说的话，估计会有极大量的物种能够很快地适应于各种极为不同的热度以及湿度等条件中。不过我完全认可，生物之间的相互关系比起无机条件来更为重要。随着各个地区物种不停止地增加，有机的生活条件一定会变得越来越为复杂。乍看上去，生物构造方面那些有利的变异量好像是无限的，所以物种的产生数量应该也是无限的。就算是在生物最为繁盛的那些地方，是不是已经充满了物种的类型，我们也不得而知。好望角还有澳大利亚所拥有的物种的数量多得惊人，但是有很多的欧洲植物还是在那些地方不知不觉地归化了。不过，地质学向我们道出了一个事实，从第三纪早期开始，贝类的物种数量还有从同时代的中期开始，哺乳类的数量都未出现大量增加，甚至它们的数目根本就没有增加过。那么，影响和阻止物种数量进行无限增加的因素都有些什么呢？一个地区中可以维持的生物的数量（这里不是说物种的类型数量）当然是有一定限制的，这样的限制应该是由当地的物理条件所决定的。因此，如果在一个区域中栖息着非常多的物种，

1770年，库克在澳大利亚（当时称为新荷兰）发现的部分物种。

那么有一些物种，或者说基本上每一个物种的个体都会相应地很少。这类型的物种在遭遇季节性质或敌害数量的突然变化时，最容易遭到绝灭。而且在这样的情形里，绝灭的速度将是非常迅速的，但是新种的产生永远都是十分缓慢的。我们可以想象一下那种极端的情形，比如，在英国，物种和个体的数量一样多，突然来袭的严寒冬季或十分干燥的夏季，就能够让不计其数的物种被绝灭。无论是在哪些地方，假如物种的数量在无限制地增多，每个物种将会成为个体稀少的物种，两个稀少的物种，因为经常提到的那些原因在一定时期里所出现的有利变异会非常稀少。而导致的结果就是，新种类型的产生过程会受到一定的阻碍。无论是哪一些物种，一旦成为极稀少的物种的时候，它们的近亲交配就会加速它们的绝灭进度。研究家们认为立陶宛的野牛、苏格兰的赤鹿、挪威的熊等生物的衰亡现象，都可以用前面的观点来进行解释。最后，我觉得这其中还有一个最为重要的因素，那就是一个具有优势的物种，在它的故乡业已打败了很多的竞争者，就能够慢慢地散布开去，逐渐代替很多别的物种的地位。德康多尔曾经向我们说明，那些能够有能力大范围散布的物种，通常情况下还会散布到更为广泛的地方。于是，它们就会在很多的地方取代当地一些物种的地位，甚至让那些当地的物种走向灭绝。于是，这样的传播就抑制了地球上诸多物种类型的大量增长。胡克博士最近也论述说明，明显是有很多的侵略者从地球的不同地区侵入了澳大利亚的东南角，因为在那个地区中，澳大利亚当地原有物种的种类和数量极大地减少了。这样的观点到底具有多少价值，我还无法确切肯定地说明，但是将这些论点都总结归纳起来便能够知道，不管是在什么地区，这些因素都会对物种的无止境增长发挥限制作用。

摘　要

在变化着的生活环境里，生物构造的每一个环节几乎都要表现出个体间的差异，这点是没有争议的。因为生物是在按几何比率进行增长，它们在自己生命中的某一个年龄阶段或者是某个季节抑或是某个年代中，出现了激烈的生存斗争，同样也是没有什么争议的。那么，考虑到所有生物相互之间还有它们同生活环境之间的十分纷繁复杂的关系，能够引起构造方面、体制方面还有习性方面，出现对于它们有利的无限分歧。如果说从来没有出现过任何一种对每一个生物本身繁荣有利的变异，就像之前出现的很多于人类有益的变异一样，那么这就是一件十分离奇的现象了。不过，假如有益于每一种生物的变异确实是发生过的，那么具有这些性状的一些个体就能够在生活斗争中获得一些最好的机会去保存和发展壮大自己的势力。按照那些强有力的遗传原理，这些物种将会产生与它们具有相同性状的后代。我将这样的

趋同进化

在生物世界里，具有相似的生活方式的物种通常会进化出相似的适应性。这就会在不同物种的外观之间产生很多惊人的相似性——有时甚至连科学家也会一不小心就混淆起来。

仔细看看本页右边的两种植物：两者都有着桶状的外形，而且外表都有尖刺保护着。除非你是沙漠植物专家，否则你就会认为这两种植物之间是近亲关系。事实上，它们相去甚远：一种

↑螳螂（上图）和螳螂蝇（下图）都有一对可以用来捕获和刺伤猎物的前腿，但是它们并不是近亲。它们这对相似的前腿是通过趋同进化而各自得来。

是来自墨西哥的仙人球，另一种是来自非洲南部的晃玉。它们看上去很相像，那是因为它们具有相似的生活方式。

自然的效仿者

就像一个想法不断的发明家一样，进化最擅长创造适应性，它甚至可以给两种非常不同的物种带来同一种适应性——这种情况通常发生在当两个不同的物种具有相似的生活方式的时候，此时自然选择在它们身上产生了同样的效果。这个结果被称为趋同进化——一种使得两个物种显得越来越相像的进化过程。

仙人球和晃玉就是两个物种趋同进化的很好例子——虽然它们的生活地区相距几千千米。它们圆桶形的外形可以帮助它们储存水分，而它们脊上的刺可以让饥饿的动物退却。它们还有其他相似性，比如两者都有长长的根，而且都不长叶子。这些适性应帮助它们得以在极其干旱的栖息地中生存——这些栖息地的干旱期通常一次就长达好几个月。

隐藏的历史

世界上有很多趋同性物种，有些趋同物种看上去只有一点点相似，而有些则是非常相似，以致人类经常会将之混淆。比如，鲸和海豚看上去很像鱼，一方面因为它们都有着流线型的身躯，另一方面它们身上长着鳍状肢而不是腿。几个世纪前，很多人认为它们是一样的，但事实上，它们的趋同物种是不同的，因为它们是从不同的祖先进化而来的：

↑晃玉（上图）和金琥仙人球（下图）惊人的相似。但是，前者来自非洲南部地区—根本没有野生仙人球生活的地方，它的体形粗短，但是它的一些生活在湿润地区的近亲却可以长成灌木甚至高大的树木。

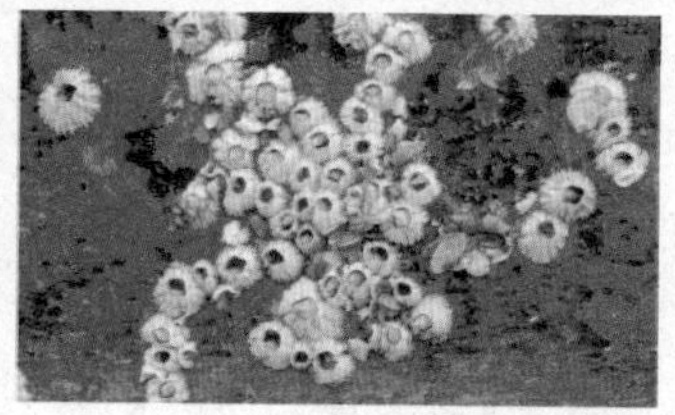

↑帽贝（左图）和藤壶（右图）都生活在没有遮蔽的环境当中，常常要受到海浪的拍打。帽贝有贝壳保护，而藤壶只有一个由多个小片组成的外壳，同样起到保护作用。

鱼是冷血动物，它们通过鳃呼吸来获取氧气，但是鲸和海豚的祖先都是陆生热血动物，后来才进入到海洋中生活。经过几百万年后，鲸和海豚都适应了它们新的生活环境，慢慢地进化出像鱼一样的外形。然而，进化并不能掩盖它们的过去。这就是为什么鲸和海豚仍然是用奶来哺育它们的后代，而且仍然需要到水面上来呼吸空气的原因。

导致混淆

当科学家们试图为生物划分种类时，趋同进化会带来一些问题。要分辨出海豚是一种哺乳动物并不是一件难事，但是要弄清有些动物的真正归属则需要更具说服力的证据。比如，成年藤壶是附着在岩石上生活的，而且它们长有锐利的壳，从而保护它们不受海浪的侵袭。藤壶看上去很像软体动物，而且早期的科学家们也认为其就是软体动物，但是，它们的幼体在广阔的海洋中生活，而且长有很多腿。仔细观察就会发现，藤壶事实上是一种甲壳类动物，换句话说，它们应该是龙虾和螃蟹的亲戚。

当有亲属关系的物种朝同一方向进化时，就更容易让人混淆了，因为它们本身就具有很多相似性。为了准确认定它们的祖先，科学家们不能单靠观察其外表，而是需要通过检测它们的DNA来画出它们的进化轨迹。

趋同进化在过去和现在

趋同进化并不只是表现在如今的物种之间，它已经有很长的历史了。在史前，有一种被称为豫裂兽的动物的外形就很像大象。更早的时候，一种被称为“盾齿龙”的爬行动物看上去很像海龟，因为它们都进化出了圆形的、布满片甲的外壳。不过，最好的趋同进化的例子出现在有袋哺乳动物身上：来自南美的剑齿类有袋动物与剑齿虎长得很像，而一种被称为南美袋犬的有袋动物则与狼和熊惊人地相似。上述趋同的有袋食肉动物中，灭绝的最晚的是一种被称为“塔斯马尼亚狼”或者“袋狼”的有袋动物，其灭绝于20世纪30年代，这种不同寻常的动物是存活到现代的最大的有袋食肉动物。

↑一只海豚（上图）和一只金枪鱼（下图）都有着流线型的裹满肌肉的身躯，而且两者都是在海洋中以鱼类为食的动物。但是海豚是海洋中较新出现的生命，其需要到海面上呼吸空气说明了它们的祖先曾经生活在陆地上。

1.3亿年来，翼龙是世界上最大的飞行动物，尽管它曾经是天空的主宰，但在6600万年前灭绝了。

保存原理，也就是最适者生存，称为“自然选择”。“自然选择”影响了生物依据有机的以及无机的生活环境得到改进。结果，我们无法去否认，在大多数的情况下，就能够引起体制在一定意义上的进步。但是，那些低等并且简单的类型，假如可以很好地去适应它们所处的简单生活条件的话，也可以长时间保持不变。

按照生物的特点在适当的年龄期进行遗传的原理，自然选择能够像改变成体一样去改变卵、种子、幼体，这对于它来说是十分容易的。在很多的动物当中，性选择，对于普通选择具有很大的帮助，这能够保证那些最为健壮的、适应能力最强的雄体去产生大量的后代。性选择还能够让雄体获得有利的性状来同别的雄体进行斗争或者是对抗。而这些性状，会依照通常的遗传形式遗传给相同性别的后代或者是雌雄两性后代。

自然选择是不是真的可以这样发挥作用，让不同的生物类型都能够适应自己的各种生存条件以及生活环境，这点我们不得不按照后面各章所列出的证据去进行判断。不过，现在我们已经清楚地看到自然选择是如何造成生物绝灭的。而在世界历史中，绝灭的影响又是多么巨大，地质学已经很清楚地向我们说明了这一点。自然选择还可以引起性状的分歧。由于生物的构造还有习性和体制越发有分歧，那么这个地区所能生存下去的生物就会越多，这一点，只要我们对随便一个小地方的生物还有外地归化的生物进行一个考察，就能够得到证实。因此，可以说，任何一种物种的后代，在它们的变异过程中，还有在所有物种增加个体数目的不断斗争里，它们的后代假如变得越来越有分歧，那么它们在生存斗争里就越会拥有越来越多的成功机会。那么，同一物种中不同变种间那些细小的差异，就会出现逐渐增大的倾向，直到增大为同属的物种间的较大差异，甚至会变为异属间较大的差别。

现在，大家都可以看出来，变异最大的是在每一个纲中，大属的那些普通的、广为分散的还有分布范围比较大的那些物种。并且，这些物种有种显而易见的倾向，那就是将自己的优越性（在当前环境中有利于自己生存的那种优越性）遗传给变化了的后代。就像刚刚我们所讲到的，自然选择可以造成性状的分歧，同时还可以让改进较少的以及中间类型的生物大规模地走向绝灭。按照这些原理，我们就能够清楚地去解释全世界各纲中不计其数的生物间的亲缘关系还有那些普遍存在的显而易见的区别了。这确实是一件十分奇妙的事情，就是因为我们看惯了所以才将它们的奇异性忽视了。这个奇异性就是，所有的时间以及空间中的所有动物还有植物，都能够分为各群，但是彼此之间还有关联性，就像我们到处看到的情景一样，换句话说就是，同种的变种间的关系最为密切，而同属的物种间的关系则比较疏远，并且也不均等，这样才会形成区及亚属。再看一下异属的物种间的关系，就更为疏远了，而且属间关系的远近程度也不相同，于是就形成了亚科、科、目、亚纲还有纲。随便一个纲中的几个次级类群都不可以列入单一的行列当中，但是又都环绕数点，而这些点又去环绕着其他别的一些点，如此一个环绕一个，基本上就成了无穷的环状组成。假如说物种是独立创造的，那么如此分类就无法得到合理的解释。可是，按照遗传，同时也按照引起绝灭一级性状分歧的自然选择的复杂作用，就像我们在之前的图中所见到的那样，这一点就能够得到合理的解释了。

同一纲中所有生物的亲缘关系经常拿一株大树进行表示。我确信这样的比拟在一定的程度上表达出了真实的情况。那些绿色的、长有小芽的小树枝能够用来代表现存的物种，而之前那些年代所生长出来的枝条能够用来代表长期的、连续的绝灭物种。在每一个生长阶段里，所有生长着的小枝都在努力向着各个方向进行分枝，同时还企图遮盖和毁灭自己周围的新枝以及本就存在着的枝条。同理，物种与物种的群在巨大的生存斗争里，随时都在打压着别的物种。巨枝首先分出一些大枝，再慢慢地分为越来越小的枝丫，当树还很小的时候，它们一度曾是生芽的小枝，像这样的旧芽与新芽由分枝来连接的情景，就能够代表所有绝灭物种与现存物种的分类，这些物种在群之下又分了群。当此树只不过是一株矮树的时候，在很多茂盛的小枝里，只有两三个小枝现在生长成大枝了，并且一直生存到今天，同时还负荷着别的枝条，那些生存于久远地质时期的物种也是同样的情形，它们中间只有极少数能够遗传下变异了的后代。自这棵树开始生长以来，有很多巨枝还有大枝都出现了枯萎和脱落的现象，那些枯萎和脱落了的枝条，能够用来代表那些没有留下生存后代，只是处于化石状态的全目、全科还有全属。就像我们在各种不同的地方所看到的，一些细小的、孤立的枝条从这棵树的下面分叉的地方长出来，而且因为一些有利的条件，到现在依然旺盛地生长着，这正像有些时候我们见到的比如鸭嘴兽或者是肺鱼之类的一些动物，它们由亲缘关系将生物的两条大枝连接起来，同时又因为生存于有庇护的环境中，于是有幸从致命的竞争中得以逃脱并活了下来，而且还继续遗传了一代又一代。这棵大树不断地生长和发育，不断地从旧芽上长出新的芽，新长出的芽如果足够健壮，就能够分出一些枝条去遮盖四周那些比较弱的枝条。因此我确信，这棵庞大的“生命之树”在代代相传的方面也是这样的情景，它用自己衰败枯落了的枝丫去填充了地壳，同时还用自己不断生长出来的新鲜的枝条去一次又一次地覆盖大地。

第五章

变异的法则

环境变化的影响——>飞翔器官与视觉器官的使用与废止——>适应性变异——>相关变异——>成长的补偿和节约——>多重、退化、低级的构造均易变异——>构造发育异常极易变异——>种级特征比属级特征更容易变异——>摘要

环境变化的影响

我之前曾讲到，在家养环境中生物的变异是非常普遍并且多样的，而在自然环境中生物的变异程度则会差一些。我在说明这些变异现象时让人听起来觉得好像这些变异都是在偶然情况下发生的。很明显，这样的理解是非常不正确的。但是我们又不得不承认，对于那些各种各样奇怪的变异的原因，我们的确是毫无所知的。有一部分著作家的观点是，出现个体差异或者是构造方面的微小差异，就好比让孩子像他的双亲一样，是因为生殖系统的机能而造成的。不过，变异以及畸形在家养环境中比在自然环境里更为多见，而且分布广泛的物种的变异性，比分布范围较小的那些物种的变异性大，这么多的事实可以让我们得出一个结论，那就是变异性通常情况下是同生活条件有着密切联系的，并且每个物种已经在这种生活环境中生活很多个世代了。在第一章中，我就曾试图向大家说明，出现变化的外界条件依照两种方式在发挥其作用，也就是直接地作用于整个体制或只作用于体制中的一些部分，同时还间接地通过生殖系统发挥着作用。在所有情况下都包含着两种因素，一个是生物的本性，在二者之中这个是最为重要的，还有一个是外界环境的性质。发生了变化的外界条件的直接作用，引起了一定的或不确定的后果。在后面的一种情况中，体制看起来好像变成可塑性的

南印度洋克古伦岛上的鸬鹚

了，而且我们看到非常大的彷徨变异性，在前面的一种情况中，生物的本性是这样的，假如处在一定的环境之中，那么它们很容易屈服，而且所有的个体或者说差不多所有的个体都会用相同的方式去出现变异情况。

想要确定外界环境的变化，像气候、食物等的变化，在一定情况下曾经发挥过多少作用，是非常困难的。我们不得不去相信，在时间的推移下，它们所发挥的作用远远超出了那些显而易见的事实所能够证明的部分。不过，我们能够很有把握地断言，处于自然环境之下，各种生物之间所表现出来的构造上的那些不计其数的复杂的相互适应性，绝对不可以只是简单地归因于外界环境的影响。在下面的一些例子里可以说明，外部的条件看起来好像是引起了一些微小的变化。福布斯认为，生活于南方浅水范围中的那些贝类，它们的色彩比生活在北方的或者是常年生活于深水中的同种贝类要鲜艳很多。不过也不一定全部都是这个样子。古尔德先生认为，相同种族的鸟，长期生活于明朗大气中的，它们的颜色就比常年生活于海边或岛上的鸟儿们要鲜艳很多。在沃拉斯顿看来，长期生活于海边的话，容易影响昆虫们的颜色。摩坤·丹顿以前曾列过一张植物表，那张表所列举出来的植物，生活于近海岸的那些植物，它们的叶子在一定程度上叶质比较肥厚，尽管在其他地方并不是这个样子的。那些出现小量变异的生物是十分有意思的，其中的原因在于，它们所表现出来的那些新的性状，同局限在相同外界环境中的同一物种所表现出来的性状是十分接近的。

不管是哪种生物，当一种变异在其身上出现极为细小的作用时，我们都无法准确地说明白这种变异到底有多少能够归功于自然选择的累积作用，又有多少可以归因于生活环境所发挥的作用。比如说，一般做皮货生意的商人都比较了解，同种动物所生活的地方越是靠北，那么它们的毛皮就越厚也越好。可是，谁又能说清楚这样的差异，有多少是因为毛皮最温暖的个体在世世代代的相传里获得了利益所以被保存了下来，又有多少是因为气候寒冷而导致的呢？因为气候看起来好像对于我们家养兽类的毛皮有着某种直接的作用。

俄罗斯黑貂生活在西伯利亚东部，常常需要面对极度的寒冷。它的毛皮对人类来说商业价值很高。

在明显不相同的环境中生存的同一物种，可以产生类似的变种。而也有一些情况是，在明显相同生存环境里的同一物种，也有可能产生出了不相像的变种，我们能够列出很多这类型的事例。此外，也有的物种虽然生存于完全相反的气候之中，却依然可以保持纯粹，甚至能够完全不出现变化，大量这类型的事例对于每一个博物学者来说都是不陌生的。这样的观点，能够让我考虑到周围条件的直接作用，比起那些因为我们完全不知道的原因而引起的变异倾向来说并不是特别重要。

从某种意义上来说，生活环境不仅可以直接地或间接地引发变异，同时还能够将自然选择包括于其中。因为生活条件决定了每一个出现的变种是否可以生存下去。可是，当人类充当着选择的执行者这个角色时，我们就能够显著地发现，变化着的两种要素之间的区别是十分明显的。变异性以一定的方式被激发起来，不过这只是人的意志而已，它让变异朝着一定的方向累积了起来。后面的那个作用就像是自然环境中最适者生存的作用。

飞翔器官与视觉器官的使用与废止

按照第一章中所讲的现象，在我们的家养动物当中，有的器官因为经常使用而被加强和增大了，也有一些器官因为不常用而被缩小了，我认为这是不用怀疑的。同时我还认为，这样的变化是可以遗传的，在不受限制的自然环境之中，由于我们并不知道祖代的类型，因此我们找不到比较的标准拿来判别长久连续使用以及不使用的效果。不过，有很多的动物所拥有的构造，是可以根据不使用的效果来得到最好解释的。就像欧文教授曾经讲的那样，在自然界中，还没有找到比鸟不能飞更加异常的情况。但是，我也发现，有一些鸟确实是不能够飞起来的。南美洲的大头鸭只会在水面上拍动自己的翅膀，它的翅膀基本上与家养的艾尔斯伯里鸭的一样。需要引起我们注意的事情是，坎宁安先生曾说，这些鸟的幼鸟是可以飞的，可是等长大后就失去了飞翔的能力。由于在地上寻找食物的大型鸟，除了要逃避危险之外，极少飞翔，于是现在栖息在或者是不久之前曾经栖息在没有食肉野兽的几个海岛上的几种鸟，基本上呈现出没有翅膀的状态，估计是因为长时间不使用的原因。鸵鸟确实是栖息在大陆上的，它生存于自己无法用飞翔来脱离的危险之中，不过它可以像四足兽一样，有力地用踢的方式来对抗敌人成功地保护自己。我们能够确信，鸵鸟一属祖先所拥有的习性，在最开始是与野雁近似的，可是由于它身体的大小还有重量在连续的世代中增多了，于是更多地，它渐渐习惯了使用它的腿，却很少再去使用它的翅膀了，于是到最后，它就失去了飞翔的能力。

曾听过科尔比说（我自己曾经也见到过同样的事实），很多吃粪的雄性甲虫的前趾节，也就是前足经常会断掉。他细查了自己采集到的 16 个标本，竟然没有一个留下一丁点儿痕迹，有一种名为阿佩勒蜣螂的生物，一般情况下，它们的前足跗以及节都是断的，这使得它们在很多的著作中被描述成一种没有跗节的昆虫。在一些别的属当中，虽然它们也拥有跗节，可也仅是一种残留下来的痕迹而已。被埃及奉为神圣的圣甲虫也不具有完整的跗节。虽然说关于偶然的损伤是不是会遗传这个问题到现在为止还无法确定，不过，勃隆·税奎曾于豚鼠中观察到外科手术有遗传的效果，这个明显的事例应该能够让我们在反对这种遗传倾向的时候谨慎注意自己的观点和言辞。所以说，对于完全没有前足跗节的圣甲虫，还有对于一些其他属只是留下跗节残迹的生物，最合适的态度估计是不将它看成是损伤的遗传，而将那种现象看作是因为长期不去使用所造成的后果。由于很多食粪的甲虫通常都失去了跗节，这样的情况肯定是出现在它们生命的早期，因此，跗节对于这类型的昆虫没有太大的重要作用，也可以说不曾被它们频繁地使用过。

阿根廷巴塔哥尼亚海岸

在一些情况中，我们很容易将那些全部或者是主要因为自然选择而造成的构造变异看成是不常用的原因。沃拉斯顿先生曾关注了一件非常值得我们重视的事实，那就是，栖息于马德拉的 550 种甲虫（如今了解到的更多）中，有 200 种甲虫因为翅膀的缺陷而无法飞起来。而且在 29 个土著的属当中，不少于 23 个属的全部物种都出现了这样的情形。有一些这样的事实，那就是，世界上很多地方的甲虫经常会被风吹到海中结束自己的生命。而生活在马德拉的那些甲虫，据沃拉斯顿的观察，它们隐藏得非常好，等到风平浪静之后才会跑出来。没有翅膀的甲虫的数目，在毫无遮拦的德塞塔群岛比在马德拉更多。尤其是还有一种奇异的现象被沃拉斯顿所特别重视，那就是，那些不得不使用翅膀的大群的甲虫，在别的地方十分多，可是在这里却基本上很难找出来。学者们的这些考察让我们相信，数量如此多的马德拉甲虫之所以没有翅膀，其主要原因估计是因为和不使用的原因结合在一起的，所谓自然选择的作用。由于在很多连续的世代里，有一部分甲虫个体或者是因为翅膀发育得比较不完整，也有可能是因为极少用到翅膀，飞翔的次数最少，因此才不会被风吹到海中，于是才获得了最好的生存机会。相反，那些最喜欢飞翔的甲虫们的个体，经常是最易被风吹到海里去的，所以才会被渐渐地毁灭。

在马德拉还有一部分不在地面上寻找食物的昆虫，比如有一些在花朵中寻找食物的鞘翅类还有鳞翅类，它们得不得经常性地使用自己的翅膀去得到食物，确保生存。按照沃拉斯顿先生的猜测，这些昆虫的翅膀不仅一点都不会缩小，甚至还有继续增大的可能。而这一点，是完全与自然选择相符合的作用。当一种新的昆虫一开始来到这个岛上的时候，自然选择的作用能够让这些新来的昆虫的翅膀增大或者缩小，这一点能够决定很多昆虫的命运，能够使得大部分的个体或者成功地与自然环境尤其是风斗争从而被保存下来，或者是放弃飞翔的想法，少飞或者是不飞，通过这样的方式来使

鼹鼠的眼睛极不发达,大部分藏在皮毛里。

自己被保存下来。举个简单的例子，比如我们的船在靠近海岸的地方坏了，对于船上的船员们来说，擅长游泳的人们，如果可以游得越远，就越好，而不善于游泳的人们，只好攀住破船，对于自己的生存比较好一点。

鼹鼠还有一些穴居的啮齿类动物的眼睛都极不发达，而且在一些情况下，它们的眼睛基本上被皮和毛全部遮盖住了。这些生物的眼睛出现的这种现象，估计是因为不常使用眼睛致使眼睛慢慢缩小了，但是这其中估计还有自然选择的影响。在南美洲存在着一种穴居的啮齿动物，被称为吐科吐科，与鼹鼠相比，它的深入地下的习性绝对有过之而无不及。一个经常捕捉吐科吐科的西班牙人曾告诉过我，这些生物的眼睛基本上都是瞎的。我曾养过一只活的，它的眼睛确实是这样的情况。等到解剖后，才了解了其中的原因，是因为瞬膜发炎而造成的。眼睛经常发炎不论是对于哪种动物都一定是有伤害的，而且因为眼睛对于具有穴居习性的动物来说并不是十分必要的，所以在这样的情况之下，它们的形状就会慢慢地缩小，上下眼睑慢慢地粘在一起，并且还有毛生在上面，这对它们来说也许还是有利的。如果真的有利的话，那么自然选择就会对这样的效果付出一定的帮助。

山洞中是没有自然光线的，因此山洞中的动物有特别的生存方式。

我们都知道，有一些属于极其不同纲的动物，栖息于卡尼鄂拉还有肯塔基的洞穴里，它们是没有什么目的的。还有一些蟹，尽管早已没了眼睛，但是眼柄仍然存在着，看起来就像望远镜的透镜已经没有了，但是望远镜的架子还一直存在着。对于长期生存于黑暗中的动物们来说，眼睛虽然没有什么用，但是如果没有眼睛的话对它们会有什么害处我们谁也想象不出来，也不得而知。因此它们的亡失能够顺理成章地归因于不常使用。有一种叫作洞鼠的穴居动物，西利曼教授曾经在距离洞口半英里的地方捕捉了两只回去，由此可以看出它们并不是住在非常深的地方，它们的双眼生得大并且十分有光。按照西利曼教授对我说的，当这种动物被放在逐渐加强的光线中时，约过上一个月左右的时间，就可以大概地辨认眼前的事物了。

难以想象，生存环境还有比在几乎相似气候中的石灰岩洞更为相像的了。因此，依据盲目动物系是美洲还有欧洲的岩洞分别产生出来的这种旧观点，能够预见到它们的体制还有亲缘是非常相近的。假如我们对这两个地方的整个动物群进行观察的话，就会发现事实并不是这样的；仅仅是在昆虫方面，希阿特就曾提到过："因此我们不可以用纯粹的，地方性之外的眼光去观察所有的现象，马摩斯洞穴（在肯塔基）以及卡尼鄂拉洞穴那一带的个别类型的相似性，说白了不过就是欧洲还有北美洲的生物群之中，那些一般存在的类似性的明显表现罢了。"在我看来，我们不得不假定美洲的动物在绝大部分的情况中是有正常视力的，它们一步一步慢慢地从其他地方移进肯塔基洞穴那些越来越深的地方，就像欧洲的那些动物逐渐步入欧洲的洞穴中一样。我们有这样的习性渐变的一些证据。希阿特曾经提出："因此我们将地下动物群看成是从邻近地方被地理限制所影响着的一些动物的小分支，一旦它们逐渐扩展到黑暗的环境中后，就会很快地适应周围的环境。最开始从光明转入黑暗中的动物，和普通的类型之间的距离并不算远。紧接着，那些自身构造比较适合微光环境的类型渐渐地出现了，到最后，就是适合完全黑暗环境的一些类型了，这些生物的形成是非常特殊的。"我们不得不理解希阿特的这种说法并不适合放在同一物种身上，但是，是适用于那些不同的物种的。动物们在经过很多个世代之后，等到自己达到了最深的深处时，它们的眼睛早已因为不常用，基本上被全部灭迹了，并且我们都知道自然选择往往能够引起一些其他的变化，比如触角要不就是触须的增长，算是作为对盲目状态的一种补偿。虽然有这样的变异，我们依然可以看出美洲的洞穴动物和美洲大陆其他种族动物之间的亲缘关系，此外还有欧洲的洞穴动物同欧洲大陆动物之间的亲缘关系。达纳教授曾经和我说过，在美洲，有一些洞穴动物确实就是这个样子的，那么欧洲的一些洞穴昆虫呢？它们也和自己周边地方的昆虫有着非常密切的关系。假如依据它们是被独立创造出来的普通观点看的话，对于盲目的洞穴动物还有它们和自己生存的大陆上的其他动物之间的亲缘关系，我们就很难找出一个合理的解释了。新旧两个环境中的几种洞穴动物的亲缘，应该说是十分密切的，我们能够从众所周知的，大多数这两个地区的其他生物间的亲缘关系方面推断出来。由于埋葬虫属里的一个盲目的物种，在距离洞穴口外比较远的阴暗的岩石下有不小的数目，这一属中的洞穴物种的视觉已经没有了，基本上和它们生活在黑暗中没有太大的关系。这也是正常的现象，一种昆虫既然已经没有了视觉，那么就很容易去适应黑暗的洞穴了。还有一种盲目的盲步行虫属同样具有这样明显的特性，按照默里先生的观察，除了在洞穴中，在其他地方并没有见到过这些物种，但是栖息在欧洲以及美洲一部分洞穴中的那些物种是不一样的，也许那些物种的祖先，在未曾失去视觉之前，曾广泛地分布于这个大陆上的很多地方，后来因为某种原因，除了那些隐居在洞穴中的以外，都被绝灭了。有的穴居动物非常特殊，其实这没有什么值得我们称奇的，像阿加西斯曾经提到的盲鳉，还有欧洲的爬虫类，那些盲目的盲螈，均是非常奇怪的。我所感到好奇的，是古代生物的那些残骸保存下来得并不太多，或许是因为栖身于黑暗环境中的动物比较少，所以它们之间的竞争比较不激烈吧。

适应性变异

植物的习性具有遗传的性质，比如花开的时间、休眠的时间、种子发芽阶段所需要的雨量等，所以我要稍微谈一谈气候的驯化。对于同属中不同物种的植物来说，生存于热带以及寒带本来就是非常常见的现象，假如同属中的所有物种的确是由单一的亲种传下来的，那么气候驯化在生物繁衍的长期过程中一定会轻易地发挥对生物的影响作用。几乎所有人都知道，每一种物种都可以去适应它的本土气候，但是，来自寒带甚至是来自温带的物种一般都无法在热带的那种气候中很好地生存，反之亦然。还有很多多汁植物无法忍受潮湿的气候。可是几乎所有物种对于其所生存于其中的气候的适应程度，经常被我们预估得太高。我们能够通过下面的事实来论证这个说法：我们常常无法预知一种引进植物是否可以忍受我们现在的，对于它们来说是新的气候，还有那些从不同地区引进的很多植物以及动物，是不是能够在这里完全健康地生存下去。大家能够去相信，物种在自然环境中，因为要同其他的生物进行竞争，所以在分布方面也受到了严格的限制，这样的影响与物种对于特殊气候的适应性非常相像，或者更多一些。不过，不论此种对气候的适应性在大部分的时候是不是极为密切，我们都能够找到证据去证明有一小部分植物在一定程度上进化得能够很自然地去习惯那些不同的气温了。也就是说，它们变得驯化了。胡克博士以前曾从喜马拉雅山上不同高度的位置采集回同种的松树还有杜鹃花属的种子，将它们栽培在英国之后，发现它们在新的环境中竟然拥有着不同的抗寒力。思韦茨先生曾经对我说过，他在锡兰见到过相同的事实。华生先生曾将欧洲种的植物从亚速尔群岛带回英国，也进行了类似的研究和观察。我还可以列出一些其他的例子来。而对于动物，也有很多真实的事例能够引证。由此我们可以看出，从地球上出现生命以来，物种一直都在最大限度地发展和壮大自己的分布范围，它们从较暖的纬度一直扩散到较冷的纬度，当然还有相反的扩展。可是我们无法确切地知道这些动物是不是严格地适应了它们本土的气候。尽管在通常情况下我们认为的确如此。我们也不确定它们后来是不是对自己的新环境变得十分驯化，比它们最开始的时候可以更好地去适应那些地方。

我们能够推断出，家养动物最开始是由还没有开化的人类选择出来的，由于它们对于人类来说有用，而且还由于它们在封闭状态下也容易进行生育，并不是因为后来发现这些生物可以输送到很远很远的地方，所以说，我们的家养动物拥有着共同的、非常的能力，不仅可以抵抗非常不同的气候，同时还完全可以在那样的气候中进行生育（这是异常严峻的考验），依据这个特点，就能够证实如今生活在自然环境中的动物大部分可以轻易地抵抗差异极大的气候。不过，我们一定不可以将这个论点推论得太远，其理由是，人类的家养动物也许起源于几个野生祖先，不能太绝对地说。比如，热带狼还有寒带狼的血统估计已经混合在了我们的家养品种当中。鼠类还有鼷鼠并不是我们的家养动物，不过，它们被人类带到了世界的很多地方，现在分布范围的广大，远远超出了别的任何啮齿动物。它们在北方生存在非罗的寒冷气候之中，在南方生存在福克兰，同时，有的还生存于热带的很多岛屿上。所以，对不管是什么样的特殊气候的适应性，都能够看成是动物天生就容易适应新环境新气候的能力。依据这样的论断，人类自己与他们的家养动物对于极端不同气候的承受能力，还有那些绝灭了的象以及犀牛，在以前曾可以承受冰河期的气候，但是它

大多数热带雨林每年降雨量在1500到4000毫米之间，植物在这样温暖潮湿的条件下可迅速生长。

习性的适应性

适应性并不只是影响生物的外貌。在动物中，一些最重要的适应性是那些有关动物习性方面的。

↑冬眠是一种适应性习性。它帮助动物熬过天气寒冷、食物匮乏的冬季。

与长腿或者利齿不同，习性似乎并不是一种适应性，你不能将之拿来检测，而且在动物死后，它也不会以化石的形式保留下来。但习性是可以被继承的，这就意味着它也会随着时间发生变化或者进化。这种习性被称为本能，它是由动物的基因决定的。像所有其他的适应性一样，本能也已经发展了几百万年了，它也帮助动物在竞争中生存下来。

↑蜘蛛使用复杂的习性来织出蜘蛛网捕捉猎物。这只圆蛛已经捕获了一只昆虫，并将之用丝包裹起来使其停止挣扎。

适 应

在动物发展的初期，它们的习性很简单，也就是寻找食物，同时远离危险。但是慢慢地，动物开始变得越来越复杂了，它们的习性也随之复杂起来。动物进化出感觉器官感知周边环境，而各种习性给它们带来的是生存的机会。

几百万年以后，这些习性或者说本能仍然为如今的动物所拥有且使用：蜘蛛会奔向挣扎中的苍蝇，但是如果遇到什么危险，它们就会躲到黑暗的地方中去；蜜蜂会因为鲜花的香味而飞去，但是一旦闻到燃烧的烟味就会远远躲开；在秋季，很多动物都要进行冬眠——一种可以持续到来年春天的深度睡眠。动物并不需要学习这些习性，因为它们是与生俱来的。

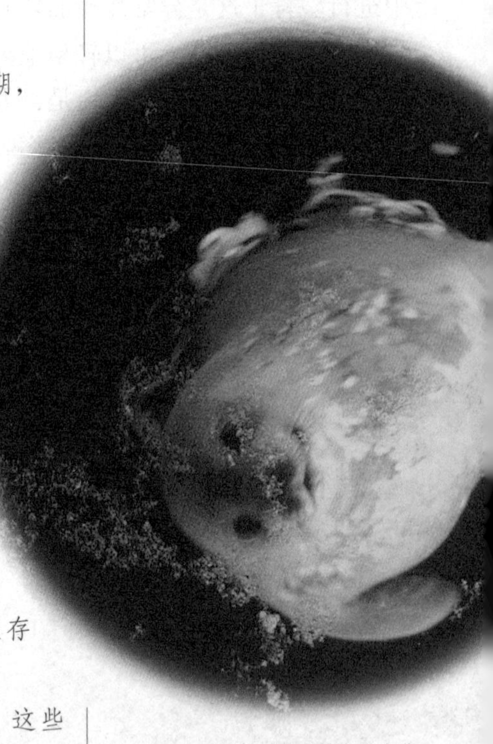

↑一个呼吸孔对于威德尔海海豹来说是它的生命线，没有这个呼吸孔，生存就是枉谈。当冰块变薄时，海豹便开始凿洞。在深冬，这个洞可能有2米多深。

就像其他适应性一

样，习性通常也能展示物种过去的生活的一些片段，比如，宠物狗在躺下来前总会先绕圈走一下，这是从其祖先那里继承来的习性，目的是将地上的植物摊平，从而铺成一个舒适的窝。

习性和身体部位

在动物世界里，习性和身体部位通常是同时进化的，这是有原因的——没有合适的生活习性，很多身体部位将毫无用处。复杂的习性用来控制腿和翅膀，而其中最让人难以理解的习性是用来捕捉食物的：比如蜘蛛会使用不同的丝来编织蜘蛛网，但是它们不需要学习哪一种丝应该织在哪里，因为这一切都是出于本能；当它们捕捉猎物时，它们可以通过猎物的动作来判断猎物的类型，本能地区分苍蝇和会放刺的蝗虫。有时候，进化也会为动物通常的身体部位创造出新的使用方法，比如威德尔海的海豹：大约1500万年前，它们的祖先迁徙到南极洲附近的海洋中生活，当时的气候比现在要温暖得多。随着南极洲渐渐变冷，越来越广的海域被冰雪覆盖，威德尔海海豹能够在如此寒冷的环境中生存下来，全得益于其牙齿——它的牙齿可以帮助它从厚厚的冰块中刨出用于呼吸的孔。没有这些习性上的适应，大部分威德尔海海豹都将死亡。

↑河狸似乎懂得很多关于水坝的建筑技巧，但是它们的这些行为完全是出于本能。它们懂得在什么角度啃树根，可以使得这棵树正好倒在它所需要的位置上。

开拓新的领域

进化也影响了动物的建筑能力。最早期的动物不懂任何建筑，但是随着时间的推移，它们的祖先进化出特殊的建筑才能。今天的动物可以建造出各种各样的窝、巢甚至陷阱。就像身体的各个部件那样，这些建筑技术也是慢慢进化而来的。比如，当鸟类最早出现时，几乎都是将蛋下在地上的（就像现在大部分的爬行动物那样），但随着时间的推移，鸟变得越来越敏捷，其中一些开始离开地面筑巢。时至1亿多年后的今天，有的鸟已经是世界上数一数二的建筑能手了。

→有时，动物的习性可以使其创造性地利用周边的新环境。鹳最初只在树上筑窝，但是在欧洲，它们通常是在屋顶上筑窝。很多其他鸟类，包括燕子和雨燕等，都能够在建筑物的内部筑窝。

犀牛有庞大的身躯、坚韧的皮肤、突出的触角，这些使得人们一看到它们就容易将其和恐龙家族联系在一起。实际上这也有一定合理之处，因为犀牛确实有着古老的祖先。

们的现存种能够很好地去适应热带以及亚热带的气候环境。这些情况都不可以被当成是异常的现象，而应该看成是非常普通的体制揉曲性在特殊环境条件中发挥作用的一些例子。

不管是什么样的特殊气候，物种对其的驯化，有多少是仅仅取决于自己的生活习性，又有多少是对具有不同构造的变种的自然选择，另外还有多少是来自上述二者的共同作用，这目前还是一个比较难以解决的问题。按照类推的办法，还有按照农业著作甚至是古代的中国百科全书中提出的那些忠告，说将动物从此地运到彼地时一定要非常小心，所以我坚定地认为，习性或习惯对于生物是存在着一些影响的。因为人类并非一定可以成功地选择出那么多的品种还有亚品种，同时还能够成功地让那些品种以及亚品种都具有十分适于他们地区的体制。所以我认为造成这种现象的原因，一定与生物的习性有关。而另一方面，自然选择毫无疑问地会倾向于保存那样一些个体，它们生来就能够很好地去适应自己居住的环境。在大量地论述多种栽培植物的论文中都有记载，有的变种比其他变种更可以很好地去抵御一些气候。美国出版的果树著作很明白地说明，一些变种常常被推荐到北方，而有一些变种也会被推荐到南方去。由于这些变种大部分都起源于近代，它们的体制方面的差别不可以归因于习性。菊芋在英国从来都不是用种子来进行繁殖的，所以也没有出现过新的变种，这个例子在以前总被提出来用来证明气候驯化是没太大作用的，因为菊芋到现在依然和以前一样的娇嫩。又比如菜豆，这种植物的例子也经常作为同样的目的而被引证，而且还更加有力。不过假如有人过早地播种下了菜豆，然后让它的绝大部分都被寒霜毁灭，然后从少数生存下来的植株上采集种子，同时还要注意防止它们的偶然杂交。然后进行再次播种。就这样一直进行二十代以后，才可以说这个试验是做过了。我们无法去假定菜豆实生苗的体制从来不会出现差异，因为曾经有报告提出，有的实生苗的确比其他的实生苗具有相当强的抗寒力，并且我自己就曾见识过这种明显的例子。

总的来说，我们能够得出这样的结论，那就是习性或者使用还有不使用，在一些情况之下，对于体制以及构造的变异是有着非常重要的作用的，不过这种效果通常情况下都与内在变异的自然选择相结合，在一些情况下内在变异的自然选择作用也有可能会支配这种效果。

相关变异

我们所说的相关变异就是指生物的整个身体构造在自己的生长与发育的过程中与变异紧密地结合在了一起，以至于当任何一部分出现一些细小的变异，进而被自然选择所累积时，别的部分也就会随着出现变异。这是一个非常重要的问题，我们对于它的了解还不够深入，并且那些完全不同种类的事实如果放在了这里，毫无疑问是容易被我们混淆的。不久以后我们就能够看到，单纯的遗传经常会显现出相关作用的假象。最显著的真实案例之一，就是那些幼龄动物或者是幼虫在构造方面所出现的变异，自然地倾向于去影响成年动物的构造。那些同源的、在胚胎初期就具有相等构造的尤其是那些必然处于相似外界条件下的身体的一些位置很明显地有依据相同的方式展开变异的倾向。我们能够发现动物们身体的右侧以及左侧，依照相同的方式在进行着变异；而前脚与后脚，甚至还有颚以及四肢，也都同时在进行着变异，有一些解剖学者们认为，下颚与四肢之间都是同源的。我没有怀疑，这些倾向会在一定的程度上完全受着自然选择的影响。比如仅仅是一侧长着角的一群雄鹿，以前也曾在这个世界上存在过，假如这一点对于这个品种曾经有过什么大一些的用处的话，那么自然选择估计就会让它成为永久的了。

有的著作家之前说过，同源的一些构造有结合的倾向。在畸形的植物当中我们经常可以看到这样的情形：花瓣结合成管状，这是最常见的正常构造当中同源部分结合

北美圣克鲁斯的玄武岩地貌

的例子。生物体中那些坚硬的构造好像可以影响到相连接的柔软部分的形状。有的作者认为鸟类骨盘形状的分歧可以让它们的肾的形状出现明显的分歧。还有一些人则认为，对于人类来说，母亲的骨盘形状因为压力的原因，可能会影响到胎儿头部的形状。而对于蛇类来说的话，依据施来格尔提出的意见，生物自身身体的形状以及吞食的方式可以决定几种最重要的内脏的具体位置还有形状。

这种相关变异的性质，我们常常弄不清楚。小圣・提雷尔先生以前强调过，有的畸形往往可以共存，但是也有一些畸形是很少有共存现象的。我们实在找不到什么理由去说明这一点。对于猫来说，毛色纯白和蓝眼睛同耳聋有着一定的关系，而龟壳色的猫则和它自己是雌性有一定的关系。对于鸽子来说，脚上长着羽毛，同外趾间蹼皮有一定的关系，刚孵出的幼鸽身上绒毛的多少同将来羽毛的颜色有一定的关系。此外，土耳其裸犬的毛和牙之间有一定的关系。尽管同源毫无疑问地在这里发挥着作用，可是还有比这些关系更加怪异的吗？对于前面讲到的相关作用的最后一个例子，哺乳动物当中，表皮最奇异的两个目，也就是鲸目还有贫齿目（犰狳还有穿山甲等），一样是全部都拥有着最为奇怪的牙齿，我认为这基本上不可能是偶然的，不过，这个规律也有很多不符合规律的现象，就像米伐特先生曾经说过的，因此它的价值比较小一些。

按照我所知道的，想要说明与使用无关的，也与自然选择无关的相关以及变异法则的重要性，在没有什么事例能够比某些菊科以及伞形科植物的内花还有外花之间的差异更具有说服力了。如今大家都明白，比如雏菊的中央小花与射出花之间就存在着一定的差别，那些差别常常伴随着生殖器官而部分退化或全部退化。但是，有些这类植物的种子在形状以及刻纹方面也存在着差异。有时人们会将这些差异归因于总苞对于边花的压力，或者归因于它们互相之间的压力，我们能够发现有些菊科的边花的种子形状和这个观点非常吻合。不过在伞形科，就像胡克博士告诉我的那样，它们的内花与外花常常是差异最大的，并不是花序最密的那些物种。我们能够做一个设想，边花花瓣的发育是依靠从生殖器官吸收营养，于是就会造成生殖器官的发育不全。不过这并不一定就是唯一的原因，因为在一些菊科植物当中，花冠之间并没有什么不同之处，但是内外花的种子存在着差异。这些种子之间的差异有可能和养料不同地流向中心花以及外围花有一定的关系。最起码我们清楚，对于不整齐花来说，那些最接近花轴的花，最容易变成整齐花了，也就是说会变为异常的相称花。有关此类型的事实，我还要补充一个事例，也能够作为相关作用的一

美丽的花朵吸引昆虫前来为它授粉

个明显的例子，那就是在很多天竺葵属的植物当中，花序的中央花的上方两瓣经常会失去浓色的斑点。假如出现这样的情形，其附着的蜜腺就会出现严重地退化，于是中心花就成为正花了，也就是我们所说的整齐花。假如上方的两瓣中只有一瓣失去了颜色，那么蜜腺就不会出现完全退化，只会出现大大缩短的情况。

对于花冠的发育来说，斯普伦格尔先生提出的观点是比较可信的。在他的概念当中，边花是专门用来吸引昆虫造访的，昆虫的媒介对于这些植物的受精来说，是极为有利或者说是十分必需的，这种说法非常合理。那么，既然如此，自然选择估计就已经发生作用了。可是，对于种子，它们的形状差异并不是经常与花冠出现的那些差异有关，这么说来似乎又不会出现什么益处。在伞形科的植物当中，这种类型的差异具有如此显著的重要性，外围花种子的胚珠有些情况下是直生的，而中心花的种子胚珠是倒生的，所以说老德康多尔主要用这些性状对这些类型的植物进行分类。于是，分类学者们都觉得有高度价值的构造变异，或许全都是因为变异还有相关法则而引起的，按照我们自己判断出来的，这对于物种并没有什么明显或者有用的地方。

物种的全部群所共有的而且的确是单纯由于遗传而获得的构造，曾被误认为是相关变异的作用所造成的。这是因为他们古代的祖先经过自然选择，基本上已经获得了一种或者几种构造方面的变异，并且在经过数千代之后，又得到另一种与前面所说的变异没有关系的变异。假如这两种变异遗传给了习性分歧的全体后代，那么当然能够让我们想到它们在某种方式上应该是相关的。另外，还有一些别的相关情况，很明显是因为自然选择的单独作用造成的。比如，德康多尔曾经提出，有翅的种子从来不会在不裂开的果实中看见。对于这样的规律，我能够作这样的解释：除非果实自己裂开，不然种子就不可能通过自然选择而慢慢变为有翅的。因为只有在果实开裂的情形中，那些适合被风吹扬的种子，才可以战胜那些不太适合广泛散布的种子，在生存上取得一定的优势。

成长的补偿和节约

老圣·提雷尔还有歌德几乎是在同一时间提出了生长的补偿法则，也就是平衡法则。根据歌德所讲的："为了要在一些方面进行消费，那么自然就不得不在另一些方面进行节约。"我认为，这样的说法在一些范围之中对于我们的家养动物来说也是比较适合的。假如养料过多地集中于一部分或者是一个器官，那么另一部分所能够得到的养料就不会很多了。因此如果想要得到一只产乳多的，并且还容易肥胖的牛其实是十分不容易的。同一个甘蓝变种，不可能在产生茂盛的叶的同时，还能够结出大量的含油种子。如果我们的水果的种子出现了萎缩的现象，那么你会发现它们的果实本

蝙蝠视力萎缩但听觉系统发达

身竟然在大小以及品质方面出现了大大的改进。一般头上有一大丛冠毛的家鸡，都只长着缩小的肉冠，如果是须多的，那么就会相应有着缩小的肉垂。对于生活在自然环境中的物种，想要普遍应用这个法则是比较难的。不过有很多优秀的观察者，尤其是植物学者，都肯定了它的真实性。不过，我不准备在这里列举什么样的例子，因为我也认为很难找出什么合适的方法去辨别下面的效果，那就是一方面物种的一部分构造经过自然选择之后变得越来越发达了，但是另一个连接部分则因为相同的作用或不使用而退化了，另一方面生物一部分的养料被夺走，事实上是因为另一个连接它的部分出现了过分的生长。

我还做过一些推断，一些已提出过的补偿事例还有一些别的事实，能够总结于一个更为普遍的原则中，那就是自然选择常常不断地去试图使生物体制的每一部分都得到节约。在发生变化的生活条件中，假如一种构造之前是有用的，到后来慢慢地没有太大的用处了，这些构造方面的缩小对于物种来说是有一定益处的，因为这能够让个体不将养料浪费在对物种没有任何作用的构造当中。我对蔓足类进行考察时很是被打动，从那里我理解到一个事实，并且相似的事例其实蛮多的。那就是一种蔓足类如果寄生在另一种蔓足类的体中的话，那么它在得到保护的同时，自身的外壳也就是背甲，就会慢慢地变化，最后基本上就完全消失了。雄性四甲石砌属就是这样的情形，寄生石砌属的个体更是如此。所有其他蔓足类的背甲都是非常发达的，它们由十分发达的头部前端的高度重要的三个体节所组成，而且还具有巨大的神经以及肌肉。然而寄生的还有那些受保护的寄生石砌，它们的整个头的前部在很大程度上退化了，甚至缩小到只是留下一点点十分小的残迹，依附于具有捕捉功能的触角基部。假如大并且复杂的构造成为多余时，将它省去，对于这个物种的每代个体来说，都绝对是有决定性的利益的，由于每种动物都生活于生存斗争之中，所以它们可以趁着减少养料浪费的变异去获得维持自己生存的更好的机会。

所以我认为，不管是身体中的哪一部分，一旦经过了习性的变化成为多余的时候，自然选择就会慢慢地让它缩小，但是不用担心会在相应程度上让别的某一部分突然超常发育。甚至，自然选择反而可以完全成功地让一个器官发达增大，但是并不需要某一连接部分出现缩小的状况来作为必要的补偿。

多重、退化、低级的构造均易变异

就像小圣·提雷尔提到的那样，不管是在物种还是在变种中，只要是同一个体的任何部分或者是任何器官，只要重复了多次（像蛇的脊椎骨，多雄蕊花中的雄蕊等），那么它的数量就很容易出现变异。反之，如果相同的部分或者是器官，假如数量较少的话，那么就能够保持稳定，这好像已成为一个不变的规律了。这位著者还有一些植物学家还进一步提出，只要是重复的器官，在构造方面就十分容易出现变异。用欧文教授的话来讲，这叫作“生长的重复”，这是低等生物体制的特征。因此我们之前所说的，在自然系统里，低级的生物比高级的生物更容易出现变异，是与博物学家们的共同意见一样的。我这里所说的低等的意思，是指体制的一些部分极少专业化，去担任一些特殊的功用。如果同一器官同时担任了几种工作的话，大体上我们可以明白它们为什么容易变异。这是由于自然选择对于这种器官方面的差异，不管是保存还是排斥，都比较宽松，并不会像对于只负责一种功能的那些部分一样严格。这正像一把切割各种东西的刀子，基本上不管是什么形状都能用。但是反过来说，如果只是为某一特殊目的而特有的工具，那么就必须具有某一特殊的形状。任何时候都不要忘记，自然选择只可以通过而且只有为了各生物的自身利益才会发挥其作用。

就像通常我们所承认的，那些退化了的器官，是最为容易出现变异的。我们在后面的章节中还会提到这个问题的。在这里我就补充一点，那就是，生物们的变异性看起来好像是因为它们毫无用处所引起的结果，所以说也是因为自然选择没有办法抑制它们构造上的偏差而造成的结果。

构造发育异常极易变异

不管是哪种物种，它们的那些超乎寻常发达的部分，相较于近似物种里的同一部分来说，都有着容易出现高度变异的倾向。很多年以前，我曾被沃特豪斯的，关于上面标题的论点深深地打动过。欧文教授也似乎得出了相似的论断。想要让人相信上面主张的真实性，如果不将我搜集到的那一系列的事实列出来的话，估计是办不到的。可是，我又不可能在这里将它们一一列举介绍给大家。我只能说，我所坚信并讲与大家的，是一个非常常见、普通的规律。我考虑到也许会出现错误的几种原因，不过我希望我已对它们进行了推敲和修改了。我们不得不了解，这个规律是不可以应用于身体中的任何部分的，就算这是特别发达的部分也不可以。除非将它与很多密切近似物种的同一部分进行比较时，能够表现出它在一个物种或少数物种中是区别于别的物种，意外并且独特的发达时，才可以应用这个规律。比如，蝙蝠的翅膀，在哺乳动物纲中就能算得上是一种十分异常的构造，不过在这里却不可以应用这个规律，这么说是由于所有的蝙蝠都有翅膀。如果某一物种与同属的其他物种相比较，自己身上有着明显发达的翅膀的话，那么只有在这样的情况中才可以用这个规律进行解释。另外，次级性征不管是以何种异常的方式出现在我们面前，都可以尽情地去应用这个规律。亨特所用的次级性征（也称作副性征）这一名词，是指不管是雌性还是雄性的性状，都与生殖作用没有直接的关系。这个规律能够应用于雄性与雌性，不过，应用于雌性的时候其实是比较少一些的，这是因为雌性极少会出现明显的次级性征。这个规律能够非常显著地应用于次级性征，估计是因为这些性状不管是不是以异常的方式出现在生活中，都是具有极大的变异性的。我觉得，这样的事实很少会有人去怀疑。不过，这个规律并不仅仅是局限于次级性征中，在雌雄同体的蔓足类中也明显地出现了这样的情形。我在研究这一目的时候，尤其关注了一下沃德豪斯曾经说过的论点，所以我非常相信，这个规律基本上在通常情况下都是适用的。我会在将来的著作当中，将所有较为明显的事例均列成一个表。这里我只列举一个事实借以说明一下这个规律最大的应用性。无柄蔓足类的盖瓣，不管是从哪个方面来说，都是极为重要的构造，甚至就算是在不同的属当中它们的差别也是十分微小的。不过有一属叫作四甲藤壶属，在这个属的若干物种当中，有些瓣呈现出了很大的分歧。这样的同源的瓣的形状，在一些情况下在异种之间会出现完全不同的情况。并且在同种个体之中它们的变异量也是十分大的，因此如果我们说这些重要器官在同种各变种间所表现出来的特性差别比异属间所表现出来的差异还要大，这一点都不能说是夸张的。

而对于鸟类来说，栖息在同一地区的同种个体，变异是很小的，我以前还专门关注过它们。我们前面讲到的这个规律看起来好像真的十分适用于鸟类这一纲。不过我还没有证实这一规律能够应用于植物类。如果不是植物的巨大变异性能够让它们变异性的相对程度难于比较的话，我对这个规律是否属实是否可靠的信赖感，估计就会出现严重动摇了。

当我们看到一个物种的任何部分或者是器官出现了明显的发育特征时，第一反应就是认为这种变异性的发育是对于这个物种有着非常重要的作用的。但是，就是在这样的情况之中，它是明显并且容易变异的。为什么会这个样子呢？按照各

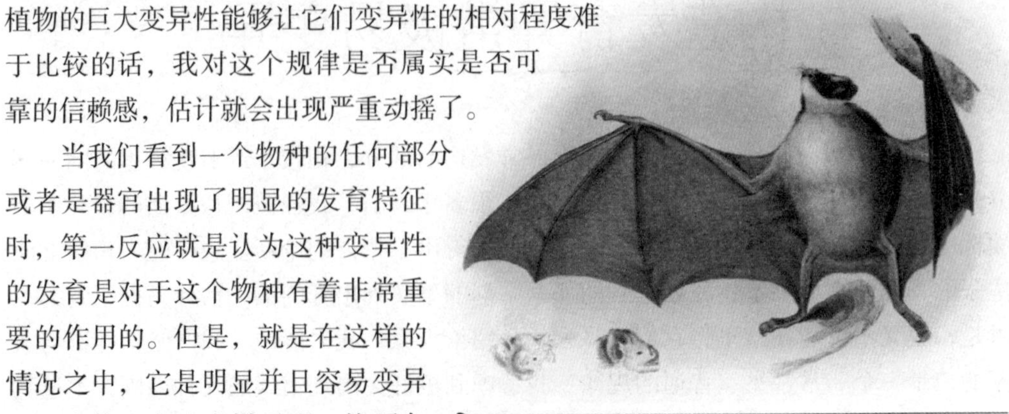

南美吸血蝙蝠

个物种是被独立创造出来的这一观点，也就是它的所有部分都如我们现在所看到的一样，那么我就真的找不出什么解释了。不过按照各个物种群都是从其他某些物种传下来而且经过了自然选择才发生了变异的这种观点来看的话，我觉得我们就可以得到一些证明了。先来让我说明几点。假如我们对于家养动物的任何部分或整体不加以注意的话，而不进行任何选择，那么这一部分（比如多径鸡的肉冠），也有可能是整个品种，就不会再有统一的性状。应该说这个品种就会退化了。在遗留的器官方面，在对特殊目的专业化很少的器官方面，还有差不多在多形的类群方面，我们能够看到差不多相同的情况。追根溯源可知道，在这些状况之下，自然选择未曾或者无法充分发挥出它的作用，所以体制就会处于彷徨的状态之下。不过这个地方尤其与我们有关系的是，在我们的家养动物里，那些因为连续的选择作用而如今正在迅速进行变化的构造也是有着明显变异的。让我们来看看鸽子的同一品种的一些个体吧，同时也注意一下翻飞鸽的嘴还有传书鸽的嘴以及肉垂还有扇尾鸽的姿态和尾羽等，看看它们之间存在着多么重大的差异量。这些就是当前英国养鸽者们主要关注的一些点。甚至，在同一个亚品种当中，如短面翻飞鸽这个亚品种，想要得到近乎完全标准的鸽子，这是非常困难的，大部分都同标准距离非常远。所以我们能够确定地说，有一种时常会出现的斗争在下面的这两方面之间进行着，其中一个方面是，回到较不完整的状态去的倾向，还有发生新变异的一种内在的倾向，另一个方面则是保持纯真品种的不断选择的力量。到最后获得胜利的依然是选择，所以说我们不用担心会遭到什么样的失败，然后就去优良的短面鸽品种中培育出和普通翻飞鸽一样粗劣的鸽子品种。在选择作用正在迅速发挥作用的情形下，正在发生着变异的部分拥有着十分庞大的变异性，这往往是能够预料到的。

来自新西兰的鸟儿。对于鸟类来说，栖息在同一地区的同种个体，变异是很小的。

那么，接下来让我们转到自然界中去。不管是哪一个物种的一个部分，假如比同属的其他物种异常发达，那么我们就能够断言，这个部分从那几个物种从该属的共同祖先分离出之后的时间以来，已经发生了十分重大的变化。这个时期一般极少会非常遥远，这是因为一个物种极少会延长到一个地质时代之上。我们所说的异常的变异量，指的是十分巨大的以及长期连续的变异性，这样的变异性是因为自然选择为了物种的利益而被继续累积下去的。不过异常发达的部分或者是器官的变异性，既然已经这么巨大并且还是在不是太久远的时期中长时间地连续进行，因此依据一般的规律，我们基本上还能够预料到，这些器官比在更为漫长的时期里几乎保持稳定的体制的其他部分具有更为强大的变异性。我认为事实确实就是如此。一个方面是自然选择，另一个方面是返祖以及变异的倾向，两者之间的生存竞争在度过一段时间后会暂时地停止下来。而且一般最是特别发达的器官，就最容易成为稳定的变异。我认为没有理由去怀疑这个现象和观点。所以说一种器官，不论它如何异常，就算是近于同一状态遗传给很多变异了的后代，就像蝙蝠的翅膀，依据我们的理论来看的话，它一定在一个相当长的时间里保持着差不多相同的状态。那么，它就不会比任何别的构造更易于变异。只有在变异是比较新近的并且异常巨大的情况之下，我们才会发现我们所说的发育的变异性仍然是高度存在着的。由于在这样的情形中，因为对那些依照所要求的方式还有程度发生变异的个体进行继续选择，还有因为对返归以前较少变异的状态进行了不断排除，于是变异性就极少被固定下来。

种级特征比属级特征更容易变异

在前面的章节中我们所讨论的原理还能够用于现在的这个问题。我们都知道，物种的性状比起属的性状来，更容易出现变化。我们来用一个简单的例子进行说明：假如在一个大属的植物当中，有的物种会开出蓝花，有的物种会开出红花，我们所看到的颜色，仅仅是物种的一种性状。那些开蓝花的物种会变成开红花的物种，这样的情况谁也不会觉得十分惊奇，反过来说也是这个样子。不过，假如所有的物种开出的都是蓝颜色的花，那么这颜色就会成为属的性状，那么它的变异就是更为异常的事情了。我选用这个例子是因为，大部分的博物学者们提出来的解释都无法在这里应用，他们都觉得物种的性状表现得比属的性状更易变异，完全是由于物种的分类所依据的那些部分，它们的生理重要性比属的分类所依据的那些部分要小很多。我认为这样的解释仅仅是部分并且是间接正确的。在后面的章节之中我们还会讨论到这一点。找出一些证据来支持物种的普通性状比属的性状更容易出现变异的观点，看起来好像已经是多余的了。不过关于重要的性状，我在博物学著作当中一再注意到下面的这些事情，那就是，当一位作者惊讶地说到某一重要的器官或者是部分在物种的大群中通常是非常固定的，可是在亲缘密切的物种中有着很大的差异，它在同种的个体中往往十分容易出现变异的状况。这样的事实指出，通常具有属的价值的性状，一旦降低了自己的价值，成为只有物种的价值时，尽管它的生理重要性依然保持一致，不过它往往是成为易于变异的了。相同的情况估计也能够应用于畸形。最起码小圣·提雷尔坚定不移地认为，一种器官在同群的不同物种当中，越是正常地表现出那些差异，那么在自己的个体中就越会更多地受到变态的支配。

根据每个物种是被独立创造的那些平常的观点来看，在独立出现的同属各物种之间，构造上不一样的部分比密切近似的部分更容易出现变异，这到底是为什么，我估计我们暂时还无法对此做出任何说明。不过，依据物种只是特征明显的以及固定的变

郁金香有各种颜色的花，花的颜色仅仅是物种的一种性状。

种的论点来说的话，我们就能够预期经常看到，在比较最近一段时间里发生了变异，并且因此而彼此之间出现了差异的那些构造部分，还会继续发生变异。或者说，能够用另一种方式去说明，只要是一个属的所有物种的构造之间只要相似的并且和近缘属的构造相异的各点，就能够称为属的性状。这些性状能够归因于共同祖先的遗传。由于自然选择很少可以让很多个不同的物种依照完全一致的方式发生着变异，而那些不同的物种基本上已可以适应多种广泛不同的习性。我们所说的属的性状，是在物种最初由共同祖先分出来之前就已经遗传下来，在之后它们并没有出现什么变异，也有可能只是出现了一点点差异，所以说到了今天它们基本上就不会再出现变异了。从另一方面来看的话，同属的某一物种和另一物种的不同各点，就能够称为物种的性状。由于这些物种的性状是在物种从一个共同祖先那里分离出来之后出现了变异，出现了差异，因此它们基本上应该还在一些程度上时常出现变异，最起码比那些长时间保持稳定的体制的部分更容易出现变异。

副性征（也就是第二性征）容易出现变异，我觉得这里根本不用进行详细的讨论，博物学者们也都会认可，第二性征是高度变异的。他们也会一致认同，同群的物种们之间，在第二性征方面的差别，比在体制的其他部分方面的差异更为广泛。比如，如果对在第二性征方面存在着强烈表现的雄性鹑鸡类之间的差异量与雌性鹑鸡类之间的差异量进行一个比较，就能够立刻明白了。这些性状的最本源的变异性的原因还不够显著。不过我们能够知道，为什么它们没有如别的性状一般地表现出固定性还有一致性。这是由于它们是受性选择的影响而积累起来的，而性选择的作用又没有自然选择作用那么严格，它不会引起大量的死亡现象，仅仅是可以让那些不够优秀的雄性减少后代的流传罢了。不论说第二性征的变异性的缘由是什么，由于它们是高度变异的，因此性选择就有了更为宽广的作用范围，因此也就可以成功地让同

沙丘甲虫是少数的几种白色甲虫之一

群的物种在第二性征方面比在其他性状方面拥有着更大的差异量。

同种的两性之间在副性征方面的差异，通常情况下都表现为同属各物种之间的差异所在的完全相同的那一部分，这是一个值得我们研究的事实。对于这种类型的现象，我能够讲出列在我的表中，位于最前面的两个事实来进行一个相关的说明。由于在这些事例里面，差异拥有着十分特殊的性质，因此说它们之间的关系绝对不能算作是偶然的。甲虫足部跗节的相同的数目，是绝大多数甲虫类所共有的一种性状；不过，在木吸虫科当中，就像韦斯特伍德所讲的那样，跗节的数目变异非常。而且在同种的两性之间，这类数目也存在着一定的差异。此外，在掘地性膜翅类当中，翅脉是大多数生物所共有的性状，因此才会是一种极为重要的性状。不过，在一些属当中，翅脉由于物种的不同而出现了各种各样的差异，而且在同种的两性间也是这样的情况。卢伯克爵士最近曾提出，干小型甲壳类动物能够很好地为我们说明这个法则。“比如，在角镖水蚤属当中，第二性征主要通过前触角以及第五对足来表现出来的，并且物种之间的差别也主要表现于这些器官方面。”这样的关系明显对于我的观点有一定的意义。我觉得同属的所有物种一定是由同一个祖先传下来，和所有的物种的两性是由同一个祖先传下来，具有相同的道理。所以说，不论是共同祖先还是它的早期后代的任何一部分成为变异的，那么这一部分的变异就完全有可能会被自然选择或性选择所利用，于是很多的物种在自然组成中就能够适应自己的位置，并且同时能够让同一物种的两性之间彼此融洽，或者是让雄性个体在和其他的雄性进行竞争时能够完胜而顺利获得雌性。

那么到最后我要进行一个总结，物种的性状也就是区别物种与物种之间的性状，比属的性状，也就是所有物种所具备的性状，具有更大的变异性。不管是哪种物种的任何一个部分，和同属的其他物种的相同部分进行比较，如果出现了异常发达的表现，那么这个部分往往就具有高度的变异性。一个部位不管如何异常发达，假如这是全部物种所共有的，那么它的变异性的程度就是轻度的。副性征的变异性是大的，而且在关系密切的亲缘物种中，它们的差异是很大的。副性征的差异与一般的物种差异，通常情况下都会表现在体制的相同部分，所有的这些原理都是密切地联系在一起的。这主要是因为，同一群的生物都来自一个相同的祖先的后代，这个相同祖先遗传给这些生物很多相同的东西，因为晚近出现大量变异的部位，比遗传已久但是从没有变异的部分，可能会接着变异下去，以为随着时间的推移，自然选择可以或多或少地完全克服返祖倾向以及进一步变异的倾向，因为性选择没有自然选择那么严格，更是因为同一部位的变异，在之前曾被自然选择还有性选择所积累，所以就使得它能够很快地适应第二性征的目的还有一般的目的。

不一样的物种展现出很相近的变异，因此一个物种的一个变种往往表现一个近似物种所固有的一种性状，或者重复出现一个早期祖代的一些性状。留意一下我们的家养族，就可以非常容易地理解这些主张了。生活所在的地区相聚非常遥远的一些很不相同的鸽的品种，展现头长逆毛还有脚长羽毛的亚变种，这些症状本来在岩鸽身上是不曾具有的。因此，这些就是两个或者是两个以上不同的族的相似变异。突胸鸽一般有的 14 支或者是 16 支尾羽，能够被看作是一种变异，它代表了另一族，也就是扇尾鸽的正常构造。我觉得一般都不会有人产生疑问，所有这些类似的变异都是因为这几个鸽族均在十分相似的未知状况的干涉中，从一个共同亲代遗传了相同的体制以及变异的倾向。在植物的世界中，我们也能找到一个相似变异的例子，见于瑞典芜菁还有芜菁甘蓝的硕大的茎（一般被叫作根部）。有很多的植物学家将这些植物当作是由一个相同的祖先繁衍而来的两个变种。假如并非这样，那么这个例子就会成为在两个不同物种展现出相似变异的例子了。除了这两者之外，还能够加进来第三者，那就是普通的芜菁。依据每个物种均是被独立创造的这一普遍的观点，我们必定是不可以将这三种植物硕大的茎的相似性均归因于相同来源的真实情况，也不可以归因于依照相同方式进行变异的倾向，那么就一定会归因于三种分离的但是又密切关联的创造作用。诺丹曾在葫芦这一大科中，别的著作者们曾在我们的谷类作物中，分别观察到相似变异的相同事例。在自然环境中，昆虫也会出现相同的情况，前几日沃尔什先生曾经很有才能地提出了自己的观点，他已经将这些情况归纳到自己的“均等变异性”法则当中了。

各种海龟

不过，对于鸽子，这里还有一种情形，那就是在所有的品种中偶尔会出现石板蓝色的鸽子，在它们的翅膀上会有两条黑带，腰部呈白色，尾部有一条黑带，外羽接近基部的外缘则是白色的羽毛。而我们都知道这所有的颜色特征都属于鸽子最原始的祖先岩鸽的特性。我将这种情形假设为一种返祖情况，这并不是在很多个品种中出现的新的相似变异，这样的说法想必是不会有人产生疑问的。我认为，我们可以确定性地作出这样的结论，因为就像我们已经看到的那样，这些颜色的标志十分容易在两个不同的、颜色各异的品种的杂交后代中出现。如果说这样的情形之下突然出现的石板蓝色还有几种色斑的重现，并不是因为外界生活环境的作用，仅仅是按照遗传法则的杂交作用所产生的影响。

有的性状虽然早已失去，但是在很多世代甚至是数百世代之后竟然还可以重现，这真的是一件让人感到惊奇的事实。不过，当一个品种与别的品种进行杂交，虽然就只有一次，但是它的后代在很多世代中依然会有一种倾向，很偶然地会出现复现外来品种的性状。有的人说基本上是 12 代甚至还会多至 20 代。从一个祖先身上遗传来的血，在经过 12 个世代之后，其比例成为 2048 比 1。但是，就像我们所知道的一样，通常认为返祖的倾向是被此种外来血液的剩余成分所保留下来的。在一个不曾杂交过的，可是它的双亲已经没有了祖代的一些性状的一个品种当中，重现这种早已消失了的性状的倾向，不管是强还是弱，就像前面已经讲到过的，差不多能够传递给无数世代，就算我们能够看到完全相反的一面，但依然是这个样子的。一个生物已经亡失的那些性状，在经过很多个世代之后又一次重复出现。最接近情理的假设就是，并不是这个个体突然又得到了很久之前的一个祖先消失了的那些性状，而是这种性状在后来的每一代当中都一直存在着，然后在我们所不知道的一些有利的条件当中突然就发展起来了。比如，在极少产生一只蓝色鸽的排李鸽当中，基本上每个世代的成员都具备产生蓝色羽毛的潜在倾向。经过很多个世代传递而来的这样的倾向，比十分无用的器官，也就是那些残迹器官同样传递下来的倾向，在理论的不可能性上不可能变得更为强大。出现残迹器官的倾向有些情况下的确是这样遗传下来的。

既然假定同属的所有物种是由一个共同的祖先传下来的，那么就能够推测出来，它们偶尔会依据相似的方式发生变异。因此两个或两个以上的物种的一些变种有可能就会出现彼此相似的状况，或者是某一物种的一个变种，在一些性状方面会同另一不同的物种相像。而这所谓的另一个物种，依据我们的观点来看，只不过是一个特征比较明显并且固定的变种而已。不过如果只是简单地因为相似变异而出现的性状，那么它的性质应该是不太重要的，这是由于所有的机能方面的重要性状的存留，必须按照这个物种的不相同的习性，经过自然选择来决定的。我们能够进一步想象到，同属的物种有时候会重现已经失去了很久的一些性状。但是，正因为我们不了解任何一个自然类群的相同的祖先，因此也就无法将重现的性状和相似的性状清楚地区别开来。比如，假如我们不清楚亲种岩鸽没有毛脚或倒冠毛，那么我们就无法说明白在家养品种中出现这样的性状，到底是返祖现象还是仅仅为相似的变异情况。不过我们从很多的色斑中能够推论出，蓝色是一个很好的返祖的事例，因为色斑与蓝色是具有关联性的，并且这很多的色斑应该是不会由一次简单的变异中一次性就出现在我们的眼前。尤其是当颜色不同的品种互相杂交时，蓝色与很多种色斑就这样时不时地出现。因此我们更是能够推论出前面所讲到的观点。所以说在自然环境中，我们通常都无法决定哪种情形是之前存在的性状的重现，而哪种情形又是新的或者是相似的变异。不过，按照我们的理论，有些时候我们会发现，一个物种的变异着的后代，身上具备着同群的其他个体已经拥有了的十分相近的性状。这点是不用怀疑的。

肯尼亚安博赛利国家公园里的斑马

辨别变异的物种的难点，主要在于变种貌似在模仿同属中的别的物种。此外，位于两个类型之间的类型可谓是数不胜数，但是这两端的类型本身是不是能够列为物种也依然存在着很多的问题。除非我们将所有这些十分近似的类型都看作分别创造出来的物种，否则的话，前面所说的一点就证明了，它们在变异的过程中已经获得别的类型的一些性状。不过相似变异最有力的证据还在于性状通常不变的一些位置或者是器官，但是这些器官或者是部分，偶尔也会出现一些变异，于是在一些程度上会和一个近似物种的相同部分或者是器官十分相像。我搜集了很多这种类型的事例。不过在这里，还是与之前一样，我很难将它们一一列举出来。我只能一次又一次和大家说，这样的情况是真实存在着的，并且在我看来，是非常值得研究者关注的。

接下来我要列出一个十分怪异并且非常复杂的例子，这个例子中的生物，对于不管是什么样的重要性状，都完全不会受到影响。不过它发生在同属的很多个物种当中，有一部分是在家养状况中的，还有一部分是在自然环境里的。这个例子甚至能够肯定属于返祖现象。驴的腿部偶尔会有非常显眼的横条纹，与斑马腿上的非常相像。有的研究者曾说幼驴腿上的条纹是最为明显的，按我调查所知，我认为这个事实确实是真实的。这种动物肩上的条纹有些时候是双重的，在长度以及轮廓方面非常容易出现变异。有一头驴呈现出白色，这并不是皮肤变白症，这种白色的驴儿脊背还有肩上都没有看到条纹，而这样的条纹在深色的驴子当中，也是不太明显甚至是已经完全消失了。有人说，由帕拉斯命名的野驴，它们的肩上有双重的条纹。布莱斯先生以前曾遇到过一头野驴的标本，身上有着显著的肩条纹，尽管它本应该是没有的。普尔上校曾经对我讲起过，这种物种的幼驹通常情况下会在腿上出现明显的条纹，但是在肩上的条纹一般都是十分模糊的。虽然斑驴在身体上有斑马状的显著条纹，可是在腿上却没有，格雷博士曾经绘制的一个标本，却在动物的后脚踝关节处出现了非常清楚的斑马状条纹。

对于马，我在英国搜集了大量的不同品种的以及具有各种颜色的马在脊上生有条纹的例子。暗褐色与鼠褐色的马在腿上长有横条纹的属于比较常见的一种，而在栗色马中也有过一个相同的例子，而有些暗褐色的马有的会在肩上出现一些不太明显的条纹，并且我曾在一匹赤褐色马的肩上也看到过条纹的痕迹。我的儿子帮我仔细地查看并且描绘了双肩生有条纹的还有腿部生有条纹的一匹暗褐色比利时的驾车马。我亲眼见到过一匹暗褐色的德文郡矮种马的肩部生有三条平行条纹，还有人和我详细地描述过一匹小型的韦尔什矮种马，它的肩上也生着三条平行的条纹。

在印度的西北地区，凯替华品种的马一般都生有条纹，我听普尔上校说过，他之前为印度政府查验过这个品种，那些没有条纹的马被看成是非纯粹的品种。那些马的脊部都生着条纹，腿上也一般也生着条纹，而肩上的条纹更是非常普遍，有的马是双重的，也有的马是三重的，另外有些马脸的侧面有些时候也生着条纹。那些幼驹的条纹往往是最为明显的，而老马的条纹有些时候竟然会全部消失不见。普尔上校见过初生的灰色还有赤褐色的凯替华马都有着明显的条纹。按照爱德华先生给我的材料中所讲的，我有理由去推测，那些幼小的英国赛跑马生于脊上的条纹，比成年马上的条纹要普遍得多。近来我自己也饲养了一匹小马，它是由赤褐色雌马（是东土耳其雄马与佛兰德雌马交配而来的）与赤褐色的英国赛跑马交配后繁衍而来的。这匹幼驹刚出生一个星期的时候，在它的臀部还有前额都生有很多极狭的、暗色的、斑马状的条纹，还有腿部也生有非常轻微的条纹，可是所有的这些条纹没过多久就全部消失无踪了。这里我就不再进行详细的描述了。我能够说，我寻找了很多的事例去证明不同地区的非常不同品种的马在腿部还有肩部都生有条纹。从英国到中国东部，同时从北方的挪威到南方的马来群岛，全部都是一个样子。在世界各个地方，这样的条纹最常见于暗褐色以及鼠褐色的马身上。暗褐色这样的说法，包括了很大范围内的颜色，从介于褐色与黑色中间的颜色开始，一直到接近淡黄色为止。

在曾根据这个问题写过论文的史密斯上校看来，马的很多个品种是从很多种原种繁衍而来的。其中有一个原种是暗褐色的并且生着条纹，同时他相信前面所讲的外貌都是因为在很久以前同暗褐色的原种杂交而造成的。不过我们能够稳妥地驳斥这样的意见。因为那些强壮的比利时驾车马、威尔士矮种马、挪威的短腿马还有细长的凯替华马等，都生存于世界上相隔非常遥远的地方，如果说它们都不得不曾经与一个假定的原种杂交过，那么这绝对是不可能发生的。

一群马掠过广阔平原，给人以有力、优雅、狂野和自由的印象。

接下来让我们来研究一下马属中几个物种的杂交效果。罗林曾断言，驴与马杂交后产生的普通骡子，在腿部尤其容易出现条纹。根据戈斯先生提出的意见，美国有些地方的骡子，百分之九十腿上都生有条纹。有一次我见过一匹骡子，腿上的条纹多的让人不由得去想象它是不是斑马的杂种。马丁先生一篇有关马的优秀论文中有一幅骡子绘图，和这种情况十分相像。我曾看到过四张驴与斑马的杂种的彩色图，在它们的腿上生长着的非常显著的条纹，远比身体的别的部位多很多。而且其中有一匹在肩上还生着双重的条纹。莫顿爵士曾经拥有过一个著名的杂种，是从栗色雌马与雄斑驴杂交而来的，这样的杂种还有后来这匹栗色雌马同黑色阿拉伯马所产生的那些纯种的后代，在腿上都生有这样的比纯种斑驴还要更加明显的横条纹。此外，还有一个非常值得注意的例子，格雷博士曾绘制过驴子与野驴的一个杂种（而且他还告诉过我，他还清楚有第二个事例），虽然驴只是很偶尔地才会在腿上生有条纹，而野驴的腿上并没有条纹，甚至它们的肩上也没有任何的条纹，但是由它们而来的杂种的四条腿上，依然生有条纹，而且就像暗褐色的德文郡马同韦尔什马的杂种一样，在肩上竟然还生着三条短条纹，更为奇怪的是在它们脸的两侧竟然还生有一些斑马状的条纹。对于最后的这个事实，我十分坚定地认为绝不会有一条带色的条纹像我们简单所说的那样是偶然出现的，所以，驴与野驴的杂种在脸部生有条纹的事情，就引导着我去问普尔上校：是不是条纹显著的凯替华品种的马在脸上也曾出现过类似的条纹，就和前面所讲的一样，他的答案是十分肯定的。

面对这样的事实，我们该进行一个什么样的说明呢？我们看到马属中几个不同的品种，因为简单的变异，在腿上长出了就像斑马似的条纹，或者像驴一样在肩上生出了条纹。而说到马，我们能够注意到，当暗褐色（这样的颜色接近于该属别的物种的一般颜色）出现时，这样的倾向就表现得更为强烈。条纹的出现，并没有伴随着生形态上的其他变化，也没有出现其他任何的新性状。我们会发觉，这样的条纹出现的倾向，还有不相同的物种之间所产生的杂种关系，是最强烈的。我们再看看那些鸽品种的情况，它们是由拥有一些条纹还有别的标志的一种浅蓝色的鸽子（包括两个或三个亚种或者是地方种）繁衍而来的。假如不管是哪种品种，因为简单的变异而出现了浅蓝色时，那么这些条纹还有别的标志也一定会重新出现。不过它们的形态或者是性状是不会有别的变化的。当最古老的与最纯粹的各种不同颜色的品种进行杂交之后，我们就能够看到这些杂种出现了重现蓝色与条纹还有别的标志的强烈倾向。我之前曾提到过，想要解释清楚这种古老性状重现的合理假设，是在每一连续世代的幼鸽当中都有重现早已失去的性状的倾向。而这种倾向，因为不知道的原因，有时会占有一定的优势。我们在前面说，在马属的很多个物种当中，幼马的条纹总是比老马更为显眼或者说是表现得更为普遍。如果将这些鸽的品种，其中有的是在很多个世纪中纯正地繁殖而来的，称作物种，那么这样的情形和马属的很多个物种的情况会是多么完全一致。而我呢？我能够大胆地追溯回千万代之前，在那个时代，有一种动物具有斑马状的条纹，或许它们的构造非常不相同，这就是家养马（不管它们是不是从一个或更多个野生原种传下来的）、驴、亚洲野驴还有斑驴以及斑马的共同祖先。

我推断那些坚信马属的各个物种均是独立创造出来的研究者会极力认定，每一个物种被创造出来后就具有一种倾向，在自然环境中还有在家养状况里，都会依照这种特别的方式去发生变异，这能够让它们往往像该属中的别的物种一样，变得具有条纹。而且每一个物种被创造出来的时候，就具有一种强烈的倾向，当它们与栖息在世界上的那些相隔非常远的地区的物种进行杂交时，最后生出来的杂种后代，在条纹方面与它们自己的双亲并不十分相像，却会像该属的别的物种。在我的观念里，如果接受这样的观点，那么就是在排斥那些真实的原因，却用不真实的或者应该说是不可知的原因去取代。这样的观点致使上帝的工作反倒变为仅仅是模仿还有欺骗了。假如说认可了这样的观点，我差不多就要同老朽而无知的天地创成论者们一起去相信贝类化石从来就不曾存在过，只不过是在石头中被创造出来，以模仿生活在海边的贝类的这一事实了。

在出生后的第一个星期里，小马驹会一直紧挨着它的母亲。当它们逐渐变得自信后，就会离开母亲，探索外面的世界。

摘　要

事实上，对于变异法则，我们依然充满了深深的无知。我们并不能够解释明白这部分或别的部分出现变异的任何原因，目前在一百个例子中连一个都找不到。不过，当我们运用比较的方法时，就能够看出同种的变种之间那些微小的差异，与同属的物种之间存在着的较大的差异，都受相同法则的约束。改变了的外界环境通常只会诱发不稳定的变异，不过有些情况下也能够引起直接的和稳定的效果。这些效果跟着时间的流动能够变为十分显著的存在。对于这一点，我们还没找到有力的证据。习性在生成体制的特性方面，使用在器官功能的强化方面，还有不使用在器官的削弱与缩小方面，在绝大多数的场合里，都表现出非常有力的效果。同源部分有根据相同方式出现变异的倾向，同时还有合生的倾向。坚硬部分与外在部分的变化有时会影响较柔软的以及那些内在的部分。当一部分非常发达时，它就会出现向邻近部分吸取养料的倾向，而且构造的每一部分假如都受到了节约却没有损害，那么它就会被慢慢地节约掉。前期构造的变化能够影响到之后发育起来的部分；很多与变异有关的例子，虽然我们还无法去真正理解它们的性质，但是毫无疑问它们还是会发生的。重复部分在数量方面以及构造方面都容易发生变异，估计是因为这些部分没有为了一些特殊的机能而密切专业化，因此它们的变异没能够受到自然选择的严重影响。估计也是因为相同的原因，那些低等的生物总是比高等的生物更容易发生变异，由此高等生物的整个体制是越来越专业化了。残迹器官，因为没有什么用处，不受自然选择的支配，所以很容易出现变异。物种的性状，也就是很多个物种从一个共同祖先分出来之后所渐渐出现的不同的性状，比起属的性状更容易出现变异，属的性状遗传了很久，并且在这一时期之中没有出现变异。在这些说明之中，我们所指的是如今依然在变异的那些特殊部分或者是器官，由于它们在近代出现了变异而且因此而有了一定的区别。不过，我们在前面的章节中能够看到，同样的原理也能够应用于其他别的个体之中。只是由于，假如在一个地区发现了一个属的许多物种，那么也就是说在那里，曾经有过很多的变异以及分化，也可以说在那里，曾经有新的物种的类型的制造活跃地进行过。那么在那个地区还有在这些物种之中，如今我们能够发现很多的变种。副级性征的变异是非常高级的，这样的性征在同群的物种中，彼此之间的差异往往都会很大。体制中相同部分的变异性，通常曾被利用来产生同一物种中两性间的次级性征的差异，还有同属的很多个物种中的种间差异。不管是哪部分或者是不管是哪个器官，和它们近缘物种的相同部分或者是器官进行比较，假如已经发达到一定的大小或异常的程度，那么这些部分或者是器官就一定是从该属产生以来，已经经历异常大规模的变异，而且由此我们能够理解，为什么它到现在还会比其别的部分拥有更活跃的变异。由于变异是一种长久持续的、渐进的过程，但是自然选择在前面所说的情形里还没有足够的时间去克服进一步变异的倾向，也来不及去克服那些重现较少变异状态的倾向。不过，假如具有不管是哪个异常发达器官的一个物种，成为很多变异了的后代的祖先，我们觉得这绝对是一个非常缓慢的过程，需要经历很长的时间，在此种类型的情况之下，自然选择就能够成功地给予这个器官一些固定的性状，不管它是依据什么异常的方式变异强壮了的。由一个共同的祖先遗传了基本上体制相同的物种，当被置于相似的影响下的时候，自然就会出现表现相似变异的倾向，或者说这些相同的物种很偶然地就会重现它们的原始祖先的一些性状。尽管说新出现的并且重要的变异，并不是因为返祖还有相似的变异而发生的，可是这些变异也能够增加自然界的美丽还有协调的多样性。

不管后代与亲代之间的每一个微小的差异的原因是什么，每一种差异肯定有它自己的原因，我们有理由相信：这样的变化是有利差异循序渐进的，缓慢的积累，它能够慢慢引发每种物种的构造方面所有较为重要的变异，而这些构造是同习性有关系的。

英国植物学家约瑟夫·班克斯曾经和詹姆斯·库克一起进行环球考察，他搜集了1300个新的植物种类，有不少后来成为园林新宠。

第六章

学说的难点

学说中的难点——>过渡变种的缺少——>具有特殊习性与构造生物的起源与过渡——>极完备而复杂的器官——>过渡方式——>自然选择学说的疑难焦点——>自然选择给次要器官造成的影响——>功利说的真实性——>摘要

学说中的难点

想必读者在看到本书这一部分之前，就早已经遇到很多很多的疑问和困难。有的难点是非常严重的，就算是到了现在，我每每回想到它们时，还难免会有些迟疑。不过，按照我可以做出的判断来说，大部分的难点只是表面的，就算是那些真实的难点，个人认为，对于这个学说来说也不会有致命的威胁。

这些难点以及异议能够分为以下几类：

第一，假如如今我们所能够见到的物种是从别的物种慢慢地演变而来的，那么，为什么我们并没有随处都见到那些还在变异过程中的物种的类型呢？为什么物种就如同我们所见到的那样差别很明显，但是整个自然界又不会出现混乱的状况呢？有那样构造以及习性的动物，可以由其他习性还有构造完全不同的动物变化而来吗？我们可以相信自然选择一方面能够产生出一些非常不重要的器官，就好比只可以用来拂蝇的长颈鹿的尾巴，另一方面，又能够产生出如眼睛那样的奇妙器官吗？

第二，本能可以从自然选择中获得吗？自然选择可以改变它吗？引导蜜蜂营造蜂房的本能事实上出现在学识渊博的数学家的发现之前，对这样的情况我们又应该如何进行解说？

第三，对于物种杂交时的不育性还有它们后代的不育性，对于变种杂交时的可育性的不受损害，我们应该如何进行说明呢？

前两项将在这里进行讨论，而别的种种异议我们会在下一章中进行讨论。本能与“杂种状态”则会在接下去的其他章节中进行详细的讨论。

过渡变种的缺少

由于自然选择的作用只是在于保存那些对物种有利的变异，因此在充满生物的地区当中，每种新的类型都有一种倾向，去替代同时在最后消灭那些比它自己改进较少的亲类型还有那些与它竞争而受益较少的种类。所以说绝灭与自然选择是同时进行着的。因此，假如我们将每一个物种都看作是从那些我们所不知道的类型繁衍而来的，那么它们的亲种与所有过渡的变种通常在这个新类型的形成以及完善的过程中就已经被渐渐消亡掉了。

不过，按照这样的理论，数不胜数的过渡的类型，以前一定是存在过的，那么为什么我们没能找到它们大规模埋存于地壳中呢？在我们后面的《论地质记录的不完全性》这一章中，将会与大家一起去讨论这一问题，到时候才会更为便利一些。在这里，我只是想说一下，我认为对于这个问题的答案，主要在于地质记录的不完全并不是一般人能够想象得到的。地壳是一个巨大的博物馆，可是自然界的采集品并不够完整，并且是在很久的一段间隔时期里进行的。不过，能够主张，当很多个亲缘密切的物种生存于相同的地区当中的时候，那么到如今，我们就应该能够真实地看到很多过渡的类型才对。举一个简单的事例来看一下：当我们在大陆上自北向南旅行时，通常情况下都能够在不同的地方见到亲缘关系的或者是代表的物种很明显在自然组成中占据着差不多相同的地位。所有的代表的物种经常会相遇并且进行互相之间的混合。当有的物种逐渐减少的时候，就会有另一种物种会慢慢地繁多起来，直到最后，新的物种彻底代替了旧的物种。不过假如我们在那些物种互相混杂的地方去对它们进行比较的话，就能够看出它们的构造的各个细点通常都是非常不同的，就如同从每个物种的中心生活地区搜集而来的标本一样。依据我的观点，那些近缘的物种是由一个共同的亲种繁衍而来的。在不断变异的过程中，每个物种都慢慢地适应了自己所在环境中的生活条件，同时也渐渐地排斥并消灭了那些原有的亲类型以及所有的连接过去还有现在的那些过渡变种。所以说，我们不用去指望如今能够在每个地方都可以遇到大量的过渡变种，尽管说它们以前确实是在那些地方生存过，而且也有可能以化石的状态在那些地方埋藏着。不过，在具有中间生活条件的那些中间地带当中，为什么我们如今没能看到密切连接的中间变种呢？这样的问题在很长一段时间内很让我感到惶惑，可是换个角度，我觉得，这个问题基本上还是可以解释的。

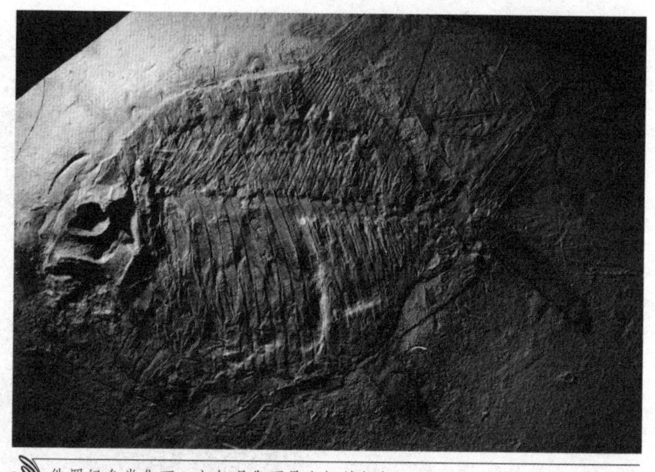
侏罗纪鱼类化石，它与现代硬骨鱼极其相似。

首先，假如，我们现在看到一个地方的生物是连续的，于是就推断那里在相当长的一段时期里也是连续的，对于这点我们应该十分慎重。地质学让我们相信：大部分的大陆，甚至在第三纪末期的时候还出现了分裂，出现了一些岛屿。在这些新出现的岛屿上，应该说没有中间变种在中间地带生存的可能性，不一样的物种应该说或许是分别形成的。因为陆地的形状还有气候的变迁，如今我们看到的连续的海面，在最近之前的时期，我们可以肯定地说，一定没有现在那样的连续还有一致。不过我不会选择这条道路去逃避困难，因为我坚定地认为，很多界限非常分明的物种是在原来严格连续的地面上形成的。尽管我并不怀疑如今连续地面的以前断离状态，对于新种形成，

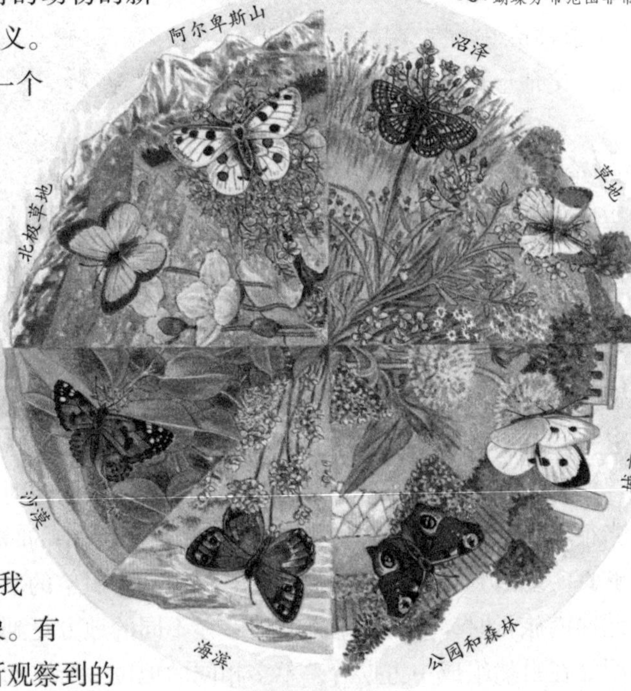

蝴蝶分布范围非常广泛。

尤其是对于自由杂交而漫游的动物的新种形成，具有非常重大的意义。

我们留意一下如今在一个大范围地区中分布的物种，我们通常都能够看到那些物种在一个大范围的地区中是非常多的，但是在边界的地方会多多少少地突然地稀少起来，直到最后消失无踪。所以说两个代表物种之间的中间地带，比起每个物种的独有的地带，通常总是狭小的。在登山的时候我们同样能够见到类似的现象。有些情况下，就像德康多尔所观察到的那样，一种普通的高山植物很是突然地消失不见了，那么这就是一个十分值得我们注意的事情。福布斯在用捞网探查深海时，也曾留意到相同的事实。有的人将气候还有物理的生活条件看成是分布的最重要因素，这些事实差不多能够引起那些人的惊讶，因为气候与高度或者是深度，都是在不知不觉的情况下慢慢地发生着变化的。不过假如我们能够记得住几乎所有的物种，甚至在它们分布的中心地区，假如没有与它们进行生存斗争的物种，它们的个体数量将会增加到一个难以计算的程度。假如我们能够记住几乎所有的物种，不是吃别的物种就是被别的物种所吃掉。总的来说，假如我们记得每一生物都与其他的生物用非常重要的方式直接地或间接地发生关系，那么我们就能够知道，不管什么地方的生物，它们的分布范围并不会完全决定于不觉间变化着的物理条件，它们大部分决定于别的物种的存在，或者依赖于别的物种而生活，或者是被别的物种所毁灭，还有可能就是与别的物种进行竞争。由于这些物种都已经是区别非常明显的实物了，没有被无法觉察的各级类型混淆成一片，所以说不管是哪一个物种的分布范围，因为依存于别的物种的分布范围，那么它们的界限就会出现非常明显的倾向。另外，每个物种在它自己的个体数目生存比较少的分布范围的边缘地带，因为它的敌害还有它们的猎物数量的变动，或者是季候性的变动，都可能很轻易地遭遇完全的毁灭。所以说这样一来这些物种的地理分布范围的界限就更为明显了。由于近似的或者是代表的物种，当生存在一个连续的地区中时，所有的物种都有很大的分布范围，它们之间存在着一个比较狭小的中间地带，在这个地带当中，它们会比较突发地越来越稀少；

在世界各地的湖海都有附着甲壳动物，如藤壶。

又因为变种与物种之间还没有本质上的区别，因此相同的法则基本上能够应用于二者。假如我们用一个栖息于大范围地区中的正发生着变异的物种作为事例，那么就一定会有两个变种适应于不同的两个大范围之内，而且还会有第三个变种适用于那个狭小的中间地带。于是，中间变种因为生活在一个狭小的环境当中，它们的个体数目就比较少。事实上，按我所能理解的去说的话，这个规律非常适合于自然环境中的变种。对于藤壶属中明显变种的那些中间变种，属于我见到的这个规律的明显的事例。从华生先生还有阿萨·格雷博士以及沃拉斯顿先生给我的材料中能够看出，当介于两个类型之间的中间变种存在的时候，这个中间变种的个体数目通常都比它们所连接的那两个类型的数目要少很多。如今假如我们能够相信那些事实还有推论，而且可以断定介于两个变种中间的变种的个体数量，通常比它们所连接的类型较少的话，那么，我们就可以理解中间变种为什么不可以在很长的一段时间之内继续地生存着。依据常见的规律，中间变种为什么比被它们自己原来所连接起来的那些类型绝灭的快消失得也比较早呢？

很简单，那是由于，就像前面我们所讲到的，不管是哪种生物，只要是个体数目较少的类型，就比个体数目多的类型，更能出现非常大的绝灭机会。在这样的特殊情形当中，中间类型很容易被两边生活着的那些亲缘密切的类型欺压，不过还有更为重要的理由，那就是在假设两个变种改变并且完全成为两个不同的物种的这种进一步的变异过程当中，个体数目较多的两个变种，因为都是生活于较大的地区当中，就比那些生存于狭小中间地带当中的，个体数目比较少的中间变种，占据了很大的优势。这是由于个体数目较多的类型，比那些个体数目较少的类型，不管是在什么样的时期当中，都有比较不错的机会，能够出现更为有利的变异来供自然选择的利用。所以，那些普通的类型，在自己的生存斗争当中，就具备压倒并且代替那些较不普通的类型的倾向。而后者的改变还有改良是比较缓慢一些的。我认为，就像第二章中讲到的那样，这个相同的原理也能够说明为什么每个地区当中的普通物种，可以比那些稀少的物种平均可以展现出更多的一些特征明显的变种。我能够举一个例子来对我的观点进行一个说明，假设我们饲养着三个绵羊的变种，一个适应于广大的山区环境；一个适应于比较狭小的丘陵地带；还有一个适应于广阔的大平原环境。我们进行一个假设，假设这三个不同的地区的居民都有相同的决心以及技巧，利用选择去改良它们的品种。处于此种情况之下，有着大量羊的山区或者是平原的饲养者，将会拥有更多成功的机会，他们比那些只有少数羊的狭小中间丘陵地区的饲养者在改良品种方面要来得快一些。

于是，直到最后，改良的山地品种还有平原品种将会用最快的速度代替那些改良较少的丘陵品种。于是，原本个体数目还比较多的这两个品种，自然就会彼此密切相接，然后将那些没能够被代替的丘陵地带的中间变种夹在其中。

总的来说，我们相信物种到底还是界限非常分明的实物，不管是在哪一个时期之中，都不会因为无数变异着的中间连锁而出现不能分解的混乱。首先，由于新变种的形成是非常缓慢的，正是因为变异是一个非常缓慢的过程，所以如果没有有利的个体差异或者变异发生的话，那么自然选择就不会有什么作用也不会产生什么影响了，与此同时在这个地区的自然环境当中，假如没有空的位置能够使一个或者更多个改变的生物更好地生存，那么自然选择也是没有什么作用与影响的。这样的新位置取决于气候的缓慢变化，有时候也取决于新生物的偶然移入。而这里最为重要的，也许是决定于某些旧生物的徐缓变异。因为后者产生出来的新类型，就会与旧的类型之间互相发生作用还有反作用。因此不管是在哪个地方，不用考虑是在什么时候，我们一定要看到只有很少的一部分物种在构造方面表现着很多稳定的小量的变异。这确实是我们看到的情景。其次，现在连续的地域，在以前的时期当中，一定一直都经常是隔离的那部分。在这些地方，有很多的类型，尤其是属于每次生育都不得不进行交配，与漫游范围很大的那些类型，估计已经分别变得非常不同，足以列入代表物种当中去了。在这样的情景当中，很多个代表物种与它们的共同祖先之间的中间变种，之前在这个地区的各个隔离部分之中，曾经一定存在过，不过这样的连锁在自然选择的过程中，基本上都已被排除甚至已经绝灭，因此现在已经看不到它们的存在了。

然后，假如两个或两个以上的变种，在一个严密连续，并且地域完全不同的部分当中形成了，那么在中间地带基本上会有中间变种的形成，不过这些中间变种通常存在的时间带不会很长，这是因为这些中间变种，鉴于那些已经说过的理由（也就是那些我们所清楚的，亲缘密切的一些物种，或代表物种的实际分布情形，还有那些大家都认可的，变种的实际分布状况），生活于中间地带的个体数目的确比被它们所连接的那些变种的个体数量少些，仅仅是从这种原因去看的话，中间变种就无法摆脱被绝灭的命运。在经过自然选择进一步发挥作用的整个过程中，它们几乎一定要将这些所连接的那些类型压倒然后进一步代替。正是因为这些类型的个体数量比较多，在整个系统中有更为可观的变异，这样就能够方便生物通过自然选择得到进一步的改进，同时也进一步占有更大的优势。

最后我要说，并不是从任何一个时期去看，而是对所有的时期进行研究，如果说，我的学说是正确的，那么，我们所数不清的大量的中间变种曾经一定是存在着的，而将同群的所有物种密切连接起来。不过，就像前面已经多次提起的，自然选择这个过程，往往有着让亲类型与中间变种绝灭的倾向。那么就算是一直到最后，它们曾经存在过的证据，只能去化石的遗物中寻找了，而那些化石的保存就像我们在后面的章节中所要讲的那样，是非常不完整并且是间断性的。

具有特殊习性与构造生物的起源与过渡

对我的意见持反对态度的人曾经提出疑问：比如说，一种陆栖食肉动物如何才能够转化成为具有水栖习性的食肉动物呢？而这种动物在它的过渡过程中又是如何去维持自己的生命的呢？这并不难解说，现在有很多的食肉动物表现出从严格的陆栖习性到水栖习性之间密切连接的中间各级，而且因为每种动物都必须为了自己的生活进行斗争才可以生存下去，所以很显然，每个动物都必须很好地适应它在自然界中所生活的位置。让我们来看一下北美洲的水貂，它的脚有蹼，它的毛皮还有短腿以及尾的形状都与水獭很像。在夏季，这种动物为了生活，在水中游泳捕鱼为食，而到了漫长的冬季之后，它们就会离开冰冻的水，然后像那些鼬鼠一样，抓捕鼷鼠还有别的陆栖动物为食。要是用另一个例子提问：一种食虫的四脚兽是经过怎样的过程转变为能飞的蝙蝠的？那么这个问题的答复恐怕就要难得多了。但是按我所研究的，这个难点的重要性并不重要。

在这里，就像在其他场合中，我正位于对自己非常不利的局面，因为从我搜集的很多显著的例子当中，我仅仅可以举出一两个来说明近似物种的过渡习性还有构造，以及同一物种中不管是恒久的还是暂时性的各种各样的习性。依我看来，像蝙蝠这样特殊的情况，如果不将过渡状态的事例列为一张长表的话，好像不足以减少其解说的困难程度。

我们来看看松鼠科吧。有些种类，它们的尾巴只是稍微扁平一些，而有的品种，像理查森爵士所提到过的，它们的身体后部非常宽阔，并且两胁的皮膜张开得非常充分，从那些种类开始，一直到大家所说的飞鼠，中间存在着区分非常细的很多级。飞鼠的四肢甚至尾的基部，都与宽大的皮肤连接成为一体，它的作用就如同降落伞一样，能够使飞鼠在空中从这棵树滑翔到那棵树，而滑翔距离之远，确实让人感到十分惊奇。我们不可以怀疑，每一种构造对于每一种松鼠在它们生活的环境中都有着自己的作用，它能够让松鼠躲开那些食肉鸟或者是食肉兽,可以让它们较快地寻觅自己的食物，或者就像我们有理由能够相信的，还能

水獭

鼯猴，也叫猫猴,是世界上最大的滑翔哺乳动物。它的四肢伸展时，皮膜就使得它可以像有生命的风筝般滑翔。

够让它们减少偶然跌落的危险。但是我们不能单从这样的事实方面就得出结论说，每一种松鼠的构造在所有可能的条件下都是我们所能想象到的最优的构造。假如气候与植物发生了改变，假如与它们竞争的别的啮齿类或新的食肉动物来到属于它们的环境中，或者说原来就有的食肉动物发生了变异，就这样类推下去，能够让我们相信，最起码会有一部分的松鼠要减少数量了，甚至还有可能被绝灭，除非它们的构造会以相应的方式及时出现相关的变异以及改进。所以说，尤其是在变化着的生活环境之中，那些肋旁皮膜变得越来越大的个体，会被继续保存下去，对于这样的现象，如果要解释的话，我认为不存在什么难点。生物的每一变异对于它们来说都是有用的，而且都会继续繁衍遗传下去，正是因为这种自然选择过程的累积效果，那么在往后的日子当中，总有一天，真正的飞鼠就产生了。

接下来我们再看看猫猴类，也就是人们所说的飞狐猴，在以前它曾被归于蝙蝠类中，而到现在，人们则认为它是属于食虫类的了。它那非常宽大的腹侧膜，从颚角起，一直延伸到尾部，甚至包住了生着长指的四肢，它腹侧膜旁的皮膜还长着伸张肌。尽管现在还没有适于在空中滑翔的构造的各级连锁，将猫猴类同别的食虫类连接起来，但是不难想象，这种连锁在之前一定存在过，并且每种都是像滑翔较不完整的飞鼠那样一步步发展而来的。所有的构造对于自己的所有者，都曾发挥过或多或少的作用。我认为也没有什么无法超越的难点去让我们进一步相信，连接猫猴类的指头同前臂的膜，因为自然选择的作用而大大地增加了，这一方面，就飞翔器官来说，能够让这个动物演化为蝙蝠。在有的蝙蝠当中，翼膜从肩端起会一直延伸到尾部，而且还会将后腿都包含在里面，我们基本上在那里能够看到一种原本适合滑翔但是不适合飞翔的构造痕迹。

如果有 12 个属左右的鸟类都绝灭了，谁能够贸然去推测，只将它们的翅膀用来拍打谁的一些鸟，比如大头鸭；将自己的翅膀在水中当作鳍来使用，在陆上则当作前脚来使用的一些鸟，比如企鹅；还有将自己的翅膀当作风篷用的一些鸟，比如鸵鸟；还有翅膀在机能方面几乎没有任何用处的一些鸟，如几维鸟，谁敢断言推测这些种类的鸟曾经存在过呢？但是以上这些鸟，它们每一种的构造在自己所处的生活环境之中都具有一定的用处，因为每一种鸟都必须要争取在斗争中求生存。不过它们在所有的可能条件下并不能说就一定都是最好的，一定不要从这些话去推断。这里所说到的各级翅膀的构造（它们基本上都是因为不使用的结果），都代表了鸟类实际得到完全飞翔能力所经过的过程，不过它们足以表示出有多少过渡的方式，最起码是具有可能性的。

看到与甲壳动物还有软体动物这些在水中呼吸的动物十分相像的少数种类，能够适应陆地的生活，又看到飞鸟、飞兽还有很多样式的飞虫，还有之前曾经存在过的飞爬虫，那么我们能够想象那些依靠鳍的拍击而稍微上升、旋转并能在空中滑翔很远的飞鱼，基本上是能够进化成完全有翅膀的动物的。如果真的会发生这样的事情，谁能够想象到，它们在最开始的过渡状态中，曾经是大洋中的居住者呢？并且，有谁能想到它们最开始的飞翔器官，是专门用来逃脱其他鱼的吞食的呢？按照我们所知道的，确实是这样的。

假如我们看到适应于不论是哪种特殊习性，而达到高度完善的构造，比如为了飞翔的鸟翅，那么我们必须牢记，具有早期各级过渡构造的动物，极少能够保留到今天，因为它们慢慢地就被后继者排除掉了，而这些后继者恰好就是经过自然选择之后慢慢地变得越来越完善的。我们可以进一步推断，适用于不同生活习性的构造之间的过渡状态，在最开始的时候，极少会大量发展，也极少拥有很多从属的类型。如此，我们再回到先前假设的飞鱼的例子，真正能够飞的鱼，估计不是为了可以在陆上还有水中用各种方法去捕捉更多种类和数量的食物，而是在很多的从属类型中发展起来，直到它们的飞翔器官达到高度完善的阶段，能够让它们在生存斗争中有力而顺利地战胜别的竞争者，它们才可以得到相应的发展。所以说，在化石状态中看见具有过渡各级构造的物种的机会一般都很少，因为它们个体的数目总是低于那些在构造上充分发达的物种的个体数目。

接下来我举两三个事例来对同种的诸个体间习性的分歧和习性的改变加以说明。在二者当中随便的一个情形中，自然选择都可以轻易地让动物的构造去适应它们发生了变化的习性，或者专门适应很多个习性中的一种习性。可是难以做出决定的是，到底是习性先出现变化然后构造随后出现变化，还是构造的微小变化触发了习性的变化呢？不过这些对于我们的研究来说也不是很重要。估计二者基本上常常是同时出现的。对于改变了的习性的情况，只要列出如今只食外来植物或人造食物的那些英国的昆虫就可以了。对于出现了分歧的习性，有大量的例子能够举出来：我曾经在南美洲时常去观察一种暴戾的霸鹟，它们就像隼一样总是在一个地方的高空翱翔一段时间之后，又飞到另一地方的天空去，而在其他时间里，它们安静地立在水边，然后会如同翠鸟一样飞速地冲入水中扑鱼。在英国，有些时候能够看到大山雀基本上就和旋木雀一般攀行于树枝上；有的时候它们又如同伯劳一般去啄小鸟的头部，将小鸟们弄死。另外，我有很多次看到而且还听见它们如鳾鸟一样，在树枝上啄食紫杉的种子。赫恩在北美洲见过黑熊大张自己的嘴巴在水里游泳好几个小时，看起来就像鲸鱼一样，去捕捉水里的一些昆虫。

有些情况下既然我们可以看到一些个体拥有不同于同种以及同属异种们所原本就都有的习性，那么我们就能够预期那些个体基本上偶尔可能就会出现新的品种，

阿拉斯加的棕熊到河流中捕食洄游的大马哈鱼

那些新出现的物种具有很不一样的习性，并且它们的构造稍微地或者是明显地出现一些改变，与它们的构造模式完全不相同。自然界中的确存在着这样的事例。啄木鸟攀登树木同时还会从树皮的裂缝当中捉捕昆虫，我们可以列出比这种适应性更加生动有说服力的例子吗？但是在北美洲，有的啄木鸟的主要食物是果实，还有一些啄木鸟竟然长着长翅膀，在飞行的过程中捕捉昆虫为食。在拉普拉塔平原上，基本上找不到一棵树，在那个地方，有一种啄木鸟被称为平原鴷，它们的两趾朝前，两趾朝后，舌长并且尖，尾部的羽毛尖细并且坚硬，足以帮助它们在一个树干上保持直立的姿态，不过却远没有典型啄木鸟的尾羽那么坚硬，而且它们还有直并且非常有力的嘴，不过它们的嘴还是没有典型啄木鸟的嘴那么直还有强硬，不过想要在树木上穿孔也足够用了。所以，这类鸟在构造的所有的主要部分上算是一种啄木鸟。而对于像那些不太重要的性状，比如羽色还有比较粗哑的音调以及波动式的飞翔，都明确地向我们展示了它们同英国普通啄木鸟之间密切的血缘关系。不过按照我自己的观察，还有依据亚莎拉的精确研究结果，我能够确切地说，在一些较大的地区当中，它们不攀登树木，而是选择在堤岸的穴洞中做巢。不过在一些其他地方，按赫德森先生所提出的，正是这种相同的啄木鸟时常往来于树木之间，同时还会选择在树干上凿孔当巢。我能够列出一个别的例子来说明这一属的习性改变的状况，按照德沙苏尔所讲到的，有一种墨西哥的啄木鸟在坚硬的树木上打孔，则是用来储存橡树的果实。

海燕是最有空中性以及海洋性的鸟类，可是在火地岛恬静的海峡间，有一种被称为水雉鸟的鸟类，从它的一般习性方面来看，不论是它惊人的潜水能力，还是它游泳以及起飞时的飞翔姿态方面，都能够让任何人将它误认为海雀或者是水壶卢；即使如此，它们在本质方面其实还是属于海燕的一种，不过它们的体制的很多部分已经在新的生活习性的关系中出现了明显的变异。而拉普拉塔的啄木鸟在构造方面只是有轻微的变异。对于河鸟，最敏锐的观察者们依照它的尸体检验，也很难想象得到它们竟然会拥有半水栖的习性。但是这种同鸫科近似的鸟以潜水为生，它们在水中使用翅膀，用双脚抓握石子。膜翅类这一大目中的所有昆虫，除了卵蜂属之外，都是生活于陆地上的，卢伯克爵士以前就已发现，卵蜂属有水栖的习性。它们经常进入水中，不用脚却是用翅膀，随处潜游，它在水面下可以逗留四个多小时那么长的时间，但是它们的构造并没有随着这种变化的习性而出现改变。

有的人认为，不管是哪种生物，只要是被创造出来，那就是像今天我们所看到的那样，如果这些人看到有的动物的习性和构造不相一致的时候，就一定会觉得非常奇怪。鸭还有鹅的蹼脚的形成是为了能够游泳，还有什么比这个事实更具有说服力呢？可是，那些生存于高地的鹅，尽管长着蹼脚，可是它们极少会走近水边，除了奥杜邦之外，没有人曾见到过四趾都有蹼的军舰鸟会选择海面来进行降落。换个方面来看，水壶卢与水姑丁均是非常显著的水栖鸟，尽管它们的趾只是在边缘上长着蹼。涉禽类的长且没有蹼的趾的出现与成型，是为了更方便它们在沼泽地还有浮草中行走，还有比这样的事实更加明显的吗？不过苦恶鸟还有陆秧鸡均属于这一目，但是前者几乎与水姑丁一样是水栖性的，后者却基本上与鹌鹑以及鹧鸪一样，是陆栖性的。在这些例子还有别的可以列出来的例子当中，均是习性已经发生了变化但是构造没有相应地出现变化。高地鹅的蹼脚在机能上应该说已经变得几乎是残迹的了，尽管它在构造方面并不是这个样子的。军舰鸟的趾间深凹的膜，显示出它的构造已经开始出现变化了。

信奉生物是分别经过很多次之后被创造出来的人，通常都会这么说，在前面的所有例子当中，是由于造物主喜欢让一种模式的生物来替代另一种模式的生物。不过在我看来，这仅仅是用庄严的语言将事实又说了一遍而已。而对于相信生存斗争还有自然选择原理的人来说，则会认为每种生物都在不断地努力去增加自己个体的数目，同时他们还会承认，不用去计较是哪种生物，不管是在习性方面还是在构造方面，只要出现很小的变异，就可以比同一地区的其他生物占有生存的优势，进而夺取其他生物在那个地区的位置，不管那个位置与它本身原来的位置有多大的不同。如此一来，人们就不会对下面的现象觉得难以理解了：具有蹼脚的鹅还有军舰鸟，生活在干燥的陆地上，极少会降落于水面上；具有长趾的秧鸡，生活于草地并不

啄木鸟用爪子抓住树干，而尾巴上的羽毛则像是支架一样，帮助它们在啄木时保持平稳。

是生活于泽地上；啄木鸟生活于几乎没有树木的地方，还有，潜水的鸫、潜水的膜翅类以及海燕具有海鸟的习性特征。

极完备而复杂的器官

眼睛这个器官，具有无法模仿的装置，能够对不同的距离进行调焦，可以接纳不同量的光，还能够校正球面以及色彩的像差以及色差，它的结构的精巧简直无法比拟。如果假设眼睛可以由自然选择而形成，我坦白地承认，这样的观点应该说是非常荒谬的。当最开始说太阳是静止的，但是地球确实环绕着太阳进行旋转的时候，人类自身的常识就曾经提出这样的说法是不正确的。不过每个哲学家所知道的“民声就是天声”这句谚语，在科学的世界中是不可以相信的。理性告诉我们，假如可以显示，从简单而不完善的眼睛到复杂并且完善的眼睛之间，存在着无数的各种等级，而且如实际情况那样，每个等级对于它的所有者都有一定的作用。那么，假如眼睛也如实际情况那样之前也出现过变异，而且这些变异是可以遗传的，同时假如这些变异对于处于变化着的外界环境中的所有的动物均是有用的，那么相信完善并且复杂的眼睛，其形成过程用自然选择的学说来进行论证虽然有难点，即使是这样却不可能影响到和否定了我的学说。神经是如何对光有感觉，就像生命自身是如何起源的一样，并非我们所研究的范围。不过我可以指出，有的等级非常低的生物在它们体内是无法找到神经的，但是依然可以感光，所以说，在它们的原生质中，有某些感觉元素聚集到一起，慢慢地发展为具有这种特殊感觉性的神经，这看起来好像并不是不可能的。

在寻索任何一个物种的器官所赖以完善化的各个等级时，我们应该专注于观察它们的直系祖先，可是这几乎是无法实现的。如此一来我们就不得不去观察同群中的其他物种还有其他的属了，也就是要去观察共同始祖的旁系，来帮助我们找出在完善的过程中究竟有哪些级是可能的，或许还有机会看出遗传下来的，未曾改变或只是有一丁点改变的某些级。不过，不同纲中的同一器官的状态，对于它达到完善化所经过的步骤，很多时

金鹰敏锐的视力范围远远大于人类，它能在1600米的高空发现猎物。

候也能够向我们提供一定数量的说明。

可以被称作眼睛的最简单器官，是由一条视神经组成的，它被色素细胞环绕着并被半透明的皮膜覆盖着，不过它没有任何的晶状体或别的折光体。但是依据乔登的研究，我们甚至还能够继续下降一些，追溯到更为低级的视觉器官，我们能够看到色素细胞的集合体，它们的确是用作视觉器官的，可是却没有任何神经，只是着生在肉胶质组织上的一团色素细胞的聚集体。我们所讲的这种简单性质的眼睛，无法明确地看清东西，但是可以用来辨别明暗。按照刚才我们所提到的作者的说法，在一些星鱼当中，围绕神经的色素层存在着小小的凹陷，里面充满着透明的胶质，表面凸起，就像是高等动物中的角膜。他觉得这并不是用来反映形象的，只不过是将光线进行了集中，让它们的感觉更容易一些罢了。在这种集中光线的情况下，成像型眼睛形成的最重要步骤就具备了，这是因为，只要将裸露的感光神经末梢（在一些比较低等的生物中，视神经的这一端的位置并没有固定，有的深埋于身体中，有的接近于体表），安放在同集光器合理距离的位置，就能够在这上面形成影像。

在关节动物这一大纲当中，我们能够看到最原本的是单纯的仅仅是被色素层包围着的视神经，这种色素层有些情况下会形成一个瞳孔，不过并没有晶状体或别的光学装置。对于昆虫，如今我们都已知道，在它们庞大的复眼的角膜上存在着很多个小眼，形成真正的晶状体，而且这种晶状体包含着神奇变异的神经纤维。不过，在关节动物当中，视觉器官的分歧性是这般大，以至于米勒之前曾经将它们分为三个主要的大类另外还有七个小类，除了这些以外还有聚生单眼的第四个主要的大类。

假如我们细细思考一下这其中非常简单的情景，也就是关于低等动物的眼睛构造广阔并且具有分歧的同时还逐渐分级的范围。假如我们记得所有现存类型的数量，比起那些已经消失的类型的数量，毫无疑问会少很多，那么就不难理解，自然选择可以将那些被色素层包围着的还有被透明的膜遮盖着的一条视神经的简单装置，渐渐地变化成关节动物的任何成员所具有的，那种完善的视觉器官。

如果读完了这本书之后，很多人就会发现其中的很多事实，无法用其他的方法去进行解释，只可以通过自然选择的变异学说才能够给出有力的说明，那么，我们就应该毫不犹豫地继续向前迈进一步。他应该认可，甚至如雕的眼睛那么完善的构造，也是这样形成的，就算是在这样的情形下，我们并不知道它的过渡状态。有人曾经提出来反对意见，他认为，为了能够让眼睛发生变化，同时作为一种完善的器官被保存下来，就不得不有很多种变化同时发生才有可能。但是按照推断，这样的说法是无法经过自然选择来实现的。不过就像我在论家养动物变异的那部著作当中曾试图阐明的那样，假如说变异是非常微细并且是逐步发生着的，那么就没有必要假定所有的变异均是在同一时间发生的。而且，不同类型的变异也有可能为共同的一般性的目的而服务，就像华莱斯先生曾经提到过的：“假如一个晶状体具有过短的或太长的焦点，它能够由改变曲度或者是改变密度去进行调整，假如它的曲度不规则，致使光线无法聚集于

白头海雕翱翔在北美大陆

一点，那么让曲度慢慢地趋向于规则性，就是一种改进了。因此，虹膜的收缩还有眼睛肌肉的运动，对于视觉来说都不是必需的，只不过是让这个器官的构造在不论是哪个阶段中都能够得到添加的以及完善化的改进罢了。”在动物的世界中，占据最高等地位的脊椎动物当中，它们的眼睛在最初的时候是多么的简单，比如文昌鱼的眼睛，仅仅是透明皮膜所构成的小囊，它的上面生着神经并用色素包围了起来，除了这些以外，就没有别的装置了。在鱼类还有爬行类当中，就像欧文曾经讲到过的：“折光构造的那些等级范围是非常大的。”依据微尔和卓越的见识来看，就算是人类的这种精致的透明晶状体，在胚胎期也是由袋状皮褶里的表皮细胞的堆积来形成的，至于玻璃体，则是由胚胎的皮下组织形成的，这样的事实有着非常重要的意义。即使真的就是如此，对于如此奇异的却又并不是绝对完善的眼睛的形成，如果想要得出公正的结论，理性不得不战胜想象。不过我深深地感到这是非常困难的，因此就有人在将自然选择原理应用到这么深远的境地时出现了踌躇，对于大家的犹豫心理我反而觉得非常理解。

人们总是容易拿眼睛与望远镜进行比较，这一点是不可避免的。我们都明白，望远镜是人类运用自己的高智慧经过很长时间的努力之后研究出来的。我们很自然地就会去推断眼睛也是经过一种在一定程度上类似的过程之后慢慢形成的。可是，这样的推论不是专横吗？我们能找出什么理由去假设“造物主”也是用人类那样的智慧去工作的呢？假如我们不得不将眼睛与光学器具进行一个比较的话，我们就应该想象，它拥有着一厚层的透明组织，在自己的空隙当中充满着液体，之下存在着感光的神经，而且还应该假设这一厚层中的每一部分的密度都在缓缓地发生着改变，以便分离为不同密度以及不同厚度的各层。这些层彼此之间的距离都是不相同的，每层的表面也都在慢慢地发生着变化。于是我们还不得不假定存在着一种力量，这种力量就是自然选择，也就是我们所说的最适者生存。这一力量时常高度重视着透明层中所发生和出现的每一个微小的变化，而且还会在改变了的条件之下，将不管是用任何方式或者是任何程度产生的比较明确一些的映像的每一个变异认真地保存起来。我们不得不假设，这个器官的任何一种新状态，都是成百万地倍增着的，而每种状态都会被一直保存至更好的状态出现之后，直到那个时候，旧的状态才会全部毁灭。在生物体当中，变异能够引发一些轻微的变化，生殖作用能够让那些改变基本上是无限地倍增着，而自然选择则会用准确的技巧，将每一次的改进和变化都详细认真地挑选出来。这样的自然选择过程会一直持续千百万年，每年又都会作用于千百万种不同种类的个体。这种活的光学器具能够优胜于玻璃器具制造出来的，就像“造物主”的工作比人的工作做得更好一样，关于这一点，难道我们还不能够完全去相信吗?

过渡方式

假如可以证明不管是哪种复杂器官，不是经过无数的、连续的、轻微的变异之后形成的，那么我的学说就该完全破灭了。不过，目前我还未曾发现这样的情况。当然，现在还有很多的器官，我们还无法知道它们的过渡中间的各个等级，假如我们对于那些非常孤立的物种进行研究时，就更是这样的，因为按照我的学说，它们的周围的类型已大部分被绝灭了。或者，我们用一个纲中的所有成员所共有的一种器官作为论题时，得到的结论也是这个样子的，这是因为在这样的情况之下，那些器官最原本一定是在遥远的时代中形成的，到后来，本纲中的所有成员才渐渐地发展了起来。为了寻找那些器官最开始经历的过渡的各个等级，我们就不得不观察非常古老的原始的那些类型，但是那些类型早已绝灭了。

我们在确切地提出一种器官能够不通过某一种类的过渡的各个等级就会形成时，一定要非常谨慎。在低等动物当中，能够列出无数的例子去说明相同的器官同时可以进行完全不同的机能，比如蜻蜓的幼虫还有泥鳅，它们的消化器官就同时兼有呼吸功能，具有消化以及排泄的机能。又比如水螅，它能够将身体的内部翻到外面去，这样，外层就会具有消化功能，而原本主管消化的内层就可以负责呼吸了。在这样的情况中，自然选择或许会让本来具有两种机能的器官的全部或一部专门去负责一种机能，假如这样能够获得任何利益的话。于是在经历了不知不觉的步骤之后，器官的性质就在很大程度上被改变了。很多人都知道，有很多种植物在正常情况下能够同时产生不同构造的花，假如这些植物只是产生一种类型的花，那么这一物种的性质估计就会突然地出现较大的变化。不过同一株植物所产生的两类花差不多原来是由分级非常细的步骤分化出来的，那些步骤直到今天都有可能依然在一些少数的情况中进行着。

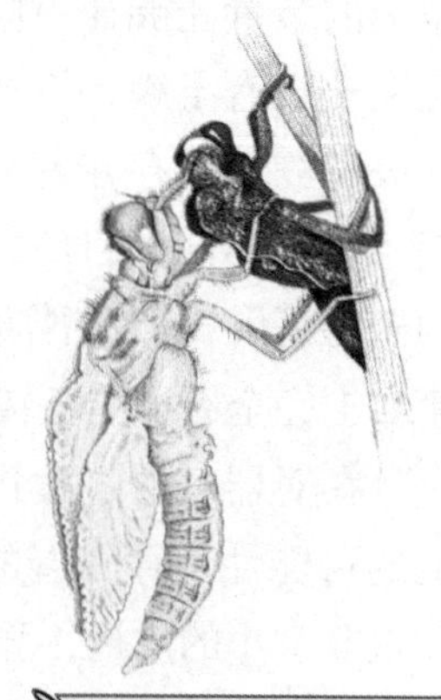

蜻蜓的蜕皮过程

还有，两种不同的器官，或者说两种形式非常不相同的同种器官，能够同时在同一个个体当中去负责相同的机能，

发现于新西兰的鲉类鱼

而且这是非常重要的过渡方法。我们可以找一个事例来进行一个说明，鱼类用鳃呼吸溶解于水里的空气，与此同时还会用鳔去呼吸游离的空气，鳔由充满血管的隔膜将其分割为很多个部分，而且有一个鳔管来提供空气。在植物的世界里还能够举出另外一个例子，那就是植物的攀缘方式有三种，用螺旋状的卷绕，用有感觉的卷须卷住一个支撑物，同时还会用发出的气根；一般情况下是不同的植物群只运用其中的一种方法，不过也有几种植物会同时使用两种方法，甚至还有一些个体会同时使用三种方法。在所有的这些情况当中，两种器官之中的一个或许会被轻易地改变以及完善化，然后去担当所有的工作，它在发生变异的过程当中，曾经得到来自另一种器官的帮助，那么，另一种器官就有可能会因为完全不同的其他目的而被改变，也有可能会被整个地消灭掉。

鱼类的鳔就是一个非常不错的例子，因为它非常清楚地向我们阐明了一个非常重要的事实，那就是原本为了一种目的——漂浮而构成的器官，到后来渐渐地变化成了完全不同目的的用以呼吸的器官。在有的鱼类当中，鳔还会被用于听觉器官的一种补助器。全部的生理学家们都认为鳔在位置还有构造方面都与高等脊椎动物的肺是同源的，或者说是理想地相似的。所以，没有理由去怀疑鳔事实上已经化为了肺，也就是变成了一种专门负责呼吸的器官。

依据这个观点就能够推断，所有具有真肺的脊椎动物全都是从一种古代的尚不可知的具有漂浮器，也就是鳔的原始型一代一代地传下来的。那么，照此下去，就像我按照欧文关于这些器官的有趣描述推断出来的那样，我们就能够理解为什么吞下去的每一点食物还有饮料都不得不经过气管上的小孔了，就算是那里存在着一种精美的装置能够让声门紧闭，可是它们依然有落入肺中的危险。高等的脊椎动物已经完全没有了鳃，不过，它们的胚胎当中，颈两旁的裂缝预计弯弓形的动脉中依然代表着鳃之前存在着的位置。不过如今完全失掉的鳃，也许是被自然选择慢慢地利用于某种不同的目的，是能够想象得到的。比如兰度伊斯之前就阐述说明过，昆虫的翅膀是由气管发展演化而成的，因此，在这个大的纲当中，曾一直用来呼吸的器官，事实上完全有可能已转变为飞翔器官了。

在对器官的过渡进行考察时，要注意牢记生物器官的一种机能转变为另一种机能的可能性是存在着的，因此我想再举出另外一个例子加以说明。有柄蔓足类拥有两块非常小的皮褶，我们将它称为保卵系带，它们以分泌黏液的方式去将卵粘在一起，一直到卵成功孵化为止。这种蔓足类并没有鳃，全身的表皮还有卵袋表皮以及小保卵的系带，都能够进行呼吸。藤壶科，也就是无柄蔓足类就不是这样的了，它们没有保卵系带，于是卵松散地位于袋底，外部包着紧闭的壳，可是在相当于系带的位置上生有巨大的、非常褶皱的膜，它们同系带以及身体的循环小孔自由相通，因此很多博物学者都认为它具有鳃的功能。我觉得，现在没有人会否认这一科当中的保卵系带同其他科当中的鳃是严格同源的。事实上，它们之间是彼此逐步转化而来的。因此，不用去怀疑，原本作为系带的同时也能够在一定程度对呼吸有一点帮助的那两个小皮褶，已经过自然选择，只是因为它们的增大与它们的黏液腺的消失，于是最后就转化为鳃了。假如所有有柄蔓足类均已全部绝灭（事实上有柄蔓足类所遭到的绝灭远远地超出了无柄蔓足类），谁可以想到无柄蔓足类里的鳃原来竟然是用于预防卵被冲出袋外的一种器官呢？

还有一种可能的过渡方式，那就是经过生殖时期的提前或者是推迟来实现的。这是近来美国科普教授与别的一些研究者所主张的。如今知道有的物种在还未曾完全获得完整的性状之前就可以在非常早的时期进行生殖。假如这样的能力在一个物种当中得到彻底发展的话，那么成体的发育阶段估计迟早会失掉。在这样的情境之中，尤其是当幼体和成体明显不一样时，这个物种的性状就会出现极大的改变以及退化。有很多动物的性状，一直到成熟之后，基本上还在它们的整个生命历程中继续进行。比如哺乳动物，这类动物头骨的形状，伴着年龄的增长往往会有非常大的改变，对于这一点，穆里博士曾就海豹列举过一些十分生动的例子。所有的人都明白，鹿越老那么它的角的分支也就越多，有些鸟越老的话，其羽毛也就会发展得越加美丽。科普教授曾说过，有些蜥蜴的牙齿形状，伴着年龄的增长会出现非常大的变化，按照弗里茨穆勒的记载，在甲壳类当中，不只是很多微小的部分，就算是一些非常重要的部分，在成熟之后也依然会呈现出新的性状。在全部的这种类型的例子当中，当然，还有很多的例子能够列出来，假如说生殖的年龄遭到了推迟，物种的性状最起码成年期的性状，就会出现一些变异。在有些时候，前期的还有早期的发育阶段将会用最快的速度结束，直到最终消失不见，这也不是不可能发生的。而对于物种是不是经常经过或之前曾经过这样比较突然的过渡方式，我还尚未得到成熟的见解。但是，如果这样的情形曾经真的发生过，那么幼体与成体之间的差异，还有成体与老体之间的差别，基本上最开始还是一点一点地得到的。

鹿角的大小部分取决于鹿的年龄，另一部分取决于鹿的食物。这只红鹿每只鹿角上分别长有6个尖，而最大的红鹿角甚至可以长到12个尖。

自然选择学说的疑难焦点

尽管我们在断言任何器官不可以由很多连续的、细小的过渡类型逐步产生的时候，不得不非常小心谨慎，但是，毫无疑问自然选择学说还是存在着很多严重的难点的。

最为严重的疑难之一，就是那些中性的昆虫，它们的构造总是同正常的雄虫还有可育的雌虫之间存在着很大的不同。不过，对于这样的情形将在后面的一章中进行讨论研究。还有一个很难解释的例子就是，鱼类的发电器官，由于我们无法想象得到那种奇异的器官是通过什么样的步骤而产生的。不过这也不需要大惊小怪，因为我们甚至都不清楚它有什么样的作用。在电鳗还有电鲸（Torpedo）的发电器官当中，不用去质疑，这些器官估计会被用于强有力的防御手段，也有可能会用于食物的捕捉。不过，在鹞鱼当中，依据玛得希的观察，它们的尾巴上存在着一个相似的器官，产生的电却是极少的，就算是当它遭遇了非常大的刺激的时候，所发出的电依然非常少，少到基本上无法对我们前面讲到的两个用途中的任何一个起到一些作用。此外，在鹞鱼当中，除了我们刚刚所说的器官以外，像麦克唐纳博士曾经阐述说明的，在靠近头的部位还有另一个器官，尽管知道它并不带电，不过它看起来好像是电鲼的发电器的真正同源器官。通常认为这些器官与普通的肌肉之间，在内部构造方面以及神经分布方面还有对各种试药的反应状态方面都是十分类似的。还有，肌肉的收缩都会伴随着放电，也是应该引起我们特别关注的。而且就像拉德克利夫博士所提出来的"电鲼的发电器官在静止时的充电似乎同肌肉还有神经在静止时充电非常相像，电鲼的放电，其实没有什么特殊，估计只不过是肌肉与运动神经在活动时放电的又一种形式罢了"。除去这些之外，我们目前还未研究出别的解释。不过，因为我们对于这种器官的作用

海洋中的每一条电鳗就是一个移动的"电池"。

了解得非常少，而且由于我们对于现在生存的电鱼始祖的习性还有构造都还不太清楚，因此如果轻易地主张这些器官不可能经过有利的过渡类型而逐步形成，那就真的有点太过于冒昧了。

最初看来，这些器官貌似向我们提供了另一种更为严重的难点，由于发电器官只在大约 12 个种类的鱼当中见到过，而这其中还有几个种类的鱼，在亲缘关系上看起来具有一定的遥远距离。假如相同的器官出现在同一纲中的很多个成员身上，尤其是当这些成员各自有着非常不相同的生活习性时，我们通常都能够将这个器官的存在归因于共同祖先的遗传所致，而且还可以将某些不具有这器官的成员归因于因为不常使用或由于自然选择最后造成了现在的没有。因此，假如说发电器官是从某一古代的祖先身上遗传而来的，我们基本上可以预料到所有电鱼彼此之间应该都有比较特殊的亲缘关系了。但是事实并不是这样的，并且相去甚远。地质学也无法完全让人相信大部分的鱼类之前曾有过发电器官，而它们变异了的后代到现在才将它们失掉。不过当我们更进一步地研究这个问题时，就发现了在具有发电器官的若干鱼类当中，发电器官位于那些鱼类身体上的不同位置，也就意味着，那些具有发电器官的鱼类在构造方面是不同的。比如电板排列法的不同，按照巴西尼的说法，发电的过程还有方法也是不一样的，最后，通至发电器官的神经来源也是不一样的，这估计就是所有不同中最为重要的一种不同了。所以，在具有发电器官的很多鱼类当中，不可以将这种器官看成是同源的，我们只可以将它们看成是在机能方面同功的。这样一来，我们就没有理由去假定它们是从共同祖先遗传下来的了。因为如果说它们有共同的祖先，那么它们就应该在很多的方面都是密切相似的。那么，对于表面上看起来一样而事实上从几个亲缘相距非常远的物种发展起来的器官看的话，这个难点就消失了，现在唯剩下一个较差的不过也还是非常重要的难点，那就要知道在每个不同群的鱼类当中，这种器官是经过怎样分级的步骤而渐渐发展而来的。

在属于非常有差异的不同科的几种昆虫当中，我们所看到的分布于身体上不同位置的发光器官，在我们缺乏知识的情况下，向我们又提供了一个和发电器官难度不相上下的难点。还有别的类似的情况，比如在植物当中，花粉块长在具有黏液腺的柄上，这种很奇妙的装置，在红门兰属还有马利筋属当中，构造方面很明显是相同的。但是在显花植物中，这二属之间的亲缘关系是相距最远的，这样类似的装置并不能说就是同源。在所有的物种当中，那些分类地位距离甚远，但是具有一些特殊并且类似的器官的生物，就算是这些器官的一般形态以及功能都一样，但是总是能够发现它们之间还存在着一些基本的区别。应该说，自然选择为每个生物自身的利益而进行着工作，同时还会利用所有有利的变异，那么如此一来，在不同的生物当中，就有可能会产生出光从机能来讲是相同的器官，那么，我们能够提出，这些器官的共同构造是不可以归因于共同祖先的遗传的。

弗里茨穆勒为了能够验证这一结论，非常谨慎地进行了基本上相同的讨论。在甲壳动物几个科中有为数不多的几个物种拥有着呼吸空气的器官，非常适合在水外生活，穆勒对其中的两个科研究得十分详细，这两科的关系非常接近，这两个科中的很多物种的所有的重要性状都十分一致。比如它们的感觉器官还有循环系统以及复杂的胃中的丛毛位置还有营水呼吸的鳃的构造，甚至那些用来清洁鳃的非常微小的钩，都惊人得十分一致。由此，我们能够预料到，在属于这个科的营陆地生活的一小部分物种当中，同等重要的呼吸空气器官应该是一样的。因为，既然所有别的重要器官全都十分相似或者是非常相同，那么为什么为了同一目的的这种器官会生得不一样了呢?

穆勒按照我的观点，主张构造方面如此多角度的密切相似，不得不用从一个相同祖先的遗传才可以获得解释。不过，由于前面所讲的两个科的很大一部分物种与大多数别的甲壳动物一样，全都具有水栖习性，因此假如说它们的共同祖先曾经适于呼吸空气，那么很显然是绝对不可能的。所以说，穆勒在呼吸空气的物种当中认真详细地检查了这种器官，之后他发现每个物种的这类器官在很多重要的方面，比如呼吸孔的位置，比如开闭的方法，再比如别的一些附属构造，都存在着一定的差异。只要我们假设属于不同科的物种在渐渐地变得一天比一天适应水外生活还有呼吸空气的生活，那么，那样的差异就是能够理解的，甚至可以说基本上是能够预料得到的。这是由于那些物种因为属于不同的科，就会存在着一定程度上的差异，而且按照变异的性质，根据两种要素，也就是生物的本性还有环境的性质这样的原理，它们的变异性就一定不可能会完全一样。最后，自然选择如果想要得到机能方面相同的结果，就不得不在不同的材料就快要发生变异时进行工作。如此一来所获得的构造基本上就一定会是各不相同的。按照分别创造作用的假设，所有的情况就无法理解了。这种讨论的过程对于能够让穆勒接受我在本书当中所主张的观点，看起来有极为重要的意义和作用。

还有一位卓越的动物学家，那就是已故的克莱巴里得教授，他曾经也有过相同的讨论，而且最后得出了相同的结果。他向我们解释说明，属于不同亚科的寄生性螨都生长着毛钩。这样的器官一定是分别发展而成的，因为它们不可能是由一个共同的祖先遗传而来。在很多个群当中，它们是由前腿的变异，然后到后腿的变异，再然后到下颚或者是唇的变异，还有身体后部下面的附肢的变异逐渐形成的。

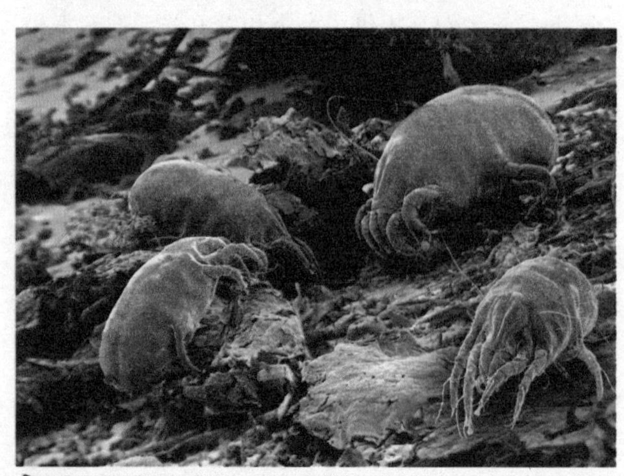

属于不同亚科的寄生性螨都生长着毛钩

经过前面讲到的很多情况，我们在完全不存在亲缘关系的物种当中，或者是在仅存在着疏远亲缘关系的生物当中，看到因发展虽然不同但是外观十分相似的器官所出现的相同的结果还有所进行的相同的机能。还有一个方面用非常多样的方式，能够得到相同的结果，就算是在亲缘关系十分密切相近的生物当中有时也是这个样子的。这是贯穿整个自然界中的一个共有的规律。鸟类的生有羽毛的翅膀与蝙蝠的长膜的翅膀，在构造方面是多么不同，蝴蝶的四个翅与苍蝇的两个翅还有甲虫的两个鞘翅，在构造上则更为不相同。双壳类的壳构造得可以随意开闭，可是从胡桃蛤的长行综错的齿到贻贝的简单的韧带，两壳铰合的样式又是多么多。我们来看看种子们，有的种子是因为它们生得细小而进行散布，有的是因为它们的蒴变成轻的气球状然后依靠膜进行散布的，有的则将它们埋藏在由各种不同的部分形成的、含有养分的以及具有鲜明色泽的果肉内，以吸引鸟类来吃它们而进行散布，有的则是长着很多种类的钩以及锚状物，还有锯齿状的芒，以利于附着在走兽的毛皮之上，以帮助自己进行散布，还有的则是长着各种形状与构造十分精巧的翅以及毛，一旦有微风，就可以飞扬起来进行散布。我还要列举一个别的例子，因为用非常到位的多种多样的方法来获得同样的结果，这一研究是十分值得我们重视的。有的作者主张，生物基本上就像店中的玩具一样，只是为了花样，是由很多方法形成的，不过这样的自然观不具有可信度。雌雄异株的植物还有那些虽然雌雄同株可是花粉无法自然地散落在柱头上的植物，需要一些外界的力量才能完成受精作用。有几种受精是如此完成的：花粉粒轻并且松散，随着风的吹拂，仅仅依靠不确定的机会来散落于柱头之上，这是能够想象得到的最为简单的办法。还有一种基本上一样简单但是非常不相同的方法，能够在很多植物当中见到，在那些植物中，对称花会分泌出少数的几滴花蜜，用这样的方式招来昆虫的到访，然后昆虫就会从花蕊中将花粉带到柱头上去。

从这个简单的阶段开始，我们就能够清楚地认识到，不计其数的各种装置只不过全是为了相同的目的，而且都是用本质上相同的方式在发挥着作用，不过它们引起了花的其他部分的变化。花蜜能够贮藏于各种形状的花托之中，它们的雄蕊还有雌蕊能够出现诸多种类的变化，有些情况下会生成陷阱般的装置，有的情况下能够因为受到刺激性或弹性然后进行巧妙的适应运动。从如此这般的构造开始，一直到克鲁格博士近期描述过的盔兰属那种十分特殊的适应的现象。这种兰科植物的唇瓣，也就是它的下唇有一部分朝里凹陷，变为一个大水桶，在它的上面有两个角状体可以分泌出近乎纯粹的水滴，然后不断地降落于桶中，而等到这个水桶半满的时候，桶内的水就会从一边的出口溢出，而唇瓣的基部正好就在水桶的上方，它也凹陷成一个腔室，两边有出入口。在这腔室中有一种非常奇怪的肉质棱。就算是特别聪明的人，假如他不曾亲自看见那里曾经发生过什么情况，就永远都难以想象得到那些奇奇怪怪的部分对于植物来说能有什么作用。可是克鲁格博士曾经亲眼看见了那个场景，他看见成群的大型土蜂去拜访这种兰科植物的巨大的花，不过，它们并不是冲着吸食花蜜而去的，它们是为了咬吃水桶上方那个腔室当中的肉质棱。当这些成群结队的土蜂这么做的时候，经常会出现互相冲撞的现象，于是就会有一部分跌进水桶当中去，它们的翅膀就会被

晚年的达尔文在温室里进行研究

水浸湿，暂时无法再飞起来，这样它们只好被迫从那个出水口或者是溢水所形成的通路上爬出去。克鲁格博士发现，土蜂的“连接的队伍”在经历了一场不自愿的“洗澡”后，通过这样的通道爬了出去。那条通道其实是非常狭窄的，上面盖着雌雄合蕊的柱状体，所以当土蜂用力爬出去的时候，最开始就会将它的背擦到胶粘的柱头上去，接着又会擦着花粉块的黏腺。于是这样一来，当土蜂爬过新近张开的花的那条通路之后，就会将花粉块粘在自己的背上，于是就将它们带走了。克鲁格博士曾给我寄来一朵浸在酒精中的花还有一只蜂，蜂是在没有全部爬出去的时候弄死的，花粉块还粘在它的背上。用这种方式使带着花粉的蜂飞到另一朵花上去，或者下一次再来拜访同一朵花，而且被同伴挤落到水桶中，接着再次从那条通道爬出去时，花粉块就一定会先同胶粘的柱头进行接触，同时粘在这上面，这样一来这朵花就成功地受精了。现在，我们已经看清楚了花的每个部分的充分作用。分泌水的角状体的作用，半满水桶的作用，它的作用是防止掉进来的蜂飞走，并强迫它们不得不从出口爬过去，同时迫使它们擦着长在适当位置上的胶粘的花粉块还有胶粘的柱头。

还有一种亲缘关系十分密切的兰科植物，被称为须蕊柱，这种花的构造，尽管是为了相同的目的，却是与其他的植物非常不同的，这种花的构造同样也是十分奇妙的。当蜂类来拜访这种花时，也像去拜访盔唇花的花一样，是冲着吃食唇瓣而去的，但是当它们这么做的时候，就难免会接触到一条长的、细尖的、有感觉的突出物，我们将这个突出物称为触角，这个触角一旦被触到，就会传达出一种感觉，然后振动到一种皮膜上，于是皮膜就会马上裂开，释放出一种弹力，让花粉块如箭一般弹射出去，而方向恰好能够让胶粘的一端粘在蜂背上去。这类的兰科植物是雌雄异株的，雄株的花粉块就是通过这样的方式被带到雌株的花上，在那里碰到柱头，柱头是黏的，它的黏力足够将弹性丝裂断，然后将花粉留下，这样一来受精便完成了。

能够质问，在前面讲到的还有别的很多个例子当中，我们该如何去理解这种复杂的慢慢的分级分步骤的，还有用各式各样的方法去达到相同的目的呢？就像之前已经讲到过的，我们得到的答案无疑是，彼此已经出现了稍微差异的两个类型，在出现变异的时候，它们的变异性不可能是全部同一性质的。因此为了相同的一般目的，经过自然选择所得到的结果，也就不会是相同的了。我们还要牢记：每种高度发达的生物都已经通过很多的变异，而且每一个变异了的构造，全都有被遗传下去的倾向。因此每一种变异都不可能轻易地消失，反而会一次又一次地发生进一步的变化。所以说，每一种物种的任意一部分的构造，不管它是为着什么样的目的而服务的，也均是很多遗传变异的综合物，是这个物种从习性还有生活环境的改变中连续适应之后获得的。

最后，尽管在很多的情况下，想要推测器官经过了哪些过渡的形式才达到今日的状态，是十分困难的。不过，在考虑到生存的还有已知的类型同绝灭的以及未知的类型进行比较，前者的数目是那么小，而让我感到十分惊讶的，是很难列出一个例子来证明哪个器官不是经过过渡阶段之后慢慢形成的。就像是为了特殊的目的而创造出新的器官似的，在不管是哪种生物当中都极少出现甚至是从未出现过，当然这一定是真实的。就像自然史中那句古老的而且还有点夸张的格言“自然界中没有飞跃”所道出的一样。基本上所有有经验的博物学者的著作当中都承认这句格言。或者就像米尔恩·爱德华兹曾经说过的，他说得很好，他认为“自然界”在变化方面是十分慷慨的，可是在革新方面是十分小气的。假如按照特创论看的话，有时为什么会有那么多的变异，而真正新奇的东西又那么少呢？很多独立的生物既然是分别创造出来用于适应自然界中的一些位置，那么为什么它们的所有部分还有器官，都是这么普遍地被慢慢分级的一些步骤连接在一块儿呢？而从这一构造到另一构造的进化，“自然界”又是为什么不采取突然的飞跃呢？按照自然选择的学说，我们就可以明白地理解“自然界”为什么应该不是如此的了。由于自然选择仅仅是利用微小的、连续的变异来发挥作用，她从不会去采取巨大并且突然的飞跃，反而总是以短小而稳步的，缓慢的速度和节奏去慢慢地前进。

自然选择给次要器官造成的影响

由于大自然选择是经过生死存亡令最适者生存，令比较不适的生物灭亡，来发挥其作用的，因此在研究不是十分重要的部分的起源或者是形成的时候，有些时候我会觉得有一定程度的困难，这些困难的严重就好比是去理解最完善的以及最复杂的器官的情景一样，尽管这只是一种非常不相同的困难。

首先，不管是对于随便的哪一种生物的所有机构的知识，我们都相当缺乏，以至于无法说明哪种类型的微小变异就是重要的或者说是不重要的。在之前的一章当中，我曾列出过一些微细性状的事例，比如果实上的茸毛，果肉的色彩，四足兽的皮还有毛的颜色，因为它们都同体制的差异有关系，要不就是与昆虫是不是会来攻击有关，所以说的确能够深受自然选择作用的影响。长颈鹿的尾巴就像是人造的拂蝇，说它适于现在的用途是通过连续的、微小的变异，每次变异都会更加适合于像赶跑苍蝇那样的小事，最初看起来，好像是无法相信的。但是就算是在这样的

一只长颈鹿正在低头喝水

情形当中，要得出肯定的结论之前，也应该稍微考虑一下，因为我们全都明白，在南美洲牛还有别的一些动物的分布与生存基本上全部决定于抗拒昆虫攻击的力量。于是，不管是用什么方法，只要可以防避那些小敌害的个体，就可以蔓延到新的牧场中来获得巨大的优势。这里不是说这些大型的四足兽事实上会被苍蝇消灭（除去很少的一些例外），而是如果它们不断地被搅扰到的话，它们的体力就会降低，那么就会比较容易生病，或者是在饥荒到来的时候无法那么有效地去寻觅食物，或者躲避逃离其他食肉兽的攻击。

如今那些不太重要的器官，在一些比较特殊的情况之中，对于早期的祖先来说还是有一定的重要性的，这些器官在之前的一个时期里渐渐地完善化之后，尽管如今已经很少会有什么用了，但还是会以几乎相同的状态遗传给现存的物种。不过它们在构造方面任何一点的实际的有害偏差，也都会受到自然选择的及时抑止。见到尾巴在大多数水栖动物当中是多么的重要的运动器官，基本上就能够这样去解释它在大部分陆栖动物（从肺要不就是变异了的鳔显示出它们的水栖起源）中的一般存在以及多种用途了。一条足够发达的尾假如在一种水栖动物当中形成，那么之后它估计可以有各种各样的用途，例如，可以作为蝇拂，可以作为握持器官，或者还可以如狗尾那样地帮助自己转弯，尽管尾巴在帮助转弯方面的作用非常小，这么说是因为山兔几近于没有尾巴，却可以更为迅速地转弯。

其次，有些时候我们容易误认为有的性状是十分重要的，而且还极为容易误认为它们都是经过自然选择发展而来的。我们千万不能忽视改变了的生活环境的一定作用所产生的效果，好像同外界条件关系不太大的所谓自发变异而产生的效果，复现久已消失的性状的倾向所产生的效果，比如相关作用、补偿作用、一部分压迫另一部分等各式各样的生长法则所引起的效果，最后还有性选择所造成的各种效果，通过这一选择，往往能够获得对于某一性的有用性状，并且可以将它们多少完全地传递给另一性，即使这些性状对于另一性完全没有什么用处。不过，这种间接获得的构造，尽管在起初对于一个物种没有太大的利益，但是在之后会被它的变异了的后代在新的生活环境中还有新获得的习性当中利用到。

假如说仅有绿色的啄木鸟生活着，假如说我们并不知道还有很多种黑色的以及杂色的啄木鸟存在着，那么我可以肯定地说，我们一定会觉得绿色是一种非常美妙的适应，能够帮助这种频繁地往来于树木之间的鸟获得在敌害面前隐蔽自己的能力，那么我们自然就会觉得这是一个非常重要的性状，而且一定是经过自然选择而得到的。而事实上，这种颜色基本上可能主要是经过性选择而得到的。在马来群岛上有一种藤棕榈，它依赖着丛生于枝端的构造十分精致的钩，去攀缘那些耸立着的最高的树木。这样的装置，对于这种植物来说毫无疑问是非常有作用的。不过我们在很多非攀缘性的树上也见到了与此非常相似的钩，而且还从非洲以及南美洲的生刺物种的分布方面看到，有道理去相信这些钩原本是用来防御草食兽的，因此藤棕榈的刺最开始或许也是为着这样的目的来发展的，只不过随着演变，当这个植物进一步出现了变异而且成为攀缘植物的时候，原有的刺就被改良并且重新利用了。秃鹫头部裸露的皮，普遍被认作是为了沉溺于腐败物的一种直接适应性，或许真的是这样，但是也有可能是因为腐败物质的直接作用所致的。不过，当我们见到吃清洁食物的雄火鸡的头皮也是这么裸着的时候，我们再要得出不管是什么样的推论就应该十分谨慎了。幼小哺乳动物的头骨上的缝曾被认为是帮助产出的十分美好的适应，不用提出疑问，这能够让生产变得更加容易，或许对于生产来说，这是必须具备的。不过，幼小的鸟还有爬虫均是从破裂的蛋壳当中爬出来的，并且它们的头骨上也生有缝，因此我们能够推想这样的构造的发生，是因为生长法则，只不过高等的动物将其利用于生产方面了而已。

我们对于多种多样微小的变异，或者是个体之间差异所产生的原因，其实并不清楚。只要我们想一想每个地方的家养动物品种之间存在着的差别，尤其是在文明较低的国家当中，那些地方还很少施用有计划的选择，那么就能够立即意识到这一点。每个地方没有开化的人所养育的动物，还经常需要为了自己的生存去进行斗争，而且它们在一定程度上是暴露于自然选择的作用之下的，而且那些体制稍微存在一些不同的个体，在不一样的气候里最容易获得成功。牛对于蝇攻击的感受性，就像对于某些植物的毒性的感受性，与体色有一定的关系。因此可以说甚至是物种的颜色也是如此服从于自然选择的作用的。有的观察者认为潮湿的气候环境能够影响毛的生长，而角又和毛有一定的关系。高山品种往往同低地品种之间存在着一定的差异。多山的地区基本上会对动物们的后腿有一定的影响，因为它们在那样的环境中使用后腿的时候比较多，骨盘的形状甚至也可能因为这样而受到一些影响。那么，按照同源变异的法则，这些地区的动物的前肢还有头部估计也会受到一定的影响。此外，骨盘的形状估计会因为压力的影响进而影响到子宫中小牛的一些部分的形状。在高

在非洲草原上，一群秃鹫包围着死去的动物。虽然它们的爪子很弱，但它们强劲的喙可以帮助它们在腐烂的外皮上撕出口子。

的地区需要费力去呼吸，我们有确切的理由去相信，这能够让胸部有增大的倾向，并且相关作用在这里还发挥出了一定的效力。运动少以及丰富的食物，对于整个体制的影响估计更为重要一些。冯那修西亚斯最近在他的优秀论文中进行了阐释解说，这很明显是猪的品种发生巨大变异的一个重要原因。可是，我们真的是太无知了，于是才会对那些影响变异的很多个已知的原因还有未知的原因的相对重要性不能够进行有效的思考。我这么讲只是为了表明，就算通常都认为一些家养品种是由一个或者是少数几个亲种通过很多个世代之后才发生的，可是假如我们无法解释它们性状具有差异的原因，那么我们对于真正物种间存在着的那些细小的相似差异，在还无法了解其真正原因的情况下就不必看得太重要了。

功利说的真实性

最近有的博物学家反对功利说中的一个主张，那就是生物构造中的每一个细微点的产生，均是为了其所有者的利益。因为我在前面的章节中引用了“功利说”当中的这个论点，现在我非常有必要对于这种反对的说法再进行一个简单的讨论。大部分的反对者都认为很多生物的构造是被创造出来的，而其创造的目的仅仅是为了美，为了能够让人或者是“造物主”满意（不过“造物主”是列于科学讨论范围以外的），或者单纯只是为了增加一些花样才被创造出来的，这样的观点我们已经对其进行过讨论了。这样的理论假如正确的话，那么我的学说就完全没有立足的地方了。我毫无保留地承认，有数目可观的生物构造，对于现在它们的所有者来说并没有什么直接的作用，而且对于这些生物的祖先或许也不曾有过什么样的作用。不过这也无法证明它们的形成就一定完全是为了美或者是为了花样。根本不用去怀疑，发生了改变的外界条件的一些作用，还有我们在前面列举过的造成变异的种种原因，不论会不会因此而获得什么利益，都可以产生一定的效果，还有可能是非常大的效果。不过更为重要的一点理由是，每种生物的体制的主要部分都是经过遗传得到的，最后，尽管每种生物的确是十分适应于自己在自然界当中的位置，不过有很多构造同当前的生活习性并不存在十分密切的还有直接的联系。所以说，我们很难去相信高地鹅与军舰鸟的蹼脚对于它们来说，能够有哪些特殊的作用。我们无法去相信在猴子的臂内还有马的前腿中以及蝙蝠的翅膀里和海豹的鳍脚当中，类似的骨对于这些动物能够产生什么特殊的作用。我们能够非常确定地将这些构造全部都归因于遗传的作用。只不过蹼脚对于高地鹅还有军舰鸟的祖先来说，毫无疑问是有一定作用的，就像蹼脚对于大多数现存的水鸟具有一定的用处一样。因此，我们能够去相信，海豹的祖先并不长有鳍脚，但是有可能长有五个趾的脚，十分适合走或者是抓握。我们还能够进一步大胆地尝试相信，猴子以及马和蝙蝠的四肢中的那几根骨头，基于功利的原则，很有可能是从这个全纲的一些古代鱼形祖先的鳍当中的多数骨头，在经过减少之后慢慢发展而来的。但是，对于下面这些变化的原因，比如外界环境的一些作用，我们所说的自发的变异还有那些生长的复杂法则等，究竟应该给予多么大的衡量，总的来说，基本上是无法决定的。不过除了这些重要的例外之外，我们还能够断言，每个生物的构造在今天或者是过去，对于它的所有者来说，一定存在着一些直接或间接的作用。

对于生物是为了让人喜欢才被创造得美观的这种看法，这样的想法曾经被提出来说能够颠覆我的所有学说。我首先要指出的是关于美的感觉。很明显，这个问题完全取决于人类的心理因素，这很明显地与被鉴赏物的任何真实性质都没有关系，而且我们都知道，审美的观念并不是天生的或者说不会发生变化的。比如，我们能够见识到，不同种族中的男子，对于女性的审美标准就完全不一样。假如说美的东西完全是为了供人欣赏才被创造出来的话，那么我们就应该指出，在人类出现之前，自然界中所存在着的美，毋庸置疑的，应该不会比人类出现之后少。你难道要说，那些在始新世时期出现的美丽的螺旋形以及圆锥形的贝壳，还有那些在第二纪中出现的有着精美刻纹的鹦鹉螺化石，都是为了很多年之后供人类在室中进行鉴赏才被创造了出来吗？极少能有什么东西比矽藻细小的矽壳更为美丽，难道说它们是为了将来能够被我们放在高倍显微镜下进行观察与欣赏才被创造出来的吗？矽藻还有很多别的很美的东西，很明显完全是因为生长的对称导致的。花是自然界中最美丽的产物，它们与绿叶相衬十分引人注目，而且绿叶的衬托也让花儿们显得更加夺目，于是它们就能够很轻易地被一些昆虫发现。我之所以得出这样的结论，是因为我注意到一个不变的规律，那就是，风媒花从来没有拥有过华丽的花冠。同种情况下，植物们会开出两种花，一种是开放并且色彩鲜艳的，用来有效地吸引昆虫；还有一种是闭合并且没有彩色的，而且还没有花蜜，从来不会有昆虫主动去访问。所以，我们能够果断地说，假如在地球的表面上不曾有过昆虫的生存与发展，那么我们的植物就不会生有那些美丽夺目的花，而只开那些不美丽的花了。正像我们在枞树、栎树、胡桃树、梣树、茅草、菠菜、酸模还有荨麻中所看到的一样，因为它们都属于风媒花，全都是借助风的力量进行受精，所以它们的花都不怎么美丽。相同的论点也完全能够运用于果实方面。成熟的草莓还有樱桃，不仅好看而且还十分可口，桃叶卫矛华丽颜色的果实还有枸骨叶冬青树那猩红色的浆果，全都是十分迷人的东西，这一点得到了所有人的认可。不过这样的美，只是为了用来吸引鸟兽，借助鸟兽们吞食果实之后，随着粪泻排泄来

达尔文曾经使用的消色差显微镜

使得种子得以散布到其他地方去。我之所以判定这些事例是真实可信的，是因为我们不曾见到过下面的法则有过例外，那就是埋藏于任何种类的果实中（也就是那些生在肉质的或柔软的瓤囊当中）的种子，假如它们的果实拥有着鲜明的颜色，或者是因为拥有黑色或白色而十分夺目，那么它们就都是通过这样的方式进行散布的。

还有一方面，我愿意承认绝大部分的雄性动物，比如所有的最美丽的鸟类，一些鱼类、爬行类以及哺乳类，还有很多色彩十分艳丽的蝴蝶，全都是为了美而变美的。不过这些都是经过性选择才获得的成果。换句话说，是因为比较美的雄体曾经不断地被雌体所选中，并不是为了取悦于人类。鸟类的鸣叫声也是这个道理。我们能够从所有这样的情形里进行一个推论：动物界的大多数在爱好美丽的颜色还有声音的音响方面，都有着十分类似的爱。当雌体拥有着像雄体那样美丽的色彩时，这样的情况在鸟类还有蝴蝶当中并不少见，那么它的原因很明显是经过性选择之后才获得了这样的美丽颜色，而这点不仅仅是遗传于雄体，还能够遗传于两性之中。最简单形式的美感就是说对于某一种色彩还有形态以及声音所获得的一种特殊的快乐，最开始是如何在人类还有低于人类的动物们心中发展起来的。不得不说这真的是一个非常难以解决的问题。假如我们追究为什么有的香和味能够给我们舒适快乐的感觉，但是其他的无法提供这样的感觉时，我们就会遭遇相同的难题。在所有这样的情况中，习性好像在某种程度上有一定的作用，不过在每种物种的神经系统的构造当中，肯定还存在着某些基本的别的缘由。

虽然说在整个自然界当中，一种物种时常会利用别的物种的构造来获得一些利益，但是自然选择不可能让一个物种只产生出完全对另一个物种有利的变异。不过自然选择可以并且确实时常产生出直接对其他动物有害的构造，就像我们所看到的蝮蛇的毒牙、姬蜂的产卵管，依靠这些它们就可以将卵产在其他活昆虫的身体当中。假如可以证明不管是哪一个物种的构造的随便一个部位完全是为了另一物种的利益而形成的，那么就将推翻我的学说了。因为这些构造是无法经过自然选择来产生的。尽管在博物学的著作当中有很多关于这种成果的讨论，可是我无法找出一个有意义的叙述来提供一些帮助。人们都觉得响尾蛇的毒牙是用来自卫还有杀害猎物的，可是有的著作家假设它同时还拥有一些对自己非常不利的响器，这样的响器能够预先发出警告，让猎物警戒起来。这么说的话，我基本上也能够相信，猫在准备纵跳时，卷动尾部是为了让已经被它看作是食物的鼠警戒起来。不过更为可信的观点是，响尾蛇利用自己的响器，眼镜蛇膨胀它的颈部皱皮，蝮蛇在发出很响并且粗糙的嘶声时将身体胀大，均是为了恐吓那些甚至对于最毒的蛇，也准备进行攻击的鸟还有兽。蛇类这样的行为同母鸡在看到狗走近它的小鸡时就将羽毛竖起、两翼张开的道理是相同的。动物们在想办法将自己的敌害吓走，它们有很多种方法，不过因为这里篇幅有限，就不做详细的叙述了。

自然选择向来不会让一种生物产生出对于自己害多利少的任何构造，因为自然选择完全是依据各种生物的利益，同时也是为了它们的利益而发挥着自己的作用。就像帕利曾经提到过的，生物界中，没有一种器官的形成是为了给自己的所有者带来苦痛或者是损害的。假如公平地衡量因各个部分所引起的利还有害，那么就能够看到，从整体来说，每个部分均是有利的。通过时间的推移以及生活环境的变化，假如有哪一部分变成了有害的，那么它就会出现改变。如果不是这样的话，那么这种生物就该绝灭了，就像那些已经绝灭了的无数的生物一样。

自然选择仅仅是倾向于让每一种生物同生存于相同地区的、与它竞争的其他生物一样地完善，或者让它稍稍更为完善一点。大家能够注意到，这就是在自然环境中所得到的完善化的标准。比如，新西兰的土著生物彼此之间进行比较的话，都是一样完善的，可是当从欧洲引进了一些植物还有动物之后，再进行一个比较的话，原本的这些物种就会迅速地屈服于新物种。自然选择不可能产生出绝对的完善，而且，按我们所能判断的来说，我们也未曾在自然界中见到过那么高的标准。穆勒之前曾说过，光线收差的校正就算是在最完善的器官，比如人类的眼睛当中，也并不是十分完善的。从来没有人怀疑过赫姆霍尔兹的判断，他在重点地描述了人类的眼睛具有神奇的功能以后，又提出了以下值得我们注意的观点："我们发现在这种光学器具当中，还有视网膜上的影像当中存在着不正确以及不完善的情况，这样的情况无法同我们刚刚遇到的感觉领域中的各种不调和进行比较。人们能够说，自然界为了否定外界与内界之间预存有协调的理论的一切基础，是喜欢积累矛盾的。"假如说我们的理性指导我们去热情地赞美自然界中存在着无数无法被模仿的创造的话，那么这一理性还会告诉我们说（就算我们在两个方面都容易犯错误），某些别的创造还是比较不完善的。我们可以认定蜜蜂的刺针就是完善的吗？当它用刺针去刺自己的敌害的时候，无法将它拔出来，由于它生有倒生的小锯齿，这么一来，它们自己的内脏就会被拉出来，于是就不可避免地会造成自身的死亡。

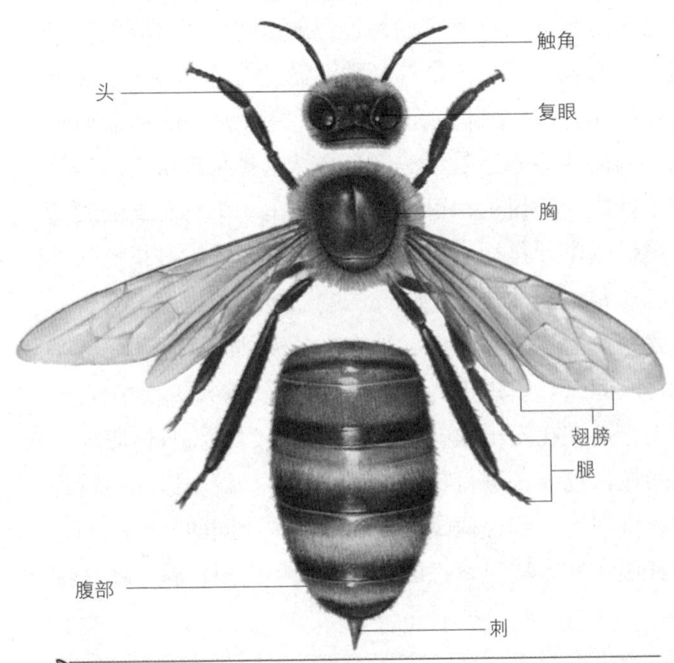

蜜蜂身体构造图解

假如我们将蜜蜂的刺针看成是在遥远的祖先中已经存在着的，原本是用来穿孔用的锯齿状的器具，就如同这个大目中的很多成员的情况一般，在后来，为了如今的这种目的而被改变了，可是又没有得到完全的改变，它的毒素在最开始是适用于其他用途的，比如产生树瘿，之后才变得强烈。那么这样下去，我们基本上就可以理解为什么蜜蜂一旦用到自己的刺针，就会那么经常性地造成自己的死亡了。因为，如果从整体看的话，刺针的功能对于社会活动具有一定的用处，尽管能够引起少数成员的死亡，但是能够满足自然选择的所有要求。假如我们赞叹很多昆虫中的雄虫根据自己嗅觉的特殊能力去寻找它们的雌虫，那么，仅仅是为了生殖目的而产生出来的成千雄蜂，对于蜂群来说就没有一点点别的用处了，那么最终被那些劳动但是不育的"家人"弄死，我们对这样的情况也要进行赞叹吗？或许是很难进行赞叹的，不过我们应该赞叹蜂王野蛮而本能的仇恨，这样的恨鼓动它们在幼小的蜂王，也就是它自己的女儿刚产生出来的时候，就将它们弄死，要不就是自己在这场战斗中死去。毫无疑问，这样的行为对于蜂群来说，是非常有好处的。不管是母爱还是母恨（还好后者比较很少），对于自然选择的无情原则来说，都是一样的。假如我们称赞兰科植物还有很多别的植物的几种巧妙的构造，它们依靠那些构造来吸引昆虫，借助昆虫的力量进行受精，那么枞树产生出来的大量密云一般的花粉，却是只有少数几粒可以碰巧被风吹到胚珠上去，我们也可以认为它们是同样完善的吗？

摘　要

在本章中，我们已经将能够用来反对这一学说的一些难点还有异议进行了讨论。其中有很多是非常严重的，不过，我觉得在这个讨论当中，对于一些事实已经提出一些说明，假如按照特创论的信条来看的话，那些事实是完全无法弄清楚的。我们业已看到，不论物种在哪一个时期的变异都不会是没有限度的，也并不是由无数的中间诸级联系起来的。有些原因是自然选择的经过永远都是十分缓慢的，不管是在哪一个时期，也都只对极少数的类型发挥作用，还有一些原因是自然选择这个过程本身就包括先驱的中间诸级不停地受到排斥还有绝灭。现在生存于连续地域中的亲缘密切的物种，一定常常在这个地区还未能连续起来，而且生活条件还没有从这一处不知不觉地慢慢地转变到其他地方的时候，就已经形成了。当两个变种在连续地区的两处形成的同一时间，也常会伴有适应于中间地带的一种中间变种随之而形成。不过根据前面讲到的理由，中间变种的个体数目一般都会比它所连接的两个变种的数目少很多。到最后，这两个变种在进一步发生变异的过程中，因为个体的数目比较多，于是就会比个体数目较少的中间变种占据强大的优势，于是，慢慢地就会成功地将中间变种排斥并且消灭干净。

我们在本章中已经看到，如果要断言非常不同的生活习性无法逐渐彼此转化时，比如断言蝙蝠无法经过自然选择由一种最初只在空中滑翔的动物而形成，我们应该如

一只海燕在扎入式潜水后带着猎物冲出海面

何谨言慎行。

我们已经发现，一种物种在新的生活环境中能够改变自己的习性，或者它能够同时拥有多样的习性，其中有些与它的最近同类的习性非常不相同。所以，只要记住每个生物都在试图生活于任何它们能够生存的环境之中，我们就可以理解那些脚上有蹼的高地鹅、栖居于陆地的啄木鸟以及潜水的鸫还有具有海鸟习性的海燕是如何产生的了。

如同眼睛那么完善的器官，要说可以由自然选择而形成，这足以让所有的人感到犹豫不决。不过不管是什么样的器官，只要我们明白它们一系列逐步的、复杂的过渡的诸级，每个均对所有者有一定的益处，那么，在不断变化着的生活条件之中，经过自然选择而获得任何能够想象得到的完善程度，在逻辑方面讲并不是不可能的。在我们还不知道有中间状态或者是过渡状态的情况下，要断言不可以有这些状态曾经存在过，不得不非常慎重。因为很多器官的变化向我们解释说明了，机能方面的奇异变化最起码是可能的。比如，鳔很明显已经转变为呼吸空气的肺了。同时进行多种不同机能的然后一部分或全部变为专营一种机能的同一器官；同时执行多种不同功能的同一器官，还有同时执行相同功能的两种不同的器官，均能够在很大程度上促进这些器官的过渡。前者部分或者是全部转化为执行一种功能，而后面的二者，其中的一个会在另一个的帮助之下得到一定程度上的完善。

我们也已看到，在自然系统里彼此相距非常远的两种生物当中，用于相同用途的而且外表非常相像的器官，能够各自独立形成。不过如果对于这些器官进行仔细的检查，基本上往往都能够发现它们的构造在本质上是不相同的。按照自然选择的原理，结果自然就是这样了。另外再有一方面，为了达到相同的目的的构造的无限多样性，是整个自然界中的普遍规律，这也是按照相同伟大原理得出的结果。

在很多情况下，因为我们知道得实在太少了，于是就自认为，由于一个部分或器官对于物种的利益非常不重要，因此它的构造上的变异就不会由自然选择而慢慢地累积起来。在很多其他的情形当中，变异估计是变异法则或生长法则直接作用的果，同因此获得的任何利益都没有关系。不过，就算是这些构造在后来的新生活环境中为了物种的利益也经常被利用，而且还会进一步地变异下去，我们认为这是能够确信的。我们还能够相信，以前曾经是十分重要的部分，尽管它们如今变得不太重要，致使在它的当前状态中，它已不会由自然选择而获得，但常常还会继续保留着（像水栖动物的尾巴依然保留在它的陆栖后代当中）。

自然选择无法在一个物种当中产生出完全为了另一个物种的利益或者是为了损害其他物种的任何东西，即使它可以有效地产生出对于另一物种非常有用的甚至是不可缺少的，还有那些对于别的物种非常有害的部分、器官以及分泌物，可是在所有的情形当中，同时也是对于它们的所有者是有用的。在生物繁多的每个地方，自然选择通过生物的生存斗争而发挥着自己的作用，最后，只是按照这个地方的标准，在生活斗争中产生出成功者。所以说，一个地方，一般都是比较小地方的生物，经常会屈服于其他地方，一般都是较大一些地方的生物。因为在大的地方当中，有数目较多的个体以及比较多样的类型存在，因此竞争就比较激烈，于是，完善化的标准也就比较高。自然选择不一定可以创造绝对的完善化。依据我们的有限的才能去判断，绝对的完善化也并不是能够随处断定的。

按照自然选择的学说，我们就可以明白地理解博物学中“自然界里没有飞跃”这一古老格言的充分意义了。假如我们只能够看到世界上现存的生物，那么这句格言就不是严格正确的；但是假如我们将过去的所有生物都包含于其中的话，不管是已知的还是未知的生物，这句格言依据这个学说，肯定是严格正确的了。

通常承认所有生物都是按照两大法则——“模式统一”以及“生存条件”这两个条件形成的。模式统一是指同纲生物的、同生活习性没有任何关系的构造方面的基本一致来说。按照我的学说，模式的统一能够用祖先的统一进行解释。曾被著名的居维叶所一直坚持的生存条件的说法，完全能够包括在自然选择的原理之中。由于自然选择的作用在于让每个生物的变异部分如今都可以适用于有机的还有无机的生存条件，或者是为了让它们在过去的时代当中这样去适应。在大多数情况下，适应受到器官的增加使用或不使用的影响，还会受到外界生活环境的直接作用的影响，而且在所有场合当中受到生长以及变异的很多个法则的支配。所以，事实上“生存条件法则”是属于比较高级的法则，因为经过之前的变异还有适应的遗传，它已经将“模式统一法则”包括在里面了。

原古马与普氏野马

第七章

对于自然选择学说的种种异议

长寿——> 变异未必同时发生——> 表面上无直接作用的变异——> 进步的发展——> 作用小的性状最稳定——> 想象的自然选择无法说明有用构造的初期阶段——> 阻碍自然选择获得有用构造的原因——> 巨大而突然的变异之不可信的原因

长寿

我准备专门用这一章来对那些反对我的观点的多种多样的异议进行讨论，因为这样能够将之前的一些讨论看着更明白一些。不过用不着将所有的异议都进行讨论，因为有很多的异议是由不曾用心去理解这个问题的研究者们提出来的。比如，一位知名的德国博物学家断言我的学说中最为脆弱的一个内容，是我将所有的生物都看成是不完善的。实际上我说的是，所有的生物在同自己的生活环境的关系里，并没有尽可能地那么完善。世界上很多地方的土著生物让位于外来侵入的生物向我们证明了这是事实。就算是生物在过去任何一个时期可以完全适应它们的生活条件，可是当环境发生了变化的时候，除非它们自己也随之而发生改变，否则就无法再完全适应了。而且不会有人反对每个地方的物理条件还有生物的数目以及种类曾经经历过很多次的变化。

近日，有位批评家为了炫耀自己数学方面的精确性，坚定地认为长寿对于所有的物种都有非常大的利益，因此相信自然选择的人就应该将生物系统发生树按照所有后代的寿命都比自己的祖先更为长寿的方式去进行排列。但是，一种两年生植物或者是一种低等动物假如分布到寒冷的环境当中，每到冬季就会死去。不过，因为通过自然选择所获得的利益，它们利用种子或者是卵就可以年年复生，我们的批评家们难道不会考虑一下这样的情况吗？最近雷兰克斯特先生对这个问题进行了进一步的讨论，他总结说，在这一问题的极端复杂性所允许的范围之中，他的判断是，长寿通常是同每个物种在体制等级中的标准有一定关系的，同时还和在生殖中以及普通活动中的消耗量有着一定的关系。这些条件估计大多数是经过自然选择来决定的。

变异未必同时发生

以前有过这样的讨论，说在过去的3000或者是4000年当中，埃及的动物还有植物，就是那些我们所知道的都没有发生过变化，因此世界上其他随便一个地方的生物估计也没有出现过变化。不过，就像刘易斯先生所讲的那样，这样的议论不免有些太过分了，由于刻在埃及纪念碑上的还有那些制成木乃伊的古代的家养族，尽管和现今生存的家养族十分相像，甚至是相同的，但是所有的博物学家都认为，这些家养族都是经过它们的原始类型在经过变异之后产生出来的。自冰河期开始以来，很多保持不变的动物基本上能够用来当作一些十分有力的例子，因为它们曾经暴露在气候的巨大

奔跑的康尼马拉马

变化之中，并且曾经远距离地搬迁生活过。而换成在埃及，按我们所知道的，在逝去的数千年当中，生活条件从来都是完全一致的。自从冰河时期以来，那些很少会出现变化甚至是从来没有出现变化的事实，用以反对那些相信内在的以及必然的发展法则的人们，估计是有一些效力的。不过用来反对自然选择也就是最适合生存的学说的话，却不具备什么力量，因为这个学说表示着只有当有利性质的变异或者说个体差异出现的时候，

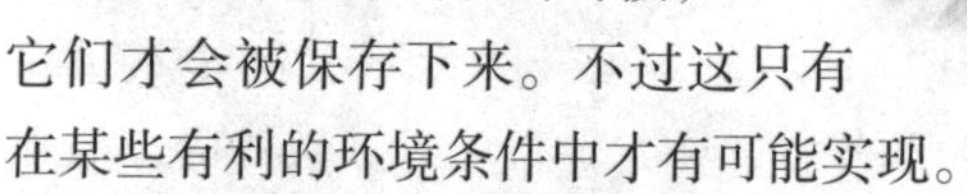

它们才会被保存下来。不过这只有在某些有利的环境条件中才有可能实现。

著名的古生物学家布朗在他译的本书德文版的后面，问道：依据自然选择的原理，一个变种如何可以与亲种并肩生存呢？假如二者都可以适应稍微不一样的生活习性或者说生活条件，它们大概可以一同生存的。假如我们将多形的物种（它的变异性看起来好像具有特殊的性质），还有暂时的变异，就像大小、皮肤变白症等情况，都先放在一边不去讨论，别的比较稳定的变种，就我所能发现的，通常都是栖息在不同地区的，比如高地或低地，干燥地段或者是潮湿地段。另外，在喜欢到处漫游还有自由交配的一些动物当中，它们的变种好像通常都是局限于不同地区当中的。

布朗还觉得，不一样的物种从来不只是表现于一种性状方面，反而是在很多方面都会有一定的差异。而且他还问道，体制的很多部分是如何因为变异还有自然选择经常同时出现变异的呢？不过也没有必要去猜想哪种生物的所有部分是不是会同时出现变化。最能适应一些目的的最明显变异，加上我们之前所讲到的，估计经过连续的变异，就算是轻微的，最开始是在某一部分，然后就会在其他部分而被获得的。由于这些变异都是一同传递而来的，因此才会让我们看起来觉得好像是同一时间发展的了。有的家养族主要是因为人类选择的力量，朝着一些特殊的目的发生变异的，这种类型的家养族对于前面提到的异议提供了最好的回答。让我们来看看赛跑马还有驾车马，也可以看看长躯猎狗还有獒。它们全部的躯体，甚至就连心理特性都已经遭到了改变。不过，假如我们可以查出它们的变化史中的每一阶段，当然，那些最近的几个阶段是能够查出来的，那么我们将看不到巨大的以及同时发生着的变化，反而只会看到，最开始是这一部分在变化，接下来是另一部分发生了细小的变异还有改进。甚至可以讲，当人类只对其中的一种性状进行选择时，栽培植物能够在这

方面提供最好的例子，那么我们就会看到，尽管这一部分，不管它是花、果实还是叶子，在很大程度上被改变了。这样的话，那么几乎所有别的部分也会出现稍微的变化。这一个现象能够归因于相关生长的原理，还有一部分能够归因于我们所说的自发性变异。

表面上无直接作用的变异

布朗还有布罗卡提出了更为严重的异议，他们认为，有很多性状看起来对于它们的所有者，并未发现有什么作用，因此它们无法被自然选择干扰和影响。布朗列出了不同种的山兔以及鼠的耳朵还有尾巴的长度还有很多动物牙齿上的珐琅质的复杂皱褶，以及大量类似的情形来进行有力的论证。对于植物，内格利在一篇值得称赞的论文当中已经讨论过这个问题了。他认可自然选择非常具有影响力，可是他主张各科植物彼此之间的主要差异在于形态学的性状，而这些性状对于物种的繁盛来说似乎并不怎么重要。所以他认为生物有一种内在的倾向，能够让它朝着进步的以及更加完善的方向去发展。尤其是以细胞在组织中的排列还有叶子在茎轴上的排列为例，更说明自然选择无法发挥作用。我觉得，另外还能够加上花的各部分的数目还有胚珠的位置，以及在散布方面并没有什么作用的种子形状等。

长耳大野兔

前面的异议非常有力。不过就算是这样，首先，当我们决定判断什么样的构造对于每个物种现在有用或者是以前曾经有用时，还是需要十分谨慎的。其次，我们一定要记住，有的部分在出现变化时，别的部分也会出现变化，这是因为一些我们还不是很明白的原因，比如流到一部分去的养料的增多或者是减少，各个部分之间的互相挤压，先发育的那部分对后来发育的那部分还有别的方面的影响等。除此之外，还有一些我们完全无法理解的别的原因，它们造成了很多相关作用的神秘现象。而那些作用，为了用起来方便简单，都能够包括于生长法则这个用语当中。最后，我们不得不考虑到改变了的生活条件具有直接的以及一定的作用，而且不得不考虑到我们所说的自发性变异，在自发性变异当中生活环境的性质很明显发挥着十分次要的作用。芽的变异，比如在普通蔷薇上突然生长出来的苔蔷薇，或者是在桃树上生长出来了油桃，那就是自发变异的最好的例子了。不过就算是在这样的情况之下，假如我们还记得虫类的一小滴毒液在产生复杂的树瘿上的力量，我们就不可以百分百地肯定，前面讲的变异不是因为生活环境的一些变化所引发的。树液性质微小部分变化的结果，对于每一个细小的个体差异，还有对于偶然发生的，更为明显的变异，一定存在着某种有道理的理由，而且假如这种未知的原因不间断地发挥其作用，那么这个物种的所有个体基本上就一定会出现相似的变异了。

在本书的前几版当中，我过低地估计了因为自发变异性而发的变异的频度还有重要性，现在看起来，这似乎是有可能存在着的。不过也绝不可以将每个物种的这么良好地适应于生活习性的很多种构造都归功于这个原因，我无法相信这一点。对适应性非常好的赛跑马还有长躯猎狗，在人工选择原理还没有被了解之前，曾让一些前辈的博物学家发出感叹，我也不认为能够用这个原因去进行解释。

非常有必要举出例证去说明一下前面讲到的一些论点。对于我们所假定的每种不同部分还有器官的无用性，就算是在最熟知的高等动物当中，也依然有着很多这样的构造存在着，它们是那么发达，以至于从来无人会怀疑它们的重要性。可是它们的作用还未能被确定下来，或者说仅仅是在最近才被确定下来。有关这点，基本上也没必要再说了。布朗既然将很多个鼠类的耳朵还有尾巴的长度作为构造没有特殊作用而呈现差异的例子，尽管说这不是非常重要的例子，可是我能够指出，依据薛布尔博士的观点，普通鼠的外耳具有数目可观的以特殊方式分布的神经，没必要去怀疑，它们是用来当作触觉器官使用的，所以耳朵的长度看起来就不会是不太重要的了。此外，我们还能够见识到，尾巴对于某些物种是一种极为有用的把握器官，这样一来它的作用就要大受它的长短的影响。

对于植物，鉴于已有内格利的相关论文，我就只作以下的一些说明。人们会承认兰科植物的花有很多奇异的构造，多年之前，这些构造还只是被看成是形态学上的差异，并没有什么特殊的机能。不过现在我们都已知道，这些构造经过昆虫的帮助在受精方面是非常重要的，而且它们估计是通过自然选择来被获得的。一直到近来，没有人能够想象到在二型性的或者是三型性的植物当中，雄蕊还有雌蕊的不同长度以及它们的排列方法会带来什么样的作用，不过我们如今已经知道，这些确实是有作用的。

在一些植物的整个群当中，胚珠直立，而在别的群中，胚珠则会倒挂着。也有为数不多的植物，在同一个子房中，一个胚珠呈直立状，而另一个则呈倒挂状。这些位置在最初看起来好像纯粹是形态学的，或者说并不具有生理学的意义，可是胡克博士曾经对我说，在同一个子房当中，有些只有上方的胚珠会受精，而有的只有下方的胚珠会受精。在他看来这估计是由于花粉管进入子房的方向不同而造成的。假如真的是这样的话，那么胚珠的位置就算

一朵兰科植物的花可以结出200多万颗极小的种子。

是在同一个子房中一个直立一个倒挂的时候，估计是位置上的任何微小的偏差的选择造成的结果，这样受精还有产生种子才获得了利益。

属于不同“目”的一些植物，常常会出现两种花，一种是开放的、具有普通构造的花，还有一种是关闭的、不完全的花。这两种花有些情况在构造方面表现得极为不同，但是在同一株植物上还是能够看出来它们是相互渐变而来的。一般的开放的花能够异花受精；而且还因此保证了确实得到异花受精的利益。但是关闭的不完全的花也一样。明显极为重要的，由于它们仅需要耗费很少的花粉就能够非常稳妥地产生出大量的种子。刚刚我们已经说过，这两种花在构造方面往往是非常不同的。不完全花的花瓣基本上总是由残迹物构成的，花粉粒的直径也会缩小很多。在一种柱芒柄花当中，它的五本互生雄蕊都已退化了。在堇菜属的一些物种当中，三本雄蕊是退化了的，剩下的二本雄蕊尽管保持着正常的机能，但是是非常小的。在一种印度堇菜当中（无法知晓它的名字，因为我从未见过这种植物开过完全的花），在拥有的三十朵关闭的花中，有六朵花的萼片从五片的正常数目退化成三片。在金虎尾科当中的某一类里，依据米西厄提出的观点，关闭的花会出现更进一步的变异，那就是与萼片对生的五本雄蕊全都退化了，只留下与花瓣对生的第六本雄蕊还是发达的。可是那些物种普通的花却并没有这样的雄蕊存在，花柱的发育也不全，而且子房也由三个退化成了两个。尽管自然选择有足够的力量能够阻止一些花的开放，同时还能够因为让花闭合起来以后来减少过剩的花粉数目，可是前面讲的各种特殊的变异，是无法如此进行决定的。而不得不看作这是按照生长法则的结果，在花粉减少还有花闭合起来的过程中，有一些部分在机能方面的不活动，也能够纳入生长法则之中。

生长法则的重要影响是如此需要得到我们的重视，因此我还要再举出其他的一些例子，表明相同的部分或器官，因为在同一植株上的相对位置的不同因而会出现一些差异。按照沙赫特所说的，西班牙栗树还有一些枞树的叶子，它们分出的角度在近于水平的还有直立的枝条上有一定的不同。在普通芸香还有一些别的植物当中，中间或者是顶部的花往往是最先盛开的，这朵花有5个萼片以及5个花瓣，子房同样是五室的，但是这些植物的所有别的花全是四数的。英国的五福花属顶上的花一般只有2个萼片，而它的其余部分却是四数的，周围的花通常都有3个萼片，但是其余的部分是五数的。很多聚合花科还有伞形花科（还有一些别的植物）的植物，它们外围的花比中间的花拥

金虎尾的花瓣

有着更为发达的花冠；这些情况好像往往与生殖器官的发育不全有一定的关系。还有一件我们之前提到过的更为奇妙的事实，那就是外围的还有中间的瘦果以及种子经常在形状、颜色，还有别的性状方面彼此间存在着很大的不同。在红花属还有一些别的聚合花科的植物当中，只有中间的瘦果具有冠毛。而在猪菊芭属当中，相同的一个头状花序上会生有三种不同形状的瘦果。在其他一些伞形花科的植物当中，依据陶施提出的意见，长在外面的种子属于直生的，而长在中央的种子则是倒生的，在德康多尔看来，这样的性状在别的物种当中具有分类上的高度重要性。布劳恩教授曾列出延胡索科的一个属，其穗状花絮下面的花结有呈卵形的还有呈棱形的一个种子的小坚果。但是在穗状花絮的上面，则结有披针形的以及两个蒴片的，两个种子的长角果。在这么多的情况中，除了为了引来昆虫注目的十分发达的射出花之外，按照我们所能判断的来看，自然选择通常都没有发挥出什么作用，或者是只会发挥十分次要的作用。所有这样的变异全部均是每个部分的相对位置还有它们相互作用的结果。并且，基本上没有任何疑问，假如同一植株上所有的花还有叶，如同在一些部位上的花还有叶那般都曾受相同的内外条件的影响，那么它们就都会依照同样的方式而被改变。

进步的发展

在别的很多情况当中，我们常能看到，被植物学家们看作是通常具有高度重要性的构造变异，仅仅发生在同一植株上的一些花当中，或者只是出现在相同外界条件下的，密接生长的不同植株之上。由于这样的变异看起来对于植物没有什么特殊的作用，因此它们并不会受到自然选择的影响。其中的原因到底是什么，我们还不是十分清楚，甚至不可以像前面所讲到的最后一类例子那样，将它们归因于相对位置方面的各种的近似作用。在这里我仅仅列出少数几个事例就好。在相同的一株植物上，如果花没有规则地表现为四数或者是五数，那都属于很平常的现象，对于这点我不需要再举出实例了。不过，由于在一些部分的数目比较少的情况里，数目方面的变异也会比较稀少，因此我还需列举一些例子出来，按照德康多尔所说的，大红罂粟的花具有两个萼片以及四个花瓣，或者三个等片以及六个花瓣。花瓣在花蕾中的折叠方式在大多数植物群中都是一个非常稳定的形态学方面的性状。不过阿萨·格雷教授曾说，对于沟酸浆属的一些物种，它们的花的折叠方式基本上总是不但像犀爵床族而且还像金鱼草族，而沟酸浆属是属于金鱼草族的。圣·提雷尔以前举出过下面的例子：芸香科拥有单一子房，它的一个部类花椒属的某些物种的花，在同一植株上或者说是在同一个圆锥花序方面，生有一个或两个子房。半日花属的蒴果有一室的，也有三室的。不过，变形半日花则生长有一个稍微宽广一些的薄隔，隔于果皮与胎座之间。关于肥皂草所生的花，按照马斯特斯博士的仔细观察，它们不但拥有着边缘胎座同时还有着游离的中央胎座。最后，圣·提雷尔曾在油连木分布地区的近南端的地方找到两种类型，一开始他毫不怀疑这是两个不相同的物种，可是后来他看见它们生长于同一个灌木上，只好接着又补充道："在同一个个体当中，子房还有花柱，有时生长于直立的茎轴上，有时生长于雌蕊的基部。"

我们由这些可看出，植物的很多形态方面的变化，能够归因于生长法则以及各部分的相互作用，但是与自然选择没有什么关系。不过内格利曾经提出，生物有朝着完善或进步发展的内在倾向。按照这个学说，可以说在这些显著变异的场合当中，植物是朝着高度的发达状态前进的吗？事实正好相反，我只是按照前面讲到的各部分在相同植株上，差异或变异非常大的这个事实，就能够对这些变异进行一个推论，不管通常在分类方面有多么大的重要性，但是对于植物本身来说是非常不重要的。一个没有作用的部分的获得，真的是无法说它是提高了生物在自然界中的等级。而至于前面所讲到的那些不完全的关闭的花，假如不得不引用新原理进行解释的话，那么肯定是退化原理，而不是进化原理。很多寄生的还有退化的动物一定也是这个样子的。对于那些造成前面所说的特殊变异的原因，我们目前还是无法弄明白的。不过，假如这种未知的原因基本上非常一致地在很长的一段时间里发挥它的作用，那么我们就能够推论，所造成的结果也一定是几乎一致的，而且在这样的情况下，物种的所有个体会用相同的方式出现一些变异。

作用小的性状最稳定

前面所讲的每种性状对于物种的安全并没那么重要，从这一事实来看的话，这样的性状所发生的不论是哪种轻微的变异，都不会经过自然选择而被累积和增加的。一种经过长久继续选择而发展起来的构造，等到对于物种没有效用的时候，通常就容易发生变异，正像我们在残迹器官当中所看到的那样，由于它已不再受相同的选择力量所支配了。不过因为生物的本性还有外界条件的性质，对于物种的安全并不重要的变异发生了，它们就能够而且很明显经常是这样的，基本上都会用相同的状态传递给很多在别的方面已经出现了变异的后代。对于很多哺乳类、鸟类或者是爬行类，是否生有毛、羽或者是鳞，并不特别重要。不过，毛基本上已经传递给所有的哺乳类，羽基本上也已经传递给所有的鸟类，鳞已经传递给所有的真正爬行类。在所有的构造当中，不管它是哪种构造，只要被很多的近似类型所共有，那么就被我们看成是在分类方面有着高度的重要性，结果就经常被认定为对于物种具有决定生死的重要性。所以我更倾向于相信我们所认为重要的形态方面的差异，比如叶的排列、花与子房的区别、胚珠的位置等诸多情况，一开始在很多情况下是以不太稳定的变异情况而出现的，再到后来，因为生物的本性还有周围条件的性质，同时还因为不同个体之间的杂交，不过不是因为自然选择，于是迟早就能够稳定下来。其原因在于，由于这些形态方面的性状并不会影响到物种的安全，因此它们不管是什么样的轻微偏差，都不会受到自然选择作用的支配或累积。那么，我们就能够得到一个很奇特的结果，那就是对于物种生活非常不重要的性状，对于分类学家来说是非常重要的。可是，等到我们以后讨论到分类的系统原理时，就会发现这一切绝不像我们初见时那么矛盾。

羽毛类型。鸟是唯一能长羽毛的动物。

尽管我们没有良好的证据去证明生物体内存在着一种朝着进步发展的内在倾向，但是就像我曾经在前面的章节中所试图指出的，经过自然选择的不断作用，一定能够产生出朝着进步的发展，而对于生物的高等的标准，最合适的定义是器官专业化或分化所达到的程度，那就是，自然选择具有达到这个目的的倾向，由于器官越加专业化或分化，那么它们的机能就越发有效。

杰出的动物学家米瓦特先生最近搜集了我还有其他人对于华莱斯先生还有我所主张的自然选择学说曾经提到过的一些异议，而且还用能够值得称赞的技巧以及力量进行了解说。那些异议经过这样的排列之后，就变为非常可怕的阵容。由于米瓦特先生并没有计划列举同他的结论相反的各种事实以及论点，因此读者要衡量双方的证据，就不得不在推理还有记忆方面进行非常大的努力研究。而在讨论到特殊情形的时候，米瓦特先生将身体各部分的增强使用还有不使用的效果暂时忽略不谈，可是我时常主张这是非常重要的，而且，在之前的一些章节当中，我认为我比任何别的作者都更为详细地讨论了这个问题。而且，他还经常觉得我没有将与自然选择没有关系的变异提前估计到，事实正好相反，在刚才所讲的著作当中，我搜集了许多非常确切的例子，超出了我所知道的所有别的著作。我的判断并不一定非常有道理，不过在详细读过米瓦特先生的书，并且逐段将他所讲的同我在相同题目下所讲的进行比较之后，我从来没有这么强烈地相信这本书中所得出的诸结论具有普遍的真实性，自然，在如此错综复杂的问题当中，很多局部性的错误也是无法避免的。

米瓦特先生的所有异议都会在本书当中进行讨论，有一些我们已经讨论过。其中，有一个新的论点打动了很多的读者，那就是：“自然选择无法说明有用构造的最开始的每个阶段。”这个问题与经常伴随着机能变化的每种性状的级进变化之间的关系十分密切。比如已在前面一章讨论过的鳔变成肺等机能的变化。即使真的是这样，我依然愿意在这里对米瓦特先生所说的那几个例子，选择其中最具有代表性的，进行稍微详细的讨论，由于篇幅有限，因此无法对他所提出的所有问题都一一进行讨论。

长颈鹿，由于身材非常高，颈、前腿还有舌都非常长，因此它的整体构造非常地适于咬吃树木上那些较高的枝条。所以它们可以在同一个地方获得别的有蹄动物所接触不到的食物。这一点，在饥荒的时候对于它们一定非常有益，南美洲的尼亚太牛向我们证明，构造方面不管是什么样的微小差异，在饥荒的情况之中，都能够对保存动物的生命引起比较大的差别。这种牛与别的牛类一样，均在草地上吃草，只是由于它们的下颚比较突出，因此在不断发生干旱的季节当中，无法如普通的牛还有马那样，在这个特殊的时期里，能够被迫去吃树枝还有芦苇，等等。于是，在这样的情况之中，假如主人没有去饲养它们，那么尼亚太牛就会死去。在讨论米瓦特先生的异议之前，最好再一次说明自然选择如何在所有的普通情形当中发挥其作用。人类已经改变了他们的一些动物，而不需要注意构造方面的一些特殊之点，比如在赛跑马与长躯猎狗的场合当中，仅仅是从最快速的个体中进行选择并且加以保存还有繁育，或者是在斗鸡的场合当中，仅仅是从斗胜的鸡当中进行选择并且加以繁育。在自然环境当中，初生状态的长颈鹿也是这个样子的，可以从最高处求食的而且在饥荒的时候甚至可以比别的个体从高一英寸或者是二英寸的地方求食的那部分个体，往往能够被保存下来，这是由于它们是可以漫游全区去寻找自己的食物的。同种的一些个体，往往会在身体各部分的比例长度方面稍稍有一些不同，这在很多博物学著作当中均有一定的描述，而且还会举出非常详细的测计内容。这些比例方面的微小差异，是因为生长法则以及变异法则所造成的，对于很多物种都没有太大的作用或者说并不怎么重要。不过，对于

长颈鹿是世界上现存最高的动物，它们的高度加上有着金色花纹的皮毛和特殊的身体构造，让人过目不忘。

初生状态下的长颈鹿来说，如果考虑到它们当时可能的生活习性，情况就有所不同了。由于身体的某一部位或者是某几个部位如果比普通的多少长一些的个体，那么通常就可以生存下来。这些个体在杂交之后能留下来的后代，就会遗传有相同的身体特性，要不就是倾向于按照同样的方式继续进行变异；而在这些方面比较不适宜的一些个体就很容易在这个过程之中遭到灭亡。

我们从这里能够看出，自然界不需要如同人类那样有计划地去改良品种，不需要像人类那样地分出一对一对的个体。自然选择保存并从这里分出所有优良的个体，凭它们进行自由的杂交，同时将所有劣等的个体毁灭掉。按照这样的过程，基本上全部与我所说的人类无意识选择的长久继续，而且无疑用非常重要的方式还有器官增强使用的遗传效果结合在一块儿，一种寻常的有蹄兽类在我的观点里，正常情况下是能够转变为长颈鹿的。

对于这样的结论，米瓦特先生曾经为我们提出了两种异议，其中一种异议是说身体的增大很明显是需要食物供给的增多的，他觉得“因此而出现的不利在食物缺乏的时候，是不是能够抵消它所拥有的利，这一点相当成问题”。不过，由于事实上南非洲确实生存着大群的长颈鹿，而且有一些世界上最大的羚羊比牛的个头还要高，在那些地方大量生活着，因此只是按身体的大小来说的话，我们为什么要去怀疑那些如同现在一样遭遇到严重饥荒的中间的那些等级之前曾在那些地方存在过呢？在身体增大的每个阶段当中，可以得到当地别的有蹄兽类触及不到而被留下来的食物供应，这一点对于那些初生状态的长颈鹿来说，在一定程度上当然是十分有利的。我们也不能忽视另一个事实，那就是身体的增大能够防御除了狮子之外的，差不多其他所有的食肉兽，而且在靠近狮子时，它的长颈当然是越长越好，就像昌西・赖特先生所讲的那样能够当作瞭望台来用。就是因为这样的情况，因此依据贝克爵士提出来的说法，想要悄悄地走近长颈鹿，比走近任何动物都更为困难。长颈鹿还能够借着猛烈摇动它的生着断桩形角的头部，将它的长颈当作攻击或者是防御的工具。每个物种的保存很少可以由任何一种有利条件而决定，并且一定得联合所有大的还有小的有利条件去决定。

米瓦特先生问道（此为他的第二种异议）：假如自然选择具有这么大的力量，再说，假如可以朝着高处咬吃树叶有这么大的利益，那么为什么除了长颈鹿还有颈项稍短的骆驼、原驼以及长头驼之外，别的任何有蹄兽类都没能够获得长的颈还有高的身体呢？换句话说，为什么这一群的任何成员都没能够获得长的吻呢？由于在南美洲以前曾经有不计其数的长颈鹿生活过，对于上面的几个问题的回答并不是什么难题，并且还可以用一个实例来进行合理的解答。在英国的每一片草地当中，假如有树木生长在它上面，那么我们就会看到它的低枝条，因为遭到马或牛群的咬吃，而被剪断为同等的高度。比如说，如果生活在那里的绵羊，获得了稍微长一点的颈项，那么这对于它们来说具有什么样的利益呢？在每一个地区当中，某一种类的动物基本上肯定地可

长颈鹿咬吃金合欢树上的叶子

以比别的种类的动物咬吃较高的树叶，而且几乎一样肯定地只有这一种类可以经过自然选择以及增强使用的效果，为了这个目的而让它的颈伸长。在南非洲，为着咬吃金合欢以及其他树上高枝条的叶子而进行的竞争，毫无疑问是在长颈鹿与长颈鹿之间，而不会是发生在长颈鹿与别的有蹄动物之间。

在世界别的地方，为什么属于这个“目”的很多种动物，都没有获得长的颈或长的吻呢？这一点还无法得出确切的解释。不过，想要确切解答这个问题，就像想要确切解答为什么在人类历史中一些事情不在这一国家发生却会在那一国家发生这类问题一样，是一样不合理的。对于决定每个物种的数量以及分布范围的条件，我们是无法知道的。甚至可以这么讲，我们都无法推测出什么样的构造变化对于生物的个体数量在某一新地区的增加是有利的。不过我们基本上可以看出关于长颈或者是长吻的发展的种种缘由。碰触到相当高处的树叶（当然不是指攀登，由于有蹄动物的构造非常不适于攀登树木），也就代表着躯体极大地增大。大多数的学者均知道，在一些地区当中，比如在南美洲，大的四足兽非常稀少，尽管那些地方的草木是那么繁茂。可是在南非洲，大的四足兽的数目多得无可比拟，这又是为什么呢？我们尚且无从知道。为什么第三纪末期比现在更适于它们的生存呢？对于这点我们同样不知道。不管它的原因是什么，我们却可以看出在一些地方以及一些时期当中，能够比别的地方以及别的时期在绝大程度上有利于像长颈鹿这样的巨大四足兽的发展。

一种动物，如果为了在一些构造方面获得特别并且巨大的发展，那么别的一些部分就几乎无法避免地也会出现相应的变异以及相互适应。尽管身体的每个部分都会发生细小的变异，不过必要的部分并不一定都会朝着适当的方面还有依照适当的程度出现变异。对于我们的家养动物的不同物种，我们知道它们身体的各部分是依照不同的方式以及不同的程度发生变异的，而且我们还知道一些物种比其他的物种更容易出现变异。就算是适宜的变异已经出现了，但是自然选择也并不一定会对这些变异发生作用，然后去产生一种明显对于物种有利的构造。比如，在某个地方生存的个体的数目，如果主要是按照食肉兽的侵害去决定，或者是按照外部的以及内部的寄生虫等的侵害去决定的话，好像经常会有这样的情况，那么，在这样的环境面前，在让任何特别构造发生变化而方便取得食物方面，自然选择所发挥的作用就非常小了，或者说会受到很大的阻碍。因为自然选择是一个漫长的过程，因此为了产生任何明显的效果，同样有利的条件必须长时间地持续。除了提出这些一般的还有含糊的理由之外，我们确实是无法解释有蹄兽类为什么在世界上很多地方没能够获得很长的颈项或其他的器官，以供自己方便地去咬吃高枝上的树叶。

很多著作者曾提出同前面相同性质的异议。在每一种情况当中，除了上面所说的一般原因之外，或者还有其他很多种原因能够干涉经过自然选择获得想象中有利于某一物种的构造。有一位著作者曾提问，为什么鸵鸟没能够获得飞翔的能力呢？可是，只要稍微地想一想就能够知道，要想让这种沙漠之鸟具有在空中运动它们巨大身体的能力，那得需要多少的食物供应量才可以。海岛上生活着蝙蝠还有海豹，但是没有陆栖的哺乳类。不过，由于某些这样的蝙蝠是特别的物种，它们一定在这个岛上居住了很久的时间。因此莱尔爵士才会提问，为什么海豹与蝙蝠不在这些岛上产出适合陆栖的动物呢？而且他举出一些理由去答复这个问题。可是假如变起来，海豹在最开始一定会先转变为非常大的陆栖食肉动物，蝙蝠则一定会先转变为陆栖食虫动物。对于前者来说，岛上没有可供其捕食的动物；而对于蝙蝠，地上的昆虫虽然能够作为食物，可是它们基本上都已被先移住到大多数海洋岛上来的，并且数量巨大的爬行类还有鸟类吃掉了。构造方面的级进变化，假如在每一阶段对于一个变化着的物种来说都有益处，这只会在某种特定的条件当中才有可能发生。一种严格的陆栖动物，因为经常在浅水当中猎取食物，然后在溪或湖中猎取食物，再到后来就有可能会变为一种这么彻底的水栖动物，甚至还能够在大洋里栖息。不过，海豹在海洋岛上无法找到有利于它们更进一步变为陆栖类型的生存发展条件。而蝙蝠们，前面我们就讲过，为了逃避敌害或者说避免跌落，估计最开始如同所谓飞鼠那样地由这棵树从空中滑翔到那棵树，这样渐渐地获得了它们的翅膀。不过，真正的飞翔能力一旦获得之后，最起码为了前面所讲的目的，绝对不会再退化到效力较小的空中滑翔能力当中。蝙蝠确实同很多鸟类一样，因为不使用，能够让翅膀退化缩小，甚至是完全失去。不过在这样的情况当中，它们必须先获得只靠自己的后腿在地面上迅速奔跑的本领，以便可以同鸟类以及其他地面上的动物进行竞争。不过蝙蝠好像非常不适于这样的变化。前面所讲的这些推想，无非是想指出，在每一阶段上均为有利的一种构造的转变，是非常复杂的事情，而且无论在什么样的特殊的情形当中，都没有出现过渡的情况，这一点都不值得奇怪。

最后，不止一个著作者提出疑问：既然智力的发展对所有的动物都有利，那么为什么有一部分动物的智力比其他动物有高度的发展呢？为什么猿类没能够获得人类的智力呢？对这点是能够举出多种多样的原因来的。不过都是推想的，而且还无法衡量它们的相对可能性，就算是列出来也没有多大的用处。对于下面要提出的这个问题，也没有希望能够得到确切的解答，因为目前还无人可以解答比这更简单的问题，那就是在两族没有开化的人中，为什么其中一族的文化水平会比另一族高呢？文化水平的提高，很明显代表着脑力的增加。

我们再回过头来谈谈米瓦特先生的别的异议。昆虫经常会为了保护自己而同各种各样的物体相似，比如绿叶或枯叶、枯枝、地衣、花朵、棘刺、鸟粪还有其他的活昆虫，不过有关最后一点，我要留在以后再讲。这样的相似常常是十分神奇的，而且不仅仅限于颜色，甚至是在形状还有昆虫支持它的身体的姿态等方面也会有神奇的相似现象。在灌木上取食的尺蠖，经常会将自己的身子翘起来，一动也不动地看起来就像是一条枯枝，这是这一种类中最好的例子。模拟如鸟粪那样物体的情景是比较少见的，甚至可以说是比较例外的。针对这个现象，米瓦特先生曾经说过："依照达尔文的学说，有一种稳定的倾向趋向于不定变异，并且还由于微小的初期变异是面向所有的方面的，因此它们一定会出现彼此中和以及最初出现非常不稳定的变异的倾向。所以说，比较不容易理解，假如不是不可能的话，这样的无限细小发端的不定变异，如何可以被自然选择所掌握并且保存并延续下去，直到最终形成对一片叶子、一个竹枝或别的东西的充分类似性。"不过在这一段讲述的所有情形当中，昆虫的原来状态还有它屡次访问的一些地方的某些普通的物体，毫无疑问是存在着一些约略的以及偶然的类似性的。只要稍微考虑周围物体的数目基本上是无限的，并且昆虫的形状以及颜色是多种多样的，就能够明白这并不是完全不可能的事。有的稍微的类似性对于最开始的变化具有十分重要的意义，那么我们也就可以理解为什么较大的还有较高档的动物（按照我所知道的，有一种鱼属于例外）不会为了保护自己而同一种特殊的物体十分相像，而仅仅是只同周围的表面相类似，并且主要是颜色方面的相类似。假设有一种昆虫原本同枯枝或枯叶有一定程度上的类似，而且它轻微地朝着很多方面出现了变异，那么就是让昆虫更像随便一种这些物体的所有变异就会被保存下来，因为这样的变异对于昆虫逃避敌害来说非常有利，不过从另一方面来看，别的变异就会被忽略，甚至最后会慢慢消失。还有，假如这些变异导致昆虫完全与模拟物不像了，那么它们注定会遭受毁灭。假如我们没有按照自然选择而只是依据不稳定的变异去说明前面讲到的类似性，那么米瓦特先生的异议很显然是十分有力的，可是事实上并不是这样的。

想象的自然选择无法说明有用构造的初期阶段

华莱斯先生曾列出一种竹节虫的例子，它如同"一枝满生鳞苔的棍子"。这样的类似是那么真切，以至于当地的大亚克土人竟然说这棍上的叶状瘤是真正的苔。米瓦特先生觉得这种"最为高级的拟态完全化妙计"是一个难点，不过我实在找不到它有什么样的力量。昆虫是鸟类以及别的敌害的食物，鸟类的视觉估计比我们的还要更加敏锐一些，而协助昆虫逃避敌害的注意以及发觉的各级类似性，就有将这类昆虫保存下来的倾向。而且这样的类似性越是完全，那么对于这类的昆虫就越加有利。考虑到前面所讲到的竹节虫所属的这一群当中的物种之间的差异性质，就能够知道这类型的昆虫在它的身体表面上变得不规则，并且或多或少地会带有绿色，这不是不可能的。由于在每个群当中几个物种之间的不同性状最容易出现差异，但是另一方面属的性状也就是所有物种所共有的性状又是最为稳定的。

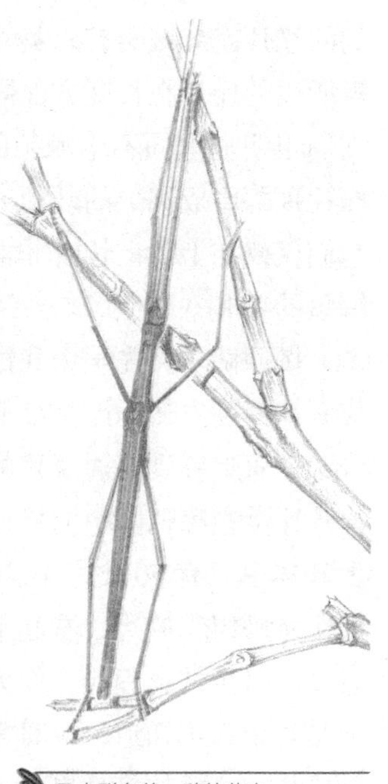

马来群岛的一种竹节虫

格陵兰的鲸鱼是一种世界上最为奇特的动物，它的奇异在于鲸须或鲸骨是它的最大特点之一。鲸须生长于颚的两侧，分别有一行，每行大约有300片，非常紧密地对着嘴的长轴横排着。在主排的里面还长着一些副排。所有须片的末端以及内缘都磨成了坚硬的须毛，这些坚硬的须毛遮盖着整个巨大的颚，作为滤水之用，借此来获得这些巨大动物赖以生存的微小食物。格陵兰鲸鱼的中间最长的一个须片可以长达10英尺，有的12英尺，甚至还有长达15英尺的。不过，在鲸类的不同物种当中它的长度分为不同的等级，按照斯科列斯比所说的那样，中间的那一须片在有的物种当中是4英尺长，而在另一物种当中只有3英尺长，但是在还有的其他物种当中竟然会有18英寸长，但是在长吻鳁鲸当中，它的长度只有9英寸左右。鲸骨的性质也随物种的不同而有一定的不同之处。

对于鲸须，米瓦特先生曾提出自己的疑问："当它一旦达到不论是什么样的有用程度的大小以及发展之后，自然选择才会在对它有利的范围之中促进它的保存以及增大。不过，在最初期阶段当中，它是如何获得这种有利的发展的呢？"在回答的时候，我们是不是也可以问，具有鲸须的鲸鱼的最原始祖先，它们的嘴为什么不可以同鸭嘴那样具有栉状片呢？鸭也如同鲸鱼一样，是依靠滤去泥还有水来获取食物的。所以这一科有些情况下被称作滤水类。我希望不要有人误解我说的内容，我不是说鲸鱼祖先的嘴确实以前具有如同鸭的薄片喙那样的嘴。我只是想要说明这一点并不是不可信的，而且格陵兰鲸鱼的巨大鲸须板，也许是最开始经过细小的渐进步骤才慢慢地由这种栉状片发展而来的，每一个渐进的步骤对这种动物本身来说都有着一定的用途。

琵琶嘴鸭的喙，在构造方面比鲸鱼的嘴更为巧妙并且还十分复杂。按照我检查的结果，在它们的上颚两侧，各有一行188枚富有弹性的薄栉片，这些栉片对着喙的长轴横生，斜列为尖角形。它们均是由颚生出来的，依赖着一种韧性膜而附着于颚的两侧。生长于中央附近的栉片是最长的，大概为0.3英寸，突出边缘下面达0.14英寸之长。在它们的基部，还有一些斜着横排的隆起，构成了一个短的副列。这几方面都与鲸鱼口中的鲸须板十分相似。不过在接近嘴的先端，它们就存在着很大的差异，由于鸭嘴的栉片是朝里倾斜的，而不是朝向垂直的。琵琶嘴鸭的整个头部，尽管无法与鲸进行比较，不过与须片只有9英寸长的、中等大的长吻鳁鲸比较起来，大概是其头长的十八分之一。因此，如果将琵琶嘴鸭的头放大到这种鲸鱼的头那么长的话，那么它们的栉片就应该会有六英寸长，也就是相当于这种鲸须的三分之二长。琵琶嘴鸭的下颚所生的栉片在长度方面同上颚的相等，不过会稍微细小一些，正由于有这样的构造，它们很明显地同不生鲸须的鲸鱼下颚有一定的不同之处。再有一方面，它的下颚的栉片顶部磨成细尖的硬须毛，却又与鲸须出奇的相似。锯海燕属属于海燕科的成员，它们仅仅在上颚上长有非常发达的栉片，伸出到颚边之下，这种鸟的嘴在这一方面与鲸鱼的嘴非常相似。

按照萨尔文先生为我提供的资料以及标本的信息来看，我们能够就滤水取食的适应，从高度发达的琵琶嘴鸭的喙的构造，经由湍鸭的喙，同时在某些方面经过鸳鸯的喙，一直追踪到普通家鸭的喙，这整个过程当中，并没有什么大的间断。家鸭喙中的栉片比琵琶嘴鸭喙中的栉片要粗糙许多，而且还十分坚固地附着在颚的两侧，在每侧上基本上只有 50 枚，不会朝着嘴边的下方伸出。它们的顶部是方形的，而且还镶着透明坚硬组织的边，看起来就像是为了轧碎食物一般。下颚边缘上横生着大量细小并且突出极少的突起线。作为一个滤水器来说，尽管这种喙比琵琶嘴鸭的喙要差很多，但是每个人都知道，鸭时常会用它来滤水。我从萨尔文先生那里听说，还有别的物种的栉片比家鸭的栉片更为不发达，不过我也不知道它们是不是也将它用来滤水的。

接下来我们再谈一谈同科中的另一群。埃及鹅的喙同家鸭的喙非常相似，不过栉片却没有那么多，也没那么分明，并且朝里的突出也没有那么明显。可是巴利特先生曾经告诉过我说，这种鹅“与家鸭一样，用它的嘴将水从喙角排出来”。不过它的主要食物是草，如同家鹅一般地咬食它们。家鹅上颚的栉片比起家鸭的要粗糙很多，基本上是混生在一起，每侧差不多有 27 枚，在末端形成齿状的结节。颚部也满布坚硬的圆形结节。下颚边缘由牙齿形成锯齿的形状，比鸭喙的要更为突出一些，也更为粗糙一些，而在锐利方面也更胜一筹。家鹅不用借喙来滤水，而是全部靠喙去撕裂或切断草类，它的喙非常适用于这种用途，可以靠近根部将草切断，而其他动物在这一点

5种不同的须鲸：1. 长须鲸；2. 小布氏鲸；3. 蓝鲸；4. 北小须鲸；5. 大翅鲸。

上都比不上它们。此外还有一些鹅种，我听巴利特先生曾讲过，它们的栉片比家鹅的还要不发达。

因此我们可以看出，长有像家鹅嘴那样的喙，并且只是用来咬草用的鸭科的一些成员，或者说生有栉片较不发达的喙的一些成员，因为细微的变异估计会成为如埃及鹅一般的物种的，那么就更会演变为同家鸭一样的物种，再到后来则会演变成如琵琶嘴鸭一般的物种，而长有一个基本上完全适于滤水的喙。由于这类型的鸟除了会去使用喙部的带钩先端意外，不会再去使用喙的任何别的部分，去方便自己捉取坚硬的食物并且撕裂它们。我还能够补充地说，鹅的喙同样能够由细小的变异变成长有突出的、朝后弯曲的牙齿的喙，就如同同科的一些成员如秋沙鸭的喙一般，这样的喙的使用目的完全不相同，是用来捕捉活鱼用的。

接着我们再回头去看一看鲸鱼，无须鲸很缺乏有效状态的真牙齿，不过按照拉塞佩德的说法，它的颚散乱地长着小型的、不相等的角质粒点。一次我们假设有一些原始的鲸鱼类型在颚上长有这些比较相像的角质粒点，不过排列得稍微整齐一些，而且如同鹅喙上的结节一般，用来帮助该生物捕食以及撕裂食物，并不是没有可能的。假如是这样的话，那么就基本上不得不承认这些粒点能够经过变异以及自然选择，演变为如同埃及鹅那样的非常发达的栉片。而那样的栉片是用来滤水还有抓取食物的，之后又会演变为如同家鸭那样的栉片。如此演变下去，一直到如琵琶嘴鸭那样的，专用作滤水器用途的构造极好的栉片。从栉片的长度达到长吻鳁鲸须片的三分之二长这个阶段开始，于现存鲸鱼类中研究所看出的级进变化，能够将我们朝前引导至格陵兰鲸鱼的巨大须片上。在这所有系列中的每一个步骤就如同鸭科不同现存成员的喙部级进变化一般，对那些在发展过程里自己的器官机能慢慢发生着变化的一些古代鲸鱼都有着一定的作用，有关于这一方面，根本不用去怀疑。我们不得不牢记，每一个鸭种都是生活于激烈的生存斗争之中的，而且它们身体中的每一部分的构造必须要非常适应于自己的生活条件。

比目鱼科以躯体不对称而著称。它们靠于一侧躺下休息，大部分物种会卧在左侧，有一部分会卧在右侧。与这点相反的成鱼也会经常出现，下面也就是卧着的那一侧，在最初期看上去，同普通鱼类的腹面非常相像，它是白色的，在很多方面没有上面那一侧发达，侧鳍通常也比较小。它的双眼具有非常显著的特征，由于它们都长在头部的上侧，在还很小的时期，它们本来分长于两侧，那个时候整个的身体是对称的，两侧的颜色也是一样的。但是没过多久，下侧的眼睛就会开始沿着头部慢慢地朝着上侧移动；不过并不会如同我们以前所想的那样，是直接穿过头骨的。很明显，除非下侧的眼睛移到上侧，当身体按习惯性的姿势卧在一侧的时候，那么很自然有一只眼睛就没有什么作用了。此外，这估计还有可能是因为下侧的那一只眼容易被沙底磨损的原因。比目鱼科那样的扁平的以及不对称的构造与它的生活环境非常融洽，也十分适应于它们的生活习性。这样的情景，在很多物种比如鳎、鲽当中也非常普通，这就是最好的证明。因此获得的主要利益看起来好像在于能够防避敌害，并且还易于在海底觅食。但是希阿特说，本科中的不同成员能够"列为一个长系列的物种过程，这系列代表了它们的逐步过渡，从孵化后在形状方面没有多大改变的庸鲽开始，一直到完全卧倒于一侧的鳎为止"。

米瓦特先生曾经提出过这样的情况，而且还说，在眼睛的位置上有突然的、自发的转变是很难让人信服的，我非常同意这样的说法。他又说，"假如说这样的过渡是逐步完成的，那么这样的过渡，也就是一只眼睛移向头的另一侧的过程中的非常小的段落，又是怎么去有利于个体的呢？真的比较不好理解。这样初期的转变与其说它是有利的，还不如说是多多少少有害的"。不过，曼姆在1867年所报道的优秀观察当中，他能够找到与这个问题有关的答复。比目鱼科的鱼在还非常幼小以及对称的时期，它们的眼睛分长于头的两侧，不过由于身体过高，侧鳍又非常小，又因为没有鳔，因此无法长期地保持直立的姿势。过了不多久它感到疲倦了，就朝着一侧倒在了水底。按照曼姆的观察，它们这么卧倒的时候，经常会将下方的眼睛向上转，看着上面，而且眼睛转动得那么有力，以至于眼球紧紧地抵着眼眶的上边。于是造成两眼之间的额部暂时缩小了宽度，这些状况是能够清楚地看到的。有一次，曼姆看到一条幼鱼抬起下面的眼睛，同时还将它压倒约70度角左右的距离。

我们不得不牢记，头骨在这样的早期是软骨性的，而且还是可挠性的，因此它容易顺从肌肉的牵引。而且我们也知道，高等动物甚至在早期的幼年以后，假如它们的皮肤或肌肉因病或某些意外而长期地收缩着，那么头骨也会因此而改变它最开始的形状。长耳朵的兔，假如它们的一只耳朵朝前和朝下垂下，那么它的重量就可以牵动这一边的所有头骨朝前，我之前画过这样的一幅图。曼姆说，鲈鱼以及大马哈鱼还有几种别的对称鱼类的新孵化的幼鱼，常常也有在水底卧在一侧的习性，而且他还看到，这种情况下那些幼鱼经常会牵动自己下面的眼睛朝上看，于是，就是因为这些情况，它们的头骨都会变得有些歪斜。不过这些鱼类过不了多久就可以保持直立的姿势，因此永久的效果不会因此而产生。比目鱼科的鱼不是这个样子的，因为它们的身体越来越扁平，因此长得越大，卧在一侧的习性也就越深，于是在头部的形状上还有眼睛的位置方面就会出现永久的效果。用类推的方式能够判断，这种骨骼歪曲的倾向，依照遗传原理，毫无疑问会得到一定的加强。希阿特还有一些别的博物学者恰好相反。他们认为比目鱼科的鱼甚至在胚胎时期就已经不太对称了，假如说真的是如此的话，那么我们就可以理解为什么某些物种的鱼在幼小的时期就开始习惯于卧在左侧，而别的一些物种的鱼又习惯于卧在右侧。曼姆在证实前面所讲的意见时，还说道，不属于比目鱼科的北粗鳍鱼的成体，在水底同样是卧在左侧，而且还斜着游泳前进。这类型的鱼的头部两侧，听说有点不太像。我们的鱼类学大权威京特博士在描述曼姆的论文之后又进行了评论：“作者对比目鱼科的非正常状态，只给出了一个非常简单的解释。”

The Principles
of
DESCRIPTIVE & PHYSIOLOGICAL
BOTANY.
by
THE REV. J. S. HENSLOW, M.A. F.L.S. &c. &c.

亨斯洛1835年的植物学著作

于是，我们就会看到，眼睛从头的一侧移向另一侧的最开始的阶段，米瓦特先生觉得这是有害无利的，不过这样的转移能够归因于侧卧于水底时两眼努力朝上看的习性，不过这样的习性对于个体还有物种来说，毫无疑问均是有利的，有几种比目鱼的嘴弯向下方，并且没有眼睛那一侧的头部腭骨，就像特拉奎尔博士所猜想的，因为便于在水底觅食，所以比另一侧的腭骨强而有力，我们能够将这样的事实归因于使用的遗传效果。此外还有另一面，包括侧鳍在内的鱼的整个下半身比较不发达，这样的情形能够借不使用的原理来进行说明。尽管耶雷尔推断这些鳍的缩小对于比目鱼也是有益的，由于“比起上面的大型鳍，下面的鳍只有非常小的空间可以活动”。星鲽的上颚长着 4 个至 7 个牙齿，下颚则长着 25 个到 30 个牙齿，这样的牙齿数目的比例同样也能够借不使用的原理加以说明。按照大部分鱼类还有很多别的动物的腹面没有颜色的情况，我们能够合理地假定，比目鱼类的下面一侧，不管是右侧还是左侧，不存在颜色，均是因为没有光线照射的原因。不过我们无法假定，鳎的上侧身体的特殊斑点十分类似于沙质的海底，或者就像普谢近来所提出来的某些物种，具有跟着周围表面而改变颜色的功能，还有要不就是欧洲大菱鲆的上侧身体具有骨质结节，也是因为光线作用的缘故。在这里，自然选择估计会发生作用，就如同自然选择让这些鱼类身体的一般形状还有很多别的特性适应于自己的生活习性一样。我们一定要牢牢记住，就像我之前所主张的，器官增强使用的遗传效果或者是它们不使用的遗传效果，会因为自然选择的作用而得到增强。这是因为朝着正确方向出现的所有自发的变异都会这样被保存下来。这与因为任何部分的增强使用以及有利使用所得到的最大遗传效果的那些个体可以被保存下来是同一个道理。而对于那些在各个特殊的情况下多少能够归因于使用的效果，多少能够归因于自然选择，看起来好像是无法一时决定的。

海马把卵放在育儿袋里，孵化时机成熟，小海马便从父亲的育儿袋里爬出来。

我还能够再举出一个例子来加以说明，一种构造的起源很明显完全是因为使用或习性的作用。有的美洲猴的尾部已变为一种非常完善的把握器官，可以当成第五只手来使用。一位完全赞同米瓦特先生的评论家，在对于这种构造方面曾提出："不可以相信，在不管是哪个悠久的年代当中，那个把握的最初微小的倾向，可以保存具有这些倾向的个体生命，或者还可以有利于它们以生育后代的机会。"不过不管是哪种类似的信念，都是没必要的。习性基本上足以从事这样的工作，习性基本上就意味着可以因此而获得一些或大或小的好处。布雷姆曾经见到过一只非洲猴的幼猴，这只幼猴用手攀住它的母亲的腹面，同时还用它的小尾巴钩住了母亲的尾巴。亨斯洛教授曾经饲养过几只仓鼠，那些仓鼠的尾巴构造是无法把握东西的，可是他不止一次地观察到它们用尾巴卷住放在笼内的一丛树枝上，来帮助自己顺利攀缘。我从京特博士那儿得到一个类似的报告，他曾见到过一只鼠用尾巴将自己挂了起来。假如说仓鼠有严格的树栖习性，那么它的尾巴也许会如同同一目中一些成员的情况一样，构造得具有把握性。可是，考察非洲猴在幼年时期的这种习性，为什么它们到后来就这么做了呢？显然我们还很难找到确切的答案。这种猴的长尾或许可以在巨大的跳跃时当作平衡器官，比当作把握器官对于它们来说更为有意义吧。

乳腺是哺乳动物全纲所共有的，而且对于它们的生存是必不可少的，因此乳腺一定是在非常久远的时代就已开始它的发展了，不过对于乳腺的发展过程，我们当然也是什么都无法知晓的。米瓦特先生曾提问："可以设想所有动物的幼体偶然从自己母亲的胀大的皮腺吸了一滴不大滋养的液体，就可以避免死亡吗？就算是有过一次这样的情形，那么有什么样的机会能够让这样的变异永远地延续下去呢？"不过这个例子举得并不怎么恰当。大部分的进化论者都认为哺乳动物是由有袋动物传下来的。如果说确实是这样的话，那么乳腺最开始一定是在育儿袋中发展起来的。在一种鱼（海马属）的场合当中，卵就是在这样的性质的袋中孵出来的，而且幼鱼有一段时间也是养育在那里的。有位美国博物学者洛克伍得先生按照他自己观察到的幼鱼发育的情况，十分肯定地认为它们是由袋内皮腺的分泌物而养育的。那么对于哺乳动物最开始的祖先，基本上在它们能够适用这个名称以前，它们的幼体依照相同的方法被养育，最起码是有可能的吧？而且在这样的情形当中，那些分泌带有乳汁性质的，同时还在一些程度或者说方式上属于最营养的液汁的个体，比起分泌液汁较差的个体来说，毕竟能够养育更多数量的营养良好的后代。所以说，这样的同乳腺同源的皮腺就会得到一定程度上的改进，或者是变得更为有效，分布在袋中的一定位置上的腺，会比其他的腺变得更加发达，这是同广泛应用的专业化原理所符合的。这样一来它们就会慢慢地变为乳房，但是一开始并没有乳头，就如同我们在哺乳类中最低级的鸭嘴兽当中所看到的那样。分布于一定位置上的腺，经过什么样的作用，就能够变得比其他的更为专业化呢？是不是一部分因为生长的补偿作用还有使用的效果抑或是由于自然选择的作用，这些我都还无法断定。

除非幼体可以同时吸食这种分泌物，那么乳腺的发达就没有什么作用，并且也就不会受到自然选择的影响。想要理解幼小哺乳动物是如何本能地懂得吸食乳汁，并不比理解未孵化的小鸡是如何知道用特别适应的嘴轻轻击破蛋壳，或者如何在离开了蛋壳数小时之后就懂得了啄取谷粒的食物更为困难一些。在这样的情形当中，最能够进行的解释好像是，这样的习性在最开始是在年龄较大的时候从实践当中获得的，再后来就会传递给年龄较幼的后代。不过，听说幼小的袋鼠是不吸乳的，仅仅是紧紧地含住母兽的乳头，母兽就会将乳汁射进它的软弱的半形成的后代的口当中。对于这样的问题，米瓦特先生是这样说的："假如说没有特殊的设备，小袋鼠一定会由于乳汁侵入气管而导致窒息的，可是，特别的设备是存在着的。它的喉头生得那么长，从上面一直通到鼻管的后端，如此一来就可以让空气自由地进入肺中，而乳汁也就能够无害地路过这种延长了的喉头两侧，安全地到达位于后面的食管了。"于是米瓦特先生问道，自然选择是如何从成年袋鼠还有从大部分的别的哺乳类（假设是从有袋类传下来的）当中将"这种最起码是完全无辜的并且也是无害的构造除去的呢"？我们能够如此进行答复：发声对很多动物确实具有高度的重要性，只要喉头通进鼻管，就无法大力地发声。而且弗劳尔教授曾经也曾告诉过我，这样的构造对于动物吞咽固体食物是存在着很大的妨碍的。

现在我们来简单地谈一谈动物界中比较低等的那些门类。棘皮动物（比如海星以及海胆等）长着一种引人注意的器官，被称为叉棘，在非常发达的情况之中，它会变成三叉的钳，也就是由三个锯齿状的钳臂组成的，三个钳臂又精巧地配合在一起，位于一个能够伸屈的由肌肉牵动而运动的柄的顶部。这种钳可以牢固地挟住任何东西。亚历山大·阿加

这只铅笔形海胆是最原始的海胆品种，它能斜着脊骨在海床上行走。

西斯曾见到过一种海胆可以很快地将排泄物的细粒从这个钳传递到那个钳，沿着身体上特定的几条线路传递下去，以免弄脏了自己的壳。不过它们除了移去各种污物这种用途之外，显然还有别的的作用，其中最为明显的一个作用就是防御。

对于这些器官，米瓦特先生又如同之前很多次的情形那样提出了疑问："此种构造最开始的不发育的开端，能够有什么样的作用呢？而且这种初期的萌芽如何可以保存一个海胆的生命呢？"他还补充说道："就算是这样的钳的作用是突然发展的，假如没有可以自由运动的柄，那么这样的作用也是没有什么益处的。同样的，假如没有可以钳住的钳，那么这种柄也不会有什么存在的意义了，但是光是细微的以及不定的变异，并不可以将构造方面的这些复杂的相互协调同时进化。假如不承认这一点，那么就好像是肯定一种惊人的自相矛盾的理论一样了。"尽管在米瓦特先生看来，这好像是自相矛盾的，不过基部固定不动的，但是还拥有钳住作用的三叉棘，确实是在一些星鱼类当中存在着，这一点也是能够理解的。假如它们至少部分地将它当成防御手段去使用，在这个问题方面为我提供很多材料让我十分感激的阿加西斯先生曾经对我说，还有别的星鱼，它们的三枝钳臂的其中一枝已经退化为别的二枝的支柱，而且还有其他的属，这也就意味着，它们的第三枝臂已经全部亡失了。按照柏利那先生的详细描述，斜海胆的壳上长有两种叉棘，一种与刺海胆的叉棘很像，还有一种则与心形海胆属的叉棘十分相像。这样的情形一般都是非常有趣的，因为它们经过一个器官的两种状态中，其中一种亡失，表明了明确突然的过渡方法。

对于这些奇异器官的进化步骤，阿加西斯先生按照他自己的研究还有米勒的研究，提出了下面的推论：在他的概念当中，星鱼与海胆的叉棘毫无疑问应该被看成是普通棘的变形。这能够从它们个体的发育方式，而且也可以从不同物种以及不同属的一条长并且完备的系列的级进变化，由简单的颗粒到普通的棘，再到完善的三叉棘慢慢地推断出来。这样逐步演变的情况，甚至能够在普通的棘还有具有石灰质支柱的叉棘怎样同壳相连接的方式中都可以看到。在星鱼的一些属当中能够看到，"就是那样的连接表明了叉棘不过是变异了的分支叉棘"。那么这样一来，我们就能够看到固定的棘具有三个等长的、锯齿状的、可以动的、在它们的近基部的位置相连接的枝。假如前面的三个可动的分支在同一个棘顶端，那么就成为一个简单的三叉棘了，这样的情形在具有三个下面分支的同一棘上能够看得到。叉棘的钳臂以及棘的能动的枝具有相同的性质，这是不存在问题的。几乎所有人都承认，普通的棘是具有防御用的；假如确实如此的话，那就没有理由去怀疑那些生着锯齿还有能动分支的棘也是用于同样的目的了。而且只要让它们在一起作为把握或钳住的器具而发生作用时，它们效果就更加明显了。因此，从普通固定的棘成为固定的叉棘所经过的每一个级进都具有一定的作用。

在一些星鱼的属当中，这样的器官实际上是不固定的，也就是说它们不是生于一个不动的支柱上的，而反而生长在可以挠曲的、具有肌肉的短柄上的。当遇到这样的

紫海胆是北美西海岸生态系统中的重要组成部分

情况，除了用来防御之外，它们估计还具有一些别的附加机能。在海胆类当中，由固定的棘演变成为连接于壳上并且慢慢成为可以动的棘，所经历的步骤是能够追踪出来的。可惜在这里篇幅有限，法将阿加西斯先生对于叉棘发展的有趣考察作一个更为详细的摘要。依据他所说的，在星鱼的叉棘还有棘皮动物的另一群当中，也就是阳遂足的钩刺之间，也能够找到所有可能的级进，而且还能够在海胆的叉棘以及棘皮动物这一大纲的海参类的锚状针骨之间找到所有可能的级进。

有一些复合动物，以前被叫作植虫，如今又被叫作群栖虫类，长着十分奇特的器官，被唤作鸟嘴体。这样的器官的构造在不同的物种当中存在着很大的不同。在最完善的状态当中，它们同秃鹫的头还有嘴十分神奇相像，生于颈上，而且还可以动。下颚也是这个样子的。我曾观察过一种物种，它们生在同一枝上的鸟嘴体经常会同时朝着前和朝着后运动，下颚张得非常大，大约呈10度的角可以张开五秒钟。它们的运动带动着整个群的栖虫体都颤动起来。假如用一支针去触它的颚，那么它们就会将它牢牢地咬住不放，于是就会摇动它所在的整个一枝。

米瓦特先生列出来的这个例子，主要在于他觉得群栖虫类的鸟嘴体还有棘皮动物的叉棘 在“本质上是十分相像的器官”，并且这些器官在动物界远不相同的这两个部门当中经过自然选择而得到发展是比较难的。不过只是从构造方面来说，我看不出三叉棘与鸟嘴体之间有哪些相像之处。鸟嘴体倒是与甲壳类的钳非常相像；米瓦特先生估计能够稳妥地举出这样的相似性，甚至它们与鸟类的头还有喙之间的相似性，作为比较特殊的难点。巴斯克先生还有斯密特博士以及尼采博士，他们均是仔细研究过这一类群的博物学者，他们也都相信鸟嘴体同单虫体还有组成植虫的虫房是同源的。可以运动的唇，也就是虫房的盖，是同鸟嘴体可以运动的下颚十分相似的。但是巴斯克先生并不知道如今存在于单虫体还有鸟嘴体之间的任何级进，因此也就无法猜想经

共同寄居蟹

过什么样的有用级进，这个就可以变为那个，不过绝不可以因为这样就说这样的级进从来没有存在过。

由于甲壳类的钳在一定程度上同群栖虫类的鸟嘴体十分相像，两者都是当作钳子来使用的，因此值得指出，关于甲壳类的钳到现在依然有很长一串有用的级进存在着。在最开始以及最简单的阶段当中，肢的末节关上时要不会抵住宽阔的第二节的方形顶端，要不就是抵住它的整个一侧，于是就可以将一个所碰到的物体夹住。不过这种肢依然还只是当成一种移动器官来使用的。再到后来，慢慢地就会发现，宽阔的第二节的一个角稍微有一些突起，有些时候还会带有一些不规则的牙齿，末端的一节朝下闭合时就会抵住这些牙齿，跟着这样的突出物增大，它的形状还有末节部位也都会出现一些细微的变化还有改进，于是钳就会变得越来越完善，直到最终演变为龙虾钳那样的有效工具，事实上所有的这些级进都是能够追踪出来的。

除了鸟嘴体之外，群栖虫类当中还有一种神奇的器官，被称为震毛。这些震毛通常都是由可以移动的并且容易受到刺激的长刚毛所组成的。我曾经观察过一个物种，它们的震毛稍微弯曲一些，同时外缘有一圈锯齿状，并且同一群栖虫体所长有的所有震毛经常会同时运动着。它们如同长桨一般地运动着，让一枝群体迅速地在我的显微镜的物镜下面穿过去。假如将一枝群体面朝下放着，震毛就会纠缠在一起，那么它们就会猛力地将自己弄开。震毛被假设具有防御作用，就像巴斯克先生所说的那样，能够看到它们“慢慢地静静地在群体的表面上擦过，等到虫房中的柔弱栖息者伸出触手时，就会将那些对于它们有害的东西除去”。鸟嘴体和震毛非常相像，估计也有防御的作用，不过它们还可以用来捕捉和杀害小动物。大家都觉得这些小动物被杀之后，会被水流冲到单虫体的触手所能够得着的范围之内。有的物种兼有鸟嘴体还有震毛，有的物种则只有鸟嘴体，此外还有少数的物种，仅仅有震毛。

在外观上比刚毛（也就是震毛）还有类似鸟头的鸟嘴体之间的差异更大的两个物体，是很难想象出来的，不过它们基本上肯定是同源的，并且还是从同一个共同的根源，也就是单虫体还有它们的虫房发展而来的。所以，我们可以理解，就像巴斯克先生和我说的，这些器官在某些情况之下，如何从这种样子慢慢地转变为另一种样子。如此，膜胞苔虫属有一些物种，其鸟嘴体的，可以运动的颚是这么突出，还有是这么的与刚毛相似，以致只好依据上侧固定的嘴才能够判断出它的鸟嘴体的性质。震毛也许会直接由虫房的唇片发展而来，并没有经过鸟嘴体的阶段。不过它们历经这一阶段的可能性好像更大一些，这是因为在转变的最初期，包藏着单虫体虫房的别余部分，一般都不会立刻消失。在很多时候，震毛的基部有一个带沟的支柱，这支柱看起来就像是一个固定的鸟嘴状构造。尽管有的物种完全没有这样的支柱。这种震毛发展的观点，假如可靠的话，倒是十分有趣的。因为，假设所有具有鸟嘴体的物种都已绝灭，那么最富有想象力的人也绝不可能想到震毛最原本竟然是一种类似于鸟头式的器官当中的一部分，或者是像不规则形状的盒子或是兜帽的器官的一部分。见到这么大不相同的两种器官竟会从一个共同根源发展而来，真的是十分有趣的事情，而且由于虫房的可以运动的唇片具有保护单虫的功能，因此不难相信，唇片最开始先变为鸟嘴体的下颚，之后又变为长刚毛，整个过程中它所经过的所有的级进，一样能够在不同的方式以及不同的环境条件中发挥其保护作用。

在植物界当中，米瓦特先生只谈到了两种情况，那就是兰科植物花的构造还有攀缘植物的运动。对于兰科植物，他讲道："对于它们的起源的说法根本就无法让人满意，对于构造最开始的、最微细的发端，人们所提出来的解释，非常不到位、不完整。那些构造只有在相当发展的时候才有作用。"我在别的著作当中已经详细地讨论过这个问题了，所以这里仅仅对兰科植物花的最明显的特性，也就是它们的花粉块稍微详细地进行一下讲解。极为发达的花粉块是由一团花粉粒集成的，生长于一条有弹性的柄，也就是花粉块柄上面，这个柄则附着在一小块非常黏的物质上。花粉块就通过这样的方式去依靠昆虫从这朵花被运送到那朵花的柱头上。有的兰科植物的花粉块没有柄，花粉粒只是由细丝连接在一起。不过这种情形不只是局限于兰科植物当中，因此不需要在这里进行讨论。不过我可以谈一谈处于兰科植物系统当中最下等地位的杓兰属，从其中我们能够看出这那些细丝基本上是如何在最开始的时候就发达起来的。在别的兰科植物当中，这样的细丝粘着在花粉块的一边，如此便就是花粉块柄在最开始发生的痕迹。这便是柄，就算是相当长并且是高度发达的柄的起源，我们还可以从有时埋藏于中央坚硬部分的发育不全的花粉粒当中找出非常不错的证据。

对于花粉块的第二个主要特性，也就是附着在柄端的那一小块的黏性物质，能够列出一长列的级进变化，而每一个级进很明显对于此株植物都是有一定用处的，而别的"目"的大部分的花的柱头只会分泌少量的黏性物质。有些兰科植物也能够分泌出类似的黏性物质，不过在三个柱头中仅仅有一个柱头上分泌得非常多，这个柱头估计是由于分泌过盛的原因，而成为不育的了。当昆虫访问这样的花的时候，它会擦去一些黏性物质，如此一来就能够同时将若干花粉粒粘去了。从这种同大多数普通花差别比较小的简单情形开始，一直到花粉块附着在很短的以及游离的花粉块柄上的那些物种，接着再到花粉块柄固着在黏性物质上的而且不育柱头变异非常大的别的物种，均存在着数不

黄花杓兰

洋常春藤

清的级进。在最后的场合当中，花粉块最是发达并且也最是完全。只要是亲自细心认真研究过兰科植物的花的人，都不可能去否认有前面讲的一系列级进存在，有一些兰科植物的花粉粒团只是由细丝连接在一起，它们的柱头与普通花的柱头并没有太大的差别，从这样的情形开始，一直到极其复杂的花粉块，它们尤为适应于昆虫的运送。也不会有人去否认哪一些物种的所有级进变化都会相当适应于各种花的普通构造由不同昆虫来授粉。在这样的情况之下，并且还是在差不多所有别的情形当中，还能够更进一步地朝下追问下去，能够追问普通花的柱头为什么会变成粘的，不过，由于我们还不知道随便哪一种生物群的全部历史，因此这样的疑问也是没有什么用处的，就像想要解答它们之没有希望一般。

接下来我们要谈一谈攀缘植物。从简单地缠绕一个支柱的攀缘植物开始，一直到被我称为叶攀缘植物以及生有卷须的攀缘植物为止，能够排列成一个非常长的系列。后两类植物的茎尽管依然保持着旋转的能力，而且不会经常消失，不过通常都已经失去缠绕的能力，不过卷须同样也具有旋转的功能。从叶攀缘植物到卷须攀缘植物的级进具有十分密切的关系，有些植物能够随便放于随便一类当中。不过，从简单普通的缠绕植物上升再到叶攀缘植物的过程当中增加了一种非常重要的性质，那就是对接触的感应性，依赖于这样的感应性，叶柄或者是花梗，再或者是已变为卷须的叶柄或花梗，才会因为刺激而弯曲于接触物体的周围并绕住它们，只要是读过我的关于这类型植物的研究报告的人，我觉得，都会肯定在单纯的缠绕植物以及卷须攀缘植物之中，它们机能方面以及构造方面的所有级进变化，每个对于物种来说都有着很大的益处。比如说，缠绕植物发展成叶攀缘植物，很明显是非常有利的，具有长叶柄的缠绕植物，假如这叶柄稍有着必需的接触感应性，那么估计就能够发展为叶攀缘植物。

缠绕是顺着支柱向上攀升的最简便的办法，而且是在这整个系列当中最下级的地位，所以我们自然而然地会问，植物最开始是如何获得这样的能力的，之后才经过自然选择而得到了改进还有增大。缠绕的能力，首先，依赖茎在幼小时极度可挠性（这是很多不是攀缘植物所共有的性状）；其次，依赖茎枝依据相同顺序逐次沿着圆周各点的不断弯曲。茎依赖这样的运动才可以向着每个方向旋转，茎的下部就算是遇上任何物体而停止缠绕，那么它的上部依然可以继续弯曲、旋转，这样就一定能够缠绕着支柱继续上升，在每一个新梢的最初期的生长之后，这样的旋转运动就会停止。在系统相距非常远的很多不同科植物当中，一个单独的物种与单独的属往往都具有这样旋转的能力，而且还由此而变为缠绕植物，因此它们一定是独立地获得了这样的能力，并不是从共同祖先那儿遗传得到的。所以说，这能够让我预言，在非攀缘植物当中，微小的具有这样的运动的倾向，也并不是不常见到的，这便为自然选择提供了发挥作用以及改进的前提。在我做出这一预言的时候，我仅仅了解一个不完全的例子，那就是轻微地还有不规则地旋转的毛籽草所拥有的幼小花梗，与缠绕植物的茎非常像，可是它的这个习性一点都没有被利用起来。之后没过多久，米勒发现了一种泽泻属的植物还有一种亚麻属的植物，两者都并不属于攀缘植物，并且在自然系统之中也有着非常遥远的距离的幼茎，尽管旋转得不够规则，可是很明显是可以如此的。在他看来，他有理由去猜测，有的其他类型的植物也有这样的情形。这些轻微的运动看起来对于那种植物并没有什么作用。不管怎么样，它们对于我们所讨论的攀缘作用来说，最起码是没有什么作用的。就算是如此，我们依然可以看出，假如这样的植物的茎原来是能够挠屈的，而且假如在它们所处的条件中有利于它们的升高，那么，轻微的以及不规则的旋转习性就能够经过自然选择而被增大并被利用，直到它们转变为非常发达的缠绕物种。

对于叶柄还有花柄以及卷须的感应性，几乎同样能够用来说明缠绕植物的旋转运动。属于大不相同的群的很多物种，都被赋予了这样的感应性，所以在很多还没有变为攀缘植物的物种当中，应该也能够看到这种性质的初生状态。事实是这样的：我观察到前面所讲到的毛籽草的幼小花梗，自己可以朝着所接触的那一边微微弯曲。莫伦在酢浆草属的一些物种当中，发现了假如叶与叶柄被轻柔地、反复地触碰着，或者是植株被摇动着，叶与叶柄就会出现运动，尤其是暴露在烈日之下之后就更是这样的。我对别的几个酢浆草属的物种来来回回地进行了一段时间的观察，所得到的结果是相同的。而且有些物种的运动是非常明显的，不过在幼叶当中看得最清楚。在其他几个物种当中的运动是非常微小的。按照高级权威霍夫迈斯特所讲到的，所有的植物的幼茎以及叶子，在被摇动之后都可以进行运动，这是一个更为重要的事实。而那些攀缘植物，根据我们所了解和熟知的，仅仅是在生长的最初期，它们的叶柄还有卷须才是敏感的。

在植物幼小的还有成长着的器官当中，因为被触碰或者被摇动所出现的轻微运动，对于它们来说好像极少会出现任何机能方面的重要性。不过植物顺应着各种刺激而发生运动能力，对于它们来说是非常重要的。比如朝着光的运动能力还有比较罕见的背向光的运动能力，此外还有，对于地球引力的背性以及非常罕见的向性。当动物的神经还有肌肉受到电流的刺激时，或者是因为吸收了木鳖子精而受到刺激时所出现的运动，能够看作是偶然的结果，因为神经还有肌肉对于这样的刺激并没有什么特殊的敏感。植物估计也是这样的，因为它们具有顺应一定的刺激而出现运动的能力，因此在遇到被触碰或者是被摇动时，就会出现偶然状态的运动。所以，我们不难承认在叶攀缘植物还有卷须植物的情况当中，被自然选择所利用的以及增大的就是这样的倾向。但是按照我的研究报告所列出来的各项理由，估计只在已经获得了旋转能力的而且因此已变成缠绕植物的植物当中才会出现这样的情形。

我已经尽最大的努力去解释植物如何因为轻微的以及不规则的、最开始对于它们并没有什么作用的旋转运动这种倾向的增大而变为缠绕植物。这样的运动还有因为触碰或摇动而出现的运动，是运动能力的偶然结果，而且是为了别的有利的目的而被获得的。在攀缘植物一步一步发展的过程当中，自然选择是不是可以获得使用的遗传效果的帮助，我还无法断定。不过我们都知道，某种周期性的运动，比如植物的所谓睡眠运动，是受习性的掌控的。

有位老练的博物学者仔细挑选了一些例子去证明自然选择无法足够解释有用构造的最初阶段，如今我对他提出的异议已做出足够充分的讨论，应该说已经讨论得太多了。而且我已能够解释说明，就像我所认为的，在这个问题上并不存在多么大的难点，于是就提供了一个非常好的机会，能够稍微多讨论一些与构造的级进变化有关的内容，那些等级进变化常常伴随着机能的改变，这是一个非常值得重视的问题，而在本书之前的几版当中也没有做过详细的讨论。那么现在我就将前面所讲的情况再扼要地重述一次。

有关长颈鹿，在一些已经绝灭了的，能够触及高处的反刍类当中，只要是具有最长的颈还有腿等，而且可以咬吃比平均高度稍高一点的树叶，那么这个个体就能够继续得到保存，而那些无法在那些高处获得食物的个体，就会不断地遭到毁灭。于是，基本上就可以满足这种异常的四足兽产生了。不过所有部分的长期使用，还有遗传作用的影响，估计也曾经大大地帮助了各部分的相互协调。对于模拟各种物体的很多昆虫，完全能够相信，对于某一普通物体的偶然类似性，在每个场合当中都曾是自然选择发挥作用的基础，之后通过让这种类似性更加接近细小的变异的偶然保存，如此模拟才渐渐地趋于完善。如果昆虫继续出现变异，而且只要是越来越加完善的类似性可以让它逃出视觉锐利的敌害，那么这样的作用就会继续发生。在有些鲸鱼的物种当中，存在着一种颚上长有不规则的角质小粒点的倾向，而且直到这些粒点开始变为栉片状的突起或者是齿时，如同鹅的喙上所长的那样，接着就会变为短的栉片，如同家鸭的喙上所长的那样，再到后来则会变为栉片，就如同琵琶嘴鸭的嘴那么完善，再到最后，则会变为鲸须的巨片，就像格陵兰鲸鱼口中的那个样子，而所有的这些有利变异的保存，基本上全部都是在自然选择的范围之中的。在鸭科当中，这样的栉片最开始是当牙齿用的，到后来只有一部分被当作牙

一头刚出生的长颈鹿可以高达2米

齿用，有一部分会被当作滤器使用，接着一直到最后，就基本上全部被当滤器来用了。

比目鱼有扁平的形状和黯淡的颜色

对于上面所讲的角质栉片或者是鲸须的这些构造，按照我们所能判断的来讲，习性或者是使用，对于它们的发展，极少或者说没有什么作用。而与此相反的是，比目鱼下侧的眼睛朝着头的上侧转移，还有一个具有把握性的尾的形成，基本上能够全部归因于连续的使用还有伴随着的遗传作用。有关高等动物的乳房，最可能出现的设想是，最开始有袋动物的袋当中全表面的皮腺都能够分泌出一种营养的液体，到后来这样的皮腺经过自然选择，在机能方面得到了一定的改进，渐渐地集中于一定的部位，于是就慢慢形成了乳房。想要理解一些古代棘皮动物用来进行防御的分支棘刺是如何经过自然选择而进化成为三叉棘，比起理解甲壳动物的钳是如何经过最开始的专门用来行动的肢的末端两节的细小的，并且是有用的变异，从而得到发展，并不存在着更多的难题。在群栖虫类的鸟嘴体以及震毛当中，我们能够发现从同一根源发展为外观方面非常不相同的器官。而且对于震毛，我们可以理解那些连续的级进变化估计会有哪些作用。对于兰科植物的花粉块，能够从原先用于将花粉粒结合在一起的细丝，一直追踪出慢慢黏合为花粉块的柄。还有，像那些普通花的柱头所分泌出来的黏性物质，能够用来做虽然不是特别相同但是基本一样的目的使用。这类型的黏性物质附着在花粉块柄的游离末端上，它们经历过的步骤，同样是能够追踪出来的。一切这样级进变化对于各植物来说均是明显有益的。而至于攀缘植物，我没必要再重复先前已经讲过的那些了。

阻碍自然选择获得有用构造的原因

时常会有人提出疑问，既然自然选择这么有力量，那么为什么对于有的物种那些很明显有利的这样的或者是那样的构造，没能够被它们获得呢？不过，考虑到我们对于每种生物的过去历史还有对于现在决定它们的数目以及分布范围的条件是无法知晓的，要想对于这样的问题给出十分肯定的回答，是很难做到的。在大部分的情况下，只可以举出一些一般的理由，仅仅在少数的情况下，才能够列出具体的理由来。如此，想要让一个物种去适应新的生活习性，很多协调的变异基本上是不能少的，而且往往能够遭遇下面的情形，也就是那些必要的部分不去依照正当的方式或正当的程度进行变异。很多的物种一定会因为破坏作用而阻止它们在数目方面的增加，这样的作用与一些构造在我们看来，对于物种是有利的，所以就会想象它们是经过自然选择而被获得的，可是并没有什么关系。处于这些情况之中，生存斗争并不依赖于这样的构造，因此这些构造不会经过自然选择而被获得。在很多情况当中，一种构造的发展需要复杂的、长久持续的并且往往需要具备特殊性质的条件。可是遇到这样的所需要的条件的时候估计是非常少的。我们常常会错误地以为只要是对物种有益的任何一种构造，就都是在所有的环境条件中均是经过自然选择而被获得的，这样的认为同我们所可以理解的自然选择的活动方式正好是相反的。米瓦特先生并不否认自然选择具有一定的效力，只不过在他看来，我用自然选择的作用来解说这样的现象，“例证还不够充分”。他的主要论点之前已被讨论过，而别的论点在后面还会讨论到的。如果让我看的话，这样的论点好像极少有例证的性质，它的分量远比不上我们的论点，我们所认识的自然选择是有力量的，并且时常会得到别的作用的帮助。我不得不补充一点，我在这儿所用的事实以及论点，有的已在最近出版的《医学外科评论》的一篇优秀的论文当中因为相同的目的而被提出过了。

现如今，基本上所有的博物学者都肯定了有一些形式上的进化。米瓦特先生相信物种是经过“内在的力量或倾向”而发生变化的，这种内在的力量到底是什么，我们实在无法得到答案。一切进化论者都认为物种有变化的能力。可是在我看来，在普通变异性的倾向以外，好像没有主张任何内在力量的必要性。一般的变异性经过人工选择的帮助，曾经出现了很多适应性非常好的家养族，并且它们经过自然选择的帮助，就会一样好地、一步一步出现自然的族，也就是我们所说的物种。最后的结果，就像我们之前说过的那样，通常是体制的进步，不过在一些少数的例子当中则是体制的退化。

米瓦特先生于是认为新种是“突然出现的，并且还是由突然变异而成”，而且还有一部分博物学者在附和他这样的观点。比如，他假设已经绝灭了的三趾马与马之间的区别就是突然出现的。如果让他去看，鸟类的翅膀“除了因为具有十分明显并且重要性质的、比较突然的变异而发展而来的之外，别的方式均是让人难以相信的”；而且非常明显的，他将这样的观点推广到蝙蝠还有翼手龙的翅膀方面。这也就意味着进化系列当中存在着巨大的断裂或者是不连续性，这样的论断，在我看来，是绝对没有存在的可能性的。

不管是谁，如果相信进化是缓慢并且逐步的，那么也就一定会承认物种的变化也能够是突然的以及巨大的。就像我们在自然环境当中，或者甚至是在家养状况当中所看到的，任何单独的变异一样。可是假如说物种受到了饲养或者是栽培，那么它们就比在自然环境当中更容易出现变异。因此，像在家养状况当中经常出现的那些巨大而突然的变异，不一定会在自然环境当中经常出现。家养状况下的变异，有一些能够归

翼手龙身体上长有毛皮，这表明它们可能是温血动物。

因于返祖遗传的作用，如此重新出现的性状，在很多的情形当中，估计最初是逐步慢慢获得的。还有更多的一些情形，一定会被称为畸形，比如六指的人、多毛的人还有安康羊以及尼亚太牛等。由于它们在性状方面同自然的物种非常不一样，因此它们对于我们的问题所能提供的帮助是非常少的，除了这些突然的变异以外，为数不多的剩下来的变异，假如是在自然环境当中发生，那么最多也只可以构成同亲种类型依然具有密切相连的可疑物种。

巨大而突然的变异之不可信的原因

我就对自然的物种会像家养族那样也突然发生变化存在着很多疑问，而且我完全不相信米瓦特先生所说的自然的物种在以奇怪的方式发生着变化，理由我列在下面。按照我们的经验，那些突然而十分明显的变异，是单独地而且间隔时间还比较长的，在家养生物当中发生的。假如这样的变异在自然环境当中发生，就像前面所讲的，将会因为偶然的毁灭还有之后的相互杂交而容易消失；在家养的状况当中，除非这类的突然变异因为人的照顾被隔离同时被特别地保存起来，我们所知道的情况正好是这样的。那么，假如新种如米瓦特先生所假定的那种方式一样突然地出现，那么，就一定有必要去相信很多奇异变化了的个体能够同时出现于相同的地区当中，不过，这是与所有的推理都违背的。就如同在人类的无意识选择的环境当中那样，这样的难点只有按照逐渐进化的学说才能够避免。而所讲的逐渐进化，是经过很多朝着任何有利方向变异的大多数个体的保存以及朝相反方向变化的大多数个体的毁灭而得以实现的。

很多物种以逐渐的方式进行着进化，可以说是无须怀疑的。很多自然的大科当中

巨大的阿根廷巨鹰化石发现于 1979 年，是现代北美洲火鸡兀鹫的祖先。

的物种甚至是属，彼此之间是那么密切近似，以至于很难分辨的数目并不少。在每个大陆上，从北到南，由低地到高地等，我们能够看到很多密切相似的或具有代表性的物种。在不同的大陆中，我们有理由相信它们以前曾经是连续着的，还能够看到相同的情形。不过，在得出这些以及下面的叙述时，我不能不先谈一谈以后还会讨论到的问题，看一看环绕一个大陆的很多个岛屿，那些地方的生物有多少只可以升到可疑物种的地位。假如我们观察过去的时代，拿消逝不多久的物种同如今还在同一个地域当中生存的物种进行比较，或者将埋藏于同一地质层当中的各亚层里的化石物种进行比较，情况同样如此。很明显的，很多很多的物种同如今仍然生存着的或近年来曾经生存过的别的物种之间的关系，是非常密切的。我们很难说清楚这些物种是不是以突然的方式发展而来的。而且还不能忘记，当我们观察近似物种而不是不同物种的特殊部分的时候，有一些非常细小的无数级进能够被追踪出来，这些微细的级进能够将完全不相同的构造连接起来。

很多的事实，只有按照物种由非常细小的步骤发展起来的原理，才能够获得解释。比如，大属的物种一般都比小属的物种在彼此关系方面更为密切，并且变种的数目也比较多。大属的物种又如同变种环绕着物种那样地集成小群。此外它们还有相似于变种的别的方面，我在前面的章节当中已经详细地说过。按照相同的原则，我们能够想明白，为什么物种的性状比属的性状的变异更多一些；还有为什么以异常的程度或方式发展起来的部分比同一物种的别的部分的变异更多一些。在这个方面还能够举出很多相似的事实。

尽管产生很多物种所经历的步骤，基本上一定不比出现那些分别细微变种的步骤大， 可是还能够主张，有的物种是用不同的以及突然的方式发展而来的。但是，想要这么去承认，就不能够没有强有力的证据。昌西・赖特先生曾举出一些模糊的，并且在很多方面存在着错误的类型去支持突然进化的观点，比如说无机物质的突然结晶，还有具有小顶的椭圆体从一小面陷落到另一小面等。然而这样的例子基本上是没有讨论的意义的。不过有一类事实，比如在地层当中突然出现了新的并且是不同的生物类型，刚开始看上去，似乎可以支持突然变异的信念。不过这样的证据的价值，完全决定于同地球史的辽远时代有关的地质记录是否完全。假如那记录如同很多地质学者所坚决主张的一样是片段的话，那么，新类型看起来就像是突然出现的这种说法，就不值得称奇了。

除非我们去承认转变就如同米瓦特先生所主张的一样那么巨大，就像鸟类或蝙蝠的翅膀是突然发展的，或者说三趾马会突然变为马，那么，突然变异的信念对于地层当中相接连锁的缺乏，无法提供任何的说明。不过对于这样的突然变化的信念，胚胎学给出了非常有力的反对。几乎所有的人都明白，鸟类还有蝙蝠的翅膀，还有马以及其他走兽的腿，在胚胎的最初期是没有什么分别的，它们之后用无法觉察的微细步骤分化了。假如之后还要谈到的胚胎学方面左右种类的相似性能够做出如下的解释，那就是现存物种的祖先在幼小的早期之后出现了变异，同时还将新获得的性状传递给了相当年龄的后代。于是，胚胎基本上是不会受到影响的，而且还能够作为那个物种的过去情况的一种记录。所以，现存物种在发育的最初阶段当中，同属于同一纲的古代的、绝灭的类型往往非常相似。依据这种胚胎相似的观点，其实不管是按照什么样的观点，都无法相信一种动物会经过前面所讲的那种巨大而突然的转变。更何况在它们的胚胎的状态之中，丝毫找不出任何突然变异的痕迹。它们的构造的每一个微细之处，均是以无法觉察的细小步骤渐渐地发展而来的。

假如相信某种古代生物类型经过一种内在的力量或内在倾向而突然发生了转变，比如，有翅膀的动物，那么它就基本上是要被迫去假设很多个体都同时出现了变异，而这一点同所有的类比的推论都是违背的。我们无法否认，这些构造方面的突然并且巨大的变化，同大部分物种所显著发生的变化是非常不相同的。于是他还要被迫去相信，和同一生物的别的所有部分美妙地互相适应的还有同周围条件美妙地进行适应的很多构造都是突然出现的。而且对于这么复杂且奇特的相互适应，他就无法举出一丁点解释来了。他还要被迫承认，这样巨大并且突然的转变在胚胎上不曾留下过丁点痕迹。要我说的话，承认这些，就相当于走进了奇迹的领域，而离开科学的领域了。

蝙蝠的翅膀由特别的皮层组成

第八章

本能

本能和习性的对比——> 家养动物习性或本能的遗传变异——> 杜鹃的本能——> 蚂蚁养奴的本能——> 蜜蜂建造蜂房的本能——> 中性以及不育的昆虫——> 摘要

本能和习性的对比

很多的本能是这么的不可思议，这一点致使它们的发达在读者看来估计是一个能够推翻我的所有学说的难点。我在这里首先要声明一下，那就是我不打算讨论智力的起源，就像我从没有讨论过生命本身的起源一样。我们所要讨论的，仅仅是同纲动物中本能的多样性还有别的精神能力的多样性的问题。

我并没有打算给本能得出什么样的定义，容易解释说明，这个名词通常情况下包含着很多个不同的精神活动。不过，当我们说本能驱使杜鹃迁徙并让它们将蛋下在别种的鸟巢当中，无论是谁都能够理解这具有什么样的意义。通常我们自己需要经验才可以顺利完成的一项活动，却会被一种没有任何经验的动物尤其是被幼小的动物所完成时，而且很多个体并不知道为了什么样的目的按照相同的方式去完成时，通常就会被称为本能。不过我可以阐明，这些性状没有一个具有普遍性。就像于贝尔所讲到的，在自然系统当中，就算是那些低等级的动物当中也具有某种神奇的理性，而这样小量的判断或者说理性也会时不时地发挥其作用。

居维叶还有那些曾经非常擅长于抽象思维的较老的形而上学者们，以前将本能同习性进行比较。如果要问我的观点，这样的比较对于完成本能活动时的心理状态，提供了一个精确的观念，可是不一定会涉及它的起源。很多习惯性活动是如何在无意识的情况下进行的，甚至不少直接同我们的有意识的意志相反！但是意志还有理性能够让它们发生变化。习性容易与别的习性相联系，同时也会和一定的时期还有和身体的状态相联系。一旦获得某个习性，往往是终生都会保持不变。能够指出本能与习性之间的别的一些类似之处。就像反复去吟唱一首熟知的歌曲，在本能当中也算是一种具有一定节奏的活动，而这样的节奏常常会伴随着另一个活动。假如一个人在歌唱时被打断了，或者说当他在反复背诵任何东西的时候被打断了，那么通常情况下，他就得被迫重新返回去重新背诵来恢复已经成为习惯的思路。胡伯尔发现可以制造非常复杂茧床的青虫就是这个样子的。因为，假如在它完成构造的第六个阶段时将它取出来，放在只完成构造的第三个阶段的茧床当中，

杜鹃发育迅速，很快个头就会超过养鸟。在一些地区，由于杜鹃的寄生极为成功，导致寄主数量下降，以至于杜鹃不得不更换另一个寄主种类。

莫扎特是音乐神童，但仍需要经过训练才能演奏乐器。

那么这个青虫只是需要重筑第四、第五、第六个阶段的构造。但是，假如将完成构造第三个阶段的青虫放入已完成构造第六个阶段的茧床当中，那么它的工作基本上大多数已经完成了，但是并没有从其中得到什么利益，那么它就会非常不满，而且为了完成它的茧床，它好像必须得从构造的第三个阶段开始（它是从这个阶段离开的），也就是说它在试图去完成已经完成了的工作。

假如说我们假设不管是什么样习惯性的活动都可以遗传，能够提出有些情况下这样的情形确实会出现，那么就可以说，一种习性与一种本能之间原来存在着的相似性就会变得十分密切相似，甚至会很难对其进行区别。假如说莫扎特不是在他三岁的时候经过很少的练习就可以弹奏钢琴，而是完全没有任何的练习就可以弹奏一曲，那么就能够说他的弹奏的确是因为本能使然了。不过假设大部分的本能是经一个世代中的习性而有的，之后又遗传给以后的世世代代，这样认为是一个非常严重的错误。可以非常清楚地表明，我们所熟知的那些最神奇的本能，比如蜜蜂以及很多蚁的本能，是不可能从它们的习性而来的。

普遍承认，本能对于其如今所处的生活环境之中的各个物种的安全，就像是肉体构造一般，是十分关键的。在发生变化的生活环境当中，本能的细小的变异估计对物种有一定的益处，最起码是有可能的。那么，假如可以指出，尽管本能很少会出现变异，不过确实曾经出现过变异，那么自然选择将本能的变异保存下来，而且还继续累积到任何有利的程度，这个问题在我看来，就不具有什么样的难点了。我认为，所有最复杂的以及非常奇异的本能就是通过这样的方式而来的。使用或习性引起身体构造方面的变异，同时还会让它们得到增强，但是不使用就会让它们缩小甚至是消失，我毫不怀疑本能也是这样的情况。不过我相信，在很多情况之下，习性的效果，与所谓的本能自发变异的自然选择的效果相比的话，前者很显然是不太重要的。产生身体构造的细小的差异有一些我们还不知道的原因，同理，本能自发的变异也是因为某些我们所不知道的原因所引起的。

除非是经历了很多细小的，而且还是有益的变异的缓慢并且逐渐的积累，不管是多么复杂的本能，估计是无法经过自然选择来产生的。所以说，就如同在身体构造的情形中一样，我们在自然界当中所寻求的不应是获得每一复杂本能所经历的实际过渡的类型，因为这些类型，只可以在各个物种的直系祖先那里才能够找到，不过我们应该从旁系的系统当中去寻求这些级的一些证据，或者最起码我们可以指出某一种类的过渡类型是有可能存在着的。不过我们一定可以做到这一点。在考虑到除了欧洲以及北美洲之外，动物的本能还很少被观察过，而且对于绝灭物种的本能，更是无法全部知晓。因此让我觉得十分惊异的是，最复杂的本能所赖以形成的中间过渡类型竟然被这么广泛地发现。相同的物种在生命的不同时期或者是一年中的不同季节当中，还有在被放置于不同的环境之中时，各种条件下的相同物种会具有不相同的本能，这就常常可以促进本能的变化。处于这一种情况之中，自然选择估计会将这样的或那样的本能保存下来。能够解释说明，相同的物种中，本能的多样性在自然环境当中也是存在着的。

另外，就如同在身体构造的情形中那样，每个物种的本能都是服务于自己的利益的。按照我们所能判断的，它们从来没有完全地为了别的物种的利益而被产生过。这与我的学说也是符合的。我还知道有一个非常有力的事例，证明一种动物的活动从表象上看的话完全是为了其他动物的利益。就像于贝尔最开始观察的，那就是，蚜虫自愿地将甜的分泌物供给蚂蚁，它们这么做完全是出于自愿，能够由下面的事实来说明。我将一株酸模植物上的全部的蚂蚁都捉去，而且在好几个小时之内不让它们回来，另外还留下了大约 12 只左右的蚜虫。过了一段时间之后，我真的感觉到蚜虫要开始分泌了。可是我拿放大镜观察了一段时间，发现竟然没有一个分泌的。于是，我尽力地去模仿蚂蚁用触角触动它们那样的动作，用一根羽毛轻轻地触动它们并且拍打它们，可是依然没有一只分泌，接着我让一只蚂蚁去接近它们，从它那慌忙跑走的情形来看，它似乎马上就觉得自己发现了多么丰富的食物，于是它开始用自己的触角去碰触蚜虫的腹部，先是这一只，接着是那一只。而每只蚜虫一旦感觉到蚂蚁的触角时，就会立刻举起自己的腹部，分泌出一滴澄清的甜液，于是蚂蚁就赶紧将这滴甜液吞食了。就算是非常幼小的蚜虫也会出现这样的动作，由此可见这样的活动属于一种本能，并不是经验的结果。按照于贝尔的观察，蚜虫对于蚂蚁一定是没有厌恶的反应的。假如没有蚂蚁，它们只能被迫排出自己的分泌物。不过，由于排泄物非常黏，假如被取去，不用怀疑这对于蚜虫们来说是便利的，因此可以说它们分泌估计不是专门为了蚂蚁们的利益的。尽管无法证明任何动物会完全为了别的物种的利益而活动，但是每个物种都在试图去利用别的物种的本能，就如利用别的物种的较弱的身体构造是一个道理。那么，有些本能就无法被看成是绝对完全的。不过，全面地去讨论这一点还有别的类似的点，并不是非常有必要的，因此在这里就略去了。

本能在自然环境中有一定程度上的变异，还有这些变

蚜虫喜欢吮吸植物的汁液

异的遗传既然是自然选择的作用所不可少的，那么就应该尽量地举出大量的事例来。可是篇幅的缺乏限制我无法做到这点。但是我能够断言，本能一定是变异的。比如迁徙的本能，不仅会在范围与方向方面变异，同时也有可能完全消失，鸟巢亦是这个样子的，它的变异有一部分会依赖于所选定的位置还有居住地方的性质以及气候等，不过经常会因为根本就不知道的原因而出现变异。奥杜邦曾列出一些明显的例子来说明美国北部与南部的相同物种的鸟巢之间存在着的不同。曾有人提出过这样的质问：假如说本能是变异的，那么当蜡质出现缺乏的时候，蜂类为什么没有被赋予使用其他材料的能力呢？可是，换一个说法就是，蜂类又可以使用什么样的其他自然材料呢？我以前见到过，它们会用加过朱砂而变硬了的蜡，或者用加过猪脂而变软了的蜡去进行工作。安德鲁·奈特曾经注意到他的蜜蜂并不积极地去采集树蜡，而是去用那些封闭树皮剥落部分的蜡还有松节油黏合物。近来有人指出，蜜蜂不去寻找花粉，却喜欢采用一种非常不相同的物质，被称为燕麦粉。对于不管是什么样的特种敌害的恐惧，一定是一种本能的性质，这样的情形从还没有离开巢的雏鸟身上就能够看出来。尽管这样的恐惧能够因为经验或因为看见别的动物对于同一敌害的恐惧而得到强化。对于人类的恐惧，就像我在其他地方所指出的，栖息在荒岛上的那些动物，是缓慢地获得的。甚至在英国，我们也见到过这样的一个事实，那就是所有的大型鸟比小型的鸟更怕人，因为大型鸟更多地遭遇过人类的迫害。英国的大型鸟更恐惧人类，能够肯定地归于这个原因。这是因为，大家来看一下就知道，在无人的岛上，大型鸟并不比小型鸟更惧怕人类一些；喜鹊在英国非常警惕，可是在挪威非常驯顺，埃及的羽冠乌鸦同样也是不会害怕人类的。

有大量的事实能够证明，在自然环境当中产生的同类动物的精神性能变异非常大。还有一些事例能够列出来去证明野生动物中某些偶然的、奇特的习性，假如这样的习性对于这个物种有益，那么就会经过自然选择而出现新的本能。不过我非常清楚，这样的一般性叙述，假如不能够举出详细的事实，那么，在读者的心目中就只能够产生非常微小的效果。我只能是一再地说明，我保证我不会说没有可靠证据的话。

家养动物习性或本能的遗传变异

如果是稍微地去考察一下家养状况中的少数例子，那么自然环境当中本能的遗传变异的可能性甚至确实性就会被加强。我们从这点能够看到习性还有所谓的自发变异的选择，在改变家养动物精神能力方面所发挥出来的作用。大家都知道，家养动物精神能力的变异是多么大。就比如猫，有的天生就喜欢捉大老鼠，而有的只喜欢捉小老鼠，而且我们还知道这样的倾向是会遗传的。按照圣约翰先生所说的，有一只猫

猫捉老鼠

经常将鸟捕捉回家，而另一只猫却总是将山兔或兔捕捉回来，还有一只猫总是在沼泽地中行猎，基本上每夜都会去捕捉一些山鹬或者是沙锥。有大量十分奇怪但是真实的例子能够用来说明与一些心理状态或某一个时期内有关的各种不同癖性还有嗜好以及怪癖均为遗传的。不过让我们来看一下大家都知道的狗的品种的例子。完全不用去怀疑，将幼小的向导狗首次带出去的时候，它有时可以指示猎物的所在，甚至还可以援助其他的狗（我曾亲眼见到过这样动人的情景）。拾物猎狗确实是在一定程度上能够将衔物的这种特性遗传下去。牧羊犬并不跑在绵羊群当中，但是有在羊群周围环跑的倾向。幼小的动物没有任何经验却进行了这一系列的活动，同时每个个体又差不多用相同的方式进行了这样的活动，同时每种品种都十分乐意并且不知道目的地去进行这些活动。幼年时期的向导狗并不知道它所指示的方向是在帮助自己的主人，就像白色蝴蝶并不知道为什么要在甘蓝的叶子上产卵一样，因此我不能够看出来这样的活动在本质方面同真正的本能有着什么样的区别。假如我们看见一种狼，在它们幼小并且没有受过任何训练的情况下，一旦嗅出了猎物，它们会先站着不动，如同雕像一样，接着还会用特殊的步法去渐渐地接近猎物。还见到过另一种狼，会环绕着鹿群追逐，但是并不直冲，以便将那些猎物赶到较远的地方中去。这种情况下我们一定会将这样的活动称为本能。被称为家养下的本能，确实是远远没有自然的本能那么稳定。不过家养状态下的本能，所经历的选择作用也不是非常严格的，并且是在比较不固定的生活条件下，在比较短暂的时间中被传递而来的。

当我们让不同品种的狗进行杂交时，就可以很好地看出那些家养状态下的本能还有习性以及癖性的遗传是多么强烈，而且它们彼此之间融合得是多么神奇。几乎所有人都知道，长躯猎狗和斗牛犬杂交，能够影响到前者的勇敢性还有顽强性，这样的情况甚至会一直遗传很多代。牧羊犬同长躯猎狗进行杂交的话，则会让前者的全族都能够获得捕捉山兔的能力，它只在一方面表现出它的野生祖先的痕迹，那就是当呼唤它时，它在朝着它的主人走来时并不是直线的。

家养状况下的本能，有时候会被说为完全由长期继续的以及强迫养成的习性所遗传下来的动作，不过，这样的说法是不对的。从来没有人会想象去教，或者说从来没有人曾试图教过翻飞鸽去翻飞，按照我所见到的，一只幼小的鸽子从来没有见过别的鸽翻飞，但是它可以翻飞。我们认为，曾经有过一只鸽子，它展示出那样奇怪习性的细小的倾向，而且还在连续的世代当中，经过对于最好的个体的长期选择，于是才会有如现在那样的翻飞鸽。格拉斯哥地区附近的家养翻飞鸽，按照布伦特先生曾经对我说的，它们只要飞到18英寸的高度，就会翻筋斗。如果说从来没有出现过一只狗天生就具有指示方向的倾向，那么是不是会有人想到要去训练一只狗来指示方向呢？这一点值得我们去怀疑。每个人都清楚，这样的倾向常常出现在纯种的狗当中。我就曾见到过一次这样的指示方向的行为，就像很多人所设想的，这样的指示方向的行为，估计也就是这个动物在准备扑击它的猎物之前，所停顿时间的一种延长而已。只要这种初期的指示方向的倾向出现之后，那么在此后的每一世代中，去进行有计划的选择以及强迫性的训练，其遗传效果就能够快速地去完成这项工作，那么就能够很快地培养出具有这种倾向的狗了。正是因为每个人都十分想要获得那种最具有最擅长指向还有捕猎的狗，而最初一向不在于去改良品种，于是无意识的选择就会一直持续地存在着，继续进行着。此外还有一点就是，在有些情况下，只是习性一项就已经足够了。估计没有一种动物比野兔更加难以驯服了，也几乎没有一种动物比已经驯服了的幼小家兔更为驯顺的了。不过我很难去设想家兔只是为了驯服性才经常会被选择出来。因此从非常野的到非常驯服的性质的遗传变化，最起码大部分都必须归因于习性还有长久连续着的严格圈养。

在家养的环境中，自然的本能有消失的可能。最明显的例子见于那些极少孵蛋的，或者是从不孵蛋的一些鸡的品种，这也就意味着，这些鸡基本上不喜欢去孵蛋。只不过是因为经常见到，所以才会影响我们去看出家养动物的心理曾经有过多么巨大的以及持久的变化。主动与人类亲近已经成为狗的一种本能，这已是一个丝毫不用去怀疑的事实。所有的狼、狐、胡狼还有猫属的物种，就算是在被驯养之后，也总是非常想要去攻击鸡、绵羊还有猪等。火地还有澳大利亚这些地方的未开化人不养狗，因为他

狼群分享食物

们将小狗拿到家里去养时，发现那样的倾向是无法矫正的。还有一方面，我们已经文明化了的狗，就算是在非常幼小的时候，也基本上没有什么必要去专门教它们不要攻击鸡、绵羊还有猪。当然，它们也会偶尔去攻击一下，于是就会遭受一顿打，假如还不能得到改正的话，那么它们就会被消灭掉。于是，经过遗传、习性还有一定程度上的选择，基本上协同地让我们的狗文明化了。除此之外，小鸡完全因为习性，已经没有了对于狗还有猫的惧怕的本能。但是这样的本能，最开始的它们是拥有的。赫顿上尉也曾经告诉过我，原种鸡，印度野生鸡的幼小鸡，在由一只母鸡抚养时，最开始的野性非常大。在英国，由一只母鸡抚养的小雉鸡，同样如此。并不是说小鸡没有了所有的惧怕，而只是没有了对于狗还有猫的惧怕。这是由于，假如母鸡发出一声报告危险的叫声，那么小鸡就会从母鸡的翼下跑开（小火鸡更是这样），躲到四周的草丛当中或者是丛林里去了。这很明显是一种本能的动作，有利于母鸡逃走，就像我们在野生的陆栖鸟类当中所见到的一样。不过我们的小鸡依然保留着这种在家养状况下已经变得没有什么用处的本能，这是因为母鸡由于长期不使用的缘故，几乎已经失去飞翔的功能了。

所以，基本上是可以确定，动物在家养状况下能够获得新的本能，而失去自然的本能，这一方面是因为习性，另一方面是因为人类在世世代代里选择了和累积了比较特别的精神习性还有精神活动，但是此等习性还有活动的最开始的发生，是因为偶然的原因，由于我们的无知无识，因此不得不如此称呼这样的原因。在有些时候，仅仅是强制的习性一项，已足够出现遗传的心理变化。在别的一些情况下，强制的习性就无法发挥作用，所有都是有计划选择以及无意识选择的结果。不过在很多的情况里，习性还有选择基本上是同时发挥其作用的。

杜鹃的本能

我们仅需考察少量的事例，估计就可以很好地去理解本能在自然环境中是如何因为选择的作用而被改变的。我在这里只选择三个例子，那就是杜鹃在其他的鸟巢中下蛋的本能，有些蚂蚁养奴隶的本能，还有蜜蜂造蜂房的本能。博物学家们已经将后两种本能通常地并且恰当地列为所有已知本能中最为奇特的本能了。

杜鹃的本能，有的博物学者们假设，杜鹃的此种本能比较直接的原因，是因为它们并不是每日都会下蛋，而是间隔两天或者是三天下一次蛋。因此，如果它们自己建巢，自己孵蛋，那么最开始下的蛋就必须经过一定的时间之后才可以等到孵抱，或者说，在同一个巢当中，就会出现不同龄期的蛋还有小鸟了。假如真的是这个样子的，那么下蛋还有孵蛋的过程就会相对的比较长并且十分不方便了，尤其是雌鸟，在非常早的时候就要迁徙，而那些最开始孵化出来的小鸟就不得不由雄鸟来单独哺养。可是美洲杜鹃就处于这样的困境之中。因为它们会自己建巢，并且要在同一时期当中产蛋以及照顾相继孵化出来的幼鸟。也有人说，美洲杜鹃有些情况下也在别的鸟巢当中下蛋，同意和否认这种说法的都有。不过我最近从艾奥瓦的梅里尔博士那里听到，他有一次在伊里诺斯见到过在蓝色松鸦的巢当中有一只小杜鹃还有一只小松鸦，而且由于这两只小鸟差不多都已羽翼丰满起来，因此可以说，对于它们的鉴定是不会出现错误的。我还能够列出各种不同的鸟总是会在其他的鸟巢当中下蛋的一些事例。现在让我们假设，欧洲杜鹃的古代祖先也同样有着如同美洲杜鹃一样的习性，它们也时不时地会将蛋下在其他鸟的鸟巢当中。假如说这种偶尔在其他鸟巢当中下蛋的习性，通过了可以让老鸟早日迁徙或者通过别的一些原因而有利于老鸟，或者说，如果那些幼鸟，因为利用了别的物种的误养的本能，比起由自己的母鸟去哺养而更加强壮的话，由于母鸟不得不同时照顾不同龄期的蛋还有小鸟，于是难免就会受到牵累，那么老鸟或者是被错误哺养的小鸟都能够获得利益。按照这样去推断的话，我们就能够相信，通过这样的方式哺养起来的小鸟，因为遗传估计就会具有自己的母鸟那种经常存在着的还有十分奇怪的习性，而且当它们下蛋的时候，也会倾向于将蛋下在其他鸟的巢当中，于是，它们就可以更为成功地哺养它们的幼鸟。我认为杜鹃的奇特本能可以由这样性质的连续过程而被产生出来。此外，最近米勒用足够的证据证明，杜鹃偶尔还会在空地上下蛋，孵抱，而且回去哺养它们的幼鸟。这样少见的现象估计是重现了消失了很久的最原始造巢本能的一种情景。

杜鹃会将卵放到当时无亲鸟照看的其他鸟巢中

有人曾提出反对，认为我对杜鹃的研究并没注意到别的有关的本能以及构造适应，听说这些一定是相互关联着的。不过在所有的情况当中，只在一个单独的物种当中，对一种我们已知的本能的推测，是完全没有什么作用的。由于一直到现在，还没有出现可靠的能够指导我们的任何事实。一直到最近，我们所了解的也仅仅有欧洲杜鹃还有非寄生性的美洲杜鹃的本能。如今，通过拉姆齐先生详细的观察，我们了解了澳大利亚杜鹃的三个物种的一些情况，它们也是在其他鸟的巢当中下蛋的。能够提出的有关杜鹃的本能的要点主要有三个：首先，普通的杜鹃，除了少数的例外之外，通常只在一个巢中下一个蛋，以保证让大型并且贪吃的幼鸟可以获得足够量的食物。

其次，杜鹃的蛋非常小，没有云雀的蛋大，但是云雀只有杜鹃的四分之一那么大。我们由美洲非寄生性的杜鹃所产出来的非常大的蛋能够推断出来，蛋的个头小是一种真正意义上的适应情况。最后，小杜鹃孵出后用不了多久就有了将义兄弟排出巢外的本能、力气，还有一种适当形状的背部，而那些被排出的小鸟就会因为挨冻挨饿而丢掉性命。这一点以前被大胆地称作是仁慈的安排，因为如此就能够让小杜鹃获得足够量的食物，而且还能够让义兄弟在尚未获得感觉之前就死去。

现在我们来谈一谈澳大利亚杜鹃的物种。尽管它们通常只在一个巢当中下一个蛋，但是在同一个巢当中下两个甚至是三个蛋的情况也并不少见。青铜色杜鹃的蛋在大小方面的变化非常大，它们的长度通常在8英分到10英分之间。为了欺骗一些养亲，或者更确切地说，为了能够在较短的时间里得到孵化（听说蛋的大小与孵化的时间之间有一定的联系），于是杜鹃妈妈们生出来的蛋甚至比现在的还要小。假如说这点对于这个物种十分有利，如此一来想要理解也就没那么困难了，一个产卵越来越小的族或者是物种，估计就是这么被形成的，这是因为小型的蛋可以比较安全地被孵化以及哺养。拉姆齐先生曾经说，澳大利亚有两种杜鹃，当它们在没有掩蔽的巢中下蛋时，尤其会去选择那样一些鸟巢，巢中蛋的颜色与自己所下的非常相似。欧洲杜鹃的物种在本能上非常显著地表现出类似于此的倾向，不过相反的情况也并不少。比如，它们会将暗而灰色的蛋下在篱莺的巢当中，与原本亮蓝绿色的蛋相混。假如欧洲杜鹃总是一直不变地表现前面所讲的本能，那么在所有被假定共同获得的那些本能方面一定还得加上这样的本能。按照拉姆齐先生所说的，澳大利亚青铜色杜鹃的蛋在颜色方面有着异常程度的变化，因此在蛋的颜色还有大小方面，自然选择估计保存了同时也固定了所有有利的变异。

在欧洲杜鹃的生存环境里，在杜鹃被孵出后的三天里，养亲的后代通常都会被排逐出巢外去。由于小杜鹃们在这种时候还处于一种非常无力的状态之下，因此古尔得先生之前认为这样的排逐行为是来自养亲的。不过他如今已得到与一个小杜鹃有关的可靠记载，该幼小的杜鹃这个时候眼睛还闭着，甚至连头都还无力抬起来，却能够将义兄弟排逐出巢外，这是真实观察到的情况。观察者曾将它们中间的一只捡起来又放回巢中，不过很快就又被排逐出去了。而对于获得这样神奇并且可恶的本能的方法，假如小杜鹃在刚刚孵化后就可以得到足够多的食物，这对于它们来说是非常重要的话（基本上是这个样子的），那么，我觉得，在连续的几个世代中，慢慢地获得为了排逐行

杜鹃的卵通常最先孵化，它在极幼小的时候把巢中的其他卵或幼雏排逐出去。

动而必须要有的盲目欲望还有力量以及构造，是不会存在多么大的困难的。因为具有这样的，最为先进的习性以及构造的小杜鹃，就能够最安全顺利地获得养育。得到这种独特本能的第一步，估计只不过是表现在年龄以及力量方面稍微大一些的小杜鹃们的无意识的乱动。这样的习性之后慢慢地会获得改进，而且还会传递给比较幼小年龄的杜鹃。我找不到比下面所讲的情况更难理解，那就是别的鸟类的幼鸟，在还没有孵化时就得到了啄破自己蛋壳的本能，或者就像欧文所讲的，小蛇们为了成功地切破自己强韧的蛋壳，于是在上颚位置获得了一种暂时性的锐齿。因为，假如身体的每个位置在所有的龄期中都容易出现个体变异，并且这样的变异在相当龄期或者是较早的龄期当中有被遗传的倾向，这一点是无可争辩的主张，那么幼体的本能以及构造，就会如同成体的一样，可以慢慢地发生改变。这两种情况一定同自然选择的所有学说存亡与共。

牛鸟属是所有的美洲鸟类中非常特殊的一属，同欧洲椋鸟非常相像，它们的有些物种如同杜鹃那样地具有寄生的习性，而且它们在完成自己的本能方面表现出非常有趣的级进。褐牛鸟的雌鸟还有雄鸟，按照优秀的观察家赫得森先生所讲的，它们有时候会群居，然后过着乱交的生活，有时又会过着配对的生活。它们有可能会自己造巢，也有可能会去夺取其他鸟的巢，偶尔也会将其他鸟的幼鸟抛弃于鸟巢之外。它们有时候会在这个已经据为己有的巢中下蛋，还有些时候，它们会非常奇怪地在霸占着的这个巢的上端再为自己筑造另一个巢。它们一般都是自己孵自己的蛋然后自己哺养自己的幼鸟的。不过按照赫得森先生所说的，估计有时候它们也是寄生的，因为他曾见到过这个物种的小鸟追随着不同种类的老鸟，并且还叫喊着要求它们哺喂。牛鸟属还有另一个物种，叫作多卵牛鸟，它们的寄生习性比之前讲的物种更加发达，不过距离完全化还是相当遥远的。这类型的鸟，按照所知道的，一定会在其他鸟的巢中下蛋；不过值得注意的一点是，有些情况下一些这样的鸟会一起建造一个属于自己的，并不规则并且不整洁的巢，而这个巢通常会被放置在非常不适宜的地方，比如会在大蓟的叶子上。不过就赫得森先生所可以确定的来说，它们从来都没能够完成自己的巢。它们经常在别的鸟的巢里下那么多的蛋，多达 15 到 20 个，导致的结果就是很少被成功地孵化，甚至完全无法被孵化。此外，它们还有在蛋上啄孔的奇怪习性，不管自己的或所占据的巢当中的养亲的蛋都会被啄掉。它们还会在空地上很随意地产下很多的蛋，当然，那些蛋就那么遭到了废弃。还有一个物种，北美洲的单卵牛鸟，它们已经获得如同杜鹃一般完全的本能，因为它们从来不会在其他的鸟巢当中生出一个以上的蛋，因此小鸟就能够有保证地得到哺育。赫得森先生是坚定地不相信进化的人，可是他看到了多卵牛鸟的不完全本能，好像也深受感动，于是他引用了我的话，同时提出疑问：“我们是不是必须认为这样的习性是特别赋予的或特创的本能，而将之看作是一个普遍的法则，是鉴于过渡的一个小小的结果呢？”

各类不一样的鸟，就像前面所说的，偶尔会将它们的蛋下在其他鸟的巢中去。这

达尔文在阿根廷发现的鸵鸟，后来以他的名字命名为达尔文美洲鸵。

样的习性，在鸡科当中并不是不普通，而且对于鸵鸟的奇怪本能提供了一些解说。在鸵鸟科当中的几只母鸟，先是一起在同一个巢当中生活，然后又会在另一个巢当中去下少数的蛋，然后由雄鸟去孵抱那些蛋。这样的本能也许能够用下面所讲的事实进行解释，那就是雌鸟下蛋很多，但就像杜鹃鸟一样，每隔两天或三天才会下一次。不过美洲鸵鸟这样的本能，同牛鸟的情形一样，还尚未达到完全化。因为有很多的蛋都散在地上，因此我在一天的游猎中就捡到了不少于 20 个散失的还有废弃的蛋。

很多的蜂都是寄生的，它们时常将卵产在其他蜂的巢当中，这样的情况比杜鹃鸟们更需要我们去注意。也就是说，这些蜂随着它们的寄生习性，不仅仅是改变了自己的本能，同时还改变了自己的构造。它们并没有采集花粉的器具，假如它们为幼蜂储存食料，那么这样的器具是一定不能少的。泥蜂科看起来外形很像胡蜂的一些物种，一样也是寄生的。法布尔最近提出了可靠的理由来让我们相信：尽管一种小唇沙蜂一般都是自己造巢，并且还会为自己的幼虫储存被麻痹了的食物，不过假如发现其他泥蜂所造的还有储存有食物的巢，它们就会加以利用，于是就顺理成章地成为临时的寄生者。这样的情况与牛鸟或杜鹃的情况是一样的，在我的概念当中，假如一种临时的习性对于这个物种有利益的话，同时被害的蜂类不会因为巢还有储存的食物被无情夺取而遭到绝灭的话，那么自然选择就很有可能会将这样的临时性的习性变为永久性的。

蚂蚁养奴的本能

如此奇异的本能，是由于贝尔最开始在红褐蚁当中发现的，他是一位甚至超越了他的著名的父亲的优秀观察者。这种蚂蚁完完全全地依赖于奴隶而生活，如果没有奴隶的帮助，那么这个物种在一年的时间里就一定会绝灭。雄蚁与可以生育的雌蚁从来不做任何工作，而工蚁也就是不育的雌蚁，尽管在捕捉奴隶方面非常奋发勇敢，不过也不会去做别的任何工作。它们无法营造自己的巢，也无法哺喂自己的幼虫。等到老巢到了无法继续生活使用，不得不迁徙的时候，通常都是由奴蚁去决定迁徙的事情，而且实际上，它们会将主人们衔在颚间搬走，主人们是如此的不中用。当于贝尔捉了30只将它们关起来，并且没有一个奴蚁时，尽管那里放了大量它们最喜爱的食物，并且为了刺激它们进行工作，还放入它们自己的幼虫以及蛹，可是它们依然根本不会去工作。它们自己甚至都不去吃东西，于是有很多的蚂蚁就这样饿死了。于贝尔接着又放进一个奴蚁黑蚁，它刚进去就马上开始工作，哺喂和拯救那些留下来的生存者，同时还营造了几间虫房，用来照料幼虫，所有的事情都安排得井井有条。有什么比这样非常确切的事实更为神奇的呢？假如我们不清楚任何别的养奴隶的蚁类，那么基本上就无法想象这么神奇的本能在以前是如何完成的。

还有一种物种，名为血蚁，一样也是养奴隶的蚁，在最开始也是被于贝尔发现的。这个物种发现于英格兰的南部地区，英国博物馆史密斯先生研究过它们的习性，对于这个问题还有别的一些问题，我非常感激他的帮助。尽管我充分相信于贝尔还有史密斯先生的叙述，不过我仍然用怀疑的态度去处理这个问题，因为不管是谁对于养奴隶这样非常异常的本能的存在，抱有怀疑态度，估计都能够得到谅解。所以，我很乐意稍微详细地谈一谈自己所做的观察。我曾掘开过14个血蚁的巢，而且在所有的巢里都发现了少数的奴蚁。奴种也就是黑蚁的雄蚁还有能育的雌蚁，只出现在它们自己固有的群当中，在血蚁的巢里从来没有见到过它们。黑色奴蚁还没有红色主人的一半大，因此它们在外貌方面的差异是很大的。当巢受到轻微的扰动时，奴蚁会偶尔跑出外边来，如同它们的主人一样，非常激动，而且会去保卫它们的。当巢被扰动的程度非常大，幼虫还有蛹都被暴露出来的时候，奴蚁会与主人一起努力地将它们运送到安全的地方。所以，奴蚁很明显是非常安于自己的现状的。在连续的三个年头的六月还有七月当中，我在萨立还有萨塞克斯这些地方曾对几个蚁巢观察了好几个小时，不过从来没有见到过一只奴蚁从一个巢当中走出来或者是走进去。在这些月份当中，奴蚁的数目非常少，所以我认为当它们的数目渐渐多了的时候，行动估计就不同了。可是史密斯先生曾经对我说，五月、六月还有八月期间，在萨立还有汉普郡这些地方，他曾在

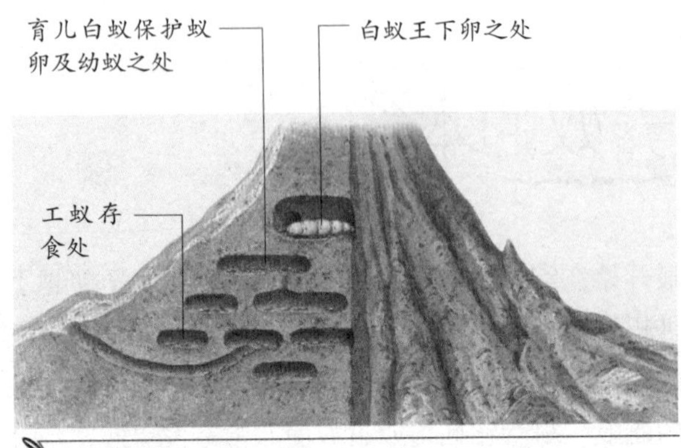

白蚁巢穴剖面

各种不同的时间里注意观察了蚂蚁们的巢，就算是在八月份，奴蚁的数目非常多，但也没有见到过它们走出或走进自己的巢。所以，他认为那些奴蚁是严格的家中奴隶。但是它们的主人不是这个样子的，时常可以看到它们不断地搬运着造巢的材料还有各种食物。但是在1860年的7月中，我见到一个奴蚁十分多的蚁群，经过观察我发现有少数的奴蚁与主人混在一起离巢出去，沿着相同的路朝着约25码远的一棵高苏格兰冷杉前进，它们一齐爬到树上去，估计是为了寻找蚜虫或胭脂虫的。于贝尔有过很多观察的机会，他讲到，瑞士的奴蚁在建造蚁巢的时候，经常与主人一起工作，不过它们在早晨还有晚间则会单独看管门户。于贝尔还明确地提出，奴蚁的主要工作是寻找蚜虫。两个国度中的主奴两蚁的普通习性存在着这么大的不同，估计只是由于在瑞士被捕捉的奴蚁数量比在英格兰的要多的缘故。

有一次，我幸运地遇上了血蚁从一个巢搬到另一个巢中去。主人们谨慎地将奴蚁带在颚间，而不是和红褐蚁一样，主人还要让奴隶带着走，这真的是非常有趣的奇异现象。还有一天，大概有20个养奴隶的蚁在同一个地方猎取东西，但是很明显不是在找寻食物，这引起了我的注意。它们走近一种奴蚁，独立的黑蚁群，同时遭到猛烈的抵抗。有些情况下有三个奴蚁揪住养奴隶的血蚁的腿不放，养奴隶的蚁残忍地弄死了这些弱小的抵抗者，而且还将它们的尸体拖到29码远的巢里去当食物。不过它们无法得到一个蛹来培养成奴隶。于是我从另一个巢当中掘出一小团黑蚁的蛹，置于邻近战斗的一个空地上，于是这些暴君马上非常热切地将它们捉住并且拖走，它们估计觉得毕竟是在最后的战役中取得胜利了。

在同一个时间，我在相同的场所放下了另一个物种，黄蚁的一小团蛹，它们上面还有几只攀附于案的碎片上的小黄蚁。就像史密斯先生所描述的，这个物种有些情况下也会被当作奴隶使用，就算是这样的情况非常少见。这种蚁虽然身形很小，不过却非常勇敢，我见到过它们凶猛地攻击其他种蚁。有一个事情，让我感到十分惊奇，我曾发现在养奴隶的血蚁巢下有一块石头，而在石头下面竟然是一个独立的黄蚁群。当我偶然地扰动这两个巢的时候，那些小黄蚁竟然以惊人的勇气去攻击它们的大邻居。当时我十分想要确定血蚁是不是可以辨别常被捉作奴隶的黑蚁的蛹同极少被捉的小型但是非常猛烈的黄蚁的蛹，很显然，它们确实可以立刻分辨出来。因为当它们碰到黑蚁的蛹时，就会马上热切地去捉，但是当它们遇到黄蚁的蛹或者只是遇到黄蚁的巢的泥土时，就会马上惊慌失措地逃离开去。不过，大约等过一刻钟左右，当这种小黄蚁都离去之后，它们才会鼓起勇气，将蛹搬走。

一天傍晚，我发现另有一群血蚁，看见很多这种蚁拖着黑蚁的尸体（能够看出并不是迁徙）还有无数的蛹回去，走入自己的巢当中。我随着一长行背着战利品的蚁朝前追踪而去，在大概有40码之远的地方，我看到了一处非常茂盛的石南科灌木丛，在那里我发现了最后一个拖着一个蛹的血蚁出现，不过我并没有在密丛中找出被蹂躏的巢在什么位置。不过那个巢一定就在附近，因为我看到有两三只黑蚁非常慌张地冲了出来，有一只嘴中还衔着一枚自己的卵，一动不动地停留在石南的小枝顶上面，同时对于遭到毁坏的家表现出绝望的神情。

这些都是与养奴隶的奇特本能有关的事实，不用我去证实。让我们来看一看血蚁的本能的习性与欧洲大陆上的红褐蚁的习性之间有什么样的不同之处。后者不会建造蚁巢，无法对自己的迁徙做出决定，也不会为自己还有幼蚁去寻找食物，甚至它们竟然不会自己吃东西，完完全全地依赖于自己的无数奴蚁。血蚁却不是这个样子的，它们的奴蚁数量非常少，并且在初夏的时光奴蚁是非常少的，主人会自己决定在什么时候还有什么地方去营造自己的新巢而且当它们进行迁徙的时候，主人会带着奴蚁走。瑞士还有英国的奴蚁好像都是用来专程照顾幼蚁的，而主人则会单独地进行捕捉奴蚁的远征。瑞士的奴蚁与主人一同工作，搬运材料回去造巢。主奴同进退，不过主要是奴蚁在照顾蚁族的蚜虫，同时还会进行所谓的挤乳，那么，主奴都会为本群采集食物。而在英国，经常是主人单独出去搜寻筑巢的材料还有为它们自己以及奴蚁和幼蚁寻找食物。因此，在英国，奴蚁为主人所服的劳役，比在瑞士的要少很多。

依赖哪些步骤而形成了血蚁的本能，我不想去妄加臆测。不过，由于不养奴隶的

在澳大利亚，罗盘白蚁可以造出扁平的蚁穴，一般都是南北朝向。蚁穴两面可以在日出和日落时吸收太阳的热量，而正午时则可以保持凉爽。

蚁，按照我所看到的，假如有别的物种的蛹散落在它们的巢的附近时，也会将这些蛹拖走，因此这些原本是贮作食物的蛹，就有可能发育起来。那些无意识地被养育起来的外来蚁就会追随着它们的固有本能，而且会去做它们所可以做的所有工作。假如它们的存在证明对于捕捉它们的物种有用，假如捕捉工蚁比自己生育工蚁对于这个物种更为有益的话，那么，原来是采集蚁蛹用来食用的这种习性，估计会因为自然选择的作用而得到加强，而且成为永久的，来达到非常不同的养奴隶的目的。而一旦本能被获得，就算是它的应用范围远没有英国的血蚁（就像我们所看到的，这种蚁在依赖奴蚁的帮助方面比瑞士的同一物种要少一些），自然选择估计也可以去增强和改变这样的本能，我们时常会假设每一种变异对于物种都有用处，直到出现了一种像红褐蚁那般卑鄙地依赖着奴隶去生活的蚁类。

蜜蜂建造蜂房的本能

对这个问题我不打算在这里进行详细的讨论，而只是将我所得到的结论简单地谈一谈。只要是考察过蜂集的精巧构造的人，见到它们那么美妙地适应蜂类的目的，如果不去热烈地加以赞赏，那么他一定是一个愚钝的人。我们听到数学家说，蜜蜂实际上已解决了一个深奥的数学问题，它们将蜂房造成适当的形状，来尽可能多地容纳大量的蜜，同时还尽可能多地节省了建造中需要用到的贵重的蜡质。以前有过这样的说法，就算是一个熟练的工人，用适合的工具还有计算器，也很难建造出一个真正形状的蜡质蜂房来。可是一群蜜蜂可以在黑暗的蜂箱当中将这项工程顺利完成。不管你说这是什么样的本能，最开始看起来这好像是不可思议的，它们如何可以制造出所有必需的角还有面，或者说，我们甚至不知道它们是如何可以觉察出这项工程是合理地被完成了。不过这个难点并没有如最初看起来那么大，我觉得能够说明，这所有神奇的

蜜蜂的蜂房，用于储存花粉、蜂蜜及抚养幼虫。

工作都是来源于几种简单的本能。

我对这个问题的研究是受了沃特豪斯先生的影响。他阐释说明过，蜂房的形状与邻接蜂房的存在有着十分密切的关系。下面所讲的观点估计只可以看作他的理论上的一些修正。让我们来看看伟大的级进原理，看看“自然”是不是向我们揭示了它的工作方法。在一个尖端系列的一端是土蜂，它们用自己的旧茧来贮蜜，有时候会在茧壳上添加一些蜡质的短管，并且相同的也会建造出分隔的、非常不规则的圆形的蜡质蜂房。在这个系列的另一边则存在着蜜蜂的蜂房，它排列为两层。每一个蜂房就像我们所知道的那样，都是六面柱体，六边的底边倾斜地联合为由三个菱形所组成的倒角锥体。这样的菱形都具有一定的角度，而且在蜂巢的一面，构成一个蜂房的角锥形底面的三条边，正好形成了反面的三个连接蜂房的底部。在这一系列当中，位于非常完善的蜜蜂蜂房还有简单的土蜂蜂房之中的，还有墨西哥蜂的一种蜂房。于贝尔曾经详细地描述和绘制过它们的蜂房。墨西哥蜂的身体构造算是在蜜蜂与土蜂之间，不过同土蜂的关系更为接近一些。它们可以营造差不多规则的蜡质蜂巢，它们的蜂房是圆柱形的，它们在那儿孵化幼蜂，另外还有一些用来贮蜜的大型蜡质蜂房。那些大型的蜂房近似于球状，大小基本上是相等的，而且聚集为不规则的一堆。这里需要我们注意的要点是，这些蜂房时常被营造得非常靠近，假如完全成为球状的话，那么蜡壁就一定要交切或穿通了。可是事实上从来没有出现过这样的情况，因为在有交切倾向的球状蜂房之间这种蜂会将蜡壁造成平面状。所以，每个蜂房都是由外方的球状部分还有两三个或更多个平面构成的。平整的数目由相邻连接的蜂房的数目来决定。当一个蜂房与别的三个蜂房相连接时，因为它们的球形差不多是相同大小的，因此在这样的情况下，经常地，并且也一定会是三个平面连成为一个角锥体。按照于贝尔所说的，这样的角锥体同蜜蜂蜂房的三边角锥形的底面都极为相像。在这里，与蜜蜂的蜂房一样，不管是哪个蜂房的三个平面，必然会成为所连接的三个蜂房当中的构成部分。墨西哥蜂用这样的营造方法，很明显能够节省蜡，更为可贵的是，能够节省劳力。由于连接蜂房之间的平面壁并不是双层的，它们的厚薄与外面的球状部分是相同的，但是每一个平面壁构成了两个房的一个共同部分，因此可以节省很多劳动力。

考虑到这样的情况，我认为假如墨西哥蜂在一定的彼此距离间营造它们的球状蜂房，同时将它们造成一样的大小，并且将它们对称地排列为双层，那么这种构造就会如同蜜蜂的蜂巢一样地完善了。于是我写信给剑桥的米勒教授，按照他的复信，我写出了下面的叙述，这位几何学家认真地读了它，同时还告诉我说，下面的这些表述是完全正确的。

假如我们画出一些相同大小的球，它们的球心都在两个平行层上，每一个球的球心和同一层当中围绕它的六个球的球心之间的距离等于或者是稍微小于半径乘以 2 的开方，也就是半径乘以 1.41421，而且同时和另一个平行层中连接的球的球心相距也与前面的一样。那么，假如将这双层球的每两个球的交接面都画出来，于是我们就能

达尔文的书房

够看到形成一个双层六面的柱体，这个双层六面柱体相互衔接的面都是由三个菱形所组成的角锥形底部连接而成的。这个角锥形同六面柱体的边组合出来的角，同那些经过精密测量的蜜蜂蜂房的角完全相同。不过怀曼教授也曾告诉我，他曾做过很多详细的测量，他谈到蜜蜂工作的精确性曾被过分地夸大，因此不管是蜂房的典型形状如何，它的实现就算是比较不可能，不过也是非常少见的。

所以说，我们能够稳妥地断定，假如我们可以将墨西哥蜂的那些不太奇异的已有的本能稍稍作一些改变，那么这种蜂就可以造出如蜜蜂那样十分完善的蜂房了。我们不得不假定，墨西哥蜂有能力去营造真正球状的以及大小相等的蜂房。见到下面的情形，于是就不会觉得有什么值得奇怪的了。比如，它们已经可以在一定程度上做到这点，同时，还有很多的昆虫也可以在树木上建造出一定程度上的完全的圆柱形孔穴。这很显然是按照一个固定的点旋转而来的。如此一来我们只好进行一个假设，墨西哥蜂可以将蜂房排列于水平层上，就像它们的圆柱形蜂房就是如此进行排列的。我们还不得不更进一步做一些假设，但是这又是极为困难的一件事情。当几只工蜂开始营造它们的球状蜂房时，它们可以设法正确地去判断出彼此之间应该距离多远。因为它们已经可以判断距离，因此它们时常可以让球状蜂房有某种程度上的交切。接着再将交切点用完全的平面连接起来。原本并没有多么奇异的本能，并不一定比指导鸟类建巢的本能更奇特，经过这种变异以后，我十分肯定地认为蜜蜂经过自然选择就获得了自己难以模仿的营造能力。

这样的理论能够拿试验去进行证明。参考特盖特迈耶那先生的例子，我将两个蜂巢分开，在它们之间放一块长并且比较厚的长方形蜡板。于是蜜蜂很快就开始在蜡板上凿掘圆形的小凹穴。当它们朝着深处凿掘这些小穴时，慢慢地让它们朝着宽处扩展，最终变成大体具有蜂房直径的浅盆形，看起来就正好像是完全真正球状或者球状的一部分。接下来的情形是非常有趣的：当几只蜂彼此之间靠近，并开始凿掘盆形的凹穴时，它们之间的距离正好能够让盆形凹穴得到前面所讲的宽度（大约与一个普通蜂房的宽度差不多），而且在深度上达到这些盆形凹穴所构成的球体直径的六分之一，这种情况下盆形凹穴的边就会互相交切，或者是彼此贯通，只要遇到这样的情况时，蜂们就会立即停止朝着深处凿掘，同时开始在盆边之间的交切处建筑起平面的蜡壁。因此，每一个六面柱体并不是如普通蜂房的情况一般，建筑在三边角锥体的直边上面，而是建筑于一个平滑盆形的扇形边上面的。

接着我将一块薄而狭的，涂有朱红色的，边如刃的蜡片放入蜂箱当中，来代替之前所用的长方形厚蜡板。于是蜜蜂们马上就如同之前一样，在蜡片的两面开始凿掘一些彼此之间比较接近的盆形小穴。可是蜡片是那么单薄，假如将盆形小穴的底掘得如同前面所讲到的试验中一样深，两面就会彼此贯通了。可是蜂儿们并不会让这样的事情发生，它们到适当的程度，就会停止开掘；于是那些盆形小穴只要被掘得深一点时，就会出现平的底，那些由剩下来而未被咬去的一些小薄片朱红色蜡而形成的平底，按照眼睛可以判断的，恰好位于蜡片反面的盆形小穴之间想象上的交切面位置。在相反一面的盆形小穴之间遗留下来的菱形板，彼此大小并不相同，由此我们能够知道，在这种并非自然状态的蜡片之上，蜂类确实是无法精巧地完成自己的工作的。尽管是这样，蜂儿们在朱红色蜡片的两面，还可以浑圆地咬掉蜡质，同时还能够让盆形加深，它们工作的速度一定是差不多一样的，只有这样才可以成功地在交切面的位置停止工作，同时保证在盆形小穴之间留下平的面。

在考虑到薄蜡片是多么柔软之后，我在想一个问题，当蜂儿们在蜡片的两面工作时，很容易就可以及时觉察到什么情况下咬到适当的薄度，然后就会及时停止工作。在普通的蜂巢当中，我觉得蜂在两面的工作速度，并不一定可以做到任何时候都成功地完全相等。这样的情况是因为，我曾注意过一个刚刚开始营造的蜂房，这个蜂房底部上半完成的菱形板引起了我的注意，此菱形板在一面稍稍凹进，我猜想这是由于蜂在这面掘得太快而造成的，而它的另一面却是凸出的，这估计是由于蜂在这面工作慢了一些的原因。在一个非常明显的事例当中，我将这个蜂巢放入了蜂箱当中去，让蜂继续工作一小段时间，然后再检查蜂房，然后我就看到菱形板已经完成，而且已经变成

蜜蜂的巢

完全平的了，这块蜡片是非常薄的，因此绝对不可能是从凸的一面将蜡咬去，而做成刚刚所讲的样子。我估计这样的情况很有可能是站在反面的蜂将可塑而温暖的蜡正好推压到它的中间板的位置，让它弯曲（我尝试过，非常容易实现），于是就能够将它弄平了。

从朱红蜡片的试验当中，我们能够看出：假如说蜂必须为自己建造一堵蜡质的薄壁时，它们就会互相之间站在一定距离的位置，然后用相同的速度凿掘下去，同时还会努力做成相同大小的球状空室，不过它们永远都不会允许这些空室之间彼此出现贯通的现象，如此一来，它们就能够造出合适形状的蜂房了。假如你去检查一下正在建造的蜂案边缘，就能够显著地看出蜂先在蜂巢的四周造出一堵粗糙的围墙或者是缘边。而且它们就如同营造每一个蜂房一般，时常会环绕着进行工作，将这围墙从两面咬去。在一般的情形之下，蜂儿们并不会在相同的时间中营造任何一个蜂房的三边角锥形的整个底部，一般它们最开始营造的是，处于正在建造的极端边缘的一块菱形板，或者是先建出两块菱形板，这要看情况来确定。而且，在还未建造六面壁之前，蜂儿们肯定不会先完成菱形板上部的边。这些叙述的一些部分与颇负盛名的老于贝尔所讲的有一些不同，不过我认为这些叙述是正确的。假如有足够的篇幅，我将会阐释说明这与我的学说其实是非常一致的。

于贝尔说，最开始的第一个蜂房是从侧面相平行的蜡质小壁凿掘造出来的，按照那些我所看到的情景，这个说法不完全准确。最开始着手的往往是一个小蜡兜。不过在这里我准备进行详细的讨论了。我们都知道，在蜂房的构造当中，凿掘所发挥的作用是多么重要，不过假如设想蜂无法在适当的位置，也就是沿着两个连接的球形体之间的交切面去建造粗糙的蜡壁，估计会是一个非常大的错误。我有几个标本很显著地指出它们是可以做到这点的。甚至是在环绕着建造中的蜂巢周围的粗糙边缘，也就是我们所能看见的蜡壁上，有些情况下也能够观察到一些弯曲的情况，而那些弯曲所在的位置就相当于将来蜂房的菱形底面所处的位置。不过在所有的场合里，粗糙的蜡壁是因为咬掉两面的绝大多数蜡之后完成的。蜂类这样的营造方法属于巧夺天工。它们总是将最开始还非常粗糙的墙壁到最后建造得比最后要留下的蜂房的非常薄的壁厚 10 倍甚至是 30 倍。我们按照下面所讲的情况，就能够去全面地理解它们是怎样进行工作的。假设建筑工人开始拿水泥堆起一堵宽阔的基墙，接着开始在近地面的地方的两侧，将水泥按照相同的量削去，直到中间部分形成一堵光滑并且非常薄的墙壁。这些建筑工人经常将削去的水泥堆在墙壁的顶上，接着

在英国，驯养蜜蜂的蜂箱很常见。

辛勤工作的蜜蜂。

又加入一些新的水泥。于是，薄壁就按照这样的方式不断地加高上去，不过上面往往存在着一个厚大的顶盖。所有的蜂房，不管最开始营造的还是已经完成的，上面都有这样一个坚固的蜡盖。所以，蜂儿们可以聚集在蜂巢上爬来爬去，而不用担心会将薄的六面壁损坏。米勒教授以前曾十分亲切地为我量过，那些壁在厚度方面有着很大的不同之处。在接近蜂巢的边缘地方所作的 12 次测量向我们表明，平均厚度是 1/352 英寸，而到了菱形底片的地方，则比较厚些，基本上是三比二，按照 21 次的测量结果，所得的平均厚度是 1/229 英寸。用前面所讲的这种特殊的营造方法，能够极端经济地使用蜡，同时还可以不断地让蜂巢坚固。

由于很多蜜蜂都会聚集到一块儿工作，在最初期看上去的话，对于理解蜂房是如何建造而成的，有可能会带来一些困难。一只蜂在一个蜂房当中工作一小段时间之后，就会到另一个蜂房当中去。因此，就像于贝尔所讲的那样，甚至是当第一个蜂房开始营造的时候，就有 20 只蜂在工作，我能够拿下面所讲的情形去实际地阐释说明这个事实。拿朱红色的熔蜡非常薄地涂在一个蜂房的六面壁的边上，或者是涂于一个扩大着的蜂巢围墙的极端边缘上，就一定可以看出蜂将这颜色非常细腻地分布开去，它们的工作让这些颜色细腻得就如同画师用刷子刷过的一般。那些带颜色的蜡从涂抹的地方被一点一点地拿走，置于周围蜂房的，扩大着的边缘上去。这样的营造的工作，在很多的蜂之间，好像存在着一种平均的分配，全部的蜂彼此之间都会本能地站在相同比例的距离之内，几乎全部的蜂都会去试图凿掘相同的球形。于是，就会建造出或者是留下不咬这些球形之间的交切面。有时候它们会遇到一些困难，提起来，这些例子确实真的比较神奇，比如，当两个蜂巢在一角相遇时，蜂儿们竟然经常会将已经建成的蜂房拆掉，同时用不同的方法去重新建造，并且，重新建造出来的蜂巢，其形状往往会与拆去的一样。

假如蜂遇到一处地方，在那个地方能够在适当的位置去开始自己的工作时，比如，站在一块木片上，这木片正好又处于向下建造的一个蜂巢的中间部分的下方，那么，这个蜂巢就注定会被建造于这个木片的上面，面对这样的状况，蜂儿们就会筑起新的六面体的一壁的基部，比其他的已经完成的蜂房更为突出，并且将它放在完全适当的位置。只要蜂儿们可以彼此站在适当的距离，同时可以同最后完成的蜂房墙壁保持适当的距离，那么，因为掘造了想象的球形体，它们就完全能够在两个邻接的球形体之间建造出一堵中间的蜡壁来。不过按照我所见到的，要不是那蜂房与邻接的几个蜂房基本上建成，蜂儿们是从不会去咬和修光蜂房的角的。蜂在一定的环境条件之下可以在两个处于初级阶段的刚刚营造的蜂房中间，将一堵粗糙的壁建立于适当位置上。这样的能力是极其重要的，因为这个能力同一项事实有关，最开始看起来，它好像能够推翻前面的理论。这个事实就是，黄蜂的最外边缘上的一些蜂房，通常也是严格的六边形的，不过我在这里没有足够的篇幅去讨论这个问题。我并不认为单独一个昆虫（比如黄蜂的后蜂）营造六边形的蜂房能够有多么大的困难。假如它可以在同时开始的两个或三个巢房的内侧还有外侧交互地工作，时常可以同刚开始了的蜂房的各部分保持恰当的距离，掘造球形或者是圆筒形，同时建造起中间的平壁，就能够做到前面所讲的一点。

自然选择只是在于对构造或本能的微小变异的积累，才可以发挥出作用，而每个变异均对个体在它的生活环境中是有益的。因此能够合理地发问：所有变异了的建筑本能所经历的漫长并且级进的连续阶段，都有趋向于如今那样的完善状态，对于它们的祖先，以前曾有过什么样的有利作用？我觉得，解答这个疑问也不困难：如同蜜蜂或黄蜂的蜂房那般建造起来的蜂房，是十分坚固的，并且还能够节省很多的劳力和空间还有蜂房的建造材料。想要制造蜡，每个人都深知，不得不采集足够量的花蜜，在这件事情上，蜂往往是非常辛苦的。特盖特迈耶先生曾经给我讲过，实验已经证明，蜜蜂想要完成一磅蜡，就得消耗掉 12 磅到 15 磅的干糖。因此在一个蜂箱当中的蜜蜂，为了分泌建筑蜂巢所不得不用的蜡，无法逃避地只能去采集并且消耗足够量的液状花蜜。此外，很多的蜂在分泌的过程中，难免会有很多天无法去工作。大量蜂蜜的贮藏，保证能够维持大群蜂的冬季生活，是一定不可以缺少的。而且我们还清楚，蜂群的安全主要取决于大量的蜂得以维持。所以，蜡的节省就在很大程度上节省了蜂蜜，同时也节省了采集蜂蜜的时间，这显然是所有蜂族成功的重要因素。当然，一个物种的成功，还有可能取决于它的敌害或寄生物的数量，或者取决于别的非常特殊的情况，所有的这些都与蜜蜂所能采集的蜜量没有什么关系。不过，假设采集蜜量的能力可以决定，而且估计曾经经常决定了一种近似于英国土蜂的蜂类是不是可以在随便一个地方大量地存在；而且让我们进一步假设，那些蜂群需要度过一个冬季，于是很显然就需要贮藏足够量的蜂蜜。如果出现了这种情况，假如它们的本能有细小的变异来影响它们将蜡房造得靠近一些，稍微彼此相切，这无疑问将会对我们所想象的这种土蜂的生活

蜜蜂在花丛中采蜜

与生存产生有利条件。由于一堵公共的壁就算只是连接着两个蜂房，也能够节省少量的劳力还有蜡。所以，假如它们的蜂房建造得一天比一天整齐，一天天靠近，而且还如同墨西哥蜂的蜂房那般聚集在一块儿，那么就会一天比一天更有利于这种土蜂的生存与发展。因为在这种时候，每个蜂房的大部分蜡壁，将会被当作邻接蜂房的壁，那么就能够极大程度地节省劳力还有蜡了。此外，因为相同的原因，假如墨西哥蜂可以将蜂房建筑得比现在的更为接近一些，同时在所有的方面都更为规则些，那么这对于它们也是非常有利的。因为，就像我们所看到的，蜂房的球形面将会完全消失，而被平面完全取而代之。那么墨西哥蜂所造的蜂巢估计就能够达到蜜蜂巢那般完善的地步了。在建造方面超越这种完善的阶段，自然选择就无法再发挥作用，因为蜜蜂的蜂巢，按照我们所知道的，在使用劳力还有蜡方面是绝对完善的。

所以，正像我所相信的，所有已知的最为奇特的本能，能够理解为自然选择保留了由比较简单的本能所产生的，那些足够量的，连续的，细小的对于物种十分有利的变异。自然选择一直以缓慢的，越来越完善的方式，去引导蜂在双层上掘造出彼此保持一定距离的、相同大小的球形体，同时沿着交切面筑起以及凿掘蜡壁。当然，蜂类是不会知道它们自己是在彼此保持一个特定的距离去掘造球形体，就像它们不会知道六面柱体的角还有底部的菱形板的角有很多个度。自然选择过程的动力，在于让蜂房建造得有合适的强度以及合适的容积还有形状，来最优化地去容纳幼虫，最大可能地去使用劳力还有蜡来让这个工程完成。每一个蜂群，假如都可以按照这样的方式，用最小的劳力，同时在蜡的分泌上消耗最少的蜜，去营造出最好的蜂房，那么它们就可以获得最大的成功，同时还能够将这种新获得的节约本能传递给新的蜂群，这些新蜂群在它们的那一代，在生存斗争中就能够得到最大的成功机会。

中性以及不育的昆虫

之前有人对前面所讲的本能起源的观点提出了反对的意见，他们说，“构造的还有本能的变异一定是同时发生的，并且还是彼此密切协调的。因为，假如说变异在一方面出现时却在另一方面没有出现相应的变化，那么这样的变异就会出现致命的后果”。这些异议的力量完全是立足于本能与构造是突然发生变化这样的假设方面的。前面的章节中，我们说过的大荏雀就能够拿来做一个例子。这种鸟时常在树枝上用脚挟住紫杉类的种子，然后用喙去啄，直到将它的仁啄出来。如此一来，自然选择就会将喙的那种越来越适于啄破这种种子的所有的微小变异都保存下来，一直到像非常适于这种目的的五十雀一般的那种喙的形成。而在同时，习性或者是强制的，或者是嗜好的自发变异也去引导这种鸟日益变为吃种子的鸟。对于这样的解释，又存在着什么

困难呢？在这个例子当中，假设先出现了习性或嗜好方面的缓慢变化，接着经过自然选择，喙才逐渐地出现了改变，这样的改变是同嗜好或习性的改变所一致的。不过假设荏雀的脚，韵味同喙相关，或者因为别的任何我们所不知道的原因，出现了变异并且增大了，那么这种增大的脚，并不是不可能引导此种类型的鸟变得越来越擅长攀爬，直到最终让它们获得了如同五十雀那样明显的攀爬本能以及力量。也就是说，这种情况之下，是假设构造的逐步变化造成了本能的习性出现了变化。再讲一个例子：东方诸岛的雨燕完全拿浓化的唾液去造巢，极少能找到比这种本能更为神奇怪异的了。有的鸟用泥土建巢，能够相信在泥土中混合着唾液。北美洲有一种雨燕（就像我所见到的）用小枝沾上唾液建巢，甚至用这种东西的屑片沾上唾液去建巢。那么，对分泌唾液越来越多的雨燕个体的自然选择，就会最后产生出一个物种，这个物种具有忽视别的材料而专用浓化唾液去建巢的本能，难道说这样的情况不可能存在吗？别的情况也是这个样子的。可是不得不承认，在很多事例当中，我们无法推测最开始出现变异的究竟是本能还是构造。

塞舌尔营建巢穴的雨燕

毫无疑问还能够用很多难以解释的本能去反对自然选择学说，比如有的本能，我们不知道它是如何起源的，有的本能，我们不知道它们存在着中间级进，有的本能又是那么的不重要，导致自然选择不怎么会对它们发挥作用，还有的本能在自然系统相距甚远的动物当中，意外的几乎相同，导致我们无法去用共同祖先的遗传去说明它们的相似性，结果不得不相信那些本能是经过自然选择而被独立拥有了的。我并没准备在这里讨论这几个例子，不过我要专门讨论一个比较特殊的难点，这个难点在一开始我觉得是解释不通的，而且实际上对于我的全部学说来说，是非常致命的。我所讲的就是昆虫世界当中的中性的，也就是那些不育的雌虫。因为这些中性虫在本能与构造方面总是同雄虫还有可育的雌虫存在着很大的差异，并且因为不育，它们无法繁殖自己的种类。

这个问题非常值得我们去详细地讨论一番，不过我在这里仅仅准备举一个例子，那就是不育的工蚁的例子。工蚁如何会变成不育的个体，这是一个难点。不过也不比构造方面任何其他的明显变异更难于解释。因为能够阐释说明，在自然环境当中有些昆虫还有其他的一些节足动物，偶尔也会变成不育的。假如说这些昆虫是社会性的，并且假如每年生下一些可以工作的，不过无法生殖的个体对于这个群体来说却是有利的话，那我觉得不难理解，这是因为自然选择的作用所致。不过我不得不省略这种初步的难点不谈。最大的难点在于，工蚁和雄蚁以及可以生育的雌蚁在构造方面有十分大的差异。比如工蚁具有不同形状的胸部，缺少翅膀，有些情况下没有眼睛，而且具有不同的本能。光以本能来说的话，蜜蜂能够非常好地去证明工蜂同完全的雌蜂之间存在着惊人的差异，假如工蚁或其他的中性虫原本是一种很正常的动物，那么我就会毫不犹豫地去假定，它们的所有性状都是经过自然选择来慢慢获得的。这就意味着，因为生下来的一些个体均具有细小的有益变异，那些变异又都遗传给了它们的后代，并且这些后代身上又出现了变异，接着还会被选择，就这样继续不断地进行下去。不过工蚁与双亲之间的差别是非常大的，并且是肯定不会育的，因此它绝不可以将历代拥有了的构造方面或者是本能方面的变异遗传于后代。于是就能够问：这样的情况如何符合自然选择的学说呢？

首先，我们应该记住，在家养生物以及自然环境当中的生物里，被遗传的构造的各式各样的差异是同一定的年龄或者是性别有关系的，在这方面我们可以举出很多的事例。那些差别不仅仅同某一性相关同时还与生殖系统活动的那一短暂的时期有一定的关系。比如，很多种雄鸟的求婚羽，还有雄马哈鱼的钩曲的颚，全是这样的情况。公牛经过人工去势后，不同品种的角甚至也都相关地表现出一些细小的差别。因为有的品种的去势公牛，在和同一品种的公牛，在双方的角的长度的比较上，比别的一些品种的去势公牛，具有更长的角，所以，我觉得昆虫世界当中的有些成员的不管是哪种性状变得同它们的不育状态相关，都不存在多么大的难点。难点在于，理解这些构造方面的相关变异是如何被自然选择的作用慢慢累积起来的。

尽管这个难点从表面上看来是很难克服的，不过只要记住选择作用能够应用于个体还能够应用于全族，同时能够由此获得所需要的结果，那么这个难点就会缩小，或者就像我所相信的，就会消除。养牛者喜欢肉与脂肪交织为大理石纹的样子，于是拥有着这类特性的牛就遭到了屠杀。不过养牛者很有信心继续培育相同性质的牛，而且他们做得非常成功，这样的信念是建于这样的选择力量上的。只要我们认真注意什么样的公牛与牝牛交配就可以产生最长角的去势公牛，估计就能够获得经常产生异常长角的去势公牛的一个品种，尽

华丽琴鸟的雄鸟求偶时站在土丘上，以精致复杂的尾羽配合鸣叫起舞。

管没有一只去势的牛曾经繁殖过它的种类。我再来举出一个更不错并且更为确切的例子，按照佛尔洛特所讲的，重瓣的一年生紫罗兰的有些变种，因为长时间地并且仔细地被选择到适当的程度，于是就时常产生出大量的实生苗，开放重瓣的、完全不育的花。不过它们也会产生出一些单瓣的、可以繁育的植株。只有这些单瓣的植株才可以繁殖这个变种，它能够同可育的雄蚁还有雌蚁相比拟，重瓣并且不育的植株能够和同群中的中性虫相比拟。不管对于紫罗兰的这些品种，还是对于社会性的昆虫，它们为了达到有利的目的所进行的选择，并不是作用于个体，而是作用于整个种族之中。所以，我们就能够断言，和同群中一些成员的不育状态相关的构造或者是本能方面的微小变化，被证明是有利的。于是最后，可育的雄体与雌体得到了繁生，而且将这种倾向，也就是产生具有相同变异的不育的成员，传递给可以繁育的后代。这个过程，一定重复了很多次，直到同一物种的可育的雌体与不育的雌体之间出现了十分大的差异量，就如同我们在很多种社会性昆虫当中所看到的一般。

不过我们还尚未接触到难点的高峰。那就是，有几种蚁的中性虫不仅可以和可育的雌虫还有雄虫存在着一定的差别，并且它们彼此之间也存在着差别，有些情况下甚至差别到几乎无法相信的程度。而且正是因为这样，才被分作两个级甚至是三个级。此外，这些级中，普通而且彼此之间不会逐渐推移，但是区别是非常清楚的。彼此之间的区别就像是同属的任何两个物种，或者说是同科的任何两个属一般。比如，埃西顿蚁的中性的工蚁与兵蚁拥有着极为不相同的颚还有本能，隐角蚁仅仅拥有一个级的工蚁，它们的头上长着一种十分奇怪的盾，而至于它的用途，还无法了解清楚。墨西哥的蜜蚁拥有着一个级的工蚁，它们永远不会离开巢穴，它们的腹部非常发达，发育得十分大，可以分泌出一种蜜汁去代替蚜虫所排泄的东西，蚜虫或者能够被称为蚁的乳牛，欧洲的蚁经常将它们圈禁和看守起来。

假如说我不承认这种奇异并且非常确实的事实，马上就能够颠覆这个学说，人们就一定想，我对自然选择的原理太过于自信了。假如说比较简单的那些中性虫只有一个级，我相信这种中性的虫和可育的雄虫以及雌虫之间存在着的差别，是经过自然选择而获得的，在这样比较简单的情况当中，按照从正常变异的类推，我们能够很确定地说，这样连续的、微小的、有利的变异，在最开始的时候并不是发生在同

蚂蚁是典型的社会性昆虫，它们采用集体生活的方式生存。

一级中的所有中性虫中，而只是发生在一些少数的中性虫里。而且，因为这样的群，在那里雌体可以产生非常多的具有有利变异的中性虫，可以生存，左右的中性虫最后就都会具有那样的特性。按照这样的说法，我们就可以在同一级中偶然看到那些表现有各级构造的中性虫。而事实上我们确实发现了，正是因为欧洲之外的中性昆虫极少会被仔细地检查，这样的情况甚至能够说并没什么稀奇的。史密斯先生曾经向我们阐释说明过，有几种英国蚁的中性虫，彼此之间在大小方面，也有时候是在颜色方面，都表现出太大的差异，而且在两极端的类型之中，还能够经同集中的一些个体连接而来。我曾亲自比较过这一种类的完全级进状况。有些情况下能够看到，大型的或者是小型的工蚁数量是最多的。或者说大型的还有小型的两种都多，但是中间型的数量非常少。黄蚁有大型的还有小型的工蚁，只是中间型的工蚁是非常少的。就像史密斯先生所观察到的那样，在这个物种当中，大型的工蚁有单眼，尽管这些单眼比较小，不过还是可以清楚地被辨别出来的。而小型的工蚁的单眼是残迹的。在仔细地解剖了几只这样的工蚁之后，我才可以确定小型的工蚁的眼睛，比我们可以用它们的大小比例去解说的，还要更加不发育。而且我非常相信，尽管我无法非常肯定地去断言，中间型工蚁的单眼正好就处于中间的状态。因此，一个级内两群不育的工蚁，不仅仅是在大小方面，同时也在视觉器官方面，均表现出一定的差别。不过它们是被一些少数的中间状态的成员所连接起来的。我还要补充一些题外的话，假如小型的工蚁对于蚁群属于最为有益的，那么产生越来越多的小型工蚁的雄蚁还有雌蚁就一定会被不断地选择，直到所有的工蚁都拥有那样的形态为止。如此一来就形成了这样的一个蚁种，它们的中性虫基本上就如同褐蚁属当中的工蚁一般。褐蚁属的工蚁甚至连残迹的单眼都没有，尽管这个属的雄蚁与雌蚁都长着非常发达的单眼。

我还要再举一个例子：在相同物种的不同级的中性虫之中，我非常有信心地期望能够偶尔找到重要的构造的中间诸级，因此我非常高兴利用史密斯先生所提供的来自西非洲驱逐蚁的同巢中的很多标本。我不打算列出实际的测量数字，只准备做一个严格精确的说明，估计读者就可以最好地去了解这些工蚁之间的差异量了。那些差异就如同下面的情况：我们见到一群建筑房屋的工人，里面有很多是 5 英尺 4 英寸高，还有很多是 16 英尺高；不过我们还不得不再假设那大个儿工人的头比小个儿工人的头不止大三倍，甚至是大四倍，颚则基本上大出了五倍之多。还有，几种大小不同的工蚁的颚不只是在形状方面具有惊人的差异，并且牙齿的形状以及数目也存在着很大的悬殊。不过对于我们非常重要的事实是，尽管工蚁能够按照大小分为不同的数级，不过它们能够逐渐地彼此慢慢推移。比如，它们的构造十分不相同的颚正是这个样子的。对于后面的一点，我确信就是这个样子的，因为芦伯克爵士曾用描图器将我所解剖的几种大小不同的工蚁的颚挨个做了图。贝茨先生也曾经在他的有趣的著作《亚马孙河上的博物学者》当中描述过一些与此十分相似的情况。

按照呈现于我面前的诸多事实，我相信自然选择，因为作用于可育的蚁，也就是

当一只无毒的蝴蝶长得像有毒的种类的时候，就会采取拟态的防御策略，但其种群数量必须比模拟对象少，如果它们数量过多，保护性拟态就会失去作用。

它们的双亲，就能够形成一个物种，专门产生体形大并且具有某一形状的颚的中性虫，或者专门产生体形小但是极为不同的颚的中性虫。最后，还有一个最大的难点，那就是具有某一种大小以及构造的一群工蚁还有具有不同大小以及构造的另一群工蚁，是同时存在着的。不过最先形成的，是一个级进的系列，就如同驱逐蚁的情况一般，接着，因为生育它们的双亲得到了生存，那么这系列之中的两种极端的类型就被产生得越来越多，直到具有中间构造的个体不再产生为止。

华莱斯还有米勒两位先生曾对相同复杂的例子提出过十分相似的解释，华莱斯的例子是，马来产的有些蝴蝶的雌体常常规则地表现出两种或三种不同的形态；而米勒的例子是，生活于巴西的一些甲壳类的雄体相同地也表现出两种非常相同的形态。不过在这里没必要讨论这个问题。如今我已解释了，就像我所相信的那样：在同一巢里生存着的，区别十分明显的工蚁两级，它们不仅彼此之间存在着很大的不同，同时还与双亲之间存在着很大的不同，这样神奇的事实是如何发生的，大家均能够瞧出来。分工对于文明人类是有用处的，按照相同的原理，工蚁的生成，对于蚁族的环境也存在着不小的作用。但是蚁是用遗传的本能以及遗传的器官，也就是工具去进行工作的，人类却是用学得的知识以及人造的器具去工作的。不过我必须坦白地承认，尽管我完全相信自然选择，但要不是有这些中性虫引导我得到这样的结论，我绝不会想到这一原理是这么的高度有效。因此，为了解释说明自然选择的力量，同时也因为这是我的学说所遇到的十分严重的难点，我对于这样的情况进行了比较多一些的，不过还完全不够的讨论。这样的情况也是非常有趣的，因为它证明在动物当中，就像是在植物当中一样，因为将大量的、细微的自发变异，只要是稍微有利地累积下来，就算是没有锻炼或习性参加作用，那么不管多么大小量的变异都可以产生效果。因为，工蚁也就是不育的雌蚁所独有的特殊习性，就算是出现了很久，也不可能影响到专门负责繁衍后代的雄体以及可育的雌体。我觉得奇怪的是，为什么到现在都没有人用这种中性虫的显著例子去反对大家都熟知的拉马克所提出的“习性遗传”的学说。

摘　要

我已尽力在这一章当中简要地指出家养动物的精神能力是变异的，并且这些变异是具有遗传性质的。我又试着更加简单化地阐明了本能在自然环境中也是轻微地变异着的。没有人会去否认本能对于每种动物都具有最高度的重要性。因此，在改变了的生活环境下，自然选择将任何稍微有用的本能方面的细小的变化累积到什么样的程度上，其间并不存在什么真正的难点。在很多的情况当中，习性或者使用与不使用估计也参与了作用。我不敢说本章当中所举出的事实可以将我的学说加强到非常大的程度，不过按照我所能判断的，没有一个难解的例子能够颠覆我的学说。相反地，本能并不是常常都绝对完全的，反之，还是非常容易导致错误的，尽管有些动物能够利用别的一些动物的本能，不过没有一种本能能说是为了别的动物的利益而被产生的。在自然史上有这样一句格言“自然界当中没有飞跃”，就如同应用于身体构造一样也可以应用于本能，同时还能够用上述观点去清楚地解释它，假如不是这样，它就是无法解释的了，全部的这些事实都对自然选择的学说进行了巩固。

这个学说也因为别的几种与本能有关的事实而被加强。比如，密切近似的但是不相同的物种，当生活于世界上远隔的地方，而且生活在完全不同的生活环境之中时，往往总是保持几乎相同的本能。比如，按照遗传的原理，其实不难理解，为什么热带南美洲的鸫会与英国的鸫一样，它们的建巢方法惊人的相似，都是用泥去涂抹自己的巢。为什么非洲与印度的犀鸟拥有着相同的，十分异常的本能，可以用泥将树洞封住，将雌鸟关闭在里面，在封口处仅仅留下一个小孔，来方便雄鸟从这里哺喂雌鸟以及孵出来的幼鸟。为什么北美洲的雄性鹪鹩会和英国的雄性猫形鹪鹩一样，能够营造出“雄鸟之巢”来方便自己在那里栖息，这样的习性完全与别的所有已知鸟类的习性不一样。最后，这估计是不合逻辑的演绎，不过按照我的想象，这样的说法最能使人满意，那就是：将本能，就像一只小杜鹃将义兄弟逐出巢外，蚁养奴隶，姬蜂科的幼虫寄生于活的青虫体当中，不看成是自身具有的天赋或者是被特别创造的能力，而将它们看成是引导所有生物演变，也就是繁育、变异、让最强者生存或者是让最弱者死亡的，一般法则的小小结果。

第九章

杂种性质

不育性的程度——> 支配杂种不育性的规律——> 对初始杂交不育性及杂种不育性起支配作用的法则——> 初始杂交不育性及杂种不育性的缘由——> 交互的二型性同三型性——> 变种杂交及其混种后代的能育性——> 除能育性外，杂种与混种的比较——> 摘要

不育性的程度

博物学者们普遍都持有一种观点，大家都觉得一些物种相互杂交，被特别地赋予了不育性，用来阻止它们的混杂。一开始看上去的话，这样的观点好像确实是非常正确的，因为有的物种生活在一起，假如能够自由杂交，就极少可以保持不混杂的。这个问题在很多的方面对于我们都是非常重要的，尤其是因为第一次杂交时的不育性还有它们的杂种后代的不育性，正像我将要表明的，并不可以因为各种不同程度的、连续性的、有益的不育性的保存而得来。不育性是由亲种生殖系统中所出现的一些差异所产生的一种附带的偶然结果。

在对这个问题进行讨论时，通常有两类根本就非常不相同的事实却总是会被混淆在一块儿，那就是，物种在第一次进行杂交时的不育性，还有由它们产生出来的杂种的不育性。

纯粹的物种毫无疑问是具有完善的生殖器官的，但是当互相杂交之后，它们产生极少的后代，甚至是不产生后代。还有一个特点就是，不管是从动物或植物的雄性生殖质的状态上都能够显著地看出，杂种的生殖器官在机能方面已没有了效能。尽管它们的生殖器官自身的构造置于显微镜下面去看的话依然是完善的。在前面所讲的第一种情况当中，形成胚体的雌雄性生殖质是完善的，而在第二种情况当中，雌雄性生殖质要不是完全不发育，要不就是发育得不完全。当不得不考虑上面所讲的这两种情况所共有的不育性的原因时，这样的区别是非常重要的。因为将这两种情况下的不育性都看成是并不是我们的理解能力所可以掌握的一种特别的禀赋，那么这样的区别估计就会被忽略了。

变种，也就是知道是或者相信是由共同祖先传下来的类型，在杂交时的可育性，还有它们的杂种后代的可育性，对于我的学说来说，同物种杂交时的不育性，有相同的重要性。因为这好像在物种与变种之间划出了一个明确并且十分清楚的区别。

马和驴杂交后，它们产生极少的后代，甚至是不产生后代。

支配杂种不育性的规律

首先我们来看看关于物种杂交时的不育性还有它们的杂种后代的不育性。凯洛依德还有格特纳这两位谨慎并且十分值得称赞的观察者，几乎用了自己一生时间去研究这个问题，只要是读过他们的几篇研究报告以及著作的，不可能没有深深地感到某种程度上的不育性是极为普遍的，凯洛依德将这个规律普遍化了。但是在10个例子当中，他注意到有两个类型，尽管被大部分的作者看成是不同物种，在杂交的时候是非常能育的，于是他采取快刀斩乱麻的方式，毫不犹豫地将它们列为变种。格特纳也将这个规律同等地普遍化了。而且他对凯洛依德所举的10个例子的完全能育性有一定的争论。不过在这些以及很多的别的一些例子当中，格特纳不得不谨慎地去数种子的数量，以便能够查出其中有任何程度的不育性。他时常将两个物种第一次杂交时所产生的种子的最高数量还有它们的杂种后代所产生的种子的最高数量，同双方纯粹的亲种在自然环境当中所产生的种子的平均数量进行比较。不过，严重错误的原因就在这里侵入了：进行杂交的一种植物一定要去势，更重要的是不能不进行隔离，来保证防止昆虫带来别的植物的花粉。格特纳所试验的植物基本上全都是盆栽的，放置于他的住宅的一间屋子当中。这样的做法毫无疑问往往能够损害一种植物的可育性。因为格特纳在他的表中所列出的大约20个例子的植物都被去势了，而且用它们自己的花粉进行人工授粉（所有的荚果植物不包括其中，因为它们难以施加手术），这20种植物中有一半在可育性方面都受到了某种程度上的损害。此外，格特纳反复让普通的红花海绿与蓝花海绿彼此之间进行杂交，这些类型以前被最优秀的植物学家们列为变种，发现它们属于绝对不育的类型。我们能够去怀疑是不是很多物种在互相杂交时，会像他所相信的那样，真的会无法繁育。

水稻在杂交的时候，有些品种是非常能育的，这对人类粮食生产而言可谓福音。

事实确实是如此：一方面，每个不同物种杂交时的不育性，在程度方面是那么的不相同，而且是那么不易觉察地渐渐消失；此外还有一点，纯粹物种的能育性是那么易受各种环境条件的影响，最终导致为着实践的目的，很难道出完全的能育性是在哪个阶段哪个时间终止的，而不育性又是在什么时候开始的。对于这样的情况，我想没有比最有经验的两位观察者凯洛依德还有格特纳所提出来的证据更为可靠的了，他们对于有些完全一样的类型之前也提出过正相反的结论。对于有些可疑类型，到底是应该列为物种的问题还是变种的问题，尝试着将最优秀的植物学家们提出来的证据同不同的杂交工作者从可育性推论出来的证据，还有同一观察者从不同时期的试验当中所推论出来的所有证据放于一起进行比较，也是十分有意义的。不过我在这里没有足够的篇幅去对这些进行详细的说明。因此能够示明，不管是不育性还是可育性，都无法在物种与变种之间提供出什么明确的区别。从这一来源所得出的证据慢慢地减弱，那么它的可疑程度也就像从别的体制方面以及构造方面的差异所得出的证据。

对于杂种在连续的好几代中的不育性，尽管格特纳谨慎地阻止了一些杂种与纯种的任一亲本进行杂交，可以将它们培育到六代或七代，在一个例子当中甚至能够一直到了十代。不过他肯定地讲道，它们的能育性从未增高，可是通常会突然地或者是在很大程度上降低了。对于这一降低的情况，首先需要注意的是，当双亲在构造方面或者是体制方面一起出现了任何偏差时，它们往往就会以扩增的程度传递给后代。并且杂种植物的雌雄生殖质在一定程度上也会受到影响。不过我相信它们的可育性的降低，在差不多所有的情况当中都是因为一个独立的原因，那就是过于接近的近亲交配。我曾做过很多试验，而且还搜集到很多的事实，一方面解释说明了同一个不同的个体或者是变种进行偶然的杂交，能够提高后代的生活能力以及可育性，另一方面还解释说明了非常接近的近亲交配能够降低它们的生活力以及可育性，此结论的正确性是不用去怀疑的。试验者们极少会培育出大量的杂种。而且因为亲种，或者是别的近缘杂种通常都生长于同一园圃之中，因此在开花的季节一定要谨慎防止昆虫的传粉。假如杂种独自生长，在每一世代中通常情况下都会由自花的花粉去受精。它们的可育性本来就因为杂种根源的问题而被降低，所以估计更会受到损害。格特纳反复提出的一项非常值得我们注意的叙述，坚定了我的这一信念。他说，对于那些可育性较差的杂种来说，假如用同类杂种的花粉进行人工授精，就算是因为手术经常会带来一些不良的影响，但是它们的能育性常常还是会出现明显的提高，并且还会持续性地不断增高。如今，在人工授粉的过程当中，偶尔地从另一朵花的花蕊上采来花粉，就好像经常从准备被受精的一朵花的花蕊上采花粉一样，是司空见惯的事情（按照我的经验，我认为确实是这样的）。因此，两朵花就

授粉过程中，偶尔会从另一朵花的花蕊上采来花粉。

算是基本上经常是同一植株上的两朵花的杂交，也会因此而受到影响。此外，不管是在哪种情况之下进行复杂的试验，就算是那么谨慎的观察者格特纳，也会将杂种的雄蕊去掉，这样就能够在每一代当中保证用异花的花粉进行杂交，而这异花有可能是来自同一植株，也有可能是来自同一杂种性质的其他植株。所以，我相信，同自发的自花受精恰好相反的是，人工授精的杂种在连续的几代当中能够很好地增高自身的能育性，这个神奇的事实是能够按照避免了过于接近的近亲进行杂交去解释的。

接下来让我们谈一谈第三位非常富有经验的杂交工作者赫伯特牧师所得到的结果。在他的结论当中，他强调有些杂种是完全可育的，同纯粹的亲种一样可育，就如同凯洛依德还有格特纳强调的，不同物种之间存在着一定程度上的不育性，是很常见的自然法则一样。他对于格特纳曾经试验过的完全相同的一些物种也进行了试验。之所以他们得到的结果并不相同，我估计一方面是因为赫伯特的高超的园艺技能，还有一方面是因为他有温室可作为实验的场地来用。在他的很多重要记载当中，我只准备举出一项作为例子。那就是："在长叶文殊兰的一个荚中的每个胚珠上，授以卷叶文殊兰的花粉，那么就能够产生出一个在它的自然受精情况下我们从来没见到过的植株。"因此在这里我们能够看到，两个不同物种的第一次杂交，就能够获得完全的或者甚至比普通更为完全的可育性。文殊兰属的这个例子指导我想起了一个很神奇的事情，那就是半边莲属、毛蕊花属还有西番莲属当中的一些物种的个体植物，非常容易用不同的物种的花粉去受精，可是不容易用同一物种的花粉去进行受精。尽管这种花粉在与别的植物或者是物种的受精方面被证明是完全正常的。就像希尔德布兰德教授所解释和说明的那样，在朱顶红属以及紫堇属当中，又好比斯科特先生还有米勒先生所解释说明的，在各种兰科的植物当中，所有的个体都存在着这样的特殊情况。因此，对于有些物种的某些异常的个体还有别的物种的所有的个体，比用同一个体植株的花粉去进行授精，往往都更为容易产生出杂种。我再举一个例子，朱顶红的一个鳞茎开出了四朵花，赫伯特在其中的三朵花上授以了它们自身的花粉，来让它们受精，接着又在第四朵花上授以了从三个不同物种传下来的一个复杂种上的花粉，去让它受精，得到的结果是："那三朵花的子房没过多久就停止了生长，过了几天之后就全部枯萎了，而那个借着杂种花粉去进行受精的另一部分，却生长得非常旺盛，很快就达到了成熟，而且还结下了可以自由生长的优秀种子。"赫伯特先生在许多年当中重复了同一个试验，每次会得到相同的结果。这些例子能够解释说明，决定一个物种能育性的高低，它们的原因往往是多么细小并且让人觉得不可思议。

园艺工作者的实际试验，尽管缺乏科学的精确性，不过也值得引起注意。我们都知道，在天竺葵属、吊金钟属、蒲包花属、矮牵牛属以及杜鹃花属等的物种之间，曾经进行过多么复杂方式的杂交，但是很多这些杂种都可以自由地结子。比如，赫伯特曾经断言，从绉叶蒲包花还有车前叶蒲包花，这是两个在习性方面非常不相同的物种，所得到的一个杂种，"它们自己完全可以繁殖，就如同是来自智利山里的一个自然物种”。我曾耗费很多的心思去探究杜鹃花属的一些复杂杂交的可育性的程度，我能够确切地说，其中大部分是完全可生育的。诺布尔先生曾经告诉过我，他曾将小亚细亚杜鹃与北美山杜鹃之间的一个杂种嫁接于有些砧木上，这个杂种“有我们所能够想象到的自由结子的功能”。杂种在经过正当的处理之后，假如它的可育性在每一个连续的世代中时常出现不断降低的情况，就像格特纳所相信的那样，那么这个事实早就被园艺者们注意上了。园艺工作者们将同一个杂种培育于广大的园地上，只有这样才是正当的处理。只是因为，鉴于昆虫的媒介作用，一些个体能够彼此自由地进行杂交，因此就会阻止接近的近亲进行交配所带来的不利影响。只要检查一下杜鹃花属杂种的比较不育的花，不管是谁都可能轻易地去相信昆虫媒介作用所造成的重大影响了，它们不会产生出花粉，但是在它们的柱头上能够看到来自异花的大量花粉。

对动物所进行的认真试验，远比对植物的要少很多。假如我们的分类系统是靠谱的，那也就是说，假如动物各属彼此之间的区别程度就可育性来说，我基本上不知道一个事例能够表明，从不同父母同时培育出来的同一杂种的两个家族，能够避免接近的近亲交配所产生的不良影响。与这些正好完全不一样的是，动物的兄弟姊妹往往会在每一连续的世代中进行杂交，也就很自然地会违背每一个饲养者反复不停提出的告诫。处于这样的情况里，杂种生来就有的不育性将会得到继续的增高，这一点完全不是什么奇怪的事情。

尽管我还无法举出完全可靠的例子去说明动物的杂种是完全可育的，不过我有理由相信凡季那利斯羌鹿还有列外西羌鹿二者之间的杂种还有东亚雉与环雉之间的杂种是完全可育的。卡特勒法热曾经说过，有两种蚕蛾与阿林地亚蚕的杂种在巴黎被证明，从互相交配一直到繁育八代那么久之后，依然可以生育。近来有人确定他说过，如此不同的两个物种，比如山兔与家兔，假如互相杂交，也可以产生后代，这些后代同随便一个亲种进行杂交，均是高度可育的。欧洲的普通鹅与中国鹅也是那么不同的物种，通常都会将它们列为不同的属，它们的杂种同任何一个纯粹亲种杂交，也往往

飞翔的环颈雉

是可育的，而且在一个仅有的例子当中，杂种互相交配，也是可育的。这是艾顿先生的成就，他从同一父母培育出的两只杂种鹅，不过不是同时孵抱的。他用这两只杂种鹅又育成一巢八个杂种（是最开始的那两只纯种鹅的孙代）。可是，在印度，这些杂种鹅绝对是可以繁育的。因为布莱斯先生还有赫顿大尉曾经对我说过，印度随处可见饲养着这种类型的杂种鹅群。由于在纯粹的亲种已不存在的地方饲养它们是为了谋利，因此它们一定是高度地或者完全地可育的。

而说到我们的家养动物，每个不同的族相互之间进行杂交，也都是可育的。不过通常在很多情况下，它们是从两个或两个以上的野生物种繁衍而来的。按照这个事实，我们也就能够决断出，假如不是原始的亲种在最开始就产生了完全可育的杂种，那么就是杂种在后来的家养环境之下变成了可育的。后面的这种情况最开始是由帕拉斯提出来的，它的可能性看起来是最大的，的确是很少有人会去怀疑的。比如，我们现在的狗是由几种野生的祖先杂交繁衍而来的，这基本上已经是非常肯定的了。估计除了南美洲的一些原产的家狗以外，所有的家狗彼此相互进行杂交，都是非常可育的。不过类推起来，却会让我大大地怀疑这几个原始的物种是否在最开始的时候曾经互相杂交，并且还产生出非常可育的杂种。近来我再一次得出了决定性的证明，那就是印度瘤牛和普通牛的杂交所产生的后代，互相交配是完全可育的。而按照卢特梅耶对于它们的骨骼方面的重要差别的观察，还有布莱斯先生对于它们的习性以及声音还有体制方面的差别的观察，这两个类型必须被看成是真正不同的物种。相同的意见能够引申到猪的两个主要的族。因此我们必须明白，假如不放弃物种在杂交时的普遍不育性的信念，那么就要去承认动物的这种不育性并非无法消除的，而是能够在家养的环境当中被消除的一种特性。

最后，按照植物还有动物的互相杂交的所有已经确定的事实，我们能够得出一个结论，那就是进行首次杂交还有它们的杂种具有某种程度的不育性，都是非常普遍的结果。不过按照我们目前所能够了解和掌握的知识来说，却无法去认定这些就是完全普遍的。

对初始杂交不育性及杂种不育性起支配作用的法则

与支配初始杂交不育性与杂种不育性有关的法则，我们还需要讨论得更为详细一些。我们的主要目的是想要看一看，那些法则是不是绝对地表示了物种曾被特殊地赋予了这种不育的性质去阻止它们的杂交还有混乱。接下来的结论主要是从格特纳的能够值得称赞的植物杂交工作中得到的。我曾耗费了很多心思去确定那些法则在动物方面究竟可以应用到什么样的地步，由于考虑到我们关于杂种动物的知识非常贫乏，我

野外的鲜花偶尔也会因授粉的昆虫来往而产生杂交

意外地发现那些相同的规律是那么普遍地可以在动物界以及植物界当中应用。

之前已经谈过，初始杂交能育性与杂种能育性的程度，是从完全不育的程度慢慢地变化为完全能育的。让人觉得奇怪的是，这样的级进能够由许多奇奇怪怪的方式去表现出来。但是就目前来说，我只能道出最简单的事实概要。假如将某一科植物的花粉置于另一科植物的柱头上，那么所会引起的影响并不比无机的灰尘大多少。从这种绝对的不育开始，将不同的物种的花粉置于同属的某一物种的柱头上，能够产生数量不同的种子，然后形成一个完全系列的级进，直到基本上可以完全能育或者是非常完全能育。而且我们都知道，在有的异常的情况下，它们甚至会出现过度的能育性，远远超出用自己花粉所产生的能育性。杂种也是这个样子的，有的杂种，甚至会去用一个纯粹亲种的花粉去受精，不过也从来没有产生过，而且估计永远也不会产生出一粒可育的种子来。不过在有些这样的例子当中，能够看出能育性最原本的痕迹，那就是用一个纯粹亲种的花粉去受精，能够导致杂种的花比没有这样受粉的花凋谢得要早一些。并且花的早谢是初期受精的一种征兆，这是我们大家都早已知道的。从这种非常严重的不育性开始，我们有自交可育的杂种，能够产生越来越多的种子，直到拥有了完全的能育性为止。

从杂交难度非常大的以及杂交后很少会产生任何后代的两个物种所产生出来的杂种，通常都是非常不育的。不过第一次杂交的困难与这样产生出来的杂种的不育性之间的平行现象，这两种事实通常都会被混淆在一块儿，一点都不严格。在大多数的情况下，比如毛蕊花属，两个纯粹物种可以异常轻易地进行杂交，同时产生出无数的杂种后代，但是这些杂种很明显是不育的。再加上一个方面，有的物种极少可以杂交或者杂交的难度非常大，可是到最后产生出来的杂种意外地能育。甚至是在同一个属的范围之中，比如在石竹的属当中，也存在着这两种相反的情况。

首次杂交的能育性与杂种的能育性，比起纯粹物种的能育性，更易被不良的条件所影响。不过，首次杂交的能育性内在地也很容易出现变异，由于相同的两个物种在相同的环境条件中进行杂交，它们的能育性的程度并不会永远都是一样的。它们会部分地取决于偶然选作试验之用的个体的体制。杂种同样是这个样子的，由于在从同一个荚当中的种子培育出来的而且还处于相同条件下的若干个体，它们的能育性程度一般都存在着很大的差异。

分类系统方面的亲缘关系，有关于这个名词的意义，是针对物种之间在构造方面还有体制方面的一般相似性来说的。那么，首次杂交的能育性还有由此所产生出来的杂种的能育性，大多数是受它们的分类系统的亲缘关系所支配的。被那些分类学家列为不同科的物种，它们彼此之间从未有过杂种，还有一点就是密切近似的物种，通常情况下都比较容易杂交，这也向我们非常清楚地解释说明了前面所讲到的那一点。不过分类系统方面的亲缘关系与杂交难易之间的相应性并不很严格。大量的例子都能够解释说明，非常密切近似的物种是无法进行杂交的，或者说是非常难以进行杂交的。除此以外，非常不相同的物种可以非常轻易地进行杂交。在同一个科当中，或许存在着一个属，比如石竹属，在这个属当中就有很多的物种可以非常轻易地进行杂交。但是另一个属，比如麦瓶草当中，在这个属里，之前曾极为努力地去让两个非常接近的物种进行杂交，但是无法产生出一个杂种，甚至在同一个属的范围之中，我们也会遇到相同的不同情况。比如，烟草属当中的很多物种基本上是比任何别的属的物种更为容易进行杂交，可是格特纳发现并不是特殊不同的一个物种，智利尖叶烟草以前也与不下 8 个烟草属的别的物种进行过杂交，它非常顽固，迟迟无法受精，也无法让别的物种受精。与这相似的事实还能够举出很多来。

从来没有人可以指出，对任何能够辨识的性状而言，到底是什么种类的或什么数量的差异才能去阻止两个物种之间的杂交。能够解释说明的是，习性与通常的外形非常显著不同的，并且花的每一部分，甚至包括花粉还有果实以及子叶，都存在着强烈明显差异的植物，同样可以杂交。一年生植物与多年生植物，落叶树与常绿树，生长在不同地点的，并且非常适应各种不同气候的植物，也往往很容易进行杂交。

海藻

我们所认为的两个物种之间的互相杂交，指的是这样的一种情形，比如，先让母驴与公马杂交，接着再让母马与公驴杂交；这样，就能够说这两个物种是互交了。在进行互交的难易程度方面，通常存在着非常广泛可能的差异性。这样的情形是极为重要的，因为它们证明了随便的两个物种的杂交能力经常与它们的分类系统的亲缘关系完全没有关联，就算是完全与它们在生殖系统之外的构造还有体制的差异没有关系。凯洛依德很早之前就注意到相同的两个物种之间的互交结果的多样性。现在再举出一个例子，紫茉莉可以轻易地由长筒紫茉莉的花粉进行受精，并且它们的杂种是充分可育的。不过科尔路特曾经企图用紫茉莉的花粉去让长筒紫茉莉受精，他连续在 8 年之中进行了 200 次以上的实验，结果是全部以失败告终。还有一些明显的例子能够举出来，特莱在有些海藻也就是墨角藻属当中见到过相同的事实。此外，格特纳发现互交的难易程度并不相同，是非常普遍可见的事情。他曾在被植物学家们只是列为变种的一些亲缘接近的类型当中，比如一年生紫罗兰还有无毛紫罗兰等，见到过这样的情况。还有一个值得我们注意的事实，那就是从互交中产生出来的杂种。当然，它们是由完全相同的两个物种混合而来的，但是一个物种先用作父本，接着又用作母本，尽管它们在外部性状方面差异很小，可是通常在能育性方面有着细微的不同之处，有些时候还表现出高度的差异性。

从格特纳的著述当中还能够举出一些别的神奇规律。比如，有的物种非常适合与别的物种进行杂交。同属的别的物种尤其可以让自己的杂种后代同自己十分相像。不过这两种能力并不一定会一起伴随着出现。有一些杂种不像平日那般地具有双亲之间的中间性状，但是往往能够和双亲中的某一方密切相似。具有这种特点的杂种，尽管在外观方面与纯粹亲种的一方看起来很像，可是除了很少的例外之外，通常均是极端不育的。此外，通常在具有双亲之间的，中间构造的一些杂种当中，有些时候会出现例外的以及异常的个体，它们同纯粹亲种的一方密切相似。这样的杂种基本上往往都是非常不育的，就算是从同一个荚当中的种子培育出来的别的杂种是非常可育的时候，也是这个样子的。这些事实向我们解释说明了一个杂种的能育性与它在外观方面同任何一个纯粹亲种的相似性，是能够完全没有关系的。

在对刚才所举出的，支配初次杂交的还有杂种的能育性的一些规律进行考察之后，我们就能够看出，当不得不看成是真正不同物种的那些类型进行杂交时，它们的可育性会从完全不育逐渐发展为完全可育，甚至说是可以在某些条件下过分地能育。它们的能育性不仅仅是很明显地容易受到良好条件以及不良条件的影响，同时也是内在地易于发生变异的。初次进行杂交的能育性还有那些介于此而产生出来的杂种的能育性，在程度方面是不可能永远一致的。杂种的能育性同它与任何一个亲种在外观方面的相似性，是没有什么关系的。最后，两个物种之间的首次的杂交的难与易，也不是永远都受到它们的分类系统的亲缘关系，也就是彼此之间的相似程度的严格支配。最后的这一点，已在相同的两个物种之间的互交结果里所表现出来的差异方面得到了肯定的证实。由于某一个物种或者是别的一个物种被用作父本或者是母本时它们杂交所存在的难易，通常情况下都会有一些差异，而且有时存在着非常广泛可能的差异。此外，从互交中产生出来的杂种往往在能育性方面存在着一定的差异。

那么，这些复杂并且十分神奇的规律，是不是可以证明只是为了阻止物种在自然环境之下的混淆，所以它们才会被赋予了不育性呢？我认为并不是这个样子的。因为，我们不得不假设避免物种混为一谈对于每个不同的物种都是同样重要的话，那么为什么当每个不同的物种在进行杂交时，它们在不育性程度方面会出现这么极端的差别呢？为什么相同的物种的一些个体中的不育性程度会内在地容易出现变化呢？为什么有的物种进行杂交就很容易，但是会产生出非常不育的杂种，而有的一些物种进行杂交时非常困难，却能够产生出非常能育的杂种呢？为什么在相同的两个物种的互交结果中往往会存在着这么巨大的差异呢？我们还可以问，为什么会允许杂种的产生呢？既然是赋予了物种以产生杂种的特殊的能力，接着又用不同程度的不育性去阻止它们进一步繁殖，并且这种不育程度又与初次结合的难易并没有什么严格的关联性。这看起来好像是一种很难解的安排。

相反地，前面所讲的一些规律还有事实，如果让我说的话，已经十分清楚地表明了初次杂交的还有杂种的不育性，只不过是伴随于，或者说是决定于它们的生殖系统中的一些我们所不知道的差异。那些差异拥有着那么特殊的以及严格的性质，导致在相同的两个物种的互交中，一个物种的雄性生殖质尽管往往可以自由地作用于另一物种的雌性生殖质，却无法翻转过来发挥其作用。最好举出一个例子去充分地解释我所讲的不育性是伴随着别的一些差异而出现的，而不是特别地被赋予的一种性质。比如，一种植物嫁接或芽接在别的植物之上的能力，对于它们在自然环境当中的利益来说没有多么重要，因此我设想，没有一个人会去假设这样的能力是被特别赋予的一种性质，不过他们会承认，这样的能力是伴随那两种植物的生长法则方面的差异而出现的。一些情况下，我们能够从树木生长速度的差别、木质硬度的差别还有树液流动期间与树液性质的差别等方面看出来，为什么有的一些树无法嫁接于另一些树上的原因。不过在很多情况下，我们却完全看不出什么理由来。不管两种植物在大小方面的巨大差异，不管一个是木本的、另一个是草本的，也不管一个是常绿的，另一个是落叶的，也不去理会它们对于广泛不同的气候的适应性，所有的这些往往都不会成为阻止它们是不是可以嫁接在一起的原因。杂交的能力在一定程度上受分类系统当中亲缘关系的限制，嫁接也是这样的。由于还没有人可以将属于非常不同科的树嫁接到一块儿去，不过相反的，密切近似的物种还有同一物种的变种，尽管不一定可以，不过时常也可以轻易地嫁接于一块儿去。不过这样的能力，与在杂交中一样，绝对不受分类系统的亲缘关系的支配。尽管同一科当中很多不同的属能够嫁接到一块儿去，不过在其他的一些情况当中，同一属中的一些物种却无法彼此进行嫁接。梨与温莩被列为不同的属，梨与苹果被列为相同的属，可是将梨嫁接于温莩上远比将梨嫁接在苹果上要容易很多。甚至，不同的梨变种在与温莩进行嫁接时，所呈现出

开花的苹果树

来的难易程度也有一定的不同；不同的杏的变种与桃的变种在一些李子的变种上的嫁接，有着同样的情况。

就像格特纳发现相同的两个物种的不同个体常常在杂交中存在着内在的差异，萨哥瑞特认为相同的两个物种的不同个体在嫁接的时候也是这个样子的。就像在互相进行杂交时，彼此间结合的难易往往是非常不相同的，在嫁接中也经常是这个样子的。比如，普通的醋栗无法嫁接于穗状的醋栗上，可是穗状的醋栗可以嫁接于普通的醋栗上，尽管这个有些困难。

我们已经明白，拥有着不完全生殖器官的杂种的不育性与拥有着完全生殖器官的两个纯粹物种很难进行结合是两种情况。但是这两类不同的情况在很大的程度上是平行着的。在嫁接方面同样有与此相似的情况发生。因为杜因通过观察见到刺槐属的三个物种在本根上能够自由结子。不过还有一面，当花楸属的一些物种被嫁接于别的物种上面时，所结出来的果实却会比在本根上多出一倍之多。这个事实能够让我们想起朱顶红属以及西番莲属等的比较特殊的一些情况，它们由不同物种的花粉去受精，比由本株的花粉去受精，可以产生出更多的种子来。

所以说，我们能够看得出来，尽管嫁接植物的单纯愈合与雌雄性生殖质在生殖中的结合之间存在着分明的以及巨大的区别，可是不同物种的嫁接与杂交的结果，还存在着大体上的平行现象。就像我们不得不将支配树木嫁接难易的奇特并且复杂的法则，看成是伴随营养系统中某些还不曾得知的差别而发生的一样，我认为支配初次杂交难易的，更加复杂的那些法则，是伴随生殖系统中一些我们所不知道的差异而发生的。这两方面的差异，就像我们所预料到的，在有些范围当中是遵循着分类系统的亲缘关系的。而我们所讲的分类系统当中的亲缘关系，是尝试用来说明生物之间的每种相似以及相异的情况的。这些事实好像并没有指明每个不同物种在嫁接或杂交方面存在着多么大的或者多么小的困难，而是一种比较特殊的禀赋。尽管在杂交的场合，这样的困难对于物种类型的存续以及稳定是非常重要的，但那会是在嫁接的场合当中，这样的困难对于植物的利益没有多大的意义。

初始杂交不育性及杂种不育性的缘由

在过去的一个时期当中，我也曾与别人一样，以为初次杂交的不育性还有杂种的不育性，估计都是经过自然选择将能育性的程度慢慢地减弱而慢慢获得的，而且还认为稍微减弱的能育性就如同别的任何变异一般，是当一个变种的有些个体与另一变种的一些个体进行杂交时自己出现的。当人类同时对两个变种进行选择时，将它们隔离开是非常有必要的，按照这同样的原则，假如可以让两个变种或者是初期的物种避免混淆，那么对于它们很明显是非常有利的。首先，能够指出，栖息于不同地区的物种在进行杂交时通常都是不育的。那么，让这样隔离的物种相互不育，对于它们很明显是没有什么利益可言的，所以这就不可以通过自然选择来发生。不过或者能够这样地争论，假如一个物种与同地的其他物种进行杂交后成为不育的，那么它与别的物种杂交然后也不育，估计也是必然的事情了。其次，在互交中，第一种类型的雄性生殖质完全不会让第二种类型受精，同时第二种类型的雄性生殖质可以让第一种类型自由地受精，这样的现象基本上与违反特创论一样，也是违反自然选择学说的。其原因在于，生殖系统的这样的奇异状态对于任何一个物种来说都不存在着什么利益。

狮子和它的孩子。据说狮子和老虎的杂交产生的后代是不育的。

当我们认为自然选择估计在让物种彼此不育方面发挥作用时就会发现，最大的难处在于从稍微减弱的不育性到绝对的不育性之间，还存在着很多级进的阶段。一个初期的物种与它的亲种或某一别的变种进行杂交时，假如呈现出某种轻微程度的不育性，就能够看作是对于这个初期的物种是有好处的。因为如此一来就能够少产生出一些劣等的以及退化的后代，来避免它们的血统和正在形成过程中的新种出现混合。不过，如果有人不怕麻烦去认真考察那些级进的阶段，也就是从最开始程度的不育性经过自然选择的作用之后得到增进，达到许多物种所共同具有的还有已经分化为不同属以及不同科的物种，所普遍具有的高度不育性，那么他就会发现这个问题是非常复杂的。在经过一番深思熟虑之后，我觉得这样的结果好像不是经过自然选择而得到的。我们现在来用任何两个物种在杂交时产生少数并且不育的后代为例，那么，偶尔被赋予稍微高一些程度的相互不育性，同时因此而跨进一小步然后走向完全不育性，这些对于那些个体的生存存在着多大的利益呢？可是，如果自然选择的学说能够应用于这方面的话，那么这种性质的增进就一定会在很多的物种里继续发生，这是因为大部分的物种是完全相互不育的。对于不育的中性昆虫，我们可以确信，它们的构造以及不育性方面的变异，之前是被自然选择慢慢地积累起来的，只有这样，才能够间接地让它们所属的这一群比同一物种的另一群更加具有优势。不过不同群体生活的动物，假如一个个体和别的某一变种进行杂交，然后被给予了稍稍的不育性，是不可能获得任何利益的，或者也不可能会去间接地给予同一变种的别的一些个体什么利益，然后导致这些个体被保存下来。

不过，如果我们对这个问题进行详细的讨论的话，也会是多余的。因为，关于植物，我们已找到确切的证据来证明杂交物种的不育性一定是因为与自然选择完全没有关系的某项原理。格特纳与科尔路特曾证明，在包含有很多物种的属当中，从杂交时产生越来越少的种子的物种开始，到再也不会产生一粒种子，可是依然受某些别的物种的花粉影响（从胚珠的胀大能够判断出来）的物种为止，能够形成一条系列，选择那些已经停止产生种子的，更无法生育的个体很明显是不可能的。因此只不过是胚珠受到影响时，并不可以经过选择来得到极度的不育性。并且因为支配各级不育性的法则在动物界还有植物界当中是那么一致，因此我们能够推论，其中的缘由，不管它是什么，在任何的情况下都是相同的，或者说是近乎相同的。

造成初次杂交的与杂种的不育性的物种之间是存在着差别的，现在我们对这样的差别的大概性质开始一个比较深入的考察。在首次杂交的情况下，对于它们互相之间的结合以及获得后代的难易程度，很明显地取决于多种不同的原因。有时候雄性生殖质因为生理的关系，有可能无法到达胚珠，比如雌蕊过长导致花粉管无法到达子房的植物，正是这个样子的。我们也曾留心注意过，当我们将一个物种的花粉置于另一个远缘物种的柱头上时，尽管花粉管伸出来了，可是它们是无法穿入柱头的表面的。还有就是，雄性生殖质虽说能够到达雌性生殖质，可是无法引起胚胎的形成，特莱对于墨角藻所进行的一系列试验看起来好像就是这样的。关于这样的事实，目前还不能做出解释，就好像是对于有些树为什么无法嫁接于别的树上，无法提出什么解释是一样的。最后，或许胚胎能够发育，不过早期就会死亡。最后这一点，目前还未引起大家足够的注意，不过在山鸡与家鸡的杂交工作方面具有丰富经验的休伊特先生之前曾用书面告诉过我他所进行过的一些观察。这让我相信胚胎的早期死亡就是首次杂交不育性经常见到的原因。索尔特先生之前曾检查过由鸡属当中的三个物种与它们杂种之间的各种进行杂交之后所产生出来的500个蛋，近来他发表了这个检查所得出的结果。绝大部分的蛋都受精了，而且在大部分的受精蛋中，胚胎或者会部分地发育，不过没有多久就死去了，要不就是接近成熟，可是雏鸡无法啄破蛋壳。在孵出来的雏鸡当中，有五分之四的小鸡在最开始的几天之中或者是最久的在几个星期之内就死去了。“找不出任何显著的原因，很明显这是因为只是缺乏生活的能力而已”。因此，从500个

雏鸡在壳内使用喙上的一颗卵齿从里边把蛋壳打破一个孔。

雏鸡不断地啄击卵壳，直到裂缝向四周蔓延。

然后雏鸡把脚伸入裂缝，用力把壳推挤成两半。雏鸡通常需要一分钟才能从残破的壳里完全出来。

小鸡孵化过程

骡子通常都是健康并且长命的

蛋中，到最后只养活了12只小鸡。说到植物，杂种的胚体估计也能够用相同的方式往往死去。最起码我们知道从非常不相同的物种培育出来的杂种，往往都是十分衰弱的也都是低矮的，并且还会在早期当中就消亡。面对这样的现实，马克思·维丘拉近来发表了一些与杂种有关的明显现象。这其中最值得注意的是，在单性生殖的有些情况下，从没有受精的蚕蛾卵的胚胎在经历了早期的发育阶段以后，就如同从不同物种杂交中产生出来的胚胎一般会很快地死去了。在还未能弄清楚这些事实之前，以前我不愿相信杂种的胚胎经常会在早期死去。其中的原因在于，一旦产生了杂种，就像我们所看到的骡的情况那样，通常都是健康并且长命的。可是杂种在它产生前后，是生活在不同的环境条件之中的。假如杂种产生并生活在双亲所生活的地方，那么它们通常都是处于合适的生活环境之中的。不过，一个杂种仅仅承继了母体的本性以及体制的一半，于是在它产生之前，还在母体的子宫当中或者是在由母体所产生的蛋或者种子当中被养育的时候，估计它们就已处于某种方面的不适条件之中了，所以它们就很容易在早期死去。尤其是由于所有非常幼小的生物对于有害的或者不自然的生活条件存在着明显的敏感性。不过，总体来说，其存在的原因更有可能是因为原始授精作用中的一些或者某个缺点而导致了胚胎无法完全地正常发育，这一点比它之后生存的环境更加重要一些。

对于两性生殖质发育不完全的杂种的不育性，情况看起来好像真的有些不同。我曾经不止一次地提出过大量的事实来表明假如动物还有植物离开了自己现在的自然条件，那么它们的生殖系统就会非常容易地遭遇很严重的影响。而其实，这正是动物家养化所面临的非常严重的障碍。这样诱发的不育性还有杂种的不育性之间有很多的相似之处。在这两种情况当中，不育性通常与普通的健康没有关系，并且不育的个体常常是身体肥大或者是异乎寻常的茂盛。在这两种情况之下，不育性借着各种不同的程度而出现。此外，还要知道雄性生殖质是最容易受到影响的。不过有时雌性生殖质比雄性生殖质更容易遭遇影响。在两种情况之下，不育的倾向在有的一些范围当中同分类系统的亲缘关系是一致的。因为动物与植物的全群都是因为相同的不自然条件而造成不孕的。而且全群的物种都存在着产生不育杂种的倾向。还有一点就是，整群中的一个物种经常会抵抗环境条件的巨大变化，同时还在能育性方面没有什么损伤。而一个群中的有些物种会产生出超乎寻常的能育的杂种，如果没有经过试验，就无人可以说，任何比较特殊的动物是不是可以在栏养中生育，或者任何外来的植物是不是可以在栽培下自由地结出种子。同时如果没有经过试验，也无法说，一属中的任意两个物种究竟可不可以产生，或者说是不是会或多或少地产生一些不育的杂种。最后，假如植物在几个世代中都处在不是它们习惯的自然环境之中，那么它们就非常容易出现变异，变异的原因好像是部分地因为生殖系统受到特别的影响，尽管这样的影响比造成不育性发生时的那种影响要小一些。杂种同样是这样的，因为就像每一个试验者所曾观察到的那样，杂种的后代在连续的世代当中，也很明显地属于容易变异的一类。

所以，我们可以非常明白地看出来，当生物处在新的以及不自然的环境当中时，还有当杂种从两个物种的不自然杂交中产生出来的时候，生殖系统通常都在一种极为相似的方式下遭受影响，这些是同一般健康状态没有关系的。在前面的一种情况之中，它们的生活环境遭遇到了扰乱，尽管这通常是我们所无法觉察到的那种非常细小的程度。在后面的一种情况之中，也就是在杂种的情况之中，即使是外界条件依然保持一样，不过因为两种不同的构造还有体制，当然也包括生殖系统在内混合于一块儿，于是它们的体制就会遭到扰乱。因为，当两种体制混合变成一种体制的时候，在它的发育方面，周期性的活动方面，还有不同部分与器官的彼此相互关联方面，以及不同部分与器官对于生活条件的相互关系方面，如果说不会有某种扰乱出现，这基本上是不可能的。假如说杂种可以互相杂交并且进行生育，那么它们就会将相同的混成体制一代一代地遗传给自己的后代。所以说，虽然它们的不育性在一定程度上出现了变异，但也不会被消灭，这一定是不值得我们去称奇的。它们的不育性甚至还存在着增高的倾向，就像前面所讲的，这通常是因为过分接近的近亲交配而导致的结果。维丘拉曾极力主张前面所讲的观点，那就是杂种的不育性是两种体制混合于一起造成的结果。

不得不承认，按照前面所讲的，或者是任何别的一些观点，我们是无法理解有关杂种不育性的很多事实的。比如，从互交的过程里产生出来的杂种，它们的能育性并不一样。再比如那些偶然地以及例外地同任何一个纯粹亲种密切类似的杂种的不育性出现了一定的增强。我不敢说前面所讲的论点已经接触到事物的根源。又是为什么有的生物被放置于不自然的环境中时就会变为不育的，对这些还无法提供出任何的解释。我曾经想要解释说明的只不过是，在有些方面存在着相似之处的两种情形，同样能够造成不育的结果。在前一种情况当中，是因为生活条件遭遇了扰乱，在后面的一种情况当中，是因为它们的体制由于两种体制混合于一起而遭受了扰乱。

同样的平行现象也适用于类似的不过是非常不相同的一些事实当中。生活环境方面的细小变化对于所有生物来说均是有利的，这是一个古老的并且是近于普遍的观点，这个观点是建立于我曾在其他地方列出来的大量事实之上的。我见到农民还有园艺者就这样做，他们经常会从不同的土壤以及不同气候的地方交换种子还有块根等，接着再换回来。在动物生病后恢复的整个过程当中，几乎所有生活习性方面的变化，对于它们来讲，都具有非常大的利益。此外，对于不管是植物还是动物已经非常明确地证实，相同物种的，不过多少存在着一些不同的个体之间的杂交，能够增强它们的后代的生活力以及能育性。并且，最近亲属之间的近亲交配，如果可以连续经过几代都能保证生活环境不变的话，那么基本上就会永远导致身体的缩小、衰弱或者是不育了。

所以说，生活环境方面的微小变化对于所有的生物均有利；此外，细小程度上的杂交，也就是处于稍微不同的生活环境之中的，或者是已有细微变异的同一物种的雌雄之间的杂交，能够增强后代的生活力以及能育性。不过，就像我们曾经见到过的，在自然状态中长时期习惯于某些相同条件的生物，当它们突然处在一定变化的条件之中时，就比如在栏中生活，常常会出现或多或少的不育的。而且我们均十分清楚，如果两种类型相差非常远的话，或者由于不同的物种，它们之间的杂交几乎经常会产生一定程度上不育的杂种。我完全确信，这样双重的平行现象并不是偶然的也不是错觉。如果一个人可以解释为什么大象与别的许多动物在它们的乡土方面只是处于部分的栏养下就会出现无法生育，他就可以解释杂种通常不能生育的主要原因了，同时也就可以解释为什么往往处于新的以及不一致的条件下的某些家养动物族在杂交时完全可以生育，尽管它们是从不同的物种繁衍而来的，并且这些物种在最开始杂交时估计是不育的。前面所讲的两组平行的事实好像被某一个共同的、不清楚的纽带连接在一起了，这一纽带在本质上是与生命的原则有关系的。依据赫伯特·斯潘塞先生所说的，这个原则就是，生命决定于或者存在于每种不同力量的不断作用以及不断反作用之中，这些力量在自然界中永远是倾向于平衡的；当这种倾向被任何变化进行扰乱时，生命的力量就会变得强大起来。

一只非洲母象和小象

交互的二型性同三型性

对于这个问题，我们要在这里进行简单的讨论，我们会发现这对于杂种性质问题能够提供一些有用的说明。那些分属不同“目”的很多种植物表现了两个类型，这两个类型的存在在数目方面基本相等，而且除了它们的生殖器官之外，没有其他别的差异。一种类型的雌蕊长但是雄蕊短，另一种类型的雌蕊短而雄蕊长，这两个类型拥有着大小不相同的花粉粒。三型性的植物有三个类型，同样地在雌蕊以及雄蕊的长短方面，花粉粒的大小以及颜色方面，还有在别的一些方面，存在着一些不同。而且三个类型的每一个都拥有着两组雄蕊，因此三个类型就会有六组雄蕊以及三类雌蕊。这些器官彼此之间在长度方面是那么相称，导致其中两个类型的一半雄蕊和第三个类型的柱头拥有着相同的高度。我曾解释说明过，为了让这些植物获得充分的可育性，用一个类型的高度相当的雄蕊的花粉来让另一个类型的柱头受精，是非常有必要的，而且这种结果已被别的观察者所证实了。因此，在两型性的物种当中，有两个结合，能够称为合法的，是完全可育的。而有两个结合能够称作是不合法的，是或多或少不育的。在三型性的物种当中，有六个结合是合法的，也就是充分可育的，而有十二个结合是不合法的，也就是或多或少不育的。

当各种不同的二型性植物与三型性植物被不合法地授精时，也就是说，拿同雌蕊高度不相同的雄蕊的花粉进行授精时，我们能够观察到它们的不育性，就像在不同物种的杂交中所发生的情形一样，在很大程度上表现出差异，一直到绝对地、完全地不育。不相同的物种杂交的不育性程度很明显地取决于生活条件的适宜与否，我发现不合法的结合也是这个样子的。我们都知道，如果将一个不同物种的花粉置于一朵花的柱头上，等到过了一个相当长的期间之后，将它自己的花粉，也置于同一个柱头上，它的作用是那么强烈地占着优势，而导致通常的能够消灭外来花粉的效果。相同物种的有些类型的花粉也是这样的。当我们将合法的花粉与不合法的花粉同时置于同一柱头上时，前者很明显地比后者占有强烈的优势。我依照一些花的受精情况对这一点做出了肯定。首先我在一些花上进行了不合法的受精，等过了24小时以后，我用一个具有特殊颜色的变种的花粉，进行了合法的受精，于是我看到所有的幼苗都带有同样的颜色。这也就证明，虽然合法的花粉在24小时后施用，但依然可以破坏或阻止先前施用的不合法的花粉所产生的作用。此外，相同的两个物种之间的互交，通常都会出现很不同的结果。三型性的植物亦是这样。比如，紫色千屈菜的中花柱类型就可以非常容易地由短花柱类型的长雄蕊的花粉去进行不合法的受精，并且可以产生很多的种子。不过如果用中花柱类型的长雄蕊的花粉去让短花柱的类型受精，却无法产生出一粒种子。

紫色千屈菜的一种可以非常容易地进行不合法受精，并产生很多种子。

在所有的这些情况当中，还可以补充的别的情况当中，相同的没有疑问的物种的一些类型，假如进行不合法的结合，那么它们的情况就正好同两个不同物种在杂交时的情况全都一样。这一点引导我对于从几个不合法的结合培育出来的很多幼苗进行了认真的观察，长达四年之久。最后主要得出的结论是，这些能够称为不合法的植物都不是充分可育的。从二型性的植物可以培育出长花柱以及短花柱的不合法植物，从三型性的植物可以培养出三个不合法的类型。这些植物可以在合法的方式下正当地结合起来。当真的经过了这些之后，如果这些植物所产生的种子没有像它们的双亲在合法情况下受精时所产生的数目多，那么很明显是没有充足的道理的。可是事实不是这样的。那些植物都是不育的，只不过在程度方面有所不同而已。有些属于非常地和无法矫正地不育，甚至是在四年当中都未曾产生过一粒种子或者是一个种子蒴。当这些不合法的植物在合法的方式下进行结合时的不育性，能够同杂种在互相杂交时的不育性展开严格的比较。再有一方面，假如一个杂种与纯粹亲种的任何一方进行杂交，那么它的不育性也往往都会大大降低。当一个不合法的植株靠一个合法的植株去受精时，所表现出来的情况也是这样的。就像杂种的不育性与两个亲种之间第一次杂交时的困难情况并不是永远都会互相平行一样。有的不合法植物具有非常大的不育性，不过产生它们的那一结合的不育性却一定不是大的。从同一种子蒴中培育出来的杂种的不育性程度，存在着内在的变异，那些不合法的植物更是这个样子的。最后，很多杂种开花多并且长久，可是别的不育性较大的杂种开花很少，并且它们是衰弱的，十分矮小。每种二型性与三型性植物的不合法后代，也存在着完全一样的情况。

总的来说，不合法植物与杂种在性状还有习性方面有着最密切的同一性。换句话说就是，不合法植物就是杂种，不过这样的杂种应该说是在同一物种范围当中由某些类型的不适当结合所产生而来的。可是普通的杂种，却是从所谓不同物种之间的不适当结合所产生而来的。这样的观点基本上可以说一点也不夸张。我们还见到过，进行首次不合法结合与不同物种的第一次杂交，在很多方面都有着非常密切的相似性。用一个例子加以说明，或者可以更清楚一些。我们假定有一位植物学者发现了三型性紫色千屈菜的长花柱类型有两个显著的变种（事实上是有的），而且他打算用杂交去试验它们是不是不同的物种。他估计就会发现，它们所产生的种子数目只达到了正常数量的五分之一，并且它们在前面所讲的别的各方面所表现出来的，似乎是两个不同的物种。不过，为了肯定这样的情况，他用自己所假设的杂种的种子去培育植物，于是他发现，幼苗是多么可怜地矮小又是多么极端地不育，并且它们在别的每个方面所表现的，与普通的杂种一样。于是，他会宣称，他已经根据一般的观点，确实证明了他的两个变种是真实的并且是不同的物种，与世界上的任何其他物种是一样的。不过，他完全错误了。

前面所讲的有关二型性还有三型性植物的那些事实都是比较重要的。首先，因为它们解释说明了，对初次杂交能育性还有杂种能育性降低所进行的一系列生理测验，并非区别物种的安全标准。其次，由于我们能够断定，有某一我们所不知道的纽带连接着不合法结合的不育性还有它们的不合法后代的不育性，同时还会引导我们将这相

酸浆结的果实

同的观点引申到初次杂交以及杂种方面去，还有由于我们能够看得出来，相同的一个物种有存在着两个或三个类型的可能性，它们在同外界条件有关的构造或者是体制方面并不存在着什么不同的地方，不过它们在有的方式下结合起来时就是不育的，这一点在我看来好像是非常重要的。因为我们不得不记住，出现不育性的正好就是同一类型的两个个体的雌雄生殖质的结合，比如两个长花柱类型的雌雄生殖质的结合。此外，产生可育性的正好是两个不同类型所固有的雌雄生殖质的结合。所以，在最开头看上去的话，这样的情况就像同一物种的个体的普通结合还有不同物种的杂交情况恰好相反。但是，是不是真的就是这个样子的，真的需要我们对其进行怀疑。不过我不准备在这里对这个暧昧的问题进行详细的讨论。

不管怎么样，估计我们能够从二型性还有三型性植物的考察中去推论不同物种杂交的不育性还有它们杂种后代的不育性，全部都取决于雌雄性生殖质的性质，与构造方面或者是一般体制方面的任何差异则没有什么关系。按照对于互交的考察，我们同样还能够得出相同的结论。在互交的过程里，一个物种的雄体无法或者非常困难地可以与第二个物种的雌体相结合，但是反转过来进行杂交是十分容易的。那位优秀的观察者格特纳也提出来相同的观点，他也断定了物种杂交的不育性只不过是因为它们的生殖系统存在着的差异造成的。

变种杂交及其混种后代的能育性

作为一个非常有根据的论点，能够主张，物种与变种之间肯定是存在着某种本质方面的区别的，因为变种彼此在外观上不管是有多么大的差异，还是能够非常容易地杂交的，而且还可以产生完全能育的后代。除了某些马上就要谈到的例外之外，我完全承认这就是规律。不过围绕这个问题，还存在着很多的难点，因为当我们探索在自然环境当中所产生的变种时，假如有两个类型，从来被认为是变种，不过在杂交中发现它们有不管是什么程度上的不育性，大部分的博物学者就会立刻将它们列为物种。比如，被很大一部分植物学者认为是变种的蓝蘩蒌以及红蘩蒌，按照格特纳的说法，它们在杂交中是十分不育的，所以他就将它们列为很确切的物种了。假如我们用这样的循环法一直辩论下去，就一定将会承认在自然环境当中产生出来的所有的变种都是可育的了。

假如回过头来看一看在家养状况下产生的或者是假设产生的一些变种，我们还会被卷入很多的疑惑之中。因为，比如当我们说有一些南美洲的土著家养狗在与欧洲狗进行结合时非常不容易，在每一个人心里都会出现一种解释，并且这估计是一种正确的解释，那就是这些狗本最原来就是从不同的物种传下来的。不过，在外观上有着显著的不同差异的许多家养族，比如鸽子或者是甘蓝，都有着完全的能育性，是一件非常值得我们注意的事情，尤其是当我们想到有众多的物种，尽管彼此之间非常密切近似，可是杂交时却严重不育，这是更应该被注意到的事实。但是，通过以下几点的考虑，就能够知道家养变种的可育性并不那么出人意料。首先，能够观察到，两个物种之间的外在差异量并非它们的相互不育性程度的确切指标，因此在变种的情况下，外在的差异也不是确切的指标，对于物种，它们一定是完全在于自己的生殖系统，而对家养动物以及栽培植物发生作用的，变化着的生活条件，很少会有改变它们的生殖系统而导致互相不育的这种倾向。因此我们有很多很好的根据去承认帕拉斯的直接相反的学说，也就是家养的条件通常情况下能够消除不育的倾向。所以说，物种在自然环境之中进行杂交时，估计有某种程度上的不育性，不过它们的家养后代在进行杂交时就能够变成完全可育的。在植物当中，栽培并没有在不同的物种之间引起不育性的倾向，在已经谈过的一些确切有据的例子当中，有的植物反而遭到了相反的影响，因为它们发展为自交不育的，但是同时依然拥有着让别的物种受精还有由别的物种受精的能力。假如说帕拉斯提出的与不育性通过长久继续的家养而消除的有关学说能够被接受（这基本上是很难反驳的），那么长时间继续的同一生活条件一样地也会诱发不育性，就是高度不可能的了，就算是在某些情况当中具有特别体制的物种偶尔会因此出现不育性。如此，我们也就能够想明白，就像我所相信的，家养动物为什么不会出现互相不育的变种，植物们为什么除了即将举出的少数的情况之外不会产生不育的变种。

在我看来，我们现在所讨论的问题中的真正难点并非为什么家养品种在进行杂交时没能够变成为互相不育的，而是为什么自然的变种在经过恒久的变化之后获得了物种的等级时，就这样很普遍地出现了不育性。我们还远远无法确切地知道它的原因。当看到我们对于生殖系统的正常作用以及异常作用是多么的无知时，也就不会觉得这有什么奇怪的了。不过，我们可以知道，因为物种同它们的无数竞争者展开过激烈的生存竞争，它们就会长期地比家养变种暴露在更为一致的生活环境之中，所以也就不免会产生出非常不相同的结果。因为我们知道，假如将野生的动物还有植物从自然环境之中取来，进行人工家养或者是栽培，那么它们就会成为不育的，这已是非常普遍的事实。而且一直生活在自然环境当中的生物的生殖机能，对于不自然杂交的影响估计一样是十分明显敏感的。还有就是，家养生物只是从它们受家养的事实去看，对于它们的生活环境的变化原本就不是高度敏感的，而且今日通常的可以抵抗生活条件的反复变化而不会使自己的能育性降低，因此能够预料到，家养生物所产生的品种，就像和同样来源的别的变种进行杂交，也极少会在生殖机能方面受到这一杂交行为的不利影响。

我以前谈到过同一物种的变种进行杂交，好像一定都是可育的。不过，下面我将扼要地讲述少量的事实，也就是一定程度上的不育性的证据。这些证据与我们相信无数物种的不育性的证据，最起码具有相同的价值。这些证据也是从反对说坚持者那里得到的，他们在一切的情形当中都将能育性还有不育性作为区别物种的安全标准。格特纳在他的花园中曾培育了一个矮型黄子的玉米品种，同时在它的不远之处还培育了一个高型的红子的品种，这个实验持续了长达数年之久。虽然说这两个品种是雌雄异花的，不过绝对没有自然杂交。于是他用一类玉米的花粉在另一类的十三个花穗上进行授精，不过却只有一个花穗结了一些种子，而且也只是结了五粒种子，由于这些植物是雌雄异花的，因此人工授精的操作在这里不会出现有害的作用，我觉得没有人会去怀疑这些玉米变种是属于不同物种的。而更重要的是，要注意这样育成的杂种植物本身是完全可育的。因此，甚至格特纳也不敢断定这两个变种是不同的物种了。

对于毛蕊花属的9个物种所进行的不计其数的试验得出的结果，那就是，黄色变种与白色变种的杂交比同一物种的同色变种的杂交，所产生的种子要少很多。

别沙连格曾经杂交过三个葫芦的变种，它们与玉米一样均是雌雄异花的，他曾断定它们之间的差异越大，那么彼此之间相互受精就越发不容易。这些试验具有多大的可靠性，我无从知晓。不过萨哥瑞特将这些被试验的类型列为变种，他的分类法的主要依据是不育性的试验，而且诺丹也做出了相同的结论。

以下的情况就更值得我们去注意了，最开始看上去这好像是难以相信的，不过这是那么优秀的观察者与反对说坚持者格特纳在很多年之中，对于毛蕊花属的9个物种所进行的不计其数的试验得出的结果，那就是，黄色变种与白色变种的杂交比同一物种的同色变种的杂交，所产生的种子要少很多。于是他进一步断言，当一个物种的黄色变种与白色变种同另一物种的黄色变种还有白色变种进行杂交时，同色变种互相间的杂交比异色变种互相间的杂交，可以产生出较多的种子。斯科特先生以前也对毛蕊花属的物种同变种进行过一系列的试验。尽管说他没有能够证实格特纳的有关不同物种杂交的结果，不过他发现了同一物种的异色变种比同色变种所产生的种子较少这一现象，它们之间的比例是 86：100。不过这些变种除了花的颜色之外，并不存在任何别的不同之处。有些情况下这一种变种还能够从另一个变种的种子培育而来。

凯洛依德工作的准确性已被在他之后的每一位观察者所证实，他曾证明过一项非常值得注意的事实，那就是普通烟草的一个特别的变种，假如同一个大小相同的物种进行了杂交，比别的变种更能生育。他对那些普通被称为变种的五个类型进行了试验，并且是非常严格的试验，也就是互交试验，他发现那些类型的杂种后代都是完全可育的。不过这五个变种中的一个，不管是用作父本还是母本，在同黏性烟草进行杂交之后，它们所产生的杂种永远不会同别的四个变种与黏性烟草杂交时所产生的杂种那般不育。所以说，这个变种的生殖系统一定是以某种方式并且在某种程度上出现变异了。

从这些事实来看的话，就不可以再坚持变种在进行杂交时一定是完全能育的。按照确定自然环境之中的变种不育性的困难，由于一个假定的变种，假如被证实有某种程度上的不育性，基本上普遍就都会被列为物种。按照人们只注意到家养变种的外在性状，同时按照家畜变种并没能长期地处于完全相同的生活环境之中，按照这几项考察，我们就能够总结出，杂交时的能育与不能育并不可以作为变种与物种之间的基本区别。杂交的物种的一般不育性，不可以看成是一种特别获得的或者是看成禀赋，而能够稳妥地看成是伴随它们的雌雄性生殖质中一种尚未清楚的性质的变化而发生的。

除能育性外，杂种与混种的比较

杂交物种的后代与杂交变种的后代，不只是在能育性方面可以比较，还能够在别的几个方面进行比较。以前热烈地希望在物种与变种之间能够划出一条明确界限的格特纳，在种间杂种后代以及变种间混种的后代之间，仅仅可以找出极少的，并且是在我看来都不怎么重要的差异。此外还有就是，它们在很多的重要之点上是密切相同的。

这里我准备对这个问题进行一个简单明了的讨论。最重要的区别是，在第一代当中混种较杂种更容易出现变异，不过格特纳觉得经过长时间的培育的物种，所产生的杂种在第一代当中通常都是最容易出现变异的。我自己也曾看见过这个事实的明显的例子。紧接着格特纳又认为非常密切近似物种之间的杂种，比那些非常不同的物种之间的杂种更容易出现变异。这一点解释说明了变异性的差异程度是一步一步慢慢消失的。我们都非常地清楚，当混种与较为能育的杂种被繁殖了几代之后，两者后代的变异性均是非常的大的。不过，还可以举出少数的一些例子去证明杂种或混种长时间保持着一致的性状。不过混种在连续世代当中的变异性估计要比杂种的更大一些。

混种的变异性比杂种的变异性要大很多，好像根本就不是什么奇怪的事情，因为混种的双亲是变种，并且大部分是家养变种（有关自然变种只做过非常少的一些试验），这也就代表着那里的变异性是最近才出现的，而且还代表着由杂交行为所产生的变异性往往能够持续下去，并且还能够增大。杂种在第一代的变异性比起在它后来逐续世代的变异性来说，是比较很小的，这是一个十分神奇的事实，并且也是值得引起注意的。因为这与我提出的一般的变异性的原因中的一个观点有一定的关系。这个观点是，因为生殖系统对于变化了的生活条件是非常明显敏感的，因此在这样的情况之下，生殖系统就无法运用它固有的机能去产生在所有的方面都与双亲类型密切相似的后代。第一代杂种是从生殖系统还没有受到任何影响的物种身上传下来的（经过长时间培育的物种不包括在内），因此它们不容易出现变异。不过杂种本身的生殖系统已遭到非常严重的影响，因此它们的后代是高度变异的。

让我们再回过头来谈谈混种与杂种的比较：格特纳曾指出，混种比杂种更为容易重现任何一个亲本的类型的性状。不过，假如说这是真实的，也只能说一定仅仅是程度方面的差别而已。还有，格特纳确切地说过，从长时间栽培的植物所产生出来的杂种比从自然环境之中所产生出来的物种产生出来的杂种，更为容易返祖。这对不同观察者所得到的极为不同的结果，估计能够给予一些解释。维丘拉以前对杨树的野生种进行过一些试验，他怀疑杂种是不是能够重现双亲类型的性状。但是诺丹用强调的语句坚持认为杂种的返祖基本上是一种普遍的倾向。他的试验主要是针对栽培植物所展开的。格特纳还进一步谈到，不管是哪两种物种就算是彼此之间密切近似，可是在同第三个物种进行杂交之后，其杂种彼此之间的差异就会很大，不过一个物种两个极为不相同的变种，假如同另一物种进行杂交，那么它的杂种彼此之间的差异也不会很大。不过按照我所知道的，这个结论是建立在一次试验之上的，而且好像与凯洛依德所做的几个试验的结果恰好是相反的。

这些就是格特纳所指出来的杂种植物与混种植物之间的不重要的差异了。除了这点之外，杂种与混种尤其是从近缘物种所产生出来的那些杂种，依据格特纳的说法，同样也是按照相同的法则的。当两个物种进行杂交时，其中的一个物种有时具有优势的力量去迫使杂种像它自己。我相信与植物有关的变种也是这个样子的。而且对于动物，一定也是一个变种时常比另一个变种具有优势的传递力量。从互交中产生出来的杂种植物，通常都是彼此密切相似的。而由互交中产生出来的混种植物同样是这样的。不管是杂种还是混种，假如说在连续的世代当中反复地与任何一个亲本进行杂交，都能够让它们重现任何一个纯粹亲本类型的性状。

这几点观点很明显也可以应用于动物。不过对于动物，部分地因为次级性征的存在，而导致前面所讲的问题变得更为复杂。尤其是因为在物种间杂交与变种间杂交当中，某一方的特性比另一方的特性更为强烈地具有优势的传递力量，那么这个问题就会变得更为复杂了。比如，我觉得那些主张驴比马具有优势的传递力量的著作者们是正确的，因此不管是骡还是驴骡均都更像驴一些而不会像马多一些。不过，公驴比母驴更强烈地拥有着优势的传递力量，因此由公驴与母马所产生的后代也就是骡，比那些由母驴与公马所产生的后代，也就是驴骡，更同驴相像一些。

有的作者尤其注重下面所讲的假定事实，那就是，只有混种后代不具有中间性状，并且还会密切地相似于双亲中的一方。不过这样的情况在杂种当中也曾经发生过。不过，我也承认，这比在混种当中发生的要少得多。看一看我搜集来的事实，因杂交育成的动物，只要同双亲中的一方密切相似的，那么它的相似之点就好像主要局限在性质方面非常近于畸形的和突然出现的那些性状，比如皮肤白变症、黑变症还有无尾或无角以及多指或者多趾，并且同经过选择慢慢获得的那些性状都没有什么关系。突然重现双亲中的任何一方的完全性状的倾向，同样是在混种里远比在杂种里更容易出现。混种是由变种繁衍而来的，而变种往往都是突然产生的，而且在性状方面还是半畸形的。杂种是由物种繁衍而来的，而物种却是慢慢自然地出现的。我完全同意普罗斯珀·芦卡斯博士的论点，他在搜集了相关动物的大量事实之后得出了如下的结论：不管双亲之间彼此的差异有多少，这也就代表着在同一变种的个体结合里，在不同变种的个体结合里，或者说在不同物种的个体结合当中，子代类似亲代的法则都是相同的。

除了可育性与不育性的问题之外，物种杂交的后代与变种杂交的后代，在所有的方面好像都有着普遍的以及密切的相似性。假如我们将物种看成是特别创造出来的，而且将变种看成是依据次级法则所产生出来的，那么这种相似性就会成为一个让人吃惊的事实。不过这是与物种和变种之间并不存在本质区别的观点完全相符合的。

对人类的粮食作物而言，即使人工杂交的品种，在第一代也容易出现变异。

摘 要

足以清晰无误地被列为不同物种的生物彼此之间的第一次杂交，还有它们杂种的不育性，是非常普遍的，不过并不会普遍地不育。每种生物及杂交后代的不育性的程度都是不一样的，并且它们之间的差异也常常比较微小，以至于那些最谨慎的试验者们，按照这个标准也会在类型的排列上获得完全与之相反的结论。不育性在同一物种的个体当中是内在地容易出现变异的，而且对于适宜的还有不适宜的生活条件是非常敏感的。不育性的程度并不是严格地遵循分类系统的亲缘关系，不过却会被一些神奇的以及复杂的法则所支配。在相同的两个物种的互交当中，不育性通常是不同的，有些情况下还是大大的不同的。在初次杂交还有因此而产生出来的杂种当中，不育性的程度并不是永远相等的。

在树的嫁接里，一种物种或变种嫁接于别的树上的能力，是伴随着营养系统的差异而发生的，并且这些差异的性质通常都是未知的。与这些相同的是，在杂交当中，一个物种与另一物种在结合方面的难易，是伴随着生殖系统当中的未知差异而发生的。想象一下，为了预防物种在自然环境之中的杂交以及混淆，物种就被特别地赋予了各种程度的不育性，再想象一下，为了预防树木在森林中的接合，于是树木就被特别地赋予了各种不同但是多少有一些近似程度的难以嫁接的性质，这一样是丝毫没有什么道理的。

白杨是迅速生长的柳属科树种，有35个不同种类。

首次杂交与它的杂种后代的不育性并不是经过自然选择而获得的。在第一次进行杂交的场合，不育性好像决定于几种条件：在有的事例当中，主要决定于胚胎的早期死亡。在杂种的场合当中，不育性很明显地决定于它们的整个体制被两个不同类型的混合所扰乱了。这样的不育性与暴露在新的还有不自然的生活条件下的纯粹物种所一次又一次出现的不育性，具有十分密切的关系。可以解释前面所讲的情况的人们就可以解释清楚杂种的不育性。这个观点有力地被另一种平行的现象所支持，那就是，首先生活环境方面细小的变化能够增加所有生物的生活力以及能育性；其次，暴露在稍微出现不同的生活条件下的，或已经变异了的类型之间的杂交，对于后代的大小、生活力还有能育性具有一定的利益。对于二型性与三型性植物的不合法的结合的不育性还有它们的不合法后代的不育性，所列出来的一些事实，估计能够确定出下面的一些情况，那就是有某种尚未知晓的纽带在所有的情形当中连接着初次杂交的不育性程度以及它们的后代的不育性程度。对于二型性那些事实的考察，还有对于互交结果的考察，清楚地引出了下面的结论：杂交物种不育的最主要的原因只是单纯在于雌雄生殖质中的差异。不过在不同物种的场合当中，为什么在雌雄生殖质非常一般地发生了或多或少的变异之后，就能够导致它们的相互不育性，我们还无法弄明白。不过这一点与物种长期暴露在近于一致的生活环境之下，好像有着某种密切的关联性。

所有的两个物种的难以杂交与它们的杂种后代的不育性，就算是起因不同，在很多的情况之下应该还是一致的，这并不值得称奇，因为两者都是由杂交的物种之间存在着的差异量所决定的。第一次进行杂交的难易程度，容易与如此产生的杂种的能育，还有嫁接的能力，尽管嫁接的能力是决定于广泛不同的条件的，在一定范围之中应该同被试验类型的分类系统的亲缘关系相平行，这也不算是奇怪的事情，因为系统方面的亲缘关系包含了所有种类的相似性。

被看作是变种的类型之间的首次杂交，或者充分相似但是足以被认为是变种的类型之间的首次杂交，还有它们的混种后代，通常情况下都是可育的，不过不一定会像我们时常说到的那样，一定会这样。假如我们记得，我们是多么易于用循环法去辩论自然环境之中的变种，如果说我们记得，大部分的变种是在家养状况下只是按照对外在差异的选择而产生出来的，而且它们并不曾长时间暴露于相同的生活条件之中。那么变种具有几乎普遍而完全的能育性，就不可能还会让我们称奇了。我们还应该特别留心记一下，长时间连续的家养具有降低不育的倾向，因此这似乎极少会诱发不育性。除了能育性的问题以外，在别的所有方面，杂种与混杂种之间还存在着最密切并且一般的相似性，也就是说在它们的变异性方面，以及在反复杂交中彼此结合的能力方面，还有在遗传双亲类型的性状方面，都是这样的。最后，尽管说我们还不清楚首次杂交的以及杂种的不育性的真实缘由是什么，而且也不知道为什么动物与植物离开自己的自然条件后会变成为不育的，不过本章当中列举出来的一些事实，于我来说，好像与物种原系变种这个信念并不存在着冲突关系。

第十章

论地质记录的不完全

消失的中间变种——>从沉积速率及剥蚀程度推断时间进程——>古生物化石标本的缺乏——>所有地层中都缺失众多中间变种——>一些地质层中发现了整群近似物种——>已知最古老的地质层中出现了整群物种

消失的中间变种

我在前面的章节当中已经列举对于本书所持观点的一些主要的异议。对这些异议，大部分我们已经讨论过了。其中有一个，就是物种类型的区别分明还有物种没有无数的过渡连锁将它们混淆于一起是一个非常明显的难点。我曾举出理由去说明，为什么这些连锁到今天在很明显非常有利于它们存在的环境条件之中，也就是说在具有渐变的物理条件的广阔并且连续的地域上一般都并不存在。我之前曾努力去解释说明，每个物种的生活对于现在的别的既存生物类型的依存超过了对于气候的依赖程度，因此我们说，真正控制生存的条件并不会如热度或温度一般地在完全不知不觉的情况下渐渐地消失。我也曾尽力阐明，因为中间变种的存在数量比它们所联系的类型要少，因此中间变种在进一步的变异以及改进的过程中，通常都要被淘汰和消灭。但是无数的中间连锁目前在整个自然界中都没有随处发生的主要原因，应该是由于自然选择的这个过程，由于通过这个过程，新变种不断地代替并且排挤了它们的亲类型。由于这种绝灭过程曾经大规模地发挥了自己的作用，按比例去说的话，那么以前生存着的中间变种就确实是大规模存在着的。那么，为什么在各地质层以及每个地层当中

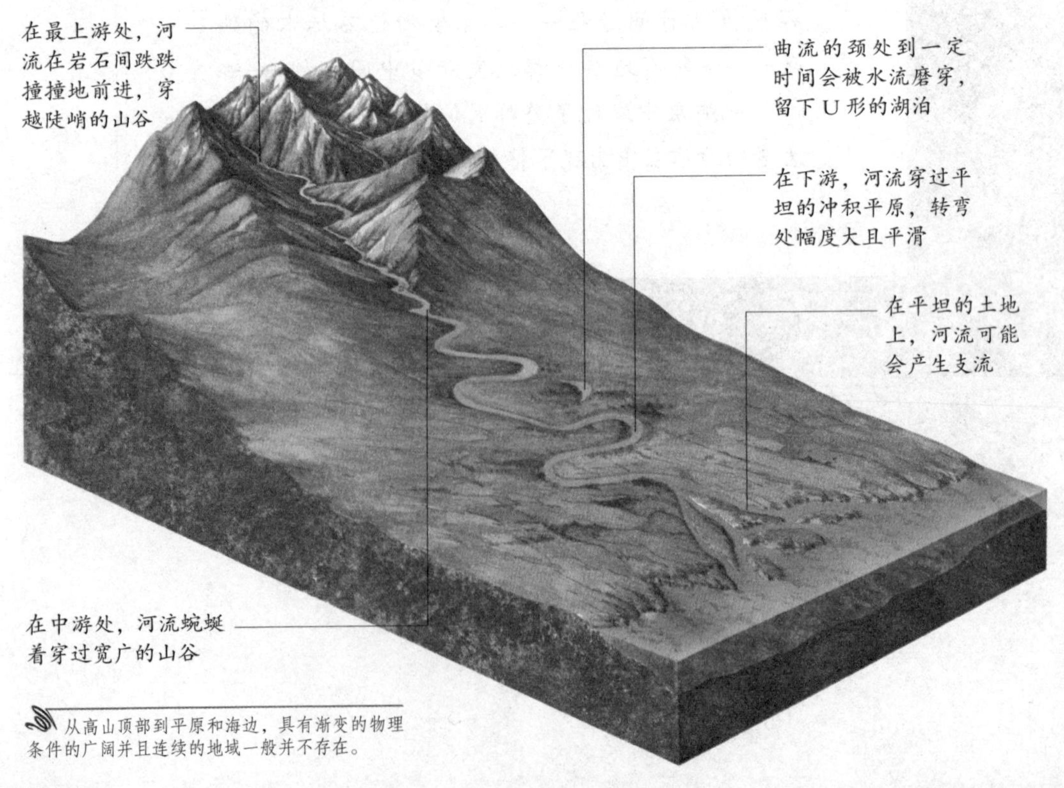

从高山顶部到平原和海边，具有渐变的物理条件的广阔并且连续的地域一般并不存在。

都没有充满这些中间连锁呢？地质学确实是没有揭发任何这类微细级进的连锁。这估计是反对自然选择学说的最为显著以及最重要的一些异议，我相信地质纪录的极度不完全能够很好地去解释这一点。

首先，应该永远记住，按照自然选择学说，哪些种类的中间变种应该是之前确实生存过的。当我们对任意两个物种进行观察时，就会发现很难避免不会想象到直接介于它们之间的那些类型。不过这是一个完全不正确的观点。我们应该时常去追寻介于各个物种与它们未知的祖先之间的一个共同的中间类型。不过，是我们还不知道的那些祖先之间的一些类型。可是这个祖先通常在某些方面已与变异了的后代完全不相同。现在举一个简单的例子：扇尾鸽与突胸鸽均是从岩鸽传下来的；假如说我们掌握了所有曾经生存过的中间变种，我们就能够掌握这两个品种与岩鸽之间各有一条非常绵密的系列。不过没有哪种变种是直接介于扇尾鸽与突胸鸽之间的。比如，结合这两个品种的特征，稍微扩张的尾部还有稍微增大的嗉囊，可以说这样的变种是不存在的。此外，这两个品种已经变得这么的不同，假如我们不知道有关它们起源的任何历史的以及间接的证据，却只是按照它们与岩鸽在构造方面的比较，就无法做到去决定它们究竟是从岩鸽繁衍而来的，还是从别的某种近似的类型皇宫鸽繁衍而来的。

自然的物种也是这样的，假如我们观察到非常不相同的类型，比如马与貘，我们就没有什么理由能够去假设直接介于它们之间的连锁以前也曾存在过，不过却能够假定马或者是貘与一个未知的共同祖先之间是存在着某种中间连锁的。它们的共同祖先在整个体制方面同马还有貘具有非常普遍的相似性。可是在某些个别的构造方面，估计与两者存在着非常大的差异。这差异也许甚至会比两者彼此之间的差异还要大很多，所以说，在所有这样的情况当中，除非我们同时掌握了一条近于完全的中间连锁，就算是把祖先的构造与它的变异了的后代加以严密的比较，也一样无法辨识出任何两个物种或两个以上的物种的亲类型。

按照自然选择学说，两个现存类型中的一个来自另一个估计是很有可能的。比如说马来貘。而且在这样的情况之下，之前应该有直接的中间连锁曾存在于它们之间。不过这样的情况也就意味着一个类型在相当长的一段时间内保持不变，但是它的子孙在这期间出现了大量的变异。可是生物同生物之间的子与亲之间的竞争原理将会让这样的情况很少发生。因为在所有的情况当中，新出现并且改进的生物类型均存在着压倒旧而不改进的类型的倾向。

马来貘

按照自然选择学说，所有现存的物种都曾经与本属的亲种有一定的联系，它们之间存在着的差异并不比今天我们见到的同一物种的自然变种以及家养变种之间的差异更大。这些现在通常已经绝灭了的亲种，同样地与更为久远之前的类型有一定的联系。就这样回溯上去，往往就能够融汇到每一个大纲的共同祖先中。因此，在所有现存物种以及绝灭了的物种之间的中间的以及过渡的连锁数量，一定是很难数得清楚的。如果说自然选择学说是正确的，那么这些无数的中间连锁就一定曾经于地球上生活过。

从沉积速率及剥蚀程度推断时间进程

除去我们没有发现的那么无限数量的中间连锁的化石遗骸之外，还有一种反对的意见，那就是认为既然所有变化的成果均是缓慢达到的，因此没有充分的时间去完成大量的有机变化。假如读者不是一位有实践经验的地质学者，我将很难做到让他去领会一些事实，以帮助他对时间经过有一定的了解。莱尔爵士的著作《地质学原理》被后来的历史家推崇为自然科学界当中掀起了一次革命，只要是读过这部伟大著作的人，假如还不承认过去时代之前是多么久远，那么最好还是马上将我的这本书也收起来不用继续读下去了。不过只是研究《地质学原理》或阅读不同观察者那些与各地质层有关的专门论文，并且还能注意到每位作者如何试图对于各地质层的甚至是各地层的时间提出来的不太确定的观念，这是远远不够的。假如说我们知道了发生作用的每项动力，同时研究了地面被剥蚀了多深，沉积物被沉积了多少，我们才可以对过去的时间获得一些比较清楚的概念。就像莱尔爵士曾经说过的，沉积层的广度还有厚度就是剥蚀作用的结果，同时也是地壳其他的场所被剥蚀的尺度。因此一个人应该亲自去考察层层相叠的很多地层的巨大沉积物，认真详细地去观察小河是怎样带走泥沙还有

波浪是怎样侵蚀海岸岩崖的，如此才可以对过去时代的时间有一些了解，而与这时间有关的标志在我们的周围随处可见。

顺着由不是太坚硬的岩石所形成的海岸走走，同时注意去观察一下它的陵削过程，对于我们来说是有好处的。在大部分的情况当中，到达海岸岩崖的海潮每天仅仅有两次，并且时间都比较短暂，而且只有当波浪挟带着细沙或者是小砾石时才可以对海岸岩崖起到侵蚀作用。因为有足够有力的证据能够证明，清水在侵蚀岩石方面是不存在任何效果的。这样下去，海岸岩崖的基部终有一天会被掘空，那么巨大的岩石碎块就会倾落下来，于是这些岩石碎块就会固定于自己倾落的地方，接着被一点一点地侵蚀，直到它的体积逐渐缩小到可以被波浪将它旋转的时候才能够很快地磨碎为小砾石、砂或泥。不过我们经常看到沿着后退的海岸岩崖基部的圆形巨砾，上面密布着很多的海产生物，这证明了它们极少被磨损并且也极少被转动！此外，假如说我们沿着任何一个正在经受着侵蚀作用的海岸岩崖行走几英里路，就能够发现目前正在被侵蚀着的崖岸只不过是短短的一段而已，或者说只是环绕海角并且零星地存在着。地表与植被的外貌向我们证明，自从它们的基部被水侵蚀以来，已经经过很多个年头了。

但是我们最近从很多优秀的观察者，如朱克斯还有盖基和克罗尔以及他们的先驱者拉姆齐的观察当中，能够知道大气的侵蚀作用比起海岸的作用，也就是波浪的力量，更是一种更为重要的动力。全部的陆地表面均暴露于空气以及溶有碳酸的雨水的化学作用之下，而且，在寒冷的地方，还暴露于霜的作用之下。渐渐分解的物质，就算是在缓度的斜面上，也容易被豪雨冲走，尤其是在干燥的地方，还会超出想象范围之内地被风刮走。于是这些物质就会被河川运去，急流让河道加深，同时将碎块磨得更碎。等到下雨的时候，甚至就算是在缓度倾斜的地方，我们也可以从每个斜面流下来的泥

位于葡萄牙南部阿尔加维的石灰岩悬崖

水当中看到大气侵蚀作用的效果。拉姆齐还有惠特克之前解释说明过，而且这是一个非常动人的观察，维尔顿区庞大的崖坡线还有以前曾被看成是古代海岸的横穿英格兰的崖坡线，应该都不是如此形成的，其原因在于，每个崖坡线都是由一种相同的地质层构成的。而英国的海边悬崖则到处都是由各种各样不同的地质层交切而成的。如果说这样的情况是真实的话，那么我们就不得不承认，这些崖坡的起源主要是因为构成它们的岩石比起周围的表面可以更好地抵御大气的剥蚀作用。于是，这表面就会逐渐陷下，接着就会留下比较硬的岩石的突起线路。从外表来看来的话，大气动力的力量是这么微小，并且它们的工作好像也是那么缓慢，不过曾经产生出这样伟大的结果，依据我们的时间观点来看的话，再没有什么事情能够比前面所讲的这种信念更可以让我们强烈地感受到时间的久远无边了。

潮水冲刷海岸并消磨它，形成奇特的岩石形状，当海蚀拱倒塌，它会留下被称为海蚀柱的高大岩石柱。

假如如此体会到陆地是经过大气作用以及海岸作用而逐渐被侵蚀了，那么要了解过去的时间有多么久远，就要一方面去考察大量的广大地域上被移走的岩石，另一方面还要去考察沉积层的厚度。至今我还清楚地记得当我见到火山岛被波浪冲蚀，四面削去变成高达 1000 或 2000 英尺的直立悬崖时，深深地被感动了。因为，熔岩流凝结为缓度斜面，因为它之前的液体状态，很清楚地解释说明了坚硬的岩层曾经一度在大洋里伸展得多么辽远。断层将与此同类的故事讲解得更为明白一些，沿着断层，也就是那些巨大的裂隙，地层在这一方隆起，或者在那一方陷下，这些断层的高度或者深度神奇地达数千英尺。由于自从地壳裂破以来，不管是地面隆起是突然出现的，或者是像大部分的地质学者所讲的一样，是缓慢地由很多的隆起运动而形成的，并没有多么大的差别，到了今天，地表已经变得完全平坦，导致我们从外观上已经看不出这些巨大的转位曾经存在过的任何痕迹。比如克拉文断层曾经一度上升达 30 英里，沿着这一线路，地层的垂直总变位自 600 到 3000 英尺各不相同。对于在盎格尔西陷落达 2300 英尺的现象，拉姆齐教授之前曾发表过一篇报告；他在报告中提出，他充分相信在梅里奥尼斯郡这个地方有一个陷落深达 12000 英尺，可是在这些情况当中，地表上已没有任何东西能够表示这些巨大的运动了。裂隙两旁的石堆已被夷为平地了。还存在一个方面，世界每个地方沉积层的叠积均曾现出异常厚的状况。我在科迪勒拉山曾测量过一片砾岩，厚度高达 10000 英尺厚。虽然说砾岩的堆积比致密的沉积岩速度要快些，但是从构成砾岩的小砾石磨为圆形需要耗费很多时间来看的话，一块砾岩的积成是多么缓慢。拉姆齐教授按照他在大部分的场合当中的实际测量，曾与我讲过英国不同部分的连续地质层的最大厚度。其结果我列在了下面：

古生代层（火成岩不包括其中）：57154 英尺

中生代层：13190 英尺

第三纪地层：2240 英尺

总加在一块儿是 72584 英尺。这也就意味着，如果折合英里的话，差不多有 13 英里又四分之三的距离。有的地质层在英格兰只是一个薄层，但是在欧洲大陆上却厚达数千英尺。此外，在每一个连续的地质层之中，依据大部分地质学者的意见，空白时期也是非常长久的。因此英国的沉积岩的高耸叠积层只可以对于它们所经历了的堆积时间，向我们提供一个并不太肯定的观念。对于这种种事实的考察，能够让我们得到一种印象，基本上就如同在白花力气去掌握“永恒”这个概念所换取的印象一般。

可是，这样的印象还是存在着部分错误的。克罗尔先生在一篇有趣的论文当中讲道：“我们对于地质时期的长度形成了一种过于宽泛的概念，是很少有机会犯错误的，但是假如用年数去计算的话，却是要犯错误的。”当地质学者们见到这种庞大并且非常复杂的现象，接着再见到表示着几百万年的那些数字时，这两者在人们的思想中能够产生出完全不同的印象，于是立刻就会感觉到，这些数字其实太小了。有关大气的剥蚀作用，克罗尔先生按照有些河流每年冲下来的沉积物已知道的量同其流域进行比较，得出了下面的计算，那就是 1000 英尺的坚硬岩石，逐渐粉碎，需要在 600 万

岩石在大自然中不断分解又重新生成，所需要的时间以百万年计算。

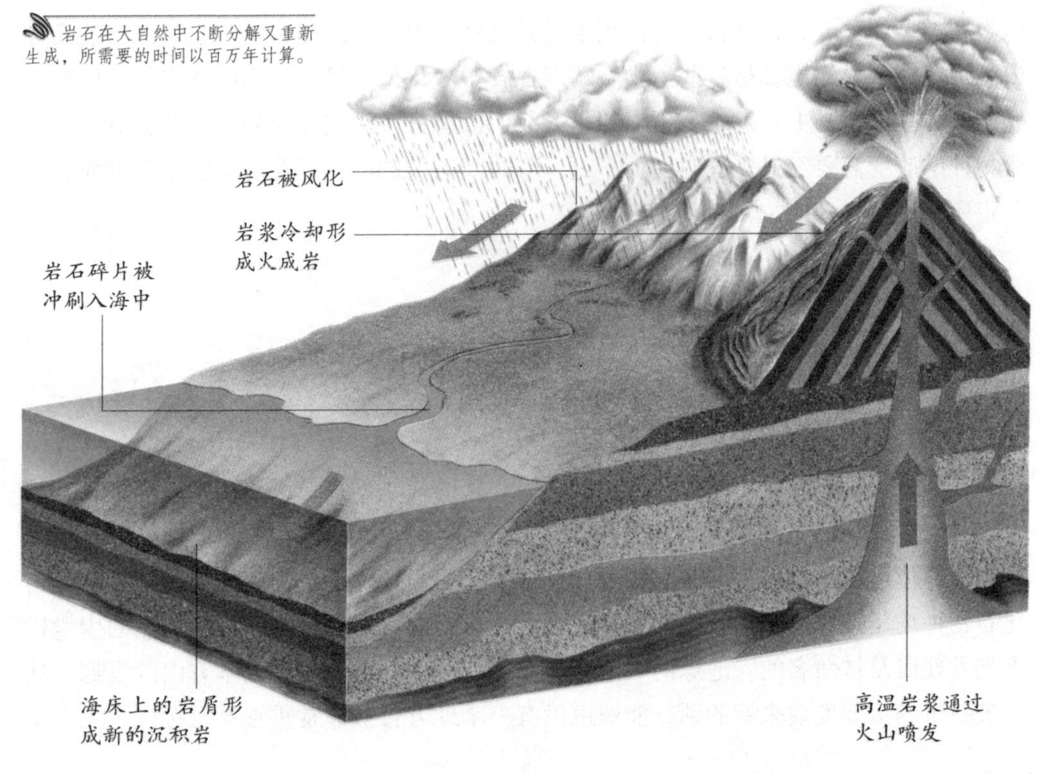

年的时间里，才可以从整个面积的平均水平线上移走。这看起来好像是一个非常惊人的结果，有的考察让人们不得不去怀疑这个数字实在是太大了，甚至会将这个数字减到二分之一甚至是四分之一，不过仍然是非常惊人的。可是，极少会有人知道，100万的真正意义会是什么。克罗尔先生为我们讲述了下面的比喻，用一个狭条纸 83 英尺 4 英寸长，让它沿着一间大厅的墙壁延伸出去，然后在十分之一英寸的位置标志一个记号。此十分之一英寸用来代表 100 年，那么全纸条就代表 100 万年。不过一定要记住，在我们所讲的这个大厅当中，被那些没有任何意义的尺度所代表的 100 年，对于这本书的问题来说，却具有非常重要的意义。有一些非常优秀的饲养者只是在他们一生的时间当中，就能够极大地改变有些高等动物，并且高等动物在繁殖自己的种类方面远比大部分的低等动物缓慢很多。他们就是这样，成功地培育出值得称作是新的亚品种。极少会有人非常认真地去研究任何一种物种长达半世纪以上。因此，100 年能够代表两个饲养者的连续工作。无法去假定在自然环境当中的物种，能够如同在有计划选择指导之中的那些家养动物一样，快速地发生变化。同无意识的选择，也就是只在于保存最有用的或最美丽的动物，而没有意向去改变那个品种，这一效果进行比较，或许会比较公平一些。不过经过这样的无意识选择的过程，每个品种在两个世纪或三个世纪的时间当中就会被很明显地改变了。

但是物种的变化估计更要缓慢一些，在相同地方当中，只有极少数的物种会同时出现变化。这样的缓慢性是以为内相同的地方当中的所有生物，彼此之间已经适应得非常好了，除非是经过很长的一段时间之后，因为某种物理变化的发生，要不就是是因为新类型的移入，在这自然机构当中是没有新位置的。此外，具有正当性质的变异或者是个体差异，也就是有些生物所赖以在发生变化的环境条件当中适应新地位的变异，也往往不会马上就发生。不幸的是，我们没有办法去按照时间的标准去决定，一个物种的改变需要经过多长时间。不过，与时间有关的问题，在后面的章节里面我们一定还会进行讨论的。

古生物化石标本的缺乏

接下来让我们来看一看，我们藏品最为丰富的地质博物馆，那当中的陈列品却是多么贫乏。每一个人都会承认我们搜集的化石标本是多么的不完全。我们也永远不会忘记那位可歌可泣的著名古生物学者爱德华·福布斯的话。他曾经说过，大部分的化石物种均是按照单个的并且通常是破碎的标本，要不就是按照某一个地点的少量标本被发现以及被命名的。地球的表面只存在着一小部分曾做过地质学方面的发掘，从欧洲每年的重要发现来看的话，能够说没有一个地方曾被非常重视地发掘过。完全柔软的生物没有一种可以被保存下来。落在海底的贝壳还有骨骼，假如那里没有沉积物的掩盖，就会腐朽而消失。我们能够采取一种非常错误的观点，觉得可能整个海底基本上都会有沉积物正在进行着堆积，而且这种堆积的速度足可以埋藏并且保存化石的遗骸。海洋的绝大部分均呈现出亮蓝色，这正是向我们证明了水的纯净。很多被记载的情况都能够看出，一个地质层在经过长时间间隔的时期之后，会被另一个后生的地质层完整地遮盖起来，而下面的一层在这个间隔的时期当中并没有遭受到任何的磨损，这样的现象只有按照海底经常多年不出现变化的观点才能够得到解释。埋藏于沙子或砾层当中的遗骸，遇到岩床上升的情况后，通常都会因为溶有碳酸的雨水的渗入而遭到分解。生长在海边高潮与低潮之间的很多种类的动物，有的好像很难被保留下来。比如，有几种藤壶亚科（是一种无柄蔓足类的亚科）的一些物种，遍布全世界的海岸岩石上，数量十分多。它们均为严格的海岸动物，可是除了在西西里发现过一个在深海中生存的，地中海物种的化石之外，到目前为止还没有在其他任何的第三纪地质层当中发现过任何别的物种。但是已经知道，藤壶属曾经生存在白垩纪当中。最后，还需要非常久的时间才可以堆积起来的很多巨大的沉积物，却完全不存在生物的遗骸，面对这样的现实，我们还无法举出任何原因。其中最为明显的例子之一，就是弗里希地质层，由页岩还有砂岩构成，厚达数千英尺，有的甚至达6000英尺之厚，从维也纳到瑞士至少绵延了300英里之长；尽管这些巨大的岩层被非常仔细地考察过，可是在那里，除了少数的植物遗骸以外，并没有发现任何别的化石。

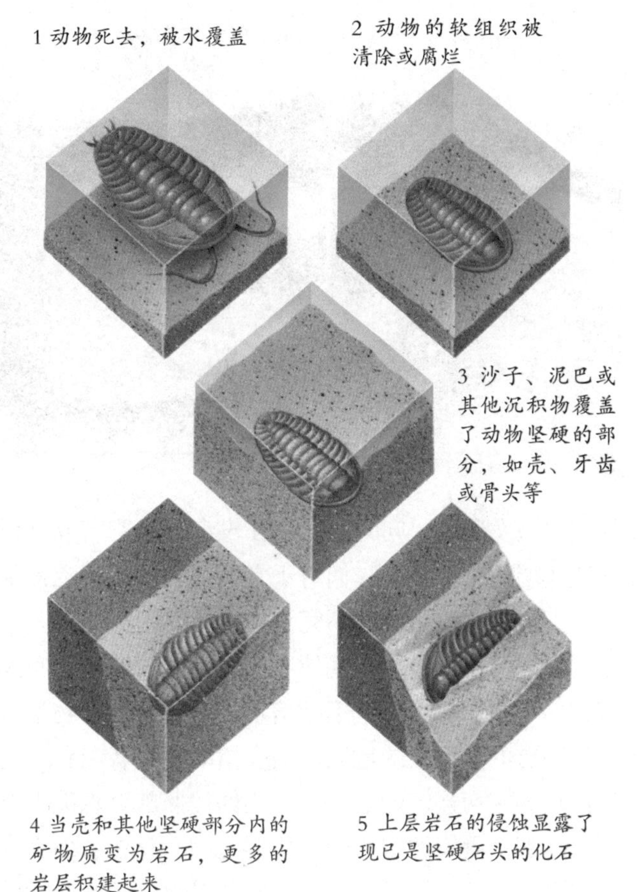

化石的形成

有关生活于中生代还有古生代的陆栖生物，我们所搜集到的证据是非常片断的，所以无法进行更为深入的讨论。比如，直到近来，除了莱尔爵士还有道森博士在北美洲的石炭纪地层里所发现的一种陆地贝壳之外，在这两个广阔时代当中，还没有发现过别的陆地贝壳。但是目前在黑侏罗纪地层里已经发现了陆地贝壳。对于哺乳

石灰石溶洞和洞穴系统的形成过程

动物的遗骸，只要看一下莱尔的《手册》里所登载的历史年表，就能够将真理带到家中，这比翻阅大量的详细文字资料记载更能够极好地去理解它们的保存是多么偶然和稀少。仅仅需要记住第三纪哺乳动物的骨骼绝大多数是在洞穴里或者是湖沼的沉积物当中被发现的，同时还要记住没有一个洞穴或真正的湖成层是属于第二纪或古生代的地质层的，那么，我们对于它们的稀少就不觉得稀奇了。

不过，地质纪录的不完全主要还是因为另外一个比前面所讲的任何原因都还要重要的原因，那就是，一些地质层间彼此被广阔的间隔时期隔开了。很多的地质学者还有如同福布斯那样完全不相信物种变化的古生物学者，都曾极力支持这种说法。当我们见到有的著作中的地质层的表格时，或者当我们进行实地考察时，就很难不去相信它们均为密切连续的。不过，比如按照默奇森爵士对于俄罗斯的有关巨著我们能够知道，在那个国家的重叠的地质层之间，存在着多么广阔的间隙。在北美洲还有在世界的很多别的地方也是这样的。假如最熟练的地质学者仅仅将他的注意力局限于这些广大的地域，那么他就一定不会想象到，不管是在他的本国或者是在空白不毛的时代当中，巨大的沉积物已在世界的别的一些地方堆积起来了，并且其中含有新而且特别的生物类型。而且，假如在每个分离的地域当中，对于连续地质层之间所经过的时间长度无法形成任何的观念，那么我们能够去推论不管是在什么地方都无法确立这样的观念。连续地质层的矿物构成多次地发生巨大的变化，通常都意味着周围地域出现了地理方面的巨大变化，所以就产生了沉积物，这同在每个地质层之间曾有过非常漫长的间隔时期的信念是相吻合的。

我认为，我们可以理解为什么每个区域的地质层基本上一定是间断的。也就是说，为什么它们之间并不是彼此密切相连接的。当我对最近一段时期升高几百英尺的南美洲数千英里海岸进行调查时，最让我感到震惊的是，竟然没有发现任何近代的沉积物，有大量的广度能够持续在就算是一个短的地质时代而不被毁灭。所有的西海岸都有一定的海产动物栖息着，只是那里的第三纪层十分不发达，于是导致一些连续并且特别的海产动物的纪录估计都无法在那里保存到久远的年代。仅仅需要稍微想一想，我们就可以依照海岸岩石的大量陵削以及注入海洋当中去的泥流去解释为什么沿着南美洲西边升起的海岸无法到处发现含有近代的，也就是第三纪的遗骸的巨大地质层，尽管在悠久的年代当中沉积物的供给必定是富足的。毫无疑问应该这么解释，那就是当海岸沉积物与近海岸沉积物一旦被缓慢并且逐渐升高的陆地带入海岸波浪的磨损作用的范围之中时，就会不断地被侵蚀掉。

我觉得，我们能够确定地提出，沉积物必须堆积为非常厚的，非常坚实的，或者说是非常巨大的巨块，才可以在它最初升高时以及水平面连续变动的时期当中，去抵御波浪的不断作用还有其后的大气陵削作用。如此厚并且巨大的沉积物的堆积，能够由两种方法去完成：一种方法是，在深海底进行堆积，在这样的情形之下，深海底并不会如浅海那样存在着许多变异了的生物类型栖息着。因此当这样的大块沉积物上升之后，对于在它的堆积时期当中生存于邻近的生物所提供的纪录并不是完整的。还有一种方法是，在浅海底进行堆积，假如说浅海底不断缓慢地沉陷，沉积物就能够在那里堆积到任何的厚度以及广度。在后面的这种方法当中，只要海底沉陷的速度同沉积物的供给差不多平衡，海就能够一直保持浅的，并且有利于大部分的以及变异了的生物类型的保存。这样的话，一个富含化石的地质层就会被形成，并且，在上升变成陆地的时候，它的厚度足以抵御大量的剥蚀作用。

我确信，基本上所有的古代地质层，只要是层内厚度的大部分富含化石的，那么就都是经过如此的环节在海底的沉陷期间形成的。自从 1845 年我发表了关于这个问题的看法以后，我就十分注重地质学的进展。让我感到十分惊讶的是，当作者们在讨论到这种或那种巨大的地质层时，一个接一个地得出了相同的结论，全说它们是在海底沉陷期间堆积而来的。我能够补充他们说，南美洲西岸的唯一古代第三纪地质层就是在水平面朝下沉陷的时期当中堆积起来的，而且因此获得了相当的厚度。尽管说这一地质层具有巨大的厚度足以对它曾经经历过的那种陵削作用进行抵御，不过今后它却很难一直维持到一个久远的地质时代而不被消灭。

几乎全部的地质方面的事实均明确地告诉我们，每个地域都曾经历了无数次缓慢

白垩纪晚期，现在美国得克萨斯地区是一片浅海，有很多生物栖息在那里。

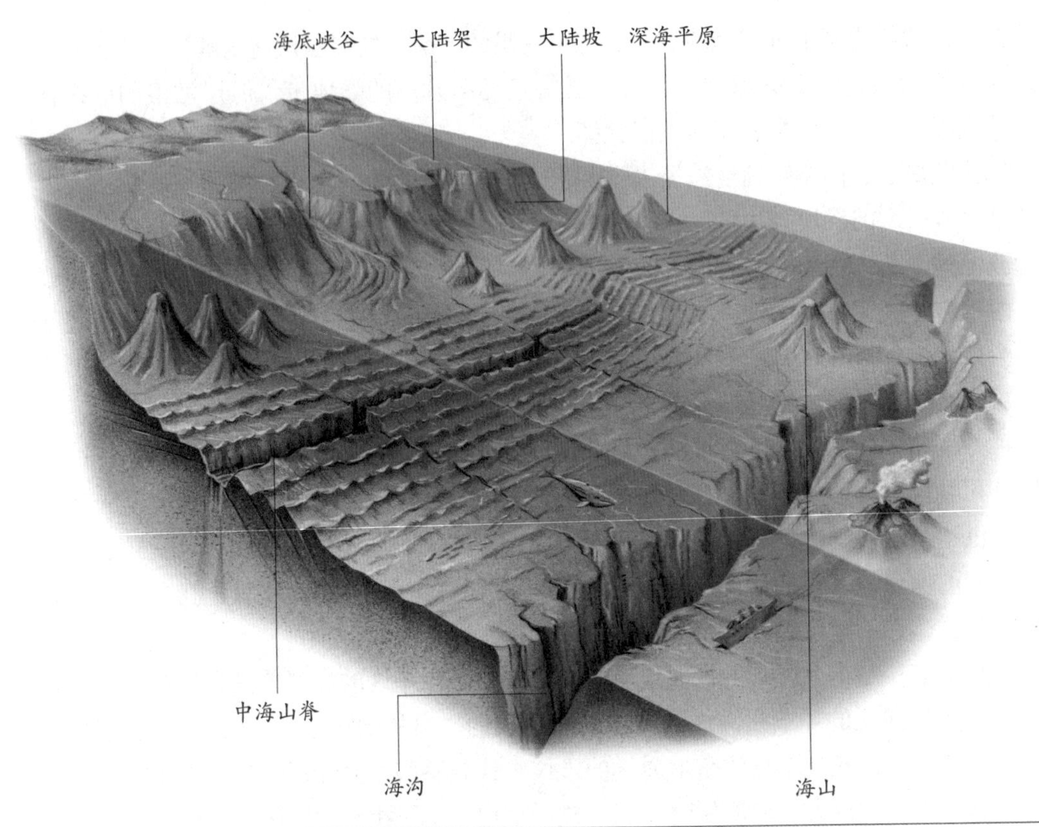

海洋内部有平原也有高山和峡谷，地质层经过百万乃至千万年的堆积形成。

的水平面上下振动，并且这些振动的影响范围很明显都是非常大的。结果是，富含化石的并且广度以及厚度足以抵抗接下来的陵削作用的地质层，在沉陷的时期当中，是在广大的范围之中形成的，不过它的形成仅仅限于在下面的地方当中，也就是那里沉积物的供给足够去保持海水的浅度同时还足够在遗骸还没有腐化之前将它们埋藏以及保存起来。与之正好背道而驰的是，在海底保持静止的时期当中，厚的沉积物就无法在最适于生物生存的浅海部分堆积起来。在上升的交替时间里，这样的情况就更少发生。或者更确切地说，那时堆积起来的海床，在升起以及进入海岸作用的界限当中，通常都遭到了毁坏。

前面的那些分析主要是对海岸沉积物以及近海岸沉积物来说的。在马来群岛的广阔的浅海当中，比如从 30 或 40 到 60 英寻（1 英寻≈ 1.83 米）深的大部分海中，广阔的地质层估计都是在上升的期间形成的。但是它们在缓慢上升的时候，并没有经历过分的侵蚀。不过，因为上升运动，地质层的厚度比海的深度要小，因此地质层的厚度估计不会很大。而且那些堆积物也不会凝固得非常坚硬，同时也不会有各种各样的地质层覆盖在它们的上面。所以，这种地质层在此后的水平面振动期间就非常容易被大气陵削作用以及海水作用所侵蚀。可是，按照霍普金斯先生所提出的意见，假如地面的一部分在升起来之后与没有被剥蚀之前就已经沉陷，那么，虽然在上升运动中所形成的沉积物不算太厚，但也可能会在以后受到新堆积物的保护，因此而能够保存到一个长久的时间当中。

霍普金斯先生还声明自己相信，水平面相当广阔的沉积层极少会完全地被毁坏。不过所有的地质学者，除了少数相信现在的变质片岩以及深成岩曾经一度形成地球的原核这一观点的人们之外，大多数都承认深成岩外层的绝大一部分范围已被剥蚀。由于这些岩石在没有表被的时候，极少有可能去凝固或者结晶。不过，变质作用假如在海洋的深底出现，那么岩石之前的保护性表被估计就不会很厚。那么这样一来，假如承认片麻岩、云母片岩、花岗岩、闪长岩等曾经一定有一段时间被覆盖起来，那么对于世界很多地方的这些岩石的广大面积均已裸露在外，除了按照它们的被覆层已被完全剥蚀了的信念，我们如何可以得到解释呢？广大面积上均有这些岩石的存在，是无须抱有怀疑态度的。巴赖姆的花岗岩地区，按照洪堡曾经做出的描述，最起码比瑞士大 19 倍。在亚马孙河的南部，布埃之前也曾划出一块由花岗岩构成的地区，它的面积相当于西班牙、法国、意大利、德国的一部还有英国全部岛屿的面积的总和。这个地区还未经仔细的调查，不过按照旅行家们所提出的完全相同的证据，花岗岩的面积是非常大的。比如，冯埃虚维格之前就曾经详细地绘制过这种岩石的区域图。它从里约热内卢延伸到内地，呈一条直线，长约 260 海里。我向着另一个方向旅行过 150 英里，入眼的全部都是花岗岩。有大量的标本是沿着从里约热内卢到普拉塔河口的全部海岸（全程 1100 海里）搜集而来的，我检查过它们，它们全部属于这种类型的岩石。沿着普拉塔河全部北岸的内地，我见到除了近代的第三纪层外，只有一小部分是属于轻度变质岩的，这估计就是形成花岗岩系的一部分原始被覆物的唯一岩石。接下来我们谈一下大家所熟知的地区，美国还有加拿大。我曾按照罗杰斯教授的精美地图所指出的，将它们剪下来，并拿剪下的图纸的重量去计算，我发现变质岩（其中不包括半变质岩）与花岗岩的比例是 19 ∶ 12.5，两者的面积超过所有较新的古生代地质层。在很多地方，假如将所有的不整合地被覆在变质岩以及花岗岩上方的沉积层都彻底除去，那么变质岩与花岗岩比表面上所看到的还要延伸得久远，而沉积层本来取法形成结晶花岗岩的原始被覆物。所以，在世界某些地方的整个地质层估计已经完全被磨灭了，所以才会没有留下任何的遗迹。

此外还有一点值得大家加以注意。在上升的期间当中，陆地面积还有连接的海的浅滩面积将会增大，并且时常形成新的生物生活场所。前面已经说过，那里的所有环境条件对于新变种以及新种的形成是十分有益的。不过这些时期在地质纪录方面通常均为空白的。不光是这些，在沉陷期间，生物分布的面积与生物的数目将会减少（最开始分裂为群岛的大陆海岸不包括于其中），最后，在沉陷时期，尽管会出现生物的大量绝灭，不过少数的新变种或新物种会形成，并且也是在这个沉陷期间，富含化石的沉积物将逐渐堆积起来。

所有地层中都缺失众多中间变种

按照前面所讲的那些考察，能够知道地质记载，从整体来看的话，毫无疑问是非常不完全的。不过，假如将我们的注意力仅仅局限于任何一种地质层方面，那么我们就更难去理解为什么始终生活于这个地质层中的相近的物种之间没有出现密切级进的一些变种。而相同的物种在同一地质层的上部还有下部呈现出一些变种，这些情况曾在一些记载当中见到过。特劳希勒德所列举出来的有关菊石的很多事例就是这个样子的。再比如喜干道夫以前曾描述过一种非常奇怪的情况，在瑞士淡水沉积物的连续诸层中，发现了复形扁卷螺的十个级进的类型，尽管说每个地质层的沉积毫无疑问地需要非常久远的年代，还能够举出一些个理由去说明为什么在每个地质层中普遍找不到一条它们之间递变的连锁系列，介于始终在其中生活的物种之间，不过我对于下面所讲的理由还无法给出相称的评价。

一些广泛分布但存在时间较短的化石在断定岩石年龄时非常有用。

尽管每个地质层能够表示一个相当漫长的过程，不过比起一个物种变为另一个物种所需要的时间，估计看起来还是会短些。两位古生物学者勃龙还有伍德沃德以前曾断言过各地质层的平均存续时期比物种的类型的平均存续时期要多出两倍或者是三倍。我知道，虽然说他们的意见非常值得尊重，可是，如果让我说的话，好像存在着很多无法克服的困难，来妨碍我们对于这样的意见给出任何正确的结论。当我们见到一个物种最开始在任何地质层的中央部分出现时，就会非常轻率地去推论它之前不曾在别的地方存在过。此外，当我们看到一个物种在一个沉积层最后部分形成之前就消灭了的时候，很自然地就会同样轻率地去假定这个物种在那个时候就已经完全绝灭了。我们忽略了欧洲的面积与世界的别的部分比较起来，是多么的小，而全欧洲的相同地质层中的几个阶段也并非完全确切相关的。

我们能够稳妥地推论，所有种类的海产动物因为气候以及别的一些变化，都曾出现过大规模的迁徙。当我们看到一个物种最开始在任何地质层中出现时，不妨估计这个物种是在那个时候初次迁移到这个区域中来的。比如，我们都知道的，一些物种在北美洲古生代层中出现的时间比在欧洲相同地层中出现的时间要早一些。这很明显是因为它们从美洲的海迁移到欧洲的海中，是需要一定时间的。在考察世界各地的最近沉积物的时候，随处能够见到一小部分到今天也依然生存的物种在沉积物中，尽管非常普通，却在周围密接的海中早已绝灭。或者说，相反地，有的物种在周围邻接的海中虽然现在依然非常繁盛，不过在这一特殊的沉积物中是一点都没有的。考察一下欧洲冰期中（这仅仅是全地质学时期的一个部分）的生物确切的迁徙量，同时也考察一下在这个冰期中的海陆沧桑的变化，还有气候的极端变化，以及时间的漫长历程，一定会是最好的一课。不过含有化石遗骸的沉积层，不管是在世界的哪一部分，是否曾经在这一冰期的全部时间里在相同的区域中连续地进行了堆积，是值得怀疑的。比如，密西西比河口的附近，在海产动物最为繁茂的深度范围之内，沉积物估计不是在冰期的整个时间当中连续堆积起来的。因为我们都明白，在这个时期当中，美洲别的地方曾经出现过巨大的地理变化。如同在密西西比河口附近浅水中在冰期的某一段时间当中沉积起来的这些地层，在上升的时候，生物的遗骸因为物种的迁徙以及地理的变化，估计会最开始出现并且消失于不同的水平面中。在遥远的未来，假如有一位地质学者调查这个地层，估计要试着作出这样的结论了，他会觉得在那里埋藏的化石生物的平均持续过程比冰期的时间要短，但是实际上远比冰期要长很多，这也就是在表明，它们从冰期之前就已存在，一直延续到了今天。

假如沉积物可以在很长的一段时期当中持续地进行堆积，而且这个时期足够进行缓慢的变异过程，那么在这样的情况下，才可以在相同的地质层的上部以及下部得到位于两个类型之间的完全级进的系列。所以，这些堆积物可以说绝对是非常厚的。而且进行着变异的物种指定是在整个时期当中全都生活于相同的区域当中。不过我们已经知道，一个非常厚并且全部含有化石的地质层只有在沉陷的时期才可以堆积起来，而且沉积物的供给也一定要同沉陷量互相平衡，让海水的深度保持接近一致，如此才能够让同种海产物种在相同的地方当中生活。不过，这样的沉陷运动具有让沉积物所来自的地面沉没于水里的倾向，如果是这样的话，在沉陷运动持续进行的时期当中，沉积物的供给就会减少。可是真正的事实是，沉积物的供给与沉陷量之间全部接近平衡，估计是一种极为罕见的非常偶然才会出现的事情。由于不止一个古生物学者都观察到在非常厚的沉积物中，除了它们的上部以及下部的范围附近，往往是不存在生物遗骸的。

每个单独的地质层当中，也与任何地方的整个地质层非常相似，它的堆积通常都是间断的。当我们看到，并且确实可以经常看到，一个地质层由非常不同的矿物层构成时，我们就能够合理地去设想沉积过程曾经一定是或多或少地间断过的。尽管非常精密地对一个地质层进行过考察，可是与这个地质层的沉积所耗费的时间长度有关的问题，我们却无法得出任何的概念。很多的事例阐明，厚度仅有数英尺的岩层，却代表着别的地方厚达数千英尺的，并且在堆积方面需要大量时间的地层。忽略这个事实的人们甚至会去怀疑如此薄的地质层能够代表很长一段时间的过程。此外，一个地质在这个浅海地方的截图中，可以看到许多生物，当巨大的地理变化产生的时候，它们有的会成为化石，供科学家进行研究。

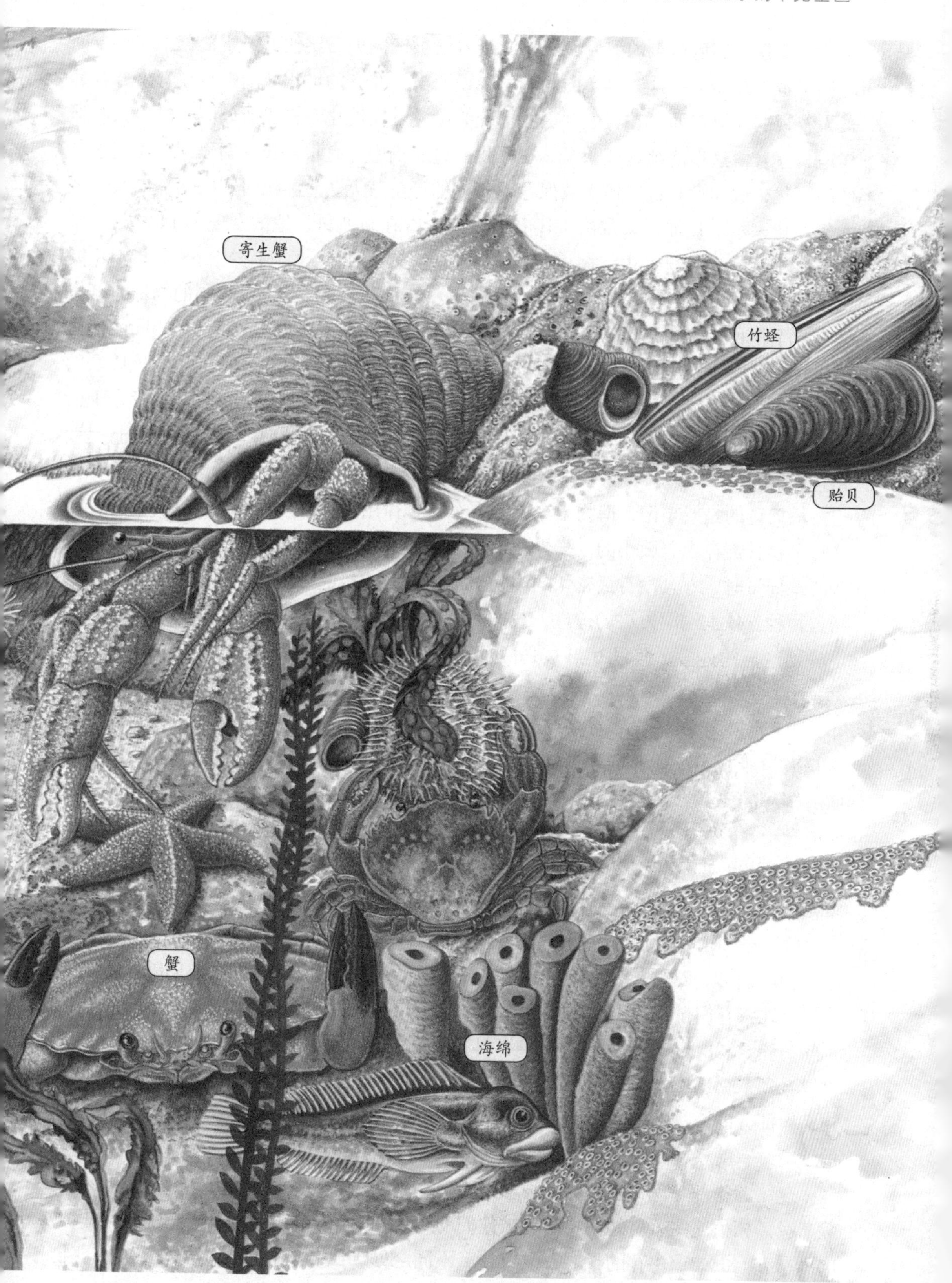
寄生蟹
竹蛏
贻贝
蟹
海绵

层的下层在升高后被剥蚀然后又沉没，接着又被相同地质层的上层所覆盖，在这方面的例子也不在少数。这些事实向我们解释说明了，在它的堆积期间中存在着十分容易被人忽视的间隔时期。在其他的一些情况当中，巨大的化石树仍然如同当时生长时那样地直立着，这很清楚地证明了，在沉积的过程当中，有很多长的间隔期间还有水平面的变化，假如没有这些树木被保存下来，估计也就无法想象出时间的间隔以及水平面的变化来了。比如，莱尔爵士还有道森博士曾在新斯科舍地区发现了1400英尺厚的石炭纪层，它包含着古代树根的层次，彼此之间相互交叠，不少于68个并不相同的水平面。所以，假如在一个地质层的下部、中部还有上部出现了相同的物种时，也许是这个物种没有在沉积的全部时期当中生活于相同的一个地点，而是在相同的地质时代之中，它曾经历了一再绝迹还有重现。因此，假如这个物种在任何一个地质层的沉积期当中出现了明显的变异，那么这一地质层的某一部分不会含有在我们理论上一定存在着的所有细小的中间级进，而只是含有突然的，尽管也许是轻微的，而且是变化着的类型。

最关键的是要牢记，博物学者们没有金科玉律用来去区别物种以及变种。他们承认每个物种都存在着微小的变异性，不过当他们遇到任何两个类型之间存在稍微大一些的差异量时，并且没有最密切的中间级进将它们连接起来，那么就会将这两个类型列为物种。依据刚刚所讲的道理，我们不可能去要求在随便的一个地质的断面中都可以看到这样的连接。假设B与C是两个物种，而且假定在下面较古的地层中发现了第三个物种A，那么在这样的情况之下，就算是A严格地介于B与C之间，那也除非它可以同时地被一些非常密切的中间变种还有上述的任何一个类型或两个类型连接起来，那么A就能够简单地被排列为第三个不同的物种。但是莫要忘记，就像前面所解释的，A或许是B与C的真正的原始祖先，并且在每个方面并不一定全都严格地介于它们两者之间。因此，我们能够从同一个地质层的下层以及上层中得到亲种还有它的若干变异了的后代。但是假如我们没有同时得到无数的过渡级进，那么我们将无法辨识出它们的血统关系，于是也就会将它们排列成不相同的物种。

我们都知道，很多的古生物学者是按照多么微小的差异去对他们的那些物种进行区别的。假如说这些标本来自相同的一个地质层的不同层次，那么他们就会更加毫不犹豫地将它们排列为不同的物种。有一部分有经验的贝类学者如今已将多比内还有别的一些学者所定的很多极完全的物种降成变种了。而且按照这样的观点，我们确实可以看到依据这一学说所应该看到的那些变化的证据。再来看一看第三纪末期的沉积物，大部分的博物学者都相信那里所含有的很多贝壳与如今依然生存着的物种是相同的。不过有的卓越的博物学者，像阿加西斯还有匹克推特这些学者，则主张一切的这些第三纪的物种与现在生存的物种均为明确不同的，尽管它们的差别非常小。因此，除非我们相信这些著名的博物学者被他们的空想误导了，而去承认第三纪后期的物种的确同它们的如今生存的代表并没有什么不同之处，或者除非是我们同大部分的博物学者的判断正好相背离，承认这些第三纪的物种确实和近代的物种完全不一样，我们便可以在这当中获得所需要的那类微小的变异多次出现的证据了。假如我们认真注意一下稍微宽广一些的间隔时期，这就代表着，如果去认真观察一下相同的巨大地质层中的不同但是相互连续的层次，我们就可以看到其中埋藏的化石，尽管被列为不同的物种，不过彼此之间的关系比起相隔更为遥远的地质层当中的物种要密切很多。因此，有关向着这个学说所需要的方向的那些变化，我们在这里又获得了确凿的证据。不过对于这个问题，我准备留在下一章节中再进行讨论。

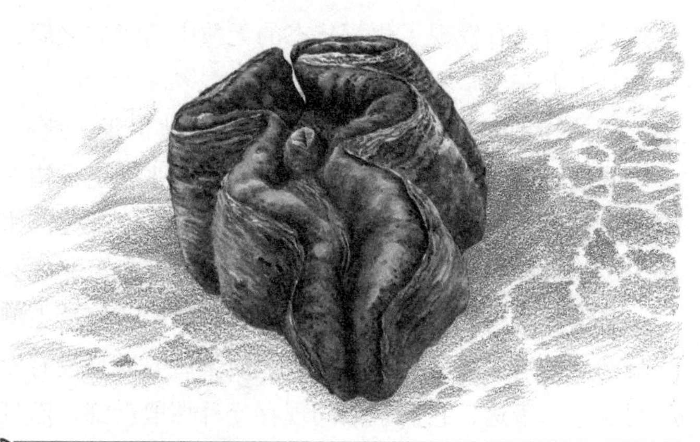

巨砗磲是最大的活软体动物

有关繁殖快并且移动不太大的动物还有植物，如同我们在前面已经看到的那样，我们有理由去推测，它们的变种在最开始通常都是地方性的。这些地方性的变种，如果没有到了它们一定程度上被改变了以及完成了，也不会广为分布并且排除自己的亲类型的。按照这样的认为，不管是在什么地方的一个地质层中，要想发现任何两个类型之间所有的早期过渡阶段的机会，是非常小的，由于连续的变化被假定是地方性的，也就是局限于某一地点的。大部分的海产动物的分布范围均是非常宽广的。而且我们看到，在植物的世界里，分布范围最广的是最常出现的变种。因此，有关贝类还有别的海产动物，那些具有最宽阔分布范围的，早已远超已知的欧洲地质层界限之外的，经常最开始产生地方变种，直到产生新的物种。所以说，我们在不管是哪个地质层中想要查出过渡的那些阶段的机会，也被大大地降低了。

最近福尔克纳博士个人所主张的一种更为重要的议论，得出了相同的结果，那就是每个物种进行变化的时期，尽管说用年代计算是长久的，不过比起它们没有进行任何变化的时期来说，基本上还是较短的。

不可以忘记，在现在可以用中间变种将两个类型连接起来的完全标本，是非常稀缺的，那么，除非从很多的地方采集到大量的标本之后，很少可以证明它们是同一个物种。并且在化石物种方面极少可以做到如此。我们只需问问，比如，地质学者在某个未来的时间里是不是可以证明我们的牛、绵羊以及马和狗的每个品种都是从一个或几个原始的物种繁衍而来的，再比如，栖息于北美洲海岸的一些海贝事实上是变种，还是大家所讲的不同物种呢？它们被有的贝类学者列成了物种，与它们的欧洲代表种非常不相同，可是却被别的一些贝类学者只是列为变种，如此一问的话，我们估计就可以最好地了解用无数的、细小的、中间的化石连锁去连接物种是不可能的。将来的地质学者也只有发现了化石状态的无数中间级进之后，才可以证明这一点，但是这种成功基本上完全是不可能的。

相信物种的不变性的著作家们反复地主张，地质学上找不到任何连锁的过渡类型。我们会在下面的一章中看到这样的主张一定是错误的。就像卢伯克爵士说过的，“每个物种均是别的近似类型之间的连锁”。假如我们以一个具有20个现存的以及绝灭的物种的属为例，假设五分之四遭到了毁灭，那么没有人会怀疑残余的物种彼此之间将会表现得十分不同。假如说这个属的两极端类型偶然这么被毁灭了，那么这个属将与别的近似属更加不相同。地质学研究尚且没有发现的是，之前曾经存在着无限数目的中间级进，它们就如同现存变种那般微细，而且将几乎所有现存的以及绝灭的物种连接在了一起。不过不可以去期望能够做到那样。可是这一点却被反复地提出来，当作反对我的观点的一个极为重大的异议。

用一个设想的例证将前面所讲的地质记录不完全的一些原因总结一下，还是非常有必要的。马来群岛的面积基本上相当于从北角到地中海还有从英国到俄罗斯的欧洲面积。因此，除了美国的地质层以外，它的面积同所有的多少精确调查过的地质层的所有面积相差并不太多。我完全同意戈德温·奥斯汀先生所提出的意见，在他看来马来群岛的现状（它的大量大岛屿已被广阔的浅海分隔开），估计能够代表之前欧洲的大部分的地质层正在进行堆积的当时的状况。在生物研究方面，马来群岛算是最丰富的区域之一。可是，假如说将所有的曾经生活在那里的物种全部搜集起来的话，就能够看出它们在代表世界自然史方面将是多么不完全！

不过我们有各种理由去相信，马来群岛的陆栖生物在我们假设堆积在那个地方的地质层中，一定被保存得非常不完全。严格的海岸动物或生活于海底裸露岩石上的动物，被埋藏于那个地方的，不可能有很多，并且那些被埋藏于砾石以及沙中的生物也无法保存到久远的时代中。在海底没有沉积物堆积的地方，或者在堆积的速率不足够可以保护生物体腐败的地方，生物的遗骸就无法被保存下来。

丰富的包含着各类化石的，并且其厚度在未来的时期当中足以延续到像过去第二纪层那么悠久的时间的地质层，在群岛中通常仅仅可以在沉陷的期间被形成。这些沉陷期间彼此之间会被巨大的间隔时期分割开来，在这个间隔时期之中，地面有可能会保持静止也有可能会继续上升。在继续上升的情况下，在峻峭海岸上的含化石的地质层，就会被不断的海岸作用所毁坏，而这个过程的速度基本上与堆积的速度是相同的，就像我们如今在南美洲海岸上所看到的情况一般。在上升的时间里，甚至在群岛间广阔的浅海当中，沉积层也非常难以堆积到很厚的程度，换一种说法，也非常难以被随后的沉积物所覆盖或者是保护，于是也就没有机会能够存续到久远的将来。在沉陷的时期当中，遭到绝灭的生物估计非常多，而在上升的期间，估计会出现大量的生物变异情况，不过这个时候的地质纪录更是不够完全。

群岛全部或一部分沉陷还有与此同时出现的沉积物堆积的任何漫长时间，是不是会超过同一物种类型的平均持续期间，是值得我们对其产生怀疑的。此类偶然的事情对于任何两个或两个以上物种之间的所有的过渡级进的保存来说，是不能够缺少的。假如说这些级进没能够全部被保存下来，那么过渡的变种看起来就如同是很多新的尽管是密切近似的物种。每个沉陷的漫长期间还有可能会被水平面的振动所间断，同时在这样长久的时期当中，稍稍微小的气候变化也有可能发生；处于这样的情况当中，群岛的生物就不得不迁移，所以在任何一个地质层当中就无法保存与它们的变异有关的密切连接的纪录。

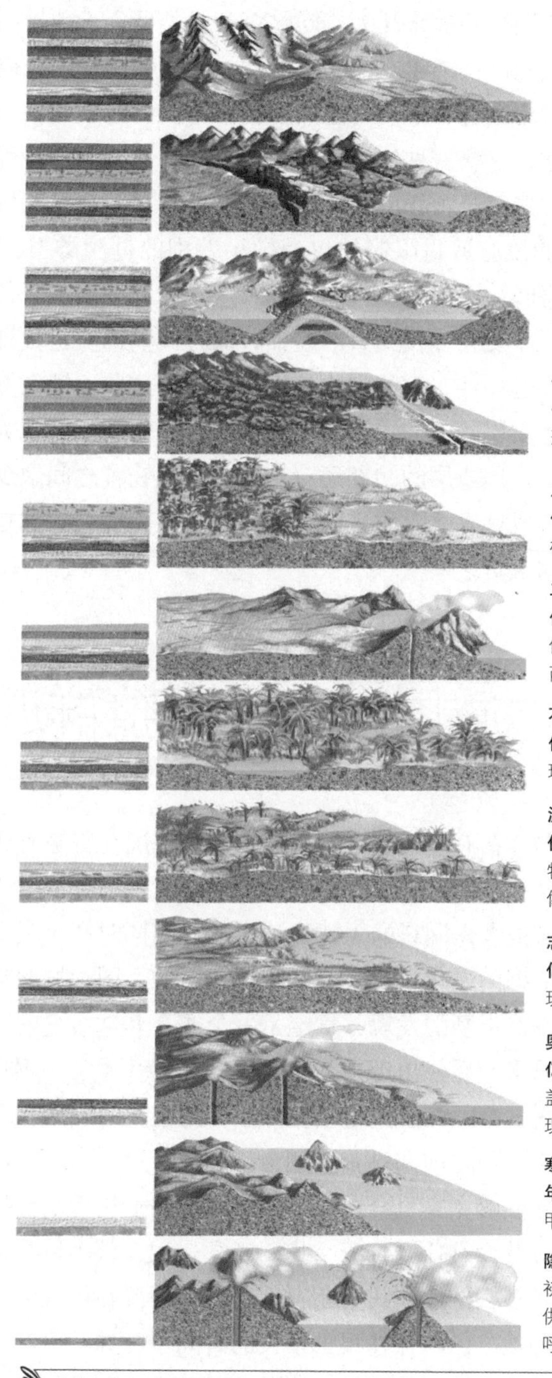

第四纪 0—200 万年前 许多哺乳动物灭绝，人类进化

第三纪 约 200 万—6500 万年前 最初的大型哺乳动物出现，鸟类繁盛，草地扩大

白垩纪 约 0.65 亿—1.44 亿年前 恐龙灭绝，最初的被子植物出现

侏罗纪 约 1.44 亿—2.13 亿年前 恐龙时代，一些恐龙进化成鸟类

三叠纪 约 2.13 亿—2.48 亿年前 哺乳动物和种子植物出现

二叠纪 约 2.48 亿—2.86 亿年前 裸子植物出现，但许多动物因沙漠扩散而灭绝

石炭纪 约 2.86 亿—3.6 亿年前 爬行动物进化出现，出现巨大的蕨类植物

泥盆纪 约 3.6 亿—4.08 亿年前 昆虫和两栖类动物进化出现，蕨类和藓类像树一样大

志留纪 约 4.08 亿—4.38 亿年前 植物在陆地出现，鱼类在河流中出现

奥陶纪 约 4.38 亿—5.05 亿年前 撒哈拉由冰雪覆盖，类鱼动物在海洋中出现并进化

寒武纪 约 5.05 亿—5.9 亿年前 陆地上没有生命，甲壳类动物在海洋中繁盛

隐生宙 约 5.9 亿年前 最初的微型有机物出现，提供给大气层能让动物赖以呼吸的氧气

科学家们用特定动物或植物化石的线索把最近的5.9亿年地球历史划分为11个被称为“纪”的时间单位。

大部分群岛的海产生物，现在已超越它的界限并且分布到数千英里之外的地方。按照这样的情况去推断的话能够明确地让我们相信，主要是这些分布范围十分广阔的物种，就算是让它们之中只有一些可以广为分布，最常产生新变种，这些变种在最开始是地方性的，也就是说仅仅局限于一个地方的，不过当它们得到任何决定性的优势之后，也就是当它们进一步变异并且改进时，它们就会慢慢地散布开去，同时将亲缘类型逐步地排斥掉。等到这些变种重返故乡时，由于它们已不同于之前的状态，尽管它们的程度或许是非常细微的，而且由于它们被发现时均是埋藏于同一地质层稍微不同的亚层当中，因此依据很多古生物学者所遵循的原理，这些变种估计就会被列为新并且不同的物种。

假如说这些说法有某种程度上的真实性，那么我们就没有权利去期望在地质层当中可以找到这样的没有数目限制的仅有微小差别的过渡类型，而这些类型，依据我们的学说，曾经将所有同群的过去物种以及现在的物种连接于一条长并且分支的生物连锁当中。我们只需要去寻找少数的连锁，而且我们确实也找到了它们，它们彼此之间的关系有的比较远一些，有的则比较近一些。而这些连锁就算曾经是非常密切的，如果出现在同-一地质层的不同层次，也会被很多的生物学者列为不同的物种。我不讳言，假如不是在每一地质层的初期还有末期生存的物种之间缺少无数过渡的连锁，然后还对我的学说构成这么严重的威胁的话，我将不可能会想到在保存得最好的地质断面里，纪录还是这么贫乏。

一些地质层中发现了整群近似物种

物种的整个群体在有些地质层中突然出现的情况，曾被有的古生物学者比如阿加西斯，还有匹克推特以及塞奇威克等人，看成是反对物种可以变迁这一概念的致命异议。假如属于同属或者是同科的无数物种真的能够同时产生出来，那么这样的事实对于以自然选择为依据的进化学说来说确实是致命的。因为按照自然选择，一切从某一个祖先传下来的一群类型的发展，肯定是一个非常非常缓慢的过程，而且这些祖先肯定是在它们的变异了的后代出现很久之前就已经生存着了。不过，我们经常将地质纪录的完全性预估得太高，而且因为某属或某科之前不曾出现在某个阶段当中，于是人们就会错误地推论它们之前并没有在那个阶段存在过。在一切的情形里，只有积极性的古生物证据，才能够完完全全地去信赖。而那些消极性的证据，就像那些按照经验而被多次指出的，并没有什么价值，我们经常忘记，整个世界同被调查过的地质层的面积比较起来，是多么巨大。我们还容易忘记物种群在侵入欧洲的古代群岛还有美国之前，或许在别的地方已经存在很长很长的时间了，并且已经慢慢地繁衍起来了。我们也很少会去适当地考虑，在我们的连续地质层之间所经过的间隔时间当中，在大多数时候，这个时期估计要比每个地质层堆积起来所需要的时间还要长久一些。这些间隔能够给予充分的时间去让物种从某一个亲类型繁衍起来，但是这些群或物种在之后生成的地质层中，就好像突然被创造出来一般就那么出现了。

在这里，我准备将之前已经说过的话再讲一遍，那就是，一种生物对于某种新并

南极的帝企鹅

且特别的生活方式的适应，比如在空中飞翔，估计是需要很长的连续时期的。于是，它们的过渡类型往往能够在某一区域之中留存很长的时间。不过，假如说这样的适应一旦成功了，而且少数的物种因为这样的适应比其他的物种获得了更大的优势，那么，仅仅需要较短的时间就可以产生出很多分歧的类型来，而这些类型就会迅速地并且广泛地散布到全世界去。匹克推特教授在对本书的优秀书评当中评论了早期的过渡类型，同时还用鸟类作为例证，他无法看出假想的原始型的前肢的连续变异估计会有什么样的利益。不过可以去看一看“南方海洋”（即南极洲）上的企鹅，这些鸟的前肢不正是处于“既不是真的臂，也不是真的翼”这样的真正的中间状态之中吗？可是这些鸟在生存斗争中成功地占据了属于自己的地位。由于它们的个体数目是无限多的，并且它们的种类一样也非常多。我并非在假定这里所看到的就是鸟翅所之前所经历过的真实过渡级进。不过翅膀估计有利于企鹅的变异了的后代，让它们首先变为如同大头鸭那样可以在海面上拍打翅膀，最终能够从海面飞起而滑翔于空中，去相信这一点又存在着什么特别的困难呢？

现在我准备列举少数几个例子以证明前面所讲的内容，同时也示明在假定全群物种曾经突然产生的事情方面，我们是多么容易犯错误，甚至是在匹克推特有关古生物学的伟大著作第一版（出版于1844年到1846年之间）还有第二版（出版于1853到1857年）之间的那样一个较短的时间之内，对于几个动物群的开始出现以及灭绝的结论，就存在着非常大的变更。而第三版估计还需要有更大规模的改变。我能够再提起一件我们都知道的事实。在近日以来发表的一些地质学论文当中，很多人说哺乳动物是在第三纪刚开始的时期才突然出现的。可是现在已知的，富含化石哺乳动物的堆积物之一，是属于第二纪层的中央部分的。同时，在接近这一个大纪开头的新红砂岩中，也发现了真正的哺乳动物。居维叶一直以来都主张，在任何第三纪层中从来没有出现过猴子，可是，目前在印度、南美洲还有欧洲，已经在更为古老的第三纪中的新

始祖鸟是经典的“中间”物种，连接了几种不同的生物。

世层里发现了它们的绝灭种。假如不是在美国的新红砂岩中有被偶然保存下来的足迹，谁都不敢去设想在那个时代甚至存在着不下30种不同类型的鸟形动物，而且有的还是十分巨大的，这些曾经存在过吗？可是在这些岩层中，并未曾发现这些动物遗骨的一块碎片。不久之前，有的古生物学者主张整个鸟纲出现于始新世，是突然出现的。不过，现在大家基本上都已清楚，按照欧文教授的权威意见，在上部绿砂岩的沉积时期当中，确实有一种鸟存在着。还有更为接近的是，在索伦何芬的鲕状板岩当中，发现了一种十分怪异的鸟，也就是始祖鸟，它们具有蜥蝎状的长尾，尾部每节还生有一对羽毛，而且翅膀上还长着两个发达的爪。不管是哪种近代的发现，均没有比这个发现更能够有力地向我们证明了，我们对于世界上之前的生物所知道的是多么少。

我还要举一个例子，这是我亲眼见到过的，它曾经让我大受感动。我在一篇论化石无柄蔓足类的报告当中曾经讲到，按照现存的以及绝灭的第三纪物种的大量数目，依照全世界，也就是从北极到赤道，栖息在从高潮线到50英寻各不相同深度当中的很多物种的个体的数目，十分繁多。按照最久远的第三纪层中被保留下来的标本的完整状态，按照甚至一个壳瓣当中的碎片，也可以轻易地被辨识出来。依照这所有的条件，我曾推论假如无柄蔓足类曾经存在于第二纪当中，它们一定会被保存下来，并且被发现。不过由于在这一时期当中的一些岩层中并未曾发现过它们的一个物种，因此我曾断言这一大群是在第三纪的最开始的时期突然发展起来的。这让我觉得非常痛苦，因为当时我想，这容易让物种的一个大群的突然出现增加一个事例。不过当我的著作马上要出版的时候，一位有经验的古生物学者波斯开先生恰好给我寄来了一张完整的标本图，毫无疑问它是一种无柄蔓足类，那些化石是他亲手从比利时的白垩层中采到的。就如同是为了让这样的情况更加动人一般，此种蔓足类是属于一个非常普通的，而且比较庞大的并且是遍地存在着的一属，那就是藤壶属，而在这一属中还没有一个物种曾在任何第三纪层中被发现过。更近一些的时期，伍德沃德在白垩层上部发现了无柄蔓足类的另外一个亚科的成员，名为四甲藤壶。因此我们现在已有丰富的证据去证明这群动物曾在第二纪中存在过。

与全群物种分明突然出现的情况有关的，时常被古生物学者们提到的，就是硬骨鱼类。阿加西斯讲到，它们的出现是在白垩纪的下部。这个鱼类包含了现存物种的大

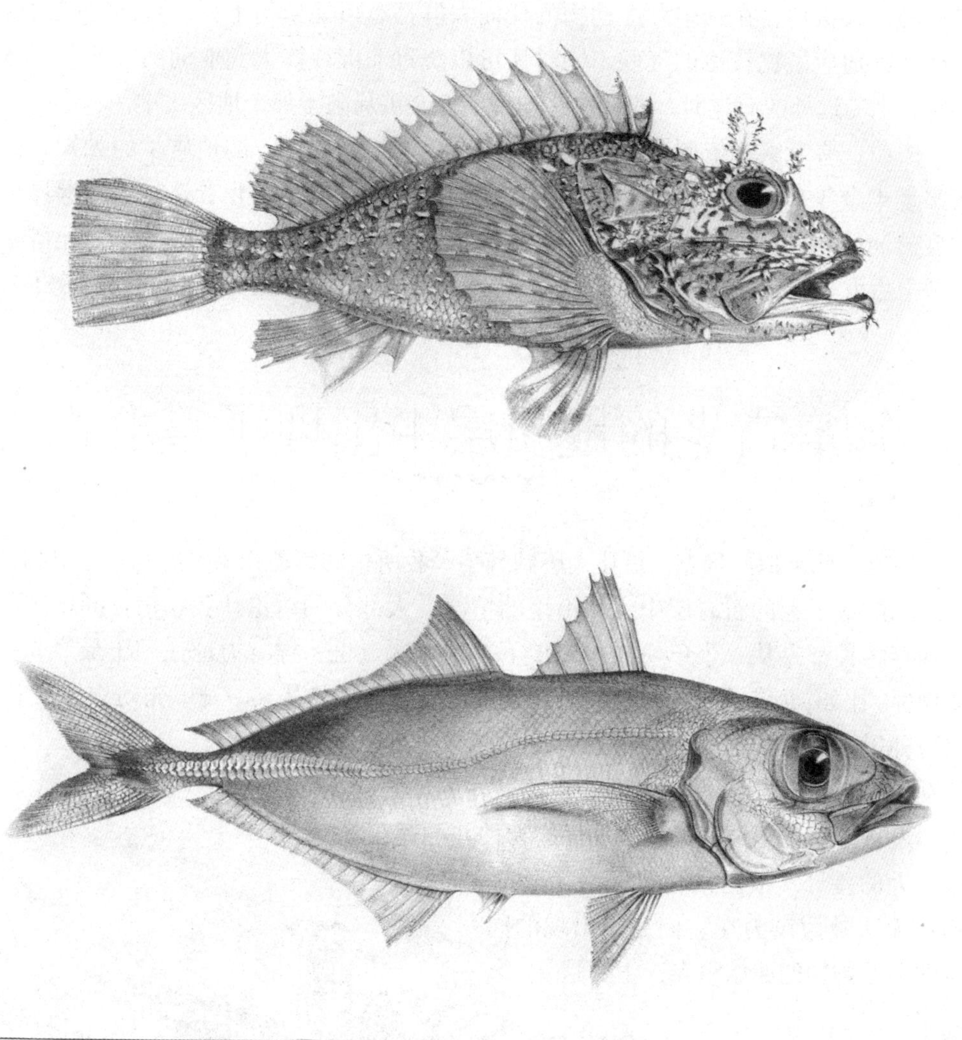

亚德里亚海鲉属于硬骨鱼

部分。不过，侏罗纪以及三叠纪的有些类型，现在普遍都被认为是硬骨鱼类，甚至是一些古生代的类型，也如此被一位高等权威学者分到这一类当中。假如硬骨鱼类真是在北半球的白垩层最开始的时候突然出现的，很显然这是非常值得我们去高度重视的事实。不过，除非可以解释说明这个物种在世界别的地方也在同一时期中突然地出现并且同时地发展了，它并未造成不可克服的困难。在赤道往南的地方并没有发现过任何化石鱼类，对于这点就不用多说了。并且，读了匹克推特的古生物学之后，就应该知道在欧洲的几个地质层当中曾经也只是发现过极少的物种。有的少数鱼科如今的分布范围是非常有限的。硬骨鱼类之前估计也有过类似的被限制的分布范围，它们仅仅是在某一个海里大量发展之后才会广泛地分布开去。而且我们也没有什么权利去假定世界上的海从南到北永远是自由开放的，就如同今天的情况一般。就算是到了今天，假如说马来群岛变成了陆地，那么印度洋的热带部分估计就会形成一个完全被封闭起来的巨大盆地，在其中海产动物的任何大群都有可能繁衍下去，直到它们的有些物种变得适应了比较冷的气候，同时还可以绕过非洲或澳大利亚的南方的角，然后以此去别的远处的海洋时，那么这些动物估计会被局限于那个地区之中。

按照这些考察，依照我们对于欧洲还有美国之外的地方的地质学的无知，而且按照近十余年来的发现所掀起的古生物学知识中的革命，在我看来对于全世界生物类型的演替问题进行独断，就好比一个博物学者在澳大利亚的一个不毛之地待了五分钟之后就去讨论那里生物的数量以及分布范围一样，实在是有点太过于轻率了。

已知最古老的地质层中出现了整群物种

还有一些类似的难点，更让人感到棘手。我所指的是动物界中的几个主要物种，在已知的最古老的石岩层中突然出现的情况。大部分的讨论让我相信，同群中的所有现存物种都是从一个单一的祖先传下来的，这点也一样有力地适用于最原先的既知物种。比如，所有寒武纪的以及志留纪的三叶虫类均是从某一种甲壳动物传下来的，而这种甲壳类一定远在寒武纪之前就已存在，而且还与任何已知的动物估计都有着大大的不同。有的最古的动物，比如鹦鹉螺还有海豆芽之类的等，同现存的物种并不存在着多么大的差异。根据我们的学说，这些古老的物种无法被假设为在它们后面出现的同群的左右物种的原始祖先，主要是

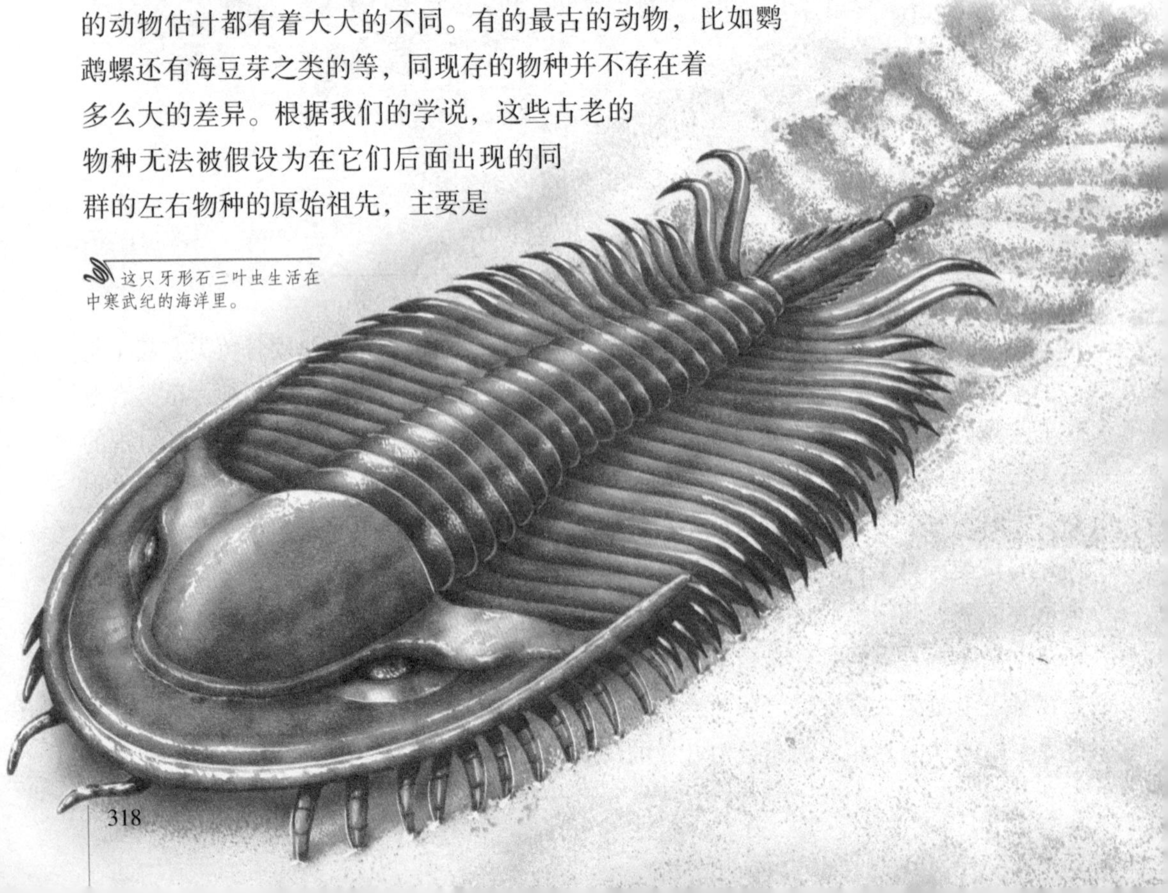

这只牙形石三叶虫生活在中寒武纪的海洋里。

因为它们并不具备任何的中间性状。

因此，假如说我的学说是真实可靠的，远在寒武纪最下层的沉积之前，必然会经过一个长久的时期，这个时期同从寒武纪到今天的整个时期相比的话，估计一样地长久，或者还要更为长久一些。并且，在如此广阔的时期之中，世界上一定已经充满了生物。这里我们遭到到了一个强有力的异议，那就是地球在适合生物居住的状态下是否已经经历久远的时间，好像值得去怀疑。汤普森爵士曾经就断言过，地壳的凝固不会在2000万年以下或者是4亿万年以上，估计是在9800万年以下或者是在2亿万年以上。这么广泛的差限，充分证明了这些数据是非常值得怀疑的。并且，别的一些要素在以后还有可能会被引入这个问题当中来。克罗尔先生计算自从寒武纪以来基本上已经经过6000万年，可是依据从冰期开始以来生物的微小变化量去判断的话，这同寒武纪层以来生物确实曾出现过较大并且繁多的变化相比较，6000万年好像有些太短了。况且之前的1.4亿年对于在寒武纪中已经存在的各种生物的发展，也不可以被看成是足够的。不过，就像汤普森爵士所主张的那样，在非常早的时期，世界所面对的物理条件，它们的变化，估计比我们现在还要急促并且激烈。而这些变化则非常有利于诱使当时生存的生物用相应的速率去发生变化。

至于在寒武纪之前的那段被假设为更早时期当中，为什么未曾发现富含化石的沉积物呢？对于这个问题我还无法给出圆满的解答。以默奇森爵士为首的几位优秀的地质学者近来还相信，我们在志留纪最下层所见到的生物遗骸，属于生命最开始的曙光。而别的一些极为有能力的鉴定者们，像莱尔以及福布斯这类研究者，却是反对这个结论的。我们千万要牢牢地记住，我们所精确知道的，只不过是这个世界上的一小部分而已。就在不久前，巴兰得在当时已知的志留纪之下发现了另外一个更下的地层，这一层当中富有特别的新物种。而现在希克斯先生在南威尔士地段更为靠下面的下寒武纪层当中，发现了富有三叶虫的，并且还是含有各种软体动物以及环虫类的岩层。甚至在有的最低等的无生岩当中也发现了有一些磷质小块初沥青物质存在着，这估计暗示了在这些时期中的生命。加拿大的劳伦纪层中存在着有始生虫目前已被大多数人所承认。在加拿大的志留系岩层之下还存在着三大系列的地层，在最下面的地层中曾见到过始生虫。洛根爵士曾经讲道：“这三大系列地层总共加起来的厚度，估计远远超过之后从古生代基部到现在的所有岩石的厚度。这样，我们就被带回到一个那么辽远的时代，以致有的人估计会将巴兰得所说的原始动物的出现看成是比较近代的事情。”始生虫的体制在所有的动物纲中是最为低级的，不过在它所属的这一纲当中，它的体制却是高级的。这个物种曾以无限的数目存在过，就像道森博士所讲的，它肯定是以别的微小生物作为食饵，而这些微小的生物也一定是大量存在着的。所以，我在1859年所写的有关生物远在寒武纪之前就已存在的一些话，同后来洛根爵士所讲的基本上是相同的，均被证明是正确的了。就算是真的如此，要对寒武系地层以下为什么没有富含化石的巨大地层的叠积列出任何比较好的理由来，还是具有极大的困难

叠层石沿着澳大利亚的鲨鱼湾沿线分布，叠层石是地球上最为古老的生命迹象之一。

的。要说那些最古的岩层已经因为剥蚀作用而完全消失，或者说，它们的化石因为变质的作用而整个被消灭，好像是不靠谱的。因为，如果说确实是这样的话，我们就会在继它们之后的地质层里只发现一些微小的残余物，而且这样的残余物往往均是以部分的变质状态存在的。不过，我们所拥有的有关俄罗斯还有北美洲的巨大地面上的志留纪沉积物的描写，并不支持这种观点。一个地质层越古老越是无法避免地要蒙受很大程度上的剥蚀作用以及变质作用。

目前对于这样的情况还无法进行合理的解释，所以说这会被当作一种有力的论据去反对本书所代表的观点。为了指出以后可能会获得某种解释，我愿提出下面的一些假说。按照在欧洲还有美国的若干地质层中的生物遗骸，它们似乎并不存在着在深海中栖息过的性质，而且按照构成地质层的，厚达数英里的沉积物的量，我们能够推断出产生沉积物的大岛屿或者是大陆地，始终都是处于欧洲还有北美洲现存的大陆附近的。后来阿加西斯与别的一些人也采取了相同的观点。不过我们依然不知道在若干连续的地质层之间的间隔期间当中，事物的状态以前是什么样的。欧洲还有美国在这些间隔期间当中，到底是干燥的陆地，还是没有沉积物沉积的近陆海底，要不就是一片广阔的，并且是深不可测的海底，我们现在还无从知道。

看一看现在的海洋，它是陆地的三倍，其中还散布着很多的岛屿。不过大家均十分清楚，除了新西兰之外，几乎没有一个真正的海洋岛（假如新西兰能够被称为真正的海洋岛）提供过一个古生代或者是来自第二纪地质层的残余物。所以，我们基本上能够去推论，在古生代以及第二纪的时期当中，大陆与大陆岛屿并未在如今的海洋的范围之中存在过。这是因为，假如说它们曾经存在过，那么古生代层还有第二纪层就会存在由它们的磨灭了的以及崩溃了的沉积物堆积起来的所有可能，而且这些地层因为在非常长久的时期当中一定会出现水平面的振动，最起码会有一部分隆起了。那么，假如我们从这些事实的方面能够去推论任何事情，那么我们也就能够推论，在如今海洋展开的范围之中，自从我们有任何纪录的最古远的时代以来，就曾出现过海洋的存在。再有一面就是，我们也能够推论，在如今大陆存在的地方，以前也曾有过大片的陆地存在着，它们自从寒武纪以来毫无疑问地遭受过水平面的巨大震动。在我的《论珊瑚礁》一书当中所附的彩色地图让我得出了下面的结论，那就是每个大海洋到今天依然是沉陷的主要区域。大的群岛仍然还是水平面振动的区域，而大陆也仍然是上升的区域。不过我们没有任何理由去设想，自从世界出现以来，事情就是如此依然如昨的。我们大陆的形成好像因为在多次水平面振动的时候，上升力量占了一定的优势而造成的。不过，难道说这些优势运动的地域，在时代的推移过程当中没有出现过变化吗？远在寒武纪之前的一个时期当中，现在海洋展开的地方，或许也有大陆曾经存在过，而现在大陆存在的那些地方，或许之前也存在过广阔的海洋。比如，假如鸬鹚海底现在变成了一片大陆，就算是那里有比寒武纪层还古老的沉积层曾经沉积下来，我们也不可以去假设它们的状态是能够辨识的。因为这些地层当中，因为沉陷到更为接近地球中心数英里的地方，同时因为上面有水的十分巨大的压力，估计就比接近地球表面的地层要遭遇更为严重的变质作用。世界上的一些地方的裸露变质岩的广大范围之中，比如南美洲这样的区域之中，一定曾在巨大的压力之下遭受过灼热的作用。我总是认为对于这样的区域，好像需要给予特别的解释。我们估计能够去相信，在这些广大的区域当中，我们能够看到很多远在寒武纪之前的地质层，是处于完全变质了的以及被剥蚀了的状态之下的。

此处我们所讨论的几个难点是，尽管在我们的地质层当中见到很多介于现在生存为物种以及既往曾经生存的物种之间的连锁，可是并未曾见到将它们密切连接在一块儿的大量微细的过渡类型；在欧洲的地质层当中，有一些群的物种突然出现；根据现在所知道的，在寒武纪层以下基本上完全没有富含化石的地质层；所有这一切难点的性质毫无疑问都是非常严重的。最优秀的古生物学者们也就是居维叶还有阿加西斯和巴兰得、匹克推特、福尔克纳以及福布斯等，此外还有所有最伟大的地质学者们，如莱尔、默奇森还有塞奇威克等，曾经都一致地坚持物种的不变性。由此我们就能够看到，前面所讲的那些难点的严重情况了。不过，莱尔爵士现在对于相反的一面给予了他的最高权威的支持。而且大部分的地质学者还有古生物学者们对于他们以之前的信念也出现了大大的动摇。而那些相信地质纪录多少是完全的学者们，毫无疑问还是会毫不犹豫地去反对这个学说的。而我自己则会遵循莱尔的比喻，将地质的纪录看成是一部已经散失不全的，同时又是常用且变化不一致的方言写成的世界历史。在这部历史当中，我们只有最后的一卷，并且也只同两三个国家有一定的关系。在这一卷中，又仅仅是在这里或那里保存了一个短章，每页只有极为少数的几行。慢慢发生着变化的语言的每个字，在连续的每章当中，又多少存在着一些不同，这些字估计可以代表埋藏于连续地质层中的同时还被错认为突然发生的一些生物类型。根据这样的观点，前面所讨论的难点就能够大大地缩小了，或者说可以消失了。

第十一章

论生物在地质上的演替

关于物种的地质演替——>物种及物种群的灭绝——>所有生物的演化几乎同时进行——>灭绝物种间及与现存物种间的亲缘关系——>古生物进化情况与现存生物的对比——>第三纪末同一地区同一类型生物的演变——>摘要

关于物种的地质演替

现在让我们来看一下与生物在地质方面的演替有关的一些事实以及法则，到底是同物种不变的普遍的观点最为一致，还是同物种经过变异和自然选择缓慢地、逐步地发生变化的观点最为一致呢？不管是在陆上还是在水中，新的物种是非常缓慢地陆续出现的。莱尔曾解释说明，在第三纪的一些阶段当中存在着这方面的证据，这似乎是无法对其进行反对的。并且，每年都有一种倾向将每个阶段间的空隙填充起来，同时让绝灭类型同现存的类型之间的比例越来越成为级进的。在最近代的有些岩层当中（假如用年去计算，尽管确实是属于非常古老的时候的），其中不过只有一两个物种是绝灭了的，而且其中也不过只有一两个新的物种是首次出现的，这些新的物种有的是地方性的，也有一些据我们所知，是遍布在地球表面的。第二纪地质层是比较间断的。不过按照勃龙所说的，埋藏在各层当中的很多物种的出现还有消灭均不是同时进行的。

不同纲以及不同属当中的物种，并未曾依照相同的速率或者是相同的程度去发生变化。在比较古的第三纪层当中，少数现存的贝类还能够在多数绝灭的类型中找出来。福尔克纳曾针对相同的事实列举过一个例子，那就是，在喜马拉雅山下的沉积物中，有一种现存的鳄鱼同很多已经灭绝了的哺乳类以及爬行类在一起。志留纪的海豆芽和本属的现存物种差别非常小。可是志留纪的大部分别的软体动物还有所有的甲壳类已经极大地发生改变了。陆栖生物好像比海栖生物变化得要快一些。以前在瑞士曾观察过这样动人的例子。有一些理由能够让我们去相信，高等生物比低等生物的变化要快很多。尽管这个规律是存在着例外的，生物的

始祖鸟生活想象

变化量，根据匹克推特的说法，在每个连续的所谓地质层当中并不相同。可是，如果我们将密切关联的任何地质层进行一个比较就能够发现，所有的物种都曾经发生过一定的变化。假如一个物种一度从地球表面上消失，没有原因能够让我们相信相同的类型会再次出现。只有巴兰得所讲的“殖民团体”对于后面所讲的规律是一个非常显著的例外，有一个时期，它们曾侵入到较久远的地质层当中，于是造成了既往生存的动物群又重新出现了。不过莱尔的解释是，这是从一个完全不同的地理区域暂时移入的一种情况，这样的解释好像还能够让人感到满意。

这些事实同我们的学说非常一致，这些学说并没有包括那种僵硬的发展规律，也就是一个地域当中所有的生物都突然地，或者是同时地要不就是在相同程度上出现了变化。也是说，变异的过程必定是非常缓慢的，并且通常情况下只可以同时影响很少数的物种。因为每个物种的变异性同所有其他的物种的变异性并没有关系。至于能够发生的这些变异，也就是个体差异，是不是可以通过自然选择而多少地被积累下来，然后去引起或多或少的永久变异量，这还要取决于很多复杂的临时事件。比如取决于具有有利性质的变异，取决于物种之间自由的交配，取决于当地缓慢变化的物理条件，取决于新移住者的迁入，而且还取决于同变化着的物种互相竞争的别的生物的性质。所以，有的物种在保持相同形态方面应该比别的物种长久得多。或者说，就算是有变化，变化也是比较少的，这是不足为奇的。我们在每个地方的现存生物之间发现了相同的关系。比如，马得拉的陆栖贝类与鞘翅类，同欧洲大陆上的那些它们最近的亲缘之间的差异非常大，可是海栖贝类与鸟类依然未曾出现改变。按照前章所讲的高等生物对于它们有机的还有无机的生活条件有着更为复杂的关系，我们估计就可以理解陆栖生物与高等生物比海栖生物还有低等生物的变化速度明显会快很多。当不算是什么地区的生物，大部分已经出现变异以及改进了的情况下，我们按照竞争的原理还有生物和生物在生活斗争中最为重要的关系，就可以理解曾经并没有在某些程度上发生变异以及改进的任何类型，估计都容易遭到绝灭。所以说，假如我们注意了足够长的时间，就能够明白为什么在一个相同的地方的所有物种到最后都会出现变异，这是因为，如果不变异的话，就会遭到绝灭。

巨犀比现在的大象大3倍

同纲的每个成员在长时期并且相同的期间当中的平均变化量估计近于相同。不过由于富含化石的，并且持续久远的地质层的堆积，有赖于沉积物在沉陷地域的大量沉积，因此现在的地质层基本上都必须在广大而且是不规则的间歇期中堆积起来。

于是，埋藏于连续地质层当中的化石所显示的有机变化量就不一样了。根据这个观点，每个地质层并未曾标志着一种新并且完整的创造作用，只不过是在缓慢地变化着的戏剧当中随便出现的非常偶然的一种情况而已。

我们可以非常明白地知道，为什么有的物种一经灭亡了，就算是有完全一样的有机的以及无机的生活条件再出现，它们也绝不会再次出现了。因为，尽管一个物种的后代能够在自然组成中适应并且占据另一物种的位置（这样的情况毫无疑问曾在很多个事例中出现过），而将另一物种排挤掉，可是，旧的类型与新的类型不可能出现完全相同的状况。这是因为两者几乎一定都从它们各自不同的祖先那里遗传了并不相同的性状。而那些已经不再相同的生物，将会依据不同的方式发生变异。比如，假如说我们的扇尾鸽都被毁灭了，养鸽者可以培育出一个与现有品种很难区别出来的新品种来。可是原种的岩鸽假如也同样被毁灭掉，我们有各种理由能够去相信，在自然的环境之下，亲类型通常都会被它们改进了的后代所代替并且消灭，那么也就是说在这样的时候就很难再去相信一个同现存品种十分接近的扇尾鸽，可以从任何别的鸽种，或者说甚至可以从任何别的非常稳定的家鸽族当中培育出来。由于连续的变异在一定的程度来说基本上绝对是不相同的，而且新形成的变种也估计会从它的祖先那里遗传来某些不相同的特性。

物种群，也就是属还有科，在出现以及消灭方面，所遵循的规律同单一物种相同，它们的变化有缓急之分，也有大小之别。一个群一旦被消灭了，就永不会再次出现了。同样也就意味着，它们的生存不管是延续了多么久的时光，也总是连续着的。我深知对于这个规律，存在着一些非常明显的例外，不过这些例外惊人地少，少到就连福布斯还有匹克推特以及伍德沃德（尽管他们都极力反对我们所持的此种观点）都承认这个规律的正确性。并且这个规律同自然选择学说是严格一致的。因为同群中的所有物种不管是延续到多久的年代当中，也均是别的物种的变异了的后代，均是由一个共同的祖先繁衍遗传而来的。比如，在海豆芽属当中，连续出现在所有时代的那些物种，从下志留纪地层一直到今天，肯定都被一条连绵不断的世代系列连接在了一起。

在前面的章节当中我们就已经谈到过，物种的全群有些情况下会呈现出一种假象，表现出好像要突然发展起来一般。面对此种事实，我已经提出了一种解释，如果

远古蜈蚣是最大的陆上节肢动物，但在生物进化中，这一种群已经灭绝了，不会再次出现了。

说这样的事实是真实的话，那么对于我的观点将会出现致命的中伤。不过这样的情况确实属于例外。根据通常的规律，物种群渐渐地增加自己的数目，一旦增加到最大的限度之后迟早又会渐渐地出现减少的情况。假如说一个属当中物种的数量，一个科当中的属的数量，用粗细不同的垂直线去代表的话，让这条线通过那些物种在其中发现的连续的质层朝上升起，那么这条线有时在下端开始的地方会假象地表现出并不尖锐的现象，表现的是平截的。接着这条线伴着上升而逐渐加粗，同一粗度往往能够保持一段距离，最后在上层的岩床中渐渐地变细直到消失来表示这种物种已逐渐减少，直到最后被绝灭。一个群当中物种数目的这种逐渐增加，同自然选择学说都是严格一致的，因为同属的物种与同科的属仅仅可以缓慢地并且累进地增加起来。变异的过程与一些近似类型的产生一定会是一个漫长渐进的过程。一个物种先产生两个或三个变种，这些变种又渐渐地转变为物种，它又用相同的缓慢的步骤产生其他的变种以及物种，就这样继续下去，就如同一棵大树从一条树干上抽出很多的分枝是一个道理，直到成为很大的大群。

物种及物种群的灭绝

在前面的讨论中，我们只是附带地谈到物种与物种群的毁灭。按照自然选择学说来看，旧类型的绝灭和新并且改进的类型的产生之间存在着非常密切的关系。旧观念看来，觉得地球上所有的生物在连续时期当中都曾被灾变消灭干净，这样的观念已普遍地被抛弃了。就连埃利·得博蒙还有默奇森以及巴兰得等地质学者们，也都抛弃了这样的认识和想法。通常情况下他们的观点估计能够自然地引导他们到达这样的观点之上。如果你留意还会发现，按照对第三纪地质层的研究，我们有多种理由去相信，物种以及物种群先从这个地方，接着又从那个地方，最后终于从全世界逐步地被消灭了。但是在一些极少数的情况当中，因为地峡的断落，而使得大群的新生物侵入邻海中，或者因为一个岛的最后沉陷，灭绝的过程曾经也有可能是非常速度的。不管是单一的物种还是物种的全群，它们延续的期间都非常不相同。有的群，正如同我们所见到的那样，从已知的生命的黎明时代开始，一直延续到现在，而也有些群，在古生代结束之前，就已经灭绝了。好像没有一条固定的法则能够决定任何一个物种或任何一个属可以延续多长的时期。我们有足够的理由去认可，物种全群消灭的过程通常都要比它们的产生过程缓慢很多。假如说它们的出现还有灭绝依据之前所讲的那样，拿着粗细不一样的垂直线来代表的话，就能够观察出，这条表示绝灭进程线的上端出现了变细的情况，要比表示最开始出现以及早期物种数目增多的下端缓慢很多。不过，在有的情况当中，整群的绝灭，比如菊石，在接近第二纪末，曾经很神奇地突然出现了。

之前物种的绝灭曾陷入极度无理的神秘当中。有的著作家甚至去假定，物种就如同个体有一定的寿命一般，也有着一定的存续期间。估计不会有人如我那样，曾对物种的绝灭觉得惊奇。我在拉普拉塔曾在柱牙象和大懒兽还有弓齿兽以及别的一些已经绝灭的怪物的遗骸中发现了一颗马的牙齿。这些怪物在最近的地质时期曾同今日依然生存的贝类一起共存了很久，这个现象着实让我感到震惊不已。为什么我会觉得非常惊异呢？这是因为，自从马被西班牙人引进南美洲之后，就在全南美洲变为野生的，而且还以神奇般的速度扩大了它们的数量。因此我问自己，在这样很明显非常有利的生活条件下，是什么原因会将之前的马在这么近的时代消灭了呢？不过我的惊奇是没有什么依据的。欧文教授很快就看出尽管这牙齿同现存的马齿那么相像，却是属于一个已经绝灭了的马种的，假如这种马到现在还依然存在，仅仅是稀少了些，估计任何博物学者对于它们的稀少也一点都不会觉得惊奇，因为稀少现象是一切地方的一切纲当中的大多数物种的属性。假如我们问自己，为什么这一种物种或者是那一种物种会稀少，那么能够回答，是因为它们的生活条件有一些不利。可是，具体有哪些不利，我们却很难说出来。假设那种化石马到现在依然作为一个稀少的物种而存在着，我们按照同所有别的哺乳动物（甚至包括繁殖率非常像）的类比，还有按照家养马在南美洲的归化历史，一定会觉得它们在更有利的条件当中肯定可以在很少的几年之中遍布整个大陆。可是我们却不能够找出抑制它增加的不利条件有哪些，是因为一种偶然的事故，还是因为几种偶然的事故，我们也无法说出在这种马一生中的什么时候，在什么样的程度上，那些生活条件是如何各自发挥其作用的。假如说那些条件日益变得不利，

大多数菊石长有螺旋形的壳，但有一些菊石壳像圆锥一样直直地生长，还有些被弯曲或扭曲成为古怪的形状。

不管是怎样的缓慢，我们确实无法觉察出这样的事实。可是那种化石马一定会逐渐地减少，直到最后走向绝灭。于是它的地位就会被那些更为成功的竞争者顺利取代。

我们很难常常都记住，每种生物的增加是在不断地经历着无法觉察的敌对作用的抑制的。并且这些无法觉察的作用，完全足够让它们渐渐稀少，直到最后绝灭。有关于这个问题，我们了解得是那么少，甚至导致我曾听到有的人对柱牙象还有更为古老的恐龙那种大怪物的绝灭，多次表示惊异，就好像只要有强大的身体就可以在生活战争中获得胜利似的。而正好相反的是，仅仅是身体大，就像欧文所解释说明的，在有些情况下，因为需要大量的食物，反而会导致它们绝灭的速度加快。在人类没有栖住在印度或非洲之前，一定有一些原因曾经抑制了现存象的继续增加。非常具有才能的鉴定者福尔克纳博士认为，抑制印度象增加的因素，主要是昆虫不断地折磨并且削弱了它们。而布鲁斯对于阿比西尼亚的非洲象，也得出了相同的结论。昆虫与吸血蝙蝠确实决定了南美洲一些地方的，归化了的大型四足兽类的生存。

在更接近的第三纪地质层当中，我们见到很多先稀少而后灭绝的情况。并且我们也都明白，经过人为的作用，有的动物的局部或者是全部的绝灭过程也是相同的。我愿意再次重复地说一下我在 1845 年发表过的文章，在那篇文章当中，我认为物种通常都是先稀少，接着绝灭，这就如同病是死的前奏一般。不过，假如对于物种的稀少并没有觉得奇怪，而等到物种完全绝灭的时候，却觉得非常惊异，这就如同对于病并不觉得奇怪，但是当病人死去的时候觉得惊异，于是就去怀疑他是死于某种暴行是同一个道理。

自然选择学说是建立在下面的信念上的：每种新变种到了最后都是每个新物种，因为比它的竞争者拥有着某种优势，于是被产生并且保持下来。并且，比较不利的类型的绝灭，基本上是无法避免的结果。在我们的家养生物当中也存在着相同的情况，假如一个新的稍微改进的变种被培育出来，那么它首先就要排挤掉在它附近的，改进比较少的那些变种。等到它们被大程度改进了的时候，就会如同我们的短角牛那般，被运送到各个地方去，同时在那些地方取代当地的其他品种的地位。这样的话，新类型的出现以及旧类型的消失，不管是自然产生的还是人工产生的，都被连接在了一起。在繁盛的群当中，一定时间中所产生的新物种类型的数量，在有的时期估计要比已经绝灭的旧物种类型的数目要多很多。不过我们也都清楚，物种并非无限持续地增加的，最起码在最近的地质时期当中是这样的。因此，假如注意一下晚近的时代，大家也就能够去相信，新类型的出现曾经造成了差不多相同数目的旧类型的绝灭。

就像之前我们所解释过的以及用实例说明过的一般，在每个方面彼此最相像的类型之间，通常情况下竞争也都进行得最为激烈。所以，一个改进了的以及变异了的后代，通常都会招致亲种的绝灭。并且，假如很多的新类型是从随便的一个物种发展而来的，那么这个物种的最近亲缘也就是同属的物种，则最容易遭到绝灭。所以说，正如我所信任的，从一个物种繁衍而来的一些新物种，也就是新属，最终会排挤掉同科中的一个旧属。不过也会多次反复出现这样的情况，那就是某一群的一个新物种夺取了其他群的一个物种的地位，于是招致它的绝灭。假如说很多的近似类型是从成功的侵入者发展而来的，那么势必会有很多的类型要让出它们自己的地位。被灭绝的往往都是近似的类型，由于它们通常都因为共同地遗传了某种劣性而遭到了损害。不过，让位给别的变异了的以及改进了的物种的那些物种，不管是属于同纲还是属于异纲，总还有少数能够保存到一个较为长久的时间，这是由于它们适合一些特别的生活方式，或者是由于它们栖息在远离的以及孤立的地方，正好逃避了那些激烈的竞争。比如，三角蛤属正是第二纪地质层当中的一个贝类的大属，它的有些物种依然残存于澳大利亚的海里，并且硬鳞鱼类这个基本上已经绝灭的大群中极少数的成员，到今天依然栖息于我们的淡水当中。因此就像我们所看到的，一个群的全部绝灭的过程要比它们的产生过程缓慢一些。

有关全科或者是全目的显著的突然绝灭，例如古生代晚期的三叶虫以及第二纪末期的菊石，我们还需要记住，之前已经说过的情况，那就是在连续的地质层之间，基本上间隔着广阔的时间，而在这些间隔时间之中，绝灭估计都是非常缓慢的。此外，假如一个新群当中的很多物种，因为突然的移入，或者是因为异常迅速的发展而占据了一个地区，那么，大部分的旧物种就会以相应的速度快速地走向绝灭。如此让出自己地位的类型，普遍均是那些近似的类型，由于它们同样具有相同的劣性。

所以，在我的观点当中，单一的物种还有物种全群的绝灭方式，同自然选择学说是非常一致的。我们对于物种的绝灭，没必要感到惊异。假如一定要惊异的话，那么还是对我们的自以为是，很多时候总是想象我们非常理解决定每种物种生存的很多复杂的偶然事情，来表示一下惊异吧。每个物种都存在着过度增加的倾向，并且有着我们极少觉察得出来的某种抑止作用的活动，假如我们某一时间里忘记了这一点，那么整个自然组成就会变得完全无法理解。不管是什么时候，假如我们可以明确地说明为什么这个物种个体的数目要比那个物种个体的数目多一些；为什么会是这个物种而不是那个物种可以在某个地方归化。直到到了那个时候，才可以对于我们为什么无法说明任何一个特殊的物种或者是物种群的绝灭，正式地表示惊异。

所有生物的演化几乎同时进行

生物的类型在全世界基本上是在同时发生着变化，任何古生物学的发现极少会有比这个事实更为动人的了。比如，在非常不同的气候当中，尽管没有一块白垩时期的矿物碎块被发现的很多辽远的地方，比如在北美洲，在赤道地带的南美洲还有在火地和好望角，以及在印度半岛，我们欧洲的白垩层都可以被辨识出来。由于在这些辽远

三叠纪 2.13 亿—2.48 亿年前

祖龙日益重要，并成为第一批真正的恐龙。这一时期还有一些小型两腿肉食性动物和大型的植食性动物。

侏罗纪 1.44 亿—2.13 亿年前

这一时期，恐龙种类繁多。大型恐龙成为有势力的动物霸主，例如庞大的植食性恐龙重龙。

白垩纪 0.65 亿—1.44 亿年前

恐龙类型要比其他时期多，包括巨型肉食性恐龙及一些植食性装甲龙。

恐龙时代

的地方，有的岩层中的生物遗骸同白垩层中的生物遗骸表现出显著的相似性。我们所看到的，并不一定就是相同的一个物种，这是因为在有的情况之下没有一个物种是完全相同的，不过它们属于同科、同属以及属的亚属，并且有些情况下只是在非常细微的方面，比如表面上的斑条，拥有非常相像的特性。此外，不曾在欧洲的白垩层里发现的，不过在它的上部要不是下部地质层中出现的一些别的类型，一样出现在这些世界上的辽远地方，有一部分作者曾在俄罗斯、欧洲西部以及北美洲的一些连续的古生代层中注意到生物类型具有相似的平行现象。根据莱尔的意见，欧洲以及北美洲的第三纪沉积物有着相同的现象。就算是完全不顾“旧世界”还有“新世界”所共有的极少量的化石物种，古生代与第三纪时期的历代生物类型的一般平行现象，也依然是非常明显的，并且有的地质层的相互关系也可以轻易地被确定下来。

但是，这些观察均是与世界上的海栖生物有关的。我们还未曾找到充分的资料去确切地判断在辽远地方当中的陆栖生物与淡水生物是不是也同样地出现过平行的变化。我们能够去怀疑它们是不是曾经也如此变化过。假如说将大懒兽、磨齿兽还有长头驼以及弓齿兽等都从拉普拉塔转移到欧洲，却不去说明它们在地质方面的地位，估计不会有人推想它们曾经与所有的依然生存着的海栖贝类一起生存过。不过，由于这些异常的怪物曾与柱牙象还有马一起生存过，因此最起码能够推论它们在以前曾在第三纪的某一最近的时期里生存过。

当我们谈到海栖的生物类型过去曾在全世界同时出现变化时，一定不会去假定这样的说法是指同一年或者是同一世纪，甚至也无法去假定它有着非常严格的地质学意义。其中的道理在于，假如将现在生存在欧洲的还有曾经在更新世（假如用年代去计算的话，这是一个包括整个冰期在内的，非常遥远的时期）生存在欧洲的所有海栖动物同如今生存在南美洲要不是澳大利亚的海栖动物进行比较，那么就算是最熟练的博物学者，估计也很难指出非常密切类似南半球的那些动物，到底是欧洲的现存动物还是欧洲的更新世的动物。还有一些比较高明的观察者曾经主张，美国的现存生物同曾经在欧洲第三纪晚期的有些时期中生存的那些生物之间的关系，比起它们同欧洲的现存生物之间的关系，更加密切一些。假如说真的是这样的话，那么，现在沉积在北美洲海岸的化石层以后很明显应该同欧洲较古的化石层归成一类才是。即使真的是如此，假如展望遥远未来的时代，研究者们能够确定，所有较近代的海成地质层，也就是欧洲的、南北美洲的以及澳大利亚的上新世的上层、更新世层还有严格的近代层，因为它们含有多少类似的化石遗骸，因为它们不含有只能在较古的下层堆积物中找到的那些类型，在地质学的意义方面是能够确切地被列为同一时代的。

在前面所讲的广泛意义当中，生物的种类在世界的距离较远的一些地方同一时间出现了变化的事实，之前的一段时间曾在很大程度上打动了那些值得称赞的观察者，像得韦纳伊还有达尔夏克等。当他们在谈到欧洲每个地方的古生代生物类型的平行现象的时候，总会说："假如我们被这种奇怪的程序所打动，并且将注意力转

北美落基山脉远眺

到北美洲，而且还在那里发现了一系列相似的现象，那么就能够肯定所有的这些物种的变异，以及它们的绝灭，还有新物种的出现，很明显绝不可以说只是因为海流的变化或者说别的多少局部的以及暂时的其他原因，而是按照支配全动物界的通常法则来的。”巴兰得先生曾经确凿地说出过大意完全相同的话。将海流、气候或者是别的物理条件的变化，看成是处于非常不同气候下的，全世界生物类型出现这么大变化的原因，毫无疑问是有些太过于轻率了。就像巴兰得所讲到的，我们不得不去寻求其所遵照的某一种特别的法则。假如我们讨论到如今生物的分布情况，同时看到每个地方的物理条件和生物本性之间的关系是多么微小，那么我们就会更加清楚地理解前面所讲的那些观点了。

整个世界生物类型的平行演替，对于这个重大的事实，能够用自然选择的学说得到合理的解释。因为新物种对较老的类型占有一定的优势，于是被形成。这些在自己地区中一直居于统治地位的，或者说比别的类型占有一定方面优势的类型，就会产生出最大数量的新变种，也就是我们所说的初期的物种。我们在植物当中能够找到与这个问题有关的一切确切的证据，占有优势的，也就是最普通的并且是分散最广的植物，通常都能够产生出最大数目的新变种。拥有着一定的优势的，变异着的并且是分布比较辽阔的，而且在一定的范围当中已经侵入别的物种领域的物种，很显然毫无疑问是具有最好的机会来进行进一步的分布，同时还能够在新地区产生出新的变种以及物种的那些物种。要决定于意外的偶然事件，而且还要取决于新物种对于自己所必须要经过的每种气候的逐渐驯化。不过，随着时间的推移，占有优势的类型通常都会在分布方面获得成功，然后取得最后的胜利。在分离的大陆上的陆栖生物的分散估计要比连接的海洋中的海栖生物进行得缓慢些。因此我们能够预料到，陆栖生物在进行演替的时候所表现出来的平行现象，它们的程度并没有海栖生物的那么严密，我们所见到的也确实这是这样的。

如此，要我说的话，全世界相同生物类型的平行演替，从广义方面来说，它们的同时演替还有新物种的形成，是因为优势物种的广泛分布以及变异这样的原理非常吻合：如此产生的新物种本身就具有一定的优势，由于它们已经比曾占优势的亲种还有别的物种具有一定的优越性，同时还将进一步地分布、进行变异以及产生新的类型。被击败的还有让位给新的胜利者的那些老的类型，因为共同地遗传了某些劣性，通常都是近似的群。因此，当新的并且是改进了的群分布于全世界时，老的群自然就会从世界上消失。并且，每种类型的演替在最开始出现以及最后消失的方面均是倾向于一致的。

此外，同这个问题相关联的，还有一个值得我们注意的方面。我已经提出了原因表示相信：大部分富含化石的巨大地质层是在沉降的时期沉积下来的。而没有化石的空白并且非常长的间隔，是在海底的静止时，或者是隆起的时候，相同的也在沉积物的沉积速度没能够淹没以及保存生物的遗骸的时候出现的。在那些长久的并且空白间隔的时期里，我想象每个地方的生物都曾经历了相当的变异还有绝灭，并且从世界的别的地方展开了大规模的迁徙。由于我们有理由去相信，广阔的地面曾经遭受过相同运动的影响，因此严格的同一时代的地质层，估计常常是在世界同一部分中的广阔空间之中堆积而来的。不过我们绝没有任何权利去断定这是一成不变的情况，更不可以随意地断定广阔的地面总是不断地会遭受相同运动的影响。当两个地质层在两个地方看起来都基本上是一样的，不过并不完全相同的期间当中沉积下来时，依据之前的章节中所谈到的原因，在这两种情况之下应当看到生物类型中相同的通常的演替。不过物种估计不会是完全统一的，由于对于变异还有绝灭以及迁徙，这个地方可能会比那个地方存在着稍微多一点的时间。

估计在欧洲是存在着这样的情况的。普雷斯特维奇先生之前在有关英法两国始新世沉积物的值得大家赞扬的论文当中，曾于两国的连续诸层之间找出严密的一般平行现象。不过当他将英国的有些层同法国的有些层进行比较时，尽管他发现两地同属的物种数目相当的一致，可是物种本身之间存在着一定的差异，除非假定有一个海峡将两个海隔开，并且在两个海里栖息着相同时代的，不过是不相同的动物群，不然从两国接近这一点来考虑的话，这些差异确实是难以解释。莱尔对有的第三纪后期的地质层也进行过类似的观察。巴兰得也指出，在波希米亚以及斯堪的纳维亚的连续的志留纪沉积物之间，存在明显的一般平行现象。就算真的是这样的，他也依然看出那些物种之间存在着惊人的巨大的差异量。假如说这些地方的地质层并非在完全相同的时期里沉积而来的，某个地方的地质层常常相当于另一个地方的空白间隔，并且，假如说，两个不同地方的物种是在一些地质层的堆积期间与它们之间的长久间隔期间逐渐发生着变化的，那么在面对这种情况的时候，两个地方的一些地质层依据生物类型的一般演替，估计能够被排列成相同的顺序，并且这样的顺序估计会虚假地呈现出严格的平行现象。即便如此，物种在两个不同地方的明显的相当诸层中，并不一定就是完全相同的。

灭绝物种间及与现存物种间的亲缘关系

接下来让我们考察一下绝灭了的物种和现存物种之间的相互亲缘关系。所有的物种都能够归入少数的几个大纲当中。这个事实按照生物由来的原理马上就能够获得解释。不管是什么类型，越古老，那么遵照一般的规律，它同现存类型之间的差异也就越大。不过，根据巴克兰先生在很久之前曾解释说明过的，绝灭物种都能够分类于至今还在生存的群当中，或者分类在这些群之间。绝灭的生物类型能够有助于填满现存的属、科还有目之间的间隔，这确实是真实的。不过，由于这样的说法总是被忽视或者甚至遭到各种否认，因此讨论一下这个问题并举出一些事例，是有一定好处的。假如我们将自己的注意力仅仅局限于同一个纲当中的现存物种或者是绝灭物种身上，那么其系列的完整就远不如将二者结合于一个系统当中。从欧文教授的文章里，我们会不断地遇到概括的类型这样的用语，这是用在绝灭动物身上的；在阿加西斯的文章里面，却用预示型或者是综合型；所有这样的用语所指的类型、实际上均是中间的也就是连接的连锁。还有一位卓越的古生物学者高得利以前也曾用最动人的方式去解释说明他在阿提卡曾经发现过的很多化石哺乳类打破了现存属与属间的间隔。居维叶曾将反刍类与厚皮类一起排列为哺乳动物中最不相同的两个目。可是有这么众多的化石连锁被发掘出来，从而导致欧文不得不改变所有的分类法，而将有些厚皮类同反刍类一同放于同一个亚目中。比如，他按照中间级进，取消了猪和骆驼之间显著的巨大间隔。有蹄类也就是生蹄的四足兽，如今分为双蹄还有单蹄两个部分。不过南美洲的长头驼将这两大部分在一定的程度上连接起来。不会有人会去否认三趾马是位于现存的马与有的较古老的有蹄类型之中的。由热尔韦教授在之前曾命名的南美洲印齿兽，这种物种在哺乳动物的链条中，是一种多么奇异的连锁，它们无法被纳入任何一个现存的目当中。海牛类形成了哺乳动物当中一种非常特殊的群，现存的儒艮还有泣海牛最为明显的特征之一，就是完全没有后肢，甚至就连一点残余的痕迹都没有留下来，不过，根据弗劳尔教授的意见，绝灭的海豚们曾经都拥有一个骨化的大腿骨，同骨盘中非常发达的杯状窝连接于一起，于是就会让它们与有蹄的四足兽非常接近了。而海牛类则是在别的一些方面同有蹄类非常相似。鲸鱼类同所有的别的哺乳类大为不同，不过，第三纪的械齿鲸还有鲛齿鲸过去也曾被有些博物学者当作是一目，可是赫胥黎教授却觉得它们毫无疑问属于鲸类，“并且对水栖食肉兽构成了连接的连锁”。

上面所讲的博物学者曾解释说明，甚至鸟类与爬行类之间的广大间隔，出于出乎

一只儒艮为了寻找海草，正在巡游太平洋的浅水区。

达尔文的画像

意料地一方面由鸵鸟与绝灭的始祖鸟，另一方面由恐龙的一种，细颚龙这个品种，如此包含了所有的陆栖爬虫的最大的一类，部分地连接了起来。而那些无脊椎动物，非常权威的巴兰得曾谈到，他每天都能够得到启发，尽管确实能够将古生代当中的动物分类于现存的群当中，不过在那么古老的时代，每个群并没有如同现在一样地，区别得那么清晰。

有一部分作者反对将任何绝灭物种或者是物种群看成是任何两个现存的物种或者是物种群之间的中间物。假如说这个名词的意义意为一个绝灭类型在自己的所有性状方面都是直接介于两个现存类型的群之间的话，这样的反对也许就是正当的。不过在自然的分类当中，很多的化石物种确实是处在现存物种之间，并且有些绝灭属处在现存的属之间，甚至会处在异科的属之间。最常见到的情况好像是（尤其是差别非常大的群，像鱼类还有爬行类），假设它们现在是由 20 个性状去区别的，那么古代成员赖以区别的性状就会比较少，因此这两个群在之前会或多或少地比在现在更为接近一些。

通常情况下大家都相信，类型越发古老，那么它们的有些性状就越可以将现在区别非常大的群连接起来。这样的意见毫无疑问只可以应用于在地质时期的行程中，曾经出现过巨大变化的一些群当中。不过想要去证明这样的主张的正确性，是存在着一定困难的。这主要是因为，甚至是各种现存动物，比如肺鱼，已被发现往往和非常不相同的群有着亲缘关系。可是，假如说我们将古代的爬行类还有两栖类和古代的鱼类还有古代的头足类以及始新世的哺乳类，同各自该纲的较近代成员进行一下比较时，我们就一定会去认可这样的意见确实具有其真实性的。

让我们来看一看这几种事实以及推论同伴随着变异的生物由来学说，符合到什么样的程度。由于这个问题比较复杂，我不得不请读者再去看一看我们之前所列的那个图（即 P119 图——编者注）。我们假设有数字的斜体字代表属，从它们那部分分出来的虚线代表每一属的物种。这个图过于简洁，列出来的属还有物种太少，不过这对于我们来说并不重要。假设横线代表连续的地质层，同时将最上横线以下的所有的类型都看成是已经绝灭了的。三个现存的属 a^{14}，q^{14}，p^{14} 就组成了一个小科；b^{14}，f^{14} 是一个密切相似的科或者是亚科；o^{14}，i^{14}，m^{14} 是第三个科。此三个科与从亲类型（A）分出来的几条系统线上的很多绝灭属合起来成为一个目，由于它们均是从古代原始祖先那里共同遗传了一些东西。按照之前这个图所解说过的性状不断分歧的原理，不管是哪种类型，越是近代的，通常就越和古代的原始祖先不同。所以，我们对最古化石和现存类型之间的差别最大这个规律就能够有所了解了。不过我们绝不能够去假设性状分歧是一个一定会发生的偶然事件。它完全取决于一个物种的后代是不是可以由于性状的分歧而在自然组成中攫取大量的、不同的地位。因此，一个物种伴着生活条件的微小改变而被稍微地改变，而且在相当长的一段时间里依然保持着相同的一般特性，就像我们见到的有些志留纪类型的情况，是非常可能的。这样的情况在图中是用

F^{14} 去表示的。

所有从（A）繁衍而来的很多类型，不管是绝灭的还是现存的，就像之前所讲到过的，形成了一个目。而这一个目因为绝灭以及性状分歧的不断影响，会被分为若干亚科以及科，其中有些被假定已在不同的时期当中灭亡了，而有的却一直存续到今天。

认真观察一下图我们就能够看出：假设埋藏于连续地质层中那些大量的绝灭类型是在这个系列的下面几个点上发现的，那么最上线的三个现存科彼此之间的差异就会少些。比如，假如说 a^1、a^5、a^{10}、f^8、m^3、m^8、m^9 等属已经被发掘出来，那么三个科就会这样密切地连接在一起，估计它们势必会连成一个大科，这同反刍类还有有些厚皮类曾经出现过的情况基本上是一模一样的。不过，有人反对将绝灭属看成是连接起三个科的现存属的中间物，这样的意见也许有一部分是正确的，由于它们变成中间物，并非直接的，而是经过很多大不相同的类型，经历过漫长并且迂回的路程的。假如很多绝灭类型是在中央的横线之一，也就是地质层，比如 No.VI 之上发现的，并且在这条线的下面什么都没有发现，那么每个科中仅仅存在着两个科（在左边 a^{14} 等以及 b^{14} 等两个科）估计就一定会合二为一。而留下的这两个科彼此之间在互相差异方面要比它们的化石被发现以前来得少很多。此外，在最上线上由八个属（a^{14} 一直到 m^{14}）组成的那三个科，假如用六种主要的性状去将彼此区别，那么曾经在 VI 横线的那个时代生存过的每个科，就一定会以较少数目的性状而互相区别。由于它们在进化的这个早期的阶段，从共同祖先分歧的程度估计会差一些。如此，古老而绝灭的属在性状方面就会多少介于它们的出现了变异的后代之间，或者是介于它们的旁系亲族之间。

在自然环境之中，这整个过程要远比在图里所表示出来的复杂得多。由于群的数目会更多，而且它们存续的时间会极度不相同，并且它们变异的程度也不会相同。由于我们所掌握的也仅仅是地质纪录的最后一卷，并且还是非常不完全的，除了在稀有的情况之下，我们并没有权利去期望将自然系统中的广大间隔填充起来，然后将不同的科或目连接起来。

栅鱼生活在4亿年前

所有我们所能期望的，只不过那些在已经知道的地质时期里曾经出现过巨大变异的群，应该在比较古老的地质层当中彼此稍微接近一些。因此比较古老的成员要比同群的现存成员在有些性状方面的彼此差异来得少些。按照我们最优秀的古生物学者们的一致证明，情况往往是这样的。

如此，按照伴随着变异的生物由来学说，与绝灭生物类型彼此之间还有它们同现存类型之间的相互亲缘关系有关的一些主要的事实就能够圆满地获得解释，而用别的任何观点是完全无法解释这样的事实的。

按照同一学说，地球历史上不管是哪一个大时期当中的动物群，在一般性状方面都将介于该时期之前以及之后的动物之间。那么，生存于图上第六个大时期的那些物种，就是生存于第五个时期的物种们出现了变异之后的后代，并且还是第七个时期的变异更为明显了的物种们的祖先。于是，它们在性状方面几乎不是介于上下生物类型之间的。不过我们不得不承认有些之前的类型业已全部遭到绝灭，也不得不承认不管在什么地方，都有新的类型从别的地方移入，还不得不承认在连续的地质层之间的长久空白间隔时期当中，曾经出现过大量的变化。只有承认了这些情况，那么每一个地质时代的动物群在性状方面毫无疑问就是介于前后动物群之间的。对于这点我们只需列出一个事例就足够了，那就是当泥盆系最开始被发现时，这个系的化石立刻被古生物学者们看成是在性状方面介于上层的石炭系与下层的志留系之间的。不过，每一个动物群并不一定完全介于中间，主要是因为，在连续的地质层当中有不相同的间隔时间。

每一个时代的动物群从整体方面来看，在性状方面是近乎介于以前的还有以后的动物群之间的，尽管说有的属对于这个规律例外，不过也不足以构成异议去动摇这个说法的真实性。比如，福尔克纳博士曾经将柱牙象与象类的动物依据两种分类法进行了排列，第一个根据它们的互相亲缘，第二个根据它们的生存时代，结果是，两者并不符合，并且具有极端性状的物种，并非最古老的或者是最近代的。具有中间性状的物种也并非一定是属于中间时代的。不过在这种还有在别的类似的情况当中，假如暂时假设物种的第一次出现以及消灭的记录是完全的（并不会存在这样的事），我们就找不到理由去相信连续产生的每种类型一定有相同的存续时间。一个非常古老的类型估计有时比在别的地方后生的类型要存续得更为长久一些，栖息于隔离区域之中的陆栖生物更是这样。试着用小事情去比看大事情，假如将家鸽的主要的现在族与绝灭族依据亲缘的系列进行一个排列，那么这种排列估计就无法和其产出的顺序密切的一致，并且同其消灭的顺序更加难以一致。由于亲种岩鸽到现在依然生存着，很多介于岩鸽以及传书鸽之间的变种却已经绝灭了。在喙长这一主要性状方面站在极端位置的传书鸽，比站在这一系列相反一端的短嘴翻飞鸽发生得要早一些。

来自中间地质层当中的生物遗骸，在一定程度上具有中间的性状，和这样的说法密切相关的有一个事实，那就是所有的古生物学者所主张的，也就是两个连续地质层当中的化石，它们彼此之间的关系远比两个远隔的地质层当中的化石彼此之间的关系更为密切一些。匹克推特曾经列出一个很多人都知道的事例：来自白垩层的几个阶段

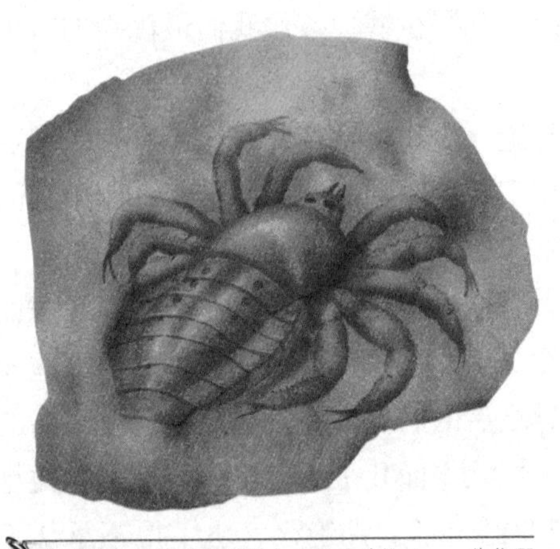

早期蜘蛛是首批在陆地上生活的动物之一，此化石发现于苏格兰莱尼燧石层一块有4亿年历史的岩石中。

的生物遗骸通常都是类似的，尽管每个阶段中的物种有一定的不同。不过只是这一事实，因为它的普遍性好像已经动摇了匹克推特教授的物种不会变的想法。只要是清楚地知道地球上现存物种分布的人，对于密切连续的地质层当中不同物种的密切类似性，并不会试图去用古代地域的物理环境保持近乎一致的说法进行解释的。所有的研究者们一定要记牢，生物类型最起码是栖息于海中的生物类型，曾经在全世界几乎同时出现了变化，因此这些变化是在非常不同的气候以及条件下进行的。试着想一想，更新世包含着整个冰期，气候的变化是那么大，可是去看一看海栖生物的物种类型所受到的影响，却是多么小之又小。

密切连续的地质层中的化石遗骸，尽管被排列成不同的物种，不过却密切相似，它们全部的意义按照生物由来学说是非常显著的。由于每个地质层的累积常常会出现中断，同时也由于连续地质层之间存在着长久的空白间隔，就像我在前面的章节中所解释说明过的，我们很显然不可以去期望在任何一个或者是两个地质层当中就找到在这些时期开始以及结束时出现的物种之间的所有的中间变种。不过我们在间隔的时间（假如用年去计量的话，这是非常长久的，假如用地质年代去计量的话却并不长久）之后，应该找到密切近似的类型，也就是有些作者所讲的那些代表种。并且，我们曾经确实找到了。总体而言，就像我们有权利所期望的一般，我们已经找到证据去证明物种类型缓慢的、很难被觉察的变异。

古生物进化情况与现存生物的对比

我们在前面的章节当中已经看到，已经成熟了的生物的器官的分化以及专业化程度，是它们完善化或高等化程度的最显著表现。我们也曾见到，既然说器官的专业化对于生物来说是有利的，那么自然选择就有让每个生物的体制越加专业化以及完善化的倾向，在一定的意义上，就是让它们越加高等化了。尽管同时自然选择能够放任很多的生物具有简单的以及不改进的器官，帮助去适应简单的生活环境，而且在有的情况之下，甚至会让它们的体制退化或者是简单化，而让那些退化生物可以更好地适应生活的新征程。在还有一种更为普遍的情况当中，新物种变得超越于它们的祖先。由于它们在生存斗争当中必须打败所有和自己进行利益竞争的较老类型，所以我们可以断言，假如始新世的生物同现存的生物在几乎相似的气候下展开竞争，那么前者就会被后者打败甚至是消灭，就像是第二纪的生物要被始新世的生物还有古生代的生物要被第二纪的生物所打败是同一个道理。因此，按照生存竞争当中的这种胜利的基本试验，同时依据器官专业化的标准，根据自然选择的学说，近代类型应该是比古代老的类型更加高等。那么事实真的是如此的吗？大部分的古生物学者估计都会做出肯定的答复，而这样的答复尽管说非常难以证明，但好像必须被看成是正确的。

有的腕足类从非常非常遥远的地质时代以来只出现过轻微的变异，有些陆地的以及淡水的贝类，从我们所能了解的它们第一次出现的时候一直到现在，基本上就保持着相同的状态，可是这些事实对于前面所讲的结论并非有力的异议。就像卡彭特博士一直以来所主张的，有孔类生物的体制甚至从劳伦纪以来就没有出现过进步，不过这并不是无法克服的难点。因为有的生物不得不继续地去适应简单的生活环境，还有什么比低级体制的原生动物可以更好地适于这样的目的吗？假如我的观点将体制的进步看成是一种必不可缺的条件，那么前面所讲的异议对于我的观点就会是致命的打击。再比如，假如说前面所讲的有孔类可以被证明是在劳伦纪开始就存在着的，或者前面所谈到的腕足类是在寒武纪就开始存在着的，那么之前所说的异议对于我的观点来说也存在着致命的打击。这是由于在这样的情况之下，那些生物还没有足够的时间能够发展到当时的标准。不管是进步到任何一定的高度时，按照自然选择这个学说，就不存在依然继续进步的必要了。尽管在每个连续的时代当中，它们一定是会被稍微地改变的，来方便同它们的生活环境所发生的微细变化相适应，来保证它们的地位。之前

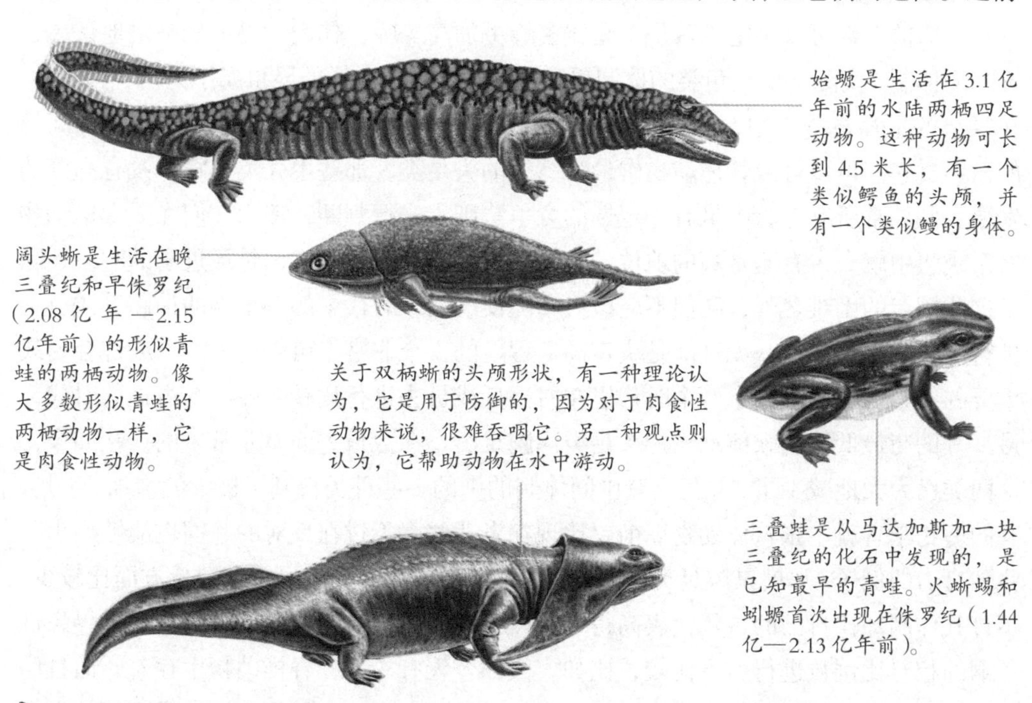

几种古老生物复原图

在海洋中游弋的长尾鲨

的异议还与另一个问题有关，那就是我们是不是真的知道这个世界曾经经历了几何年代还有每个种生物类型最开始是出现于什么时候。可是这个问题是非常难以顺利进行讨论的。

从整体方面去看的话，生物的构造是不是在进化，在很多方面都是极为错综复杂的。地质纪录在所有的时代当中都是不完全的，它无法尽量追溯到远古并且没有任何差错地明确指出在已知的世界历史当中，体制曾经极大地进步了。就算是在今天，如果留意一下同纲中的成员，哪些类型应该被排列为最高等的，博物学者们的意见就无法一致。比如，有的人根据板鳃类也就是所讲的鲨鱼类的构造在有的要点方面接近于爬行类，于是就将它们看成是最高等的鱼类。此外还有些人将硬骨鱼类看成是最高等的。硬鳞鱼类介于板鳃类与硬骨鱼类之间。硬骨鱼类现在在数量方面是占优势的，不过以前只有板鳃类还有硬鳞鱼类生存，面对此种情况，按照所选择的高低标准，就能够说鱼类在它的体制方面曾经进步了或者是退化了。试图去比较不同模式的成员在等级方面的高低，好像是没有希望的。谁可以决定乌贼是不是比蜜蜂更加高等呢？伟大的冯贝尔坚定地认为，蜜蜂的体制“实际上要比鱼类的体制更加高等，尽管说这样的昆虫属于另一种模式”。在复杂的生存斗争当中，完全能够相信甲壳类在它们自己的纲当中并不是非常高等的，不过它们可以打败软体动物中最为高等的头足类。那些甲壳类尽管并没有高度的发展，假如拿所有考验中最有决定性的竞争法则去进行判断，那么它们在无脊椎动物的系统当中就会占有非常高的地位。当决定哪些类型在体制方面是最进步的时候，除了这些固有的困难之外，我们不应该只拿随便的两个时代中的一个纲的最高等成员去进行比较，尽管说这毫无疑问是决定高低程度的一个非常不可少的要素，或许会是最重要的要素，我们应该拿两个时代里左右高低成员去进行比较。在一个古远的时代，最高等的与最低等的软体动物，头足类同腕足类，在数目方面是非常多的。在如今，这两类已大大地减少了，并且具有中间体制的别的一些种类得到了极大的增加。于是，有的博物学者就主张软体动物以前要比现在发达些。不过在反对的一面也能够列出一些强有力的例子，那就是腕足类的大量减少，还有现存头足类尽管在数量方面比较少，不过其体制却比自己的古代代表高得多了。我们还应该对两个任何时代的全世界高低各纲的相对比例数进行一下比较，比如，假如今天有 5 万种脊椎动物生存着，而且假如说我们知道之前的某一时代当中仅仅有 1 万种生存过，我们就应该将最高等的纲中的这种数量的增加（这也就意味着较低等类型的绝大多数遭到排斥）看成是全世界生物体制的决定性的进步。于是，我们就能够知道，在如此复杂的关系之中，要想对于历代不完全清楚的动物群的体制标准进行完全公平的比较，是多么难以做到。

只需要去看一看有些现存的动物群还有植物群，我们就更可以清楚地去理解这样的困难了。欧洲的生物近年来总用非常之势扩张到新西兰，而且还夺取了那里的很多土著动植物之前所占据的地方，因此我们不得不相信：假如将大不列颠的一切动物以及植物放到新西兰去，很多英国的生物伴着时间的推移估计能够在那里得到彻底的归化，并且还会消灭很多的土著类型。还存在一点就是，以前极少有一种南半球的生物曾于欧洲的随意一个部分变成野生的，按照这样的事实，假如将新西兰的所有生物都放到大不列颠，我们完全能够去怀疑它们之中是不是会有大量的数目可以夺取现在被英国植物以及动物占据着的地方。从这样的观点去看的话，大不列颠的生物在等级方面要比新西兰的生物高出许许多多。但是最熟练的博物学者，按照两地物种的调查，无法预见到这样的结果。

阿加西斯还有一些别的有高度能力的鉴定者均坚定地主张，古代动物和同纲的近代动物的胚胎在一定程度上是类似的，并且绝灭类型在地质方面的演替同现存类型的胚胎发育是接近于平行的。这样的观点和我们的学说非常一致。在接下来的章节当中我将说明成体与胚胎的差别是因为变异在一个不很早的时期发生并在相应的年龄得到遗传的原因。这样的过程，任由胚胎基本上保持不变，并且让成体在连续的世代当中继续不断地增加差异。于是，胚胎好像是被自然界保留下来的一张图画，它描绘着物种之前还没有大量发生变化过的状态。这样的观点也许是正确的，但是也许永远都无法得到证明。比如，最古老的已知哺乳类以及爬行类还有鱼类，均严格地属于自己的本纲，尽管它们之中有些老类型彼此之间的差异比如今同群的典型成员彼此之间的差异要少一些，不过，如果想要找寻具有脊椎动物共同胚胎特性的动物，除非等到在寒武纪地层的最下面发现富有化石的岩床之后，估计是不可能的，不过发现这样的地层的机会是非常稀少的。

第三纪末同一地区同一类型生物的演变

很多年前克利夫特先生也曾经解释说明过，从澳大利亚洞穴当中找到的化石哺乳动物和该洲现存的有袋类具有十分密切近似的关系。在南美洲拉普拉塔的一些地方发现的类似犰狳甲片的巨大甲片当中，相同的关系也是非常明显的，甚至就是没有经过训练的眼睛也能够看出来。欧文教授曾经用最动人的方式去解释说明，在拉普拉塔埋藏的无数化石哺乳动物，大部分和南美洲的模式有关系。从伦德还有克劳森曾经在巴西洞穴当中采集来的丰富化石骨里面，能够更加清楚地看到这样的关系，这样的事实给我留下了非常深刻的印象。我曾于1839年还有1845年坚决主张“模式演替的法则”以及“同一大陆上死亡者与生存者之间的奇妙关系”，后来欧文教授将这种概念扩展到“旧世界”的哺乳动物方面去。在这位作者所复制的新西兰绝灭的巨型鸟当中，我们见到了相同的法则。我们在巴西洞穴的鸟类中同样能够见到同样的法则。伍德沃德教授曾解释说明了相同的法则对于海栖贝类同样是适用的，不过因为大部分的软体动物分布范围比较广阔，因此它们并没有很好地表现出这个法则。还能够举出别的一些例子，如马得拉的绝灭陆栖贝类和现存的陆栖贝类之间的关系，再比如亚拉尔里海一带的绝灭碱水贝类和现存碱水贝类之间的关系。

如此说来，同一地域之中的同一模式的演替，这个值得我们关注的法则意味着什么呢？假如有人将同纬度下澳大利亚的以及南美洲的一些地方的现存气候进行比较之后，就试图用不同的物理条件去解释这两个大陆上生物之间的不同，可是另一方面又用相同的物理条件去解释第三纪末期当中每个大陆上同一模式的一致，如果真是这样，那他真的是太大胆了，可是也无法断言有袋类主要或者说仅仅是产于澳大利亚的。贫齿类还有别的一些美洲模式的动物就只是产于南美洲，是一种不会变化的法则。因为我们全都明白，在古代欧洲曾经有大量的有袋类动物栖住过，而且我在前面所讲的出版物中也曾解释说明过美洲陆栖哺乳类的分布法则，以前与现在是不一样的。以前北美洲具有该大陆南半部分的特性，南半部分在从前也远比现在更为密切地近似于北半部分。按照福尔克纳还有考特利曾经的发现，相同地我们知道印度北部的那些哺乳动物以前比现在更加密切近似于非洲的哺乳动物。对于海栖动物的分布，也能够列出类似的事实来。

根据伴随着变异的生物由来学说，相同的地域当中，同样的模式持久地不过并非不变地演替这着一个伟大的法则，就能够马上获得合理的说明。由于世界上每个地方的生物，在之后连续的时间当中，很明显都倾向于将密切近似而又有着一定程度上的变异的后代遗留在了该地，假如一个大陆上的生物以前曾和另一个大陆上的生物之间的差别非常大，那么它们的变异了的后代将会依照近于相同的方式以及程度而出现更大的差异。不过经过非常长的间隔时期之后，而且还经过允许大量互相迁徙的巨大地理变化之后，比较弱的类型会将自己的位置让给更具有优势的那些类型，这样一来生物的分布就完全不可能是一成不变的了。

也许会有人用嘲笑的方式去问，我是否曾假设过以前生活于南美洲的大懒兽还有别的近似的大怪物曾遗留下的树懒还有犰狳以及食蚁兽作为它们的退化了的后代，这是完全无法认可的。这些巨大的动物全部遭到了绝灭，并没留下后代。不过在巴西的洞穴之中有很多绝灭的物种在大小以及所有别的性状方面同南美洲现存物种密切近似。这些化石中的有些物种或许是现存物种的真实祖先。我们需要牢记，依照我们的学说，同属的所有物种都是某一物种的后代，因此，假如有各具八个物种的六个属出现于同一个地质层中，并且有六个别的近似的或者是代表的属发现于连续的地层之中，它们也具有相同数目的物种，那么，我们就能够确切地说，通常每个较老的属只有一个物种会留下变异了的后代，构成含有一些物种的新属，每个老属的另外的七个物种则都会走向灭亡，并没有留下后代。还有更为普遍的情况，那就是六个老属中只有两个或者是三个属的两个物种或三个物种属于新属的双亲。而别的物种一别的老属则全部走向了绝灭。在衰颓的过程当中，像南美洲的贫齿类，属与物种的数目均在不断地减少，因此只有更少的属与物种可以留下它们的出现了变异的嫡系后代。

摘　要

我以前曾试着想去解释说明，地质纪录是超级不完全的。仅仅是地球一小部分曾被仔细地做过地质学的调查，也仅有一些纲的生物在化石状态下大部分地被保存下来。在我们博物馆当中所保存的标本以及物种的数目，就算是同只是一个地质层当中所经历的世代数目进行比较也完全等于零。因为沉陷对富含很多种化石物种并且厚度足以承受得住未来陵削作用的沉积物的累积，基本上是必须具备的。所以，在大部分的连续地质层之间，一定存在着长久的间隔时期。在沉陷时期估计存在着更多的绝灭生物，而在上升的时期估计存在着更多的变异，并且纪录也保存得越加不够完全。每个单一的地质层不是连续不断地沉积而来的。每个地质层的持续时间同物种类型的平均寿命进行比较的话，估计会短一些。不管是在哪一个地域之中，与随便的哪一个地质层当中，迁徙对于新类型的第一次出现来说，具有非常重要的作用。分布范围广的物种通常都是那些变异最为频繁的，并且还时常产生新种的那些物种。而且变种在最开始是地方性的。最后一点，虽然说每个物种必须经过无数的过渡阶段，不过每个物种出现变化的时期如果是用年代去计算的话，估计会是多并且长的。不过同每个物种停滞不变的时期进行比较的话，还是短的。假如将这些原因结合起来看，就能够大体上说明为什么我们没有发现中间变种（尽管我们曾经确

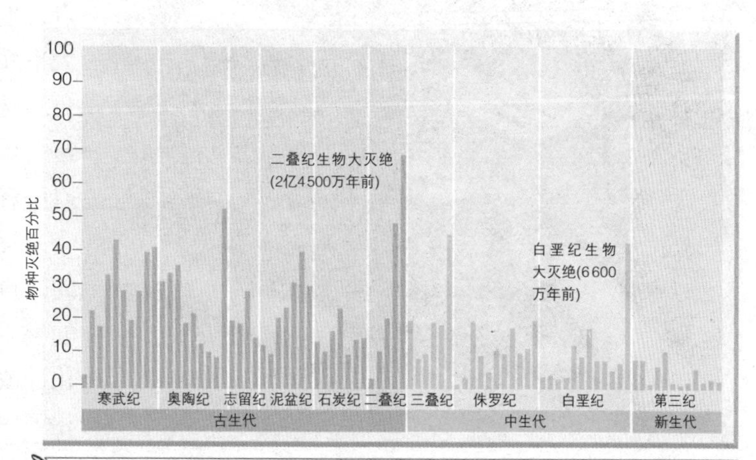

过去的5亿4500万年中物种灭绝示意图

实发现过很多的连锁）用非常微细级进的阶梯将所有的绝灭的以及现存的物种连接起来。还一定要时常牢记，两个类型之间的任何连接变种估计会被发现，不过要不是整个连锁全部被发现，就会被排列为新的而且是界限分明的物种。除非无法说我们已经找到任何确实的标准，能够用来辨别物种与变种。

只要是不接受地质纪录是不完全的这个观点的人，就肯定无法接受我们的所有学说，由于他会徒劳地发问，之前一定曾将同一个大地质层中连续阶段里发现的那些密切近似的物种或代表物种多连接于一起的无数过渡的连锁在什么地方呢？他会无法相信在连续的地质层之中一定要经历悠久的间隔期间。他会在考察不管是哪一个大区域的地质层时像欧洲那样的地质层，而忽略了迁徙发挥着多么重要的作用。他会尽力地去主张整个物种群很清楚的是（不过时常属于假象）突然出现的。他会问：一定有无限多的生物生活于寒武系沉积起来的很久之前，可是它们的遗骸在哪儿呢？现在我们知道，至少有一种动物当时确实曾经存在过。可是，我也只能依据以下的假设去回答这最后的问题，那就是现在我们的海洋所延伸的地方，已经存在一个非常漫长的时间，上下升降着的大陆在它们如今的存在之处，自寒武系开始之后就已经存在了。并且，远在寒武纪之前，这个世界呈现出完全不同的另一种景象。由更古老的地质层形成的古大陆，如今只是以变质状态的遗物存在着，或者依然深埋于海洋底下。

生物学家在考古现场进行挖掘

假如说攻克了这些难点，别的古生物学的主要重大事实就能够同依据变异与自然选择的生物由来学说非常一致了。那么，我们就可以解释清楚，新物种为什么会是逐渐缓慢而连续地产生的，也会知道为什么不同纲的物种不需要一起出现变化，或者用相同的速度，用相等程度去出现变化。不过，所有的生物毕竟都出现了某种程度上的变异。老类型的绝灭基本上都是产生新类型的必然结果。我们可以理解为什么一旦一个物种绝灭了就永远不会再次出现了。物种群在数目方面的增加是缓慢的，它们的存续时间的长短也各自不同。由于变异的过程一定会是缓慢的，并且还取决于很多复杂的偶然事件。属于优势大群的优势物种，具有留下很多变异了的后代的倾向，那些后代就会形成新的亚群以及群。当那些新的群形成之后，势力比较差一些的群的物种，因为从一个共同祖先那里遗传得来的低劣性质，就会有全部绝灭，而且无法在地面上留下变异了的后代的倾向。不过物种整个群的完全绝灭，通常是一个十分漫长的过程，由于有少数后代会在被保护的以及孤立的场所残存下来。假如一个群一旦完全遭到了绝灭，那么就不会再次出现了，因为世代的连锁已经断了。

我们可以理解为什么分布范围比较广的还有产生最大数量的变种的优势类型，有些近似的不过变异了的后代分布在世界的倾向。那些后代通常都可以成功地压倒在生存斗争中处于较为低劣地位的群。于是，经过长久的间隔时期之后，世界上的生物就会呈现出曾经同时出现变化的情况。

我们还可以理解，为什么从古代到现在的所有生物类型汇合起来，却只成了少数的几个大纲。我们还能够这样去理解，因为性状分歧的连续倾向，为什么类型的年代越是久远，它们通常和现存类型之间的差别就会越大。为什么古代的绝灭类型经常会有将现存物种之间的空隙填充起来的倾向，它们通常可以将先前被分作两个不同的群合并成一个。不过更为普遍的是，只将它们稍微地拉近一些。类型越是古老，它们在某些程度方面就时常处于现在不同的群之间。由于类型越加古老，它们同广为分歧之后的群的共同祖先就越加接近，那么也就越加类似。绝灭类型极少会直接介于现存的类型之间，而只是经过别的不同的绝灭类型的长并且迂曲的路，介于现存的类型之间。我们可以清楚地知道，为什么密切连续的地质层的生物遗骸是密切近似的，这是由于它们被世代密切地连接在一块儿了。我们可以清楚地知道为什么中间地质层的生物遗骸拥有着中间性状。

历史中每个连续时代当中的世界生物，在生存的竞争中打败了它们自己的祖先，而且还在等级上相应地得到了提高，它们的构造通常也变得更为专业化。这能够说明，许多生物学者的普通信念，体制对于整体来说，是得到了进步。绝灭的古代动物在一定的程度上都同同纲中更近代的动物的胚胎相类似，依据我们的观点，这样的惊人事实就能够获得简单的解释。晚近地质时代中构成的同一模式，在同一地域之中的演替已不再是神秘的现象，按照遗传原理，它们是能够充分理解的。

如此，假如地质纪录是和很多人所相信的那样不完全，并且，假如至少能够断定这样的纪录无法被证明得更为完全，那么对于自然选择学说的主要异议，就得到了大大减少，甚至是消失。此外还有一点要我说的话，所有的古生物学的主要法则非常明确地向我们宣告了，物种是由普通的生殖产生出来的。古老的类型被新并且改进了的生物类型所代替，新并且改进了的类型是“变异”以及“最适者生存”的产物。

第十二章

生物的地理分布

关于生物分布情况的解释——> 物种单一起源中心论——> 物种传播的方式——> 物种在冰期时的传播——> 南北地区冰期时的交替

关于生物分布情况的解释

在讨论到地球表面生物的分布这个问题的时候，第一件让我们感到非常惊讶的大事，就是每个地方生物的相似和不相似无法从气候以及别的自然地理条件当中获得圆满的答案。近年来几乎所有研究这个问题的学者均得出了这样的结论。只是就美洲的情况来说，基本上就可以证明这个结论的正确性了，因为除了北极还有北温带之外，在所有的学者看来，美洲与欧洲之间的区别，是地理分布上最主要的区别之一。可是，假如说我们在美洲广阔的大陆上旅行，从美国的中部一直到它的最南部，我们会见识到各种各样的自然地理条件，有湿地，有干燥的沙漠，有高山、草原、森林还有沼泽、湖泊以及大河，可以说基本上每种气候条件都包括其中。只要是欧洲有的气候以及自然地理条件，在美洲基本上都能够找出相同的存在。最起码有适宜同一物种生存需要的，极为相似的条件。毋庸置疑，在欧洲能够找出几个小地方，它们的气候比美洲的任何地方都热，不过在这里生存的动物群以及周围地区的动物群并不存在什么区别，因为一群动物仅仅生存于某个稍微特殊的小块地区当中的情况是非常罕见的。尽管欧洲与美洲两地的自然条件总的来说是十分相似的，不过两地的生物非常不同。

在南半球，假如我们将处在纬度 25° 到 35° 之间的澳大利亚、南非洲以及南美洲西部广阔的大陆拿来比较的话，我们就能够看到有些地方在所有的自然条件都非常相似，但是它们动植物群之间的差异程度估计再也没有其他地方能够与这三大洲进行比较了。或者说，我们再将南美洲南纬 35° 以南的生物同南纬 25° 以北的生物拿来作一个比较，两地之间的距离相差 10° 左右，自然条件也非常不一样，但是两地的生物都比气候相似的澳大利亚或者是非洲的生物关系要近得多。我们还能够列出一些海产生物类似的事例来。

一般我们在回顾生物的地理分布的时候，让我们感到惊奇的第二件大事，就是障碍物了。不管是哪一种障碍物，只要可以妨碍生物的自由迁徙，那么对于每个地区生物的差异就存在着十分密切的关系。我们能够从欧洲还有美洲几乎所有的陆相生物的悬殊性状当中发现这一点。但是，在两大洲的北部却是十分例外，那些地方的陆地基本上是相连的，气候只是稍微有一点点差别，北温带的生物能够自由地迁徙，就如同现在北极的生物一般。从处在同一纬度下的澳大利亚、非洲以及南美洲的生物的巨大差异当中，我们能够看到相同的事实。因为这三个地区之间的相互隔离程度可以说已达到极点。在每个大陆上，我们也见到了相同的情形，在巍峨连绵的山脉还有大沙漠，甚至是大河的两边，我们都能够找到不同的生物。非常明显的是，山脉还有沙漠等障碍，并不像海洋隔离大陆那般难以跨越，也不像海洋存在了那么长的时间。因此，同一大陆上生物之间的差异，远比不同大陆上生物之间的差异要小得多。

再来看一下海洋的情况，也存在着相同的规律。南美洲东西两岸的海产生物，除了极少数的贝类、甲壳类还有棘皮动物是两岸共有的之外，其他生物都非常不同。不过京特博士最近提出，在巴拿马地峡两边的鱼类，大概有 30% 是相同的。这个事实让很多博物学家相信，这个地峡在以前曾经是连通的海洋。美洲海岸的西边是一眼看不到边的太平洋，没有一个岛屿能够供迁徙的生物去休息停留，这是又一种障碍物，只要越过大洋，我们就能够遇到太平洋东部每个岛上完全不同的生物群。因此，共有三种不一样的海产动物群系（第一种是南美洲东岸大西洋动物群，第二种是南美洲西岸太平洋动物群，第三种是太平洋东部诸岛动物群）从最南面一直到最北面，形成气候相似但是彼此相距不太远的平行线。不过，因为无法逾越的障碍物（大陆或者是大洋）的阻隔，此三种动物群系几乎完全不一样。与这些相反的是，假如从太平洋热带部分的东部各个岛朝着西部行进，不仅不会有无法逾越的障碍物，还存在着大量的岛屿能够供生物们停留歇息，或者还会有连绵不断的海岸线，一直绕过半个地球，直达非洲的海岸。在这些无比广阔的空间当中，没有见到完全不同的海产动物群。尽管在前面所讲的美洲东西两岸还有太平洋东部的那些岛上，这三种动物群系当中，仅仅有少数几种共有的海产动物。但是从太平洋到印度洋，大部分的鱼类是共有的，就算是在几乎相反的子午线上，也就是太平洋东部的那些岛还有非洲东部的海岸，同样存在着大量共有的贝类。

而第三件大事，有的在前面已经谈到，虽然物种类型因地而异，可是同一大陆或者是同一海洋的生物，都具有一定的亲缘关系，这是一个非常普遍的规律，各个大陆上都存在着不计其数的实际例子。比如，一位博物学家在从北朝着南旅行时，无法不被近缘但是又不同物种生物群的顺次更替而感到惊奇。他会听到类似但是完全不属于同种的鸟发出几乎一样的鸣叫声，还能够看到鸟巢的构造十分相似，但绝对不会出现雷同，鸟卵的颜色也有近似不过却完全不同的现象。在靠近麦哲伦海峡的平原上，生活着美洲鸵属的一种鸵鸟，被称为三趾鸵，而北面的拉普拉塔平原上，则生存着同属当中的另一种鸵鸟。这两种鸵鸟和同纬度的非洲以及澳大利亚存在的真正的鸵鸟或者是鸸鹋全都不相同。在拉普拉

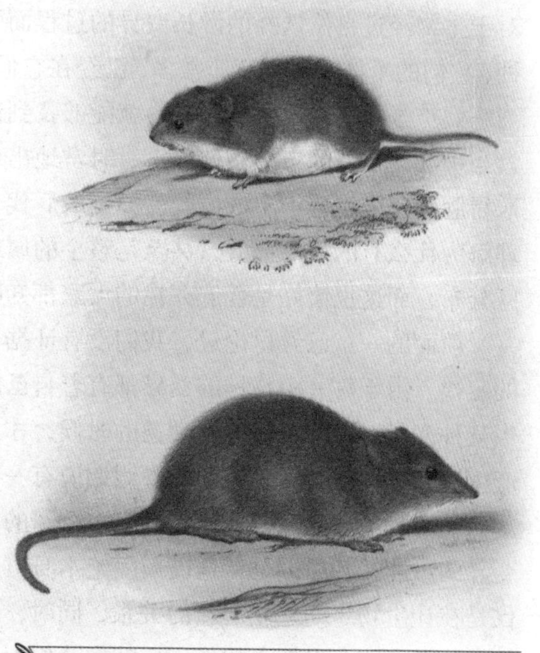

两种啮齿动物

塔平原上，我们能够见到习性和欧洲的野兔以及家兔差不多的，同样是啮齿目的刺鼠还有绒鼠，它们的构造可以说是最为典型的美洲类型。我们登上高高的科迪勒拉山，能够找到绒鼠的一个高山种。如果我们对流水进行观察，只可以看到南美型的啮齿目的河鼠还有水豚这些生物，但是无法看到海狸或者是麝鼠。我们还能够举出大量类似的例子。假如我们对那些远离美洲海岸的岛屿进行一个考察，不管它们的地质构造之间存在着多么大的差别，它们的生物类型有多么的独特，不过那里的生物都属于美洲型。我们能够去回顾一下过去时代当中出现的情形，就像上一章当中所讲到的，那个时候，在美洲大陆上还有海洋当中，占据优势的物种均为美洲型。我们所见到的这种种现象和时间还有空间以及同一地区当中的海洋以及陆地紧紧地有机地联系在了一起，但是与自然地理条件没有关系。这样的有机联系到底是什么？如果说博物学家并非傻瓜，那么一定会去追究的。

其实这样的联系非常简单，那就是遗传。就像我们的确知道的，只不过是遗传这一个因素就足够去形成彼此非常相像的生物，或者是彼此十分相像的变种。不同地区的生物之间的差别，主要是因为变异与自然选择的作用造成的改变所引起的，还有也有可能是自然地理环境的差别发挥出一定的影响力。不一样的地区生物变异的程度，取决于过去相当长的时期当中，生物的优势类型从一个地方迁徙到另一个地方时遭遇到多少有效的障碍，也取决于一开始迁入者的数目以及性质，同时还取决于生物之间的斗争所引发的，每种变异性质的不同的保存情况。在生存斗争里，生物和生物之间的关系，是所有关系当中最为重要的一种关系，就像我们在前面时常会提到的那般。因为障碍物妨碍生物顺利地进行迁移，所以它就发挥了极为重要的作用，就如同时间对于生物经过自然选择的漫长变异的过程而引起的重要作用一样。只要是分布广的物种，它们的个体数目也就非常多，已经在它们自己扩大的地盘上打败了大量的竞争者。当它们扩张到新的地区的时候，就能够找到最好的机会去夺取新的地盘。它们在新地盘当中会处在新的自然条件之下，时常地出现进一步的变异以及改良。它们将会再次取得胜利，同时繁衍出成群的变异了的后代。按照这样的遗传演化的原理，我们能够理解为什么有的属的部分，甚至是整个的属或者是整个的科，都会仅仅局限于某一地区分布，而这也恰好是普遍存在的大家都知晓的情况。

前面的一章已经讨论过，我们没有证据去证明存在着某种生物演化所不得不遵循的定律。由于每一个物种的变异都有着自己的独立性，只有在复杂的生存斗争当中，当某种变异对每个个体均有利益的时候，才可能会被自然选择所选择，因此每个物种产生变异的程度并不是相同的。假如说有一些物种在它们的固有地盘上彼此之间的竞争已经有好久，之后全体迁徙到了一个新的和外界完全隔绝的环境，那么它们极少有变异的可能，其原因是，迁徙与隔绝本身对这些物种并没有任何的效果。这些因素仅仅是在让生物之间建立起新的关系，同时，生物和周围的新环境条件关系比较小的时候，才有可能会发挥它的作用。就像我们上一章当中所讲到的，有的生物从远古的地质时期以来就保持了几乎一样的性状特征，因此也许有某些物种在经过非常远的迁徙之后，性状特征并未出现重大的变化，甚至是一点变化都没出现。

根据这个观点，同属的物种非常显眼，最开始一定是起源于相同的一个地点。虽然说这些物种现在散居于世界各地，相距非常远，不过它们均是从一个共同的祖先传来的。至于那些经历了整个地质时期却极少会变化的物种，不难相信它们都是从相同的地区当中迁徙来的。因为从远古一直到现在所发生的地理以及气候方面的巨大变化，让任何大规模的迁徙都变成了可能。但是，在大多数别的情况之中，我们完全能够找到理由去相信，同一属的每个物种，是在比较近的时期当中出现的，那么，假如说它们的分市相隔非常远，就很难解释了。一样显著的是，同一物种的每一个体，尽管说现在分布于相隔遥远的地区，不过它们一定是来自自己的父母最开始产生的地方，因为前面已经讨论过，从不同物种的双亲产生出同种的个体是很难让人相信的。

物种单一起源中心论

接下来我们来讨论一下博物学家们曾经详细讨论过的一个问题，那就是，物种是在地球表面的某一个地方，还是在很多个地方起源的。同一物种是如何从某一个地点迁徙到现在所在的那些遥远并且隔离的地方去的，确实是难以弄清楚的。不过最简单的观点，那就是，每一种物种最开始是在一个地点产生的看法却又最可以让人信服。反对这样的观点的人，也就会反对生物中常有的世代传衍以及之后迁徙的事实，而不得不借助某种神奇的作用去进行解释。人们都认可，在大部分情况之下，一个物种生存的地方总是相连的。假如说有一种植物或者是动物，生存于彼此相距非常远的两个地区，或者说，生存的两个地区之间，隔着很难逾越的障碍时，那就是非常不普通的例外了。陆产哺乳动物不能够越过大海迁徙的情况或许比别的任何生物更加显著，所以，直到目前为止，还未曾发现有同种的哺乳动物分布于世界相距遥远的地方而让我们不能够解释的现象。英国还有欧洲别的地区均存在着一样的四足兽类，有关于这一点，没有一个地质学家认为有什么难以解释的。其缘由在于，英国与欧洲曾经一度是连接于一起的。可是，假如同一个物种可以在两个隔开的地方被产

树袋熊是大洋洲特有的哺乳动物

生出来，那么，原因又在哪里，我们在欧洲还有澳大利亚以及南美洲的哺乳动物当中却找不出一种是共有的呢？这三大洲的生活环境可以说基本上是一样的，因此有大量的欧洲的动植物能够迁入美洲和澳大利亚进行驯化。并且，在南北两半球相对比较遥远的地区，也就是南北极的附近，生存着一些完全相同的原始植物。我觉得这答案是，有些植物拥有着很多种传播的方式，能够越过广大的中间隔离地带而进行迁徙，可是哺乳动物无法越过那些障碍得到顺利的迁徙。每种障碍物的巨大并且明显的作用，仅仅会在当障碍物的一边产生出大量的物种却无法迁徙到另一边的时候，才能够清楚地了解。有少数的科还有比较多的亚科以及属还有更多的数量属中的部分物种，均局限于一个地区之中生存。按照几位博物学家的观察，只要是最天然的属，或者是每个物种彼此间关系最为密切的属，它们的分布大部分都局限于同一个区域当中，就算是它们占有广泛的分布区域，那些区域也一定是相连的。假如我们的观察在生物的分类系统中再降低一级，也就是说降低到同一物种中的个体分布时，如果说它们最开始不仅仅是局限于某一个地方出现，而是被什么相反的分布法则所支配着时，那就真的是极端反常的奇怪现象了。

所以说，我的观点与别的大部分博物学家的观点一样，都觉得最有可能的情况是，每个物种最开始仅仅是在一个单独的地方产生，之后再依靠它的迁徙以及生存的能力，在过去以及现在所认可的条件下，从最开始的地方朝外慢慢迁徙。无须怀疑，在大多数的情况之下，我们还无法解释，一个物种是怎么样从一个地方迁徙到另一个地方的。不过，地理以及气象的条件，在最近的地质时期之中，一定出现过变化，这也就会使得大量的物种从前是连续的分布区域破坏为并不连续的了。于是，这就迫使我们考虑，是不是有很多这样例外的连续分布的情况，它们的性质是不是非常严重，以至于能够让我们放弃“物种最开始从一个地方产生，之后尽可能地朝外迁徙”这个十分合理的概念。要想将现在分布于相距遥远而隔离的相同物种的所有例外情况都进行一个讨论，确实是比较难以做到的，而且也十分烦琐，更何况有一些例子我们也无法清楚地解释。不过，在上面几句序言之后，我将对几个最明显的实例进行一下讨论。第一个要讨论相隔遥远的山顶上以及在南北两极区域当中生存着相同的物种的这个问题，第二个要讨论一下淡水生物的广泛分布（放于下面的一章当中进行讨论），第三个要讨论的是，有关同一个陆栖物种同时在大陆上以及相距该大陆数百英里外的海岛上同时存在的问题。对于同一个物种在地球表面上相距遥远并且分离的地方同时生存着的现象，假如可以按照“物种由一个原产地朝外迁徙”的观点去解释的话，那么因为我们对过去的气候以及地理变迁还有生物迁移的方式等所知道和了解得非常少而为难的时候，那么要相信“物种最开始仅仅有一个原产地”的规律，则是比较稳妥的信念。

在对这个问题进行讨论的时候，我们还要同时考虑到另一个一样非常重要的问题，那就是根据我们的学说，从一个共同祖先遗传而来的同一属当中的每个物种，是不是都是从某一个地区朝外迁移，而且在迁移的过程中同时又出现了变异呢？假如说某个地区的大部分物种与另一个地区当中的物种，尽管十分相似，却又非常不相同时，我们要是可以证明在过去的某一时期曾经出现过物种从一个地区迁移到另一地区的情况，那么就能够极大地巩固我们“单一地点起源论”的观点了。这是因为，根据遗传演化的学说，这样的情况能够得到明确的解释。比如，在距大陆几百英里之外的海上，存在着一个隆起的火山岛，经过一定漫长的时间之后，估计会有少数的物种从大陆迁移到岛上去生存。尽管它们的后代已经出现了变异，不过因为遗传的原因，依然与大陆上的物种具有亲缘的关系。这种情形的例子，可以找到很多。假如根据物种独立创生的理论，是解释不通的，这个问题在后面我们还会进行讨论。这个地区的物种与另一个地区物种有一定关系的看法，与华莱斯先生的观点不存在什么不同，他曾经果断地提出：“每个物种的产生都应该与过去存在的相似的物种在时间方面以及空间方面相吻合。”现在自然是非常清楚了，在华莱斯先生看来，他所认可的吻合是因为遗传演化导致的。

物种是在一个地方还是在多个地方产生的问题，和另一个类似的问题之间是存在着区别的，这个问题就是：一切同种的个体均是由一对配偶还是由一个雌雄同体的个体遗传繁衍而来的呢？还是如同有些学者想象的那样，是从同时创生出来的很多个体遗传繁衍而来的呢？对于那些从未曾交合的生物（假如这种生物存在的话），每一个物种肯定是从连续变异的变种遗传繁衍而来的。那些变种，彼此之间相互排斥，不过绝不和同种的别的个体或变种的个体互相混合，所以在连续变异的每一个阶段当中，所有同一类型的个体一定是从同一个亲体遗传而来的。不过在大部分情况下，一定得由雌雄两性交配或者是偶然进行杂交来产生新的后代。如此，在同一个地区，同一物种的每个个体会因为相互交配而基本上保持一致。很多的个体能够同时产生变异，并

夏威夷北部海岸是由火山岩组成的

且每一个时期的变异全量不仅仅是来自单一的亲体。能够举例说明我的意思，英国的赛马与别的任何品种的马都不一样，不过它的这种不同与优良性状并不仅仅是来自一对父母亲体的遗传，而是因为世世代代对大量的个体不断地仔细选择以及进行训练之后才能够获得的。

我在前面所讲到的三个事实，估计是“物种单一起源中心论”最难以说明白的问题，在讨论它们之前，我一定要对物种传播的方式进行一个必要的叙述。

物种传播的方式

莱尔爵士还有别的学者针对这个问题已进行了非常到位的论述，我在这里仅仅是简要地列出一些比较重要的事实。气候的变化，一定会对生物的迁移产生重大的影响，某一个地方，按照现在的气候环境来说，让某些生物迁徙时无法通过，但是在气候和今天不一样的从前的某个时期，或许曾经是生物迁徙的大路。这个问题将在下面的章节当中进行比较仔细的讨论。陆地水平面的升降变化，对生物的迁徙一定也会产生重大的影响。比如，现在有一个狭窄的地峡，将两种海产动物群隔离开来，但是一旦这条地峡被海水淹没过，或者说过去的时候已经被海水淹没了，那么两种海产动物群就一定会混合在一起。或者说过去就已经混合过了。现如今海洋所在的地方，在过去的年代很有可能是以陆地的形式存在着，让大陆与海岛连接于一起，那么，陆产生物就能够从一个地方迁徙到另一个地方去了。在现代生物存在的时间当中，陆地水平面曾出现过巨大的变迁，对此没有一位地质学家存在着任何的疑问。在福布斯先生看来，大西洋的所有海岛，在近一段时期当中一定曾与欧洲或者是非洲相连接。相同地，欧洲也曾和美洲相连接。别的学者更是纷纷假定过去每个大洋之间都存在着陆路能够接通，并且几乎每个海岛也都与大陆相连接。假设福布斯的论点是能够相信的话，那就不得不承认，在近期之中，几乎没有一个海岛没有与大陆相连接。这样的观点能够非常干脆利落地解释相同物种分散于非常遥远地区的这一问题，消除了很多的难点。不过，就我所做出的最合理的判断，很难去承认在现代物种存在的期间当中，会出现这么巨大的地理变迁。我的意见是，尽管说我们有大量的证据表示海陆之间的沧桑变化非常大，不过并没有证据能够表明我们每个大陆的位置以及范围能够有如此巨大的变迁，以至于能够让大陆和大陆相连，大陆和海岛相连。我能够爽快地承认，过去确实曾有很多供动植物迁徙时能够歇脚的岛屿，如今已经沉没了。在有珊瑚形成的海洋当中，就有这样的下沉的海岛，上面可有环形的珊瑚礁作为标志。在未来总会有那么一天，“每个物种是从单一源地产生的”这一概念会被人们完全认可，我们也能够更为确切地了解生物传播的方式。到了那个时候我们就能够放心大胆地推测过去大陆的范围了。但是我并不相信，将来能够证明我们如今完全分离的大部分大陆，在近代曾经相连接或者是几乎相连接，而且还与很多现存的海岛互相连接（板块构造与大陆漂移理论已经证实，这样的情况确实是存在的）。有一些生物有关分布方面的事实，比如，几乎每个大陆两侧的海产动物群都存在着极为明显的巨大差异，有几处陆地以及海洋的第三纪生物同该处现代生物之间存在着密切的关系，海岛上生存的哺乳动物和距离最近的大陆上的哺乳动物之间的相似程度，在一定程度上取决于两者之间海洋的深度（之后还会进行讨论），等等。这些与别的类似的事实均和福布斯还有他的追随者的近代曾出现过巨大的海陆变迁的观点恰好相反。海岛上生物的特征还有相对比例也和海岛以前曾同大陆相连接的观点之间存在矛盾。更何况，所有的这些海岛基本上全都是由火山岩所组成的，也无法去证实它们是由大陆沉没后残留物组成的这一观点。如果说它们在以前曾是大陆的山脉，那么，最起码应该有一些海岛是由花岗岩或者是变质片岩，要不是古代含化石的岩石或者是别的与大陆山脉相同的岩石所组成，而不只是由火山的物质堆积而成的。

火山岛下沉后，海面上只剩下环形珊瑚礁。

如今，我们不得不针对“偶然”的含义来进行一个小小的讨论，或许将它称为“偶然的传播方法”更加恰当一些。在这里，我仅仅谈一谈与植物有关的事。在植物学的著作当中，时常提到不适宜于广泛传播的一些植物，不过完全不了解这些植物经过海洋传播的难易情况。在贝克莱先生耐心地帮助我做了几个试验之前，根本不会知道植物种子对于海水的侵蚀作用有多么大的抵抗力。我意外地发现，在 87 种植物的种子当中，竟然有 64 种在盐水中浸泡 28 天之后依然可以发芽，还有少数的种子在浸泡 137 天之后依旧可以存活。值得注意的是，有些目的种子，遭到海水的侵蚀比其他的目要严重一些，比如我曾对 9 种豆科的植物的种子做过试验，仅仅有一种例外，其他的均无法较好地抵抗盐水的侵蚀。和豆科近似的田基麻科还有花葱科的 7 种植物种子，在经历了一个月盐水的浸泡之后，全都死掉了。为了方便研究，我主要用不带荚的以及果实的小型种子做实验，它们在浸泡数天后，就全都沉到了水底，因此不管它们是不是会遭到海水的侵蚀损害，都无法漂浮着越过广阔的海洋。之后我又试着用一些比较大的有果实以及带荚的种子进行实验，其中有一部分竟然在水面上漂浮了很长的一段时间。我们大家都知道，新鲜木材和干燥木材的浮力存在着极大的差别，我想起，在山洪暴发的时候，经常有带着果实或者荚种的干燥植物或枝条被冲到大海当中。受到这种想法的启发，我将 94 种带有成熟果实枝条的植物进行了干燥处理，然后放

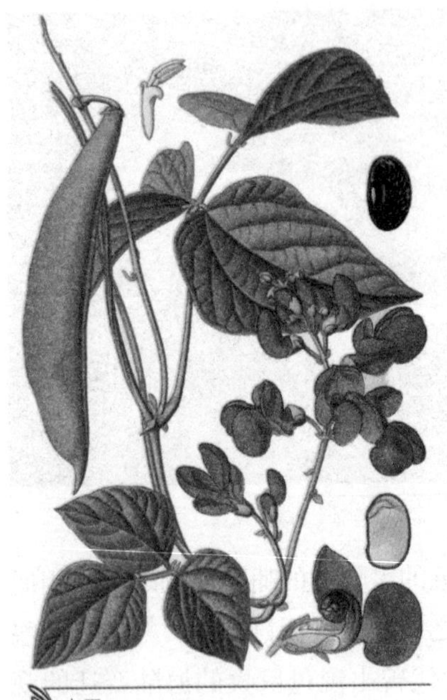
大豆

到了海水中去进行实验。结果，大部分的枝条很快就沉到了水底，不过也有一小部分，当果实是新鲜的时候，只可以在水面上漂浮很短的时间，但是在干燥之后，却可以漂浮很长的时间。比如成熟的榛子，进水就会立刻下沉，但是干燥后，却能够漂浮 90 天，将它们种在土当中还可以继续发芽。带有成熟浆果的天门冬还在新鲜的时候可以漂浮 23 天，等到干燥后漂浮 85 天之后，依然可以发芽。刚成熟的苦爹菜的种子，浸泡在水中 2 天后就会沉入水底，但是干燥后基本上可以漂浮 90 天左右，并且以后还能够发芽。总计这 94 种干燥的植物当中，有 18 种能够在海面上漂浮 28 天左右，其中包括能够漂浮更长时间的几种。在 87 种植物的种子里面，有 64 种在海水中浸泡了 28 天之后，依然保存发芽繁殖的能力。在与前面所讲的实验的物种不完全相同的另一个实验当中，94 种成熟果实的植物种子经过了干燥之后，有 18 种能够在海水中漂浮 28 天以上。所以说，假如按照这些不多的实验我们能够做出什么推论的话，那就是：不管是在什么地区的植物种子，有 14% 的部分能在海水中漂浮 28 天后，依然保持着发芽的能力。在约翰斯顿的《自然地理地图集》当中，有几个地方标着大西洋海流的平均速度，是每昼夜 33 英里，有的海流的速度能够高达每昼夜 60 英里。以海流的平均速度计算的话，某个地区的植物种子在进入海洋之后，就可能会有 14% 的部分漂过 924 英里的海面，到达另一地区中。在搁浅之后，假如有朝着陆地吹的风将它们带到适宜的地点，就能够有机会发芽成长。

在我们的实验之后，马滕斯也做了类似的实验，他对实验的方法进行了一定的改进，将很多种子放到一个盒子当中，投到真正的海洋中，让盒子里的种子有时浸到水中，有时又会暴露于空气中，就像真的是漂浮在海中的植物一般。他一共做了 98 种植物种子的实验，大部分与我做实验时用的植物种类不一样，他选用的大部分是大果实的还有海边植物的种子，这样或许可以延长它们漂浮的时间同时增加对海水侵蚀的抵抗力。再有一面就是，他没有预先晒干这些植物或是带有果实的枝条，就像我们已经知道的，干燥能够让某些植物漂浮的时间更长一些。马滕斯实验所得出的结果是，在 98 类不同的植物种子当中，有 18 种在漂浮了 42 天后依然没有失去发芽的能力。但是，我不怀疑，暴露于波浪中的植物所漂浮的时间，会比我们实验中免受剧烈颠簸影响种子漂浮的时间少。所以，我们能够更加谨慎地去假设：一个地区的植物也许能够有 10% 的部分类型的种子在干燥时可以漂浮过 900 英里宽的海面后依然保持着发芽的能力。比较大型的果实，常常比小型的果实漂浮的时间更长久一些，这的确是非常有趣的事实。根据德康多尔的说法，具有大型果实的植物，分布的范围往往会遭到限制，因为它们难以由别的任何方法去进行传播。

有些情况下，植物的种子还需要依靠其他方法进行传播。漂流的木材时常会被波浪冲到很多海岛上，甚至会被冲到最广阔的大洋中心的岛屿上。太平洋珊瑚岛上的土著居民专程会从这种漂流植物的根部去搜集所挟带的石块去做工具，这种石块竟成了贵重的皇家税品。我发现有些不规则形状的石块卡在了树根的中间时，石子与树根之间的小缝隙里时常会挟带着小块的泥土，填充得极为严密，尽管经过了海上的长途漂流，也不会被冲掉一点儿。曾有一棵生长了 50 年的橡树，它的根部有完全密封的小块泥土，取出来之后，有三棵双子叶的植物种子发出了芽，我确信这个观察是十分靠谱的。我还能够说明，漂浮于海上的鸟类尸体，有些情况下没有立刻被其他动物吃掉，这些死鸟的嗉囊当中也许会有很多类型植物的种子，长期保持着发芽的活力。比如，只要将豌豆与巢菜的种子在海水中浸泡几天就会死去，可是如果将它们吞食到鸽子的嗉囊当中，再将死鸽放于人工的海水中浸泡 30 天，然后取出嗉囊当中的种子，让我觉得非常惊奇的是，这些种子基本上全部都可以发芽。

活着的鸟类是传播种子最有效果的一种动物，我能够列举出大量的事实，证明有很多种鸟类被大风吹带着飞越重洋。在这种时候，我们能够谨慎地去估计一下鸟的飞行速度，时常是每小时 35 英里。还有一些学者估计的数字比这个要高出许多。我从来没有见到过，营养丰富的种子可以经过鸟的肠子被排出，不过那些果实中有硬壳的种子，甚至可以在通过火鸡的消化器官之后依然完好无损。在我的花园当中，两个月里我曾从小鸟的粪便里捡出 12 类植物的种子，表面上看上去均是完好的，我试着种植了一些，都还可以发芽。下面的事实更加重要：鸟的嗉囊无法分泌出消化液，就如我做试验的那样，丝毫不会让种子的发芽能力受到损伤。那么，鸟类在找到并吞食了大量食物之后，我们能够肯定在几个小时甚至是 18 个小时之中，它所吃的谷粒尚未全部进入嗉囊中，而在这段时间里，这只鸟儿能够非常容易地顺风飞行到 500 英里之外的地方。我们全清楚，老鹰是以寻找飞倦的鸟儿为食的，于是这只鸟儿被撕开的嗉囊当中所存的种子，就会被如此轻易地散布出去。有的老鹰还有猫头鹰，会将捕获的猎物整个吞下，经过 10 到 20 个小时的间隔之后，会吐出小团的食物残渣，依据动物园所做过的实验，我知道，这小团的残渣当中含有可以发芽的种子。燕麦、小麦、粟、加那利草、大麻、三叶草还有甜菜的种子，在不同食肉鸟的胃当中停留 12 到 21 个小时之后，都可以继续发芽。甚至有两粒甜菜的种子，在胃当中停留 2 天又 14 个小时之后，依然发芽生长了。我发现，淡水鱼类吞食多种陆生以及水生植物的种子，鱼又经常会被鸟吃掉，于是植物的种子就能够从一个地方传播到另一个地方去了。我曾经将各种植物种子装到死鱼的胃当中，再将鱼拿给鱼鹰和鹳还有鹈鹕等鸟类吃，等过好几个小时之后，这些鸟类将种子作为小团块的残渣从嘴里吐出来了，或者是伴着粪便排泄了出来。这些被鸟类们排出来的种子当中有一些依然具有发芽的能力，不过也有一些种子经过鸟类的消化过程而失去了生命力。

有些情况下，飞蝗会被风吹到距大陆非常遥远的地方。我曾亲自在远离非洲海岸370英里之外的地方，捉到过一只，还听说有人在更为遥远的地区也捉到过飞蝗。罗夫牧师曾经认真地告诉过莱尔爵士，在1844年11月，马德拉岛上空突然飞来了大群的飞蝗，其数目之多，就如同暴风雪的雪片一样，遮天蔽日。蝗群一直蔓延到要用望远镜才可以看到的高处。在两三天的时间当中，蝗群一圈又一圈地飞着，逐渐形成一个直径最起码有五六英里的巨大椭球形，在晚上的时候会降落，高大的树木几乎都被它们遮满了。接着到后来，它们就如同来的时候一般，突然就在海上消失不见了，之后也没有再在岛上出现过。现在，虽然说非洲南部纳塔尔地区的一些农民证据不足，但是都相信大群飞蝗时常飞到那里，它们所排泄的粪便中带着植物的种子，导致有害的植物传播到他们的牧场上。韦尔先生觉得这样的情况是真实可信的，曾在信封中附寄给了我一小包蝗虫的干粪便。我在显微镜下检出几粒种子，播种后长出了7棵草，归属于两个物种的两个属。所以，像突然飞袭马德拉岛的那种蝗虫群，很有可能是几种植物传播的方式，如此，它们的种子就能够轻易地被传播到远离大陆的海岛上去了。

尽管说鸟类的喙还有爪时常是干净的，不过有时也难免会沾上泥土。有一次我从一只鹧鸪的脚上取下61喱（1喱＝0.0648克）重的干黏土，还有一次，则取下了22喱重的，而且在泥土中，还找到了一块像巢菜种子一般大小的碎石块。还有更为有趣的现象，一位朋友曾给我寄来一条丘鹬的腿，在胫部粘着一块九喱重的干土，里面包着一粒蛙灯芯草的种子，播种后居然发了芽，并且还开了花。布来顿地区的斯惠司兰先生在40年来一直专心地观察英国的候鸟，他曾和我说，他时常会乘着鹡鸰还有穗鹏以及欧洲石鹏等鸟类刚刚到英国海滨，还没有着陆之前就将它们打下来，有很多次，他见到，鸟的爪上都粘有小块的混土。有很多的事实能够证明，这种含有种子的小泥块是非常常见的现象。比如，牛顿教授在之前曾寄给我一条因受伤无法飞翔的红足石鸡的腿，上面粘着一团泥土，约有6.5盎司（1盎司≈28.35克）左右重，这块泥土曾被保存了3年，后来将它打碎，置于玻璃罩中加水，竟然从土里长出82棵植物来，其中有12棵单子叶植物（包含普通的燕麦草还有一种以上的茅草），剩下的70棵是双子叶植物，从它们的嫩叶形状去判断，最起码有3个不同的品种。很多的鸟类，每年伴着大风远涉重洋，逐年迁徙。比如，飞越地中海的几百万只鹌鹑，它们会将偶

蝗群出现在哪里并不很明确，它们飞到哪里，哪里就会变得一片荒芜。

然粘于喙还有爪上泥土中的几粒种子传播出去，面对着这样的事实，我们还存在着什么疑虑吗？面对这个问题，我还要在后面继续进行讨论。

就像我们所知道的，冰山有时挟带着泥土还有石头，甚至会挟带着树枝以及骸骨还有陆栖鸟类的巢等。不用质疑，就像莱尔所提到的那样，在北极还有南极地区，冰山偶尔也会将植物的种子从一个地方运到另一个地方去。而在冰河时代，就算是现代的温带地区，也会有冰川将种子从一个地方运到另一个地方中去。亚速尔群岛上的植物和欧洲大陆植物的共同性，要比别的大西洋上更为接近欧洲大陆的岛屿上的植物，和欧洲植物的共同性多一些。引用华生先生的话来说就是：根据纬度进行比较，亚速尔群岛的植物便显出了比较多北方植物的特征。我做一个推断，亚速尔群岛上有一部分植物的种子，是在冰河时期，经过冰山带去的。我曾请莱尔爵士写信给哈通先生，去询问他在亚速尔群岛上是不是曾见到过漂石，他回答说曾经见到过花岗岩与别的岩石的巨大碎块，并且这些岩石是该群岛之前所没有的。所以说，我们能够稳妥地去推测，之前的冰山将所负载的岩石带到这个大洋中心的群岛上时，最起码也将少数的北方植物的种子带到了这里。

南极洲附近五分之四的冰山来自缓慢向海洋延伸的冰架。这些冰山被称为“扁平冰山”，有着平坦的顶部，四周看上去就像是垂直的峭壁。随着它们向北漂流，这些冰山会慢慢裂开，最终完全碎裂解体。

详细考虑前面所讲的各种传播方式以及有待发现的别的传播方式，年复一年地经过了多少万年的连续作用，我想如果很多植物的种子没有用这些方式去广泛地传播开来，那倒真的算是怪事了。人有时候会觉得这些传播的方式是非常偶然的，真的是不够确切。洋流的方向并非偶然的，定期信风的风向也并非偶然的。人们应该能够观察到，任何一种传播的方式都难以将种子散布到非常远的地方，因为种子在海水的长期作用下，会失去它们发芽的活力，种子也无法在鸟类的嗉囊或者是肠道中耽搁得太久。不过，利用这些传播的方式，已足可以让种子通过几百英里宽的海洋，或者是从一个海岛传播于另一个海岛，或者从一个大陆上传播到附近的海岛上，只是无法从一个大陆传播到距离非常遥远的另一个大陆上去罢了。距离非常遥远的大陆上的植物群，不会由于这些传播而相互混合，它们将与现在一样，各自保持着自己独有的状态。从海流的方向能够知道，种子不会从北美洲带到英国，但是能够从西印度将种子带到英国的西海岸，只不过，那种子就算是没有因为长期被海水浸泡而死去，也不一定能够忍耐得住欧洲的气候。几乎每年都会有一两只陆鸟，从北美洲伴着风越过大西洋，来到爱尔兰或者是英格兰的西部海岸。可是仅仅有一个方法能够让这种稀有的漂泊者传播种子，那就是黏附于它们喙上或爪上的泥土中，这是十分罕见相当偶然的情况。并且，面对这样的情况时，要让种子落于适宜的土地上，生长到成熟，其中的机会又是多么的小啊！不过，假如如大不列颠那种生物繁盛的岛在最近的几百年当中已知没有因偶然的传播方式从欧洲大陆或者是别的大陆上迁来植物（这样的事情很难去证明），于是就会觉得那些缺乏生物的贫瘠的海岛，离大陆要更远一些，也无法去用相似的方法传播移居的植物时，那就更是错上加错了。假如有100种植物种子或者是动物移居到一个海岛上之后，虽然说这个岛上的生物远远没有不列颠中的那般繁茂，并且可以适应新家园，能够被驯化的仅仅是一个物种。不过在悠久的地质时期当中，假如那个海岛正在升起，而且岛上还没有繁多的生物，那么这种偶然的传播方法所产生的效果，就无法去没有根据地进行否认。在一个几乎接近于不毛之地的岛上，极少会有或者说根本就没有害虫或者是鸟类，几乎每一粒偶然落到这里来的种子，只要具有适宜的气候，就会有发芽以及生存下去的可能。

物种在冰期时的传播

在很多的高山之间，隔着数百万英里的，高山动物所无法生存的低地，但是在其上生长着大量的完全相同的植物还有动物。因为高山物种是无法在低地生存的，所以我们就很难理解，为什么同一物种可以生活于相距较远并且隔离的地方，由于我们还尚未找到有关它们可以从一个地方迁徙到另一个地方的生动事例。在阿尔卑斯山还有比利牛斯山的积雪地带，还有欧洲最北面的地区，我们可以看出有着大量的相同的植物存在，这的确是值得我们关注的事实。而美国的怀特山上的植物与拉布拉多地区的植物完全一样，就像阿沙格雷所说的一样，它们又与欧洲最高山顶上的植物基本上是完全一样的。这更是一件值得人们注意的事情了。早在1747年，葛美伦就对与此相同的事实提出过断言，他说，同一个物种，能够在很多相距遥远的不同地方分别地创生出来。如若不是阿加西斯还有别的学者提醒人们注意在冰河时代的生物分布，我们估计现在还依然保持着过去的观点。冰河时期，就如我们马上就可以看到的，能够给这些事实一个简单明了的解释。我们有各种各样能够相信的证据，包括有机的以及无机的证据，来证实最近的地质时期当中，欧洲中部与北美洲都曾处于北极型气候之中。苏格兰与威尔士的山岳从它们山腰的冰川刻痕以及光滑的表面还有摆放于高处的漂石来看的话，向我们说明，在最近的地质时期当中，山谷中曾充满了冰川。这些痕迹甚至可以比大火后房屋的废墟还要清楚地证明之前的经历。欧洲的气候变化极为剧烈，在意大利北部古冰川所遗留下来的巨大冰碛石上，现在已经长满了葡萄还有玉米。在美国的大部分地区，均可以见到冰川漂石有划痕的岩石，这些都清楚地表明，之前那里有一个寒冷的时期。

按照福布斯的解释，之前的冰期气候对欧洲生物的分布，可以产生如下的影响：我们假定有一个新的冰期缓慢地到来，接着又如同以前的冰期那般逐渐地过去，如此我们就更容易体会到它们的各式各样的变化。当严寒来临的时候，处在南方每个地区当中的气候，变得十分适宜于北方生物的生存，北方的生物当然就一定会朝着南方迁移，占领之前温带生物的位置。同时，温带的生物也会逐渐缓慢地朝南进行迁移，除非遇上障碍物将它们阻挡而导致死亡。这时的高山将被冰雪覆盖，原有的高山生物朝着山下迁移到平原地区。当严寒达到极点时，北极地区的动物群就会遍布于欧洲的中部，并且还一直朝着南延伸分布到阿尔卑斯山还有比利牛斯山，甚至还会延伸到西班牙。现在，在美国的温带地区当时也一样是遍布了北极型的动物以及植物的，并且与欧洲的动植物的种类基本上一样。因为之前我们假设过北极圈当中的生物要朝着南迁移，因此不管在地球的哪一处，生物的类型都是相同的。

山地树种多为针叶树，海拔越高，树木的生长速度越慢。但在欧洲高山的积雪地带，可以看出有大量的相同的植物存在。

当温暖的气候渐渐地回转时，北极型的生物估计就会朝着北进行退却，随之而来的就是温带地区的生物也跟着朝北方转移。当山上的积雪开始由山脚下融化时，北极型生物就占据了这个解冻的空旷地带。伴着温度的逐渐增高，融雪也逐渐朝着山上移动，北极型生物也同样逐渐移到高山上，这时它们同类型的一部分生物就会逐渐朝北退去。于是，当温度完全恢复正常的时候，原来曾在北美还有欧洲平原的北极型同种生物，一部分回到欧洲还有北美洲北部的寒冷地区，还有一部分就留在了相距甚远并且还隔离的高山顶上了。

如此，我们也就可以很好地了解，为什么在相距遥远的地区，比如北美还有欧洲的高山上，会有那么多的相似植物。我们还能够知道，为什么每个山脉上的高山植物，与它们正北方或者是近似于正北方的植物，有着更为特殊的密切关系。由于严寒来临时，开始朝着南方迁移以及气候转暖时朝着北方退却，迁移的路线往往是正南或者是正北的。比如华生先生所讲到的苏格兰的高山植物，还有雷蒙德先生所谈到的比利牛斯山的植物以及斯堪的纳维亚北部的植物十分相似。美国植物与拉布拉多的高山植物相似，西伯利亚高山上的植物与俄国北极区的相似。这些观点是建立在过去确实存在过的冰期为根据的基础上的。因此我认为，它可以非常圆满地解释现代欧洲与美洲的高山植物还有北极型植物的分布状况。当我们在别的地区相距非常遥远的山顶上找到同种的生物时，就算是没有其他证据，我们也能够断定，以前这里有过寒冷的气候，让这些生物在迁徙的时候通过高山之间的低地，不过现在这些低地变得温度太高，不在适合寒冷植物的生存了。

因为北极型生物开始朝着南方迁移，后来又向北退了回来，均是伴随着气候的变化来进行的，所以在它们长途迁徙的过程当中，没有遭遇温度的激烈变化，又由于这些生物是集体进行迁徙的，以至于导致它们之间的相互关系也没出现什么大的变动。因此，根据本书所反复论证的原理，这些类型不会出现较大的改变。但是高山植物在温度回升的时候就已经相互隔离了，最初是在山脚下，最后留在山顶上，不过其具体的情况也存在着一些差别，由于并非所有同种的北极型生物都可以遗留到每个相距甚远的山顶上，并且长期地生存下去。更何况还有冰期之前就生存于山顶上，在冰期最严寒的时候时暂时被驱逐于平原上去的古代高山物种，估计与这些新遗留的北极型物种相混合，它们还有可能遭遇各山脉之间稍有不同的气候的影响。所以，这些遗留下来的物种之间的相互关系，或多或少地受到了扰动，于是也就非常容易出现变异。事实上，它们确实已经出现了变异。如果是以欧洲几大山脉现在所存在的所有高山动物以及植物相进行比较的话，就能够看到，尽管还有很多相同的物种，但是有的成为变种，而有的则成了可疑的物种或者是亚种，甚至有些已经成为近缘并且不同的物种，构成了每个山脉所特有的代表物种了。

在前面所讲的说明当中，我曾假设这样的设想的冰期在最开始时环绕北极地区的北极型生物，是与现在我们所看到的情景非常一致的。不过我们还不得不假设，在那个时候地球上的亚北极以及少数的温带生物也是一样的，由于现在生存于较低山坡以及北美洲还有欧洲平原上的物种也存在着一部分相同的物种。估计有人要问，在真正的大冰期开始的时候，该如何去解释全世界亚北极生物还有温带生物相同的程度呢？如今美洲还有欧洲亚北极带以及温带的生物，被整个大西洋还有北太平洋隔开了。在冰期的时候，这两个大陆上的生物栖息地的位置，在如今栖息地的南方，彼此之间一定被更为广阔的大洋分割开来。因此，人们会产生出疑问：同一物种如何在冰期或者是在冰期之前进入这两个大陆的？我相信说明问题的关键，是在冰期开始之前的气候特征。在那个时候，也就是新上新世时期，地球上大部分的生物种类和现在一样，我们有足够充分的理由去相信，当时的气候比现在要温暖很多。所以，我们能够去假定，现在生活于北纬 60° 以南的生物，在上新世时基本上是生活于更北方的 66° 到 67° 之间，也就是更接近北极圈的地方。而现今的北极生物，那个时候则生活于非常靠近北极点的每个小陆块上。假如我们观察一下地球仪，就可以看出来，在北极圈当中，从欧洲的西部穿过西伯利亚一直到美洲的东部，陆地几乎都是相连接的。这样的环形陆地的连续性，让生物能够在适宜的气候当中进行自由迁徙。如此，欧洲与美洲亚北极生物以及温带生物在冰期之前是相同的假设就有了一定的理由。

按照前面所讲的种种理由，我们能够相信，就算是海平面在上下颤动，我们每个大陆的相对位置长时间以来基本上没有出现什么变化。我愿意引申这一观点，以便推断出更早更温暖时期的状况。比如，比较老的上新世，有极大数目相同的植物还有动物，在几乎连续的环极陆地上生存着。临近冰期到来之前，伴随着气候的逐渐变冷，不管是在欧洲还是在美洲生存着的动植物，就开始逐渐地朝南迁移。就像我所认为的那样，现在我们在欧洲中部以及美国所见到的它们的后代，大部分已出现了变异。根据这种观点，我们可以理解北美洲和欧洲的生物为什么极少会是完全相同的。假如考虑到这两个大陆之间距离的遥远，中间又存在着整个大西洋将之分隔时，这样的关系就特别引人注意看。对于几个观察者所提出来的另一个比较神奇的事实，我们也获得了进一步的理解，那就是，欧美两大洲的生物之间的关系在第三纪后期比现在更为接近了，这是因为在这些比较温暖的时期，欧美两大洲的北部陆地基本上是相连的，作为陆桥来让两洲的生物能够进行互相的迁徙，直到后来，由于严寒的降临，这个地方无法通行了。

当上新世的温度逐渐降低时，在欧洲还有美洲生存的相同物种，很快会从北极圈朝着南方迁徙，于是，两大洲的生物之间就会断绝了联系。在两大洲比较温暖地区的那些生物，一定于很久之前就出现了这样的隔离。这些北极动植物朝南迁移，在美洲一定会和美洲土著动植物混合，然后出现生存斗争。在另一个大陆欧洲也出现了相同的情况。所以说，所有的情况都有利于它们出现大规模的变异，其变异的程度远远不是高山生物能够比的。高山生物仅仅是被隔离于欧洲还有美洲的高山顶上以及北极地区，并且时代也近得多。因此，如果将欧洲与美洲两大陆现代温带生物进行比较时，我们仅仅可以找到少数相同的物种。（虽然阿沙格雷近来曾指出，两洲之间相同种类的植物比我们之前所估计的要多一些。）不过，我们也发觉，每一个纲当中都存在着很多类型在分类上引起了争执，而且被不同的博物学家要不是列为地理亚种，要不就干脆列成了不同的物种。当然，也存在着大量非常相近的或者是代表性类型，被博物学家们一致地认可属

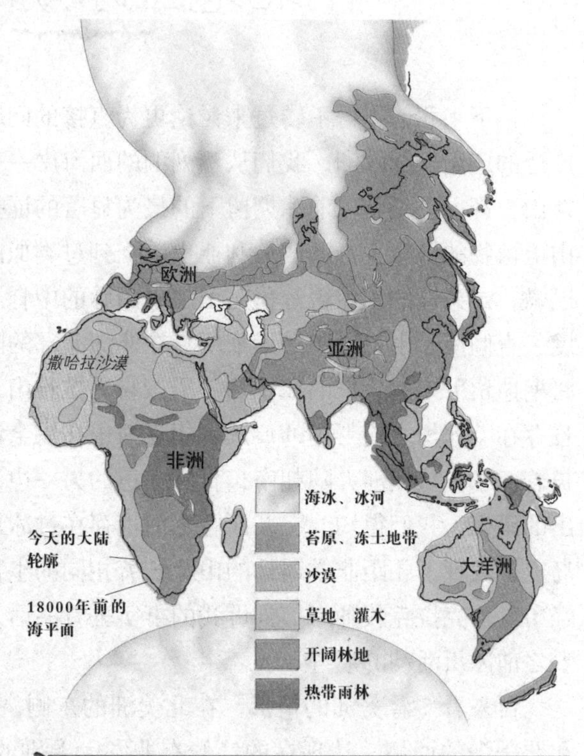

冰川期的世界，在冰川期，世界的大陆更大，一些现在分离的陆地那时是连在一起的。

于不同的物种。

海水中与陆地上的情况是一样的。在上新世，甚至在更早的时期，海洋生物几乎完全一致地沿着北极圈当中连续的海岸逐渐朝南迁移。根据变异的学说，我们能够解释为什么完全隔离的海洋当中会有大量非常相似的生物类型存在着。同样，我们也能够解释，为什么在北美洲东西两岸的温带地区当中，已绝灭的以及现存的生物之间存在着十分相似的关系。我们还能够解释一些更为奇怪的现象，比如地中海与日本海的很多甲壳类（像达纳的优秀著作中所描述的那样），有些鱼类还有别的海产动物，都有着十分密切的关系，而现在地中海与日本海已经被整个亚洲大陆还有宽广的海洋所分隔开了。

对于那些与物种之间存在着密切相似关系的相关事实，现在与之前在北美洲东西两岸海洋的生物；地中海与日本海的生物；北美与欧洲温带陆栖生物间的密切类似的关系等，都不能够用创造学说去解释。我们不会觉得，那些地区的自然地理条件十分相似，就一定可以创造出相似的物种来。因为假如我们将南美洲的有些地区与南非洲或者是澳大利亚的有些地区进行比较的话，我们就能够看到，在自然地理条件相似的地区当中生存着非常不相同的生物。

南北地区冰期时的交替

接下来我们不得不转过来讨论更为直接的问题。我确信，福布斯的观点能够得到广泛的应用。在欧洲，我们从不列颠的西海岸一直到乌拉尔山脉，朝南一直到比利牛斯山，都可以见到以前冰期留下的最为显著的证据。我们能够从冰期的哺乳动物还有山上植物的性状去推断西伯利亚也曾受到过类似的影响。根据胡克博士的观察，在黎巴嫩，永久性的积雪曾经覆盖了那里山脉的中脊。它所形成的冰川，从400英尺的高度一直倾泻于山谷当中。近来胡克在非洲北部的阿特拉斯山脉的低地当中发现了冰川时期遗留下来的大堆的冰碛物，沿着喜马拉雅山，在大约相距900英里远的地方，尚且存在着冰川之前下泻的痕迹。胡克博士在锡金还曾见到古代留下的巨大冰碛物上生长着玉米。从亚洲大陆朝南，直到赤道的另一边，按照哈斯特博士还有赫克托博士杰出的研究，我们得知，在新西兰之前也存在过冰川流到低地的现象。胡克博士在这个岛上也发现了相距非常遥远的山上长着相同的生物，这说明这里之前曾有寒冷时期的经历。从克拉克牧师来信告诉我的事实去看的话，貌似澳大利亚东南角的山上也存在着之前冰川活动的痕迹。

再来看一看美洲的情形，在北美洲的东侧，朝南直到纬度36°到37°的地方；在北美洲的西侧，从现在的气候有非常大差别的太平洋沿岸开始，朝着南直到纬度46°的地方，都发现了冰川带来的冰碛物。在落基山上，也曾遇到过漂石。在南美洲

大陆冰川后退时，冰水聚积于冰蚀洼地中形成湖泊。

的科迪勒拉山，基本上就位于赤道上。冰川曾一度远远地伸展到目前的雪线之下。在智利的中部，我曾对一个由岩石碎块（其中包括大砾石）堆成的大山丘进行过观察，横于保地罗的山谷当中。完全无须你去怀疑，那里曾一度形成过巨大的冰碛堆积。福布斯先生曾经与我说过，他在南纬13°到30°之间，高度差不多在1200英尺的科迪勒拉山上，发现了和挪威所类似的有非常深擦痕的岩石以及含有带凹痕小砾石的大碎石堆。在科迪勒拉山的整个地区当中，就算是在最高处，如今也已经不再有真正的冰川了。顺着这个大陆的两侧再向南，也就是从南纬41°到大陆的最南端，我们能够看到之前冰川活动的最显著的证据，那些地方存在着大量从遥远的地方运过来的巨大漂石。

鉴于下列的这些事实，因为冰川作用曾遍及南北两个半球，因为两个半球的冰期从地质意义方面来说，均属于近代的，从冰期所造成的效果来看的话，南北半球的冰期持续时间均非常长，最后，因为在近代，冰川曾沿着科迪勒拉山的走向朝下延伸到低地平面，我曾经得出过这样的结论：全球的温度，在冰期的时候曾同时降低。如今，克罗尔先生在一系列优秀的专著当中，企图想要说明冰河气候是每种物理原因所引起的后果，而这些物理原因是因为地球轨道离心率的增加而造成的。所有的原因均引起了相同的一个结果，那就是冰期的形成。而其中最为重要的原因，就是地球轨道的离心率对海流的间接影响。按照克罗尔先生的说法，每隔1万年或者是15000年左右，冰期就会有规律地循环出现一次。在长久的间冰期之后，这种严寒因为某种偶然的事件，会极端严酷。在这些偶然事件当中最为重要的，就是莱尔先生所谈到的海陆的相对位置的变化。克罗尔先生相信，最近一次冰期发生在24万年之前，持续了差不多16万年之久。其间，气候只是有微小的变化。对于更为古老的冰期，几个地质学家则按照直接的证据，认为在中新世以及始新世也曾出现过冰期。至于更为久远的，就不需要再提了。不过克罗尔所得出的结论当中，对我们来说最为重要的，就是当北半球在经历严寒的时候，南半球因为海流方向的改变，其温度事实上是升高了，冬季也变得温暖了。反之，当南半球在经历冰期的时候，北半球的情况也是这样的。这样的结论，对说明冰期生物的地理分布非常有帮助。对于这些，我坚定不移地相信，但是我要先列举几个还需要解释的实例出来。

以前胡克博士曾经提出，在南美洲火地岛的开花植物（那些植物在当地贫乏的植

洪堡在安迪斯山脉发现的猕猴

物当中占据了相当大的一部分）中，除了很多非常相似的物种之外，还有四五十种与北美洲还有欧洲的完全一样。大家都比较了解，这几个地方彼此之间的距离非常遥远，而且都处在地球相反的两个半球之上。在美洲赤道地区的高山上，有大群独特的属于欧洲属的物种。加得纳先生曾经在巴西的奥更山地区的植物当中发现了少数的欧洲温带属，还有一些南极属以及一小部分的安第斯山属，均为山脉之间低凹热带地区所没有的植物。在加拉加斯地区的西拉地带，著名的洪堡先生早已经发现归类于科迪勒拉山特有属的一些物种。而在非洲的阿比西尼亚山上，竟然生长着几种欧洲特有的类型还有很小的一部分好望角植物的代表类型。在好望角，能够相信有非人为引进的少量的欧洲物种，在山上也存在着一些并非非洲热带地区的欧洲代表类型。近来，胡克博士也指出，几内亚湾中高耸的费尔南多波岛的高地还有相邻的喀麦隆山上，存在着几种植物和阿比西尼亚山上的以及欧洲温带的植物有着十分密切的关系。我听胡克博士讲过，有几种相同的温带植物，已经被罗夫牧师在弗得角群岛上寻觅到了。一样的温带类型几乎沿着赤道横穿了整个非洲大陆，一直延伸到弗得角群岛的山上。这是自有植物分散于喜马拉雅山以及印度半岛每个隔离的山脉上，在锡兰（如今被称为斯里兰卡）高地还有爪哇的火山顶等地带，有大量的完全一样的植物。或者在某一地方的植物群，是那个地方的代表种类，不过同时又均是欧洲植物的代表类型，也就是每个山脉之间低凹炎热地区所没有的植物。在爪哇高山上所收集来的每个属植物的名单，就如同是欧洲丘陵上所采集到的植物名单的复制品。更令人觉得惊讶的是，有些婆罗洲（也叫作加里曼丹）的山顶上生长的植物，居然代表了澳大利亚的特有类型。我曾听胡克博士谈到，这些澳大利亚植物有的沿着马六甲半岛的高地朝外延伸，有一部分稀稀落落地散布在印度，还有一部分则朝北延伸到日本。

米勒博士之前曾于澳大利亚南部的山上发现了一些欧洲的物种，并且在低地上同样发现了生存着不是人为引进的别的一些类型的欧洲物种。胡克博士曾经和我说，在澳大利亚所发现的欧洲植物的属能够列出一长串名单，并且这些均为两大洲之间的热带地区所不具有的植物。在让人称赞的《新西兰植物导论》一本书里，胡克博士对这个大岛上的植物，列举了类似的奇异现象。所以，我们能够看得见，全世界的热带地区的高山上生长着的一些植物，与南北温带平原上的植物要不就是同一物种，要不就是同一物种的变种。但是我们应该观察到，这些植物并非真正的北极类型，因为根据华生所讲的“从北极朝着赤道地区进行迁移时，高山或者是山地植物群的北极特征事实上变得越来越少了”。除了这些完全相同的以及极为类似的类型之外，还有大量的如今中间热带低地所没有的植物属，生长于这些一样遥远而又隔离的地区。

这些简单的讨论只是针对植物而言，在陆地上生存的动物方面也存在着少量的相似的事实，海产生物同样存在着类似的状况。我能够引用最高权威达纳教授的叙述为例子，他讲道：“新西兰的甲壳动物与大不列颠的十分类似，而这两个地方分别处于地球上恰好相反的位置上，这的确是一个让人十分惊讶的现象。”理查森爵士也曾说过：“在新西兰与塔斯马尼亚岛的海岸边，曾见到过有北方的鱼类出现。”胡克博士还对我说过，新西兰与欧洲有 25 种海藻是一样的，可是在它们中间的热带海洋当中没有找到这些藻类。

根据上面所讲到的事实，温带型的生物存在于下面的这些地方：横穿非洲的整个赤道地区，顺着印度半岛一直到锡兰还有马来群岛。另外，温带生物还不太明显地穿过南美洲广阔的热带地区等。能够看出，在之前的某个时期当中，不用质疑，是在冰河期达到鼎盛的时候，有一定大规模数量的温带类型生物曾迁徙到这些大陆赤道地区的每个低地上生存过。在当时的情况下，赤道地区海平面上的气候，估计与现在同一纬度五六千英尺高的地方一样，说不准还要再冷一些。在最严寒的时期，热带植物与温带植物混杂丛生着遍布了赤道地区的低地。就如同胡克博士所描述的现代喜马拉雅山四五千英尺高的低山坡上混生的植物一般，不过温带的类型估计更多一些。和这种现象一样的是，在几内亚湾中的费尔南多波海岛的山上，曼先生曾发现，欧洲温带类型的植物差不多在 5000 英尺高的地方开始出现。西曼博士曾于巴拿马 2000 英尺高的山上发现了与墨西哥类似的植物，“热带型植物同温带型的植物协调地混合生存着”。

接下来，让我们看一下克罗尔先生所得出的结论：当北半球在遭受大冰期严寒的时候，实际上南半球是非常暖和的。这对于现在不能够解释的两半球的温带地区与热带高山地区植物的分布提供了某种清楚的解释。冰期，假如以年代来计算的话，一定会非常漫长。不过当我们记起在几百年时间当中有的动植物在驯化之后又扩散到多么广阔的地区时，那么冰期时间的漫长，对于不管是什么样的数量的生物的迁移来说都是足够的。当寒冷越来越严重的时候，我们都明白，北极型生物就侵入到温带地区。根据前面所讲到的事实，有的比较健壮的而且具有优势同时分布又比较广的温带生物，一定会侵入赤道地区的低地，而热带低地的生物一定会同时朝着南方的热带还有亚热带地区进行迁移。因为当时南半球是比较温暖的。等到冰期即将结束的时候，因为南北两半球慢慢恢复了原有的温度，生活于赤道低地的北温带生物有可能会被驱逐回原来的地方，也有可能就会走向灭亡，而被从南方返回来的赤道类型生物所代替。

海藻宽阔的叶子内含有大量气体，使得它们可以直直地向上生长。

但是，一定有一部分北温带的生物在撤退的时候登上了某些邻近的高原。假如这些高原有足够的高度，它们就会如欧洲山顶上的北极类型那般永久地生存于那个地方。就算是气候并不非常适宜，它们也可以继续生存下去，因为温度的升高一定是非常缓慢的，并且植物确实也具有一定的适应新气候的能力。它们会将这种抵抗冷还有热的不同能力遗传给后代就证明了这一点。根据事物的正常发展规律，等到轮到南半球遭遇严酷的冰期时，北半球就会变得温暖一些，于是这个时候南温带的生物就会侵入到赤道低地。之前留在高山上的北方类型，这时也会朝山下迁移，而与来自南方的类型混合于一起。当温度逐渐回转，南方类型就一定会回到之前的家乡，一样会有少数的物种遗留在高山上，并且挟带着某些从山上迁移下来的北温带类型，一同返回南方。于是，在北温带地区以及中间热带地区的高山上，就会找到极少数的物种是完全相同的。不过这些长期留在山上或者是留在另一半球的物种，不得不与大量的新类型进行生存斗争，而且还处在与家乡稍微不同的自然地理条件之中。因此这些物种非常容易出现变异，导致它们现在以变种或者是代表种的形式存在，真实的情况也确实是这样的。我们一定要记住，南北两个半球之前均经历过冰期。只有经历过这些，才可以用相同的原理进行解释，在相同的自然条件并且又相距甚远的南北半球的温带地区，生存着一些中间热带所没有的，彼此之间也不太相同的大量物种的事实。有一件需要引起我们注意的事实，那就是胡克博士与德康多尔分别对美洲还有澳大利亚的生物进行研究之后，都坚定地认为，物种（不管是相同的还是稍微存在变异的）从北向南迁移时，要比从南向北迁移得多。但是不管怎么样，我们在婆罗洲还有阿比西尼亚的山上依然见到少数的南方类型生物。我猜想，从北朝南迁移的物种之所以数目比较多，是因为北方陆地的范围比较广阔，北方的类型在北大陆的家乡生存的数目比较多。最后的结果是，经过自然选择还有生存竞争，它们比南方的类型进化的完善程度要高一些，或者说占有着更优势的力量。所以，当南北冰期进行交替的时候，南北两大类型在赤道地区进行混合，北方类型的力量比较强，可以保住它们在山上的地盘，之后还能够与南方类型一起朝南迁移。但是，南方类型无法如此对付北方的类型。如今依然存在相同的情况，我们见到，很多欧洲的生物长满了拉普拉塔还有新西兰的地面，在澳大利亚也是这样（情况稍微差一些），它们排挤了那里的土著生物。再有就是，尽管有容易黏附种子的皮

理查德·欧文（1804—1892），英国解剖学家、古生物学家，他并不支持达尔文的进化论学说。

革羊毛还有别的物品，在近两三百年以来从拉普拉塔大量运往欧洲。在最近的四五十年以来，从澳大利亚运往欧洲的也非常多。不过，只有极少数的南方类型可以在北半球的某个地方被驯化。但是，在印度的尼尔盖利山地区出现了一些比较特殊的情况。我听胡克博士讲到过，在那里的澳大利亚类型繁殖得非常迅速，已经被驯化了。完全不用去怀疑，在最后的大冰期到来之前，热带高山上生长着土著高山类型植物，不过之后这些类型几乎在每个地方都朝着占据更广阔地区，繁殖率更高的，具有更大优势的北方植物们贡献出自己的地盘。很多的海岛上土著植物的数目与入侵者的数目基本上相等，或者更少一些，这是它们走向灭亡的第一个阶段。山岳被称作陆地上的岛屿，山上的土著生物已为北方广大地区繁衍的生物让位，就如同真正海岛上的土著生物处处为北方入侵者让出自己的地盘，而且还将继续向经人类活动所驯化出来的大陆型生物让出自己的地盘一般。

在北温带还有南温带以及热带山上的陆相动物还有海产生物都适用相同的原理。在冰期最为严酷的时候，洋流方向与现在的并不一样。有的温带海洋的生物能够到达赤道，其中估计有少数的生物可以立刻顺着寒流继续朝南迁移，剩下的则会留在比较冷的深海里生存，一直等到南半球受到冰期气候影响时，它们才能够继续前进。就如同福布斯所讲到的那样，这样的情况与现在北极的生物依然在北温带海洋深处个别的地方还生存着的现象完全是同一个道理。

虽然我无法回答现在相距遥远的南方与北方，有些时候还在中间高山上生活的同一物种与近缘物种，在它们的分布还有亲缘关系方面的所有难题，不过都能够运用前面所讲的观点去进行一个最基本的解释。我们至今还不能够指出它们迁徙的实际路线，我们更无法说明，为什么有的物种进行了迁徙，但是另一些物种没有迁徙，为什么有的物种出现了变异而且还形成了新的类型，可是别的物种却依然保持不变。我们没有期望能够解释清楚这些事实，除非我们有能力去解释下面的问题时才有可能说清这些问题。为什么有的物种在异地由人类活动驯化，而别的物种却不可以呢？或者说，为什么有的物种的分布比本乡的另一物种的分布要宽阔两到三倍，而且在数量方面也会多出两到三倍呢？

依然还有各种各样的难题等着去解决。比如，胡克博士所提出的同种植物在克尔格伦岛还有新西兰相弗纪亚等相距如此遥远的地方均有生存的现象。不过，根据莱尔的观点，估计是冰山与这些植物的分布有一定的关系。更值得我们注意的是，在南半球的这些地方以及别的遥远的地方，生存着尽管不同种却又完全是南方属的生物。这些物种之间存在着很大的差异，以至于让人觉得难以想象它们自从最后一次大冰期开始之后，可以有足够的时间来供它们迁徙以及随后再出现如此程度上的变异。这些事实好像说明，属于同一属之中的那些物种，都是从一个中心朝着周围向外辐射迁移的。我还是倾向于认为，南半球与北半球的情况相同，在最后的冰期到来之前，曾存在过一个温暖时期。现在覆盖着冰雪的南极大陆，在那个时候会有一个与外界隔绝并且还非常特殊的植物群系。我们可以去假设，当最后一次的冰期尚未绝灭这个植物群之前，已有少数的类型借助着偶然的传播方式，经过那些当时尚未沉没的岛屿，作为歇脚点，向着南半球的每个地方广泛地散布出去。因此美洲、澳大利亚以及新西兰的南岸等地方，全都稀疏地分布着这种特殊类型的生物。莱尔在一篇非常有说服力的文章当中用与我几乎一样的说法，推测了全球气候大变化对生物地理分布所产生的影响。现在我们又见到克罗尔先生的结论：一个半球上依次发生的冰期，正好就是另一个半球上温暖的时期。这个结论与物种缓慢演变的观点结合在一起，能够对相同的或者是相似的生物散布于全球各个地方的事实做出一个解释。携带着生物的洋流，在一段时期当中从北向南流，而在另一段时期里则又会由南流向北，总之，都曾流过赤道地区。但是从北向南的洋流，力量比由南向北流的更大，所以可以在南方进行自由的扩散。因为洋流将它携带的漂浮生物沿着水平面搁浅遗留在了每个地方，并且洋流的水面越高，遗留的地点也就越高，因此携带生物的洋流从北极的低地一直到赤道的高地，沿着一条慢慢上升的线，将漂浮的生物遗留到热带的山顶上。这些遗留下来的各式各样的生物，和人类中未开化的民族十分相似，他们被驱逐退让到每个深山险地去生存，成了之前土著居民生活于周围低地的一项非常具有说服力的证据。

第十三章
生物的地理分布（续前）

淡水物种的分布——> 海岛上的物种——> 海岛上不存在两栖类及陆栖哺乳类——> 海岛生物与最邻近大陆上生物的关系——> 摘要

淡水物种的分布

由于湖泊与河流系统被陆地障碍物所隔开，因此估计会想到淡水生物在同一地区当中分布的范围不会很广，又由于海是更为难以克服的障碍物，因此估计会想到淡水生物不会扩张到遥远的地方。可是真正的情况正好相反。不仅属于不同纲的很多淡水物种有很广阔的分布范围，而且近似物种也以惊人的方式遍布于世界各地。我依然清晰地记得，当第一次在巴西的各种淡水中采集生物时，对于那些地方的淡水昆虫、贝类等和大不列颠的非常相似，并且周围陆栖的生物和大不列颠的非常不相似，让我觉得十分震惊。

不过，有关淡水生物广为分布的能力，我估计在大部分的情况之下能够做这样的解释：它们用一种对自己有利的方式发展变化得适合于在它们自己的地区当中从一个池塘，从一条河流到另一条河流，时常进行短距离的迁徙。凭借着这种短距离迁徙的能力而发展为广阔的地理分布，可以说这几乎就是必然的结果。我们在这里只能简单谈一谈少数的几个例子。其中最不容易解释的，就是鱼类。之前相信同一个淡水物种永远不会在两个彼此之间相距非常远的大陆上生存着。可是京特博士最近解释说明了，南乳鱼就曾栖息于塔斯马尼亚、新西兰以及福克兰岛还有南美洲大陆。这算是一个非常奇特的例子，它估计能够表示在以前的一个温暖时间当中，这种鱼从南极的中

鲶鱼分布极其广泛

心朝外分布的情况。不过因为这一属的物种也可以用某种未知的方法渡过距离非常广阔的大洋，因此京特的例子在一定程度上也不算是稀奇的了。比如，新西兰与奥克兰诸岛之间相距差不多230英里，不过两地却都有一个共同的物种。在相同的一个大陆上，淡水鱼往往有很广阔的分布范围，并且还变化莫测，在两个相邻的河流系统当中有些物种是相同的，不过有的却完全不相同。

淡水鱼类估计因为大家所说的意外方法而偶然地被输送了出去。比如，鱼被旋风卷起落于遥远的地点依然是活的，并不是什么稀奇少见的现象，而且我们也知道，卵从水里取出来以后，经过非常长的时间还可以保持它们的活力。就算是真的出现了这样的情况，它们的分布主要还要归因于在最近时期当中陆地水平的变化而让河流得以彼此流通的原因。此外，河流彼此相流通的事也发生于洪水期中，这里并未出现陆地水平的变化。大部分的连续山脉自古以来就一定完全阻碍两侧河流汇合在一起，两侧鱼类的大不相同也导致了相同的结论。有些淡水鱼属于很古老的类型，而当出现了此种情况的时候，对于巨大的地理变化就有充分的时间，于是也就有了充分的时间还有方法去进行大规模的迁徙。还有，京特博士近来按照几种考察，推论出鱼类可以长时间地保持同一的类型。假如对于咸水鱼类给予小心的处理，它们就可以渐渐地习惯于淡水生活；根据法伦西奈所给出的意见，基本上没有一种鱼，它的所有成员都只在淡水当中生活，因此属于淡水群的海栖物种能够沿着海岸游得非常远，而且变得更为适应远地的淡水，估计也不是非常困难的。

淡水贝类的有一些物种，分布的范围非常广阔，而且近似的物种也遍布于全世界，按照我们的学说，从共同祖先传下来的近似物种肯定是来自单一的源流。它们的分布情况一开始让我觉得大惑不解，由于它们的卵不像是可以由鸟类输送的，而且卵和成体一样，均会立刻被海水杀死。我甚至无法理解有些归化的物种是如何可以在相同的一个地区当中非常迅速地分布开去。不过我所观察的两个事实，毫无疑问别的事实也会被发现，对于这个问题提供了一些说明。当鸭子从盖满浮萍的池塘中突然走出来时，我曾两次见到这些小植物附着于它们的背上；而且曾经出现过这样的事情：将一小部分浮萍从一个水族培养器移入另一个水族培养器当中时，我曾无意中将一个水族培养器当中的贝类移入另一个当中去。不过还有一种媒介物或许更具有效力：我将一只鸭的脚挂于一个水族培养器当中，其中有很多的淡水贝类的卵正在被孵化；我找到大量极为细小的并且是刚刚被孵化出来的贝类，爬于它的脚上，而且还是那么牢固地附着在那里，以至于当脚要离开水中时，它们并没有脱落，尽管它们再长大一些就会自己离开的。这些才刚孵出来的软体动物尽管在它们的本性方面是水栖的，不过它们在鸭脚上，在潮湿的空气里，可以生存12至20个小时，在这么长的一段时间当中，鸭或者是鹭鸶最起码能够飞行600或700英里。假如它们被风吹过海面到达一个海洋岛或者是别的遥远的地点，那么就一定会降落于一个池塘或者是小河当中。莱尔爵士曾和我讲过，他曾捉到一只龙虱，有盾螺（一种淡水贝类）牢牢地附着在它的上面。而且，同科中的水甲虫细纹龙虱曾经有一次飞到了比格尔号船上，当时这只船离最近的陆地的距离为45英里，没有人可以说，它能够被顺风吹到多么远的地方去。

有关植物，很早之前就已知道许多淡水的，甚至是沼泽的物种，分布得非常遥远，在大陆上而且是在最遥远的海洋岛上，均是这个样子的。依据德康多尔的见解，含有极为少量的水栖成员的陆栖植物的大群明显地表现出这样的情况。它们好像因为水栖就马上获得了非常广阔的分布范围。我觉得，这个事实能够由有利的分布方法得到有力的说明。我之前谈到过，少量的泥土有时会附着于鸟类的脚上以及喙上。涉禽类时常徘徊于池塘的污泥边缘，假如它们突然受惊飞起，那么脚上非常有可能携带着泥土。这种目的鸟比任何别的目的鸟漫游的范围更为广阔，有时候它们会去到最遥远的以及不毛的海洋岛上。它们估计不会降落于海面上，因此，它们脚上的任何泥土就不至于会被冲掉。等它们到达陆地之后，它们一定会飞到属于自己的天然的淡水栖息地中去。我不认为植物学者可以体会到在池塘的泥当中含有多么数量极大的种子。我曾经做过几个小试验，不过在这里仅仅可以举出一个最动人的例子。我在2月的时候，分别从一个小池塘边的水下于3个不同的地点取了3调羹的污泥，然后等到干燥以后，仅仅有六又四分之三盎司重。我将它们盖起来，在我的书房里静置了6个月，当每一植株长出来的时候，将它们拔出来并进行了计算。这些植物属于许多的种类，合计有537株，并且那块黏软的污泥在一个早餐杯当中就能够盛下了。想到这些事实，我觉得，假如水鸟未将淡水植物的种子输送到遥远地并且没有生长植物的池塘还有河流中去，倒会成为无法解释的事情了。这相同的媒介对于有些小型的淡水动物的卵估计也会有一定作用的。

别的未知的媒介估计也发生过作用。我曾经谈到过淡水鱼类吃有些种类的种子，尽管它们吞下很多其他的种子之后还会再吐出来，甚至小的鱼也会吞下相当大的种子，比如黄睡莲还有眼子菜属这些生物的种子。鹭鸶还有其他种群的鸟，一个世纪又一个世纪地天天在吃鱼，吃过鱼之后，它们就会飞起，同时还会走到其他的水中，或者是被风吹过海面。而且我们还知道，在很多个小时之后伴着粪便排出的种子依然拥有着发芽的能力。之前当我见到那些精致的莲花们的大型种子，又想起来德康多尔有关这种植物分布的意见时，我觉得，它们的分布

水雉的脚趾特别长，可以将莲花的叶子作为漂浮的平台使用。

方式一定是无法理解的。不过奥杜旁说，他在鹭鸶的胃当中找到过南方莲花（依据胡克博士的意见，估计是大型的北美黄莲花类）的种子。这些鸟一定是经常在胃里装满食物之后又飞到远方的池塘中，然后再次饱餐一顿鱼，类推的方法让我相信，它们一定会将适于发芽状态的种子在成团的粪便里排出来。

当对这几种分布的方法进行考察时，一定要牢记，一个池塘或者是一条河流，比如，在一个隆起的小岛上最开始形成时，其中是不存在生物的。于是一粒单个的种子或者是卵，将会成功地获得良好的生存机会。在同一池塘当中的生物之间，不论是生物种类如何少，总存在着生存斗争，但是就算是充满生物的池塘的物种数目，同生活于相同面积的陆地上的物种数目进行比较，前者的数目总是较少的。因此，它们之间的竞争比起陆栖物种之间的竞争，较为不够激烈，于是外来的水生生物的侵入者在获得新的位置方面比陆上的移居者有较好的机会。我们还需要牢记，很多淡水生物在自然系统上是非常级的，并且我们也有理由去相信，这样的生物比高等的生物变异起来要慢很多。这也就让水栖物种的迁徙拥有了足够的时间。我们一定不能忘记，很多的淡水类型之前估计曾经连续地分布于广阔的面积当中，后来在中间地点绝灭了。不过淡水植物还有低等动物，不管它们是不是保持同一类型或者是在某种程度方面出现了变化，它们的分布很明显主要依靠动物，尤其是依靠飞翔力较强的，而且是自然地从这一片水域飞翔到另一片水域的淡水鸟类，将它们的种子以及卵广泛地散布开去。

海岛上的物种

不仅是同一物种的所有个体都是由某个地区迁徙而来的，并且，现在栖息于最遥远地点的近似物种，也均是由单一地区，也就是它们早期祖先的诞生地区迁徙而来的。照着这个观点，我之前曾选出与分布的最大难题有关的三种事实，现在对其中的最后一种事实进行一个讨论。我已经列出我的理由去说明我不承认在现存物种的时间当中，大陆上曾出现过这么庞大规模的扩展，而导致这个大洋中的所有岛屿都曾因此而充满了现在的陆栖生物。这个观点消除了许多的困难，不过同有关岛屿生物的所有事实均不相符合。在下面的讨论当中，我将不仅仅局限在讨论分布的问题方面，同时还要讨论一下与独立创造学说以及伴随着变异的生物由来学说的真实性有关的一些别的情况。

栖息于海洋岛上的所有类别的物种，在数量方面和相同大小的大陆面积的物种进行比较的话，是非常稀少的。德康多尔在植物方面，沃拉斯顿在昆虫方面，都认可了这个事实。比如，有高峻的山岳以及多种多样地形的，并且南北达 780 英里的新西兰，再加上外围诸岛奥克兰、坎贝尔以及查塔姆等，一共也不过仅仅存在着 960 种显花植物。假如我们将这种不算大的数目同繁生于澳大利亚西南部或好望角的相同面积上的物种进行一下比较，我们就不得不承认，有某种和不同物理条件没有关系的原因，曾经导致了物种数目方面出现了这么巨大的差异。就算是条件一致的剑桥，也具有 847 种植物，盎格尔西小岛拥有着 764 种，不过有一些蕨类植物以及引进植物也同样包括于这些数目当中，并且从别的方面讲的话，这个比较也并不是非常合理。我们有证据能够说阿森松这个不毛岛屿原本仅存在着不到 6 种显花植物，不过现在拥有很多的物种已在那些地方归化了，就如同很多的植物在新西兰以及每一个别的能够举出的海洋岛上归化的情况一样。在圣海伦那那个地方，有理由去相信归化的植物以及动物已经基本上消灭了，或者是完全消灭了很多的本地生物。谁认可每个物种都是分别创造的学说，就不得不认可有足够大量数目的最适应的植物以及动物并非专为海洋岛创造的。这是因为，人类曾经无意识地让那些岛充满了生物，在这方面他们远比自然做得更为充分也更为完善一些。

尽管说海洋岛上的物种数目非常少，不过特有的种类（也就是在世界上别的地方找不到的种类）的比例往往是非常大的。比如，假如我们将马德拉岛上特有的陆栖贝类，或者是加拉帕戈斯群岛上特有的鸟类的数目同任何一种大陆上找到的它们的数目进行比较，之后将这些岛屿的面积同大陆的面积也进行一下比较，我们就会发现这是千真万确的。这样的事实在理论上是能够预料得到的，因为，就像之前已经说明过的，物种经过长时间的间隔期间之后，偶然到达一个新的隔离地带，就一定会同新的同住者展开竞争，非常容易出现变异，而且往往会容易产生出成群的发生了变异的后代。不过，绝不可以因为一个岛上的一纲的物种基本上是特殊的，就认定别的纲的所有物种或同纲当中的别的部分的物种也一定是特殊的。此种不同，好像一部分因为没有变化的物种曾经集体地移入，因此它们彼此之间的相互关系没能遭到多么大的干扰。还有一部分因为没有变化过的物种时常从原产地移入，岛上的生物同它们进行了一定的杂交。需要牢记的是，如此杂交之后，后代的活力一定会得到增强，因此甚至是一个偶然的杂交也会产生出比预料更大的效果来。我愿列出几个例子来对上面所讲的论点加以说明。在加拉帕戈斯群岛上，有 26 种陆栖鸟，其中有 21（也有可能是 23）种是特殊的，而在 11 种海鸟当中仅仅有两种是特殊的。非常显著的是，海鸟比陆栖鸟可以更为容易地也更为经常性地到达这些

加拉帕戈斯群岛上的短耳猫头鹰

岛上。除了上述的以外，百慕大同北美洲的距离，就如同加拉帕戈斯群岛与南美洲之间的距离基本上是一样的，并且百慕大拥有着一种非常特殊的土壤，不过它并没有一种特有的陆栖鸟。我们从琼斯先生曾经所写的有关百慕大的值得称赞的报告中可以知道，有大量的北美洲的鸟类偶然地或者是经常地去到那个岛上，按照哈考特先生曾经对我说过的，基本上每年都有大量的欧洲的以及非洲的鸟类被风吹到了马德拉。这个岛屿上有 99 种鸟栖息着，而其中仅仅有一种是特殊的，尽管它同欧洲的一个类型有着密切的关系。三个或者是四个别的物种只发现于这一岛屿以及加那利群岛。因此，百慕大还有马德拉的诸岛，充满了从邻近大陆飞来的各种鸟。那些鸟在很长的年代以来，曾在那里进行过很多的斗争，而且变得相互适应了。所以，定居于新的环境之中后，每一种类将被别的种类维持于它的适宜地点以及习性当中，那么其结果就不容易出现变化了。不管是哪种变异的倾向，还会因为通常从原产地来的未曾变异过的移入者进行杂交而遭到抑制。还有，马德拉栖息着的特殊陆栖贝类数目多到让人震惊，不过没有一种海栖贝类是这儿的海洋所特有的。现在，尽管我们并不知道海栖贝类是如何分布的，但是我们可以知道它们的卵或者是幼虫附着于海藻或者是漂浮的木材上，要不就是涉禽类的脚上，就可以输送到三四百英里的海洋，在这个方面，它们要比陆栖贝类容易得多。栖息于马德拉的不同目的昆虫表现出基本上一致的平行的情况。海洋岛上有些时候缺少一些整个纲的动物，它们的位置被别的纲所占据着。于是，爬行类在加拉帕戈斯群岛，巨大的无翼鸟在新西兰，就占有了或者是最近占有了哺乳类的位置。尽管说新西兰在这儿是被当成海洋岛论述的，不过它是不是应该如此划分，在一定程度上依然是值得怀疑的。它的面积非常大，而且也不存在极深的海将它与澳大利亚分割开来，按照它的地质的特性以及山脉的方向，克拉克牧师近来主张，应该将

加拉帕戈斯群岛上，爬行类占据了哺乳类的位置。

这个岛还有新喀里多尼亚都看成是澳大利亚的附属地。在谈到植物时，胡克博士曾经解释说明过，在加拉帕戈斯群岛不同目的比例数，同它们在别的地方的比例数存在着极大的不同。所有这些数目方面的差异还有一些动物以及植物的整个群的缺乏，通常均是用岛上的物理条件的假想差异进行解释的。不过这样的解释非常值得我们怀疑。移入的便利或者不便利，好像和条件的性质有着相同的重要性。

有关海洋岛的生物，还有很多值得注意的小事情。比如，在并不存在一只哺乳动物栖息的一些岛上，有的本地的特有植物拥有着奇妙的带钩种子，不过，钩的作用是用来将种子由四足兽的毛或者是毛皮带走，没有比这种关系更为显著的了。不过，带钩的种子估计也能够由别的方法被带到其他的岛上去。那么也就是说，那种植物通过变异就变成了本地的特有物种了，它依然保持着自己的钩，这钩就会成为一种没有用处的附属物，就好比很多岛上的昆虫，在它们愈合的翅鞘之下依然存在着皱缩的翅。此外，岛上时常生有树木或者是灌木，它们所属的目在别的一些地方只包括草本物种，而树木，根据德康多尔所解释说明过的，不论是什么样的原因，通常情况下分布的范围都是有限的。所以，树木很少会到达遥远的海洋岛中。草本植物没有机会可以同生长于大陆上的很多充分发展的树木成功地展开竞争，所以草本植物只要定居于岛上，就会因为生长得越来越高大，而且高出别的草本植物而占有一定的优势。在这种情况之中，不论植物属于哪一目，自然选择都会有增加它的高度的倾向，这样就能够让它先变为灌木，接着变为乔木。

海岛上不存在两栖类及陆栖哺乳类

有关海洋岛上没有整目的动物的情况，圣樊尚很久之前就曾谈到过，大洋上点缀着很多的岛屿，但从来没有发现有两栖类（蛙、蟾蜍以及蝾螈等）。我曾费尽心思地去试图证实这样的说法，最后发现除了新西兰、新喀里多尼亚以及安达曼诸岛，或许还应该加上所罗门以及塞舌尔诸岛之外，这样的说法是不存在问题的。但是我之前曾提到过，新西兰与新喀里多尼亚是不是应该被列为海洋岛，还值得我们去怀疑。至于安达曼还有所罗门诸岛以及塞舌尔是不是可以列为海洋岛，就更应该引起我们的怀疑了。那么多的真正的海洋岛上通常都没有蛙、蟾蜍以及蝾螈，是无法用海洋岛的物理环境去进行解释的。就算是岛屿好像非常适于这类动物的生存：因为蛙曾经被带到了马德拉、亚速尔以及毛里求斯去，它们在那儿大量繁殖，以致到最后成了让人厌弃的生物类型。不过，由于此类动物与它们的卵在遇到海水后就会马上死亡（按照我们所了解的，有一种印度的物种属于例外），它们想要输送过海是非常艰难的，因此我们能够知道它们为什么不存在于真正的海洋岛上。可是，为什么它们不在那些地方被创造出来，根据特创论就很难进行合理的解释了。

福克兰群岛上的狐狸

哺乳类提供了另外一种类似的情况。我曾详细地寻找过最古老的航海记录，并未找到过一个没有任何疑问的事例，能够表示陆栖哺乳类（不包括土人饲养的家畜）栖息于离开大陆或者是大的陆岛300英里之外的岛屿上。在很多距离大陆更接近的一些岛屿上也一样不存在。福克兰群岛上有一种与狼很相像的狐狸，非常像是一种例外。不过这群岛屿无法看成是海洋岛，这是因为它位于和大陆相连的沙洲上，彼此之间的距离差不多为280英里。此外，冰山之前曾将漂石带到它的西海岸，它们之前也估计可以将狐狸带过去，这种情况在北极地区是常见的事，但是也并不可以说，小岛无法养活至少是小的哺乳类，因为它们在世界上很多的地方生活于接近大陆的小岛上。而且基本无法举出一个岛，我们的小型四足兽无法在那些地方归化并最大限度地去繁殖生长。依据特创论的普遍观点，不可以说那里没有足够的时间去创造哺乳类。很多的火山岛是非常古老的，从它们遭受过的巨大侵蚀作用还有从它们第三纪的地层就能够看出，在那些地方还有足够的时间去产生出本地所特有的，属于别的纲的一些物种。几乎所有的人都清楚，哺乳动物的新物种在大陆上比别的低于它们的动物以较快的速率出现接着遭遇毁灭。尽管说在海洋岛上见不到陆栖哺乳类，到那时空中哺乳类却几乎在每一个岛上都存在着。新西兰有两种在世界别的地方都找不到的蝙蝠，诺福克岛还有维提群岛以及小笠原群岛还有加罗林以及马利亚纳群岛，此外还有毛里求斯等都拥有着它们的特产蝙蝠。能够去质问：为什么那个假设的创造力在遥远的岛上可以产生出蝙蝠，却不会产生出别的哺乳类来呢？按照我的观点，这个问题是非常易于解答的。因为没有陆栖动物可以渡过海洋的广阔空间，可是蝙蝠可以飞过去。人们曾经见到过蝙蝠在白天远远地在大西洋上飞翔，而且有两个北美洲的蝙蝠或者经常地，或者偶然地飞到距离大陆600英里的百慕大地区去。我从专门研究这一科动物的汤姆斯先生那里听到，这一科的大多数物种都具有广阔的分布范围，同时还能够在大陆上以及遥远的岛上找到它们。所以，我们只要设想这种漫游的物种在自己的新家乡，因为它们的新位置而出现变异就可以了。而且我们因此也就可以理解，为什么虽然海洋岛上有本地的特有蝙蝠，却没有所有别的一些陆栖的哺乳动物。

此外还存在着一种非常有趣的关系，那就是每个海岛之间，或者是每个海岛同最为邻近的大陆之间所隔着的海水的深浅程度，同它们哺乳动物亲缘关系的疏密程度之

澳大利亚大陆和大堡礁之间的降灵岛，是海龟以及沿岸繁殖鸟类的安家首选。

间存在着一定意义上的关系。埃尔先生之前曾对这个问题做过一些深入细致的观察，之后又被华莱斯先生在大马来群岛所做的值得赞颂的研究极大地扩展了。马来群岛同西里伯斯以一条深海的空间隔开而相邻，这条深海分隔出两个完全不同的哺乳类世界。在这些岛的随便一边的海均是非常浅的，这些岛上有着相同的或者是极为近似的四足兽栖息着。我还没有足够的时间去研究这个问题在世界上所有的地方的情况，不过按照我研究所触及的范围，这样的关系是值得肯定的。比如，大不列颠与欧洲被一条浅海隔开，两个地方的哺乳类是相同的，而接近澳大利亚海岸的所有岛屿的情况同样是相同的。再来看一个方面，西印度诸岛位于非常深的沙洲上，它的深度几乎达到一千英寻，在那个地方我们找到了美洲的类型，不过物种的归属是非常不相同的。由于所有的种类的动物所发生的变化量有一部分是取决于时间的长短，而且还因为由浅海隔离的或者同大陆隔离的岛屿比由深海隔离的岛屿更具有在近代连成一片的可能，因此我们可以理解，在将两个哺乳类动物群分割开来的海水深度以及它们的亲缘关系的程度之间存在着什么样的关系，这种关系按照独立创造的学说基本上是完全讲不通的。

上面的就是有关海洋岛生物的一些讨论，也就是物种数目稀少，本地的特有类型占有绝大部分，有的群的成员出现了变化，而同一纲中的别的群的成员不会出现变化。而有些目，比如两栖类还有陆栖的哺乳类，全部缺失。尽管可以飞的蝙蝠是存在的。有的植物目表现出了特殊的比例，草本类型发展为了乔木等，对此种类型的问题的解释存在着两种信念，一种是认为，在漫长的过程中，偶然输送的方式是有效的，再有一种就是认为，所有的海洋岛之前曾与最近的大陆连接在一起。依我看来，前一种观点比后一种观点更加与实际情况相吻合。因为根据后一种观点，估计不同的纲会更为一致地移入，同时由于物种是集体地移入的，那么它们之间的相互关系就不会受到较大的扰乱，那么也就导致它们可能都不会发生变化，或者所有的物种都会以比较相同的方式出现变化。比较遥远的一些岛屿上的生物（或者依然保持着相同物种的类型，或者之后出现了变化）到底有多少曾经到达了它们如今的家乡，对这个问题的理解，我无法说它不存在大量严重的困难的。不过，也一定不可以忽视，别的岛屿曾经一度作为歇脚点，而如今估计没有留下一点遗迹。我愿意来详细地解释清楚一个困难的例子。几乎所有的海洋岛甚至是最孤立的以及最小的海洋岛，都存在着陆栖的贝类在上面栖息着，它们通常都是本地特有的物种，不过有时是别的地方也存在着的物种。古尔德博士曾列出一个生动的太平洋的例子来说明这一点。我们均明白，陆栖贝类容易被海水杀死，它们的卵最起码是我试验过的卵，在海水里下沉而且会被杀死。但是一定还有一些我们所不知道的偶然有效的方法，去输送它们。刚孵化的幼体，会不会有时附着在栖息于地上的鸟的脚上，而因此得以输送出去呢？我想起休眠时期中贝壳口上具有薄膜的陆栖贝类，在漂游木材的隙缝中能够浮过非常宽阔的海湾。而且我发现有几个物种在这样的状态下，沉没于海水当中 7 天而没有受到损害。一种罗马蜗牛在经过这样的处理之后，在休眠中又一次放入海水中长达 20 天，竟然可以完全复活。在如此长的一段时间当中，这种贝类估计能够被平均速度的海流带到 660 英里的远方去。由于这种罗马蜗牛具有一片厚的石灰质厣，我将厣除去，等到新的膜形成之后，我再次将它们浸入海水当中 14 天，它依然神奇地复活了，而且还爬走了。奥甲必登男爵在那之后也做过类似的试验。他将属于 10 个物种的 100 个陆栖贝置于穿着很多小孔的箱子当中，然后将箱子放于海水中 14 天。在 100 个贝类中，有 27 个神奇地复活了。厣的存在好像是非常重要的，因为在具有厣的 12 个圆口螺当中，有 11 个依然生存着。值得我们关注的是，我所拿来试验的那种罗马蜗牛，善于抵抗海水，而奥甲必登所试验的别的 4 个罗马蜗牛的物种，在 54 个标本中没有一个能够复活。不过，陆栖贝类的输送一定不可能是全部依靠这样的方法，鸟类的脚估计提供了一种更为可靠的方式。

海岛生物与最邻近大陆上生物的关系

对我们而言，最为生动并且最为重要的事实是，栖息于岛上的物种和最近大陆的相近但是并不实际相同的物种之间具有一定的亲缘关系。有关这一点，可以列出大量的例子来。位于赤道处的加拉帕戈斯群岛，距离南美洲的海岸有 500 到 600 英里的距离。在那个地方基本上每一个陆上的以及水里的生物都带着十分显著的美洲大陆的印记。在那里存在着 26 种陆栖鸟，其中有 21 种或者是 23 种被列为不同的物种，并在过去它们都被假设为是在那些群岛上被创造出来的。不过那些鸟的大部分和美洲物种的密切亲缘关系，表现于每一个性状之上，比如表现于它们的习性以及姿势还有鸣声方面。别的一些动物同样如此。胡克博士在他所著的该群岛的值得称颂的植物志当中，大多数的植物也是如此。博物学者们在离开大陆几百英里之外的这些太平洋火山岛上进行对生物的观察时，能够感到自己是站在美洲大陆上一般。为什么会出现这样的情况呢？为什么假设在加拉帕戈斯群岛创造出来的并非在别的地方创造出来的物种，这么清楚地与在美洲创造出来的物种存在着亲缘关系呢？在生活条件方面，以及岛上的地质性质方面，还有岛的高度或者是气候这些方面，要不就是在共同居住的几个纲的比例方面，都没有一方面是同南美洲沿岸的那些条件所密切相似的。事实上，在所有这些方面均存在着非常大的区别。还有一方面，加拉帕戈斯群岛与佛得角群岛在土壤的火山性质还有气候和高度以及岛的大小方面有着一定程度上的类似。不过，它们的生物是那么的完全地与绝对地不相同！佛得角群岛的生物和非洲的生物有一定的关联性，就如同加拉帕戈斯群岛的生物和美洲的生物之间存在着关联性一样。对于这样的情况，依照独立创造的普遍观点，是无法得出任何解释的。相反地，按照本书所主张的观点，很明显地，加拉帕戈斯群岛极有可能接受了来自美洲的移住者，不管这是因为偶然的输送方式还是因为之前连续的陆地（尽管我不相信这样的理论），并且佛得角群岛也接受从非洲过来的移住者。尽管这样的移住者非常容易出现一些变异，而遗传的原理也会泄露它们的原产地原来是在什么地方。

可以列出大量类似的事实，岛上的特有生物和最近大陆上或者是最近大岛上的生物具有一定的关联关系，其实是一个极为普遍的规律。特例是极少数的，而且大多数的例外是能得到解释的。如此，尽管克格伦陆地距离非洲比距离美洲的距离要近一些，不过我们从胡克博士的报告当中能够知道，它之上的植物和美洲的植物具有关联性，而且这种关联性还非常密切。不过按照岛上植物主要是借由定期的海水漂来的冰山将种子连着泥土与石块一起带来的观点看，这样的例外就能够得到合理的解释了。新西兰在本地特有的植物方面和最近的澳大利亚大陆之间的关联性，比起它同别的地区之间的关联性更为密切。这基本上是能够预料得到的，不过它又清楚地同南美洲相关联。虽然说南美洲算是它第二个最近的大陆，但是距离那么遥远，因此这些事实就成为例外了。不过按照下面所讲的观点去看的话，这个难点有一部分会消失了。那就是新西兰、南美洲以及别的南方陆地的一部分生物是由一个近于中间的，尽管遥远的地点，也就是南极诸岛而来的，那是在比较温暖的第三纪以及最后的冰期开始之前，南极诸岛还生满植物的时期。虽然说澳大利亚西南角以及好望角的植物群的亲缘关系是比较薄弱的，不过胡克博士让我坚定地相信这样的亲缘关系是可靠的，这是更值得我们注意的情况。不过这样的亲缘关系也仅仅限于植物之间，而且丝毫不用去怀疑，在将来一定能够得到合理的解释。

加拉帕戈斯群岛的巴托洛梅岛

决定岛屿生物与最近大陆生物之间的亲缘关系的相同法则，有些情况下能够用小规模的，不过还是有趣的方式，在同一个群

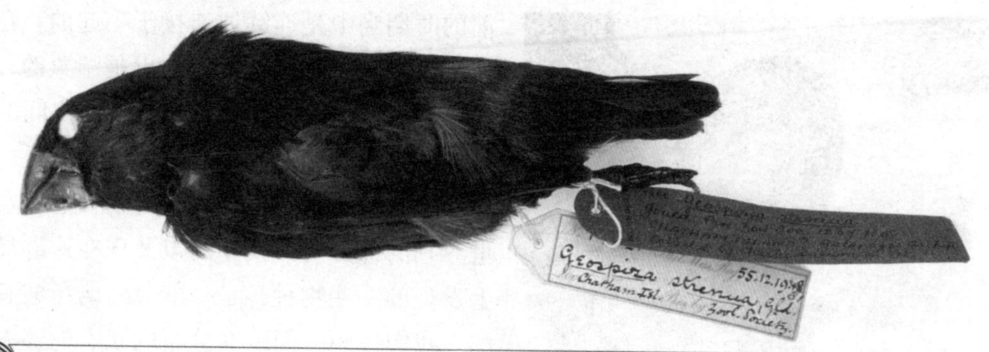

对栖息于加拉帕戈斯群岛同时还出现在世界上别的地方的一些物种进行观察的话，我们就能够发现它们在一些岛上存在着相当大的差异，就如同这些达尔文雀一样。

岛的范围之中表现出来。比如，在加拉帕戈斯群岛的每一个分隔开的岛上都存在着很多不同的物种在上面栖息着，这是非常神奇的现象。不过这些物种彼此之间的关联，比它们同美洲大陆的生物或者是同世界上别的地区的生物之间的关联更为密切一些。这估计是能够预料得到的。因为彼此如此接近的岛屿，基本上一定会从相同的根源去接受移住者，也彼此地接受移住者。不过很多移住者在彼此相望的，同时具有相同地质性质以及相同高度以及相同的气候等方面的一些岛上，为什么会出现不同的（尽管差别并不大）变异呢？在很长的一段时间以来，这对我来说一直是个难点。不过这主要是因为觉得一个地区的物理条件是最为重要的这种根深蒂固的错误观点而导致的。不过，无法反驳的是，每个物种一定会同其他的物种进行斗争，于是别的物种的性质最起码也是同等重要的。而且通常都是更为重要的成功因素。如今，假如我们对栖息于加拉帕戈斯群岛同时还出现在世界上别的地方的一些物种进行观察的话，我们就能够发现它们在一些岛上存在着相当大的差异。假如岛屿生物曾借助偶然的输送方法而来，比如说，一种植物的种子曾经被带到一个岛上，还有一种植物的种子曾经被带到另一个岛上，尽管所有的种子都是从同一个根源而来的，于是前面所讲的差异就确实是能够预料得到的。所以，一种移住者在之前的时间当中，最开始在诸岛中的一个岛上定居下来时，或者它们之后从一个岛上散布于另一个岛上时，毫无疑问它们会面临着不同岛上的不同条件。因为它一定是要同一批不同的生物进行生存斗争的。比如说，一种植物在不同的岛上会遭遇到最适于它们的土地，已被很多不同的物种占领了，而且还会遭到不计其数的不同的敌人的竞争与攻击。假如在那个时候，这个物种已经出现变异了，自然选择估计就会在不同的岛上造成不同变种的产生。就算是这样，有的物种还会散布开去，而且在整个群中保持相同的性状，就像我们看到的，在一个大陆上广泛分布着的物种保持着相同的性状一样。

在加拉帕戈斯群岛的这种情况当中，还有在程度比较差一些的某种类似的情况之下，真正神奇的事实是，每一个新物种不论是在哪一个岛上，一旦形成之后，并不会迅速地散布到别的岛上。不过，这些岛尽管彼此之间相望，却被非常深的海湾隔开，在大部分的情况之下比不列颠海峡还要宽很多，而且也没有理由去设想它们在任何以

加拉帕戈斯群岛上的鸬鹚

前的时期当中是连续地连接于一起的。在诸多岛之间，海流是迅速的也是湍急的，大风意外的稀少，因此各个岛彼此之间的分离，远比地图上所表示出来的更为明显。即使是我们所说的样子，有的物种还有在世界别的部分能够找到的以及现在这群岛上发现的一些物种，是一部分岛屿所共有的。我们按照它们现在分布的状态能够去推断出，它们是从一个岛上散布到别的岛上的。不过，我觉得，我们常常对于密切近似物种在自由往来的时候，就存在着彼此侵占对方领土的可能性一直都采取了错误的观点。无须怀疑，假如一个物种比别的物种占有任何方面的优势，它们就能够在很短的时间当中全部地或局部地将它排挤掉。不过假如二者可以同样好地适应它们的位置，那么两者估计就都能够保持它们各自的位置，一直到几乎任何长的时间。经过人的媒介而逐渐归化的很多物种，以前曾以惊人的速度在广大的地区当中进行散布，如果了解了这样的事实，我们就能够容易地推想到大部分的物种也是如此散布的。不过我们还需要记住，在新地区归化的物种和本地生物通常并不是密切近似的，反而是非常不相同的类型，就像德康多尔所解释说明过的，在大部分的情况下是属于不同的属的。在加拉帕戈斯群岛，甚至大量的鸟类，就算是那么适于从一个岛飞到另一个岛，可是在不同的岛上依然是不相同的。比如，效舌鸫这种生物有三个密切近似的物种，每个物种都只局限于自己所生存的岛上。现在，让我们设想一下查塔姆岛的效舌鸫被风吹到查理士岛上了，而后者本身已经有了另一种效舌鸫。为什么它应该成功地在那里定居呢？我们能够去稳妥地进行一个推论，查理士岛上已经繁育着属于自己的物种，由于每年都有比可以养育的量更多的蛋产生出来，同时也有更多的幼鸟被孵化出来。而且我们还能够去推论，查理士岛所特有的效舌鸫对于自身家乡的良好适应就如同查塔姆岛所特有的物种们一样。莱尔爵士还有沃拉斯顿先生曾经写信和我讨论过一个同本问题有关的值得注意的事实，那就是马德拉与附近的圣港小岛拥有着有很多不同的还表现为代表物种的陆栖贝类，其中有一部分是生活于石缝当中的。尽管有大量的石块每年从圣港输送至马德拉，但是马德拉附近并没有圣港的物种被移住进来。即使是这样，两方面的岛上都有欧洲的陆栖贝类栖息着，那些贝类毫无疑问比本地物种更加占有一定程度上的优势。按照这些考察，我觉得，我们对有关加拉帕戈斯群岛的一些岛上所特有的物种并未从一个岛上散布到别的岛上去的事情，就没必要再去大惊小怪了。此外，在相同的一个大陆上，“先行占据”对于阻止在相同物理环境之中栖息的不同地区的物种混入，估计有着非常重要的作用。比如，澳大利亚的东南部与西南部拥有着几乎相同的物理条件，而且由一片连续的陆地联络着，不过它们存在着庞大数量的不同哺乳类，还有不同的鸟类以及植物在之上栖息着。按照贝茨先生所讲的，栖息于巨大的、开阔的、连续的亚马孙谷地的蝴蝶以及别的动物们的情况同样是这样的。

前面所讲的控制海洋岛生物的普遍特性的这个原理，也就是移住者同它们最容易迁出的原产地的关系，还有它们之后的变异，在整个自然界当中具有广泛的应用。我们在每一山顶上、每一个湖泊还有沼泽当中都能够见到这个原理。由于高山物种，除非是同一物种在冰期当中已经广泛地散布，均和周围低地的物种是具有关联的。那么，南美洲的高山蜂鸟还有高山啮齿类以及高山植物等，所有的生物均严格地属于美洲的类型。并且很明显地，当一座山缓慢隆起时，生物就会从周围的低地渐渐地移来。湖泊还有沼泽当中的生物也表现出相同的情况，除非是非常方便地输送允许同一个类型散布于世界的大多数。从美洲还有欧洲的洞穴当中的大部分盲目动物的性状也能够看出这个普遍的原理。还可以列出别的一些类似的事实。我坚信，下面所要讲到的情况将被看成是普遍可信的，那就是在任何两个地区之中，不管它们彼此之间距离有多么远，只要有很多的密切近似的或者是代表的物种存在着，那么在那些地方就一定存在着一些相同的物种。而且不论是在什么地方，只要有很多密切近似的物种，那么在那些地方就一定会有被有些博物学者列为不同物种，但是又被别的博物学者只是列为变种的大量的类型。这些值得怀疑的类型向我们清楚地展示了变异过程中的步骤。

有的物种在如今或者是以前的时期当中的迁徙能力还有迁徙范围，同密切近似的物种在世界遥远地点的存在具有一定的关系，这样的关系还能够用另一种更为普通的方式去清楚地表示。古尔德先生在很久之前就曾告诉过我，在世界上的每个地方都散布的那些鸟属中，有很多物种的分布范围是广阔的。我无法去怀疑这条规律是普遍真实可靠的，尽管它很难得到有力的证明。在哺乳类当中，我们会发现这条规律很明显地表现在蝙蝠中，并且是以较小的程度表现于猫科以及狗科当中的。相同的规律同样地表现于蝴蝶还有甲虫的分布方面。淡水生物的大部分也是相同的情况，由于在最不相同的纲当中存在着很多属分布于世界的每个地方，并且它们的大多数物种拥有着很广阔的分布范围。这并不是说，在分布非常广阔的属当中的所有物种都具有非常广阔的分布范围，而是在说，其中一部分物种具有非常广阔的分布范围。而且这也不是说在这样的属当中物种平均具有非常广阔的分布范围。察其缘故在于，这大多数要看变化过程进行的程度。比如说，相同的物种的两个变种栖息于美洲还有欧洲，所以这个物种就拥有着非常广阔的分布范围。不过，假如变异发展得更远一些，那么这两个变种很显然就会被列成不同的物种，于是它们的分布范围就会极大地缩小了。此外这也

法国动物学家和古生物学家乔治斯·卡维尔（1763—1832）在国立自然历史博物馆演讲，他介绍了一个重要的理念：物种会灭绝。

更不是说可以越过障碍物而分布广阔遥远的物种，比如有的善飞的鸟类就一定会分布得非常广，因为我们永远不会忘记，分布广阔遥远并不仅仅意味着具有越过障碍物的能力，同时还意味着具有在遥远地区和异地同住者展开生存斗争，而且取得胜利的这种更加重要的能力。不过根据下面的观点，一属中的所有物种，就算是分布于世界上最遥远的地点，也都是从单一祖先传下来的；我们应该能够找到，同时我也相信我们确实可以照例找到，最起码有些物种是分布得非常广远的。

我们还需要牢记，在所有的纲当中，很多属的起源均是非常古老的，在出现这样的情景的时候，物种将有足够多的时间供它们进行散布以及此后的变异。从地质的证据来看的话，也能找到理由去相信，在每一个大的纲当中，比较低等的一些生物的变化速率，比起比较高等的生物的变化速率来说，更加缓慢一些。于是前者就会分布得广阔而辽远，同时还保持了同一物种性状的较好机会。这样的事实还有大部分的低级体制类型的种子与卵都非常细小，而且也较适于远地输送的事实，基本上说明了一个法则，那就是任何群的生物越是低级，就分布得越为广远。这是一个早已经被发现的而且近来又经德康多尔在植物方面讨论过的法则。

刚刚讨论过的生物之间的各种关系，也就是低等生物比高等生物的分布更为广阔辽远。分布范围那么大的属，它的某些物种的分布同样是非常广阔辽远的高山上的，湖泊里的以及沼泽中的生物，通常都和栖息于周围低地以及干地上的生物有一定的关联。岛上还有最近的大陆上的生物之间，具有明显的关系，在相同的群岛中，各个岛上的不同生物之间有着更为密切的亲缘关系。依照每个物种独立被创造的普通论断，这些事实均为无法得到解释的事实，不过假如我们承认从最近的或者是最便利的原产地的移居还有移居者之后对于它们的新环境的适应来看，那么就能够得到解释了。

摘　要

在这两章当中，我曾尽力去解释说明，假如说我们适当地估计到我们对于在近代必然出现过的气候变化以及陆地水平的变化还有可能出现过的别的一些变化所产生的充分影响是未知的，假如我们记得对于很多神奇的偶然输送方法我们是多么无知，假如我们还记得，并且这是非常重要的一点，一个物种在广大的面积上连续地分布，后来却在中间地带绝灭了，是正常发生的事情，那么，相信相同物种的所有个体，不论它们是在什么地方发现的，都来自共同的祖先，就没有无法克服的困难了。我们按照各种一般的论点，尤其是按照各种障碍物的重要性，同时依据亚属、属还有科的相类似的分布，得出了上述的结论。很多的博物学者在单一创造中心的名称下也得出了这样的结论。

青年时期的达尔文

至于同一属当中的不同物种，依照我们的学说，均为从同一个原产地散布出去的。假如我们如前面所讲的那样可以估计到我们的无知，同时还能够记得一些生物类型变化得非常缓慢，于是有足够长的时间供它们迁徙，那么，难点就一定不是无法克服的。尽管说在这样的情况下，就如同在同一物种的个体的情况当中一样，难点常常是非常大的。为了能够说清楚气候变化对于分布的影响，我曾经试图解释说明最后的一次冰期曾经出现过多么重要的影响，它造成的影响甚至波及赤道地区，而且它在北方还有南方寒冷交替的过程中让相对两半球的生物互相混合，同时还将一些生物留在部分山顶上。为了能够解释清楚偶然的输送方法是多么各式各样，我曾经比较稍微详细地讨论过淡水生物的散布方法。

假如说认可同一物种的所有个体还有同一属的一些物种在时间的漫长过程当中曾经从同一个原产地出发，而且也没有无法克服的难点，那么所有的地理分布的主要事实都能够根据迁徙的理论，还有在那之后新类型的变异以及繁生，获得解释。要是这样的话，我们就可以理解，障碍物，不问水陆，不只是在分开并且在明显形成若干动物区域以及植物区域方面，是有高度重要的作用的。而且，我们还可以理解同一地区之中近似动物的集中化，比如说在南美洲，平原与山上的生物，森林、沼泽与沙漠中的生物，是怎样以奇妙的方式让彼此之间互相关联，而且还同样地与过去栖息于同一大陆上的绝灭生物相关联的。假如记住生物和生物之间的相互关系是极其重要的，我们就可以明白为什么基本上具有相同的物理条件的两个地区，时常栖息着不相同的生物类型。由于按照移住者进入一个或两个地区以来所经过的时间长度，按照交通性质所允许的一些类型，而并非别的类型以或多或少的数量迁入，按照那些移入的生物是不是真的是这样并且还同本地的生物之间开展了或多或少的直接竞争。而且按照惊人的生物发生变异的快慢，因此在两个地区或更多的地区当中就会出现和它们的物理条件没有什么关系的无限多样性的生活条件。按照这样的情况，那里就会有一个几乎无限量的有机的作用以及反作用。而且我们就会发现有的群当中的生物出现了极大的变异，而有的群的生物仅仅是出现了轻微的变异。有一部分群的生物得到了大量的发展，而有的群的生物却只是以微小的数量存在着。

我们确实能够在世界上几个大的地理区中见到这样的情形。根据这些相同的原理，就像我曾经竭力解释说明的，我们也就可以去理解，为什么海洋岛上只存在着少数的生物，而且这些生物中，有一大部分又是本地所特有的，也就是比较特殊的。因为和迁徙方法的关系，为什么一群生物的所有物种均为特殊的，而另一群生物甚至是同纲之中的生物的所有物种都和邻近地区的物种之间相同。我们还能够明了，为什么整个群的生物，像两栖类以及陆栖哺乳类，不存在于海洋岛上。而且最孤立的岛上也存在着它们自己特有的空中哺乳类，那就是蝙蝠的物种。我们还可以知道，为什么在岛上存在的或多或少的经过变异的哺乳类会与这些岛还有大陆之间的海洋深度有一定的关系。我们可以清楚地知道，为什么一个群岛上的所有生物，就算是在若干小岛上都具有不同的物种，但是彼此之间存在着密切的关系。而且与最近大陆或移住来的生物们的发源的别的原产地的生物相同地有关系，但是关系不够密切。我们更可以知道，两个地区当中不管相距多么遥远，假如有十分密切近似的或者是代表的物种存在，为什么在那儿总能够找到相同的物种。

就像已故的福布斯先生时常主张的那样，生命法则在时间以及空间当中有一种非常明显的平行现象，支配着生物的类型在过去时期当中演替的法则和支配的生物类型，在今天不同的地区当中的差异的法则，基本上是相同的。在很多事实当中我们能够见到这样的情形。在时间方面，每一物种与每一群物种的存在均为连续的。因为对这个规律很明显的例外是那么的少，于是那些例外能够正当地归因于我们还没有在某一中间的沉积物当中发现某些类型，这些类型并没有在这种沉积物之中发现，却在它的上部还有下部发现了。在空间方面，也是如此。也就是通常的规律一定是，一个物种或者是一群物种所栖息的地区，往往是连续的，而例外的情况就算不少，就像我曾经试图去解释说明的，都能够按照之前在不同情况下的迁徙或者是按照偶然的输送方法，要不就是按照物种在中间地带的绝灭而获得合理的解释。在时间还有在空间当中，物种还有物种群都有它们发展的最高点。生存于同一时期中的或者是生存于同一地区中的物种群，往往都会有共同的微细特征，比如刻纹或者是颜色。当我们对过去漫长的连续时代进行观察时，就像是观察整个世界的遥远地区一样，我们会发现有些纲的物种，彼此之间的差异非常小，但是另一纲的或者只是同一纲的不同组的物种，彼此之间存在着的差别却非常大。在时间还有空间当中，一般每一纲的低级体制的成员都要比高级体制的成员变化要少一些。不过在这两种情况当中，对于这条规律都有明显的例外。根据我们的学说，在时间还有在空间当中的这些关系均为可以理解的。由于不管是我们观察在连续时代中发生变化的近缘生物类型，还是观察迁入遥远地方之后曾经出现过变化的近缘生物类型，对于这两种情况来说的话，它们都被普通世代的，同一个纽带连接起来。处于这两种状况之下，变异法则均是相同的，并且变异也都是由同一个自然选择的方法累积起来的。

第十四章

生物的相互亲缘关系

群里有群——>自然系统——>分类规则及何物具有分类价值——>其他分类要素——>物种的血统分类——>同功的相似性——>连接生物亲缘关系的性质——>物种灭绝与种群定义——>消失的中间变种——>胚胎学中的法则、原理及问题解释——>退化、萎缩及停止发育的器官——>摘要

群里有群

从地球历史上最为古老的时代开始以来，已经发现生物彼此之间相似的程度在渐渐地递减，因此它们能够在群下又分出群。这样的分类并不是如同在星座中进行星体的分类那般的随意。假如说某个群完全地适合栖息于陆地上面，但是另一个群则完全适合栖息于水中，一个群完全适合食肉生存，但是另一个群完全适合食植物性物质来生存等，那么，群的存在就变得极为简单了。可是实际情况与这些大不相同。由于大家都知道，就算是同一亚群当中的成员，也具有并不相同的习性，这样的现象是多么普遍地存在着。在第二章以及第四章讨论“变异”还有“自然选择”的时候，我就曾试图解释说明，在每个地区当中，变异最多的，就是分布最广的、散布最大的那些非常普通的物种，也就是优势的物种。因此而产生的变种也就是初期的物种，最后能够转化为新并且不同的物种。而且这些物种，遵循遗传的原理，有产生别的新的优势物种的倾向。最后，如今的大群通常都含有很多的优势物种，依然有继续增大的倾向。我还试图去进一步解释说明，因为每一物种的变化着的后代都试着在自然组成中占据尽可能多以及尽可能不同的位置，它们永远都存在着性状分歧的倾向。如果你注意一下任何一个小地区当中的类型繁多，竞争激烈还有有关归化的一些事实，就能够知道性状的分歧是有依据的。

我曾经还想要解释说明，在数量方面增加着的，在性状方面分歧着的类型，有一种坚定的倾向，去排挤并且消灭之前的那些分歧较少以及改进较少的类型。如果读者能够去参阅之前解释过的，用来说明这几个原理的作用的那个图（在本书第119页——编者注），就能够看到不能避免的结果是，来自同一个祖先的出现了变异的后代在群下又分裂为群。在图当中，顶线上的每一个字母都代表一个包括几个物种的属，而且这条顶线上的所有的属一起形成了一个纲，由于所有的均为从同一个古代祖先繁衍而来的，因此它们遗传了一些共同的东

查尔斯和爱玛于1839年1月29日在斯塔福德郡的教堂结婚。

西。不过，根据这样的原理，左边的三个属有大量的共同之处，形成一个亚科，同右边相邻的两个属所形成的亚科不一样，它们是在系统为第五个阶段从一个共同的祖先分歧出来的。这五个属依然存在着大量的共同点，尽管比在两个亚科中的共同点少一些。它们组成一个科，和更右边的，更早一些时候分歧出来的那三个属所形成的科不一样。所有的这些属都是从（A）传下来的，组成了一个目，同从（I）传下来的属是不一样的。因此在这里，我们有从一个祖先传下来的很多物种组成了属。属组成了亚科还有科以及目，这所有的都归入同一个大纲当中。生物在群下又分成群的自然从属关系，这个伟大事实（这因为看习惯了，并没有时常引起我们特别的注意），在我看来，是能够如此解释的。完全没有必要去怀疑，生物同所有别的物体一样，能够用大量的方法去分类，或者按照单一的性状人为地去分类，或者按照很多性状而比较自然地去分类。比如，我们知道矿物与元素的物质是能够如此安排的。在这种情况之下，很显然并不存在族系连续的关系。现在也无法看出它们被这样分类的原因。不过有关生物，情况就有所不同，而前面所讲的观点，是和群下有群的自然排列相一致的，直到现在依然未曾提出过别的解释。

自然系统

就如同我们所看到的，博物学者们想要根据所谓的“自然系统”去排列每一纲中的物种以及属还有科。不过这个系统的意义又在哪里呢？有的著作家认为，它仅仅是这样的一种方案：将最相似的生物排列于一起，然后将最不相似的生物分隔开来，或者认为它是尽可能简单地表明通常命题的人为方法。也就是说，用一句话去形容比如所有的哺乳类所共有的性状，用另一句话去形容所有的食肉类所共有的性状，再用其他的一句话去形容狗属所共有的性状，接着又加一句话去全面地形容每一种类的狗。这个系统的巧妙以及效用是不能够去怀疑的。不过很多的博物学者考虑到“自然系统”的含义要比这些更为丰富点。他们相信它揭示出“造物主”的计划。不过有关“造物主”的计划，除非可以详细地说明它在时间方面或者空间方面的次序，或者是这两方面的次序，要不能够详细地说明它还有别的什么意义，不然，让我看的话，我们的知识并未因此而获得任何补益。如同林奈所提出来的那句名言，我们时常看到它以一种或多或少的隐晦的方式出现，也就是说并非性状创造属，而是属产生了性状，这好像也就意味着在我们的分类中包含着比单纯类似更加深刻的某种联系。我觉得实际情况就是这样的。而且相信共同的系统，生物密切类似的一个已知的原因，就是这样的联系，虽然说此种联系表现出各种不同程度上的变异，不过都被我们的分类部分地揭露出来了。

世界上的生物群落区

人类世界是按照国家来划分的，而自然世界的划分则有着完全不同的方式。它们的“国家”被称为生物群落区，每一个区中都有自己独特的生物组合。

从空中，很容易看出生物群落区。沙漠是干旱的棕褐色，而热带丛林则像一块深绿色的地毯。冻土带开阔荒凉，而湿地上则覆盖着浸满水的植被。通常，生物群落区就是“栖息地”，用来表述物种作为自己的居住地的特定环境。

生物群落分布图

在陆地上，主要有10个生物群落区，是按照气候来划分的，因为气候是影响物种分布的重要因素。比如，热带雨林分布在长年温暖潮湿的地带，而沙漠则分布在干燥到几乎无树可长的地带。每种生物群落区可以分布在世界上的多个气候相同或者相似的地方。

生长在每一种生物群落区中的植物因地区差异各有不同，但是因为生活在相同的气候条件下，通常有着相同的外形甚至相同种类的叶子。

动物要靠植物生存，因此也可以划分群落区。世界上大部分的食草性哺乳动物都生活在草原上，而大部分的昆虫则主要生活在热带和温带丛林中。沙漠是对于蛇和蜥蜴而言最重要的群落区，此外，灌木地也

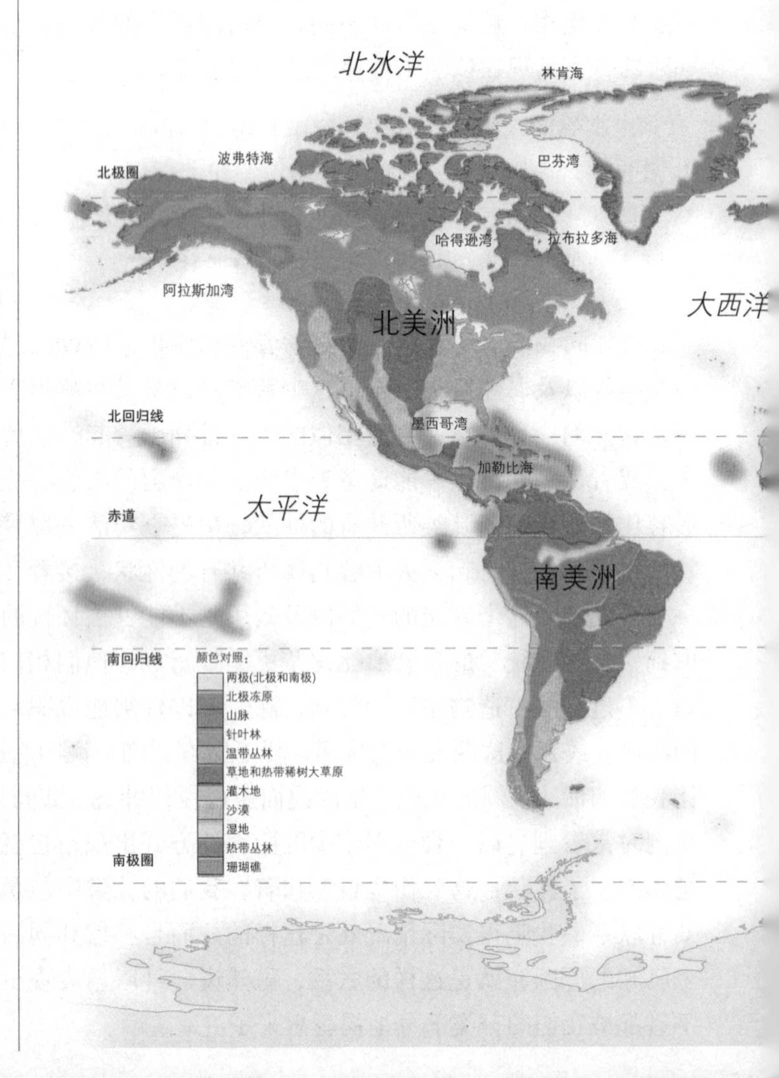

是比较适合这两者生活的环境。世界上很大部分鱼类都生活在珊瑚礁中——基本上相当于海中一个独立的生物群落区。

迁移中的生物群落区

由于生物群落区主要是按照气候条件来形成的，所以，不同的区之间基本上是没有明确的界限的，相邻的群落区之间通常相互交叠。在极北地区，针叶林带逐渐地被冻原所取代，而在热带，灌木丛地慢慢地为沙漠所替代。在有些地方，两个群落区之间的界限可以宽达几百千米。

气候类型慢慢变化，生物群落区也随之变化。当气候变干时，沙漠面积就扩大了，而当雨季来临后，又慢慢萎缩了。地球历史越往前推，气候和群落区的这种变化也就越大。在上一个冰河时期的鼎盛期，冻原覆盖了北美洲、欧洲和亚洲的大部分地区，热带雨林地带因为气候寒冷干燥也出现了大面积的萎缩。而且，随着热带雨林的缩小，很多热带动物也遭到了削减。

人类和生物群落区

左下图显示的是当今生物群落区的分布情况，但是没有考虑人类活动对之造成的影响。自从1万年前人类学会农耕之后，人类对于世界上生物群落区的分布带来的影响也越来越大——森林被砍伐，草地变农田，湿地被抽干。

在世界上的一些地区，由于农田上的泥土被冲刷或者风吹带入，沙漠面积在不断扩大。如果人类的这些行为都没有发生或者将现实还原到本来状态，那么生物群落区的分布就完全应当是图中的样子。

分类规则及何物具有分类价值

现在让我们来考虑一下分类的时候所采用的规则，同时也考虑一下根据下面的观点所遇到的困难。这个观点就是，分类或者显示了某种我们尚未知道的创造计划，或者只是一种简单的方案，用来表明普遍的命题还有将彼此最相似的类型归结于一起，估计曾经觉得（古代就是如此认为的）决定生活习性的那些构造部分，还有每个生物在自然组成当中的普遍位置，对于分类来说具有非常高度的重要性。没有比这样的想法更为错误的了。没有人会觉得老鼠与鼩鼱之间，儒艮与鲸鱼之间，鲸鱼与鱼之间的外在类似有任何的重要性。那些类似，尽管是如此密切地和生物的所有生活都连接在一起，不过也只是被列为“适应的或同功的性状”。有关这些类似的状况，我们会在后面进行详细的讨论。不管是哪一部分的体制，和特殊习性的关联越少，那么它在分类方面也就越加重要，这甚至能够说是一个普遍的规律。比如，欧文在谈到儒艮时讲道：“生殖器官作为同动物的习性以及食物关系最少的器官，我一直觉得它们最能够清楚地表示出真实的亲缘关系。在这些器官的变异当中，我们极少可能将只是适应的性状误认为是主要的性状。”对于植物，最不重要的是营养和生命所依赖的营养器官，而相反地，最重要的却是生殖器官还有它们的产物种子以及胚胎，这是非常值得我们注意的。相同地，在之前我们讨论机能方面不重要的一些形态的性状时，我们注意到它们时常在分类方面存在着极高度的重要性。这取决于它们的性状在很多近似群中的稳定性。而它们的稳定性主要因为任何细小的偏差并没能够被自然选择保存下来，并且累积起来。自然选择只会对有用的性状发挥其作用。

一种器官的单纯生理方面的重要性并不能决定它在分类方面所具有的价值，下面的事实基本上证明了这一点，那就是在近似的群当中，尽管我们有理由去设想，相同的一个器官具有几乎相同的生理方面的价值，不过它在分类方面的价值完全不相同。假如一位博物学者长期对某一个群进行研究，没有人不会被这个事实所打动的。而且几乎每一位著作者的著作里都充分地肯定了这一事实。这里仅仅引述最高权威罗伯特·布朗的话就足够了。他在谈到山龙眼科当中的一些器官时讲到，它们在属方面的重要性，“如同它们的全部器官一样，不只是在这一科中，并且据我所知，在每一个自然的科当中都是非常不相等的，同时，在有些时候，好像还完全消失了”。此外，他在另一部著作中还讲道，牛栓藤科当中的各属“在一个子房或者是多个子房上，在胚乳的有无方面，还有在花蕾里花瓣做覆瓦状或者是镊合状方面均是不同的。这些性状当中，不管是哪一种，单独拿出来讲时，它的重要性往往都在属以上，可是合在一起讲的时候，它们甚至不足以拿来区别纳斯蒂属与牛栓藤（Connarus）”。举一个昆虫当中的例子：在膜翅目中的一个大支群当中，按韦斯特伍德所讲的，触角是最稳定的构造。而在另一支群当中，则差别非常大，并且这种差别在分类方面仅仅有非常次要的价值。可是没有人会说，在同一目的两个支群当中，触角具有不相同的生理重要性。同一群生物的同一重要器官，在分类方面会有不同的重要性，有关这方面的例子数不胜数。

还有，没有人会说，残迹器官在生理方面或者是生活方面有高度的重要性。但是毫无疑问，这样状态的器官，在分类方面往往存在着非常大的价值。没有人会去反对幼小反刍类上颚中的残迹齿还有腿上的一些残迹骨骼在显示反刍类与厚皮类互相间的密切亲缘关系方面是非常有用的。布朗之前曾大力主张，残迹小花的位置在禾本科草类的分类方面具有极端高度的重要性。

有关那些必须被看成是生理上非常不重要的，不过又被普遍认为是在整个群的定义方面具有高度作用的一小部分所显示出来的性状，能够列出无数的事例。比如，从鼻孔到口腔是不是存在着一个通道，根据欧文的意见，这是唯一的一个区别鱼类与爬行类的显著性状，有袋类的下颚角度的变化，昆虫翅膀的折叠状态，有些藻类表现出来的颜色，禾本科草类的花在每个部位上的细毛，脊椎动物中的真皮覆盖物（比如毛或者是羽毛）的性质。假如鸭嘴兽身上覆盖着的是羽毛而并非毛的话，那么这种不被重视的外部性状就会被博物学者看成是在决定这种奇怪生物和鸟的亲缘关系的程度方面是一种重要的帮助。一些细小的性状，在分类方面的重要性，主要取决于它们和很多别的或多或少重要的性状之间的关系。性状总体的价值，在博物学者们眼里的确是非常明显的。所以，就像我们时常会指出来的，一个物种能够在几种性状方面，不管它具有生理方面的高度重要性还是具有几乎普遍的优势，不管是在哪方面同它的近

水彩画家马斯顿也加入了“贝格尔”号的航行，他留下了不少相关画作。

似物种有所区别，不过对于它应该排列在什么位置，我们丝毫没有疑问。所以，我们也已经知道，按照任何一种单独的性状去分类，不论这种性状是多么重要，终归是要失败的。因为体制方面没有一个部分是永久稳定着的。性状总体上的重要性，甚至是当其中找不出一个性状是重要的时候，也能够单独地说明林奈所解释说明的格言，并不能说是性状产生属，相反是属产生了性状。由于这句格言好像是以大量轻微的类似之点，很难明确地表示为根据的。全虎尾科的一些植物具有完全的以及退化的花。有关后者，朱西厄曾讲到，“物种、属、科、纲当中所固有的性状，绝大多数都已经消失了，这是对我们的分类的一种嘲笑”。当斯克巴属在法国，几年的时间里只产生出这些退化的花，并且和这一目的固有模式在构造的很多最重要的方面是那么惊人的不合时，朱西厄讲到，里查德曾经很聪明地发现了这一属还应该保留于全虎尾科当中。这一个例子极好地说明了我们分类的精神。

事实上，当博物学者们开展分类工作时，对于确定一个群的或者是排列任何特殊的物种所用的性状时，并没有注意到它们的生理价值。假如说他们找到了一种基本上接近于一致的，为大量的类型所共有的，并且不为别的类型所共有的性状，他们就将它当成一个具有高度价值的性状去应用，假如只是为少数的类型所共有，那么他们就将它当成是具有次等价值的性状去加以应用。有的博物学者很清楚地主张这是正确的原则，而且谁也没有如同卓越的植物学者圣·提雷尔那样去明确地提出这种主张。假如发现几种微小的性状总是结合出现，尽管说它们之间并没有发现非常明显的联系纽带，但是也会给它们加上特殊的价值。在大部分的动物群当中，重要的器官，比如压送血液的器官或者是输送空气给血液的器官，或者是繁殖种族的那些器官，假如说是基本上一致的，那么它们在分类方面就会被认作是具有高度作用的。不过在一些群当中，所有这些最重要的生活器官却只可以提供非常次要价值的性状。如此，就像米勒近来提出的，在相同的一个群的甲壳类当中，海萤类通常都具有心脏，但是两个密切近似的属，那就是贝水蚤属以及离角蜂虻属，都不存在这样的器官。海萤的某一物种具备着非常发达的鳃，但是另一个物种没有生鳃。

达尔文住所

其他分类要素

我们可以理解为什么胚胎的性状和成体的性状具有相同的重要性，因为自然的分类很显然是包括了所有的龄期在其中的。不过按照普通的观点，是无法确切地知道为什么胚胎的构造在分类方面比成体的构造要更重要一些，但是在自然的组成当中，仅仅有成体的构造才可以充分发挥出它的作用。不过伟大的博物学者爱德华兹还有阿加西斯全力主张胚胎的性状在所有的性状当中是最为重要的一种，并且普遍认为这样的理论是正确的。虽然说是这么说，因为没有排除幼体的适应的性状，它们的重要性有些情况下会被夸大了。为了解释说明这一点，米勒只是根据幼体的性状将甲壳类这一个大的纲进行排列，结果证明这并非一个自然的排列。不过毫无疑问的，除了幼体的性状之外，胚胎的性状在分类方面具有最高度的价值，这不只是只有动物是这样的，植物同样也是如此。那么，显花植物的主要区分是根据胚胎中的差异，也就是根据子叶的数目以及位置，还有根据胚芽以及胚根的发育方式，我们就可以看到，为什么这些性状在分类方面存在着这么高度的价值，这也就直接代表着，由于自然的分类是按照家系进行排列的。

我们在进行分类的时候时常很显著地受到亲缘关系连锁的影响。没有比确定所有的鸟类所共有的大量性状更为容易的了。不过在甲壳类当中，如此认为，直到现在依然被认为是不可能的。有一些甲壳类，它们两种极端的类型可以说几乎没有一种性状是相同的。不过，两种极端的物种，由于很明显地和别的物种相近似，但是这些物种又和别的一些物种相近似，如此关联下去，就能够明确地认为它们是属于关节动物的这一纲，而并非属于别的纲。

地理分布在分类的时候也常被应用到，尤其是被用在密切近似类型的大群的分类当中，尽管说这并不非常合理。覃明克曾经一度主张这样的方法在鸟类的一些群当中是有用的，甚至可以说是非常有必要的。有一些昆虫学者还有植物学者也曾采用过这样的方法。

最后，有关每个物种群，比如目、亚目、科以及亚科还有属等的比较价值，在我看来，最起码在现在基本上可以说是随意估定的。有一些最优秀的植物学者，比如本瑟姆先生还有别的一些人士，都曾强烈地主张它们的随意的价值。可以举出一些与植物还有昆虫有关的一些方面的事例，比如，有一群一开始被有经验的植物学者仅仅列为一个属，之后又被提升至亚科或者是科的等级。这么做，并不是由于进一步的研究曾经探查到一开始没有发现的重要构造的差异，而是由于具有稍微不同级进的每种差异的无数近似物种，在之后渐渐地被发现了。

达尔文房子的水彩画，他在这栋房子里住了四十年，直到生命终结。

所有上面所讲的分类方面的规则，还有根据以及难点，假如说我的看法没有严重的错误，那么就都能够按照下面所讲的观点获得解释。那就是，“自然系统”是以伴随着变异的生物由来学说为依据的。博物学者们普遍觉得两个或者是两个以上的物种之间的那些表明真实亲缘关系的性状，均是从共同祖先那里遗传而来的，所有真实的分类都是按照家系的。共同的家系正是博物学者们无意识地追求的潜在纽带，而并非某些未知的创造计划，也并非一般命题的说明，更不可能是将多少相似的对象简单地合在一起或者是分开。

物种的血统分类

不过我不得不更加充分地来解释说明一下我的个人意见。我相信每个纲当中的群，依据适当的从属关系以及相互关系的排列，一定是严格系统的才可以达到自然的分类。不过有些分支或者是群，虽然和共同祖先血统关系的近似程度是一样的，可是因为它们所经历的变异程度不一样，所以它们之间的差异量存在着很大的区别。这一点由这些类型被置于不同的属、科、部还有目当中而表现出来的。假如说读者不怕麻烦去参阅一下第四章当中的图，就可以很好地去理解这儿所谈到的意思了。我们假设从A到L代表生存于志留纪的近似的属，同时它们是从某一个更早的类型遗传繁衍而来的。其中三个属（A、F还有I）当中，都存在着一个物种传留下变异了的后代一直到了现在，并且以在最高横线上的十五个属（a14到z14）为代表。这样说来，从单独一个物种传下来的一切的那些变异了的后代，有血统上，也就是家系方面都拥有着相同程度的关系。它们能够比喻为第一百万代的宗兄弟。不过它们彼此之间存在着广泛的以及不同程度上的差异。从A传下来的，到现在分为两个或者是三个科的类型，组成了一个目，但是从I传下来的，也分为两个科的类型，却组成了不同的目。从A传下来的现存的物种已经无法和亲种A一起归入同一个属中了。而从I传下来的物种，同样也无法和亲种I归入同一个属当中。能够假定现存的属F14仅仅存在着微小的改变，于是能够与祖属F一起归于一属，就如同有些如今依然少数生存着的生物，属于志留纪的属一般。因此，这些在血统方面都以同等程度彼此相关联的生物，它们之间所表现出来的差异的比较价值，就大大不同了。即便如此，它们的系统的排列不只是在现在是真实的，并且在后代的每一个连续的时期当中也是真实的。从A传下来的所有变异了的后代，都从它们的共同祖先那里遗传到某些共有的东西。从I传下来的所有的后代同样如此。在每一个连续的阶段上，后代的每一从属的分支也均为这个样子的。不过假如我们假设A或者是I的任何一种后代出现了超级大的变异，以至于丧失了自己的出身的所有的痕迹，如果是这样的话，那么，它在自然系统中的位置就没有了，有的少数现存的生物貌似曾经就出现过这样的状况。F属中的所有后代，沿着它的整个系统线，假设只有非常少的变化，它们就能够形成单独的一个属。不过这个属，尽管是非常孤立的，也会占据它应该拥有的中间位置。群的表示像这儿用平面的图解指出来的，其实有点过于简单了。分支应该朝着四面八方分出去。假如将群的名字仅仅是简单地写于一条直线上，那么它的表示就更为不够自然了。不仅如此，我们还都十分清楚，我们在自然界当中，在同一群生物之间所注意到的亲缘关系，用平面上的一条线去表示的话，十分明显是做不到的。因此自然系统就像是一个宗谱一般，在排列方面是根据系统的。不过不同群所曾经历的一些变异量，就不得不用下面的方法去表示，那就是将它们列于不同的所谓属、亚科、科还有部以及目和纲当中。

列出一个语言的例子来帮助我们对这种分类的观点进行一个说明，是有一定意义的。假如我们拥有人类的完整的谱系，那么人种的系统的排列就会对如今全世界所用的各种各样的不同语言提供出最好的分类。假如将所有的现在不用的语言还有所有的中间性质的以及逐渐变化着的方言也包括在其中，那么此种类型的排列将是唯一有可能的分类。可是某些古代语言估计改变得非常少，而且产生的新语言也是少量的，而别的古代语言因为同宗的各族在散布、隔离以及文化状态方面的关系曾经出现过很大的改变，于是产生了很多新的方言还有语言。同一语系的一些语言之间的每种程度上的差异，一定要用群下有群的分类方法去表示。不过正当的甚至是唯一应该有的排列，还是系统的排列。这会是严格并且自然的。由于它按照最密切的亲缘关系将古代的以及现代的所有语言连接在了一起，而且还表明每一种语言的分支以及起源。

为了证实这个观点，让我们一起来看看变种的分类。变种是已经知道了的或者是相信从单独一个物种繁衍遗传而来的。这些变种群集于物种之下，亚变种又集于变种之下。在有的情况之中，比如家鸽，还有别的一些等级的差异。变种分类所根据的规则以及物种的分类基本上是相同的。著作家们曾经坚决地主张按照自然系统而不是按照人为的系统去排列变种的必要性。比如说，我们被提醒不要单纯地由于凤梨的果实恰好大致相同，尽管说这是最重要的一部分，就将它们的两个变种分类于一块儿。没有人会将瑞典芜菁与普通的芜菁归于一起，尽管它们能供食用的，那些肥大的茎是那么相像。哪一部分是最为稳定的，而哪一部分就会应用于变种的分类。比如，大农学家马歇尔曾经说过，角在黄牛的分类方面非常有用，由于它们比身体的形状或者是颜色等变异比较小，而反之，在绵羊的分类方面，角的用处却被极大地降低，这是因为它们比较不稳定。在变种的分类里，在我看来假如我们有真实的谱系，就能够普遍地采用系统的分类。而且，这在几种情况之下已被试用过。由于我们能够肯定，不管存在着多少变异，遗传原理总会将那些相似的点最多的类型聚合于一块儿。有关翻飞鸽，尽管有的亚变种在喙长这个重要的性状方面表现出不同，不过，因为都有翻飞的共同习性，于是它们依然会被聚合于一起。不过短面的品种几乎甚至是完全丧失了这样的习性。就算是这样，我们也不需要去考虑这个问题，还会将它与别的翻飞鸽归入同一

须蕊柱与蝇兰、和尚兰是同一物种。

个群当中。这是因为，它们在血统方面非常相近，并且在别的方面也存在着类似之处。

对于自然环境之中的物种，事实上每一位博物学者都已按照血统进行了分类。由于他们将两性都包括于最低的单位中，也就是物种当中，而两性有些情况下在最重要的性状方面表现出多么巨大的差异，这是每一位博物学者都清楚的。有的蔓足类的雄性成体与雌雄同体的个体之间，基本上没有任何的共同之处，但是没有人试图想要将它们分开。三个兰科植物的类型也就是和尚兰还有神奇的蝇兰以及须蕊柱，在之前它们就被列成三个不同的属，只要一发现它们有些时候会在同一植株上被产生出来时，它们就会马上被看成是变种。而如今我可以明确地表明它们是同一物种的雄者、雌者以及雌雄同体者。博物学者将相同的一个体的每种不同的幼体阶段均包括于同一物种当中，不论它们彼此之间的差异还有和成体之间的差异有多么大，斯登斯特鲁普曾经所讲的，所谓交替的世代也是这样的，它们仅仅是在学术的意义上才会被认为属于同一个体。博物学者们还将畸形以及变种归于同一物种当中，这并不是因为它们和亲类型部分类似，而是因为它们均为从亲类型传下来的。

由于血统被普遍地用来将相同物种的个体分类于一起，尽管雄性的、雌性的还有幼体有些情况下极为不相同，还因为血统曾被用来对出现过一定量的变异还有有时出现过相当大量变异的变种进行分类，难道说，血统这同一因素，不曾无意识地被用来将物种集合为属，将属集合为更高的群，将所有都集合于自然系统之下吗？我认定它已被无意识地应用了。更何况只有如此，我们才可以理解我们最优秀的分类学者所采用的一些规则以及指南。由于我们没有记载下来的宗谱，于是我们就不得不由随便哪一个种类的相似之点去追寻血统的共同性。因此我们才会去选择那些在每和物种最近所处的生活条件当中，最不容易出现变化的那些性状。从这种观点来看的话，残迹器官和体制的别的一些部位，在分类方面是相同地适用的，有的情况下甚至更为适用一些。我们不用去考虑一种性状是多么的微小，比如颚的角度的大小，昆虫翅膀折叠的方式以及皮肤被覆着的毛或者是羽毛，假如说它们在大多数不同的物种当中，特别是在生活习性极为不相同的物种当中，均为普遍存在着的话，那么它们就获得了高度的价值。由于我们只可以用来自一个共同祖先的遗传，来解释它们为什么存在于习性这么不同的，这般众多的类型当中。假如只是按照构造方面的单独各点，我们就可以在这方面犯错误，可是当很多个就算是多么不重要的性状，同时存在于习性不同的一大群生物当中时，从进化学说的角度来看，我们基本上都能够肯定那些性状是从共同的

托马斯·亨利·赫胥黎（1825—1895），达尔文的朋友和进化论最杰出的代表。

祖先遗传而来的。还有，我们也都知道这些集合的性状，在分类方面是存在着特殊价值的。

我们可以理解，为什么一个物种或者是一个物种群能够在若干最重要的性状方面离开它的近似物种，但是又可以依然稳妥地和它们分类于一起。其实仅仅需要拥有足够数目的性状，就算是它们是多么的不重要，泄露了血统共同性的潜在纽带，就能够稳妥地进行这种类型的分类，并且往往都是这么做的。就算是两个类型之间并不存在一个性状是共同的，不过，假如说这些极端的类型之间存在着大量的中间群的连锁，将它们连接于一起，那么我们就能够立刻推论出它们的血统的共同性，同时将它们全部置于同一个纲当中去。因为我们发现，在生理方面具有高度重要性的器官，也就是在最不相同的生存环境之中下用来保存生命的器官，通常情况下都是最为稳定的。因此我们给予它们以极为特殊的价值。不过，假如说这些相同的器官在其他的一个群或者是一个群的另一部分当中，被发现存在着非常大的差异，那么我们就能够马上在分类中将它们的价值降低。我们很快就会看到，为什么胚胎的性状在分类方面具有如此高度的重要性。地理分布有些情况下在大属的分类当中也能够有效地应用，由于栖息在任何不同地区以及孤立地区的同属的所有物种，估计均为从同一祖先繁衍遗传而来的。

同功的相似性

按照前面所讲到的那些观点，我们就可以理解真实的亲缘关系和同功之间的那种，也就是适应的类似之间，存在着非常重要的区别。拉马克第一个注意到这个问题，在他之后，有麦克里还有别的一些人士。在身体形状方面以及鳍状前肢上，儒艮与鲸鱼之间的类似，还有这两个目的哺乳类与鱼类之间的类似，均为同功的。不同目的鼠与鼦鼠之间的类似一样同功的。米瓦特先生所坚持认为的鼠与一种澳大利亚小型的有袋动物袋鼦二者之间的更为密切的类似同样也是如此的。在我看来，最后这两种类似能够按照下面所讲的获得合理的解释，那就是，适于在灌木丛以及草丛中做相似的积极活动，还有对敌人进行隐蔽。

在昆虫的世界里，也存在着大量类似的事例。比如，林奈曾被外部表象所误，竟然将一个同翅类的昆虫分类为蛾类。甚至是在家养变种当中，我们也能够看到大体上相似的情况，比如，中国猪与普通的猪之间的改良品种，以平行食物现象扩展到广阔的范围中。那么，估计就出现了七项的、五项的还有四项的以及三项的分类法。

此外还有一种奇怪的情况，那就是外表的密切类似，并非因为对相似生活习性的适应，而是为了保护而获得的。我所讲的是，贝茨先生一开始描述的一些蝶类，模仿别的完全不同物种的奇特方式。这位卓越的观察者曾经解释说明，在南美洲的有些地方，比如，有一种透翅蝶，非常多，大群聚居，在这些蝶群当中，往往可以发现另一种蝴蝶，那就是异脉粉蝶，偷偷地混于同一群当中。后者在颜色的浓淡以及斑纹方面甚至是在翅膀的形状方面都与透翅蝶是这么的密切类似，于是导致由于采集了11年标本而目光非常锐利的贝茨先生，尽管是处处留神，也不断地被蒙骗。假如捉到这些模拟者还有被模拟者，同时对它们加以比较的话，就能够发现它们在重要的构造方面是非常不相同的，不只是属于不同的属，同时也常常会属于不同的科。假如这样的模拟只是出现在一两个事例当中，那么这就能够当成是奇怪的偶合而将其置之不理。可是，假如说我们离开异脉粉蝶模仿透翅蝶的这个地区继续前进，依然能够找到这两个属的别的一些模拟的以及被模拟的物种，而且它们一样是密切类似的，一共拥有着不只10个属，其中的物种模拟别的蝶类。模拟者与被模拟者总是栖息于相同的一个地区之中。我们从来没有见到过一个模拟者远远地离开自己所模拟的类型。模拟者好像都一定是稀有的昆虫，而被模拟者基本上在每一种情况之下均为繁生成群的。在异脉粉蝶密切模拟透翅蝶的地区，一些时候还有别的鳞翅类昆虫模拟同一种透翅蝶。于是，在同一个地方，能够找出三个属的蝴蝶的物种，甚至还会存在一种蛾类，均密切地类似于第四个属的蝴蝶。值得大家注意的是，异脉粉蝶属中的很多模拟类型可以由级进的系列示明不过是同一物种的一些变种，被模拟的那些类型同样如此。而别的类型则毫无疑问是不同的物种。不过能够质问：为什么将有的类型看成是被模拟者，而将别的类型看成是模拟者呢？贝茨先生对这个问题的解答，非常让人满意。他解释说明被模拟的类型均保持着它那一群的一般外形，而模拟者却改变了自己的外形，而且和它们最近似的类型并不相似。

人们在农场饲养猪以提供猪肉

再有，我们来讨论可以提出什么样的理由去说明有些蝶类与蛾类如此经常地取得另一种非常不同类型的外形。为什么“自然”会堕落到使用欺骗的手段，来让博物学者们感到大惑不解呢？根本不必怀疑，贝茨先生已经给出了恰当的解释。被模拟的类型的个体数目通常都是非常大的，它们一定会经常大规模地逃避了毁灭，否则它们就无法生存得那么多。现下已经搜集到充分多的证据，能够证明它们是鸟类与别的食虫动物所不喜欢吃的。还有另一面，栖息于相同地区的模拟的类型，都为比较稀少的，

这只模仿黄蜂的有透明翅膀的飞蛾与真正的黄蜂有着惊人的相似。虽然它带有黑黄相间的警告色，但事实上它根本没有刺。

属于稀有的群，所以它们一定会时常地遭遇到一些危险，要不然，按照所有蝶类的大量产卵的情况去看，它们就可以在三四个世代里繁生于整个地区。如今，假如说一种如此被迫害的稀有的群有一个成员获得了一种外形，而这种外形又那么的类似一个有良好保护的物种的外形，那么它就会不断地骗过昆虫学家们的极富经验的眼睛。于是它们就会经常地骗过掠夺性的鸟类还有昆虫，这样就能够时常地避免毁灭。甚至还能够这么讲，贝茨先生实际上目击了模拟者变得这么密切类似被模拟者的整个过程。由于他发现异脉粉蝶的有些类型，只要是模拟大量别的蝴蝶的，均以极端的程度出现了变异。在有个地区，存在着几种变种，不过其中仅仅存在着一个变种在一定程度上与同一地区的常见的透翅蝶相类似。而在另一地区当中，存在着两三个变种，其中有一个变种远比别的变种常见，而且它密切地模拟透翅蝶的另一种类型。按照这种性质的事实，贝茨先生曾经断言，异脉粉蝶第一个出现变异。假如一个变种碰巧在一定程度上与任何栖息于相同地区中的普通蝴蝶相类似，那么这个变种因为与一个繁盛的极少遭到迫害的种类相类似，就能够拥有更好的机会去避免被掠夺性的鸟类还有昆虫所毁灭，结果就能够比较经常地被保存下来。“相似程度比较不完全的，就会一代接一代地遭到排除，仅仅是类似程度完全的，才可以得以存留下来，去繁殖它们的种类”。所以说有关自然选择，我们这里有一个非常不错的例证。

相同地，华莱斯还有特里门先生也曾就马来群岛以及非洲的鳞翅类昆虫还有一些别的昆虫，描述过一些同样明显的模拟例子。华莱斯先生还曾在鸟类当中发现过一个这样的例子。不过有关较大的四足兽，我们还未曾找到例子。模拟的出现对昆虫来说，远比在别的动物中要多，这估计是因为它们身体比较小的原因。昆虫无法保护自己，除了实在有刺的种类之外，我从来没有听到过一个例子，可以表明这些种类模拟别的昆虫，尽管它们是被模拟的。昆虫还无法轻易地用飞翔去逃避捕食它们的较大动物。所以，用比喻说的话，它们就如同大多数弱小的动物一样，不得不求助于欺骗还有冒充。

还需要注意，模拟过程估计从来没有在颜色大不相同的类型当中出现过。不过从彼此已经有些类似的物种开始，最密切的类似，假如说是有益的，就可以由前面所讲的手段获得。假如说被模拟的类型之后逐渐地通过任何的因素而得到了改变，那么模拟的类型也会沿着相同的路线出现变化，因而能够被改变到任何程度。因此最后它就会取得同它所属的那一科的别的成员完全不同的外表或者是颜色。不过，在这个问题方面也存在着一些难点，由于在某些情况当中，我们没有办法只能去假设，有些不同群的古代成员，在它们还没有分歧到现在的程度之前，偶然地与别的一些有保护的群的一个成员类似到足够的程度，然后获得某些轻微的保护，这就出现了之后获得最完全类似的基础。

连接生物亲缘关系的性质

大属当中的优势物种出现了变异的后代，存在着承继一些优越性的倾向，这种优越性曾经让它们所属的群变得巨大，同时还让它们的父母占有优势，所以它们几乎肯定地会广泛地散布，同时自然组成中获得日益增多的地方。每一个纲当中较大的以及较占优势的群，因此也就有了继续增大的倾向。最后它们会将大量较小的以及比较弱的群排挤掉。于是，我们就可以解释所有现代的以及绝灭的生物被包括在少数的大目还有更少数的纲的事实。存在着一个惊人的事实，能够解释得清楚明白，比较高级的群在数量方面上是多么少，但是它们在整个世界的散布却又是多么广泛。澳大利亚被发现后，从未增加过可立一个新纲的昆虫，而且在植物界方面，依照我从胡克博士那儿获得的资料，也仅仅增加了两三个小科。

在《论生物在地质上的演替》一章当中，我曾依照每一群的性状在长期连续的变异过程当中通常都分歧非常大的原理，试图去讲清楚为什么比较古老的生物类型的性状往往会在某种程度上介于现存的群之间。由于有些少数古老的中间类型将变异极少的后代遗留到今天，于是就组成了我们所说的中介物种或者是畸变物种。不管是哪一种类型，越是脱离常规，那么已灭绝并且完全消失的连接类型的数目就一定会越大。我们有证据能够证明，畸变的群因为绝灭而遭受到重大的损失，由于它们几乎时常只有极少数的物种，并且这类物种照它们实际存在的情况来看的话，通常彼此之间的差异都非常大，这还意味着绝灭。比如，鸭嘴兽与肺鱼属，假如说每一个属都不是和现在这样的，由单独一个物种或者是两三个物种来代表，而是由十多个物种来代表的话，估计还不会让它们减

约瑟夫·胡克（1817—1911），达尔文最亲密的朋友和首席科学知己。

少到脱离常规的程度。我觉得，我们只能按照下面的情况去解释这个事实，那就是将畸变的群看成是被比较成功的竞争者所征服的类型，它们仅仅存在着少数的成员在异常有利的条件下仍旧生存着。

沃特豪斯先生曾指出，当一个动物群的成员和一个非常不同的群表现出具有亲缘关系时，那么这种亲缘关系在大部分情况下均为一般的，并不会是特殊的。比如，根据沃特豪斯先生提出的意见，在所有的啮齿类中，哔鼠和有袋类的关系最为接近。不过在它与这个“目”接近的一些点当中，它的关系是很一般的，那就是说，并未和任何一个有袋类的物种十分接近。由于亲缘关系的一些点被认可是真实的，不仅仅是适应性的，根据我们的观点，它们就必须归因于共同祖先的遗传，因此我们必须假定，或者说，所有的啮齿类包括哔鼠在其中，从某种古代的有袋类分支出来，而这种古代的有袋类在与所有的现存的有袋类的关系当中，当然会具有中间的性状。或者说，啮齿类与有袋类二者都从一个共同的祖先处分支出来，而且两者之后在不同的方向上都出现过大量的变异。不管是按照哪一种观点，我们都必须假定哔鼠经过遗传比别的啮齿类曾经保存下更多的古代祖先性状。因此它们不会和任何一个现存的有袋类十分有关系。不过，因为部分地保存了它们共同祖先的性状，或者是这一群的某一些早期成员的性状，而间接地和所有的或者说甚至是所有的有袋类有关系。再有一方面就是，根据沃特豪斯先生所指出的，在所有的有袋类当中，袋熊并非和啮齿类的任何一个物种相类似，而是同整个的啮齿目最相类似。不过，在这样的情况之下，还能够猜测这种类似仅仅是同功的，因为袋熊已经适应像啮齿类那般的习性。老德康多尔在不同科的植物当中曾做过几乎相似的观察。

按照由一个共同祖先传下来的物种，在性状方面的增多以及逐渐分歧的原理，同时根据它们通过遗传保存若干共同性状的事实，我们就可以理解为什么同一科或者是更高级的群的成员均是由非常复杂的辐射形的亲缘关系彼此连接于一起的。由于通过绝灭而分裂为不同群以及亚群的整个科的共同祖先将会将它的某些性状通过不同的方式以及不同程度上的变化，遗传于所有的物种。于是它们就会由各种不同长度的，迂回的亲缘关系线（就像在时时被我们提起的那个图中所见到的一样）彼此关联起来，经过大量的祖先而上升。因为，就算是依靠系统树的帮助，也很难可以轻易地示明任何古代贵族家庭的无数亲属之间的血统关系。并且，不依靠这种帮助又

袋熊科动物是大体型挖穴食草动物

几乎无法示明那种关系，因此我们就可以理解下面所要讲到的情况：博物学者们在一个相同大小的自然纲当中，已经看出很多现存成员与绝灭成员之间存在着各式各样的亲缘关系，但是在没有图的帮助下，想要对这些关系进行描述，存在着非常大的困难。

物种灭绝与种群定义

绝灭，就像我们在第四章当中所见到的，在规定和扩大每一纲里的若干群之间的距离方面，具有非常重要的作用。如此，我们就能够按照下面所讲的信念去解释整个纲中彼此界限分明的缘由了。比如，鸟类和所有别的脊椎动物之间的界限。这个信念就是，很多的古代生物类型已完全灭绝，但是这些类型的远祖曾将鸟类的早期祖先同当时比较不分化的别的脊椎动物连接于一起。不过，曾将鱼类与两栖类一度连接起来的生物类型的绝灭就会少很多。在有些整个纲当中，绝灭得更少。比如甲壳类，由于在这里，最奇异不同的类型依然能够由一条长的，并且仅仅是部分断落的亲缘关系的连锁连接于一起。绝灭只可以让群的界限更加分明，它绝无法制造出群。因为，假如曾经在这个地球上生活过的每一个类型都突然重新出现了，就算是不可能给每一个群带来明显的分别，进行区别，不过一个自然的分类或者最起码一个自然的排列，还是存在着可能性的。我们参考图（P122），就能够理解这一点。从 A 到 L 能够代表志留纪时期的 11 个属，其中有的已经产生出变异了的后代的大群，它们的每一枝与亚枝的连锁到如今仍然存在着，这些连锁并没有比现存变种之间的连锁更大一些。在这样的情况当中，就非常不可能下定义，将几个群的一些成员同它们更为直接的祖先与后代区别开来。不过图上的排列还是有效的，而且还是自然的。这是由于，依照遗传的原理，比如说，只要是从 A 传下来的所有的类型都有着一些共同的点。就像是在一棵树上我们可以区别出这一枝与那一枝，尽管在实际的分叉上，那两枝是连合的而且融合于一起的。按我所说过的，我们无法划清若干群的界限，不过我们可以选出代表每一群的大部分性状的模式或者是类型，不管那个群是大的还是小的。如此对于它们之间的差别的价值就呈现出一个一般的概念。假如我们曾经成功地搜集了曾在所有的时间以及所有的空间生活过的任何一个纲的所有类型，那么就是我们不得不遵循的方法。当然，我们永远无法完成这样完全的搜集。虽然说是这个样子的，在有些纲当中我们正在朝着这个目标进行。爱德华兹近来在一篇写得非常不错的论文当中强调指出，采用模式的高度重要性，不管我们可不可以将这些模式所隶属的群彼此分开，同时划出界线。

最后，我们已经见识到伴着生存斗争而来的，而且几乎无法避免地在任何亲种的后代当中引起绝灭以及性状分歧的自然选择，解释了所有生物的亲缘关系中的那个巨大而普遍的特点，那就是它们在群之下还存在着群。我们拿着血统这个要素将两性的个体与所有年龄的个体分类于一个物种之下，尽管它们估计仅仅有少数的性状是一样的，我们用血统对于已知的变种进行分类，不论它们和它们的亲体间存在着多么大的不同。我认为血统这个要素就是博物学者在“自然系统”这个术语之下所追求的那个隐藏着的联系纽带。自然系统，在它被完成的范围之中，它的排列是系统的，并且它的差异程度是用属、科、目等来进行表示的，按照这个概念，我们就可以理解我们在分类中不得不遵循的规则。我们能够去理解，为什么我们将有些类似的价值估计得远在别的类似之上，为什么我们要拿着残迹的没有用的器官或者是生理方面重要性非常小的器官，为什么在查寻一个群和另一个群的关系中，我们会很快地排弃同功的或者是适应的性状，但是在同一群的范围之中又会去用这些性状。我们可以清楚地发现所有现存的类型与绝灭的类型怎样就可以归入少数的几个大纲当中，而同一纲中的一些成员又是如何由最复杂的，放射状的亲缘关系线连接于一起。我们估计永远都无法去解开任何一个纲的成员之间那些错综复杂的亲缘关系纲。不过，假如我们在观念中能有一个明确的目标，并且不去祈求那些未知的创造计划，那么我们就能够希望获得确实的，尽管是缓慢的进步。

赫克尔教授近来在他的《普通形态学》（还有别的一些著作当中），运用他的广博知识以及才能去讨论他所提出的系统发生，也就是所有的生物的血统线。在描绘几个系统的时候，他主要根据胚胎的性状，不过也会借助于同源的器官以及残迹器官还有各种生物类型在地层当中最开始出现的连续时期。于是，他勇敢地迈出了伟大的第一步，而且也向我们表明了今后应该怎么样去处理分类。

消失的中间变种

我们已经发现，同一纲当中的成员，不管它们的生活习性是什么样的，在一般体制设计方面都是彼此相类似的。这样的类似性往往用“模式的一致”这个术语进行表示。或者可以说，同一纲的不同物种的一些部分与器官是同源的。这整个问题能够包括于“形态学”这个总称之中。这是博物学当中最有趣的部门之一，并且基本上能够说就是它的灵魂。适合抓握的人手，适合掘土的鼹鼠的前肢，还有马的腿以及海豚的鳍状前肢与蝙蝠的翅膀，均是在同一形式之下构成的，并且在同一个相当的位置上，拥有着相似的骨，还有什么可以比这更为奇怪的呢？举一个次要的不过也是非常动人的例子：那就是袋鼠非常适于在开阔平原上奔跳的后肢，攀缘而吃叶的澳大利亚熊生有的一样良好地适合抓握树枝的后肢，还有栖息于地下，吃食昆虫或者是树根的袋狸生有的后肢，还有那些别的澳大利亚有袋类的后肢，均为在相同的一个特别的模式之下构成的，也就是它们的第二还有第三趾骨非常瘦长，被包在相同的皮之中，最后看起来就如同是具有两个爪的一个单独的趾，虽然说有这样的形式的类似，不过很明显的，这几种动物的后脚在能够想象得到的范围之中还是用于非常不同的目的的。这个例子因为美洲的负子鼠而显得更为生动一些，它们的生活习性基本上与有些澳大利亚亲属的相同，不过它们的脚的构造却仅仅是根据普通的设计。前面所讲到的是按照弗劳尔教授的，他在结论中谈道："我们能够将这称作是模式的符合，不过对于这种现象并没有提供出多少的解释。"他接着又谈道："难道这不是有力地暗示着真实的关系与从一个共同祖先的遗传吗？"

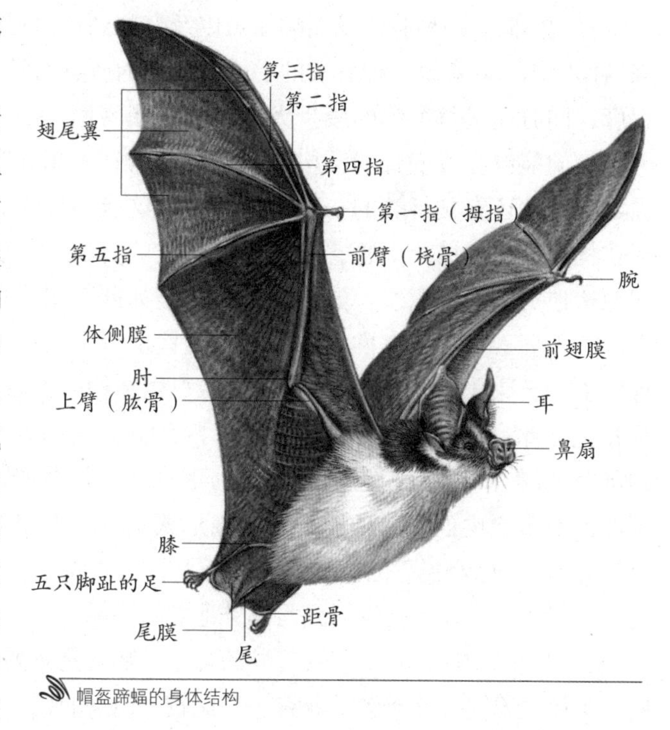

帽盔蹄蝠的身体结构

圣·提雷尔以前曾大力主张同源部分的相关位置或者是彼此关联的高度重要性。它们在形状以及大小方面几乎能够不同到任何程度，但是依然以相同不变的顺序保持着联系。比如说，我们从未发现过肱骨与前臂骨，或者是大腿骨与小腿骨颠倒过位置。所以说，同一名称能够用于极为不同的动物的同源的骨。我们从昆虫口器的构造当中见到了这同一伟大的法则：天蛾生有的非常长并且螺旋形的喙、蜜蜂或者是臭虫的奇异折合的喙、甲虫的巨大的颚，还有什么比它们更为彼此不同的呢？不过，用于这般大不相同的目的的所有这些器官，是由一个上唇、大颚还有两对小颚经过无尽的变异之后才形成的，而且同一法则还支配着甲壳类的口器与肢的构造。植物的花同样如此。

试图利用功利主义或者是目的论去解释同一纲的成员的此种形式的相似性，是最没有希望的。欧文曾在自己的《四肢的性质》这部最为有趣的著作中，坦白地承认这样的尝试是没有任何希望的。根据每一种生物独立创造的普遍观点来看，我们只可以说它是这样的，那就是："造物主"乐意将每一大纲中的所有动物与植物根据一致的设计建造起来。不过这并非科学的解释。

根据连续轻微变异的选择学说，它的解释在极大程度上就简单多了，每个变异都会以某种方式对于变异了的类型有利，不过又经常会因为相关作用影响到体制的别的部分。在这样的性质的变化中，就很少或者是没有改变原始形式或者只是转换每个部分位置的倾向。一种肢的骨能够缩短以及变扁到任何程度，同时被包以非常厚的膜，来当作鳍用。或者说一种有蹼的手能够让它的所有的骨或者是有些骨变长到任何一种程度，同时连接每个骨的膜扩大，来当成翅膀用。不过，所有的这些变异，并没有一种倾向能够去改变骨的结构或者是改变器官的相互联系。假如我们设想所有的哺乳类、鸟类还有爬行类的一种早期祖先，这能够称为是原型，具有根据现存的普遍形式构造起来的肢，不管它们用于什么样的目的，我们将马上看出全纲动物的肢的同源构造的明确的意义。昆虫的口器也是如此，我们只需要设想它们的共同祖先具有一个上唇、大颚还有两对小颚，而这些部分估计在形状方面都非常简单，这样就可以了。于是自然选择就能够解释昆虫口器在构造方面还有机能方面的无限多样性。尽管是如此，能够想象得到，因为有些部分的缩小以及最后的完全萎缩，因为和别的部分的融合，还有因为别的部分的重复或者是增加，我们明白了这些变异均是在可能的范围之内的。一种器官的普遍形式估计会变得非常隐晦不明，以至于到最后会消失不见。已经绝灭的巨型海蜥蜴身上长有的桡足，还有有些吸附性甲壳类的口器，它们一般的形式好像已经因此而部分地隐晦不明了。

我们的问题还有一个同样奇异的分支，那就是系列同源，这便是在向我们表明，同一个体的不同部分或者是器官进行比较，而并非同一纲中的不同成员的同一部分或者是器官进行比较。大部分的生理学家都相信头骨和一定数目的椎骨的基本部分是同源的，也就是在说，在数目方面和相互关联方面是彼此一致的。前肢与后肢在所有的高级脊椎动物纲当中很明显是同源的。甲壳类的复杂的颚与腿也是同样的情况。几乎所有的人都熟知，一朵花上的萼片还有花瓣以及雄蕊和雌蕊的相互位置还有它们之间的基本构造，根据它们是由呈螺旋形排列的变态叶所组成的观点，是能够获得解释的。由畸形的植物我们往往能够得到一种器官可能转化为另一种器官的直接证据，而且我们在花的早期或者是胚胎的阶段中，还有在甲壳类以及很多别的动物的早期或者是胚胎的阶段中，可以实际看到在成熟时期变得非常相同的器官最开始是完全相似的。

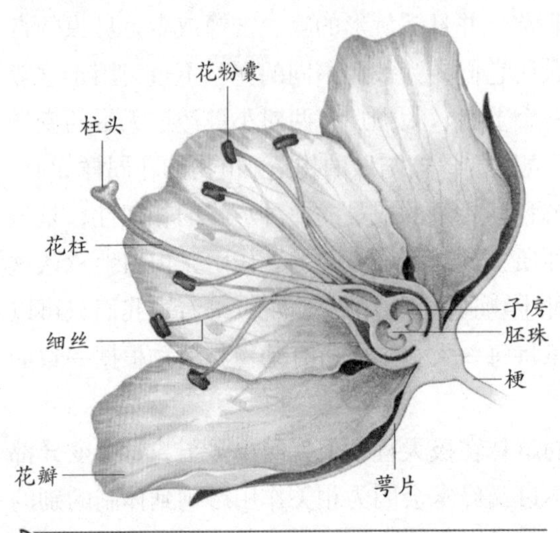

一朵花的内部构造

依据神造的一般观点，系列同源是多么的难以理解。为什么脑髓包含在一个由数目这么多的，形状如此奇怪的，很明显是代表着脊椎的骨片所组成的箱子当中呢？就像欧文所说的，分离的骨片便于哺乳类产生幼体，不过从此而来的利益绝对无法解释鸟类与爬行类的头颅的同一构造。为什么创造出相似的骨去形成蝙蝠的翅膀还有腿，但是它们用于这么完全不同的目的，也就是飞还有走呢？为什么具有由大量的部分组成的极其复杂口器的一种甲壳类，结果总是仅仅有比较少数的腿，或者说，相反地，又是为什么具有很多腿的甲壳类都有着比较简单的口器呢？为什么每一朵花的萼片和花瓣还有雄蕊以及雌蕊，尽管适于那么不同的目的，可是却是在同一形式之下构成的呢？

按照自然选择的学说，我们就可以在一定程度上回答这些问题。我们无须在这里讨论一些动物的身体如何最开始分为一系列的部分，或者说它们是如何分为具有相应器官的左侧以及右侧，主要由于这种类型的问题基本上是在我们的研究范围之外的。不过，有些系列构造估计是因为细胞分裂而增殖的结果。细胞分裂造成了从这类细胞发育出来的每个部分的增殖。为了我们的目的，只要记住下面的事情就可以了，那就是，同一部分与同一器官的无限重复，就像欧文指出的，是所有低级的或者是很少专业化的类型的共同特征。因此脊椎动物们尚未清楚的祖先估计拥有着很多的椎骨。关节动物们尚未得知的祖先，拥有很多的环节。显花植物尚未明白的祖先，拥有着很多排列成一个或者是多个螺旋形的叶。我们之前还见到，反复重复的部分不只是在数目方面，而且还在形状方面，非常容易出现变异。到最后，这样的部分因为已经拥有相当的数量，而且具有高度的变异性，自然能够提供材料来适应最不相同的目的。不过它们经过遗传的力量，通常会保存它们原始的或者是基本的类似性的显著痕迹。这些变异能够经过自然选择，对于它们后面的变异提供一些基础，同时从最开始起就有相似的倾向，因此它们更加会保存这样的类似性。那些部分，在生长的早期是非常相像的，并且还都处于几乎相同的环境之中。这样的部分，不管是变异了多少，除非它们的共同起源完全隐晦不明，估计是系列同源的。

在软体动物的大纲之中，尽管可以解释说明不同物种的一些部分是同源的，不过能够示明的仅仅有少数的系列同源，比如石鳖的亮瓣。这就是说，我们很少可以说出同一个体的哪个部分和另一部分是同源的。我们可以理解这个事实，由于在软体动物当中，甚至在这一纲的最低级成员当中，我们几乎找不到任何一个部分会有这么无限的重复，如同我们在动物界还有植物界的别的大纲当中所见到的一样。

不过形态学，就像最近兰克斯特先生在一篇优秀的论文当中充分解释的，比起最开始所表现的是一个远为复杂的学科。有的事实被博物学者们一并地等同地列为同源，对这点，他划出了重要的区别。只要是不同动物的类似构造，因为它们的血统都来自同一个祖先，之后出现了变异，他建议将这样的构造称为同源的。只要是无法给出如此解释的类似构造，他则建议将它们称作同形的，比如说，他坚定地认为鸟类与哺乳类的心脏整体说起来是同源的，也就是均为从一个共同的祖先传下来的，不过在这两个纲当中，心脏的四个腔是同形的，也就是说是独立发展起来的。兰克斯特先生还提出了同一个体动物身体上，左右两侧每个部分的密切类似性，还有连续每个部分的密切类似性。在这里，我们有了普通被称为同源的部分，而它们同来自一个共同祖先的不同物种之间的血统没有任何的关系。同形构造和我分类为同功变化或者是同功类似是相同的，不过我的方法非常不完备。它们的形成能够部分地归因于不同生物的每个部分或者是同一生物的不同部分曾经以相似的方式出现了变异，而且能够部分地归因于类似的变异为了相同的普遍目的或者是机能而被保存下来。与这一点有关的，已经列出过大量事例。

博物学者们时常谈起头颅是由变形的椎骨形成的，螃蟹的颚是经变形的腿形成的，花的雄蕊以及雌蕊是经过变形的叶而形成的。不过就像赫胥黎教授所讲到的那样，很多时候，更准确地说，头颅与椎骨、颚与腿等，并不是一种构造由现存的另一种构造变形而来的，而是它们都从某种共同的而且是比较简单的原始构造变成的。不过，大部分的博物学者只在比喻的意义方面去应用这样的语言。他们绝不是代表着在生物由来的漫长过程里，任何种类的原始器官，在一个例子当中为椎骨，在另一个例子当中就成了腿，曾经事实上转化成头颅或者是颚。但是这样的现象的发生，看来是这么的可信，以至于博物学者们基本上都无法避免地要使用含有这样的清晰意义的语言。根据本书所主张的观点，这样的语言的确能够使用，并且下面的那些不可思议的事实就能够部分地获得解释，比如螃蟹的颚，假如确实从真实的尽管非常简单的腿变形而成，那么它们所保持的无数的性状估计是经过遗传而得以保存下来的。

胚胎学中的法则、原理及问题解释

在整个博物学当中，这是一个最为重要的学科。每一个人都清楚昆虫变态通常都是由少数几个阶段突然地完成的。不过实际上却有大量的逐渐的尽管是隐蔽的转化过程。就像芦伯克爵士所解释说明的，某种蜉蝣类的昆虫在产生的过程中要蜕皮20次还多，每一次蜕皮都会出现一定量的变异。在这个例子当中，我们可以发现，变态的动作是以原始的，缓慢而逐渐的方式去完成的。很多的昆虫，尤其是某些甲壳类的昆虫，向我们解释说明，在发生过程中，所完成的构造变化是多么奇妙。但是这类变化在有些下等动物的所谓世代交替当中达到了最高峰。比如，有一个很奇怪的事实，那就是一种精致的分支的珊瑚形动物，长着水螅体，而且还固着在海底的岩石上。它一开始由芽生，接着由横向分裂，产生出漂浮的巨大水母群，然后这些水母产生卵，再从卵孵化出浮游的十分细微的动物，它们附着于岩石上，发育成分枝的珊瑚形动物。如此一直无止境地循环下去。觉得世代交替的过程与一般的变态过程基本上是相同的信念，已被瓦格纳的发现极大地加强了。他发现有一种蚊也就是瘿蚊，它们的幼虫或者是蛆，由无性生殖产生出别的幼虫，那些别的幼虫到最后就会发育为成熟的雄虫还有雌虫，再以常见的方式由卵繁殖它们的种类。

需要我们注意的是，当瓦格纳的卓越发现一开始宣布的时候，人们问我，对于这样的蚊的幼虫获得无性生殖的能力，应该怎样去解释呢？只要这种情况是唯一的一个，那么就提不出任何的解答。不过格里姆曾经解释说明过，还有一种蚊，那就是摇蚊，几乎是以相同的方式进行着生殖，而且他相信这样的方法通常都出现在这一目当中。这种蚊有此种能力的是蛹，而并非幼虫。格里姆还进一步解释说明，这个例子在一定程度上“将瘿蚊和介壳虫科的单性生殖联系起来”。单性生殖这个术语代表着介壳虫科的成熟的雌者没有必要和雄者进行交配就可以产生出可育的卵。现在知道，几个纲当中的一些动物在异常早的龄期就有通常生殖的能力。我们只要从逐渐的步骤将单性的生殖推到越来越早的龄期，摇蚊所代表的恰好就是中间的阶段，也就是蛹的阶段，也许就可以解释瘿蚊的奇怪的情况了。

已经讨论过，相同的一个个体的不同部分，在早期胚胎阶段完全相似，在成体状态中才会变得大不相同，而且用于完全不同的目的。同样也曾经解释说明，同一纲当中的最不相同的物种的胚胎通常都是密切相似的，不过当充分发育之后，就会变得完全不一样了。要证明最后谈到的这个事实，再找不出比冯贝尔的叙述更优秀的了。他说，“哺乳类、鸟类、蜥蜴类、蛇类，估计还包括龟类在内的胚胎，在它们最开始的状态当中，整个的还有它们各部分的发育方式，彼此之间都非常相似。它们是如此的相似，事实上我们仅仅可以从它们的大小方面去区别那些胚胎。我有两种浸在酒精里的小胚胎，我忘记将它们的名称贴上，到了现在我就无法正确地说出它们哪个是属于哪一纲了。它们也许是蜥蜴或者是小鸟，或者是非常幼小的哺乳动物。那些动物的头还有躯干的形成方式，是那么的全然相像。不过这些胚胎还未出现四肢。可是，就算是在发育的最开始的阶段假如存在着四肢，我们也一样无法去知道些什么。查找原因在于，蜥蜴与哺乳类的脚，还有鸟类的翅以及脚，和人类的手还有脚都一样，均为从同一基本类型中发生而来的。”大部分的甲壳类的幼体，在发育所对应的整个阶段里，彼此之间密切相似，不论成体估计会变得如何不同。很多别的动物，也是这个样子的。胚胎类似的法则有些时候直到相当迟的年龄也依然保持着痕迹。比如，同一属还有近似属的鸟在幼体的羽毛方面常常是彼此相似的，

水螅纲中各种物种的形态进化，在复杂的浮游管水母目群落（大洋水螅类）中达到了顶点，每个群落都由各式各样的水母体和水螅体所组成。

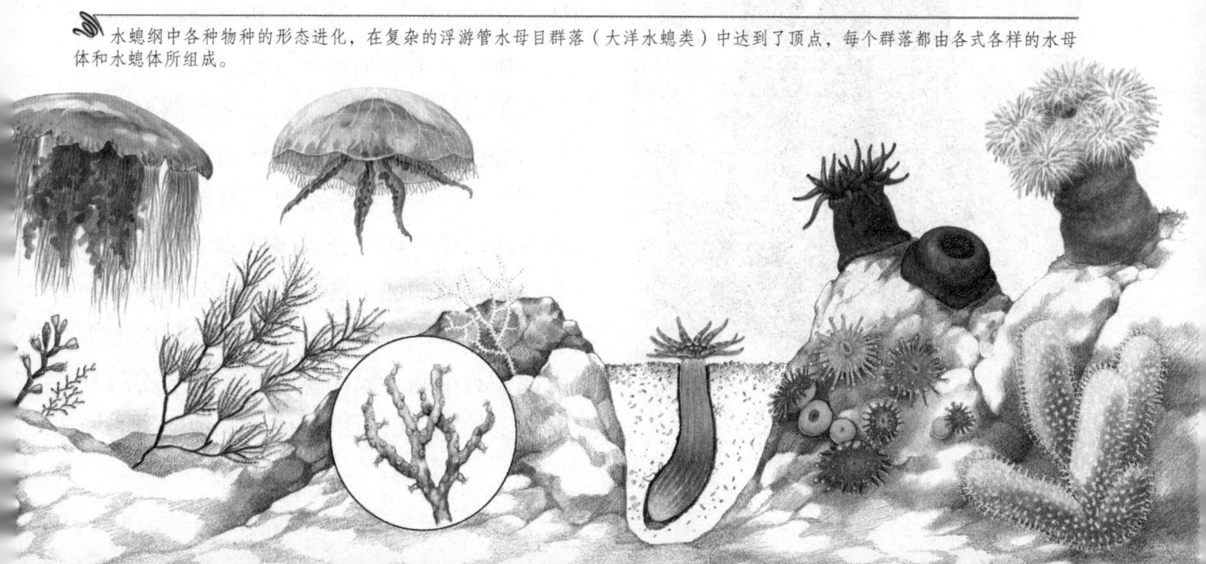

就像我们在鸽类的幼体中所见到的斑点羽毛一般，就是如此。在猫族当中，大多数的物种在长成的时候都具有条纹或者是斑点，而普通狮子与美洲狮的幼兽也都有着清楚易辨的条纹或者是斑点。我们在植物的世界里也能够偶然地见到同类的事，不过数量并不是很多。再比如，金雀花的初叶还有假叶金合欢属所拥有的初叶，都如同豆科植物的普通叶子，是羽状或者是分裂状的。

同一纲当中，存在着很大不同的动物的胚胎在构造方面彼此相似的每个点，常常和它们的生存条件之间不存在直接关系。比如说，在脊椎动物的胚胎当中，鳃裂附近的动脉有一个特殊的弧状构造，我们可以去设想，这样的构造和在母体子宫当中获得营养的幼小哺乳动物，还有在巢中孵化出来的鸟卵，以及在水中的蛙卵所处在的类似的生活条件有一定的关系。我们没有理由去相信这样的关系，就如同我们没有理由去相信人的手还有蝙蝠的翅膀，以及海豚的鳍内相似的骨是和相似的生活环境有关系的。没有人会去设想幼小狮子的条纹或者是幼小黑鸫鸟的斑点对于这些动物来说能有什么作用。

不过，在胚胎生涯中的任何一个阶段，假如说一种动物是活动的，并且还必须为自己找寻食物，那么情况就有所不同了。活动的时期能够发生于生命中的较早期或者是较晚期。不过不论它发生于什么时期，只要幼体对于生活环境的适应，就能够和成体动物一样完善以及美妙。这是以什么样的重要的方式进行的呢？近来，卢伯克爵士已经很好地为我们说明了。他是根据它们的生活习性论述了非常不同的“目”当中，一些昆虫的幼虫的密切相似性还有同一目中别的昆虫的幼虫的不相似性来说明的。因为这类的适应，近似动物的幼体的相似性有些情况下就大大的不明确，尤其是在发育的不同阶段发生分工的现象时更是这样。比如，同一幼体，在某个阶段不得不去找寻食物，而在另一阶段，又不得不去找寻附着的地方。甚至能够举出这样的例子，那就是近似物种或者是物种群的幼体，彼此之间的差异要高于成体很多。但是，在大部分的时候，尽管是活动着的幼体，而且还或多或少地密切地遵循着胚胎相似的通常法则。蔓足类提供了一个这类的良好例子。就算是名声显赫的居维叶也没能看出藤壶属于一种甲壳类。不过只要看一下幼虫，就可以准确无误地知道它属

牛津大主教塞缪尔·威尔伯福斯（1805—1873）是进化论的反对者，1860年，他与赫胥黎进行了一次辩论，达尔文没有出席。

于甲壳类。蔓足类的两个主要部分也是如此，那就是有柄蔓足类与无柄蔓足类尽管在外表方面极为不相同，但是它们的幼虫在所有的阶段当中区分非常少。

胚胎在发育的过程中，它们的体制也通常都会有所提高。尽管我知道几乎不可能明白地确定什么是比较高级的体制，什么是比较低级的体制，不过我还要使用这个说法。估计没有人会去反对蝴蝶比毛虫更为高级，但是，在某些情况之中，成体动物在等级方面必须被认为低于幼虫，比如有的一些寄生的甲壳类就是这样的。再来看一看蔓足类：在第一阶段中的幼虫存在着三对运动器官，还有一个简单的单眼以及一个吻状的嘴，它们用嘴大量地捕食，这是因为它们要大大地增加自己的体积。到第二阶段的时候，相当于蝶类的蛹期，它们有着六对构造精致的游泳腿，一对巨大的复眼以及极其复杂的触角，不过它们都有一个闭合的，不完全的嘴，无法吃东西。它们到了这一阶段之后，主要的职务就是用它们极为发达的感觉器官去寻找，用自己活泼的游泳的能力去到达一个合适的地点，来方便附着于上面，然后进行它们的最后变态。在变态完成之后，它们就永远定居不移动了。于是它们的腿就会变为把握器官，它们会重新获得一个结构非常好的嘴，不过触角却是没有了，它们的两只眼睛也会转化为细小的，而且是单独的，非常简单的眼点。在这种最后完成的状态里，将蔓足类看成是比它们的幼虫状态有较高级的体制或者是较低级的体制都可以。不过，在某些属当中，幼虫能够发育为具有一般构造的雌雄同体，还能够发育为我所说的那种补雄体。后者的发育的确是出现退步了，由于这种雄体仅仅是一个可以在短期中生活的囊，除了生殖器官之外，它缺少嘴还有胃以及别的重要器官。

我们早已习惯于见到胚胎和成体之间在构造方面的差异，因此我们很容易将这样的差异看成是生长方面必然会有的事情。不过，比如，有关蝙蝠的翅膀或者是海豚的鳍，在它们的任何部分能够判别时，为什么它们的所有部分不马上显示出恰当的比例，是找不出什么理由能说的。在有些整个动物群中，还有别的群的一些成员当中，情况就是这样的。不管胚胎是在哪一个时期，都和成体之间没有多大的差异。比如欧文曾就乌贼的情况指出，“没有变态，头足类的性状远在胚胎发育完成之前就显现出来了”。陆栖贝类与淡水的甲壳类在生出来的时候就拥有固有的形状，而这两个大纲的海栖成员均在它们的发生中，要经过相当的并且常常是巨大的变化。此外，蜘蛛几乎没有经过任何的变态。大部分的昆虫的幼虫都要经过一个蠕虫状的阶段，不论它们是活动的还有适应于各种不同习性的也好，还是因为处于适宜的养料之中或受到亲体的哺育而不活动的也好。不过在有些极少数的情况之中，比如蚜虫，假如我们注意一下赫胥黎教授有关这种昆虫发育的值得称赞的一些绘图，我们基本上无法看到蠕虫状阶段的任何痕迹。

有些时候只是比较早期的发育阶段没有出现。比如，按照米勒所完成的卓越发现，有的虾形的甲壳类（和对虾属比较相似）最开始出现的，是简单的无节幼体，接着经过两次或者多次的水蚤期之后，再经过糠虾期的变化，终于得到它们的成体的构造。

在这些甲壳类所属的整个巨大的软甲目当中，现在还不知道有别的成员最开始经过无节幼体而发育起来，尽管有很多都是以水蚤出现的。即便这样，米勒还举出一些理由去支持他的信念，那就是假如没有发育方面的抑制，所有这些甲壳类都会先以无节幼体的状态出现的。

那么，我们如何去解释胚胎学中的这些事实呢？也就是尽管胚胎与成体之间在构造方面不是具有普遍的，而仅仅是具有非常一般的差异。同一个体胚胎的最后变得非常不相同的，还用于不同目的的各种器官，在生长的初期是十分相似的。同一个纲当中最不相同的物种的胚胎或者是幼体，普遍是类似的，不过也不是都是这个样子的。胚胎在卵中或者是子宫中的时候，常常保存着在生命的那个时期或者是靠后一些的时期对自己来说，并不存在什么作用的构造。此外还有一点，一定会为了自己的需要而供给食料的幼虫，对于周围的环境也是完全适应的。最后，有的幼体在体制的等级方面高于它们将要发育成的那些成体，我相信对于所有的这些事实，能够做出下面的解释。

或许由于畸形在很早的时期就影响到了胚胎，因此普通就认为轻微的变异或者是个体的差异也一定会在相同的早期当中出现。有关于这一方面，我们没有证据，可是我们现在所拥有的证据，确实都是与之相反的一面。因为大家都明白，牛还有马以及各种玩赏动物们的饲育者，在动物出生之后的一些时间里，不能够确切地指出它们的幼体将会有什么样的优点或者是缺点。我们对于自己的后代也清楚地发现了这样的情况。我们无法说出一个孩子将来会是高的还是矮的，或者将来就一定会拥有什么样的容貌。问题不在于每一个变异在生命的什么时间段里发生，而是在于什么时间段当中能够表现出一定的效果。变异的原因能够在生殖的行为之前产生作用，而且我相信常常作用于亲体的一方或者是双方。值得引起我们注意的是，只要很幼小的动物还留存于母体的子宫内或者是卵当中，或者只要它还依然受到亲体的营养以及保护，那么它的大部分性状，不管是在生活的较早时期还是在较迟的时期获得的，对于它本身都没有什么太大的影响。比如，对于一种借着非常钩曲的喙来取食的鸟，只要它一直由亲体哺育，那么无论它在幼小的时候是不是具有这种形状的喙，都是没有太大的意义的。

达尔文漫画像

在第一章当中，我就曾经讨论过一种变异，不管是在什么年龄，最开始出现于亲代，那么这种变异就有在后代的相应年龄中再次出现的倾向。有一些变异仅仅可以在相应的年龄中出现。比如，蚕蛾在幼虫还有茧或者是蛹的状态时的特点，再比如，牛在完全长成角时的特点正是这样。不过，就我们所知道的，最开始出现的变异，不管是在生命的早期还是在晚期，同样有在后代还有亲代的相应年龄当中重新出现的倾向。我绝不是说事情就一直会是这样的，而且我可以举出变异（就这概念的最广义说的话）的一些例外，这些变异出现于子代的时期，比出现在亲代的时期要早一些。

这两个原理，也就是轻微变异通常不是在生命的最早时期出现而且也不是在最早的时期遗传的。我相信，这解释了前面所讲的胚胎学方面所有主要的事实。不过，首先让我们在家养变种中去看一看少数类似的事实。有些作者曾经发表论文讨论过“狗”。在他们看来，虽然说长躯猎狗与斗牛狗是那么的不同，但是实际上，它们均是密切近似的变种，均为从同一个野生种遗传变异而得。所以我十分想知道，它们的幼狗到底存在着多么大的差异。饲养者们曾经告诉我，幼狗之间的差异与亲代之间的差异完全相同。依据眼睛的判断，这好像是正确的。不过，在实际对老狗还有六日龄的幼狗进行观测时，我发现幼狗并没有获得它们比例差异的所有。此外，人们又告诉我，拉车马与赛跑马，这几乎是完全在家养的状况下由选择形成的品种，这些小马之间的差异和充分成长的马一样。不过，将赛跑马与重型的拉车马的母马还有它们的三日龄小马进行了仔细的观测之后，我发现情况并不是这样。

由于我们有确实的证据能够去证明，鸽的品种是从单独的一种野生种传下来的，因此我对孵化后在 12 小时之内的雏鸽进行了比较。我对野生的亲种，突胸鸽还有扇尾鸽还有侏儒鸽以及排孛鸽、龙鸽、传书鸽、翻飞鸽等都详细地测计了（不过这里不准备举出具体的材料）喙的比例，还有嘴的阔度和鼻孔以及眼睑的长度以及脚的大小同腿的长度。在这些鸽子当中，有一些在成长的时候在喙的长度还有形状以及别的性状方面以这么异常的方式而彼此不同，以至于假如它们出现在自然状况下一定会被列成是不同的属。不过将这几个品种的雏鸟排成一列时，尽管它们的大部分刚刚可以被区别开，但是在前面所讲的每个要点上的比例差异，比起充分成长的鸟来说，却是十分少了。差异的有些特点，比如嘴的阔度，在雏鸟当中，基本上无法被觉察出来。不过有关这个法则，有一个非常明显的例外，因为短面翻飞鸽的雏鸟，几乎具有成长状态之下完全一样的比例，而和野生岩鸽以及别的品种的雏鸟存在着很多的不同。

前面所讲的两个原理，说明了这些事实。饲养者们在狗、马还有鸽等快要成熟的时期选择它们来进行繁育。他们并不去注意所需要的性质是生活的较早期还是较晚期获得的，只需要充分成长的动物，可以具有它们就足够了。刚才所举的例子，尤其是鸽的例子，解释说明了由人工选择所累积起来的，并且给予他的品种以价值的那些表现特征的差异，通常并不会出现于生活的最早期，并且这些性状也不是在相应的最早期进行遗传的。不过一些短面翻飞鸽的例子，也就是刚出生 12 个小时，就具有它的固有性状，证明这并非普遍的规律。因为在这里，表现特征的那些差别或者说必须出现于比一般更早的时间段当中，或者说，假如并非如此，那么这种差异就一定不是在相应的龄期进行遗传的，相反是在较早的龄期遗传的。

接下来，让我们应用这两个原理去解说一下自然状况下的物种，让我们来讨论一下鸟类的一个群。它们从某个古代的类型遗传变异而来，同时经过自然选择，为了适应不同的习性而出现了各种各样的变异。于是，因为一些物种大量细小的还有连续的变异，并非在很早的龄期出现的，并且还是在相应的龄期当中得到遗传的，因此幼体将很少会出现变异，同时，它们之间的相似程度要远比成体之间的相似程度更为密切一些，就像我们在鸽的品种中所见到的一样。我们能够将这个观点引申到完全不同的构造还有整个的纲中。比如，前肢，很久远之前的祖先曾经一度将它当成腿来用，能够在悠久的变异过程中在某一类的后代中变得适应于当手用。不过根据前面所讲的两个原理，前肢在这几个类型的胚胎中不会有太大的改变。尽管在每一个类型当中，成体的前肢彼此之间的差别非常大。不管长期连续使用或者是不使用，在改变任何物种的肢体或者是别的部分中能够产生什么样的影响，主要是在或者只有在它接近成长而不得不用它的全部力量去谋生时，才会对它产生作用。这样产生的效果将在相应的接近成长的龄期传递给后代，如此，幼体各部分的增强使用或者是不使用的效果，就不会出现变化，或者仅仅有极少量的变化。

对于有些动物来说，连续变异能够在生命的早期出现，或者是诸级变异能够在比它们初次出现时更早的龄期当中获得遗传。在任何一种这样的情况之下，就像我们在短面翻飞鸽所见到的那样，幼体或者是胚胎就密切地类似于成长的亲类型。在有些整个群中，或者只是在某些亚群当中，如乌贼还有陆栖贝类还有淡水甲壳类和蜘蛛类以及昆虫这一大纲当中的某些成员，这是发育的规律。有关这些群的幼体，没有经过任何变态的最终原因，我们可以看到这是由以下的事情发生的，那就是，因为幼体不得不在幼年解决自己的需要，同时也因为它们遵循亲代那样的生活习性，由于在这样的情况之下，它们不得不按照亲代的相同方式发生变异，这对于它们的生存来说几乎是不能缺少的。此外，大量陆栖的以及淡水的动物不会出现任何的变态，而同群的海栖成员会经过各种不同的变态。有关这个奇异的事实，米勒曾经指出，一种动物适应在陆地上或者是淡水中的生活，而并非在海水中生活，这种缓慢的变化过程将因为不经过任何的幼体阶段而被极大地简化。由于在这样新的以及极大改变的生活习性之中，很难找出既适于幼体阶段又适于成体阶段，并且还尚未被别的生物所占据或占据得不好的地方。面对此种状况，自然选择将会有利于在越来越幼的龄期里，慢慢地获得的成体构造。到最后，之前变态的所有痕迹就会消失无踪。

还有一方面，假如一种动物的幼体遵循着稍微不同于亲类型的生活习性，于是它的构造也就会有稍微的不同，如果这是有利的话，或者说，假如一种和亲代已经不同的幼虫，再进一步发生了变化，一样有利的话，那么，根据在相应年龄中的遗传原理，幼体或者是幼虫能够因为自然的选择而变得越来越与亲体不同，以致可以成为任何能够想象得到的程度。幼虫中的差别也能够和它的发育的连续阶段有关。因此，第一阶段的幼虫能够和第二阶段的幼虫极为不相同，很多的动物就有这样的情况。成体也能够变得适合于那样的地点还有习性，就是运动器官或者是感觉器官等，在那里都变为没有用的了。遇到这样的情况，变态也就退化了。

按照前面所讲的，因为幼体在构造方面的变化和变异了的生活习性是统一的，再加上在相应的年龄方面的遗传，我们就可以理解动物所经过的发育阶段为什么会和它们的成体祖先的原始状态完全不一样。大部分最优秀的权威者现在都肯定，昆虫的每种幼虫期还有蛹期就是如此通过适应而获得的，而并非通过某种古代类型的遗传来获取的。芫菁属，这是一种经过某些异常发育阶段的甲虫，它们的奇特情况估计能够说明这样的情形是如何发生的。它的第一期幼虫的形态，根据法布尔的描写，是一种活泼的微小昆虫，拥有六条腿还有两根长的触角以及四只眼睛。这些幼虫在蜂巢当中孵化，当雄蜂在春天先于雌蜂羽化出室的时候，幼虫就会跳到它们的身上，之后在雌雄进行交配时，又会爬到雌蜂的身上。当雌蜂将卵产在蜂的蜜室上面时，芫菁属的幼虫就会立刻跳到卵上，而且还会吃掉它们。之后，它们出现了一种全面的变化。它们的眼睛消失了，而它们的腿还有触角变成了残迹的，而且还以蜜为生。因此这时候它们才与昆虫的普通幼虫更为密切的类似。最后它们出现了进一步的转化，终于以完美的甲虫出现。现在，假如有一种昆虫，它的转化就如同芫菁的转化一般，而且变成了昆虫的整个新纲的祖先，那么，这个新纲的发育过程，估计和我们现存昆虫的发育过程完全不一样。而第一期的幼虫阶段一定不会代表任何成体的类型以及古代类型的先前状态。

再有一方面，大部分动物的胚胎阶段或者是幼虫的阶段，总是或多或少地向我们完全表明了整个群的祖先的成体状态，这是极为可能的。在甲壳类这个大纲当中，彼此非常不同的类型，也就是吸着性的寄生种类和蔓足类还有切甲类甚至还有软甲类，最开始均是在无节幼体的形态之下，作为幼虫而出现的。由于这些幼虫在广阔的海洋当中生活以及觅食，而且还无法适应任何特殊的生活习性。按照米勒所列出来的别的一些原因，估计在某一个久远的时期，有一种类似于无节幼体的独立的成体动物曾经生存过，之后沿着血统的一些分歧路线，产生出了前面所讲到的巨大的甲壳类的群。此外，按照我们所知道的有关哺乳类和鸟类以及鱼类和爬行类的胚胎的知识，这些动物估计是某个古代祖先的变异了的后代。那个古代祖先于成体状态中具有非常适于水栖生活的鳃还有一个鳔，四只鳍状肢以及一条长尾。

由于所有的曾经生存过的生物，不管是绝灭的还是现代的，都可以归入少数的几个大纲当中，由于每个大纲当中的所有成员，按照大家所知道的这个学说，均被微细地级进连接于一起，假如我们的采集是近于完全的，那么最好的，唯一可行的分类，估计是按照谱系的。因此血统是博物学者们在“自然系统”的术语下所寻求的相互联系的潜在纽带。根据此种观点，我们也就可以明白，在大部分的博物学者眼中，为何胚胎的构造在分类方面甚至比成体的构造更为重要。在动物的两个或者是更多的群当中，不管它们的构造与习性在成体状态中彼此具有多么大的差异，假如它们经过密切相似的胚胎阶段，我们就能够确定它们都是从一个亲类型传下来的，所以彼此之间是有密切关系的。那么，胚胎构造中的共同性就会暴露血统的共同性。不过胚胎发育中的不相似性并不能够证明血统的不一致，由于在两个群的一个群当中，发育阶段估计曾遭到了抑制，或者也有可能因为适应新的生活习性而被极大地改变，于是导致无法再被辨认，甚至在成体出现了极端变异的类群中，起源的共同性常常还会由幼虫的构造揭露出来。比如，尽管蔓足类在外表上与贝类非常相像，但是按照它们的幼虫就能够马上知道，它们是属于甲壳类这一大纲的。由于胚胎常常能够或多或少清楚地向我们表明一个群的变异比较少的，古代祖先的构造，因此我们可以了解为什么古代的绝灭了的类型的成体状态总是与同一纲的现存物种的胚胎非常类似。阿加西斯认为这是自然界的普遍法则。我们能够期望此后见到这条法则被证实是可靠的。不过，仅仅是在下面的情况之下，它才可以被证明是真实的，那就是这个群的古代祖先并未曾因为在生长的最初期的时间段就出现连续的变异，也没有因为那些变异在早于它们首次出现时的较早龄期而被遗传而全部埋没。还一定要记住，这条法则也许是正确的，不过因为地质记录在时间方面扩展得还不够久远，所以这条法则也许长期地或者是永远地也无法得到证实。假如一种古代的类型在幼虫状态中适应了一些特殊的生活方式，并且将同一幼虫状态传递给了整个群的后代，于是在这样的情况出现的时候，那条法则也无法严格有效。因为这些幼虫不会与任何一个更为古老类型的成体状态相类似。

如此说的话，我就会说，胚胎学方面这些特别重要的事实，根据下面的原理就能够得到解释了，这个原理就是：某些古代祖先的很多后代中的变异曾出现于生命的，不是特别早的时期，而且曾经还遗传于相应的时期。假如我们将胚胎看成一幅图画，尽管说多少有些模糊，却反映出同一大纲的所有成员的祖先，要不是它的成体状态，也有可能是它的幼体状态，如此，胚胎学的重要性就会得到极大地提高了。

退化、萎缩及停止发育的器官

处于这样的奇异状态之下的器官或者是部分，带着废弃不用的鲜明印记，在整个自然界中非常常见，甚至能够说是很普遍的。我们不能够举出一种高级的动物，它身上的某一部分不是残迹状态的。比如哺乳类的雄体，它们具有退化的乳头；蛇类的肺，有一叶是残缺的；鸟类“小翼羽”能够非常有把握地被看成是退化，有的物种的整个翅膀的残迹状态是那么明显，以至于它们无法用于飞翔。鲸鱼的胎儿具有牙齿，但是当它们成长之后再没有一个牙齿。或者说，还没有出生的小牛的上颚长着牙齿，但是

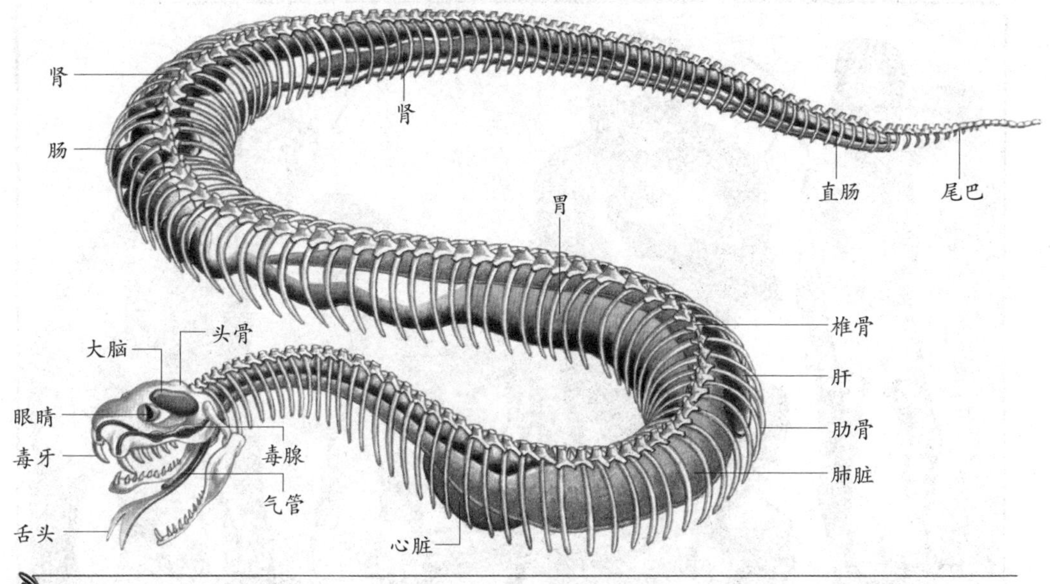

蛇的器官都相应拉长以适应它们长而细的躯体。它们的右肺相应放大并负责体内呼吸，这样使得左肺成了冗余。

从来不会穿出牙龈，还有什么能比这更为奇怪的呢？

残迹器官非常明白地以各种各样的方式示明了它们的起源以及意义。密切近似物种的，甚至是同一物种的甲虫，或者说拥有着非常大的以及完全的翅，也有可能仅仅是具有残迹的膜，位于牢固合于一起的翅鞘之下。当面对这样的情况时，不可能去怀疑那样的残迹物就是代表了翅。残迹器官有时候依然保持着它们的潜在能力。偶然见于雄性哺乳类的奶头，人们曾见过它们发育得非常好，并且还分泌出乳汁。黄牛属的乳房也是这样的，正常情况下它们有四个发达的奶头以及两个残迹的奶头。不过后者在我们家养的奶牛当中有些时候会非常发达，并且还会分泌乳汁。有关植物，在同一物种的个体当中，花瓣有些情况下是残迹的，而有些情况下则是发达的。在雌雄异花的一些植物当中，科尔路特发现，让雄花具有残迹雌蕊的物种和自然具有非常发达雌蕊的雌雄同花的物种进行杂交，在杂种后代当中，那个残迹的雌蕊就极大地被增大了。这非常明确地示明，残迹雌蕊与完全雌蕊在性质方面是基本相似的。一种动物的每个部分估计是在完全状态中的，不过它们在某种意义方面则有可能是残迹的，因为它们是没有用的。比如普通的蝾螈也就是水蝾螈的蝌蚪，就像刘易斯先生曾说过的一样，“有鳃，生活于水当中；不过山蝾螈却是生活于高山上的，都能够产出发育完全的幼体，这样的动物从来不会在水当中生活。但是，假如我们剖开怀胎的雌体就能够看出来，在它们体中的蝌蚪，拥有着非常精致的羽状鳃。假如说将它们放于水当中，它们可以如水蝾螈的蝌蚪那般地游泳。我们可以非常显眼地看出，这样的水生的体制和这种动物的将来的生活并没有什么关系，而且也并非对于胚胎条件的适应。它完全和祖先的适应有着一定的联系，只不过是再次上演了它们祖先发育中的一个阶段罢了”。

从猿进化到人

同时具备两种用处的器官，对于其中的一种用处，甚至说比较重要的那种用处，估计会变为残迹或者是完全不发育，而对于另一种用处，却完全有效。比如，在植物的世界里，雌蕊的作用在于让花粉管达到子房当中的胚珠。雌蕊拥有一个柱头，为花柱所支持。不过在某些聚合花科的植物里，显然无法受精的雄性小花，具有一个残迹的雌蕊，由于它的顶部没有柱头，不过，它的花柱还是非常发达，而且还以常见的方式被有细毛，用来将周围的以及邻接的花药里的花粉刷下来。还有一种器官，对于原来就有的用处估计变为残迹的，而被用在了不同的目的上。在有一些鱼类里，鳔对于漂浮的固有机能好像都变成残迹的了，不过它转变为原始的呼吸器官或者是肺。还可以举出大量类似的事例。

有用的器官，不管它们是怎样的不发达，也不应该觉得是残迹的，除非我们有理由去设想它们之前曾经更为高度地发达过，它们估计是在一种初生的状态之下逐步地向朝着进一步发达的方向前进着。还有就是，残迹器官也许完全没有用处，比如从未穿过牙龈的牙齿，或者是基本上就没有用处，比如只可以当作风篷来使用的鸵鸟翅膀。由于这样的状态的器官在以前更少发育的时候，甚至是比现在的用处还要少很多，因此它们之前不可能是经过变异以及自然选择而产生出来的。自然选择的作用，只在于保存对物种有利的变异。它们是经过遗传的力量，部分地被保留下来的，和事物以前的状态有一定的关联。虽然说是这样，想要区别残迹器官与初生器官常常是具有一定困难的。因为我们只可以用类推的方法去判断一种器官是不是可以进一步地发达，只有它们在还可以进一步地发达的情况之下，才能够称为是初生的。处于这种状态的器官，总是非常稀少的。由于具有这样器官的生物通常都会被具有更为完美的相同的器官的后继者所排挤，所以它们在很早的时候就已经绝灭了。企鹅的翅膀有着极为重要的作用，它能够当作鳍用，因此它估计代表着翅膀的初生状态。这并不代表着，我相信这就是事实。还可以说它更有可能是一种缩小了的器官，为了适应新的机能而出现了变异。另外还有一点，几维鸟的翅膀是非常没用的，而且的确是残迹的。在欧文先生看来，肺鱼的简单的丝状肢是“在高级脊椎动物当中，达到充分机能发育的器官的开始”。不过根据京特博士近来提出来的观点，它们估计是由继续存在的鳍轴构成的，这些鳍轴具有不发达的鳍条或者是侧枝。鸭嘴兽的乳腺如果和黄牛的乳房相进行比较，能够看成是初生状态的。有的蔓足类的卵带已无法再作为卵的附着物，非常不发达，这些就是初生状态的鳃。

同一物种的一些个体当中，残迹器官在发育程度方面还有别的方面，非常容易出现变异。在那些密切近似的物种当中，同一器官缩小的程度有些情况下也具有非常大的差异。同一科的雌蛾的翅膀状态非常不错地向我们例证了这个事实。残迹器官估计会完全萎缩掉，这也就意味着在有些动物或者是植物当中，有的一部分器官已完全不存在，尽管说我们按照类推的方法希望能够找到它们，并且在畸形个体中的确能够偶然地见到它们。比如玄参科当中的大部分的植物，它们的第五条雄蕊已经完全萎缩，但是我们能够断定第五条雄蕊曾经确实存在过，这是因为能够在这一科的很多物种当中找到它的残迹物，而且这一残迹物有些情况下还会出现完全的发育，就如同有些时候我们在普通的金鱼草当中所见到的一般。当我们在同一纲的不同成员中去追寻不管是哪种器官的同源作用时，没有比见到残迹物更为常见的了，或者说为了充分理解各种器官之间的关系，没有比残迹物的发现更加有用的了。欧文先生所绘的马、黄牛以及犀牛的腿骨图，极好地表明了这一点。

几维鸟可谓将不会飞的特点发挥到了极致，它们的翅膀很小，趋于退化，且隐于替羽之下。

16世纪意大利博物学家乌利塞·阿尔德罗万迪绘制的印度犀牛

这是一个非常重要的事实，那就是残迹器官，比如鲸鱼与反刍类上颚的牙齿，常常会出现于胚胎，不过之后却又完全消失了。我认为，这也是一条常见的法则，那便是残迹器官，假如拿相邻的器官去比较，那么在胚胎中要比在成体中大一些。因此这种器官早期的残迹状态是比较不明显的，甚至不管是在什么程度方面，都无法去说那是残迹的，所以说，成体的残迹器官常常会被说成依然保留胚胎的状态。

刚才我已列出有关残迹器官的一些主要的事实。在仔细考虑到它们时，不管是谁都会觉得非常惊奇。因为，同样的推论告诉我们，大多数的部件与器官是怎样巧妙地适应了某些用处，而且还同样明确地告诉我们，那些残迹的或者是萎缩的器官是不完全的以及没有用的。在博物学著作当中，通常都会将残迹器官说为是“为了对称的缘故”，或者说是为了要“完成自然的设计”而被创造出来的。不过这并能算作是一种解释，而仅仅是事实的复述而已。这本身就存在着矛盾。比如王蛇具有后肢还有骨盘的残迹物，假如说这些骨的保存是为了“完成自然的设计”，那么就像魏斯曼教授所发问的，为什么别的蛇不去保存这些骨，并且它们甚至连这些骨的残迹都没有呢？假如觉得卫星“为了对称的原因”循着椭圆形轨道绕着行星运行，由于行星是如此绕着太阳运行的，那么对于具有这种主张的天文学者来说，将会有什么样的感想呢？有一位著名的生理学者曾经假设，残迹器官是拿来排除过剩的或者是对于系统有害的物质的，他用这个假设去解释残迹器官的存在。不过我们可以假设那微小的乳头，它常常代表雄花中的雌蕊而且只由细胞组织组成，可以发生这样的作用吗？我们可以假设以后要消失的，残迹的牙齿将如磷酸钙这般贵重的物质移去，能够对于迅速生长的牛胚胎有益处吗？当人类的指头被截断时，大家都知道，在断指上会出现不完全的指甲，假如我认可这些指甲的残迹是为了用来去排除角状物质所以才发育的，那么就不得不去相信海牛的鳍上的残迹指甲也是为了相同的目的而发育的。

根据血统还有变异的观点，对残迹器官的起源进行解释，还是比较简单明了的。而且我们可以在很大程度上去理解支配它们不完全发育的道理。在我们的家养生物当中，我们存在着大量的残迹器官的例子，比如无尾绵羊品种的尾的残迹，比如无耳绵羊品种的耳的残迹，再比如无角牛的品种，按照尤亚特的说法，尤其是小牛的下垂的小角的重新出现，还有花椰菜的完全是花的状态。我们从畸形生物里时常见到各式各样的部分的残迹。不过我怀疑任何一种这样的例子，除了明确地表示出残迹器官能够产生出来之外，是不是还可以说明自然状况下的残迹器官的起源。因为如果对证据进行一下衡量的话，能够清楚地表示出自然情况下的物种，并不会出现巨大的突然性的变化。不过我们从我们家养生物的研究里就能够知道，器官的不使用造成了它们的缩小，并且这样的结果还是遗传的。

不使用估计是器官退化的主要原因。它最开始以缓慢的步骤让器官越来越完全地缩小，一直到最后变成了残迹的器官，比如栖息于暗洞当中的动物眼睛，还有栖息于海洋岛上的鸟类的翅膀，正是如此。此外，一种器官在有的条件之中是有用的，而在别的条件之下也许就是有害的，比如栖息于开阔小岛上的甲虫的翅膀就是这种情况。面对这样的情形，自然选择将会帮助那个器官一步步缩小，直到它完全变成了无害的以及残迹的器官。

在构造方面还有机能方面，任何可以由细小阶段完成的变化，均在自然选择的势力范围之中。因此，一种器官因为生活习性的变化而对于某种目的成了没有用的甚至是有害的时，估计能够被改变，然后用于另一种目的。一种器官估计还能够仅仅保存它以前的机能之一。在以前经过自然选择的帮助而被形成的器官逐渐成为无用的时，能够出现很多的变异，其原因在于，它们的变异已经不再受到自然选择的抑制了。所有这些都和我们在自然环境当中见到的非常符合。此外，不管是在生活的哪一个时期当中，不使用或者选择，能够让一种器官缩小，这通常都会发生在生物成长的成熟期，并且势必会发挥出它的全部活动力量的时候。而在相应的年龄中发挥作用的遗传原理，就存在着一种倾向，让缩小状态的器官在同一成熟的年龄中重新出现，不过这一原理对于胚胎状态的器官极少会产生影响。如此我们就可以理解，在胚胎期当中的残迹器官假如和邻近的器官进行比较，前者比较大，但是在成体状态之下，前者就会比较小。比如，假如说一种成长动物的指在很多的世代里因为习性的一些变化而使用得越来越少，或者假如说一种器官或者是腺体在机能方面使用得越来越少，如此，我们就能够进行一个推断，它在这种动物的成体后代中就会逐渐缩小，不过在胚胎当中几乎依然保持着它原来的发育标准。

不过，依然存在着以下的难点。在一种器官已经停止使用所以极大地缩小之后，它们如何可以进一步地缩小，一直到只剩下一点残迹呢？最后，它们又是如何可以完全消失不见了呢？只要那个器官在机能方面变成了无用的之后，“不使用”基本上就不会再继续产生出任何进一步的影响了。有一些补充的解释，在这里是很有必要的，不过我不能提出。比如说，假如可以证明体制的每一部分都有这样的一种倾向，它朝着缩小的方面比朝着增大的方面能够出现更大程度上的变异，那么我们就可以理解已经变成了无用的一种器官，为什么依然在受不使用的影响而成为残迹的，甚至会在最后完全消失。因为朝着缩小方面发生的变异不再受到自然选择的控制。在之前的一章当中解释过的生长的经济的原理，对于一种没有用处的器官变成为残迹的，或者是有作用的。按照这个原理，形成任何器官的物质，假如对于所有者没有什么作用，就会尽可能地受到节省。不过这一原理基本上仅仅可以应用于缩小过程的较早阶段当中。这是因为，我们不可能去设想，比如说在雄花中代表雌花雌蕊的而且仅仅由细胞组织而形成的一种微小的突起，为了节省养料的原因，可以进一步地缩小或者是吸收。

最后，不论残迹器官由哪些步骤退化为它们现在这样的无用状态，由于它们都是事物之前状态的记录，而且还完全由遗传的力量被保存了下来，按照分类的系统观点，我们就可以理解分类学者在将生物置于自然系统中的适宜地位时，为什么会时常发现残迹器官和生理方面高度重要的器官一样有用。残迹器官能够和一个字中的字母进行比较，它在发音方面已没有什么用处，但是在拼音上仍然保存着，不过这些字母还能够用作那个字的起源的线索。按照伴随着变异的生物由来的观点，我们就可以确定地说，残迹的，不完全的以及无用的或者是非常萎缩的器官的存在，对于旧的生物特创论说来说，一定会是一个难点，不过根据本书所解释说明的观点去说的话，这不但不会是一个特殊的难点，甚至可以说是能够预料得到的。

摘　要

在这一章当中，我曾试图解释说明在所有的时期当中，所有的生物在群之下还分成群的这样排列，所有的现存生物还有绝灭的生物被复杂的还有放射状的以及曲折的亲缘线连接起来，然后成了少数大纲的这种关系的性质。博物学者们在分类当中所遵循的法则还有所遇到的困难，那些性状，无论它们具有高度的重要性还是极少的重要性，或者说如残迹器官一般完全没有重要性，假如是稳定的和普遍的，那么对于它们所给出的评价，同功的也就是适应的性状还有具有真实亲缘关系的性状之间，在价值方面的广泛对立还有别的这类型的法则。假如我们承认近似的类型具有共同的祖先，而且它们通过变异还有自然选择而出现变化，然后造成绝灭还有性状的分歧，那么，前面所讲的就是自然的了。在考虑到这种分类的观点时，应该记住，血统这个因素曾经被大量地用来将同一物种的性别还有龄期和二型类型以及公认变种分类于一起，无论它们在构造方面彼此之间存在着多大的不同。假如将血统这个因素，这是生物相似的一个已经确实知道的原因，扩大使用的话，我们就能够理解什么叫作“自然系统”。它是试图极力遵照谱系进行排列，用变种和物种还有属、科、目以及纲等术语去表示所得到的差异诸级。

按照相同的伴随着变异的生物由来学说，“形态学”中的大部分大事就会成为能够理解的了，不管我们去观察同一纲的不同物种在不论是有什么用处的同源器官中所表现出来的同一形式，或者是去观察同一个体动物与个体植物中的系列同源与左右同源，都能够获得理解。

按照连续的以及微小的变异，不一定会在，或者是通常不会在生活的很早时期就发生而且还遗传于相应时期的原理，我们就可以理解“胚胎学”中的主要事实。那就是当成熟时在构造方面以及机能方面变得极为不相同的同源器官，在个体胚胎当中是密切类似的。在近似的并且显著不同的物种里，那些尽管在成体状态中适应于尽可能不一样的习性的同源部分或者是器官是相似的。幼虫是活动的胚胎，它们伴着生活习性的改变而或多或少地出现了特殊的变化，同时将它们的变异在相应的非常早的龄期里遗传了下去。按照这些相同的原理，同时还要记住，器官因为不使用或者是因为自然选择的缩小，通常发生于生物必须解决自己需要的生活时期。此外还一定要记住，遗传的力量具有不可估量的强大作用，所以能够说，残迹器官的发生基本上是能够预料的了。按照自然的分类不得不遵照谱系的观点，就能够解胚胎的性状还有残迹器官在分类当中的重要性了。

最后，这一章当中，已经讨论过的一些种类的事实，依我看的话，是如此明白地表明了，栖息于这个世界上的大量物种还有属以及科，在它们各自的纲或者是群的范围之中，都是从共同祖先传下来的，而且也都在生物由来的过程当中出现了变异。所以说，就算是没有别的事实或论证的支持，我也可以毫不犹豫地去采取这个观点。

加拉帕戈斯群岛上的巨龟濒临灭绝

第十五章

复述与结论

由于全书是一篇绵长的争论，因此将主要的事实还有推论简略地复述一遍，也许可以让读者更方便地理解。

我并不会不承认，有很多严重的异议能够提出来去反对伴随着变异的生物由来学说，这个学说是以变异还有自然选择为根据的。我曾极力去让这些异议充分地发挥出它们的力量。比较复杂的器官还有本能的完善化并未曾依靠超越于甚至是类似于人类理性的方法，而是依赖对于个体有益的大量轻微变异的累积。最开始看上去，没有什么比这更难以让人信服的了。就算是这样，尽管在我们的想象当中，这似乎是一个无法克服的大难点，但是假如我们承认下面所讲的命题，这就不能算是一个真正的难点了。这些命题分别是：体制的所有部分与本能至少呈现出了个体的差异，生存斗争导致构造方面或者是本能方面存在着有利偏差的保存，最后，在每个器官完善化的状态当中，有一些级存在，而每一级对于它的种类来说均是有利的。这些命题是不是正确的，我觉得是无须争辩的。

丝毫不用去怀疑，就算是仅仅猜想一下大多数的器官是经过怎么样的中间级进而完善化了的，也是极其困难的，尤其是对于已经大量绝灭了的并不连续的甚至是衰败的生物群来说，更是如此。不过，我们看到自然界里有那么多奇异的级进，因此当我们说不管是哪种器官或者是本能，或者说整个的构造无法经过大量的级进的步骤而达到如今的状态时，就应该极端谨慎。不得不承认，存在着一些特别困难的事例去反对自然选择学说，其中最奇妙的一个，就是同一蚁群中有两三种工蚁也就是不育的雌蚁的明确等级，不过，我已经试着去解释说明这些难点是如何得到克服的。

物种在第一次杂交中接近于普遍的不育性，和变种在杂交中接近于普遍的能育性，形成了非常鲜明的对比，对于这一点，我不得不请读者参阅第九章后面所提出来的事实的复述。那些事实，在我看来，决定性地表明了这种不育性并非特殊的禀赋，就像两个不同物种的树木无法嫁接于一起，绝不是因为特殊的禀赋一样，而仅仅是基于杂交物种的生殖系统的差异所出现的偶然事情。我们在让相同的两个物种进行互交的时候，也就是一个物种先用作父本，接着又用作母本，从其结果中所获得的大量差异当中看到前面所讲的结论的正确

加拉帕戈斯群岛小雀鸟

1835年，达尔文乘“贝格尔”号航行到加拉帕戈斯群岛时，在岛上发现一些体型很小、羽色暗淡的雀鸟。后人为了纪念这些小雀对达尔文自然选择理论做出的“贡献”，把它们称为达尔文雀。

性。从二型还有三型的植物的研究进行类推，也能够清楚地得出相同的结论，因为当那些类型进行非法结合时，它们就会产生出少量种子或不产生种子，它们的后代也或多或少是不育的。而这些类型毫无疑问是同一物种，彼此之间仅仅是在生殖器官以及生殖机能方面存在着一定的差异而已。

变种杂交的能育性还有混种后代的能育性，尽管说被那么众多的作者确认为是普遍的，不过自从高度权威该特纳还有科尔路特列出了若干的事实之后，这就无法再被认作是非常正确的了。被试验过的变种大部分是在家养的状况下产生的。并且，由于家养状况（我并非单独针对圈养而言）几乎一定会有消除不育性的倾向。以此类推，这样的不育性在亲种进行杂交的时候会产生一定的影响。因此我们就不应该希望家养状况同样能够在它们的变异了的后代的杂交当中引发不育性。不育性的这种消除，很明显是与允许我们的家畜在各种不同的环境之下自由生育的同一原因而导致的，而这又很明显是从它们已经逐渐适应于生活条件的时常变化而来的。

有两种平行的事实好像对于物种的初次杂交的不育性还有杂种后代的不育性提出了大量的说明。一方面，有很好的理由能够去相信，生活条件的微小变化会给予所有的生物以活力还有能育性。不仅如此，我们还知道，同一变种的不同个体的杂交还有不同变种的杂交能够增加它们后代的数目，而且一定可以增加它们的大小以及活力。这主要是因为进行杂交的类型曾经暴露在很多种不同的生活条件之下。由于我曾经根据一系列辛劳的实验确定了，假如同一变种的所有个体在若干世代中都处于相同的条件之下，那么从杂交而来的好处往往会大量减少或完全消失。这是事实的一方面。还有另一个方面，每个人都知道，曾经长期暴露于近乎一致条件下的物种，当将它们在极为不相同的新环境之中进行圈养时，它们或者会死亡，或者继续活着，就算是保持完全的健康，也会变成了不育的。对长期暴露于变化不定的条件下的家养生物来说，这样的情况并不会出现，或者仅仅是以轻微的程度发生。所以，当我们见到两个不同物种进行杂交，因为受孕后不久或在很早的年龄就出现死亡，导致所产生的杂种数量极为稀少时，或者尽管活着，但是它们或多或少变得不育时，这样的结果就非常有可能是因为这些杂种好像将两种不同的体制融合于一起，实际上已经遭受到生活条件中的巨大变化。谁可以用明确的方式去解释，比如说，象或者是狐狸在它的故乡受到圈

北方地区的赤狐

养时，为什么会变得不育，而家猪或者是猪在最不相同的条件之下为什么依然可以大量地生育，那么他就可以对以下问题给出明确的答案，那就是两个不同的物种在进行杂交时，还有它们的杂种后代为什么通常都是或多或少不育的，而两个家养的变种进行杂交时，还有它们的混种后代为什么均是完全可育的。

就地理的分布来说，伴随着变异的生物由来学说所面对的难点是相当严重的。同一物种的所有个体，还有同一属或者说甚至是更高级的群的所有物种，均是从共同的祖先传下来的。所以，不论它们现在在地球上如何遥远的与隔离的地点被发现，它们也一定是在连续世代的过程当中，从某个地点迁徙到所有的别的地点的。这是如何发生的呢？甚至常常就算是猜测也完全不可能。但是，我们既然有理由去相信，有些物种曾经在非常长的时间内保持了同一物种的类型（这个时期假如用年代去计算的话，是非常长久的），因此不应过分强调同一物种的偶然的广泛散布。为什么要这么说呢？这是因为在非常漫长的时间当中，总有非常不错的机会，经过很多的方法去进行广泛迁徙的。不连续或者是中断的分布，往往能够由物种在中间地带的绝灭去进行解释。无法否认，我们对于在现代时期当中曾经影响地球的各种气候的变化以及地理的变化的全部范围还是知之甚少的，可是这些变化常常是有利于迁徙的。作为一个例证，我以前曾试图表明冰期对于同一物种以及近似物种在地球上的分布的影响曾是多么有效。我们对于大量的偶然的输送方法依然是深刻无知的。至于生活于遥远并且隔离的地区当中同属的不同物种，由于变异的过程一定是缓慢进行的，因此迁徙的所有方法在非常长的时期当中就能够成为一种可能。那么，结果就会是，同属的物种的广泛散布的难点，就在一定程度上降低了。

根据自然选择学说，曾经必定存在着无数的中间类型，这些中间类型用非常微小的级进将每一群中的所有物种联结于一起，这些微小的级进就如同现存变种一般，所以我们能够突出疑问，为什么我们没有在我们的周围见到这些联结的类型呢？为什么所有的生物并没有混杂成为无法分解的混乱状态呢？有关现存的类型，我们应该清楚地明白，我们没有权利去指望（不包括稀少的例在内）在它们之间，可以见到直接联结的连锁，我们只可以在每个现存类型以及某一绝灭的，被排挤掉的类型之间，去发现这种连锁。假如说一个广阔的地区在一个长久的时期当中曾经保持连续的状态，而且它的气候与别的生活条件从被某一个物种所占有的区域渐渐地不知不觉地变化成为一个密切近似物种所占有的区域，就算是在这样的地区当中，我们也没有正当的权利去试图期望在中间地带时常可以找到中间变种。因为我们有理由去相信，每一属中仅仅有少数的物种曾经出现过变化，别的物种则完全绝灭了，并且没有留下变异了的后代。在确实出现变化的物种当中，仅仅有少数在同一地区之内同时出现了变化，并且所有的变异均是逐渐完成的。我还解释说明过，最开始在中间地带存在的中间变种，估计会容易地被任何方面的近似类型所排挤。由于后者因为生存的数目比较大，比起生存数目比较少的中间变种，通常可以以较快的速率出现变化以及改进，结果中间变

加拉帕戈斯群岛上独有的小雀

种最后就要被排挤掉并且消灭掉。

世界上现存的生物与绝灭的生物之间，还有每个连续时期之中绝灭物种与更加古老物种之间，都存在着无数连接的连锁已经绝灭。根据这一学说去看的话，为什么在每个地质层当中，没有填满这些连锁的类型呢？为什么化石遗物的每一次采集都无法为生物类型的逐级过渡以及变化提供出显著有力的证据呢？尽管说地质学说的研究毫无疑问地揭露了之前曾经存在的很多连锁，将大量的生物类型更为紧密地连接于一起，可是它所提供的过去物种与现存物种之间无限多的微小级进根本就无法满足这一学说的要求。这是反对这一学说的大量异议当中，最为明显的一个异议。还有一点，为什么整群的近似物种就像是突然出现于连续的地质诸阶段之中呢？（尽管说这往往是一种假象。）虽然说我们现在知道，生物早在寒武纪最下层沉积之前的一个无法计算的非常古老的时期当中，就在这个地球上出现了，可是为什么我们在这个系统之中没有发现过巨大的地层含有寒武纪化石的祖先遗骸呢？因为，根据这个学说，这样的地层一定在世界历史上的这些古老的以及完全未知的时代当中，已经沉积于某一个地方了。

我只好按照地质纪录比大多数地质学家所相信的更为不完全这一假设去回答前面所讲到的问题以及异议。所有博物馆当中的标本数目和肯定曾经生存过的大量物种的无数世代比较起来，是微不足道的。不管是哪两个或者说更多物种的亲类型，不会在它的所有性状方面都直接地介于它的变异了的后代之间，就像岩鸽在嗉囊还有尾方面不直接介于它的后代突胸鸽与扇尾鸽之间是同一个道理。假如我们研究两种生物，就算是这种研究是周密进行的，除非我们得到了大多数的中间连锁，否则我们就无法去辨识一个物种是不是另一变异了的物种的祖先。并且，因为地质纪录的不完全，我们也没有正当的权利去希望能够找到这么大量的连锁。假如有两三个或者说甚至是更多的连接的类型被发现，它们就可以被很多的博物学者简单地列为那么多的新物种。假如它们是在不同地质亚层中找到的，不论它们的差异如何微小，就算是这样。能够列出大量的现存的可疑类型，估计都为变种。不过谁敢说将来会发现如此众多的化石连锁，而导致博物学者可以决定这些可疑的类型是不是应该被称为变种？只有世界的一小部分曾经做过地质勘探。仅仅有某些纲的生物才可以在化石状态中至少以任何大量的数目被保存下来。很多的物种一旦形成之后，假如永不再出现任何的变化，那么就会绝灭并且不留下变异了的后代。而且物种出现变化的时期，尽管说以年去计算是长久的，不过与物种保持同一类型的时期比较起来，估计还是短的。占据优势的以及分布最广的物种，最容易出现变异，而且变异量也是最多的，变种在最开始又总是地方性的。因为这两个原因，要在任何一个地层当中发现中间连锁，就比较不好做到了。地方变种如果没有等到经过相当的变异以及改进之后，是不会分布到别的遥远地区的。当它们散布开了，而且在一个地层中被发现的时候，它们看上去就像是在那里被突然创造出来一般，所以就被简单地列成了新的物种。大部分的地层在沉积中是断断续续的。它们延续的时间估计比物种类型的平均延续时间要短一些。在绝大多数的时候，连续的地质层都被长久的空白间隔时间所分开。由于含有化石的地质层，它们的厚度足以抵抗未来的侵蚀作用，根据一般规律，这样的地质层只可以在海底下降并且存在着大量沉积物沉积的地方，才可以获得堆积。在水平面上升以及静止的交替时期，通常是没有地质纪录的。在后面这样的时期当中，生物类型估计会出现更多的变异性，而在下降的时期当中，估计会出现更多的绝灭。

有关寒武纪地质层以下缺乏富含化石的地层这个问题，我只可以回到第十章当中所提出的假说，那就是，我们的大陆与海洋在长久时期当中，尽管保持了几乎如现在一般的相对位置，不过我们没有理由去假设永远都是这样的。因此比现在已知的任何地质层更为古老得多的地质层估计还埋藏于大洋之下。有人说，自从我们这个行星凝固以来，所走过的时间并不足以让生物完成所设想的变化量。这个异议，就像汤普森爵士所大力主张的，估计是曾经提出来的最严重异议之一。对于这一点，我只想说：首先，假如用年去计算，我们不知道物种会以什么样的速率发生变化；其次，很多的哲学家还不愿意承认，我们对于宇宙的以及地球内部的构成已有了足够的知识，能够用来稳妥地去推测地球过去的时间长度。

达尔文画像

大家都认可了地质纪录是不完全的。不过很少有人愿意去承认它的不完全已到了我们学说所需要的那种程度。假如我们观察到足够漫长的长期的间隔时间，地质学说就能够清楚地表明所有物种都出现了变化，并且它们以学说所要求的那种方式在发生着变化，因为它们都是缓慢地并且是以逐渐的方式来发生变化的。我们在连续地质层当中的化石遗骸里非常清楚地看到了这样的情形，这些地质层中化石遗骸彼此之间的关系，一定远比相隔非常远的地质层中的化石遗骸更为密切。

以上就是能够正当提出来去反对这个学说的几种主要异议以及难点的概要。我现在已经根据我所知道的，简要地复述了我的回答以及解释。很多年以来，我曾觉得这些难点是这么的严重，以致无法去怀疑它们的分量。不过值得特别注意的是，更为重要的异议和我们公认无知的那些问题之间有一定的关系，并且我们还无法知道我们无知到了什么样的程度。我们还不知道在最简单的以及最完善的器官之间所有可能的过渡级进，也无法去假装我们已经知道，在悠久岁月当中“分布”的各种各样的方法，或者地质纪录是如何的不完全。虽然说这几种异议是非常严重的，但是在我的判断当中，它们绝不足以去推翻伴随着后代变异的生物由来学说。

现在让我们来讨论一下争论的另一方面，在家养状况之下，我们见到了由变化了的生活条件所引起的，或者至少是所激发的大量变异性。不过它经常以如此暧昧的方式出现，以致我们非常容易将变异看成是自发的。变异性受了很多复杂的法则所支配，受相关生长、补偿作用、器官的增强使用以及不使用，还有周围条件的一定作用的支配。想要去确定我们的家养生物曾经出现过多少变化，其存在着的问题非常大。不过我们能够稳妥地去推论，变异量是大的，并且变异可以长久地遗传下去。只要生活条件一直保持不变，我们就能够找到理由来相信，曾经遗传过很多世代的变异能够继续遗传到几乎无限的世代中去。除此以外，我们有证据证明，一旦发生作用的变异性在

达尔文的葬礼

家养状况下就能够在非常长的时期当中延续不停。我们还无法知道它什么时候就会停止，因为就算是最古老的家养生物，也会偶尔出现新的变种。

物种的变异性，事实上不是因为人类而出现的。人类仅仅是无意识地将生物放于新的生活条件之下，于是自然就会对生物的体制发挥作用，从而导致它出现变异。不过人可以选择并且确实选择了自然给予它的变异，从而将变异根据任何需要的方式累积起来。于是，他就可以让动物以及植物适应他自己的利益或者是爱好了。他可以非常有计划地去这样做，或者说也可以无意识地去这样做，这种无意识选择的方法就是保存对他最有用或者说最合乎他的喜好的那些个体，不过并没有改变品种的任何企图。他肯定可以借着在每一个连续世代中选择那些除了有训练的眼睛就无法辨识出来的，非常微细的个体差异，去大大地影响一个品种的性状，这种无意识的选择过程，在形成最明显的以及最有用的家养品种中曾经发挥过重大的作用。人类所产生的大量的品种，在极大的程度上，都具有自然物种的状况，这个事实已由很多的品种到底是变种还是说原本是不同的物种这个难以解决的疑难问题所明确表示出来了。

没有理由能够去说，在家养状况下曾经这么有效地出现了作用的原理，为什么不可以在自然状况下发挥其作用，在不断反复发生的生存斗争中，有利的个体或者是族得到生存，从这一方面我们看到一种强有力的以及经常发生作用的“选择”的形式。所有的生物都根据几何级数高度地增加，这就势必会引起生存斗争。这样的高度的增加率能够用计算去证明，很多动物还有植物在连续的特殊季节当中，还有在新地区归化的时候，均会迅速增加，这一点就能够证明高度的增加率产生出来的个体比可能生存的要多出很多。天平上的细小差别就能够决定哪些个体将会继续生存，而哪些个体将会走向死亡，哪些变种或者说物种将增加数量，而又有哪些物种将减少数量甚至是走向最后的绝灭。同一物种的个体彼此在每个方面展开了最密切的竞争，所以它们之间的斗争通常都最为剧烈。同一物种的变种之间的斗争可以说也是同等剧烈的，再次就是同属的物种之间的斗争。再有另一个方面，在自然系统上相距非常远的生物之间的斗争往往也是非常剧烈的。有些个体在不论是哪个年龄或者是任何的季节当中，只要比和它相竞争的个体占有极为轻微的优势，或者是对周围的物理条件具有任何轻微程度上较好的适应能力，那么竞争的结果就会改变平衡的状态。

对于雌雄异体的动物来说，在大部分情况之下，雄者之间为了占有雌者，就会出现斗争。最强有力的雄者，或与生活条件斗争最成功的雄者，通常都能够留下最多的后代。不过成功常常取决于雄者具有特别的武器，或者是防御的手段，或者是魅力。稍微多一点点的优势就能够帮助物种获得胜利。

地质学非常清晰地表明，每个陆地都曾出现过巨大的物理变化，所以，我们能够料想生 物在自然状况当中曾经出现过变异，就像它们在家养的状况下曾经出现变异一般。假如在自然状况下不管是出现了什么样的变异，那么如果说自然选择不曾发挥作用，那就是不能够解释通的事实了。时常有人主张，变异量在自然环境当中是一种有严格限制的量，不过这个主张是无法被证实的。人，尽管仅仅是作用于外部性状，并且其结果是难以推测的，却可以在短暂的时期当中由累积家养生物的个体差异而产生出巨大的结果。而且每一个人都承认物种呈现出了个体差异。不过，除了个体差异之外，所有的博物学者都承认，有自然变种的存在，这些自然变种被看成是有足够的区别并且值得在分类学著作中进行记载的。没有人曾经在个体差异与轻微变种之间，或者说在特征更为明确的变种与亚种之间，还有亚种与物种之间划出任何显著的区别。在分离的大陆上，在同一大陆上而被任何种类的障碍物分开的不同区域，还有在遥远的岛上，存在着大量的生物类型，一些比较有经验的博物学者将它们列为变种，还有一些博物学者竟然将它们列为地理族或者是亚种，而另外的一些博物学者则将它们列为不同的尽管是密切近似的物种。

那么，假如说动物与植物确实出现了变异，不管这种变异是多么轻微或者是缓慢，只要这个变异或者是个体差异在任何的方面是有益的，那么，为什么不会通过自然选择也就是最适者生存而被保存下来并且累积起来呢？既然人类可以耐心地去选择对他有用的变异，那么为什么在变化着的以及复杂的生活条件下有利于自然生物的变异不会经常发生，同时被保存，也就是被选择呢？对于这种在古老年代中发生作用，而且严格检查每一生物的整个体制还有构造以及习性，助长好的同时排除坏的的力量可以进行限制吗？对于这种缓慢地并美妙地让每种类型适应于最复杂的生活关系的力量，我不能够看到有什么样的限制，我们还可以更进一步地说，假如我们不看得更远一些，自然选择学说好像也是高度可信的。我已经尽可能公正地复述了对方提出的难点还有异议。那么接下来让我们回过头来谈一谈支持这个学说的特殊事实以及论点吧。

物种仅仅是特征强烈明显的、稳定的变种，并且每一物种最开始作为变种而存在，按照 这个观点，就可以这样理解，在普通假定由特殊创造行为产生出来的物种以及公认为由第二 性法则产生出来的变种之间，为什么不存在一条界线可定。依据这同一个观点，我们还能够明白，在一个属的很多物种曾经产生出来的并且如今依然繁盛的地区当中，为什么这些物种要呈现出很多变种。因为在形成物种非常活跃的地方，按照普遍规律，我们能够预料它还在进行。假如说变种是初期的物种，情况的确是如此。此外，假如大属的物种提供了较大数量的变种，也就是初期物种，那么它们在一定程度上就会保持变种的性状。这是由于它们之间的差异量比小属的物种之间的差异量要小很多。大属的密切近似物种很明显在分布方面会受到限制，而且它们在亲缘关系方面围绕着别的物种聚成小群，这两方面都与变种十分类似。按照每个物种均为独立创造的观点，这些关系就是十分奇妙的，不过假如每个物种均是先作为变种而存在的话，那么这些关系就是能够理解的了。

每个物种都有根据几何级数繁殖率而过度增加数目的倾向，并且每个物种变异了的后代因为它们在习性方面以及构造方面更为多样化的程度，就可以在自然组成中攫取大量极为不同的场所来增加它们的数量。所以自然选择就经常倾向于保存任何一个物种的最分歧的后代。因此在长时间连续的变异过程中，同一物种的一些变种所特有的微小的差异就会趋于增大并且成为同一属的诸多物种所特有的较大差异。新出现的改进了的变种，无法避免地要排除并且消灭掉旧的以及改进较少的还有中间的变种。如此，物种就在很大程度上成为确定的并且是界限分明的了。每一纲当中，属于较大群的优势物种有产生新的以及优势的类型的倾向。于是每一大群就会倾向于变得更大，同时在性状方面也更加分歧。不过所有的群不可能都这样继续增大，这是因为，这世界无法容纳它们，因此比较占优势的类型就要打倒比较不占优势的那些类型。这种大群不断增大并且性状持续分歧的倾向，再加上无法避免的大量绝灭的现象，说明了所有的生物类型均是根据群之下又有群进行排列的，所有这些群都被包括于曾经自始至终占有优势的少数大纲之中。将所有的生物都归于所谓的“自然系统”之下的这个伟大事实，假如按照特创说，是完全无法进行解释的。

自然选择只可以借着微小的还有连续的以及有利的变异的累积来发挥其作用，因此它无法产生巨大的或者是突然的变化。它仅仅可以依照短小的以及缓慢的步骤去发生作用。所以，“自然界当中没有飞跃”这句格言，已被每次新增加的知识所证实，依据此学说，它就是能够理解的了。如此就便于我们去理解，为什么在整个自然界当中，能够用几乎无限多样的手段去达到同样的一般目的。其中的道理在于，每一种特点，只要是获得了，就能够长时间地遗传下去，而且已经在大量不同方面出现了变异的构造势必会去适应相同的一般目的。总体上说，大家基本上能够理解，为什么自然界在变异方面是浪费的，尽管在革新方面是吝啬的。不过假如每个物种均是独立创造出来的话，那么，为什么这应该是自然界的一条法则，就没有人可以解释清楚了。

在我看来，依据这个学说，还有很多别的事实能够得到解释。下面的这些现象是多么神奇，一种啄木鸟形态的鸟会在地面上捕食昆虫，极少或者是永远不游泳的高地的鹅，竟然具有蹼脚，一种如鸽一般的鸟，潜水而且吃食水中的昆虫，一种海燕具备着适于海雀生活的习性以及构造。还有数不胜数的别的一些例子也都是这样的。不过按照下面的观点，也就是每个物种都时常在力求增加数量，并且自然选择总是在让每一个物种的缓慢变异着的后代适应于自

海燕的代表种类　1. 白脸海燕；2. 黄蹼洋海燕；3. 灰背海燕。

美丽的亚洲不丹蝶

然界中那些未被占据或者说占据得不好的地方，那么前面所讲到的事实就不算是什么奇怪的现象，甚至可以说是能够料想得到的了。

我们可以在一定程度上去理解整个自然界中为什么会有这么多的美，因为这在很大程度上是由选择的作用而造成的。根据我们的感觉，美并非普遍的，假如有人见到过某些毒蛇还有有些鱼以及那些具有丑恶得如同扭曲的人脸一般的蝙蝠，他们都会认可这一点。性选择曾经将最灿烂的颜色还有优美的样式以及别的装饰物给予雄者，有时也会给予很多的鸟类、蝴蝶以及别的一些动物的两性。有关鸟类，性选择常常能够让雄者的鸣声既能够取悦于雌者，同时还能够取悦于我们的听觉。花与果实，因为它的彩色和绿叶相衬显得非常鲜明，所以花就能够很轻易地被昆虫发现，被访问以及传粉，并且种子也会被鸟类散布开去。有些颜色还有声音以及形状如何会给予人类以及低于人类的动物以快感，这也就意味着，最简单的美感在最开始是如何获得的，关于这一点我们无法知道，就像我们不知道有些味道与香气最开始是如何变成让人觉得舒适的一样。

由于自然选择因为竞争而发生作用，它让每个地方的生物得到了适应以及改进，这仅仅是对其同位者来说的。因此任何一个地方的物种，尽管根据通常的观点被假设是为了那个地区所创造出来，而特别的适应那个地区的，但是被从别的地方移来的归化生物所斗败并且排挤掉，对于这种情况我们不需要感到惊奇。自然界当中的所有设计，甚至如人类的眼睛，就我们所能判断的来说，并非绝对完全的。或者它们有些和我们的适应观念不相容，对于这点也无须惊奇。蜜蜂的刺，当用来攻击敌人的时候，会导致蜜蜂自己的死亡。雄蜂为了一次交配而被产生出那么多，在交配之后就被它们的不育的姊妹们杀死，枞树花粉的惊人的浪费，还有蜂后对于它的可育的女儿们所具有的本能仇恨，姬蜂在毛虫的活体当中觅食，以及别的一些这种类型的例子，也并非多么神奇的事情。从自然选择学说来看的话，奇异的事情事实上倒是没有发现更多的缺乏绝对完全化的例子。

决定产生变种的复杂并且很难理解的法则，根据我们目前可以判断的去说的话，和支配产生明确物种的法则是一样的。在这两种场合当中，物理条件好像产生了某种直接的以及确定的效果，不过这种效果有多大，我们却无法说明。如此，当变种在进入任何新地点之后，它们有时就会获取该地物种所固有的一些性状。对于变种还有物种，使用以及不使用好像产生了相当的效果。假如我们见到了下面的那些情况，就不会再去反驳这个结论。比如，具有无法飞翔的翅膀的大头鸭所处的条件基本上和家鸭一样，穴居的栉鼠有些情况下是盲目的，有些鼹鼠时常是盲目的，并且眼睛上被皮肤遮盖着；栖息于美洲以及欧洲暗洞里的很多的动物都是盲目的。对于变种还有物种，相关变异好像发生了重要的作用。所以，当某一部分出现变异时，别的部分也一定会相应地出现变异。有关于变种以及物种，长时间亡失的性状有些情况下会在变种以及物种中再次出现。马属的一些物种还有它们的杂种，有时候会在肩上以及腿上出现条纹，按照特创说，这个事实该如何解释呢？假如我们相信这些物种均是从具有条纹的祖先传下来的，就如同鸽的一些家养品种都是从具有条纹的蓝色岩鸽传下来的一般，那么前面所讲到的事实的解释将会是多么的简单。

根据每个物种均为独立创造的一般观点，为什么物种的性状，也就是同属的各个物种彼此之间相区别的性状比它们所共有的属的性状的变异更多呢？比如说，一个属当中的任何一种花的颜色，为什么当别的物种具有不同颜色的花时，要比当所有的物种的花都具有相同颜色时更为容易地出现变异呢？假如说物种仅仅是特征非常显著的变种，并且它们的性状已经变得高度稳定了，那么我们就可以理解这样的事实。由于这些物种从一个共同祖先的分支出来之后，它们在有些性状方面已经出现过变异了，这就是这些物种彼此之间赖以区别的性状。因此这些性状比在长时期中遗传下来而未曾出现过变化的属的性状，就更为容易出现变异。根据特创说，就无法解释在一属的单独一个物种当中，以非常异常的方式发育起来的器官，我们能够自然地推想这个器官对于那个物种有着巨大的重要性，但是它又为什么很明显地容易出现变异。不过，如果说依据我们的观点来看的话，自从一些物种由一个共同的祖先分支出来之后，这样的器官已经出现了大量的变异以及变化，所以我们能够预料这种器官通常还要出现变异。不过，一种器官，比如蝙蝠的翅膀，估计会以最为异常的方式发育起来。不过，假如这种器官是很多附属类型所共有的，也就是说，假如它曾是在非常长的时期里被遗传下来的，那么这种器官并不会比别的构造更容易地出现变异。这是因为，在此种情况之下，长久连续的自然选择就会让它变成稳定的了。看一看本能，有些本能尽管非常奇异，但是根据连续的还有轻微的并且是有益的变异的自然选择学说，它们并不会比肉体构造提供了更大的难点。如此，也就能够解释清楚，为什么自然在赋予同纲的不同动物以一些本能的时候，是以级进的步骤展开其活动的。我曾经想要示明级进原理对于蜜蜂值得赞美的建筑能力提供了多么重要的解释。在本能的改变当中，习性毫无疑问常常发挥着作用，不过它并不是一定是不可缺少的，就如同我们在中性昆虫的情形中所见到的一般。中性昆虫并不会留下后代去遗传有长久连续的习性的效果。按照同属的所有物种均是从一个共同祖先传下来，并且还遗传了很多共同的性状这一观点来看，我们就可以了解近似物种在处于非常不相同的条件之下时，如何还具有几乎相同的本能；为什么南美洲热带与温带的鸫如大不列颠的物种一般，用泥土涂抹它们的巢的内侧。按照本能是经过自然选择而逐渐获得的观点，我们对有些本能并不完全，容易出现错误，并且很多的本能可以让别的动物蒙受损失，有关于这一点，就无须再觉得神奇无比无法接受了。

假如物种仅仅是特征非常显著的而且是稳定的变种，我们就可以马上看出为什么它们的杂交后代在类似亲体的程度方面以及性质方面，在由连续杂交而相互吸收方面还有在别的这些情况方面，就如同公认的变种杂交后代一般，追随着相同的复杂法则，假如物种是独立创造的，而且变种是经过第二性法则产生出来的，这样的类似就变成神奇的事情了。

假如说我们认可地质纪录不完全到极端的程度，那么地质纪录所提供的事实就能够强有力地去支持伴随着变异的生物由来学说。新的物种逐渐地在连续的间隔时间当中出现，而不 同的群经过相同的间隔时间之后，所出现的变化量是极为不同的。物种与整个物群的绝灭， 在有机世界的历史中发挥过非常明显的作用，这基本上不可避免地是自然选择原理的结果。 因为旧的类型要被新并且改进了的类型排挤掉。不管是单独一个物种也好，还是整群的物种也罢，只要普通世代的链条出现了断绝时，就无法再次出现了。优势类型的逐渐散布，还有它们后代的缓慢变异，造成生物类型经过长久的间隔时间之后，看起来就像是在整个世界范围之中同时出现变化一般。每个地质层当中的化石遗骸的性状在一定程度上是介于上面地质层与下面地质层的化石遗骸之间的，这个事实能够简单地由它们在系统链条中处于中间地位来解释。所有的绝灭生物都可以和所有的现存生物分类于一起，这个伟大的事实是现存生物与绝灭生物都均为共同祖先的后代的自然结果。由于物种在它们的由来以及变化的漫长过程里通常已在性状方面出现了分歧，因此我们就可以理解为什么比较古代的类型或每一群的最原始的祖先，这样经常地在某种程度上处在现存群之间的位置。总的来说，现代类型在体制等级方面通常都被看成是比古代类型要高级，并且它们一定得是较高级的，因为将来发生的，比较改进了的类型，在生存斗争中战胜了那些比较老的以及改进较少的类型。它们的器官通常也更为专业化，来适应不同的机能。这样的事实和无数生物依然保存简单的并且极少改进的，适于简单生活条件的构造是完全相同的。相同地，这和有些类型在系统的每个阶段中为了更好地适应新的而且是退化的生活习性，而在体制方面退化了的情况也是一致的。最后，同一大陆的近似类型，比如澳大利亚的有袋类还有美洲的贫齿类以及别的这类例子的长久延续的奇怪法则一样是能够理解的，由于在同一地区当中，现存生物与绝灭生物因为系统的关系会是密切相似的。

看一看地理分布，假如我们认可，因为以前的气候变化以及地理变化还有因为很多偶然的以及未知的散布方式，在漫长的岁月里曾经有过从世界的某一部分到另一个部分的大量迁徙，那么按照伴随着变异的生物由来学说，我们就可以理解与“分布”

一只北美杂色鸫栖于雪松枝头

有关的大部分的主要事实了。我们也就可以理解，为什么生物在整个空间之中的分布与在整个时间之中的地质演替会有如此动人的平行现象。由于在这两样的情况当中，生物时常都由世代的纽带连接着，并且出现变异的方式也是相同的。我们也体会到曾经引起每一个旅行家注意的奇怪事实的全部意义，那就是在同一大陆之上，在最不相同的条件之中，在炎热与寒冷之下，在高山还有低地上，在沙漠以及沼泽当中，每一大纲中的生物，大多数是很明显地相关联的。因为它们都是同一个祖先与早期移住者的后代。按照之前迁徙的同一原理，在大多数的情况之下，它和变异相结合，我们借冰期的帮助，就可以理解在最遥远的高山上还有在北温带以及南温带中的一些少数植物的同一性，还有很多别的生物的密切近似性。同样地，还可以理解，尽管被整个热带海洋隔开的北温带以及南温带海当中的有些生物的密切相似性。就算是两个地区呈现出同一物种所要求的密切相似的物理条件，假如这两个地区在长久的时间当中是彼此分开的，那么我们对于它们的生物的极为不同就无须大惊小怪了。主要是因为，生物与生物之间的关系是所有关系当中最为重要的关系，并且这两个地区在不同的时期当中会从别的地区或者彼此相互接受不同数目的移住者，因此这两个地区中的生物变异过程就一定会是不一样的。

根据谱系之后出现变化的这个迁徙的观点，我们就可以理解为什么仅仅有少数的物种栖息于海洋岛上，为什么其中有大量物种是特殊的，也就是本地特有的类型。我们都非常明白地知道，那些无法横渡广阔海面的动物群的物种，比如蛙类以及陆栖哺乳类，为什么不栖息于海洋岛上，此外还有一点也能够理解，如蝙蝠这些可以横渡海洋的动物，它们的新并且特殊的物种，为什么常常见于距离大陆非常遥远的岛上。海洋岛上存在着蝙蝠的特殊物种，但是没有所有别的陆栖哺乳类，依照独立创造的学说，这样的情况就完全无法得到解释了。

任何两个地区，有密切近似的或者是代表的物种存在，从伴随着变异的生物由来学说的观点去看的话，都意味着同一亲类型之前曾经在这两个地区栖息过，而且，不管是什么地方，假如那里存在着很多密切近似的物种，栖息于两个地区，我们就一定还会在那里发现两个地区所共有的一些同一物种。不管是在什么地方，假如那里有很多密切近似的，并且是区别分明的物种发现，那么同一群的可疑类型与变种也会同样地在那些地方出现。每个地区的生物一定会和移入者的最近根源地的生物有一定的相关，这是具有高度一般性的法则。在加拉帕戈斯群岛以及胡安·斐尔南德斯群岛还有别的美洲岛屿上的几乎所有的植物以及动物同邻近的美洲大陆的植物还有动物的关系当中，我们发现了这一点。同时还在佛得角群岛还有别的非洲岛屿上的生物同非洲大陆生物的关系当中观察到了这种情况。不得不承认，根据特创说，这些事实是无法获得解释的。

我们已经见识到，所有过去的以及现代的生物都能够在群下又分群，并且绝灭的群常常会介于现代诸群之间，处在这样的情况里，它们都能够归入少数的大纲之中，这个事实，按照自然选择还有所引起的绝灭以及性状分歧的学说，是能够得到理解的。根据那些几乎一样的原理，我们就能够很好地明白，每一纲当中的类型的相互亲缘关系，为什么会那么复杂还非常曲折的。我们还可以很好地了解到，为什么有些性状比别的性状在分类方面更为有用；为什么适应的性状尽管对于生物具有高度的重要性，但是在分类方面几乎没有任何的重要性；为什么从残迹器官而来的性状，尽管对于生物没有哪些作用，但常常在分类方面具有高度的价值。还有，为什么胚胎的性状常常是最具价值的。所有的生物的真实的亲缘关系，和它们的适应性的类似相反，是能够归因于遗传或者是系统的共同性的。“自然系统”是一种根据谱系的排列，根据所获得的差异诸级，用变种还有物种、属以及科等术语进行表示的。我们不得不由最稳定的性状，不论它们是什么，也不论它们在生活中多么的不重要，去发现系统线。

人的手还有蝙蝠的翅膀，还有海豚的鳍以及马的腿，都由类似的骨骼构成，长颈鹿的颈与象颈的脊椎数目一样，还有大量别的这种类型的事实，根据伴随着缓慢的、微小并且连续的变异的生物由来学说，马上就能够获得解释，蝙蝠的翅膀与腿，螃蟹的颚与腿，花儿的花瓣以及雄蕊还有雌蕊，尽管说它们都用于非常不一样的目的，不过它们的结构样式都十分类似。这些器官或部分，在每个纲的早期祖先中一开始是十分相似的，不过后来渐渐地出现了变异，依据此种认为，前面所讲的相似性在极大的程度上还是能够得到解释的。连续变异并不是总在早期的年龄当中发生，而且它的遗传是在相应的而非在更早的生活时期。按照这一原理，我们更能够明白地理解，为什么哺乳类还有鸟类和爬行类以及鱼类的胚胎会这般密切的相似，可是在成体类型里却又这般的不相似。呼吸空气的哺乳类或者是鸟类的胚胎就如同必须依靠非常发达的鳃呼吸溶解于水中的空气的鱼类一般，具有鳃裂以及弧状动脉，对此我们也无须感到迷

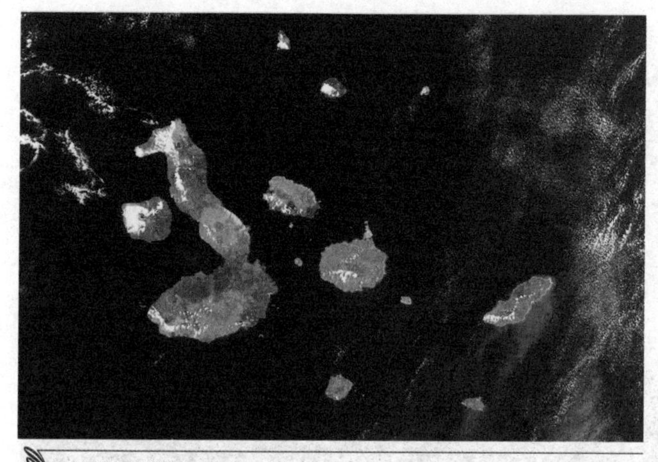
加拉帕戈斯群岛

惑不解。

不使用，有些情况下会借自然选择的力量，常常能够让那些器官在改变了的生活习性或者是生活条件之下，变为无用的器官然后缩小。按照这个观点，我们就可以理解残迹器官的意义。不过不使用还有选择通常是在每个生物到达成熟期而且不得不在生存斗争的过程中发挥充分作用的时候，才会对每个生物发挥其作用，因此对于在早期生活当中的器官没有什么影响力。所以说那些器官在早期的年龄当中并不会被缩小或者成为残迹。比如说，小牛从一个具有非常发达牙齿的早期祖先那里遗传了牙齿，而它们的牙齿从来不会穿出上颚牙床肉。我们完全可以去相信，因为舌与颚或者是唇经过自然选择而变得十分适于吃草，但是无须牙齿的帮助，因此成长动物的牙齿在之前就因为不使用而缩小了。但是在小牛中，牙齿没有受到影响，而且根据遗传在相应年龄的原理，它们从非常古远的时候一直遗传到了今天。带着完全没有用处的鲜明印记的器官，比如小牛胚胎的牙齿或者是多甲虫的鞘翅下的萎缩翅，竟会这样时常发生，按照每一生物还有它的所有不同的部分都是被特别创造出来的看法，这将是完全无法理解的事情。应该说“自然”曾经煞费苦心地利用残迹器官还有胚胎的以及同源的构造去泄露其变化的设计，但是我们一向过于盲目自大了，所以总是无法理解其意义。

前面所讲的事实还有论据，让我完全相信，物种在系统的漫长的过程当中，曾经出现过变化，对此我已经做过了复述。这主要是经过对无数连续的和轻微的以及有利的变异进行自然选择之后实现的。而且以重要的方式借助于器官的使用以及不使用的遗传效果。还有不重要的方法，也就是同不管是过去还是现在的适应性构造有关，它们的出现依赖于外界条件的直接影响，同时还依赖于我们看起来好像无知的自发变异。这么说的话，我之前是低估了在自然选择之外，导致构造上永久变化的这种自发变异的频率以及价值。不过由于我的结论最近曾被严重地曲解过，而且还说我将物种的变异完全地归因于自然选择，因此让我指出，在本书的第一版当中，还有在以后的几版当中，我曾将下面的话放于最明显的地位，那就是绪论的结尾处：“我相信‘自然选择’是变异的最主要的不过却不是独一无二的手段。”这句话并没有产生什么效果。根深蒂固的误解力量是非常大的，不过科学的历史表明，这种力量并不会长久地延续下去。

几乎无法去设想，一种虚假的学说会如同自然选择学说一般，以这么让人满意的

达尔文与妻子艾玛，艾玛不能接受他激进的观点，但一直在精神上包容着丈夫。

方式解释前面所讲到的若干大类的事实。最近有人提出反对认为，这是一种不妥当的讨论方式。不过，这是用来判断普通生活事件的方法，而且是最伟大的自然哲学家们经常会用到的方法。光的波动理论就是如此得到的。而地球环绕中轴旋转的信念，直到近来依然没有直接的证据。如果说科学对于生命的本质或者起源这个更高深的问题还无法提出解释，这并不能算作有力的异议。谁可以解释清楚什么是地心吸力的本质呢？现在没有人会去反对遵循地心吸力这个还未弄明白的因素所得到的结果。虽然说列不尼兹之前曾经责难牛顿，指责他引进了“玄妙的性质以及奇迹到哲学中来”。

本书当中所提出的观点，为什么能够震动任何人的宗教感情，我找不出有什么好的理由。要想指出这样的印象是多么的短暂，记住下面的情形就足够了：人类曾有过最伟大的发现，那就是地心吸力法则，也曾被列不尼兹抨击为“自然宗教的覆灭，会引起宗教信仰的覆灭”。有位著名的著作者兼神学者曾写信给我说，“他已渐渐地觉得，相信‘神’创造出一些少数的原始类型，它们可以自己发展成一些别的必要类型，和相信‘神’需要一种新的创造作用来补充‘神’的法则作用所引起的空虚，一样全都是崇高的‘神’的观念”。

有的人会提出质问，为什么直到目前为止，差不多所有在世上最为卓越的博物学者还有地质学者们都不相信物种的可变性呢？无法主张生物在自然环境当中不发生变异，也无法证明变异量在漫长的年代当中的过程里是一种有限的量。在物种还有特征明显的变种之间未曾有过，或者说也不可以有清楚的界限。不可以主张物种杂交一定是不育的，而变种杂交就一定会是可育的，或者去主张不育性是创造的一种特殊禀赋以及标志。只需要将地球的历史想成是短暂的，基本上无法避免地就要去相信物种是不变的产物。而现在我们对于时间的推移已经得到一定的概念，我们就无法没有依据地去假定地质的纪录是如此的完全，以至于假如物种曾经出现过变异，地质就会向我们提供有关物种变异的最为显著的证据。

不过，我们天然地不愿意去认可一个物种能够产生出别的不同物种的主要原因，在于我们总是无法立刻认可大变化所经过的步骤，可是那些步骤又是我们所不清楚的。这与下面所要讲到的情况是一样的：当莱尔最开始主张长行的内陆岩壁的形成与巨大山谷的凹下都是由我们现在见到的仍旧发生作用的因素造成的，对此很多的地质学者均觉得难以承认。人们的思想估计无法去理解 100 万年这样的时间概念。并且，对于经过几乎是无限个世代所累积的很多的细小变异，其全部的效果是什么样的，就更加无法去综合领会了。

尽管说我完全相信本书在提要的形式下提出来的观点的正确性，不过，有丰富经验的博物学者的思想，在岁月的悠久过程中，填充了大量的事实，他们的观点和我的观点直接相反，我并没有想要去说服他们。在“创造的计划”还有“设计的一致”这类伪装起来的表面背后，我们的无知是多么容易被掩盖起来，并且还会仅仅将事实复述一遍，就想象自己已经给出一种解释。不管是什么人，只要他的性情偏重尚没有解释的难点，并且不重视很多的事实的解释，那么他就必然会去反对这个学说。在思想上被赋有非常大适应性的，而且已经开始怀疑物种不变性的少数的博物学者，能够受到本书的影响。不过我满怀信心地看着将来，看着年轻的那些后起的博物学者，将来他们可以不带任何偏见地去对待这个问题的两方面。已被引导到相信物种是能变的人们，不论是哪位，假如自觉地去表示他的确信，那么他就做了正确的事情，因为只有这样，才可以将这个问题所遭受到的极度偏见逐渐赶走。

有一些卓越的博物学者近来发表他们的言论，在他们的观念里，每一属当中都有很多公认的物种并非真实的物种，同时他们还认为，别的物种才是真实的，也就是说，被独立创造出来的。在我看来，这是一个非常怪异的论断。他们认可，直到最近，还被他们自己看作是特别创造出来的，而且大部分的博物学者也是如此看待它们的，所以具有真实物种的所有外部特征的很多类型，是由变异产生的。不过他们拒绝将这同一观点引申到别的稍微不同的类型中去。虽然是这个样子的，他们并没有冒充他们可以确定，或者甚至是可以去猜测，哪些是被创造出来的生物类型，而哪些又是由第二性法则产生出来的生物类型。他们在某一种情况之下认可变异是真实的原因，但是在另一种情况之下又会去断然否认它，并且还不指明这两种情况存在着什么样的区别。总会有那么一天，这些会被当成是奇怪的例子去说明先人之见的盲目性。这些著作家对那些奇迹般的创造行为并没有比对一般的生殖觉得有更大的惊讶。不过他们是不是真的相信，在地球历史的无数时期当中，有些元素的原子会突然被命令骤然变成活的组织呢？他们相信在每次假定的创造行为中，都存在着一个个体或者是很多的个体产生出来吗？所有无限繁多种类的动物以及植物在被创造出来的时候，到底是卵或种子或充分长成的成体吗？在哺乳类的情况当中，它们是带着营养的虚假印记从母体子宫

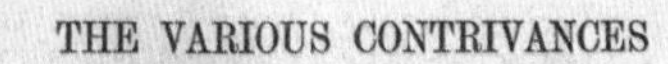

ON

THE VARIOUS CONTRIVANCES

BY WHICH

BRITISH AND FOREIGN ORCHIDS

ARE

FERTILISED BY INSECTS,

AND ON THE GOOD EFFECTS OF INTERCROSSING.

BY CHARLES DARWIN, M.A., F.R.S., &c.

WITH ILLUSTRATIONS.

LONDON:
JOHN MURRAY, ALBEMARLE STREET.

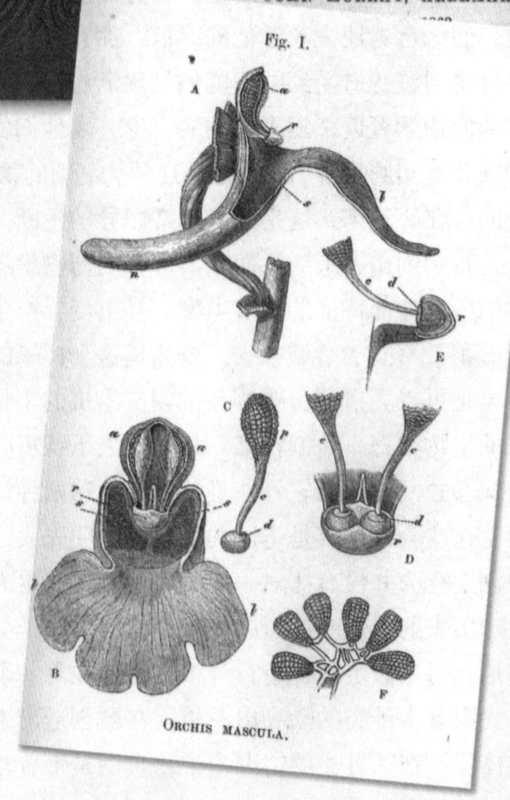

达尔文关于昆虫和兰花的著作

中被创造出来的吗？你不需要再去怀疑，相信仅仅有少数的生物类型或者只有某一生物类型的出现，或者是被创造的人根本无法解答这类问题。有一些著作家曾主张，相信创造成百万生物和创造一种生物是一样容易的。可是莫波丢伊的“最小行为”的哲学格言能够引导思想更愿意去接受较少的数目。当然，我们不应该轻易地去相信，每一个大纲当中的无数生物在创造出来的时候就具有从单独一个祖先传下来的显著欺人的印记。

作为事物之前状态的纪录，我在前面的诸节以及别的一些地方，记下了博物学者们相信每个物种均是分别创造出来的若干语句。我由于如此表达意见而大受责难。不过，毫无疑问，在本书第一版出现的时候，这是当时一个很普通的信念。我之前曾与很多博物学者讨论过进化的问题，不过从来没有一次遇到过任何一个学者的点头赞成。在当时，估计有某些博物学者确实相信进化，不过他们或者沉默寡言，或者叙述得那般模糊导致无法容易地去理解他们所讲的意义。现在的情况就完全不同了，几乎每个博物学者都认可了伟大的进化原理。即便是这样，依然有一些人，在那些人眼中，物种以前曾经过无法解释的方法而突然产生出新的，完全不同的类型。不过，就像我力求示明的，大量的证据能够提出来去反对认可巨大并且是突然的变化。针对科学的观点来说的话，为进一步研究着想，相信新的类型以无法理解的方法从旧的，非常不同的类型突然发展而来，比相信物种从尘土当中创造出来的旧信念，并不存在什么优越的地方。

也许会有人问，我要将物种变异的学说推广到多远。这个问题是很难回答的，因为我们所讨论的类型越是不同，那么有利于系统一致性的论点的数量就越少，那么说服力也就会越弱。不过最有力的论点能够扩展到很远的地方去。整个纲种的所有成员被一条亲缘关系的连锁连接于一起，所有的都可以按群下分群的同一原理去进行分类。化石遗骸有时具有一种倾向，会将现存诸目之间的巨大空隙填充起来。

退化状态下的器官，非常清楚地显示，在其早期祖先中的这种器官，是高度发达的。在有些情况之下，这也就意味着它的后代已出现过大量的变异。在整个纲当中，各种构造都是在相同的样式之下形成的，并且早期的胚胎彼此之间还密切相似。因此我无法去怀疑伴随着变异的生物由来学说将同一大纲或同一界的所有成员都包括在其中。我相信动物最起码是从四种或五种祖先传下来的，植物是从同样数目或者是较少数目的祖先传下来的。

类比的方法指引我更进一步相信，所有的动物还有植物都是从某一种原始类型传下来的。不过类比的方法估计会将我们导入迷途。就算是如此，所有的生物在它们的化学成分方面还有它们的细胞构造方面，和它们的生长法则方面以及它们对于有害影响的易感性方面，都存在着很多的共同之点。我们甚至在以下那么不重要的事实当中也可以看到这一点，那就是同一毒质往往同样地影响到各种植物以及动物。瘿蜂所分泌的毒质可以导致野蔷薇或者是橡树出现畸形。在所有的生物中，或者将某些最低等

晚年达尔文

的除外，有性生殖貌似在本质方面都是十分类似的。在所有的生物当中，就现在所知道的来说，最开始的胚泡是一样的，因此所有的生物都是从共同的根源开始的。假如当我们就仅仅是看一看这两个主要的部分，也就是看一看动物界与植物界当中，一些低等类型如此具有中间的性质，导致博物学者们争论它们到底应该属于哪一界。就像阿萨·格雷教授所指出的那样，“很多的低等藻类的孢子与别的生殖体能够说，最开始在特性方面具有动物的生活，之后毫无疑问具有植物的生活”。因此，根据伴随着性状分歧的自然选择原理，动物以及植物从这些低等的中间类型发展而来，并不是无法相信的。并且，假如说我们认可了这一点，那么我们就不得不同样地认可曾经在这个地球上生活过的所有生物都是从某个原始的类型遗传而来的。不过这个推论主要是以类比的方法为依据的，它是不是能够被接受，并没有太重要的意义。就像刘易斯先生所主张的那样，可以肯定地说，在生命的黎明期，估计就有很多不同的类型出现，不过，如果真的是这样，那么我们就能够断定，仅仅有极少数的类型曾经遗留下变异了的后代。因为，就像我最近有关每一大界，如“脊椎动物”“关节动物”等当中的成员所说的，在它们的胚胎方面还有同源构造方面，以及残迹构造方面，我们都有显著的证据能够证明每一界当中的所有成员都是从单独的一个祖先遗传而来的。

我在本书当中所提出的，还有华莱斯先生所提出的观点，或者有关物种起源的类似的观点，只要能够被普遍接受之后，我们就可以隐约地预见到，在博物学中将会出现一场重大的革命。分类学者将可以与现在一样地从事劳动，不过他们不会再受到这个或者是那个类型是不是真实物种的这种可怕疑问的不断困扰了。我确信而且我依据经验来说，对于各种难点将不会是微不足道的解脱。有关的 50 个物种的不列颠树莓类是不是真的是真实物种，这个无休止的争论将会成为过去时。分类学者所做的仅仅是决定（这点其实一点都不容易）任何类型是不是充分稳定而且能不能和别的类型有一定的区别，然后给它下一个定义。假如可以给它下一个定义，那么就要决定，那些差异是不是真的非常重要，值得冠以物种的名称。后面所讲的这一点将远比它现在的情况更为重要。因为任何的两个类型的差异，不管怎样轻微，假如不被中间诸级将它们混合于一起，那么大部分的博物学者就会觉得这两个类型都足以提升到物种的地位中。

从此之后，我们将不得不承认物种与特征明显的变种之间的唯一区别是：变种已被知道或者说被相信现在被中间级进联结起来，但是物种是在以前被如此连接起来的。所以，在不去抗拒考虑任何两个类型之间，目前存在着中间级进的情形之下，我们将被指引着更加仔细地去考察，更为高度地去评价它们之间的实际差异量。完全有可能，现在通常被看作仅仅是变种的类型，今后估计会被相信值得给以物种的名称。面对这样的情况的时候，科学的语言还有普通的语言就一致了。归纳一下来说的话，我们一定得用博物学者对待属那样的态度去对待物种，他们认可属，只不过是为了方便而做出的人为组合。这或者并非一个愉快的展望。不过，对于物种这个术语的未曾发现的无法会发现的本质，我们最起码不会再去做徒劳的探索了。

博物学的别的更加普遍的部门，将会极大地引起兴趣。博物学者所用的术语，比如亲缘关系、关系、模式的同一性、父性、形态学还有适应的性状以及残迹的还有萎缩的器官等，将不再是隐喻的了，而是会有它们鲜明的意义。当我们不再如未开化人那般，将船看成是完全无法理解的东西那样去看生物的时候，当我们将自然界当中的每一个产品看成是都具有悠久历史的时候，当我们将每一种复杂的构造以及本能看成是每个对于所有者都有用处的设计的综合体时，就像是任何伟大的机械发明是无数工人的劳动、经验、理性还有甚至错误的综合的时候；当我们如此去观察每一个生物的时候，博物学的研究就会变得，我依据经验去说，就会变得更为生动而有趣。

在变异的原因以及法则还有相关法则和使用以及不使用的效果外加外界条件的直接作用等方面，将会展现出一个广阔的、几乎没有前人涉足过的研究领域。家养生物的研究在价值方面将得到很大的提高。人类培育出来一个新的品种，比起在已经记载下来的无数物种中增添一个物种，将能够成为一个更为重要，更为有趣的研究课题。我们的分类，照它们所可以被安排的来说，将是按谱系进行的。到那时，它们才可以真正显示出所谓“创造的计划”。当我们有了一个确定的目标的时候，分类的规则毫无疑问就会变得简单很多。我们没有得到任何谱系或者是族徽。我们不得不根据各种长久遗传下来的性状去发现并且追踪自然谱系中大量分歧的系统线。退化的器官将会准确无误地表明长久亡失的构造的性质。称为异常的又能够富于幻想地称为活化石的物种以及物种群，会帮助我们打造出一张古代生物类型的图画。胚胎学常常能够给我们揭露出每个大纲中

秧鸡

原始类型的构造，只不过或多或少会有点模糊而已。

假如我们可以确定同一物种的所有个体还有大部分属的所有密切近似的物种，曾经在不是非常遥远的时期中从第一个祖先遗传而来，而且从某个诞生地迁移出来，假如我们能够更好地获知迁移的大量的方法，并且根据地质学现在对于之前的气候变化以及地平面变化所提出的解释还有今后继续提出的解释，那么我们就真的可以用令人赞叹的方式追踪出全世界生物的在久远之前的迁移情况了。甚至在现在，假如将大陆相对两边的海栖生物之间的差异进行一个比较，同时将大陆上每种生物和它们的迁移方法明显有关的性质进行比较，那么我们就可以对古代的地理状况或多或少地提出一些证明。

地质学这门高尚的科学，因为地质纪录的极端不完全，而失去了应有的光辉。埋藏着生物遗骸的地壳不应该被看成是一个非常充实的博物馆，它所收藏的仅仅是偶然的，十分片段的，极为贫乏的物品而已。每个含有化石的巨大地质层的堆积，都应该被看成是由不常遇的有利条件而决定的，同时连续阶段之间的空白间隔，也应该被看成是非常长久的。不过经过之前的还有以后的生物类型的比较，我们就可以或多或少准确地测出这些间隔的持续时间。当我们想要根据生物的类型的一般演替，将两个并不含有很多相同物种的地质层看成是严格属于同一时期时，一定要谨慎。因为物种的产生以及绝灭是因为缓慢发生作用的、如今依然存在的原因，而并非因为创造的奇迹而导致的。而且由于生物变化的所有原因中，最为重要的原因，是一种几乎和变化的或者是突然变化的物理条件没有关系的原因，也就是生物与生物之间的相互关系，一种生物的改进能够引起别的生物的改进或者是绝灭，因此，连续地质层的化石中的生物变化量尽管无法作为一种尺度去测定实际的时间过程，不过估计能够作为一种尺度去测定相对的时间过程。不过，很多的物种在集体中，估计长时期保持不变，可是在同一时期当中，其中有些物种，因为迁徙到新的地区而且同外地的同住者展开了竞争，估计会出现变异；因此我们对于将生物变化为时间尺度的准确性，不需要有太高的评价。

我发现了一个将来更为重要的广阔的研究领域。心理学将牢牢地建筑于赫伯特·斯潘塞先生已经奠定好的基础上，那就是每个智力以及智能，都是由级进而必然得到的。人类的起源还有他们的历史也将由此而获得大量的说明。

最优异的著作家们，对于每个物种曾被独立创造的观点，好像感到非常满足。要我说的话，世界上过去的还有现在的生物的产生以及绝灭，就如同决定个体的出生以及死亡的原因一般，都是因为第二性的原因，这和我们所知道的“造物主”在物质上打下印记的法则更为符合一些。当我不去将所有的生物看成是特别的创造物，而看成是远在寒武系第一层沉积下来之前就生活着的一些少数生物的直系后代，那么在我看来，它们就变得尊贵了。从过去的事实去判断，我们就能够稳妥地去推想，没有一个现存物种会将它的没有改变的外貌传递到遥远的未来。而且，在如今生活的物种，极少会将任何种类的后代传到非常遥远的未来。由于按照所有的生物分类的方式去看，每个属中的大部分的物种还有许多属的所有物种都没有留下后代，而是已经完全绝灭了。遥望未来，我们能够去预言，最后取得胜利而且产生占有优势的新物种的，将是各个纲中较大的优势群的普通的以及广泛分布的物种。既然说所有的现存生物类型都是远在寒武纪之前生存过的生物的直系后代，那么我们就能够肯定，通常的世代演替从来没有一度中断过，并且还能够确定，从来没有任何的灾变曾让全世界变成了荒芜。所以我们能够多少安心地去展望一个长久的、稳定的未来。由于自然选择仅仅是根据而且是为了每个生物的利益而工作，因此，所有的肉体的以及精神的禀赋都有朝着完善化前进的倾向。

加拉帕戈斯群岛上独有的雀鸟

如果你去注意一下树木交错的河岸，很多种类大量的植物覆盖之上，群鸟在灌木丛中争鸣，各式各样的昆虫飞来飞去，蚯蚓在湿地中爬过。如果在观察的时候去默想一下，这些构造精巧的类型，彼此之间这般的相异，却以这么复杂的方式相互依存着，而它们都是因为在我们周围发生作用的法则而产生出来的，这岂不是非常有趣的事情。这些法则，从广义上来讲的话，就是伴随着“生殖”的一些“生长”，基本上包含了生殖以内的“遗传”，因为生活条件的间接作用以及直接作用还有因为使用以及不使用所导致的变异，生殖率这么高，而造成“生存斗争”，然后导致了“自然选择”，同时又引起了“性状分歧”以及较少改进的类型的“绝灭”。这么说来，从自然界的战争当中，从饥饿还有死亡当中，我们就可以体会到最值得赞颂的目的，那就是高级动物的产生会紧接着随之而至。觉得生命还有一些能力原来是由“造物主”注入少数类型或一个类型中去的，并且还觉得在这个行星按照引力的既定法则继续运行的时候，最壮观的以及最奇异的类型从这么简单的开端出现，过去、曾经并且现在依然在进化着，这样的观点是非常壮丽的。

茅盾文学奖获奖作品全集

茅盾文学奖
获奖作品全集

回响

东西 著

人民文学出版社

图书在版编目(CIP)数据

回响 / 东西著. -- 北京 : 人民文学出版社, 2024 (2024.4重印)
(茅盾文学奖获奖作品全集)
ISBN 978-7-02-018488-0

Ⅰ.①回… Ⅱ.①东… Ⅲ.①推理小说-中国-当代 Ⅳ.①I247.5

中国国家版本馆 CIP 数据核字(2024)第 001334 号

责任编辑 刘 稚
装帧设计 刘 远
责任印制 张 娜

出版发行 人民文学出版社
社 址 北京市朝内大街 166 号
邮政编码 100705

印 刷 三河市鑫金马印装有限公司
经 销 全国新华书店等

字 数 215 千字
开 本 890 毫米×1290 毫米 1/32
印 张 9 插页 2
印 数 8001—11000
版 次 2021 年 6 月北京第 1 版
印 次 2024 年 4 月第 2 次印刷

书 号 978-7-02-018488-0
定 价 46.00 元

出版说明

一九八一年三月十四日,病中的中国作家协会主席茅盾致信作协书记处:"亲爱的同志们,为了繁荣长篇小说的创作,我将我的稿费二十五万元捐献给作协,作为设立一个长篇小说文艺奖金的基金,以奖励每年最优秀的长篇小说。我自知病将不起,我衷心地祝愿我国社会主义文学事业繁荣昌盛!"

茅盾文学奖遂成为中国当代文学的最高奖项,自一九八二年起,基本为四年一届。获奖作品反映了一九七七年以后长篇小说创作发展的轨迹和取得的成就,是卷帙浩繁的当代长篇小说文库中的翘楚之作,在读者中产生了广泛的、持续的影响。

人民文学出版社曾于一九九八年起出版"茅盾文学奖获奖书系",先后收入本社出版的获奖作品。二○○四年,在读者、作者、作者亲属和有关出版社的建议、推动与大力支持下,我们编辑出版了"茅盾文学奖获奖作品全集",并一直努力保持全集的完整性,使其成为读者心目中"茅奖"获奖作品的权威版本。现在,我们又推出不同装帧的"茅盾文学奖获奖作品全集",以满足广大读者和图书爱好者阅读、收藏的需求。

获茅盾文学奖殊荣的长篇小说层出不穷,"茅盾文学奖获奖作品全集"的规模也将不断扩大。感谢获奖作者、作者亲属和有关出版社,让我们共同努力,为当代长篇小说创作和出版做出自己的贡献,为广大读者提供更多的优秀作品。

人民文学出版社编辑部

目录

第一章　大坑

1

冉咚咚接到报警电话后赶到西江大坑段,看见她漂在离岸边两米远的水面,像做俯卧撑做累了再也起不来似的。但经过观察,冉咚咚觉得刚才的比喻欠妥,因为死者已做不了这项运动,她的右手掌不见了,手腕处被利器切断。冉咚咚的头皮一麻,想谁这么暴虐?

岸边站着六个人,他们是从附近聚拢的垂钓者。报警的走过来,说他是看着她从上游慢慢漂下来的。早晨,他以为她是一截树干。中午,他以为她是一只死掉的猫狗。下午,他才看清楚她是人,而且是一个女人。冉咚咚朝他指着的五百米开外的上游看去,江面平坦,平坦得就像水在倒流。岸边密密麻麻的树绵延,一直绵延到河流的拐弯处。她问他什么时候开始在这里钓鱼?他说退休以后,差不多两年了。她说我问的是今天。他说九点。

"有没有看见可疑的人在这一带闲逛?"

"在这一带闲逛的人就是我。"

他们正说着,法医和两位刑侦综合大队的技术员赶到。他们边跟冉咚咚打招呼边脱皮鞋,然后一步一试探地走进水里勘查。冉咚咚分别询问六位垂钓者,该问的都问了才让他们离开。

勘查一个多小时,法医把尸体拉走了。冉咚咚回到局里,被局领导指定为该案负责人。局领导相信从受害者的角度来寻找凶手更有把握,而且女性之间容易产生共情或同理心。虽然冉咚咚认可这一说法,但心里一直有不适感。她不适应一个女人在光天化日之下一丝不挂,更不适应一只好端端的手被人砍掉,有那么几个瞬间她的脑海竟不合时宜地闪过女儿和丈夫的面容。总是这样,每当遇到危险或压力陡增,她高速运转的大脑就会闪现他们,生怕他们跌倒或磕断牙齿或发生什么更为严重的坏事。于是,她赶紧转移注意力,让不祥的念头一闪即灭。投入工作是转移念头的最好办法,她用地点"大坑"命名本案。助理邵天伟举手反对,说坑太大会填不平。她说填不平就跳进去,我们不能为了好听而更改地名吧,假如取个"一帆风顺"你不觉得别扭吗?说完,她的脑海迅速浮现一个巨大的坑口,深不见底。

媒体发布了"大坑案"消息,寻求知情者提供线索。安静了几分钟,刑侦大队的座机便断断续续地响起来,时而像遥远的自行车的铃铛声,时而像近在耳畔的手机闹铃,有时急促有时缓慢,一会儿让人身心收缩,一会儿又让人浑浑噩噩,总之,除了嘈杂都没响出什么名堂,它们像一根根慌乱的手指戳着她的脑门。五个小时了,她还不知道死者是谁。她突然想抽烟,但立即为这个想法感到惭愧。等到二十二点,她忽地坐直,听到话筒里传来一个男声:"也许是她……"

她和邵天伟赶到半山小区,找到打电话的房东。房东说三年前我把房子租给她,对我来讲她就是每月十五号手机上的那声"叮咚"。只要这天一"叮咚",十有八九就是她把租金打到我卡上了。但是今天已经十七号,我的卡上一直没进钱。我拨她的电话,电话不通。我按门铃,没人开门。我想难道她死了吗?没想到她真的……房东抹了一把眼眶,仿佛在为自己不善良的心理活动自责。冉咚咚让他把门打开。这是一套八十平米的两室一厅,每间房都很干净整洁,没一点好像要出事的迹象。冉咚咚叫来技术员勘查一遍,未发现可疑物或可疑处,但他们带走了办公桌上那台红色笔记本电脑和书架上那本《草叶集》。《草叶集》的扉页上写着赠送者的名字——徐山川。

综合各方信息,得知遇害人叫夏冰清,二十八岁,无固定职业。法医发现尸体的后脑勺处有钝器击打的痕迹,附近的头发里夹着细小的木头碎片。但解剖调查后发现,死者大脑没有受到致命损伤,但肺部进水,喉咙处发现细小的沙子和藻类,真正的死亡原因应该是溺亡。根据尸体出现的尸斑推测死亡时间大约是在四十小时之前。冉咚咚想象:她被敲晕了,被丢进江里,水把她泡醒,可她没有力气从水里爬起来,哪怕是把头抬起来。她耷拉着脑袋浮沉于水面,在意识清醒的状态下被水一口一口地呛死。而凶手就站在一旁看着,直到看不见水里冒泡才将她拉到岸边,砍下她的右手……难道她手上戴着什么贵重饰品?冉咚咚从手提电脑里调看她不同时期的照片,她的手腕子分别出现过手表和不同材质的腕链,但都不是奢侈品。那么,凶手为什么要砍掉她的右手呢?

2

当冉咚咚把夏冰清遇害的消息告诉他们时,他们都来不及反应,好几秒钟面无表情。他们是夏冰清的父母,住在江北路十号第二医院宿舍区。他们都退休了,退休前她父亲是二医院工会干部,母亲是二医院妇产科医生。几天前,他们曾听旁人说过江边出现浮尸,甚至为无辜的生命叹过长气,但万万没想到他们为之叹息的那个人竟然是自己的女儿。这很残酷,分明是在为自己叹息却以为是在叹息别人,明明是在悲伤自己却还以为是在悲伤别人,好像看见危险已从头顶掠过，不料几天后又飞回来砸到自己头上。他们被砸蒙了，认为冉咚咚百分之百搞错。

冉咚咚带他们去认尸。他们看了看，脸色沉下来却摇头，似乎摇头就能改变事实。夏母背过身掏出手机戳了戳，手机里传来“该用户已关机”。她不服气，又戳，每戳一次就传来一声“该用户已关机”，仿佛她的手机只会这一句。“看看你的设备，就是一个摆设，信号从来都没满格过。”夏父说着，掏出一部新手机，“这是冰清从北京给我寄来的。”他用冰清买的手机拨冰清的号码，连续拨了三下也没拨通。他的双手开始微颤，眼看着就要颤抖不止了，手掌立刻变成拳头紧紧地攥着，就像坐飞机时遇到强气流紧紧地攥住扶手，直到飞机平稳为止。

“这里信号不好，”他说，“怎么可能呢？一星期前我还跟她通过电话。”

一星期多长呀，冉咚咚想，许多大事情发生都不过几分钟而已。她想安慰他们，却担心不恰当的安慰反而会变成伤害。每次办案她最不愿面对的就是受害方，好像他们的痛苦是她造成的。她说要不你们先回吧，等 DNA 检测结果出来再签字不迟。他们转身走去，脚步越走越涩，甚至变成恋恋不舍。到了门口，他们都走不动了，仿佛有人死死地拉住他们的双腿。他们不约而同地蹲下。

“到底是或不是？”他说。

“好像是又好像不是。”她说。

“你说呢？”

“你说呢？”

他们相互问着就像相互责备，又像相互安慰或壮胆，最后再也蹲不稳了，都坐到冰冷的地板上。

在他们眼里女儿是这样的：她漂亮聪明听话，四年前从本市医科大护理系毕业，在二医院妇产科，也就是她母亲所在的科室做护理。她不喜欢这份工作,从选择读这个专业时开始。她喜欢唱歌跳舞,幻想将来做演员,哪怕做个配角也行,所以读表演才是她的第一志愿。但父母认为靠脸吃饭不可靠,而且那未必是人人都能抢得到,人人都能端得稳的饭碗。于是她读什么科、填什么志愿父母连意见都不征求便代替她做了决定,甚至母亲还帮她决定每天穿什么衣服和鞋袜。她曾经抵触过,比如在房门贴"闲人免进",故意考低分,假装早恋……可她所有的抵触情绪都被父母打包,统统称之为青春期叛逆,仿佛错的是她而不是剥夺她选择权的他们。"我没离家出走是还想做你们的女儿。"这是她说得最重的一句话,但也仅仅跟他们说了一次。在父母的思维里只说一次的都不重要,重要的必须说 N 次,这就是他们为什么总爱唠叨的原因。她不想跟母亲待在一个单位,更何况还在一个科室。三年前,在她一再坚持并扬言断绝关系的情况下,父母才不得不抹着眼泪同意她辞职北漂,仿佛这是她对他们多年来代替她选择命运的一次总报复。这一漂,只有重大节假日她才从北京飞回来,而平时代替她问候父母的是每月寄回来的工资,以及各式各样的物品。物品每周都寄,有吃的穿的用的,但本周暂时还没寄……

他们坐在西江分局的询问室里,一边讲述一边翻出手机里的照片,说这是她上班的连锁酒店,这是她的住房,这是她的同事。冉咚咚一边听一边点头,一边点头一边责怪自己不应该点头,因为她知道他们说的不是事实,事实是他们的女儿就住在离他们不到五公里远的半山小区,却假装人在北京。"她有男朋友吗?""她平时跟什么人交往?"貌似了解她的他们一问三不知,好像把她交给首都后就不需要他们再为她操心了。

"那么,你们最后一次见她是什么时候?"冉咚咚问。

"清明节,她回家待了三天。"夏母回答。

"她的情绪有什么不对吗?"

“和平时一样，有说有笑还唱歌。”

再往下问，他们又摇头了，好像他们只懂得这个动作。他们生活在她的虚构中，凡是发生在北京的他们说得头头是道，凡是发生在本市的他们基本蒙圈。他们似乎患了心理远视症。心理远视就是现实盲视，他们再次证明越亲的人其实越不知道，就像鼻子不知道眼睛，眼睛不知道睫毛。

“最后一个问题，你们知道徐山川吗？”

“不知道。”他们异口同声，就像抢答。

3

监控显示：案发当天十七点十五分，夏冰清从半山小区大门前乘一辆绿色出租车离开。十七点四十三分，出租车出现在蓝湖大酒店门前。夏冰清下车后进入酒店，在大堂吧临湖的落地玻前坐下，点了一杯咖啡，要了一份甜点，坐了一个多小时，其间不时低头查看手机，十多次左顾右盼，三次久久凝视玻璃外那片树林。她似乎在等人，等谁呢？她等到十九点一刻钟，便结账出了酒店大门，向左，往湖边步行道走去。当时夜幕已经降临，她进入步行道之后就再也没出现在四周的监控里。从离开酒店到她遇害只有四十五分钟，也许她就消失于这片树林。冉咚咚从通信公司后台查看她的手机运动轨迹，很遗憾，她的定位是关闭的，而且长期关闭。她不愿意暴露自己的位置，可能是怕父母发现她在骗他们。

警员们带着警犬把湖四周搜了一遍，没有搜到任何有关物件，也没发现疑似现场。西江大坑上游尸体浮现地段他们也地毯似的搜了，什么线索也没找到。由于蓝湖与西江是连通的，冉咚咚派人排查夏冰清遇害后四十小时内所有途经蓝湖的船只，没有一只船承认运送过尸体,也没有人看见过夏冰清。作案现场在哪里?令冉咚咚头痛。

夏冰清出门前曾给徐山川发过信息:"晚六点老地方见。"徐山川回复:"今天没空。"夏冰清再发:"如果你不来,会死人的。"徐山川复:"哪个老地方?"夏冰清回:"能不能不装?"徐山川:"我确实没空。"夏冰清:"别逼我。"徐山川:"我不是吓大的。"

徐山川被定为头号嫌疑人。此人三十有六,头大身小,据说他之所以有这种身形,是因为在成长期喝了太多他爸生产的饮料。另一种说法,他是被网络游戏喂养的一代,由于长期宅而不动,所以四肢瘦小脑袋肥硕。冉咚咚看过预测,知道这是人类未来体形抑或外星人体形。事实证明,这颗外星人脑袋不简单。他创办了迈克连锁酒店,虽然投资是他爸给的,但他的管理却井井有条。他爸做凉茶起家,三十年前出产一款饮料,至今仍畅销南方各省。他夫人沈小迎,比他小两岁,家庭主妇。他们有两个孩子,男孩五岁,女孩三岁。

冉咚咚传唤他。他一坐下来就说夏冰清不是他杀的,并掏出一张快递签收单和一个 U 盘。签收单签于案发当晚,时间与夏冰清遇害只差半小时。太巧了,冉咚咚不免怀疑。但那个 U 盘马上就给她的怀疑浇上一盆冷水。U 盘里的影像是他家的监视器拍摄的。因为要监督保姆带孩子,所以他家的监视器二十四小时都开着。影像证明案发当晚徐山川一家四口都没出门。

"可是,我并没有告诉你夏冰清遇害的具体时间。"她说。

"媒体不是天天在报道吗?"他回答。

"你准备得很充分。"

"那是为了不让你们浪费时间。"

"你跟夏冰清是怎么认识的?"

他想了一会儿,说有点模糊了,但他的表情告诉她,他不仅不模糊而且还十分清醒。她觉得有必要提醒他，说夏冰清讲的老地方是什么地方？他立刻警觉，问什么老地方？她说出发前夏冰清不是给你发过短信吗？这下他明白了。他不是没想到他们会查他的通信记录，但没想到他们查得这么快。他的肢体开始动摇，先是前倾，随即后靠，如此反复两回才吞吞吐吐地说蓝湖大酒店。她说你们是在蓝湖大酒店认识的？他咬住嘴唇，仿佛进入了时间隧道。邵天伟敲了敲桌子，说问你呢。

“她有自杀倾向，她一直都想自杀。”他答非所问。

“好好看看，”她把三张照片丢到他面前，“她的后脑勺被重物击打，右手被人割走，像自杀吗？”

他拿起照片仔细辨认，脸色渐渐凝重。忽然，他爆了一句粗口，说谁他妈的这么残忍？她说这也正是我想问你的。他摇着头说不知道，我真的不知道，我要知道是谁干的我都想把他杀了。她问你爱她？他沉默了一会儿，说这是个人感情问题，与案件有关吗？

“当然，如果案件是由感情引发的话。”她说。

“那我只能说谈不上爱，充其量就是个喜欢。”

“说说你对她的喜欢。”

他再次沉默，但这次没咬嘴唇。她想也许他在积攒勇气，应该启发启发他。她拿起那本《草叶集》读了起来：“我相信一片草叶不亚于行天的星星，\一只蚂蚁、一粒沙子和一个鹪鹩蛋同样完美，\雨蛙是造物主的一件杰作，\匍匐蔓延的黑草莓能够装饰天国的宫殿……”他听着，却没有任何反应。

“你喜欢惠特曼的诗？”她的目光从书本的上方看过来。

“从来不读。”他好像因此而感到特别自豪。

“那你为什么送给她这本诗集？”

“因为美国总统克林顿曾送了一本给莱温斯基，我读初中时看电视知道的。”他舔着干燥的嘴唇。

“呵呵……没想到如此庸俗。”她把诗集叭地拍到桌上。

他吓了一跳，不是因为突如其来的响声，而是因为从她骨子里透露出来的鄙视。

4

徐山川说三年前的四月下旬，准确地说是二十二日下午，我在蓝湖大酒店二楼的十二号包间面试应聘者。一共来了十几位，应聘迈克连锁酒店北京分店的管理员。夏冰清是其中一位，她进来时拉着行李箱。我问她为什么拉着箱子？她说只要面试合格可以立即出发。这话把我的胸口狠狠地戳了一下，但也仅仅是戳了几秒钟，我便怀疑这是她的设计。不得不承认她是个聪明人，可聪明在这个时代常常又会被误认为耍心机。所以我要验证，问她是不是走到哪里都拉着箱子？她惊得嘴唇微微张开，像被切开的草莓，停了至少两秒钟才说怎么可能呢，人家这是第一次。

面试结束，我划掉了她的名字。我不喜欢明显使用策略的人，尤其是在小事上，因为那些小小的策略常常会误大事。我承认在划掉她名字时心里曾咯噔一下，就像骨折时发出的声音，把自己都吓了一跳。那是良知在作怪，是打压人才后余音绕梁的内疚。为此我坐在包间里久久不忍离去，仿佛需要一点时间来卸掉好不容易才产生的那么一丁点惭愧。

没想到，当应聘者和工作人员陆续离开后，她又拉着行李箱回来了。她说她回来主要是想听听我的意见，了解自己到底差在哪里，以便今后面试新岗位时吸取教训。但说着说着，我就发现她在跟那些被录取的比，比智慧比相貌比口才，明显不是回来听意见而是示威。我说一个骄傲者是不会录用另一个骄傲者的。不会吧?她忽然脱掉上衣,一屁股坐到我的大腿上。她的身材确实撩人,尤其是坐在一个老婆已经生了二胎的丈夫的大腿上时,以至于我不得不怀疑自己不录用她是因为嫉妒。别的男人也许当场就犯错了,可我却是个即使想犯错也要先拍着脑袋想三天的人。因此,我把她推开了。推开不要紧,关键是伤了她的自尊。她噘嘴跺脚摔笔,用一系列过激的动作迅速弥补自己的心理创伤,最终失望到哭。

有一种女人越哭越娇艳,她就属于这种。她哭得像一朵正在被摧残的鲜花,哭得好像鲜花插在了牛粪上,哭得整个包间都弥漫着美妙的气息。我差点就动心了,但一想到老婆子女,想到家族企业的总资产与净资产,我便把正在膨胀的欲望像捏核桃那样硬生生地给捏碎了。像我这样有一定资产的人,对主动靠近的异性尤其警惕,不得不一次次咬紧牙关拒绝艳遇。夏冰清也不例外,她被我推出了包间……

"停。"冉咚咚打断他。凭多年的讯问经验,她知道一旦说话像念讲稿,那假话的比率就会飙升。真话总是慢慢讲,谎言才会跑得急。其实,一开始她就发现他有撒谎,没立刻打断他是想捕捉更多的信息,但听着听着她就发觉他不是在配合调查,而是像享受回忆,享受一种基于真实情感却对事实进行改装过的回忆。虽然她提醒自己忍一忍,可如果再忍就真要被他当傻瓜了。她最讨厌把别人当傻瓜的人,所以果断地叫停。她问你到底把夏冰清推没推出包间?

"推了。"

"可据我们了解,当时你不但没把她推出去,而且还关门跟她在包间里待了三小时。"

"谁说的?"他有点猝不及防。

“你先回答这是不是事实？”

“我把她刚推到门口，她又返回来。她的力气还真不小。”

“美妙的气息是指什么？刚才你说包厢里弥漫着……”

他迟疑一会儿：“只是随口一说，可能有点夸张。”

“你形容她哭得像一朵正在被摧残的鲜花，为什么是正在被摧残？”

“这句表达得不准确，我要求更正，没想到你还死抠字眼。”直到现在他才认真地打量她，仿佛要对她进行重新评估。她迎着他的目光：“我们还了解到夏冰清不是你的唯一，你还有小刘、小尹等等。”

他停顿了许久：“我和夏冰清是订过合同的。”

“合同呢？”

他没马上回答，但他知道不得不回答，只不过在回答前他想再拖一拖，仿佛多拖一秒就能多赢回一点尊严。

5

两小时后，冉咚咚看到了那份合同。合同是邵天伟跟着徐山川回办公室取来的。内容是甲方徐山川每月给乙方夏冰清一笔钱，但乙方必须随叫随到，且不得破坏甲方家庭。“这哪是合同，分明是歧视。”她一边说一边克制心中的怒气。“没有谁强迫她。”他指着合同右下角那个红色手印。她注意到签订日期是四月二十二日，也就是面试当天。“难道你的合同随身携带？是不是一碰见想要的女人就像掏器官那样掏出来？”这一次她没压住怒火。

“合同是在酒店里打印的。”

“你们出包间后就直接离开了，包间里有打印机吗？”

他偷偷瞄了她一眼,这一眼被她看在眼里。她知道他在察言观色,在想如何解释。果然,他马上更正:“我想起来了,合同是一周后签订的,写这个日期是为了从那天开始给她发工资。”“工资?姑且称之为工资吧……”她冷笑,实在是不愿意把这种酬劳等同于她所理解的工资,“你们从什么时候开始有性关系?”

“是她主动的。”

“我问的是什么时候?”

“当天,就在包间里。”

“这么快,不需要培养感情吗?”

“都培养两个多小时了。”

“Shit……既然她主动,为什么你还要订这份合同?”

“因为我知道有时免费的比付费的贵。”

“你这么做,对得起老婆孩子吗?你不是说一想起他们就咬牙拒绝艳遇吗?”

“你是办案还是办道德?”他脸色突变,抓到了一次反击机会,“能不能别装?好像比谁都高尚,其实很低俗。你先学会尊重我,再来跟我要情况,否则,我拒绝回答,除非你们换人。”

“你可以选择性回答。”她试图缓和。但他闭紧了嘴巴,就算她把自己变成一把起子也撬不开。房间里只有呼吸声,他的,她的,邵天伟的。邵天伟拍了几次桌子,告诉他有义务配合调查,结果连他的呼吸声都变小了。这是他的策略,她想,表面上是攻击我,其实是想换一个不那么让他难堪的人来问,而更本质的是他想通过换人满足他的控制欲。如果他的要求得逞,那下一步就更难问出真话。因此,她不能退让。他沉默,她也沉默,他闭目养神,她也闭目养神,反正他做什么她就跟着做什么。一开始她的动作较为隐蔽,渐渐地被他觉察。他不知道她为什么要模仿自己,简直像个小丑,但他马上怀疑小丑是不是也包括自己?因为他讨厌她的所有动作都是她跟他学的。她竟然把自己变成了他的镜子。如此相持了一个半小时,他忽然说你有病啊。她没吭声,继续假眠,眼睛甚至比刚才闭得还紧,仿佛在向他宣示她有的是时间和耐心,且打得起消耗战。他说我绝对不是凶手,准确的身份就是嫌疑人,你们不能像对待凶手那样对待嫌疑人。合同是夏冰清撕毁的,她像烧毁敌国国旗那样把她手里那份合同烧掉了。但我仍按月给她发工资,可她假装推辞,说钱算什么呀,关键是对我产生了多少金钱也买不来的爱情。她要跟我结婚,怎么可能,我越说不可能她就越想有可能,像相信谣言那样相信自己的想法,每天她都打电话约我见面,如果我不见她就用自杀威胁。

"她有过自杀的表现吗?"她慢慢睁开眼睛,生怕睁快了会吓着他。

他说有。第一次是在半山小区的卧室,她用水果刀割手腕子,割的就是被凶手砍断的右手腕子……说着,他的眼眶湿润了。他说她那么柔弱的手腕子,竟然被自己割了一次又被别人割了一次,就像在同一个地方犯了两次错误,想想都觉得剧痛。这是他被询问后第一次动感情。约五分钟,他微颤的身体才慢慢平静。他说第二次是在江北大道,她想把车子开进西江,幸亏我手脚麻利及时把方向盘抢了回来。第三次是在日本札幌"白色恋人"饼干工厂参观,她悄悄跟着维修工爬上院子里的钟楼,张开双臂想往下飞,惊得院子里的游客都面向她比画心形图才把她止住。她每次企图自杀都当着我的面,好像要用这种方式给我上课。因此我越来越不敢见她,也越来越不想见她。

"你妻子沈小迎知道你跟夏冰清的关系吗?"

"不知道,她们不认识。如果你们慈悲,请对我妻子保密。"

"这得看破案的需要。"

"我不想两次伤害家人,做了一次,再讲一次。"

她很想说既然你知道会伤害当初为什么要做？但话到嘴边她就咬住了。有了前面的教训，她不想再出岔子。他的反感提醒她，当务之急不是道德审判而是找到凶手。

6

“你认识她们吗？”冉咚咚把三张照片摆在沈小迎面前，照片分别是夏冰清、小刘和小尹。她在测试她的态度，如果她不碰照片，那就说明她知道她们且内心排斥。没想到她把三张照片都拿了起来，为了能够仔细辨认竟然快拿到鼻尖前了，好像她患有近视，但她的眼睛并不近视啊。她神情专注，看上去挺漂亮，比小刘、小尹都漂亮，虽然身材略略显粗，却丝毫掩盖不了她与生俱来的良好坯子，就像厨师的手艺掩盖不了食材。

“一个都不认识。”她把照片放下。

“你关注这个案子吗？”

“看过一些报道。”

“其中有一张是被害人，你能认出来吗？”

这次她没碰照片，说明心里开始排斥了。她把照片隔空又看了一遍，然后摇头。冉咚咚指着其中一张：“就是这位，她叫夏冰清。”

“没印象。”她说。

“知道我们为什么传唤徐山川吗？”

“是不是他跟这个女的认识？”

“他们好了三年多。”

没有出现想象中的惊讶，她比刚才似乎还冷静，脸上没有风吹草动，身上没有肢体语言，仿佛在听别人的故事。原以为会对她造成心理冲击的冉咚咚倍感诧异，略感失望。安静一会儿，她说我不想知道这些破事，我的一贯原则是只要他对我么么哒，别的都不管。结婚八年，如果他不出门应酬，每天晚上都会帮我按摩，有时还帮我按脚。我想买什么他就买什么，包括买房子。我想要多少 Money 他就给多少 Money，甚至都不用我开口。一旦他主动给我打款或者把我按摩得特别舒服的时候，那就是他的“外交”取得重大胜利的时候。我一面享受他的侍候一面承受他的背叛，表面看那是爱恨交织，但深层里却是相互催化。有时你需要爱原谅恨，就像心灵原谅肉体；有时你需要用恨去捣乱爱，就像适当植入病毒才能抵抗疾病。结婚前我就想清楚了，否则根本不敢结婚。我知道如果一个人想出轨，另一个人是管不住的，就算你是 GPS 也有信号打闪的时候。

“也就是说你不在乎别人跟你分享他的爱。”

“爱……爱是生理学，最多能持续三年，所谓爱情就是在双方接触时大脑分泌多巴胺，但保鲜期一过，彼此都懒得为对方分泌……谁都不敢保证只有唯一的爱。”

“怪不得他那么滥交，原来是你放任，他也这么放任你吗？”

“我们是平等的。”

冉咚咚想他们就像两朵奇葩，脑子都被烧坏了，一个是被钱烧坏的，一个是被知识烧坏的。她想反驳她的观点，但现在的目标不是讨论爱情。她举起合同：“这是徐山川和夏冰清签订的，请你看看。”

“为什么要看？除非看能改变事实。”

“你没有面对现实的勇气。”冉咚咚放下合同，仿佛放下一片被拒绝的好意。

“没兴趣，我的心思全在孩子身上。”

“另外两位，也是他经常约会的人。”

“是吗,为什么要告诉我这些?”

“这是他们的开房记录。”冉咚咚把装着打印记录的纸盒推过去。

“我不想给自己添堵。”她不看那个纸盒。

“你认为徐山川有可能是凶手吗?”

“即便我希望他是,他也未必就是。”

“请你回忆一下,最近一段时间他有没有什么反常的举动?”

“没有,也许是我迟钝。”

询问了八小时,冉咚咚也没从沈小迎嘴里掏到有价值的信息。她想要么是沈小迎太狡猾,要么是自己太笨,但邵天伟说她已经问得不可能再完美了。其实她锁定的嫌疑人是两位,明的是徐山川,暗的是沈小迎。他们都有动机:徐山川有可能为摆脱夏冰清的纠缠而作案,沈小迎出于嫉妒或者保卫家庭也有可能出手,但问题是他们均无作案时间,邻居、快递员和保安都证明案发当晚他们在家。邵天伟认为沈小迎连作案的动力都不足,因为她对徐山川出轨是真不在乎,而且徐山川给她存的钱买的房多到足以抵消任何怨恨。冉咚咚说小心贫穷限制了你的想象。仿佛针戳似的,邵天伟感觉到了内心里埋藏的那根刺。他从警校毕业两年多,还是租房户,偶尔他会忘记自己的农村身份,尤其是在紧张或放松的时候。

7

沈小迎真的不在乎徐山川跟别的女人好吗?冉咚咚想,如果是我或者任何一位稍微正常一点的女性恐怕都做不到。除非她不爱徐山川抑或自己的感情生活也像徐山川那样放荡不羁。但从目前掌握的情况来看,她是传统的贤妻良母型,没有出轨对象。她爱家庭,连买一个红酒杯一张枕巾哪怕一双筷条都像挑丈夫那么严格,每逢节假日下厨做菜,家里美食不断,鲜花不断,音乐不断,以及嘎嘎嘎的笑声不断。她爱孩子,老大上幼儿园她亲自接送,孩子们的吃喝拉撒也都“亲自”。两间小卧室里,凡有棱角的地方都包上了海绵,生怕他们被磕痛磕伤。要是含在嘴里也能成长的话,那她准会天天都把他们含着。保姆说她只看见他们夫妻吵过一次架,就是徐山川跟孩子做游戏时不小心让孩子跌破了膝盖,她气得原地连续跳了好几次,脖子上的青筋一根一根地冒出来,简直可以用暴跳如雷来形容,好像孩子只是她的而与徐山川无关。她爱自己,每天都到健身房健身,平时打扮得漂漂亮亮,哪怕不出门也打扮,好像是专门打扮给徐山川一个人看似的。她爱徐山川吗?保姆说他们就像一坨嚼烂了的口香糖,撕都撕不开。他们经常一个喂一个吃冰淇淋或者水果什么的,只要孩子不在身边他们就搂搂抱抱,亲嘴,隔三岔五他们的卧室里会传出愉快的呻吟,就像谁被谁杀了。

他们相识于北京举办奥运会那年。她是奥运会的志愿者。他在奥运村举办的推广会上认识她。当时她是女子射箭运动员的引导,而女子射箭比赛是他爸赞助的冠名项目。本来他的目标是一名韩国运动员,但他在奔向目标的过程中脱靶了。他发现她不仅比那名运动员漂亮,而且素质还高出一大截。于是,他当即放下《中韩词典》,把累了好几天的舌头重新伸直,熨平,回归母语,开始对她巧舌如簧的攻势。单看相貌他们是不般配的,他一直没有外形优势。他的优势是有钱,口头禅:“不信砸不晕你。”认识刚两天他就递给她一张六位数存款的储蓄卡,她不接,仿佛那不是卡而是一张咬人的嘴巴。他终于碰上了传说中对钱不感兴趣的女子,自尊心受到了小小的打击,就像给某慈善机构捐款遭到了拒绝似的打击。他想没有人会与钱结仇,如果非结不可那一定是捐赠的方式不对。他决定把这张卡里的钱变成排场,最排场的就是把她的偶像请到了饭桌上,当场为她献唱两首代表作。她高兴,高兴得眉毛都舒展了,眼神里满是善意。如此表现,她除了发自内心也包括对他的配合,因为她知道她越高兴他就越高兴,他越高兴就越觉得花出去的钱值了。但事后她告诉他,这是她见到的最糟糕的安排,没有之一。他不仅毁掉了她的偶像,也暴露了他的急于求成。她说如果一个人连谈恋爱都没有耐心,那他又怎么有耐心跟你生活一辈子。

她在新加坡南洋理工大学读了四年本科,毕业后进某公司任公关经理。仅仅干了两年,她就被北京奥运会敲锣打鼓的气氛感召,辞职回国寻找发展机会。机会还没找到,人就像导弹那样被徐山川拦截了。他带她参观他爸的饮料公司,她只看了五分钟便离开。他带她参观迈克连锁酒店总部,一坐下她就仿佛没起来过,准确地说她被公司的管理模式吸引了。她没想到公司会把鼓励职工提意见放在第一条,只要敢提就有奖金,只要提得好就有巨额奖金。这在当时的私营企业里甚至所有的企业里都是离经叛道的异类,简称"卖企贼",就是到了现在,"第一条"也仍然是其他企业的传说。公司每出台一项重大决策都会征求职工意见,并经全员不记名投票,票数过三分之二方可执行。凡在公司工作五年以上者均有股份,无论高管或职员见面都要行鞠躬礼。她被这种在中国堪称奇葩的模式惊着了,但没有盲目相信,而是自带警觉。她选择到清廉部工作,实地验证他的条文到底是不是拿来哄鬼的?然而,在这个岗位上干了三年后,她终于心服口服,答应了他的求婚。也就是说她嫁给徐山川不仅仅是嫁给钱那么简单,也包括嫁给了制度、智慧等综合实力。他们是有感情基础的,是经过时间考验的。

冉咚咚拜访沈小迎的爸妈。她爸妈退休前都是有级别的公务员,住在竹园的独栋里。她妈说她从小就有上进心,只要每次考试在班里不进前三,她就会惩罚自己一天不吃饭,甚至关起门来不上学。冉咚咚想这不就是极强的自尊心吗?她妈说她从幼儿园开始上的都是名校,她天资聪慧,老师和同学们经常夸她。她没受过什么委屈,也不缺钱花,唯一的缺点就是性格内向,不喜欢说话。冉咚咚想这不就是清高或高冷吗?她妈说这孩子运气不错,嫁了一个好老公,但自从结婚以后她就变了,变得一点上进心都没有了。冉咚咚想这不就是躺赢吗?多少人梦寐以求。一个从小被人捧着宠着自尊心如此之强的人,怎么就变成了无欲无求不悲不喜云淡风轻的佛系?唯一的解释就是“装”。她读的是心理学专业,虽然她一再强调毕业后就改行了,现在全身心做家庭主妇,知识全部还给了老师,但她毕竟系统地学习过四年的心理学,以她所学加她智商,装一个佛系还不是“洒洒水”?

冉咚咚派邵天伟查她的社会关系网,派凌芳查她的账务往来。虽然她没有作案时间,但她要查她有没有作案帮手。

8

因为没有证据支撑,冉咚咚在询问徐山川夫妇八小时后予以释放。但她向局里要求对他们进行二十四小时监视。王副局长问理由。她说直觉。在西江分局只有她能享受直觉,因为她曾破过两起棘手的案子,而且还是老资格,自从警察学院毕业后她就没换过单位,已经十六年了。

徐山川和沈小迎一如往常,连生活节奏都没打乱,好像那案件是一团不小心沾到外套上的灰尘,拍一拍就拍掉了。沈小迎基本上是四点一线:家庭、幼儿园、购物中心和健身房。她的行踪很有规律,规律得像一只闹钟。而徐山川的行踪则毫无规律可言,除了待在办公室还外出会客,还应酬,还游泳……冉咚咚以为他不喜欢锻炼,没想到他每两天游一次泳,五十米的泳道一百个来回不休息。而让冉咚咚惊掉下巴的是,他被监视后还见缝插针分别约会了小刘和小尹。她以为他会为夏冰清暂停一切娱乐活动,没想到他不仅没停止反而加倍娱乐,仿佛夏冰清只是他手里的一根香烟,抽掉了便忘了。

她秘密传唤小刘。小刘是迈克连锁酒店西江分店总经理,三年前在总公司人事部任部长,夏冰清面试当天的部分信息就是她提供的。这次传唤,冉咚咚主要是想跟她了解徐山川的近况。小刘说徐山川变了,变得紧张焦虑,动不动就骂人,骂得很凶。一天到晚嘴里都嚼着口香糖,连开会发言、骂人和做爱都嚼着。他在打听到底是谁出卖他,就是出卖他跟夏冰清在包间里单独待了三个小时这件事。他说只要弄清是谁出卖的,他就弄死谁。

为什么徐山川对包间里的三个小时如此在意?冉咚咚请小刘再想想,看有没有漏掉的细节。比如夏冰清走出包间时脸上是什么表情?小刘说她戴着墨镜,她只记得她戴着墨镜。比如他们是谁先走出包间,两人在走廊上有没有说话?小刘说夏冰清先走出包间,徐山川跟着出来,手里拉着她的行李箱。冉咚咚说我需要这样的细节,徐山川帮她拉行李箱,你想想这信息量有多大。又比如,他们是怎么离开酒店的?小刘说夏冰清站在大堂门口等,一直等到徐山川把车开上来,她才上车。再比如,是谁开的车门?开的是哪扇门?小刘说是徐山川开的,开的是副驾的门。再比如,那三个小时包间里有什么动静吗?小刘说我在大堂,离得太远。她一边说一边东张西望,生怕被人发现似的。冉咚咚说你别紧张,这里是公安局,我们会保护好证人。她为她倒了一杯咖啡,两人闲聊起来。一直聊到下班,冉咚咚开车送小刘。在车上,小刘问你们怀疑徐山川是凶手？

“你觉得他像吗？”冉咚咚反问。

“不像，其实他人挺不错的。”

“仅仅是了解一下情况。”

“那就好。”

小刘想只要徐山川不是凶手，那她提供的信息就不会对他造成太大的伤害，否则她会寝食难安。凶手如果是他，迈克公司就完了。迈克公司完了，她的工作也就没了。没了工作她得重新找，重新找的工作会有现在这么高的收入吗？也许有，但一定没有现在这么好的工作环境。现在多好，做一个分店总经理，既有小小的股份，又可以直通董事长，谁都不敢欺负。所以，每次回答冉咚咚的时候，她的内心都充满了矛盾，既不敢不讲实话又害怕讲实话，一边讲一边想把讲过的咽下去，一边想咽下去一边又讲出来。

“我该怎么办？”她问。

“你是指哪方面？”冉咚咚说。

“我要不要拒绝徐山川的约会？”

“做第三者肯定是不道德的。”

“可道德能给我工作吗？要是没有他，我能有今天体面的生活吗？如果你是我，你该怎么选择？”

“如果……如果你是沈小迎你会怎么想？”

“那我会把我杀了。”

“这不就是答案吗，有时你换个位置站一站，就不纠结了。”

冉咚咚把车停在西江分店后门。小刘没有立刻下车。冉咚咚知道她还有话想说，但她没催她，甚至都不看她，有意给她让出更宽阔的目视空间。车里忽然百倍地安静，连轿车的引擎声都好像消失了。冉咚咚说你可以选择沉默，也可以在解除压力之后再讲，我们有的是时间。她在犹豫，她已经憋了三年多了，再憋下去就要憋成内伤了,仿佛手里攥着大把的钱却不还欠债似的。她说我听到过哭声……当时,我拿录用人员名单去找徐山川签字,走到包间门口忽然听到夏冰清在里面哭。我没敢敲门,转身走了。

“谢谢!”冉咚咚发觉自己好久没说谢谢了。

9

网民给市局领导压力,市局领导给分局压力,分局给冉咚咚压力,冉咚咚给自己压力,压力一层层传导,像电流电得冉咚咚的手都麻了。网民们着急,恨不得明天就把凶手缉拿归案,否则他们就留言“菜鸟”、“脑残”或“吃干饭”什么的,一句比一句刻薄。局里召开了三次案情分析会,冉咚咚详细汇报了本案情况。专家们听了都觉得棘手,但迫于民意,局领导要求侦破提速,要不然就换人接管。冉咚咚是破案高手,她当然不希望出现被别人换掉的局面。

她对夏冰清父母进行第二次询问,地点夏家,记录员邵天伟。夏冰清父母说话躲躲闪闪,就像吝啬鬼花钱,明明一句话非得掰成两句来说,而且大部分时间夏母在哭,一边哭一边求冉咚咚为女儿报仇。冉咚咚说凶手是哭不出来的,只有真话才能帮助我们破案。“这次我一定说真话。”夏母忽然停止哭泣。冉咚咚请他们重点回忆夏冰清离家之前,尤其是三年前四月二十二日面试那晚她有没有什么异常行为?夏母说她高兴得哭了一天一夜。冉咚咚问她怎么个哭法?

“她关起门来哭。”夏母说。

“哭怎么是高兴?”

“喜极而泣,”夏父插嘴,“因为她终于可以去大城市工作了。”

“后来她还在你们面前哭过吗?”

他们都不回答,好像回答是天底下最难的一件事。冉咚咚发现夏父的右手一直放在右边的裤兜里,一会儿往外抽,但只抽了三分之一便停住,一会儿往里插,但插到兜底又马上回调,手指在裤兜里蠢蠢欲动,像急着数钱又不好意思当面数似的。冉咚咚说拿出来吧。夏父说拿什么?她说你兜里的东西。夏父的手又来回抽了两次,才抽出一个颤颤巍巍的信封。冉咚咚掏出里面的信笺,看见上面写着:"抱歉,我没能成为你们想要的女儿,如果我出意外,请找徐山川。冰清。"

"为什么不早把这封信交给我们?"冉咚咚问。

"因为她没成为我们想要的女儿。"夏父说。

"这话什么意思?"

"她把我们的脸丢尽了,而我们还以为她在为我们争光……"

原来他们知道,冉咚咚想,原来他们像我的父母,哪怕衬衣破了一百个洞,也要确保领子干净挺拔。她气得想拍桌子,但手举了一半便意识到欠妥,悬在空中好久才轻轻地放下。她说都死人了,你们还在说假话,哪来的底气?

夏父说今年清明节她回家住了三天。第一天晚上我就发现她的眼眶红了,问她出了什么事?她说爱上了一个有妇之夫,现在不知道该怎么办。我说离开他,重新找一个。她说离开他就便宜他了。我说我们家可不帮别人培养小三。她说她正在逼他离婚。我说我们家不要二手女婿。她说那你要我的命吧。我气不打一处来,有失望有绝望有恨铁不成钢,就扇了她一巴掌。我不知道她会遇害,我要是知道,宁可扇她妈也不会扇她,现在我后悔得都想把这只手剁了。夏父看着自己的右手,仿佛手上还留着夏冰清的脸蛋。

夏母说冰清把自己关在房间哭了一整天,门反锁了,我怎么敲也敲不开。我隔着门劝她,发短信劝她,说只要她高兴,爱谁我们都支持,甚至有感情没婚姻我们也鼓掌通过。冉咚咚想这都是被逼到墙角了才放宽的政策,但凡还有一丢丢谈判空间,哪个母亲都不会这么没底线。夏母说可是,无论我怎么劝,她就是不冒泡,直到第三天中午她才打开门。我们以为她想通了,心里那个狂喜就像死了的人重新活了过来。没想到她不吃不喝直接出门,在院门口打了一辆的士。我和她爸也打了一辆的士,追到蓝湖边。她下车,我们也下车。她站在湖边的石头上,身子虚得就像一张纸。我们怕她出事,冲上去把她拉下来。我们越拉她她越要往水里扑,也不知她哪来的力气,眼看就拉不住了,我扑通一声跪下。我说我们就你一个女儿,你看着办吧,你前脚跳下去我们后脚就跟上,如果你没了,那我们活着看谁?她好像听进去了,一头扑到我怀里哭了整整两个小时。她说妈你放心,我会陪着你们活着。

冉咚咚听得鼻子发酸,她抹了抹湿润的眼眶,说第一次我问你们,你说她清明节回家没什么异常,有说有笑还唱歌。你知道你报喜不报忧误了多大的事吗?你们把我们破案最宝贵的窗口期给耽误了。夏父说抱歉,当初没说实话是因为我们不服气,我们不服我们的这个命呀。冉咚咚说但你们帮凶手赢得了时间。

他们来到蓝湖边。夏母指着那块巨石,说冰清当时就站在这儿。这是个小湾,巨石旁是那片树林,树林挡住了左右后三面视线。冉咚咚想也许夏冰清就是在这里被人用木块敲到水里的。

10

冉咚咚站在石头上看着湖面,想象六月十五日晚八点,夏冰清站在自己现在站着的位置,凶手用木块从身后敲击她的后脑勺。她被敲晕,一头栽进水里。为躲避视线,凶手把她拖到巨石下。她醒了,凶手把她按在水里,直到她窒息而死。巨石下垒着中石头和小石头,凶手可以坐在中石头上休息。等到夜深人静,游船上没人了,凶手从停靠在不远处的船上偷来一个救生圈,不,应该是两个救生圈,凶手套一个,死者套一个。就这样,凶手拖着死者从巨石下游到西江口,直线距离三公里,把尸体系在靠岸的草丛中。三十多个小时后,系着死者的茅草断了,尸体漂向江面。

但是,痕检专家在这块巨石周围劳动了三个多小时,连一瓣木屑一点血迹都没发现,也没在周围水域找到死者的手机和钥匙。冉咚咚想也许夏冰清是在树林的木道散步时被凶手敲晕的,然后凶手把她拖到隐蔽处,她醒来,凶手用毛巾或者衣服捂住她的嘴巴。等到夜深人静,凶手才把她从树林转移到蓝湖,再把她拖到西江。他们又勘查了一遍树林中的木道,还是没有找到可疑点。难道蓝湖边不是第一现场?

为了验证自己的推理,冉咚咚派人调查有没有游船丢失救生圈,结果蓝湖六号游船承认丢了两个。丢失的具体时间不详,但船主是在十八日中午发现丢失的。十五日晚蓝湖六号停泊在离巨石五百米远的岸边,船上无人。该船每边挂着三个救生圈,主要用于防撞。那么,救生圈丢到哪里去了?冉咚咚派人到西江下游寻找,果然,他们在罗叶村找到两个,救生圈上写着“蓝湖六号”。他们是从两个光屁股孩子身上脱下来的,当时有七个孩子在江里游泳,其中两个套着救生圈。孩子们说救生圈是他们二十天前在江里捡到的。很可惜救生圈被水冲刷,被多人身体摩擦,已无法从上面提取嫌疑人和死者的DNA。推理再次沦落为推理,冉咚咚仿佛做了一场白日梦。

夏母提供一段夏冰清发送的音频,接收时间今年四月十日,也就是夏冰清在蓝湖巨石上被父母拦截后的第三天。先是咚咚咚的敲击声,一听就知道是手指敲击木板的声音,但声音很闷,像是在封闭的空间里。接着夏冰清说第一句:“喂,有人吗?喂……”她仿佛在呼救,或者刚刚醒来?第二句:“这里好黑呀,放我出去,放我出去。”显然灯被人关了,而且有人阻拦她。第三句:“我听到有人在笑。”是不是门外有人在笑?第四句:“别把我留在这个盒子里,我好害怕。”她仍在噩梦中?又是一阵咚咚咚的敲击。第五句:“喂喂,我不喜欢这个地方,没人知道我死了。”她把一次被伤害当作一次死亡?第六句:“让我出去,我要和大家待在一起。”她在恳求谁?第七句:“哎……我逃不掉了,逃不掉了,再见吧,再见……”她终于妥协?

专案组集中听了这段音频,都想到三年前面试时的那个包间。冉咚咚和邵天伟到那个包间里,把夏冰清说过的话以及敲击声学了一遍,两段录音听上去颇有几分相似。大家分析案情。冉咚咚认为这段音频就是夏冰清跟徐山川单独待在包间那三小时录的。当时,包间里的灯被徐山川关了,夏冰清从昏沉中醒来感到恐惧,急着想要逃离。虽然音频里没有别人的声音,但感觉得到有人在阻止她。也许当时徐山川把夏冰清强奸了,所以小刘才听到包间里有哭声,夏冰清的父亲才会说她“喜极而泣”,即她回家后哭了一天一夜。据小刘说最近徐山川跟她打听谁是“那三小时”的告密者,说明他害怕我们知道这件事。三小时后,夏冰清走出包间,徐山川像个小跟班似的帮她拉行李箱,亲自驾车送她,还在登车时亲自为她开车门。可小刘小尹都说,从来没见他帮她们提过行李,开过车门。她们在他面前身份相同,为什么他独独帮夏冰清?因为他做了亏心事,害怕夏冰清告他。

“遇害人为什么不报案?”邵天伟问。

“钱。”冉咚咚说,“徐山川用钱把她搞定了,就是后来的那份合同,也许他还给了她一些口头承诺,甚至包括婚姻。否则,她没有理由对徐山川不依不饶,他们是订过协议的。当然,也有可能是在后来的交往中,徐山川给了她某些暗示或者希望。”

“我们的主要任务是抓凶手。”凌芳说。

“强奸也许是谋杀的起点,如果没有强奸,夏冰清的纠缠就显得有些突兀。一定是有巨大威胁,徐山川才会痛下杀手。什么是他的巨大威胁?是夏冰清要破坏他的家庭吗?不是。他夫人沈小迎不在乎他交女朋友,只要他坦白,夫妻联合对抗夏冰清,家庭就破坏不了。但是,如果夏冰清告他强奸,那威胁真的就来了。因此,我认为先攻破他的强奸,再攻他的谋杀。”冉咚咚说。

“都是推理,证据呢?要是徐山川咬紧牙关,那你怎么定他强奸?夏冰清已经闭嘴了,谁来证明?”王副局长说。

“如果我出意外,请找徐山川。”冉咚咚展示夏冰清留给父母的那张字条,“这是不是暗示徐山川就是凶手?”

“也可能是叫她父母找徐山川要钱,指向并不明确。你们赶快找到铁证,最好一击致命,不要只干打草惊蛇的事。”王副局长说。

案件陷入停顿。大家都感到压力山大,尤其是冉咚咚,她感觉整个身体仿佛浇灌了水泥,全都板结了。

第二章　缠绕

11

这天晚上，冉咚咚回到家已是凌晨一点，唤雨和慕达夫都睡下了。唤雨是女儿，十岁，就读于附小。慕达夫是丈夫，西江大学文学院教授。他们结婚已经十一年。她洗漱完毕，摸黑走进主卧躺到床上。忽然，一只手搭到她的胸口。这只手一个多月没碰她了，原因是她早出晚归让它几乎没有机会。而她对它的态度就像阿尔茨海默病患者的记忆，大多数时间把它忘了，偶尔会想起它，但如果被它触碰，记忆就会满血复活，身体会随着它的引导侧过去，靠过去，扑进他的怀里，来一次多少带点义务又渴望产生新意的撞击。可是今晚，她不仅没有响应反而把它从胸口掰开，就像驱赶一位擅闯私人领地者。它不觉得她是真的想拒绝，便重新搭过来，比刚才更热情更放肆。没想到叭的一声，它被她狠狠地拍了一下，只好飞快地缩回。他说干吗呢，是不是每次碰你都得请人看日子？她说好烦。他问是具体的烦还是抽象的烦？她一时答不上来。表面上她烦的是一两件事，但这一两件又诱发了她大面积的烦，就像被虫子咬了一小口却引发全身过敏似的。

他睁开眼睛，在黑暗中寻找她的脸，那是一团模糊的黑，看不见表情，但他依稀看见她的眼睛睁着，就像二十四小时都开着的摄像头。他说是不是案件办得不顺利？或是因为女儿这次考试成绩不理想？领导骂人？车子剐蹭？网购被骗？生理周期？健康原因？父母生病？抑或我做错了什么？……他把能想起来的有可能让她烦恼的都问了一遍，仿佛问得越全面就越体贴。可惜他的问没有一条能解决她的心理故障，反而让她烦上加烦。

她本想对他使用询问技巧，可她担心如果使用，他极有可能会因为紧张而撒谎。人一旦撒了谎就像跟银行贷款还利息，必须不停地贷下去资金链才不至于断。她不想让他难堪，说我们办案时无意中发现你在蓝湖大酒店开了两次房，一次是上个月二十号，一次是上上个月二十号，两个月连开，准得就像来例假。他忽然笑了，说原来你是烦这个呀，房是开来跟小胡他们打牌的。

“你确定？”她问。

“不信你可以查监控。”他信心十足。

“监控查不了那么长的时间，”她连自己都不知道为什么要把这个秘密告诉他，“假如你没把握，可以再回答一次。”

“你喜欢听我重复吗？”

“喜欢，但小胡上个月二十号不在本市。”

“哦，我记错了，小胡参加的是上上个月，上个月是小贺、小鲍和老夏。”

“又骗我。”

“我骗你了吗？”

“上个月二十号老夏开了一整天的会。”

“怎么，你连我的朋友都监视？”

“用得着监视吗？只要看看他们的社交媒体就知道了。”

“那就是小谢，反正就这么几个牌友，时间久了我也忘了。”

“好好想想，投案自首可以从轻处理。”

“我是你的老公，不是你的案犯。”

“老公不说实话就是案犯。”

还能说什么?他已气得无话可说,心里竟然涌起一股鲁迅式的悲哀,好像天底下竟然没有说理的地方。为表示自己心里没鬼,他率先打起了呼噜。她知道他没睡着,他知道她知道他没睡着,她知道他知道她知道他没睡着,但他还是假装睡着。这一夜两人都翻来覆去。他不高兴她调查他。她不高兴他骗她。

次日,他做了一桌丰盛的早餐,她一口都没吃。他用眼角的余光扫她,她的脸上残留着昨晚的情绪,只是不想影响唤雨才勉强保持多云转晴。因为她没吃,所以他也没吃,两个人坐在餐桌边看着女儿。唤雨吃好了,他们每人牵着女儿的一只手下楼,好像什么也没发生。她去上班,他送女儿上学。在楼下分别时,她朝唤雨挥挥手,脸上露出一抹笑容,但他知道这抹笑容与他无关。他第一次发现笑容是有方向的,哪怕你跟笑容站在一条直线上。

12

他知道这一关必须过,否则她的疑心会越来越重,甚至有可能异常扩展,弄不好癌变,最有效的办法就是一刀切。怎么切?他不得不停下正写着的《论贝贞小说的缠绕叙事》一文,在书房里走来走去,仿佛走能解决问题,但双脚终究帮不上脑袋。他想,说打牌是肯定过不了关,即便摆一桌酒席,把另外三位叫来向她证明,她也不会相信,谁都不会相信,反而会怀疑我收买他们做假证。说会情人吧,她肯定相信,傻瓜都信。现如今凡是中性的答案都没人信了,能让人信的必是极端。但相信不是唯一目的,最好的答案是既能让她相信又不至于伤害她,否则相信又有何意义?再说情人在哪里?她是谁?什么时候认识的?约会多少次?怎么分的手?……这得需要多大的想象力才不会露出破绽,My God,我只不过是个教授又不是小说家。

她两天没回家了,说要突击办案,就睡办公室的沙发。但他认为除了"突击"多少还有一点跟他赌气的因素。第三天晚上,他带唤雨到局里去看她。本来他给她装了吃的喝的,可临出门一样都没拿,因为他怕她认为他巴结她。唤雨一进办公室就扑上去,母女俩抱了好久。等她把脸从唤雨的脸上抬起来,他发现仅仅两天不见她就憔悴多了,都长熊猫眼了。他的心真切地痛了一下,准确地说是怜惜。他说如果办案压力太大,是不是请求领导换人?"除了破案我还能干什么?我天生就是干这个的。"说着,她把唤雨放到电脑桌前,为她点开了一部动画片。他看着墙上的被害人和嫌疑人,觉得那几个女的都长得不错,以至于多盯了几眼。"你认识她们?"她坐在长沙发的这头。他回过神来,坐在长沙发的那头,抽了抽鼻子:"怎么会有烟味?"

"讨论案件时他们抽的。"

"你没抽吧?"

"没抽。"

他们呆坐着,只有看动画片的唤雨不时发出咯咯咯的笑声,使室内的气氛显得更加肃穆。表面上他们都无话可说,实质上各自心里都挤满了争先恐后的语言,却都不知道该说哪一句,或者都知道这个时候不说才是最好的说。两人都看着窗帘,都发现窗帘的右下角有一块水渍,天花板上也有水渍,左上角有一个小小的蜘蛛网,就在窗帘上方十厘米远的地方。虽然他们没有语言交流,但目光所及却惊人的一致,不知道是他带着她看还是她带着他看。她天天在这里上班,却从来没时间如此仔细地观察过这个房间。透过门框,他们看向停车场,那里停着三辆警车以及她的车和他的车。他们一致看着门外却不看彼此,但彼此都能感知对方的一举一动。十分钟,二十分钟,三十分钟……他们不觉得时间漫长,好像这么无声地坐着才是生活常态。茶杯和水壶就在他们面前的茶几上,她不为他倒水,他自己也不倒,仿佛谁动一动就会打破此刻的平衡。她知道他关心她。他知道她还惦记着那件事。从声音判断,唤雨看着的动画片马上就要结束了。"如果你方便,我就把开房的事顺便交代一下。"说完,他才发现仓促,因为他还不知道该怎么交代才能让她相信。

"回家再说吧,我现在没精力跟你扯那些。"

他暗暗松了一口气:"你太累了,应该放松放松。"

她当然知道自己累了,全身肌肉尤其肩周都是酸痛的,可她没时间放松。自从接下本案,她的整个脑袋仿佛都塞进了冰箱,连头皮都是木的,连思维都像患上了便秘,不仅跟家人的语言流量少了,而且跟他们待在一起时走神的次数越来越多。她没法对他们集中精力,因为脑海里全是案件。动画片结束,她说你们先回去吧。他说要不再陪你坐一会儿?她说别影响唤雨明天上学。

第二天下班,她刚钻进轿车就收到慕达夫的短信:"蓝湖大酒店2066号房,速来。"她想他是不是发错了?如果发错了,倒是个抓他现场的好机会。她把车开到酒店地下停车场,上电梯,直奔2066号。门是虚掩的,她一脚踢开,看见慕达夫和一位女子正在滚床单。"不许动。"她习惯性地大喝一声。慕达夫说你发神经呀。这时她才看清他穿着睡衣躺在靠窗的那张床上一动不动地看着她,眼睛里全是问号。屋里没有女子,她知道自己想多了,但话却没收住:"我没打扰你吧?"

"赶快把睡衣换上。"

"干什么?"

"请人给你放松。"

"你还舍得花这个钱。"

"废话。"

门铃叮咚一声，进来两位小姐。她们分别给他们全身按摩。小姐每按一下，她就喊一声，为颈椎喊，为肩周喊，为腰肌喊，仿佛要喊出它们的全部委屈，但喊着喊着她就睡着了，等小姐按完才醒过来。这下，她感觉全身舒爽，肌肉不再那么紧张，连心情都好了许多。她说没想到你这么会享受。他说情况就这么个情况，你知道这几个月我一直在做课题，腰酸背痛，所以就到这里开房按摩了两次。

“为什么不去负一楼？”

“那环境，你愿意去吗？”

“为什么说是打牌？”

“说别的，怕烧坏你的脑子。”

“早坦白呀……”说着，她滚到了他的床上。他们情不自禁地摩擦起来，比平时都投入，环境换了兴趣大增。忽然，她用力一推，他还没反应过来就被迫中断了。“每次你按摩后是不是也有这个项目？”她好像发现了一个真理。他觉得扫兴也觉得狼狈，一个合法的丈夫忽然产生了不合法的疑虑，所有的雄心壮志顿时萎缩，下垂，以至于怀疑自己还有没有能力重振雄风。她凑过来，说告诉我，你来这里有没有这个项目？他说人家是正规按摩，更何况我这个身份……

“身份不是挡箭牌，比你身份高的我们都抓到过。”

“糟糕，你能不能在做这事的时候不办公？”

“谁叫你那么可疑……”

13

他没有说真话，她想，其实要知道真相不难，只要查一查他开房时间是哪位技师上门,再问一问技师在帮他按摩之后加没加其他项目就明白了。但查还是不查?她像遇到了比“大坑案”还要难的难题。“本我”要求她一查到底,“超我”提醒也许他现在的解释不失为最好的解释,“自我”说既然你们意见不统一,那就先搁置搁置。可是,“自我”在不停地摇晃,就像谣言四起时全球股市那样摇晃。她发现自她把他从身上推下来的那一刻起,他就拥有了绝对的心理优势,仿佛天底下最受委屈的是他,哪怕他假装不计较她也看得出来。

比如,她还在期待他的答案时,他已经抓起内裤。她以为他只是做做样子,只要回答完毕他会重新回到床上,继续未竟的事业,没想到他竟然真把内裤穿上了,还压了压裤头,好像要在那儿加把锁。她张开双臂,做了一个重启的暗示,但他不解风情或假装无视,竟然把衬衣也穿上了,硬是不给她改正的机会。她抬脚敲了敲床铺,就像网络上流行的“敲黑板画重点”,可他竟然连长裤也穿上了,还说回吧,我先下去买单。她说做不完的事你干吗要做?他说怪谁呢?你吓得我全身都软了。她承认他是软过一会儿,可现在又雄赳赳气昂昂了。她想把他拉过来却伸不出手,仿佛自己主动会掉份似的,也许不仅是掉份还要付出否定怀疑的代价,甚至连对他的调查都会显得不那么理直气壮。他起身走了,席梦思上他坐出的凹痕还没复原就传来了关门声,虽然他尽量控制力度,但那声急促的“嘭”还是泄露了他的情绪指数。

又比如,他剥夺了她做家务的权利。他把菜刚一丢进盆里,她就挽着衣袖要洗,他说一边待着去,语气里充满了讨好的不耐烦。吃完饭,她说我来洗碗。他说你破案那么辛苦,哪能让你干这种低智商的活。话还没说完,他已经在水槽里洗了起来。她说唤雨,妈妈今晚给你辅导作业。他把头从厨房里伸出来,说辅导是个系统工程,你就别添乱了。她拿起吸尘器准备给地板吸尘,可怎么也打不开。他夺过吸尘器,轻轻一按便呼啦啦地响起来。他一边吸尘一边说你太忙,我们家的工具都不认识你了。她想他在用家务惩罚自己的同时,也在贬损她的家庭地位。虽然她免去了体力之累,但脑子却一刻也不轻松,当你在这个家庭里再也插不上手或他故意不让你插手时,那是不是就意味着你正在被这个家庭或者他排斥?好在她懂得切换频道,姑且把这一切都当成是他对她的体谅。

再比如,他在竭力避免触碰她。拿吸尘器的时候,他的手刻意回避她的手,好像她是一枚病毒。两人迎面过门框时,他的肩膀躲她的肩膀,哪怕她故意放大自己,他也能缩身而过。她故意拍他膀子,故意用膀子撞他,他都吓得及时闪开,好像碰他的是一位陌生人或者吸血鬼。忙完家务,他又坐在书房里写那篇“缠绕叙事”。她泡了一杯茶端到他面前。他埋头看着电脑,她把茶杯递过来,故意测试他接还是不接?他没接,说放那儿吧。到了晚安的时间,他即便洗完澡也迟迟不上床,似乎在等她先入睡。这次轮到她假装呼吸均匀,甚至响起微微的不失斯文的鼾声。他轻轻地躺下,躺在远远的床边,用足了“距离语言”。她把手伸过去,就像上次他把手伸过来那样。几乎是“对称反应”,他把她的手掰开,就像上次她把他的手掰开。

她想难道是我错了吗?明明是他开房说不清,现在怎么变成他有理了?转折点就在2066号房,她把他从她身上推下去的那一刹那。即便那一刹那他有理,但那也是局部有理,却掩盖不了他的整体错误。她的“本我”再也按捺不住,就像才华似的非跳出来不可。她说你离开后,我去了负一楼按摩店,情况我已全面掌握,但还是想给你一次改口的机会。

“这个问题我已回答过了。”他冷冰冰的,似乎连话跟话都想保持距离。

“但那不是标准答案。”她一边阻止自己一边情不自禁,思维和语言发生了分歧。

“如果非得回答出轨你才相信,那你就当我出轨了。”他孤注一掷。

“真的吗?”她的心里打鼓,第一次害怕真相。

“这不就是你心目中的标准答案吗?”

“对不起,我没有调查,我是吓你的。”

“那我就最后说一次,只是去按摩。”

“真的吗?”

“你有完没完?”他忽地坐起来,叭地把灯打开。卧室里一览无余,包括他的微表情。她想慕达夫呀慕达夫,你千不该万不该把灯打开,你忘了我是干什么的了。你用心理优势阻止我的怀疑,生硬地重复对话,假装生气,还耸肩摸鼻子目光闪躲,你所有的表现以及肢体语言都在拼命地出卖你,也许我们都得为你今晚的开灯付出代价……她再也不敢往下想,叭的一声把灯关上。他说为什么害怕灯光?叭地又把灯打开。她知道自己怕什么的人就喜欢说别人怕什么,心虚者往往拿弱点当武器。但她没有说破,定定地看着他,直到他自愿把灯关掉。

14

他受不了她的目光,就像 X 光机,仿佛连骨头都看得见,可当初她的眼神不是这样的,要是一开始就这样谁还敢娶她?

第一次见面,她的目光像柔软的指头,在他脸上轻轻一按便飞快地缩回,似乎不是看他而是在测试他面肌的弹性。那是在她家里,她爸请他喝酒。喝酒只是借口,她爸的真实意图是想请他写一篇评论。她爸冉不墨是位资深报人,赶在退休前把一辈子写的新闻报道合成集子出版,急着找人吹捧。而他的博士生导师正好与她爸是朋友,于是就推荐他。

当时,他在博士圈以狂出名,狂就狂在他敢批评鲁迅和沈从文的小说。他用鲁迅小说的思想性来批评沈从文小说的不足,又用沈从文小说的艺术性来批评鲁迅小说的欠缺,就像挑唆两位大神打架然后自己站出来做裁判。如果非得选一位现代文学家来佩服,那他只选郁达夫,原因是郁达夫身上有一种惊人的坦诚,坦诚到敢把自己在日本嫖娼的经历写成文章发表。他认为中国文人几千年来虚伪者居多,要是连自己的内心都不敢挖开,那又何谈去挖所谓的国民性?但是,就在他快要狂出天际线的时候,有人出来指证他佩服郁达夫其实是佩服自己,因为他们同名,潜意识里他恨不得改姓。

他当然看不上冉不墨的那本集子,之所以答应来喝一餐是想跟导师有个交代,证明自己认真考虑过他的意见,之后再认真拒绝。没想到正准备上桌,门忽地打开,进来一位年轻的女子。她的目光在进门时轻轻地按了他一下,然后就再也不看他,就像他看了一眼冉不墨作品集的封面后再也不看内容。冉不墨介绍她是他的女儿,在西江公安分局工作。来之前他真不知道他有这么一个女儿,而且未婚,否则他会仔细读一读他的作品。好在他有知识储备,自从被他女儿温柔地看了一眼,他就决定要表扬他。他说他的作品冷静客观,既有活力又有内涵,既有感性又有理性,文笔细腻优美,仿佛他表扬的不是他纸上的作品,而是他和他妻子共同完成的人类杰作。冉不墨嘿嘿地笑,但笑得比较含蓄,也可以理解为谦虚。但他的妻子和女儿似乎无感,好像她的丈夫或她的父亲本来就配得上这些形容词。

慕达夫发现没效果,喝了几杯后当场表态要为他写一篇评论,准备把他的作品拿来跟美国作家杜鲁门·卡波特的非虚构作品进行比较。“卡波特是谁?”她终于和他说话了。他说就是《冷血》的作者。她说不知道。他说就是《蒂凡尼早餐》的作者。她说哇,这个电影我看过,奥黛丽·赫本主演的,我爸的作品有那么好吗?他说具有那种气质。“真的?”她的目光里充满了对她爸的崇拜。那是他第一次看到崇拜的眼神竟如此之美,而在这之前,他把所有的崇拜统统称之为媚俗。

一周后,她打电话说想见见他。地点是她定的,在锦园书吧。他刚一坐下,她就把《冉不墨报告文学集》《冷血》以及他写的评论打印稿一字摆开。他以为她要声讨,且做好了被声讨的心理准备。没想到她突然来了一句:“你好厉害。”这一刻,他看到了她崇拜她父亲的那种眼神,但她越崇拜他越紧张,生怕这是一个先扬后抑的圈套。她指着《冷血》,说这是一本好书,感谢你的推荐,然后指着《冉不墨报告文学集》,说这一本不敢恭维,感谢你让我重新认识父亲。他被她说得忽冷忽热,都不知道该用什么样的表情配合。她说她从小就佩服她父亲能写那么多文章,但这次重读她发现父亲的文章除了时间地点人名站得住脚,其他都好像站不住了,文笔既不优美又不细腻,作品既不冷静也不客观,尤其是跟《冷血》一比,简直不忍卒读。她说得他的脸红到了脖子根,手心都冒出了细汗,好像那本作品集不是她父亲写的而是他写的。

“不过,这丝毫不影响我对你的佩服。”她话锋一转,“你能把这两本风马牛不相及的书扯在一起,就像挑着一头重一头轻的担子从上海走到了北京,不仅没让它失去平衡,而且还到达了目的地。你一头挑棉花一头挑铁,真了不起。”没想到她能说出这么生动的比喻,原来还是个聪明人,这次轮到他佩服她了。他们确认过眼神,都觉得遇到了对的人。这时,他们仿佛同频共振,都意识到这是冉不墨的有意为之,冉不墨压根儿就不是想找人写评论而是要给自己找女婿。

他在心里暗笑了两声，仿佛是给自己打赏。甜蜜似乎还挂在嘴角，即便现在伸伸舌头也能舔得到。“你笑什么？”她的声音忽然从漆黑的床那边传来。原来她没睡着，他想，那也不至于知道我心里的暗笑。他以为是幻听，没有理会。她又问你刚才笑什么？他一惊，说我哪还有心思笑呀。“我明明都听见了。”她把身子侧过来，床铺跟着晃了几晃。

“我只不过是在回忆。”他说。

“是不是在回忆我们第一次见面？”她说。

“你怎么知道？”他感到毛骨悚然。

“我能进入你的意识。”

“那你意识到了什么？”

“你抱怨我不像从前那么温柔了。”

“是的，就连目光也变凶狠了，看我就像看犯人。”

“我的目光没变，你觉得变是因为你心虚。”

“是吗，为什么总这么犀利？以前你好温柔。”

“以前你没欺负我……”说完，她开始啜泣。不管她说的这句是真是假，此刻听起来都那么令人伤感，仿佛他对她从来没好过抑或一直在欺负她。他心里顿时腾起一股浓浓的愧疚，包括平时说话大声，饭菜做得不好吃，没有把女儿的成绩搞上去等愧疚都奔涌而来。即便没有灯光，他也能想象她啜泣的样子：她的脊背在震颤，嘴唇在抖动，泪水从眼角滚出很快便打湿了枕巾，鼻尖和眼眶都揉红了……他心痛，侧过身去拥抱她。她没有拒绝，像一只小动物在他怀里瑟瑟发抖。他紧紧地搂着她，想稳住她的颤抖也想给她些许力量。他知道她没有她表现出来的那么坚强，她和所有普普通通的女子一样需要保护。

15

以前他不是这样的,她想,以前他多诚实。就在他们确定关系准备结婚前,她问他除了我你吻过别的异性吗?他说吻过。谁?他说师妹。为什么吻她?当时我们在恋爱,结果我留在南方她去了北方,吻就结束了。一共吻了多少次?十一次,吻第十次时我就知道好像要出事了。为什么?因为我闻到了她的口臭。你们有过性关系吗?没有。骗人。骗你是小狗。都吻了那么多次还没发生性关系?不是不想发生,都开房了,但因为我心里紧张没做成。为什么?因为我受我爸妈观念的影响,他们是特别保守特别胆小特别听话的知识分子,经历过饥饿,写过检讨书,看见过别人因作风出问题而被处分。从我懂事开始他们就一直贬低"性",就像贬低自己身份那样贬低"性",让我觉得"性"天生就像低端物种,是低级趣味者乐于从事的堕落行为。我爸妈一再强调我能上大学能读博士是党和政府关怀的结果,千万不要做违法的事,他们指出如果没有结婚就发生性关系,那不仅不合法还不道德。

她问他跟师妹的事情只是想试探一下他诚不诚实,并不是要跟他计较,谁又能把认识之前的旧账本捋得清楚。但他的这套说辞却说服不了她,直到结婚两年后的某天,她在他准备出售的废旧书籍里发现了一本他读博时的日记,里面有他与师妹交往的详细记载。她数了数他们的接吻次数,果真是十一次,而且他在日记里不时提醒自己不要婚前发生性行为,否则面对父母的时候会觉得自己像个叛徒,甚至他还引用了郁达夫《雪夜》一文中失身后的悔恨来告诫自己:"太不值得了!太不值得了!我的理想,我的远志,我的对国家所抱负的热情,现在还有些什么?还有些什么呢?"看完他的那本日记,她被他的诚实感动得鼻子酸了好几回。

结婚这么多年,他什么事都不隐瞒,包括感情上的事。就在两年前,他的一位女硕士毕业后患上了非理性单向相思病,每天都给他发十几条信息,意思再明显不过,就是要跟师母竞争上岗。这事他只要悄悄搞定,按说没必要跟她汇报,但他说他心里藏不住事,只要一秒钟不汇报就一秒钟不自在,连动作都变形,就像过海关时身上携带违禁品似的紧张。所以从硕士生发第一条信息开始,他就条条上报,让她知情,并求教于她。她说谁身上的虱子谁抓。于是,他每天都写一封长信劝女学生悬崖勒马,其中写得最长的一封是——“从茨威格的《一个陌生女人的来信》谈单相思的不现实性”。那哪是一封信,分明就是一篇疑似论文,摘要如下:茨威格在这篇小说里塑造了一位暗恋的楷模,她十三岁起就暗恋那位作家,成人后找到机会跟他相处了几个晚上,并背着他生下了他的孩子,可直到她临死那位作家也没记起她是谁。虽然作者赋予她希望与同情,然结局却极其悲惨。希望你引以为戒,别进这个坑。

没想到他的信写得越长硕士生就越疯狂,甚至威胁要亲自找师母谈判。怎么办?他向她报警。她把他所有的回信都看了一遍,问他真断还是假断?他说假断我何必惊动你?她说那好,请把手机和电脑交出来,然后去跟冉不墨先生谈非虚构,一周之内别回家。他二话没说照办。七天后,他的手机和信箱都安静了,安静得都有些失真,像飞机下降时耳膜被气流挤压造成的突然听不见。他问她怎么做到的?她说什么也不用做,只需要七天隔离期。他说你没威胁她吧?她说你是不是有点失落?他点头承认。他越是承认她越觉得他可爱不虚伪。她越觉得他坦诚他就越主动反省。他说之所以跟硕士生没能做到快刀斩乱麻,那是因为自己很享受有人暗恋,一边想断一边还想保持联系,一边劝她别打扰一边渴望她的来信。她说原来你清楚呀,我还以为你自恋到不知道自己姓什么了。

这么多年来,她已适应了公开透明的慕达夫,因此任何一丝一毫的隐瞒都会被她无限放大,大到仿佛环境被污染自己被欺骗了似的。她想他把我惯坏了,但人一旦习惯了就像习惯游戏规则,要改变太难了,仿佛慕达夫经常引用的鲁迅先生的名言:“可惜中国太难改变了,即使搬动一张桌子,改装一个火炉,几乎也要血;而且即使有了血,也未必一定能搬动,能改装。”我能改变吗?她想,我能不能把对他的要求降低一点?比如只要他承认事实而不计较后果,许多时候,尤其是破案的时候我对真相的兴趣不是经常大于惩罚的兴趣吗?

她把他摇醒,说慕达夫,我保证不生气,但需要听你说句真话。他说你觉得哪句更像真的?只按摩和按摩后加了项目。她说后一句。他说那就后一句吧,对不起,按摩后我确实加了项目。她感觉眼前一黑,尽管眼前本来就是黑的。她没想到要自己不生气竟然有那么难。

16

答案揭晓,尽管这不是一个好答案,但她的心里安定了数天,就像被重力撞击后肢体会麻痹一阵那样,她正处于发麻期,在痛感还没恢复前竟有一丝莫名其妙的病理性的欣快。她的欣快来自他终于不隐瞒,终于说出真相并承认错误。

第四天,她的脑海隐约响起一声抗议,像从很深的水底闷出来的一个小小气泡,很弱,但仔细分辨是慕达夫的声音。他的声音怎么会串到了我的脑海?一定是近距离接触时脑电波互侵了。自从那晚承认出轨之后,他冷笑和撇嘴的次数多了,饭菜做得没以前好吃了,尤其是菜,每一盘都咸得发苦。交谈时,他使用“嗯哼哈”的频率增高,表情也由晴朗转为阴天多云。分明是他想坦白从宽,但现在看上去却像是她逼供的结果。冤枉,不服,写在他的额头,也回荡在她的脑海。

这天下班,她把车停稳了才发现是蓝湖大酒店停车场。奇怪,出发时脑子想着的是回家,但开着开着,竟下意识地拐到了这里,仿佛身体的自动导航。惊讶或假装惊讶了几秒,她把错误的导航归结为肌肉记忆。她来到按摩中心,做了一次全身按摩。肌肉、穴位以及经络都满足了,可她的心里还不满足,觉得仍有任务没完成。什么任务?她假装现在才想起来,仿佛是一件副产品或捎带办的事。于是,她捎带查阅了前两个月按摩店的出勤表,捎带询问了领班和有关技师。答案出乎意料,原来慕达夫那两次开房竟然都没叫按摩师。坦白是假的,她的欣快顿时消失,痛觉瞬间涌上心头。

那他开房到底用来干什么?唯一的可能就是约会。约谁呢?她首先想到了贝贞。近五年,他每年都给贝贞写评论文章,有时评论比原作还长,就像辩解比原话还多。在他笔下,贝贞的文字饱满,诗意,灵性,妩媚。她无法把这些词跟文风想在一块,却很容易想到人。她见过贝贞一次,那是三年前她专门到家里来拜访慕达夫。贝贞的身材确实饱满,眉宇间真还有那么一股灵性,举手投足算得上妩媚,诗意嘛,外行觉得缥缈,但权威说有就有了。她想这哪是评价小说,明明是赤裸裸地夸人。他认为贝贞的叙述缠绕就像在迷宫中探路,山环水绕或山重水复,小说中有小说,梦里有梦,现实与非现实纠缠,贝贞深入贝贞,故事在螺旋式上升中走向缠绕的高潮。这些评价不仅没能让她产生对贝贞小说叙述的向往,反而让她联想到贝贞那双修长白皙的手臂像南方疯狂的植物越伸越长,以至于缠绕到了慕达夫的身上。他指出贝贞的小说主题虽然看似大胆奔放，甚至经常涉及勾引，但那绝不是简单的情欲而是女性主义的自觉。她想贝贞自觉到什么程度，会不会自觉到一碰就倒？据她统计，慕达夫在写贝贞小说的评论文章里，平均每篇使用十一次缠绕，八次饱满，七次妩媚和亢奋，五次勾引和高潮，以及三次湿润和一次挺拔。

她读过贝贞的几篇小说，不喜欢，不觉得有慕达夫说的那么优秀，但有一篇她印象深刻，题目叫《一夜》，内容如下：我和一群作家到海边采风，景色很美，人很陌生，在经历了半小时尴尬之后，彼此就开始说段子了。我说请各位今天晚上留门，我会一一去推。晚上，别人留没留门不知道，反正我是留了。我之所以这么说是想测试这群人里有没有谁逆向思维？凌晨，我的门吱的一声被推开，闯入者说不许开灯。本来我就没打算开灯。两人缠绕摩擦，过了一个多小时没有语言的生活。第二天继续采风，我不知道他是谁，既像甲又像乙，既像 A 又像 B。他唯一留下的证据就是高潮时叫了一声“美”。次日晚，又有人扭门，但我已经把门锁上了。因为我想保留一夜的美妙，而不是两夜。我不想他是某个被确证者，而仿佛是所有被怀疑的人。这种不确定性既能满足我的无限想象，又不会给我带来任何后遗症。

她读这篇小说时曾产生过怀疑，也曾向慕达夫求证，但他说小说的第一特征是虚构，第二特征还是虚构。她被他的“两个特征”绕蒙了，虽然她的脑海也曾预警：虚构怎么会有两个巧合？比如她和他过夫妻生活时也不喜欢开灯，又比如他在关键时刻也会叫一声“美”。可那是在两年前，她对他不要说怀疑就连怀疑的念头都没有，仿佛年轻的皮肤上没有一丝皱纹，空旷的原野没有一丝风。她一直信任他，直到这次发现他开房不报。人一旦开启信任模式，多少疑点都会忽略不计，一旦怀疑模式启动，那些不成为疑点的疑点，就会像他论文里的敏感词前赴后继地跳出来，在她脑海里嗡嗡地回响。

在侦办“大坑案”的空当，她查到贝贞发表这篇小说前半年，慕达夫曾到过某海边城市参加某杂志的采风活动，而这次采风活动的人员里就有贝贞。她在慕达夫的书柜里找到了那年的某期杂志，封二封三刊登了十幅采风图片，其中有五张是慕达夫和贝贞参与的合影，每张合影里都仿佛暗藏玄机。她再翻看贝贞近期的社交媒体，惊奇地发现上个月二十号即慕达夫开房那天，贝贞在本市有个新书推介会，对话嘉宾就是慕达夫。既然贝贞来了，那他为什么不告诉我？

17

周末，慕达夫有个聚会。冉咚咚负责接唤雨并做晚饭。炒菜时她反复提醒自己少放点盐，可吃的时候她还是觉得味道不对。她问唤雨菜咸吗？唤雨说不咸。她说你吃惯了你爸做的重口味。唤雨说爸爸做的菜好吃，但妈妈的数学课比爸爸讲得好。她想女儿真乖，小小年纪就懂得在爸妈之间搞平衡。

晚十点，侍候唤雨上床睡觉后，她从梳妆盒底层抽出一支香烟，躲到主卧的阳台上悄悄地抽了起来。白日的噪音消退了百分之七八十。对面高楼的窗口已黑去一半，最明亮的是北门外的路灯。远处，橙色的粉色的绿色的招牌闪烁在楼宇之间。风从西江方向吹来，轻拂脸颊，爽极了。她貌似漫无边际地浮想，而其实什么都不想，彻底进入休眠状态。忽然，阳台的门被推开，他站在门框里。她走神得有点离谱，竟然没听到他进卧室的声音，手里夹着的香烟被他抓了个正着。她赶紧把香烟掐灭，说抱歉，最近办案压力太大，没忍住。婚前，她因为办案熬夜偶尔也抽几口，但他受不了香烟的味道,也不喜欢自己的配偶抽烟。她看在眼里记在心上,二话没说就把烟给戒了。结婚十一年,她像回避别的男人那样回避香烟,没想到这几天破戒了。他说如果你觉得好受就抽,但别让唤雨看见。她说不,我不能言而无信。“你确定你能行吗?”他用奇怪的眼神看着她。她果断地点点头。

他回到书房,看见桌上摆着一本旧杂志。翻开一看,封二和封三的采风合影都画上了线条,每条线都是一个箭头,从贝贞的眼睛开始到他的脸部结束。他说冉咚咚,你什么意思?她听到他的声音,走过来靠在门框上,说什么意思你还不明白?他说我百思不得其解。她冷笑,说为什么她的目光总盯着你?不管站在什么位置。他苦笑,拿起尺子和笔重画。他画出来的五条连线比她画的更直更短,每条线连着的都不是他,而是他旁边的另一位男士。他把杂志摔到桌上,说好好看看吧。她走进来,低头看了一会儿,指着他旁边的男人,问那么,他是谁?他极不耐烦地回答贝贞的丈夫。

她想这是对他多么有利的证据,他应该高兴才对,可他为什么反而表现出不耐烦?她决定进一步试探:“贝贞的表情像是在看情人。”“是吗?”他笑了一下,“不管她什么表情,反正不是看我。但照片上的人物都是静止的,你又怎么分辨得出她是看情人还是看丈夫?”

“直觉。”她说得斩钉截铁,好像直觉是怀疑的签证。

“拉肚子的人千万别相信屁。”说完,他又笑了一下。如果说前一次笑是质疑,那这次笑便是嘲讽。

“你的所有表现都是防御。你防御,说明你心里有鬼。”

“我防御什么?我有什么鬼?”他摊开双手,仿佛在接庞然大物。

“你和贝贞……”她盯着他,像钉子钉住木头。

“神经病。”他骂了一声,忽地站起来,在书房里急躁地徘徊。

“你越生气越证明我猜中了。”

“什么逻辑?”他拍了一下桌子,“你可以诬蔑我,但请你不要诬蔑别人。”

“看看,心痛了不是?”她在逼他。他不想争吵,转身走去。她对着他的背影:“你在逃避。”“我为什么要逃避?”他忽地转过身,怕吵醒唤雨,顺手把门关上。“那就好。”她坐在书桌前的椅子上,仿佛要展开来聊。他起伏的胸腔慢慢平伏,然后他坐到平时写作的位置。他们面对面,中间隔着书桌,她与书桌正好保持四十五厘米的距离,这是社交距离中夫妻距离的最远距离,也是她喜欢的对话距离,太近她担心被他的肢体语言迷惑,太远她怕胁迫不了他。

“据我调查,你两次开房都没叫按摩师。”她沉默了一会儿,重新开口。

“本来开房就不是去按摩。”他仍沉浸在刚才的情绪中。

她惊讶:“按摩是你自己承认的,而且你还承认按摩后加了项目。”

“只有这样回答你才相信,我一直在迁就你配合你适应你,因为你要的不是真相而是要你想要的真相。”

“那你开房的真相是什么?”

“打牌。”

哄鬼吧。她在心里笑了一下,她甚至听到他也在心里笑了一下。一开始他就说错了打牌的同伙,几经更正还是说错,傻瓜都不会信。显然,他不想说真话,不说真话就终止不了矛盾,终止不了矛盾就只能矛盾升级,就像伤心的人止不住伤心。她继续:“你开房那天贝贞正好在本市,怎么这么巧?”

“出版方安排她住锦园宾馆,你查得到的。”他冷冰冰地回答。

“安排也可以不住,或者安排正好是一个幌子。”

“那我就无话可说了。”

“也就是说你默认了?”

他沉默,忽然提高嗓门:“你到底想干什么?”

她想他一直在反问,从“你什么意思?”到“我防御什么? 我有什么鬼?”再到“什么逻辑?”“我为什么要逃避?”“你到底想干什么?”但每一句反问都那么苍白无力,好像无话找话或通过反问思考对策。她确信他心里有鬼,所以跟他摊牌:“如果你没有诚意,那就只能离婚。你的不轨行为已严重影响到我的办案,甚至影响了我对嫌疑人的判断。”

“离就离呗,什么时候?”他毫不含糊,仿佛期待已久或早有心理准备。

“等我抓到凶手后可以吗? 目前我实在没有精力。”她用商量的口吻。

“就怕你一辈子都抓不到凶手。”他用揶揄的腔调。

“放心,很快了。”她满脸自信,好像凶手触手可及。

18

上午讯问完嫌疑人,她收到一条陌生手机号发来的短信:“晚八点,锦园大堂吧见,有情报,别带人。”她看了看手机号码,外省的。

晚饭后,她换上便装准时到达,找了一个靠窗的位置坐下。约十分钟,一位西装革履的男士坐在她对面。她觉得面熟,却想不起是谁。他说我叫洪安格,贝贞的丈夫。哇,她终于想起来了,在杂志刊登的照片上见过。他的脸白白净净,眼睛不大但眉毛很浓,看上去挺精神,举止也似乎优雅。记得慕达夫曾说过他是通信方面的专家,因爱文学而娶了女作家,就像喜欢喝牛奶就养了一头奶牛那么豪横。

“专门飞过来的?”她问。

他没回答,而是先泡了一壶自带的红茶。这茶她喝过,是贝贞送给慕达夫的,味道极好,她喝得都有些依赖。他说他和贝贞爱茶如命,在家乡的大茶园认领了几亩。那个茶园在高山上,附近没有工业,周年云雾缭绕,空气质量一流……他滔滔不绝地说着,就像是卖茶的。她看了一眼手表,说你能不能别学你夫人缠绕叙事?直奔主题吧。他愣了一会儿,又开始说茶。她问你来,是不是想告诉我你们家很幸福?

“对的对的。”他点头。

“你是不是还想说你和贝贞很恩爱?”她盯着他。

“对的对的。”他不停地点头。

“是不是慕达夫叫你来的?”

他吓得赶紧放下茶杯:“没有没有。我看见慕老师给贝贞发短信,说你怀疑他们,就赶过来了。”

“你怀疑他们吗?”

“贝贞很爱我,她不可能出轨。”

“你看过她的小说《一夜》吗?”

“看了看了,那就是根据我们的故事写的。”

“你不喜欢开灯还喜欢叫‘美’?”

他的脸唰地红了。四十岁的人竟然脸红?她觉得意外,也对他产生了一丝好感。他小心地抿了几口茶,然后结结巴巴地说我劝她别写我们的生活细节,可她不听,好尴尬呀。说完,他继续品茶,不时偷偷瞥她一眼,表情像个犯错的孩子,仿佛错的不是贝贞用他的生活细节来写作,而是他的生活细节本来就错了。她忽然感到内疚,没想到自己跟慕达夫的矛盾竟然伤害了一千公里之外的另一个家庭,同时也心生羡慕,羡慕洪安格对贝贞的信任。她说抱歉,我错怪贝贞了,有机会我一定亲自向她道歉。

“没关系没关系,”他摆着手,“贝贞和我都不会生气。慕老师是个好人,学界对他评价很高。他没有绯闻没有业余爱好,女士们都说他油盐不进,他太爱你了。”

如果没有后一句的画蛇添足,那她就认定他是一位诚实可信的人了。但偏偏他多说了一句,这让她推翻了对他的印象,就像自己刚刚搭建的积木哗地被自己推倒。仅凭那一句,她就知道他是慕达夫请来的说客,弄不好连飞机票都是慕达夫出的,而他们今晚的对话,他也一定会当作成果向慕达夫汇报。她决定改变态度,说虽然我错怪了贝贞,但慕达夫出轨是不争的事实,因为目前我要把精力用于办案,所以暂时还没时间查他到底跟谁。

“肯定不是贝贞,她参加推介会那晚我们一直视频聊天,聊到凌晨两点。”

“两点以后呢?我跟慕达夫热恋时可以通宵不睡。”她怼他。

他噎住了,端起茶杯喝了两口大的,喉结快速滑动,还轻轻地咳了两下。他不淡定了。她问他你从什么时候开始喊“美”?

“从恋爱时开始,一直喊到现在。”他不明白她为什么问这个。

“慕达夫是最近三年才喊的,有没有可能是别人需要他这么喊呢?”

“有可能。我也曾怀疑,这次虽然我是来证明他们清白的,但内心却充满了矛盾。”

话已至此,他们都知道再也不能往下说了,仿佛再说就会伤害自己,尽管表面上是伤害慕达夫和贝贞。于是,只剩下喝茶。茶又不能喝得太多,于是只剩下沉默。她看了看手表。他说我带了两盒红茶,你方便上去拿吗?她站起来等待。他去结账。他们上电梯。他们进房间。房间里灯光不是太亮,甚至有点暧昧。他递茶叶的时候手碰到了她的手,两只手像受到了惊吓似的都往后缩,茶叶盒掉在地上。

他说你想到过报复吗？她点点头又摇摇头。他把她搂住，她竟然没拒绝。他越搂越紧，在她耳边轻轻地说我们可以吗？声音灌到她的耳里麻酥酥的，整个身体都有了感觉。但她不回答，不回答是因为一时不知道怎么回答，仿佛处在磁力的中线，被相等的正负极力量拉扯着一动不动。他想吻她。她用手止住。他把她放倒在床上，想解她的衬衣纽扣。她紧紧地抓住领口，说请你冷静。他冷静了，坐在一旁看着。她说我可以让你脱，但你每解一颗纽扣必须先回答一个问题。他点头。她问你相信他们出轨了吗？“相信。”他解开她的第一颗纽扣。她问你说过爱她一辈子吗？“是她先背叛诺言的。”他解开她的第二颗纽扣。她问从此以后你能自己骗自己吗？“人生本来就是个骗局。”他解开她的第三颗纽扣。她问你想和他们一样？“彼此彼此。”他解开她的第四颗纽扣。她问如何面对孩子？他的手一哆嗦没把纽扣解开，仿佛那是一个死结。“对不起。”他抹一把眼角，泪水涌出眼眶。他哭了，哭得像一个被人欺负的小孩，一边哭一边把他刚才解开的纽扣一一扣上。

“我们不是他们。”她忽地坐起来，“幸好你没把纽扣解完，否则我对人性会很失望。我在试你。你没有关灯，但你说你喜欢关灯。你在帮他们背书。”

说完，她头也不回地走了。他像被抽了八百毫升血液似的，呆呆地坐在沙发上回忆刚才的一举一动，仿佛回忆一场梦境。

19

她回到家，看见客厅里摆满了成捆的报刊、旧书和杂物。衣帽间，慕达夫撅着屁股把头埋在柜子里。她脱下外套，正要往柜子里挂,发现自己的四开柜全部清理过了,里面的衣服分春夏秋冬季挂着,旁边的格子里内衣和小件叠得整整齐齐。他把头从柜子里退出来,瞥她一眼,也没打招呼。她把外套挂进去,然后坐在条凳上。他折叠从他衣柜里掏出来的那些旧衣服。她说还没办离婚手续就开始打包了?“我在清理,不是打包。”他说,“如果家里总不清理,那就像一个人不清理情绪。”

她冷笑:“洪安格是你叫来的吧?”

“不是。但他刚才发信息给我,说你是一位绝对值得尊重和值得用一生去爱的人,要我好好珍惜。”他掏出手机,打开信息递到她面前。

她又一次冷笑:“太夸张了吧。他这么劝你,是怕你去祸害他的老婆。”

“你是不是有点过分了?”他把刚刚叠好的衣服一巴掌扫乱。

“过分了吗?”她想如果不是你过分,我今晚怎么会被别人拥抱,被别人摔倒在床上,还差一点让他得逞。本来我是完完全全属于你的,可你不珍惜,逼得我都想报复。

“看看这是什么?”他摔过来一盒香烟,“你说你戒了,却还偷偷藏着。”

“一共十九支,我只是忘了把它处理掉但并没有抽。”她拿起香烟盒看着里面的香烟。

“那这个呢?”他摔过来一盒百忧解,“你一直在偷偷地吃吧。”

她的脸唰地白了,连脑海也一片空白,就像在电梯里放屁被人目光炯炯地盯着那样难堪。她把它收得那么好,都收到他的书柜里了,没想到他还能找出来,可见越危险的地方并不越安全。她吐了一口长气,说压力太大,偶尔吃几粒缓解焦虑。

“为什么不去住院?”他来回走着,躁动不安,好像应该吃药的是他。

“没到那个地步，而且案件正办到节骨眼上，凶手不是一般的狡猾。如果我去住院，那凶手真的就要滑脱了。好不容易摸到一条鱼，你也不会甘心它从手里滑脱吧？”

“身体要紧还是办案要紧？”

“前两个棘手的案子我也是在这种状态下破获的。你搞文学研究，应该知道巴尔扎克说过天才是人类的病态，就如珍珠是贝的病态一样。科学家爱因斯坦，思想家尼采，数学家纳什，画家凡·高、毕加索，音乐家贝多芬，作家托尔斯泰、卡夫卡、海明威，政治家林肯、丘吉尔等等，还有一串高速公路那么长的名字，他们都有或重或轻的精神疾病，但这并不妨碍他们在自己的领域获得成功。也就是说，我的这点焦虑或躁狂什么的，绝不影响我抓到罪犯，也许更有利。”

“为什么不举反面的例子？比如希特勒，他不是也有精神疾病吗？”

“我只是预防，我有他那么严重吗？”

“不严重也应该去看医生，否则我会告诉王副局长。”他定定地盯着她，仿佛刚刚吃了安定片。

“那我会跟你离两次婚，离一次，再离一次，就像鲁迅说的一棵是枣树，另一棵还是枣树。但如果你保守这个秘密，我甚至可以……”她抽出一支烟来叼在嘴上，不点，空叼着，“甚至可以原谅你的出轨，甚至可以不离婚。”

他想看看看看，你的心理问题严重到什么程度，竟然拿自己的婚姻跟案件捆绑，好像抓到凶手比家庭破不破裂还重要。他说宁可你离婚，我也要让你先把病治好。

“机会我已经给你了，可惜你抓不住。只要你肯把手指并紧，即便是水也能捧得起来。”她把叼着的那支香烟砸在木地板上。

“我不要机会，只要你健康。”

“谁都没有我知道我的身体。”

“你说不算，医生说才算。”

第二天，她突然改变态度，同意跟他去见精神科医生。医生姓莫，是朋友给他介绍的。莫医生给她做了心理测试，结果她得了九十六分。她的偏执型人格、分裂型人格、表演型人格、反社会型人格、被动攻击型人格、抑郁型人格等维度中等，说明以上各项虽有一些表现，但都不特别明显。只有自恋型人格和强迫症人格维度略略偏高，说明她有相对明显的自恋型表现和明显的强迫型表现。而边缘型人格、回避型人格、信赖型人格等维度都是低，也就是说她没有边缘型回避型依赖型表现。莫医生说你的心理没问题，千万别乱吃药，现如今哪个人没有点压力，谁又不焦虑？甚至包括但不仅限于失语症、失眠症、社交障碍症、后天智力低下症、莫名亢奋症、拍砖症、存在合理症、认知障碍症以及恐惧症……要是没有这些症状我们都不好意思称我们已经进入了现代社会或后现代社会。她微微一笑。莫医生跟着也微微一笑。

在回家的车上，慕达夫问你是怎么做到的？她说因为我知道怎么回答能得高分。她的心里涌起一丝侥幸，就像考试时蒙对答案那么开心，脸上的笑容难得地长时间地挂着。他差一点就想亲她一口，好久没有这个念头了。她也好久没有这么可爱的表现了。她说既然测试分这么高，说明我可以控制情绪，来之前我们可是打过赌的，你说只要咨询师说我没问题就为我保密。他按了按喇叭，前面路口堵住了。她问你在线吗？他打亮转向灯，说没看见灯闪着吗？

第三章　策划

20

据半山小区居民反映，夏冰清常到“噢文化创意公司”聊天喝咖啡。该公司在半山小区一号楼十五号门面，法人吴文超，毕业于省艺术学院创意设计系，比夏冰清大两岁。这天下午，冉咚咚和邵天伟拜访吴文超。他身高一米五八，偏瘦，头发后翻，擦了头油，脸小眼睛大，皮肤白得可以看见血管，西装皮鞋领带，喝咖啡，不抽烟。他说第一次见夏冰清是两年前的雨夜，具体日期记不清了，时间是深夜十二点左右。当时我在公司加班，听到汽车声后朝窗外看去，一辆的士把她载到小区入口后离开。她弯腰对着景观带呕吐，吐着吐着便坐到地上，时不时喊一声“痛快”。我撑伞过去查看，远远就闻到了一股刺鼻的酒味。她喝醉了，脑子短路，竟然忘记自己住几号楼几单元。我把她扶到公司，让她靠在椅子上休息。凌晨五点，她睁开眼睛，对着天花板眨了几下眼皮，连谢谢都不说便走了，像她的灵魂无声地从椅子上站起来，摇晃着走出去，像这样走出去……他模仿她当时走路的模样，两肩高耸，双手交叉压住胸部，夹着腿踮着脚，生怕被人发现似的。直到看着她走进小区入口，我都还在怀疑离开的是她的灵魂，但回头一看，她坐过的椅子是空的，椅子周围残留着从她身上滑落的水渍。

一个月后的某晚，大约十点钟，她忽然走进来，指了指咖啡机。

我给她煮了一杯拿铁,因为拿铁牛奶多利于解酒。那晚她也饮酒了,但只是微醉。喝完咖啡,她像上次那样什么也不说就走了,好像讨好她是每个公民应尽的义务。从此,十天或半月她会进来一次,大都是晚上应酬之余顺道进来,十有八九喝过酒,唯一的区别是醉的程度。而我竟然不知不觉地喜欢上了加班,等待成为一项附加工作,要是等不到她就觉得又浪费了一晚上的时间。前面两次她什么也不说,连我叫什么名字她也不问。第三次见面,她醉得比任何一次都摇晃,一靠在椅子上就把衬衣脱了,还伸出双手求安慰。我吓得心慌,赶紧帮她穿上衣服,生怕她酒醒后怪罪我偷窥。我喜欢素聊或干聊,对接触女性身体天然地胆怯。经过脱衣考验,她像打开的收音频道喋喋不休,特别是喝到中醉状态时,你根本没办法让她停止,即便在她嘴上装条拉链恐怕也会被她撑破。

“她跟你说她的感情吗?”冉咚咚问。

这是重点,有的她至少说了十几遍,就像一袋茶泡来泡去都泡不出味道了还在泡。她为何什么都跟我说?一是因为她觉得我不会坏她的事,反正我也不认识她说的那些人;二是因为她喝醉了,一旦找到理想的耳朵就情不自禁地想往里面灌声音。她太需要倾诉了,我几乎是她的唯一听众。她说得最多的一句是“痛快”。在她的反复叙述中,我听懂了“痛快”的三层含义:第一层指喝酒,第二层指现实生活,第三层指未来行动。喝酒她痛快吗?据我观察“痛”是真的,“快”在喝醉后也许会浮起那么一丁点泡沫。现实生活她痛快吗?我觉得她说的是反义词,就像自媒体流行的正话反说。唯有未来的行动,我认为确实痛快。她说她被那个人强迫了,那个人强行把她变成了第三者,就像强行变性似的让她每个细胞都红肿过敏。

“关于强迫,她说过什么细节吗?”冉咚咚问。

他说她说那个人是心机男,面试时看他眼神躲躲闪闪就明白。

他故意不录取她就是想先扳倒她的傲气,然后再让她以失败者的身份求他。果然,她气冲冲地拉着行李箱回去了,竟天真地要跟他录取的那些人比才华。他说企业是他家的,轮不到她来说公平竞争,哪怕招一群白痴那也是他徐家的事。她不服气,坐在包间里讨说法。他说只要开着门就没有说法,但如果你把门关上那什么说法都可以有。她吓得想跑,然而他已先她一步关上了门,还关掉了灯,转身强行拥抱她,占有她。包间一片漆黑,她以为自己死了,不停地敲墙板,问有没有人,直到听见走廊传来笑声她才知道还活着。她想出去,被他阻拦。稍微清醒后,她第一个反应就是要报警,但他马上承诺可以离婚再跟她结婚。正是因为这句可以结婚,她才把告他的念头像他强迫她那样强迫自己从心里压下去,越压越反弹,最后她把整个人都压在了那个念头上。

没想到,订协议时他不仅删掉了"甲方承诺与乙方结婚",而且还加上"不得破坏甲方家庭"。她问他为什么说话当放屁?他说他没说过要跟她结婚,百分之千是她把"不结婚"听成了"结婚",漏听了一个"不"字,别看这个"不"字才四画,漏了它许多事情就会改变方向。她气得把协议撕成碎片,人像一堵砖墙不仅垮了,还像垮了的每一块砖头那么绝望。他重新打印了两份协议,说如果你认为我刚才说的是瞎话,那你就更应该签订合同,趁现在我对你还有感情,你可能不知道,没有协议我根本控制不了自己,与其说它是用来约束你的,还不如说是用来约束我的。她终于明白,在他面前自己就是一个低幼儿童,智商仿佛是读童话书的层级。这时,她强行压下去的那个念头像石板下的小草又强行冒了出来,可时间已过一周,所有的证据都无法复原,就连包间他都派人清理了,告他只能自取其辱。她后悔没留下证据,但她没留下证据也是因为自己希望尽快忘掉那一幕,而这个空子正好被他抓了个正着。

她说既然告不了他那也不能便宜他,就咬着牙齿跟他签了合同。她需要钱生活,也需要跟他保持关系,以便寻找机会结婚或报复。既然他都正话反说了,那我干吗不可以签一个反话正说的合同?痛苦能产生思想,她仿佛一下子成熟了。她签这个合同就是想先给自己定一个规矩,然后再去破坏它,就像破坏她父母当初给她制订的人生计划那样。

21

吴文超聊累了,起身煮了三杯咖啡,分别放在冉咚咚、邵天伟和自己面前。咖啡的味道不错,冉咚咚一边喝一边打量室内。她最先注意那张摆在旁边的木制躺椅。在吴文超的讲述中,夏冰清前几次进来都是"靠"在椅子上,而不是"躺",说明这张躺椅是他后来专门为她买的。可以想象,多少个喝醉的夜晚,夏冰清就躺在上面念念有词。侧面的墙壁贴着五张大型活动海报,都是"噢文化创意公司"策划的,其中两张非常有想象力。一张是从空中俯拍的旅游海报,天坑像一只占满画面的时钟,钟面有一个人在走钢丝,他手里拿着的长杆和他分切的钢丝仿佛时针、分针和秒针。另一幅是砂糖橘海报,一棵枝繁无叶的橘子树上挂满了黄色的橘子,而每个橘子都夸张变形为乳房。冉咚咚忽然想起慕达夫曾跟她说过的西班牙超现实主义画家——萨尔瓦多·达利。达利是个顽皮的孩子,他喜欢做出格的事情,并狂热地渴望他做的事情能引起别人注意。难道吴文超也有达利那样的人格特质吗?需要进一步观察。她的目光在吴文超稍显稚气的脸上稍作停留,便扭头看向窗外。目测,半山小区的入口离这里约一百五十米。只要愿意窥视,小区里任何人进出都可以尽收眼底。

冉咚咚问上个月十七号下午你在不在公司上班?吴文超说

在。“你有没有看见夏冰清从小区离开?”“没看见,她出门是个秘密,偶尔瞥见她等车,朝她挥挥手,她都故意把脸扭开,好像不认识。她似乎不愿意我看见她等待,因为有时是那个人开车来接她。只有她单独回来的晚上,尤其是喝酒之后单独回来的晚上,她才到公司喝一杯咖啡。”

“你认识那个来接她的人吗?”

“一直没机会认识。”

“你觉得夏冰清真的怨恨那个人吗?或者说随着时间推移她的态度发生了改变?”

吴文超说我也发现了这个问题,还专门问过她,为什么你总带着鼓囊囊的怨气回来而下一次又屁颠屁颠地去见他?她愣住了,脑袋仿佛被敲了一下,好久没反应。接着,她紧紧咬住嘴唇,好像在忍,但只忍了半分钟,她的脸上就挂满泪水。她说你知道鼹鼠吗?它们长期生活在地穴深处,视力完全退化,一旦见光,中枢神经紊乱,器官失调,不久就会死掉。她说她就是一只鼹鼠,又名“见光死”,除了那个人,她不敢见别人。父母、同学和朋友都以为她去北京工作了,她只能在节假日回家看看他们。而她和那个人的关系也不能让别人知道,每次见面都像情报员接头,生怕被谁当场抓获。一面恨他又只能见他,见面就吵,分开就想。有时她觉得他是她的魔鬼,有时她觉得他是她的上帝。面对他一个人,他是她的敌人,但面对全世界他们又是伴侣。她进不能进,退不能退,像一只掉进坑里再也爬不出来的小动物,却每时每刻都在爬。

一般来说我只听夏冰清讲,不打断不建议,整个人就是一只夸张变形的耳朵,生怕发表意见会引起她的警觉,生怕她关闭我这条唯一宣泄的渠道而导致她情绪滞塞。听到此处,冉咚咚不免多看他几眼,她没想到这个她眼里的小屁孩竟然有如此缜密而善良的心思。他说但是那天晚上看着她不停地抹泪,就像看着自己的亲人被欺负那样难受，便打破了自己定下的不打断不建议的规矩，劝她这种状况坚持一两年也许可以忍受，但要坚持一辈子那必须是特殊材料做成的。她说我该怎么办？我说要么一刀两断重新开始，要么让你们的关系能够见光。她说重新开始不是没想过，但我已经伤得走不动了，就像被踩烂了半截的蚂蚁只能原地动弹。做他老婆也曾努力争取，包括威逼色诱都不起作用，他在需要你时会分泌一点感情，在不需要你时就是一块冷冰冰的石头。他只需要你一点点，而不是你的全部。我说如果你没有勇气打破水缸，那就只能淹死。她说你不是搞创意的吗？你给我策划策划，多少钱我都付。我说我只会策划产品，不会策划感情。她说为什么？为什么从小到大有人教我尊老护幼爱岗敬业与人为善和气生财为人民服务，却没人教我怎么处理爱情？她从来没谈过恋爱，在学校就是考试，工作后就是加班，谈恋爱的成绩零分。我说我连零分都拿不到，应该是负分。休息了一会儿，她忽然问我可不可以有第三种选择，即不跟他结婚但一直保持现有关系？我说那要看你的心脏够不够大。她又问，可不可以跟他保持关系但另外找人结婚？我说这叫版本升级，心脏至少是钢做的才行。她再问你相信感情是专一的吗？我说暂时还没有发言权。她说现如今什么感情都有，男人与男人，女人与女人，甚至一会儿男人一会儿女人，人与智能人，智能人与智能人，一眼望去就像个情感大超市，品种齐全。她相信随着社会进步，人类的感情就像物质生活越来越丰富，越来越多样化。我听出了她的弦外之音言外之意，那就是宁愿找一千个理由来抚摸自己，似乎也不愿意离开那个人。

冉咚咚想这不就是“斯德哥尔摩综合征”吗？即被虐者对施虐者产生依赖。

他说那天晚上，两个外行冒充内行一问一答，装模作样地讨论了三个小时的爱情，就像不懂刑侦的人讨论案件，不懂经济的人讨论贸易，就像网红对什么话题都可以振振有词，仿佛知识无死角。临别时，我说虽然我没谈过恋爱，但看过几部爱情小说，也许对你会有启发。她一下子来了兴趣，把那几部书名写在手掌里。

多日之后的下午，她终于在白天，在没有喝酒的情况下来跟我聊天了。她说她看了我推荐的三部小说，发现男人都不是东西，无论是于连、渥伦斯基、罗多尔夫或者莱昂，他们都只把女人当玩物，最后无一例外都抛弃或者厌倦了她们。而女人千万别痴情，否则会受骗上当，德·雷纳尔夫人、安娜·卡列尼娜或者爱玛·卢欧没一人不被男人骗了。重要的是第三点，女人不能做第三者，否则会死得很惨，雷纳尔夫人、安娜和爱玛结局都是自杀。她问我推荐这几部小说是不是别有用心？我说就是想提醒你别对男人抱幻想。她喝了三杯咖啡，思考了一个下午，最后说了一句："不想当夫人的第三者不是好的第三者。"

22

"她去见沈小迎了。"他说。冉咚咚与邵天伟飞快地对视一眼，心里嘀咕原来沈小迎没说实话。他说她想去见沈小迎的念头早已有之，但一直不敢去，生怕发生冲突。去年八月的一天早晨，她打扮得像个贵妇人似的走进来，身穿白色长裙，脖子上戴着铂金项链，头发做成微卷的金色，金色的手包，金色的高跟鞋，看上去金光闪闪。她说她要去见沈小迎，能不能帮她开车？我说我只不过是你的一名听众。她从手包里掏出一沓钱轻轻地放到桌上，说我请你，可以吗？我轻轻地把钱收下，因为收了钱我就是司机，不收钱我就是帮凶。路上，我说有这么多钱你可以请一辆豪车。她说今天太关键了，关键到可能是我这辈子的最关键，所以必须坐熟人开的车心里才踏实。停了一会儿,她说也许是为了方便逃跑,万一发生了冲突。我说没有必要就掉头回去算了。她说你给我闭嘴。她火气挺大的,我想这就是收了钱的报应。

在她的引导下,我把车停到了第三幼儿园停车场一辆红色轿车旁。那是一辆普通的轿车,价钱都没我开的这辆贵。她能把时间地点拿捏得这么精准,之前一定做过不少功课。九点二十分,沈小迎从幼儿园大门走出来。她衣着朴素,低着头,仿佛发狠要把自己淹没在人群里。虽然她的着装跟夏冰清的有天壤之别,但我一看就知道夏冰清输了。夏冰清穿的是晚礼服,与停车场不搭。出门时我想提醒她,她的优势是年轻与活力,应该穿休闲装或运动装。如果她参考一下电影《情人》女主角简的扮相,那沈小迎的小心脏没准会颤抖。可我不想让她讨厌,就把建议像咽口水那样咽下去了。她不会喜欢我的建议,就像大多数人不喜欢别人提意见。九点二十五分,沈小迎走到红色轿车旁。夏冰清开门出去。沈小迎扭过头露出惊讶的表情。她说我是夏冰清,想找你聊聊。沈小迎打开车门,说上来吧。夏冰清从后门钻进去,沈小迎坐驾驶位。她们在车里谈了五十分钟。然后,夏冰清下车,沈小迎开车离去。夏冰清在原地站了至少十分钟,仿佛在重温或消化刚才发生的一切。我开窗叫她,她慢慢地走过来,沉着脸一言不发,即便回到了半山小区也一言不发。

冉咚咚想为什么沈小迎对夏冰清不设防?说明她知道她,而且认出了她。第一次见面她就认出了她,背后肯定也做了不少功课。前次在局里询问,她口口声声说不知道夏冰清,看来我们都低估她了。冉咚咚问夏冰清跟你说过她们的谈话内容吗?他说开始她不说,我也不问,她差不多一个月没来公司了。一天晚上她摇摇晃晃地走进来,我照例给她煮了一杯咖啡。她问我想不想听她们的对话?我摇头,说那是你们的秘密。她说你必须听,听完我给你一个项目。也不看我的脸色,她直接点了点手机,播放。我没想到看上去傻乎乎的她,竟然偷偷地录音了。

“录音你有吗?”冉咚咚问。

“没有。”

“内容还记得吗?”

他看了一眼窗外,忽然有些伤感,用手掌盖住脸一抹,顺带抹掉了眼里的泪花。冉咚咚想也许是因为他看到了小区的入口而伤感,那是他第一次见到夏冰清的地方,也是他平时望得最多的地方,睹物思人,或是因为她们的对话太叫人伤感,他不想回忆?冉咚咚抿了一口,说你的咖啡原料是进口的吧?他点头,说开始是国产的,自从夏冰清经常来喝以后,我就换成进口的了。说着,他一口喝掉了半杯。

“我们继续吧。”冉咚咚期待地看着。

他说我只记得关键对话,不一定百分百的准确,但意思不会跑偏。话是夏冰清先说的,她说我跟徐山川的事你知道吗?沈小迎说你不是第一个来找我的女人。夏说我是第几个?沈说这事你应该问他,反正一个大餐桌坐不下,如果要让她们都有座位,那至少得有一间教室。夏说都是些什么人呀?沈说我一个合法的都管不了,你这个非法的还想管?夏说垃圾,怪不得他总说忙,原来是忙着翻牌子。沈说男人出轨就像国家搞外交,朋友越多越好,都是为了广泛传播自己的基因。夏说那你干吗不跟他离婚?沈说我要是跟他离了,他不就去祸害别人了吗?夏说他曾答应跟我结婚。沈说他也曾答应只爱我一个人。夏说他把我强奸了。沈说只有被认定了的强奸才叫强奸,否则都叫偷情。夏说你不在乎别人跟他偷情?沈说你不是我,怎么知道我不在乎?夏说每次争吵,他都说只要你同意离婚,他就跟我结婚。沈说凡是自己不愿意做的事都会推给别人决定,离婚,他怎么舍得?我帮他生了两个可爱的孩子,每天像用人那样伺候他,还不管他跟什么女人在一起。你要是跟他结婚,你做得到像我这样吗?夏说做不到,但你没管住他就意味着支持他。沈说我要是管住他,你还有机会勾住他的脖子吗?

录音沉默了十几秒。

沈说我不管他,是因为即使管也管不住,就像一个听不进意见的人,你提再多的意见那也只是讨恨,而且我知道人一辈子不可能只爱一个人。夏说只要我告他强奸,你们最终也会分手。沈说你有他强奸你的证据吗?夏说如果没证据,我拿什么底气来跟你谈判?沈说首先我不反对你告他,即便告他成功,也不影响我的生活甚至我的心理,但你也要想清楚,你今天为什么比那些打工仔上班族穿得珠光宝气?还不是因为他给你提供资金吗?再说告倒他,你有什么好处?资金链断了,名声坏了,不可能再跟他撒娇了。夏说我连命都不想要了,还在乎这些?沈说你不想要命,命早就没了,你用命来威胁是想要的更多,表面上你说不想活了,但骨子里你比谁都想长命百岁。你来找我也不过是想搏一搏,来之前你就知道在我这里得不到任何东西,弄不好会撞上我的怒骂,弄好了也许会得到一点心理安慰。你自己都没意识到你不想跟他结婚,从你对他交什么女朋友的关心程度就可以判断他不是你能容忍的,一旦折腾到能够结婚,你做的第一件事就是抛弃他或背叛他。你不明白你想折腾的人其实是你自己,你更不明白你不肯原谅他本质上是不肯原谅自己,因为他能强奸,你肯定也有责任,你当时可以逃脱或者你是自动送上门去的,为减轻自己失误的心理压力,你会不断夸大对方的错误。

安静了一会儿。

夏说你不知道他有多坏,我要是你,早跟他离一百回了。沈说可你为什么又愿意嫁给一个坏人?夏没回答。沈说离了又怎样?只不过是把这个男人换成那个男人,而那个男人跟你结婚后也注定会伤害你，与其不停地换人来伤害，还不如就让一个人伤害。婚姻不破的秘诀是相互适应的人在相互适应，而不是靠别的什么来维持，如果你聪明，你不是跟他要婚姻，而是跟他要钱。夏说他的钱不就是你的吗？沈说反正他都要满世界撒钱，撒给你总比撒给别人好，至少你让我看着不那么讨厌。夏说既然你对婚姻看得这么透彻，那就跟他离了呗，让我这种还抱幻想的人管他几年。沈说我没问题，只要他愿意签字，但我知道他舍不得我，人与人长久依赖的东西不是身体而是灵魂，能用钱追到的一定不会用感情。我知道你来找我不是他的主意，他要是知道你这么做，对你的态度肯定会一百八十度地转弯，不信你告诉他试试。

吴文超说我记得夏冰清沉默了好久，沉默到我以为录音结束了，没想到后面还有声音。她们还说了不少废话，多次停顿，但废话我一个字都记不住，精彩的句子我确信基本保留原样。听了沈小迎的分析，我两边的太阳穴都震麻了，脸上一紧，仿佛有人在给我拉皮。沈小迎的清醒理智淡定让我迅速路转粉，这才是真懂爱情的人，和她比起来，我和夏冰清的爱情观简直就是小儿科，虽然我们曾经开过三小时的研讨会。估计夏冰清也被沈小迎震蒙了，否则她不会在沈小迎离去后把自己差点站成一棵树，也不会上车后拉着脸不跟我讲话。

“对话中，夏冰清说有徐山川强奸的证据，可前面你说她为没保留证据而后悔，她到底有没有证据？”冉咚咚问。

“我不知道，她一时说一样，也许她是吓唬沈小迎的。”他回答。

“你的意思是她没有证据而只是吓唬她？”

“办案时，你们不也经常这样做吗。”

“夏冰清说给你的项目是什么项目？”

“她掏出一张银行卡，说密码是一到六，里面的钱可以买一辆中档轿车，但条件是我们公司必须帮她策划一个能让她跟徐山川结婚的方案。”

“你接收了吗?”

“虽然我没结过婚但我见过结婚,那是你情我愿的事,得亲自来,怎么可能靠别人策划? 她喝多了病急乱投医。我把卡退给她,她说我对你很失望。幸好我没接,否则第二天她酒醒后的主要工作就是想如何把卡从我这里要回去。”

“你喜欢夏冰清吗?”

“喜欢跟她聊天。”

“你们有过身体的亲密接触吗?”

“我要是跟她有身体上的亲密,她会什么都跟我说吗?”他冷笑,是那种没有发生又被怀疑的自嘲式冷笑。

他们一问一答,直到吴文超把该说的都说了,冉咚咚才停止。

23

邵天伟提出询问沈小迎。冉咚咚犹豫,因为她知道仅凭目前掌握的材料,没有把握从沈小迎嘴里掏到太多信息,但她在办公室走了七步后就同意了。七步内做出决定,是她从慕达夫那里学来的方法。她突然想见沈小迎,且想见她的念头越来越强烈。她对她的爱情观充满好奇,虽然她不完全赞同,但有些想法曾经在她的脑海一滑而过,只是因为自己的世界观异常强硬才没有保存它们。

邵天伟把沈小迎接到刑侦队。她脸色红润,精神饱满,身着点缀式镂空的 V 形竖领白 T 恤,灰色牛仔裤,白色名牌运动鞋,最显眼的是左手无名指上戴了一枚大钻戒。她是在强调她的婚姻吗?冉咚咚一边想一边跟她打招呼,说有些情况我们想跟你核实。她说没关系。冉咚咚说我们从其他渠道得知夏冰清曾去见过你,可你前次却说不认识她。

“你很漂亮。”她说。

冉咚咚心里一悦:“为什么答非所问?”

“我说的是真话还是假话?”

“当然是假话,因为我没你讲的那么漂亮。”冉咚咚情不自禁地撩了一下头发。

“如果这是一句假话,你觉得它有害吗? 就像医生跟重症患者说还有希望一样,有时说假话是勉为其难。我说不认识夏冰清是因为我不想谈论这个人,也不想蹚他们的浑水。我承认我在回避这件事。”

“可你误导了我们,是不是觉得我们特别好哄?”

“抱歉,我只考虑我的感受,忽略了你们的任务,但从现在起我知道什么就说什么,绝不隐瞒。”

冉咚咚播放吴文超的录音片段,即沈小迎与夏冰清的对话部分。沈小迎认真听着,珍惜每一个字。播放完毕,她轻轻地嘟哝:“这个傻妞,竟然录音,还放给别人听,嫌自己丢脸不够吗?”

“他的讲述准不准确?”冉咚咚问。

“漏了关键内容,夏冰清威胁我,说如果得不到婚姻她就告徐山川,如果告不倒徐山川她就做掉他。我说你们隔三岔五滚床单,竟然还没把怨恨滚掉? 她说睡多少那只是个量,她要的是质变,就是名分,哪怕结婚之后马上离那也是对她的一种尊重。她说强奸时他求她别告,她同意了;订合同时他说别把结婚写进去,她也同意了;现在,她能不能跟他结婚,就看我沈小迎的了?”

“你是怎么回答的?”

“滚,我只说了一个字。她打开车门钻出去,用力把门砸回来,好像那辆车是我。”

“她的威胁你跟徐山川说了吗?”

“没说,我始终坚持不过问他的私生活,甚至不谈论,这也是他爱我的一部分。”

“请你好好回忆到底说了还是没说?”冉咚咚连说两遍。沈小迎知道凡是她重复的地方一定是重要的地方。她沉思了一会儿:“真的没说。”冉咚咚不信,她认为这么严重的威胁沈小迎一定会告诉徐山川,至少会提醒他注意防范,更何况还可以达到挑拨离间的效果。冉咚咚想在这里停顿一下,用沉默告诉沈小迎这个回答她不满意。可沈小迎无感,她定定地坐着,像正在等待下一道考题的考生。邵天伟提醒沈小迎最好把知道的一次性讲完,以免犯包庇罪。她说她知道的都会讲,没有的不可能编造。冉咚咚发现从第一次问话到现在,沈小迎就像一支牙膏挤一点吐一点,而且要挤得非常到位,否则一点都不吐。

“徐山川的另外两个情人你也认识,可上次你却否定,撒谎好像是你的家常便饭。”冉咚咚说。

“我只见过夏冰清,别的一概不知。”

“但你跟夏冰清说找你的女人不止她一个,如果不是小刘小尹,那找你的人是谁?”

“都是瞎编的,我不想让她抱幻想,故意说徐山川有许多情人。眼不见心不烦,我要是去了解他跟谁谁谁,那除非是想跟他离婚抓证据,否则就是自己拿头去撞马蜂窝。”

这一句说得挺真诚,冉咚咚信了。她继续:“夏冰清说她有徐山川强奸她的证据,我们想跟你核实一下,她跟你说的强奸证据和跟吴文超说的证据是不是一样。”

“她没说具体证据……”沈小迎想了想,“她应该没证据,要不然早把徐山川告了。”

“我给你一点提醒,夏冰清的那个证据有镂空的花边,你再想想。”冉咚咚看着沈小迎镂空的T恤立领,忽然灵机一动。

“她真没跟我说过什么具体证据。”沈小迎眉头打结。

“那她为什么跟吴文超说?”

“这不是我能理解的范围。”

“你说徐山川强奸时夏冰清可以逃脱或者是自动送上门去的,这个你是怎么知道的?”

“我分析的,像徐山川那样的身体,稍微有点力气的女人都应该可以逃脱吧。”

“难道不是徐山川跟你说的吗?”

“如果他强奸了女人还好意思跟我说?除非他的脸皮是树皮。我说所谓强奸,并不认定他真的强奸。他又不缺女人,干吗要冒这个风险?”

“天生的?你说徐山川喜欢别的女人是天生的,为什么?”

“男人不都这样吗?”

“你是指所有的男人?”

“难道还有例外?”

“你结婚前知道徐山川有这个爱好吗?”

“要是知道,我怎么会跟他结?”

“你不是学心理学的吗,当时没看出来?”

“结婚前他是专一的,从他对我的态度推测,他出轨应该是我怀上老大的时候。初恋时我发现他有轻微的自卑,原因是他的长相。但我认为自卑处理好了就会变成谦卑,这一点被他公司的规章制度验证。他竟然把职工提意见列为奖励的第一条,说明他胸怀宽广。我爱上的是他的胸襟而不仅仅是他的胸口,但自从你们给我看了小刘和小尹的照片后,我才知道自卑终究是自卑,他的自信竟然要靠占有异性来确立。”

“透彻,”冉咚咚忍不住点赞,“你还知道与本案有关的其他信息吗?”

“我已经说得够多了,说的都与本案无关了。”

之后,再怎么问也问不出新的内容。沈小迎准备离开时冉咚咚想再测试她一下,说我开车送你回家吧?没想到沈小迎没记恨刚才的较劲,也不害怕单独跟冉咚咚待在封闭的轿车里。她几乎秒答“好呀”,并满脸欣喜,这欣喜即便冉咚咚怀疑是装的,也让她心里舒服。

冉咚咚开车,沈小迎坐副驾位。车过蓝湖大桥时,她们都看了一眼不远处的蓝湖大酒店,那是夏冰清跟徐山川经常约会的地方,也是疑似强奸案发生的地方。她们同时瞥了一眼酒店后,沈小迎敏感地认为冉咚咚有了心理优势,但她不知道那个酒店也是慕达夫背着冉咚咚开房的酒店。

沈小迎说你的丈夫是不是出轨了?冉咚咚心里一惊,连车子都仿佛晃了一下,但嘴上却说为什么问这个问题?她说我从你问我的问题里发现你的丈夫肯定出轨了。冉咚咚说你太自以为是了吧。沈小迎说自以为是的是你,你不信任别人,敏感多疑,对自己的能力估计过高,具有将周围和外界事件解释为“阴谋”等非现实性观念,因此过分警惕和抱有敌意。跟你第一次见面,我就怀疑你患上了偏执型人格障碍,今天你的表现证实了我的判断。做女人别那么拼,再拼就拼出心理问题了。冉咚咚不得不佩服她的洞察力,但不想让她占上风,便问她你对徐山川真的不计较?沈小迎说早已云淡风轻。冉咚咚说就像坐跷跷板,你不可能任由他把你跷到天上去,你能把你这一头压下来让跷跷板保持平衡,心里一定有个巨大的秘密,只是我暂时还没发觉。她忽然笑了起来,说那你去发觉吧。冉咚咚说总有一天会真相大白。

24

第三天傍晚,徐山川在游泳池与吴文超秘密见了一面。经过对吴文超询问,冉咚咚得知徐山川找他是打听夏冰清跟他说的强奸证据是什么。吴文超当然不知道。这是冉咚咚的一次试探,她试探出三个结果:一、徐山川担心证据,说明强奸确有发生;二、沈小迎并不是她说的那样不与徐山川交流有关夏冰清的信息;三、吴文超说谎,他其实认识徐山川。

当吴文超听到自己的行踪被掌握之后,吓得肩膀一直耸着,仿佛这么耸着才能夹稳脖子。他两手插在双腿之间,全身微颤。冉咚咚问他在夏冰清的录音里听没听到她对沈小迎的威胁?他说听到了,听到她说如果告不倒徐山川就做掉徐山川。冉咚咚问为什么要隐瞒这一条?

他说夏冰清的那张银行卡我退不掉。我把卡推过去,她把卡推过来,推得卡都发热了。她说要么策划一个让她跟徐山川结婚的方案,要么策划一个除掉徐山川的方案。我吓得差点尿了,她却悠闲地喝着热气腾腾的咖啡,就像叫我去削一只苹果那样若无其事。内心里我想收下这笔钱,因为公司效益不好,太缺钱了,但台面上我却不能,我知道一旦收钱,我们无所不谈的状态就会被打破,聊天关系立刻变成合同里的甲乙关系。我一直享受我和她的纯聊,它已经是我精神生活的一部分,尤其对方是一位各种条件都大大优于自己的美女。我不敢有非分之想,她也看不上我,这种落差恰恰造就了我们的无利益交流。她认为我不过是一只耳朵,我认为她就是一张嘴巴。但认真计较,彼此还是有利益,比如我多看她几眼心里高兴,高兴是不是也是一种利润?又比如她多说几句,排泄郁闷,那么她排泄掉垃圾情绪是不是也是利润?世界各国不都在寻找垃圾处理国吗?只要各自都觉得舒服,我认为利润就产生了,只不过这种心理获得无法兑换成现金,却也是现金兑换不到的。从这个角度思考,对不起,我刚才说的纯聊可能是假话,也许这个世界上根本就不存在无利益关系,包括聊天。我把收钱的心理慢慢地建构起来,差不多就默认了,但小心脏忽然一抖,立即把意念飞快地缩回,因为我无法完成她交给的任务,无论是让他们结婚还是把徐山川做掉。我说我不收卡,只收现金。我这么说,是想给她留一个冷静期,相信她在取现金的过程中一定会撤销她的想法。

仅隔两天,她就把一包现金甩到桌上,虽然没有她给卡时说的那么多,但也足以让我肾上腺素分泌增加。我说公司只能做好事不能做歹事。她说让徐山川跟她结婚比除掉他不知难多少倍,从公司的完成度考虑,最简单的办法就是把他除掉。说这话时她双目放光,抬头看着天花板,好像结局就挂在天花板上。之前,我一直以为她只是耍耍嘴皮子,变相撒娇,没想到她来真的。我问她为什么非得走这一步?她说为民除害。那天在车上,沈小迎跟她说她不是徐山川的唯一,她不信,以为沈小迎是故意灌水,稀释她和徐山川的感情,但事后她悄悄调查跟踪,发现徐山川不仅跟小刘小尹约会,还三天两头叫三陪女上房服务,有时小刘或小尹刚离开,他这边三陪女就叫上门了。她说由此联想,徐山川在她离开后也一定叫过三陪女,仿佛点菜想来一道就来一道,她都不晓得哪一道才是他的正餐。

“徐山川叫三陪女是在哪个酒店?”冉咚咚打断吴文超的讲述。

“夏冰清说蓝湖大酒店。”

“请继续。”

他说夏冰清说徐山川跟她们说同样的话,做同样的动作,送同样的礼物，就像一个批发商。我说既然他这么渣，放弃算了。她说他把她毁了，所以她也要把他毁了，只有这样她才相信世界上有天理。老实交代，我在劝她放弃时心里曾闪过一丝担心，生怕她真的放弃了，公司赚不到钱。我招了五个人，快发不出工资了。

我思考了一个星期，看了好多全球策划案例，又到实地勘查，最后还是决定冒险接下这单生意。我征求夏冰清的意见，可不可以在徐山川生日那天做掉他？她说可以，并告诉我徐山川的生日是十二月十日。我说按常理，生日那天他会先跟家人办一个派对，等他应付完家人后你再约他出来，时间晚十点，地点蓝湖大酒店三楼朝北的房间。为什么选北面？因为南面是酒店大门，北面是封闭的空旷的草地，具体哪间房到时再告诉，但房间必须由你亲自登记，以免连累别人。一旦徐山川到达，你就设法把他引向阳台，趁热吻时用力一推，让他从三楼摔下去。她问从三楼摔下去会不会死？我说前提是头部先着地。她问你怎么保证他的头部先着地？我说我的策划不是让他死，而是让他摔伤后从此坐在轮椅上，这才是报复的最高境界。如果让他一下没了，他不仅不能体会你的报复，也不能体会他对你的伤害。你想想，有一个躺在床上不能动弹的人整天恨你，那是一件多么了不起的事。他只要恨你，每天就会分泌毒素伤害他自己，缓解痛苦的唯一良方就是忏悔。只要他想起对你的伤害，没准他会主动提出跟你结婚。她说他都那样了谁还跟他结呀？我说婚姻不是不论他将来富有或贫穷，无论他将来身体健康或不适，你都愿意和他永远在一起吗？她定住了，定了好久。我想她也许是意识到了自己的势利，甚至开始怀疑自己对徐山川的爱，但她马上转移话题，说她出钱请我办事，结果怎么还要她自己办？我说如果你不接受这个方案，那就把钱退给你，我不能为了你这十万块钱赔上性命。

她扭头看着窗外，想了几分钟，说她跟他同时摔下去，让警方相信这是一起意外事故,反正她早就不想活了,同归于尽虽然高看他,但为了不连累我必须这样。我说不管是推他或同时摔,其实都不需要我来策划或者帮忙。她说不一样,必须找一个人支持我,心里才有底气。说白了,她就是想找一个人监督她,怕自己坚持不下去半途而废。人在虚弱时特别需要别人的心理支持,就像虚弱的国家需要邦交国的支持。她问阳台有栏杆怎么摔得下去?我说我们会提前给栏杆做手脚。她说想摔利落一点,最好把房间订在三十层。我同意。她将信将疑地点点头,算是认可了方案。

25

吴文超说离十二月十日还有两个月,夏冰清竟然不喝酒了,从外面应酬或者办事回来拐到公司一坐,再也不谈徐山川,甚至怪话也少了,仿佛人之将死其胸宽广,或者她终于明白在生命面前,以前她计较的那些事只不过是鸡毛蒜皮。每次她来,我都问要不要毁约?她说NO。当时,我已经接了天乐县的天坑旅游策划,公司的资金有了补充,因此,我是真心希望她毁约,可她语气坚定面色平静。我揣摩她,到底是真坚定还是因为我的怀疑刺激了她才坚定?无法判断,她的话越来越少了,从话痨型变成思考型,整个人都仿佛提升了一个档次。

她先后说了八次"NO",十二月十日就到了。那天晚上她精心打扮,我开车送她到蓝湖大酒店,告诉她已经提前帮她预订了305房,她只管去登记就可以了。她问为什么不是三十层?我说高层没有外露阳台,有外露阳台的最高也就第三层了。她问如果摔不利落怎么办?我说本来就只让他摔成残疾,干吗要让他摔利落?她说她要跟他一起摔,必须确保她利落了。我说如果她摔不利落,公司会有让她利落的补充方案。

她登记住宿后，我请她在二楼吃一餐贵的，仿佛死刑犯吃上路餐。她吃得很少，就像说话那么少，脸一直绷着。我说现在仍然可以毁约。她又说了一次“NO”，前后加起来一共说了九次。她点了一瓶红酒，我和她对饮，但饮着饮着，她的眼泪就叭叭地掉下来。她说她对我说的话比对父母说的话还多，没想到她那么信任我，我却糊弄她。这么大一个城市，不可能找不到高层有外露阳台的酒店，即使找不到，那找高一点的酒店顶层露台总可以吧。从三楼摔下去，他们都会半死不活，这是她最不想要的结局。她认为我这么做是想逼她放弃计划，也就是说我只帮她订了一个房间就赚到十万元策划费。我说能留住两条命比赚多少钱都划算，只要她放弃，我立刻退钱。她说不是钱的问题，而是她还能相信谁的问题。我说有的事不能说得太早，否则没效果，对一个人的评价，晚几个小时也许就完全相反。但任凭我怎么解释她都不信，她甚至说出了交友不慎。

没办法，我只好提前带她进入305房。时间是晚九点，离徐山川到来还有一小时。她走到阳台上，开灯，灯没亮。我告诉她已经收买了电工，整个北面今晚都不开灯。她推了推栏杆，栏杆一动不动。她说原来连这个也是骗她的。我让她往下看，下面一片漆黑。忽然，阳台正下的草地上，一个特制的蛋糕状气垫渐显，气垫四周彩灯流转。她问我到底要耍什么宝？我说这个气垫是预备他们摔下去时接住他们的，但如果他们不敢摔那它就是一个道具。接着，一百支蜡烛被点亮，它们被一百个人捧在手心朝气垫方向聚拢，看上去仿如闪烁的群星。她惊讶地看着，还没等她惊讶完，一束追光落到阳台上。她突然给了我一个拥抱，仿佛是对刚才误会的补偿。这时，一个点着蜡烛的大蛋糕从405房窗口缓缓放下，停在她眼前。追光灯以及气垫上的彩灯此刻全灭，蛋糕上的烛光照着她红扑扑的脸庞。我说你先预演一下,蛋糕还备了一个。她对着蜡烛用力一吹,面孔一闪即灭。顿时,草地上响起合唱:“祝你生日快乐,祝你生日快乐,祝你生日快乐啊,祝你生日快乐……”她激动得不停地抹泪。我说我策划的不是让你们死,而是给你们做一场生日秀。她说吴文超,你干吗不早说。我说剧透了就没有震撼力了。她说没关系,待会儿徐山川来了,你照着做一遍就算完成任务。

晚十点,徐山川准时到达。我和请来的临时演员们坐在酒店北面的草地上,等待他们从房间走到阳台。十点半,阳台上没动静。十一点,还没动静。我发了一条短信给她:“姐,到底还死不死?”她回复:“徐山川不想死,你们撤了吧。”我们又等了一个小时,阳台仍然没有动静。我叫演员和工作人员全撤,只留下那个气垫和我。我坐在离气垫二十米远的地方看着阳台,生怕他们争吵,生怕他们忽然从上面摔下来。

黑漆漆的草地漫长地黑着。我喂了一晚上的蚊子,看见草地上那片黑像兑了水,渐渐变成灰色,又渐渐变成了黄夹绿。天亮了。早八点,夏冰清一个人走到阳台,先是看见气垫,然后再看见我。她朝我挥挥手,我才提着折叠椅离开,直到这时我的心里才算踏实。因为收了她的一笔费用,而且利润丰厚,怕你们让我去税务局补税,所以上次就没交代这一段。十二月十五日,夏冰清到公司来喝咖啡。她说那天晚上,徐山川不像以前那么放松,他对她开始警惕了。他害怕她设陷阱请人偷拍,死活不愿到阳台上。她只好跟他剧透,但他说动静那么大,他更不敢露面。

“夏冰清有没有跟你详细说过徐山川如何警惕她?”冉咚咚问。

“没有。之后,她来公司的次数少了,即使来也不像从前那么爱说了,她似乎对我也产生了警惕。”

“你有生日秀排练的视频吗?”冉咚咚问。

“有,但我答应过夏冰清绝不外传。”吴文超说。

“你必须提供给我们。”

吴文超沉默,心里一百个不愿意。

26

一周后的下午三点,专案组第二次询问徐山川。冉咚咚询问,邵天伟记录,王副局长和其他成员看监控。冉咚咚为缓和气氛,先说了一句:“好久不见了。”徐山川看了一眼手表:“不会太久吧,晚上我还有应酬。”

“你和夏冰清第一次发生性关系,是不是你强迫的?”冉咚咚开门见山。

“怎么可能?”徐山川轻轻拍了一下椅子扶手,“我和夏冰清是认真的,我们都已经商量结婚的事了。”

“第一次性关系你强没强迫她?”冉咚咚再问。

“没有。”他回答得很坚定。

“你说你们商量过结婚的事,但你们商量过结婚的时间吗?”

“时间无法确定,阻力来自沈小迎,她不愿意跟我离婚。我急了,就叫夏冰清直接去找沈小迎谈判。”

“是你叫夏冰清去找沈小迎谈的?”

“是的。”

“你知道她们的谈话内容吗?”

“沈小迎坚持不离婚。”

“还有没有别的谈话内容?”

“我不知道别的内容,她们都没告诉我。”

“你跟沈小迎谈过离婚这件事吗?”

“谈过两次。她说她从来不管我在外面的交往,何必折腾。这句话戳中了我的软肋。我喜欢简单,喜欢直截了当,无论是交友或办事。我不愿意在复杂的事情上浪费哪怕一分钟时间,吃饭时就连剥一只白灼虾我都嫌麻烦,家里的保险丝烧了我都会莫名其妙地紧张,有时我用力到出汗,是为了躲避那些要心机的人。沈小迎称这叫'简幻症',即对现实怀抱简单的幻想,就像婴儿期那么单纯,本质上是拒绝心理成长。没办法,我就是个'简幻',希望世界保持原样,家庭和公司井井有条,不出任何乱子。"

"既然你想保持原样,为什么还提出离婚?"

"因为我爱夏冰清已经胜过爱沈小迎。"

"你想跟夏冰清结婚的念头是什么时候产生的?"

他调整了一下坐姿,陷入回忆。他说结婚的念头产生于两年前,也就是跟夏冰清交往一年后。开始我只想把她当情人,没想到越跟她接触越爱她,哪怕分开两天也像分开两个月那样煎熬。她开始跟我交往也没想到要结婚,但越交往越想跟我结,她就像我爱上她那样爱上了我。她的眼睛是透明的,就像贝加尔湖的水那么透明,就像我派司机从四百公里远的森林里拉出来的山泉水那样没有一点杂质,整个人看上去干干净净。她年轻漂亮,身材高挑,单纯可爱有活力,比起生了两个孩子的沈小迎当然有优势。结婚是她先提出来的,她提出来时我很抵触,到底抵触什么我一度困惑,最后发现抵触是因为我知道离婚比登天还难,于是尝试跟她分手。我从两天见一次面调整到三天见一次,然后慢慢调到四天五天都不见她。但到了第六天,两人一见面就抱头痛哭,好像分开这么久不是自己的决定,而是敌对势力在阻止和破坏。事实证明,我和她分开六天就是极限了,于是我又把见面的时间从六天一次调到五天四天三天两天甚至一天一次。我一边拒绝她结婚的请求,又一边担心她会放弃。如果她放弃,我会觉得生活没意思,就像菜里没油盐,弄不好我会倒求她。你不知道,每天有个人在你耳边嚷着结婚,你的心里会非常自豪,自豪得就像是一个重量级人物。而一旦这种声音消失,你就会失落,失落得像是一个废物。不可否认,在跟她结婚这件事情上我表现得摇摆矛盾,但现在仔细掂量,想跟她结婚的念头多于不想跟她结婚。

“你爱她吗?”冉咚咚故意重复第一次问过的问题,试探他是否说谎。

“爱。”

“可前次你说只是喜欢,到底哪一次回答是对的?”

“这次。”

“她爱你吗?”

“胜过我爱她。”

“有没有她爱你的具体表现?”

他想了一会儿:“她受了许多委屈,但从来没拒绝我的任何要求。最难的是我让她找沈小迎谈判,我以为她不敢,没想到她竟傻乎乎地真去了,也不怕沈小迎扇她,这需要多大的勇气。去年我生日,她请人策划了一场生日秀,那是我见过的最漂亮的生日秀。我知道她爱我。”

“听人说过她想除掉你吗?”

“那是开玩笑的,她曾多次捏着我的鼻子或掐着我的耳朵,说不跟她结婚就把我除掉,她要是真想除掉我早就除掉了。”说着,他发出一句感叹,“爱到深处是假恨,恨到深处是真爱。”

“你知道她想告你强奸她吗?”

“我又没强奸她,她怎么会告我?”

冉咚咚播放夏冰清传给她母亲的那段录音——先是咚咚咚的敲击声,接着夏冰清:“喂,有人吗? 喂……”“这里好黑呀,放我出去,放我出去。”“我听到有人在笑。”“别把我留在这个盒子里,我好害怕。”又是一阵咚咚咚的敲击。“喂喂,我不喜欢这个地方,没人知道我死了。”“让我出去,我要和大家待在一起。”“哎……我逃不掉了,逃不掉了,再见吧,再见……”

徐山川微微低头,目光落在地板上。冉咚咚问:“你知道这段音频录自何时何地吗?”

“不知道。我是第一次听见。”他回答。

“听完这段录音,你想到什么?”

“一个密闭的空间。”

“这是不是面试那天夏冰清跟你单独待在包间时录的?”

“是吗?”他的眼珠子往上一轮,“我不记得她说过这些话了。”

“她跟你好了三年多时间,你发现她背着你跟别的男人好过吗?”

“没有,她感情专一,这就是我想跟她结婚的原因。”

“她算不算是一个放荡的女人?”

“不是。她很纯洁,很传统,经常脸红害羞。”

冉咚咚戴上手套,从布包掏出一个透明的物证袋递到他面前。他先是好奇,然后表情忽然凝固。她问:“这个你认识吗?”他揉揉眼睛,再看一遍。那是一件白色的女性蕾丝内裤,上面沾着血迹。“你见过吗?”冉咚咚追问。他摇头:“类似的见过,但这一件没见过。”

“这是你跟夏冰清第一次发生性关系时她穿的内裤。”

“我不记得了。”

“上面有你的精斑,血迹是夏冰清的,你强迫她之前她还是个处女。”

“我没有强迫,她是自愿的。”

“她是怎么自愿的?”

“她脱掉上衣,坐到我的大腿上,我没忍住,就吻了她。”

“一个你认为纯洁的传统的害羞的姑娘,在没有性经验的前提下,第一次见面就会主动坐到你的大腿上吗?她有那么放荡吗?”

他的脸忽地一沉,牙齿不经意地咬住嘴唇。冉咚咚说如果她是自愿的,她为什么要精心保存这条内裤?他不吭声,脸色越来越难看。冉咚咚放了一段录音:“今年清明节她回家住了三天。第一天晚上我就发现她的眼眶红了,问她出了什么事?她说爱上了一个有妇之夫,现在不知道该怎么办。我说离开他,重新找一个。她说离开他就便宜他了。我说我们家可不帮别人培养小三。她说她正在逼他离婚。我说我们家不要二手女婿。她说那你要我的命吧。我气不打一处来,有失望有绝望有恨铁不成钢,就扇了她一巴掌。我不知道她会遇害,我要是知道,宁可扇她妈也不会扇她,现在我后悔得都想把这只手剁了。”

“这是夏冰清父亲的回忆,你见过她父亲吗?”冉咚咚问。

徐山川摇头。冉咚咚又放一段录音:“无论我怎么劝,她就是不冒泡,直到第三天中午她才打开门。我们以为她想通了,心里那个狂喜就像死了的人重新活了过来。没想到她不吃不喝直接出门,在院门口打了一辆的士。我和她爸也打了一辆的士,追到蓝湖边。她下车,我们也下车。她站在湖边的石头上,身子虚得就像一张纸。我们怕她出事,冲上去把她拉下来。我们越拉她她越要往水里扑,也不知她哪来的力气,眼看就拉不住了,我扑通一声跪下。我说我们就你一个女儿,你看着办吧,你前脚跳下去我们后脚就跟上,如果你没了,我们活着看谁?她好像听进去了,一头扑到我怀里哭了整整两个小时。她说妈你放心,我会陪着你们活着。”

“这是夏冰清母亲说的,你见过她母亲吗?”冉咚咚问。

徐山川摇头,但眼眶微微发红,为了忍住泪水,他不停地眨眼睛,似乎要用眼肌的力量把欲涌的泪水逼回去。“你也许没意识到你对她和她的家人造成了多大的伤害。”说着,冉咚咚从皮套里抽出夏冰清那台红色电脑。他愣了一下,显然是认出来了。冉咚咚打开电脑,给他播放那段生日秀排练视频。当"祝你生日快乐"的合唱响起时,他泪流满面。

"除了她还有谁这么爱你?"冉咚咚说。

他摇摇头。

"赎罪吧。"冉咚咚递过一张纸巾。

他没接,用手抹了一把眼泪:"对不起,我确实强迫过她……"

第四章　试探

27

案件有了突破，冉咚咚想找人庆祝一下，第一个想到的人竟然是慕达夫。她为此自责，恨自己不争气，但又不得不承认她还摆脱不了他们多年来建立的精神依恋。中午，她给他发了一条短信："今晚不想回家吃饭。"这是一条普通得不能再普通的短信，却是她的一道测试题。他可以回答"好的""明白"，也可以回答"知道""那你去哪里吃"等等，但这些都不是她想要的答案。她静静地等待，其间还焦虑地抿了几口洪安格送的红茶。忽然叮咚一声，他的回复来了："晚七点，水长廊餐厅九号包间。"她微微一笑，对答案表示满意。

水长廊餐厅坐落在城市的内河边，包间临河的一面是落地玻，从落地玻看出去是清亮的河水以及两岸的树木与花草，远处野鸭浮水，近处游鱼弹跳，花草铺展在两岸。阳光斜照，拉长了树木的影子，密密麻麻的树影像窥视者挤扑到落地玻上。慕达夫带着电脑早早到达，一边看景一边写作一边喝茶。看景和喝茶是真的，写作只是做做样子。近期他的写作都是做做样子，写出来的文字不是言不及义就是生拉硬扯，凑字数，抄概念，看法平庸，才华仿佛从大脑逃离了。才华于他就像颜值于美女，是他取胜的武器。没才华他考不上博士，没才华他娶不了冉咚咚，就连他的尊严都是才华给的。一旦不能正常使用才华,他就急得嘴巴起泡牙齿疼。现在,他每敲出一个字就反感这个字,好像反感是写作的全部意义。那不是他想写的句子,却不是别人敲出来的,写一段删一段,最后只剩下一堆凌乱的想法,就连这堆想法也显得庸常,没一句能抓住自己,更别说抓住读者。智商为零,才华负数,就像那些花钱买版面发表的文章。有时他也想用字数来安慰自己,想放弃心手合一。凑字数虽然轻松,却让他感到虚无,甚至开始怀疑人生。于是,他把那些凑合的文字统统删掉,一行都不保存,生怕保存了会产生思考惰性,会重新粘贴回来。所以,每一次重写都是重新思考,认为会比上一次好。然而写着写着,他怀疑这一次未必能超过上一次,甚至还不如上一次,便把这次写的也删了,仿佛比上次删得更彻底。如此反复,他每天都没闲着,课题却毫无进展。他找原因,原因是注意力无法集中。他一面要应付冉咚咚的质疑,一面要完成课题,一面还要向唤雨和岳父母隐瞒他与冉咚咚的情感裂痕,就像隐瞒一件古董的瑕疵。

他合上电脑,专心喝茶,假装放空自己。他预感冉咚咚会提前到达,所以他比她更提前。这是谈恋爱时的小伎俩,他弃之不用已久,但自从冉咚咚怀疑他出轨后他又不得不把它捡起来,以挽救濒临破灭的婚姻。果然,下午四点冉咚咚就到了。她推门进来看见慕达夫时略略有些吃惊,没想到他会比她先到,为此,她暗自开心,甚至产生拥抱他的念头。但她的双手刚伸到一半就缩了回去,仿佛及时整改纠错,让他为了呼应她而伸出来的双手悬在半空,就像双方谈好的合同突然不签了那样尴尬。他们已经四年没有纯拥抱了,纯拥抱就是不带性的拥抱,这个他们恋爱时频繁使用的礼仪,在她职位提升后便如恐龙般自然灭绝。他甩着双手,想既然她拒绝拥抱,那就把拥抱当成今天必须完成的任务,也许他们之间就差一次拥抱,也许拥抱就是他们情感危机的救命稻草。拥抱在他脑海越来越膨胀，刺激他的记忆，让他想起心理学专家关于拥抱的结论，即拥抱有减少疾病，增加免疫力，减轻压力，满足肌肤渴望，提高体内血清素含量，平衡神经系统，抗衰老，抵御心脏疾病，减轻疼痛，缓解抑郁症状，减少对死亡的恐惧，辅助失眠与焦虑治疗，降低对食物渴求，是一种无言的交流，增强社会联结增进社会关系，提升自尊，放松肌肉，增进共情和彼此了解，增加愉快感，改善性生活质量，教会给予和接纳等二十一种好处，但现在他要加上一条“挽救婚姻”。加上这条就变成了二十二种好处，他忽然想起美国作家约瑟夫·海勒的长篇小说《第二十二条军规》，想起这个小说他笑了一下，而她却不知道他为何而笑，即便她是神探。为此，他又笑了一下，就像小时候躲猫猫不被同伴发现那样得意。

她几乎贴着落地玻璃窗坐下，仿佛连脑袋都想挤到玻璃外面。他以为她是贪恋窗外的风景，可她却是不想在面前给他留下足够容身的空间。他站在她身后，双手轻轻落在她的双肩。她扭了扭膀子，试图甩掉他的双手，就像要甩掉毛毛虫。他迅速把手拿开，拉过一张椅子，与她并排坐着。她在看流水花草和树木，目光最终落定在日光斜照的河面，他却在看她搭在扶手上的那只手。那只手真白，手指修长，皮肤虽然没十年前那么鲜嫩，但因为脂肪的略增却显出了贵气，一看就知道这是一只不操心家务的手，是一只营养丰富的手，就像五根长短不一的东北人参。他忽然有了一把抓住它的冲动，就像于连·索雷尔想抓住德·雷纳尔夫人的手那样冲动。但冲动一闪即灭，几乎就在他想起法国作家司汤达的小说《红与黑》的同时。他怀疑刚才的冲动是不是发自内心？也许仅仅是渴望模仿，也许连模仿都算不上，因为于连想抓住的是别人老婆的手，而他想抓住的却是自己老婆的。你确定真的有这个欲望吗？夫妻十多年了，即使抓住也跟抓住一团硅胶的感觉差不了多少。这么想着，他连拥抱的兴趣都没有了。

当没有任何企图的时候整个人就变轻松了，当整个人变轻松的时候机会就来了。她把椅子往后拉了拉，站起来伸了一个懒腰，还故意用胯部碰了他一下。如果她只是碰一下，那他消失的兴趣不会重启。但她一碰再碰三碰，意图再明显不过了。于是，他站起来把她揽进怀里。她没想到会有不适感，好像被冒犯了，就像陌生人侵犯了她的圆柱体，身体下意识地想挣脱。她越抗拒他搂得越紧，他搂得越紧她越抗拒，她越抗拒他就越想征服，眼看他的强吻就要成功，忽然她双手用力一推，说我们离婚吧。他吓得当即把手松开，就像订书钉松开稿纸。

他率先坐下，好像坐下得越快就越能快速摆脱尴尬。她抹了抹被他揉皱的衬衣，坐到茶桌的另一边，说抱歉，我有感情洁癖，容不得搂过别人的手搂我。他不作声，泡茶，把倒上茶的茶杯推过去。她端起来品了一口，说为什么你十几年只喝一种茶却不能只爱一个人？他仍不吭声，继续泡茶。他知道只要一吭声就会发生语言冲突，甚至产生语言暴力，那今晚这餐饭就吃不成了。对于她刚才的表现，他是这样理解的：一、她询问嫌疑人询问惯了，总是喜欢先声夺人虚张声势；二、她是刀子嘴豆腐心，所说并非所想；三、等案件破了，压力小了，她会慢慢变好。

她的这种脾气不是自带的，而是由时间和经历渐渐塑造。认识她那年她二十九岁，虽然她接触了一些案件，但都不是大案要案，她也仅仅是一名助理，即使天塌下来也有高个子顶着，压不到她。因此她是放松的，好像每束光都能一丝不漏地无死角地照进她的心房，整个人从内到外都通透敞亮。那时只要他下厨做饭给她吃，她会笑上十分钟，仿佛吃了笑药，说上二十句赞美的话，像个美食评论家，哪怕他的手艺一般她也会把他夸成特级厨师，就像他评价作家们的作品。但是现在，即便他连续做一百餐可口的饭菜，也听不到她半句的鼓励。她已经习惯了，习惯于他的习惯，且把他所做的一切视为理所当然。

结婚前半年,他们坐在新装修的房子里讨论婚后的家庭分工。那时,房子里还弥漫着墙灰、油漆、橡胶以及塑料的混合气味,某些线头还裸露在电插盒的外面,角落堆着几块用剩的瓷砖,刚挂的窗帘半合半开,每束灯光都异常明亮,一切都预示新生活即将开始。他说为了保护她的双手,他负责下厨洗碗。她说她也不能闲着,负责买菜拖地摆弄洗衣机。他说他负责擦窗户辅导孩子学习。她说她负责生孩子。后来,由于她工作实在繁忙,除了生孩子是她亲自,其他家务都由他亲自了。虽然家务她不能顾及,但拥抱亲吻她一次都没少,而且都是她主动,仿佛那是超出他预期的高稿酬,瞬间融化他的疲累。由于亲吻频繁,他叫她"小狗",她叫他"骨架",意思就是她啃得他只剩下一副骨架了。想到这些,他摸了摸脸颊,仿佛刚刚被她吻了一下,接着轻轻一笑,生怕笑声太大惊跑了美好的往事。她问笑什么?他没回答,就像询问时他拥有沉默权。他想回忆真是个好东西,好得都让他忘记了眼前的环境和人物。看着他走神的表情,她想刚才的反应过度了,毕竟他还是自己的丈夫,在没离婚之前彼此还拥有使用对方身体的合法权利。但她不想马上妥协,希望通过沉默过渡,使接下来的面对面不显得那么尴尬。本来她就不是为了尴尬而来,一次为了庆祝的聚餐竟然被她活生生地变成了斗气的见面,她恨自己怎么会变成这样。

变化是从五年前开始的,他想,当时她已升任分局刑侦大队副大队长,领导要她负责侦办"任永勇案",这是十年前已经结了的案子,但经过她重新调查,发现"自杀"实为"他杀"。三年前她又接办了"梁萍失踪案",把一个五年都没破获的案子给破获了。偶尔她会谈论凶手的暗黑心理以及作案的残忍手段,常常听得他脊背发凉食欲不振,仿佛不是她在讲述案件,而是案件透过她的身体在讲述。虽然"两案"使她成名,但也让她的身心发生了自我意识不到的微妙的变化。她变得不注意他了，连唤雨在她心目中似乎也不那么重要了，仿佛使命发生了转移。她能记住案件的每个细节和日期，却常常忘记她答应过的买菜、到学校接唤雨以及参加亲人们的聚会。在办案最紧要的关头，她一度连唤雨的名字都叫不上来，而只叫她女儿。他不知道这是办案的压力使然还是案件的内容使然。反正她与他的欢娱次数逐步递减，亲热指数几近跌停。在别人面前她还是她，彬彬有礼和蔼可亲优雅得体，但在他面前她变得多疑敏感易爆，看他的目光像两根直直戳出来的棍子，仿佛他是她的嫌疑人。

“知道今天为什么约你吗?”她打破沉默。

“抓到凶手了。”他回答。

“你怎么知道?”

“因为你说过破案了才有精力跟我扯离婚的事。”

她忽然对“离婚”两个字产生反感，尤其当这两个字从他嘴里吐出来的时候，读音是那么别扭，字形是如此丑陋。她发觉虽然她认可这种行为，却不认可这两个字，仿佛这两个字的危害远比行为可怕。她迟疑了一会儿:“凶手还没抓到，只抓到了一名强奸犯。”

“既然还没抓到凶手，那就不能……”他也讨厌那两个字。

“凶手就是强奸犯，迟早他会承认。”

“那就等他承认了我们再商量，以免你办案分心。”

“对我来讲他承认强奸比承认杀人还重要，要是他没强奸，夏冰清就是插足别人家庭的第三者。我讨厌第三者，却要为我讨厌的角色去复仇。于公，我必须执行，这是我的使命;于私，我的心里就像打翻了油盐酱醋茶。因此，从办案开始我就特别在意他强没强奸。他强奸了，夏冰清就是双重受害者，我为她复仇的动力就更充足。他终于解决了我办案的伦理纠结。”

“无论你怎么想，我都支持你。”

“离……离婚你也支持?”

“不支持,因为你离的理由不成立。”说着,他从电脑包掏出三张证明,谢见成、贺绍华和鲍朝柱分别在证明上按了手印,他们都证明四月二十日和五月二十日这两天与慕达夫在酒店打拖拉机。瞥了一眼三枚鲜红的手印,她说那贝贞呢,你怎么解释?他掏出一封洪安格和贝贞的联署来信,他们在信上说贝贞是一位十分爱惜自己名声的作家,如果冉咚咚执意怀疑造成贝贞名誉损失,他们将保留起诉的权利。冉咚咚来气了,说只要几杯酒,你就可以收买他们按手印,别拿这些材料来糊弄我。

“难道你办案取证也是用几杯酒收买的吗?”

“两码事,用你们的行话来比喻,我们的取证是严肃文学,你的取证是通俗文学。”

28

虽然喝茶在斗嘴,吃饭在斗嘴,回来的路上也在斗嘴,但当他们洗完澡躺在床上时却突然啪啪起来,像暴风骤雨般猛烈,仿佛这是最后的亲热,能做一次赚一次,彼此都在榨取对方。对她而言,这不是单纯的身体愉悦,而是为办案取得阶段性成果的庆祝;对他而言,这不仅是修复关系的契机,也是憋了三个月后的一次身体释放。反正在这件事情上,两人都得到了利息或者说附加值。幸福来得太突然,他本以为会像昨晚前晚以及近期的无数个夜晚那样,熄灯无故事,却没想到她忽然说一个男人长期不碰老婆,你会相信他没有情人吗?简直就是勾引,他本能地碾压过去,碾压了好久他才想起一句台词,但他没说,生怕她把他推下来。他的台词是:“一个女人长期不让老公触碰,难道你不怀疑她有病吗?”

事毕,她问他为什么这次不喊“美”?他想没喊吗?没喊,连自己都感到惊讶,好像身体有个自动预警系统,知道眼下喊不得,但他却没法回答。“为什么?”她仿佛看穿了他的心思,穷追不舍。他说可以不回答吗?她说不行。他说讲真话怕你生气,讲假话我有心理负担。她说只要讲真话,什么事我都能原谅。他不停地吞咽口水,仿佛要把那句即将奔涌而出的话咽下去,又仿佛在评估她的承诺是真是假。他不停地吞咽以延缓时间,又害怕这个伎俩被她识破,以至于怀疑自己患上了吞咽强迫症。她说这是一次你重新塑造自己的机会,错过了就错过了。他说如果你连我脑子里想什么都要翻出来看看,那我就一丝不挂了。她说我充满好奇。他犹豫,“说还是不说?”就像哈姆雷特的“生存还是毁灭”那样挣扎。她静静地期待,连呼吸都变得小心谨慎,连时间都变得漫长。他恨不得立刻睡去,只有睡去才可能摆脱眼前的困境。但她用胳膊肘拐了他一下,他吓了一跳,说好困啊。她说每当嫌疑人不想回答问题时也经常喊困,这是不合作的信号,我再给你十秒钟。她开始匀速倒数:“十、九、八、七、六、五、四、三、二、一。”仿佛听到当的一声,时间到了,他像被催眠似的突然渴望分享。他说我是在看了贝贞的小说《一夜》后才开始喊“美”的,想不到我的生活也模仿艺术。

“我问的是你这次为什么不喊。”她总能紧紧抓住主题。

“以前我喊是因为脑海里会出现别的异性,现在不喊是想让脑海里只出现你。”他以为会感动她,但她的注意力只在前半句。她问:“你的脑海里到底出现过谁?”

“都是一些似是而非的人物,就像鲁迅先生说的嘴在浙江,脸在北京,衣服在山西,是个拼凑起来的角色。”他想马马虎虎,却马虎不了她。她问:“是不是出现过贝贞?”他想说没有,但嘴里却回答:“出现过。”

“呵呵,”她似笑非笑,像抓到了关键证据,“原来你早就精神出轨了。”

“问题是我的脑海也曾出现奥黛丽·赫本,还有一些遥不可及的人,即使我想出轨,她们也看不上我,我也够不着她们。比如奥黛丽·赫本,她已于一九九三年一月二十日去世,再怎么想她,她也不可能活过来挑战你。假如每个人都像我这么坦诚,那就会承认这是一种正常的心理活动,我就不信你的脑海没出现过别的男人?”

“没有。”她本能地回答,但她说谎了。她的脑海当然出现过偶像,就在刚才还不合时宜地闪现洪安格,可她不想让他知道,以免助长他的胡思乱想。他不是傻瓜,研究文学作品即研究人性。

“你虚伪。”他说。

“女人跟男人不同。”她搪塞,但马上转移话题,“你爱我吗?”

“爱。”几乎是唯一答案,他不想纠缠,连话题也顺着她。

“怎么个爱法?”她刨根问底。

“就像《红楼梦》里的贾宝玉爱林黛玉,你喝药我先尝苦不苦,若有好玩好吃的第一个想到的是你,你要是生气,我就求爷爷告奶奶地哄你。你说我有外遇我就承认有外遇,你说我骗你我就承认是骗子,你负责命名我负责答应。幸亏你没叫我去死,否则我会像卡夫卡小说《判决》里的格奥尔格,一听到父亲的命令立马跑去跳河。”

“贾宝玉的爱你也信,他不是睡了袭人和好几个丫鬟吗?要是我没记错的话,他还跟一个名叫秦钟的男人上过床。”她差点惊呼起来。

“那也不能否认他对林黛玉的爱,也许他是通过爱别人来爱林黛玉,就像《霍乱时期的爱情》里的弗洛伦蒂·阿里萨,他所有的私通都是为了爱费尔米娜。”

“变态。我可不想看到你用那样的方式爱我。”

“爱有千奇百怪,但我爱你只有一种,就像电影《泰坦尼克号》里的杰克爱露丝,当逃生的浮板只能承载一个人的重量时,我会把生的机会给你。”

“好听,可惜没法检验,你能不能举一个稍微靠谱的例子?”

“就像你爸爱你妈,快七十岁了还手牵手去买菜。”

“一点都不浪漫,也不是爱情。你没看出来吗?你岳父一直嫌弃你岳母,背地里他们不知吵了多少架,我甚至怀疑我爸跟隔壁的阿姨有一腿。现在他手牵手是因为年纪大了,拿我妈来当拐杖。”

他想找一部夫妻爱到白发苍苍的小说来举例,但想了许久都没想起来。全世界那么多文学大师,竟然没人写过这个题材,抑或是我孤陋寡闻。作家们写得最动人的爱情都不是白头到老的爱情,要么是甜蜜的初恋,要么是错过的暗恋,要么是半路杀出去的别恋,要么是黄昏恋,反正没有一成不变的恋,是作家们没发现这一空白还是爱情本来就没法长久?他陷入沉思,脑海急速搜索。忽然,他想起迈克尔·哈内克自编自导的电影《爱》,这让他如获至宝。

“我会像乔治爱安妮那样爱你。”他说。

“怎么个爱法?”她还在重复她的问题。

“年过八旬的丈夫乔治和妻子安妮相依为命,他们不愿意去养老院,不愿意连累远方的女儿,相互照顾。安妮中风后失去生活能力,行走艰难的乔治在艰难地照顾她,帮她洗澡,喂她吃饭。安妮不希望被病痛和自尊心折磨,请求乔治结束她的生命。乔治不愿意,但他的力气越来越小,他怕自己死在她前面,没人能像他照顾她那样照顾她,便用枕头结束了安妮的生命。之后,他用仅剩的一点力气爬到床上,等待死神降临。”

“你做得到吗?”她抽了抽鼻子。

他感觉湿度上升,整个卧室像下起了毛毛雨。他伸手一摸,果然她的眼眶湿了。她被乔治和安妮的爱情感动哭了。他说最动人的爱情就是比你所爱的人多活几小时,哪怕是一个小时。

“你做得到吗?”她嘴里喃喃。

“我想,但得问你同不同意。”他说。

“干吗要问我?”她说。

“因为只有你才能决定我们能不能白头到老。”

她不接话。卧室仿佛睡着了,忽地安静下来。

29

怎么知道他还爱不爱我?她翻来覆去地想,想得膀子都有些微痛。如果他是一名嫌疑人,只要聊上一两个小时,我就大致能判断他是不是作过案,八九不离十。但跟他认识了十五年,共同生活了十一年,彼此说过的话如果印成书都可以装满一个社区的图书馆,熟悉他的程度绝不亚于熟悉自己的手指,为什么却越熟悉越陌生?是我的敏感度下降还是他隐匿得越来越深?抑或爱情本来就比作案复杂,根本无从查考?可当初,他对我的爱是看得见摸得着的,就像身下的席子,一摸就知道它是席子,甚至不用摸都知道。

他们谈了四年恋爱,第一年尤其甜蜜。自从他们在锦园书吧聊过冉不墨的非虚构作品之后,见面就越来越频繁了,在餐厅,在电影院,在公园,在她家,在他的住所。哪怕只有一小时的空闲,他们也会迫不及待地选择中间地点,或一抱或一吻,便各奔东西,虽然他们像两只台球一碰即分,但每天不这么碰一下他们都像欠觉似的整天打不起精神。每次见面他都提前到达,她不到他不进门。一次,她从后门进入餐馆,隔着落地玻看见他站在前门等。画面实在是太美,他的背部竟长出一束红白蓝相间的野花,细看,原来那束野花捏在他背着的双手里。他伸长脖子，留意从他面前驶过的每一辆车，好像她会从任何一辆车里冷不防地跳出来。他走过来走过去，偶尔把花拿到面前一嗅又飞快地藏到身后。半小时过去了，她坐在里面静静地看，他站在外面耐心地等。她想考验他到底能等多久，没想到他等了一个小时还在走过来走过去，目光始终盯着停车场入口，连个电话也不打，无论等多久他都不会催她。他相信她迟到一定有不可抗拒的原因，也许是手头的工作还没干完，也许突然接到任务，也可能是堵车或打不到的士。

那时他舍得把大把时间浪费在她身上，哪怕他正在填课题表，论文写作正灵感四射，但只要听到她呼唤便立刻关掉电脑去陪她，好像她是案发现场，他必须第一个赶到。轮到她值夜班，只要第二天没课他就会赶过来。值班室不是恋爱场所，他不能进去，就坐在窗外那张条凳上，像一个刚刚被抓的等着问话的小偷。她接电话、打电话或整理记录时，他像摄像头静静地隔窗看着。她没事的时候他就跟她聊天，黑夜漫长，该聊的都聊了，他便给她讲文学。一年下来，他陪她十几个通宵，竟把一学期的现当代文学课讲完了，还兼谈了世界文学。她逛街，他跟着；她做头，他等着。她说你这么陪我不怕浪费时间吗？他说男人如果爱女人，要么为她花钱，要么为她花时间。此话像一枚钉子牢牢地钉在她的脑海，作为他曾经爱她的证据，至今都未生锈。

另一证据就是他为了适应她而努力改变自己，改变行为，包括试图改变性格。他很有信心，说如果我没达到你的择偶标准，请你千万别把标准降低。说罢，他竖起耳朵，以为她会说他早就达标了，没想到她不发合格证。他在自信心受到打击的同时也意识到自己高估了自己，换一种说法就是自恋或自大。虽然他在她面前已经夹起尾巴做人，但他的自大仍会在他松懈时霸气侧漏。比如他们偶尔谈起冉不墨的作品，他的嘴巴一撇，说垃圾。尽管他早就是批评界的一员，却不知道有一种批评叫儿女批评，即只有儿女能说父亲作品的缺点，别人概莫乱语，否则儿女会很生气。也就是说她爸的缺点只允许她讲，轮不到外人插嘴，如果外人非要置喙，对不起，那就请讲优点。因为那句“垃圾”的评价，她几天不跟他说话。他问她原因，她说你自己找。他找了两天，猜了不下五十个答案才终于找到。从此，他不再说冉不墨的半句坏话。一次，她表扬她的前任领导有水平，他没吸取上次教训，嘴一撇，说要是他有水平为什么会把两个积案让给你？他一点业务都不懂，怎么指挥你们？她说有本事你指挥呀。他忽地闭嘴，知道又犯了狂病。凭他的资源，即使不吃不喝奋斗一辈子，也轮不到他指挥。从此，他不再评论任何领导。朋友们聚会，他喜欢纵论天下大事，从外太空论到美国总统，似乎没有一件事一个人令他满意，好像宇宙必须交由他来掌管才有希望。她说又来了，有能耐你移民外太空，别在地球上混。他那个呛，就像吃了太多的芥末，捏鼻子皱眉头，好久都说不出话来。从此，他不再谈论宇宙，虽然这是他一直喜欢的话题。

恋爱四年她一直在戗他，仿佛她是上帝专门派来戗他的。但是他不知道，她戗他不是要反对他的观点，而是要刷存在感或想表现得比他聪明。想不到，接受批评他是认真的，他把她的每一句话都当命令，来单照收，坚决执行。虽然她为他轻易放弃观点和故意压制锋芒感到惋惜，但却从他迁就她的言行中获得巨大的心理满足。她知道要是一个人为你无原则地改变，那不是怕你就是爱你。他不是案犯，没理由怕她。其次，他改变了他的刷牙习惯，认识她以前他是横刷，认识她之后他是竖刷，自从改为竖刷，他的牙齿越刷越舒服。再次，他把酒给戒了，尽管为此他不惜掐黑大腿。他戒酒是因为她讨厌酒气，讨厌他喝醉后站在马路边像站在长安街似的大喊大叫，讨厌他一喝酒就忘记她在等他，忽略她的失眠。

30

他重新喝酒是在唤雨一岁之后，先是在家里喝，每次只喝一小杯，也不看她的脸色，仿佛可以不用看她的脸色行事了。偶尔他把酒杯递过来，问她要不要喝一口？好像这么一递就把她拉下水了，不但自己可以撕毁承诺，还能获得她的同意。那时，她的心思基本上转移到了唤雨身上，觉得他做家务写论文挺辛苦，喝一小杯也在情理之中，便默许了他的试探。但他的酒杯越变越大，就像小拇指变成无名指，无名指变成中指、食指、大拇指，最后变得和拳头一般大小。喝酒的次数也越来越密，从七天一次变五天一次，再从五天一次变三天一次。地点从家里切换到餐馆，人数由单数变复数。三天两头，他就以同事聚会、专家研讨以及请外来朋友为由，喝好了再回家。开始是晚八点回，慢慢地变成晚九点晚十点，甚至晚十二点。身上的酒气由淡变浓，一次比一次浓，一次比一次浓，最终让浓度恢复到了他戒酒前的水平，活生生把自己变成了制酒车间。

这味道她认了，连她自己都觉得奇怪，奇怪自己竟然可以对这股味道忽略不计，好像是嗅觉迟钝或是自己突然变得心胸宽广了。那时他们已相处五年多，他爱她，她信任他。信任就像一张通行证，人与人之间一旦产生，对方做什么都可以放行。唤雨刚出生那两年，她的父母暂时搬来同住，家务活他几乎插不上手。他说他不泡妞不赌钱，不搞腐败不竞聘院长，唯一的业余爱好就是跟朋友们打打拖拉机。其实打拖拉机也不是打拖拉机，而是了解社会信息，释放心里积怨，缓解写作焦虑，刺激做学问的激情，除了换换脑筋还相当于心理治疗。听他这么一说，她就觉得他帮家里省了一大笔钱，至少省了一笔心理咨询费，好像打拖拉机不仅包治百病还能帮他学术突破。她没反对,连反对的理由都懒得想。有时他在牌桌待得太久,她就打电话催他怎么还不回家。开始,他一接到电话立马丢下扑克,后来,他说打完这一轮就回去,再后来,他连解释都不解释,说一句“打牌打牌”便把手机挂了,就像说“开会开会”那样可以免于问责。她不但没生气,反而觉得他电报似的语言比冗长的甜言蜜语更可靠。她渐渐适应并喜欢上了他简单粗暴的语言,因为她知道这种语言是建立在互信的基础之上的,同时她也需要粗暴的语言来刺激慢慢麻木的神经,就像有时需要他粗暴的动作。

他的锋芒也在悄悄恢复或死灰复燃。评价朋友,他说:“从猿变成人需要两百五十万年,但你从人变成猿只需要一瓶酒。”结果,他把朋友给得罪了。评论单位领导,他说:“不懂装懂,越装越不懂。”结果,他把领导给得罪了。评论某位诗人,他说:“他再次证明诗歌是需要分行的。”结果,他把这位诗人给得罪了。他评价谁就得罪谁,弄得人人想跟他绝交。但他也有底线,那就是从来不评论家人,这被她理解为“爱”。爱是她的核心利益,只要他还爱她,她就能原谅他的任何缺点,包括恋爱时他为了讨好她故意压制的那些缺点。她不再戗他,既没了戗他的兴趣也没了戗他的资本,任由他的缺点反弹。她以为他能为她自律一辈子,没想到只为她自律了五年,也许不由时间决定,而是因为她生了孩子,他首先在生理上对她失去了兴趣,这与徐山川背叛沈小迎的时间点极其相似。对待妻子,男人是不是都一样?这么一想,她发觉过去也许都误判了。他打拖拉机是不想跟我待在一起,他喝酒是为了寻找刺激或者麻醉自己,他在外面滔滔不绝是为了弥补在家里无话可说。那个曾经跟我无话不说时时刻刻都想待在一起的慕达夫倒下了,另一个不想跟我说话不想跟我待在一起的慕达夫站了起来。她越想越不爽,甚至感到不安。

第二天下午,她跟邵天伟讨论完案件,忽然问他凭你的观察,你觉得慕达夫爱不爱我？邵天伟顿时蒙了，首先考虑的不是回答而是揣摩她为什么要问这个问题？是出现了家庭矛盾或是慕达夫犯了错误，抑或她是想跟案件类比？但无论她出于什么目的他都不愿回答，就用一个微笑试图蒙混过关。可她不允许他蒙混，目光直直地充满信任地满怀期待地看着他，看得他都不好意思不回答了。他说冉姐你连杀人犯都看得透透的，还看不透姐夫爱不爱你？她说我是远视症患者，越近越看不清。他想我见慕达夫也不过五次，两次在刑侦队组织的家属聚餐会上，三次在她的办公室，彼此客客气气从未深度交流，而她也从不在我们面前谈论他们的感情，这真是一道“哥德巴赫猜想”。

“我没谈过恋爱，看不懂。”他说。

“直觉，凭你的直觉。”她的眼神还是那么期待。

“我认为他是爱你的。”他想只有这么回答最保险。

“证据？”她说。没想到她会问证据，他突然卡带了。但他不想让她失望，说你每天穿得整整齐齐，面色红润，精神饱满，不像是没有爱情的人，虽然不知道谁爱你，但看得出有人爱你，也许还不止一个人爱你。想不到邵天伟会从这个角度回答，她胸口的闷胀感顿时消失，每个细胞都像解放了似的，心情变得欢快喜悦。尽管她怀疑他出于善意而说了谎话，但她喜欢并愿意相信这个答案，仿佛第一次意识到一个好的答案对于抑郁者有多么重要，难怪人人都想听好话而不在乎它的真假。她不能免俗，却也有与众不同之处，那就是她没有百分之百地相信，“质疑”始终在跟“相信”缠斗，这让她的心情像墙头草那样摇摆，时而愉悦时而郁闷。

31

星期天上午是冉咚咚的“亲子时间”，她坐在阳台上为唤雨梳头。她不忙的时候唤雨由她打理，一旦她突击办案，打理唤雨的任务就交给了慕达夫，但即使再忙她每周也要抽出半天时间跟唤雨独处，一边尽母亲的责任一边检查慕达夫的"作业"。唤雨的头发干干净净，没有一丝头屑，说明这周慕达夫给她洗头了。唤雨的耳背和耳眼没有污垢，说明慕达夫每天都督促她洗澡了。唤雨的手指甲和脚指甲不仅剪得很短，而且还打磨得很光滑，一看就知道是慕达夫的手艺，这门手艺恋爱那几年她也曾享受过。唤雨的右食指和中指上有五点新旧交替的洗不掉的墨迹，说明她每天都做功课了。由此可见，慕达夫照顾唤雨算得上优秀，现在就看唤雨的心态经不经得起评估。她问唤雨爱不爱妈妈？唤雨说爱，说完在她脸上响响地亲了一口，亲得她都想融化。唤雨的表情是透明的，仿佛雨后湛蓝的天空一尘不染。她问这星期爸爸骂过你吗？她说爸爸才舍不得骂我呢。她问唤雨爱爸爸吗？她说爱。她问爸爸爱妈妈吗？她说爱。

"你怎么知道爸爸爱妈妈？"

"爸爸每天都给你留菜，总是挑最好吃的留给你，留得特别多。你回家他吃两碗饭，你不回家他只吃一碗。"

"乖。"她把唤雨紧紧搂在怀里，开始她觉得搂住的只是唤雨，但搂着搂着就觉得慕达夫好像也被搂进来了，一家人像粽子似的被绳子紧紧地绑在一起。忽然，一阵风吹过，吹得她心里痒痒的，也吹得头顶上挂着的两排衣服哔叭哔叭地响，那是昨晚洗干净的他们一家三口的衣裳。她抬头看去，看见慕达夫的一条内裤破了一个小洞。但她越看那个洞越大，大到她羞愧得想从那个洞里钻进去。她想我没有尽到妻子的责任，于是马上掏出手机，在网上匿名给慕达夫刷了五条名牌内裤，留下他单位的地址。这下，悬在头顶上的那个洞渐渐缩小了，小到她几乎看不见。

五天后的傍晚，慕达夫和唤雨回到家时，看见餐桌已经摆上了热气腾腾的饭菜。唤雨叫了一声妈妈，冉咚咚从厨房里走出来。慕达夫问怎么下班这么早？她说特殊情况。他瞥她一眼，发现她的脸色铁青，不像是个好的特殊情况，但他不敢问，生怕一言不合便辜负了一桌饭菜。于是，吃饭时他小心翼翼，聊的都是和唤雨有关的话题，尽量营造欢乐祥和的春节似的气氛。饭后，他洗碗她拖地，他辅导唤雨做作业她开洗衣机洗衣服，两人一唱一和，仿佛又回到了当初她不忙时的生活状态。然而，当唤雨睡下，当他们都进入卧室，他发现她偷偷吃了几粒药。他问到底出了什么状况？她假装没听见或者真的没听见。他担心，一问再问。她说你又解决不了，问那么多干吗？他说也许能帮你解决呢？她说徐山川翻供了，你能让他不翻供吗？他说不能。她说王副局长让我暂时不负责这个案件，你能让他撤销决定吗？他说不能。她说由于证据不足明天就要把徐山川放了，你能不放吗？他说不能。她说你怎么这么无能？他知道这一句不是说他而是说她自己，仿佛她不是在跟他对话而是自言自语。她说就像把鱼放到了砧板上鱼却从下水道跑了，就像爬山爬到一半突然被人推了下去，更形象一点，就像我们正在亲热我却忽然把你推开了，你说遗不遗憾？

“前次在蓝湖大酒店你不正是这样对我的吗？”他说。

“我不是要你举例，而是问你遗不遗憾？”

“遗憾，也不遗憾，”他说，“遗憾的是坏人逃脱了，不遗憾的是你可以趁机调养身体，好好休息休息。”

“干我们这一行的，只要凶手没抓到就不可能安心睡大觉，就像你惦记没有写完的文章，猫惦记跑掉的老鼠。”

“徐山川是怎么跑掉的？”

她一愣，定定地看着，犹豫要不要告诉他。她把他从头到脚透视一遍后，说徐山川讲我询问时使用了不正当手段，还讲我出示假证据诱供。他说徐山川讲的情况属实吗？她说为了找到真相，有时必须采取手段。他忽地担心起来,说你采取了什么手段?不会因此丢掉工作吧?她说我只不过出示了一条女性的蕾丝内裤。“内裤?”他无意识地说了两遍。她想他一定收到她给他网购的内裤了,但他没有拿出来。“难道内裤是假证据?”他问,仿佛一语双关。她说要是我不出示那条内裤,徐山川就不会承认自己强奸过夏冰清。他由此内裤联想到昨天下午四点钟收到的那五条内裤,到底是谁给我买的?难道是冉咚咚?不太可能,她已经五年不给我买衣服了,即便买她也不可能留我单位的地址。会不会是贝贞给我买的?很像,但我又不能打电话或发短信去问她,万一不是她买的就闹笑话了。她发现他开小差,说你在想什么?他赶紧把思路收回来,庆幸刚才联想时脑海冒出过一个问题,现在可以拿出来救急。

“你怎么知道夏冰清内裤的颜色和款式?内裤又不是你买的。”

问得很专业,她想,经过我这么多年的熏陶他似乎也懂得办案了,但他问过之后目光没有追过来,甚至有些躲闪,是心虚还是不需要答案?她在等待他的下一个反应,没有,他好像把自己问的问题忘了。她说内裤的款式和颜色是夏冰清母亲提供的,因为平时都是她决定夏冰清穿什么,更何况面试那天夏冰清回家后自己洗了内裤,这是从来没有过的现象,所以被她母亲牢牢记住了。要想别人不知道,最好的办法就是别做,否则迟早会被揪出来。他听出了话里有话,但不知道她的具体所指。现在他最担心是她负责的案件忽然不让她负责了,就像跑步比赛正准备冲刺却被裁判叫停,她怎么咽得下这口气?她的情绪一定会失控,就看什么时候什么地点什么诱因了。想到这里,他赶紧给她竖起大拇指,连说三声“厉害”。他知道表扬就相当于给她吃药,可惜没有疗效,她已经发现他的表扬只是应付而不是发自内心。

32

醒来已是上午十点，家里似乎没有一点声音，他们都出门了，一个上学一个上课。窗帘虽然闭着，却看得见阳光落在窗帘的那一面，就像落在山的另一面，光线很亮，远远地就感觉到热。天花板上有几条细小的裂纹，圆形的顶灯周围有一条断断续续的褐色的边，似乎由灰尘和细小的虫子组成。要在平时，她会马上起身把那个褐色的圈擦干净，可是现在她不想动，甚至想就这么躺下去，一直躺到生命的终点。昨晚，她靠药物帮助睡得挺沉，沉得脑袋现在还沉甸甸的，仿佛戴着一顶十公斤重的头盔。这是她负责"大坑案"后唯一一次睡到十点钟不起床，表面上获得一次充分的休息，实际上头皮越来越紧，久睡不仅没有让她放松，反而把身体的每块肌肉或每个脑细胞都拧紧了。过去一踏进家门她就强迫自己别去想案件，尽管做起来难上加难，但在她自我的强迫下基本上可以保证睡到床上时不想。可是现在，这张床却像案件充电器不停地给她充电，让她脑海里塞满了关于案件的各种信息，塞得连一个气孔都不剩。

中午，慕达夫从教工食堂打了两份饭回来，她还躺在床上。慕达夫叫她起床吃饭，一连叫了三声她都没反应，便问她哪里不舒服？她闭着眼睛，像熟睡的样子。他摸了摸她的额头，体温正常。他说如果你要继续睡觉那我就先吃。她还是没反应，似乎生气了，多半是为不能负责案件生气。他走出卧室，故意不关门，一个人坐在餐桌边吃了起来。他吃得很响，以为响声能刺激她的味蕾唤醒她的食欲，却不知他吧唧吧唧的嚼食声在她听来是那么粗俗，简直是忍无可忍。她爬起来把门嘭地关上，重新躺下，耳朵顿时脱离了低级趣味。而他自从听到嘭的关门声后,忽然就没了胃口,尽管他大幅度地降低嚼食声,低到可以把刚才的高分贝平均掉,但仍然没有胃口,好像自己没有胃口才对得起她,才算得上与她同甘共苦。一直都是这样,只要他吃而她不吃,他就会觉得自己多吃多占了。他想饿着肚子到书房去做课题,用惩罚自己的方式转移眼前的焦虑并顺便获取她的同情,但他立即明白这样做其实是自我安慰,于她的心理无补。她不知道他会因为她没有胃口,在她的想象里——他不顾她的饥饿,竟吧唧吧唧地吃得津津有味。

他再次走进卧室,假装睡午觉。他睡午觉是想跟她保持同样的姿势以方便交流,就像大人蹲下来与小孩沟通是为了保持一样的高度。果然,她睁开眼睛,问他相不相信直觉?虽然他将信将疑,但必须回答"Yes",因为只有这样回答才足以表明他是她毫不犹豫的支持者,立场永远站在她这一边。她的心里掠过一丝欣喜,就像吵架时找到帮凶那样喜从天降,巴不得让这种感觉在心里停留久一点,更久一点。她说明明徐山川是强奸犯,可却不得不把他放了。他终于放心她纠结的是案件而不是怀疑他出轨,心里嚯的一声,仿佛堵塞的心血管突然被疏通。可他的心里疏通了她的却还堵着,必须马上回应。他说虽然把他放了,但你可以补充证据再把他抓回来,相当于欲擒故纵。她觉得有道理,问题是去哪里找证据?这才是真正的难题,是她躺在床上不想起来的总原因,她无数次暗示等想到答案了再爬起来,可答案就像地平线看得见走不到。她沉默,沉思,自责,贬低,懊恼,不服……第一百次或第一千次把自己逼到墙角,等待证据来拯救。很不幸,这次拯救她的不是关于徐山川强奸的新证据,而是他内裤上的那个破洞。她不小心看见了,目光顿时聚焦,好像那个洞是她目光刚刚烧出来似的,让他的一小撮皮肤瞬间产生灼痛。她忽地欠起身子,就像忽地从墙角站起来,问最近你是不是收到了内裤?

“收，收到了。”他支支吾吾。

“收到了为什么不穿？偏要穿这条有洞的，好像我虐待你似的。”

“没人看得见我的内裤，除了你。”

“内裤呢？”

“锁在办公室的抽屉，因为是匿名寄来的，所以不敢穿，怕是网络骗局。”

她冷笑：“我特别想知道你收到内裤时首先想到是谁寄的？”

“你，但更多想到的是骗子。”

“又说谎，如果首先想到我，你会问我，哪怕试探性地问一下，可你在我面前一声不吭，就像藏着个天大的秘密，生怕我知道。”

“怕问了不是你寄的，尴尬。”

“我不知道你首先想到谁，但肯定不是我。这是我的一次考验，恭喜你没过关。”说完，她吓了一跳。她在网上帮他刷内裤时想到的是尽妻子的责任，脑海里甚至浮现他收到内裤时高兴的样子，没想到潜意识里竟然是想考验他，否则无法解释为什么匿名购买？为什么不留家里的地址？为什么不先跟他打声招呼？原来自己也看不透自己，自己也在骗自己。

他想我确实没料到内裤是她买的，但这能反证我不爱她吗？我要是不爱她，那为什么她躺着时我担心？为什么她不吃不喝时我没胃口？一派胡言，他差点就说出口了，好在他的理智压住了情感。她说慕达夫，你做不了《泰坦尼克号》里的杰克，也做不了《爱》里的乔治，你根本就不爱我。他说那么，你爱我吗？她突然被问住了，因为她从来没想过这个问题，而他也是第一次问她。

33

“我爱他吗?”她问自己。她想这个问题恐怕得分三个阶段才捋得直,第一阶段“口香糖期”,第二阶段“鸡尾酒期”,第三阶段“飞行模式期”。

第一阶段为什么叫“口香糖期”?灵感来自徐山川家保姆的形容,即:“他们就像一坨嚼烂了的口香糖,撕都撕不开。”她认为这同样可以用来形容她和慕达夫恋爱时的关系。那时,她的工作主要累的是体力,但不管多累,只要跟他一拥抱她身上的疲劳顿时一扫而光,仿佛他是她的体力恢复器或西洋参含片。她爱他的才华,经常静静地坐在一旁看他写作,有时一看就是两个小时。他写他的,她看她的,互不干扰。她看他又黑又密的长发,中分,长到盖住了耳朵,是指挥家、摇滚歌手或足球明星的标配。她看他又直又高的鼻梁以及尖尖的鼻头,就像看着一座她想攀登的山峰。她看他的眼睛,虽然不大却特别明亮,明亮得它看到哪里哪里就会有反光。她尤其喜欢他的下巴,尤其喜欢他下巴上密密麻麻的胡须,有时她甚至想数一数它们到底有多少根。她这么不厌其烦地看着,就是想等他抬起头朝她招手。他喜欢在写出精彩段落时把她叫到身边,让她坐在怀里,为她朗读一段刚刚写完的文字,就像分享刚刚出炉的烤牛排。尽管她听得不是全懂,但她喜欢他的声音气味膝盖以及一切,仿佛坐在全世界最有才华的人腿上,就像财迷坐到了钱堆里,老鼠坐进米缸,考古学家跌进遗址。

她是独生女,家庭结构与夏冰清的类似。她的父亲是报社记者,母亲是印刷厂会计,他们把她捧在掌心,不让她“晒淋冻累”(日晒、雨淋、冷冻和劳累的统称)。她想吃什么穿什么他们就给她买什么,从来没否决过她的提案。她喜欢看侦探小说,他们就把书店里的各种侦探小说买回来。她喜欢玩具枪,他们就把各式各样的玩具枪都买了。她想做英雄,他们就做坏蛋。于是,只要她手里的玩具枪一响,他们就假装倒地,无论当时在做什么,也不管她的枪口瞄准谁。父亲冉不墨有时阵亡于书桌,有时阵亡于电视机前。母亲林春花有时倒毙于洗衣机旁,有时倒毙于厨房。当他们像影片倒放慢慢站起来时,她咯咯的笑声响遍家庭的每个角落,笑得他们全身的细胞都跟着笑了起来。她第一个吃饭,第一个走进电梯,第一个钻进车门,在家人面前从来没做过第二。

自从认识了慕达夫,情况便悄悄发生改变。记得第一次跟他去餐馆,她像在家里那样端起碗就吃,但刚吃一口她就像被烫伤似的立刻把碗放下,忽然意识到这样做不对,必须等他坐下,等他拿起筷条她才拿起筷条。她对这个意识相当震惊,其震惊程度不亚于脑海发生一次核爆,连问自己为什么从前没这个意识?哪怕是跟单位的同事或领导聚餐,哪怕是跟前两任男友约会,她都没有注意这个细节,脑子里根本就没这根筋,当即她意识到她爱上他了。仿佛电脑的自动升级,从此她做任何一件事都会想到他。她买衣服会想到给他买一件,她吃到好吃的会给他打包带上,即便深夜她也会给他送去。坐车时她会让他先上,由此及彼,她懂得给父母开车门了,懂得收住脚步让其他人先进电梯。有的话说了一千遍你未必能听进去,有的人出现一百次你不会为他着想,可当你真爱的人一旦出现自己立刻就会改变。

一天晚上,她抱着几把童年时玩过的玩具枪来到他的宿舍,让他朝她射击。他叭地扣动扳机,她像中弹那样倒下去。他扣一次她倒一次,连续倒了十几次后她泪流满面,再也没从地板上爬起来。那一刻,她想起了父母的一次次倒下,也许五百次也许一千次,他们为了逗她开心从她五岁开始就假装阵亡,直到她十二岁玩腻了这个游戏才停止。本来她想用自己的倒下来弥补或回报父母从前的倒下,可她竟然没把开枪权交给父母而是交给他。她不服气但又心甘情愿,仿佛暗示她只为他而死。直到这时她才承认自己成熟了,她的成熟不是因为父爱母爱,不是因为亲情友情,而是因为爱情。此后,她懂得照顾他了。每次值夜班她都会带上茶壶、零食和水果,在他滔滔不绝时出其不意地隔窗喂他喝一口茶,或喂他吃一口水果、零食,当然也包括喂他一个长长的热吻。他在饭店门口等她一个多小时那次,她没有从前门出去叫他,而是偷偷地溜出后门,假装迟到似的跑到他面前,在他忽然从后背亮出那束野花时满脸惊喜,让他漫长的等待瞬间变得有价值。而这样的表现,在没认识他之前她想都不曾想过。

第二阶段,她称之为"鸡尾酒期",指她怀孕到唤雨三岁这段时间,她对他的感情被唤雨分享了。结婚刚两个月,他就像申请重大课题那样向她提交申请要一个孩子。当时她还沉浸在新婚的喜悦中,觉得两人世界还没玩够,也没做好当妈妈的心理准备,但看着他如饥似渴的表情她二话没说就点头。怀孕后生理反应强烈,她对他的爱似乎做不到一心一意了,爱被新生命切分,最终好像全部转移到了唤雨身上。即便如此,她仍觉得她对他的爱一点也没减少,只不过是换了一种方式,即通过爱唤雨来爱他。她把她能克服呕吐恶心、乳房松弛、身材走样、便秘烧心、四肢无力、脾气暴躁、情绪不稳以及分娩疼痛等困难的原因统统归结为爱他。她放大爱情的作用,拓展爱情的内涵,以至于忽略了她的母性。有那么一段时间,她为他生下女儿的成就感远远大于做母亲的成就感,也就是说她曾把爱情置于母爱之上。但随着时间推移,母爱渐渐占了上风,她曾担心爱情是不是要降温了?好在他比她更爱女儿,为了亲女儿肉嘟嘟的小脸,他半天刮一次胡须,生怕胡须扎伤女儿的皮肤。在沙发上,在床上,他们一家三口经常抱成一团,他亲女儿一口,她亲女儿一口，然后他们再互亲一口。他们亲女儿与互亲都恰到好处地掌握时间长短以及情感投入，生怕偏心眼而打破感情平衡。唤雨学会亲脸后，他们就玩“多米诺骨牌亲”，即他亲女儿一下，女儿亲她一下，她再亲他一下，抑或反过来，女儿先亲他，他再亲她，她再亲女儿。这一时期他们的爱就像鸡尾酒，即母爱父爱以及爱情亲情全搅在一起摇晃，傻傻地分不清。

第三阶段她定义为“飞行模式期”，时间从唤雨六岁至今，她似乎把爱情给忘了，就像手机调至飞行模式，虽然开着机却没有信号。每次信号重置都需要他先提出申请，然后她看看心情再决定连不连接。经常他申请五次她才通过一次，比他申请课题的成功率还低。她开始以他吃大蒜过多拒绝亲吻，接着以他身上酒气太重拒绝拥抱，再接着以工作繁忙劳累为由拒绝啪啪。他们在床上的距离越隔越远，就像双人床中间隔着一片海。即便冬天他想拥抱她，她也会说热，说完她才发现室内十摄氏度。她怀疑自己性冷淡，但她却不想承认，最终把自己的冷淡怪罪于他吸引力的消失。他的声音不像从前那么好听了，身上的气味再也不能为她解乏，她也不会像从前那样为他的某个笑话而笑弯了腰。她不再关心他的课题或他的文章，也没时间和兴趣听他朗读精彩片段。上班她专注于案件，下班她专注于女儿，节假日她看望父母。她对他越来越宽容，换一种说法就是越来越不在乎。她不在乎他对她的赞美，也不在乎他对她的批评，而从前她却在乎他说的每一个字，包括停顿，包括重音和语调。在她眼里，他从一个具体的有细节的人变成了一个格式化的符号化的人。她只看见“丈夫”没看见“他”，没看见这个与其他丈夫不同的他，仿佛天底下的丈夫都一个样。似乎不是他的问题，问题是她对他没了渴望，就像手机信号变弱或功能老化，以至于怀疑曾经对他的那些好是不是真的发生过。她给他买衣服再也不像从前那样精挑细选，只要抓到一件差不多的就算是完成任务。她仅仅是在完成任务而不像过去那样发自内心,后来连任务也懒得完成了。过去他出差她会问什么车次什么班机?去干什么住什么宾馆?几号回来要不要开车接送?现在她一概不闻不问,连他发来的“平安到达”都觉得多余,甚至忘记回复。以前晚九点他不回家她就心神不宁,在家里走来走去什么事也干不成,现在即便他凌晨不回,她也只是礼貌性地打个电话,有时连电话都懒得打。打电话是为了表示她还关心他,但关心已没有温度和细节。

这么说我已经不爱他了?

34

她把想离婚的事告诉父母。冉不墨惊得老花眼镜从鼻梁上滑了下来,眼珠子撑着上眼皮定定地看她,像看克隆人似的看了足足两分钟才问为什么?他做新闻出身,什么事都问五个“W”,即:何时(When)、何地(Where)、何事(What)、何因(Why)、何人(Who)。她从小到大没少挨他的五个“W”折磨,直到现在一听他问“为什么”就感到尿急,一尿急就后悔跟他们说这件事。真是越怕鬼越撞鬼,林春花又来了一句“为什么?”现在两句“为什么”同时在她身上形成条件反射,她差一点就像少年时那样冲进厕所躲起来。但她知道这事不能躲,必须真枪真刀地面对。她说不为什么,就是不爱了。

“为什么不爱了?”冉不墨和林春花异口同声,仿佛第一次这么默契。

“不爱就不爱了,哪来那么多为什么?”她不耐烦。

“你就知足吧。我活了快七十岁,只看见过责任,从来没看见过爱情。”冉不墨从沙发上站起来，在客厅徘徊，急得好像即将离婚的是他。

“想离就离，别学你妈，明明知道没感情还凑合一辈子。”林春花关掉电视，盯住冉不墨。

“既然没爱情，当初你们干吗搞在一起？”冉咚咚说。

“你别听他瞎掰，他忘了单腿跪下求我的时候，没爱情为什么你手里还拿着玫瑰？是谁在电影院里求我嫁给他？”林春花说。

“虚伪。”冉咚咚补刀。

“他嫌弃是我身材变粗以后，他横看竖看都不顺眼，明明他的鼾声打得天摇地动，却说是我把他震醒的。一辈子他都在怪我，怪我不会发嗲，怪我不够漂亮，怪我文凭不高，怪我皮肤粗糙，也不照照镜子或玩玩自拍，就像猪八戒嫌媳妇丑……”

林春花一阵“炮轰”，把徘徊的冉不墨轰得坐到沙发上，重新拿起报纸重新戴上老花眼镜。等林春花起伏的胸口渐渐平伏，冉不墨才抬起头来，问你说完了吗？林春花不答，嘴唇颤了颤，似乎有话要说却强行忍住。总是这样，一到关键时刻她就忍住。别看她数落冉不墨的时候一句接一句像放连环炮，但仔细辨别就会发现她说的都是水词，就像《好汉歌》里的“嘿儿呀，咿儿呀，嘿嘿嘿嘿咿儿呀”，戳心的要害的一句不说，比如冉不墨跟某某女性她就从来不说，连冉咚咚都看出来了她还沤在肚子里，除了给冉不墨面子主要还是怕伤害冉咚咚，即便冉咚咚长大了成家了有孩子了即将离婚了也快要伤害唤雨了，她也仍然怕伤害冉咚咚。

“你看见了吧，这么多年来你爸就是这么忍过来的，你能不能学学老子宰相肚里能撑船？别吵几句就离婚，天底下没有不吵架的夫妻。”

“我们没吵。”

“没吵离什么婚？也不怕别人笑话，论长相论文凭，论才华论收入，人家哪点配不上你？我都为有个博士女婿感到自豪，你可别弃如敝履。”

“没感觉了，何必勉强自己。”

“感觉比家庭重要吗，你想没想过唤雨的感觉？当初要不是怕伤害你，我和你妈也许真的就离了。”

“别老拿你们来跟我比，层次不一样。你们愿意和稀泥，我不愿意。”

“那就离吧，妈这辈子最后悔的事就是没离。”

一个反对，一个支持，她从他们这里得不到答案，而她压根儿也没想过让他们来决定她的命运，说给他们听也就是知会一声，免得日后他们惊掉下巴。第二天她就联系了钟律师，让他去跟慕达夫谈女儿的归属以及财产的分配等事宜。慕达夫不想跟钟律师谈，像哑巴似的坐在他面前，凭他怎么撬也撬不开他的嘴巴，仿佛面对一堵沉默的墙，钟律师只好撤退。第三天，唤雨入睡后，他和她在书房里谈。他说明明我们还睡在一张床上，有什么话不可以直接说？非得找个律师。她说你也可以找。他说我喜欢亲自，既然是亲自谈的恋爱，那就得亲自办离婚手续，有些事别人代理不了，比如睡觉上厕所杀人放火。

“也就是说，只要跟我谈你就同意离？”

“能不同意吗？这么多年来你提的哪一条要求我反对过？”

“我以为你会挽留，事情过于顺利难免让人怀疑它的真实性。”

“如果我挽留，你会改变主意吗？”

“不会。”

“那我为什么要白费口舌？我太了解你的做事风格了。”

“你这么爽快，是不是早就有了备胎？”

“谢谢关心，像我这样的条件再找一位应该不成问题。”

“那么，女儿跟谁？”

“你没有时间照顾她,跟我比较合适。”

“我不同意。”

“那就跟你呗。”

“就这么轻易放弃?难道你对女儿没有感情?”

他的胸口像被利器狠狠地戳了一下,痛感和委屈涌上心头,但他没有回击,而是无可奈何地摇摇头。自从徐山川翻供,王副局长不再让她负责“大坑案”之后,他就一直担心她会情绪失控,会搞出点事情来。这事情那事情他都设想过,却没想到她搞的事情是离婚,也许离婚仅仅是她的一个借口,而潜意识里却是转移情绪。她只顾情绪转移,却忽略了伤害的是女儿和丈夫。他感受到了强烈的伤害,可她却没意识到,好像能从对他的伤害中获得慰藉,也仿佛变相撒娇,就像她心里明明爱你嘴上却说不爱,就像她明明觉得你好却偏要说你坏。他明白,因此沉默。他沉默,是不想谈论女儿,生怕越谈论对女儿的伤害越大,更不能拿女儿来做婚姻的筹码。她从他的沉默中意识到刚才那句话的分量,心里一阵内疚,甚至暗暗说了一声对不起。她想把“对不起”说出来让他听到,但言不由衷,嘴里冒出来的却是:“财产呢,财产怎么分割?”

“存折你全拿走,我的那份给唤雨,两套房我拿一套怎么样?”他眼巴巴地看着她,仿佛在等待她的施舍。

“另一套房本来就是用唤雨的名字买的。”她故意发狠,想看看他的反应。

“行吧,我净身出户。只要你和唤雨过得好,我什么都可以放弃。”

“要不是办离婚,我都不知道你这么舍得。”

他想都共同生活十几年了,舍不舍得你还不知道?但他什么都不想说,心里涌起失望,同时涌起解脱后的一丝轻松,再加上那么一点点不服气。他说你能告诉我离婚的理由吗?她把两页打印稿递给他。那是她的自我评估报告,详细地分析了她在“口香糖期”、“鸡尾酒期”和“飞行模式期”的情感状态。他认真地看了两遍,说虽然中肯,但你忽略了时间和生理对情感的影响,也忽略了婚姻问题的普遍性,即感情会随着年龄增长和相处时间太久而递减。

“我是爱情的理想主义者,只管理想不管现象,只管你爱不爱我,我爱不爱你,现在两项都是否定,还有什么必要生活在一起。”

“按你的要求,根本就没有及格的婚姻。”

“我相信有,只是还没遇到。”

他差点就笑出声了。按脾气他恨不得现在就签字办手续,但他想她在吃药,是个亚健康者,最好还是给她一个冷静期。他说你不是讲过等你破了“大坑案”再跟我扯离婚的事吗,怎么突然提速了?她打了一个颤,想自己确实讲过,就说先订协议。他说订协议也得把刚才我说的这条写上,即破案后再办手续。她犹豫了,但马上就不犹豫,因为她相信她很快能破案,虽然已经不是案件负责人。

她开始在电脑上拟离婚协议。一小时后,协议打印出来,他看见条款里有一套房是他的,现金他也有一半。她说我没那么自私。他想这才像个讲道理的人。他们分别在协议上签名,按手印,两人都很平静,仿佛什么事也没发生,仿佛是在帮别人订合同。

第五章　借口

35

从车窗看出去，徐山川家别墅的窗口全黑，铁门前的两盏路灯尤其明亮，越是明亮的地方飞舞的虫子越多。天气仍然闷热，闷热得冉咚咚想把车窗全部打开，但她怕暴露自己，只能开一道缝。自从徐山川翻供被释放后，她一直没放弃对他的怀疑。

一滴雨打在前玻璃窗上，接着三五滴无数滴，很快车壳上响起密密麻麻的击打声。地面腾起一股热浪，热浪里包含了水泥、油漆、植物等复杂的气味，雨点溅入窗缝，风带来丝丝凉爽。她刚刚还紧绷绷的皮肤突然松弛，心情仿佛伸了一个懒腰。灯光里斜飘的雨线越来越密，越来越密，把两盏路灯变成两团模糊的带刺边的光球。门口看不见了，雨一时半会儿也不会停，但她仍然不想撤退，除了害怕功亏一篑还包括不想回家。每天下了班，她就把车开过来，以盯梢的名义熬到天亮，然后再回家补觉。而那时慕达夫要么出门办事开会，要么去上课了。自从订了那份离婚协议后，她就不想面对慕达夫，仿佛做学生时不想面对班主任，工作时不想面对领导，开会时不愿坐在前排，有一种天然的排斥。她的想法也在发生悄悄的改变，过去一直想赢，现在却渴望挫败，仿佛挫败感能对冲挫败，仿佛越是艰难越是受点皮肉之苦或身心遭到摧残就越有可能破案，好像失败者才配得上胜利，受过折磨的人方可享受幸福。这么想着,她的心里便腾起一股悲壮。悲壮不是虚拟,而像个沙袋真切地挂在胸口,由办案的不顺利以及婚姻的破裂等因素刺激形成。

雨声夹杂着拍窗声,拍窗声响了许久她才醒来。她竟然睡着了,而且还睡得深入,这是极少现象,似乎与天气有关,但她马上意识到更主要的原因是自己放松了警惕。为什么会放松警惕?是时间使人疲劳抑或盯梢只是个借口?她无法在短时间内厘清。窗外,站着一件雨衣,把整个副驾位窗门堵得严严实实。她以为是坏人,各式各样的坏人,包括强奸、抢劫和反盯梢等等。正在她考虑应急方案时,雨衣忽然后退一步露出脸庞。她顿时松了一口气,把车门打开。

"没吓着你吧?"慕达夫脱掉雨衣钻进来。

"你怎么知道我在这里?"她问,也在快速寻找答案。

"我已经跟踪你五天了。"

"不可能,我这么小心怎么没发现你?"

"因为你顾得了脑袋顾不了屁股,或者说你对我已经形成了习惯性忽略。"

"为什么跟踪我?"

"你整晚整晚不回家,我担心,就打电话问邵天伟你在哪里执勤,他请示凌芳后说了你的行踪。"

"难道他们不怕你干扰我办案吗?"

"醒醒吧,这是他们放弃的目标,否则他们不会告诉我地点。你以为你在办案,但别人也许会认为你在找地方逃避。家里明明有大床,你却偏要睡汽车,以至于他们都问我是不是夫妻感情出了问题?"

"你是怎么回答的?"

"我先说夫妻恩爱,家庭和睦,然后再给他们提了三个务必:

一、请他们务必相信你的直觉,据我统计你的直觉百分之六十准确;二、请他们务必给你一点时间,只要给时间你一定能把凶手揪出来;三、请他们务必支持你破案,因为除了破案你对什么都不感兴趣。"

"你说的准确率,也包括我对你出轨的直觉吗?"

"包括,但你的直觉也有百分之四十不准。比如你怀疑我出轨,不准;你怀疑唤雨学习不用功,不准;你怀疑我不尊重冉不墨,不准;你怀疑我早就想离婚了,不准。当然,也有你直觉准的,比如我喝酒确实是为了逃避,逃避不知道该怎样才能让你开心;我身上确实有自恋倾向,跟朋友们夸夸其谈确实是为了掩盖自卑。又比如你怀疑我吵架后假睡是准的,你怀疑我喜欢有人追求是准的,你怀疑贝贞的丈夫洪安格是我叫来做和事佬是准的,你怀疑我收到内裤时第一个想到的人不是你是准的,甚至你怀疑我精神出轨也有可能是准的,但这一点有待商榷,因为我不知道脑海偶尔浮现别的女人算不算是精神出轨。"

"这么说我现在盯梢的目标有百分之六十的犯罪可能性?"

"按概率,完全有可能。"

"可百分之六十毕竟不等于百分之百,假如你住在这么好的别墅里,有美丽的妻子,乖巧的儿女,你会去杀人吗?"

"我不会,但这并不保证别人,有的人喜欢瞎折腾……"

"就像我折腾婚姻,你干吗把这半句咽下去了?"

他的头皮一麻,这正是他想说而又不敢说的,没想到被她猜到,但他不能承认,说你又瞎猜。她说如果你想托人办一件绝密的事,你会托谁?"你。"他脱口而出,以为她又在做心理测试。她说这事女人办不了。他说那要看是什么事?她说杀人。他说问题是我不会杀人。她说假如。他想了想,说有血缘关系的。她说为什么非得有血缘?他说基因好感。

36

她戴上耳机，调大音量放慢音速，反复聆听徐山川被监控后三个月的通话内容。她已经听了不下十遍，却没有发现任何疑点。他在电话里谈生意，开玩笑，约朋友吃饭，K歌，包括泡妞，一切都表现得出人意料的正常，连声音都没抖一下。但她总觉得有什么地方不对劲，却又不知道什么地方不对劲。为了找到这个不对劲，她一有空就听，一听心里就踏实，仿佛花多少时间在这上面都值得。渐渐地，听他的通话内容竟成一种习惯，好像可以缓解压力。这天，她听着听着忽然灵光一闪，终于发现了不对劲的地方，那就是案发后他和沈小迎在三个月里只通了五次电话，而且内容简短，语气冰冷，都是关于接送孩子或回不回家吃饭的内容。她找来案发前三个月他们的通话记录，发现他们几乎每天都通电话，最多的一天五次，虽然也是关于日常和孩子的话题，但语气亲切多有问候。为什么案发后夫妻之间的通话次数直线下跌？唯一的解释就是他们都有反侦查意识，害怕窃听。冉咚咚统计他的通话情况，发现还有一人与他通话的次数锐减，由前三个月的二百七十次跌至后三个月的三十次，看上去极不正常，难道他们也在掩盖什么？

这人叫徐海涛，是徐山川的侄儿，现年三十一岁，高中毕业后没考上大学，在徐山川父亲的饮料厂工作五年，后入职迈克连锁酒店总公司任徐山川的专职司机。查他近六个月的手机通话语音，一个变声电话引起冉咚咚的注意。“变声”第一次出现是案发后第四天晚十点，他说徐老板，生意做好了，请你尽快支付余款。徐海涛怒吼，说谁让你做的，你还讲不讲信用？我不是跟你说生意不做了吗？说完，也不等对方回答就挂断了电话。“变声”第二次出现是五天前下午十四点,他说姓徐的,十天之内不付钱,别怪我出卖你。说完,也没等徐海涛回答就挂了电话。冉咚咚想他们在打心理战,但“变声”是谁?他们做的是什么生意?

查“变声”手机号用户,竟然是一名死者,买号人用的是假身份证。手机两次通话地点分别是金浦路橡树咖啡馆附近以及蓝湖艺术学院琴房附近。每次通话时间不超过一分钟,通完即关闭。冉咚咚找徐海涛的女朋友曾晓玲了解情况,曾晓玲说她不知道那个“变声”,也不晓得他们做什么生意,至于案发当晚徐海涛在哪里?她查了酒店值班表,说案发那晚徐海涛在酒店前台陪她,一直陪到深夜十二点下班,接待员和保安可以证明。经查,她说的情况属实。徐海涛没有作案时间,冉咚咚申请对他进行二十四小时盯梢没获批准。临时负责人凌芳说我们没有盯梢他的理由。冉咚咚说我预感徐海涛会是本案的突破口。凌芳说不能仅凭预感,前次你预感凶手是徐山川就预感错了。冉咚咚说到目前为止我仍然没有排除徐山川,虽然他不是直接凶手。凌芳说你为什么不询问徐海涛。冉咚咚说还不到时候,“变声”给他的付款时间仅剩五天,我想在他们接头时一并抓获。凌芳说要是他们的生意与本案无关,那你就会再犯一次错误。冉咚咚说我不想失去这个难得的机会,更何况犯过一次错误的人不在乎犯第二次。凌芳犹豫片刻,说有些错误看上去不像错误。

冉咚咚组织人员盯梢徐海涛,前四天都没动静,到了第五天上午十点,“变声”给徐海涛发了一条短信:“准备好了吗?晚上见。”徐海涛没有回复,他一直待在公司里,连下班后送徐山川回家都由别的司机代劳,显然他在为见“变声”准备。十九点,“变声”拨通徐海涛的电话:“晚上八点半,新都泳池衣帽间。”十九点三十分徐海涛开车从公司出发,二十点五分到达新都大酒店主楼停车场。停好车他没下来,而是坐在车里观察等待。二十点三十分他突然推开车门,提着一个鼓鼓囊囊的布袋快步走进泳池衣帽间,目光警惕地寻找,没有发现目标。他坐在凳子上等了三分钟,忽然收到“变声”的信息:“你的身后有尾巴。”徐海涛飞快地站起来,提着布袋往外走,但他还没走出门就被邵天伟拦住。邵天伟说抱歉,我们需要跟你聊聊。

他被带到刑侦大队,冉咚咚已在询问室等候。她为他倒了一杯水,说别着急,你想聊了我们再聊。他紧紧地攥住布袋,目光在冉咚咚和邵天伟的身上扫来扫去。冉咚咚耐心地等着,等了十分钟,他才端起水杯抿了一口。她看见他的手微微发抖,想这一口并不是因为渴而是想掩盖紧张。既然紧张,那他一定会先说话。她不吭声,继续默默观察。果然,他放下水杯后,问你们到底想了解什么?

“我们想了解那个给你打电话的变声人。”她故意把他撇开。

“了解他什么?”他试探。

“涉及一桩案件,今后我会告诉你。”她编造一个理由。

“我不认识他,我从来没见过他。”一听说案件,他立刻与他切割。

“不认识你怎么会跟他做生意?你们做的是什么生意?”她看着他。

他沉默,上嘴唇与下嘴唇磨来磨去,但磨着磨着他的嘴唇就不动了,思维仿佛停滞。她说只要把那个人说清楚你可以马上离开,但如果你不说那我们就得熬夜了。他低头不语,一直低了二十多分钟仍然不语。她把他的手机递过来,说给你女朋友曾晓玲打个电话,告诉她今晚不回去了。他说为什么要告诉她?她说或者给你叔叔打一个,让他知道你在什么地方,免得他担心。他身子忽地一让,好像被谁推了一把,然后四下张望,显得非常警惕。她说要不我帮你打给你叔叔?

“别,我叔叔一直反对我做这单生意。”他重新开口。

“什么生意?”她逼视。

“我委托那个人帮我在网上赌球,结果赌输了,他就逼我还钱。”

“还钱为什么要躲来躲去?为什么要变声通话?”

他卡了一下,说赌博违法,他怕挨抓,不敢暴露自己。她想虽然赌球违法,但也不至于把警惕指数提高到这个级别,凭她多年的办案经验,如此之高的警觉做的肯定不是一般生意。她说你是怎么跟他接上头的?他说我收到他的赌球短信,然后……然后就投注了。

“你相信陌生人?”她问。

“我想赚钱,好多赌球的人相互都不认识。”他说。

“你一共赌了多少次?你的钱是怎么转给他的?”

“就赌了一次,他让我用密码箱把钱装好放在新都大酒店服务台,让我留下一个名字和一个电话号码。”

“你留的是什么名字什么号码?”

“名字叫天召,号码就是今天他打给我这个。”

“你已经给了他多少钱?还欠他多少?”

“前面给了他二十五万元,输赢翻倍,就是我赌赢了他会给我五十万,赌输了我就补给他二十五万。”

“你赌的是哪支球队?”

他抹了一把额头,手上全是细汗。他说我赌的是NBA,押勇士队赢,结果赢的却是猛龙队。我的运气太差了,就像勇士队的运气,他们拥有水花兄弟和杜兰特,本来是赢定了,可谁都没料到杜兰特二次受伤,汤普森也受伤。她问你这五十万元从哪里得来的?他说跟叔叔借的。说着,他打开手机,让他们看图片。那是一张借条图片,是他写给徐山川的,借款理由买房,数额两百万元。她想为什么要把借条拍到手机里？拍给谁看？难道他早就预料到会有这么一天？他说买了一套房，已经按揭三年，最近想一次性付清，但借到钱后手痒，想先赌赢几十万，至少把装修费赌回来，可万万没想到……

她说你讲的都属实吗？他说属实。她吓唬他，说那我们得没收你的赌资，因为赌资巨大，我们还必须拘留你十天至十五天。他的身体忽地一松，仿佛解脱了似的。她说如果你觉得刚才太紧张讲得不够准确，那我可以再给你一次讲的机会。他摇摇头，瘫坐在椅子上，一个字也不想说，好像已经累得没了说话的力气。她想原来撒谎会这么累。

37

冉咚咚和邵天伟轮流询问，但徐海涛始终坚持赌球这个说法，始终坚持不认识“变声”。随着回答次数的增多，他越来越坚定越来越自信，询问不仅没攻破他的心理防线，反而加固了他的谎言。哪怕使用疲劳战术，询问技巧，一旦超出上面的“两个坚持”他就咬紧牙关，选择沉默。他是冉咚咚近年来很少遇到的硬骨头，而且才三十出头，可见年轻的一代未必就那么容易“垮掉”。

第二天早晨，冉咚咚一行来到新都泳池，他们环顾四周，分析“变声”昨晚在什么位置。“变声”提醒徐海涛的短信是从新都大酒店主楼附近发出来的，说明当时他就在现场。泳池是露天的，坐落在二号楼前，衣帽间设在二号楼一楼。徐海涛从主楼停车场下车后往北步行，经过露天泳池进入衣帽间，两百米长的路线有无数个点可以观察——主楼楼顶，主楼面北的客房，二号楼楼顶，二号楼朝南的客房，东南面五号楼楼顶，五号楼西北面走廊及窗户，西面三号楼楼顶以及泳池周围任何一个地方。而布置在这两百米线上盯梢的有三位便衣,他们分别是小陆、小樊和小琼。冉咚咚说我们还没有行动,“变声”为什么知道有人跟踪?邵天伟说肯定有人暴露了,但首先排除我,因为我在衣帽间,是提前十分钟进去的,如果我暴露了,“变声”会阻止徐海涛进入。小琼说我也应该被排除,当时我混在二十三人的泳池里,而且戴着泳帽泳镜。小樊说我穿的是保安服,本来我就长得像保安。大家都看着小陆,当时他坐在瞭望凳上冒充救生员,完全暴露在灯光之下,而且只戴泳帽。冉咚咚说小陆,想想你接触的人里面有没有类似“变声”的?小陆说可我不知道“变声”是什么类型。冉咚咚说敏感多疑,记忆力特别强,性格女性化,不自信,不强壮,目前我能判断的就这么多。小陆说我在记忆里扒扒。冉咚咚吩咐小琼和小樊调看所有楼道、电梯以及进出口的监控录像,同时排查泳池常客、主楼北面和二号楼南面的所有住客信息。

对徐海涛的询问继续进行,由小陆带人负责。冉咚咚知道在没掌握更多的证据之前徐海涛不会说出真相,每天例行询问是想试试能不能摧毁他的意志。关键是证据,证据在哪里?冉咚咚决定先从徐海涛的父母入手。徐海涛的父亲徐山岗是徐山川的堂哥,在徐氏饮料厂做仓库保管员,母亲杨朴是徐氏饮料厂车间工人。冉咚咚和邵天伟登门拜访,说明来意,他们的神色略显慌张,但马上镇静。他们的镇静不是装出来的,而是见怪不怪后的麻木,相比之下他们的慌张反而像是装出来的。

徐山岗说读小学时徐海涛就喜欢打架,班主任经常把我叫到学校去批评,好像打架的是我而不是他。他不仅打比他弱小的同学,还敢打比他强壮的,有时他被打得鼻青脸肿了,回到家里嘴还硬,好像打不过别人不是他没本事,而是我们不支持他。杨朴说那是骨气,他从来不打没道理的架,有时候他为一道数学题打,有时候他为一个成语打，有时候他为别人骂徐氏饮料打。徐山岗说你就别夸了，同学们讲五加八等于十三，可他偏要说五加八等于十四，人家说“知书达礼”是有教养懂事理，可他偏要说是仅知道书本的知识是不够的还要学会送礼，人家说徐氏饮料没有某某饮料好喝，他却说徐氏饮料天下第一，也不知道他是故意找碴儿还是真的不懂，反正争着争着就跟别人扭成一团，不是对方受伤就是他受伤，光是小学六年我就帮他写了不下三十份检讨书，我的检讨越深刻，他的成绩就越落后，假检讨害人呀。杨朴说他从小就树立了远大的理想，说将来要做一款饮料销售全世界，规模将是现在徐氏饮料的一百倍。徐山岗说又来了，如果当初不是你护短，他也不会混成今天这个样子，吹牛皮就是吹牛皮，它不等于理想，还远大。杨朴说这孩子义气，初中时开始送同学们饮料，高中时开始请同学们喝酒，工作后经常请朋友们唱卡拉 OK，哪怕砸锅卖铁也不亏待朋友。徐山岗说拉倒吧，为了义气他宁可做月光族，连我们的工资都被他拿去请客，买房的首付还是我们帮他出的。

“你们知道他借钱的事吗？”冉咚咚问。

“什么钱？”“跟谁借的？”他们惊讶地张大嘴巴。

“跟徐山川借的，两百万元。”冉咚咚说。

“不可能，”徐山岗斩钉截铁地说，“徐山川不可能借那么多钱，他和他爸都是吝啬鬼。买房时我分别去跟他们父子商量能不能借点，让我把房款一次付清，免得给银行利息。你猜他们怎么说？他们说《国际歌》里不是唱了吗，要创造人类的幸福全靠我们自己。他们父子俩的话一模一样，就称呼不同，一个叫我大侄，一个叫我大哥，真是一丘之貉。”

“他借那么多钱不可能不跟我们商量，他借那么多钱干什么？”杨朴说。

“曾晓玲你们认识吗？”冉咚咚问。

“认识,她是海涛的女朋友,来过家里好几次。”徐山岗说。

“自从他认识晓玲之后,脾气就好多了,每个月也不拿工资请客了,全部交给晓玲保管。父母的话他当耳边风,晓玲的话他当药,真是一物降一物。”杨朴说。

“最近这几个月,他有什么反常的表现吗?”冉咚咚问。

“他不常回家,已经跟曾晓玲同居了。我们劝他领结婚证,他说曾晓玲希望把新房装修好了再结婚。房子还在建,起码要到明年才拿到钥匙,加上装修,怎么也得再等一年。”徐山岗说。

“每次回来他都懂得带礼物了,以前是啃老,现在虽然也啃但至少还有一点回扣。”杨朴说。

“他赌钱吗?”冉咚咚问。

“不赌,他从来不赌钱。”徐山岗说。

“他哪来钱赌博呀?”杨朴说。

冉咚咚还问了一些问题,他们聊了三个小时。回局里的路上,冉咚咚和邵天伟梳理了五条他们认为有用的信息:一、他从来不赌钱;二、徐山川不会借钱给他;三、曾晓玲改变了他;四、他讲义气;五、小时候他喜欢打架。

38

冉咚咚把曾晓玲请到刑侦大队了解情况,她故意让她在走廊上与被小陆带往讯问室的徐海涛擦肩而过。这一擦,两人的信号顿时满格,连腿都迈不动了。徐海涛叫了一声晓玲,站在原地定定地看着,两个眼珠子仿佛是画上去的。曾晓玲一惊,眼泪悄悄地涌出。徐海涛说听话,别哭。曾晓玲尽量控制自己,控制得全身都微微发抖了。“走吧。”小陆推了一把徐海涛。徐海涛一动不动,好像已经落地生根。曾晓玲被他的表情吓坏了,捂住哭泣转身跑去,一直跑到走廊的尽头,拐弯,消失。徐海涛久久地看着空空的走廊,走廊像一条长长的隧道,尽头是一堵白墙,连一扇窗都没有。

曾晓玲现年二十九岁,大学读的是旅游管理专业,系迈克连锁酒店西江分店前台接待员。父亲小学教师,在她读大一那年病逝。母亲是个体户,在青阳路开了一间十平方米的粉店。曾晓玲乖巧,勤快,会说话,她的迷之微笑常常被同事们称为"顾客杀",是西江分店前台的标志性表情,非常讨喜。但奇怪的是,无论她对顾客笑得多甜美,服务得多周到,却从来得不到经理的赏识,反而常常被她言语敲打冷嘲热讽,甚至被故意刁难。

西江分店的经理是徐山川的情人之一小刘,刘玉萌。开始她以为徐山川只有她一个情人,后来她发现还有小尹,再后来她发现还有夏冰清,这一系列的发现让她明白什么是江山代有才人出,什么是长江后浪推前浪,前浪死在沙滩上,什么是自信心受挫自尊心受损。徐山川太让她失望了,失望到她不得不迁就他理解他,并由此衍生对男人们失望,对女人们警惕且妒忌。因此,凡是长得有点姿色的女性都是她的假想敌,尤其是她身边的优质女性,仿佛她们随时会成为徐山川的第四位或第五位。就这样,曾晓玲被她盯上了。她的笑容被她理解为勾引,她的不笑被她理解为傲慢。她需要她的微笑对待顾客,却又害怕她的微笑挑逗徐山川,即便挑逗别人她也不爽,好像挑逗是她刘玉萌的专利。于是,她经常批评曾晓玲为什么要留刘海?为什么上班时玩圆珠笔?为什么走路声音那么响?为什么大堂的空调开得那么冷?不管是不是曾晓玲的责任,只要她一批评那就是曾晓玲的责任。有一次,她正在大堂批评曾晓玲,被赶来接她去跟徐山川约会的徐海涛遇上。徐海涛等了一刻钟,她还在对着曾晓玲指手画脚,戗得她自己都忘了为什么要戗她。曾晓玲的头被她训得一点一点地低下去,最后低到下巴都压住了胸口。徐海涛实在是看不下去了,说刘总,晓玲是我的女朋友,给点面子。刘玉萌当即变怒为笑,好像按切换键那么快。知道曾晓玲有了男朋友,刘玉萌竟莫名其妙地高兴,她想按辈分曾晓玲得叫徐山川叔叔。

美国社会心理学家沙赫特认为,任何一种情绪的产生都由外部环境刺激。他的研究小组曾经做过一个实验:让漂亮的女性对一些大学男生进行测试,即让他们根据女调查者提供的图片编故事。编故事不是重点,重点是测试地点分别为安静的公园、安全的小桥和危险的吊桥。测试完毕,女调查者会把自己的名字和电话号码留给他们,告诉他们如果想进一步了解测试结果或者想跟她联系请打电话。实验目的:在什么地点接受测试的男生会主动给漂亮的女调查者打电话?结果给女调查者打电话最多的是在吊桥上接受测试的男生。为什么?沙赫特实验小组的解释是,在吊桥上接受测试的男生们生理唤醒与平时不同,也就是说他们感受到了两种感受,既感受到了吊桥的危险又感受到了自己心跳加速,而往往他们会把心跳加速归功于那位对他们进行调查的漂亮女性,他们误以为自己爱上她了。环境越危险越容易让置身其中的人相爱,就像曾晓玲爱上徐海涛。曾晓玲被刘玉萌羞辱的时刻也是她危险的时刻,危险时刻徐海涛出现了,是他的一句话解救了她,让她从此不再需要看刘玉萌的脸色行事。

第一次约会是曾晓玲主动提出的,见了一次面他们都觉得找对人了。曾晓玲说她不知道他们谁更爱谁,他把每个月的工资全部交给她保管,她把自己的初吻献给了他;她主动叫他父母“爸爸”“妈妈”,他一有空就去帮她母亲卖米粉;他为她买了一套房子,户名只署曾晓玲,她为他献身并答应一装修好房子就跟他领证;她帮他揉腰,他帮她买项链;他带她们母女俩去旅游,她每天至少温柔地叫他十次老公;她拒绝了所有的追求者,他再也不去夜总会泡妞……总之,他们的爱擢发难数罄竹难书。恋爱前他羡慕叔叔徐山川有那么多女朋友,恋爱后他讨厌徐山川的不专一,并且讨厌徐山川身边的所有女性,除了婶婶沈小迎。他认为她们齐刷刷地打着爱情的幌子迈着统一的步伐,像仪仗队似的来骗他叔叔的钱,仿佛她们不来骗钱那些钱就归他似的。因为爱情他的脑子突然变活泛了,经常拿自己跟徐山川的情人们进行比较,就像教授们做比较文学那样比较。他跟曾晓玲说同样是随叫随到,同样是二十四小时待命,同样是为他服务,她们多则拿几百万少则拿几十万,再不济也是按次数收费,每次至少一万。可是他,月薪不足她们的一次收入,每每想到这些他就在开车时来几次急刹,让徐山川切实地感受一下身体惯性的前冲力。每次他巧妙地暗示工资太低,徐山川就斥责你要那么多钱干什么?我的公司不仅是我的公司还是我们徐家的公司,节约一分是一分,说得好像这个公司不是他徐山川的而是他徐海涛的。他问曾晓玲你知道什么叫憋屈吗?就是睡在女人旁边不能睡她,每天数钱不能花它,有个大老板叔叔不能靠他,天天跟富人在一起自己却不富裕,也就是说自从恋爱后,他这个富人的亲戚也开始仇富了。

按沙赫特的理论,冉咚咚相信刚才曾晓玲跟徐海涛在走廊的遇见,会刺激他们更爱对方。她说晓玲,你有什么话要带给徐海涛吗?曾晓玲说请你告诉他,无论他犯多大的错误我都会等他,哪怕等他一辈子。她说如果他一时糊涂犯了错误,你会劝他戴罪立功吗?曾晓玲不停地抽纸巾抹脸,抹得眼圈周围的泪痕都没了才抬头挺胸,面对摄像机调出最好的表情,说海涛,否认错误等于双倍错误,说得越清楚你就越清白,爱你。说完,她对着镜头送了一个飞吻。冉咚咚忽然有些小感动,想不愧是学旅游专业的,既说了案件也说了爱情,真想成全她。

39

小樊和小琼排查了住客信息,没有发现可疑人员,但他们在监控里看到了一位神秘人物。这位神秘者身材瘦矮,戴着鸭舌帽、眼镜、口罩以及手套,穿黑衬衣蓝色牛仔裤黑色球鞋,背双肩包。当晚二十点十一分他走进五号楼大堂,进入楼道,来到三楼走廊后双脚一跳,人就出镜了。二十点二十五分,他跳回三楼走廊,跑下楼道,快步走出大堂,消失于五号楼拐角处。

冉咚咚带人来到五号楼三楼查看,这一层的房间全是会议室。走廊外有一个大露台,摆满了盆栽,有茂盛的景观树,也有五颜六色的鲜花。那人双脚一跳,就是跳到露台上。露台上留下四个三十八码的运动鞋印,走廊护栏没有指纹,因为他戴了手套。露台无监控,离泳池的直线距离一百五十米。如果他双肩包里带着一副望远镜的话,那小陆的双眼皮他都会看得清清楚楚。大家一致认为他就是“变声”。小陆反复看这几段录像,说不认识。冉咚咚看了几遍,觉得他走路的姿势有些熟悉却又想不起在哪里见过。邵天伟说你不觉得他有点像吴文超吗?冉咚咚差点惊掉下巴,说就是他,怎么会是他?小陆说怪不得他认识我,上个月去找他询问,我帮你们开过一回车,进他办公室喝过一杯咖啡。

一行人赶到半山小区“噢文化创意公司”,门锁着,冉咚咚拨吴文超的电话,该用户已关机。问小区保安,保安说那扇门已经三天不开了。一行人来到小区十九号楼吴文超的住处,按门铃,拍门,邻居说已经三天没动静了。冉咚咚想怎么说不见就不见了,消失得也太蹊跷了吧?调看小区监控,发现他四天前下午四点背着双肩包,跟新都大酒店监控里那个神秘者一模一样的双肩包,从十九号楼电梯出来,走过小区路道,走出小区大门,走到公司门前开门进入。冉咚咚把这几段录像拿来跟新都五号楼里的那几段录像进行对比,形体专家说他们就是一个人。查他的社会关系,父母离异,都生活在离省城三百多公里的兴龙县。邵天伟给他们分别打电话,他们说半年多没跟他联系了。邵天伟让他们上来一个,他父亲十九点赶到。冉咚咚向他父亲出示搜查令,然后分别搜查了他的住房和办公室,发现用电全部下闸,水开关和煤气开关全部关死,说明他的出逃是有准备的。他住房里的鞋都是三十八码,与新都大酒店五号楼露台留下的鞋印长度宽度吻合。办公室里的文件散落一地,保险柜的门敞开着,里面空无一物,台式电脑处于休眠状态,所有的文件都已删除。咖啡机外壳沾了一层灰,他专用的杯里残留半杯咖啡。

搜查完,包括搜查完徐海涛的住处,已是凌晨五点。冉咚咚的身体咔哒一响,生物钟提醒回家的时间到了。近期她总是夜出早归,黑白颠倒。她发现每当天快亮的时刻,硬邦邦的心像冰块解冻似的忽然变得柔软。为什么会这样?她想到一个新词——"晨昏线伤感",即人在天地阴阳交替时产生的特殊心理,仿佛看见流水与落花的感时伤逝。昼夜切换,心情微变,此刻心里充满了不确定性。她有这种感受,认为所有人都有这种感受,是攻破心理防线的最佳时机,于是决定立刻讯问徐海涛。

徐海涛被带到门口时天空正鱼肚白,他抬头看了一眼,伸手讨烟抽。邵天伟给他一支,他用力一吸,烟头顿时短了三分之一,好像吸的不是一截香烟而是一段时光。到了讯问室,一看见冉咚咚他就问你们为什么要抓曾晓玲?她什么都不懂你们抓她干什么?你们把她怎么样了?冉咚咚说只要犯错,伤害的就不只是你自己,除非你没有亲人爱人和朋友,晓玲很爱你,希望你配得上她。他说曾晓玲现在在什么地方?

“她说她等你,愿意等你一辈子。”说完,冉咚咚播放曾晓玲希望他戴罪立功的那段视频。他的身体顿时挺直,像个听话的学生,生怕漏听一个字。当曾晓玲飞吻时,他的眼眶红了。他低下头:“怎样做才算立功?”

“立功就是告诉真相,那个变声人是谁?”

“吴文超。”

“你们做的是什么生意?”

“赌球。”

她瞥了一眼手表,说我们没时间听你撒谎,昨晚熬了一通宵,吴文超全招了,现在跟你谈主要是想核实你们说的是不是一致。你跟我们熬过夜,知道那有多难受,吴文超的身体根本扛不住。他看着自己的双膝,像看着一道难题,脑子里都是曾晓玲的画面。她说晓玲对你那么好,你连她的话都不听,那你听谁的?别让她失望,别让她等你等得太久。他抓了抓头皮,偷偷瞥她一眼,说你们没有逼晓玲吧?她说要不你再看一遍,看看晓玲的那个飞吻是不是发自内心?说完,她又放视频。他像在文章中找错别字那样眼睛一眨不眨地看着,直到看出了眼泪眼皮也一动不动。她说晓玲值得你珍惜。

他说我讨厌夏冰清,一看就知道她是来刷我叔叔的银行卡的,但自从她认识吴文超之后,情况就发生了逆转,她不再刷钱而是要刷我叔叔的感情,最终是想刷我叔叔的婚姻。刷钱时他们有说有笑,刷感情时他们半说半笑,到了刷婚姻阶段,他们已经没笑容了,不时在车里吵架甚至厮打。我经常开车送夏冰清回半山小区,一路上十有七次她都在骂我的叔叔,骂得我都觉得徐家没面子,恨不得当场把她踢下车去。我叔给她那么多钱,不是请她来骂人的,也不是请她来分徐家财产的。她在叔叔面前自杀,她去见婶婶沈小迎,她给叔叔做生日会……每件事都是经过策划的。策划人就是吴文超，别看他个子小，脑容量特别大，他帮我叔叔策划的生日视频我看过，看得心里热乎乎的，就想将来有钱了我也请他给晓玲策划一次。每次送夏冰清回半山小区，她下车后就去跟吴文超聊天喝咖啡，他们的亲密程度让我都怀疑叔叔是不是被绿了。我想既然吴文超可以帮夏冰清策划跟叔叔好，那也可以策划让她不跟叔叔好。我找吴文超商量，说只要他能让夏冰清不再纠缠叔叔和婶婶，我愿意付双倍的策划费。他当即举起一个巴掌，我说五万，他没吭声。我说五十万，他点了点头。我哪来五十万呀？就跟叔叔商量，说只要你给我两百万，我保证让夏冰清永远不再烦你。我说两百万，是想通过这单生意狠狠地赚叔叔一笔，反正他有的是钱，反正平时他也不会多给我发工资。没想到他劈头盖脸骂我，说一个开车的竟然操董事长的心，真是天狗吃月亮，蚂蚁埋大象。像我叔叔这样的成功人士都比较虚伪，他经常正话反说，有时请客户吃饭他叫我点菜，明明事前他暗示我不要点太贵的，但客人一上桌他就骂我点得太寒碜。有时他暗示我点豪华版，但领导说饭菜超标了，他就骂我为什么不遵守接待标准？骂归骂，吃归吃，外甥打灯笼照旧（舅）。为试探他对我的建议支不支持，我故意找他借钱。以前我借三五千他都犹豫，这次跟他借两百万眼睛都不眨一下，在报告上签了"同意"才问借钱干什么？我说买房子。他说必须是买房子，千万千万别拿来干前次你说的那件事，千万千万，他强调了三遍。这正是他的虚伪所在，嘴上说一套心里想一套，想干的不说，说的不想干。

我借到钱后去找吴文超，问他怎么做到让夏冰清别再烦我叔叔？他说具体细节别问，你给钱我办事。我提出先付一半策划费，他同意了。那段时间，叔叔仍然在跟夏冰清来往，非常奇怪，他们和好了，就像刷钱时期那样有说有笑，我常从后视镜里看到他们亲吻。叔叔明知道他们即将分手还对她那么好，还好得像真的一样，我不知道是他虚伪还是舍不得她。按他一贯的表现,我认为他是虚伪。他在迷惑夏冰清,在假装珍惜他们的最后时光,不排除他的假装里也许有一点真情。一天叔叔问我房款交了吗?我说还没有。他问钱呢?我说先拿去办件事。他当即甩了我一巴掌,打得我的左脸都快脱臼了。他说夏冰清就是你未来的婶婶,她要是被人动哪怕一根小指头,你就得从我面前消失。只要叔叔动手,那就不是说假话,我赶紧去找吴文超,解除跟他的策划约定。他说已经写好策划方案,如果解除约定他会把这个方案拿给夏冰清看。我说马上停止,前面的定金不用退,后面的尾款不再付。他听说不用退钱,立刻就说好吧,那我为你破一次规矩。什么事都不用干,白得二十五万,他还赚我一个人情。

徐海涛仿佛说累了,停下来喝水。喝完水,他说该说的我都说了。她说你有没有跟吴文超说过或暗示过杀害夏冰清?他说没有,我只要求他做到不再让夏冰清烦我叔叔和婶婶。她说你看过吴文超写好的策划方案吗?他说没看过。她说徐山川跟没跟你讲过或暗示过把夏冰清杀掉?他说没有。回答得飞快。她凝视他,说徐山川知道你想除掉夏冰清吗?他歪着头想,一看就知道是假装的,也许他已经发现自己回答得太快了,容易给人油滑的印象。他想了十几秒钟,说我叔叔不知道。她说那他为什么警告你别动夏冰清一根指头?他说瞎猜呗。她说通过刚才的对话,你已经间接地承认你的所谓策划就是想杀害夏冰清。他有些激动,调高音量,说我什么时候承认了?她说你承认徐山川不知道你想除掉夏冰清,说明你想除掉她。他吓了一跳,说我是有过除掉她的想法,但绝对没跟吴文超说过要除掉她,如果你们不信,可以叫吴文超来跟我对质。冉咚咚说你确定?他说确定。

40

吴文超的父亲叫吴东红,身高一米八〇,五官端正,因篮球打得好,招干时进入县税务局工作,在兴龙县城和全市税务系统,吴东红不叫吴东红而叫"超远三分"。他的定点三分球命中率高达百分之四十,双手一举一送再加一个压腕动作,球便飞出一道漂亮的弧线,即便从中场起飞有时也能入筐。比赛前,他常常被安排为观众表演,所获掌声远远超过球队整场比赛的总和。同系统不同县的几个女篮运动员崇拜他,争先恐后地给他寄球衣、球鞋或手表等礼物,还频繁地寄自己的美人照,写情书,但他都只让她们获得友谊通行证而不是结婚证。他不想找同类项,而是想找高智商,于是他在几番对比后选择了本县中学的英语老师黄秋莹。

黄秋莹身高一米七〇,说英语比说家乡话流利。吴东红以为"超远三分"加一万三千个英语词汇量的大脑会合成出优质后代,却不料吴文超出生时又瘦又小,小学毕业时身高才有一米三〇。这一严重违背遗传学的现象让吴东红眉头打结,对自己对老婆和孩子都极不满意,并由此引发对命运的不满。在吴文超的成长过程中,他的主要任务就是如何让他长高长结实,为此他找了不少医生和营养学家,也走了不少地方,包括上海、北京的医院。开始吴文超还听他的话,一到寒暑假就跟着他寻医找药,但初二那年暑假,吴文超叛逆了,他在查阅了大量矮个子的资料后,说原来我以为是别人看不起我,现在我才知道看不起我的是你,矮个子怎么了?拿破仑和鲁迅一米五八,爱因斯坦和列宁一米六四,毕加索一米六二,伏尔泰一米六〇,巴尔扎克一米五七,亚历山大大帝一米五〇,他们哪个不比你狠?吴东红被戗得语塞,吞吞吐吐又结结巴巴,说人家矮是矮但壮实,你看你薄得就像一张纸片。吴文超说其实你也不是看不起我,而是看不起你自己。这一句彻底 KO 吴东红的智商,从此不再跟吴文超谈论身高和体重。

虽然吴文超好像扳回一局,但由于吴东红对他体质长期的过分低估,早早就在他心里播下了自卑的种子。他不与同学们交往,一放学就把自己关在房间里打游戏,不锻炼身体,不跟父母说话,即便感冒发烧、咽喉肿痛或被同学打骂也不说,是一种直奔社交恐惧症的节奏。吴东红问黄秋莹怎么办?黄秋莹说我负责遗传智商,你负责遗传身体,他很聪明,我的任务不仅完成了而且还超额。言外之意就是他的任务没完成,他堵得一口气差点上不来,怀疑吴文超到底是不是自己亲生的?他越怀疑越觉得有道理,越怀疑越觉得怀疑就是事实,便从吴文超头上拔了五根带毛囊的头发,阴干,用餐巾纸包好,瞒着母子俩偷偷去省城做亲子鉴定。结果他被鉴定书打脸,铁证如山,儿子是他的儿子,既没注水也不带杂质。他想把鉴定书当场撕毁,但又舍不得撕,因为他觉得鉴定书虽然否定了自己的怀疑,却是血缘关系的铁证,这一证明足以让多疑的他心生自豪。于是,他把鉴定书带回家,藏在书本里。黄秋莹一直怀疑他瞒着她存钱,就经常在家里翻找他的存折。一天,她在翻找存折时从书本里翻出了那张亲子鉴定,信任瞬间崩塌。他们吵得青筋暴跳,话语失控,吵得吴文超都知道他们为什么而吵。

除了自卑,吴文超又添了两份仇恨,先是恨他爸,后来恨他妈。他妈受不了他爸的怀疑,在他读初三那年与他爸悄悄办了离婚手续,连他的意见都不征求一下,哪怕象征性地征求。他知道他们离婚了,但他们就是不说"离婚",而是变着法子创造新词,硬是把"离婚"说成"婚姻调整期"、"分居心理治疗"以及"疑似情感破裂"等等。然而,这还不是吴文超遇到的最糟糕的事,在一次比一次糟糕面前,任何"最糟糕"的说法都显得过于仓促或天真。吴东红和黄秋莹很快就分别再婚了,再婚他们也不叫再婚,而是跟吴文超说这是他们的“二次选择”、“感情纠偏”或“爱情重组”。次年,黄秋莹生下一个胖小子,基因预测可以长到一米八〇,仿佛成心要气死吴东红似的。而吴东红也不甘示弱,他那小他十五岁的妻子为他生下一个女儿,基因预测未来身高一米七三,仿佛要给黄秋莹一个响亮的反抽。为什么他们分开后都能生出身材高大的儿女,而在一起时却只能生出像吴文超那样的薄薄纸片?他们百思不得其解,但他们都分别用新生的孩子证明责任不在自己。那么责任在哪里?只能在他吴文超身上。他们解脱了,他却要扛着他们推给他的责任继续成长。责任他扛了,他认了,但糟糕的是他们因忙于炫耀新的成果而越来越忽略他。为了检验他们的忽略,他故意露宿街头,结果父亲以为他在母亲那里,母亲以为他在父亲那里,没有人找他。他的脑海里再也没有了家的概念,悲伤的心情一夜钙化。

考上大学后他没回过兴龙县,他从来不给他们打电话,虽然他们会打给他,会给他寄生活费。他不靠他们的生活费生活,而是自己开了一家网店,专门做学生们的生意,同时还为几家广告公司写策划案,拉赞助。大学毕业,他的资金已经累积到二十多万元,“噢文化创意公司”就是用这笔钱启动的。

41

机场、车站以及本市重要路口的监控里都没出现吴文超的身影,他会躲到什么地方?重新负责本案的冉咚咚组织专案组成员分析,大家都认为他没有离开本市。于是专案组开始排查酒店、宾馆以及出租房,但均无他的踪迹。第五天上午九点,技术组发现他的手机信号出现在东兴市中越边境大桥附近。冉咚咚立即联系东兴市刑侦大队,请求他们对该手机号用户追踪并确认身份实施抓捕。当他们赶到边境大桥时,手机信号已于十分钟前越过大桥中线即边境线,一路向南,直至再也监控不到信号。难道他逃往越南了?

海关没有他的过境记录,大桥头监控里没有他的身影,冉咚咚想会不会只是他的手机过境?她查吴文超在东兴市的社会关系,发现他有一位大学同学在东兴市做边贸。东兴市刑警队梁警察找到该同学,该同学说前天他收到吴文超用快递寄来的手机,里面附有一张字条:“为摆脱一个女人,请你把这部手机带到越南,务必在过海关前才开机。”该同学立刻打吴文超的电话,用户不在服务区,但打了几次他才恍然大悟,原来“用户”就摆在面前。他以为吴文超的感情出了问题,想制造移民假象摆脱前女友。之所以这么想,是因为他多次遇到女人纠缠都是用这种办法甩掉的,即给手机充值一个星期左右的话费,然后送给越南朋友,让找他的人听几次外语彻底死心,而自己则换个新号,重新开始。带着这种朴素的想法,昨天上午他过境做生意时把吴文超的手机送给了一位越南中年妇女。梁警察带走了吴文超的字条和快递信封,拍照传给冉咚咚。冉咚咚想他太狡猾了,但他的狡猾也暴露了他的真实位置。她查快递公司,收件员说三天前他在朝阳路 65 号送快递时被吴文超拦下,寄快递的手续是在路边的一棵树下办的。冉咚咚带人来到现场,发现树周围没有监控,显然他精心踩过点。

经专家抢救,吴文超办公室台式电脑删除的文件已恢复了百分之七十。冉咚咚反复查看,除了注意夏冰清的一些视频,还特别注意到黄秋莹怀抱吴文超的一张照片。怀里的吴文超还是婴儿,嘴里嘬着小指头仰视母亲,母亲微笑俯视他的脸庞,温馨溢屏,就像文艺复兴时期意大利著名画家达·芬奇的那幅《圣母与圣婴》。虽然他把这张照片藏在文件夹的子目录的子目录里,也就是藏在三层之下，但还是被冉咚咚翻了出来。冉咚咚想这样的收藏方式正好对应他的心情，那就是表面上他恨母亲，但内心深处却渴望母爱。冉咚咚决定去一趟兴龙县，见一见黄秋莹。

黄秋莹住在兴龙高中校园内七栋三楼，这是一套一百二十平方米的住房，后窗靠山，山上有一片茂盛的树林。前窗面对田径场，田径场过去就是县城最大的街道。看见冉咚咚、邵天伟和小陆到访，黄秋莹的后任丈夫打过招呼便带着儿子回了父母家。黄秋莹两眼无神，脸颊挂着泪痕，还没等冉咚咚他们落座她就率先坐下了，仿佛连再站一会儿的力气都不够。她说都是我的错，我对不起他，要是我不离婚，他不至于犯这样的错误。他是一个善良的孩子，小时候连一只蚂蚁都不敢踩。他很听话，连买个雪糕都要问妈妈我可以买吗？他很聪明，只要发现他爸跟哪个女的多说几句，他就提醒妈妈你可要注意了。他很爱我，远远地看见我就一边跑一边喊妈妈，一头扑进我的怀里，撞得我全身酥麻。但自从我再婚以后他就不理我了，我买好吃的他不吃，我买新衣服他不穿。他恨我，这么多年他从来没主动给我打过一个电话。冉咚咚说不，他很爱你，他一直都爱着你。她从手机里调出那张母子合影。黄秋莹看见照片伤心哽泣。冉咚咚说这是他电脑里唯一珍藏的家庭照片。

一刻钟后，黄秋莹颤抖的身子才慢慢平静。她说他不会杀人，请相信我的判断，他那么弱小，连一只鸡都杀不死。冉咚咚说我们没有说他杀人，找他只是想了解一些情况，如果他主动找我们，那即便犯了错误也可以宽大处理，要是他不主动，被我们抓住那问题就严重了。黄秋莹说我想劝他主动，但不知道他在哪里。冉咚咚说按我们说的做，只有你能救他。她问怎么救？冉咚咚给她吴文超变声的手机号码，说请你发个短信，内容："孩子，妈相信你，妈爱你。"她说他不会理我的。冉咚咚说你只管发，不要问结果。她把短信发出去。冉咚咚说除了等待,你什么也不要做,不要主动打电话,除非他主动打过来,每一步每一句都跟我商量,可以吗?她抹着泪水,点了点头。

晚上,邵天伟和小陆撤出,冉咚咚留下来陪黄秋莹。两人睡在床上,都没有睡意,冉咚咚在想慕唤雨,黄秋莹在想吴文超。冉咚咚说如果再给你一次人生,你会选择离婚吗?黄秋莹说不会。“为什么?”“太伤孩子。”

“你们离婚的主要原因是什么?”

“吴东红不信任我,我直到再婚才接触第二个男人,也许他不是不信任我,而是要找借口跟我离。”

冉咚咚想跟慕达夫提出离婚我找借口了吗?找了,借口就是他出轨,但我不会因为找了借口而否认我不爱他这一事实。借口虽然是不想承担责任,可当借口能成为借口时,就没有必要说出真相,因此借口有时也代表善意。假如我让慕达夫选择,他会选择哪个答案:一、离婚是因为我不爱你;二、离婚是因为你出轨了。我想所有的人都会选择第二个,因为选择第二个还能从失败中争回一点面子,就像付费时收到找零。那么慕达夫出轨了吗?尽管他不承认我也没抓到现场,但凭我的直觉他绝对出轨了。直觉等不等于事实?就像破案,就像追踪嫌疑人,宁可信其有不可信其无,因为“信其无”会害怕自己被欺骗,而“信其有”却能给人莫名的安全感。假如我们离婚了唤雨会受到多大的伤害?她会像吴文超那样恨我吗?她会变成疑似杀人犯吗?想到这里她突然打了一个寒颤。黄秋莹问你需要毛巾被吗?冉咚咚说不需要,你在想什么?黄秋莹说想文超,想这样的夜晚他会睡在什么地方?他既不敢住酒店又不敢租房子,不是睡在野地就是躲在桥洞,地那么硬,桥洞的风那么大,他那么薄的身子骨怎么扛得住?他怎么睡得着?即使睡着了身上也不知要被蚊虫咬出多少包……说着,黄秋莹又不停地抹泪。冉咚咚想没有任何一个人只为自己活着,尤其是做母亲的。冉咚咚说你想他,他就想你,这叫心灵感应,给他发条短信吧。

“怎么写?”

“你想怎么写?”

“文超,对不起,妈妈再也不离开你了。”

“发吧。”冉咚咚抹了一把湿润的眼眶。

凌晨六点,“晨昏线伤感”时刻,手机叮咚一声,吴文超回了一条短信:“妈妈,我想你十年了。”黄秋莹泣不成声,没听冉咚咚劝阻立刻反拨电话,但对方已关机。冉咚咚说继续联络,你想怎么写就怎么写。黄秋莹又写了一条短信:“要么你回家,要么妈去看你,哪怕见你一面会坐牢妈也要见见。”发完,她的目光就再也没离开手机,一直盯着屏幕直到天亮,直到困意袭来手机从手里滑落。

42

吴文超的那条短信是从省城人民公园白龙湖附近发出的。凌芳带人搜查白龙湖一带,并调看公园三个门的监控,既没看见吴文超的身影也没找到他露宿的地点。公园是敞开式的,进出不一定非得走门口,他选择这里发短信就是为了回避监控。

兴龙县,黄秋莹急得团团转,一会儿拨电话一会儿发短信,即便电话拨不通她也不停地拨,即便没有短信回复她也不停地发,整个人焦虑得都有了焦虑症的表现:担心,紧张,手抖,尿频,坐立不安。冉咚咚说我理解你的爱子心切,但爱就像吃药不宜过猛,一猛就不真实,哪怕它确实是真的。第二天,黄秋莹死心了,只发一条短信。她坚信吴文超不再理睬她,那个温暖的回复也许只是他心里偶尔的闪念。她不相信几条短信就能消除他十多年的恨意,更不敢相信他会回十年都不回的家来看她。她像一床打卷的被子躺在客厅的沙发上,仿佛再也不会爬起来了。

蝉声从后山的树林里传出,一声长一声短,闹得冉咚咚心里阵阵着急。她开始担心自己的判断,担心吴文超不会上钩,同时对自己利用黄秋莹的母爱深感愧疚。“两担心”加“一愧疚”让她也有了焦虑症的表现。她想如果夏冰清是吴文超杀害的,那他绝对不会被黄秋莹突如其来的母爱所打动,如果他杀了人,那心肠得有多硬,况且他又那么警惕,怎么会轻易入坑?下午三点,当两个女人也是两位母亲都在绝望的时候,手机迎来了吴文超的第二次回复:“妈,我回来了。”黄秋莹惊得坐起来,四下张望,叫了一声“文超”,好像文超就藏在周围的空气里。忽然,她疲惫的身体有了力气,暗淡的双眼噌地发亮。她说我的儿子回来了,这是真的吗?她一边说一边朝田径场方向的窗外望去,如果这是真的,你能回避一下吗?只要你给我一点时间,我保证劝他去自首。你相信我吗?冉咚咚说如果他真的回来,那我会给你两天时间,让你做一次好母亲,请你珍惜他对你的爱。她说谢谢。说完,她把自己紧紧地贴在窗口上,仿佛变成了窗口的一部分。

冉咚咚从技术部门得知,下午五点吴文超的手机号曾出现在兴龙县城十字街附近,于是她从黄秋莹家撤出。冉咚咚一撤出,黄秋莹就在这个窗口望一下那个窗口望一下,一直望到深夜。凌晨两点,吴文超出现在屋后的树林里,他用手电筒对着自家后窗照了三下。黄秋莹看见光,轻轻打开大门。吴文超滑下斜坡,走进楼道,上到三楼,深夜里的关门声即便很轻听起来也很响。冉咚咚他们躲在旁边的楼上监视。为了让吴文超放心,黄秋莹明知道有人监视却要克服巨大的心理压力,装着无人监视的样子。监听器里传来黄秋莹的哽泣,没有吴文超的声音。安静五分钟后,黄秋莹说饿了吧，你想吃什么？吴文超说随便，煮碗面条吧，我先洗个澡。脚步声，开门声，关门声，切菜声以及打燃煤气灶的声音……忽然，耳机安静了。十分钟后，再次响起开门声，脚步声，吃面条的声音。黄秋莹说一碗够吃吗？吴文超说够了。黄秋莹说吃点水果，你看你瘦成什么样了。吃西瓜的声音，很急，几大口就吃完一片，一共吃了五片。吴文超说妈，你也吃。黄秋莹说妈喜欢看你吃。吴文超说我眼皮打架了，需要补觉。黄秋莹说那你睡吧，睡好了明天再吃好吃的。接着，传来脚步声、开门声和关门声。

第二天上午九点，吴文超后爸李展峰和八岁的儿子李家坤分别提着鸡鸭鱼肉走进楼道，上三楼，按响门铃。家里顿时热闹起来，杀鸡杀鸭声响成一片。李家坤问妈，哥哥什么时候起床？黄秋莹说让他多睡一会儿。李家坤说我什么都不会做，只会做蔬菜沙拉。黄秋莹说那你就做一盘蔬菜沙拉。中午，李家坤敲响房门，说哥起来吃饭了。开门声。“家坤好。”“哥哥。”“文超起来啦。”“叔叔好。”接着是脚步声，洗漱声，起菜声和端碗摆盘声。吴文超说这么多好吃的。李家坤说蔬菜沙拉是我做的。吴文超吃了几口，说好吃。李展峰说喝几杯？吴文超说喝几杯。然后是吃饭喝酒的声音。他们的吃喝声特别响，把正在监听的冉咚咚、邵天伟和小陆的食欲高高吊起，都觉得好听极了。冉咚咚想有了吃喝声家庭才像个幸福的家庭。

下午三点，李展峰和李家坤离开。客厅里只剩下黄秋莹母子俩，他们有一场对话。“找女朋友了吗？”“哪个女的看得上我？”“你这么聪明，总会有人喜欢。”“喜欢不等于爱，而且我也不聪明。”“公司怎么样了？”“倒闭了。”“如果你缺钱妈可以把房子卖掉。”“晚了，要是当初你对我像现在这么好，我就不是现在的我了。”“对不起，孩子，妈对不起你……”“你起来，你别这样，你这样我受不了，你起来。”传来黄秋莹的啜泣。“你再跪我也不会哭，我早就不会哭了。”“你是不是做了什么傻事?”“什么叫傻事?”“害别人的事。”“我不知道,但我向你保证我没有杀人。”“那你为什么要东躲西藏?”“我一直都胆小,一直都害怕,但我又不知道害怕什么。”“如果你没犯错就不用害怕,如果不小心犯错了,那就去讲清楚,争取宽大处理。”沉默了两分钟。“你身体好吗?”“不好,头经常痛,连核磁共振都做了也没发现问题,但它就是痛得厉害,医生说是神经官能症。”“你太操心了,但你不用为我操心,我的事我自己能解决,一直都是这样。”“你真的没杀人吗?”“没有。”“那你答应妈去跟他们讲清楚,这样躲来躲去的,躲不了一辈子。”“我需要时间思考。”“现在你思考好了吗?”沉默。“你在短信里说相信我,为什么又不相信了?”“我相信你。”“相信我你就站起来。”

一夜无话。早上十点,黄秋莹开车,把吴文超、李展峰和李家坤拉到县城边的河滩。他们打开活动桌椅,摆上吃的喝的,点燃烧烤箱。另一辆轿车到达,从车里钻出了外公外婆以及表哥表妹。一群人在河滩上有说有笑。河水清悠悠的,两岸长满灌木,天空湛蓝,草木芬芳,烤肉的香气飘荡在河谷里。他们吃喝,他们唱歌,他们合影,他们游泳。吴文超游累了,坐在岸边的石头上休息。黄秋莹靠近,说你想不想逃走?吴文超说怎么逃?黄秋莹说沿着河岸灌木丛往下漂,漂一公里就是三石码头。你爸的车停在码头上,他说他可以送你去任何地方。吴文超说之所以回来就是不想跑了,我知道他们找过你,也知道他们不会不监视你。正是他们对你的监视,才唤醒了我对你的思念,因为他们不会监视一个和我不亲的人。

黄秋莹说我可以跟他们讲你是被水卷走的,生死未卜。吴文超扭头看着下游,水声哗哗。他说妈,你发短信是想把我骗回来还是真的想见我?黄秋莹说我要是骗你,就不会安排今天让你逃走,我的心都快要被我自己戳烂了。吴文超的眼睛忽然涩涩的,很不甘心地滚出两行泪水。

第六章　暗示

43

“我来了,晚上有空一见吗?”慕达夫上完课,打开手机就看到了贝贞的这条短信。他忽然有点高兴,久违的高兴,仿佛憋在水里的人终于可以伸出头来换一口气了,甚至想提前享受这口气。离婚协议已签订半月,它像近代史上签订的那些令人屈辱的条约,堵得他想开一个“吐槽大会”。然而,凡是屈辱的都是绝密的,他揣着这个绝密上课,接女儿,开会,恨不得随时出卖自己。但他每次想吐槽的时候,无论是叶教授、胡教授或其他别的教授似乎都没时间和兴趣。他不得不欲言又止,像保险柜刚开了一道缝便马上锁紧。现在好了,贝贞来了,总算有两只勇敢的耳朵自动送上门来了。他兴高采烈地走出文学院教学楼,走过林荫道,走过停车场两百多米远才回头提车,好像是故意走过头似的。

晚上,冉咚咚夸他的饭菜做得可口,这是她决定离婚以来唯一一次对他的夸奖,比同行夸同行还难。吃完饭,他把自己收拾得干干净净,剃胡须,洒香水,抹头油,然后对唤雨说了一声“爸爸出去谈事”,便三步并作两步出了家门。他出门前的系列动作,冉咚咚看在眼里却不发表意见。自从订了协议,他们谁也不必向谁汇报行踪,这几乎是协议的唯一好处。他来到贝贞下榻的酒店,在大堂吧找到她,发现她经过精心修饰,眉毛画过,戴着长长的假睫毛,还涂了淡淡的口红，身穿绿色露肩连衣裙，脚踏一双白色高跟鞋。领口开得很低，不仅把她的肩膀露了出来，还把她乳房的上部分也露了出来。他顿时觉得不对劲，就像作品的风格突然变了，变得他都不熟悉了。之前贝贞走的是随意路线，运动休闲鞋，紧身牛仔裤，斗篷，T恤，从不戴假睫毛，内容与形式没有违和感，可是今天怎么看怎么违和，就像一首自由诗变成了一篇八股文。

他在观察她的时候她也在观察他。她觉得他全身上下都不对劲，首先是那件白衬衣，在她与他有限的交往中，她从来没见他穿过白衬衣，而且还长袖。不管是正式或私下场合，他的上半身几乎都是圆领衫或夹克，下半身是休闲裤加休闲鞋，头发散乱，目光傲慢，仿佛随时随地都在蔑视规则或西装革履。不知道是衣品在配合他还是他在配合衣品，反正开会发言或写文章他总是“语不惊人死不休”。你说意大利作家卡尔维诺写得好，他说不好。你说郁达夫写得一般，他说妙极了。如果你反着说，他的答案也一定是反的，有时你甚至怀疑他的答案不重要，重要的是他在刻意引起别人注意。他的这种叛逆加逆反心理毫不客气地从专业领域延伸至生活以及社会领域，让人轻易不敢触碰他。但久而久之，贝贞发现其实他没有那么深刻，也许他的心理都还没成人化。他的非黑即白思维模式以及叛逆与逆反心理是典型的未成年人心理，原来这个貌似复杂的躯壳下隐藏着一颗简单的心灵。有了这个惊人的发现，贝贞就经常对他进行语言挑逗。她说你很优秀，他说优秀个屁。她说你老婆很优秀，他说不及你的三分之一。她说你女儿很优秀，他说那是那是。所有的问题他都逆反，唯独在女儿的问题上他只有一个答案。玩笑开多了，贝贞与他越来越随便，关系也越来越近。可是，今天怎么这么别扭？他竟然抹头油，洒香水，简直成心破坏我的嗅觉。

他们都被对方的反常或者怪异惊了一下，仿佛都被蚊子咬了一口,虽然有点痛但痛处很快就像擦了清凉油。他问你怎么来了?她说我……我离婚了。像是一枚炸弹掉下来,炸得他两耳轰鸣脑子短路悲欣交集。为什么?他像是问自己。她说都怪你,你请洪安格帮你当说客,结果说客被冉咚咚策反,他们一致认为我们把他们绿了。他说怪不得你穿得这么绿。她差点就笑了,那是万分之一秒的本能反应,但语境加心境立刻让她想笑而不能,因为离婚的情绪后遗症还挥之不去。她说慕教授,都什么时候了你还有心思开玩笑,你还有没有一点同情心?他说对不起。她说我来就是想当面问你一句,我们绿他们了吗?他说在梦里绿过。她说我还以为是我的记忆出了差错,现在证明我的记忆是准确的。洪安格从这里回去后,天天问我到底绿没绿他?问得我都以为自己真绿过他似的。他说俄罗斯心理学家伊凡·彼德罗维奇·巴甫洛夫认为,暗示是人类最简单最典型的条件反射,它是一种被主观意愿肯定的假设,没有根据,但由于主观上肯定了它的存在,心理上便竭力趋向于这项内容,简而言之,你被洪安格暗示了。她说洪安格早就想跟我离婚了,但苦于没有借口,想不到冉咚咚给他递刀,让他轻而易举地摆脱我投奔他的小情人,慕教授,被绿的是我不是他,为了你的家庭我牺牲了我的家庭,具体来说是牺牲我,你说我该找谁说理去?他本想说只能是我,但他突然意识到这是一个极其严肃的问题,也是一个坑,便立即咬住舌头。她说你跟冉咚咚还在闹吗?他说已经不闹了。她说你们和好了?他说就差办手续了。她说你能不能坦诚一点,要不我们就遂了他们的心愿?他说不可能,假如未来都被他们言中,那我们不就活在套路里了吗?

慕达夫对套路非常敏感,无论是文学中的还是生活中的。他父亲是西江大学文学院教授,母亲是西江大学附中语文老师,他们在十四年前退休。从小他们就灌输他世界上最好的职业是教师,人生最好的出路是考大学,读硕士,读博士。“只有考博才能留在西江大学当教授。”他们隔三岔五就会拿这句来敲打他，就像在平凡的生活中放盐。可他不想当教授，想去天山牧羊，但一读到“北风卷地白草折，胡天八月即飞雪”，便全身打颤。他想从军，然一读到“白骨已枯沙草上，家人犹自寄寒衣”，便吓得半死。那么当个科学家怎样？他试着朝理科方面努力，结果发现每个细胞都被父母的文学基因熏染，根本记不住化学元素周期表、能量守恒定律，更别说函数与导数。没办法，他只能一边排斥一边接受，继承或者说重复他父亲的事业。重复本来就让他反感，但让他更反感的是母亲竟然把一位语文老师介绍给他谈恋爱，而且还是西江大学附中的。这下他恐惧了，想我不仅要重复他们的事业，还要重复他们的恋爱以及家庭模式，我到底是生活在真实世界还是虚拟世界？天空是不是真实的天空？我是不是演员？这所大学是不是摄影棚？从幼儿园到博士毕业，他的学习过程都是在西江大学校园内完成的。他忽然有了“楚门意识”，即逃离摄影棚意识。楚门是电影《楚门的世界》里的男主角，他的生活工作和恋爱都是直播公司安排的，直到影片快结束时他才发现自己一直生活在套路里。慕达夫决定像楚门那样逃离，但他逃离的不是身体而是精神。他开始留长发，抽烟，喝酒，故意说脏话，偏要找女警察结婚。虽然这让他的人生总导演慕长春以及执行导演任茉莉经常长吁短叹，但他却有一种莫名的痛快。他好不容易逃离了父母的套路，难道现在又要落入冉咚咚的套路不成？

44

贝贞在湖边租了一间房，每天给慕达夫打两次电话，发若干短信，其余时间便坐在电脑前写长篇小说，内容根据她和洪安格的真实故事改编。但是恨意让她的文字变得简单粗糙,熟悉让她的想象力急遽下降,烦躁分散她的注意力,结果写作成为仪式,其主要功能是掩护她的发呆走神和空虚。一天下午,慕达夫来拜访她。他敲了敲门,传来一声请进。他推开门,看见她正在垫子上做瑜伽,穿的是三点式。他吓得退了一步,转身欲走。她说胆小鬼。他怎么会承认自己是胆小鬼,便坐在一旁,眼神直勾勾的,表情馋涎欲滴,整个人瞬间进入色鬼模式。她在做桥式,轮式,鸵鸟式,下犬式,弓步伸展式……一阵骚操作,他看得胸前的纽扣仿佛全都绷飞。不可否认,她的皮肤比冉咚咚的细嫩,腿比冉咚咚的直,腰比冉咚咚的细,臀部和胸部比冉咚咚的丰满。他对比着,就像做比较文学研究。忽然,她的胸罩撑开了,两只坚挺的乳房弹了出来,然后又被一股力量拽住,原地慢动作震颤。原来她的乳房还那么有弹性,不像冉咚咚的都已经下坠。他的身体有了强烈反应,尤其是左边胸腔都仿佛变薄了。她说你怕什么?他说我什么也不怕。她说不怕你愣着干什么?他继续愣着,说我还没离婚,我不想在这个节骨眼上让冉咚咚占据心理优势。她哼了一声,一跺脚,转身走进浴室。听着稀里哗啦的淋浴声,他强迫自己转移注意力,想冉咚咚的皮肤也曾像贝贞这样有弹性,甚至还比她的白,腰也曾那么细,腿也曾那么直,之所以乳房下坠,那是因为年龄原因。想起初恋时冉咚咚的身材,他的心里生起一股自豪感,就像一个实业家想起曾经的产业,一个炒股者想起没入股市前雄厚的资金。

慕达夫回到家里已经是晚十点。家里的灯全黑了,在打开客厅的灯之前,他忍不住扭了扭卧室的门把,竟然扭开了。卧室一片漆黑,阳台上闪烁着一枚红红的烟头。她又抽烟了,但现在他没有权利管她。他们已经分居,一个睡卧室,一个睡书房。他以为她没有发现,轻轻地把门关上,开灯,坐在茶几前泡了一壶红茶,一边喝一边想要不要告诉她贝贞来了?虽然他已经没有告诉她的义务,但为什么心里会发虚？是多年养成的汇报习惯还是心里仍有不离婚的幻想？如果心存幻想,那就不能告诉她,否则她会更加怀疑。可不告诉她,万一她知道了,那幻想就不可能变成现实。他很矛盾,似乎每种选择都对他不利。忽然,卧室的门打开了,冉咚咚走过来坐到对面。他给她倒了一杯茶,发现她脸色铁青,皮肤松弛,连眼圈都黑了,脑海情不自禁地闪现贝贞,怎么掐也掐不掉,就像电脑中毒时不停地弹出色情图片,越删越多。他喝了一口热茶,烫得嘴皮都差点破了。冉咚咚说你紧张什么？他说我担心你身体,都憔悴成什么样了,一个女人,有必要那么拼吗？她想这句话是关心,应该高兴才对,可她偏偏高兴不起来,因为她听出了他的三层潜台词:一是你身体不行了,二是你老了,三是你不像一个女人了。但她不想生气,而是心平气和地说你评估过我们离婚对唤雨的伤害吗？他说我以为你在订协议前评估过了。她说我们正在追捕的疑犯叫吴文超,由于父母离异后各自成家,忽略了对他的关爱,他从此不跟家人联系。

“所以我们不能离,为了唤雨。”他说。

“你回来之前,我已经跟她谈了,她不反对,而且我不仅不会不关爱她,只会更爱她。”她说。

“你很残酷,竟然把我们的压力转移到一个十岁的孩子身上。”

“我不想骗她,欺骗才是真正的残酷。”

“你会让她做噩梦的。”

“她睡得很香,你可以进去看看。”

他起身,轻轻地打开次卧的门,听到唤雨均匀的呼吸。他探头看了许久,确证唤雨睡着了,才把身子退出来,小心翼翼地关门。她说你必须找机会跟她谈一谈,告诉她爸妈虽然离婚了,但爸爸永远是爸爸,你对她的爱不会有丝毫减少。他说不要说开口,就是想一下我都觉得心痛。她说她已经知道了,早讲比迟讲主动,别以为只有你善良。他还能说什么,每一句都被她堵得死死的。他想连唤雨她都谈过了,不离婚看来是不可能了,既然要离,那就没必要再藏着掖着。他说贝贞来了。

“来干什么?”她淡淡地问,眼睛不再噌地发亮。

“她离婚了,原因是洪安格怀疑她出轨,而洪安格又是你煽动的。”

“难道她没出轨吗?”她像说一个显而易见的答案。

“你去问她。”

“为什么她一离婚就来找你?”她似乎有了一点兴趣。

“因为是我们这个家庭让他们那个家庭产生了矛盾,她满腹委屈,想找你对质,但我怕你情绪失控,就把她劝住了。”

“让她来呀,我倒想见见她。”她本来想把话说重一点,但她不想让自己变成泼妇,连声调都降了下来。她想既然都要离了,纠缠这些还有什么意义,不如成全他们。“你需要提前办离婚手续吗?”

“不需要,我希望永远别办手续。”他说。

“虚伪,如果你希望永远别办手续,那当时你为什么要签字?”

“因为尊严,你都说不爱我了,我还有什么选择?”

“那么,我再说一遍,我不爱你了。”

他的尊严又一次遭到打击,就像身体的某个部位重复受伤。这么多年来,他对她的打击一直隐忍迁就退让包容,正是因为他的退让助长了她的嚣张,他觉得该到提醒她的时候了。他说真要离了,你未必能找到比我更合适的。她说是吗?你太自恋了吧。他说我俩肯定有一人患了自恋症,但愿是我。她说不是你难道会是我?他说所以我经常去看心理医生,一个人要长期忍受另一个人的无理取闹,没有心理疏导早就崩溃了。干你们这一行的压力山大,更需要心理疏导,如果你不愿意让莫医生看,也可以换人,有人向我推荐金医生,说许多文化名人和类似于俄国作家契诃夫《小公务员之死》里的伊凡·德米特里·切尔维亚科夫那样的小人物们，都喜欢找金医生做心理疏导。她说破案才是我最好的心理疏导。他说凡是从小被父母过分夸奖，后来事业有成的人都容易患自恋症，而没有安全感，输不起，承压力低，受过伤害的人则容易患多疑症。如果去除自我中心，多与人交流，多爱别人一点，那这两种症都可以克服。她说你是在教育我吗？他说我想让你知道别总是自己生病让别人吃药。

“神经病。”她把茶杯蹾到茶几上，由于用力过度，茶杯晃了一下，破成两瓣。

45

冉咚咚关上卧室的门，习惯性地没有反锁。这道门是她的边境线，只要她在里面慕达夫就不会进入，即便他有事跟她商量也只是扭开门轻轻地喊一声，或站在门口把话说完，或把她请到客厅来讲清楚。出于关心或好奇，他不时悄悄地把门扭开，从门缝偷偷地看她在干什么，就像父母监督孩子。从开门的风力以及声响，她能准确地判断他是找她有事或只是观察。如果有事找她，风速会快，开门声正常或略显夸张。假如他是偷窥，那几乎没有声音，室内的空气微微一抖，几秒钟之后又微微一抖。她知道他开门了，又关门了。对于他的观察或者说偷窥她并不讨厌，反而觉得有人注意自己才有价值，就像猫，你越在意它的某个行为它就越要坚持这个行为。因此，她关门的象征意义要大于实际意义，只要他想打开随时都可以打开。但是今晚，当她走进卧室后忽然就不想让他打开了。她锁上门，熄灯睡觉。一秒钟，两秒钟，三秒钟……从熄灯的那一刻起，她就开始读秒，可读了几百秒，她就读乱了，于是重新读。如此反复,却毫无睡意,她以为是锁门的原因,便爬起来把锁打开。再躺下,整张床托着她浮了起来,一会儿飘到左上角,一会儿飘到右下角,一会儿被门把手撞了一下,一会儿顶住天花板让她连呼吸都感到困难,人和床仿佛处于失重状态,脑海的每缕思绪都像单独画在白纸上那么清晰。她越想睡越睡不着,又爬起来把门锁上。打开,锁上,打开……她不停地重复这个动作,重复了两分多钟才意识到自己是不是真的犯病了?

她想我还有破案的任务,千万千万不能犯病,即使犯病我也能克服。她努力地克服失眠、虚汗和紧张……在似睡非睡间,她想我自恋吗?哪个人没点自恋。我多疑吗?哪个有压力的人不多疑。凡是大家都有的毛病那都不叫毛病,可为什么慕达夫却暗示我去看心理医生?"大坑案"在凌芳负责一个月后又由我负责了,有人在盼望我创造奇迹,也有人在等着看我的笑话。吴文超到底躲在哪里?抓到他是不是就可以结案?慕达夫嘴上说不想离婚,但私底下却与贝贞频繁接触,叫我如何相信他?唤雨真不在乎我们离婚?慕达夫还爱我吗?我说"不爱他"是赌气还是发自内心?……每一个问题都在突突跳跃,开始是单跳,后来是交叉跳,再后来就跳成了交响曲。她开灯,爬起来拉开床头柜,找了两片助眠药吃下,心里一阵伤感,忽然觉得自己好孤独好委屈,烦的时候没人说话,累的时候没有肩膀依靠,遇到困难时没人分担,全世界仿佛就她最可怜。想着想着,眼泪就流了出来,流着流着,哭声就响了起来。

相反,慕达夫书房的门从来不关,他既要帮唤雨半夜起床喝水或上厕所开灯,又要密切关注冉咚咚的动静,好像他是她们的中枢神经。现在他忽然惊醒,原因是听到从主卧传来隐隐约约的哭声。他轻手轻脚地来到主卧门口,扭了扭门把手没扭开,心里顿时紧张起来。他拍拍门,叫了一声咚咚,哭声中断了。他又拍拍门,说让我进去。里面没有动静,他说你再不开我就踹门了。他真的在门板上踹了一脚,但不是很响。他说为了不惊动唤雨,请你开门。他听到她走过来的脚步声,开锁声,走回去的脚步声。他留了半分钟的时间再打开门走进去,看见她躺在床上,脸是干的,虽然眼睛微肿。他问为什么哭?她说谁哭了?我睡得好好的你踹什么门?他扫了一眼卧室,没发现异样。他看她的枕巾,也是干的。他说我是被哭声惊醒的。她说你做梦吧。他说没事就好,说完,转身欲出,却看见门把手上沾着一丝血迹。他立刻掀开毯子,抓起她的双手,看见她左手腕子上有一道浅浅的血痕。他心里泛起不祥,说为什么要这样?

"现在我终于明白夏冰清割腕时的感受了。"她把手飞快地缩回去,像什么事也没发生似的,"体会一下受害人的绝望,也许能获得破案的灵感。"

"荒唐。"他从抽屉找出一块创可贴,贴在她左手腕子的伤口上。他紧紧地捂住那个伤口,好像要为它止血,而其实它早就不冒血了。虽然它只是一个浅尝辄止的伤口,但在他看来却是一道深渊,是她心理崩溃的信号。他说做个交易。她把手从他手里挣脱,问什么交易?他说要么去看心理医生,要么我把你割腕的事告诉专案组领导,让他们给你休假。她说你胆敢阻止我办案,我立刻跟你办离婚手续。他说我可以用离婚来换你的身心健康。她忽然冷笑,说你想提前办手续就跟我明说,何必用激将法,我又不是不想成全你。他说你别声东击西,我对待生命比对待任何事情都要认真一百倍。她见过他认真的样子,有时为了考证某个字或某句话的出处,他会看几本厚厚的著作。因为跟胡教授争论"现代主义文学与后现代主义文学哪个更牛",两人在餐桌上翻脸,二十年的友谊经不起一个"后"字的考验,至今不相往来。胡教授认为凡是带"后"字的文学都一文不值,没有建构。但他从青春期开始就是个解构的主儿,容不得胡教授用不屑的表情贬低"后"字。也许他仅仅是反对胡教授的表情,也许他态度如此坚决仅仅是为了跟胡教授抬杠,但他一旦亮出观点就会像狮子捍卫领地那样捍卫,以此表明:做学问,他是认真的。

"能不能等我抓到了凶手再去看心理医生?"她让了一步。

"那就别怪我出卖你。"他态度坚决。

第二天早上,他们一起送唤雨上学,等唤雨走进校园,她转身想溜。他说别忘了我昨晚说过的话。她说你不会当真吧?他说我连婚姻都赌上了,你说当不当真?她站了一会儿,很不情愿地钻进他的车里。一路上谁都没兴趣说话,他担心她的身体,她像是赌气又像在寻找对策。他把车开到大学路普奔巷一幢四层的青砖楼前。她一抬头,就看见挂在门旁的"一念心理咨询室"。虽然她有心理准备,但心里还是排斥,说慕达夫,你真把我当精神病患者了?他说既然不是,为什么不敢进去?她说我连持枪犯都抓过,还怕进这种地方?说完,她甩门而去,他紧紧跟上。他们走进砖房小院,院子里鹅卵石小径七弯八拐。她习惯性地放轻脚步,生怕惊动谁似的。来到一楼咨询室门前,她站定,做了一次深呼吸。他推门,门铃叮叮咚咚地唱起来,是一支十分熟悉却又想不起名字的曲子,很疗愈。金医生起身迎接,请他们就座。慕达夫介绍冉咚咚,但他刚一开口就被金医生打断。金医生说我不要你说,我要她说。慕达夫尴尬地站起来,踮起脚尖出去。

一小时后,冉咚咚推门而出。慕达夫看见她神采奕奕,整个人像打了鸡血似的精神抖擞。看到她状态转好,他心里暗自高兴,以为咨询产生了效果。他把她送到单位,立刻回到金医生这里。金医生说她逻辑清晰,谈吐正常,不像你说的有什么心理问题。慕达夫就纳闷了,她明明半夜三更在哭,明明割了手腕子,怎么会没有心理问题?为什么每次她都能证明她正确?难道是我患了多疑症？

“你们都谈了些什么？”他好奇。

“先是听她讲了半小时吴文超的故事，然后她问我吴文超有什么心理弱点？我告诉她吴文超是一颗孤独的灵魂，严重缺乏爱，渴望爱，尤其是渴望母爱。她说可不可以利用这个弱点抓到他？我说理论上有可能。”

“你被她带节奏了。”

“在我这里，不管她谈论谁最终都是谈论自己。她像吴文超一样孤独，尽管她表面上被爱包围。”

“金医生，你竟然说一个泡在蜜糖里的人不甜，用盐腌过的萝卜不咸，把眼睛睁到天明的人不失眠，我严重怀疑你的专业水平。”

金医生微微一笑。慕达夫觉得这个笑倒是很专业，是压住怒火以及鄙视后装出来的笑。为此，他的心里很是不爽，就像别人质疑他文凭似的不爽。半小时后，他在回程的路上等红灯时，心里嘀咕自己是不是太敏感了？

46

去见邵天伟之前，慕达夫在自己的书房踱了七步，凡遇到犹豫不决之事他都养成了在书房走七步的习惯，灵感来自曹植七步成诗的典故，但同时他也认为再难的事情都可以在七步之内思考清楚，更何况这七步可快可慢。有时他以为把问题想清楚了，但就在抬腿的一瞬间忽然发觉还没想清楚，于是赶紧把迈了一半的腿收回。有时他两腿叉开，像鲁迅在《故乡》里形容杨二嫂那样圆规似的立着，直到把这一步该想的想清楚了才迈下一步。冉咚咚经常看见他把腿劈开后一动不动，以为是在锻炼身体，后来才明白这是他的“七步强迫症”。

踱完七步,他带着三本国外的侦探小说登门拜访邵天伟。他说我给你推荐的这几本表面上是写破案,实际上却是写人性,简直可以用“犀利”来形容,你冉姐之所以破案厉害,就有这些小说的贡献。邵天伟激动地摸着书的封皮,恨不得马上阅读,可慕达夫已经坐下,看样子一时半会儿还不想走,他只能堆起笑脸奉陪。慕达夫从邵天伟的房租开始聊,一直聊到他交没交女朋友,家乡脱没脱贫,父母的身体好不好,天气怎么会这么热,每个行业都需要职业操守以及男人应该找一个什么样的女人结婚……他东一榔头西一棒子地聊着,聊得邵天伟大脑缺氧,始终跟不上他的节奏。邵天伟知道刚才聊的都不是慕达夫想聊的,他在试探,观察,绕圈子,就像文章的开头仅仅是个铺垫,但这个铺垫也太长了。邵天伟说慕教授,有话请直说。他犹豫着,掂量下面的话该不该讲。答案是不该讲,但不讲他又担心冉咚咚的身体,于是他强迫自己,说你冉姐最近有点累,请你帮我判断一下,她继续办案合不合适?

“我从来没见她累过,尤其是办案的时候,年轻人都熬不过她的身体。”邵天伟说。

“那是体力,我指的是精神上的疲劳或者说心理感冒。”慕达夫用右手食指敲了敲右侧的太阳穴,“近期她有没有不对劲的地方?比如敏感多疑,情绪低落,经常发呆,记忆不好,思维迟缓,脾气暴躁或喜怒无常,一会儿哭一会儿笑什么的……”

“你说的不就是精神病吗?这跟冉姐一条都对不上。她思路清晰,既克制又理性,比我们专案组的任何人都冷静。她记忆力超好,嫌疑人的照片过目不忘,询问当事人的每句话好像都记得。她不仅对案件走势有准确的判断,而且还善于发现被人忽略的细节。她从来不对同事发脾气,也不说谁的怪话,包括竞争对手。工作之余她有说有笑,经常请我们聚餐,还组织大家唱歌。在我看来,没有比她更完美的了。”邵天伟一边说一边想词，自认为概括得相当准确。

“最重要的一条你没回答。”慕达夫想这小子挺聪明。

“干我们这一行的谁要是不敏感，基本上都会被淘汰，而多疑是办案的优点之一，否则根本就破不了案，就像你做学问，要在无疑处有疑。”

“可是昨晚，”慕达夫做了一个割腕的手势，“她让我揪心。”

“不可能。”邵天伟忽地睁大眼睛，仿佛被吓着了。

“所以我很矛盾，告诉你吧，肯定会影响她在专案组里的威信，而且家丑外扬，不告诉你吧，我又拿不定主意，疑虑有三：万一她发病会不会影响办案？再这么熬下去她的身体扛不扛得住？我要不要找专案组的领导反映这个情况？”

“千万别乱讲。首先，她没有你说的那些表现；其次，现在是办案的关键时刻，如果你反映不当领导把她调走，那这个案可能又要变成悬案。你们知识分子天生就有正义感，难道你希望凶手逍遥法外吗？”

“不希望，但任何家庭都承受不起疾病的折磨，所谓幸福都以健康为前提。”

“她的健康没问题。”

“如果有问题你负得起责任吗？”

“负得起。”

“你怎么负？”

邵天伟被问傻了，他只顺口一答，却没想过怎么负责。看着慕达夫咄咄逼人的眼神，他忽然明白平时脱口而出的语言根本就经不起追问，只是说惯了，听惯了，以为拿来一用就可以搪塞和应付，就像说“没关系”“放心”“啥都不用说了”那样。但慕达夫偏偏不吃这套，他是整天跟文字打交道的人，对每个字词的含义都要认真检验并落实到位。邵天伟尴尬了,因为这个责任他压根儿就负不起。他说我得想想。慕达夫说我特别在乎你的意见,这事我不可能再找别人商量,包括她的父母,他们平时走路都颤颤巍巍的,哪经得起这个刺激。如果她的情绪有波动,麻烦你及时告诉我,另外,拜托你在工作中帮我照顾照顾她。说着,慕达夫掏出一个厚厚的信封递过来。邵天伟问这是什么?慕达夫说一点活动经费,用于请她吃饭唱歌什么的,总之是让她开心。邵天伟把信封推回来,说你一个教授,怎么动不动就用钱来解决问题?

这话把慕达夫戗得脸都红了,他捏着那个信封像捏着自己的尾巴,递也不是,收也不是。他说夫妻为什么称对方为另一半?因为他们合起来才算完整,也就是说这一半生病了那一半也会痛,她失眠我也失眠,她吃药我也吃药。看着她紧张焦虑难受,我急得直跳脚。她是个要强的人,不愿承认自己有病,也不愿接受我的关心和照顾。我只能事事顺着她,在外围悄悄地做点缓解她压力的工作,还不能让她知道,就像跟领导打球或下棋,即便输也不能输得太明显。她的情绪是我生活质量的晴雨表,客观地讲,我的生活质量不高。在她的影响下,我也快变成高压锅了,每天都想爆发。但男人嘛,手劲大,锅盖也就拧得紧一点。每天我都在想如何才能让她像从前那样快乐?只有她快乐我们全家才快乐。可是,我找不到让她快乐的钥匙,连跟她交流都有心理障碍,因为她宁可相信任何人也不愿相信我。我历来都鄙视用钱解决心理问题,但当别的办法都尝试无效后,才发现钱也许是办法之一。如果你把这钱拿着,那就相当于答应帮我,让我心里产生一点希望,希望在你的帮助下她的病会好起来,没准真的会好起来。

“行吧,那你先把钱放我这儿。”邵天伟看见慕达夫说得眼眶都红了,不好意思再拒绝。

47

第二天早上,邵天伟一走进办公室就先瞄冉咚咚的两只手,可她穿着制服,无论他怎么瞄也瞄不到她手腕子上到底有没有割痕。上午,专案组分头排查各宾馆及租屋,继续寻找嫌疑人下落。冉咚咚这个组负责排查城西路,邵天伟跟着她从这家宾馆查到那家宾馆,从这栋租屋查到那栋租屋,但他始终没机会看到她的手腕子。他想直接问她,却怕她反感。中途休息,他说他最近学会了看手相,可以看出一个人一辈子有几次爱情,离不离婚。两位年轻的警员先后把手伸给他看,他竟然说中了他们到目前为止谈过几次恋爱,惊得他们的嘴巴都合不拢了。他说冉姐你要不要看一看?冉咚咚伸出右手。他捏着她绵软的手掌,看着她掌心交错的纹路,说真没想到你只谈过一次恋爱。她说瞎扯,我更感兴趣的是会不会离婚?他说那得看左手。她说不是男左女右吗?她警惕地把手抽回去,左手不经意地往后一躲。从这个动作判断,他知道她的左手腕子有秘密。

下班后,他说请她吃晚饭。她同意了,就近选了一家简餐店。两人落座,边吃边聊。她问为什么要请我?他说感谢你一直关照。她说都关照几年了,为什么偏偏是今天请?他说以前你一直不给机会。她说撒谎,你请我是为了这个吧?她挽起左衣袖。他看见她左手腕子上贴着一块创可贴,说你怎么知道?她说从你早上进办公室的那一刻起,我就发现你的神色不对,像个卧底,不仅看人的目光是斜的,而且看我的次数比平时至少多出百分之八十。平时你看我是看我的脸色,但今天你看我是看我的双手。不过你放心,只是破了一点皮,相当于被蚂蚁咬了一口。说完,她放下衣袖,用力压了压袖口，生怕它撑开。

“可以问为什么吗？”邵天伟因为紧张声音有点滞涩。

“我做噩梦了，但明知道是梦却怎么也醒不来，于是就制造一点痛感把自己唤醒。”冉咚咚闭上眼睛，似乎在回忆当时的感受。

“这会影响你办案吗？”邵天伟不放心。

“我办案跑偏了吗？或者说我违法违规不讲逻辑了？”

“没有。”

“那你担心什么？”

“担心你的身体，我想帮你分担压力，却不知道怎么分担。”

“吻我，”她指着自己生动的嘴唇，“现在就吻我。”

他吓了一跳，身体下意识地往后一靠，背部重重地撞在椅背上。他不是没有这种冲动，以前就有过，虽然她比他大十岁，但她是美丽与智慧的化身，在他面前自带流量。她睁大眼睛逼视，第一次离得那么近。他发现原来她的眼睛如此透明，仿佛有一股力量要把他吸进去。他忽然感到害怕，与其说是害怕这种温柔的诱惑，还不如说是害怕自己立场不够坚定。她微微一笑，试图缓解眼前的尴尬。她的笑竟然那么迷人，他想，将来找对象就得找像她这样的。她说要不，你到对面的宾馆去开间房？他说冉姐，玩笑开大了。她说机会稍纵即逝，就看你想不想把握。他说你现在讲的和平时你教导我的不一样，我很难受。她说又不要你负责，只是逢场作戏，你紧张什么？他忽地站起来，说要不我先回了。她说坐下，话还没说完呢。他侧身坐下，开始只坐了半边屁股，觉得不舒服才又慢慢把屁股挪正。她忽然笑了起来，笑得他脊背一阵发凉。他说慕教授昨晚找我了。

“我猜到了。”她说。

“一个那么有学问的人竟然向我请教，我感动得好久都站不起来。一说到你的健康，他急得眼圈都红了。他很爱你，希望你别做对不起他的事。"

"他向你请教什么?"

"怎么帮你。"

"你已经帮我了。"

虽然他被说糊涂了,但从她脸上灿烂的表情可以断定她是真的高兴。她说你对我最大的帮助就是让我看到了好人,看到了在这个世界上还有作风正派的人。我们每天接触的都是些什么案件呀?不是出轨就是凶杀,不是偷情就是谋财害命,不是贪污就是养小三,不是骗别人就是骗老婆……徐山川出轨了多少女人?夏冰清难道真的只讲感情不爱钱吗?吴文超父母相互怀疑,号称感情很好的洪安格和贝贞也离婚了,本来她还想说一句就连我父亲都出轨隔壁的阿姨,但她突然踩了一脚刹车,发现这一句不能讲,立刻省略,直接跳到请问还有谁值得信任?知道我为什么失眠吗?他摇摇头,因为他从来没失眠过,连一丁点的失眠经验都没有。她说因为我害怕一闭上眼睛就有人作恶,这是典型的守夜人心态,以为只要自己醒着就能防止坏事发生。他点头,发觉自己偶尔也有这种想法。她想起小时候半夜三更竖起耳朵,生怕父亲趁母亲熟睡时偷偷地爬起来,轻轻地打开门,去按隔壁的门铃。而事实上她曾经两次听到父亲半夜出门的声音,但她太小了没敢爬起来阻止,为此一直内疚。她说假如刚才你按我说的去做,那我也许会再割一次手腕子。你要小心,由于我对人性有太多怀疑,所以经常会用我的方法测试别人,而每每测试,结果大都让我失望。如果你想帮我,那就坚持做个好人,让我尚能看到光,好人就是一束光,能驱散心灵的阴霾。

"难道这个也是测试吗?"他在自己的手腕子上比画了一下。

"这叫自我测试,我想知道我可以跌得多深,自己对自己有多狠,心里的阴霾到底有多厚?只有了解自己才会了解别人,尤其是了解那些我们正在追捕的人。”她的表情和语气都显得轻松,却看得出是假装的勉强的,但当她把这句话说完之后,一股久违的轻松真的溢满她的心头。她想这是不是就是自我教育或自我暗示?其实,很多想法当初并不当真,只不过说着说着也就当真了。

48

回家路上,冉咚咚忽然感到心紧,紧得胸口好像刚刚拉皮。她就近把车拐进公园路停车场停住,打开车窗,放斜靠背,做了几次深呼吸,胸口的压迫感才渐渐消失。最近,只要一听到下班铃声她便下意识地哆嗦,整个人莫名其妙地紧张,好像下班会剥夺她的自由似的。她不想回家,害怕面对慕达夫,因此她总比别人晚一到两个小时下班,还故意把回家的车速降了又降,仿佛这样做就能用时间换空间,最终会赢得抗战的胜利。有两次,她在半路转向,直接把车开到父母居住的楼下,但只停了几秒钟便把车开走,因为她觉得面对父母比面对慕达夫更难受。在她眼里,父母只剩下滔滔不绝的嘴巴了,他们的嘴巴也不是嘴巴而是教育工具,都几十年了还像她小时候那样轰鸣,连内容都不改一改,仿佛儿童与成人用的是一本教材。风从车的右窗吹进来,摸一把她的脸蛋后从左窗吹出去,它们带来了公园里树木花草的信息。她闭上眼睛,想在这里睡上一觉,可她一闭上眼睛脑子就转得飞快,就像汽车关掉其他功能后空调变得更冷。

她想为什么要割腕?尽管跟慕达夫和邵天伟分别说了理由,但她怀疑那都不是真正的理由或者说不够准确,可以蒙混他们却仿佛不能说服自己。难道我真的病了?没有,我认为没有,因为我看得见边界,看得见画在周围的金光闪闪的白线,知道那是不能跨越的界限,知道哪里是康庄大道哪里是危险的悬崖,哪些可以触碰哪些触碰不得,也就是说我尚有控制自己的绝对能力。既然自认为能够控制自己那为什么没有控制住刀片?她回忆那个片段,已经回忆 N 次了,就像反复播放作案现场的监控录像,必须从中找出蛛丝马迹——那天深夜,她睡不着,拉开床头柜抽屉找助眠药,发现抽屉里竟然有一把老式剃须刀。这把剃须刀是她多年前给慕达夫买的,当年她还拿着它帮他剃胡须。但自从他改用电动剃须刀之后,它就像个低调的逃犯,缩头缩脑地躲在抽屉的角落,没人在意。不知道出于什么目的,因为要说清这个目的非常之难,也不可信,唯一合理的也是最接近本质的解释就是无聊。她无聊,反正也睡不着,就打开盒子,发现刀片还卡在架子上,看上去锋利依旧,便用它来刮手上的汗毛,没想到刮着刮着手一偏,刀片就把手腕子割破了。可这个版本谁信?人人都喜欢高大上的理由,事事总得有个理由,如果没理由许多简单的事都说不清楚。

她认为这绝对是一次意外,如果有别的想法,那我为什么不把刀片卸下来直接割?为什么不割得深一点更深一点?当然她不排除"夏冰清式割法",割是为了给对方施压。她之所以不排除这种可能,原因是她割完后竟然哭了。哭不是因为痛,而是想引起他的注意,但每每这么一想,她就一万个不服气。我为什么要引起他的注意?我都跟他订了离婚协议为什么还要引起他的注意?难道我还留恋他不成?所以,她更愿意相信哭是因为孤独。许多事一想就通,许多事越想越堵,就看你的落点在什么地方,仿佛赌钱有输有赢,胜负就看你何时离开牌桌。一个小时过去了,她重新启动车子,一边开一边告诫自己不要生气,而且也犯不着生气。

回到家,她看见慕达夫在客厅收拾行李,拉杆箱里整齐地码着五个分装袋。她想问他去哪里出差?但话到嘴边却怎么也说不出口,好像一问就表明她还在乎他,怕他得意或对婚姻仍抱幻想。他微微一笑，说美女回来啦。她很开心，差点报之以微笑，但笑容在爬上脸蛋的瞬间忽然熔断，立刻变成幸好没有受骗上当的表情。他不管她的表情，仿佛自言自语：唤雨在外婆家，红茶我给你泡好了，如果想吃夜宵我给你煮，洗澡水六十度，冰箱里有我刚买的冰淇淋，唤雨这次数学测试考了九十六分，你爸说有空给他打个电话……她在他的汇报声中脱鞋，放包，洗手，进卧室，换衣服，始终一言不发。当她从卧室出来时，她才发现箱子是她的。她说你出差干吗用我的箱子？他说这是我帮你准备的，你们明天不是要去兴龙县吗？

“谁告诉你的？”她感觉一股无名的火气直冲脑门，好像自己被谁出卖了。他停住，面无表情地看着她，好像她发火在他的意料之中。她不喜欢这种没有表情的表情，就像不喜欢没有态度的态度。“谁告诉你的？”尽管她知道是谁告诉的也还要问。“难道你出差是机密吗？”“不是，可我不喜欢你在我的身边安插间谍。”她打开箱子，把码得整整齐齐的分装袋一个个拎出来摔到沙发上，仿佛这股无名的火气是这些分装袋引发的。

“人家一片好心，说你办案太忙了，让我帮你准备准备。”他解释。

“以前我出差你帮我准备过行李吗？”她问。

“没有。”他说。

“所以我不适应，尤其不适应有人突然对我好。如果有人突然对我好，我会怀疑他有不可告人的目的。况且，你也不知道我想带什么，我要带的东西必须由我一件一件地整理，这个习惯你不是不晓得。”

“虽然没有你考虑得周到，但我已经尽力。”

她打开第一个分装袋，里面装着她的化妆品和护肤品，一样都不少，一样也不多，量也刚好。她打开第二个分装袋，里面装的是贴身衣物，五天的使用量。第三袋装的是上衣，第四袋装的是长裤，虽然外衣外裤分开装，但颜色与款式都搭。第五袋装的是日用品，有雨伞、充电器、安神精油、灭蚊液、清凉油、指甲剪等等，比她考虑得还细致。她第一次发现他有这种能力，平时不在意，关键时却心细如发，竟然把行李收拾得全部合乎她的心水，简直就是她的脑回路。但她不想让他得意，不想让一个长期揣摩别人的人被别人揣摩透。她拍着那些袋子，说你是怎么做到的？他说就像写文章，设身处地，把我当成你，就像鲁迅写阿Q的时候把自己当成阿Q，写祥林嫂的时候把自己当成祥林嫂。她说可是你对女性化妆品和护肤品并不了解。他说是有点吃力，我在网上看了一个多小时才弄清它们各自的功能。

“没有请教别人？”她的脑海里闪过贝贞。

“又来了，明知道你嗅觉灵敏，直觉发达，联想丰富，我干吗还去问她？况且我帮你收拾行李又不是出新书，有必要跟别人宣传吗？”

有道理，她想，于是轻轻说了一声谢谢。她把袋子一个个拉上，又一个个放进行李箱。她说你知道夫妻在外有四不讲吗？他说不知道。她说一是不能在外面讲家庭收入，讲多了别人会来借钱，讲少了别人看不起；二是不能讲家庭矛盾，没人会帮你解决问题，反而会煽风点火，因为每个人都希望过得比你好；三是不要讲对方的缺点和短处，好与坏都是你自己的选择；四是不要讲夫妻之间的私生活，因为个个都有窥视欲。可是，你却去跟邵天伟讲我有病，差点让我不能办案。

“对不起，有的事我一个人实在是解决不了。”

“谁让你解决了？真是自作多情。你是不是还跟他说了我们早就分床了，早就没有性生活了，马上就要离婚了，我抽烟吃药了，网购内裤考验你了？”

“除非我有病,否则说这些干什么?”

一听到他说“有病”,她以为他讽刺她,于是用坚定的语气说你肯定说了,否则邵天伟不会用居高临下的眼光看我。他是我的手下,你跟他说这些让我在他面前怎么树立威信?他说你办案的时候懂得分析什么人说什么话,可你在指责我的时候却从来不考虑我的身份,好像我是一个搬弄是非的小人,连利弊都不懂得权衡。她认可他的反驳,但她还是不想让他赢。她说你知道我明天出差,还让唤雨去外婆家?连个告别的机会都不给我,好像她只是你的女儿。他说那我现在就去把她接回来。说完,他换衣换鞋,拿起车钥匙出门。当门嘭地关上,她感觉鼻子一酸,眼泪唰地流出来。她想我怎么会变成这样?明明被他感动了却对他恶语相向,明明自己输了却故意对他打压,我是输不起呢还是在他面前放肆惯了?我怎么活成了自己的反义词?

49

冉咚咚出差后,慕达夫把唤雨交给外公外婆管理,然后关机,在书房补觉,从上午十点睡到晚八点。躺下时是白天,看得见窗帘外炽热的白光,醒来时是黑夜,伸手不见五指。两种景象之间相隔十小时,而这十小时在他的脑海里没留下任何痕迹,没有担心,没有做梦,没有上厕所,如果不是因为精力变充沛了,他都怀疑这十个小时是不是真的存在过。一个人待着真好,不需要迁就别人的作息时间,不用看他人的脸色,甚至不用开灯,不用吃饭,自己就是自己的主人。他想象自己是卡夫卡《变形记》里的那只甲虫,因翻不过身来而不得不这么躺着。他就想躺着,觉得做一只甲虫没什么不好。他想一直睡下去,但他睡不着,仿佛充满了电的电池再也充不进一点点电。鼻子敏感起来,老书本的气味新书本新报纸的气味木地板的气味以及电插头电脑的气味混杂着飘荡,让他惊讶为什么以前没注意这些天天陪伴自己的味道。偶尔睁开眼睛看一下天花板,渐渐能看见吊灯的形状,书柜和书桌的大致轮廓也慢慢显现。对面家庭的声音断断续续地传来,那是一家人围桌吃饭的声音。从更远处传来被高楼遮挡被距离消耗过的汽车碾压路面的声音,越听那声音越清晰,于是干脆不听,声音也就消失了。本想把脑袋彻底放空,却间歇性浮起乱七八糟的想法,时而模糊时而清楚,一直躺到第二天下午四点钟,饿得胃像刀刮似的,才慢慢地坐起来,慢慢地刷牙洗脸,煮了一碗面条,慢慢地吃下去。

要不要开手机?他犹豫,开肯定一大堆无聊的事,不开又怕唤雨万一生病万一摔倒万一被车撞伤岳父母联系不上自己。于是,他把手机打开了。立刻,叮叮咚咚的声音像放炮仗,响了十几秒钟。他查看信息,第一眼就看到唤雨用外公手机发来的短信:"爸爸,你为什么不开机呢?想你,唤雨。""爸爸你是不是生病了?如果生病了要告诉我啊,唤雨。"他的心头一暖,眼里滑出两行热泪。他已好久没流泪了,想不到睡了一个长觉竟然变敏感脆弱了。接着,他看到冉咚咚昨天下午五点发来的信息:"安全到达兴龙县。"她几年不跟他报平安了,现在突然报了一条,弄得他都不适应,好像吃苦瓜突然嚼到了冰糖。然后,是贝贞的八个未接电话以及五条短信。"慕教授有空吗?明天聚聚?有事请教。""是不方便回复还是想跟我玩失踪?""今晚有空聚聚吗?""怕老婆怕得信息都不敢回?""开机后请复。"正在看信息,贝贞的电话打了进来,他想接又不想接,直到铃声自行中断。不到一分钟手机又响,还是贝贞的,他犹豫着仍然没接。他不想见贝贞是怕冉咚咚知道后矛盾升级,想见贝贞是因为除了她,他没人可以说真心话。他希望贝贞再拨一次,或者来个短信,可是他等了十分钟、二十分钟手机也没有动静。他突然有点伤感,觉得自己被朋友抛弃了,仿佛抛弃他的不仅是贝贞而是所有的朋友,甚至整个世界。手机搁在茶几上,他伸手欲拿却没有拿,右手悬空了十秒、二十秒、三十秒……直到他意识到自己在发呆才把手机拿起来回拨。电话刚一接通,就听见贝贞说慕教授我生病了,你能不能来看看我?他忽然担心起来,说在什么地方,生什么病,我去哪里看你?她说我在我住的地方。他说如果你能行动,那就在水长廊餐厅见,我请。贝贞说了一声 OK,就把电话挂了,生怕挂慢了他会反悔。

他先到学校去接唤雨。唤雨看见他远远地跑过来,扑进他的怀里,对着他的脸用力一吸,说爸爸你生病了。他说你怎么知道?她说我是猫,一闻就知道,要不然你的电话不会打不通。他说爸爸没病,你想吃什么?她摇摇头,说我找不到你很着急,今后你能不关机吗?他说能,然后把她背到背上,朝停车场走去。同学们围上来嘲笑她。她说爸爸爸爸快把我放下,我不想不劳而获。他说不是你想不劳而获,而是爸爸想将功补过。她的双脚在空中踢着,小手不停地拍着他的肩膀。但是他没有松手,一直背着她走到轿车边。坐进车里,她嘟着小嘴不说话,觉得这么大还要爸爸背在同学们面前丢脸了。他说能不能给爸爸讲个故事?她没搭理,扭头看着车外,侧脸像极了冉咚咚,就连脾气都像。他启动车子,车子行驶了两公里她也没把脸扭过来。他说宝贝生气啦?

她说从前,有一只小山羊非要爬一座又高又陡的山,小牛说太危险了,你还是跟我到山下去吃草吧。可小山羊不听小牛的劝告,说山顶上的草比山下的草更好吃。它爬呀爬呀,爬得蹄子都破了,累得都走不动了,但它想到山上的草就不停地给自己打气。小牛怎么也劝不住它,走了。它气喘吁吁地爬上了山顶,顶上一棵草都没有。看着陡峭的山壁,它四脚发抖再也没有力气爬下来,结果饿死在山顶上了。爸爸,刚才你那么固执,是不是像那只小山羊?他说唤雨讲得好,爸爸就是那只小山羊,咩……这时她才把脸扭过来,仿佛原谅了他。他没想到一个童话竟然隐喻了婚姻,小山羊吃腻了山下的草,以为山上的草更好吃,好不容易爬上去,结果山上什么也没有,还回不来了。暗示无处不在,就像小草,只要有一道缝它就能钻出来。

50

贝贞先到,水长廊餐厅已经没有包间,她在大厅选了一个靠窗的位置,隔着落地玻可以看见河两岸的景色。她看了一会儿河流花草,慕达夫还没到,便开始点菜,正点着就看见慕达夫戴着帽子、墨镜、口罩走进来。她招招手,他看见了却没回应,而是像个地下工作者警惕地扫视一遍大厅,没有发现可疑人物才走到她的对面坐下。她说你怎么把自己装在套子里了?他取下口罩、墨镜,说好像有人跟踪我。她问谁?他说不知道,也许是我甩不掉的影子。她下意识地回头,仿佛身后也有人跟踪她似的,但马上她就为自己的这个动作感到可笑。她说你又没做亏心事,怕什么?这么热,把帽子摘了吧。他伸手拿起帽子,还没拿开又扣到头上,说还是戴着安全,你生什么病了?她说不讲生病你会出来见我吗?他说抱歉,最近有点烦。她说我只想找你说说话,也想跟你讨论一下我的长篇小说,前半部分我构思得很顺利,因为有生活可以模仿,但后半部分,尤其是结尾部分很纠结,到底是让女主重新找到真爱呢还是让她找不到?

"她肯定找不到。"

"为什么?"

"哪一部世界名著里的女主角找到过真爱?真爱指纯粹的真

诚的情感，它绝不建立在欺骗和幻想之上，可幻想和欺骗恰恰又是制造真爱的必要手段，就像摄像机之于电影。所以，真爱是个伪命题，或者说是两个被包装的字眼，它被提出来仅仅是想让人类为之奋斗，却不能保证可以兑现。”说到一半时他的眼睛开始发亮，就像十五瓦的灯泡换成了五十瓦的。这通话是没打过草稿的，如果不说，他还不知道自己有这些想法，说了才明白自己原来是这么想的，仿佛自己给自己上了一课，也仿佛自己在说服自己。

“为什么文学大师们都喜欢折磨女主人公？”贝贞问。

“因为他们都没找到过真爱，于是把自己的情绪投射到小说里。二十世纪怀疑论和虚无主义的重要思想家埃米尔·米歇尔·齐奥朗曾说过，作家是一个精神失常的生物，通过言语治疗自己。”

“太偏激了，以前你不是这样的，你曾在文章里赞美过爱情。”

“请原谅我曾经幼稚，当我把文学作品中的爱情认真地研究之后，才发现真爱是个天大的谎言，即便有那也受时间控制，时间一久背叛的背叛，欺骗的欺骗，应付的应付，不信，你举一部真爱的作品来说服我。”

“电影《泰坦尼克号》算不算？”

“男主死得太快了，他们的爱情没有经过时间检验，能不能举一部结了婚还爱得死去活来的？”

“……暂时想不起来。”她继续想着。

“根本就没有。”

“难道你想让我的女主角也像名著的女主那样卧轨，吃砒霜，伤心过度而亡吗？”她有些着急。

“让她破镜重圆，回到她前夫的身边。”他用拜托的眼神看着她。

“太假了，而且她的前夫已经跟情人结婚。慕教授，你不是即将离婚了吗？难道你不希望我的女主爱上一个教授？”轮到她用拜托的眼神看着他。

“不希望,因为慕教授不再相信爱情。”他看着天花板,像看着答案。

“撒谎,”她掏出一封信摆在他面前,“你真不长记性。”

没错,信是十年前他写给她的。当时他们还不认识,他在杂志上看到了她的小说、照片和简历,一激动便写了这封信,寄到她所供职的艺术创作中心,说自己如何如何喜欢她的小说,尤其喜欢带自传色彩的那篇《巧遇》,恨不得自己就是作品中的男主人公,并决定从此把她的小说纳入自己的研究范围。但现在他拿起信来一看,顿时惊着了,信笺上被她用红笔画过的句子竟被他忘得一干二净,一条条红线好像在提醒他为什么偏偏忘了重点。例如:“你的文笔真美,美得像你红扑扑的脸蛋,想不到你的才华竟与相貌成正比。”“我渴望研究你,当然我指的是研究你的小说。”“你让一次巧遇毁灭一桩婚姻,且毁灭得如此动人,真叫人心驰神往。”仿佛回看自己的处女作那样不忍卒读,他忽然感到脸热,就像在课堂上偷看黄色小说被老师当场抓获那样,有一种深深的羞耻感。为了摆脱这种耻感,他说这么拙劣的信还是撕了吧?她把信夺过来,说你不知道这封信对我有多重要,每当有人恶评我的作品时我就把它拿出来看看,鼓励鼓励自己,每当我的情感遇到挫折时,我也会拿出来读读,以证明自己优秀。如果当时你没结婚,也许我十年前就投奔你了。

“仅凭几句不痛不痒的话,你就敢投奔别人?”他故作轻松,感觉一股无形的压力扑面而来。

“这么明显的暗示,连小学生也看得出来吧,别以为只有你聪明。”她把信折好,放进信封,像装银行卡那样装进手提包。

“那时我太不成熟……”

“什么叫成熟?写信时你三十四岁,已身为人父,就算你一时冲动，但五年后你该成熟了吧？你记不记得五年后在桂林笔会上跟我说过的话？”

他摇摇头，努力回忆，却怎么也回忆不起当时说过什么。她微微一笑，认为他在装，便提醒他你跟我说只要我离婚你就离婚。他急得差点跳脚，说开什么玩笑？我怎么会说出这种大白话？毫无技术含量。她说你忘了，就像你忘记这封信里的那些句子，我都怀疑你有暂时性或选择性记忆障碍。时间是下午四时，地点芭蕉溪，阳光透过芭蕉林落在溪水上，水面闪烁着星星点点的光斑，两只蝴蝶在岸边嬉戏，林子里鸟鸣虫唱。大家坐在溪边喝茶聊天，你和我坐在一块石头上，说了许多悄悄话，但悄悄话里最重要的就是那句我离婚你就离婚。说着，她从手机里翻出那张他们坐在石头上的照片递给他看。他立刻想起那个遥远的下午，但他的脑海里却没有蝴蝶翻飞、鸟鸣虫唱。

“照片又没声音，怎么证明我说过那句话？而且当时我家庭和睦，夫妻感情尚好。”他说。

“你对我的所有表现都在证明你不在乎夫妻感情，否则你不会给我写那样的信，说那样的话，做那样的事。”她目光迷离，仿佛陷入更深的回忆。

“我做了什么事？”他有些紧张，开始对自己的记忆产生怀疑。

“一年前，赞朵笔会，半夜推开门进入我房间的难道不是你吗？虽然当时没开灯没说话，但听喘息声像你，闻气味也像你，论智慧和胆量非你莫属。你跟我缠绵了一个多小时，每个动作我都记得，难道你不记得了吗？”她像看着嫌疑人那样看着他。

“这是你小说《一夜》里的情节，你是不是把虚构与现实弄混了？我记得你小说的背景是在海边，而不是赞朵。”

她哼地冷笑，笑得他身上起了一层鸡皮疙瘩。她警觉地看了看四周，发现没人偷听才说，如果不把小说背景放在海边，那别人就会怀疑这个故事是真的,海边那次笔会洪安格去了,有他在就能证明小说是虚构,但是不是虚构你最清楚。“我不清楚。”他差点喊了出来,但外表却像个厚厚的铁罐纹丝不动。他告诫自己别失态,别像个煤气罐似的爆炸,尽管自己有多么想爆炸。然而她不镇静了,她的眼里噙满泪水,仿佛受了天大的委屈,说你的信在暗示我,你的行为在引导我,正是因为你,我才有了跟洪安格离婚的勇气。我不熟悉这座城市,在这里没有朋友和亲人,之所以来全是因为你。我以为你会用一个紧紧的拥抱迎接我,却不想你迎接我的是阿尔茨海默病,竟然什么都不记得了。没想到你如此不负责任,让我进退两难……她说着说着就把自己说成了世界上最可怜的人,并伏在桌上呜呜地哭泣。餐厅的人都扭头看着,目光像探照灯照着他俩,仿佛照着两只用于实验的瑟瑟发抖的小白鼠。他一阵恐慌,赶紧戴上墨镜、口罩,扶着她离开。

坐到车里,她的哭声小了一些。他想她的离婚后遗症终于爆发了。这个世界就是这样,你不爆发她就爆发,反正总会有人爆发,但令人啼笑皆非的是他竟然要为她的虚构买单。她仿佛看透了他的心思,说不要怀疑我的记忆,我的记忆就像母亲那样可靠。他无语,都不知道该把车开往何方。他停住车,打开空调等待她情绪好转。等待中,他想她刚到的时候曾跟我比对过记忆,我们都确定没有绿过他们,可仅仅半个月她便改口了,原来记忆是为需要服务的,就像历史任人打扮。

第七章　生意

51

十五点,黄秋莹准时推开冉咚咚的房门。冉咚咚朝她身后看了一眼,问吴文超呢?黄秋莹喘着粗气,好像刚刚爬了几十级楼梯似的。冉咚咚请她坐下,为她倒了半杯温水。她端杯子的右手明显颤抖,仿佛整个人整个房间都跟随她的手抖动起来。看着她紧张的样子,冉咚咚想吴文超是不是跑了?黄秋莹一口水没喝就把杯子放到茶几上,说冉警官,你真能对他宽大处理吗?冉咚咚说前提是他必须自首。她说你也有孩子,如果你的孩子犯了错误你会带她去自首吗?

"会。"冉咚咚不假思索,但回答后立刻不爽,觉得黄秋莹的类比是心理绑架。她没有遇到过这样的难题,无法预测遇到后的真实反应,而且也不想遇到,哪怕仅仅想一想都是对女儿唤雨的玷污。唤雨纯洁得像个天使,她怎么会犯错误?

"可我为什么有一种出卖他的感觉?"黄秋莹说。

"这是道德困境,人人都有,就像母亲和丈夫同时掉进水里你先救谁那样难以选择,就像伦理学研究的'电车难题'那样让人为难……按常理,母亲舍不得交出孩子,但那必须是没有犯错的孩子。如果孩子犯错了你就必须惩罚,否则他会一直错下去,错到连挽救的余地都没有。你是老师,假如学生问你这个问题,你的回答肯定也和我的一样,这是标准答案,我们都无权篡改。一旦篡改,你的心会不安,他也会提心吊胆一辈子。没有绝对正确的选择,只有比较后的相对合理。只要比较,你就会发现自首是他最好的选择。”

黄秋莹沉默了,与其说她被冉咚咚说服还不如说她自己说服了自己。她在把吴文超叫回家来之前就已经说服了自己,这两天她无时不在自我说服,之所以现在还在犹豫是想寻找外部认同。没有第二条路可走,她把吴文超从地下停车场叫了上来。当吴文超被邵天伟和小陆押走的时候,她忽然放声大哭,追出门去,说文超,妈对不起你……哭声越走越远,直到进入电梯间后消失。

冉咚咚的腿一软,瘫坐在床上,体会着黄秋莹的体会,仿佛刚刚押出去的是唤雨而不是吴文超,这种幻觉越来越强烈,任她怎么抹也抹不掉,心里空空的,慌慌的,生起一阵阵不祥之感,仿佛要把她击垮。她赶紧给慕达夫打电话,说老慕,我们订离婚协议的事你跟唤雨说了吗?慕达夫说没有。她说千万别说了,唤雨还小,经不起这样的打击。慕达夫说你不是说你已经跟她说了吗?她说那是唬你的,唤雨呢?慕达夫说在学校。她说你立刻到学校去,我要跟她通话。慕达夫说放学以后不行吗?她说不行,我必须马上听到她的声音。慕达夫说那我现在就去。挂完电话,她发现手机湿了,掌心里全是汗,就连额头以及后背都冒出了一层细汗。她想我是不是病了?关键时刻千万别病倒。她想站起来,但站了几下才发现自己身体虚弱,身子摇晃了一下。直到确定已经站稳,她才扶着墙壁走进沐浴间,冲了一个热水澡。

半小时后,他们离开了兴龙县。小陆开车,冉咚咚坐副驾位,邵天伟和吴文超坐后排。大家都不说话。冉咚咚看着窗外的远山近树,郁闷的心情稍有好转。忽然她的手机铃声响了,是慕达夫打来的。她按下接听键,把手机贴近耳朵,唤雨的声音传来,一股幸福的酥麻顿时传遍全身。“妈妈,我想你。”“妈妈也想你。”“你什么时候回来呀?”“正在回来的路上,你没跟同学吵架吧?”“没有,同学对我可好啦。”“身体好吗?没生病吧?”“好着呢,每餐吃一碗饭,一天喝一杯牛奶,吃一个苹果。”“觉睡得怎么样?”“一觉睡到天亮,连厕所都不上,爸爸每天早晨都夸我。”“瘦了还是胖了?”“不瘦也不胖,妈妈你快点回来,我要去上课了。”“去吧,宝贝,妈妈回来了带你去游乐园。”“妈妈再见。”“再见。”

通完话,她堵着的胸口一下就开阔了,心里有了一种踏实感,就像空着的地方填满了沙土,滑坡的地方砌上了挡土墙,证据不充分的案件补足了证据。她闭上眼睛想休息一会儿,但忽然心生愧疚,是那种自己吃饱喝足了而别人还饿着肚子的愧疚。于是她睁开眼睛,朝车内后视镜瞟了一眼,看见吴文超全身颤抖,嘴唇紧咬,发红的眼眶里噙满泪水。她说想哭就哭出来吧,谁没哭过,别不好意思。哇的一声,吴文超的哭声像开闸的水一泻千里。十年才回家他没有哭,跟母亲告别时他也没哭,直到现在他才哭。他哭着说妈妈,你为什么要抛弃我?为什么?为什么你从来不问我生没生病、吃不吃得香、睡不睡得好……他哭得撕心裂肺,仿佛要哭出灵魂。

52

回到局里,冉咚咚立刻对吴文超进行讯问。吴文超说今年二月二十号,星期六,晚十点,我在公司加班,徐海涛提着一个鼓囊囊的帆布口袋来见我。这之前,我只远远地见过他几次,都是在半山小区大门前的停车场,他接送夏冰清时偶尔会钻出来为夏冰清开车门,但我从没跟他接触,连话都没说过。他五官端正,身体壮实,喜欢抽烟。他把帆布口袋重重地摔在办公桌上,像个熟人似的坐在我对面,说我观察你已经很久了。我吓了一跳,问他为什么要观察我?他说因为你是个人才……我听到过有人称我“鬼才”,有人说我“聪明”或者“小聪明”,可把我称为“人才”还是第一次,心里难免小高兴,对他的警惕一下就解除,甚至想接着往下听,但他偏不接着往下说,就像好处不能一次给完。话只说了半截他便掏出一支烟来吸,公然蔑视摆在桌上“请勿吸烟”的牌子。看他吞云吐雾的样子,好像这个办公室是他的。我咳了两声,他没在意,就去开窗。他说关上关上,把窗帘也给我拉上。我拉上窗帘,回到座位。他说你哪来那么多话呀?我说不是你一直在说吗?他说我指的是你跟夏冰清哪来那么多话?我说你应该去问夏冰清。他说没兴趣,只是随口一说,你帮我叔策划的生日会蛮好,看得我的眼睛都涩涩的。我问他在哪里看到?他说管我在哪里看到,你收了夏冰清多少钱?我没回答。

抽完那支烟,他忽然把张开的右手掌递到我面前,说我有一巴掌的生意,你愿不愿干?我问巴掌后面几个零?他说五个,也就是五十万。像我这样的小公司,一下来了这么大的生意,心里那个高兴劲差点就脱颖而出。好在我积累了一点谈判经验,强行捂住内心的喜狂,说那要看是什么生意?他说你的强项,搞个策划。我问策划什么?他说让夏冰清不再骚扰我叔叔,永远也不要骚扰。我说不让她骚扰都挺难的,更何况是永远不要。他又点燃一支烟,把烟灰弹到纸巾里,仿佛在抗议我不给他拿烟灰缸。我说我又不能天天跟着夏冰清,怎样才能让她永不骚扰?他说我要是知道怎么做还出钱请你?我说给点暗示。他说没有暗示。我说你身体这么壮实,这事你应该自己干,而不是找我这种瘦弱型的。他说你什么意思?我说那你什么意思?他用指头敲了敲脑袋,说这不是力气活是脑力活,除了不杀她,什么办法都可以用……

“你确定他说过这句话吗?”冉咚咚打断他。

确定,他说,听徐海涛这么一讲我就感到胸闷,特别他说了“杀”字,这个字就像一把刀顶着我的后腰,让我感到不舒服,尽管他在前面加了“不”。我说这是不可能完成的任务。他拉开帆布口袋,让我看里面一坨一坨的新钱,说既然有才华,干吗不挣?我的眼睛噌地亮了,恨不得把那些钱立刻赚过来,不瞒你说,像我这种没爹爱没娘疼的孩子,除了爱钱就不知道爱什么了。我问袋子里一共有多少现金?他说五十万。我说你是一次付清吗?他说先付五万,事成之后再付四十五万。我笑了一下,说谁还缺五万呀?他说那你想要多少?我说至少先付三分之二。他说哪有这样做生意的,最多先付十万。我摇摇头。他又抽了一支烟,说看你像个诚实人,先付你十五万吧。我还是摇头。他伸手去关钱袋子,但手伸到一半又收了回来,说要不先付你二十万?否则我就找别人了。我说如果别人能办你不会找我,能办这事的人不仅要跟夏冰清熟悉,还要获得她的信任。他重新看了我一眼,微微一笑,说果然是个聪明人,这样吧,先付你一半,这是我目前能够做到的极限了。我想不能再摇头了,如果再摇头这些钱就要跟我说拜拜了。他见我不吱声,知道是默认,便从袋子里拿出二十五坨摆在桌上,要我写个收条。我当场写给他。他把收条丢进帆布袋,提着剩下的钱离去,快出门时,他说这一半我先帮你收着。事后,我慢慢回忆,发现他很会谈判。他怕我不接单,故意把五十万元全都拿来给我看,刺激我的欲望,然后又一点一点地抠首付……

“你的收条是怎么写的?”冉咚咚再次打断。

今收到徐海涛首付策划费二十五万元整,他说,除了这十几个字,一个多余的字都不敢写,生怕产生歧义或误会。但收下这笔钱后我一直坐立不安,就像收下一个肿瘤,也不知道是良性还是恶性。我一面想挣钱来付我的房款,一面又害怕完不成他交给的任务,为此我掉了不少头发。我掂量怎么去说服夏冰清?先后想了不下三种方案,却没有一个方案能够说服我,连自己都说服不了又如何去说服她?

“你能说说是哪几种方案吗?”冉咚咚问。

他说太幼稚了,都不好意思说出来,比如先在她面前丑化徐山川,每天都曝光徐山川的黑料,直到把徐山川全面洗黑,让她一看见徐山川就恨不得扇他耳光;然后,再用循序渐进的方式为她规划一个美好的未来,告诉她像她这么优秀的人应该找一个诚实的专一的男士。为此,我打算请人不停地跟她相亲,从跑龙套的演员到公务员到运动员,只要诚实专一的都可以给她介绍。我像平时搞广告策划那样在黑板上画出密密麻麻的线条,结果没有一条线是直的。问题出在诚实专一上,一般诚实专一的人都是些老实人,他们显然入不了夏冰清的法眼,况且表面老实的人也未必就真的老实,他们要是坏起来也许比谁都坏。那么,能不能出大价钱请一位帅哥去勾引她?把她的注意力或者说情感依赖从徐山川的身上转移过来,哪怕转移半年或几个月,但这个想法在我脑海仅停留两天就被划掉了。凭我对夏冰清的了解,光帅是吸引不了她的,否则她怎么会爱上徐山川,徐山川一点都不帅,帅的是他有钱。因此,唯一的可能就是找一个比徐山川更帅更年轻更有钱的人来爱她。去哪里找这样一个人?简直比找不好色的男人还难。现如今,只要拥有其中一项的人都不会愁娶,更何况集三项于一身。于是,这个想法也被我划掉了。那段时间,我即便走路、吃饭、睡觉、喝咖啡或聊天都在想解决方案,越想越发现自己能力有限,越想越感到自己渺小,忽然发现徐海涛是个挖坑高手。

“你认为徐海涛给你挖了什么坑?”冉咚咚问。

他说只是怀疑,没有证据。冉咚咚说我们想听听你的怀疑。他犹豫,低头看着地板。她说你到底怀疑徐海涛什么?他说我怀疑他想借刀杀人。她说为什么？他不是强调你别杀夏冰清吗？他说这正是他的狡猾之处，因为我想来想去，只有杀人灭口才能让夏冰清永不骚扰，但徐海涛为了逃避责任故意说反话，想把我套牢。她说你进套了吗？他说谁会那么傻，猎物一旦发现陷阱都晓得绕道走，何况是我。说这话时，他憔悴而绝望的脸上不经意地露出一丝得意，似乎在佩服自己。她对这个表情反感，觉得施害方的智力炫耀就是对受害方的不敬，哪怕这个炫耀只有一点点。

53

第三周，吴文超说，我想到了一个策划案。他一直把这件事当策划，有意无意强调这是一桩生意，目的是想掩盖谋害。冉咚咚看透没说透，先让他的讲述飞一会儿。他说我的灵感来自刘青，刘青是我大学同学，当时在A移民中介公司上班。他身高一米七八，微胖，手粗腿粗，掰手腕班上没有任何人掰得过他。冉咚咚想为什么要说掰手腕？他又在强调力气。他说但是刘青的口才不好，一紧张就结巴，虽然他长得帅。毕业后他应聘过无数单位，每次都进入面试，但每次都被刷了下来，原因是他回答问题时太紧张，说话断断续续，关键时刻每个字都有回响。很奇怪，当他与熟人、朋友或家人聊天时舌头是薄的，话滑得就像泥鳅，吹起牛来不用打草稿，可一旦遇到陌生人或面临紧要关头，他的舌头立刻就变厚，话卡得就像卡带，每个字都要响两遍以上。每次结巴他都想用下一次来纠正，可当下一次机会来临时环境变了考官变了，他的老毛病又犯了。没办法，他只能在家啃老，每天都被父亲冷嘲热讽。他父亲在市图书馆工作，看了许多书，政治的经济的文学的都看，说起话来声音不大却绵里藏针，刘青常常把他父亲的话比喻为“暗器”。看见刘青打游戏，他父亲说没关系，老一辈也打，但他们打的是江山，你打的是未来；看见他窝在家里不出去找工作，他父亲说守业比创业更难，我买了这套房子，你就守这套房子；看见他的房间乱糟糟的不收拾，他父亲说今天的邋遢是为了明天的干净，今天的懒惰是为了明天的勤奋，这就是唯物辩证法；看见他隔三岔五跟他母亲要钱出去会女朋友，他父亲说真正有本事的不是花自己的钱，而是花别人的，就像大老板们花的都是银行的贷款。被父亲讽刺多了，他也曾反击，说别人找工作拼的是爹，我明明有个爹却拿不出手。他爹哪里受得了他的“暗器”，第二天就从图书馆借了四本励志书，放到他的游戏桌上。他哪有心思读这些书，但他每反驳一次他父亲就在他桌上放四本，要求他必须读，并不定期交流读后感。桌上的书越堆越多，多得桌面都压弯了。看着那些厚厚的书本，他不再反驳他父亲，因为他觉得图一时嘴快换惩罚性阅读，简直就是在做亏本生意，哪怕只读读那些著作的大标题与小标题，他都觉得堪比公司破产。于是，他像母亲那样变得沉默寡言。他母亲一直讲不过他父亲，结婚后不久便养成了不发言不表态不争论不交流的“四不习惯”。五年前他母亲从企业下岗了，现在除了做家务，剩余的时间就去跳广场舞。

跟母亲要钱太频繁他不好意思，便跟表姐借。他表姐知道他借钱是老虎借猪，每次只借百把两百元，但借的次数多了她也不想借了，就把他介绍到自己上班的 A 移民中介公司。公司给他的条件是没有基本工资，只拿项目提成，也就是他做成一单就拿这单的提成。移民中介靠的是一张嘴，帮他介绍这份工作简直是拿他到火上烤。好在他没有畏惧，而是尽量少说话多提供材料，少劝说少灌输多留时间给顾客思考。虽然大部分客户喜欢找嘴巴甜的中介，但也有极少数喜欢找像他这样话不多看上去显得诚实的。他做的就是极少数人的生意或者熟人的生意，偶尔做成一单，勉强可以挣够饭钱和维持日常开销。虽然他经常来跟我吃饭聊天喝咖啡,但从不跟我借钱。在我面前他尤其重视尊严,宁可在家待业也不愿意到我的公司上班,我诚心邀请过他。他越是不在我面前说他的困难,我就越明白他不服气,尽管我比他混得好,这也是我们心里始终隔着一层纸的原因。他这么自尊,一是因为他长得比我高帅,二是因为读大学时他曾因为爱情风光过。我们的班花叫卜之兰,好多同学都喜欢她,但泡上她的不是别人却是刘青。刘青先不跟卜之兰说话,在班里能不开腔他就尽量不开腔,等全班同学都混熟了他的话才慢慢多起来。当时,他父母对他的未来充满了夸张的想象,经济上无条件地给予支持,虽然他不富裕却也不缺钱花。恰巧,卜之兰不是物质女孩而是帅哥控。于是,两人动动眉毛眨眨眼睛便好上了。他们出双入对,撒狗粮,秀恩爱,引来全班同学嫉妒。有人面对别人的嫉妒是尽量收缩自己,而有的人却把别人的嫉妒当作成绩尽情享受。他俩属于后者,就像那些"凡尔赛"。

"凡尔赛指什么?"冉咚咚问。

他说这是网络上的梗,名称来自一本名为《凡尔赛玫瑰》的漫画,画里的生活华丽高贵,有人就用"凡尔赛"代替貌似过着这种生活的人。他们在自媒体上假装抱怨,其实是为了炫耀,往往用正话反说的方式来表扬自己,比如明明自己很瘦却说自己胖了,坐着豪车却说这车可惜有点窄,买了名牌包包却说价格没想象的那么贵,反正就是变着法子自恋。刘青和卜之兰就有凡尔赛性格特征,当然他们炫耀的不是财富而是爱情。比如有一次,刘青在朋友圈晒一张卜之兰帮他洗衣服的照片,还配发了一段文字:"女人漂亮有什么用?既不跟我谈哲学也不跟我谈诗歌,偏要帮我洗衣服。"卜之兰秒赞,留言:"讨厌,要是知道你不喜欢漂亮的,我就叫我妈把我生丑一点。"又比如刘青在朋友圈晒一束玫瑰,配文:"这花那花不如班花。"卜之兰就在下面留言:"这草那草不如班草。"再比如,刘青晒了一张他们的合影,配文:“有人说他们是天生的一对,我看未必。”卜之兰立即留言:“虽然我也听到了,但我就是不发圈,难道你不晓得说真话会招人嫉恨吗?”这种假装谦虚实为自夸的体裁,渐渐演变为“凡尔赛文学”。刘青和卜之兰知道我们嫉妒他们,但我们越嫉妒他们就越拉高恋情。他不止一次跟我讲别人嫉妒多了就会变成嫉羡,即又嫉妒又羡慕。他认为我是唯一不嫉妒他的人,因为按身高按长相我还配不上嫉妒他。虽然我心里不爽,但又不得不默认他的这一认知。他不明白喜欢美好是人的天性,包括喜欢美丽的同学,不管自己配不配得上。

我们成了朋友,这种关系一直保持到毕业后。今年三月下旬,他到公司来跟我聊天,我忽然想为什么不让夏冰清移民?这个灵感像一道闪电划过我的脑海,让我全身悄悄兴奋,兴奋到悄悄战栗。我抑制不住内心的欢喜,免不了多看他几眼,发现他的笑容如此憨厚,竟洋溢着一种值得信赖的可爱,真是好想法产生好心情,好心情加深好友谊。当晚,我就想跟他谈这个构思,但我拍了一下脑袋让自己冷静下来,我得先摸摸他的底。

我通过他认识他的表姐,再通过他表姐了解到他与卜之兰早就分手了,原因是卜之兰嫌弃他没有稳定的收入。他在中介公司也干得不好,一是因为他不会忽悠,二是因为他不想忽悠。摸清他的底细后,我把他约到公司喝咖啡。我说我手上有一单十万元的生意,你想不想做?他连眼皮都不抬一下,说那要看是什么生意?没想到他比我还能装。我说劝一个美女移民,如果劝不动就跟她恋爱结婚。他说美女有两种,一种是真美女,一种是我爸说的美女。我从手机里翻出夏冰清的照片给他看,他说劝她移民我可以理解,让我跟她恋爱结婚令人可疑。我说这是别人交给我的任务,因为我完不成,所以想把这单生意转给你。他问老板的终极目标是什么?我说让她永远不再去骚扰他,她是他的情人,现在他烦她了。他说十万元费用怎么支付？我说先给一半，完成任务后再给一半。他说让我认真思考七十二小时。

但他只思考了二十四小时就到公司来找我，说愿意接下这单生意。我说据我所知，你在公司的业绩一般，你有把握劝她移民吗？他嘿嘿一笑，说不是还有美男计吗？我说她看不上你，让她移民才是你挣到这笔钱最靠谱的办法。他说这个不敢保证。我说我有方案也就是剧本，只要你按我的剧本走，十有八九会成功。他问什么剧本？我把方案跟他讲了一遍，他说行，那我就按你说的做。

“把你的方案跟我们讲一讲。”冉咚咚说。

“别急，我会全部坦白。我知道坦白从宽抗拒从严，”他喝了一口水，“但是，现在我想上一趟厕所。”

54

十分钟后，讯问继续进行。吴文超说我设计的第一步是“巧遇”。夏冰清不像从前那样经常来我办公室喝咖啡了，尤其是我帮她策划了徐山川的生日会之后，而且偶尔来也不像从前那样口无遮拦，仿佛她不是原来的她。四月上旬的一个下午，具体哪天我记不清了，她出现在公司的大门口，回头望了一眼才走进来。她说能不能把窗帘拉开？由于工作太忙，我都没注意窗帘是关上的。冉咚咚想一定是接了徐海涛的生意后才不敢拉开窗帘的，人的心一旦阴暗就怕见光。他说我拉开窗帘，自然光照进来，半山小区的大门车来人往。我给她煮了一杯咖啡，她闻了闻，说没从前的香，一口都不喝，好像咖啡里有毒。冉咚咚想为什么用这个比喻？难道他潜意识里想过在咖啡里下毒？我对她说咖啡没变，是心情改变了你的味觉。她用怀疑的眼神看着我，说文超，我跟你说了那么多不该说的,你没告诉别人吧?我说告诉别人我能得到什么好处?冉咚咚想反之,如果有好处是不是你就出卖她的秘密了?他说夏冰清这次来找我就是要我为她保守秘密。她说我和徐山川的关系越来越复杂,我的事你千万别跟人讲,经历了这么多,我都不敢相信任何人了,但你是个例外。我说放心,你的秘密早就烂在我的肚子里了。她说感谢不卖之恩。

事实上,我从来没跟谁说过她的秘密,要不是为了配合你们调查案件,我也不会跟你们讲得这么详细。我见她不喝咖啡,就给她拿了一瓶矿泉水。她看了看矿泉水的标签以及密封的瓶盖,扭开,咕咚咕咚地一口气喝了半瓶。冉咚咚想她为什么不喝咖啡而喝矿泉水?说明她开始警惕别人提供的饮品了,包括警惕她信任的人。他说进门后她一直心神不宁,久不久便朝身后看一眼。她说有人想杀我,我该怎么办?我说谁有那么大的胆子?是不是压力太大你出现了幻觉?她说有人跟踪我,而且徐山川不止一次提醒我出门小心,每天我都觉得好像要出事了,吃不香,睡不踏实,一晚上要起来看几次大门反没反锁,窗口关得严不严实。我说如果心里很紧张身上又出虚汗的话,那最好去看看医生。她说糟糕,医生又不管案件。我劝慰她,但她好像一句都没听进去,整个人坐立不安,一会儿挠头,一会儿摸鼻子,一会儿挪屁股,一会儿看手机,人在这里心在别处。

"她跟你说过什么人跟踪他吗?"冉咚咚问。

"没有。"

"她说没说过徐山川怎么提醒她?"

"没有。"

"你继续。"

他说我们正聊着,刘青夹着包走进来。刘青是接到我的短信后赶来的,我想让他们巧遇。刘青说吴总,你的方案已经做好了,是现在看还是……夏冰清站起来欲走，我说是个移民方案，如果有时间请你帮着参考参考。她犹豫了几秒钟重新坐下。我怕她怀疑，不敢隆重介绍，只轻描淡写地说了一声这是刘青，这是夏冰清。他们相互点点头。刘青把U盘插入我的电脑，把“吴先生移民方案”投射到墙壁上。他做了三个选项，第一个移民美洲，第二个移民欧洲，第三个移民亚洲，而在亚洲的子目录里，新加坡是重点介绍的国家。

看完方案，我让刘青先走，然后问夏冰清如果她是我，会选择移民哪里？她说新加坡。我问为什么？她说新加坡治安好，干净漂亮，华语可以通行，生活饮食习惯接近……她每说一个优点我就点一下头，点了十几下，她突然问我为什么要移民？我说我压根儿不想移，因为刘青拉不到生意天天来磨我，我就让他做个方案看看，没想到他当真了。我一个做广告生意的，到了外国没法挣钱，倒是你这样的白富美适合出去享受生活，反正又不缺钱，来去自由，既可躲避别人的跟踪，又可省去感情上的纠结，像你这样的条件在新加坡找个高富帅还不是点点头的事。她一下就坐稳了，手上的小动作也没了。我把方案又放了一遍，她说你能把刘青的电话号码给我吗？我拔出U盘递给她，说方案后面就有刘青的电话号码，他是单身汉，人又长得帅，你别移民没弄成感情被他骗了。她笑了笑，说我有那么轻浮吗？

我设计的第二步是“憧憬”，就是要让她看到移民后的远景，包括就业买房结婚生子以及孩子上学等等。资料刘青事先都准备好了，说服夏冰清的方案我们共同商量了两次。我告诉刘青一定要倒着说，就是先说新加坡有两所亚洲一流的大学，然后再说中学、小学、幼儿园如何如何好，任何一位女性只要你一说学校她就会联想到孩子，这时你再说结婚生子，再说买房，就业。许多看似困难重重的事情，只要你一倒着说或者反着说就迎刃而解。就业我们重点推荐她开办一家华语儿童培训中心,新加坡的官方语言是英语,但华人占74.2%,他们即便把英语说得再溜也要让下一代记住母语。

三天后,刘青跑来见我,说夏冰清找他了,他把我们事先准备的方案给她演示了一遍,她表现出浓厚的兴趣,甚至开始询问中介费多少,从提出申请到获准移民大约需要多长时间等具体问题。汇报完,刘青做了一个数钱的动作,意思是想跟我拿五万元定金。我让他等一会儿,出门给夏冰清拨了一个电话。我说前次劝她移民很不礼貌,希望她别见怪。她说哪里哪里,感谢都来不及,我准备正式委托刘青帮我办理移民手续。挂了电话,我回到办公室,从保险柜取出五万元交给刘青,反复嘱托他如果办成了还有五万,如果搞砸了五万元必须退给我。他接钱时激动得双手发抖,还把其中一坨撒落在地板上。他蹲下去捡钱,一个劲地表示感谢,不停地说照办。

当我听到夏冰清说想移民的时候,心情就像冰河解冻,紧张的情绪顿时舒展,仿佛春天来了万物复苏,仿佛绑久了的手脚突然松开,可以做扩胸运动了。说真的,徐海涛把这么大一个难题甩给我,连我自己都怀疑是不是可以完成?我想赚钱又不想伤害夏冰清,但鱼和熊掌不可兼得,没想到一个好的策划帮我解决了两者的矛盾。当晚,我请刘青喝了几杯。平时我不喝酒,但那晚我喝多了。我对刘青说夏冰清挺可怜的,她再也经不起伤害了,希望你做这单生意时不要骗她。那晚,我鼻子酸酸的,把自己给说哭了。

55

吴文超说十天后刘青又来找我。刘青说夏冰清已跟他签订了委托办理移民合同,还付了定金。我想这事成了,一想到成事后徐海涛还得支付二十五万元,我就像谈恋爱的人提前进了洞房那样兴奋。我一边兴奋一边紧张,突然有了一种赚钱赚得太快的罪恶感,也就是“道德恐怖症”。但我太需要钱了,我需要按揭住房,需要维持公司运转,需要给职工发工资交保险,需要向抛弃我的父母证明我会活得比他们好。我想为什么徐海涛、徐山川没有“道德恐怖症”,而我赚了一点小钱就恐怖得心里像发生了九级地震,整个人都跟着摇晃?冉咚咚想你恐怖的不仅是赚钱,还有可能害怕发生意外,也许从那时起你就预感到了会出人命。他说我告诉刘青绝对不能有半点闪失,否则你就白干了,人不怕挣不到钱,怕的是挣到了钱还要吐出来。他嘴一撇,露出满满的自信,说放心,夏冰清正一步步走向我们的预期。我问他这事办妥需要多长时间?他说移民新加坡有三种方式:投资移民、创业移民和技术移民,夏冰清选择投资移民。投资移民速度最快,只需等待六到八个月,但投资额度要两百五十万新币,也就是一千万元人民币左右,目前她还凑不够这个数,需要时间筹款。我问其他移民方式需要多长时间?他说两年左右。我说尽快,周期越短利润越高。

五月中旬,好像是五月十二号,中午,徐海涛到我办公室来,说我工作不力,夏冰清不仅没有停止对徐山川的骚扰,反而越来越频繁,甚至还逼徐山川给她一笔巨款。我跟他解释,说夏冰清确实需要一笔钱,否则没法移民。徐海涛说你是策划她不骚扰还是跟她合伙诈骗?如果要付给她那么多钱我找你干吗?想一想时间快成本低的办法,必须在两个月内搞定。我说我再想想。他气呼呼地离去,走到停车场又返回。我以为他是回来补充批评我的,紧张得头皮都硬了,但他伸手一抓,我才发现他是回来拿车钥匙的。压力产生幻视,我竟然没看见办公桌上有车钥匙,好像车钥匙是他伸手时变出来的。当晚,我就把刘青叫到办公室了解情况。他说夏冰清还在筹款。我说时间不允许等得太久，能不能找一个移民成本又低时间又快的国家推荐给她？他说塞浦路斯，只要在那个国家购买一栋三十万欧元的房子，两个月就可以获得绿卡，但夏冰清说那个国家太远了，来回不方便，语言也不通，而且她父母也不适应那里的生活。她不是一个人在移，而是要和父母一起移。我问他还有没有别的办法？他支支吾吾，说夏冰清可能爱上他了。

我惊讶之余不信，说夏冰清对你有什么具体表现？刘青说她来公司订中介合同那天坐在他的左手边，因为合同的条款要修改，所以两人就凑在一起看。看着看着，他感觉左膀子有点热，轻轻一让，那团热又跟上来。那团热就像满格的 Wi-Fi 信号，太强烈了。它是夏冰清的右乳，贴着挺舒服，他就不再让了，还故意把膀子压过去。开始它还礼貌性地闪躲，可渐渐地它就不躲了，还在他膀子压过去时主动迎上来。一来二往，两个小时内，膀子和右乳便产生了友谊，仿佛谁也离不开谁似的，直到订完合同它们还靠在一起。刘青说仅凭这点表现他不会相信她爱上他，问题是订完合同后她约他去吃饭，说是要好好庆祝一下。他们庆祝的地方是公司对面的长来饭庄，坐的是卡座。他说吃饭的过程中，她一直在试探他愿不愿意跟她一起移民。她说她一个人带着父母，连个帮忙的人都没有，要是有一个像刘青这样的男人一路同行，那她移民的信心就更足了。尽管她表现得那么直白，但他仍然不敢相信她是爱他，也许是她寂寞了想找个人填空。后来，她约他看了一场电影，恐怖片，她吓得全程都捏着他的手，特别紧张的时刻她竟然扑进他的怀里，一连扑了几次，每一次她的脸都摩擦他的脸，他忍无可忍就把她给吻了。我问他后来呢？他说他还在且听下回分解，因为电影是前天晚上看的。

吴文超歇了一口气，喝了一口水，说我忽然想扇刘青一巴掌，但我没有理由扇他。我跟他说你最好别碰她，她的背景很复杂，一不小心你就会把自己赔进去。她不会真的爱上你,即便有些小动作那也不是爱情而是在寻找刺激。我承认我的策划有瑕疵,让她移民和让你勾引她恋爱结婚是矛盾的,两者不兼容,因为你只要跟她恋爱结婚她就不会移民,只要她不移民就有可能再去骚扰那个老板,只要她继续骚扰老板我们的任务就没有完成,只要任务没完成你就得退钱。我在警告他的时候心情万般复杂,好像自己突然没有了主见,我不想让他吻她的念头比做成这单生意的念头更为强烈,甚至想跟他毁约。我心生妒忌,发现暗恋夏冰清的程度远远高于自己的判断。认识她那么久,说过那么多话,我连她的手指头都不敢用力捏一捏,但是现在我竟然把她送进了刘青的怀抱,而且还付刘青酬金,怎么想怎么不爽。刘青问那你的意思是……我说只让她移民不许发展感情,否则你退出。他说这有什么难的,漂亮的女人我又不是没碰过,问题是你说移民已经来不及了,所以我才帮你想了一个办法。我问什么办法?他说私奔。我说跟谁私奔?他说跟他。他说他曾经跟夏冰清描述过另外一种生活,就是到一个类似“世外桃源”的地方,过陶渊明似的佛系生活。那里有村庄,有牧场,有牛羊,有蓝天有白云,有钟声,有弯弯的小河和弯弯的月亮,还有那心爱的小伙和姑娘,但没有电视没有手机没有任何外界干扰,无忧无虑无烦无恼。她听得眼睛都大了,满脸都是向往的表情。我问他真能把她带走吗?他说只要给他一个月,保证还我一个惊喜,前提是把后面那五万元也付了。我说事还没办完呢。他说没钱做不了陶渊明,更不可能带上她。

想了半小时,我打开保险柜又付了他五坨,说这事就交给你了,我也没精力管了,希望你把她带到一个如诗如画的地方,越远越好。与其说我相信你,不如说我相信她,因为她有太多不愿意面对的事实,隐居无疑是最好的选择。你好好照顾她,让她幸福,别让她痛苦,祝你们白头到老、儿孙满堂。冉咚咚想人间哪有这么好的地方,你说的分明是天堂。吴文超说刘青抽了抽鼻子,眼眶有点湿,说从来没人这么相信过他,包括他的父母,也从来没人一下给他这么多钱。我说从此以后你别再找我,我也不找你,最好连电话也别打,如果听到你进展不顺的消息我会很烦。虽然我还远未到男人更年期,但我已经养成了不愿意听坏消息的习惯。他说明白,谁都不喜欢坏消息。离别时,他给我一个大大的熊抱,抱得我都快窒息了才松开手。

56

“你是什么时候知道夏冰清遇害的?”冉咚咚问。

吴文超的眉头轻轻一皱:“六月十七号晚上十一点左右,半山小区来了一辆警车,又来了一辆警车,警车停在夏冰清租住的那栋楼下,我看见有人在楼下围观,就怀疑夏冰清是不是出事了,立即上网搜索,发现你们在几小时之前已经发布寻找受害人线索的消息。第二天,小区的保安证实警察勘查的就是夏冰清的租屋,门口还贴了封条。”

“为什么你会怀疑是夏冰清出事?”

“直觉或者预感,反正脑海里第一个跳出的念头就是她,也许是担心她,也许是因为知道她一直有自杀倾向。”

“之前我们曾多次对你进行询问,为什么你没告诉我们关于徐海涛找你策划这件事?”

“我怕惹麻烦,怕你们怀疑我作案,所以没敢讲。”

“你参与作案了吗?”冉咚咚逼视他。他迎着她的目光:“没有,我没有参与作案。”

“那你为什么害怕?”

“这事就像蟹黄沾上了裤裆,不是屎也像屎。虽然我没有参与作案,但我收过徐海涛的策划费,又委托过刘青帮夏冰清办理移民。尽管我只是在做生意,但怕你们不相信我。”

“你想到过夏冰清会是这样的结局吗?”

“没有。我想到过她跟徐山川结婚,想到过她跟刘青私奔,想到过她有可能自杀或者移民,但绝对没想到这个结局。”

“你一说绝对我就警惕,这不是你的真实心理,如果要我相信,你必须把自己彻底敞开。我是跟你妈妈聊过通宵的人,她把你交给我就是信任我。信任很重要,我希望你能获得我的信任。”

他低下头,迟疑了两分钟:“对不起,我想到过她会被害,但我非常害怕她被害,我越是害怕她被害,就越不敢想她会被害,生怕想象会变成事实。我不仅想到她会被害,还想到过自己被害,父母外婆外公被害,凡是和我有亲缘关系的我都想到过他们会被害。我不知道为什么会这样。反正经常会这么想,一想就害怕,心里莫名其妙地紧张。”

“你怀疑过夏冰清是谁杀的吗?”

“刘青。”

“为什么怀疑他?是他这个人一直有暴力倾向还是别的原因?”

“我怕他完不成跟夏冰清私奔的任务,选择暴力。”

“你提醒过他或暗示过他别使用暴力吗?”

“没有。”

“那你提醒过他或暗示过他使用暴力吗?”

“不可能,我怕的就是暴力,这是要负法律责任的,再说夏冰清对我那么信任,在我公司困难时还请我做了一单生意,这种无情无义的话不要说讲,就是一闪念我都觉得对她不敬。”

“你真认为刘青有能力说服夏冰清跟他私奔吗?”

“我犹豫过,但在没有更好的方案时我只能选择相信,虽然我没有百分之百地相信,却强迫自己百分之百地相信。”

“你跟刘青有联系吗?”

“没有,自从我把第二笔策划款付给他之后就再也没联系了。”

“他联系过你吗?”

“没有。”

“为什么你们害怕联系?”

他没有马上回答,仿佛被问住了,也好像在找理由。他眨了几下眼睛:“我怕麻烦,既然已经把钱全部付给他,我想这事就应该由他来处理。这是生意上的规矩,谁拿钱谁干活。而且夏冰清爱上他了,他们都爱上了还有我什么事?不可能我出钱请他爱我暗恋的人,还要听他讲那些相爱的细节,那会多难受。我们做生意的,大部分人都是做完一单就散伙,因为每做完一单双方都觉得对方占了自己的便宜,不愿意再见面。”

“你试图联系过他吗?或者说想没想过联系他?”

“在你们勘查夏冰清租房的那个晚上,也就是六月十七日深夜,我用公司的座机打过他的手机,但我听到的声音是该号码并不存在。他销号了,竟然没告诉我。”

“你为什么突然想打这个电话?”

“我怀疑他害死了夏冰清,想骂他。”

“你知道他现在躲在什么地方吗?”

“不晓得。”

“关于夏冰清爱上刘青这件事,你跟夏冰清核实过吗?”

“这是她的隐私,即便我想核实也不可能开口。”

“关于私奔这件事,你跟夏冰清核实或者试探过吗?”

“不可能核实。我当时的想法是多一事不如少一事,而且生怕一打听会引起夏冰清不必要的联想。她很敏感,自从跟刘青认识后,她就再也没跟我见过面。”

“她不跟你见面,你是怎么理解的?”

“我高兴呀,说明她不需要我这个听众了。她不需要我这个听众,要么是有了更好的听众,要么是再也没什么怨恨可以倾诉。像她那样的处境没怨恨似乎不可能,那就是找到了新的听众。新的听众没准就是刘青,虽然他的表达有障碍,但听觉一流。”

“刘青以前骗过你吗?”

“从来没骗过,他很讲信用,哪怕借我一本书或一支铅笔他都会还给我,这也正是我找他办这件事的原因。”

“徐海涛说他曾中途叫停这个策划,说是只要你停止,定金不用退。他叫停过吗?如果他叫停过,那是在什么时间什么地点叫停的?”

“放他的狗屁。他一共找过我两次,两次都是在我办公室。第一次是二月二十号,他委托我策划并付定金;第二次是五月十二号,他批评我办事办得太慢,警告我必须在两个月内完成。”

“你觉得徐海涛应该付你那二十五万元的尾款吗?”

“应该,因为他交给我的任务完成了,夏冰清不可能再去骚扰他的叔叔徐山川了。”

“你认为这个任务是你完成的吗?”

“不是,是我委托别人完成的。”

“也就是说,是你委托别人杀死了夏冰清?”

“我没有委托别人杀死夏冰清,我只委托别人不让夏冰清骚扰徐山川。我不希望发生不幸,但这个不幸却碰巧能证明我完成了徐海涛交给的任务。”

“你当时在电话里威胁徐海涛,说十天之内不付钱,别怪我出卖你。你说的出卖是想出卖什么?”

“就是吓唬吓唬他,没有具体的出卖内容。我当时想都出了人命,徐海涛肯定怕连累,一定会付我那笔尾款。虽然夏冰清被害不是我所愿,但既然她已经被害,生命已无法挽回,那我就不想便宜徐海涛,反正他有的是钱,而且我也想用这种方式惩罚他。”

“为什么想惩罚他?”

“因为这件事是由他引起的。”

“前面你讲述时,说徐海涛是给你下套子,是正话反说,是想让你杀人灭口,但你明知道这是一个圈套,是一个不可能完成的任务,为什么还敢接下来?”

“我认为能完成,也想出了解决问题的方案,但我没想到执行人违背了我的意愿。”

“难道你不是正话反说吗?你说移民说私奔,故意不说那个你想说却又不敢说的字,就是那个像一把刀顶着你后腰让你感到不舒服的那个字。你把世外桃源形容得像个天堂,这是不是在暗示刘青把夏冰清送进天堂?”

“那是你的理解,但不能作为办案依据,你不能把心理活动当作事实。”

“你觉得夏冰清的死你该负多少责任?”

“道义上我该负一点责任,事实上我没有责任,我没有叫谁杀她。”

“你没有责任那是谁的责任?”冉咚咚气得用力一拍桌子,嘭的一声,吓得吴文超和邵天伟的身子同时一颤。

57

列车一路向西,行驶在崇山峻岭之中。冉咚咚望着窗外,她好像一直望着窗外,自从上车后。十二月了,窗外的大地在阳光照射下色彩斑斓。一座座山峰不时闪过,山脚一层浅绿,树叶依然密实,仿佛不受季节控制。山腰一层金黄,黄得都焦了,焦得没有一点杂质。山的上部是一层红,一树一树的红得鲜艳。其实,颜色的分布没那么死板,尤其是红黄部分大都交叉,偶尔几株浅绿挺立山腰,夹杂在红黄之间像排错队的学生,看上去色彩更为丰富。冉咚咚的脑海忽地跳出"灿烂"二字,她发现阳光和大地的颜色是那么强烈,眼睛的辨析度仿佛提升了,凡是目光碰到的地方色彩都浓了一倍。除了树的颜色,好看的还有山的造型,有的圆,有的尖,有的秃,不时闪过一两座形似动物的山头,也有类似人物肖像或人体器官的山体划过。群山该疏的疏,该密的密,看似随意安排却又像精心布局,疏的地方延伸出缓坡,可以看见村庄,密的地方山脉一浪叠着一浪,与蓝天白云相互映衬,把整个天空都拉低了。小溪除了透明就是白,白是流动中翻起的浪花,仿佛看见就能听见它们潺潺的水声。遇到平静的河面或者湖面,里面盛满了颜色,蓝天和山坡有多少种颜色水里就有多少种颜色。美,冉咚咚在心里惊叹。

她不知道自己有多久没这么安静地欣赏山水和天空了,不说一年半载哪怕三年两载能有一次这样的欣赏或远行,那也有利于心灵的疗愈。结婚后她没到远方旅游过,开始那几年是为了照顾孩子,后面这几年慢慢养成了不出远门的习惯,即使有假期也宁可在家补觉,或做做家务,或走走亲戚,完全忽略了大自然对人心的修复功能,甚至都不相信它有这种功能。婚前,她跟慕达夫有过两次远游,但那时他们正处于热恋中,所有的心思都在对方身上,才不在乎身外的世界,旅游仅仅是个借口,亲热才是真正目的。因此,她觉得旅游不宜过早,而应该是在爱情开始淡薄的时候,这时,对方的魔力消失了,自己才会把注意力转移到景物上。看着美景她感到惭愧,为唤雨和慕达夫没有看到而遗憾,就像自己吃了独食那样不厚道。她真希望这是一次旅游而不是去捉拿疑犯,真希望同行的不是同事而是唤雨和老慕。可这个想法在她脑海没保留多久,便被邵天伟、凌芳和小陆的谈话打断了。他们说着闲话,扯着朋友和同事们的是是非非,眼睛都舍不得朝窗外看一眼,仿佛那些美景是他们司空见惯的茶杯或办公室里的打印机。

他们此行的目的是捉拿刘青。刘青在六月一日购买了一张直达云南昆明的动车票,之后他的身份证信息再也没有出现过。五月二十八日,他注销了他的所有社交媒体。三十一日晚,他与父母告别,说是跟同学到外省做有机农业,而且还把前景夸张地描绘了一番,认为只有这样做农业才能拯救广大的乡村,并列举了这个行业里三个发财的例子,仿佛自己就是那三个中的一个。他父亲说不就是去做农民吗,何必换那么多说法?此话一出,他们的交流就终止了。冉咚咚从后台查他注销的社交媒体记录,发现他经常跟一位名叫“守拙归田园”的博主互动。这位博主在香格里拉县城注册了一家网店,网上销售大米、黄豆、鸡、鸡蛋、木耳、花生以及菌类等绿色食品,并配发食品产地照片。刘青每隔两天就在照片下留言,像是博主的托儿。查博主本尊,竟是刘青的同学兼前女友卜之兰。从六月六号开始,卜之兰的社交媒体上经常晒出束束鲜花,且大都是玫瑰,有一种爱情即来的架势。从后台调看,卜之兰六月十九号下午四点曾发布一张绝美的山谷风景照,但五分钟后即删。她在这张照片前留言:“来了一位帮手,即将有自己的食品基地。”冉咚咚认为这个帮手就是刘青。

第二天中午,他们一行四人到达香格里拉县城,找到卜之兰先前租住的房屋。房东说她半年前就把房子退了,搬到乡下去住了,具体是乡下的哪里,房东也不是太清楚,但房东听她说过一个地名——埃里。冉咚咚找当地公安局协助,把卜之兰晒出来的那张山谷照拿给他们辨认。他们经过打听,比对,确定卜之兰和刘青住在离县城二十公里的埃里村,那张照片是埃里村的实景。次日下午，当地警察小姜开了一辆七座的公务车，带着他们直奔目的地。五点，他们到达埃里坳口，把车停进树林，打算天黑之后步行进村。大家或蹲或坐分散在林子里，被眼前的一幕惊呆，都忘记了说话。这是一片舒缓的山谷，一条清亮的小河从山脚流过，二十来户人家沿河错落有致地排开，家家户户都有耕地，在耕地的外围是大片枯黄的草坡，草坡上散落着星星点点的马匹和牛羊。沿着草坡往上是成片的森林，森林在西斜的阳光照射下五彩斑斓，在五彩斑斓的上方，是透明的蓝天和白得像棉絮一样的白云。鸡犬之声传来，三三两两的人在河边淘米、洗衣、担水，炊烟从各家的屋顶次第腾起，像一条条白色的飘带在风中摇曳。小姜指着河边的房屋，说你们要找的人住在右岸往下数的第五栋，就是门前屋后摆满花盆的那栋，那是阿都家的房子，阿都十年前进城当教师，房子一直空着，一年前卜之兰花了一万块钱把它买了下来，重新装修，半年前入住。冉咚咚想刘青真的找到了一个“世外桃源”，简直就是神仙的居所，在这里，再烦的心事恐怕也会得到安抚吧。

天渐渐地黑了下来，像一块纱巾慢慢地挡住了眼前的景色，最后连自己也被罩在纱巾里。他们摸黑进了村庄，在狗吠声中敲开了房门。开门的是刘青，看见一下来了这么多陌生人，他的脸上掠过一丝惊慌。卜之兰不知内情，问你们找谁？冉咚咚说刘青。她仿佛有了不祥的预感，脸忽地沉了下来。

58

当晚，冉咚咚他们在县公安局分别对刘青和卜之兰进行询问。凌芳和小陆负责询问卜之兰，冉咚咚和邵天伟负责询问刘青。

刘青的球鞋上和裤脚上沾着零星的泥巴，两只手皮肤粗糙，手指手背上细小的黑色的浅痕横七竖八,那是干农活时留下的印记。他的头发长了,还蓄起了胡须,脸和脖子被高原的紫外线晒成了褐色,与冉咚咚在照片上看到的那张小白脸判若两人。仅仅离家半年,他就被“世外桃源”塑造成了另一个人。冉咚咚问了几个问题,他都没回答,而是眼巴巴地看着,好像冉咚咚说的是俄语。冉咚咚想是我问得不够巧妙还是他不想回答?她等待着,观察着,看见他憋得脖子都粗了嘴里也没蹦出一个字。她忽然想起吴文超说过他讲话不太利索,尤其是跟陌生人,特别是在有压力的时候。那么,他现在是在跟他的表达能力较劲吗?

“要不,你先别、别考虑,我的问题,”冉咚咚把语气变柔和,板着的脸也松弛下来,还故意把长句切成短句,仿佛在为他开口说话助跑,“或者,你想到什么,就说什么,凡是与夏冰清有关的,我们都想知道。”他的嘴唇动了动,连身体也摇晃了几下,像一辆熄火的汽车被人推着跑了几十米,引擎有了重新启动的欲望,但引擎终是没有响,就在冉咚咚即将失去耐心时,他突然爆出一句:“夏冰清不不不是,我我杀的……”有了这一句,就像恋人有了初夜,之后就再也不尴尬了。开始他说的是短句,每句都说得磕磕绊绊,好像嘴里含着一颗热石头,但他越说越流畅,越说句子越长。

他说我六月一号上午离开家,下午四点到达昆明火车站。卜之兰开车接我,直接把我接到香格里拉县城,当晚住在她的租屋,第二天就到了埃里,之后我就没有离开过埃里村,不信你们可以问卜之兰或者村民。夏冰清遇害,我是在网上看到的。对她的不幸,我深表同情,但也帮不上忙。吴文超要我帮她办理移民手续,她交了定金后又放弃了。她不是企业家,钱需要别人提供。她跟我订中介合同好像不是为了移民,而是要拿合同去跟别人要钱。我催了她五次,她不耐烦了,说我不是没钱,是舍不得离开祖国。没把她的移民办成,我怕吴文超叫我退那五万元定金,就骗他说夏冰清爱上我了。让我去勾引夏冰清,这是吴文超最差的一个策划。夏冰清怎么会爱上我?我是一个月光族,挣的钱顶不了花出去的钱,讲话又不利索,找我去勾引她简直就是病急乱投医。吴文超聪明,精明,很少策划失误,可见这次他是真急得没招了。我不想退定金,还想拿他后面的钱,就顺着他的思路瞎编,没想到他信了。按说他那么信任我,我不应该骗他的钱,但是我想过远离尘嚣的生活,早就与卜之兰约好了。我讨厌父亲的冷嘲热讽,它像小时候我必须要打的预防针,不仅痛还会让身体过敏,起小疙瘩。我讨厌别人说我啃老,连我表姐那么善良的人也说我啃老,不就借她两千块钱嘛,她竟然说再这么啃下去,我连父母的骨头都要拿来熬汤了。我还讨厌那些骂我结巴佬的人,只要我办事慢一点或者没有把事情表达清楚,他们就会说难道讲话卡壳会卡壳智商?好像有钱有位置有辈分有流畅的语言就有随便骂人的权力。总的来说,我讨厌城市,讨厌人群,早就想跑了。谁愿意结巴?就像谁都不愿意穷。穷,我们还可以骂骂别人不公平,但结巴或者身体天生出了故障,你骂谁去?你能骂父母不公平吗?或者你去骂天老爷?你连骂的对象都没有。

一年前,我跟卜之兰在社交媒体上重新取得联系。我们在大学谈了三年恋爱,毕业时她连行李都没拿,人便消失了,手机号码也注销。这事就像一块砖头拍到我的脑袋上,有一年时间,我的脑海里都是轰鸣,还不时发出刺耳的嘎嘎声。我不知道嘎嘎声是什么声,后来我到了埃里,才发现那是木门开合时的声音,因为门的榫头不够润滑,每一次关或开,木门都会发出那种声响。当时我被这种响声烦死了,但现在我理解为一种召唤或暗示。毕业后,我求职没心情,吃饭饭不香,睡觉睡不着,就像一个矛盾体,怎么也想不通,一个曾在我怀里那么软的人心肠怎么会突然变硬?离开时连声招呼都不打,好像恋爱是假的,生活是假的,就连时间空间都像是假的。

那三年，我们同吃同住，热天都不穿衣服，我拍她一下，她拍我一下，然后就滚床单。我们拥抱时亲吻时的狂热，历历在目，连她身体的每一次扭动我都能清楚地回忆起来。越想越不对劲，我怀疑她被暗杀或者绑架了。我去她家找她父母，她母亲说别找了，你跟她不合适。我问为什么不合适？她说因为我的耳朵没有耳垂。干吗要有耳垂？她母亲说因为有耳垂才有福气。这不是理由，而是托词。我说如果不合适，那你让卜之兰亲口跟我说。她母亲沉默，仿佛要用沉默把我赶走。卜之兰一直没出现，我在她家客厅住了一星期，她母亲说别等了，卜之兰出家了。我问，她在什么地方出家？她母亲说不希望我去打扰。我说她为什么要出家？她母亲说有解不开的心结。她家住在二十八楼，我站在阳台上，感觉太阳穴突突地跳，我连跳下去的心都有了。但她母亲说活着，还有可能，你要是真爱她就再等几年，没准她修行够了又还俗呢。这句话像火星子，驱散了我心里的黑暗。我把想跳下去的心收回，也想找地方出家。我在网上搜索寺院，最想去的就是普陀山。我打电话询问有关部门，他们说想出家必须三证齐全，即身份证、父母同意本人出家证，以及当地政府出具的清白证。其余两证没问题，但父母同意证肯定拿不到，于是我打消了这个念头，寻思着找个地方隐居，过世外桃源的生活。但过这种生活也需要钱，我没有，只能空想。

七月五号，一年前，博主"守拙归田园"在网上"艾特"我。她为什么要"艾特"我？是不是想要我买她的农产品？我产生了好奇，翻开她的博文和风光照，发现那些照片美得不要不要的，一看就是我脑海里想象的"世外桃源"。从她的言行，我知道她是女的，但网上没有她的一张照片，弄得挺神秘。神秘就像小时候躲猫猫，躲一时半会儿还有人找，但躲太久又不弄出点动静的话，那找的人就会失去兴趣,甚至干脆不找。我对“守拙归田园”的好奇心慢慢消失了,只是出于好感,久不久给她的产品点点赞。断断续续点了两个月的赞,她私信我,说她姓卜。我的身体突然一麻,像遭遇电击,差点晕倒,原来她就是卜之兰。我又惊喜又怨恨,一连扇了手机五个巴掌,甚至想取消对她的关注,但过了几分钟我又想跟她说话,想狠狠地拥抱她。一星期,我不理她。她每天发来一到两张照片,不是香格里拉的,而是她出家时的。她穿着尼姑服在尼姑庵里念经,打坐,在院子里扫地,在山路上挑水。这是我在她不辞而别四年后,第一次看到她的照片,还是眉清目秀,外加一点楚楚可怜,眉清目秀到处有,楚楚可怜蛮难找,就像煮菜时的调料,让她一下鲜美起来。不看照片,我还可以用不搭理来报复她当年的不辞而别,因为四年来虽然我常常想她,但想着想着就不那么具体了。可一看照片,她与我做过的一切立刻具体起来,就像照片里的人物突然动了,我没忍住,主动跟她联系。她说她还俗了,在埃里买了一栋农房,租了一些耕地,想做一个有机食品种养基地,遗憾的是身边没有帮手,如果有个帮手,那就心想事成了。我说做种养基地需要钱,她说她不缺资金,这两年网上销售赚了不少。她过着的生活正是我日夜向往的生活,但我不好意思两手空空去投奔。她说你比多少钱都值钱。就这一句,把我感动得……刘青抹了一把眼眶,仿佛现在还在感动。他说我已经好久没听到别人的表扬了,我看过一些资料,说植物你天天跟它说好听的,它会长得更茂盛,水你给它听音乐,它的结晶体会更漂亮,何况是人。我读大学时的那些优点,快被周围的人埋汰光了,听她这么表扬,身体立刻茂盛,心情马上开花。我收拾行李,恨不得第二天就见到她,但经过一夜的思考,我给自己泼了一盆冷水,你也可以理解为是我不够自信,就在快要点购动车票的时候,我悬在手机屏上的手指悬了许久,最后还是收了回来。我问她毕业时为什么突然蒸发?她说你来我告诉你,你不来我干吗要讲?我很矛盾,想立刻出发,又记恨当年她离开,想甩着空手去,又想等挣到钱了再去。等了七个多月,我终于等来了吴文超的这单生意。人一旦有了钱,心情就不太一样,连心胸都变得宽广了,空想就不再是空想。

冉咚咚发现只要说到埃里,说到有机种养,刘青就会抽几次鼻子,仿佛嗅到了那里的空气,说话的腔调也变得欢快起来。当他沉浸在往日的讲述时,却渐渐忘了眼前的处境,冉咚咚觉得发问的时候到了。她问让你离家出走的关键因素是什么?他说埃里的美景加卜之兰的爱情。她问哪一个更起作用?他说爱情。她说你不记恨她当年抛弃你?他说在爱的面前恨是没有力量的,没有经过考验的爱情,那不叫爱情。她没想到他能说出这么精彩的句子,就像是在说她和慕达夫目前正面临的情感考验,可见哲学都是生活逼出来的。出于好奇,她问了一个与本案无关的问题:卜之兰不辞而别的原因是什么?她是真的出家吗?他迟疑了一会儿,说这件事连我都不问,你为什么要问?既然我已经决定跟她一起生活,那在一起比什么都重要。有些事她不讲,我也不问,含糊一点感情更牢固,无论是糨糊或胶水,凡是黏手指或黏纸片的东西都是糊状。她尴尬了,发现他是个极有想法的人,难怪卜之兰不嫌弃他的磕巴。她说除了美丽的风景和爱情,你离家出走还有没有别的原因?比如逃避某种责任。他说我是想来埃里了才骗吴文超的钱,而不是骗了他的钱才想来埃里。

"吴文超讲你是一个守信用的人,为什么这次你不守信用?"

"因为他给的任务没法完成。"

"那你为什么敢接?"

"我需要钱,去过我想过的生活。"

"你想没想过谋害夏冰清也是一种完成任务的办法?"

"我没那么残忍,我就是想赚钱。"

“夏冰清是不是你找人杀的?”

他有些愤怒,愤怒地站起又愤怒地坐下,说我找谁? 谁会干这种既伤天害理又违法的傻事? 她说吴文超怀疑你是凶手。他说诬蔑,他恨我骗了他的钱,想嫁祸于人。她说你为什么要注销手机号和社交媒体? 他说我想从此过上安静的生活,谁都不搭理,热爱所有的人。她说你不用手机又不用电脑,你是怎么从网上看到夏冰清遇害的消息? 他说我偶尔刷刷卜之兰的手机。她说你是几号知道夏冰清遇害的? 他说十八号晚上。她说十九号下午四点,卜之兰在她的社交媒体上发布了一张埃里的风景照,还配了一句话,但五分钟后就删除,你知道这事吗? 他说不懂。她说是不是你叫她删除的? 他说不是,绝对不是。冉咚咚想为什么要说“绝对”? 就像酒醉的人喜欢说绝对没醉,出轨的人常把绝对没出轨挂在嘴边,狡猾者说自己老实,腐败者讲自己廉洁,平庸者夸自己才华横溢,人啊,怎么都喜欢说反话?

59

早晨八点,两个组都询问完毕,四人碰头交换意见。卜之兰和刘青的供词基本都对得上,没有大的出入。唯一出入的是卜之兰说六月十九日下午发布的照片是刘青叫她删的,但刘青却说不知道这件事。冉咚咚说重点不是照片,是配文:“来了一位帮手……”刘青为什么害怕暴露自己? 凌芳说他是不是害怕吴文超找他还钱? 冉咚咚说六月十八日晚,刘青已看到夏冰清遇害的消息,只要夏冰清一死,刘青的任务就算完成,不管这个任务是不是他亲自完成的。既然任务已完成,那他就可以交差,所以他害怕的人不是吴文超,而是我们。为什么害怕我们? 我怀疑夏冰清是他找人杀害的。凌芳说刘青不承认,而我们又没有证据。冉咚咚说这是一场硬仗,一时半会儿还撬不开他的嘴巴,大家上午先休息,下午交换看笔录或听录音,看能不能从对话里找到突破口。

冉咚咚洗漱完毕却没有睡意,打开凌芳与卜之兰的询问录音听了起来。卜之兰说夏冰清是谁?什么是"大坑案"?为什么刘青从来没跟我说?她对刘青与这个案件有牵连表示震惊,一连说了十几个不知道,仿佛要证明凌芳找错人了。她说刘青到了埃里村后就没离开过,她也没离开。凌芳问刘青有什么变化,有没有反常的举动?她说刘青的饭量比以前大,睡觉比以前沉,性生活的质量比以前有所提升,无论从哪个角度看,他都不像是个案犯。她用了五分钟帮刘青辩护,说他看见一只鸡崽死了都会悲伤半天,宰一条鱼都要念几声阿弥陀佛,砍一棵树都觉得是犯罪,做爱时戴套都认为是谋杀,这么善良的人怎么可能去害别人?凌芳说了一通表象与本质的关系,提醒她刘青从吴文超那里拿了十万块钱,任务是阻止夏冰清骚扰她的情夫,他连这种钱都敢赚,还有什么事不敢做?她说那一定是误会,也许他是为了投资这个种养基地,找借口跟吴文超借钱。目前,他在种养基地投了八万块钱,她投了十二万。他们租了地,养牛羊,养猪鸡,还请了民工……在接下来的询问里,有用的信息越来越少,偶尔她会表现出对夏冰清的鄙视,说夏冰清毫无尊严,把女人的脸都丢光了。凌芳多次问消失的那三年她在什么地方?她不回答,说这是她的隐私。

下午,大家的体力和精力有所恢复,冉咚咚决定两组交换询问,哪怕把昨晚问过的话再问一遍,然后对比他们的回答寻找破绽。虽然与刘青同处一个环境,甚至比刘青提前两年进入香格里拉,但卜之兰的皮肤仍然保持着"城市白"或者说"平原白",脸蛋、双手和脖子均没有"高原红"或"高原褐"。冉咚咚问她使用什么防晒霜和护肤品?她说了两个牌子。冉咚咚惊着了,说我用的也是这两个牌子。于是,两人大谈防晒霜、爽肤水和润肤乳,听得邵天伟一愣一愣的。冉咚咚对邵天伟说我们女人聊天,你坐在这儿干吗?现在没任务,你去休息吧。邵天伟略感意外,但看见冉咚咚目光坚定,便拿起记录本走了出去,顺手把门关上。卜之兰认为他们是在演戏,稍稍放松的心情顿时紧张起来。冉咚咚说同为女性我对你的经历充满好奇,你能说说你离开刘青后的生活吗?我不记录,也替你保密。她说这事连刘青我都没说。冉咚咚说我不会跟任何人讲,包括刘青,每个人都有秘密,就像我和我的丈夫也不是什么话都讲,就像刘青也没把他跟吴文超的这一出说给你听。

她首先判断冉咚咚并无恶意,然后觉得有必要敞开心扉表达一下诚意,非常奇怪,她越被怀疑就越想证明自己诚实,甚至认为诚实地讲述自己的私生活可以证明她有关刘青的供词也是诚实的。看着冉咚咚满脸的期待,她说我爱上别人了。冉咚咚说在我意料之中。她说那个人比我大十四岁,他有妻子和女儿。大二那年春天,他到我们学校做讲座,人长得帅口才又好,我成了他的迷妹,跟他要了电话号码。我以考研的名义去他的学校拜访他,拜访几次,他看出了我的意图,说有一种爱不能爱,那就是学生爱上老师或者老师爱上学生。他一边告诫我一边偷偷观察我,想跟我保持距离又假装不小心蹭我的身体,两天不见就发短信问我在干什么,但我一到他办公室他又满脸嫌弃,说怎么又来了?看他那么虚伪,我一生气就找了个替代品,爱给他看。我把我和刘青的亲热照发给他,他不仅不生气,反而祝福。原来他不在乎我,我的所有表现都是"自嗨"。渐渐地,我跟他不来往了。但领毕业证那天,他突然给我打电话,叫我去他办公室。我去了,他说想招我做他的助理,条件是必须单身。我懂得他的意思,扭头便走,可刚走几步就被他搂住。这一搂,搂出了我压抑三年的怨恨,举手给了他一巴掌,同时,这一搂,也搂醒了我对他的崇拜。仅仅是愣了一秒钟,我就扑进他的怀里，像一个讨债的，恨不得把他这几年欠我的连本带息统统地讨回来，彼此的防线顿时沦陷。崇拜是个可怕的东西，它就像那些再生动物，哪怕你把它砍成几截，也会再长出一个自己。我研究过来自奇瓦瓦沙漠的“鳞叶卷柏”，干燥时它卷成一团，看上去就像死了一样，但只要一接触水它就起死回生。那一刻，我就像“鳞叶卷柏”，他就像水，我的暗恋复活了。

做了三年他的助理，他只跟我玩却不给我婚姻承诺，于是我决定离开他。我以为我可以离开他，但真要离开时我才发现撕不开，就像伤口贴着膏药那样撕不开，一旦强行开撕那才叫个痛彻心扉。当初我妈为了骗刘青，说我出家了，真是先见之明。强行离开他之后，我首先想到了出家。我妈是律师，每次帮人打官司之前都要烧香拜佛，烧香磕头多了她也就信了。在我最痛苦的时候她托人找关系，让我到北梁尼姑庵住了两个星期。那两个星期，我一边听庵主开导，一边思考人生，最终决定寻找“世外桃源”，没想到这一点跟刘青不谋而合。我们都是受过伤害的人，都想逃避。冉咚咚说这叫“连环伤”，渣男伤害你，你伤害刘青，刘青伤害夏冰清，每一个伤害都不是单纯的伤害。她说刘青伤没伤害夏冰清我不确定，但我伤害刘青是事实，所以我会用一辈子的爱来弥补他。

“那个伤害你的男人是谁？”冉咚咚问。

“我不想说，其实，我也伤害了他。”

“他到你们学校做的是什么讲座？”

“人文讲座，主要讲文学名著里的女性塑造，重点讲福楼拜如何塑造包法利夫人。”

“这么说，他是文学院的教授？”

是的，她说，他讲得太精彩了。他说同学们，你们没谈过恋爱也应该读读恋爱小说，否则将来你们大学毕业了连恋爱都不会谈。看看福楼拜是怎么写恋爱的？他写罗尔多夫捏住包法利夫人的手时,觉得又温暖,又颤抖,如同一只斑鸠,虽然被捉住了,还想飞走。同学们哗地笑了起来,有人说报告厅里自从有报告以来,还是第一次响起这么欢快而密集的笑声。他接着讲,福楼拜为了让包法利夫人有偷情的机会,故意把她丈夫写得很蠢。包法利夫人的两次出轨都是包法利先生促成的:一次是他叫夫人跟罗尔多夫一起骑马散心,结果罗尔多夫跟他夫人好上了;一次是他叫夫人单独留在卢昂看戏,结果夫人跟赖昂的感情死灰复燃了。包法利夫人住在永镇,赖昂住在卢昂,他们之间有距离,思念了怎么办?不着急,包法利先生会给他们提供机会。因为一份委托书,他叫夫人去卢昂找赖昂,此事办妥,夫人似乎没有理由再去卢昂了,不着急,包法利先生还会给机会。他同意夫人去卢昂学习钢琴,于是夫人跟赖昂的私会得以继续。你们说,天底下有这么傻的丈夫吗?同学们又笑,笑得把平时辅导员的训诫都忘得一干二净。笑声越热烈,他的讲座就越精彩,好像笑声是网上的打赏或点赞。他说作家们为了给女主人公们偷情的机会,总是故意把她们的丈夫写得迟钝一点,他们要是不迟钝故事就没法进行,人物就没法塑造,包法利先生是这样,安娜·卡列尼娜的丈夫卡列宁是这样,《红与黑》中德·雷纳尔夫人的丈夫德·雷纳尔先生也是这样。又是笑声,又是掌声……她沉浸在当年的氛围里,虽然有所克制,但脸上还是挂着一丝甜蜜。

“这个教授是不是姓慕?”冉咚咚打断她。

“你怎么知道?”她惊得双肩一耸,身体一让。

“他是不是叫慕达夫?”

她摇头:“他是姓穆,穆桂英的穆,但不叫穆达夫。”

“他是不是西江大学的?”

“不、不是。”

“你撒谎。他就是慕达夫,他写过一篇论文,叫《论出轨女人们的丈夫形象塑造》,观点跟你刚才讲的一模一样。”冉咚咚忽地拍了拍桌子,“天哪,你怎么跟他搞在一起了?”

卜之兰惊恐地看着,不知道冉咚咚为什么要突然提高嗓门,还把桌子拍得嘭嘭地响,好像她是凶手似的。邵天伟推门而入,冉咚咚忽然意识到自己失态,整个人顿时蔫了。邵天伟问卜之兰,穆教授是不是读过慕教授的文章?卜之兰说我不知道。邵天伟说现如今教授们的观点就像不同的苹果,虽然有口感上的差别,但营养成分却相似。

第八章　信任

60

冉咚咚把刘青带回本市突击讯问。卜之兰每天都抱着一束玫瑰站在公安局大门外等待。玫瑰撑着她的下巴，除了香气扑鼻，还把她的脸蛋衬托得红扑扑的，吸引不少路人围观。在香格里拉时，冉咚咚说我们只需要刘青回去，你不用。卜之兰说从今往后，刘青走到哪里我就跟到哪里。也就是说卜之兰相信刘青，并用陪伴和等待对他进行毫不犹豫的支持，同时也用这种方式提醒冉咚咚，你们抓错人了。冉咚咚想只有深爱着的人，才会如此信任吧。

五天后，刘青被释放，侦破工作再次中断，专案组研究了两天也没找到新的突破口，大家都陷入了焦虑。尤其是冉咚咚，她满以为刘青是本案的终点，抓到他就大功告成，却不想他既没有作案时间，也没有唆使别人作案的蛛丝马迹。调查他从吴文超手里拿到的现金使用情况：八万元用于投资种养基地，一万元用于偿还他表姐以及朋友们的欠款，一万元退给夏冰清，他说那是夏冰清提前付给他办理移民手续的订金。只有这一万元的使用没有票证，但他一口咬定退给夏冰清了，因为合同上写的是“订金”而不是“定金”。冉咚咚找来合同一看，的确是这么写的，而他说退订金的那天，夏冰清也确实去过公司找他。没有漏洞且死无对证，冉咚咚的推理失败了。她把自己关在办公室里，仿佛不思考出一个方案来绝不开门。同事们以为她回家休息了,慕达夫以为她在办案,没有谁知道她在自我禁闭。

到了第三天下晚班的时间,慕达夫忍不住给邵天伟打了一个电话,问他冉咚咚怎么一直联系不上?邵天伟去拍冉咚咚办公室的门,里面没反应。凌芳站在门前叫她的名字,里面仍然没反应。王副局长把门一脚踹开,看见冉咚咚缩在沙发一角,双手抱肩,像看陌生人似的看着大家,眼神呆滞而又紧张不安,甚至有一丝恐惧,好像一只小动物被人逼到死角那样瑟瑟发抖。王副局长说从现在起,我命令你休息,如果有必要就去住院疗养,案件由我直接负责,你暂时别过问了。冉咚咚说我好像看见凶手了,但每次他都一闪而过,我伸手抓他,但每次都抓到墙壁。王副局长说你养好身体再归队吧。冉咚咚说那不行,我不能半路撂担子。王副局长说是我听你的还是你听我的?冉咚咚说当然是我听你的。

慕达夫把冉咚咚接回家。冉咚咚洗了一个热水澡,倒头便睡。慕达夫每隔一小时就轻轻打开主卧的门,往里面偷偷地看一眼,发现她呼吸均匀,一听便知道是她平时睡得最沉最香的那种节奏,这让他绷紧的心情稍微有些松弛,关门的手劲越来越大。早晨,他为她准备了鸡蛋羹、稀饭、牛奶和水果,但她没起床,睡得像一截会呼吸的木头。中午,他为她准备了人参鸡汤、煎牛扒和炒素菜,但她仍呼呼大睡,似乎要等到有人发明了长生不老药才愿意醒来似的。下午六点,已经睡了二十个小时的她,终于从床上爬起来,坐在床边用了一会儿时间确定时空关系,再走向洗漱台,一边梳洗一边回忆睡前的情形。半小时后她来到餐桌边,看着慕达夫为她准备的热气腾腾的食物,开始吃了起来。吃着吃着,她苍白的脸渐渐有了红润,整个人也变得有了一点精气神。在吃的过程中她一言不发,但他看得出她在一边吃一边想事,大概率是在想与案件相关的事。他不吭声,用沉默陪伴沉默,用蹑手蹑脚的行为如履薄冰的心态伺候她的挫败感。他想她一定在为没抓到凶手而自责,但他唯一能做的就是陪伴。饭后,他泡了一壶她爱喝的非贝贞送的红茶。她仿佛闻到了茶香,走过来坐到他的对面,中间隔着一张茶几,这是她觉得最舒服的距离。她说老慕,你觉得我反常吗?假如你遇到难题,会不会把自己关在屋子里冥思苦想?他说当然,但我们也得承认压力太大了身心或多或少会疲劳生锈,甚至刹车失灵,就像汽车跑了几千公里后必须进店保养,谁都不例外,哪怕你是特殊材料做成的。

“如果这时候我进店保养,算不算逃避?”

“办案就像写文章,要是没有灵感硬往下写,百分之百是废稿,还不如冷静下来找找方向,我的经验是心情越放松灵感来得越快。”

她慢慢地喝了两小杯茶:“要不我们去旅游?”

他以为是幻听,目光在她脸上求证。她说去泰山怎么样?他说泰山好,五岳之一,先后有十三代帝王登山封禅或祭祀。她说算了,那地方帝王气太重没法放松,要不去一个纯天然的地方,九寨沟如何?他说漂亮,世界自然遗产,色彩缤纷水质透亮,是个洗心革面的好地方。她说但这个季节不合适,天气偏冷,树叶已经掉光,看上去会悲凉,要不在桂林找个民宿住几天?他立刻用手机在网上搜索,找到一个深山里的客栈。她看了看客栈的图片和价格,说就这个,你订房订车票。他说唤雨去吗?她说她要上课,去了会影响她的考试成绩,而且我们好久没过两人世界了。他问什么时候出发?她说后天。他立即刷了两张高铁车票,交了住房定金。

第二天,他们一整天都在收拾行李。他按平时套路,不到一小时收拾完毕,但是她一直在调整。先是调整服装,从套装到休闲装反复地调,每一件都拿到穿衣镜前比画,让他帮她参谋。折腾一小时,她才把服装确定下来。然后,她收拾护肤品和化妆品,从大瓶搬到小瓶,从小瓶搬到大瓶,十几个瓶子倒腾来倒腾去,又用去了一个小时。之后,她开始收拾咖啡壶和咖啡豆,说是中西结合,既喝茶也喝咖啡。光选咖啡豆她就耗去了差不多一小时,看品牌看保质期,丢掉了许多过期的。看着那些几年前买的咖啡豆,她才发现自己三年没收拾杂物了。于是,她一边准备行李一边清理库存,丢掉了三双鞋,淘汰了两纸箱的服装,抛弃了一批过期食物和饮料。午后,她上网找电影,找来找去,找到三部她一直想看而又没有时间看的推理片,把它们一并下载,计划带到客栈去看。下载完电影,她开车出去买了一个手机自拍杆,也买了一些日常用品、零食和出行必备药。看她如此用心,他高兴得像有两只手在心里不停地鼓掌,觉得那个曾经的冉咚咚回来了,也许会同时带回来他们曾经的融洽和信任。

但是,到了深夜十点,她想到案件还悬着自己却去旅游,便忍不住蔑视自己,像蔑视逃兵一样蔑视,蔑视着蔑视着,情绪突然低落。她说你确定要去吗?他说干吗不去,车票和房都订好了。她说你是舍不得车票和房费才去呢还是一直就想跟我去?他说一直想跟你去。她说就我们俩?他说没有别人。她说我们俩住在深山里有意思吗?和住在家里有什么区别?他说空气不一样,环境不一样,心情也会不一样。她说可是想说的话都一样,有必要跑那么远折腾自己吗?算了,我还是去疗养院吧。他想糟糕,她宁可住院疗养也不愿跟我去旅游,这得有多大的仇呀。

61

第二天早晨,慕达夫做好早餐,坐在客厅的沙发上等待。他们为旅游准备的两只行李箱还立在门口,仿佛它们有脚,随时可以溜出去，溜过大街，奔向车站，抛下主人自己去旅行。昨晚，冉咚咚虽然拒绝了两人出行，但并没有把行李从箱子里拿出来，因此，他也没退掉客栈的订房和高铁票，幻想冉咚咚一大早从主卧出来，心情大好，说一声出发。然而，等了半小时，主卧的门还没打开，里面一点动静都没有，如果她再不起床，即便心情大好也赶不上这趟高铁了。于是他轻轻地拍门，小心地扭动门把手，推开一道缝，看见她躺在床上，眼睛睁得老大，仿佛从昨晚睁到现在。他说起来吃早餐吧。她连眼皮都没动一下，好像眼睛醒了思维却没有醒。他拉开窗帘，让阳光洒进来，照热了半个房间和半张床铺。热像一排蚂蚁在毯子上爬行，慢慢地爬上她的手臂、脖子和脸蛋，但她仍然没动，仿佛睁大眼睛只是为了睁大眼睛。

他用托盘把早餐端到床头，舀起一勺稀饭喂她。她抬手打掉勺子，就像年迈的人推开搀扶者，以证明自己还没沦落到需要别人照顾的地步。他生气了，似乎她打掉的不是勺子而是他的尊严，可他却不能把这股怨气表现出来，必须闭紧嘴巴像压住大蒜气味那样压住。她说你别对我太好，你付出越多将来心理会越不平衡，与其将来心理不平衡还不如现在撒手不管。他想我不是没产生过撒手不管的念头，甚至想到过提起行李箱拍拍屁股走人，可我走了谁来做唤雨的父亲？谁煮饭洗衣服拖地板？你还能跟谁发脾气？他的心里虽然这么想，嘴里却不能这么讲。他说假如我躺下了，你也会这样照顾我。她说不会。说完，她想我当然会，可为什么心口不一？因为我不喜欢他的道德绑架。他突然感到悲凉，觉得她的心肠够硬，都这么迁就了连一句软话都没有，仿佛千年的死树蔸再也砍不出树浆，也许离婚对我不是一件坏事。他开始想象离婚后的种种状况，想象自己离了以后自由轻松事业辉煌，而她则孤独抑郁甚至有可能工作不顺，心里不禁产生怜悯。他说嘴上越硬的人往往心里越软，我知道你善良。她觉得舒服，心仿佛被揉了一下，就像乳房被揉了一下,沉睡已久的欲望突然想翻一个身。

“你爱我吗?”她问了一个以前她经常问的问题。

他想说爱,但觉得不准确,便回答你是我最牵挂的人之一。她说这不是爱。他说爱在不同时期有不同的表现,就像服药,不同的年龄段服不同的药量。初恋是美好的,大多用来回味;热恋浓烈,用于燃烧;结婚后是平淡与琐碎,用来生活;老年是不离不弃,用于陪伴。如果你非得在结婚后找热恋的感觉,那就像在唐朝找手机,在月球上找植物。她不服气,说爱就像真理一样永恒。他说爱可以永恒但爱情不能,所有的“爱情”最终都将变成“爱”,两个字先走掉一个,仿佛夫妻总得有一个先死。她沉默了,伤感了,睁大的眼睛缩小一圈,目光不再空洞,仿佛有了内容,也就是说有内容的眼睛不一定非得睁出铜铃般的效果。

“那么,你觉得我爱你吗?”她问。

他说不容置疑。她噗的一声,差点笑出声来,说你也太自恋了吧,如果我爱你为什么还要提出跟你离婚?他说这叫虐恋,心理学有一种说法,那就是你越爱一个人就越想折磨他,你越怕失去他就越想离开他,赶走关心自己的人,是害怕对方不能一直关心自己。她的眼睛又缩小一圈,目光聚集在他脸上,以至于他的面部都有了灼痛感。她说谁告诉你的,莫医生或金医生?他站起来走出去,五分钟后抱来一摞书,全部摊到床上,都是心理学方面的著作。

“为了弄清你的心理脉络,我看了整整十二本。”

“请问我的心理脉络是什么?”她像盯着知识那样盯着他。

他说小时候你曾经被抛弃过。她说放屁。他说不是传统意义上的遗弃,而是心理抛弃,只是你没意识到。你想想,每天晚上,当你躲在被窝里听到你父亲偷偷打开大门,去跟隔壁阿姨约会时你最担心的是什么?她说担心我妈知道。他说那是表面的,深层里你最担心的是你爸会不会抛弃你和你妈。这种抛弃感就像你的胎记，虽然会忘记却从来没消失。因此，你在进入亲密关系后，早年被抛弃的恐惧随时都有被唤醒的危险，只需要一个契机。她说Shit。他说你被唤醒的契机是发现我开房不报，一旦你怀疑我出轨，便产生了被再度抛弃的恐惧，于是选择先一步离开，这样你就可以把关系的主动权握在手里，从而避免经历被再度抛弃的痛苦。她冷笑，说这不能证明我爱你，你只不过是在寻找清白感，认为自己清白，所以拥有权利，而我错怪你了，就必须继续履行妻子的义务。她指着伯特·海灵格的著作，说你到底看没看？你为什么不引用他的理论？海灵格说清白者往往是较危险的人，因为清白者心怀极度愤怒，会在关系中做出严重的破坏性行为，而有罪恶感的人通常愿意让步和补偿。别拿这些小儿科来蒙我，这些书我在读大学时都读过。他说如果用让步和补偿来反证，我应该是那个有罪恶感的人，而你则是那个自认为清白者。她一愣，承认这句他说对了，一直她都觉得他是有罪的，而自己是清白的。他说你还有一个心理动机，就是仇恨转移。你在办案时痛恨徐山川玩弄女性，痛恨他背着老婆出轨，因此你把对他的仇恨转移到了我的身上，认为我也是他那样的人。你混淆了恨的对象，其实你恨的不是我而是出轨，你对我的恨至少有一半是受案件刺激后的情绪转移。

“说得好。”语气夸张，像是讽刺，但她扭过头来张开双臂，做了一个拥抱的姿势。他俯下身，想吻她的嘴唇。她没躲避，他理解为默许，可就在他的嘴唇快要封住她的嘴唇时，她忽然把他推开，像推开不小心碰到的高压电。她说理论很玄乎，身体很诚实。

62

她说我想单独待几天。他二话没说提着行李箱便出了家门，仿佛脚不沾地,像磁悬浮那样嗖的一声飘走了,动作之敏捷好似一个二十出头的小伙。这让她想起一个人……郑志多,二十年前的那个夏天,他以同样的动作同样的速度提着她的行李箱,从新生接待处一口气走到十号女生宿舍楼,又从女生宿舍一楼一口气走到五楼503号房。他把行李箱摆好了,她才气喘吁吁地跟上来。她说你简直在飞。他说我每天坚持跑步。她说明明行李箱有轮子,你为什么不拖着走?他撸起短袖,露出发达的结实的肱二头肌。她说你不拖着箱子走是为了跟我显摆你的力气?他说不是,我是怕把轮子拖脏了。她说你对每个新生都这么体贴吗?他说我从上午等到下午,只接一个人。她问为什么?他说因为我把你们班全体同学的照片都看过了,只有你这张照片值得我这样对待。

初恋不可避免地发生了。他高她一个年级,长得帅气,帅得就像那些帅炸了的电影里的男主角。她对他的第一印象不好,觉得他目的性强,指向性明显,所以不接他的电话,也不回他的短信。但他就像她的脑神经,仿佛随时都知道她在想什么。半夜她饿,手机忽地一声叮咚,那是他的短信:“下楼,我给你买了螺蛳粉。”他怎么知道我喜欢吃螺蛳粉?又怎么知道这时候我饿?她下楼,看见他站在一棵树下,手里捧着一团闪闪的金光,天哪,他竟然在螺蛳粉的塑料盒上贴了一层金黄色的灯,乍一看,还以为是盒子自带光环。上体能课,她练得腰酸背疼,连走路上半身都前倾,仿佛腰椎间盘突出。她想怎么样才能消除全身的酸痛?正想着,一辆跑车吱地停在她身边,开车的人是他,仿佛他是她的念头,只要一想就会出现。他把她拉到本市最贵的按摩店,请了最好的技师给她做了一次全身按摩。两个小时下来,她整个人就像被女娲重新捏了一遍,腰杆直了,腿脚不疼了,走路也麻利了。暑假,他开车带她到海边兜风;国庆长假,他带她去北方看红叶;寒假,他带她去日本北海道看雪。每一次出行他都买头等舱,住五星级宾馆,吃地方顶级美食。她在他面前渐渐沦陷，尽管她曾经骄傲得像个公主，自信得像个天才，傲慢得不食人间烟火。她在跑车上献出了初吻，在韩国首尔某著名酒店献出了初夜。他们越爱越深，彼此无时无刻不在想念，就连做梦她都在想他。许多个深夜她想他想醒了，睁开眼便看见他微笑的脸紧紧地贴在窗玻璃上，贴得鼻子都扁平了，仿佛他一直在看着她入睡。他的脸像一轮满月，或者那就是一轮满月。在他脸的四周也就是整面玻璃上，贴满了闪烁的星星。月明之夜，他把车开到郊区的东来山山顶，为她拍摄伸手摘月的照片。她想听某首歌，他就把唱这首歌的歌星请来，专门为她演唱……想到这儿，她咯咯地笑了起来，发现他和徐山川讨好沈小迎用的是一个套路，既庸俗又媚俗。她不得不承认人生大部分的愉快都得靠庸俗的行为来完成，不外乎吃吃喝喝游玩唱歌，离不开蛋糕玫瑰和蜡烛，少不了讨好赞美和照顾。反正总之，她饿了他就做她的食物，她困了他就做她的枕头，她相思了他就做她的解药。

大四，她生日那晚，他在她宿舍楼下的草坪上用点燃的蜡烛拼出了一个心形图案，图案中间拼出一行“冉咚咚嫁给我吧”，在“嫁给我吧”的正下方摆着九百九十九朵玫瑰。看看，又媚俗了不是，但当她站在五楼的长廊上看着草坪摇曳的烛光时，尤其是看到长廊上同学们羡慕的眼神时，身心顿时涌起一阵前所未有的愉悦，包括虚荣心的满足。这场景怎么有点像吴文超受夏冰清之托为庆祝徐山川生日做的策划案？恍惚之中，她不知道是吴文超模仿了郑志多还是郑志多模仿了吴文超，抑或这种场景本来就在相互模仿？当时，她激动得全身颤抖，恨不得从五楼跳下去拥抱他亲吻他。忽然，从草坪升起一架无人机，直飞五楼长廊，悬停在她面前，这时她才看见无人机吊着一枚求婚戒指。她取下来，戴上，转身跑进楼道。一阵急促的鼓点似的脚步声在楼道里响起，就像她此刻的嗵嗵心跳。她从一楼的楼道口跑出来，冲进草坪，跃过烛光，扑进他的怀里。世界突然安静了，仿佛只剩下他俩，但世界仅仅安静了几秒钟，歌声忽地响起来，站在长廊上看热闹的同学们齐声唱起了《I swear》：

“我发誓，当着天上的星星月亮\我发誓，如同守候你的背影\我看见你眼中闪烁的疑问\也听见你心中的忐忑不安\你可以安心，我很清楚我的脚本\在往后共度的岁月里，你只会因为喜悦而流泪\即使我偶尔会犯错\也不会让你心碎\我发誓，当着天上的星星月亮\我必在你左右\我发誓，如同守候你的背影\我必在你左右\无论风雨困厄，至死不渝\我用我每个心跳爱你\我发誓……”

她轻轻地唱了起来，仿佛回到了那个晚上，仿佛跟着整栋楼的女生在唱。但唱着唱着，她的眼眶就湿润了。

毕业后，她分配到西江区公安局工作，他子承父业做房地产生意。他们认识了五年，恋爱了四年半。在他们即将领结婚证前的那个晚上，她突然感到心虚或者说不踏实，好像这一切都是虚构。坏运气显得真实，好运气令人生疑。于是，她对他进行了一次模拟审问。她坐在书桌这边的高椅子里，他坐在书桌那边的矮椅子上。她问他，你会爱我一辈子吗？他说会。多么美好的答案，可她仍心存疑虑。她把他的矮椅子往后拉了拉，让它与书桌保持一米的距离，就像讯问室警察与疑犯的距离。她回到这边的座位，又问你会爱我一辈子吗？他说会。她想为什么有的话回答两遍之后就像撒谎？她一拍桌子，说你骗人。他吓了一跳，整个人从矮椅子上弹起又慢慢地落下，瞪大眼睛惊恐地看着她。她把台灯转过去，直射他的眼睛，再问，你会爱我一辈子吗？他从来没经历过这种审问，吓坏了，抑或认为她掌握了他的什么把柄，便支支吾吾地说我会对你负责的，会负责你一辈子。她说我不要负责，而是要你爱我一辈子。他说负责就是爱。她说一个人可以为很多人负责，但爱只有一个，就像专利独享，你所说的负责只不过是在为将来你不爱我进行铺垫。两人为此争论，越争越伤心，越争隔阂越大，四年多来被爱掩盖的一个个小别扭像气泡似的咕咚咕咚地冒出来，渐渐堆积成了大问题，仿佛一根小小的火柴引发了一场森林大火，结果谁也没有控制住局面，也许谁都不想控制局面，彼此删掉联系方式，一拍两散，发誓老死不相往来。

63

她忽然想见他，哪怕被他现在的美好生活刺激或者讽刺，她就想证明一下当年她选择离开他到底是对了还是错了？但她没有他的联系方式。她知道校友们有，可她不愿问，生怕他们嘲笑。她可以被一个人嘲笑，却不想被一群人嘲笑。当年她离开他时多少同学表面为她鼓掌，内心却暗暗骂她愚蠢。可她偏要用愚蠢来证明自己聪明，偏要相信自己能找到一个爱她一辈子的人。既然当初离开得大张旗鼓，那现在就只能悄悄地回头见，就像因与果，就像呼喊与回声，你有什么样的行为就有什么样的报答。他家的公司叫什么来着？她想了许久才想起一个似是而非的名称——新展，就在三合路127号的新展大厦内，那是一座金光闪闪的大楼，金色的玻璃，金色的墙体，一共三十层。

出发前她对自己进行了一次装修。十多年了，她还是第一次这么认真地对待自己的脸蛋、颈脖和双手，每一毫米皮肤都被小心侍候，就像应对文明城市评选那样生怕留下不文明的盲区。化妆毕，她从衣柜里翻出一条当年与他约会时穿过的牛仔裤，但任凭她怎么使劲那条裤子就是提不上来，它卡在她丰腴的臀部，就像一位爬山者因翻不过陡峭的崖壁而气喘吁吁地坐在山坡休息。必须承认自己已不是当年的自己，肉多了，坡陡了，有的部分还松弛了。

没办法,只得把牛仔裤褪下去,褪下去的时候她听到哗的一声,仿佛撕掉了自己的一层皮。换上休闲装,她出发了。上午十点,是她昨天晚上预设的时间,她来到新展大厦二十八层新展公司总经理办公室。总经理是一位比她年轻的郑女士,她接待她,为她冲了一杯咖啡。当咖啡的香味弥漫之际,她忽然觉得这间办公室她好像来过,味觉视觉以及空间记忆仿佛同时被唤醒。她说你们的董事长是不是叫郑立强?她说是的。她说从前董事长是不是在这间办公室办公?她说是的。她说你是不是郑立强的女儿?她说是的。她说我想见见你的哥哥郑志多。她愕然,说我既没有哥哥也没有弟弟,不知道郑志多是谁。她不信,去公司人事部打听。他们说本公司的确姓郑,但确实没有郑什么多。

她带着疑虑与困惑约当年同宿舍的闺密朱玉芬喝茶,问她知不知道郑志多的下落?朱玉芬愣了足足两分钟,一边发愣一边观察她,一边观察她一边纳闷,说谁是郑志多?她说就是读大学时跟我谈恋爱的那位男生。她说大学四年,我俩同吃同住同学习,连上厕所都经常一路同行,没发现有人跟你恋爱呀。她说玉芬,你是不是提前直奔老年痴呆了?当年他在楼下摆蜡烛阵和玫瑰阵向我求婚,你还和整栋楼的女生一起为我们唱《I swear》。朱玉芬摇头,越摇越觉得不对劲,越摇脸色越凝重,非常肯定地说没这回事。她说那你记不记得无人机?他用无人机把求婚戒指送到五楼的长廊,我取戒指时你就站在我身边,眼睛睁得像夜明珠,满脑子的羡慕嫉妒恨吧。朱玉芬说有没有搞错,二十年前无人机都还没流行,就是变魔术也搞不到无人机给你送戒指,我看直奔老年痴呆的是你。说完,她在冉咚咚的额头上摸了一把,仿佛要检查她的体温。冉咚咚震惊了,流行的说法是"碉堡"了,脑袋深处轰地一响,好像有一股力量由内往外撑,撑得脑袋都胖了一圈两圈三圈,撑得她四肢都发麻了。她不再说话,像踩了急刹车那样把话刹死,仿佛要用沉默来保住一点尊严。朱玉芬说你是不是受慕教授的影响开始写小说了？她无法回答,心里泛起一阵涩苦。

她悄悄去了一趟单位,在内部网搜索“郑志多”,竟然没搜到这个名字。其他姓名多有重复,唯“郑志多”一个名字都没有,也就是说他不存在,连疑似存在都不可能。怎么证明一个人的存在？一直以来我都是在用指纹、鞋印、烟灰、字迹、木屑、短信、电话以及DNA等蛛丝马迹来证明。那么郑志多有指纹鞋印和DNA吗？没有,但他却比任何实体都栩栩如生,就连我的舌尖都还保留着他亲吻时的记忆。虚构的力量会有这么强大？她想问问慕达夫,便给他打了一个电话,该用户已关机。她又给慕达夫打了一个电话,该用户还是关机。她想难道慕达夫也是虚构的？会不会他也不存在？她在内部网输入“慕达夫”三个字,同时跳出好几位,其中一位的住址就是她的住址。这么说他是实体,他确实存在,那我会不会是虚构的？她在内部网输入“冉咚咚”,同时跳出好几位,其中一位是她。这下她慌张的心仿佛抓住点什么,至少抓回了一点自信。

她来到荷塘小区他们的另一套房前。慕达夫在里面,直觉告诉她,但她无法保证手里的钥匙能把门扭开。既然他关机,那门就一定反锁了,这是她多年办案积累的经验。要不要先按门铃？她心里想着按门铃,钥匙却先一步插进锁孔。她总是突然袭击,这也是她多年办案养成的习惯。她的手轻轻一扭,竟然把门扭开了,原来他没反锁,是不是疏忽了或者是不在乎了？反正快要离婚了,谁都不干涉谁的生活,但她却有好奇心,就像对每个案件那样好奇。她走进客厅,地板上有一层积淀的薄尘,沙发没人坐过,茶几没人动过,屋子里弥漫着长期缺乏通风透气的那种味道。她看了厨房,主卧、次卧以及书房,还对比了上个月和现在的水电度数,它们都证明近一个月没人住在这里。那么慕达夫住在哪里？直觉告诉她,他住在贝贞那里。

64

回到西江大学校园 51 栋这个家,她推开书房的门,看见慕达夫趴在电脑桌上睡着了,被窝蜷缩在地板的一角,有一块书柜的玻璃门碎了,玻璃碴星星点点散落于地板。她叫了一声老慕,他没反应,便踮起脚后跟想进去,才发现玻璃碴比她预想的要多,她每改变一个视角就又发现几粒。没办法,她只好放下脚后跟,站在门口又叫了一声老慕,声音比刚才的大了一点。他的双肩吓得一抖,抬起头来,像被抓到了什么把柄似的看着她。他的颧骨变高了,面颊变深了,半张脸胡子拉碴。她说你什么时候回来的?他说我不一直都在家吗?她说不可能,一周前我分明看见你提着行李箱像磁悬浮列车那样嗖的一声出了家门。他说开什么玩笑,行李箱一直摆在阳台,它们还等着跟你出门旅游呢。她来到阳台,看见两只箱子,一只是她的,另一只是他的,它们像他们当初恩爱时那样肩并肩。行李箱是不是他刚放回来的?他是不是只比我提前一步回家并假装熟睡?她忽然想起英格丽·褒曼主演的惊悚电影《煤气灯下》,男主角怕暴露自己的罪行,设计了一个又一个细节企图把妻子逼疯。慕达夫会是那样的人吗?她用食指抹了一下他的行李箱,食指很不情愿地沾上了一层薄灰,她用中指抹了一下自己的行李箱,中指同样沾上了一层薄灰。两个指头被那层薄灰弄得很不爽,仿佛一件新衬衣沾上了洗不掉的油渍。手指上相似的异物感说明两只行李箱待在阳台上的时间相同,它们好久都没人碰过了,可以证明慕达夫没提着它嗖的一声出门。那么,会不会是我眼花?行李箱没出门人却出门了。

她回到书房门口,想他为什么不打扫地板上的碎玻璃?因为他不想让我进去,害怕干扰。她靠在门框上,说我又不是盲人,如果你一直待在家里那我为什么没看见你?他说也许你的注意力不在我身上,而且我一直待在书房,总是等到你熟睡后才出去吃饭洗澡换衣服。为了不惊扰你,我连剃须刀都不敢用,生怕它刺耳的响声会把你吵醒。她说但你用过的碗筷,你换下的衣服,冰箱里的食品多了或少了,难道我不会察觉?他说那就超出我的理解范围了,我以为你晓得,以为你不想跟我交流,没想到你竟然没觉察,也许是你太专心于别的事情,也许你只活在自己的世界里,或者你已经把我当成了你的一部分,只要这部分不喊不叫不疼痛,你就不会意识到它的存在,就像你不记得你的阑尾或胆囊。她说那你每天待在书房里都干了些啥呢?为什么要关机?

“我在做课题,累了就在地板上睡觉,醒了就接着研究,不信你看,这周我写了三万多字。”他把电脑扭过来,让她看写满了字的页面。她眯起眼睛扫了一眼,看见字里行间多次出现“乡村文化”。这确实是他一直在做的课题,她说做课题为什么要拿书柜撒气?他说抱歉,等写完这篇论文,我会叫人来把玻璃装上。她说能不能让我看看你的脚板底?他说怎么,难道你在某个案发现场看到了我的脚印?她的右手掌对着他的脚隔空上撩,他的两只脚随她的手势抬了起来。她倒吸一口凉气,说这下我终于感觉到了你的存在。他说你什么意思?她说因为我觉得痛。他低下头,把脚板翻过来,看见每只脚板上都扎着一个玻璃碴,玻璃碴旁边的血迹已经干黑。他说操,我都不知道是什么时候扎进去的。她说你没感觉到玻璃碴的存在?他说玻璃碴又不晓得痛。

她转身拿来小扫帚和小铲,开始清扫地板。他说别扫,我喜欢在上面走来走去,这样才有灵感。说着,他赤脚在地板上走了起来。她听到噗的一声,又一块玻璃碴扎进了他的肉里。他仿佛没感觉,继续走来走去。她说站住。他站住。她扫干净地板,拨出他脚板上的碎玻璃，说你脑子是不是出了问题？“怎么会呢？”他疲惫的脸上挤出一丝笑容，就像挤用完了牙膏的牙膏筒那样使劲地挤。她说你去找莫医生聊聊吧。他说我好好的，干吗要找他聊？她说好好的怎么会故意踩玻璃碴？脸怎么会瘦成猴子脸？“是吗？我已经很久没打量自己了。”他走到书柜的玻璃门前，看着里面的自己，心里一阵抗拒，就像讨厌别人那样讨厌自己，就像同情弱者那样同情自己，但他却假装幽默，说哪个卵仔长得这么帅。她说你就别硬撑了，你撑不住的。他想说不硬撑又能怎样，一家人不能两个都病了吧，但嘴里却说放心，我这么狼狈只不过是太专注于论文了。她说我焦虑是因为案件的压力，但你有什么理由焦虑？他想说你不知道吗？情绪是可以传染的，我焦虑是因为你焦虑，但嘴里却说我看了那么多书，知道怎么克服。她问怎么克服？他说把憋在心里的写出来，就像这三万字，每个字都帮我释放了压力，许多文学大师都用这种方法调整好了心态，你要不要试试？她说我跟你不同，我每天都在跟魔鬼打交道，心里必须养着一个魔鬼，我养着它是为了揣摩它，我揣摩它还能控制它，可是你不行，你那么单纯，哪驾驭得了。

他想我单纯吗？我怎么觉得比她复杂？

65

傍晚，他到理发店刮掉了胡须，把留了多年的长发剪成板寸。当长发一绺一绺地掉下时，他像看见秋天的落叶般伤感，剪刀的咔嚓声特别刺耳，甚至令人讨厌。长发是他的标识，当年的这点文艺范曾吸引过冉咚咚，但现在文艺范对她已失去磁力，干净敞亮利索才会让她感觉舒服。三年前，他就发现她把她曾经的喜欢忘得一点不剩，从她每次换枕巾便看得出来。每次换枕巾她都抱怨他睡的那张像膏药，中间一团黄，上面还沾着头发，言外之意就是一个脏字。他假装闭塞视听，把她的话当风过耳，继续用长发证明自己还是自己。可现在他不想再坚持了，因为在她面前精神抖擞比什么范都重要，否则会给她本来就沉重的心理负担再增加沉重。人心就是这么古怪，你强，她有负担，你弱，她也有负担，于是你只能不强不弱地活着。

尽管他的外观已焕然一新，但并没有引起她的足够重视，她没拿正眼看他，好像对他的头发长度以及脸上的大扫除不感兴趣。早餐时，她说你要不要请莫医生吃个饭？你们好久没见面了吧。他说等有空再讲，眼下要做课题。午餐时，她说我网购的两箱进口苹果已经到达，你是不是给莫医生送一箱？他一愣，说难道你有什么事需要莫医生帮助吗？她哼了一声，说我能有啥事？就怕你……他说我跟他的关系还没好到吃一口苹果也要分享的地步。晚饭时，她说要不我帮你预约莫医生？他头皮一紧，想一日三餐她都在说莫医生，好像莫医生是一道营养丰富的菜。他知道她什么意思却不想配合，说不约。她有些失望，说没想到你连智商也下降了。他想一个人要病到什么程度才会把对方当病人？

次日下午，她叫他陪她去购物，但她把车开到购物中心后忽然一拐，便拐上了桃源路，直奔医院地下停车场。停好车，她说上去吧。尽管他心里排斥，可他不想惹她生气，跟着她来到精神科。莫医生把她挡在门外，只让他进去。他们一落座就不约而同地笑了笑，像是打招呼又像是对这次预约感到无奈。莫医生说你的什么表现让她怀疑你有病？他本来不想说，但忽然觉得不说会损害冉咚咚的形象，于是便把自己近期的表现详细地略带夸张地说了一遍，仿佛不夸张就不足以保护冉咚咚。莫医生说要是不慎踩了几粒玻璃碴就算精神疾病，那我去哪里找正常人？这话让慕达夫的小心脏欢快地蹦跃,但为了不让冉咚咚继续担心,他请求莫医生为他开药,哪怕象征性地吃几天。莫医生说药不能乱吃。他说不吃药怎么过得了冉咚咚这一关?莫医生说我会跟她讲清楚。

慕达夫两手空空地出来,一看见冉咚咚就分外内疚,仿佛出差回来没给她带礼物那样内疚。冉咚咚问什么情况?他说似乎比谁都健康。庸医,冉咚咚说着推门而入。莫医生说你只预约了一个病人。她说请问还有谁的状况会比慕达夫的更糟糕?莫医生说你的意思是……

"给他开个处方,让他尽快好起来。"她用命令的口气,就像平时命令邵天伟那样命令。莫医生感到突兀,摇摇头:"与其说他有病,不如说你担心他有病。"

"没病怎么会砸玻璃?"她想不通。

"偶尔情绪失控,谁都会有,尤其是在委屈愤怒的时候。"

"你能保证他不会第二次委屈愤怒吗?"

"我保证。"

"可我不想发生了再来找你,我要办案,要想许多问题,没时间和精力照顾他,最好的办法就是你给开个处方。"

"开处方是最简单最偷懒最粗暴的办法,而想用处方解决一揽子问题的人都是没有耐心的人,甚至都不愿意浪费哪怕一点点时间和精力,貌似关心别人其实是关心自己。"

她被说中了,心里很不爽,一屁股坐在椅子里,仿佛要用点时间来安抚自己,也想给莫医生制造压力。两人都不说话,好像在打意念战。僵持了一会儿,莫医生说开处方可以,但我得先给他做个实验。她说刚才为什么不做?"刚才缺帮手。"说完,他把慕达夫叫进来。他用眼罩蒙上慕达夫的双眼,叫冉咚咚站到慕达夫身后。冉咚咚狐疑地看着,坐在椅子上一动不动,莫医生叫了三次她才站起来。莫医生说只要他往后倒,你就把他接住。冉咚咚没吭声,仿佛还在揣摩他的意图。莫医生说倒。慕达夫往后倒去,当他的身体倒成一撇时,冉咚咚怕他跌伤,赶快伸手托住他的背部。莫医生说很好,你的反应很快,现在你们交换角色。慕达夫脱下眼罩,递给冉咚咚。冉咚咚说非得蒙住吗?莫医生说必须蒙住。冉咚咚犹豫着戴上眼罩,慕达夫站到她身后,故意咳了两声暗示他的位置。莫医生说倒。冉咚咚忽然脱下眼罩,说地板上没有玻璃碴吧?说完,她四下张望,像勘查现场那样勘查一遍,没发现异物才把眼罩又戴上。莫医生说倒。冉咚咚的身子试着倒了几次都没倒下去。慕达夫替她着急,说倒呗。冉咚咚回头看了一眼,尽管她什么也看不见。莫医生说继续。冉咚咚的身子慢慢后倾,后倾到背部线与地板约七十度角时,她的右脚一退,整个身体飞快地站直。莫医生说 OK,你的平衡能力不错。是吗?冉咚咚扯下眼罩,略感不适。

莫医生把慕达夫请出去,然后对冉咚咚说你认为我还有必要给慕达夫开处方吗?冉咚咚说开呀,干吗不开?他说为什么你不信任他?她说你怎么知道?他说从刚才的实验看出来的,你不敢往后倒是害怕他接不住你。她一哆嗦,没想到竟然掉进了如此低级的套路,却又无法否认他说出的事实,甚至产生了被人戳穿后的愤怒。她说你到底是给他看病还是给我看病?这个测试是不是你们的预谋?原来你们在合伙要我……她急躁地徘徊,像发现凶手似的越说越激动。莫医生说了解自己比了解别人更难,如果没有镜子你永远看不到自己的屁股。“恶心。”她用力拍了一下桌子,嘭的一声,但她马上意识到自己失态,便稳住身体,稳了一会儿才慢慢坐下。坐了约莫两分钟,她说对不起,我不该把这里当讯问室。他说放松心情,注意休息,锻炼身体,但这些都比不上信任。

“可我有什么办法?我信任徐山川就不可能发现夏冰清被他强暴,我信任吴文超就查不出他与刘青的交易,只要我信任他们就永远破不了案。”

“我理解,这不是你一个人的责任,首先是他们给了你不信任感,然后你才不信任别人,但无论多么不信任,你都不能把丈夫当疑犯来怀疑,就像胡须是胡须,眉毛是眉毛,撇清了。”

“可我有什么办法?我总得找个人来释放吧。”

“相信,你才会幸福。”

哪怕是假的也要信吗?她想,但没说出来,而是忽地一笑。他想她在嘲笑,她在嘲笑真理和生活。

66

二十一点,冉咚咚带着唤雨进了次卧。唤雨躺到床上。她给她盖好被子,说闭上眼睛。唤雨闭上眼睛。她看着唤雨长长的眼睫毛和红扑扑的脸蛋,忍不住亲了亲她的额头,说晚安。唤雨调皮地睁开眼睛又飞快地闭上,也说了一声晚安。她说睡吧。唤雨调整呼吸,假装睡去,但她假装不到三分钟就真的睡着了。她羡慕唤雨这么快进入睡眠,羡慕她可以把假睡变成真睡。

从次卧出来,她坐在客厅的沙发上刷了半小时的手机,然后问慕达夫要不要为他准备夜宵?慕达夫说不用。慕达夫想她怎么突然变得这么贤惠了?她想做一个贤惠的妻子容易,但要做一个真实的妻子难上加难。想着,她起身走进浴室,用热水冲了二十多分钟。擦干身体,穿好睡衣,她进入主卧保养皮肤。她一边保养一边想我淋浴的时间越来越长了,以前是五分钟,后来是十分钟,现在每淋一次近乎三十分钟。二十三点,她强迫自己躺到床上,关灯,脑袋轰的一声忽然安静,思绪像潮水突然平息。但几秒钟之后,她便发现潮水的平息只是假象,表面波澜不惊,但有一股力量还在不停地拍打着脑壁,仿佛随时会掀起巨浪。她想“大坑案”有进展吗?

刚一想,她就像掐灭烟头那样给掐灭了。不能往这个方向走,一走准会失眠。可念头越掐越旺盛,旺盛得就像被压着的小草试图顶开石板。压了一会儿,顶了一会儿,念头仿佛累了,不再顶了。她为此高兴,觉得自己还是有能力控制念头的。脑海闪过莫医生,像是自我暗示,暗示他说的“相信,你才会幸福”。我不需要暗示,也许我需要暗示。如果相信那就从相信不失眠开始吧,相信马上可以睡着,像唤雨那样三分钟进入梦乡。我能在三分钟内什么也不想吗?能不能把脑海弄成一片空白?一张白纸在脑海飘荡,飘得像电影《阿甘正传》里的那片羽毛。打住,那片羽毛虽然让画面漂亮,但每次出现都伴随着阿甘喋喋不休的讲述。羽毛飘走了,白纸回到脑海,变成一片白茫茫的雪景,忽然窜出一句歌词——你那里下雪了吗?你是谁?是邵天伟吗?千万别想邵天伟,否则又要回到“大坑案”。关闭,像关闭 Wi-Fi 那样关闭。慕达夫还在写吗?她的脑海里响起他敲打键盘的声音。要不要让他回到主卧?假如我相信他,我们的感情会不会修复如初?有人说中美关系已经回不到从前了,那我和他的关系呢?天知道,最好别想,这个方向也是禁区,一想准会把脑袋想大。那么,想点愉快的,想想那个虚构的郑志多。没出息,简直是自欺欺人。贝贞、洪安格、凌芳、父母、公婆、同学……他们在她的脑海里此起彼伏,按都按不住。掐掉,尽快掐掉。当她想到掐掉时,下意识地掐了掐大腿,痛感让她精神。她精神百倍地抵抗各种念头,它们一冒她就打,仿佛手里捏着苍蝇拍。她越打越有劲,苍蝇拍越来越重,好像这是个体力活,竟然累得胸口都出了一层细汗。她用手帕抹着胸口,想象那是一只陌生的手,这么一想,整个身体就像被人抚摸似的,划过一阵莫名其妙的快感。别兴奋,必须立即制止自己的非分之想。她竟然制止了,许多念头都被她制止了……

醒了,她以为还没睡着,但一看时间已是早晨六点。尽管她怀疑座钟出了问题,可饱满的精神状态告诉她真的一觉睡到了天亮。这是她近年来一直想做到却没有做到的事,但昨晚她做到了。为此,她强行伸了一个懒腰,仿佛庆祝自己的胜利。不宜多想,她迅速爬起来,刷牙洗脸进厨房,让连续的动作分散心思。慕达夫来到厨房想帮忙,她推开他,说写你的论文去。他进书房转了一圈又晃出来,满脑子都是糨糊。这么早别说写论文,就是写废话也写不出,生物钟告诉他现在是做早餐时间,一旦没早餐可做他就浑身不自在,每个细胞都像被绳子绑住了,只好在客厅走来走去。她说要不你再睡一会儿?他哪睡得着,朝次卧走去。她说别叫那么早,让她多睡半小时。有道理,平时他也是六点半才叫醒唤雨。无事可干,他又走进书房,坐在椅子上假装构思,但耳里全是煎鸡蛋烤面包舀稀饭削水果倒牛奶的声音。声音还是那些声音,就是距离有点远,不像过去是他碰出来的。挨到六点三十分他才走出来,餐桌上已经热气腾腾。他推开次卧的门,看见她已经把唤雨收拾得干干净净,连头发都梳好了。吃完早餐,他说还是我送唤雨吧,都习惯了。她说我送,你安心写你的论文。他起身想收拾碗筷,可她的动作比他快。当她把碗筷洗干净时,唤雨已背着书包站在门口。母女俩手拉手出去,门轻轻地关回来,生怕声音太响惊扰他的灵感。九点她回来了,手里提着一堆菜。放下菜,她一边洗衣服一边收衣服,尽量让声音保持在悄悄话的水平。家里安静极了,仿佛有了悄悄话反而显得更安静。十一点,她开始做饭,因为唤雨办了午托,午餐时只有他和她。她主动跟他聊天,但都不是聊她的工作,她好像把自己的工作给彻底忘了。这是她的故意,她在尽最大努力用理智控制自己的一言一行。她问他论文写得顺不顺利?他想有人这么侍候着能说不顺利吗?即使不顺利也得说顺利。她说好好写,写完了我们庆祝庆祝。为了她的这句庆祝,他不仅铆足劲思考还暗暗提速。十三点她上床眯会儿,半小时后起床熨衣服,拖地板,摆弄阳台上的花草。十六点她出门去接唤雨,家里顿时空落落的。虽然以前家里也空落落的,但慕达夫习惯了,不敢不愿意去认真体会,可今天因为她一直在做家务或者说一直在侍候他,他的空落落被唤醒了,哪怕只是一小时。十七点,门口响起她们的欢声笑语,但当门一打开她们的声音就立刻消失,好像刚才的欢声笑语是他的幻觉。要不是唤雨偶尔噗嗤一笑,他还真以为是幻觉。不小心,唤雨碰翻了茶几上的铜壶。她竖起手指嘘……说小点声,爸爸在写论文。十七点十分,她开始做晚餐,唤雨写作业。她在厨房和次卧之间穿梭,一边做菜一边辅导。十八点吃晚饭,一家三口有说有笑,唤雨讲了一则童话,他们负责鼓掌。十九点,她洗碗,他继续写论文,唤雨看动漫,各归其位。二十点,她监督唤雨刷牙洗澡,他进入最好的写作状态,至少在字数上有所突破。二十一点,唤雨上床了,她看着她睡去才从次卧轻轻地退出来,坐在客厅沙发上刷半小时的新闻,然后问慕达夫要不要为他准备夜宵?慕达夫说不用。说完,他想她哪像一个病人,她分明是一个贤妻良母,也许我们都误解她了。二十二点她走进浴室,这次她只冲淋了十分钟便关掉喷头,想下一次争取只冲淋五分钟。洗漱完毕,她进入主卧保养皮肤。二十三点她躺到床上,熄灯,很快就睡着了,因为身体的疲倦,也因为忙碌而获得的心理充实。

67

一周后,慕达夫的课题论文完成了,但他知道这只是字数上的完成,前三分之二的内容还算扎实,也抛出了两个新观点,却无法弥补后三分之一的仓促与苍白。后部分之所以有点飘,是因为冉咚咚对他的过度照顾。冉咚咚承担了所有的家务,让他享受了一个多星期的衣来伸手饭来张口,每天唯一的动作就是坐在书桌前写,以至于他边写边怀疑这项工作的意义,怀疑自己值不值得她如此付出?尤其是听到她说写好了还要庆祝之后,他的心就更急了。一急,他的论文主题就偏离,仿佛被戳痛的公牛横冲直撞,这让他每天上午都在纠正前一天的谬误,但下午又不可避免地犯错。他越来越相信论文不是写出来的而是纠正出来的,就像好人也不是做出来的而是改正出来的。

其实,他不想做课题,但现在大学的评价标准都是课题优先,教授们没课题等于没能力,除了科研奖拿不到高分还会影响晋升,也就是说不管你写了多少一针见血的文章,也不管你发表了多少篇改变学界认知的论文,那都不如拿课题来得实惠。于是乎,教授们像一群被赶上"课题架子"的鸭,整天"课题课题"地叫个不停,有的站不稳一头栽下去,有的想飞却翅膀不够硬。为了在架子上站稳喽,鸭子们都得学鸡,卷起带蹼的脚掌紧紧抓住杆子才不至于变成自由落体。慕达夫是四级教授,哪怕他超脱不想晋升为三级,但学院的淘汰制同样把他逼上了架子。他的强项是文学评论,可这个领域的课题他报一次失败一次,原因是他选择的评论对象虽然有实力却名气不大,当评价标准都不以实力论英雄的时候,他还在以实力来选择评论对象。他不愿意妥协,哪怕妥协自己也不妥协文学标准。所以他拿课题基本上都是打擦边球,要么有关少数民族题材,要么有关古代服饰研究,要么有关乡村文化。这些课题都不是他的强项,却比他的强项课题好对付。比如眼下这个课题,他只是随手一填就拿到了,拿到时他觉得挺幽默,就像当初他填这个选题那样幽默。

他在城里生在城里长在城里读,不要说乡村文化就连乡村他都不熟悉。学院里有近半数的同事出生于乡村,虽然他们经常为课题唉声叹气,却从来不申报关于乡村的课题。先前他皱紧眉头也想不明白,但当他带着研究生去乡村调研一两次后,就明白他们不申报这类课题是害怕下乡,因为乡下的调研实在是太难了,怪不得他能捡漏。可调研四五次之后,他想他们也许不是害怕下乡,而是对他们熟知的乡村已没有了想象,与妻子对丈夫或丈夫对妻子没有想象是一个道理。在他没调研前的想象里,乡村是沈从文笔下的乡村,不但风景美丽而且民风淳朴,弄不好还能遇上《边城》里"翠翠"那样的小姑娘。可随着调研的深入,他终于明白乡村不是文字里的标本而是正在变化的活体,变化最大的是人口少了,年轻人都进城打工挣钱去了。看着那些荒芜或坍塌的老建筑、挂着锁头的新建水泥房以及积满灰尘的公共设施,他不得不感叹人口迁移给乡村带来的影响。人口少了活力就没了,仿佛作品没有读者,产品没有买家,文化的需要和供应链在不知不觉中切断。如今的乡村基本上由留守老人和儿童代言,连他们自己都不知道需要什么样的文化,于是,一个教授或者说城市居住者便给他们总结概括和建议,这样的药方有意义吗?虽然他也质疑,但为了结题他必须建立起自己的角度,并相信自己的角度具有前瞻性,因此在敲上最后一个句号的时候,他还是像每次写完论文那样兴奋不已。

他习惯性地叫了一声咚咚,以为她会闻声而来,坐在他的大腿上听他讲一遍立意,或听他朗读某个精彩段落。热恋时她总是这样,结婚后偶尔这样,但近五年来她已经不这样了,他叫她仅仅是保留一份幻想。果然,屋外没有响应,他看了看时间,二十点,她在监督唤雨洗澡,既听不到他的呼叫也没有时间理睬他。于是,他按捺住兴奋,决定推迟发布这一消息。推迟到什么时候?他想最佳时机应该是二十二点四十分,这时她已经洗完澡,正在卧室里保养皮肤。他认为她说的"写完了我们庆祝庆祝"是指过一次久违的夫妻生活,因为过去他们就是这样庆祝的。美滋滋地想着,他虽然按住了那个兴奋却没按住这个兴奋,兴奋就像点燃的炮仗哔哔叭叭地炸了起来,让他的身体提前进入状态,并有了生机勃勃的反应。趁她还没出来,他赶紧钻到另一间浴室洗澡,一边洗一边想前一次过夫妻生活的时间,但他怎么也想不起来,太久了,就像在想某个历史事件。

他准时扭开主卧的门,看见她坐在床边往身上涂护肤品,席梦思一闪一闪的仿佛在故意挑逗,也像在为他的下一步工作预热。他想现在进来真是明智,好多事情能够办成靠的就是选对时间。她虽然看见他进来了,但姿势并没有改变,涂了护肤品的手仍然在颈部和胸部搓揉。他径直走到她面前,说亲爱的,我的论文写完了。“是吗?祝贺。”她微笑着抬起头,手停在左胸,仿佛突然听到了一首神圣的歌曲那样屏气凝神。他张开双臂想拥抱她。她忽地站起来,从他正在合围的手臂里钻出去,走到梳妆台前才站住。他说难道你不想庆祝一下吗?她说明天晚上,你得给我一点时间准备。“为什么不是今晚?”他合拢的手臂悬在空中,好像搂住了她似的,嘴巴还对着怀里的空气啧啧地吻了一下。她下意识地用手护住脸蛋,说我的庆祝地点不在这里。

“那在什么地方?”

“明天你就知道了。”

“可今晚会显得很漫长,要不我们先排练排练?”他想难道她要选地方玩情调吗?

“排练个头。”说完,她打开门做了一个请他出去的手势。

他翻起白眼,抱着那团空气走出去,直到她把门关上了他才放下双手,用力地甩着,仿佛要甩掉愤怒。

68

他的等待从她出门那一刻开始。吃完早餐,她就带着唤雨出门了,出门前她说下午我会来接你。他想她会把地点选在什么地方？大概率会是五星级宾馆,但愿她别选择蓝湖大酒店。上午他把论文改了一遍,中午睡了一个午觉,下午开始在衣帽间挑衣服。我竟然也挑衣服？他一边挑一边批评自己,一边批评自己一边在镜子前试穿。他试了一件又一件,每件似乎都不理想,仿佛第一次相亲那么苛刻。最后他挑了一套西服,就差打领带了。西服是他多年前为了参加国际会议而买的,只穿一次便挂在衣柜里,原因是他受不了西服的约束,穿上它两边肩膀仿佛贴了伤湿止痛膏,随时都感觉到肩膀的存在,而且两只手臂的活动幅度也不能大,一大就会被扯回来,可是现在,他却主动选择它。他把西服熨了一遍,每个皱褶每个起伏或凹坑都熨平了。十六点十分,他穿上西服在客厅里走来走去,一是想适应服装对自己的控制,二是缓解等待中的焦虑。他发现自己已经不会跟冉咚咚打交道了,每句话每个动作每个要求都不像过去那样脱口而出,而总是要在脑海里打几个筋斗才小心翼翼地说出来,连语调重音语气都不对,自己听着都觉得别扭。

十七点,他接到她的短信:“五分钟后到达。”他赶紧下楼,站在路边等她。她把车开到他面前,他钻进副驾位,看见她也穿了一套西服,真是不谋而合。那么,她在哪里换的服装？他想,出门时她穿的可是风衣。他知道她在两个地方备有衣服,一是单位,一是荷塘小区自家那套房子。这么说她选择的地点是另一个家里,也不错,虽然没有高档宾馆浪漫却让人心里踏实。三十分钟后,他们到达荷塘小区十五栋,停好车,两人高高兴兴地进了电梯。电梯里没人,他急不可待地伸手拍了拍她的臀部。她把他的手打开,说你不知道电梯里有摄像头吗？他说我又没摸别人,管他什么摄像头。叮的一声,电梯停在十一楼,他们走出来。他又拍了拍她的臀部,这次她没反感,似乎默许了。但当她掏出钥匙打开家门后,他才明白他的判断错得离谱,原来她说的庆祝不是他想的庆祝。满屋的喧哗像一股强气流冲出门来,差点把他推倒。唤雨、父母以及岳父母站在客厅,笑盈盈地看着他们。餐桌摆满了菜,每个位置上都放着酒杯。

众人落座。他一看就知道主菜是她做的,配菜分别出自母亲和岳母之手,白酒是岳父带来的,红酒是父亲带的。他想好久没跟家人聚了,确实需要一次这样的庆祝,心里泛起一丝感动。他不是被她感动,而是被这一群人感动,他们就像一团温暖的气体包裹着他,就像大气层保护地球那样保护着他,尽管平时很少看见他们。他想举杯致辞,但她抢在他前面举起红酒杯,说今天主要是祝贺达夫完成了课题。大家欢呼,碰杯声和祝贺声响成一片,好像他获得了"长江学者特聘教授"似的。他忽然想醉,于是频频以敬酒的名义敬自己。很快他就迷糊了,周围的声音渐渐变成了块状团块糨糊状。不知过了多久,冉咚咚说要不要拍张合影?大家响应,纷纷站立,但慕达夫已醉得站不起来了。一双手扶起他的左膀,另一双手抓起他的右臂。他被扶到C位,大家以他为中心依次排列,但谁来拍照成了问题。冉咚咚说她来拍。父亲不同意,说你不能缺席,还是我来拍吧。岳父说亲家,你也不能缺席,我是记者我来拍吧。大家谦让着争论着,好像谁拍谁就出局了似的。冉咚咚说安静。客厅里忽然没了声音。冉咚咚说每人轮流拍一张,大家不都在照片上了吗?说完,她先拍了一张,然后再换其他人拍。只有慕达夫和唤雨没有出列,他们一个眼花手晃,一个还不会拍照。

慕达夫醒来已是次日九点,他发现自己睡在主卧的双人床上,竟然变成了整张床的主人。这不是冉咚咚的空间吗,我怎么把它占领了?但一看窗帘,他才想起这是荷塘小区的家。他爬起来,看见餐厅和客厅打扫得干干净净,厨房的杯盘碗盏摆得整整齐齐,说明昨天晚上冉咚咚收拾好这一切才离去。除了冉咚咚,没人知道他昨晚为什么要喝醉。从进门的那一刻起,他就知道他们的婚姻已走到了尽头。过去她请家人聚会都是在西江大学的那个家里,那边既宽敞又方便,但昨晚她为什么要在这里请?因为她想让亲人们过来帮他暖暖场子,让他适应这里,所以她的祝贺有两层意思:一层是祝贺他做完课题,一层是祝贺他乔迁新居。别人听不出来他听得出来,她也是知道他听出来了才没有阻止他喝醉。按协议现在他可以不跟她办离婚手续,除非她把"大坑案"破了。破了案才办离婚,这是她自己写在合同上的,当时她信心满满以为案件很快就能侦破,没想到越查案件越复杂,直到现在她都不知道凶手在哪里。仅凭这一条,他就可以把她拖得又累又烦,但是,他不想做卡列宁那样的人。当年他读托尔斯泰的小说《安娜·卡列尼娜》时,对卡列宁故意不跟安娜办离婚手续耿耿于怀,没想到现在他也得面临这一难题。

手机叮咚,他拿起来一看,是她发过来的一张合影。他依稀记得昨晚拍了好几张,但她只发了她拍的这一张。这一张里没有她,也就是说她主动出局了,她再也不愿意出现在这个家庭的合影里了。他拨通电话,问她在哪里?她说楼下。他下楼,看见她坐在他的车子里。他说为什么开我的车?她说我不敢保证我的情绪不失控,关键时刻还是男人开比较安全。说完,她下车,绕过去坐到副驾位。他坐到驾驶位,说你要不要再考虑考虑?她说我考虑得都可以倒背如流了。他说有的婚姻是用来过日子的,有的婚姻是用来示范的,以前我觉得"过日子"重要,现在我认为"示范"更具社会意义,如果连我们都不守护了,那婚姻的信仰就会坍塌。她说但是,没有爱情的婚姻是可耻的。他说很遗憾,这个世界上根本就没有你想要的那种"婚后情"。她说我相信有,就像你相信无。

他们来到西江区婚姻登记处,在等待区等待,谁都不说话,仿佛该说的都说了,仿佛谁说话谁掉份。直到工作人员叫了他们的名字,他们才站起来,走到离婚登记处办了手续。虽然他们的脑海都曾闪过十一年前在此领证的甜蜜情景,但很快他们就把回忆强行关闭,尽最大努力让脑袋保持空白。保持空白是需要毅力的,稍一松懈往事就会奔涌而至,瞬间把脑海淹没。他们好像在比赛潜水憋气,看谁能让空白保持得久一点更久一点,使自己看上去显得比对方更冷静,更不在乎,更没心没肺。她知道如果不爱了就别心软,谁心软谁受到的伤害就越大,而他也明白越脆弱越需要伪装。

出了大厅,她说如果你回家的话我就搭个顺路车。他想婚都离了,家还能叫家吗?但他没有纠正,空白的脑海顿时百感交集,连鼻子都一阵阵发酸,仿佛十一年时间是拿来浪费的,曾经的生活画面前所未有地清晰。他的心里忽然涌起一股悲壮感,在朝停车场走去时竟然想走出自豪感,但当他一头钻进轿车时,孤独感、被抛弃感和委屈感相约袭来,他禁不住伏在方向盘上失声痛哭。可他不能哭得太久,否则会引起她的怀疑。三分钟后,他抹干眼泪,把车开出来停到她身边。她习惯性地打开前车门,但在上车的一刹那忽然把车门关上,捏过门把的手仿佛被烫了一下,不经意地甩了甩。她犹豫着,甚至扭头遥望远处的出租车。他按了一声喇叭。她打开后车门,像一个陌生人似的坐在后排,不喜不悲,不卑不亢,脸上没有任何表情,好像刚刚处理完一件公务。可是,车行两公里后她的脑海就决堤了。她说你为什么不坚持?他说坚持什么?她说坚持不离。

“不是你说要离的吗?”他窝了一肚子的火气。

“其实,我一直希望你坚持,从提出离婚的那一刻起。我希望你不要在协议上签字,可你不仅签了,签的时候还甩了一个飞笔,好像挺潇洒,好像彻底解脱了。别人离婚要么一哭二闹三上吊,可你一招都没用,生怕一用就像买股票被套牢似的。无论是生活或者工作你一直都在使用逆反心理,但唯独在跟我离婚这件事情上你不逆反。我知道你并不在乎我们的婚姻,虽然你口口声声说不想离,但潜意识却在搭顺路车,就坡下驴,既能顺利把婚离了又不用背负道德责任,既能假装痛苦地摆脱旧爱又能暗暗高兴地投奔新欢。好一个慕达夫,原来你一直在跟我将计就计。"

他气得用力踩了一脚刹车。嘭的一声,汽车被追尾了,一股冲力从后背传导至前胸。

第九章　疚爱

69

初春，校园里的树大多数还是绿色，不绿的最多也就一层浅黄，偶尔几处淡红，那是特别敏感的植物品种或缠在树上的藤蔓。冬天不掉的绿叶现在正疯狂地掉落，而新的叶芽又迫不及待地挂上枝头，每一根树条上仿佛同时出现生死。季节蠢蠢欲动，冉咚咚的心里也蠢蠢欲动，就想找个地方疗养。她首先想到的是埃里，她为自己首先想到这个地方惊讶了好几分钟，是因为那里的风景美丽吗？她当然愿意把原因归结为风景，这样心情会感到舒畅至少没有压力。尽管她不停地给自己心理暗示这是唯一答案，再不济也是第一答案，但却摁不住第二答案的抗议，干扰。因此她不再坚持，让第二答案成功地占了上风，那就是去观察刘青和卜之兰，希望从他们那里找到办案的突破口。出发前，她又看了一遍对刘青的所有讯问录像，发现他每次回答问题时眉毛总会微微上扬，好像在表达他的轻视不屑和反感。他的眉毛频繁上扬与面部的毫无表情，巩固了冉咚咚对他撒谎的判断。她一直认为他在撒谎，却苦于拿不到证据。

时间虽是初春，但地处高原的埃里天气一如冬天，山上的树还没长出叶片，褐色的草坡偶尔还会起霜，小河隔三岔五地结冰，天还是那么蓝，水还是那么清亮。刘青和卜之兰养的牛羊猪鸡全都收进了密封的圈里,每天喂它们三顿饲料。他们搭的大棚里种着蔬菜,蔬菜和肉食品继续在网上销售。为加工肉食品,他们在县城建了小型屠宰场和加工厂,聘请了十几位当地农民为他们工作。这天下午,刘青正在牛圈里喂饲料,忽然听到汽车进村的响声,这不是卜之兰的皮卡车声音,也不是村长的吉普车的声音,更不是隔壁阿树的国产轿车的声音,于是跑出牛圈张望,看见一辆越野车停在他家对面的村长家门口。两年前,村长家开了民宿,夏秋两季会有三三两两的旅客来住,可冬天到初春这段时间基本没有客人。车门打开,刘青看见冉咚咚从车里钻出来,村长帮她从后备厢搬下行李。冉咚咚对着驾驶室摇摇手,越野车开走了,她和村长提着拉着行李走进家门。刘青想山寒水冷的,她来干什么?

开始,村民们认为她是来旅游的。当天傍晚,当落霞的余晖洒满山谷的时候,她穿着蓝色的羽绒服,戴着一条橙色的围巾,沿小河走了一圈,见谁都笑眯眯地打招呼,还进刘青和卜之兰家喝了一杯茶,聊了一会儿天。但两日之后,村民们认为她是来度假的,因为每天上午九点,当太阳的光线落在屋顶时,她就泡一壶茶,坐在三楼临河的阳台上读书。她在读杜鲁门·卡波特的非虚构小说《冷血》,这是她第三次阅读了。第一次阅读是慕达夫向她推荐的,当时他们刚认识。第二次阅读是在“大坑案”发生后一周,她想从书里找找破案的灵感。现在,她坐在远离城市的乡村里阅读,除了对克拉特一家四口遇害依然深表同情之外,还对凶手因四十多美元而大开杀戒产生联想。四十多美元,即便在20世纪50年代的美国乡村也不算什么钱,但如果是一万元人民币放在今天的中国乡村,它还是有一定吸引力的。卜之兰一年前盘下阿都的这栋旧房子,才花了一万块钱,也就是说一万元在偏远的乡村可以买一栋旧房。刘青从吴文超手里拿到的十万元现金中,一万元去向不明,尽管他说这一笔钱给了夏冰清,但她始终不信。

又过两天，村民们认为她是来扶贫的，因为每天下午她都参加劳动，有时跟村长一家去坡上拉干草，有时跟刘青一家去喂牛羊，有时跟阿树一家去大棚里摘蔬菜，或帮阿光家锯柴火，看见谁家有活干她都会帮一把。但渐渐地，村民们发现他们都猜错了。不知道谁说她是警察，锯柴那天阿光跟她核实，她说没错。于是，村民们开始猜警察来这里干什么？要么追踪罪犯要么调查案件要么抓捕犯人。那么，犯人是谁？首先被猜的人是刘青和卜之兰，他们是外来人口，底细村民们都不知道，而且两个月前他们还在夜里被警方悄悄带走过，十天后才放回来。说法越来越坚定，有人拍着胸脯说我用脑袋担保，她就是冲着他们来的，否则她不会住在他们家对面，甚至有人说看见冉咚咚拿着望远镜观察刘青和卜之兰的一举一动，传言甚嚣尘上。一天夜里，村长问你是来盯梢刘青的吗？她不答。村长说大家都这么传，弄得人心惶惶，如果你是来抓坏人的应该跟我通通气，怎么讲我也是基层组织的领导，有事没必要瞒着我。她还是不答，吓得村长的后背发冷，以为她是纪委派来暗中调查他的。为了消除自己的心理暗示或者说恐惧，村长也跟着大家说她是来抓犯人的。

村民们与刘青和卜之兰的关系发生了微妙变化：先是躲闪，远远看见他们便绕道；其次敬而远之，再也不打招呼不串门了；再次避之唯恐不及，看见他们扭头就跑，好几次阿光都把鞋子跑掉了。没有谁让村民们这么做，也没有谁出来证实冉咚咚就是来抓刘青或卜之兰的，但村民对待他们的态度却出奇的一致，仿佛所有的人都接到了秘密指令，不约而同地做出统一的行动。冉咚咚没料到会出现这样的局面，想这是不是就是瑞士心理学家荣格提出的“集体无意识”，既是遗传保留的无数同类型经验在心理最深层积淀的人类普遍精神，又是人类原始意识的回响。这是不是也是乡村的传统伦理，惩恶扬善，哪怕善恶还有待确定，难道乡村的“集体无意识"也有直觉？它能提前嗅出危险？刘青和卜之兰被村民们孤立了，虽然他们一如既往地给邻居们送菜送肉，但菜和肉都被退了回来，挂在他们家门前的竹竿上，像一封封绝交信。

孤立即惩罚，卜之兰最先有了反应。深夜，她在床上翻来覆去再也睡不踏实了。她问刘青，冉咚咚来干什么？刘青说我不知道，也许是来度假的吧？

"你是真迟钝还是假迟钝？像她这种身份的怎么会选择这么个山旮旯来度假？而且还是大冷天的。度假怎么会是一个人？你会一个人去度假而不带上我吗？我问过村长，她真的带了望远镜，在除了草地就是森林的埃里，她带望远镜来干什么？难道她是来观察动物的？可她又不是动物学家。你得多留个心眼，她不会无缘无故地来，一定事出有因。"

"你哪来那么多灵感？睡觉吧。"

"她来了半个月，进我们家聊天一共十二次，几乎每天都来，跟我们一起干活八次，无论是进屋聊天或是跟我们干活，次数都稳居埃里村第一。你想过为什么吗？"

"她不是跟我们熟悉吗？"

"她跟村长那么熟，也才帮他家干了五次活。她跟阿光聊得那么开心，只帮他家干了四次。她跟阿树学唱山歌，但只帮他家干了两次。两次，多么可怜的数字，可她却帮我们家干了八次。我不认为她是因为喜欢牛呀羊呀什么的，才多帮我们家干活，虽然每次喂饲料时她都给它们取好听的名字。我认为她给牲畜们取好听的名字是为了掩人耳目，真正的目的是想近距离了解我们，观察我们。现在全村人都不吃我们家送的菜和肉了，只有她没有拒绝，每次都笑纳。像她这种讲原则的人，每次收下菜和肉都应该付钱的，可她每次都不付钱，连要不要付钱问都不问一声，这又是为什么？"

"本来我们就是送给她的，再说她帮我们干活，我们也没付工钱。”

“错，在全村人都孤立我们的时候只有她没孤立，为什么？因为她怕打草惊蛇。你到山上割了那么多草，也见过蛇，打草惊蛇你不会不知道吧……”

她有理有据滔滔不绝地说着。刘青翻了一个身，睡着了。他不是假装睡着而是真睡，因为白天他碎了一卡车的草料，身体极其疲倦。但卜之兰身体虽然疲倦，脑海却异常活跃。她想也许刘青有什么事瞒着我，我无条件地相信他会不会是一个错误？我对他的纵容会不会变成窝藏？村民们说的是不是谣言？可无风不起浪。她漫无边际地想着，刘青忽然惊坐起来，问谁是蛇谁是蛇？她吓了一跳，说你怎么了？他说没，没什么，只不过是做了一个噩梦。

此刻，冉咚咚也还没有入睡，她正躺在床上看书，突然收到慕达夫发来的一张照片。照片上是一截断墙，墙壁是白的，上面用黑墨写了几句诗：“故乡，像一个巨大的鸟巢静静地站立\许多小鸟在春天从鸟巢里飞出去\到冬季又伤痕累累地飞回来——吴真谋”。冉咚咚回复：“你在什么地方拍的？”慕达夫回：“洛城县三把村，我的课题论文不够完满，带学生下乡继续调研。”她回：“研究乡村文化你得研究乡村集体无意识。”他回：“侦破案件最好先读读这首诗。”她立刻上网搜索阅读这首名叫《故乡》的诗，脑海顿时一片空白，尤其是这两行：“有的一只手臂回来，另外一只没有回来\有的五个手指回来，另外五个没有回来”，让她想起夏冰清那只被割掉的手。

70

慕达夫去洛城县调研之前见了贝贞一面，是贝贞约他的，贝贞说长篇小说修改完毕，希望见面聊聊。贝贞定时间：下午三时。慕达夫定地点：锦园书吧。他们彼此客气，连约见都要 AA 制，一个出地点一个出时间。慕达夫定这个地方是有意为之，十三年前，他跟冉咚咚第一次约会就在这里，也是这个靠窗的位子，仿佛一切都没改变，改变的只是对面坐着的人。十三年来，他从不约别的女性在这个书吧见面，更别说坐这个位置，这是他为冉咚咚一人保留的，是他们之间的秘密以及甜蜜所在。但是今天他破例了，他想试试在他的心灵空间里能不能容忍别的女性闯入？比如贝贞。

昨晚，贝贞修改完成了以她和洪安格生活为素材的长篇小说，现在正兴奋地讲述着，讲得脸都通红了，仿佛正在讲述的不是她的作品而是世界名著。慕达夫想集中精力听，但环境迫使他的注意力一次次跑偏，脑海不时闪现他与冉咚咚第一次见面时的情景，以至于他怀疑自己不是想来跟贝贞聊天，而是想来缅怀，因为害怕缅怀会陷入伤感，便把贝贞顺带约上，以期在自己伤感时用贝贞来填空，来安慰。简直就是心理绑架，他这么一想，就飞快地骂自己不厚道，好像骂慢了会没有效果。骂完，他还觉得内疚，觉得把贝贞放在一个她并不知情的环境里是一种冒犯，但问题是他又不想改变现状，于是只能弥补，弥补的唯一办法就是集中精力听她讲述。贝贞说她已最后确定这部长篇小说的书名，叫《敏感族》，男主人公叫安木，从她前夫洪安格的名字中拆解而来，女主人公叫冬贞，由她的和冉咚咚的名字组合而成，破坏这个家庭婚姻的第三者叫吴亚萌，与现在跟洪安格结婚的伍亚濛谐音。慕达夫不满意她这样给作品中的人物取名字，认为她这样做是污辱文学，把高尚的精神劳动沦落为低级趣味的情感宣泄。她说嘁，本来我就没有那么高尚的目标，我写作就是想宣泄不满和委屈，假如当初不用这些名字，我连写作的动力都没有。完稿后，我也曾想把他们的名字替换掉，但他们就像家人似的跟随我几个月，名字一换我就不认识他们了,我对他们已经产生了不可分割的感情。

“那至少把冬贞这个名字改掉。”他不满意她把冉咚咚扯进来,更不满意那个叫冬贞的女人跟一个名叫莫达虎的学者发生婚外情。“莫达虎”不就暗指“慕达夫”吗?但这条不满意他没有说出来,因为这条线要是抽走,整个小说的结构就会歪斜甚至垮塌,这对贝贞的心理打击将是原子弹级别的,况且莫达虎还是她的心灵寄托。她经常说写小说可以抚慰她的心灵,但写小说只是一个笼统的说法,真正能抚慰她心灵的还是她塑造的人物。

“你为什么如此在乎人物的名字?没想到一个文学教授竟然想改变小说的虚构性质?”她非常生气,仿佛不仅仅是为了小说,“你老婆又不是皇帝,我干吗要避讳她的名字?如果说小说家还有一点点权力的话,那取名字就是我的权力之一。”

她说得没毛病。他只能另外挑刺:“小说的结尾不好,冬贞竟然把安木和吴亚萌谋害了,没有温暖,过于血腥。”

“这也是写作者的权力,不这么写不足以解我心头之恨。”

“你只顾你的权力,你考虑过读者的感受吗?为什么你成不了一流作家?因为你太任性了。好的作家不是想写什么就写什么,而是懂得不写什么。”他说得有些激动,好像作品中被谋害的是他。

“那么,请你告诉我,这个小说该如何结尾?”她尊重他的激动。

“前次我不是跟你讨论过了吗?让他们重归于好,让冬贞回到安木的身边。”

“那吴亚萌呢?她都已经跟安木结婚了,我该怎么安排她?”

“让她爱上别人,爱上比安木更优秀的男人,这样既不让她悲惨又能让安木受到惩罚。”

“哪有那么多优秀的男人让她去爱?你以为找个优秀的男人像捡树叶那么容易吗?”她撇嘴冷笑,“这么多年来,我一直以为我平庸,你优秀,但今天听你这么构思,我怎么觉得你比我还平庸呢?

是生活让你变蠢的还是冉咚咚让你变蠢的？如果按你的想法写结尾，我觉得这部小说可以不要了。慕达夫，你那可爱的逆向思维呢？你的桀骜不驯和叛逆精神呢？都他妈跑到哪儿去了？”

他惭愧地低下头，不得不承认自己确实平庸了，就像一块尖角的石头，在人生的河流里滚着滚着就不知不觉地变成了一枚滑不溜丢的鹅卵石。但是，他不想认输，不是不想跟生活认输，而是不想跟贝贞认输。他说你不知道平庸的魅力，它貌似糟蹋你，其实是保护你，它让你惭愧却又让你舒服自在有安全感，你时时刻刻都想逃避它，但它却在暗中一直保护你，它是你摔倒时接住你的双手，也是你脱颖而出时的衬托，它是我们逃避不了的基因，是我们意识不到的“集体无意识”，我东突西撞这么多年，直到现在才明白甘于平庸的人才是英雄，过好平庸的生活才是真正的浪漫。说完，他松了一口气，仿佛卸下了一副重担抑或撕下了面具，他觉得这些年在她面前端着装着实在是太累了。贝贞略略一惊，觉得他讲得有道理。她想什么是专家？这就是，即使他把黑的说成白的也能一套一套的。但她就像她小说里的那群敏感者，怀疑他说的不是发自内心，也许他不是真的在为小说结尾考虑，而是想用小说的结尾提醒我回到洪安格身边，目的就是把我从他身边赶走。

在书吧吃了简餐，贝贞邀请他去她的住处。他没有拒绝，这让她有些意外。上车后，他们都不说话，仿佛一说话就会惊飞他们的计划，好像他们已想到一块去了。到了目的地，他让贝贞先下，自己找停车位。停好车，他上楼，走进贝贞的租屋。贝贞正在洗澡，稀里哗啦的水声让他略感紧张。很快贝贞洗好了，光着身子走出来，掀开被窝钻进去，显得那么自然得体，好像他们已经住在一起好久了。现在该轮到他洗了，贝贞靠在枕头上看过来，用目光催促。他忽然感到不适，甚至觉得羞耻。他的羞耻不是来自可能发生的肉体接触，而是来自他要光着身子在她面前走进去再走出来。

除了冉咚咚,他从来没有光着身子在别的异性面前走来走去,更何况贝贞的两只眼睛就像两台炯炯有神的摄像机。他想叫她别看,可他开不了口,生怕自己表现得没有她从容老练。他暗自希望她别过脸去,但小说家的好奇让她的眼睛一眨不眨,仿佛在提前享受一顿美餐。他退缩了,也许并不是因为羞耻,也许羞耻只是一个似是而非的借口。

“你在等什么?”贝贞期待地。

“我不想伤害你。”他回避她的目光。

“什么叫不想伤害?”她下意识地拉起被子,盖住双肩。

他说我没法给你婚姻。她说我跟你要婚姻了吗?他说我也没法给你责任。她说我跟你要责任了吗?他说只要发生关系,责任就会自动生成,到那时你不再是你,我不再是我,连友谊恐怕都保不住。

“既然想得这么周到,那你为什么要来?”

“对不起,我想试着逾越,但突然发现做不到,我不仅误解了你,也误解了自己。”

“滚。”她从来没这么生气过,也从来没对他这么失望过。

他仿佛听到了命令也仿佛得到了解脱,飞快地站起来,飞快地走出去,生怕走慢了她和他都会改变主意。回到车里,他想我到底害怕什么?除了害怕伤害贝贞也害怕伤害冉咚咚,因为我守住这道底线就是守住冉咚咚的理想。

71

仅仅一星期,卜之兰就瘦了十斤。她睡不好觉,整天出虚汗,听到脚步声或狗叫声心里就发慌,有时一阵山风也会把她吓得大跳。刘青说我都不怕,你怕什么?她说我怕失去你。说这话时,她想起了她的另一段感情。两年前,她表面上是来山里做农产品生意,而内心里却是在逃避过去,是想躲在这个偏远的地方疗伤。但是疗着疗着,她就疗出了寂寞,就疗出了她对刘青的深深内疚。读大学时她跟刘青秀了那么多恩爱,其实都是秀给另一个人看的。虽然她也爱刘青,可她更爱那个人,她是在通过爱刘青来爱那个人,而这一切刘青都蒙在鼓里。在她跟那个人快乐相处的日子里,她假装把刘青给忘了,开始是忘记一分钟,后来忘记一小时,再后来忘记一天一周一月一年,忘记的时间越来越长,直到只要不愿意就可以不想起。但是,当她被那个人抛弃之后,刘青立刻在她心里复活,他的好和她的内疚同时涌上心头。内疚唤醒她深埋的爱意,于是一年前她在网上主动联系刘青,一是想给他感情弥补,二是想找一个人来解决寂寞,高大上的说法是陪伴。她以为刘青会记恨她,没想到他竟然来了。六月一日傍晚,当他出现在昆明火车站出口的那一刻,她的眼里噙满了感激的热泪。她发誓从此好好珍惜,别再把他弄丢了,但越想珍惜就越怕失去。经历了抛弃别人、被人抛弃以及疚爱三个阶段后,她变成了一个高度敏感型的人。

看着卜之兰消瘦,出虚汗,失眠,刘青急得偷偷撞墙却也帮不上忙,强行带她到县医院做了一次体检。医生查不出病因,问她到底哪儿不舒服?她说我也不知道,也许是太累了,也许是天气太冷了,也许是胃病,也许是例假不正常,也许是怀孕了……她说了无数个“也许”,就是不说她不舒服的真正原因。刘青知道她担心什么,在宾馆为她开了一间房,说你就住在这里,想住多久住多久,最好住到冉咚咚离开了再回去。她觉得这是个好办法,便点头同意了。刘青一个人回到埃里,但第二天早晨他还没起床就听到了轻轻的拍门声,开门一看,原来是卜之兰。她说本想不见不烦,却没想到脑子里全是我们家的牛羊猪鸡,昨晚一秒钟也没睡着。他一边心疼她一边反感她施加的压力,忽然产生了逃避的念头。他说如果我离开了,你会好起来吗?她说离不离开不是问题,问题是我们犯没犯罪?我要是不爱你,你犯不犯罪也不是问题,问题是我已经成为你的一部分,你的罪也是我的罪,我的罪也是你的罪,我们好像变成一个人了。他说你凭什么断定我有罪?她说我不晓得,反正一看见冉咚咚我就紧张焦虑,就觉得夏冰清是我害死的,我都不认识夏冰清,为什么会有这种想法?说完,她突然哭起来,好像谁欺负她似的越哭越伤心。他把她紧紧搂在怀里,仿佛搂紧了就能给她能量。她瑟瑟发抖,嘟囔:"我有罪……"刘青想真是功亏一篑,我顶住了冉咚咚凌芳和邵天伟的轮番讯问,却顶不住爱人的眼泪。

下午,刘青穿戴整齐,带着简单的行李走进村长家,敲开了冉咚咚的房门,说我要交代。冉咚咚等的就是这一刻,奇迹终于出现。刘青说夏冰清找我办移民手续的那段时间,A 移民中介公司所在的那幢大楼正在装修外墙,外墙的瓷砖部分脱落,民工们要先把瓷砖全部铲掉,然后再刷油漆……冉咚咚想他为什么不结巴了?怎么一点都不结巴?连紧张感都没有,好像在跟我拉家常似的。他说那天,大约十点钟,夏冰清找我谈移民的事。我们正低头看合同,忽然传来拍打声,我们都吓了一跳,看见一位民工站在脚手架上拍打我们正对着的玻璃窗,手里比画着。我没看明白。他脱下安全帽,从帽子里掏出一包香烟,抽出一支叼在嘴里,做了一个点火的动作。这下我看明白了,他是想借火。我打开玻璃窗,拿起桌上的打火机,伸手把他嘴里的香烟点燃。他吸了一口,说声谢谢,继续铲外墙的瓷砖。我是个烟民,每天都会从十一楼坐电梯下去到室外抽几次烟。本大楼抽烟有固定地点,在一楼大门外左边的走廊,那里摆着一个铁制的桶,桶顶有个铁碗,专门用于装烟头。烟民三三两两地围着那个铁桶抽烟,一批抽完了,另一批又来。装修期间,民工们也凑到桶边来抽。真巧,我在这里遇到了跟我借火的民工。他说他叫易春阳,喜欢写诗,说着他把他写的几首诗递给我,说是请我指教。我说我不懂诗。他说那就随便看看,看完扔掉。后来跟烟民们交流,我才晓得他见谁都发诗,仿佛在寻找知己或者伯乐。

回到办公室,我拿出他的诗来读,其中一首印象深刻,题目叫《抚摸》:"每次抚摸我\你都会把双手搓热\虽然你的手和我的一样粗糙\却融化了我的皮肤\我融化了\你的手也融化了\于是,我在空气里找你"。冉咚咚想这诗真挖心,应该发给慕达夫看看。刘青说虽然我不懂诗,但被打动了,想下次见面一定送他几包好烟。可我一直没碰上他,直到五月三十一日晚,真是天意。那天晚上八点,我到公司拿钱,吴文超给我的现金都锁在办公室的柜子里。当我把钱装进双肩包后,两腿却像钉在了地板上。我坐下来,点了一支烟,这是进公司以来我第一次在办公室抽烟。我想如果就这样跑了,那吴文超会怎么看我?骗子,他一定会把我当骗子。我很在乎别人特别是朋友亲人对我的看法,哪怕到了埃里也在乎。我需要钱,又不想被吴文超当骗子,这个难题把我拦住了。正愁着,我忽然听到拍窗声,差点吓尿。拍窗的是易春阳,他站在窗外的脚手架上,像前次那样做了一个借火的手势。我推开窗,递给他打火机。他点燃烟,把火机递进来。我说你拿着吧。他说公司规定,上了脚手架就不能带火种。这时我才回过神,他在加班,为了赶进度,每天晚上他们都要加班。他说我的诗歌你看了吗?是不是很low?我对他竖起大拇指,说天才。他仿佛是为了报答,说你的女朋友很漂亮。他把夏冰清当成了我的女朋友,我忽然有了一个想法,像灵感那样来得猝不及防。我说虽然她漂亮,却给我带来了许多麻烦,我有老婆有孩子,但她却要闹着跟我结婚。他说让她不闹就行了。我说怎么能让她不闹?他说办法多得很。我说你有什么办法？他笑而不答，就像吹牛皮被揭穿的那种表情。我说给你一万元，你帮我搞定，让她别再来烦我。他睁大眼睛，像看着一笔巨款似的看着我，说你是在逗我开心吗？我说做生意我是认真的。冉咚咚想他们都把做这件事当成做生意，徐海涛是这么说的，吴文超也是这么说的，每个人都说得轻描淡写，好像夏冰清的命是一件商品。他说我从包里取了一万块给他，同时把夏冰清用于办理移民手续的照片和手机号码也给了他。他呆住了，我也呆住了。他呆住也许是觉得钱来得太快，我呆住是惊讶自己为什么会相信陌生人？冉咚咚想办这事，难道你还能找熟人吗？他说易春阳嘴唇一抖，嘴唇被烟头烫着了。我说不好意思，这事有点唐突。他吐掉烟头，说我到哪里找她？我说她住在半山小区。他说明白。我说你可以给她写诗，但不能使用武力。他说明白。说完明白他就滑下去，连班都不加了。冉咚咚本想核实，但怕吓着他，决定把他押回本市后再问。他说我这么做完全是为了安慰自己，就像突然发财的人捐款，求的是个心安，也想今后吴文超追责时有个交代，至于委托易春阳搞定夏冰清这件事，我压根儿不抱任何幻想。冉咚咚没忍住，说你当时想没想到易春阳会去杀害夏冰清？他说没想到，在我的经验里，不会有谁为一万块钱去杀人。冉咚咚说那你为什么要白白送他一万块钱？他说我想他也许会去威胁夏冰清，也许会有别的办法，哪怕他去威胁一下，我也觉得对吴文超有了交代。万一他威胁出了效果，那我就算完成了吴文超交给的任务。

冉咚咚和刘青坐着村长的吉普车离开埃里。路上，冉咚咚想刘青的罪感既是卜之兰逼出来的，也是村民们逼出来的。由于村庄的生活高度透明，每个人的为人都被他人监督和评价，于是传统伦理才得以保留并执行，就像大自然的自我净化，埃里村也在净化这里的每一个人。

72

冉咚咚坐在这边靠窗的位置，当地警察小姜和刘青坐在过道的那边。一声哨响，动车离开了昆明站。有那么几秒钟，冉咚咚敏感地捕捉到自己身上产生的一股后拽力，就像有人轻轻地拽了一下她的裤脚。她知道拽她的不是别人，因为这次回程她的心情复杂，既有找到了破案线索的前冲力，又有害怕面对家人的后拽力。过去，无论她在哪里出差，回程时心里都有准确的导航，那就是“家”，就是唤雨和慕达夫住着的地方。可这次，“家”的位置混乱了，可以是父母住的地方，也可以是西江大学五十一栋2202号房，还可以是慕达夫所在的荷塘小区十五栋1101号（假如唤雨待在那里的话）。她不想回父母住着的那个家，因为一回去满耳都是他们深刻的责备，也不想回西江大学五十一栋，因为屋子里没人，估计家具都生了灰尘，更不可能去慕达夫那里。想来想去，她唯一想去的是办公室。自从王副局长让她休养后，她就不去办公室了，但现在她觉得有资格回去了，而且也有能力重新投入侦破工作了。昨天，当刘青的供词证明了她的推理时，她的焦虑感随之缓解，心里就像冰河解冻。

车窗外，草是枯的，树是秃的，河流的水位线还在低处，所有的生机还埋在地下或暗藏在空气里，等待时机爆发。她忽然想起邵天伟，甚至有点想念他。三年前，他从荷塘派出所调到西江分局刑侦队跟随她办案。开始他叫她冉副队长，后来叫咚师傅，再后来叫冉姐，而她开始叫他邵天伟，之后叫天伟，再之后叫他喂。她第一次叫他“喂”的时候，他以为她叫他“伟”，羞得满脸像涂了一层红漆。她说喂，你想多了，我叫的是口字旁的“喂”。他尴尬地把头埋在臂弯里,两分钟后才抬起来。他长得帅,乖巧,手脚麻利。每次有人帮他介绍对象,他都会把对象带到她的办公室,美其名曰让领导把把关。出于女人对女人的天生敏感,每次她都认真打量,但每次的意见都是挺好的,挺般配。这么表态一是发自内心地希望他们配对成功,二是她知道他的婚姻轮不到她来把关,所以并不上心。可每次她肯定对方后他都会否定,不是说人家不够聪明,就是说人家不是丹凤眼,或者手臂太粗,上半身与下半身的比例不协调,抑或皮肤不够细腻,手指不够纤细。他每评价别人一次她就不舒服一次,但她并不明确为什么不舒服,也许是觉得他要求太高了,也许是觉得他不尊重别人。可是听他评价多了,她忽然发现他挑剔别人来来回回就那么几点,而这几点恰恰又是她的优点,比如她自认为不傻,眼睛恰巧丹凤,手臂不粗腿够长,皮肤细腻手指纤细。而她的弱项,他却从不挑剔,比如胸部不够庞大,下巴不够尖长,臀部不够后翘等等。也就是说,他把她当成了择偶标准。虽然她觉得这是一种荣誉,但同时也是一种负担,于是提醒他,上帝不可能为你私人定制,你要的女性这个世界上没有。他说有,我看见过。她假装没听懂,说按你的标准恐怕你很难找到对象。他说宁缺毋滥。

她以为他仅仅是把她当作择偶标准,但两年前她发现他的另外一层意思。一天下午,她召集队里的几个人到她办公室讨论案情。散会后,有一件外套落在了椅子靠背上。那是邵天伟刚才坐的位置,她拿起外套想给他送过去,可就在她提起外套的瞬间左边内袋滑出一个钱包,钱包掉在地板上时张开了,里面装着一张她的照片。他竟然在装亲人或恋人照片的地方装了我的照片?她的心尖一颤,既有愉悦感幸福感同时又有被冒犯感,恨不得马上把他叫过来谈谈。可她站了一会儿,忽然冷静下来,把钱包塞进他外套的右边内袋。她想只要把钱包换个口袋,他就会知道我发现了照片。

但她犹豫片刻,又把钱包掏出来塞回左边的内袋。她这么做是不想伤害他的自尊,也是不想在办案过程中影响他的情绪。她刚把外套放回到椅背上,他就气喘吁吁地跑进来,说冉姐,我的外套忘你这里了。那一刻,她看见他的脸唰地红到了脖子根。她说是吗?仿佛这时才发现屋里还有一件外套。他说幸好没落在别的地方。她说你检查检查,看少没少什么贵重物品?他说我的外套没装东西。说完,他拿起外套走了。她发现他拿外套的手紧紧地捏着左边内袋,捏得钱包的轮廓都显了出来。

次日上午,冉咚咚刚到办公室,邵天伟就走进来,把一个信封放到她面前。她问这是什么意思?他说前次父母进城催婚,为安慰他们,我就拿你的照片给他们看,说你是我正在恋爱的对象。他们提出见见未来的儿媳妇,我说刚挖地基就想看楼房,哪有那么快。他们信了,但我却忘记把相片从钱包里取出来。她说没想到我的相片还能帮你骗人,你拿出来不就行了吗,为什么要告诉我?他羞涩地低下头,说这事不向你坦白交代,就像头上长了虱子又痒又不好看,我用了你的肖像却没付版权费,心里虚得像个小偷。她嗨了一声,表示谅解,觉得他够坦诚。她就喜欢他这种坦诚的人,说没事,如果需要你还可以使用我的肖像。她把装着相片的信封还回来。他拒接,说不敢不敢,用一次就 OK 了。她知道他很尊重她,从来不给她添麻烦,也从来不在言语上占她半句便宜,哪怕在办案过程中他们不可避免地有肢体接触,但总是一触即闪,仿佛他的膀子、双手以及其他部位都懂得害羞似的。他在她面前一直害羞,说错话办错事都会脸红。一想起他的脸红,她的心里竟浮起一丝欢喜。当车窗外的风景不值一看时,她的注意力转向了内心,是不是也可以说是因为她的注意力转向了内心,窗外的风景才变得不值一看?一路上,她都在回忆和“喂”共事的点点滴滴,仿佛别的回忆都不愿意回忆,抑或是想用对他的回忆来压制别的回忆。回忆越来越清晰,从前忽略的细节和对话现在都争先恐后地跳出来,好像专门来讨好她似的。现在她可以做出肯定的判断——他暗恋她,可过去她即使有这个念头心里也从不承认。可见,某些事或某些人只要换时间和换地点体会,心里便产生截然相反的化学反应,就像同一件衣服冬天穿和夏天穿皮肤的感受会迥然不同。

回到办公室,冉咚咚没想到里面藏着一个人。那个人喊了一声妈妈就猛扑过来。她把她紧紧抱住,问谁让你来的?唤雨说邵叔叔把我接过来的。这时她才看见办公桌上摆着一束鲜花,以百合、康乃馨为主,玫瑰为辅,满天星点缀。地板、办公桌和椅子一尘不染,就连窗帘都拆下来洗过。电脑的鼠标和鼠标垫换成了心形的,鼠标是黑色,垫子是粉红色,上面都印着笑脸。她的心情顿时舒畅起来,就像初恋般舒畅。

73

讯问完刘青,冉咚咚等一行四人直奔易春阳的老家。那地方叫易村,坐落在离省城四百多公里的一个缓坡,村后是高山,村下是白虹河。全村九十户人家,三分之二的人姓易,以种养为生,种稻谷种玉米种水果种蔬菜,养羊养猪养鸡鸭养鱼。平地仅限于沿河一带,每家每年种出的稻谷只够口粮,因此他们需要在坡地种植玉米来补充牲畜和家禽的饲料。养殖不是规模性的,看各户劳力情况,有的家养十几只羊三五头猪若干家禽,有的家没能力养牲畜就只养家禽。近年政府加大扶贫力度,修了一条连接山外的四级公路,但进来的人少,出去的人多,年轻人基本都外出打工了。

易春阳的父母都是农民,最远去过县城。易父说易春阳已经两年多没回家了,八个月来没看到这个野仔的一分钱,手机也打不通,好像他是从石头缝里蹦出来的,连爹妈都不认了。以前他不是这样的,每个月都往家里汇钱,或三百或五百不等,最多一次还汇过一千。说到一千元时,易父自豪地竖起一根手指,好像那根手指就是现金。据查,一千元易春阳仅仅汇过一次,是去年六月十日从省城长亭路某银行汇出的。这个时间是刘青付钱给他后的第十天,也是夏冰清遇害前的五天。冉咚咚想这一千元就是从刘青付给他的一万元中抽出来的,他留九千元跑路,也许已经逃到外省了。专案组在本村和邻村走访,调查了两天,没有发现易春阳回村的迹象。他们一边走访一边张贴悬赏通告,易父请求冉咚咚在他家门口也贴一张。冉咚咚说不贴在你家门口是不想让你们伤心。他说求你,免得我们想他的时候还要跑到别家去看。冉咚咚犹豫了一下,就在他家门板上端端正正地贴了一张。从悬赏通告贴上的那一刻起,易父和易母便抬头久久地凝视,仿佛看久了他们的儿子会开口说话。

易春阳在海南省三江市金牛街被抓,是两个月之后。当时他坐在邮局前的台阶上啃吃一个冷馒头,头发既长又脏,衣服破烂油腻。一名外卖小哥发现他长得像通缉犯,但不敢确认,便到金牛派出所报警。两名警察来到他身边,围着他转了两圈。他说别看了,我就是你们要抓的人。说完,他两手往前一伸,等待手铐降临。两天后,他被押回来了,王副局长指定冉咚咚负责讯问。

易春阳说第二天,就是他把钱给我的第二天,我到半山小区的大门口找夏冰清,等了两天才看见她从门口出来,被一辆高级轿车接走。我骑摩托车跟踪,但跟到一半就跟丢了。摩托车是跟工头借的,借一天给他三十元,油费自理。我没有驾驶证,驾驶技术是在闲空时跟工头学的。又过了两天,下午四点多,夏冰清在大门打了一辆出租车,这次我像磁铁一样跟着她,没跟丢。她在蓝湖东门下车,然后走进公园,沿着湖边的木栈道来到树林前,爬上湖边那块大石头,站在上面足足发了一个多小时的呆。当时太阳已落到楼那么高,她的影子拉得像长竹竿那么长。我看着她的背影,觉得像电视剧里想要轻生的那些女主角的背影。她一定是有什么想不开的事,要不然不会一动不动地站那么久,也许她想往湖里跳,只是下不了决心。她站了一个多小时,从石头上下来,走了。她走了,我没有走,而是望着那块石头发呆,想她会不会再来?她爱上了别人却不能跟别人结婚一定很痛苦吧?

"说重点,重点说去年六月十五号那天你都做了些什么?"冉咚咚打断他。

他说每天下午,我都到湖边守株待兔,像等女朋友那样等她,希望有机会跟她接触。可是我等了一个星期,她都没有出现。我知道这样等是等不到结果的,但我又想这样等,希望结果从天上掉下来。没有付出,哪会有结果,明知道没结果还在傻等,原因是我想退出,想把钱还给老板,也曾想到卷款潜逃。可是我不敢跑,我是个讲信用的人,从来没骗过谁,更何况他那么尊重我。他给我借火,帮我点烟,夸我诗歌写得好,付我一大笔钱,长这么大谁对我这么好过?就连我爹妈都没对我这么好过。有的事情不经想,一想我就被他感动了,马上又去找工头借摩托车,像一只狗蹲在半山小区大门口等骨头,尽管一点把握都没有。

蹲到六月十五日下午五点半,我又看见她出来了。她打了一辆出租车,我悄悄跟上,一直跟到蓝湖大酒店门前。她下了车,进了酒店,在大堂的咖啡店买了吃的喝的,坐了一个多小时。晚上七点多钟,她从酒店里出来,往左边的步行道走去。走到那块石头边,她停住了,呆呆地望着湖面,我好像感受到了她的痛苦。树林这边的栈道因为没灯,夜晚不太有人敢走。我想机会来了,就拿起栈道上的一块木板,敲了一下她的后脑勺,就像小时候我爹用指关节敲我的脑壳那样敲,既恨铁不成钢又想棍棒出好人。没想到她的身体那么不经敲，一摇一晃就扑到水里。我怕她痛，怕她冷，扑通一声跳下去，紧紧地抱着她，一直抱到她不动了才松手。

“那块用来敲她的木板呢？”

他说我把它放到栈道原来的位置上了，放之前我怕它脏，就用泥巴和水搓洗了十几遍，然后套进枕木上的螺钉，用手扭紧。这块板是我在湖边等她的那几天看上的，它离那块大石头有二十米远。栈道上的木板都用螺钉固定，而我看上的这块螺钉已经松了。当她站在石头旁发呆时，我用手扭开松了的螺钉，把木板取下来，拿着它轻手轻脚地走过去。也许是因为发呆，她没发现我；也许她发现了只是没在意，以为我是散步的；也许她想解脱，希望我帮帮她，所以一直站在那里等我。

“接下来，你做了些什么？”

他说的和冉咚咚当初推测的一模一样。怕被人发现，他把她拖到巨石下，坐在水里等。等到半夜，湖边没人了，他从一只游船上偷来两个救生圈，他套一个，夏冰清套一个。他拖着夏冰清从巨石游到西江口，又在西江逆流游了一公里，然后用岸边的茅草绚住夏冰清的头发，把她固定在草丛中。冉咚咚指了指角落，说你从游船上偷的是不是这两个救生圈？他扭头看去，角落里摆着两个写有“蓝湖 6 号”的救生圈，这是案发后二十天冉咚咚派人从下游罗叶村找回来的。他说样子是这个样子，但我不记得是不是我用过的那两个，我把她拖到那片草丛后就把救生圈脱下，丢进江里了。她说你为什么要转移尸体？他说怕你们发现得太早，我没时间离开。她问为什么要把她的手砍掉？他愣住了，仿佛想不起或找不到原因。她伸出右手在他面前晃了晃，说为什么要砍她的手？他说不知道，当时脑子里忽然响起一个“砍”的声音，像一道命令必须执行，可砍断后我吓出一身冷汗。“手呢？”“我扔江里了。”“你用什么工具砍的？”“一把这么长的水果刀。”他比画一下，大约一尺来长。“刀呢?”“丢进江里了。”仿佛“江”是他的收纳柜,是他的万能答案。

“这人你认识吗?”她拿出刘青的照片。

“就是给我一万块钱的那个人。”

“他叫什么名字?”

“不知道,我叫他骗子。”

“为什么叫他骗子?”

“他说一万块只是定金,只要我把事情搞定,再到窗口来跟他拿九万块。他怕我不相信,拉开提包让我看里面的钱,有七八坨。但我完成任务后,爬上脚手架去找他,他已经不在那里了,坐在他位置上的那个人说他辞职了。”

“他跟你说过用什么方法搞定夏冰清吗?”

“除了让她消失,还能有别的办法吗?”他看着她,仿佛在征求她的意见,也像是第一次思考这个问题。

“我需要你回答的是他告没告诉你用什么方法搞定夏冰清?”

他歪了一会儿脑袋:“没有,他只说让我搞定,别让她来烦他。”

“他说过让你去杀害夏冰清吗?”

“虽然他没说过要我去杀她,但我认为他就是这个意思,要不然他怎么会找我?我就是个干脏活累活的。”

讯问完毕,易春阳去指认现场。他在栈道上找到了那块击打夏冰清的木板,并用手扭开螺钉。但那块板他清洗得及时干净,加之十个月的日晒雨淋,现在上面已没有任何作案信息。他说从巨石下出发时还看见夏冰清身上斜挎着小包,但到了西江边她身上的小包就不见了,也就是说夏冰清的随身包可能掉进了湖里。偌大的湖面,三公里的水上行程,要打捞出一个小包基本不可能。他找到了他用茅草绚住夏冰清头发的地点,但草枯了又绿,现在的草已不是去年的草。他指着江面说刀和手都扔进去了。江水又深又宽，冉咚咚请人打捞三天，除了打捞起一辆自行车，一些奇形怪状的石头和沉木，没有找到那把水果刀。

74

唯一找到的物证是栈道上的那块木板，虽然木质与残留在夏冰清后脑勺的碎屑吻合，但木板上并没有易春阳或夏冰清的 DNA，仅凭供词和这块木板就能认定易春阳是凶手吗？冉咚咚觉得证据不够充分，心有不甘，决定再突击讯问易春阳。

易春阳说该坦白的都坦白了，再也没什么补充了，说完便闭紧嘴巴。他沉默了三个多小时，冉咚咚想放弃，觉得按现有证据给他定罪也没问题，但她偏偏是个完美主义者，不想留下任何遗憾。她拿起他的诗歌，读了起来："每次抚摸我\你都会把双手搓热\虽然你的手和我的一样粗糙\却融化了我的皮肤\我融化了\你的手也融化了\于是，我在空气里找你"。他微闭的双眼慢慢睁开，整张脸都放光。冉咚咚忽然想起慕达夫跟她说过的一些创作理论，比如：不管作家写什么最终都是写自己；又比如：借景抒情、托物言志，作品是现实的回响、心灵的投射；再比如"桌子"这个词是能指，"具体的桌子"是能指的所指等等。一旦展开联想，她就认为这首诗与易春阳切掉夏冰清的手有关。她说你在空气里找到她了吗？"谢浅草。"他的嘴里轻轻吐出三个字。

"你能说说谢浅草吗？"

他说谢浅草是我高中同学，长得好漂亮，弯弯的眉毛，水汪汪的眼睛，皮肤嫩得一掐就出水。她跟我坐一张课桌，其他同学都会在课桌中间画一道分界线，但她从来不画，我的手可以滑到她的地盘，她的手可以来我这边做客。她不愧是校长的女儿，有涵养，不歧视,不嫌弃我是农村的。我怕她的涵养是装出来的,就考验她,故意三四天不换衣服。同学们看见我远远地躲开,生怕我身上的气味把他们熏晕,可她不怕,说我的身上有一种大自然的清香,就像野地里的草和鲜花那样香气扑鼻。我怀疑她说的是反话,继续考验她,上课时我把双脚从球鞋里抽出来,一股类似于豆豉的味道腾空而起,熏得邻桌都捂住了鼻子,可她却假装没有闻到,给足了我面子。那时候我只买了一双球鞋,如果一洗就得打赤脚,直到鞋子晒干了才有得穿。一天下午课间,她不小心打翻墨水瓶,把我晾在课桌下的球鞋染黑了。等我回到课桌边,她不停地道歉,说要赔我一双新的。同学们起哄,叫她马上赔。她提着我的脏鞋出去,半个小时后提着一双新鞋进来。我一看是名牌,心想这回赚大了。没想到三天后她把我那双鞋也提回来了,鞋洗得干干净净,她说她用刷子刷了一个多小时才把上面的污渍刷干净。邻座的同学告诉我,墨水瓶是她故意打翻的,由于我的鞋子太脏太臭,她早就想买一双新鞋给我,但怕伤我自尊,就用了赔的方式。

为了弄清楚她是爱上我还是同情我,我继续考验她,办法就是高考时故意做错题,故意漏题,特别是数学和英语,我只做了一半,相当于打了五折。交卷时我像英雄被敌人押赴刑场那样昂首挺胸,心里涌起阵阵悲壮。这是一步险棋,我不惜拿命运来赌博,就是想证明她爱不爱我。我一次次考验她,就像考验社会,考验生活,考验朋友,考验亲人,没办法,我考验上瘾了。暑假,我到学校查分数,一走进教务处就看见她坐在里头,笑眯眯的,好像是专门在这里等我,好像已经等好几天了。她把手伸过来紧紧地握住我的手,说恭喜恭喜。她说恭喜时我吓了一跳,以为我的计划没有得逞,但我只听她说了两句,心里马上踏实。她说自古雄才多磨难,从来纨绔少伟男,比尔·盖茨也没读完大学,但丝毫不影响他成为世界首富,蒲松龄考了几十年连个举人都没考上,但丝毫不影响他写出《聊斋志异》。我问她考上哪里？她说省城师范大学。我想考验她的时候到了。她说虽然你没考上,但丝毫不影响我们的感情。她不是说友谊而是说感情,这下我才确证她爱上我了。

她在省城读大学,我在省城打工。一天傍晚,我和几百号工友正蹲在工地吃晚饭,那是我们最幸福的时刻。几百号人,全都蹲着,每人捧着一个大碗,黑压压的一片,吧唧吧唧的嚼食声响彻云霄。忽然,来了一位漂亮的姑娘,大家的嘴巴都不动了,整个工地安静下来。姑娘冲着人群喊:“易春阳……”听到喊声我才回过神,原来是谢浅草。我站起来,她走过来,工友们挪开一条道,当她走到我面前时他们全都敲响了饭碗,齐声喊道:“吻一个,吻一个。”我羞得脸热心跳,恨不得当场蒸发。可她落落大方,竟然在我脸上响响地亲了一口。工友们顿时欢呼,敲碗声此起彼伏,好像那个吻不仅是吻我还吻了他们。她拉着我的手从人群中走出去,就像电影明星手拉手走红地毯那样走。

这之后,我有空就到校园去看她。有时她在上课,我就站在窗外等。每次等待都会有一只纸飞机从窗口飞出来,盘旋,落到我面前。我捡起拆开,次次都有惊喜:“你等我多少秒,我就爱你多少秒,一秒等于一百年。”“亲爱的,我坐在第三排,不许你看别的女同学。”“窗口就像一幅画,你站在画的中间。”读着她写的那些格言警句,我的等待变得短暂甜蜜。下课铃一响,第一个冲出来的总是她,她远远地张开双臂,冲到我面前就是一个熊抱,也不管老师和同学们异样的目光。她才不在乎别人的目光,请我到食堂吃饭,带我进教室听课,跟我手拉手在校园散步,一遇见熟人就故意亲我,生怕别人不知道我是她的男朋友。

她喜欢我的诗歌,我写一首她读一首,读给她的老师和同学们听,凡是听她朗读过的人都说诗写得好。我每天都写,哪怕在脚手架上抹灰或在别人家里铺砖,我也在脑海里写,在梦里写,全是写给她的。我写她乌黑的头发、明亮的眼睛、湿润的嘴唇、挺拔的乳房、苗条的身材和温柔的双手，尤其是她的双手我写得最多，有时把它比作春风，有时把它比作水蛇，有时它像火焰般炽热，有时它像流水般温柔。她的手不仅在现实中抚摸我，也在诗歌中抚摸，现实中它抚摸我的胸膛，诗歌里它抚摸我的心脏，我被它抚摸得像冰雪那样融化了不下几百次。终于，我写够了三百首。写三百首是受《唐诗三百首》的启发，我认为整个唐代都才三百首留下来，一个人无论如何也不能超过一个朝代，这就叫敬畏。我把《赠谢浅草三百首》送给她，她找了几家出版社，没有愿意出版的。她说这么好的诗不能埋没了。她设计好封面，找了一家街道小型印刷厂，请求厂长帮忙。厂长是个诗歌爱好者，他翻了翻诗集，点了点头，同意免费提供纸张，但必须等工人下班后我们自己找人去印。她到车间跟班两天，学会了印刷。晚上，工人们下班了，她带着我去车间摆弄那些机器。看着手抄本变成一页一页的铅字，我激动得害怕，害怕得发抖，好像这是一种罪恶。我正发着抖，盒里的纸没了。她关掉机器去添纸，没想到机器忽然转动，把她的右手卷了进去，整个手掌活活被卷没。

我明明看见她把开关拨了上去，但机器为什么会突然转动？我想不通，想得脑袋都快爆炸了。从那以后我经常出现幻觉，觉得开关是我不小心碰下来的。我越想越内疚，越内疚越觉得亏欠她，就跟她说全世界最漂亮的女人是没有手的女人。她问是谁？我说你，还有维纳斯。她的脸上浮现了久违的笑容，说你愿意娶维纳斯做老婆吗？我说愿意。她说可没有手终究不方便，现在我配不上你了。第二天她消失了，我联系不上她，就到女生宿舍去找，室友说她退学了，给我留了一件礼物。我撕开她留给我的纸盒，里面是一尊维纳斯铜像。我打电话到她家找她，她爸接的，她爸很生气，说我没有这么个女儿。堂堂一校之长，竟然不认自己的女儿，原因不外乎：一是他讨厌女儿爱上了不该爱的人，二是他不愿意接受女儿断手这一残酷的事实。

“谢浅草的手粗糙吗？”冉咚咚问。

“不粗糙，她是校长的女儿，没干过粗活。”

“可你在诗里写她的手和你的手一样粗糙。”

“虚构的，你会相信抚摸我的手是柔软的吗？即使是的，写出来也显得不真实吧。”

“夏冰清的手呢？”

“丢江里了。”

75

冉咚咚补充调查，发现易春阳说的谢浅草并不存在。他就读的高中，校长确实姓谢，但他的女儿叫谢如玉。谢如玉现在省城一所中学教书，她说易春阳确实是我的同班同学，但我没跟他坐过一桌，也没跟他谈过恋爱，更没送过他球鞋。印象中，他比较邋遢，头发留得长，衣服穿得颓废。他那双球鞋，每次走进教室都呱哒呱哒地响，同学们一听见响声都用手掌在鼻子前扇来扇去，好像要扇掉什么气味。他不喜欢说话，喜欢发呆，经常呆呆地看着窗外，有时老师叫了许多声他才回过头来。不过他有写作天赋，语文老师常常念他的作文。他的成绩一般，尤其是数学和英语几乎是班上倒数第一。每次考试，都是他第一个交卷，他没考上大学。高中毕业后我跟他没有任何联系，他不会到大学里来找我吧？反正我是没有看见过他。

易春阳邻座的男同学叫朱括，现在省城做酒店管理。他说谢如玉的证言有偏差，要么是故意说谎，要么是无意识的选择性遗忘。易春阳暗恋谢如玉是我们班公开的秘密，他曾经偷偷给她写过一封情书。情书她没打开，也没退给他，而是交给了班主任。班主任没有找他个别谈话，而是打开情书在讲台上朗读。班主任就是我们的语文老师，他的本意既是想警告一下早恋的同学，也是想炫耀一下易春阳的写作才华，但却深深地扎伤了易春阳的自尊。班主任每读一句，同学们就爆笑一次，易春阳的头就往下低一点点。结果情书读完，易春阳的头已经低到了裤裆，身子弯得像蜷缩的穿山甲。班主任说学校不允许早恋，但不得不承认这位同学的情书写得有水平。情书里有许多好句子，我都忘了，其中一句我记忆深刻，谈恋爱时还引用了——“如果不曾被人爱得死去活来，那你的美貌就是廉价的。”从此后，同学们都叫易春阳“死去活来”，他变得少言寡语，整天咬牙切齿，像恨叛徒那样恨谢如玉。

易春阳提到的街道小型印刷厂叫彩虹印刷厂，坐落在文新路四十八号，厂长姓袁。当冉咚咚把易春阳的照片递给他看时，他指了指马路对面，说那栋楼就是易春阳参与修建的。冉咚咚扭头看去，那是一栋三十层高的写字楼，白墙蓝玻，在阳光照射下熠熠生辉。大楼已投入使用，门前停着一排长长的豪车，穿西服打领带的人们进进出出。袁厂长说两年前，易春阳在对面的工地干活，下班后常来找吴浅草聊天。吴浅草是我厂收发员兼来访登记员，之前她是一名印刷工人，因为一次印刷事故她的右手被机器卷没了。易春阳每次来都穿得干干净净，要么西装，要么衬衣，还抹头油，一点也看不出是从建筑工地出来的。虽然他经常来，但吴浅草好像不兴奋。他写了好多诗，每首都献给吴浅草。我跟他说要献就献一本，只要肯出印刷费我们厂可以帮他印。他问了问印刷价格，说可惜钱包不够胀。

吴浅草说前年四月二十一号下午，我收到一个快递，打开一看是一座十厘米高的维纳斯铜像，铜像下面压着一张字条，字条上写着邮寄者姓名和手机号码,外加一句:“世界上最美的女人是没有手的女人。”我既开心又感动,就给那个名叫易春阳的打了一个电话,问他怎么知道我的手残了?他说他看得见我,我赶紧挂断电话,以为他是跟踪我的变态。第二天傍晚我听到有人敲窗,问他找谁?他说我叫易春阳。他穿得整洁干净,看上去不像坏人,我就叫他进来坐坐。他说他在对面的工地干活,楼房建到二楼时就在脚手架上看见我了。我谢谢他的礼物,请他吃快餐。他感谢我的快餐,反请我看电影。我感谢他请我看电影,改天又请他吃快餐。他感谢我的快餐,请我去公园里划船。请来请去,我们成了朋友。一次看电影他突然想吻我,我推开他,说只能做朋友,不能做恋人。他问为什么?我说不为什么。他说长这么大还没吻过任何女人。我的心一下就软了,觉得他挺可怜,允许他吻一下脸蛋,讲好了就一下。他守信用,真的只飞快地吻了一下,之后便不停地舔着嘴唇,直到电影看完了还在舔。他给我写了好多诗,我虽然看得不是全懂,但知道他爱我。我怕他爱上我,也怕我爱上他,就有意跟他疏远,故意不接他的电话,尽量找理由不出去跟他耍。他想不通,三天两头就来问我为什么?难道我配不上你吗?我把右肢递到他面前,说你能帮我装上一只假手吗?我妹妹在读高中,马上就要读大学了,你能帮助我供她读完大学吗?还有我的父母,他们都需要我供养,你供养得起吗?我不是不想爱你,是爱不起你。他像被敲了一记闷棍,发呆,走神,久久不说话,但一说话就把我吓坏了。他说我会给你一座大楼。我说在哪里?他指着对面说这栋。我说那不是你的,也不是我的。他说我会给你一只手。我说手呢?他举起裁纸刀割自己的右手,我吼他,把刀夺过来,他吓得瘫坐在地上,好像一辈子都不想站起来了。他的行为越来越怪,有时他到窗边来看我一眼,连招呼都不打转身就走,有时他到屋里坐上半天,一句话都不说。

最后来看我是去年春节后,他说这边的工程包括装修全部做完了,要转到下一个工地,下一个工地离这里很远,也不知道有没有时间回来看我。临走时,他希望我送他一个纪念品,方便今后想念我的时候拿出来看看。我拉开抽屉翻开小包,都找不到合适的纪念品。他指着桌上那尊维纳斯铜像,说能不能把它送给我?我说可以,这本来就是你的。他说你真幽默,我什么时候送过你铜像了?当时我就想他的脑子是不是出了问题,怎么连送我铜像都忘记了?我用报纸包好铜像,装进一个塑料袋,递给他。他说了声拜拜,走了,之后我再也没见过他。

综合证人证言,冉咚咚得出结论:一、谢浅草是易春阳的幻觉,她是谢如玉和吴浅草的合体;二、他的幻觉跟现实有出入,大部分是反的;三、他有“被爱妄想症”。冉咚咚想第三点我也曾有过,但我发现得及时,很快就把那个虚构的郑志多强行驱逐出脑。其实有一点“被爱妄想症”不是坏事,就像有一点阿Q的“精神胜利法”不是坏事一样,它们都具有安神补脑利于睡眠之功效,关键在于如何掌握这个“度”,太痴迷就不能自拔。她把谢如玉的照片拿给易春阳看,他摇摇头,说不认识。她把吴浅草的照片拿给他看,他顿时眉开眼笑,说这是谢浅草。她纠正说她叫吴浅草,你答应过要给她一只手。他一怔,说我已经给她了。她说吴浅草没有收到。他说我放到她的窗台下了。

易春阳被押到彩虹印刷厂来访登记处,登记处的窗侧有个花坛,花坛里的花开得正艳。冉咚咚问你到底把手放到哪里了?易春阳指着一簇怒放的玫瑰。邵天伟拿着铁铲小心地挖掘,忽然当的一声,铁铲碰到了那尊维纳斯铜像。冉咚咚戴上手套,蹲下去,扒开铜像旁的泥土,看见一只惨白的完整的右手趴在泥土里,准确地说是右手指骨,就像一只扇在大地上的掌印。她百感交集,忽然想哭,为死者为自己为众生,但她使了一下劲,把奔涌而至的感性强行憋住。

76

下班后，邵天伟邀请冉咚咚共进晚餐。冉咚咚问他请客的理由。他说庆祝破案。她同意了，坐上他的车。他把她拉到水长廊餐厅停车场，她的心里咯噔，怎么会是这里？这是她和慕达夫过去常来的地方，他们在此庆祝过慕唤雨的生日、慕达夫评上教授和她破获重大案件等等，凡有高兴事需要庆祝他们都喜欢选择这里，哪怕她买到中意的衣服或他发表论文。冉咚咚问为什么选择这家？邵天伟说有什么不妥吗？如果你不喜欢我们就换地方。她推门下车，尽量掩饰内心的不悦，相信他的选择是巧合而非刻意，但当他把她领到九号包厢时，她的认知立刻反转了，不是巧合，因为上次庆祝她和慕达夫也是这个包间。那么，他为什么要这样安排？显然，他知道我离婚了，而且很有可能慕达夫跟他说过这地方。难道他想用我熟悉的环境来考验我？考验我能不能坦然地面对过去或挣没挣脱慕达夫的羁绊？如果是出于考验，那说明他对我是有企图的。眼下，至少此刻，她对他的企图不仅不反感反而充满期待，况且，她也想自我考验考验。于是她坐下，透过落地玻看着过去看了无数遍的地形、水面、花草和树木，一股浓浓的亲切感或者说怀旧感直逼而来，考验开始了，亲切感怀旧感正在努力地干扰她对他的期待。她说之前你来过这里吗？他说没来过，是网友推荐的。她信了，连她自己都不知道为什么信了。这话要是换一个人来说，比如慕达夫，她一百个不信。

他点了她爱吃的菜，而且净点贵的，两人边吃边聊。他一会儿给她夹菜，一会儿给她续酒，一会儿给她递热毛巾，虽然表现得很积极,但肢体语言却略显局促。她想过去凡是庆祝,第一个想到的人是慕达夫,然而现在跟我庆祝的却是邵天伟,这种改变竟然没有违和感,甚至还充满了暧昧的诱惑。他比我小十岁,现任法国总统马克龙比他的妻子布丽古特小二十四岁,他们早就证明了爱情没有年龄界限。他低头吃着,仿佛是为了掩饰尴尬。她看着他,好像在评估一件作品或判断某个方案的可行性。他的脸热辣辣的,似乎是被她看热的。他想要是再不抬头,我的脸就要被她看焦了。他说冉姐,我好佩服你,佩服得都想献上我的膝盖。她知道“献上膝盖”是网络语,意思是崇拜,相当于“跪了”,但同时她想到了一个动作,就是求爱时的单膝跪下,那也可以叫作“献上膝盖”。她不敢多想,说其实我很失败。他说在我眼里你就是神一样的存在,你不仅让刘青供出了易春阳,还在几个月前准确地推理出凶手作案的步骤和细节。

“可是我离婚了。”她说,好像故意比惨。

但在他听来这一句并不是惨,而是暗示,暗示他可以追求她。他深情地看着,她深情地看着,两人的头部不约而同地往中间一凑,嘴巴就凑到了一起。她已经好久没体会到这种战栗了,时而把自己忘情地交给他,时而又害怕把自己彻底地交给他,忘情时是那么愉悦和幸福,犹豫时是那么紧张和害怕,她从来没经历过既紧张又害怕的吻,原来这么香这么软还这么甜,每个神经末梢都有响应,整个人飘离了大地,失去重力,仿佛变成云或空气,仿佛糖一般融化,已不存在。吻了许久,她才重新活了过来。他说嫁给我吧。她嗯嗯地应着,说你爱我吗?他说爱。她说我要的是爱我一辈子。他说我一辈子爱你。他们的嘴又交织在一起,仿佛要把刚才说话浪费的那几秒钟补回来,仿佛报复性消费。

其实,他早就知道她离婚了,但他没有捅破这层窗户纸。四个月前的某天晚上,慕达夫约他喝酒,地点就是水长廊餐厅九号厢。

当他推门而入时，桌上已摆好了酒菜，慕达夫劈头盖脸就是一句："我和你冉姐离了。"好像他们离婚是他造成似的。他既惊讶又惭愧，惊讶的是他们那么般配为什么要离？惭愧的是他终于获得了一次爱她的机会。他本能地想给慕达夫几句安慰，但他想到的每一句都显得虚伪。"喝吧。"他率先拿起酒杯，仿佛需要安慰的是他。慕达夫说我知道你喜欢她，甚至可能是爱她。他说你的结论从何而来？慕达夫说前段时间，我无意中看到你发给她的短信，字里行间充满了爱怜，你知道我对文字比较敏感。他"嗨"了一声，像认可又像否定。慕达夫说我跟她谈了两年恋爱，共同生活了十一年，没有拒绝过她的任何一个要求，包括离婚。他说你恨她吗？慕达夫说想恨，却恨不起来，我没有理由去恨一个病人。她长期承受着巨大的压力，有焦虑症和猜疑症，离婚是她想甩掉压力的一种表现，因为她知道她的焦虑和猜疑已经伤害到她所爱的人。他说我不觉得她有病，她思路清晰，推理严密，态度和蔼，为人友善。

"你能看到她的好，所以她喜欢你，也正是因为你，她才跟我离。"

"怎么可能？我跟她清清白白。"

"不信你问她，这个傻妞，竟然相信永恒的爱情，永恒是什么？是永远，恒久，无止境，你能给她这么久的爱情吗？但愿吧。如果她爱上你，我放心，如果她爱不上你那她就得回头。她只会在你和我之间选一个，你代表幻想，我代表现实，我之所以同意离婚，就是想给她一次重新选择的机会。"

最后这一句让邵天伟产生了疑难，也让他纠结了四个多月。他觉得那天的晚宴是鸿门宴，表面上慕达夫在说冉咚咚，而实际上却是在给他挖坑。慕达夫抛出的"二选一"理论，其目的就是想让他背负夺人之爱的骂名，假如他和冉咚咚相爱的话。那晚，慕达夫喝了好多酒，说了许多话，不仅说了他和冉咚咚的恋爱过程，还介绍了冉咚咚的业余爱好、品位与口味,弄得像“刘备托孤”似的。但慕达夫说得越多,邵天伟就越感到自卑,觉得自己根本给不了冉咚咚那样的生活和那样的浪漫,显然,慕达夫不是来“托孤”的,而是来阻止我爱冉咚咚的。可邵天伟不想认输,今晚故意把冉咚咚约到这里,他想在慕达夫炫耀爱情的地方获得她的爱情。

冉咚咚发现他走神,问他想什么?他一激灵,舔了舔嘴唇,说我在回忆刚才的味道。她说这餐厅是不是慕达夫告诉你的?他本能地摇头,犹豫着要不要把慕达夫请他喝酒的事告诉她?她说如果你有压力,那我们就到此为止,就算一次相互施舍,彼此感念。他说请问压力是什么?她觉得他好可爱好天真好幽默,就在他的脸蛋上轻轻捏了一下,捏得他的脖子根都红了。

77

虽然抓到了凶手,但冉咚咚却不满足,因为按现在所获得的证据,所有当事人都找得到脱罪的理由。徐山川说他只是借钱给徐海涛买房,并不知道徐海涛找吴文超摆平夏冰清这件事。徐海涛说他找吴文超,是让他别让夏冰清骚扰徐山川,而不是叫他杀人。吴文超说他找刘青合作,是让他帮夏冰清办理移民手续或带她私奔,却没有叫他去行凶。刘青说他找易春阳是让他搞定夏冰清,搞定不等于谋害。而易春阳尽管承认谋杀,但精神科莫医生及另外两位权威专家鉴定他患间歇性精神疾病,律师正准备为他作无罪辩护。冉咚咚想本案就像多米诺骨牌,第一个推牌的人是徐山川。她特别想让徐山川认罪,服判,但他拒不承认他曾叫徐海涛去谋害夏冰清,甚至说连半点暗示都没有。

夏父夏母联系冉咚咚,说既然凶手已经确认,想去看看夏冰清，同时把她的后事办了。冉咚咚把他们带到殡仪馆告别厅，经过整形化妆的夏冰清躺在玻璃棺材里，身上盖着锦被。夏父夏母看了一眼，直接扑到棺材上痛哭。他们边哭边拍打玻璃，仿佛要把夏冰清拍醒。忽然，棺材里响起咚咚咚的敲击声，他们吓着了，飞快地从棺材上闪开，以为出现了幻听，但夏冰清的声音立即传来："喂，有人吗？喂……"这时他们才明白，冉咚咚把夏冰清的那段录音放棺材里了。夏冰清："这里好黑呀，放我出去，放我出去。"间隔三秒钟。"我听到有人在笑。"安静两秒。"别把我留在这个盒子里，我好害怕。"又是咚咚咚的敲击，接着："喂喂，我不喜欢这个地方，没人知道我死了。"片刻。"让我出去，我要和大家待在一起。"间断。"哎……我逃不掉了，逃不掉了，再见吧，再见……"

冉咚咚说这是夏冰清的特殊告别方式，我听了无数遍才听懂，她很勇敢，敢于调侃死亡。夏父说这不是她被人强暴时录下来的吗？冉咚咚说开始我以为是，后来我发现不是，录音就是为棺材准备的，她在玩幽默。夏父夏母的心里五味杂陈，如果说他们之前的悲伤只是悲伤，那现在的悲伤却加入了酸楚悲凉伤感无奈自责。她的死亡不再是单纯的死亡，而是掺和了她的人生态度。他们不再痛哭，只是啜泣，好像啜泣才配得上她幽默的人生观。直到这时，他们才知道他们并不了解她，而之前他们却自信地认为他们是最了解她的人。真是一场误会，就像她误会地来到人世，误会地成为他们的女儿。冉咚咚怕他们支持不住，搬来两张椅子让他们坐下。他们抑制住声音，像意外怀孕似的心惊胆战，又像是夏冰清睡着了，生怕把她吵醒。他们静静地陪着，希望她多睡一会儿，再多睡一会儿。

易春阳从看守所带话出来，说想见冉咚咚一面。冉咚咚提审他。他说我不同意律师为我作无罪辩护，我没有精神病，如果我是精神病患者，作案时不可能考虑得那么周到。我跟踪她没被发现，说明我有跟踪能力。我把栈道上的木块当凶器,是害怕带凶器被附近的摄像头拍到。我晓得回避摄像头,证明我不糊涂。我用泥沙和水反复清洗行凶后的木块,是担心在上面留下指纹和血迹。我懂得转移作案现场,巧妙地使用救生圈,怎么可能是精神病?不是吹牛皮,我比你们谁都清醒。冉咚咚打断他,说我知道你的意思了,你还有什么要求?他说能不能让我见见受害人的父母?冉咚咚说为什么要见他们?他说我想献上我的膝盖,给他们磕几个响头,我想跟他们说一声对不起。冉咚咚联系夏父夏母,他们说不见不见,让这个坏蛋去死吧。

冉咚咚想这么多人参与了作案,但现在却只有一个间歇性精神错乱者承认犯罪,这严重挑战了她的道德以及她所理解的正义。她不想放弃,决定从沈小迎处寻找突破。为保护隐私,她约沈小迎在一家咖啡馆的包间里单独见面。她说你还记得我们的约定吗?沈小迎有点蒙,问什么约定?她说我曾经问你真的不计较徐山川在外面玩弄异性?你说早已云淡风轻。我说就像坐跷跷板,你不可能任由他把你跷到天上去,你能把你这一头压下来让跷跷板保持平衡,心里一定有个巨大的秘密,只是我暂时还没发觉。你说那你去发觉吧。我说总有一天会真相大白。沈小迎说记起来了,当时你开车送我,是在路过蓝湖大桥时说的。她说真是好记性,其实这个巨大的秘密我早就发现了,因为觉得跟案件无关,所以我一直为你保密。沈小迎略显紧张,但强装镇静,说你发现了什么?她说我可以不讲出来,有些事只要不讲出来那就相当于没有发生,或许这更利于你的心理建设,不过有个前提,你必须提供徐山川谋害夏冰清的证据。她说我没证据。

"你再想想,我可以等你几分钟。"冉咚咚说。

"没有就是没有,你等多少分钟也等不来。"沈小迎说。

"这位你认识吗?"冉咚咚掏出一张肌肉男的照片,摆在沈小迎面前。

沈小迎一瞥:“认识,我的健身教练。”

“徐山川知道你跟教练的那些事吗?比如你去他的住处,比如你们开房。”

“我跟徐山川有过约定,私生活互不干涉。”

“那么这个秘密呢,徐山川知不知道?”冉咚咚掏出沈小迎女儿的照片,摆到教练照片的旁边,“女儿的血型与徐山川的不匹配,据我们了解,你在进产房前就找医生把女儿的出生卡提前填好了。如果徐山川知道女儿不是他亲生的,他还会跟你互不干涉吗?”

沈小迎低头不语,仿佛在回忆往事。其实她一直在暗暗报复徐山川,只是表面上像个“佛系”,装得什么都不在乎。她问你为什么要调查我女儿?冉咚咚说因为我想从你这里拿到徐山川的证据。她说你怎么知道我有证据?冉咚咚说我们从徐山川的车上搜到过窃听器,但那个窃听器不是我们放的,你一直在监视他。沈小迎犹豫了一会儿,从手提包里掏出一个 U 盘,说你要的是不是这个?冉咚咚把 U 盘插到电脑上听了一遍,问这段对话的地点和时间?沈小迎说地点在我们家别墅地下室雪茄屋,时间是夏冰清找我谈判后的一个月。

有了 U 盘,冉咚咚再次讯问徐山川。徐山川嘴硬,说该说的都说了,态度恶劣得好像冉咚咚在浪费他的时间。冉咚咚让邵天伟播放录音,响起徐山川与徐海涛的对话:“叔,那事还做不做?”“做,不做会很麻烦,她一直在告我强奸,而且还留有我的证据。”“我找过人了,他们说做掉得两百万。”“钱是问题吗?问题是我不能直接转给你,你得想个理由。”“借行不行?就算我借来买房子。”“说好了,两百万,借给你买房,要是出了岔子你自己承担,从现在起我什么都不知道。”“晓得。我好,好不到你;你好,我才跟着好。”

徐山川一边听一边软,渐渐地软得像个水袋瘫在椅子上,仿佛一戳就破。冉咚咚说你还想狡辩吗？他恨得咬牙切齿，说早知道沈小迎监听我，出卖我，那我做掉的就是她而不是夏冰清。我想过跟她离婚，娶夏冰清为妻，但看在孩子的分上我没有离，我当初怎么会爱上这么一个狠人？冉咚咚说祸福无门，唯人自招。善恶之报，如影随形。

78

“大坑案”正式告破，专案组成员休假三天。冉咚咚除了接送唤雨上学，其余时间都待在家里。邵天伟请求登门拜访，她没同意，说需要安静安静。但邵天伟想趁热打铁，让他们的感情迅速升级，不是发甜言蜜语，就是发告白视频。她偶尔回复一两句，大部分时间都保持静默。她静默是因为在评估，评估邵天伟，评估自己，评估即将面临的求婚。可她评估的效率极低，每当触及敏感或核心部分就开小差，打瞌睡，靠做家务和辅导唤雨做作业来逃避。她不敢打开真实心理层，就像考古学家不敢打开重要的墓穴，生怕文物氧化、碎烂。她不仅不敢打开，还通过否认（否认自己离婚是因为邵天伟）、压抑（拒绝与邵天伟上床）、合理化（每个人都有追求爱情的权利）、置换（加倍地爱女儿）、投射（在办案的极端压力下难免会误伤家人）、反向形成（吸取徐山川为欲望付出惨痛代价的教训）、过度补偿（敏感的素质是破获“大坑案”的关键，甚至还应该感谢猜疑）、抵消（牺牲小家为正义）、认同（哪一个英雄不经历磨难）、升华（对“大坑案”进行文字复盘，提炼经验）等方法，启动了自我防御机制。

一天晚上，冉咚咚问唤雨长大了想做什么？唤雨说当警察。“为什么想当警察？”“因为警察可以问别人好多问题。”她没想到唤雨羡慕的竟然是“问话”,可见孩子对话语权有多么渴望。“妈妈现在就让你当警察。”说着,她把唤雨放到高椅子上,自己坐在对面的矮椅子里,母女俩一高一矮对视着。她说慕警察,可以开始了吧?唤雨板起脸:“姓名?”“冉咚咚。”“年龄?”“四十一岁。”“家庭成员?”“女儿慕唤雨,父亲冉不墨,母亲林春花……”她在犹豫也在试探要不要报上慕达夫。唤雨着急了:“还有爸爸呢?”“……爸爸慕达夫。”她巧妙地回避了“丈夫”一词。唤雨一拍桌:“说,你都干了什么坏事?”她碉堡了,吓住了,本想回答“我没干坏事”,但看着唤雨严肃可爱的表情却说不出口,生怕回答不当被唤雨当成骗子。过去都是她发问,问家人问朋友问犯人,问得别人心惊肉跳却从不考虑被问者的感受,现在轮到自己回答了,才发现回答是一件如此令人牙痛的事。她从来没这么犹豫过,唤雨等得不耐烦了:“你为什么不回答?”“因为我不明白你说的干坏事是指什么坏事。”“不做作业,不勤洗手,不认真听老师讲课。”她如释重负,但唤雨马上补充:“还有惹爸妈生气,你是不是惹爸爸生气了?”“没有呀。”“那为什么爸爸每次送我回家都不上楼?”“因为他要写论文,怕我们打扰。”“你喜欢爸爸吗?”“喜欢呀。”唤雨露出天真的笑容,但冉咚咚却因为撒谎而感到口腔发麻,仿佛那些虚假的字词都是麻药。

周五快下班时,邵天伟到冉咚咚办公室汇报工作,顺便邀请她共进晚餐。冉咚咚发现他说话卡壳,不是紧张而是激动。她问晚餐地点?他说六十六楼云中漫步餐厅。她说为什么要去那么高的地方?“想给你一个惊喜。”他吞吞吐吐。她猜出了八九分,知道年轻人都喜欢到“云中漫步”搞浪漫的求婚仪式。他以为她默许了,转身欲走。她说要去六十六层,你必须先让我过一关。“过什么关?”他不明白。她说下班后找我。

下班后,她把他带到家里。她掏出钥匙,打开书房门。他惊呆了,书房竟然被她布置成了一间讯问室。他问为什么,她说我喜欢在这样的环境里思考,喜欢在这里自问自答。说着,她锁上房门,坐到嫌疑人坐的椅子上,说我想接受挑战,受我女儿的启发。他问挑战什么?她说我想弄明白是这张椅子让人说出真话还是提问者让人说出真话。关于我们之间的任何问题,你都可以问,越尖锐越好。他深呼吸,坐到平时警察坐的位置,盯着她,带点小小的调戏,盯得她都回避他的目光了才开始发问:"你爱我吗?"要是换个时间地点,也许"爱"字会脱口而出,反正也无法验证它的纯度,从世人嘴里飘出来的这个"爱"字,不知道温暖了多少人也欺骗了多少人,甚至有的人在说出来的同时就已经否定了它的意义。但现在她却不敢回答,是害怕这个环境还是对这个字尊重?是因为坐在被怀疑者的位置,还是敬畏自己多年来从事的这份工作?是不是还包括对提问者的提防以及对自己询问或讯问过的人的模仿?

"冉咚咚,我在问你呢?"他发现她走神,敲了敲桌子。

"你不应该先问这个问题,这样问会把问题一下问死,"她终于找到了解脱的办法,那就是她是他师傅这个身份,"我们办案,必须先从最容易回答的问题问起,先问细节,过程,然后再问最关键的,以免造成证人的不合作。"

"可是今天我只想问最关键的。"他没有屈服于权威效应。

她想不好对付,认真思考一会儿才回答:"爱。"他有一丝感动,但同时也有一丝怀疑,因为坐在那个位置上的人为了自保,经常会说假话。他打开射灯,照着她美丽成熟气质出众的脸庞。她抬头挺胸,但灯光太刺眼,没坚持多久便低下头。他说这阵子你为什么回避我?她说我很纠结。他说吻都吻了有什么好纠结的?她说我比你先老,当我老的时候你还爱我吗?我这么做会不会伤害女儿?是慕达夫先背叛我还是我先背叛他?我能保证爱你一辈子吗?我可不可以不结婚?叭的一声,他把射灯关了。她揉了揉眼睛,好久才适应环境。他说你还没准备好。她说是的。他说我可以等,除了你,我谁都不爱。她一阵感动,同时也产生一丝怀疑,因为有时为了得到真实的情报,坐在那个位置上的人也不得不在语言上使用策略。

虽然这一关她没有过,但心情好多了,至少她敢于主动敞开心扉,并主动卸载部分自我防御,这是心理向好的预兆。她忽然增添了勇气,想见见慕达夫。离婚后,她一直怕见他,但现在她主动约他。周末下午四点,她与慕达夫在锦园书吧见面。一落座,她就问为什么你认为我跟你离婚是因为邵天伟?难道不是因为你出轨吗?他微微一笑,说当我想要达到某种目的时,往往会给自己找一个冠冕堂皇的理由,你也会这样。其实,你早就喜欢邵天伟了,只不过是因为道德约束你才把这份感情压住。你越喜欢他就对我越不满意,你越相信他就越不相信我。所以,你一直在寻找机会离开我,当机会一旦出现你就无限放大。事实上,你怀疑我出轨也仅仅是怀疑,并没有足够的证据。我要是想劈腿,不会比写一篇论文难,但直到今天我都没背叛你,尽管我们已经不是夫妻。

"太感人了,不幸的是我对'大坑案'的所有怀疑都被印证了,因此,我对你的怀疑也可以被反证。"

"别以为你破了几个案件就能勘破人性,就能归类概括总结人类的所有感情,这可能吗?你接触到的犯人只不过是有限的几个心理病态标本,他们怎么能代表全人类?感情远比案件复杂,就像心灵远比天空宽广。"

"可勘破你慕达夫,我还是有足够的把握。"

"就算是吧,但你能勘破你自己吗?"

她想这才是问题的症结。她确实喜欢邵天伟,从他报到的那天起她就暗暗喜欢他,当她发现他的钱夹子里夹着她的照片时,她就确证了他也喜欢她。也正是从那时起,她对慕达夫越来越不满意,甚至恨不得他犯点错误,比如出轨什么的,然后好找理由跟他离婚。没想到剧本真按她的潜意识上演,他在宾馆开房被她发现了。于是她揪住他不放,层层深挖他的心理,从伪装层挖到真实层再挖到伤痛层,让他几近崩溃。说真的,没几个人的心理经得起这样的深挖,包括她自己。因此,她觉得对他太狠了。在邵天伟没有吻她之前,她以为她有道理或者说她建构了一种道理,但在邵天伟吻了她之后,她忽然发现道理崩塌了,心里涌起一股对慕达夫的深深内疚。她没想到由内疚产生的"疚爱"会这么强大,就像吴文超的父母因内疚而想安排他逃跑,卜之兰因内疚而重新联系刘青,刘青因内疚而投案自首,易春阳因内疚而想要给夏冰清的父母磕头。

"你在想什么?"他问。

"想自己,你还爱我吗?"她问。

"爱。"他回答。

2020年12月29日写毕

2021年03月03日改毕

后　记

四年前的春天，我构思这个小说并开始写它，以为乘着一股冲劲儿会很快把它完成。但是，只写了几千字我便遇到了阻力，才发现写这个题材我还没准备好。从家庭或从案件写起？这确实是一个问题，它折磨了我好一阵子。于是我不得不写了两个开头，试图二选一。我认为有两个开头对得起这个小说了，却不料这仅仅是开头的开头。从2017年初春到2019年夏末，我都在写这个小说的开头，一边写一边否定，一边否定一边思考，好像患了“五千字梗阻”，即每次开头写到五千字左右，就怀疑这不是最好的开头，便习惯性地想要从头再来，以至于怀疑意大利作家卡尔维诺的《寒冬夜行人》不是他故意要那样写，而是因为写不下去了才不停地只写开头部分。当然，他有漂亮的借口：“我很想写一部实质上只不过是‘引言’的小说，它自始至终保持着作品开始部分所具有的那种潜力，以及始终未能落到实处的那种期待。”可是，我找不到借口，而且我还不能重复别人的借口。

下笔如此之难，是因为对小说涉及的两个领域（推理和心理）比较陌生。之前，我从来没碰过推理，也从来没有把心理学知识用于小说创作，但这次我想试一试。显然，这两方面的经验和知识储备都不够。2017年下学期，新加坡南洋理工大学聘请我为驻校作家，我在校园里一边写小说的开头一边构思，一边构思一边利用空余时间阅读和聆听心理学方面的知识。学习心理学对我是一次拓展，虽然那半年小说创作的进度略等于零，可我的一些观点却发生了微妙的改变，尤其对他人对自己都有了比从前稍微准确一点的认识。内心的调整，让我写人物时多了一份理解，特别是对人物的复杂性有了更多的包容。多年前写《后悔录》时，我就有意识地向人物内心开掘，并做过一些努力，但这一次我想做得更彻底。认知别人也许不那么难，而最难的是认知自己。小说中的人物在认知自己，作者通过写人物得到自我认知。我们虚构如此多的情节和细节，不就是为了一个崭新的“认知”吗？世界上每天都有奇事发生，和奇事比起来，作家们不仅写得不够快，而且还写得不够稀奇。因此，奇事于我已无太多吸引力，而对心灵的探寻却依然让我着迷。

卡夫卡说：“巴尔扎克带着一根手杖，上面有这样一句格言：‘我冲破每个障碍’，而我的格言宁肯这样：‘每一个障碍都使我屈服’。”这是卡夫卡的自我心理暗示，他认为自己是个弱者，没有巴尔扎克那么强悍。有人喜欢巴尔扎克，有人喜欢卡夫卡，写作者都在找自己的同类。两种心态如果自我认识不足，都可能给写作带来负面影响。强者的写作心态会被自我捧杀，容易让写作变得简单粗暴；弱者的写作心态容易自我沉沦，会让写作变得犹疑徘徊。但每一种心态的形成都不是天生的，它跟家庭、现实和经历均有关系。我一直是弱者心态，犹疑徘徊如影随形，甚至经常怀疑写作的意义。为了克服这种心理，我在写作过程中重读了四部经典名著，一方面是吸取这些作品的创作经验，另一方面是通过阅读它们树立信心。由于过多的自我怀疑，我身体里形成了写作的自我预警，每天超过一千字便会停下来重读，找错误缺点，补细节。有时写着写着突然不想写了，停下来思考两天，发现排斥的原因要么是人物把握不够准确，要么是情节推进不对。总之，一旦产生排斥情绪，我就知道困难降临，必须让障碍屈服。卡夫卡的写作心态有利于作品构思，巴尔扎克的写作心态有利于小说的推进。

在2021年的钟声敲响之前，我完成了小说的初稿，之后又用了四十天的时间对拙作进行修改、校正。创作期间，我曾就刑侦方面的一些细节请教过一位刑侦专家，就心理咨询方面的某些知识请教过金熙女士，也曾请身边的好友、同事和学生帮忙校对，在此一并表示感谢。感谢单位、家人和朋友对我写作的支持，感谢《人民文学》杂志发表该小说，感谢人民文学出版社接纳此书。

2021年3月22日